数学分析精读讲义

(上册)

杜其奎　陈金如　谢四清　徐晓立　编著

科学出版社
北　京

内 容 简 介

本书是以华东师范大学数学系所编的《数学分析(第三版)》内容为主线而编写的教学辅导书，主要是为课程精读教师的教学及学生学习本课程的课后复习与提高之用，是在作者二十多年来讲授数学分析课程内容的基础上发展起来的．本书按章节编写，每节内容主要包括：内容精读、疑难解答、典型例题、巩固提高．本书切合实际，十分注意提高学生对数学分析的基本概念、基本定理、基本计算技巧的理解和应用，通过对一些典型例题的讲解与分析，由浅入深、分层次、分类型地介绍微积分学的解题思路，特别注重一法多用、一题多解，同时关注形象思维的培养．期望为读者更有效地掌握微积分学的基本功、打下数学分析坚实的基础，提供适当的帮助．

本书适合于正在学习微积分学的大学生和需要提高自己数学水平与能力的各类自学者，对于讲授数学分析或高等数学的教师及准备考研的广大学生也有极高的参考价值．

图书在版编目(CIP)数据

数学分析精读讲义(上、下册)/杜其奎等编著．—北京：科学出版社，2012

ISBN 978-7-03-034881-4

Ⅰ.①数…　Ⅱ.①杜…　Ⅲ.①数学分析-高等学校-教材　Ⅳ.①O17

中国版本图书馆 CIP 数据核字(2012) 第 128444 号

责任编辑：王　静　房　阳／责任校对：宋玲玲

责任印制：赵　博／封面设计：陈　敬

科学出版社 出版

北京东黄城根北街 16 号

邮政编码：100717

http://www.sciencep.com

保定市中画美凯印刷有限公司印刷

科学出版社发行　各地新华书店经销

*

2012 年 6 月第　一　版　开本：720 × 1000　1/16

2025 年 6 月第十二次印刷　印张：51 1/4

字数：1 028 000

定价：119.00 元(上、下册)

(如有印装质量问题，我社负责调换)

前　　言

数学分析是数学专业最重要的基础课程之一，对数学专业后续课程的学习和研究影响甚大. 它不但是众多学科分支的重要基础和有力工具，而且对培养学生的思维能力、夯实学生的数学基础、加强学生的基本功训练都具有十分重要的功效. 毫不夸张地说，学生学好这门课程，就奠定了大学阶段学好数学的坚实基础，也是开创数学学习良好局面的关键.

当然，数学分析对于初学者而言，难以学深学透、融会贯通、真正掌握这门课程的精髓. 因此，有必要对其内容进行细嚼慢咽，不断强化. 一方面要充分发挥教师课堂教学的主导作用，另一方面也要充分调动每位学生学习的积极性与主动性，促使他们自觉地接受持之以恒、充分而严格的数学训练，能真正地走近数学，从而加深对数学内容的理解.

基于上述考虑，南京师范大学数学科学学院对数学分析课程的教学进行了重大改革，从 2006 年起，将这门课程分为两门子课程，即"数学分析原理"和"数学分析精读". "数学分析原理"由数学专业学术带头人担任主讲，主要向学生传授该课程的知识与科学思想；"数学分析精读"由具有该课程丰富教学经验的教授或副教授担任主讲，带领学生学会如何预习、如何听课、如何做笔记、如何提问、如何做题、如何归纳、如何提高，等等. 为了配合数学分析精读课的教学，我们在多年教学实践的基础上，编写了《数学分析精读讲义》，旨在使学生进一步巩固知识、加强训练，掌握方法、开阔思路，夯实基础、提高能力.

本书是以华东师范大学数学系编写的《数学分析 (第三版)》的内容为主要依据而编写的，参照其章节，每节主要包含四部分的内容.

一、内容精读：简要概述每节中的基本概念，重要定理和公式，并对要点与难点作适当分析.

二、疑难解答：解答在数学分析学习过程中可能遇到的一些疑难问题，主要涉及某些概念的理解，重要定理的使用，解题技巧的总结及某些模糊问题的辨析.

三、典型例题：选取若干个紧扣内容的典型题目，通过分析和求解，使读者从中得到启发，有助于提高分析问题和解决问题的能力.

四、巩固提高：配套一定量的题目，使学生所学的方法和技巧得以应用，进而达到巩固知识，提高能力之目的.

本书的编写，受到国家精品课程主持人、江苏省教学名师及南京师范大学"数学类基础课程教学团队"带头人周兴和教授的鼓励和支持，在此谨向他表示由衷的感谢! 编写中, 参考了国内外一些专家学者编著的数学分析方面的书籍, 在此一并表示由衷的感谢!

由于编者受水平所限, 书中难免存在疏漏和不妥之处, 恳请同行和广大读者不吝赐教, 以利于今后对本书的修订.

编　者

2012 年 2 月

于南京师范大学随园

符 号 说 明

本书中凡用文字符号表示的数, 除特别说明外均为实数. 书中涉及符号的具体含义如下.

$\mathbb{N}_+$	表示“所有正整数构成的集合”.
$\mathbb{N}$	表示“所有非负整数构成的集合”.
$\mathbb{Z}$	表示“所有整数构成的集合”.
$\mathbb{Q}$	表示“所有有理数构成的集合”.
$\mathbb{R}$	表示“所有实数构成的集合”(或用于表示无限区间 $(-\infty,+\infty)$).
$\mathbb{R}_+$	表示“所有正实数构成的集合”(或用于表示半无限区间 $(0,+\infty)$).
$\mathbb{R}_-$	表示“所有负实数构成的集合”(或用于表示半无限区间 $(-\infty,0)$).
$\mathbb{C}$	表示“所有复数构成的集合”.
$\varnothing$	表示“空集”.
$A\cup B$	表示“A 与 B 的并集”, 即 $A\cup B=\{x\mid x\in A$ 或 $x\in B\}$.
$A\cap B$	表示“A 与 B 的交集”, 即 $A\cap B=\{x\mid x\in A$ 且 $x\in B\}$.
$A\backslash B$	表示“A 与 B 的差集”, 即 $A\backslash B=\{x\mid x\in A$ 且 $x\notin B\}$.
$C(I)$	表示“区间 I 上连续函数的全体”.
$C^k(I)$	表示“区间 I 上有直到 k 阶连续导函数的函数全体”.
$\mathscr{R}(I)$	表示“区间 I 上 Riemann 可积的函数全体”.
$\Leftrightarrow$	表示“等价关系” 的记号, $A\Leftrightarrow B$ 表示 A 与 B 等价. 如 $\lvert x\rvert<1\Leftrightarrow -1<x<1$.
$\Rightarrow$	表示“A 蕴涵 B” 之意, 如 $A\Rightarrow B$, 即为由 A 推出 B.
$\approx$	表示“近似” 符号, 如 $\sqrt{3}\approx 1.732$.
$\equiv$	表示“恒等” 之意.
$\forall$	表示“对任意”、“对所有”、“对任何” 或 “对每一个” 之意.
$\exists$	表示“存在” 或 “有” 之意.
$\ni$	表示“使得” 之意.
$[x]$	表示“不超过 x 的最大整数”, 如 $[1.414]=1$, $[-1.85]=-2$. 对任意 $x\in\mathbb{R}$, 有 $x-1<[x]\leqslant x$, 或 $[x]\leqslant x<[x]+1$.
C_n^k	表示“组合数”, 即 $\mathrm{C}_n^k=\dfrac{n(n-1)\cdots(n-k+1)}{k!}=\dfrac{n!}{k!\cdot(n-k)!}$.
$\max\{a,b\}$	表示“a 与 b 中最大者”, 如 $\max\{12,-1\}=12$.
$\min\{a,b\}$	表示“a 与 b 中最小者”, 如 $\min\{12,-1\}=-1$.
f^{-1}	表示“函数 f 的反函数”.
$\sum$	表示“求和” 记号, 如 $\sum\limits_{k=1}^{n}a_k=a_1+a_2+\cdots+a_n$.
$\prod$	表示“连乘积” 记号, 如 $\prod\limits_{k=1}^{n}a_k=a_1\cdot a_2\cdots a_n$.
$\blacksquare$	表示“一个证明或求解的结束”.

目　录

(上册)

第 1 章　实数集与函数

数学分析研究的基本对象是定义在实数集上的函数. 因此, 弄清实数的基本性质及函数的概念是非常必要的. 文献 [1] 中确界原理的使用, 是其一条主线和特色, 请读者在学习时注意体会与总结.

在本章中, 首先回忆一下实数概念及其基本性质, 复习一下函数的定义、性质和几种具有某种特性的函数, 重点介绍确界的概念及确界原理.

1.1　实　　数

一、内容精读

1. 实数及其性质

1) 实数集

$$\text{实数}\begin{cases}\text{有理数:}\begin{cases}\text{分数形式 }\dfrac{p}{q}\text{ (其中 }p\text{、}q\text{ 为互素整数, }q\neq 0\text{)},\\ \text{有限十进小数或无限十进循环小数,}\end{cases}\\ \text{无理数: 无限十进不循环小数.}\end{cases}$$

实数的无限十进小数表示在人类实践活动中被普遍采用, 人们通常是由无限十进小数表示出发来叙述实数理论的. 任何一个实数均可以表示为一个确定的无限十进小数.

2) 实数的近似表示

设 $x = a_0.a_1a_2\cdots a_n\cdots$ 为非负实数 (a_0 为非负整数, $0 \leqslant a_i \leqslant 9$, $i \in \mathbb{N}_+$). 称有理数

$$x_n = a_0.a_1a_2\cdots a_n$$

为实数 x 的 n位不足近似, 而有理数

$$\overline{x}_n = x_n + \frac{1}{10^n}$$

称为 x 的 n位过剩近似 (其中 $n \in \mathbb{N}$).

对于负实数 $x = -a_0.a_1a_2\cdots a_n\cdots$, 其 n 位不足近似与过剩近似分别规定为

$$x_n = -a_0.a_1a_2\cdots a_n - \frac{1}{10^n} \quad \text{与} \quad \overline{x}_n = -a_0.a_1a_2\cdots a_n.$$

(i) 实数 x 的不足近似 x_n 当 n 增大时不减, 即 $x_0 \leqslant x_1 \leqslant x_2 \leqslant \cdots$, 而过剩近似 $\overline{x}_n$ 当 n 增大时不增, 即 $\overline{x}_0 \geqslant \overline{x}_1 \geqslant \overline{x}_2 \geqslant \cdots$.

(ii) 对于任何实数 x, 其不足近似 x_n 与过剩近似 $\overline{x}_n$ 满足:$x_n \leqslant x \leqslant \overline{x}_n$.

命题 1.1.1　设 $x = a_0.a_1a_2\cdots a_n\cdots$ 与 $y = b_0.b_1b_2\cdots b_n\cdots$ 为两个实数, 则 $x > y$ 的等价条件是: 存在 $n \in \mathbb{N}$, 使得

$$x_n > \overline{y}_n,$$

其中 x_n 表示 x 的 n 位不足近似, $\overline{y}_n$ 表示 y 的 n 位过剩近似.

命题 1.1.1 的直观解释: 因为 x_n 当 n 增加时是递增的, 即对任何 n, $x_{n+1} \geqslant x_n$, 而 $\overline{y}_n$ 是递减的, 即对任何 n, $\overline{y}_{n+1} \leqslant \overline{y}_n$. 于是 $x_n - \overline{y}_n$ 是递增的, 且随着 n 增大与 $x - y$ 越来越接近. 若 $x - y > 0$, 则必定存在某个正整数 n, 使得 $x_n > \overline{y}_n$, 而且从这个 n 起不等式一直成立.

3) 实数的基本性质

参见文献 [1], [2], [3] 中所列的基本性质, 归结如下:

对任意 $a, b, c \in \mathbb{R}$, 有

(1) (三歧性) $a = b$, 或 $a > b$, 或 $a < b$ 之一成立;

(2) (传递性) 若 $a > b$, $b > c$, 则 $a > c$; 若 $a = b$, $b = c$, 则 $a = c$;

(3) (加法封闭性) 存在唯一的 $c \in \mathbb{R}$ 使得 $a + b = c$;

(4) (加法结合律) $(a + b) + c = a + (b + c)$;

(5) (加法交换律) $a + b = b + a$;

(6) (零元素) 存在唯一的 $0 \in \mathbb{R}$ 使得 $a + 0 = 0 + a = a$;

(7) (负元素) 存在唯一的 $-a \in \mathbb{R}$ 使得 $a + (-a) = (-a) + a = 0$;

(8) (乘法封闭性) 存在唯一的 $c \in \mathbb{R}$ 使得 $ab = c$;

(9) (乘法结合律) $(ab)c = a(bc)$;

(10) (乘法交换律) $ab = ba$;

(11) (单位元素) 存在唯一的 $1 \in \mathbb{R}$ 使得 $a \cdot 1 = 1 \cdot a = a$;

(12) (逆元素) 若 $a \neq 0$, 则 a 存在唯一的 $a^{-1} \in \mathbb{R}$ 使得 $aa^{-1} = a^{-1}a = 1$;

(13) (分配律) $(a + b)c = ac + bc$;

(14) 若 $a > b$, 则 $a + c > b + c$;

(15) 若 $a > b$, $c > 0$, 则 $ac > bc$;

(16) (阿基米德性质) 若 $a > 0$, 则存在 $n \in \mathbb{N}_+$ 使得 $na \geqslant 1$.

事实上, 若 $a \geqslant 1$, 则取 $n = 1$ 即可. 若 $0 < a < 1$, 则

$$a = 0.0\cdots 0a_ka_{k+1}\cdots, \quad a_1 = a_2 = \cdots = a_{k-1} = 0, \quad a_k \neq 0.$$

于是

$$10^k a = a_k.a_{k+1}\cdots \geqslant a_k \geqslant 1.$$

从而取 $n=10^k$ 即可.

2. 绝对值与不等式

1) 实数 a 的绝对值

实数 a 的绝对值 定义为 $|a|=\begin{cases} a, & a\geqslant 0,\\ -a, & a<0.\end{cases}$

2) 绝对值基本性质

实数绝对值有如下的若干性质:

(i) $|a|=|-a|\geqslant 0$; 当且仅当 $a=0$ 时有 $|a|=0$;

(ii) $-|a|\leqslant a\leqslant |a|$;

(iii) $|a|<h \Leftrightarrow -h<a<h$; $|a|\leqslant h\Leftrightarrow -h\leqslant a\leqslant h$ $(h>0)$;

(iv) (三角不等式) $|a|-|b|\leqslant |a\pm b|\leqslant |a|+|b|$, $\forall\ a,b\in\mathbb{R}$;

(v) $|ab|=|a|\cdot|b|$;

(vi) $\left|\dfrac{a}{b}\right|=\dfrac{|a|}{|b|}$ $(b\neq 0)$.

3) 若干重要的不等式

在数学分析中, 不等式占有十分重要的地位. 下面列举一些常用的不等式:

(i) Bernoulli 不等式:

$$(1+h)^n\geqslant 1+nh,\quad 其中\ n\in\mathbb{N}_+,\ h>-1, \tag{1.1.1}$$

其中当 $n>1$ 时等号成立的条件为 $h\equiv 0$.

(ii) Hölder 不等式:

设 $a_i,b_i\in\mathbb{R}_+$ $(i=1,2,\cdots,n)$, $p>1$, $q>1$, 且 $\dfrac{1}{p}+\dfrac{1}{q}=1$, 则

$$\sum_{i=1}^n a_ib_i\leqslant\left(\sum_{i=1}^n a_i^p\right)^{\frac{1}{p}}\left(\sum_{i=1}^n b_i^q\right)^{\frac{1}{q}}, \tag{1.1.2}$$

等号成立当且仅当 $\dfrac{a_1^p}{b_1^q}=\dfrac{a_2^p}{b_2^q}=\cdots=\dfrac{a_n^p}{b_n^q}$.

特别地, 当 $p=q=2$ 时, 成立Cauchy–Schwarz 不等式

$$\sum_{i=1}^n a_ib_i\leqslant\left(\sum_{i=1}^n a_i^2\right)^{\frac{1}{2}}\left(\sum_{i=1}^n b_i^2\right)^{\frac{1}{2}}. \tag{1.1.3}$$

(iii) Young 不等式:

$$ab\leqslant\frac{a^p}{p}+\frac{b^q}{q},\quad 0<p,\ q<+\infty,\ \frac{1}{p}+\frac{1}{q}=1.$$

(iv) 若 $a_i>0$, $i=1,2,\cdots,n$, 则有

$$\underbrace{\frac{n}{\frac{1}{a_1}+\frac{1}{a_2}+\cdots+\frac{1}{a_n}}}_{\text{调和平均值}} \leqslant \underbrace{\sqrt[n]{a_1a_2\cdots a_n}}_{\text{几何平均值}} \leqslant \underbrace{\frac{a_1+a_2+\cdots+a_n}{n}}_{\text{算术平均值}}. \tag{1.1.4}$$

(v) 利用二项式定理得到的一些不等式

二项式定理: 设 $n\in\mathbb{N}_+$, 对任意 $a,b\in\mathbb{R}$, 有

$$(a+b)^n=\sum_{k=0}^{n}\mathrm{C}_n^k a^k b^{n-k}. \tag{1.1.5}$$

据 a, b 的取值, 及任意 $n\in\mathbb{N}_+$, 式 (1.1.5) 右边截取不同的项, 可得到一些不等式. 如取 $a=1$, $b=h\geqslant 0$, 有

$$(1+h)^n\geqslant 1+nh+\frac{1}{2}n(n-1)h^2, \tag{1.1.6}$$

$$(1+h)^n\geqslant nh+\frac{1}{2}n(n-1)h^2, \tag{1.1.7}$$

$$(1+h)^n\geqslant \frac{1}{2}n(n-1)h^2, \tag{1.1.8}$$

$$(1+h)^n\geqslant \frac{1}{6}n(n-1)(n-2)h^3, \tag{1.1.9}$$

$$\cdots\ \cdots$$

上述由二项式定理经缩放而得到的不等式, 在用 ε-N 语言证明一些数列极限过程中, 适当放大不等式时显得非常重要. 具体放为何种不等式, 要视具体情况而定.

(vi) 设 $a_i\in\mathbb{R}$, a_i 同号 $(i=1,2,\cdots,n)$, 且 $a_i>-1$, 则成立不等式

$$(1+a_1)(1+a_2)\cdots(1+a_n)\geqslant 1+\sum_{i=1}^{n}a_i. \tag{1.1.10}$$

特别地, 当 $a_1=a_2=\cdots=a_n=h>-1$ 时, 式 (1.1.10) 即为 Bernoulli 不等式.

(vii) 若 $0<x<\dfrac{\pi}{2}$, 则 $\sin x<x<\tan x$.

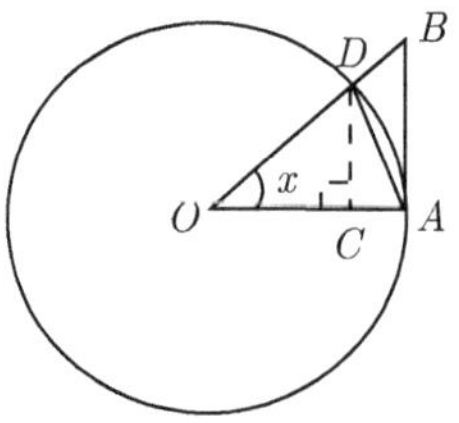

图 1.1.1

事实上, 在如图 1.1.1 所示的单位圆内, 当 $0<x<\dfrac{\pi}{2}$ 时, 有

$$S_{\Delta OAD}<S_{\text{扇形}OAD}<S_{\Delta OAB},$$

即

$$\frac{1}{2}\sin x<\frac{1}{2}x<\frac{1}{2}\tan x.$$

二、疑难解答

问题 1.1.1 为什么有理数 $\frac{p}{q}$ (其中 p、q 为互素整数, $q \neq 0$) 可以表示为无限十进制循环小数?

答 不妨设有理数 $\frac{p}{q} \in (0,1)$, $p < q$. 由实数的阿基米德性知, 存在 q_1 和 r_1, 有

$$10p = q_1 q + r_1, \quad 0 \leqslant q_1 \leqslant 9, \quad 0 \leqslant r_1 \leqslant q-1.$$

(事实上, 对 $10p$, q 分如下三种情况讨论: (i) 若 $10p < q$, 则 $q_1 = 0$, $r_1 = 10p$; (ii) 若 $10p = q$, 则 $q_1 = 1$, $r_1 = 0$; (iii) 若 $10p > q$, 由实数的阿基米德性知, 存在正整数 q_1, $0 < q_1 \leqslant 9$, 使得 $(q_1+1)q > 10p$, $q_1 q \leqslant 10p$, 于是 $r_1 = 10p - q_1 q$.) 于是

$$\frac{p}{q} = \frac{q_1}{10} + \frac{r_1}{10q}, \quad 0 \leqslant \frac{r_1}{10q} < \frac{1}{10}.$$

同样成立

$$10r_1 = q_2 q + r_2, \quad 0 \leqslant q_2 \leqslant 9, \quad 0 \leqslant r_2 \leqslant q-1.$$

于是

$$\frac{r_1}{10q} = \frac{q_2}{10^2} + \frac{r_2}{10^2 q}, \quad 0 \leqslant \frac{r_2}{10^2 q} < \frac{1}{10^2}, \quad \frac{p}{q} = \frac{q_1}{10} + \frac{q_2}{10^2} + \frac{r_2}{10^2 q}.$$

重复上述过程可得

$$\begin{cases} 10p = q_1 q + r_1, & 0 \leqslant q_1 \leqslant 9, 0 \leqslant r_1 \leqslant q-1, \\ 10r_1 = q_2 q + r_2, & 0 \leqslant q_2 \leqslant 9,\ 0 \leqslant r_2 \leqslant q-1, \\ \quad \cdots\cdots \\ 10r_{n-1} = q_n q + r_n, & 0 \leqslant q_n \leqslant 9,\ 0 \leqslant r_n \leqslant q-1. \end{cases} \tag{1.1.11}$$

于是, 有

$$\frac{p}{q} = \frac{q_1}{10} + \frac{q_2}{10^2} + \cdots + \frac{r_n}{10^n q}, \quad 0 \leqslant \frac{r_n}{10^n q} < \frac{1}{10^n},$$

这样

$$\frac{p}{q} = 0.q_1 q_2 \cdots q_n \cdots.$$

由于上述各式中的余数 r_n 为 $\{0, 1, \cdots, q-1\}$ 中某个数, 所以等式组 (1.1.11) 从某个 n 开始重复, 即 $\frac{p}{q}$ 为无限十进制循环小数. ■

问题 1.1.2 为什么 2.001 与 2.000 999 9$\cdots$ 表示同一实数?

答 这是因为

$$0.001 = \frac{1}{1\,000} = 3 \times \frac{1}{3\,000} = 3 \times 0.000\,333\,3\cdots = 0.000\,999\,9\cdots,$$

所以, 2.001 与 2.000 999 9$\cdots$ 表示同一实数. 为了实数的无限十进制小数表示的唯一性, 约定将 2.001 表示为 2.000 999 9$\cdots$. ■

三、典型例题

例 1.1.1　设 $a_i \in \mathbb{R}$, a_i 同号 $(i=1,2,\cdots,n)$, 且 $a_i > -1$, 则成立不等式

$$(1+a_1)(1+a_2)\cdots(1+a_n) \geqslant 1+\sum_{i=1}^{n} a_i.$$

特别地, 当 $a_1=a_2=\cdots=a_n=h>-1$ 时, 上式即为 Bernoulli 不等式.

证明　应用数学归纳法证明.

当 $n=1$ 时, 不等式显然成立.

假定 $n=k$ 时不等式成立, 即

$$(1+a_1)(1+a_2)\cdots(1+a_k) \geqslant 1+a_1+a_2+\cdots+a_k,$$

其中 a_i 同号且 $a_i>-1$, $i=1,2,\cdots,k$.

当 $n=k+1$ 时, 由于 $1+a_{k+1}>0$, 则由归纳假设, 有

$$\begin{aligned}
&(1+a_1)(1+a_2)\cdots(1+a_k)(1+a_{k+1})\\
\geqslant&(1+a_1+a_2+\cdots+a_k)(1+a_{k+1})\\
=&1+a_1+a_2+\cdots+a_k+a_{k+1}+(a_1+a_2+\cdots+a_k)a_{k+1}\\
\geqslant&1+a_1+a_2+\cdots+a_k+a_{k+1},
\end{aligned}$$

即 $n=k+1$ 时, 不等式成立. 故由数学归纳法知, 在给定的条件下不等式成立.

特别地, 取 $a_1=a_2=\cdots=a_n=h>-1$, 则有 Bernoulli 不等式

$$(1+h)^n \geqslant 1+nh.$$ ■

例 1.1.2　设 $n,k\in\mathbb{N}_+$, 证明如下不等式:

(i) $b^k-a^k=(b-a)\left(b^{k-1}+b^{k-2}a+\cdots+ba^{k-2}+a^{k-1}\right)$; (1.1.12)

(ii) $n^k < \dfrac{(n+1)^{k+1}-n^{k+1}}{k+1} < (n+1)^k$; (1.1.13)

(iii) $\displaystyle\sum_{i=1}^{n-1} i^k < \frac{n^{k+1}}{k+1} < \sum_{i=1}^{n} i^k$. (1.1.14)

证明　(i) 若 $a=b$, 则式 (1.1.12) 恒成立.

若 $a\neq b$ 时 (此时 a 与 b 中至少有一个不等于零, 不妨设 $b\neq 0$), 有

$$b^{k-1}+b^{k-2}a+\cdots+ba^{k-2}+a^{k-1}=b^{k-1}\frac{1-\left(\dfrac{a}{b}\right)^k}{1-\dfrac{a}{b}}=\frac{b^k-a^k}{b-a},$$

于是可得

$$b^k - a^k = (b-a)\big(b^{k-1} + b^{k-2}a + \cdots + ba^{k-2} + a^{k-1}\big).$$

(ii) 在式 (1.1.12) 中, 取 $b = n+1$, $a = n$, 则有

$$(n+1)^{k+1} - n^{k+1} = (n+1)^k + (n+1)^{k-1}n + \cdots + (n+1)n^{k-1} + n^k,$$

于是

$$(k+1)n^k < (n+1)^{k+1} - n^{k+1} < (k+1)(n+1)^k.$$

由此式立即可得不等式 (1.1.13).

(iii) 易证明 $n = 2$, 且 k 为正整数时, 有

$$1^k < \frac{2^{k+1}}{k+1} < 1^k + 2^k. \tag{1.1.15}$$

设 $n = m$ 时不等式 (1.1.14) 成立, 即

$$\sum_{i=1}^{m-1} i^k < \frac{m^{k+1}}{k+1} < \sum_{i=1}^{m} i^k. \tag{1.1.16}$$

当 $n = m+1$ 时, 由式 (1.1.13) 及式 (1.1.16) 可得

$$\frac{(m+1)^{k+1}}{k+1} = \frac{(m+1)^{k+1} - m^{k+1}}{k+1} + \frac{m^{k+1}}{k+1} < (m+1)^{k+1} + \sum_{i=1}^{m} i^k = \sum_{i=1}^{m+1} i^k.$$

同理可得

$$\frac{(m+1)^{k+1}}{k+1} = \frac{(m+1)^{k+1} - m^{k+1}}{k+1} + \frac{m^{k+1}}{k+1} > m^k + \sum_{i=1}^{m-1} i^k = \sum_{i=1}^{m} i^k.$$

这就证明了当 $n = m+1$ 时不等式 (1.1.14) 成立. 从而对 $n \in \mathbb{N}_+$, 不等式 (1.1.14) 成立. ■

例 1.1.3　对任意 $a, b \in \mathbb{R}$, 证明

$$\frac{|a+b|}{1+|a+b|} \leqslant \frac{|a|}{1+|a|} + \frac{|b|}{1+|b|}. \tag{1.1.17}$$

证明　令 $f(x) = \dfrac{x}{1+x}$, $x \geqslant 0$. 对任意 $0 \leqslant x_1 \leqslant x_2$, 由于

$$f(x_1) - f(x_2) = \frac{x_1}{1+x_1} - \frac{x_2}{1+x_2} = \frac{x_1 - x_2}{(1+x_1)(1+x_2)} \leqslant 0,$$

即 $f(x_1) \leqslant f(x_2)$. 由于 $0 \leqslant |a+b| \leqslant |a|+|b|$, 则有

$$\frac{|a+b|}{1+|a+b|} \leqslant \frac{|a|+|b|}{1+|a|+|b|} = \frac{|a|}{1+|a|+|b|} + \frac{|b|}{1+|a|+|b|} \leqslant \frac{|a|}{1+|a|} + \frac{|b|}{1+|b|}. \quad ■$$

例 1.1.4　设 $a, b \in \mathbb{R}$, 若对任意 $\varepsilon > 0$ 有 $|a-b| < \varepsilon$, 则 $a = b$.

证明　(反证法) 若 $a \neq b$, 则由实数集的有序性知, 必有 $a > b$ 与 $a < b$ 二者居其一. 不妨设 $a > b$ (对 $a < b$ 时同理可证), 记 $\varepsilon_0 = a - b > 0$, 则 $|a-b| = a - b = \varepsilon_0$, 但这与对任意 $\varepsilon > 0$ 有 $|a-b| < \varepsilon$ 相矛盾, 从而必有 $a = b$. ■

四、巩固提高

1.1.1　证明 Bernoulli 不等式 (1.1.1).

1.1.2　证明 Cauchy–Schwarz 不等式 (1.1.3).

1.1.3　(i) 证明对 $h \in [-2, -1]$, 成立 $(1+h)^n \geqslant 1 + nh$;

(ii) 证明对 $h \geqslant 0$, 成立不等式 $(1+h)^n \geqslant \dfrac{n(n-1)}{2} h^2$.

1.1.4　对非负实数 a, b, c, 证明不等式 $\sqrt[3]{abc} \leqslant \sqrt{\dfrac{1}{3}(ab+bc+ca)} \leqslant \dfrac{1}{3}(a+b+c)$.

1.1.5 (Bernoulli 不等式的推广形式)　若 $a > 0$, $a + b > 0$, $n \in \mathbb{N}_+$, 则成立不等式 $(a+b)^n \geqslant a^n + na^{n-1}b$, 且当 $n > 1$ 时其中等号成立的充要条件是 $b \equiv 0$.

1.1.6　证明: 当 $n \geqslant 1$ 时, 成立如下不等式:

$$\sqrt{n+1} - \sqrt{n} < \frac{1}{2\sqrt{n}} < \sqrt{n} - \sqrt{n-1}.$$

进一步地, 由上述不等式证明: 当 $n \geqslant 2$ 时, 成立不等式

$$\sqrt{n} - 1 < \sum_{k=1}^{n} \frac{1}{2\sqrt{k}} < \sqrt{n}.$$

1.1.7　设 $n \in \mathbb{N}_+$.

(i) 应用二项式定理证明: $\left(1 + \dfrac{1}{n}\right)^n = 1 + \displaystyle\sum_{k=1}^{n} \left(\frac{1}{k!} \prod_{i=0}^{k-1} \left(1 - \frac{i}{n}\right)\right)$;

(ii) 若 $n > 1$, 证明: $2 < \left(1 + \dfrac{1}{n}\right)^n < 1 + \displaystyle\sum_{k=1}^{n} \frac{1}{k!} < 3$.

1.1.8　设 $a, b \in \mathbb{R}$. 证明: 若对任何正数 ε, 有 $a < b + \varepsilon$, 则 $a \leqslant b$.

1.1.9　按下列要求, 给出 Cauchy–Schwarz 不等式的几种不同的证明:

(i) 利用非负二次三项式的性质;

(ii) 利用数学归纳法;

(iii) 利用 Lagrange 恒等式

$$\sum_{k=1}^{n} a_k^2 \cdot \sum_{k=1}^{n} b_k^2 - \left(\sum_{k=1}^{n} |a_k b_k|\right)^2 = \frac{1}{2}\sum_{j=1}^{n}\sum_{k=1}^{n}\left(|a_k|\cdot|b_j| - |a_j|\cdot|b_k|\right)^2;$$

(iv) 利用不等式 $|ab| \leqslant \dfrac{a^2+b^2}{2}$;

(v) 利用不等式 $\left|\sum_{k=1}^{n} c_k\right| \leqslant \sum_{k=1}^{n} |c_k|$, 并构造复的辅助数列 ($c_k$ 为复数)

$$c_k = a_k^2 - b_k^2 + 2|a_k b_k|\mathrm{i}, \quad k = 1, 2, \cdots, n, \quad \mathrm{i} = \sqrt{-1}.$$

1.2 数集 · 确界原理

一、内容精读

1. 区间与邻域

设 $a, b \in \mathbb{R}$, 且 $a < b$, $\delta > 0$, M 为充分大的正数.

$$\left.\begin{aligned}&\text{开区间 } (a,b) = \{x \mid a < x < b\};\\&\text{闭区间 } [a,b] = \{x \mid a \leqslant x \leqslant b\};\\&\text{半开半闭 } [a,b) = \{x \mid a \leqslant x < b\}; \quad (a,b] = \{x \mid a < x \leqslant b\};\end{aligned}\right\}(\text{有限区间})$$

$$\left.\begin{aligned}&(-\infty, a] = \{x \mid x \leqslant a\};\\&(-\infty, a) = \{x \mid x < a\};\\&(a, +\infty) = \{x \mid x > a\};\\&[a, +\infty) = \{x \mid x \geqslant a\};\\&(-\infty, +\infty) = \{x \mid -\infty < x < +\infty\} = \mathbb{R}.\end{aligned}\right\}(\text{无限区间})$$

点 a 的 δ 邻域, 记为 $U(a;\delta)$ 或 $U(a)$:$U(a;\delta) = \{x \mid |x-a| < \delta\} = (a-\delta, a+\delta)$;
点 a 的空心 δ 邻域, 记为 $U^\circ(a;\delta)$ 或 $U^\circ(a)$: $U^\circ(a;\delta) = \{x \mid 0 < |x-a| < \delta\}$;
点 a 的 δ 右邻域, 记为 $U_+(a;\delta)$ 或 $U_+(a)$: $U_+(a;\delta) = [a, a+\delta)$;
点 a 的 δ 左邻域, 记为 $U_-(a;\delta)$ 或 $U_-(a)$: $U_-(a;\delta) = (a-\delta, a]$;
点 a 的空心 δ 右邻域, 记为 $U_+^\circ(a;\delta)$ 或 $U_+^\circ(a)$: $U_+(a;\delta) = (a, a+\delta)$;
点 a 的空心 δ 左邻域 记为 $U_-^\circ(a;\delta)$ 或 $U_-^\circ(a)$: $U_-(a;\delta) = (a-\delta, a)$;
∞ 邻域, 记为 $U(\infty)$: $U(\infty) = \{x \mid |x| > M\}$;
$+\infty$ 邻域, 记为 $U(+\infty)$: $U(+\infty) = \{x \mid x > M\}$;
$-\infty$ 邻域, 记为 $U(-\infty)$: $U(-\infty) = \{x \mid x < -M\}$.

2. 有界集

1) 定义

定义 1.2.1 设 S 为 $\mathbb{R}$ 中的一个数集. 若存在数 M (L), 使得对一切 $x \in S$, 都有 $x \leqslant M$ $(x \geqslant L)$, 则称 S 为有上 (下) 界的数集, 数 M (L) 称为 S 的一个上 (下) 界.

若 S 既有上界又有下界, 则称 S 为有界集. 否则称 S 为无界集.

有界集与无界集是本节的重要概念. 要熟练掌握验证某个数集 S 为有界集或无界集的方法, 其中重要的是证明数 M (L) 不是数集 S 的上 (下) 界的方法:

数 M (L) 不是数集 S 的上 (下) 界 $\Leftrightarrow$ $\exists\, x_0 \in S$, 使得 $x_0 > M$ $(x_0 < L)$.

要证数集 S 无上 (下) 界, 只要证对任何数 M (L) 都不是 S 的上 (下) 界即可.

注 1.2.1 上述 M 不是数集 S 的上界的正面叙述, 用到了数学分析中常用的对偶法则. 下面给出对偶法则的具体内容:

设有命题 P 表示为

$$p_1q_1,\ p_2q_2,\ \cdots,\ p_nq_n,\ \text{使得}\ \ q_{n+1}(\text{成立}), \tag{1.2.1}$$

其中 p_i $(i = 1, 2, \cdots, n)$ 为逻辑符号 $\forall$ 或 $\exists$, 而 q_i $(i = 1, 2, \cdots, n + 1)$ 表示数学表达式, 或为某种叙述、断言、定义等.

对偶法则 设命题 P 如 (1.2.1) 表示, 则为了得到命题 P 的否命题的正面叙述, 只要将 (1.2.1) 中的所有逻辑符号 p_i $(i = 1, 2, \cdots, n)$ 从 $\forall$ $(\exists)$ 改为 $\exists$ $(\forall)$, 并将 q_{n+1} 改为它的否定形式. 例如,

$$\text{数集}\ S\ \text{有界}\ \ \Leftrightarrow \exists\, M > 0, \forall\, x \in S,\ \text{使得}\ |x| \leqslant M.$$

使用对偶法则, 可得它的否定形式的正面表述, 即

$$\text{数集}\ S\ \text{无界}\ \ \Leftrightarrow \forall\, M > 0, \exists\, x_0 \in S,\ \text{使得}\ |x_0| > M.$$

2) 上 (下) 界的若干性质

(1) 数集 S 有上界 $\Leftrightarrow$ 数集 $-S$ 有下界 (其中数集 $-S = \{-x \mid x \in S\}$);

(2) M 为数集 S 的上界 $\Leftrightarrow$ $-M$ 为数集 $-S$ 的下界;

(3) M 为数集 S 的上界, 且 $M_1 \geqslant M \Rightarrow M_1$ 也为数集 S 的上界;

(4) η 为数集 S 的最小上界 $\Leftrightarrow$ $-\eta$ 为数集 $-S$ 的最大下界.

3. 确界原理

确界是数学分析基础严格化中的重要概念. 在初等数学中已知 “有限个数必存在最大数和最小数”, 但是对于无限数集就不一定有最大数和最小数了. 例如, 设数集 $S = \{x \mid x \in (a, b)\}$ 为有界数集, 但是它无最大数和最小数, 但它有最小上界 b 和最大下界 a. 定义有界数集 S 的最小上界为 S 的上确界, 最大下界为 S 的下确

界. 由此可见, 上 (下) 确界是最大数与最小数在无限集情况下的推广. 对于数集的上 (下) 确界, 分别给出两种等价性的定义.

1) 上确界定义

(a) 设 S 为 $\mathbb{R}$ 中的一个数集. 若数 η 满足:

(i) 对一切 $x\in S$, 有 $x\leqslant\eta$, 即 η 是 S 的上界;

(ii) 对任何 $\alpha<\eta$, 存在 $x_0\in S$, 使得 $x_0>\alpha$, 即 η 又是 S 的最小上界,

则称 η 为数集 S 的上确界, 记为 $\eta=\sup S$.

(b) 设 S 为 $\mathbb{R}$ 中的一个数集. 若数 η 满足:

(i) 对一切 $x\in S$, 有 $x\leqslant\eta$, 即 η 是 S 的上界;

(ii) 对任何 $\varepsilon>0$, 存在 $x_0\in S$, 使得 $x_0>\eta-\varepsilon$, 即 η 又是 S 的最小上界,

则称 η 为数集 S 的上确界, 记为 $\eta=\sup S$.

2) 下确界定义

(a) 设 S 为 $\mathbb{R}$ 中的一个数集. 若数 ξ 满足:

(i) 对一切 $x\in S$, 有 $x\geqslant\xi$, 即 ξ 是 S 的下界;

(ii) 对任何 $\alpha>\xi$, 存在 $x_0\in S$, 使得 $x_0<\alpha$, 即 ξ 又是 S 的最大下界,

则称 ξ 为数集 S 的下确界, 记为 $\xi=\inf S$.

(b) 设 S 为 $\mathbb{R}$ 中的一个数集. 若数 ξ 满足:

(i) 对一切 $x\in S$, 有 $x\geqslant\xi$, 即 ξ 是 S 的下界;

(ii) 对任何 $\varepsilon>0$, 存在 $x_0\in S$, 使得 $x_0<\xi+\varepsilon$, 即 ξ 又是 S 的最大下界,

则称 ξ 为数集 S 的下确界, 记为 $\xi=\inf S$.

上确界与下确界统称为确界.

上 (下) 确界具有如下若干性质:

(i) 设 S,T 为非空数集, 若对任意 $s\in S$, $t\in T$ 有 $s\leqslant t$, 则 $\sup\ S\leqslant\inf\ T$;

(ii) 设 S 为非空有界数集, 则 $\sup(-S)=-\inf S$, $\inf(-S)=-\sup S$;

(iii) 设 S,T 为非空有界数集, 则

$$\sup(S\cup T)=\max\big\{\sup S,\sup T\big\},\quad \inf(S\cup T)=\min\big\{\inf S,\inf T\big\};$$

(iv) 设 S,T 为非空有界数集, 定义 $S+T=\big\{z\mid z=s+t,s\in S,t\in T\big\}$, 则

$$\sup(S+T)=\sup S+\sup T,\quad \inf(S+T)=\inf S+\inf T;$$

(v) 设 S 为非空有界数集, 则

$$\eta=\sup S\in S\Leftrightarrow\eta=\max S,\quad \xi=\inf S\in S\Leftrightarrow\xi=\min S.$$

确界原理 设 S 为非空数集. 若 S 有上 (下) 界, 则 S 必有上 (下) 确界.

注 1.2.2　确界原理的证明中主要是构造区间列

$$\left\{\left[n.n_1n_2\cdots n_k,\ n.n_1n_2\cdots n_k+10^{-k}\right],\ k\in\mathbb{N}_+\right\},$$

使得每个区间的左端点 $n.n_1n_2\cdots n_k$ 不是数集 S 的上界, 但是右端点 $n.n_1n_2\cdots n_k+10^{-k}$ 是数集 S 的上界, 而 $\eta=n.n_1n_2\cdots n_k\cdots$ 恰好是数集 S 的上确界. 此种证明方法是一种搜索上确界的过程, 因而可以编程在计算机上实现.

二、疑难解答

问题 1.2.1　如何正面表述无下界数集与无界数集?

答　无下界数集的正面表述: 设数集 $S\subset\mathbb{R}$, 若对任意的数 L, 都存在 $x_0\in S$, 使得 $x_0<L$, 则称 S 为无下界数集.

例如, 数集 $S=\{x\mid x=-n^{(-1)^n},n\in\mathbb{N}_+\}$ 就是无下界数集. 这是因为对任意 L, 存在 $n_0=2k_0>|L|$ (其中 $k_0\in\mathbb{N}_+$), 使得 $x_0=-n_0^{(-1)^{n_0}}=-2k_0<-|L|\leqslant L$.

无界数集的正面表述: 设数集 $S\subset\mathbb{R}$, 若对任意的正数 M, 都存在 $x_0\in S$, 使得 $|x_0|>M$, 则称 S 为无界数集. ■

问题 1.2.2　如何正面表述数 η 不是数集 S 的上确界?

答　由数集 S 的上确界定义知, 若 η 不是数集 S 的上确界, 则或者 η 不是 S 的上界, 或者 η 虽是 S 的上界, 但不是 S 的最小上界. 于是, 数 η 不是数集 S 的上确界的正面表述为

存在 $x_0\in S$, 使得 $x_0>\eta$;

或者

$\exists\ \eta_0<\eta,\forall\ x\in S$, 有 $x\leqslant\eta_0$ $(\exists\ \varepsilon_0>0,\forall\ x\in S$, 有 $x\leqslant\eta-\varepsilon_0)$. ■

问题 1.2.3　非空有界数集 S 的上确界是否必为 S 中的最大数? 非空有界数集 S 的下确界是否必为 S 中的最小数? 在何情况下, 非空有界数集 S 的上 (下) 确界必为 S 中的最大 (小) 数?

答　(1) 非空有界数集 S 的上确界不一定为 S 中的最大数, 非空有界数集 S 的下确界不一定 S 中的最小数. 例如数集

$$S=\left\{x\ \middle|\ x=(-1)^n\left(1-\frac{1}{n}\right),n\in\mathbb{N}_+\right\},$$

则 $\sup S=1,\ \inf S=-1$.

先证 $\sup S=1$. 事实上, 注意到 $n=2k$, 且 k 充分大时, $(-1)^{2k}\left(1-\dfrac{1}{2k}\right)$ 可以充分接近 1, 于是

(i) 对任意 $n\in\mathbb{N}_+$, 有 $(-1)^n\left(1-\dfrac{1}{n}\right)\leqslant1$;

(ii) 对任意 $\varepsilon>0$, 当 k 充分大时 $\left(k>\dfrac{1}{2\varepsilon}\right)$, 有 $x_0=1-\dfrac{1}{2k}>1-\varepsilon$.

同理可证 $\inf S = -1$.

但是 $\sup S$ 和 $\inf S$ 并不是 S 的最大数和最小数.

(2) 设 S 为非空有界数集. 若 S 为有限集, 则 S 必有最大 (小) 数, 从而 S 的最大 (小) 数必为其上 (下) 确界. 若 S 的 $\sup S \in S$, 记 $\max S$ 表示 S 中的最大数, 则 $\sup S = \max S$. 同样, 若 S 的下确界 $\inf S \in S$, 记 $\min S$ 表示 S 中的最小数, 则 $\inf S = \min S$. 易知, 数集的最大 (小) 数必为 S 的上 (下) 确界, 于是

$$\sup S \in S \Leftrightarrow \sup S = \max S; \quad \inf S \in S \Leftrightarrow \inf S = \min S. \qquad ■$$

问题 1.2.4 若数集 S 存在上 (下) 确界, 问其上 (下) 确界唯一吗?

答 若数集 S 存在上 (下) 确界, 则其上 (下) 确界必唯一.

事实上, 若 $\eta_1 = \sup S$, $\eta_2 = \sup S$, 且 $\eta_1 \neq \eta_2$, 不妨设 $\eta_1 < \eta_2$(对 $\eta_1 > \eta_2$ 同理可证). 由 $\eta_1 = \sup S$ 及上确界定义中的 (i) 知, 对任意 $s \in S$, 有 $s \leqslant \eta_1$. 再由 $\eta_2 = \sup S$ 及上确界定义中的 (ii) 知, 对 $\eta_1 < \eta_2$, 存在 $s_0 \in S$, 使得 $s_0 > \eta_1$. 这与前述对任意 $s \in S$, 有 $s \leqslant \eta_1$ 发生矛盾. 故 $\eta_1 = \eta_2$.

同理可证下确界的唯一性. ■

三、典型例题

例 1.2.1 求数集 $S = \left\{a_n \mid a_n = \sqrt[n]{1 + 2^{(-1)^n n}}, n \in \mathbb{N}_+\right\}$ 的上、下确界.

解 由于 $\max S = \sqrt{5}$, 所以由问题 1.2.3 知 $\sup S = \sqrt{5}$.

下面来证明: $\inf S = 1$.

(i) 由于 $2^{(-1)^n n} > 0$, 所以对任意 $n \in \mathbb{N}_+$, 有 $a_n = \sqrt[n]{1 + 2^{(-1)^n n}} \geqslant 1$;

(ii) 因 $x^n - 1 = (x-1)(x^{n-1} + x^{n-2} + \cdots + x + 1)$, 所以

$$\sqrt[2k+1]{1 + 2^{-(2k+1)}} - 1 = \frac{2^{-(2k+1)}}{a_{2k+1}^{2k} + a_{2k+1}^{2k-1} + \cdots + 1} \leqslant 2^{-(2k+1)}.$$

于是, 对任意 $\varepsilon > 0$ (限制 $\varepsilon < 2$), 存在 $k_0 \in \mathbb{N}_+$ (只要取 $k_0 > \dfrac{\log_2 \varepsilon^{-1} - 1}{2}$ 即可), 使得

$$\sqrt[2k_0+1]{1 + 2^{-(2k_0+1)}} - 1 \leqslant 2^{-(2k_0+1)} < \varepsilon,$$

即

$$a_{2k_0+1} = \sqrt[2k_0+1]{1 + 2^{-(2k_0+1)}} < 1 + \varepsilon,$$

这就证明了 $\inf S = 1$. ■

例 1.2.2 求数集 $S = \left\{x_n \mid x_n = 1 + n\sin\dfrac{n\pi}{3}, n \in \mathbb{N}_+\right\}$ 的上、下确界.

解 若取 $n = 6k + 1$, $k \in \mathbb{N}_+$, 得到数集 S 的子集 S_1 为

$$S_1 = \left\{ x_{6k+1} \mid x_{6k+1} = 1 + (6k+1)\frac{\sqrt{3}}{2}, k \in \mathbb{N}_+ \right\}.$$

若取 $n = 6k+5$, $k \in \mathbb{N}_+$, 得到数集 S 的子集 S_2 为

$$S_2 = \left\{ x_{6k+5} \mid x_{6k+5} = 1 - (6k+5)\frac{\sqrt{3}}{2}, k \in \mathbb{N}_+ \right\}.$$

于是, 可知 S_1 是无上界数集, 而 S_2 是无下界数集, 从而

$$\sup S = +\infty, \quad \inf S = -\infty.$$ ■

例 1.2.3　设 r 为任意实数, S 为 $\mathbb{R}$ 中非空有界数集, 证明

$$\sup(S+r) = \sup S + r, \quad \inf(S+r) = \inf S + r,$$

其中 $S + r = \{ s + r \mid s \in S \}$.

证明　先证明 $\sup(S+r) = \sup S + r$.

由 $\sup S$ 的定义, 可得

(i) 对任意 $s \in S$, 有 $s \leqslant \sup S$;

(ii) 对任意 $\varepsilon > 0$, 存在 $s_0 \in S$, 使得 $s_0 > \sup S - \varepsilon$.

于是, 可得

(i) 对任意 $s \in S$, 有 $s + r \leqslant \sup S + r$;

(ii) 对任意 $\varepsilon > 0$, 存在 $s_0 \in S$, 使得 $s_0 + r > \sup S + r - \varepsilon$. 再由数集上确界的定义, 可得 $\sup(S+r) = \sup S + r$.

同理可证 $\inf(S+r) = \inf S + r$. ■

例 1.2.4　设 S_k $(k \in \mathbb{N}_+)$ 为 $\mathbb{R}$ 中非空有上界数集, $S = \bigcup_{k=1}^{\infty} S_k$, $T = \{ \sup S_k \mid k \in \mathbb{N}_+ \}$. 证明: 数集 S 上有界 $\Leftrightarrow$ 数集 T 上有界, 且 $\sup S = \sup T$.

证明　若 S 上有界, 则 S 有上确界 $\sup S$.

对任意 $b \in T$, 存在 $k \in \mathbb{N}_+$, 使得 $b = \sup S_k$, 而 $S_k \subset S$, 所以 $\sup S_k \leqslant \sup S$. 故 $\sup S$ 是 T 的上界, 从而 $\sup T \leqslant \sup S$.

若 T 上有界, 则 T 有上确界 $\sup T$.

对任意 $s \in S$, 存在 $k \in \mathbb{N}_+$, 使得 $s \in S_k \subset S$, 所以 $s \leqslant \sup S_k \leqslant \sup T$. 故 $\sup T$ 是 S 的上界, 从而 $\sup S \leqslant \sup T$.

综上所述, S 上有界 $\Leftrightarrow$ T 上有界, 且 $\sup S = \sup T$. ■

关于此题的两点补充说明:

(i) 例 1.2.4 还可以推广到不可数的情形, 请读者自行证明;

(ii) 设 S_k $(k = 1, 2, \cdots, n)$ 为 $\mathbb{R}$ 中非空有上界数集, $S = \bigcup_{k=1}^{n} S_k$, 则

$$\sup S = \max\{ \sup S_k, k = 1, 2, \cdots, n \}.$$

例 1.2.5 设 S 和 T 均为由位于数轴原点右方的点构成的非空有界数集, 记 $ST=\{xy \mid x\in S, y\in T\}$. 证明: $\sup(ST)=\sup S\sup T$.

证明 先证明 $\sup(ST)\leqslant\sup S\sup T$.

由上确界定义知, 对任意 $x\in S$, $y\in T$, 有 $x\leqslant\sup S$, $y\leqslant\sup T$. 因 $x\geqslant 0$, $y\geqslant 0$, 所以 $xy\leqslant\sup S\sup T$. 这表明 $\sup S\sup T$ 为 ST 的一个上界, 从而

$$\sup(ST)\leqslant\sup S\sup T.$$

再证明 $\sup(ST)\geqslant\sup S\sup T$.

再由上确界定义 (即最小上界性质) 知, 对任意 $\varepsilon>0$(不妨设 $\varepsilon<1$), 存在 $x_0\in S$, $y_0\in T$, 有 $x_0>\sup S-\varepsilon$, $y_0>\sup T-\varepsilon$, 于是存在 $x_0y_0\in ST$, 使得

$$x_0y_0>(\sup S-\varepsilon)(\sup T-\varepsilon).$$

进一步有

$$\begin{aligned}\sup(ST)&\geqslant x_0y_0>(\sup S-\varepsilon)(\sup T-\varepsilon)\\&=\sup S\sup T-(\sup S+\sup T)\varepsilon+\varepsilon^2\\&\geqslant\sup S\sup T-(\sup S+\sup T+1)\varepsilon.\end{aligned}$$

由于 S 与 T 中的元素皆非负, 所以 $\sup S\geqslant 0$, $\sup T\geqslant 0$, $\sup S+\sup T+1>0$, 从而 $\varepsilon_1=(\sup S+\sup T+1)\varepsilon$ 仍为任意小的正数. 这就证明了 $\sup(ST)\geqslant\sup S\sup T$ (这里利用 1.1 节巩固提高中的题 1.1.8).

综合上述内容, 就得 $\sup(ST)=\sup S\sup T$. ■

例 1.2.6 设 $a>0$, $a\neq 1$, x 为有理数, 证明:

$$a^x=\begin{cases}\sup\{a^r \mid r\text{ 为有理数},\ r<x\}, & a>1,\\ \inf\{a^r \mid r\text{ 为有理数},\ r<x\}, & a<1.\end{cases}$$

证明 先将要证明的结论用确界定义确切地表示出来. 不妨设 $a>1$, 需证:

(i) 对任意 $r<x$, r 为有理数, 有 $a^r\leqslant a^x$;

(ii) 对任意 $\alpha<a^x$, 存在有理数 r, $r<x$, 使得 $\alpha<a^r<a^x$.

由于 r 与 x 均为有理数, 则据有理数指数性质知 (i) 成立.

因 $0<\alpha<a^x$, 所以 $\log_a\alpha<x$. 由有理数的稠密性知, 存在有理数 r, 使得 $\log_a\alpha<r<x$. 于是 $\alpha<a^r<a^x$. 这就证明了, 当 $a>1$ 时, $a^x=\sup\{a^r \mid r\text{ 为有理数},\ r<x\}$.

同理可证, 当 $1>a>0$ 时, $a^x=\inf\{a^r \mid r\text{ 为有理数},\ r<x\}$. ■

四、巩固提高

1.2.1　设 S 为非空数集, 请给出数 ξ 是 S 的下界但不是其下确界的正面表述.

1.2.2　设数集 $S=\left\{x_n \mid x_n=1+\dfrac{1}{2^n},\ n\in\mathbb{N}_+\right\}$, 证明: $\sup S=\dfrac{3}{2}$, $\inf S=1$.

1.2.3　设数集 $S=\{y \mid y=1+x^2, x \text{ 为非零有理数}\}$, 求 $\sup S$, $\inf S$.

1.2.4　设数集 $S=\left\{x_n \mid x_n=(-1)^n+(-1)^{n+1}\dfrac{1}{n}, n\in\mathbb{N}_+\right\}$, 求 $\sup S$, $\inf S$.

1.2.5　设数集 $S=\left\{x_n \mid x_n=1+n\sin\dfrac{n\pi}{2}, n\in\mathbb{N}_+\right\}$, 求 $\sup S$, $\inf S$.

1.2.6　设数集 $S=\{r \mid r^2<7, r \text{ 为有理数}\}$, 求 $\sup S$, $\inf S$.

1.2.7　设 S 和 T 均是非空有界数集, 证明: (i) $\sup(S\cup T)=\max\{\sup S,\sup T\}$; (ii) $\inf(S\cup T)=\min\{\inf S,\inf T\}$.

1.2.8　设 S 和 T 均是非空有界数集, 定义数集

$$S+T=\{z \mid z=s+t, s\in S, t\in T\}.$$

证明: (i) $\sup(S+T)=\sup S+\sup T$; (ii) $\inf(S+T)=\inf S+\inf T$.

1.2.9　设 S 和 T 均是 $\mathbb{R}$ 非空数集, 且满足下列条件:

(i) 对任何 $s\in S$, $t\in T$, 有 $s<t$;

(ii) 对任何 $\varepsilon>0$, 存在 $s_0\in S$, $t_0\in T$, 使得 $t_0-s_0<\varepsilon$.

证明: $\sup S=\inf T$.

1.3　函数概念

一、内容精读

1. 函数的定义及其表示法

1) 函数的定义

定义 1.3.1　给定两个实数集 D 和 M, 若有对应法则 f, 使得对每一个 $x\in D$, 都有唯一的一个数 $y\in M$ 与它相对应, 则称 f 是定义在数集 D 上的函数, 记作

$$f:\ D\to M\quad (\text{或 } x\mapsto y). \tag{1.3.1}$$

数集 D 称为函数 f 的定义域, x 所对应的数 y, 称为 f 在点 x 的函数值, 常记为 $f(x)$. 全体函数值的集合

$$f(D)=\{y \mid y=f(x),\ x\in D\}\ (\subset M)$$

称为函数 f 的值域.

关于函数定义的几点说明:

(i) 数学分析中所给出的函数定义与中学教材中的函数定义有以下差别: 给定两个实数集 D 和 M 不一定是区间, 而中学教材中的函数定义中的 D 一般是区间; 对每一个 $x \in D$, 都有唯一 $y \in M$ 与它相对应, 强调了对应的唯一性, 排除了 "多值性" 的可能; 称对应法则 f 为函数, 而不是称 y 是 x 的函数. 所以, 数学分析中函数的定义比中学教材中函数的定义有了进一步的发展, 今后在向量函数微分学中将有更广泛的向量函数的定义.

(ii) 函数的三要素: 定义域, 对应法则和值域. 定义中的实数集 M 常以 $\mathbb{R}$ 来代替, 于是定义域 D 和对应法则 f 就成为确定函数的两个主要因素. 所以, 常用

$$y = f(x), \quad x \in D$$

来表示一个函数.

两个函数相同, 意指它们具有相同的定义域和对应法则. 若两个函数对应法则相同而定义域不同, 则这两个函数仍是不相同的. 例如,

$$f(x) = 1,\ x \in \mathbb{R} \text{ 与 } g(x) = 1,\ x \in \mathbb{R} \setminus \{0\} \text{ 是不相同的;}$$

$$f(x) = |x|,\ x \in \mathbb{R} \text{ 与 } g(x) = \sqrt{x^2},\ x \in \mathbb{R} \text{ 为相同的两个函数.}$$

(iii) 在中学数学中已知, 函数的表示方法主要是公式法, 即用数学运算式子来表示函数. 这时函数的定义域常取使该运算式子有意义的自变量的全体, 通常称为*存在域*. 因此, 在这种情况下, 常省去函数的定义域 (存在域), 而只用对应法则 f 表示一个函数, 此时可简称 "函数 $y = f(x)$" 或 "函数 f".

2) 函数的表示法

函数通常的表示法: 解析法 (或公式法)、列表法和图像法.

函数的表示法中出现了*分段函数*的概念, 即在函数定义域的不同部分用不同的式子表示的函数. 掌握好此类函数, 对今后的学习是十分重要的. 要熟练掌握一些典型函数, 如

(i) 定义在 $\mathbb{R}$ 上的*符号函数* (其图像如图 1.3.1 所示)

$$y = \operatorname{sgn} x = \begin{cases} 1, & x > 0, \\ 0, & x = 0, \\ -1, & x < 0. \end{cases}$$

(ii) 定义在 $\mathbb{R}$ 上的*绝对值函数* (其图像如图 1.3.2 所示)

$$f(x) = |x| = \begin{cases} x, & x \geqslant 0, \\ -x, & x < 0, \end{cases} \quad \text{或} \quad f(x) = x \operatorname{sgn} x.$$

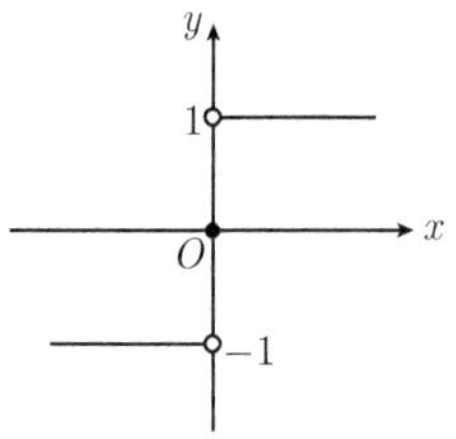

图 1.3.1

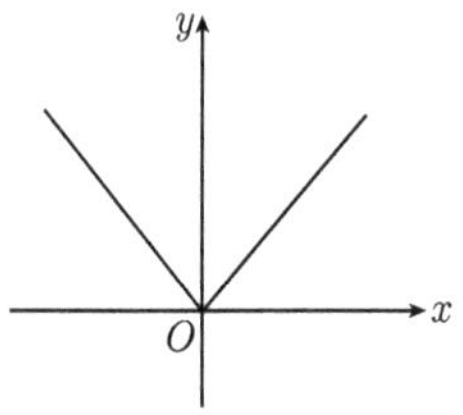

图 1.3.2

(iii) 定义在 $\mathbb{R}$ 上的Dirichlet 函数

$$D(x)=\begin{cases}1, & x\ \text{为有理数},\\ 0, & x\ \text{为无理数}.\end{cases}$$

(iv) 定义在 $[0,1]$ 上的Riemann 函数

$$R(x)=\begin{cases}\dfrac{1}{q}, & x=\dfrac{p}{q}\ \left(p,\ q\in\mathbb{N}_+,\ \dfrac{p}{q}\ \text{为既约真分数}\right),\\ 0, & x=0,1\ \text{和}\ (0,1)\ \text{内的无理数}.\end{cases}$$

(v) 定义在 $\mathbb{R}$ 上的取整 (“小数”) 函数

$y=[x]$, $x\in\mathbb{R}$, $[x]$ 表示取不超过 x 的最大整数;

$y=x-[x],\quad x\in\mathbb{R}$.

它们的图像分别如图 1.3.3 与图 1.3.4 所示.

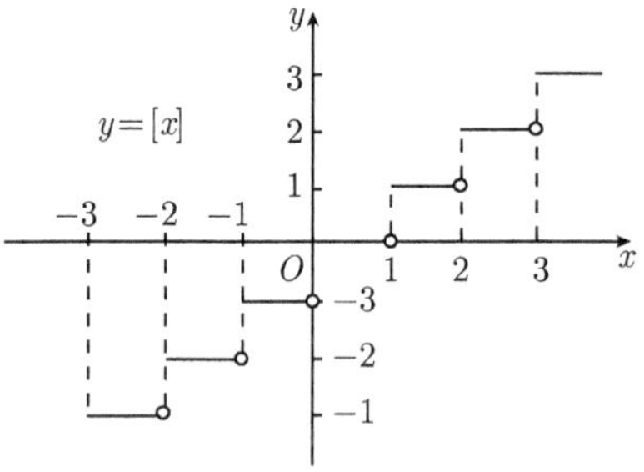

图 1.3.3

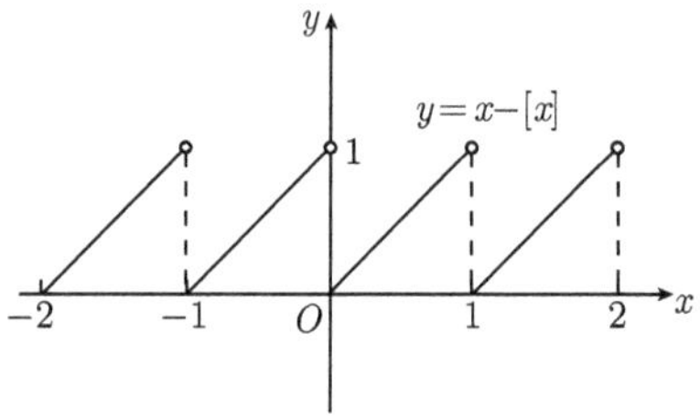

图 1.3.4

2. 函数的运算

1) 函数的四则运算

给定两个函数 f, $x\in D_1$ 和 g, $x\in D_2$, 记 $D=D_1\cap D_2$, 并设 $D\neq\varnothing$. 定义 f 和 g 在 D 上的和、差、积运算如下:

$$F(x)=f(x)+g(x),\quad x\in D,$$

$$G(x) = f(x) - g(x), \quad x \in D,$$

$$H(x) = f(x)g(x), \quad x \in D.$$

若 $D^* = D \cap \{x \mid g(x) \neq 0, x \in D_2\} \neq \varnothing$, 则在 D^* 上定义函数 f 和 g 的商运算为

$$L(x) = \frac{f(x)}{g(x)}, \quad x \in D^*.$$

2) 复合函数

设有两个函数

$$y = f(u), \quad u \in D; \quad u = g(x), \quad x \in E. \tag{1.3.2}$$

记 $E^* = \{x \mid g(x) \in D\} \cap E$. 若 $E^* \neq \varnothing$, 则对每一个 $x \in E^*$, 可以通过函数 g 对应 D 内唯一的一个值 u, 而 u 又通过函数 f 对应唯一的一个值 y. 这样就确定了一个定义在 E^* 上的函数, 它以 x 为自变量, y 为因变量, 记作

$$y = f\left(g(x)\right), \ x \in E^* \quad 或 \quad y = (f \circ g)(x), \ x \in E^*.$$

称为函数 f 和 g 的复合函数. 并称 f 为外函数, g 为内函数, 式 (1.3.2) 中的 u 为中间变量.

3) 反函数

设函数

$$y = f(x), \quad x \in D \tag{1.3.3}$$

满足: 对任意 $y \in f(D)$, 存在唯一 $x \in D$ 使得

$$f(x) = y,$$

则按此对应法则得到一个定义在 $f(D)$ 上的函数, 称此函数为 f 的反函数, 记作

$$\begin{aligned} f^{-1}: f(D) &\to D, \\ y &\mapsto x \end{aligned} \quad 或 \quad x = f^{-1}(y), \ y \in f(D). \tag{1.3.4}$$

若函数 f 存在反函数 f^{-1}, 则函数 f 也是函数 f^{-1} 的反函数, 或者说 f 与 f^{-1} 互为反函数, 且

$$f^{-1}\left(f(x)\right) \equiv x, \quad \forall\, x \in D;$$

$$f\left(f^{-1}(y)\right) \equiv y, \quad \forall\, y \in f(D).$$

3. 初等函数

1) 基本初等函数

常量函数 $y = c$ (c 是常数);

幂函数 $y = x^\alpha$ ($\alpha \in \mathbb{R}$);

指数函数 $y = a^x$ ($a > 0,\ a \neq 1$);

对数函数 $y = \log_a x$ ($a > 0,\ a \neq 1$);

三角函数 $y = \sin x$ (正弦函数), $y = \cos x$ (余弦函数),
$y = \tan x$ (正切函数), $y = \cot x$ (余切函数), $\cdots$;

反三角函数 $y = \arcsin x$ (反正弦函数), $y = \arccos x$ (反余弦函数),
$y = \arctan x$ (反正切函数), $y = \text{arccot}x$ (反余切函数), $\cdots$.

2) 初等函数的定义

定义 1.3.2 由基本初等函数经过有限次四则运算与复合运算所得到的函数, 统称为*初等函数*. 不是初等函数的函数, 称为*非初等函数*.

二、疑难解答

问题 1.3.1 函数 $f(x) = |x|$ 为初等函数吗? 为什么?

一般地, 设 f 和 g 为 I 上的初等函数, 定义

$$m(x) = \min\{f(x), g(x)\}, \quad M(x) = \max\{f(x), g(x)\}, \quad x \in I.$$

试问 $m(x)$ 和 $M(x)$ 是否为初等函数?

答 (i) 函数 $f(x) = |x|$ 为初等函数.

这是因为函数 $f(x) = |x|$ 可以看成是由函数 $f(u) = \sqrt{u}$ 和 $u = x^2$ 复合而成.

(ii) $m(x)$ 和 $M(x)$ 都是初等函数.

若 f 和 g 为 I 上的初等函数, 则知 $f(x) \pm g(x)$ 为 I 上的初等函数. 函数 $F(x) = |f(x) - g(x)|$ 可以看成是由函数 $F(u) = \sqrt{u}$ 和 $u = \big(f(x) - g(x)\big)^2$ 复合而成, 因而 $F(x) = |f(x) - g(x)|$ 为 I 上的初等函数. 注意到

$$m(x) = \min\{f(x), g(x)\} = \frac{1}{2}\{f(x) + g(x) - |f(x) - g(x)|\}, \quad x \in I,$$

所以 $m(x)$ 为 I 上的初等函数.

同理可知, $M(x)$ 也为 I 上的初等函数. ■

问题 1.3.2 设 Dirichlet 函数

$$f(x) = \begin{cases} 1, & x\ 为有理数, \\ 0, & x\ 为无理数, \end{cases}$$

$g(x) = \dfrac{1}{x}$, $|x| > 1$, 试问 $f\big(g(x)\big)$ 和 $g\big(f(x)\big)$ 是否存在?

答 按照复合函数的定义, 设两个函数

$$y=f(u),\ u\in D;\quad u=g(x),\ x\in E,$$

若 $E^*=\{x\mid g(x)\in D\}\cap E\neq\varnothing$, 则 f 和 g 可以复合成函数

$$y=f\big(g(x)\big),\quad x\in E^*.$$

(i) 对 $f(u)=\begin{cases}1, & u\text{ 为有理数},\\ 0, & u\text{ 为无理数},\end{cases}$ $D=\mathbb{R}$, $g(x)=\dfrac{1}{x}$, $E=\{x\mid |x|>1\}$, 有 $E^*=\{x\mid g(x)\in D\}\cap E=E\neq\varnothing$, 于是 f 与 g 可以复合, 即 $f\big(g(x)\big)$ 存在.

(ii) 对 $g(u)=\dfrac{1}{u}$, $D=\{u\mid |u|>1\}$, $f(x)=\begin{cases}1, & x\text{ 为有理数},\\ 0, & x\text{ 为无理数},\end{cases}$ $E=\mathbb{R}$, 有 $E^*=\{x\mid f(x)\in D\}\cap E=\varnothing$, 于是 g 与 f 不能复合, 即 $g\big(f(x)\big)$ 不存在. ■

问题 1.3.3 等式 $\arcsin(\sin x)=x,\ x\in\mathbb{R}$ 是否正确? 若不正确, 它与 $f^{-1}\big(f(x)\big)=x,\ x\in D$ 是否相矛盾?

答 (i) 等式 $\arcsin(\sin x)=x,\ x\in\mathbb{R}$ 是不正确的. 这是因为 $-\dfrac{\pi}{2}\leqslant\arcsin y\leqslant\dfrac{\pi}{2}$, 所以 $-\dfrac{\pi}{2}\leqslant\arcsin(\sin x)\leqslant\dfrac{\pi}{2}$. 当 $-\dfrac{\pi}{2}\leqslant x\leqslant\dfrac{\pi}{2}$ 时, 等式 $\arcsin(\sin x)=x$ 成立. 但对任意 $x\in\mathbb{R}$ 时,

若 $2k\pi-\dfrac{\pi}{2}\leqslant x\leqslant 2k\pi+\dfrac{\pi}{2}$, 则 $-\dfrac{\pi}{2}\leqslant x-2k\pi\leqslant\dfrac{\pi}{2}$, $\sin(x-2k\pi)=\sin x$, 于是

$$\arcsin(\sin x)=\arcsin\big(\sin(x-2k\pi)\big)=x-2k\pi,\quad k\in\mathbb{Z}.$$

若 $2k\pi+\dfrac{\pi}{2}\leqslant x\leqslant 2k\pi+\dfrac{3\pi}{2}$, 则 $-\dfrac{\pi}{2}\leqslant(2k+1)\pi-x\leqslant\dfrac{\pi}{2}$, $\sin\big((2k+1)\pi-x\big)=\sin x$, 于是

$$\arcsin(\sin x)=\arcsin\left[\sin\left((2k+1)\pi-x\right)\right]=(2k+1)\pi-x,\quad k\in\mathbb{Z}.$$

综上所述, 有

$$\arcsin(\sin x)=\begin{cases}x-2k\pi, & 2k\pi-\dfrac{\pi}{2}\leqslant x\leqslant 2k\pi+\dfrac{\pi}{2}, k\in\mathbb{Z},\\ (2k+1)\pi-x, & 2k\pi+\dfrac{\pi}{2}\leqslant x\leqslant 2k\pi+\dfrac{3\pi}{2}, k\in\mathbb{Z}.\end{cases}$$

(ii) 等式 $\arcsin(\sin x)=x,\ x\in\mathbb{R}$ 不正确与 $f^{-1}\left(f(x)\right)=x,\ x\in D$ 并不矛盾. 这是因为在定义反函数 f^{-1} 时, 对任意 $y\in f(D)$, 规定 D 中有且仅有一个 x 使得 $f(x)=y$, 但现在是对任意 $y\in[-1,1]$, 有无限多个 $x\in\mathbb{R}$, 使得 $\sin x=y$. 若限制在区间 $\left[-\dfrac{\pi}{2},\dfrac{\pi}{2}\right]$ 上, 则成立等式

$$\arcsin(\sin x)=x,\quad x\in\left[-\frac{\pi}{2},\frac{\pi}{2}\right].$$

■

三、典型例题

例 1.3.1　求函数 $f(x)=\sqrt{4-x^2}+\dfrac{1}{\ln\cos x}$ 的定义域.

解　只有 $\sqrt{4-x^2}$ 与 $\ln\cos x$ 同时有意义, 且 $\ln\cos x\neq 0$ 的 x 的取值才是 $f(x)$ 的定义域, 所以

$$\begin{cases}4-x^2\geqslant 0,\\ \cos x>0,\\ \cos x\neq 1,\end{cases}$$

解得

$$\begin{cases}-2\leqslant x\leqslant 2,\\ 2k\pi-\dfrac{\pi}{2}<x<2k\pi+\dfrac{\pi}{2}, & k\in\mathbb{N},\\ x\neq 2k\pi, & k\in\mathbb{N}.\end{cases}$$

综合上述不等式组的解, 可得 $f(x)$ 的定义域为 $\left(-\dfrac{\pi}{2},0\right)\cup\left(0,\dfrac{\pi}{2}\right)$. ■

例 1.3.2　设函数 $f(x)=\begin{cases}x^3+4x+1, & x\geqslant 1,\\ x+2, & x<1.\end{cases}$ 求 $f(x+4)$.

解　易得 $f(x+4)=\begin{cases}(x+4)^3+4(x+4)+1, & x\geqslant -3,\\ (x+4)+2, & x<-3,\end{cases}$ 即

$$f(x+4)=\begin{cases}x^3+12x^2+52x+81, & x\geqslant -3,\\ x+6, & x<-3.\end{cases}$$ ■

例 1.3.3　求函数 $f(x)=\dfrac{1}{2}(\mathrm{e}^x-\mathrm{e}^{-x})$ 的反函数.

解　由 $y=\dfrac{1}{2}(\mathrm{e}^x-\mathrm{e}^{-x})$ 化简得

$$\mathrm{e}^{2x}-2y\mathrm{e}^x-1=0,$$

解得

$$\mathrm{e}^x=y\pm\sqrt{1+y^2}.$$

因 $\mathrm{e}^x>0$, 所以 $\mathrm{e}^x=y+\sqrt{1+y^2}\Rightarrow\ x=\ln\left(y+\sqrt{1+y^2}\right)$, 从而 $f(x)$ 的反函数为

$$f^{-1}(x)=\ln(x+\sqrt{1+x^2}).$$ ■

例 1.3.4　证明 $f(x)=\sqrt[n]{c^n-x^n}$ 的反函数为其自身, 其中 c 为任意实常数, n 为奇数.

证明　由 $y=\sqrt[n]{c^n-x^n}$, 可得

$$y^n=c^n-x^n\ \Rightarrow x^n=c^n-y^n\ \Rightarrow x=\sqrt[n]{c^n-y^n}.$$

于是 $f^{-1}(x)=\sqrt[n]{c^n-x^n}=f(x)$. ■

例 1.3.5 设 $f(x)=\dfrac{x}{\sqrt{1+x^2}}$, 求 $f_n(x)=\overbrace{f(f(\cdots f}^{n个}(x)))$.

解 显然 f 的值域包含于 f 的定义域 $\mathbb{R}$ 内, 所以 f 与 f 可以复合. 于是, 由 $f_1(x)=f(x)$, 得

$$f_2(x)=f(f(x))=\frac{f(x)}{\sqrt{1+f^2(x)}}=\frac{\dfrac{x}{\sqrt{1+x^2}}}{\sqrt{1+\dfrac{x^2}{1+x^2}}}=\frac{x}{\sqrt{1+2x^2}},$$

$$f_3(x)=f(f_2(x))=\frac{f_2(x)}{\sqrt{1+f_2^2(x)}}=\frac{\dfrac{x}{\sqrt{1+2x^2}}}{\sqrt{1+\dfrac{x^2}{1+2x^2}}}=\frac{x}{\sqrt{1+3x^2}}.$$

假设

$$f_k(x)=\frac{x}{\sqrt{1+kx^2}},$$

则

$$f_{k+1}(x)=f\left(f_k(x)\right)=\frac{f_k(x)}{\sqrt{1+f_k^2(x)}}=\frac{\dfrac{x}{\sqrt{1+kx^2}}}{\sqrt{1+\dfrac{x^2}{1+kx^2}}}=\frac{x}{\sqrt{1+(k+1)x^2}}.$$

所以, 由数学归纳法知

$$f_n(x)=\overbrace{f(f(\cdots f}^{n个}(x)))=\frac{x}{\sqrt{1+nx^2}}.$$ ■

例 1.3.6 模拟一个三级火箭, 设各级质量分别为 8 000kg, 4 000kg, 2 000kg, 燃料均匀消耗率为 10kg/s, 各级火箭燃料时间分别为 600s, 300s, 150s. 每级火箭的燃料耗完后, 外壳自行脱落, 下一级火箭就开始燃烧, 最后一级火箭燃烧完后成为人造卫星, 绕地球运行. 试写出火箭质量随时间变化的规律.

解 三级火箭初始总质量为 (8 000 + 4 000 + 2 000)kg= 14 000kg, 用 $G(t)$ 表示火箭在时刻 t 时的质量.

在开始的 600s 内, 即 $0\leqslant t<600$ 时, 有

$$G(t)=14\ 000-10t,\quad 0\leqslant t<600.$$

在 $t=600$s 时, 第一级火箭脱落, 此刻火箭的质量变为 (4 000 + 2 000)kg= 6 000kg. 当 $600\leqslant t<900$ 时, 有

$$G(t)=6\,000-10(t-600),\quad 600\leqslant t<900.$$

在 $t=900\text{s}$ 时, 第二级火箭脱落, 此刻火箭的质量变为 2 000kg. 当 $900\leqslant t\leqslant 1\,050$ 时, 有

$$G(t)=2\,000-10(t-900),\quad 900\leqslant t\leqslant 1\,050.$$

当 $t>1\,050$ 时, 第三级火箭脱落, 卫星的质量为

$$G(t)=500,\quad t>1050.$$

综上讨论, 火箭质量随时间变化的规律为如下函数表示：

$$G(t)=\begin{cases}14\,000-10t, & 0\leqslant t<600,\\ 6\,000-10(t-600), & 600\leqslant t<900,\\ 2\,000-10(t-900), & 900\leqslant t\leqslant 1\,050,\\ 500, & t>1050.\end{cases}$$ ■

四、巩固提高

1.3.1　判断下列各组函数是否相等, 并简述理由:

(i) $f(x)=\dfrac{x}{x}$ 与 $g(x)=1$;

(ii) $f(x)=\ln x^2$ 与 $g(x)=2\ln x$;

(iii) $f(x)=\sqrt{\dfrac{x-1}{x-3}}$ 与 $g(x)=\dfrac{\sqrt{x-1}}{\sqrt{x-3}}$;

(iv) $f(x)=\sqrt[3]{x^4-x^3}$ 与 $g(x)=x\sqrt[3]{x-1}$.

1.3.2　求函数 $f(x)=\arcsin\dfrac{3x}{1+x}$ 的定义域.

1.3.3　设 $f(x)=\begin{cases}x, & x>0,\\ 1+x, & x\leqslant 0,\end{cases}$ $g(x)=\begin{cases}-x^2, & x>0,\\ x, & x\leqslant 0,\end{cases}$ 求 $g(f(x))$ 及其定义域.

1.3.4　设 $f(x)=\mathrm{e}^x+\mathrm{e}^{-x}$, 证明 $f(x+y)f(x-y)=f(2x)+f(2y)$.

1.3.5　证明: 当 $|x|\leqslant 1$ 时, $\arcsin x+\arccos x=\dfrac{\pi}{2}$.

1.3.6　证明下列各不等式:

(i) 当 $x>0$ 时, $1-x<x\left[\dfrac{1}{x}\right]\leqslant 1$;

(ii) 当 $x<0$ 时, $1\leqslant x\left[\dfrac{1}{x}\right]<1-x$.

1.3.7　设 $f(x)=\dfrac{x}{1+x}$, $x\in\mathbb{R}_+$, 求 $f_n(x)=\overbrace{f(f(\cdots f(x)))}^{n\text{个}}$.

1.3.8 若底面半径为 r 的圆柱形油桶的容积为 V, 试建立油桶的表面积 S 与其底面半径 r 之间的关系.

1.3.9 火车站收取行李费的规定如下: 当行李不超过 50kg 时, 按基本运费计算, 如从上海到某地收 0.15 元/kg. 当超过 50kg 时, 超重部分收 0.25 元/kg. 试求上海到该地的行李费 y(元) 与质量 x(kg) 之间的函数关系.

1.3.10 将一质量为 m 的物体置于水平地面上, 物体与地面的摩擦系数为 μ. 设有一与水平方向成 α 角的拉力 F, 使物体从静止开始移动. 求物体开始移动时拉力 F 与角 α 之间的函数关系式.

1.4 具有某些特性的函数

一、内容精读

设 f 为定义在 D 上的函数.

1. 有界函数

若存在数 M (L), 使得对每一个 $x \in D$ 有

$$f(x) \leqslant M \quad (f(x) \geqslant L),$$

则称 f 为 D 上的有上 (下) 界函数, 数 M (L) 称为 f 的一个上 (下) 界.

若存在正数 M, 使得对每一个 $x \in D$ 有

$$|f(x)| \leqslant M, \tag{1.4.1}$$

则称 f 为 D 上的有界函数.

注 1.4.1 (i) f 在 D 上有界, 意味着值域 $f(D)$ 是一个有界集.

(ii) f 在 D 上有界 $\Leftrightarrow$ f 在 D 上既有上界又有下界.

(iii) 式 (1.4.1) 的几何意义: 若 f 为 D 上的有界函数, 则 f 的图像完全落在直线 $y = M$ 与 $y = -M$ 之间, 如图 1.4.1 所示.

(iv) 函数 f 在 D 上无上界、无下界、无界的定义:

f 为 D 上的无上界函数 $\Leftrightarrow$ $\forall\ M$, $\exists\ x_0 \in D$, 使得 $f(x_0) > M$;

f 为 D 上的无下界函数 $\Leftrightarrow \forall\ L, \exists\ x_0 \in D$, 使得 $f(x_0) < L$;

f 为 D 上的无界函数 $\Leftrightarrow$ $\forall\ M > 0$, $\exists\ x_0 \in D$, 使得 $|f(x_0)| > M$.

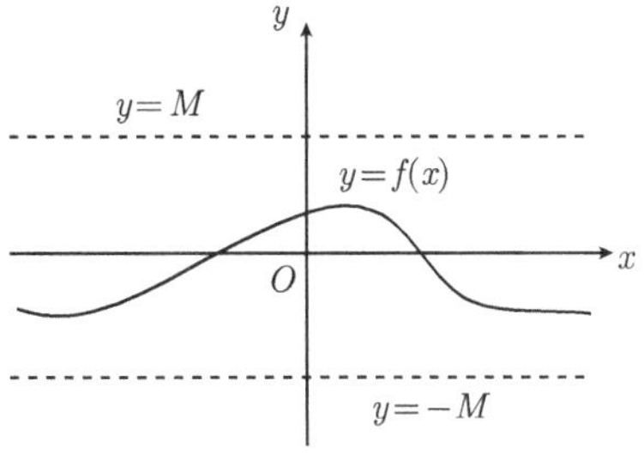

图 1.4.1

(v) 有界函数的函数值集的确界.

对有界函数 $f(x), x\in D$, 其值域 $f(D)$ 为有界集, 则存在 $\sup\limits_{x\in D} f(x)$ 和 $\inf\limits_{x\in D} f(x)$:

$$\eta=\sup_{x\in D} f(x)\Leftrightarrow\begin{cases}\text{(i) }\forall\, x\in D,\ f(x)\leqslant\eta;\\ \text{(ii) }\forall\,\alpha<\eta,\ \exists\, x_0\in D,\ \text{使得 } f(x_0)>\alpha\\ \text{(或者 }\forall\,\varepsilon>0,\ \exists\, x_0\in D,\ \text{使得 } f(x_0)>\eta-\varepsilon).\end{cases}$$

$$\xi=\inf_{x\in D} f(x)\Leftrightarrow\begin{cases}\text{(i) }\forall\, x\in D,\ f(x)\geqslant\xi;\\ \text{(ii) }\forall\,\alpha>\xi,\ \exists\, x_0\in D,\ \text{使得 } f(x_0)<\alpha\\ \text{(或者 }\forall\,\varepsilon>0,\ \exists\, x_0\in D,\ \text{使得 } f(x_0)<\xi+\varepsilon).\end{cases}$$

要注意数集的确界与函数值集确界的联系与区别.

2. 单调函数

(i) f 为 D 上的增函数 $\Leftrightarrow\forall\, x_1,x_2\in D$, 且 $x_1<x_2$, 总有 $f(x_1)\leqslant f(x_2)$;

f 为 D 上的严格增函数 $\Leftrightarrow$ 对任意 $x_1,x_2\in D$, 且 $x_1<x_2$, 总有 $f(x_1)<f(x_2)$.

(ii) f 为 D 上的减函数 $\Leftrightarrow\forall\, x_1,x_2\in D$, 且 $x_1<x_2$, 总有 $f(x_1)\geqslant f(x_2)$;

f 为 D 上的严格减函数 $\Leftrightarrow$ 对任意 $x_1,x_2\in D$, 且 $x_1<x_2$, 总有 $f(x_1)>f(x_2)$.

增函数和减函数统称为单调函数, 严格增函数和严格减函数统称为严格单调函数.

定理 1.4.1　设 $y=f(x), x\in D$ 为严格增 (减) 函数, 则 f 必有反函数 f^{-1}, 且 f^{-1} 在其定义域 $f(D)$ 上也是严格增 (减) 函数.

定理表明: 严格增 (减) 函数必存在反函数, 这是严格单调函数的重要性质, 但是并非存在反函数的函数一定是严格单调的 (可参见问题 1.4.5).

3. 奇函数与偶函数

若 D 为关于原点对称的数集, 则

$$f \text{ 为 } D \text{ 上的奇函数} \Leftrightarrow\forall\, x\in D, \text{有 } f(-x)=-f(x); \tag{1.4.2}$$

$$f \text{ 为 } D \text{ 上的偶函数} \Leftrightarrow\forall\, x\in D, \text{有 } f(-x)=f(x). \tag{1.4.3}$$

几何解释: 奇函数的图像关于原点对称, 偶函数的图像则关于 y 轴对称.

4. 周期函数

$$f \text{ 为周期函数} \Leftrightarrow\exists\,\sigma>0,\ \forall\, x\in D, \text{且 } x\pm\sigma\in D, \text{有 } f(x\pm\sigma)=f(x). \tag{1.4.4}$$

σ 称为 f 的一个周期.

若在周期函数 f 的所有周期中有一个最小的周期, 则称此最小周期为 f 的基本周期, 或简称为周期.

注意: 周期函数不一定有基本周期, 例如定义在 $\mathbb{R}$ 上的 Dirichlet 函数 $D(x)$, 任何正的有理数都是它的周期, 但它没有基本周期.

二、疑难解答

问题 1.4.1 如何正面表述数集 D 上无上 (下) 界函数、无界函数?

答 设 f 为定义在数集 D 上的函数. $f(x)$ 为无上 (下) 界函数、无界函数:

$f(x)$ 为无上界函数 $\Leftrightarrow \forall\, M, \exists\, x_0 \in D$, 使得 $f(x_0) > M$;

$f(x)$ 为无下界函数 $\Leftrightarrow \forall\, L, \exists\, x_0 \in D$, 使得 $f(x_0) < L$;

$f(x)$ 为无界函数 $\Leftrightarrow \forall\, M > 0, \exists\, x_0 \in D$, 使得 $|f(x_0)| > M$. ■

问题 1.4.2 如何正面表述函数 f 在区间 I 上不是严格单调的?

答 f 在 I 上不是严格单调 $\Leftrightarrow$ f 在区间 I 上既不是严格增, 也不是严格减;

f 在 I 上不是严格增 $\Leftrightarrow \exists\, x_1, x_2 \in I$, $x_1 < x_2$, 但 $f(x_1) \geqslant f(x_2)$;

f 在 I 上不是严格减 $\Leftrightarrow \exists\, x_3, x_4 \in I$, $x_3 < x_4$, 但 $f(x_3) \leqslant f(x_4)$. ■

问题 1.4.3 请问周期函数一定存在基本周期吗?

答 答案是否定的. 例如, 常量函数, Dirichlet 函数都是周期函数. 任意正实数都是常量函数的周期, 任意正的有理数都是 Dirichlet 函数的周期, 但常量函数和 Dirichlet 函数都无最小周期, 亦即它们都无基本周期. ■

问题 1.4.4 请问周期函数的定义域必为 $\mathbb{R}$ 吗?

答 答案是否定的. 例如函数 $f(x) = \sqrt{\sin x}$, 其周期为 $\sigma = 2\pi$, 但其定义域为 $\big[2k\pi, (2k+1)\pi\big]$, $k \in \mathbb{Z}$. 由此可见周期函数的定义域不一定是 $\mathbb{R}$. ■

问题 1.4.5 已知严格单调函数必有反函数, 请问若 f 存在反函数时一定严格单调吗?

答 答案是否定的. 虽然严格单调函数必存在反函数, 但反过来若 f 存在反函数时, f 就不一定严格单调. 例如定义在 $D = [0,1]$ 上的函数

$$f(x) = \begin{cases} x, & x \text{ 为有理数}, \\ -x, & x \text{ 为有理数}. \end{cases}$$

易知函数 f 在 D 与 $f(D)$ 之间是一一对应的, 从而 f 存在反函数. 但是, 函数 f 既不是严格增的, 也不是严格减的. 这是因为, 若取 $x_1, x_2 \in [0,1]$, $x_1 < x_2$, x_1 为有理数, x_2 为无理数, 则 $f(x_1) = x_1$, $f(x_2) = -x_2$, 于是 $f(x_2) < f(x_1)$, 即明 f 不是严格增的. 同理, 若取 $x_1, x_2 \in [0,1]$, $x_1 < x_2$, x_1 为无理数, x_2 为有理数, 则 $f(x_1) = -x_1$, $f(x_2) = x_2$, 于是 $f(x_2) > f(x_1)$, 即证明 f 不是严格减的. ■

三、典型例题

例 1.4.1 证明函数 $f(x) = \ln x$ 在 $(0, +\infty)$ 上既无上界又无下界.

证明 可以证明 $f(x) = \ln x$ 在 $(0, +\infty)$ 上严格增的.

先证 $f(x)=\ln x$ 在 $(0,+\infty)$ 上无上界. 因 $e^x>0$, 对任意 M, 取 $x_0\in(0,+\infty)$ 且 $x_0>e^M$, 就有 $\ln x_0>M$. 由问题 1.4.1 知 $f(x)=\ln x$ 在 $(0,+\infty)$ 上无上界.

再证 $f(x)=\ln x$ 在 $(0,+\infty)$ 上无下界. 对任意 L, 取 $x_0\in(0,+\infty)$ 且 $x_0<e^L$, 就有 $\ln x_0<L$. 由问题 1.4.1 知 $f(x)=\ln x$ 在 $(0,+\infty)$ 上无下界. ■

例 1.4.2 设 f 和 g 为定义 (a,b) 的函数, 定义

$$\varphi(x)=\max\{f(x),g(x)\},\quad \psi(x)=\min\{f(x),g(x)\}.$$

证明: 若 f 和 g 为 (a,b) 上的增函数, $\varphi(x)$ 和 $\psi(x)$ 也都是 (a,b) 上的增函数.

证明 对任意 $x_1,x_2\in(a,b)$ 且 $x_1<x_2$, 则由 f 和 g 为 (a,b) 上的增函数知

$$f(x_2)\geqslant f(x_1),\quad g(x_2)\geqslant g(x_1).$$

所以

$$\varphi(x_2)\geqslant f(x_2)\geqslant f(x_1),\quad \varphi(x_2)\geqslant g(x_2)\geqslant g(x_1),$$

从而

$$\varphi(x_2)\geqslant \max\{f(x_1),g(x_1)\}=\varphi(x_1),$$

即 $\varphi(x)$ 为 (a,b) 上的增函数.

$$\psi(x_1)=\min\{f(x_1),g(x_1)\}\leqslant f(x_1)\leqslant f(x_2),$$

$$\psi(x_1)=\min\{f(x_1),g(x_1)\}\leqslant g(x_1)\leqslant g(x_2),$$

所以

$$\psi(x_1)\leqslant \min\{f(x_2),g(x_2)\}=\psi(x_2),$$

这就证明了 $\psi(x)$ 是 (a,b) 上的增函数. ■

例 1.4.3 证明: 函数 $f(x),x\in D$ 为严格单调 $\Leftrightarrow$ 对任意 $x_1,x_2,x_3\in D$, 且 $x_1<x_2<x_3$, 有

$$\big(f(x_1)-f(x_2)\big)\big(f(x_2)-f(x_3)\big)>0. \tag{1.4.5}$$

证明 必要性. 不妨设 f 严格增 (对严格减的情况可同理), 则对任意 $x_1,x_2,x_3\in D$, 且 $x_1<x_2<x_3$, 有 $f(x_1)<f(x_2)$, $f(x_2)<f(x_3)$. 由此立即得到式 (1.4.5).

充分性. (反证法) 若对任意 $x_1,x_2,x_3\in D$, 且 $x_1<x_2<x_3$, $f(x)$ 满足式 (1.4.5), 但 f 不是严格单调的. 由问题 1.4.2 知, 存在 $a_1,a_2\in D$, $a_1<a_2$, 但 $f(a_1)\leqslant f(a_2)$(f 不是严格减的), 又存在 $a_3,a_4\in D$, $a_3<a_4$, 但 $f(a_3)\geqslant f(a_4)$ (f 不是严格增的). 经讨论易知, 在 a_1,a_2,a_3,a_4 四个数中总可以选出三个数, 记为 x_1,x_2,x_3, 它们满足 $x_1<x_2<x_3$, 且

$$f(x_1)\leqslant f(x_2),\quad f(x_2)\geqslant f(x_3)\quad 或\quad f(x_1)\geqslant f(x_2),\ f(x_2)\leqslant f(x_3),$$

于是 $\big(f(x_1)-f(x_2)\big)\big(f(x_2)-f(x_3)\big)\leqslant 0$, 这与式 (1.4.5) 相矛盾. 故 f 为严格单调函数. ■

例 1.4.4 设 f 为 $[-a,a]$ 上的奇 (偶) 函数. 证明: 若 f 为 $[0,a]$ 上增函数, 则 f 为 $[-a,0]$ 上增 (减) 函数.

证明 设 f 为 $[-a,a]$ 上的奇函数, 且 f 为 $[0,a]$ 上增函数. 对任意给定的 $x_1,x_2\in[-a,0]$, 且 $x_1<x_2$, 则 $-x_1,-x_2\in[0,a]$, 且 $-x_2<-x_1$. 由 f 为 $[0,a]$ 上增函数, 可得 $f(-x_2)\leqslant f(-x_1)$, 再由 f 为 $[-a,a]$ 上的奇函数, 有 $-f(x_2)\leqslant -f(x_1)$, 从而 $f(x_1)\leqslant f(x_2)$, 即 f 为 $[-a,0]$ 上增函数.

设 f 为 $[-a,a]$ 上的偶函数, 且 f 为 $[0,a]$ 上增函数. 对任意给定的 $x_1,x_2\in[-a,0]$, 且 $x_1<x_2$, 则 $-x_1,-x_2\in[0,a]$, 且 $-x_2<-x_1$. 由 f 为 $[0,a]$ 上增可得 $f(-x_2)\leqslant f(-x_1)$, 再由 f 为 $[-a,a]$ 上的偶函数, 有 $f(x_2)\leqslant f(x_1)$, 即 f 为 $[-a,0]$ 上减函数. ■

例 1.4.5 证明: 若函数 $y=f(x),x\in\mathbb{R}$ 的图形关于直线 $x=a$ 和 $x=b$ (其中 $b>a$) 都对称, 则函数 f 必为周期函数, 且 $2(b-a)$ 为其一个周期.

证明 因 $y=f(x),x\in\mathbb{R}$ 的图形关于直线 $x=a$ 对称, 于是必有

$$f(a-x)=f(a+x),\quad \forall\, x\in\mathbb{R}. \tag{1.4.6}$$

同理可得

$$f(b-x)=f(b+x),\quad \forall\, x\in\mathbb{R}. \tag{1.4.7}$$

由式 (1.4.6) 与式 (1.4.7) 推得

$$\begin{aligned}f\big(x+2(b-a)\big)&=f\big(b+(x+b-2a)\big)\\&\xlongequal{\text{式}(1.4.7)}f\big(b-(x+b-2a)\big)\\&=f(2a-x)=f\big(a+(a-x)\big)\\&\xlongequal{\text{式}(1.4.6)}f\big(a-(a-x)\big)=f(x),\end{aligned}$$

这表明 $f(x)$ 为周期函数, 且 $2(b-a)$ 为其一个周期. ■

例 1.4.6 设 f 为定义在 $\mathbb{R}$ 上以 h 为周期的函数, a 为实数. 证明: 若 f 在 $[a,a+h]$ 上有界, 则 f 在 $\mathbb{R}$ 上有界.

证明 因 f 在 $[a,a+h]$ 上有界, 故存在 $M>0$, 使得

$$|f(x)|\leqslant M,\quad \forall\, x\in[a,a+h].$$

对任意 $t\in\mathbb{R}$, 设 $n=\left[\dfrac{t-a}{h}\right]$, 则 $0\leqslant\dfrac{t-a}{h}-n=\theta<1$, 从而 $t=(a+\theta h)+nh=x+nh$, $x=a+\theta h\in[a,a+h]$, 所以由 f 为定义在 $\mathbb{R}$ 上以 h 为周期的函数, 有 $f(t)=f(x+nh)=f(x)\Rightarrow|f(t)|\leqslant M$, $t\in\mathbb{R}$, 这就证明了 f 在 $\mathbb{R}$ 上有界. ■

四、巩固提高

1.4.1　证明函数 $f(x)=x\sin x,\ x\in\mathbb{R}$ 既无上界又无下界.

1.4.2　证明函数 $f(x)=\dfrac{1}{x}\cos\dfrac{1}{x}$ 在 $U^{\circ}(0;\delta)$ 中无界.

1.4.3　证明: 函数 f 在 D 上有界 $\Leftrightarrow$ f 在 D 上既有上界又有下界.

1.4.4　证明下列结论:

(i) 若 f 在 D 上有界, 则对任意 $c\in\mathbb{R}$, 有 $\sup\limits_{x\in D}\{f(x)+c\}=\sup\limits_{x\in D}f(x)+c$;

(ii) 设 f,g 在 D 上有定义, 若 f 有界, g 有上界, 则 $f+g$ 有上界.

1.4.5　若 f,g 为 D 上的有界函数, 证明

$$\sup_{x\in D}\{f(x)+g(x)\}\leqslant\sup_{x\in D}f(x)+\sup_{x\in D}g(x).\tag{1.4.8}$$

举例说明上式成立严格不等式. 请将式 (1.4.8) 与题 1.2.8 的 (i) 进行比较.

1.4.6　设 f 是定义在 $\mathbb{R}$ 上的奇函数, g 是定义在 $\mathbb{R}$ 上的偶函数, 试问 $f\circ g$ 与 $g\circ f$ 是奇函数还是偶函数?

1.4.7　若 $g(x)$ 为偶函数, 试判断函数 $f(x)=g(x)\left(\dfrac{1}{2}+\dfrac{1}{a^x-1}\right)$ 的奇偶性 (其中 $a>0$, 且 $a\neq1$).

进一步地, 若将题中函数 $g(x)$ 的条件改为: $g(x)$ 在 $\mathbb{R}$ 上有定义, 且对任意 $x,y\in\mathbb{R}$, 有 $g(x+y)=g(x)+g(y)$, 则函数 $f(x)$ 的奇偶性又如何?

1.4.8　设 f 在 $[-a,a]$ 上有定义, 证明 f 在 $[-a,a]$ 上可表为奇偶函数之和.

1.4.9　讨论Dirichlet 函数

$$D(x)=\begin{cases}1, & x\text{为有理数},\\ 0, & x\text{为无理数}\end{cases}$$

的有界性、单调性和周期性.

***1.4.10**　设函数 f 定义在区间 I 上, 若对任意 $x_1,x_2\in I$ 及 $\lambda\in(0,1)$, 恒有 $f(\lambda x_1+(1-\lambda)x_2)\leqslant\lambda f(x_1)+(1-\lambda)f(x_2)$. 证明: 在区间 I 的任何闭子区间 I_1 上 f 有界.

1.4.11　证明: 若函数 $y=f(x),\ x\in\mathbb{R}$ 的图形关于点 $P(a,y_0)$ 和直线 $x=b$ 都对称 (其中 $b>a$), 则函数 f 必为周期函数, 且 $4(b-a)$ 为其一个周期.

第2章　数 列 极 限

极限理论是数学分析的核心, 贯穿于数学分析的全部内容之中. 本章仅限于介绍数列极限的基础部分, 其余内容将在以后的有关章节中陆续加以介绍.

本章主要内容: 数列极限概念, 收敛数列的基本性质和数列极限存在的条件.

2.1　数列极限概念

一、内容精读

1. 数列极限的定义

设数列 $\{a_n\}$, 描述 $\lim\limits_{n\to\infty} a_n = a$ (有限数) 常用的如下两种方法:

ε-N 语言: $\lim\limits_{n\to\infty} a_n = a \Leftrightarrow \forall\, \varepsilon > 0, \exists\, N \in \mathbb{N}_+$, 当 $n > N$ 时, 有 $|a_n - a| < \varepsilon$.

邻域表示法 (几何意义表示): $\lim\limits_{n\to\infty} a_n = a \Leftrightarrow$ 对 a 的任意 ε 邻域 $U(a;\varepsilon)$, $\{a_n\}$ 中至多有有限个 a_n 使 $a_n \notin U(a;\varepsilon)$ (参考图 2.1.1).

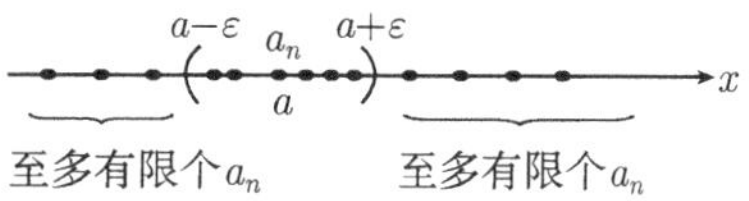

图 2.1.1

对极限定义的补充讨论:

(1) ε 是一把可任意小的尺子, 用于刻画数列的各项接近 a 的情况. 因而 "$\forall\, \varepsilon > 0$" 不可改为 "$\exists\, \varepsilon > 0$"; "当 $n > N$" 不可改为 "存在 $n > N$";

(2) 根据 ε 而取的 N 绝不是唯一的选择. 有时写 $N = N(\varepsilon)$, 只是表示 N 的选择与 ε 有关的, 但并不表示非取满足定义中相关不等式的最小 n 为 N. $N = N(\varepsilon)$ 不是函数关系;

(3) 关于 ε–N 语言表示法至少还有如下等价性描述:

(i) $\lim\limits_{n\to\infty} a_n = a \Leftrightarrow \forall\, \varepsilon > 0, \exists\, N \in \mathbb{N}_+$, 当 $n \geqslant N$ 时, 有 $|a_n - a| \leqslant \varepsilon$;

(ii) $\lim\limits_{n\to\infty} a_n = a \Leftrightarrow \forall\, \varepsilon > 0, \exists\, N \in \mathbb{N}_+$, 当 $n > N$ 时, 有 $|a_n - a| < C\varepsilon$, 其中 C 是一个与 ε 和 n 无关的正常数;

(iii) $\lim\limits_{n\to\infty} a_n = a \Leftrightarrow \forall\, m \in \mathbb{N}_+, \exists\, N \in \mathbb{N}_+$, 当 $n > N$ 时, 有 $|a_n - a| < \dfrac{1}{m}$.

2. 验证 $\lim\limits_{n\to\infty} a_n \neq a$ 的基本方法

设数列 $\{a_n\}$, 描述 $\lim\limits_{n\to\infty} a_n \neq a$ 的方法:

ε-N 语言: $\lim\limits_{n\to\infty} a_n \neq a \Leftrightarrow \exists\, \varepsilon_0 > 0, \forall\, N \in \mathbb{N}_+, \exists\, n_1 \geqslant N$, 使得 $|a_{n_1} - a| \geqslant \varepsilon_0$.

邻域表示法: $\lim\limits_{n\to\infty} a_n \neq a \Leftrightarrow$ 存在 a 的某一 ε_0 邻域 $U(a;\varepsilon_0)$, 数列 $\{a_n\}$ 中有无限多个 $a_n \notin U(a;\varepsilon)$.

极限概念是数学分析课程中最基本的概念之一, 要学好数学分析, 掌握它是关键. 数列 $\{a_n\}$ 的极限为 a 描述了当 n 充分大时, 数列的项 a_n 与常数 a 无限接近的动态特性.

若数列 $\{a_n\}$ 的极限 $\lim\limits_{n\to\infty} a_n$ 存在 (有限), 则称 $\{a_n\}$ 为收敛数列; 否则称 $\{a_n\}$ 为发散数列.

3. 无穷小数列

若 $\lim\limits_{n\to\infty} a_n = 0$, 则称 $\{a_n\}$ 为无穷小数列, 记为 $a_n = o(1)$. 显然

$$\lim_{n\to\infty} a_n = a \ \Leftrightarrow \ a_n - a = o(1).$$

注 2.1.1　(i) 此处定义的 $a_n = o(1)$ 与通常等式的含义不同, 等式的左边为一数列而右边则是一类数列, 即 $o(1) = \{c_n \mid \lim\limits_{n\to\infty} c_n = 0\}$, 中间等号的含义为 "属于";

(ii) 用记号 $O(1)$ 表示有界量. 例如 $\sin n = O(1)$, 即 $\{\sin n\}$ 为有界数列.

无穷小数列的若干性质:

(i) 若 $a_n = o(1)$, 则 $\{a_n\}$ 有界;

(ii) 若 $a_n = o(1)$, 则 $|a_n| = o(1)$. 反之亦然;

(iii) 若 $a_n^{(k)} = o(1), k = 1, 2, \cdots, N_0$ (N_0 为有限正整数), 则 $\sum\limits_{k=1}^{N_0} a_n^{(k)} = o(1)$;

(iv) 若 $a_n^{(k)} = o(1), k = 1, 2, \cdots, N_0$ (N_0 为有限正整数), 则 $\prod\limits_{k=1}^{N_0} a_n^{(k)} = o(1)$;

(v) 若 $a_n = o(1)$, $\{b_n\}$ 有界, 则 $a_n b_n = o(1)$;

(vi) 若 $\{a_n\}$ 为常数列, 且 $a_n = o(1)$, 则 $a_n \equiv 0$.

二、疑难解答

问题 2.1.1　按 ε–N 语言验证 $\lim\limits_{n\to\infty} a_n = a$ 时, 如何应用 "适当放大法" 对 $|a_n - a|$ 进行放大?

答　所谓 "适当放大法", 就是先找出 n 的一个函数 $f(n)$(满足 $f(n) = o(1)$), 使得 $|a_n - a| \leqslant f(n)$ 成立, 此为 "放大". 然后再对任意 $\varepsilon > 0$, 证明存在 $N > 0$, 使得当 $n > N$ 时成立 $f(n) < \varepsilon$. 因此, 将 $\{f(n)\}$ 看作一个新的数列, 则此数列一定收敛于 0 (注意: 初学者易犯的错误是数列 $\{f(n)\}$ 不满足 $f(n) = o(1)$, 即不等式放大过头了).

当然, 适当放大法的成功一方面取决于 $f(n)=o(1)$, 另一方面更重要的是要使 $f(n)$ 比 $|a_n-a|$ 简单得多, 对具体的问题能从 $f(n)<\varepsilon$ 中易求出 n, 以确定 N.

据上述的 "适当放大法", 在用 ε-N 语言验证 $\lim\limits_{n\to\infty} a_n=a$ 时, 对任意 $\varepsilon>0$, 将 $|a_n-a|$ 适当放大后化为

$$|a_n-a|\leqslant\cdots\leqslant f(n)<\varepsilon,$$

而由 $f(n)<\varepsilon$ 较容易求出 N, 当 $n>N$ 时 $f(n)<\varepsilon$, 即有 $|a_n-a|<\varepsilon$. 在放大不等式时, 通常要注意以下几点:

(i) $f(n)=o(1)$;

(ii) 由 $f(n)<\varepsilon$ 容易求得 N_1;

(iii) 为了放大过程的方便, 有时需要预先假定 $n>N_0$, 最后取 $N=\max\{N_0,N_1\}$.

例 1 证明 $\lim\limits_{n\to\infty}\dfrac{n!}{n^n}=0$.

证明 由于

$$\left|\frac{n!}{n^n}-0\right|=\frac{n!}{n^n}=\frac{1}{n}\cdot\frac{2}{n}\cdots\frac{n-1}{n}\cdot\frac{n}{n}<\frac{1}{n}=f(n),\quad (\text{适当放大不等式})$$

所以, 对任给 $\varepsilon>0$, 由 $\dfrac{1}{n}<\varepsilon$, 得 $n>\dfrac{1}{\varepsilon}$, 故取 $N=\dfrac{1}{\varepsilon}$.

因此, 对任给 $\varepsilon>0$, 取 $N=\dfrac{1}{\varepsilon}$, 当 $n>N$ 时, $\left|\dfrac{n!}{n^n}-0\right|<\varepsilon$ 成立, 这就证明了 $\lim\limits_{n\to\infty}\dfrac{n!}{n^n}=0$.

例 2 证明 $\lim\limits_{n\to\infty}\dfrac{3n^2}{n^2-3}=3$.

证明 取 $N_0=3$, 则当 $n>N_0$ 时, 由于

$$\left|\frac{3n^2}{n^2-3}-3\right|=\frac{9}{n^2-3}=\frac{1}{n-\sqrt{3}}\cdot\frac{9}{n+\sqrt{3}}<\frac{9}{n}=f(n),\quad (\text{适当放大不等式})$$

所以, 对任给 $\varepsilon>0$, 由 $\dfrac{9}{n}<\varepsilon$, 得 $n>\dfrac{9}{\varepsilon}$, 故取 $N_1=\dfrac{9}{\varepsilon}$.

因此, 对任给 $\varepsilon>0$, 取 $N=\left\{3,\dfrac{9}{\varepsilon}\right\}$, 当 $n>N$ 时, $\left|\dfrac{3n^2}{n^2-3}-3\right|<\varepsilon$ 成立, 这就证明了 $\lim\limits_{n\to\infty}\dfrac{3n^2}{n^2-3}=3$. ■

问题 2.1.2 $\lim\limits_{n\to\infty} a_n\neq a$ 的 ε–N 语言如何叙述? 并验证 $\{n^2\}$ 和 $\{(-1)^n\}$ 都是发散数列.

答 $\lim\limits_{n\to\infty} a_n\neq a$ 的 ε–N 语言描述如下:

$$\lim_{n\to\infty} a_n\neq a\Leftrightarrow\ \exists\,\varepsilon_0>0,\forall\ N\in\mathbb{N}_+,\exists\,n_1\geqslant N,\text{使得 } |a_{n_1}-a|\geqslant\varepsilon_0.$$

数列 $\{a_n\}$ 发散 $\Leftrightarrow$ 对任意 $a\in\mathbb{R}$, $\lim\limits_{n\to\infty} a_n \neq a$.

(i) 数列 $\{n^2\}$ 发散.

记 $a_n = n^2$. 对 $a\in\mathbb{R}$, 取 $\varepsilon_0=\dfrac{1}{4}$, 对任意 $N\in\mathbb{N}_+$, 只要取 $n_1 \geqslant \max\left\{\left[|a|+\dfrac{1}{2}\right], N\right\}$, 便可使 $|n_1^2-a| \geqslant n_1^2-|a| \geqslant \left(|a|+\dfrac{1}{2}\right)^2-|a| \geqslant \dfrac{1}{4}$, 即明数列 $\{n^2\}$ 发散.

(ii) 数列 $\{(-1)^n\}$ 发散. 记 $a_n=(-1)^n$.

若 $a=1$, 取 $\varepsilon_0=1$, 当 n_1 为任何奇数时, 有 $|a_{n_1}-1|=2>\varepsilon_0$.

若 $a=-1$, 取 $\varepsilon_0=1$, 当 n_1 为任何偶数时, 有 $|a_{n_1}-(-1)|=2>\varepsilon_0$.

若 $a\neq\pm1$ 时, 则取 $\varepsilon_0=\dfrac{1}{2}\min\{|a+1|,|a-1|\}$, 对任何 $n\in\mathbb{N}_+$, 有 $|a_n-a|\geqslant\varepsilon_0$. 这就说明了数列 $\{(-1)^n\}$ 发散. ■

问题 2.1.3　在数列极限 $\lim\limits_{n\to\infty} a_n = a$ 的 ε–N 语言表述中的 $N=N(\varepsilon)$ 是否意味着 N 是 ε 的函数?

答　这里的 $N=N(\varepsilon)$ 仅表示 N 与 ε 有关, 并不表示 N 是 ε 的函数. 因为对给定的 ε, 若存在一个满足条件的 N, 就必然有无数多个满足条件的 N (因为不小于 N 的整数均可), 不存在 N 与 ε 的对应关系, 因而 $N=N(\varepsilon)$ 不是 ε 的函数. ■

三、典型例题

在下面用 ε–N 语言的证明题中, 请读者体会并掌握用 “适当放大法” 求 N.

例 2.1.1　用 ε–N 语言证明 $\lim\limits_{n\to\infty} q^n = 0$, 其中 $|q|<1$.

证明　若 $q=0$, 则结果显然.

若 $0<|q|<1$, 记 $h=\dfrac{1}{|q|}-1$, 则 $h>0$. 因此有

$$|q^n-0|=|q|^n=\frac{1}{(1+h)^n},$$

由 Bernoulli 不等式 $(1+h)^n\geqslant 1+nh$, 可得

$$|q|^n \leqslant \frac{1}{1+nh} < \frac{1}{nh}. \quad (\text{适当放大不等式}) \tag{2.1.1}$$

对任给 $\varepsilon>0$, 只要取 $N=\dfrac{1}{h\varepsilon}$, 则当 $n>N$ 时, 由式 (2.1.1) 可得 $|q^n-0|<\varepsilon$. 这就证明了 $\lim\limits_{n\to\infty} q^n=0$. ■

例 2.1.2　用 ε–N 语言证明 $\lim\limits_{n\to\infty}\dfrac{n}{a^n}=0$, 其中 $a>1$.

证明　由 $a>1$, 设 $a=1+h$ (其中 $h>0$), 则

$$a^n=(1+h)^n\geqslant\frac{1}{2}n(n-1)h^2=\frac{1}{2}n(n-1)(a-1)^2.$$

所以, 当 $n>1$ 时, 有

$$\left|\frac{n}{a^n}-0\right|=\frac{n}{a^n}\leqslant\frac{2}{(n-1)(a-1)^2}.\quad \text{(适当放大不等式)}$$

对任给 $\varepsilon>0$, 只要取 $N=\dfrac{2}{(a-1)^2\varepsilon}+1$, 则当 $n>N$ 时 (因为 $N>1$), $\left|\dfrac{n}{a^n}-0\right|<\varepsilon$ 成立, 这就证明了当 $a>1$, $\lim\limits_{n\to\infty}\dfrac{n}{a^n}=0$. ■

例 2.1.3 用 ε–N 语言证明 $\lim\limits_{n\to\infty}\dfrac{n^\alpha}{a^n}=0$, 其中 $a>1$, $\alpha>0$.

证明 设 $k=[\alpha]+1$, 则有

$$\frac{n^\alpha}{a^n}\leqslant\frac{n^k}{a^n}=\left(\frac{n}{(\sqrt[k]{a})^n}\right)^k.$$

令 $\sqrt[k]{a}=1+h$ (其中 $h>0$), 应用式 (1.1.8) 有 (当 $n>1$ 时)

$$\left(\frac{n}{(\sqrt[k]{a})^n}\right)^k=\left(\frac{n}{(1+h)^n}\right)^k\leqslant\left(\frac{n}{\frac{1}{2!}n(n-1)h^2}\right)^k=\left(\frac{2}{(n-1)h^2}\right)^k.$$

对任给 $\varepsilon>0$, 只要取 $N=\dfrac{2}{h^2\sqrt[k]{\varepsilon}}+1$, 则当 $n>N$ 时, $\left|\dfrac{n^\alpha}{a^n}-0\right|<\varepsilon$ 成立, 这就证明了当 $a>1$, $\alpha>0$ 时, $\lim\limits_{n\to\infty}\dfrac{n^\alpha}{a^n}=0$. ■

例 2.1.4 用 ε–N 语言证明 $\lim\limits_{n\to\infty}\dfrac{a^n}{n!}=0$, 其中 a 为正常数.

证明 当 $0<a\leqslant 1$ 时, $\dfrac{a^n}{n!}\leqslant\dfrac{1}{n!}<\dfrac{1}{n}$, 则结论显然成立. 不妨设 $a>1$, 取 $k=[a]+1$, 则 $k-1\leqslant a<k$, 故当 $n>k$ 时,

$$\frac{a^n}{n!}=\frac{\overbrace{a\cdot a\cdots a}^{k-1\text{个}}}{1\cdot 2\cdots(k-1)}\cdot\overbrace{\frac{a}{k}\cdots\frac{a}{n-1}}^{n-k\text{个}}\cdot\frac{a}{n}\leqslant\frac{a^{k-1}}{(k-1)!}\cdot\frac{a}{n}=\frac{M_0}{n},\quad\text{(适当放大不等式)}$$

其中 $M_0=\dfrac{a^k}{(k-1)!}$ 为正常数. 所以对任给 $\varepsilon>0$, 只要取 $N=\max\left\{\dfrac{M_0}{\varepsilon},k\right\}$, 则当 $n>N$ 时, 有 $\left|\dfrac{a^n}{n!}-0\right|<\varepsilon$ 成立, 这就证明了 a 为正常数时 $\lim\limits_{n\to\infty}\dfrac{a^n}{n!}=0$. ■

此题的一般情况也正确, 即 a 为常数时 $\lim\limits_{n\to\infty}\dfrac{a^n}{n!}=0$ (请读者证明).

例 2.1.5 用 ε–N 语言证明 $\lim\limits_{n\to\infty}\dfrac{5n^2+n-2}{3n^2-2}=\dfrac{5}{3}$.

证明 取 $N_1 = 4$, 则当 $n > N_1$ 时, 有

$$\left|\frac{5n^2+n-2}{3n^2-2} - \frac{5}{3}\right| = \left|\frac{3n+4}{3(3n^2-2)}\right| \leqslant \frac{4n}{3\cdot 2n^2} = \frac{2}{3n}, \quad \text{(适当放大不等式)}$$

所以, 对任给 $\varepsilon > 0$, 只要取 $N = \max\left\{\dfrac{2}{3\varepsilon}, 4\right\}$, 则当 $n > N$ 时,

$$\left|\frac{5n^2+n-2}{3n^2-2} - \frac{5}{3}\right| < \varepsilon$$

成立, 这就证明了 $\lim\limits_{n\to\infty} \dfrac{5n^2+n-2}{3n^2-2} = \dfrac{5}{3}$. ■

例 2.1.6 设 $\lim\limits_{n\to\infty} a_n = a$, 证明 $\lim\limits_{n\to\infty} \dfrac{a_1+a_2+\cdots+a_n}{n} = a$, 反之成立否?

证明 因 $\lim\limits_{n\to\infty} a_n = a$, 则对任给的 $\varepsilon > 0$, 存在 $N_1 > 0$, 当 $n > N_1$ 时总有 $|a_n - a| < \dfrac{\varepsilon}{2}$, 从而当 $n > N_1$ 时总有

$$\begin{aligned}
&\left|\frac{a_1+a_2+\cdots+a_n}{n} - a\right| \\
=&\left|\frac{(a_1-a)+\cdots+(a_{N_1}-a)+(a_{N_1+1}-a)+\cdots+(a_n-a)}{n}\right| \\
\leqslant&\frac{|a_1-a|+\cdots+|a_{N_1}-a|}{n} + \frac{|a_{N_1+1}-a|+\cdots+|a_n-a|}{n} \\
<&\frac{C}{n} + \frac{n-N_1}{n}\cdot\frac{\varepsilon}{2},
\end{aligned}$$

其中 $C = |a_1 - a| + \cdots + |a_{N_1} - a|$. 又由 $\lim\limits_{n\to\infty} \dfrac{C}{n} = 0$ 可知, 对上述 $\varepsilon > 0$, 存在 $N_2 > 0$, 当 $n > N_2$ 时总有 $\dfrac{C}{n} < \dfrac{\varepsilon}{2}$. 取 $N = \max\{N_1, N_2\}$, 则当 $n > N$ 时总有

$$\left|\frac{a_1+a_2+\cdots+a_n}{n} - a\right| < \frac{C}{n} + \frac{n-N_1}{n}\frac{\varepsilon}{2} < \frac{\varepsilon}{2} + \frac{\varepsilon}{2} = \varepsilon.$$

这就证明了 $\lim\limits_{n\to\infty} \dfrac{a_1+a_2+\cdots+a_n}{n} = a$.

反之, 若 $\lim\limits_{n\to\infty} \dfrac{a_1+a_2+\cdots+a_n}{n} = a$, 未必有 $\lim\limits_{n\to\infty} a_n = a$. 如数列 $\{(-1)^n\}$ 发散, 但有 $\lim\limits_{n\to\infty} \dfrac{a_1+a_2+\cdots+a_n}{n} = 0$. ■

例 2.1.7 若 $\lim\limits_{n\to\infty} a_n = a$ (有限数), 则 $\lim\limits_{n\to\infty} |a_n| = |a|$, 当且仅当 a 为何值时反之也成立?

证明 因 $||a_n| - |a|| \leqslant |a_n - a|$, 且 $\lim\limits_{n\to\infty} a_n = a$, 所以任给 $\varepsilon > 0$, 存在 $N > 0$, 当 $n > N$ 时总有 $||a_n| - |a|| \leqslant |a_n - a| < \varepsilon$, 这就证明了 $\lim\limits_{n\to\infty} |a_n| = |a|$.

当且仅当 $a=0$ 时反之也成立, 证明从略.

当 $a\neq 0$ 时反之不成立, 如数列 $\{(-1)^n\}$ 发散, 但 $\{|(-1)^n|\}$ 收敛. ■

例 2.1.8 证明数列 $\{\sin n\}$ 的极限不存在.

证明 要证对任意 $A\in\mathbb{R}$, $\lim\limits_{n\to\infty}\sin n\neq A$, 即存在 $\varepsilon_0>0$, 对任意 $N>0$, 存在 $n_1\geqslant N$, 使得 $|\sin n_1-A|\geqslant\varepsilon_0$.

不妨设 $A\geqslant 0$ (同理可证 $A<0$ 的情形). 取 $\varepsilon_0=\dfrac{\sqrt{2}}{2}$, 对任意 $N\in\mathbb{N}_+$, 在开区间 $\left(2N\pi+\dfrac{5\pi}{4},2N\pi+\dfrac{7\pi}{4}\right)$ 中必存在正整数 n_1, 且 $n_1>N$, 使得

$$\left|\sin n_1-A\right|>\left|\sin\frac{5\pi}{4}-A\right|=\frac{\sqrt{2}}{2}+A\geqslant\frac{\sqrt{2}}{2}=\varepsilon_0.$$

这就证明了数列 $\{\sin n\}$ 的极限不存在. ■

四、巩固提高

2.1.1 用 ε–N 语言证明:

(i) $\lim\limits_{n\to\infty}\dfrac{n^5}{2^n}=0$; (ii) $\lim\limits_{n\to\infty}\dfrac{\sin n}{n^2}=0$;

(iii) $\lim\limits_{n\to\infty}\sqrt[n]{1+n}=1$; (iv) $\lim\limits_{n\to\infty}\dfrac{a^n}{n!}=0$;

(v) $\lim\limits_{n\to\infty}\sin\dfrac{n!}{n^n}=0$; (vi) $\lim\limits_{n\to\infty}\dfrac{n+2}{n^2-2}\sin n=0$.

2.1.2 用 ε–N 语言证明: $\lim\limits_{n\to\infty}\dfrac{5n^2+n-4}{2n^2-3}=\dfrac{5}{2}$.

2.1.3 设 $a_n=\dfrac{1}{\sqrt[n]{2^{1+2+\cdots+n}}}$, 求 $\lim\limits_{n\to\infty}a_n$.

2.1.4 求 $\lim\limits_{n\to\infty}a_n$, 其中

(i) $a_n=\prod\limits_{k=1}^{n}\left(1+\dfrac{1}{2^{2^k}}\right)$; (ii) $a_n=\sum\limits_{k=1}^{n}\dfrac{1}{\sqrt{1^3+2^3+\cdots+k^3}}$.

2.1.5 设 $\lim\limits_{n\to\infty}a_n=a$, $\lim\limits_{n\to\infty}b_n=b$, 证明 $\lim\limits_{n\to\infty}\dfrac{a_1b_n+a_2b_{n-1}+\cdots+a_nb_1}{n}=ab$.

2.1.6 证明: 若 $\lim\limits_{n\to\infty}a_n=a$, 则对任一正整数 k, 有 $\lim\limits_{n\to\infty}a_{n+k}=a$.

2.1.7 设 $a_n\geqslant 0$, $n\in\mathbb{N}_+$, 数列 $\{a_n\}$ 收敛于 a, 则 $\lim\limits_{n\to\infty}\sqrt{a_n}=\sqrt{a}$.

2.1.8 设函数 $f(x)=a^x$(其中 $a>0$, 且 $a\neq 1$), 求 $\lim\limits_{n\to\infty}\dfrac{\ln\big(f(1)f(2)\cdots f(n)\big)}{n^2}$.

2.1.9 设 $a_n=\left(1+\dfrac{1}{n}\right)\sin\dfrac{n\pi}{2}$, 证明数列 $\{a_n\}$ 没有极限.

*2.1.10　设 $\lim\limits_{n\to\infty} a_n = a$, $\lim\limits_{n\to\infty} b_n = b$, 且 $a < b$. 证明: 存在 $N > 0$, 使得当 $n > N$ 时有 $a_n < b_n$.

2.2　收敛数列的性质

一、内容精读

1. 收敛数列的性质

定理 2.2.1 (唯一性)　若数列 $\{a_n\}$ 收敛, 则它只有一个极限.

定理 2.2.2 (有界性)　若数列 $\{a_n\}$ 收敛, 则 $\{a_n\}$ 为有界数列, 即存在正数 M, 使得对一切 $n \in \mathbb{N}_+$ 有 $|a_n| \leqslant M$.

定理 2.2.3 (保号性)　若 $\lim\limits_{n\to\infty} a_n = a > 0$ (或 < 0), 则对任何 $a' \in (0, a)$ (或 $a' \in (a, 0)$), 存在正数 N, 使得当 $n > N$ 时有 $a_n > a'$ (或 $a_n < a'$).

定理 2.2.4 (保不等式性)　设 $\{a_n\}$ 与 $\{b_n\}$ 均为收敛数列. 若存在正数 N_0, 使得当 $n > N_0$ 时有 $a_n \leqslant b_n$, 则 $\lim\limits_{n\to\infty} a_n \leqslant \lim\limits_{n\to\infty} b_n$.

定理 2.2.5 (迫敛性/夹逼性)　若 $\lim\limits_{n\to\infty} a_n = \lim\limits_{n\to\infty} b_n = a$, 数列 $\{c_n\}$ 满足存在正数 N_0, 当 $n > N_0$ 时成立不等式

$$a_n \leqslant c_n \leqslant b_n, \tag{2.2.1}$$

则数列 $\{c_n\}$ 收敛, 且 $\lim\limits_{n\to\infty} c_n = a$.

定理 2.2.6 (四则运算法则)　若 $\lim\limits_{n\to\infty} a_n = a$ 与 $\lim\limits_{n\to\infty} b_n = b$, 则

$$\lim_{n\to\infty} (a_n \pm b_n) = \lim_{n\to\infty} a_n \pm \lim_{n\to\infty} b_n = a \pm b; \tag{2.2.2}$$

$$\lim_{n\to\infty} a_n b_n = \lim_{n\to\infty} a_n \lim_{n\to\infty} b_n = ab; \tag{2.2.3}$$

又若 $b_n \neq 0$, $b \neq 0$, 则

$$\lim_{n\to\infty} \frac{a_n}{b_n} = \frac{\lim\limits_{n\to\infty} a_n}{\lim\limits_{n\to\infty} b_n} = \frac{a}{b}, \tag{2.2.4}$$

2. 一些常用的数列极限

(1) $\lim\limits_{n\to\infty} \dfrac{1}{n} = 0$; $\lim\limits_{n\to\infty} \dfrac{1}{n^\alpha} = 0$ (其中 $\alpha > 0$).

(2) $\lim\limits_{n\to\infty} \dfrac{a^n}{n!} = 0$.

(3) $\lim\limits_{n\to\infty} \dfrac{n^k}{a^n} = 0$ (其中 $|a| > 1$).

(4) $\lim\limits_{n\to\infty} \dfrac{n!}{n^n} = 0$.

(5) $\lim\limits_{n\to\infty}\dfrac{\log_a n}{n^k}=0$ (其中 $a>0,\ a\neq 1,\ k\geqslant 1$).

(6) $\lim\limits_{n\to\infty}\sqrt[n]{n}=1,\quad \lim\limits_{n\to\infty}\sqrt[n]{a}=1$ (其中 $a>0$).

(7) $\lim\limits_{n\to\infty}\dfrac{a_m n^m+a_{m-1}n^{m-1}+\cdots+a_1 n+a_0}{b_k n^k+b_{k-1}n^{k-1}+\cdots+b_1 n+b_0}=\begin{cases}\dfrac{a_m}{b_m}, & k=m,\\ 0, & k>m,\end{cases}$ 其中 $k\geqslant m$, $a_m\neq 0,\ b_k\neq 0$.

(8) 若 $\lim\limits_{n\to\infty}a_n=a,\ a_n>0,\ a>0$, 则 $\lim\limits_{n\to\infty}\sqrt[n]{a_n}=1$.

(9) 若 $\lim\limits_{n\to\infty}a_n=a$, 则

(i) $\lim\limits_{n\to\infty}\dfrac{a_1+a_2+\cdots+a_n}{n}=a$ (Cauchy 定理);

(ii) 又若 $a_n>0,\ n\in\mathbb{N}_+$, 则 $\lim\limits_{n\to\infty}\sqrt[n]{a_1\cdot a_2\cdots a_n}=a$.

(10) 若 $\lim\limits_{n\to\infty}\dfrac{a_{n+1}}{a_n}=a$ (其中 $a_n>0$), 则 $\lim\limits_{n\to\infty}\sqrt[n]{a_n}=a$.

3. 有关数列子列的内容

子列的定义 设 $\{a_n\}$ 为数列, $\{n_k\}$ 为正整数集 $\mathbb{N}_+$ 的无限子集, 且 $n_1<n_2<\cdots<n_k<\cdots$, 则数列

$$a_{n_1},a_{n_2},\cdots,a_{n_k},\cdots \tag{2.2.5}$$

称为数列 $\{a_n\}$ 的一个子列, 简记为 $\{a_{n_k}\}$.

若 $\{a_{n_k}\}$ 为数列 $\{a_n\}$ 的子列, 下标 n_k 具有性质: (i) $n_k<n_{k+1}$; (ii) $n_k\geqslant k$.

数列 $\{a_n\}$ 收敛 $\Leftrightarrow$ $\{a_n\}$ 的任何子列 $\{a_{n_k}\}$ 都收敛.

数列 $\{a_n\}$ 发散 $\Leftrightarrow$ $\{a_n\}$ 存在发散子列, 或 $\{a_n\}$ 存在两个极限不相等的收敛子列.

二、疑难解答

问题 2.2.1 (i) 若数列 $\{a_n\}$ 收敛而数列 $\{b_n\}$ 发散, 问数列 $\{a_n+b_n\}$ 和 $\{a_nb_n\}$ 的敛散性如何?

(ii) 若数列 $\{a_n\}$ 与 $\{b_n\}$ 都发散, 问 $\{a_n+b_n\}$ 和 $\{a_nb_n\}$ 的敛散性如何?

答 (i) 若数列 $\{a_n\}$ 收敛而数列 $\{b_n\}$ 发散, 则数列 $\{a_n+b_n\}$ 必发散. 这是因为若数列 $\{a_n+b_n\}$ 收敛, 即 $\lim\limits_{n\to\infty}(a_n+b_n)=c$. 记 $\lim\limits_{n\to\infty}a_n=a$, 则 $\lim\limits_{n\to\infty}b_n=\lim\limits_{n\to\infty}[(a_n+b_n)-a_n]=\lim\limits_{n\to\infty}(a_n+b_n)-\lim\limits_{n\to\infty}a_n=c-a$. 表明数列 $\{b_n\}$ 收敛, 这与已知条件相矛盾.

若数列 $\{a_n\}$ 收敛而数列 $\{b_n\}$ 发散, 数列 $\{a_nb_n\}$ 的敛散性应视情况而论:

(a) 若 $\lim\limits_{n\to\infty}a_n=0$, $\{b_n\}$ 有界, 则数列 $\{a_nb_n\}$ 收敛, 且极限为 0(请读者自证).

(b) 若 $\lim\limits_{n\to\infty} a_n = a \neq 0$, 则由极限的保号性知, 存在 $N > 0$, 当 $n > N$ 时 $a_n \neq 0$. 此时数列 $\{a_nb_n\}$ 必发散. 这是因为若 $\{a_nb_n\}$ 收敛, 即 $\lim\limits_{n\to\infty} a_nb_n = c$, 则有 $\lim\limits_{n\to\infty} b_n = \lim\limits_{n\to\infty} \dfrac{1}{a_n}\cdot(a_nb_n) = \lim\limits_{n\to\infty} \dfrac{1}{a_n} \lim\limits_{n\to\infty}(a_nb_n) = \dfrac{c}{a}$. 表明 $\{b_n\}$ 收敛, 这与已知条件相矛盾.

(ii) 若数列 $\{a_n\}$ 与 $\{b_n\}$ 都发散, 则数列 $\{a_n+b_n\}$ 和 $\{a_nb_n\}$ 的敛散性不能确定. 现举例如下:

(a) 取 $a_n = (-1)^n$, $b_n = (-1)^{n+1}$ 发散, 但 $\{a_n+b_n\}$ 和 $\{a_nb_n\}$ 都收敛.

(b) 取 $a_n = n$, $b_n = n^2$ 发散, 且数列 $\{a_n+b_n\}$ 和 $\{a_nb_n\}$ 也都发散.

(c) 取 $a_n = b_n = (-1)^n$, 则数列 $\{a_n+b_n\}$ 发散, 而数列 $\{a_nb_n\}$ 收敛.

(d) 取 $a_n = n$, $b_n = -n$, 则数列 $\{a_n+b_n\}$ 收敛, 而数列 $\{a_nb_n\}$ 发散. ■

问题 2.2.2　设数列 $\{a_n\}$, $\{b_n\}$ 和 $\{c_n\}$ 满足 $a_n \leqslant c_n \leqslant b_n$, $n \in \mathbb{N}_+$, 且 $\lim\limits_{n\to\infty}(b_n - a_n) = 0$, 问数列 $\{c_n\}$ 是否收敛?

答　在题设的条件下, 数列 $\{c_n\}$ 的敛散性不能确定.

由 $\lim\limits_{n\to\infty}(b_n - a_n) = 0$ 知, 数列 $\{a_n\}$ 和 $\{b_n\}$ 应具有相同的敛散性.

(i) 若 $\{a_n\}$ 和 $\{b_n\}$ 都收敛, 则 $\lim\limits_{n\to\infty} a_n = \lim\limits_{n\to\infty} b_n$, 从而 $\{c_n\}$ 收敛.

(ii) 若 $\{a_n\}$ 和 $\{b_n\}$ 都发散, 数列 $\{c_n\}$ 必发散. 事实上, 由 $a_n \leqslant c_n \leqslant b_n$, $n \in \mathbb{N}_+$, 知 $0 \leqslant c_n - a_n \leqslant b_n - a_n$, $n \in \mathbb{N}_+$. 从而由 $\lim\limits_{n\to\infty}(b_n - a_n) = 0$ 及迫敛性, 知 $\lim\limits_{n\to\infty}(c_n - a_n) = 0$. 若数列 $\{c_n\}$ 收敛, 则 $\lim\limits_{n\to\infty} a_n = \lim\limits_{n\to\infty}(a_n - c_n) + \lim\limits_{n\to\infty} c_n = \lim\limits_{n\to\infty} c_n$, 即数列 $\{a_n\}$ 收敛, 这与已知条件相矛盾. 同理, 由 $a_n \leqslant c_n \leqslant b_n$, $n \in \mathbb{N}_+$ 知 $0 \leqslant b_n - c_n \leqslant b_n - a_n$, $n \in \mathbb{N}_+$. 从而由 $\lim\limits_{n\to\infty}(b_n - a_n) = 0$ 及迫敛性, 知 $\lim\limits_{n\to\infty}(b_n - c_n) = 0$. 若数列 $\{c_n\}$ 收敛, 则 $\lim\limits_{n\to\infty} b_n = \lim\limits_{n\to\infty}(b_n - c_n) + \lim\limits_{n\to\infty} c_n = \lim\limits_{n\to\infty} c_n$, 即数列 $\{b_n\}$ 也收敛, 这与已知条件相矛盾. 这就证明了数列 $\{c_n\}$ 发散. ■

问题 2.2.3　在数列 $\{a_n\}$ 的子列 $\{a_{n_k}\}$ 的下标 n_k 中, n 与 k 如何变动?

答　子列 $\{a_{n_k}\}$ 的下标 n_k 是随着 k 变动的. 如 $\{a_{2k+1}\}$ 是由 $\{a_n\}$ 中的奇数项构成的子列, 其中 $n_k = 2k+1$. 子列的下标 n_k 具有性质:

(i) $n_k < n_{k+1}$; (ii) $n_k \geqslant k$. ■

问题 2.2.4　请问: 如何从 $\lim\limits_{n\to\infty} a_n \neq a$ 推出存在 $\varepsilon_0 > 0$ 和 $\{a_n\}$ 的子列 $\{a_{n_k}\}$, 使得 $|a_{n_k} - a| \geqslant \varepsilon_0$?

答　$\lim\limits_{n\to\infty} a_n \neq a$ 的 ε–N 语言描述如下:

$$\lim_{n\to\infty} a_n \neq a \Leftrightarrow \exists\, \varepsilon_0 > 0, \forall\, N \in \mathbb{N}_+, \exists\, n_1 \geqslant N, \text{使得 } |a_{n_1} - a| \geqslant \varepsilon_0.$$

取 $N = 1$, $\exists\, n_1 > 1$, 使得 $|a_{n_1} - a| \geqslant \varepsilon_0$;

取 $N = n_1$, $\exists\, n_2 > n_1$, 使得 $|a_{n_2} - a| \geqslant \varepsilon_0$;

取 $N = n_2$, $\exists\, n_3 > n_2$, 使得 $|a_{n_3} - a| \geqslant \varepsilon_0$;

$$\cdots\ \cdots$$

取 $N = n_{k-1}$, $\exists\, n_k > n_{k-1}$, 使得 $|a_{n_k} - a| \geqslant \varepsilon_0$;

$$\cdots\ \cdots$$

这样就选出了数列 $\{a_n\}$ 的子列 $\{a_{n_k}\}$ 满足 $|a_{n_k} - a| \geqslant \varepsilon_0$. ■

注 2.2.1 此题使用的方法在处理数学分析类似的问题中经常使用, 请读者仔细体会并掌握.

问题 2.2.5 若数列 $\{a_n\}$ 的子列 $\{a_{2n}\}$ 与 $\{a_{2n-1}\}$ 满足 $\lim\limits_{n\to\infty} a_{2n-1} = \lim\limits_{n\to\infty} a_{2n} = a$ (有限), 问能否推出 $\lim\limits_{n\to\infty} a_n = a$?

答 答案是肯定的.

事实上, 由 $\lim\limits_{n\to\infty} a_{2n} = a$, 则对任给的 $\varepsilon > 0$, 存在 $N_1 > 0$, 当 $n > N_1$ 时必有 $2n > n > N_1$, 有 $|a_{2n} - a| < \varepsilon$;

同理, 由 $\lim\limits_{n\to\infty} a_{2n-1} = a$, 则对任给的 $\varepsilon > 0$, 存在 $N_2 > 1$, 当 $n > N_2$ 时必有 $2n-1 > n > N_2$, 有 $|a_{2n-1} - a| < \varepsilon$.

取 $N = \max\{N_1, N_2\}$, 当 $n > N$ 时, $|a_{2n} - a| < \varepsilon$ 与 $|a_{2n-1} - a| < \varepsilon$ 同时成立, 因而有 $|a_n - a| < \varepsilon$, 故 $\lim\limits_{n\to\infty} a_n = a$. ■

注 2.2.2 此题可以推广为如下的一般形式: 设 $\{a_{p_k}\}$ 与 $\{a_{q_k}\}$ 都是数列 $\{a_n\}$ 的子列, 且 $\{p_k\} \cup \{q_k\} = \mathbb{N}_+$, 若 $\lim\limits_{k\to\infty} a_{p_k} = \lim\limits_{k\to\infty} a_{q_k} = a$, 则 $\lim\limits_{n\to\infty} a_n = a$.

问题 2.2.6 若 $\lim\limits_{n\to\infty} a_n = a$, 则必有 $\lim\limits_{n\to\infty} \dfrac{a_{n+1}}{a_n} = 1$ 吗?

答 不一定.

若 $\lim\limits_{n\to\infty} a_n = a$, 则 $\lim\limits_{n\to\infty} a_{n+1} = a$.

(i) 若 $a \neq 0$, 则由四则运算法则, 有 $\lim\limits_{n\to\infty} \dfrac{a_{n+1}}{a_n} = \dfrac{\lim\limits_{n\to\infty} a_{n+1}}{\lim\limits_{n\to\infty} a_n} = \dfrac{a}{a} = 1$.

(ii) 若 $a = 0$, 则 $\lim\limits_{n\to\infty} \dfrac{a_{n+1}}{a_n} = 1$ 不一定成立. 例如, $a_n = \dfrac{2 + (-1)^n}{n}$, 则 $a = \lim\limits_{n\to\infty} a_n = 0$, 而 $\lim\limits_{n\to\infty} \dfrac{a_{n+1}}{a_n} = \lim\limits_{n\to\infty} \dfrac{n\left[2 + (-1)^{n+1}\right]}{(n+1)\left[2 + (-1)^n\right]}$ 不存在. 又如, $a_n = \dfrac{1}{c^n}$ (其中 $c > 1$), 则 $a = \lim\limits_{n\to\infty} a_n = 0$, 而 $\lim\limits_{n\to\infty} \dfrac{a_{n+1}}{a_n} = \dfrac{1}{c} \neq 1$. ■

三、典型例题

例 2.2.1 设 $\lim\limits_{n\to\infty} a_n = a$, $\lim\limits_{n\to\infty} b_n = b$. 记

$$S_n = \max\{a_n, b_n\}, \quad T_n = \min\{a_n, b_n\}, \quad n \in \mathbb{N}_+.$$

证明: (i) $\lim\limits_{n\to\infty} S_n = \max\{a, b\}$; (ii) $\lim\limits_{n\to\infty} T_n = \min\{a, b\}$.

证明　由 $\lim\limits_{n\to\infty} a_n = a$, $\lim\limits_{n\to\infty} b_n = b$ 得, $\lim\limits_{n\to\infty}(a_n \pm b_n) = a \pm b$, 且 $\lim\limits_{n\to\infty}|a_n - b_n| = |a-b|$, 故由四则运算法则得

$$\text{(i)}\ \lim_{n\to\infty} S_n = \lim_{n\to\infty}\max\{a_n, b_n\} = \lim_{n\to\infty}\frac{1}{2}\Big[(a_n+b_n)+|a_n-b_n|\Big]$$
$$= \frac{1}{2}\Big[\lim_{n\to\infty}(a_n+b_n)+\lim_{n\to\infty}|a_n-b_n|\Big]$$
$$= \frac{1}{2}\Big[(a+b)+|a-b|\Big] = \max\{a,b\};$$

$$\text{(ii)}\ \lim_{n\to\infty} T_n = \lim_{n\to\infty}\min\{a_n, b_n\} = \lim_{n\to\infty}\frac{1}{2}\Big[(a_n+b_n)-|a_n-b_n|\Big]$$
$$= \frac{1}{2}\Big[\lim_{n\to\infty}(a_n+b_n)-\lim_{n\to\infty}|a_n-b_n|\Big]$$
$$= \frac{1}{2}\Big[(a+b)-|a-b|\Big] = \min\{a,b\}.$$ ■

例 2.2.2　设数列 $\{a_n\}$ 的通项为 $a_n = \sum\limits_{k=1}^{n}\dfrac{1}{k(k+1)(k+2)}$, 求 $\lim\limits_{n\to\infty} a_n$.

解　先将 a_n 改写为如下形式:

$$a_n = \sum_{k=1}^{n}\frac{1}{k(k+1)(k+2)} = \frac{1}{2}\sum_{k=1}^{n}\left[\frac{1}{k(k+1)} - \frac{1}{(k+1)(k+2)}\right]$$
$$= \frac{1}{2}\left[\frac{1}{2} - \frac{1}{(n+1)(n+2)}\right].$$

注意到 $\lim\limits_{n\to\infty}\dfrac{1}{(n+1)(n+2)} = 0$ 并应用四则运算法则, 可得 $\lim\limits_{n\to\infty} a_n = \dfrac{1}{4}$. ■

例 2.2.3　若 $c > 1$, 求 $\lim\limits_{n\to\infty}\left(\dfrac{1}{c} + \dfrac{2}{c^2} + \cdots + \dfrac{n}{c^n}\right)$.

解　设 $a_n = \dfrac{1}{c} + \dfrac{2}{c^2} + \cdots + \dfrac{n}{c^n}$, 则易得

$$a_n = \frac{c}{c-1}\left[\frac{1}{c-1}\left(1 - \frac{1}{c^n}\right) - \frac{n}{c^{n+1}}\right].$$

注意到 $\lim\limits_{n\to\infty}\dfrac{1}{c^n} = 0$, $\lim\limits_{n\to\infty}\dfrac{n}{c^{n+1}} = 0(c > 1)$ 并应用四则运算法则, 可得

$$\lim_{n\to\infty} a_n = \lim_{n\to\infty}\frac{c}{c-1}\left[\frac{1}{c-1}\left(1 - \frac{1}{c^n}\right) - \frac{n}{c^{n+1}}\right]$$
$$= \frac{c}{c-1}\left[\frac{1}{c-1}\left(1 - \lim_{n\to\infty}\frac{1}{c^n}\right) - \lim_{n\to\infty}\frac{n}{c^{n+1}}\right] = \frac{c}{(c-1)^2}.$$ ■

例 2.2.4　若 $\lim\limits_{n\to\infty}\dfrac{a_n - a}{a_n + a} = 0$, 证明 $\lim\limits_{n\to\infty} a_n = a$.

证法 1 应用极限的四则运算. 令 $c_n = \dfrac{a_n - a}{a_n + a}$, 则由 $\lim\limits_{n\to\infty} c_n = 0$ 知, 存在 $N > 0$, 当 $n > N$ 时成立 $|c_n| < 1$. 从而当 $n > N$ 时, 有

$$a_n = \frac{1 + c_n}{1 - c_n}\, a.$$

于是, 由极限的四则运算法则可得

$$\lim_{n\to\infty} a_n = \lim_{n\to\infty} \frac{1 + c_n}{1 - c_n}\, a = a\, \frac{1 - \lim\limits_{n\to\infty} c_n}{1 + \lim\limits_{n\to\infty} c_n} = a.$$

证法 2 利用 ε–N 语言证明. 由条件 $\lim\limits_{n\to\infty} \dfrac{a_n - a}{a_n + a} = 0$ 知 $a \neq 0$, 且对任意 $\varepsilon > 0$, 存在 $N > 0$, 当 $n > N$ 时成立 $\left|\dfrac{a_n - a}{a_n + a}\right| < \varepsilon$. 由此可得

$$|a_n - a| < |a_n + a|\varepsilon < |(a_n - a) + 2a|\varepsilon \leqslant (|a_n - a| + 2|a|)\varepsilon.$$

现限制 $\varepsilon < \dfrac{1}{2}$, 则

$$|a_n - a| < \frac{2}{1 - \varepsilon}|a|\varepsilon < 4|a|\varepsilon.$$

这就证明了 $\lim\limits_{n\to\infty} a_n = a$. ■

例 2.2.5 设 $\lim\limits_{n\to\infty} a_n = a$, 证明:

(i) $\lim\limits_{n\to\infty} \dfrac{[na_n]}{n} = a$; (ii) 若 $a > 0$, $a_n > 0$, 则 $\lim\limits_{n\to\infty} \sqrt[n]{a_n} = 1$.

证明 (i) 由于对任意 $n > 0$, 有 $0 \leqslant na_n - [na_n] < 1$, 所以

$$na_n - 1 < [na_n] \leqslant na_n \Rightarrow a_n - \frac{1}{n} < \frac{[na_n]}{n} \leqslant a_n,$$

而 $\lim\limits_{n\to\infty} \left(a_n - \dfrac{1}{n}\right) = \lim\limits_{n\to\infty} a_n = a$, 所以由极限的迫敛性得 $\lim\limits_{n\to\infty} \dfrac{[na_n]}{n} = a$.

(*另法* 由于 $[na_n] = na_n - \theta_n$, $\theta_n \in [0, 1)$, 所以

$$\frac{[na_n]}{n} = a_n - \frac{\theta_n}{n},$$

从而由四则运算法则可得

$$\lim_{n\to\infty} \frac{[na_n]}{n} = \lim_{n\to\infty} \left(a_n - \frac{\theta_n}{n}\right) = \lim_{n\to\infty} a_n - \lim_{n\to\infty} \frac{\theta_n}{n} = a.\ )$$

(ii) 由 $\lim\limits_{n\to\infty} a_n = a > 0$, 取 $\varepsilon_0 = \dfrac{1}{2}a > 0$, 则存在 $N_0 > 0$, 当 $n > N_0$ 时, 有

$$\frac{1}{2}a < a_n < \frac{3}{2}a \Rightarrow \sqrt[n]{\frac{1}{2}a} < \sqrt[n]{a_n} < \sqrt[n]{\frac{3}{2}a}.$$

而 $\lim\limits_{n\to\infty}\sqrt[n]{\frac{1}{2}a}=1=\lim\limits_{n\to\infty}\sqrt[n]{\frac{3}{2}a}$, 所以由极限的迫敛性得 $\lim\limits_{n\to\infty}\sqrt[n]{a_n}=1$. ■

例 2.2.6　求 $\lim\limits_{n\to\infty}\left(\dfrac{1}{n+1}+\dfrac{1}{\sqrt{n^2+1}}+\cdots+\dfrac{1}{\sqrt[n]{n^n+1}}\right)$.

解　由于

$$\frac{n}{n+1}\leqslant\frac{1}{n+1}+\frac{1}{\sqrt{n^2+1}}+\cdots+\frac{1}{\sqrt[n]{n^n+1}}\leqslant\frac{n}{\sqrt[n]{n^n+1}},$$

及 $\lim\limits_{n\to\infty}\dfrac{n}{n+1}=1$, $\lim\limits_{n\to\infty}\dfrac{n}{\sqrt[n]{n^n+1}}=\lim\limits_{n\to\infty}\dfrac{1}{\sqrt[n]{1+\frac{1}{n^n}}}=1$, 所以由迫敛性可得

$$\lim_{n\to\infty}\left(\frac{1}{n+1}+\frac{1}{\sqrt{n^2+1}}+\cdots+\frac{1}{\sqrt[n]{n^n+1}}\right)=1. \quad ■$$

例 2.2.7　设 a_i 为 m 个正数, 证明 $\lim\limits_{n\to\infty}\sqrt[n]{a_1^n+\cdots+a_m^n}=\max\{a_1,\cdots,a_m\}$.

证明　设 $A=\max\{a_1,a_2,\cdots,a_m\}$, 则

$$A=\sqrt[n]{A^n}\leqslant\sqrt[n]{a_1^n+a_2^n+\cdots+a_m^n}\leqslant\sqrt[n]{mA^n}=A\sqrt[n]{m}.$$

注意到 $\lim\limits_{n\to\infty}\sqrt[n]{m}=1$, 并应用迫敛性, 可得

$$\lim_{n\to\infty}\sqrt[n]{a_1^n+a_2^n+\cdots+a_m^n}=A=\max\{a_1,a_2,\cdots,a_m\}. \quad ■$$

例 2.2.8 ($\dfrac{*}{\infty}$ 型的 Stolz 定理)　设数列 $\{a_n\}$ 和 $\{b_n\}$ 满足

(i) $b_n<b_{n+1}$ (即数列 $\{b_n\}$ 严格单调增);

(ii) $\lim\limits_{n\to\infty}\dfrac{1}{b_n}=0$ (即 $\dfrac{1}{b_n}=o(1)$);

(iii) $\lim\limits_{n\to\infty}\dfrac{a_{n+1}-a_n}{b_{n+1}-b_n}=A$,

则 $\lim\limits_{n\to\infty}\dfrac{a_n}{b_n}=A$.

证明　设 $x_n=\dfrac{a_{n+1}-a_n}{b_{n+1}-b_n}-A$. 由已知条件, 对任意 $\varepsilon>0$, 存在 $N_1\in\mathbb{N}_+$, 当 $n\geqslant N_1$ 时, 有 $|x_n|<\dfrac{\varepsilon}{2}$. 在 $n\geqslant N_1$ 时, 将 x_n 改写为如下形式:

$$a_n=a_{n-1}+(x_{n-1}+A)(b_n-b_{n-1}).$$

于是

$$\begin{aligned}a_n &= a_{n-1} + (x_{n-1} + A)(b_n - b_{n-1})\\ &= a_{n-2} + (x_{n-2} + A)(b_{n-1} - b_{n-2}) + (x_{n-1} + A)(b_n - b_{n-1})\\ &= \cdots\ \cdots\\ &= a_{N_1} + (x_{N_1} + A)(b_{N_1+1} - b_{N_1}) + \cdots + (x_{n-1} + A)(b_n - b_{n-1})\\ &= a_{N_1} + x_{N_1}(b_{N_1+1} - b_{N_1}) + \cdots + x_{n-1}(b_n - b_{n-1}) + A(b_n - b_{N_1}).\end{aligned}$$

在上式两边同时除以 b_n (n 充分大时 $b_n > 0$), 再减 A 后取绝对值, 可得

$$\begin{aligned}\left|\frac{a_n}{b_n} - A\right| &\leqslant \left|\frac{a_{N_1} - Ab_{N_1}}{b_n}\right| + \frac{|x_{N_1}|(b_{N_1+1} - b_{N_1}) + \cdots + |x_{n-1}|(b_n - b_{n-1})}{|b_n|}\\ &\leqslant \left|\frac{a_{N_1} - Ab_{N_1}}{b_n}\right| + \frac{\varepsilon}{2}\left(1 - \frac{b_{N_1}}{b_n}\right) \leqslant \frac{|a_{N_1} - Ab_{N_1}|}{b_n} + \frac{\varepsilon}{2}.\end{aligned}$$

又因 $\lim\limits_{n\to\infty} \dfrac{1}{b_n} = 0$, 故对上述 $\varepsilon > 0$, 存在 $N_2 \in \mathbb{N}_+$, 当 $n \geqslant N_2$ 时, 有

$$\frac{|a_{N_1} - Ab_{N_1}|}{b_n} < \frac{\varepsilon}{2}.$$

取 $N = \max\{N_1, N_2\}$, 所以当 $n > N$ 时, 有

$$\left|\frac{a_n}{b_n} - A\right| < \frac{\varepsilon}{2} + \frac{\varepsilon}{2} = \varepsilon,$$

即 $\lim\limits_{n\to\infty} \dfrac{a_n}{b_n} = A$. ■

注 2.2.3 (i) 若 $\lim\limits_{n\to\infty} c_n = c$, 在 Stolz 定理中取 $b_n = n$, $a_n = c_1 + c_2 + \cdots + c_n$, 因 $\lim\limits_{n\to\infty} \dfrac{a_{n+1} - a_n}{b_{n+1} - b_n} = \lim\limits_{n\to\infty} c_{n+1} = c$, 所以 $\lim\limits_{n\to\infty} \dfrac{c_1 + c_2 + \cdots + c_n}{n} = c$. 因此 Stolz 定理是 2.2 节中常用的数列极限 (9) 中 (i)(Cauchy 定理) 的推广形式.

(ii) Stolz 定理的几何解释: 在 xOy 平面上, 以点 $P_n(b_n, a_n)$, $n \in \mathbb{N}_+$ 首尾相连的无限折线记为 $\overline{P_1P_2\cdots P_n\cdots}$, 径矢 OP_n 的斜率为 $\dfrac{a_n}{b_n}$, 折线段 $\overline{P_nP_{n+1}}$ 的斜率为 $\dfrac{a_{n+1} - a_n}{b_{n+1} - b_n}$. 当 Stolz 定理的条件成立时, 径矢 OP_n 的斜率与折线段 $\overline{P_nP_{n+1}}$ 的斜率在 $n \to \infty$ 时趋于同一极限.

(iii) Stolz 定理应用举例.

例 1 证明 $\lim\limits_{n\to\infty} \dfrac{1^p + 2^p + \cdots + n^p}{n^{p+1}} = \dfrac{1}{p+1}$, 其中 $p \in \mathbb{N}_+$ 为常数.

证明 设 $a_n = 1^p + 2^p + \cdots + n^p$, $b_n = n^{p+1}$, 则有 $b_n < b_{n+1}$, $\lim\limits_{n\to\infty}\dfrac{1}{b_n} = 0$, 且

$$\begin{aligned}\lim_{n\to\infty}\frac{a_{n+1}-a_n}{b_{n+1}-b_n} &= \lim_{n\to\infty}\frac{(n+1)^p}{(n+1)^{p+1}-n^{p+1}}\\ &= \lim_{n\to\infty}\frac{(n+1)^p}{\left(n^{p+1}+\mathrm{C}_{p+1}^1 n^p+\cdots+1\right)-n^{p+1}}\\ &= \lim_{n\to\infty}\frac{(n+1)^p}{\mathrm{C}_{p+1}^1 n^p+\mathrm{C}_{p+1}^2 n^{p-1}+\cdots+1} = \frac{1}{\mathrm{C}_{p+1}^1} = \frac{1}{p+1}.\end{aligned}$$

所以由 Stolz 定理, 可得 $\lim\limits_{n\to\infty}\dfrac{1^p+2^p+\cdots+n^p}{n^{p+1}} = \dfrac{1}{p+1}$.

例 2 设 $a_1 > 0$, $a_{n+1} = a_n + \dfrac{1}{a_n}$, $n \in \mathbb{N}_+$, 证明 $\lim\limits_{n\to\infty}\dfrac{a_n}{\sqrt{2n}} = 1$.

证明 由已知条件可知, $a_{n+1} > a_n > 0$. 数列 $\{a_n\}$ 必无上界 (否则 $\{a_n\}$ 的极限存在, 记 $\lim\limits_{n\to\infty} a_n = a$, 则有 $a = a + \dfrac{1}{a}$. 此式对任意有限数均不成立), 所以 $\lim\limits_{n\to\infty} a_n = +\infty$, 从而 $\lim\limits_{n\to\infty}\dfrac{1}{a_n} = 0$. 由 Stolz 定理可得

$$\lim_{n\to\infty}\frac{a_n^2}{2n} = \lim_{n\to\infty}\frac{a_{n+1}^2-a_n^2}{2(n+1)-2n} = \frac{1}{2}\lim_{n\to\infty}\left(2+\frac{1}{a_n^2}\right) = 1.$$

再由 2.1 节巩固提高中的题 2.1.7 知, $\lim\limits_{n\to\infty}\dfrac{a_n}{\sqrt{2n}} = 1$.

例 3 求 $\lim\limits_{n\to\infty}\dfrac{1!+2!+\cdots+n!}{n!}$.

解法 1 应用 Stolz 定理. 由 Stolz 定理直接计算可得

$$\lim_{n\to\infty}\frac{1!+2!+\cdots+n!}{n!} = \lim_{n\to\infty}\frac{(n+1)!}{(n+1)!-n!} = \lim_{n\to\infty}\frac{(n+1)!}{n\cdot n!} = \lim_{n\to\infty}\frac{n+1}{n} = 1.$$

解法 2 应用迫敛性. 记 $a_n = \dfrac{1!+2!+\cdots+n!}{n!}$. 现将 a_n 的分子中的前 $n-2$ 项适当放大或缩小 (设 $n > 2$), 就有

$$n! \leqslant 1!+2!+\cdots+n! \leqslant (n-2)(n-2)!+(n-1)!+n! < 2(n-1)!+n!,$$

从而 $1 \leqslant a_n < 1+\dfrac{2}{n}$. 注意到 $\lim\limits_{n\to\infty}\left(1+\dfrac{2}{n}\right) = 1$, 并应用迫敛性得

$$\lim_{n\to\infty}\frac{1!+2!+\cdots+n!}{n!} = 1.$$

例 4 若 $\lim\limits_{n\to\infty}(a_1+a_2+\cdots+a_n) = S$, 则 $\lim\limits_{n\to\infty}\dfrac{a_1+2a_2+\cdots+na_n}{n} = 0$.

证明 记 $s_k = a_1 + a_2 + \cdots + a_k$, 则 $a_k = s_k - s_{k-1}$, $\lim\limits_{n\to\infty} s_n = S$, 且

$$\begin{aligned} a_1 + 2a_2 + \cdots + na_n &= s_1 + 2(s_2 - s_1) + \cdots + n(s_n - s_{n-1}) \\ &= ns_n - (s_1 + s_2 + \cdots + s_{n-1}). \end{aligned}$$

从而由 Stolz 定理, 有

$$\begin{aligned} \lim_{n\to\infty} \frac{a_1 + 2a_2 + \cdots + na_n}{n} &= \lim_{n\to\infty} \left(s_n - \frac{s_1 + s_2 + \cdots + s_{n-1}}{n} \right) \\ &= S - \lim_{n\to\infty} \frac{s_n}{(n+1) - n} = S - S = 0. \end{aligned}$$

例 2.2.9 (1) 若 $\lim\limits_{n\to\infty} a_n = a$, 则

(i) $\lim\limits_{n\to\infty} \dfrac{a_1 + a_2 + \cdots + a_n}{n} = a$ (Cauchy 定理);

(ii) 又若 $a_n > 0$ $(n = 1, 2, \cdots)$, 则 $\lim\limits_{n\to\infty} \sqrt[n]{a_1 \cdot a_2 \cdots a_n} = a$.

(2) 若 $\lim\limits_{n\to\infty} \dfrac{a_{n+1}}{a_n} = a$ (其中 $a_n > 0$), 则 $\lim\limits_{n\to\infty} \sqrt[n]{a_n} = a$.

(3) 设 $a_n = \sqrt[n]{\underbrace{[c[c[\cdots[c]]]]}_{n层}}$ (其中 $c \geqslant 2$), 则 $\lim\limits_{n\to\infty} a_n = c$.

证明 (1) (i) 记 $x_n = a_1 + a_2 + \cdots + a_n$, $b_n = n$, 则由 Stolz 定理得

$$\lim_{n\to\infty} \frac{a_1 + a_2 + \cdots + a_n}{n} = \lim_{n\to\infty} \frac{x_n}{b_n} = \lim_{n\to\infty} \frac{x_n - x_{n-1}}{b_n - b_{n-1}} = \lim_{n\to\infty} a_n = a.$$

(ii) 记 $x_n = \ln a_1 + \ln a_2 + \cdots + \ln a_n$, $b_n = n$, 则由 Stolz 定理得

$$\lim_{n\to\infty} \frac{x_n}{b_n} = \lim_{n\to\infty} \frac{x_n - x_{n-1}}{b_n - b_{n-1}} = \lim_{n\to\infty} \ln a_n = \ln a.$$

所以, 利用对数的性质得

$$\lim_{n\to\infty} \sqrt[n]{a_1 \cdot a_2 \cdots a_n} = \lim_{n\to\infty} \mathrm{e}^{\ln \sqrt[n]{a_1 \cdot a_2 \cdots a_n}} = \lim_{n\to\infty} \mathrm{e}^{\frac{x_n}{b_n}} = \mathrm{e}^{\ln a} = a.$$

(2) 利用 (1) 中的 (ii) 可得

$$\begin{aligned} \lim_{n\to\infty} \sqrt[n]{a_n} &= \lim_{n\to\infty} \sqrt[n]{a_1 \cdot \frac{a_2}{a_1} \cdot \frac{a_3}{a_2} \cdots \frac{a_{n-1}}{a_{n-2}} \cdot \frac{a_n}{a_{n-1}}} \\ &= \lim_{n\to\infty} \frac{a_n}{a_{n-1}} = \lim_{n\to\infty} \frac{a_{n+1}}{a_n} = a. \end{aligned}$$

(3) 令 $x_n = \overbrace{[c[c[\cdots[c]]]]}^{n层}$, 则 $x_n = [cx_{n-1}]$, 且 $\lim\limits_{n\to\infty} \dfrac{1}{x_n} = 0$. 记 R_n 为 cx_n 的小数部分, 则下式成立

$$\frac{x_n}{x_{n-1}} = \frac{[cx_{n-1}]}{x_{n-1}} = \frac{cx_{n-1} - R_n}{x_{n-1}} = c - \frac{1}{x_{n-1}} \cdot R_n, \quad 0 \leqslant R_n < 1.$$

显然有 $\lim\limits_{n\to\infty}\dfrac{x_n}{x_{n-1}}=c$. 从而由本题 (2) 的结论得

$$\lim_{n\to\infty}a_n=\lim_{n\to\infty}\sqrt[n]{x_n}=\lim_{n\to\infty}\frac{x_n}{x_{n-1}}=c.$$ ■

例 2.2.10 设 $a_n=1+\dfrac{1}{2}+\cdots+\dfrac{1}{n}$, $n\in\mathbb{N}_+$, 证明数列 $\{a_n\}$ 发散.

证法 1 由收敛数列的有界性知, 只要证明数列 $\{a_n\}$ 无界即可. 因

$$\frac{1}{n+1}+\frac{1}{n+2}+\cdots+\frac{1}{2n}>n\cdot\frac{1}{2n}=\frac{1}{2},$$

所以由 n 的任意性, 有

$$a_2=1+\frac{1}{2}\geqslant 1+\frac{1}{2},$$

$$a_{2^2}=a_4=a_2+\frac{1}{3}+\frac{1}{4}>a_2+2\times\frac{1}{4}>1+\frac{2}{2},$$

$$a_{2^3}=a_8=a_{2^2}+\frac{1}{5}+\frac{1}{6}+\frac{1}{7}+\frac{1}{8}>a_{2^2}+4\times\frac{1}{8}>1+\frac{3}{2},$$

$$\cdots\ \cdots$$

$$a_{2^{n-1}}>1+\frac{n-1}{2},$$

$$\begin{aligned}a_{2^n}&=a_{2^{n-1}}+\frac{1}{2^{n-1}+1}+\frac{1}{2^{n-1}+2}+\cdots+\frac{1}{2^n}\\&>a_{2^{n-1}}+2^{n-1}\times\frac{1}{2^n}>a_{2^{n-1}}+\frac{1}{2}>1+\frac{n-1}{2}+\frac{1}{2}=1+\frac{n}{2},\end{aligned}$$

$$\cdots\ \cdots$$

由数学归纳法知 $a_{2^n}>1+\dfrac{n}{2}$, $n\in\mathbb{N}_+$. 故数列 $\{a_n\}$ 无上界 (即无界), $\{a_n\}$ 发散.

证法 2 拆分 $a_{2n}=A_n+B_n$, 其中

$$A_n=1+\frac{1}{3}+\frac{1}{5}+\cdots+\frac{1}{2n-1},\quad B_n=\frac{1}{2}+\frac{1}{4}+\frac{1}{6}+\cdots+\frac{1}{2n}.$$

比较 A_n 与 B_n, 则对每个 $n\in\mathbb{N}_+$ 均有

$$\begin{aligned}A_n-B_n&=\left(1+\frac{1}{3}+\frac{1}{5}+\cdots+\frac{1}{2n-1}\right)-\left(\frac{1}{2}+\frac{1}{4}+\frac{1}{6}+\cdots+\frac{1}{2n}\right)\\&=\left(1-\frac{1}{2}\right)+\left(\frac{1}{3}-\frac{1}{4}\right)+\cdots+\left(\frac{1}{2n-1}-\frac{1}{2n}\right)>\frac{1}{2}.\end{aligned}$$

以下用反证法. 若数列 $\{a_n\}$ 收敛, 记 $\lim\limits_{n\to\infty}a_n=a$, 则 $\lim\limits_{n\to\infty}a_{2n}=a$. 由于 $B_n=\dfrac{a_n}{2}$, 所以 $\lim\limits_{n\to\infty}B_n=\dfrac{a}{2}$. 又由 $a_{2n}=A_n+B_n$ 得, $A_n=a_{2n}-B_n$, 所以

$\lim\limits_{n\to\infty} A_n = \lim\limits_{n\to\infty}(a_{2n} - B_n) = \dfrac{a}{2}$. 于是 $\lim\limits_{n\to\infty} A_n = \lim\limits_{n\to\infty} B_n = \dfrac{a}{2}$.

由前述讨论知, 对于每一个 n, $A_n - B_n > \dfrac{1}{2}$. 这表明数列 $\{A_n\}$ 和 $\{B_n\}$ 不可能收敛于同一极限. 故数列 $\{a_n\}$ 必发散.

证法 3 由于对任意 $n \in \mathbb{N}_+$, 有

$$\underbrace{\frac{1}{n+1} + \frac{1}{n+2} + \cdots + \frac{1}{n^2}}_{n^2-n\text{项}} > \frac{n^2-n}{n^2} = 1 - \frac{1}{n},$$

即

$$\frac{1}{n} + \frac{1}{n+1} + \frac{1}{n+2} + \cdots + \frac{1}{n^2} > 1.$$

所以, 由 n 的任意性可得

$$a_4 = 1 + \frac{1}{2} + \frac{1}{3} + \frac{1}{4} > 1 + 1 = 2,$$

$$a_{25} = a_4 + \frac{1}{5} + \frac{1}{6} + \cdots + \frac{1}{5^2} > 2 + 1 = 3,$$

依次类推, 可见数列 $\{a_n\}$ 无上界, 从而无界. 因此, 数列 $\{a_n\}$ 发散. ■

注 2.2.4 例 2.2.10 中的数列 $\{a_n\}$ 的发散性是不易被发觉的. 若读者试着用计算机计算一下这数列的前若干项, 就很容易发现此数列增长的速度非常慢, 但 a_n 随着 n 的增大而增大, 它是无上界的.

在例 2.2.10 中给出了三种证明方法. 证法 1 是 Oresme(约 1323~1382) 在 1360 年左右发表的 (可参见文献 [4]), 算是历史上最早的证明方法. 后来 Bernoulli 兄弟, Jakob Bernoulli (1655~1705) 和 John Bernoulli (1667~1748) 在 1689 年左右给出证法 2 与证法 3 的两个证明方法 (可参见文献 [5]). 当然, 例 2.2.10 还有许多其他解法, 在此就不多言了.

四、巩固提高

2.2.1 求下列各极限:

(i) $\lim\limits_{n\to\infty}\left(\dfrac{1}{1\cdot 2} + \dfrac{1}{2\cdot 3} + \cdots + \dfrac{1}{n(n+1)}\right)$;

(ii) $\lim\limits_{n\to\infty}(1+a)(1+a^2)(1+a^{2^2})\cdots(1+a^{2^n})$, 其中 $|a| < 1$;

(iii) $\lim\limits_{n\to\infty}\left(1 - \dfrac{1}{2^2}\right)\left(1 - \dfrac{1}{3^2}\right)\cdots\left(1 - \dfrac{1}{n^2}\right)$;

(iv) $\lim\limits_{n\to\infty}\left(1 - \dfrac{1}{1+2}\right)\left(1 - \dfrac{1}{1+2+3}\right)\cdots\left(1 - \dfrac{1}{1+2+\cdots+n}\right)$;

(v) $\lim\limits_{n\to\infty}\sum\limits_{k=1}^{n}\dfrac{1}{k(k+1)\cdots(k+N_0)}$, 其中 N_0 为大于 2 的某一整数.

2.2.2 若 $a_n = c + 3c^2 + \cdots + (2n-1)c^n$, $|c| < 1$, 求数列 $\{a_n\}$ 的极限.

2.2.3 设正数列 $\{a_n\}$ 收敛, 其极限大于 0, 证明此数列有正下界, 但在数列中不一定有最小数.

2.2.4 设数列 $\{S_n\}$ 和 $\{a_n\}$ 满足关系

$$S_n = a_1 + a_2 + \cdots + a_n, \quad n \in \mathbb{N}_+.$$

证明: 若数列 $\{S_n\}$ 收敛, 则 $\{a_n\}$ 为无穷小数列. 反之, 若 $\{a_n\}$ 不为无穷小数列, 则数列 $\{S_n\}$ 必发散.

2.2.5 用迫敛性求下列极限:

(i) $\lim\limits_{n\to\infty}\left(\dfrac{1}{n+\sqrt{1}} + \dfrac{1}{n+\sqrt{2}} + \cdots + \dfrac{1}{n+\sqrt{n}}\right)$;

(ii) $\lim\limits_{n\to\infty}\left(\dfrac{1}{\sqrt{n^2+1}} + \dfrac{1}{\sqrt{n^2+2}} + \cdots + \dfrac{1}{\sqrt{(n+1)^2}}\right)$;

(iii) $\lim\limits_{n\to\infty}\left(\dfrac{1}{\sqrt[k]{n^k+1}} + \dfrac{1}{\sqrt[k]{n^k+2}} + \cdots + \dfrac{1}{\sqrt[k]{n^k+3n}}\right)$, 其中 $k > 1$;

(iv) $\lim\limits_{n\to\infty}\left(1 + \dfrac{1}{2} + \cdots + \dfrac{1}{n}\right)^{\frac{1}{n}}$.

2.2.6 ($\dfrac{0}{0}$ 型的 Stolz 定理) 设数列 $\{a_n\}$ 和 $\{b_n\}$ 满足

(i) $b_n > b_{n+1}$ (即数列 $\{b_n\}$ 严格单调减);

(ii) $\lim\limits_{n\to\infty} a_n = \lim\limits_{n\to\infty} b_n = 0$ (即 $a_n = o(1)$, $b_n = o(1)$);

(iii) $\lim\limits_{n\to\infty} \dfrac{a_{n+1} - a_n}{b_{n+1} - b_n} = A$,

则 $\lim\limits_{n\to\infty} \dfrac{a_n}{b_n} = A$.

2.2.7 若 $\lim\limits_{n\to\infty}(a_n - a_{n-1}) = d$, 则 $\lim\limits_{n\to\infty} \dfrac{a_n}{n} = d$.

2.2.8 若 $\lim\limits_{n\to\infty} a_n = a$, 则 $\lim\limits_{n\to\infty} \dfrac{a_1 + 2a_2 + \cdots + na_n}{1 + 2 + \cdots + n} = a$.

2.2.9 设 $\lim\limits_{n\to\infty}(a_n - a_{n-2}) = 0$, 证明:

(i) $\lim\limits_{n\to\infty} \dfrac{a_n}{n} = 0$; (ii) $\lim\limits_{n\to\infty} \dfrac{a_n - a_{n-1}}{n} = 0$.

2.2.10 若 $\lim\limits_{n\to\infty} a_n = a$, $\lim\limits_{n\to\infty} b_n = b$, 证明

$$\lim_{n\to\infty} \frac{a_1 b_n + a_2 b_{n-1} + \cdots + a_n b_1}{n} = ab.$$

2.2.11 设数列 $\{a_n\}$ 满足条件: $0 < a_1 < 1$; $a_{n+1} = a_n(1 - a_n)$, $n \geqslant 1$. 证明 $\lim\limits_{n\to\infty} na_n = 1$.

2.2.12 设当 $n \geqslant 1$ 时, $\sigma_n = \dfrac{s_0 + s_1 + \cdots + s_n}{n+1}$, $a_n = s_n - s_{n-1}$. 证明: 若数列 $\{\sigma_n\}$ 收敛, $\lim\limits_{n\to\infty} na_n = 0$, 则 $\{s_n\}$ 也收敛, 且 $\lim\limits_{n\to\infty} s_n = \lim\limits_{n\to\infty} \sigma_n$.

(提示: 先推导 $s_n - \sigma_n = \dfrac{1}{n+1}\sum\limits_{k=1}^{n} ka_k$, 然后再用 Stolz 定理.)

2.2.13 设 $\lim\limits_{n\to\infty} a_n = a$, $\sigma_n = \sum\limits_{i=1}^{n} \lambda_i$, $\lambda_i > 0$, $i = 1, 2, \cdots, n$, $\lim\limits_{n\to\infty} \dfrac{1}{\sigma_n} = 0$. 证明:

$$\lim_{n\to\infty} \frac{\lambda_1 a_1 + \lambda_2 a_2 + \cdots + \lambda_n a_n}{\lambda_1 + \lambda_2 + \cdots + \lambda_n} = a.$$

2.3 数列极限存在的条件

一、内容精读

1. 单调有界定理

1) 单调数列定义

定义 2.3.1

$\{a_n\}$ 为递增 (递减) 数列$\Leftrightarrow$ $a_n \leqslant a_{n+1}$ $(a_n \geqslant a_{n+1})$, $n \in \mathbb{N}_+$.

递增数列和递减数列统称单调数列.

2) 单调有界定理

在实数系中, 单调有界数列必有极限.

[单调递增有上界 (单调递减有下界) 数列必有极限]

2. 一个重要极限

$$\lim_{n\to\infty}\left(1+\frac{1}{n}\right)^n = \mathrm{e}. \tag{2.3.1}$$

$\left\{\left(1+\dfrac{1}{n}\right)^n\right\}$ 是单调递增有界数列, $\left\{\left(1+\dfrac{1}{n}\right)^{n+1}\right\}$ 是单调递减有界数列, 且

$$\left(1+\frac{1}{n}\right)^n < \mathrm{e} < \left(1+\frac{1}{n}\right)^{n+1}. \tag{2.3.2}$$

3. Cauchy 收敛准则

数列 $\{a_n\}$ 收敛 $\Leftrightarrow$ 对任给 $\varepsilon > 0$, 存在 $N \in \mathbb{N}_+$, 使得当 $n, m > N$ 时有

$$|a_n - a_m| < \varepsilon. \tag{2.3.3}$$

或者

数列 $\{a_n\}$ 收敛 $\Leftrightarrow \forall\, \varepsilon > 0, \exists\, N \in \mathbb{N}_+, \forall\, p \in \mathbb{N}_+$, 当 $n > N$ 时有

$$|a_{n+p} - a_n| < \varepsilon. \tag{2.3.3$'$}$$

满足 Cauchy 收敛准则的数列称为Cauchy 数列 (或基本数列). 基本数列有如下的基本性质:

(i) 收敛数列必为基本数列 (Cauchy 数列);

(ii) 基本数列必有界;

(iii) 有限个基本数列的和、差、积仍为基本数列;

(iv) 基本数列的任一子列必为基本数列.

二、疑难解答

问题 2.3.1 如何给出 Cauchy 收敛准则否定形式的正面表述?

答 Cauchy 收敛准则否定形式的正面表述为:

数列 $\{a_n\}$ 发散 $\Leftrightarrow$ 存在 $\varepsilon_0 > 0$, 对任意 $N \in \mathbb{N}_+$, 存在 $n_0, m_0 > N$ 使得

$$|a_{n_0} - a_{m_0}| \geqslant \varepsilon_0. \tag{2.3.4}$$

上述表述的直观意义是: 总存在 $\varepsilon_0 > 0$, 无论 N 多么大, 总存在大于 N 的正整数 n_0, m_0, 使得 a_{n_0} 与 a_{m_0} 之间的距离不小于 ε_0.

上述准则的一个重要应用就是可用来证明数列的发散性. 如数列 $\{a_n\}$, 其中

$$a_n = 1 + \frac{1}{2} + \frac{1}{3} + \cdots + \frac{1}{n},$$

则 $\{a_n\}$ 为发散数列. 事实上, 取 $\varepsilon_0 = \dfrac{1}{2}$, 对任意 $N \in \mathbb{N}_+$, 存在 $m_0 = N$, $n_0 = 2N + 1$, 使得

$$\begin{aligned}|a_{n_0} - a_{m_0}| &= \frac{1}{N+1} + \frac{1}{N+2} + \cdots + \frac{1}{2N+1} \\ &> (N+1) \cdot \frac{1}{2N+1} > (N+1) \cdot \frac{1}{2N+2} = \frac{1}{2}.\end{aligned}$$

■

问题 2.3.2 请归纳总结判定数列 $\{a_n\}$ 收敛与发散的常用方法.

答 (i) 判定数列 $\{a_n\}$ 收敛有如下一些方法:

(a) ε–N 语言的定义

$\lim\limits_{n\to\infty} a_n = a \Leftrightarrow \forall\, \varepsilon > 0, \exists\, N \in \mathbb{N}_+$, 当 $n > N$ 时, 有 $|a_n - a| < \varepsilon$.

(b) 邻域形式

$\lim\limits_{n\to\infty} a_n = a \Leftrightarrow \forall\, \varepsilon > 0$, 在 $U(a;\varepsilon)$ 之外最多只有数列 $\{a_n\}$ 中的有限个项.

(c) 子列表示

$\lim\limits_{n\to\infty} a_n = a \Leftrightarrow \forall\ \{a_{n_k}\} \subset \{a_n\}$, 有 $\lim\limits_{k\to\infty} a_{n_k} = a$.

$\lim\limits_{n\to\infty} a_n = a \Leftrightarrow \lim\limits_{n\to\infty} a_{2k} = \lim\limits_{n\to\infty} a_{2k-1} = a$.

若单调数列 $\{a_n\}$ 存在收敛子列 $\Rightarrow \{a_n\}$ 收敛.

(d) 迫敛性

若 $a_n \leqslant c_n \leqslant b_n\ (n > N_0)$, 且 $\lim\limits_{n\to\infty} a_n = \lim\limits_{n\to\infty} b_n = a$, 则 $\lim\limits_{n\to\infty} c_n = a$.

(e) 单调有界定理

若 $\{a_n\}$ 单调有界 $\Rightarrow \{a_n\}$ 收敛.

(f) Cauchy 准则

数列 $\{a_n\}$ 收敛 $\Leftrightarrow\ \forall\, \varepsilon > 0, \exists\, N \in \mathbb{N}_+, \forall\, n, m > N$, 有 $|a_n - a_m| < \varepsilon$.

(g) Stolz 定理. 内容见例 2.2.8 和巩固提高 2.2.6.

(ii) 数列 $\{a_n\}$ 发散有如下一些方法:

(a) 极限定义的否定形式

$\lim\limits_{n\to\infty} a_n \neq a \Leftrightarrow \exists\, \varepsilon_0 > 0, \forall\, N \in \mathbb{N}_+, \exists\, n_1 > N$ 时, 有 $|a_{n_1} - a| \geqslant \varepsilon_0$.

$\{a_n\}$ 发散 $\Leftrightarrow \forall\, a \in \mathbb{R},\ \lim\limits_{n\to\infty} a_n \neq a$.

(b) 邻域形式

$\lim\limits_{n\to\infty} a_n \neq a \Leftrightarrow \exists\, \varepsilon_0 > 0$, 在 $U(a;\varepsilon_0)$ 之外存在数列 $\{a_n\}$ 中无限多项.

(c) 子列表示

若存在 $\{a_{n_k}\} \subset \{a_n\}$, $\{a_{n_k}\}$ 发散 $\Rightarrow \{a_n\}$ 发散.

若存在两个子列 $\{a'_{n_k}\}, \{a''_{n_k}\} \subset \{a_n\}$, $\lim\limits_{k\to\infty} a'_{n_k} = a_1$, $\lim\limits_{k\to\infty} a''_{n_k} = a_2$, 但 $a_1 \neq a_2 \Rightarrow \{a_n\}$ 发散.

(d) 若 $\{a_n\}$ 无界 $\Rightarrow \{a_n\}$ 发散.

(e) Cauchy 收敛准则的否定形式

数列 $\{a_n\}$ 发散 $\Leftrightarrow \exists\, \varepsilon_0 > 0, \forall\, N \in \mathbb{N}_+, \exists\, n_0, m_0 > N, |a_{n_0} - a_{m_0}| \geqslant \varepsilon_0$. ■

问题 2.3.3 设 $a_1 = 1$, $a_{n+1} = 1 + 2a_n$, $n = 1, 2, \cdots$. 求极限 $\lim\limits_{n\to\infty} a_n$. 若按如下方法计算, 请问是否正确?

计算过程: 设 $\lim\limits_{n\to\infty} a_n = a$, 则由 $a_{n+1} = 1 + 2a_n$, 两边取极限并应用四则运算法则有 $a = 1 + 2a$, 于是 $a = -1$, 从而 $\lim\limits_{n\to\infty} a_n = -1$.

答 这种计算过程是错误的. 这是因为

$$\begin{aligned} a_n &= 1 + 2a_{n-1} = 1 + 2(1 + 2a_{n-2}) = 1 + 2 + 2^2 a_{n-2} \\ &= 1 + 2 + 2^2(1 + a_{n-3}) = 1 + 2 + 2^2 + 2^3 a_{n-3} \\ &= \cdots = 1 + 2 + 2^2 + 2^3 + \cdots + 2^{n-1}, \end{aligned}$$

所以 $\{a_n\}$ 无界, 故 $\{a_n\}$ 发散.

题中所给的求极限计算过程发生错误的主要原因有二: 其一是没有判定 $\{a_n\}$ 的收敛性, 在发散的情况下进行运算; 其二是错误地应用了极限的四则运算法则, 极限的四则运算法则的前提是数列收敛. ■

三、典型例题

例 2.3.1　证明数列 $\left\{\dfrac{n^5}{2^n}\right\}$ 收敛, 并求其极限值.

证明　令 $a_n=\dfrac{n^5}{2^n}$, $n\in\mathbb{N}_+$. 由于 $\lim\limits_{n\to\infty}\left(1+\dfrac{1}{n}\right)^5=1$, 所以存在 $N>0$, 当 $n>N$ 时有 $\left(1+\dfrac{1}{n}\right)^5<2$. 因此当 $n>N$ 时, 有

$$\frac{a_{n+1}}{a_n}=\frac{1}{2}\cdot\left(1+\frac{1}{n}\right)^5<1,$$

从而 $0<a_{n+1}<a_n$, 所以当 $n>N$ 时 $\{a_n\}$ 严格单调递减, 且以 0 为其下界. 故由单调有界定理知 $\{a_n\}$ 收敛. 令 $\lim\limits_{n\to\infty}a_n=a$, 则 $\dfrac{a_{n+1}}{a_n}=\dfrac{1}{2}\cdot\left(1+\dfrac{1}{n}\right)^5$ 得

$$a_{n+1}=\frac{1}{2}\cdot\left(1+\frac{1}{n}\right)^5a_n. \tag{2.3.5}$$

对式 (2.3.5) 两边取极限, 可得 $a=\dfrac{a}{2}$, 解得 $a=0$, 即 $\lim\limits_{n\to\infty}\dfrac{n^5}{2^n}=0$. ■

例 2.3.2　设 $a_n=\dfrac{1}{n+1}+\dfrac{1}{n+2}+\cdots+\dfrac{1}{2n}$, $n\in\mathbb{N}_+$, 证明数列 $\{a_n\}$ 收敛.

证明　显然 $\{a_n\}$ 为正数列, 当然它有下界. 由于

$$a_n\leqslant n\cdot\frac{1}{n+1}<1,$$

即数列 $\{a_n\}$ 有上界, 从而数列 $\{a_n\}$ 有界.

下证 $\{a_n\}$ 为单调数列. 由于

$$\begin{aligned}a_{n+1}-a_n&=\left[\frac{1}{n+2}+\frac{1}{n+3}+\cdots+\frac{1}{2(n+1)}\right]-\left(\frac{1}{n+1}+\frac{1}{n+2}+\cdots+\frac{1}{2n}\right)\\&=\frac{1}{2n+1}+\frac{1}{2(n+1)}-\frac{1}{n+1}\\&=\frac{1}{2(n+1)(2n+1)}>0,\end{aligned}$$

所以, $\{a_n\}$ 为单调递增数列. 于是, 由单调有界定理知数列 $\{a_n\}$ 收敛. ■

注 2.3.1　若应用例 2.3.6 的结论, 可得例 2.3.2 中数列的极限为 $\lim\limits_{n\to\infty}a_n=\ln 2$.

事实上, 令 $c_n=1+\frac{1}{2}+\cdots+\frac{1}{n}-\ln n$, 则数列 $\{c_n\}$ 收敛. 从而 $\lim\limits_{n\to\infty}(c_{2n}-c_n)=0$. 又因为

$$c_{2n}-c_n=\frac{1}{n+1}+\frac{1}{n+2}+\cdots+\frac{1}{2n}-\ln 2\equiv a_n-\ln 2,$$

即

$$a_n=c_{2n}-c_n+\ln 2.$$

于是 $\lim\limits_{n\to\infty}a_n=\lim\limits_{n\to\infty}(c_{2n}-c_n)+\ln 2=\ln 2$.

例 2.3.3 (海伦 (Heron) 迭代公式) 设 $a>0,\sigma>0,a_1=\frac{1}{2}\left(a+\frac{\sigma}{a}\right),a_{n+1}=\frac{1}{2}\left(a_n+\frac{\sigma}{a_n}\right),n\in\mathbb{N}_+$. 证明数列 $\{a_n\}$ 收敛, 且其极限为 $\sqrt{\sigma}$.

证明 由 $a>0,\sigma>0$, 得 $a_1=\frac{1}{2}\left(a+\frac{\sigma}{a}\right)\geqslant\sqrt{a\cdot\frac{\sigma}{a}}=\sqrt{\sigma}>0$.

假设 $a_n\geqslant\sqrt{\sigma}>0$, 则 $a_{n+1}=\frac{1}{2}\left(a_n+\frac{\sigma}{a_n}\right)\geqslant\sqrt{a_n\cdot\frac{\sigma}{a_n}}=\sqrt{\sigma}>0$. 由数学归纳法可知, $a_n\geqslant\sqrt{\sigma},n\in\mathbb{N}_+$, 即数列 $\{a_n\}$ 有下界.

又 $a_{n+1}-a_n=\frac{1}{2}\left(\frac{\sigma}{a_n}-a_n\right)=\frac{\sigma-a_n^2}{2a_n}\leqslant 0$, 故 $a_{n+1}\leqslant a_n$, 即 $\{a_n\}$ 单调递减.

综上所述, 数列 $\{a_n\}$ 单调递减有下界, 故由单调有界定理知数列 $\{a_n\}$ 收敛. 设 $\lim\limits_{n\to\infty}a_n=A$, 则由极限保不等式性知 $A\geqslant\sqrt{\sigma}>0$. 由 $a_{n+1}=\frac{1}{2}\left(a_n+\frac{\sigma}{a_n}\right)$ 及极限四则运算法则可得 $A=\frac{1}{2}\left(A+\frac{\sigma}{A}\right)$, 解得 $A=\sqrt{\sigma}$, 即 $\lim\limits_{n\to\infty}a_n=\sqrt{\sigma}$. ■

例 2.3.4 设 $a_1>b_1>0$, 记

$$a_n=\frac{a_{n-1}+b_{n-1}}{2},\quad b_n=\frac{2a_{n-1}b_{n-1}}{a_{n-1}+b_{n-1}},\quad n=2,3,\cdots.$$

证明数列 $\{a_n\}$ 与 $\{b_n\}$ 的极限都存在且等于 $\sqrt{a_1b_1}$.

证明 据条件易知

$$0\leqslant\frac{b_n}{a_n}=\frac{4a_{n-1}b_{n-1}}{(a_{n-1}+b_{n-1})^2}\leqslant 1\Rightarrow a_n\geqslant b_n\geqslant 0,\ n>1.$$

又由 $a_1>b_1>0,a_n=\frac{a_{n-1}+b_{n-1}}{2}$ 及数学归纳法, 可得 $0<a_n\leqslant a_{n-1},n>1$, 即当 $n\geqslant 2$ 时数列 $\{a_n\}$ 单调递减有下界.

由此可得, $0\leqslant b_n\leqslant a_n\leqslant a_1$, 即数列 $\{b_n\}$ 有界. 再由 $b_n=\frac{2a_{n-1}b_{n-1}}{a_{n-1}+b_{n-1}}$ 可知, $n>1$ 时 $b_n=\frac{a_{n-1}}{a_n}\cdot b_{n-1}\geqslant b_{n-1}$. 即当 $n\geqslant 2$ 时数列 $\{b_n\}$ 单调递增, 从而 $n\geqslant 2$ 时数列 $\{b_n\}$ 单调递增且有界. 故 $\lim\limits_{n\to\infty}a_n$ 与 $\lim\limits_{n\to\infty}b_n$ 存在, 且设 $\lim\limits_{n\to\infty}a_n=A\geqslant 0$,

$\lim\limits_{n\to\infty} b_n = B \geqslant 0$. 则由 $a_n = \dfrac{a_{n-1}+b_{n-1}}{2}$ 可得, $A = \dfrac{A+B}{2}$, 从而 $A = B$.

又再由题设条件可得, $a_nb_n = a_{n-1}b_{n-1} = \cdots = a_2b_2 = a_1b_1$, 所以 $A^2 = a_1b_1$, 从而 $A = \sqrt{a_1b_1}$, 即 $\lim\limits_{n\to\infty} a_n = \lim\limits_{n\to\infty} b_n = \sqrt{a_1b_1}$. ■

例 2.3.5 设 $a_n = \left(1+\dfrac{1}{n}+\dfrac{1}{n^2}\right)^n$, 求数列 $\{a_n\}$ 的极限.

解法 1 应用迫敛性. 由于当 $n>1$ 时, 有

$$\frac{1}{n} < \frac{1}{n}+\frac{1}{n^2} = \frac{n+1}{n^2} < \frac{n+1}{n^2-1} = \frac{1}{n-1},$$

所以

$$\left(1+\frac{1}{n}\right)^n < a_n < \left(1+\frac{1}{n-1}\right)^n,$$

且

$$\lim_{n\to\infty}\left(1+\frac{1}{n}\right)^n = \mathrm{e},$$

$$\lim_{n\to\infty}\left(1+\frac{1}{n-1}\right)^n = \lim_{n\to\infty}\left(1+\frac{1}{n-1}\right)^{n-1}\lim_{n\to\infty}\left(1+\frac{1}{n-1}\right) = \mathrm{e}.$$

从而由迫敛性知 $\lim\limits_{n\to\infty}\left(1+\dfrac{1}{n}+\dfrac{1}{n^2}\right)^n = \mathrm{e}$.

解法 2 应用重要极限 $\lim\limits_{n\to\infty}\left(1+\dfrac{1}{n}\right)^n = \mathrm{e}$.

$$\lim_{n\to\infty}\left(1+\frac{1}{n}+\frac{1}{n^2}\right)^n = \lim_{n\to\infty}\left(1+\frac{n+1}{n^2}\right)^n = \lim_{n\to\infty}\left(1+\frac{1}{\dfrac{n^2}{n+1}}\right)^n$$

$$= \lim_{n\to\infty}\left[\left(1+\frac{1}{\dfrac{n^2}{n+1}}\right)^{\frac{n^2}{n+1}}\right]^{\frac{n}{n+1}} = \mathrm{e}. \quad ■$$

例 2.3.6 设 $a_n = 1+\dfrac{1}{2}+\dfrac{1}{3}+\cdots+\dfrac{1}{n}-\ln n$, $n\in\mathbb{N}_+$. 证明

(i) 对任意 $n\in\mathbb{N}_+$, 成立不等式

$$\frac{1}{n+1} < \ln\left(1+\frac{1}{n}\right) < \frac{1}{n}; \tag{2.3.6}$$

(ii) $\{a_n\}$ 为单调递减的收敛数列.

证明 (i) 由式 (2.3.2), 即不等式

$$\left(1+\frac{1}{n}\right)^n < \mathrm{e} < \left(1+\frac{1}{n}\right)^{n+1}$$

可得

$$n\ln\left(1+\frac{1}{n}\right)<1<(n+1)\ln\left(1+\frac{1}{n}\right).$$

由此式立即可得式 (2.3.6).

(ii) 先证 $\{a_n\}$ 为单调递减数列. 由通项及不等式 (2.3.6) 得

$$a_{n+1}-a_n=\frac{1}{n+1}+\ln n-\ln(n+1)=\frac{1}{n+1}-\ln\left(1+\frac{1}{n}\right)<0,$$

即 $a_{n+1}<a_n$. 这就证明了 $\{a_n\}$ 为单调递减数列.

再证数列 $\{a_n\}$ 有界. 由不等式 (2.3.6) 知, 对任意 $k\in\mathbb{N}_+$, 有

$$\ln(k+1)-\ln k<\frac{1}{k}.$$

在上式中取 $k=1,2,\cdots,n$, 并将所得到的式子相加, 可得

$$\ln(n+1)<1+\frac{1}{2}+\frac{1}{3}+\cdots+\frac{1}{n}.$$

于是

$$0<\ln(n+1)-\ln n<1+\frac{1}{2}+\frac{1}{3}+\cdots+\frac{1}{n}-\ln n\equiv a_n.$$

即 $\{a_n\}$ 有下界, 从而数列 $\{a_n\}$ 有界.

综合知 $\{a_n\}$ 为单调递减有界数列, 并由单调有界定理知数列 $\{a_n\}$ 收敛, 且

$$\lim_{n\to\infty}a_n=c=0.577\ 215\ 664\ 9\cdots. \qquad ■$$

上述极限 c 称为Euler 常数. 于是

$$1+\frac{1}{2}+\frac{1}{3}+\cdots+\frac{1}{n}=\ln n+c+\varepsilon_n, \tag{2.3.7}$$

其中 $\varepsilon_n=o(1)$. 式 (2.3.7) 刻画了 $1+\frac{1}{2}+\frac{1}{3}+\cdots+\frac{1}{n}$ 发散的数量级与 $\ln n$ 相当.

下面是 Cauchy 收敛准则的一个具体应用.

例 2.3.7 天体力学中的开普勒 (Kepler) 方程 为

$$x=q\sin x+a, \tag{2.3.8}$$

其中 a 与 q 为常数, 且 q 满足 $0<q<1$. 任取 x_0, 构造如下迭代公式:

$$x_{n+1}=q\sin x_n+a,\quad n=0,1,2,\cdots. \tag{2.3.9}$$

证明数列 $\{x_n\}$ 收敛, 且其极限恰为 Kepler 方程的解.

证明 由迭代公式 (2.3.9) 可得

$$|x_2 - x_1| = q|\sin x_1 - \sin x_0| = 2q\left|\sin\frac{x_1 - x_0}{2}\cos\frac{x_1 + x_0}{2}\right| \leqslant q|x_1 - x_0|.$$

同理可得

$$|x_3 - x_2| \leqslant q|x_2 - x_1| \leqslant q^2|x_1 - x_0|,$$

$$|x_4 - x_3| \leqslant q|x_3 - x_2| \leqslant q^3|x_1 - x_0|,$$

$$\cdots\ \cdots$$

由数学归纳法, 可得

$$|x_{n+1} - x_n| \leqslant q^n|x_1 - x_0|.$$

从而对任意 $p \in \mathbb{N}_+$, 有

$$\begin{aligned}|x_{n+p} - x_n| &\leqslant |x_{n+p} - x_{n+p-1}| + |x_{n+p-1} - x_{n+p-2}| + \cdots + |x_{n+1} - x_n| \\ &\leqslant (q^{n+p-1} + q^{n+p-2} + \cdots + q^{n+1} + q^n)|x_1 - x_0| \\ &= \frac{q^n(1 - q^p)}{1 - p}|x_1 - x_0| \leqslant \frac{|x_1 - x_0|}{1 - q} \cdot q^n.\end{aligned}$$

因当 $0 < q < 1$ 时, 有 $\lim\limits_{n\to\infty}\dfrac{|x_1 - x_0|}{1 - q} \cdot q^n = 0$, 所以对任意 $\varepsilon > 0$, 存在 $N > 0$, 当 $n > N$ 时, 对一切 $p \in \mathbb{N}_+$, 有

$$|x_{n+p} - x_n| \leqslant \frac{|x_1 - x_0|}{1 - q} \cdot q^n < \varepsilon.$$

由 Cauchy 收敛准则知, 数列 $\{x_n\}$ 收敛. 令 $\lim\limits_{n\to\infty} x_n = \ell$.

又因为

$$0 \leqslant |\sin x_n - \sin \ell| \leqslant |x_n - \ell|,$$

所以, 由迫敛性知 $\lim\limits_{n\to\infty}(\sin x_n - \sin \ell) = 0$, 即 $\lim\limits_{n\to\infty} \sin x_n = \sin \ell$.

最后, 对式 (2.3.9) 两边取 $n \to \infty$ 极限, 有

$$\ell = q \sin \ell + a,$$

即数列 $\{x_n\}$ 的极限 ℓ 满足开普勒方程, 亦即 ℓ 恰为 Kepler 方程的解. ■

注 2.3.2 Kepler 方程是 J. Kepler (1571~1630) 在 1609 年左右研究行星运动规律时得到的方程. 从天体力学的角度来分析可以肯定对每个给定的数 a, 方程存在唯一解. 此解虽没有可用的显示表达式, 但可以用近似方法求解. 例 2.3.7 就是用迭代生成数列的方法来求 Kepler 方程的近似解. Kepler 方程属于非线性方程, 关

于非线性方程近似求根的一般近似方法属于计算方法的内容, 读者可参考计算方法相关著作 (如文献 [6]).

例 2.3.7 的一般方法, 即是如下所要描述的压缩映射原理.

设函数 f 在区间 $[a,b]$ 上有定义, $f([a,b])\subset[a,b]$, 且存在常数 $k\in(0,1)$, 使得对一切 $x,y\in[a,b]$ 成立不等式

$$|f(x)-f(y)|\leqslant k|x-y|,$$

则称 f 为 $[a,b]$ 上的一个压缩映射, 并称 k 为压缩常数.

压缩映射原理 设 f 为 $[a,b]$ 上的一个压缩映射, 则

(i) f 在 $[a,b]$ 中存在唯一的不动点 ξ, 使 $\xi=f(\xi)$;

(ii) 由任何初始值 $a_0\in[a,b]$ 和递推公式

$$a_{n+1}=f(a_n),\quad n\in\mathbb{N}_+$$

生成的数列 $\{a_n\}$ 必收敛于 ξ;

(iii) 成立如下估计式:

$$|a_n-\xi|\leqslant\frac{k}{1-k}|a_n-a_{n-1}|,\quad (\text{事后估计})$$

$$|a_n-\xi|\leqslant\frac{k^n}{1-k}|a_1-a_0|.\quad (\text{先验估计})$$

证明 由于 $f([a,b])\subset[a,b]$, 因此 $\{a_n\}\subset[a,b]$. 由 f 的压缩性, 可得对任意 $p\in\mathbb{N}_+$ 有

$$\begin{aligned}|a_{n+p}-a_n|&=|f(a_{n+p-1})-f(a_{n-1})|\leqslant k|a_{n+p-1}-a_{n-1}|\\&\leqslant k^2|a_{n+p-2}-a_{n-2}|\leqslant\cdots\leqslant k^n|a_p-a_0|\leqslant k^n(b-a).\end{aligned}$$

可见, 对任给 $\varepsilon>0$, 只要取 $N=\left[\ln\dfrac{\varepsilon}{b-a}\Big/\ln k\right]$, 当 $n>N$ 时, 就有 $|a_{n+p}-a_n|<\varepsilon$. 因此 $\{a_n\}$ 为基本数列, 从而收敛并记其极限为 $\xi\in[a,b]$. 为证明 $\xi=f(\xi)$, 再研究数列 $\{f(a_n)\}$. 从不等式 $|f(a_n)-f(\xi)|\leqslant k|a_n-\xi|$ 和 $\lim\limits_{n\to\infty}a_n=\xi$ 知 $\lim\limits_{n\to\infty}f(a_n)=f(\xi)$. 于是在 $a_{n+1}=f(a_n)$ 两边令 $n\to\infty$ 就得到 $\xi=f(\xi)$.

下证明 ξ 的唯一性. 若存在 $\eta\in[a,b]$, 使 $\eta=f(\eta)$, 则有

$$|\eta-\xi|=|f(\eta)-f(\xi)|\leqslant k|\eta-\xi|.$$

注意到 $0<k<1$, 所以 $\eta=\xi$. 至此, 就证明了 (i) 和 (ii).

接下来证明 (iii). 由于

$$|a_n-\xi|=|f(a_{n-1})-f(\xi)|\leqslant k|a_{n-1}-\xi|\leqslant k(|a_{n-1}-a_n|+|a_n-\xi|),$$

由此得到

$$|a_n-\xi|\leqslant\frac{k}{1-k}|a_n-a_{n-1}|.$$

又 $|a_j-a_{j-1}|=|f(a_{j-1})-f(a_{j-2})|\leqslant k|a_{j-1}-a_{j-2}|$, 并利用上式可得

$$|a_n-\xi|\leqslant\frac{k}{1-k}|a_n-a_{n-1}|\leqslant\frac{k^2}{1-k}|a_{n-1}-a_{n-2}|\leqslant\cdots\leqslant\frac{k^n}{1-k}|a_1-a_0|.$$

*__例 2.3.8__　设 $a_1=1,\ a_2=\frac{1}{2},\ a_{n+1}=\frac{1}{1+a_n},\ n\in\mathbb{N}_+$, 求 $\lim\limits_{n\to\infty}a_n$.

解　易知 $\{a_n\}$ 为正数列. 先考察 $\{a_n\}$ 中相邻两项之差, 即

$$a_{n+1}-a_n=\frac{1}{1+a_n}-\frac{1}{1+a_{n-1}}=-\frac{a_n-a_{n-1}}{(1+a_n)(1+a_{n-1})}.$$

由 $a_2-a_1=-\frac{1}{2}<0$, 可得

$$a_3-a_2=-\frac{a_2-a_1}{(1+a_2)(1+a_1)}>0,$$

$$a_4-a_3=-\frac{a_3-a_2}{(1+a_3)(1+a_2)}<0,$$

$$\cdots\ \cdots$$

$$a_{2k}-a_{2k-1}=-\frac{a_{2k-1}-a_{2k-2}}{(1+a_{2k-1})(1+a_{2k-2})}<0,$$

$$a_{2k+1}-a_{2k}=-\frac{a_{2k}-a_{2k-1}}{(1+a_{2k})(1+a_{2k-1})}>0,$$

$$\cdots\ \cdots$$

故知数列 $\{a_n\}$ 本身不是单调数列. 设 c 为满足 $c=\frac{1}{1+c}$ 的一个正实数, 可得

$$c=\frac{\sqrt{5}-1}{2}>0.$$

若 $a_n<c$, 则 $a_{n+1}=\frac{1}{1+a_n}>\frac{1}{1+c}=c$; 若 $a_n>c$, 则 $a_{n+1}=\frac{1}{1+a_n}<\frac{1}{1+c}=c$. 而 $a_1=1>c$. 于是可得

$$a_{2k-1}>c,\quad a_{2k}<c,$$

即明数列 $\{a_n\}$ 是摆动地趋向于 c. 考察数列 $\{a_{2k}\}$ 与 $\{a_{2k-1}\}$ 的单调性. 由于

$$a_{n+2}-a_n=\frac{1}{1+a_{n+1}}-a_n=\frac{1}{1+\dfrac{1}{1+a_n}}-a_n$$

$$=\frac{1-a_n-a_n^2}{2+a_n}=\frac{(c-a_n)(1+c+a_n)}{2+a_n},$$

因此, 当 $a_n < c$ 时, 有 $a_{n+2} - a_n > 0$, 而当 $a_n > c$ 时, 有 $a_{n+2} - a_n < 0$. 又由于 $a_{2k-1} > c$, $a_{2k} < c$, 所以子列 $\{a_{2k}\}$ 为递增且有上界数列 (上界为 c), 而子列 $\{a_{2k-1}\}$ 为递减且有下界数列 (下界为 c). 由单调有界定理知子列 $\{a_{2k}\}$ 与 $\{a_{2k-1}\}$ 均收敛, 令 $\lim\limits_{k\to\infty} a_{2k-1} = \alpha$, $\lim\limits_{k\to\infty} a_{2k} = \beta$. 分别由

$$a_{2k+1} = \frac{1}{1+a_{2k}} \quad 与 \quad a_{2k} = \frac{1}{1+a_{2k-1}}$$

得 $\alpha = \dfrac{1}{1+\beta}$, $\beta = \dfrac{1}{1+\alpha}$. 解上述两式得 $\alpha = \beta = c = \dfrac{\sqrt{5}-1}{2}$, 即 $\lim\limits_{k\to\infty} a_{2k-1} = \lim\limits_{k\to\infty} a_{2k} = c = \dfrac{\sqrt{5}-1}{2}$. 于是

$$\lim_{n\to\infty} a_n = \lim_{k\to\infty} a_{2k-1} = \lim_{k\to\infty} a_{2k} = \frac{\sqrt{5}-1}{2} \approx 0.618\cdots. \qquad \blacksquare$$

例 2.3.9 设数列 $\{a_n\}$ 满足 $\lim\limits_{n\to\infty}\left|\dfrac{a_{n+1}}{a_n}\right| = c < 1$, 则 $a_n = o(1)$.

证明 取 $\varepsilon_0 = \dfrac{1-c}{2}$, 由 $\lim\limits_{n\to\infty}\left|\dfrac{a_{n+1}}{a_n}\right| = c < 1$ 知存在 $N \in \mathbb{N}_+$, 当 $n > N$ 时有

$$\left|\frac{a_{n+1}}{a_n}\right| < c + \varepsilon_0 = c + \frac{1-c}{2} = \frac{1+c}{2} < 1.$$

所以, 当 $n > N$ 时数列 $\{|a_n|\}$ 是严格减的. 又由于 0 为其下界, 故 $\{|a_n|\}$ 收敛.

设 $\lim\limits_{n\to\infty} |a_n| = a$, 则由不等式 $|a_{n+1}| < \dfrac{1+c}{2}|a_n|$, 得 $0 \leqslant a \leqslant \dfrac{1+c}{2}a$. 由于 $0 < \dfrac{1+c}{2} < 1$, 故可得 $a = 0$. 从而 $|a_n| = o(1)$, 再由例 2.1.7 知 $a_n = o(1)$. $\blacksquare$

四、巩固提高

2.3.1 设 $0 < a_0 < \dfrac{\pi}{2}$, $a_n = \sin a_{n-1}$, $n \in \mathbb{N}_+$, 求 $\lim\limits_{n\to\infty} a_n$.

2.3.2 设 $0 < a_0 < 1$, $a_{n+1} = 1 - \sqrt{1-a_n}$, $n \in \mathbb{N}_+$, 求 $\lim\limits_{n\to\infty} a_n$.

2.3.3 求下列极限:

(i) $\lim\limits_{n\to\infty}\left(1+\dfrac{1}{2n}\right)^n$; (ii) $\lim\limits_{n\to\infty}\left(1+\dfrac{1}{n^2}\right)^n$.

2.3.4 设 $\{a_n\}$ 为正数列, 且 $\lim\limits_{n\to\infty} a_n = +\infty$. 计算 $\lim\limits_{n\to\infty}\left(1+\dfrac{1}{a_n}\right)^{a_n}$.

2.3.5 计算 $\lim\limits_{n\to\infty}\left(1+\dfrac{1}{n^2}\right)\left(1+\dfrac{2}{n^2}\right)\cdots\left(1+\dfrac{n}{n^2}\right)$.

2.3.6 若 $a > 0$, $a_1 = \sqrt[3]{a+\sqrt[3]{a}}$, $a_2 = \sqrt[3]{a_1+\sqrt[3]{a}}$, $\cdots$, $a_n = \sqrt[3]{a_{n-1}+\sqrt[3]{a}}$, 则数列 $\{a_n\}$ 收敛, 且其极限为方程 $x^3 = x + \sqrt[3]{a}$ 的一个正根.

2.3.7　设 $a_1 = \frac{c}{2}$, $a_{n+1} = \frac{1}{2}(c + a_n^2)$, $n \in \mathbb{N}_+$. 解答下列问题: (i) 若 $0 < c \leqslant 1$, 则 $\{a_n\}$ 收敛, 并求 $\lim\limits_{n\to\infty} a_n$; (ii) 若 $c > 1$, 则 $\{a_n\}$ 发散.

2.3.8　设 a_n 定义为 $a_{n+1} = \dfrac{3a_n + 1}{a_n + 3}$, $n > 1$, $a_1 > 1$, 证明 $\lim\limits_{n\to\infty} a_n = 1$.

2.3.9　若有界数列 $\{a_n\}$ 满足 $2a_n \leqslant a_{n-1} + a_{n+1}$, 证明 $\lim\limits_{n\to\infty}(a_n - a_{n-1}) = 0$. (提示: 用反证法证明 $\{a_n\}$ 为单调递减数列.)

2.3.10　设 $a_1 = \sqrt{2}$, $a_{n+1} = \sqrt{a_n + 2}$, $n \in \mathbb{N}_+$, 证明数列 $\{a_n\}$ 收敛, 并求其极限.

2.3.11　设 $a_1 = 1$, $a_n = n(1 + a_{n-1})$, $n = 2, 3, \cdots$, 又设 $b_n = \prod\limits_{k=1}^{n}\left(1 + \dfrac{1}{a_k}\right)$, $n \in \mathbb{N}_+$, 求数列 $\{b_n\}$ 的极限.

***2.3.12**　数列 $\{a_n\}$ 是由 $a_1 = 1$ 和 $a_{n+1} = 1 + \dfrac{1}{a_n}$ $(n \in \mathbb{N}_+)$ 生成. 讨论 $\{a_n\}$ 的敛散性, 若收敛则求出其极限.

***2.3.13**　设 $a_1 = 1$, $a_{n+1} = 1 + \dfrac{a_n}{1 + a_n}$, $n = 1, 2, \cdots$, 求 $\lim\limits_{n\to\infty} a_n$.

2.3.14　设 a, b, c 是三个给定的实数. 令 $a_1 = a$, $b_1 = b$, $c_1 = c$, 定义

$$a_{n+1} = \frac{b_n + c_n}{2}, \quad b_{n+1} = \frac{c_n + a_n}{2}, \quad c_{n+1} = \frac{a_n + b_n}{2}, \quad n \in \mathbb{N}_+.$$

求数列 $\{a_n\}$, $\{b_n\}$, $\{c_n\}$ 的极限.

2.3.15　设 $a_1 > b_1 > 0$, $a_{n+1} = \dfrac{2a_n b_n}{a_n + b_n}$, $b_{n+1} = \sqrt{a_{n+1} b_n}$, $n \in \mathbb{N}_+$, 证明 $\{a_n\}$ 和 $\{b_n\}$ 收敛于同一极限.

(提示: 设法证明 $\{a_n\}$ 为单调递减数列, $\{b_n\}$ 为单调递增数列.)

2.3.16　求 $\lim\limits_{n\to\infty}\left(\dfrac{1}{n} + \dfrac{1}{n+1} + \cdots + \dfrac{1}{2n}\right)$.

(提示: 利用式 (2.3.6) 证明 $\ln\dfrac{2n+1}{n} < \dfrac{1}{n} + \dfrac{1}{n+1} + \cdots + \dfrac{1}{2n} < \ln\dfrac{2n}{n-1}$.)

2.3.17　设数列 $\{b_n\}$ 有界, $a_n = \sum\limits_{k=1}^{n}\dfrac{b_k}{k(k+1)}$, $n \in \mathbb{N}_+$, 证明数列 $\{a_n\}$ 收敛.

2.3.18　设 $a_n = 1 + \dfrac{1}{2^p} + \cdots + \dfrac{1}{n^p}$, $n \in \mathbb{N}_+$, $p \leqslant 1$, 证明数列 $\{a_n\}$ 发散.

2.3.19　证明数列 $\{\sin n\}$ 发散.

2.3.20 (Toeplitz 定理)　设对 $n, k \in \mathbb{N}_+$ 有 $t_{nk} \geqslant 0$. 又 $\sum\limits_{k=1}^{n} t_{nk} = 1$, $\lim\limits_{n\to\infty} t_{nk} = 0$. 定义 $x_n = \sum\limits_{k=1}^{n} t_{nk} a_k$, 若 $\lim\limits_{n\to\infty} a_n = a$, 证明 $\lim\limits_{n\to\infty} x_n = a$.

第3章　函数极限

由于数列可以看成是以正整数集 $\mathbb{N}_+$ 为定义域的一元函数, 所以一元函数的极限, 是数列极限的推广.

在本章中, 主要介绍函数极限的概念、基本性质、函数极限存在的条件、两个重要极限与函数极限的计算. 由于数学分析又可以看成是无穷小分析, 所以对无穷小量也作了详细介绍.

3.1　函数极限概念

一、内容精读

1. x 趋于 ∞ 时函数的极限

(i) ε–M 语言: 设 f 为定义在 $[a,+\infty)$ 上的函数, A 为定数. 若对任给 $\varepsilon>0$, 存在正数 M $(M\geqslant a)$, 使得当 $x>M$ 时有

$$|f(x)-A|<\varepsilon, \tag{3.1.1}$$

则称函数 f 当 x 趋于 $+\infty$ 时以 A 为极限, 记为

$$\lim_{x\to+\infty} f(x)=A \quad 或 \quad f(x)\to A\ (x\to+\infty). \tag{3.1.2}$$

(ii) $\lim\limits_{x\to+\infty} f(x)=A$ 的几何意义: 对任给 $\varepsilon>0$, 存在正数 M $(M\geqslant a)$, 在直线 $x=M$ 的右方, 曲线 $y=f(x)$ 全部落在平行于 x 轴的两条直线 $y=A-\varepsilon$ 与 $y=A+\varepsilon$ 的带形区域内 (参考图 3.1.1).

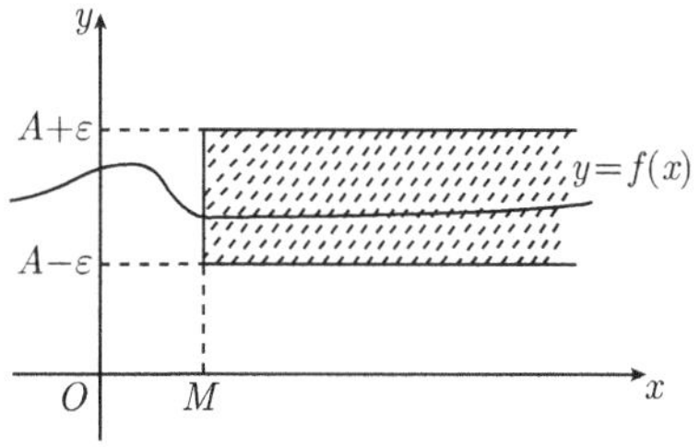

图 3.1.1

(iii) $\lim\limits_{x\to-\infty} f(x)=A$ 与 $\lim\limits_{x\to\infty} f(x)=A$ 的定义:

$\lim\limits_{x\to-\infty} f(x)=A \Leftrightarrow \forall\ \varepsilon>0, \exists\ M>0$, 使得当 $x<-M$ 时有 $|f(x)-A|<\varepsilon$.

$\lim\limits_{x\to\infty} f(x)=A \Leftrightarrow \forall\ \varepsilon>0, \exists\ M>0$, 使得当 $|x|>M$ 时有 $|f(x)-A|<\varepsilon$.

2. x 趋于 x_0 时函数的极限

(i) ε–δ 语言: 设函数 f 在点 x_0 的某个空心邻域 $U^\circ(x_0;\delta')$ 内有定义, A 为定数. 若对任给 $\varepsilon>0$, 存在正数 δ ($\delta<\delta'$), 使得当 $0<|x-x_0|<\delta$ 时有 $|f(x)-A|<\varepsilon$, 则称函数 f 当 x 趋于 x_0 时以 A 为极限, 记为

$$\lim_{x\to x_0} f(x)=A \text{ 或 } f(x)\to A\ (x\to x_0). \tag{3.1.3}$$

(ii) 邻域表示:

$$\lim_{x\to x_0} f(x)=A \Leftrightarrow \forall\,\varepsilon>0,\ \exists\,\delta>0,\ \forall\,x\in U^\circ(x_0;\delta),\ \text{有}\ f(x)\in U(A;\varepsilon).$$

(或者 $\lim\limits_{x\to x_0} f(x)=A \Leftrightarrow \forall\,\varepsilon>0, \exists\,\delta>0$, 使得 $f\big(U^\circ(x_0;\delta)\big)\subset U(A;\varepsilon)$.)

(iii) $\lim\limits_{x\to x_0} f(x)=A$ 的几何意义: 对任给 $\varepsilon>0$, 在坐标平面上画一条以直线 $y=A$ 为中心线、宽为 2ε 的横带, 则必存在以直线 $x=x_0$ 为中心线、宽为 2δ 的竖带, 使函数 $y=f(x)$ 的图像在该竖带中的部分除点 $(x_0,f(x_0))$ 外全部落在该横带内 (参考图 3.1.2).

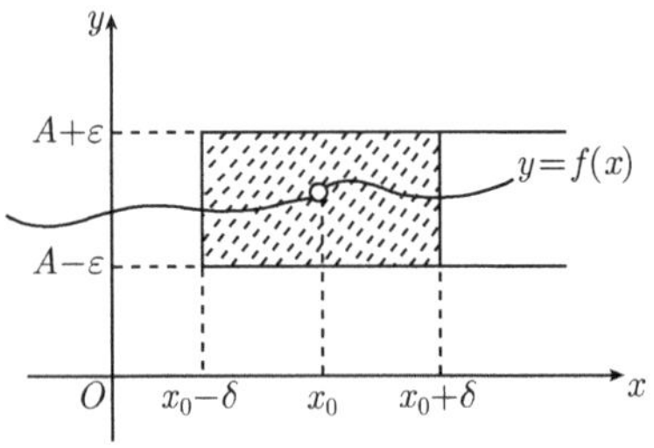

图 3.1.2

(iv) 函数的左、右极限的定义:

$\lim\limits_{x\to x_0^-} f(x)=A \Leftrightarrow \forall\,\varepsilon>0, \exists\,\delta>0$, 使得 $x_0-\delta<x<x_0$ 时有 $|f(x)-A|<\varepsilon$.

$\lim\limits_{x\to x_0^+} f(x)=A \Leftrightarrow \forall\,\varepsilon>0, \exists\,\delta>0$, 使得 $x_0<x<x_0+\delta$ 时有 $|f(x)-A|<\varepsilon$.

$\lim\limits_{x\to x_0} f(x)=A \Leftrightarrow \lim\limits_{x\to x_0^-} f(x)=\lim\limits_{x\to x_0^+} f(x)=A$.

二、疑难解答

问题 3.1.1　如何正面表述 $\lim\limits_{x\to x_0} f(x)\neq A$ 与 $\lim\limits_{x\to+\infty} f(x)\neq A$?

答　(i) $\lim\limits_{x\to x_0} f(x)\neq A$ 的正面表述 (给出两种表述):

ε–δ 语言: $\exists\,\varepsilon_0>0, \forall\,\delta>0, \exists\,x_1$ 满足 $0<|x_1-x_0|<\delta$, 但 $|f(x_1)-A|\geqslant\varepsilon_0$;

邻域表述: $\exists\,\varepsilon_0>0, \forall\,\delta>0, \exists\,x_1\in U^\circ(x_0;\delta)$, 但 $f(x_1)\notin U(A;\varepsilon_0)$.

(ii) $\lim\limits_{x\to+\infty} f(x)\neq A$ 的正面表述 (给出两种表述):

ε–M 语言: $\exists\,\varepsilon_0>0, \forall\,M>0, \exists\,x_1$ 满足 $x_1>M$, 但 $|f(x_1)-A|\geqslant\varepsilon_0$;

邻域表述: $\exists\,\varepsilon_0>0, \forall\,M>0, \exists\,x_1\in U(+\infty)$, 但 $f(x_1)\notin U(A;\varepsilon_0)$. ■

问题 3.1.2　在函数极限 $\lim\limits_{x\to x_0} f(x)=A$ 的 ε–δ 语言定义中, ε 的 “任给” 包含 “任意” 和 “给定” 之意, 如何理解这两层含义?

答　ε–δ 语言表示法是用 “静态” 的定量形式来描述 “动态” 的极限过程.

"对给定 $\varepsilon>0$, 存在 $\delta(\varepsilon)>0$, 当 $0<|x-x_0|<\delta$ 时, 有 $|f(x)-A|<\varepsilon$", 形式上是一个 "静态" 的描述. 当 ε 变动且趋于零时, 一系列 "静态" 描述就刻画了动态的极限过程. 由此可见, 正数 ε 的 "任意" 和 "给定" 之意在上述过程中是相辅相成的.

函数极限 $\lim\limits_{x\to x_0} f(x)=A$ 还有如下一些等价性表述:

(i) $\forall\, \varepsilon>0, \exists\, \delta>0, \forall\, x\in U^\circ(x_0;\delta)$, 成立 $|f(x)-A|\leqslant\varepsilon$;

(ii) $\forall\, \varepsilon>0, \exists\, \delta>0, \forall\, x\in U^\circ(x_0;\delta)$, 成立 $|f(x)-A|<k\varepsilon$ (其中 k 为正常数);

(iii) $\forall\, n\in\mathbb{N}_+, \exists\, \delta>0, \forall\, x\in U^\circ(x_0;\delta)$, 成立 $|f(x)-A|<\dfrac{1}{n}$;

(iv) $\forall\, \varepsilon>0, \exists\, n\in\mathbb{N}_+, \forall\, x\in U^\circ\left(x_0;\dfrac{1}{n}\right)$, 成立 $|f(x)-A|<\varepsilon$. ■

三、典型例题

例 3.1.1 用 ε–δ 语言证明: $\lim\limits_{x\to1}(x^2+5)=6$.

证明 由于 $|(x^2+5)-6|=|(x+1)(x-1)|\leqslant(|x|+1)|x-1|$, 所以在限制 $0<|x-1|<1$ 下 (此时 $|x|<2$), 有 $|(x^2+5)-6|<3|x-1|$. 于是, 对任给 $\varepsilon>0$, 只要取 $\delta=\min\left\{1,\dfrac{1}{3}\varepsilon\right\}$, 则当 $0<|x-1|<\delta$ 时, 就有 $|(x^2+5)-6|<\varepsilon$. 这就证明了 $\lim\limits_{x\to1}(x^2+5)=6$. ■

解题回顾 此题的证明过程中, 先利用 $|x-1|\to0$ 对 x 作了适当限制, 再对 $|f(x)-A|$ 进行适当 "放大", 以便寻找合适的 δ. 这种放大比较灵活, 但主要目的是要达到不等式 $|f(x)-A|\leqslant C|x-x_0|^\mu$ (其中 C,μ 为正常数), 从而可顺利地得到 δ.

例 3.1.2 用 ε–δ 语言证明: $\lim\limits_{x\to1}\dfrac{x^2-1}{x-1}=2$.

证明 根据函数极限的定义, 尽管 $f(x)=\dfrac{x^2-1}{x-1}$ 在 $x=1$ 处没有定义, 但仍可以考虑它在该点的极限.

当 $x\neq1$ 时, 有

$$\left|\frac{x^2-1}{x-1}-2\right|=|x-1|.$$

于是, 对任给 $\varepsilon>0$, 只要取 $\delta=\varepsilon$, 则当 $0<|x-1|<\delta$ 时, 就有

$$\left|\frac{x^2-1}{x-1}-2\right|=|x-1|<\varepsilon.$$

这就证明了 $\lim\limits_{x\to1}\dfrac{x^2-1}{x-1}=2$. ■

解题回顾 此题虽然简单, 但包含了求此类极限的一般方法. 当 $f(x)$ 为有理分式表示时, 用 ε–δ 语言方法证明 $\lim\limits_{x\to x_0}f(x)=A$ 的具体步骤如下:

(i) 化简有理分式 $f(x)$. 若 $f(x)$ 的分母含有当 $x \to x_0$ 时的零因子 $x - x_0$ 时, 则考虑是否可以消去此因子 (因 $\lim\limits_{x\to x_0} f(x)$ 按定义为 $x \to x_0$ 但 $x \neq x_0$);

(ii) 在 $|x - x_0| < \eta$ 情况下将 $|f(x) - A|$ 放大为 $|f(x) - A| \leqslant C|x - x_0|^{\mu}$ (其中 C, μ 为正常数);

(iii) 对任给的 $\varepsilon > 0$, 取 $\delta = \min\left\{\eta, \left(\dfrac{\varepsilon}{C}\right)^{\frac{1}{\mu}}\right\}$, 当 $0 < |x - x_0| < \delta$ 时, 有 $|f(x) - A| < \varepsilon$.

为此, 再举例如下:

例 3.1.3 用 ε–δ 语言证明 $\lim\limits_{x\to 1} \dfrac{x^2 + x - 2}{x(x^2 - 3x + 2)} = -3$.

证明 此题与例 3.1.2 类似, 尽管函数 $f(x) = \dfrac{x^2 + x - 2}{x(x^2 - 3x + 2)}$ 在 $x = 1$ 处没有定义, 但仍可以考虑它在该点的极限.

(i) 消去 $f(x) = \dfrac{x^2 + x - 2}{x(x^2 - 3x + 2)}$ 的分子和分母中的因子 $x - 1$. 当 $x \neq 1$ 时, 有

$$f(x) = \frac{x^2 + x - 2}{x(x^2 - 3x + 2)} = \frac{(x+2)(x-1)}{x(x-2)(x-1)} = \frac{x+2}{x(x-2)}.$$

(ii) 将 $|f(x) - (-3)|$ 放大成 $C|x - 1|^{\mu}$ 形式. 由于

$$|f(x) - (-3)| = \left|\frac{x+2}{x(x-2)} + 3\right| = \frac{|3x - 2|}{|x(x-2)|} \cdot |x - 1|,$$

所以限制 $0 < |x - 1| < \dfrac{1}{2}$, 在此限制下有

$$|3x - 2| \leqslant 3|x - 1| + 1 = \frac{5}{2},$$

$$|x(x-2)| = |1 - (x-1)^2| = 1 - (x-1)^2 > 1 - \frac{1}{4} = \frac{3}{4},$$

于是

$$\frac{|3x - 2|}{|x(x-2)|} < \frac{5}{2} \cdot \frac{4}{3} = \frac{10}{3}.$$

从而在限制 $0 < |x - 1| < \dfrac{1}{2}$ 下, 有

$$|f(x) - (-3)| = \frac{|3x - 2|}{|x(x-2)|} \cdot |x - 1| \leqslant \frac{10}{3}|x - 1|.$$

(iii) 确定 δ. 对任给 $\varepsilon > 0$, 由 $\dfrac{10}{3}|x - 1| < \varepsilon$, 可得 $|x - 1| < \dfrac{3}{10}\varepsilon$. 再结合限制 $0 < |x - 1| < \dfrac{1}{2}$, 于是取 $\delta = \min\left\{\dfrac{1}{2}, \dfrac{3}{10}\varepsilon\right\}$.

(iv) 写出 ε–δ 语言表述. 对任给 $\varepsilon>0$, 只要取 $\delta=\min\left\{\frac{1}{2},\frac{3}{10}\varepsilon\right\}$, 当 $0<|x-1|<\delta$ 时就有 $\left|\frac{x^2+x-2}{x(x^2-3x+2)}-(-3)\right|<\varepsilon$. ■

例 3.1.4 用 ε–M 语言证明 $\lim\limits_{x\to-\infty}\frac{x}{\sqrt{x^2+1}-x}=-\frac{1}{2}$.

证明 当 $x<0$ 时, 有

$$\left(\sqrt{x^2+1}-x\right)^2=1-2x\sqrt{x^2+1}\geqslant-2x\sqrt{x^2+1}\geqslant 4x^2>0,$$

从而

$$\frac{1}{\left(\sqrt{x^2+1}-x\right)^2}\leqslant\frac{1}{4x^2}.$$

于是

$$\left|\frac{x}{\sqrt{x^2+1}-x}-\left(-\frac{1}{2}\right)\right|=\left|\frac{\sqrt{x^2+1}+x}{2\left(\sqrt{x^2+1}-x\right)}\right|=\frac{1}{2\left(\sqrt{x^2+1}-x\right)^2}\leqslant\frac{1}{8x^2}.$$

对任给 $\varepsilon>0$, 取 $M=\sqrt{\frac{1}{8\varepsilon}}$, 当 $x<-M$ 时, 有

$$\left|\frac{x}{\sqrt{x^2+1}-x}-\left(-\frac{1}{2}\right)\right|<\varepsilon.$$

这就证明了 $\lim\limits_{x\to-\infty}\frac{x}{\sqrt{x^2+1}-x}=-\frac{1}{2}$. ■

例 3.1.5 证明 $\lim\limits_{x\to+\infty}\sin x\neq 0$.

证明 由问题 3.1.1 知, $\lim\limits_{x\to+\infty}f(x)\neq A$ 的正面表述为:

$\exists\,\varepsilon_0>0, \forall\,M>0, \exists\,x_1$ 满足 $x_1>M$, 使得 $|f(x_1)-A|\geqslant\varepsilon_0$;

或者 $\exists\,\varepsilon_0>0, \forall\,M>0, \exists\,x_1\in U(+\infty)$, 使得 $f(x_1)\notin U(A;\varepsilon_0)$.

因此, 要证明 $\lim\limits_{x\to+\infty}\sin x\neq 0$, 只要证明存在 $\varepsilon_0>0$, 对任意 $M>0$, 存在 x_1 满足 $x_1>M$, 使得 $|\sin x_1-0|\geqslant\varepsilon_0$. 为此取 $\varepsilon_0=\frac{1}{2}$, 对任意 $M>0$, 取 $n_1\in\mathbb{N}_+$, 使得 $x_1=2n_1\pi+\frac{\pi}{2}>M$,

$$|\sin x_1-0|=|\sin x_1|=\left|\sin\left(2n_1\pi+\frac{\pi}{2}\right)\right|=1\geqslant\varepsilon_0,$$

这就证明了 $\lim\limits_{x\to+\infty}\sin x\neq 0$. ■

例 3.1.6 证明函数 $f(x)=\begin{cases}x, & x\ 为有理数,\\ 0, & x\ 为无理数,\end{cases}$ $x\in(0,+\infty)$, 在定义域内任何点 x_0 处 $\lim\limits_{x\to x_0}f(x)$ 不存在.

证明　对任何 $x_0 \in (0,+\infty)$, 要证明对任意 A, $\lim\limits_{x\to x_0} f(x) \neq A$, 即

$$\exists\ \varepsilon_0 > 0,\ \forall\ \delta > 0,\ \exists\ x_1 \in U^\circ(x_0;\delta),\ |f(x_1) - A| \geqslant \varepsilon_0.$$

(i) 若 $A = 0$, 取 $\varepsilon_0 = \dfrac{x_0}{2}$, 对任意 $\delta > 0$ $(\delta < x_0)$, 由实数的稠密性, 存在有理数 $x_1 \in U_+^\circ(x_0;\delta)$ (请问为何在 $x_1 \in U_+^\circ(x_0;\delta)$ 中取 x_1?), 有

$$|f(x_1) - 0| = x_1 > x_0 \geqslant \frac{x_0}{2} = \varepsilon_0.$$

(ii) 若 $A \neq 0$, 取 $\varepsilon_0 = \dfrac{|A|}{2}$, 对任意 $\delta > 0$ $(\delta < x_0)$, 由实数的稠密性, 存在无理数 $x_2 \in U^\circ(x_0;\delta)$, 有

$$|f(x_2) - A| = |A| > \frac{|A|}{2} = \varepsilon_0.$$

于是 $\lim\limits_{x\to x_0} f(x)$ 不存在. ■

四、巩固提高

3.1.1　给出 $\lim\limits_{x\to x^-} f(x) \neq A$ 与 $\lim\limits_{x\to x^-} f(x)$ 不存在的正面叙述.

3.1.2　用定义验证下列各极限:

(i) $\lim\limits_{x\to 0} \dfrac{x^2-1}{2x^2-x-1} = 1$;　(ii) $\lim\limits_{x\to 0} \dfrac{\sqrt{1+x}-\sqrt{1-x}}{x} = 1$;

(iii) $\lim\limits_{x\to 1} \dfrac{x^2+x-2}{x(x^2-3x+2)} = -3$;　(iv) $\lim\limits_{x\to 0} \dfrac{\sqrt{x+b}-\sqrt{b}}{x} = \dfrac{1}{2\sqrt{b}}$ (其中 $b > 0$).

3.1.3　用定义验证下列各极限:

(i) $\lim\limits_{x\to\infty} \dfrac{x^2-1}{2x^2-x-1} = \dfrac{1}{2}$;　(ii) $\lim\limits_{x\to\infty} \dfrac{2x+3}{3x} = \dfrac{2}{3}$;

(iii) $\lim\limits_{x\to+\infty} \dfrac{x+1}{x^2-x} = 0$;　(iv) $\lim\limits_{x\to+\infty} \dfrac{x+3}{x^2+6x+15} = 0$.

3.1.4　举例说明下面给出的关于 $\lim\limits_{x\to a} f(x) = A$ 的定义是不正确的: 对任给 $\delta > 0$, 存在 $\varepsilon > 0$, 使得当 $0 < |x-a| < \delta$ 时, 便有 $|f(x) - A| < \varepsilon$.

3.1.5　若 $\lim\limits_{x\to x_0} f(x) = a$, 则 $\lim\limits_{x\to x_0} |f(x)| = |a|$. 反之成立否, 为什么?

3.1.6　证明 $\lim\limits_{x\to 0} \sin\dfrac{1}{x} \neq 0$.

3.1.7　证明如下定义的 Dirichlet 函数在每一点处都没有极限:

$$D(x) = \begin{cases} 1, & x \text{ 为有理数}, \\ 0, & x \text{ 为无理数}. \end{cases}$$

3.1.8　试举出一个定义在 $\mathbb{R}$ 上的函数, 使其仅在点 $x = 1$ 处有极限, 而在其余点均无极限.

*3.1.9　试确定常数 a,b, 使得 $\lim\limits_{x\to 0} f(x)$ 存在:

(i) $f(x)=\begin{cases} 2\mathrm{e}^x, & x>0,\\ a, & x=0,\\ \sqrt{x^2+b}, & x<0;\end{cases}$　　(ii) $f(x)=\begin{cases} x\sin\dfrac{1}{x}+a, & x>0,\\ bx+3, & x\leqslant 0.\end{cases}$

*3.1.10　设 $\lim\limits_{x\to 0^+} f(x)=2$, 问

(i) 若 f 为奇函数, 则 $\lim\limits_{x\to 0^-} f(x)$ 等于多少? $\lim\limits_{x\to 0} f(x)$ 存在吗?

(ii) 若 f 为偶函数, 则 $\lim\limits_{x\to 0^-} f(x)$ 等于多少? $\lim\limits_{x\to 0} f(x)$ 存在吗?

3.2　函数极限的性质

一、内容精读

1. 函数极限的基本性质

用 α 表示 $x_0, x_0^-, x_0^+, +\infty, -\infty, \infty$ 之一, $U(\alpha)$ 表示对应于 α 的邻域 $U^\circ(x_0;\delta)$, $U_-^\circ(x_0;\delta)$, $U_+^\circ(x_0;\delta)$, $U(+\infty)$, $U(-\infty)$, $U(\infty)$.

定理 3.2.1(唯一性)　若极限 $\lim\limits_{x\to\alpha} f(x)$ 存在, 则此极限是唯一的.

定理 3.2.2(局部有界性)　若 $\lim\limits_{x\to\alpha} f(x)$ 存在, 则 f 在 $U(\alpha)$ 内有界.

定理 3.2.3(局部保号性)　若 $\lim\limits_{x\to\alpha} f(x)=A>0$ (或 <0), 则对任意正数 $r<A$ (或 $r<-A$), 存在 $U(\alpha)$, 使得对一切的 $x\in U(\alpha)$, 有

$$f(x)>r>0 \quad (\text{或 } f(x)<-r<0). \tag{3.2.1}$$

定理 3.2.4(保不等式性)　若 $\lim\limits_{x\to\alpha} f(x)$ 与 $\lim\limits_{x\to\alpha} g(x)$ 都存在, 且在某个 $U(\alpha)$ 内有 $f(x)\leqslant g(x)$, 则 $\lim\limits_{x\to\alpha} f(x)\leqslant \lim\limits_{x\to\alpha} g(x)$.

定理 3.2.5(迫敛性)　若 $\lim\limits_{x\to\alpha} f(x)=\lim\limits_{x\to\alpha} g(x)=A$ 都存在, 且在某个 $U(\alpha)$ 内有

$$f(x)\leqslant h(x)\leqslant g(x), \tag{3.2.2}$$

则 $\lim\limits_{x\to\alpha} h(x)=A$.

定理 3.2.6(四则运算法则)　若 $\lim\limits_{x\to\alpha} f(x)$ 与 $\lim\limits_{x\to\alpha} g(x)$ 都存在, 则

$$\text{(i)} \lim_{x\to\alpha}\big[f(x)\pm g(x)\big]=\lim_{x\to\alpha} f(x)\pm\lim_{x\to\alpha} g(x); \tag{3.2.3}$$

$$\text{(ii)} \lim_{x\to\alpha}\big[f(x)g(x)\big]=\lim_{x\to\alpha} f(x)\lim_{x\to\alpha} g(x); \tag{3.2.4}$$

又若 $\lim\limits_{x\to\alpha} g(x)\neq 0$, 则

$$\text{(iii)} \lim_{x\to\alpha}\frac{f(x)}{g(x)}=\frac{\lim\limits_{x\to\alpha} f(x)}{\lim\limits_{x\to\alpha} g(x)}. \tag{3.2.5}$$

2. 一些常用的函数极限

(i) $\lim\limits_{x\to\infty}\dfrac{1}{x^{\mu}}=\lim\limits_{x\to-\infty}\dfrac{1}{x^{\mu}}=\lim\limits_{x\to+\infty}\dfrac{1}{x^{\mu}}=0$ (其中 $\mu>0$);

(ii) $\lim\limits_{x\to 0}x^{\mu}=\lim\limits_{x\to 0^+}x^{\mu}=0$ (其中 $\mu>0$);

(iii) $\lim\limits_{x\to+\infty}\dfrac{\log_a x}{x^{\mu}}=0$ (其中 $a>0,\ a\neq 1,\ \mu>0$);

(iv) $\lim\limits_{x\to 0^+}x^x=1$;

(v) 若 $f(x)=\dfrac{a_m x^m+a_{m-1}x^{m-1}+\cdots+a_1x+a_0}{b_k x^k+b_{k-1}x^{k-1}+\cdots+b_1x+b_0}$ (其中 $m,k\in\mathbb{N}_+$, $k\geqslant m$, $a_m\neq 0$, $b_k\neq 0$), 则 $\lim\limits_{x\to\infty}f(x)=\lim\limits_{x\to+\infty}f(x)=\lim\limits_{x\to-\infty}f(x)=\begin{cases}\dfrac{a_m}{b_m}, & k=m,\\ 0, & k>m.\end{cases}$

二、疑难解答

问题 3.2.1　在商函数的极限运算则中, 只假定了 $\lim\limits_{x\to x_0}g(x)\neq 0$, 为什么不直接假设 $g(x)\neq 0$?

答　若 $\lim\limits_{x\to x_0}g(x)\neq 0$, 则由函数极限的局部保号性, 存在邻域 $U^\circ(x_0;\delta)$, 对任意 $x\in U^\circ(x_0;\delta)$, 有 $g(x)\neq 0$, 这就保证了分式 $\dfrac{f(x)}{g(x)}$ 在 $U^\circ(x_0;\delta)$ 内有意义, 且

$$\lim_{x\to x_0}\frac{f(x)}{g(x)}=\frac{\lim\limits_{x\to x_0}f(x)}{\lim\limits_{x\to x_0}g(x)}.$$

若只假设 $g(x)\neq 0$, 但不能保证 $\lim\limits_{x\to x_0}g(x)\neq 0$, 于是极限除法法则不成立. 如

$$g(x)=\begin{cases}(x-x_0)^2, & x\neq x_0,\\ 1, & x=x_0,\end{cases}$$

显然 $g(x)\neq 0$, 但是 $\lim\limits_{x\to x_0}g(x)=0$. ■

问题 3.2.2　设 f 为定义在 (a,b) 上的函数, 且对任意 $x_0\in(a,b)$, $\lim\limits_{x\to x_0}f(x)$ 存在, 于是 f 在 (a,b) 内每点都局部有界, 试问 f 在 (a,b) 上必有界吗?

答　答案是否定的. 因为函数的局部有界性是局部性概念, 而函数在 (a,b) 上的有界性则是整体性概念, 两者的含义有本质的不同.

函数 f 在 (a,b) 上有界, 则 f 在 (a,b) 内每点必局部有界; 反之, 若 f 在 (a,b) 内每点都局部有界, 但函数 f 在 (a,b) 上不一定有界. 例如

$$f(x)=\frac{1}{x},\quad x\in(0,1).$$

显然所给的函数是无界的, 但由于对任意 $x_0 \in (0,1)$, 有 $\lim\limits_{x \to x_0} \dfrac{1}{x} = \dfrac{1}{x_0}$, 从而 $f(x)$ 在 x_0 处局部有界, 从而 $f(x)$ 在 (a,b) 上每一点都局部有界. ■

问题 3.2.3 是否存在 (a,b) 上的函数, 它在任何点处都不是局部有界?

答 存在 (a,b) 上的函数, 它在任何点处都不是局部有界的. 例如, 定义在 $(0,1)$ 上的函数

$$f(x) = \begin{cases} q, & x = \dfrac{p}{q},\ p,\ q\text{为互质的正整数}, \\ 0, & x \text{ 为 } (0,1) \text{ 内的无理数} \end{cases}$$

在 $(0,1)$ 上任何点都不是局部有界的. 事实上, 对任意 $x_0 \in (0,1)$, 存在严格递增且收敛于 x_0 的有理数列 $\{x_n\}$. 设 $x_n = \dfrac{p_n}{q_n}$, 数列 $\{q_n\}$ 必定无界. 这是因为假设 $\{q_n\}$ 有界, 则 $\{x_n\}$ 中最多有限项互不相等, 与 $\{x_n\}$ 的严格递增性相矛盾. 对 x_0 的任何邻域 $U(x_0)$, 存在 $N>0$, 当 $n>N$ 时, $x_n \in U(x_0)$. 由于 $\{q_n\}$ 的无界性, 对任给 $M>0$, 存在 x_{n_0} $(n_0>N)$, 使得 $f(x_{n_0}) = q_{n_0} > M$, 即 f 在点 x_0 的任何邻域内无界, 即 f 在 $(0,1)$ 中任何点处都不是局部有界的. ■

问题 3.2.4 (i) 若 $\lim\limits_{x \to x_0} \big(f(x)+g(x)\big)$ 存在, 则当 $x \to x_0$ 时 $f(x)$ 与 $g(x)$ 的敛散性之间有何联系?

(ii) 若 $\lim\limits_{x \to x_0} f(x)$ 存在, 而 $\lim\limits_{x \to x_0} g(x)$ 不存在, 则 $\lim\limits_{x \to x_0} f(x)g(x)$ 存在否?

答 (i) 若 $\lim\limits_{x \to x_0} \big(f(x)+g(x)\big)$ 存在, 则当 $x \to x_0$ 时 $f(x)$ 与 $g(x)$ 的敛散性不能相异. 这是因为, 在 $\lim\limits_{x \to x_0} \big(f(x)+g(x)\big)$ 存在的条件下, 若 $\lim\limits_{x \to x_0} f(x)$ 存在, 而 $\lim\limits_{x \to x_0} g(x)$ 不存在, 则由函数极限的四则运算法则, 可知 $\lim\limits_{x \to x_0} g(x) = \lim\limits_{x \to x_0} \big(f(x)+g(x)-f(x)\big) = \lim\limits_{x \to x_0} \big(f(x)+g(x)\big) - \lim\limits_{x \to x_0} f(x)$ 存在, 矛盾. 同理可得, 若 $\lim\limits_{x \to x_0} g(x)$ 存在, 而 $\lim\limits_{x \to x_0} f(x)$ 不存在时, 也有矛盾结果.

(ii) 分以下几种情况讨论:

(a) 若 $\lim\limits_{x \to x_0} f(x) = A \neq 0$, $\lim\limits_{x \to x_0} g(x)$ 不存在时, 则 $\lim\limits_{x \to x_0} f(x)g(x)$ 必不存在. 这是因为若 $\lim\limits_{x \to x_0} f(x)g(x)$ 存在, 则由函数极限的四则运算法则得

$$\lim_{x \to x_0} g(x) = \lim_{x \to x_0} \frac{f(x)g(x)}{f(x)} = \frac{\lim\limits_{x \to x_0} f(x)g(x)}{\lim\limits_{x \to x_0} f(x)},$$

即 $\lim\limits_{x \to x_0} g(x)$ 存在, 矛盾.

(b) 若 $\lim\limits_{x \to x_0} f(x) = 0$, $\lim\limits_{x \to x_0} g(x)$ 不存在. 当 $g(x)$ 在 $U^\circ(x_0;\delta)$ 内有界时, 则 $\lim\limits_{x \to x_0} f(x)g(x)$ 必存在. 当 $g(x)$ 在 $U^\circ(x_0;\delta)$ 内无界时, 则 $\lim\limits_{x \to x_0} f(x)g(x)$ 存在性

不能确定. 例如, 若取 $f(x)=x$, $g(x)=\dfrac{1}{x}$, 有 $\lim\limits_{x\to 0}f(x)=0$, $\lim\limits_{x\to 0}g(x)$ 不存在, 且在 $U^\circ(0;\delta)$ 内 $g(x)$ 无界, 显然 $\lim\limits_{x\to 0}f(x)g(x)=1$. 若取 $f(x)=x$, $g(x)=\dfrac{1}{x^2}$, 有 $\lim\limits_{x\to 0}f(x)=0$, $\lim\limits_{x\to 0}g(x)$ 不存在, 且在 $U^\circ(0;\delta)$ 内 $g(x)$, $f(x)g(x)$ 均无界, 显然 $\lim\limits_{x\to 0}f(x)g(x)=\lim\limits_{x\to 0}\dfrac{1}{x}$ 不存在. ■

问题 3.2.5　若 $F(x)=\dfrac{P(x)}{Q(x)}$, 其中 $P(x)$ 与 $Q(x)$ 均为 x 的多项式, 且 $P(a)=Q(a)=0$, 问 $\lim\limits_{x\to a}\dfrac{P(x)}{Q(x)}$ 有怎样的可能值?

答　因 $P(a)=Q(a)=0$, 所以由韦达定理知 $x-a\big|P(x)$, $x-a\big|Q(x)$, 从而存在因式分解

$$P(x)=(x-a)^nP_1(x),\quad Q(x)=(x-a)^mQ_1(x),$$

其中多项式 $P_1(x)$ 与 $Q_1(x)$ 满足条件 $P_1(a)\neq 0$, $Q_1(a)\neq 0$, 而 $n,m\in\mathbb{N}_+$.

由于在 $x\to a$ 的函数极限定义中始终要求 $x\neq a$, 因此可以约去分子分母中 $x-a$ 的共同幂次因子, 因而有

$$\lim_{x\to a}F(x)=\lim_{x\to a}\frac{P_1(x)}{Q_1(x)}\cdot(x-a)^{n-m}=\begin{cases}0, & n>m,\\ \dfrac{P_1(a)}{Q_1(a)}, & n=m,\\ \infty, & n<m.\end{cases}$$ ■

三、典型例题

例 3.2.1　求极限 $\lim\limits_{x\to 0}\dfrac{x^2}{\sqrt[5]{1+5x}-(1+x)}$.

解　因 $\lim\limits_{x\to 0}\left(\sqrt[5]{1+5x}-(1+x)\right)=0$, 故不能直接应用极限运算的除法法则. 令 $u=\sqrt[5]{1+5x}$, 则 $x=\dfrac{1}{5}(u^5-1)$. 当 $x\to 0$ 时, $u\to 1$. 于是

$$\begin{aligned}\lim_{x\to 0}\frac{x^2}{\sqrt[5]{1+5x}-(1+x)}&=\lim_{u\to 1}\frac{1}{25}\cdot\frac{(u^5-1)^2}{u-\frac{u^5+4}{5}}=\lim_{u\to 1}\frac{1}{5}\cdot\frac{(u^5-1)^2}{5(u-1)-(u^5-1)}\\&=\lim_{u\to 1}\frac{1}{5}\cdot\frac{(u-1)^2(u^4+u^3+u^2+u+1)^2}{(u-1)\left[4-(u^4+u^3+u^2+u)\right]}\\&=-\lim_{u\to 1}\frac{1}{5}\cdot\frac{(u^4+u^3+u^2+u+1)^2}{u^3+2u^2+3u+4}\\&=-\frac{1}{5}\cdot\frac{(1^4+1^3+1^2+1+1)^2}{1^3+2\times 1^2+3\times 1+4}=-\frac{1}{2}.\end{aligned}$$ ■

例 3.2.2　若 $\lim\limits_{x\to+\infty}f(x)=a$, 则 $\lim\limits_{x\to+\infty}\dfrac{[xf(x)]}{x}=a$.

证明 由于 $xf(x)-1<[xf(x)]\leqslant xf(x)$, 所以

$$f(x)-\frac{1}{x}<\frac{[xf(x)]}{x}\leqslant f(x).$$

又 $\lim\limits_{x\to+\infty}f(x)=\lim\limits_{x\to+\infty}\left(f(x)-\frac{1}{x}\right)=a$, 所以由迫敛性知 $\lim\limits_{x\to+\infty}\frac{[xf(x)]}{x}=a$. ■

例 3.2.3 设 $\lim\limits_{x\to x_0}\varphi(x)=a$, 在 x_0 某邻域 $U^\circ(x_0;\delta_1)$ 内 $\varphi(x)\neq a$, 又 $\lim\limits_{t\to a}f(t)=A$. 证明 $\lim\limits_{x\to x_0}f(\varphi(x))=A$.

证明 由 $\lim\limits_{t\to a}f(t)=A$, 对任给 $\varepsilon>0$, 存在 $\eta>0$, 对任意 $t\in U^\circ(a;\eta)$ 时, 有

$$|f(t)-A|<\varepsilon.$$

又因为 $\lim\limits_{x\to x_0}\varphi(x)=a$, 故对上述的 $\eta>0$, 存在 $\delta>0$(不妨取 $(\delta<\delta_1)$), 当 $x\in U^\circ(x_0;\delta)$ 时, $\varphi(x)\in U^\circ(a;\eta)$.

综上可得, 对任给 $\varepsilon>0$, 存在 $\delta>0$, 当 $x\in U^\circ(x_0;\delta)$ 时, $|f(\varphi(x))-A|<\varepsilon$, 即 $\lim\limits_{x\to x_0}f(\varphi(x))=A$. ■

注 3.2.1 此例即为后面所见的复合函数求极限法则 (请读者到时再仔细研读). 对于极限 $\lim\limits_{x\to x_0}f(\varphi(x))=A$, 不仅对 $x\to x_0$ 型极限成立, 而且对 $x\to-\infty$, $x\to+\infty$, $x\to\infty$, $x\to x_0^-$, $x\to x_0^+$ 都成立.

例 3.2.4 若 $\lim\limits_{x\to x_0}f(x)=a>0$, $\lim\limits_{x\to x_0}g(x)=b$ (为有限数), 则 $\lim\limits_{x\to x_0}f(x)^{g(x)}=a^b$.

证明 先证明 $\lim\limits_{x\to\mu}\mathrm{e}^x=\mathrm{e}^\mu$ 与 $\lim\limits_{x\to\sigma}\ln x=\ln\sigma$ $(\sigma>0)$.

由文献 [1] 中第 3 章第 2 节例 4 知 $\lim\limits_{x\to0}\mathrm{e}^x=1$, 所以 $\lim\limits_{x\to\mu}\mathrm{e}^x=\lim\limits_{x\to\mu}\mathrm{e}^\mu\cdot\mathrm{e}^{x-\mu}=\mathrm{e}^\mu\lim\limits_{x\to\mu}\mathrm{e}^{x-\mu}=\mathrm{e}^\mu\lim\limits_{t\to0}\mathrm{e}^t=\mathrm{e}^\mu$.

对任给 $\varepsilon>0$ (不妨设 $\varepsilon<1$), 只要取 $\delta=\min\left\{\sigma(1-\mathrm{e}^{1-\varepsilon}),\sigma(\mathrm{e}^{1+\varepsilon}-1)\right\}$, 则当 $0<|x-\sigma|<\delta$ 时, 就有 $|\ln x-\ln\sigma|<\varepsilon$ 成立, 所以 $\lim\limits_{x\to\sigma}\ln x=\ln\sigma$.

从而由四则运算法则及例 3.2.3 知 $\lim\limits_{x\to x_0}g(x)\ln f(x)=\lim\limits_{x\to x_0}g(x)\lim\limits_{x\to x_0}\ln f(x)=b\ln a$. 再由例 3.2.3 得

$$\lim_{x\to x_0}f(x)^{g(x)}=\lim_{x\to x_0}\mathrm{e}^{g(x)\ln f(x)}=\mathrm{e}^{b\ln a}=a^b.$$ ■

四、巩固提高

3.2.1 求下列各极限:

(i) $\lim\limits_{x\to4}\frac{\sqrt{1+2x}-3}{\sqrt{x}-2}$; (ii) $\lim\limits_{x\to7}\frac{2x^2-13x-7}{x^2-49}$;

(iii) $\lim\limits_{x\to1}\frac{x^4+2x^2-3}{x^3-3x+2}$; (iv) $\lim\limits_{x\to1}\frac{x^n-1}{x-1}$, 其中 $n\in\mathbb{N}_+$;

(v) $\lim\limits_{x\to 9}\dfrac{x-9}{3-\sqrt{x}}$; (vi) $\lim\limits_{x\to 0}\dfrac{(x+1)^3-(1+3x)}{3x^3+2x^2}$.

3.2.2 求下列各极限:

(i) $\lim\limits_{x\to+\infty}\dfrac{x}{\sqrt{x^2-a^2}}$; (ii) $\lim\limits_{x\to\infty}\left(\sqrt{x^2+2}-\sqrt{x^2-2}\right)$;

(iii) $\lim\limits_{x\to-\infty}\dfrac{x}{\sqrt{x^2-a^2}}$; (iv) $\lim\limits_{x\to+\infty}\left(\sqrt{(x+a)(x+b)}-\sqrt{(x-a)(x-b)}\right)$;

(v) $\lim\limits_{x\to-\infty}x(\sqrt{1+x^2}-x)$; (vi) $\lim\limits_{x\to+\infty}\dfrac{(3x+2)^{90}(x+3)^{10}}{(2x+1)^{100}}$.

3.2.3 求极限 $\lim\limits_{x\to 0}\dfrac{\sqrt[n]{1+x}-1}{x}$, 其中 $n\in\mathbb{N}_+$.

3.2.4 求极限 $\lim\limits_{x\to+\infty}\left[\sqrt[n]{(x+c_1)(x+c_2)\cdots(x+c_n)}-x\right]$.

3.2.5 求极限 $\lim\limits_{x\to 0}\dfrac{x^2}{\sqrt{1+x\sin x}-\sqrt{\cos x}}$.

3.2.6 问 a 取何值时, $\lim\limits_{x\to-1}\dfrac{x^3-ax^2-x+4}{x+1}$ 存在? 此时极限是多少?

3.2.7 求 a, b 的值, 使 $\lim\limits_{x\to 2}\dfrac{x^2+ax+b}{x^2-x-2}=2$.

3.2.8 证明 $\lim\limits_{x\to 0}\dfrac{\sqrt{1+\sin x}-\sqrt{1-\sin x}}{\sin x}=1$.

3.2.9 设 $\lim\limits_{x\to 0}\dfrac{f(x)}{x}=\ell$, $k\neq 0$, 求 $\lim\limits_{x\to 0}\dfrac{f(kx)}{x}$.

***3.2.10** 证明在区间 $(a,+\infty)$ 上单调有界函数 f 一定存在极限 $\lim\limits_{x\to+\infty}f(x)$.

3.3 函数极限存在的条件

一、内容精读

1. 归结原则

(i) $\lim\limits_{x\to x_0}f(x)=A$: 设 f 在 $U^\circ(x_0)$ 内有定义, 则

$\lim\limits_{x\to x_0}f(x)=A\Leftrightarrow\forall\ \{x_n\}\subset U^\circ(x_0)$ 且 $\lim\limits_{n\to\infty}x_n=x_0$, 有 $\lim\limits_{n\to\infty}f(x_n)=A$;

(ii) $\lim\limits_{x\to x_0^+}f(x)=A$: 设 f 在 $U_+^\circ(x_0)$ 内有定义, 则

$\lim\limits_{x\to x_0^+}f(x)=A\Leftrightarrow\forall\ \{x_n\}\subset U_+^\circ(x_0)$ 且 $\lim\limits_{n\to\infty}x_n=x_0$, 有 $\lim\limits_{n\to\infty}f(x_n)=A$;

(iii) $\lim\limits_{x\to x_0^-}f(x)=A$: 设 f 在 $U_-^\circ(x_0)$ 内有定义, 则

$\lim\limits_{x\to x_0^-}f(x)=A\Leftrightarrow\forall\ \{x_n\}\subset U_-^\circ(x_0)$ 且 $\lim\limits_{n\to\infty}x_n=x_0$, 有 $\lim\limits_{n\to\infty}f(x_n)=A$;

(iv) $\lim\limits_{x\to+\infty} f(x)=A$：设 f 在 $U(+\infty)$ 内有定义，则
$\lim\limits_{x\to+\infty} f(x)=A \Leftrightarrow \forall\ \{x_n\}\subset U(+\infty)$ 且 $\lim\limits_{n\to\infty} x_n=+\infty$，有 $\lim\limits_{n\to\infty} f(x_n)=A$;
(v) $\lim\limits_{x\to-\infty} f(x)=A$：设 f 在 $U(-\infty)$ 内有定义，则
$\lim\limits_{x\to-\infty} f(x)=A \Leftrightarrow \forall\ \{x_n\}\subset U(-\infty)$ 且 $\lim\limits_{n\to\infty} x_n=-\infty$，有 $\lim\limits_{n\to\infty} f(x_n)=A$;
(vi) $\lim\limits_{x\to\infty} f(x)=A$：设 f 在 $U(\infty)$ 内有定义，则
$\lim\limits_{x\to\infty} f(x)=A \Leftrightarrow \forall\ \{x_n\}\subset U(\infty)$ 且 $\lim\limits_{n\to\infty} x_n=\infty$，有 $\lim\limits_{n\to\infty} f(x_n)=A$.
单侧极限的归结原则可表示为更强的形式：
$\lim\limits_{x\to x_0^+} f(x)=A$：设 f 在 $U_+^\circ(x_0)$ 内有定义，则

$$\lim_{x\to x_0^+} f(x)=A \Leftrightarrow \left\{\begin{array}{l}\text{对任何以 } x_0 \text{ 为极限的递减数列}\\ \{x_n\}\subset U_+^\circ(x_0),\ \lim\limits_{n\to\infty} f(x_n)=A.\end{array}\right.$$

$\lim\limits_{x\to x_0^-} f(x)=A$：设 f 在 $U_-^\circ(x_0)$ 内有定义，则

$$\lim_{x\to x_0^-} f(x)=A \Leftrightarrow \left\{\begin{array}{l}\text{对任何以 } x_0 \text{ 为极限的递增数列}\\ \{x_n\}\subset U_-^\circ(x_0),\ \lim\limits_{n\to\infty} f(x_n)=A.\end{array}\right.$$

2. 函数极限的单调有界定理

(i) 设 f 为定义在 $U_+^\circ(x_0)$ 上的有界函数，

$$\text{若 } f \text{ 为增函数} \Rightarrow\ f(x_0+0)=\inf_{x\in U_+^\circ(x_0)} f(x); \tag{3.3.1}$$

$$\text{若 } f \text{ 为减函数} \Rightarrow\ f(x_0+0)=\sup_{x\in U_+^\circ(x_0)} f(x). \tag{3.3.2}$$

(ii) 设 f 为定义在 $U_-^\circ(x_0)$ 上的有界函数，

$$\text{若 } f \text{ 为增函数} \Rightarrow\ f(x_0-0)=\sup_{x\in U_-^\circ(x_0)} f(x); \tag{3.3.3}$$

$$\text{若 } f \text{ 为减函数} \Rightarrow\ f(x_0-0)=\inf_{x\in U_-^\circ(x_0)} f(x). \tag{3.3.4}$$

(iii) 设 f 为定义在 $U^\circ(x_0)$ 上的增函数，则

$$f(x_0-0)=\sup_{x\in U_-^\circ(x_0)} f(x),\quad f(x_0+0)=\inf_{x\in U_+^\circ(x_0)} f(x). \tag{3.3.5}$$

(iv) 设 f 为定义在 $U^\circ(x_0)$ 上的减函数，则

$$f(x_0-0)=\inf_{x\in U_-^\circ(x_0)} f(x),\quad f(x_0+0)=\sup_{x\in U_+^\circ(x_0)} f(x). \tag{3.3.6}$$

3. 函数极限的 Cauchy 收敛准则

(i) 设 f 在 $U^\circ(x_0;\delta')$ 内有定义.

$$\lim_{x\to x_0} f(x)=A \Leftrightarrow \begin{cases} \forall\,\varepsilon>0,\ \exists\,\delta>0\ (\delta<\delta'),\ \forall\,x_1,x_2\in U^\circ(x_0;\delta), \\ \text{有 } |f(x_1)-f(x_2)|<\varepsilon. \end{cases} \tag{3.3.7}$$

(ii) 设 f 在 $U(+\infty)$ 内有定义.

$$\lim_{x\to+\infty} f(x)=A \Leftrightarrow \begin{cases} \forall\,\varepsilon>0,\ \exists\,M>0,\ \forall\,x_1,x_2>M \text{ 时, 有} \\ |f(x_1)-f(x_2)|<\varepsilon. \end{cases} \tag{3.3.8}$$

同样可以给出 $\lim\limits_{x\to x_0^-} f(x)$, $\lim\limits_{x\to x_0^+} f(x)$, $\lim\limits_{x\to\infty} f(x)$, $\lim\limits_{x\to-\infty} f(x)$ 的 Cauchy 准则.

二、疑难解答

问题 3.3.1 通常判定 $\lim\limits_{x\to x_0} f(x)$ 不存在有哪些方法?

答 通常判定 $\lim\limits_{x\to x_0} f(x)$ 不存在有如下一些方法:

(i) 据定义验证. 对任意 $A\in\mathbb{R}$, 证明 $\lim\limits_{x\to x_0} f(x)\neq A$, 即

(a) ε–δ 语言: $\exists\,\varepsilon_0>0, \forall\,\delta>0, \exists\,x_1\in U^\circ(x_0;\delta)$, 使得 $|f(x_1)-A|\geqslant\varepsilon_0$.

(b) 邻域表述: $\exists\,\varepsilon_0>0, \forall\,\delta>0, \exists\,x_1\in U^\circ(x_0;\delta)$, 使得 $f(x_1)\notin U(A;\varepsilon_0)$.

(ii) 利用归结原则:

(a) $\left.\begin{array}{l} \text{存在数列 } \{x_n\}\subset U^\circ(x_0),\ \lim\limits_{n\to\infty} x_n=x_0, \\ \text{但 } \lim\limits_{n\to\infty} f(x_n) \text{ 不存在} \end{array}\right\}\Rightarrow \lim\limits_{x\to x_0} f(x) \text{ 不存在.}$

(b) $\left.\begin{array}{l} \text{存在数列 } \{x_n\},\{y_n\}\subset U^\circ(x_0),\ \lim\limits_{n\to\infty} x_n \\ =\lim\limits_{n\to\infty} y_n=x_0, \text{但 } \lim\limits_{n\to\infty} f(x_n)\neq\lim\limits_{n\to\infty} f(y_n) \end{array}\right\}\Rightarrow \lim\limits_{x\to x_0} f(x) \text{ 不存在.}$

(iii) 利用函数极限的 Cauchy 准则的否定形式:

$$\lim_{x\to x_0} f(x) \text{ 不存在 } \Leftrightarrow \begin{cases} \exists\,\varepsilon_0>0,\ \forall\,\delta>0,\ \exists\,x_1,x_2\in U^\circ(x_0;\delta), \\ \text{有 } |f(x_1)-f(x_2)|\geqslant\varepsilon_0. \end{cases} \tag{3.3.9}$$

类似地, 可给出判定其他类型极限不存在的方法. ■

问题 3.3.2 为什么 (3.3.1)~(3.3.4) 成立, 对函数既要求单调又要求有界, 而 (3.3.5) 与 (3.3.6) 成立仅仅要求函数具有某种单调性, 并不要求有界性条件?

答 因为函数在某点的左 (右) 邻域内虽具有单调性, 并不能保证函数在此种邻域内有界, 从而也不能保证函数在此种邻域内确界的存在性 (请读者举例说明).

若函数 f 在 $U^\circ(x_0;\delta)$ 是增的, 则保证了 f 在 $U_+^\circ(x_0;\delta)$ 内下有界. 这是因为取定 $x_1\in U_-^\circ(x_0;\delta)$, 则对任意 $x\in U_+^\circ(x_0;\delta)$, 由 f 在 $U^\circ(x_0;\delta)$ 的增性, 有

$f(x) \geqslant f(x_1)$, 即 $f(x_1)$ 为 f 在 $x \in U_+^\circ(x_0;\delta)$ 的一个下界. 从而可以得到 $f(x_0+0) = \inf\limits_{x\in U_+^\circ(x_0)} f(x)$.

同理可以得到 (3.3.5) 与 (3.3.6) 中的其他式子. ■

问题 3.3.3 若定义在 $\mathbb{R}$ 上的函数为

$$f(x) = \begin{cases} x^2, & x \text{ 为有理数}, \\ 0, & x \text{ 为无理数}, \end{cases}$$

问当 $x_0 \neq 0$ 时 $\lim\limits_{x\to x_0} f(x)$ 存在吗? $\lim\limits_{x\to 0} f(x)$ 情况又如何?

答 当 $x_0 \neq 0$ 时 $\lim\limits_{x\to x_0} f(x)$ 不存在. 这是因为对于 $x_0 \neq 0$, 据实数的稠密性, 可取有理数点列 $\{x_n\}$ 与无理数点列 $\{y_n\}$, 使得 $\lim\limits_{n\to\infty} x_n = \lim\limits_{n\to\infty} y_n = x_0$. 由于

$$\lim_{n\to\infty} f(x_n) = \lim_{n\to\infty} x_n^2 = x_0^2 \neq 0, \quad \lim_{n\to\infty} f(y_n) = \lim_{n\to\infty} 0 = 0,$$

所以, 由归结原则 (可参见问题 3.3.1) 可知在 $x_0 \neq 0$ 时 $\lim\limits_{x\to x_0} f(x)$ 不存在.

易知 $\lim\limits_{x\to 0} f(x) = 0$. ■

三、典型例题

例 3.3.1 若定义在 $\mathbb{R}$ 上的函数 f 为

$$f(x) = \begin{cases} x, & x \text{ 为有理数}, \\ -x, & x \text{ 为无理数}, \end{cases}$$

证明当 $x_0 \neq 0$ 时 $\lim\limits_{x\to x_0} f(x)$ 不存在, 而 $\lim\limits_{x\to 0} f(x) = 0$.

证明 由 Cauchy 准则 (参照问题 3.3.1) 知, 要证 $\lim\limits_{x\to x_0} f(x)$ 不存在, 需证明: $\exists\, \varepsilon_0 > 0, \forall\, \delta > 0, \exists\, x_1, x_2 \in U^\circ(x_0;\delta)$, 使得 $|f(x_1) - f(x_2)| \geqslant \varepsilon_0$.

对 $x_0 \neq 0$ 分如下两种情况讨论:

若 $x_0 > 0$, 取 $\varepsilon_0 = x_0$, 对任意 $\delta > 0$, 取 $x_1, x_2 \in U_+^\circ(x_0;\delta)$, 使 x_1 为有理数, x_2 为无理数, 此时有

$$|f(x_1) - f(x_2)| = |x_1 - (-x_2)| = x_1 + x_2 > 2x_0 > \varepsilon_0.$$

若 $x_0 < 0$, 取 $\varepsilon_0 = |x_0|$, 对任意 $\delta > 0$, 取 $x_1, x_2 \in U_-^\circ(x_0;\delta)$, 使 x_1 为无理数, x_2 为有理数, 此时有

$$|f(x_1) - f(x_2)| = |-x_1 - x_2| = -x_1 - x_2 > 2|x_0| > \varepsilon_0.$$

由此可知, 当 $x_0 \neq 0$ 时 $\lim\limits_{x\to x_0} f(x)$ 不存在.

当 $x_0 = 0$ 时, 由于 $|f(x) - 0| = |x|$, 所以对任给 $\varepsilon > 0$, 取 $\delta = \varepsilon$, 只要 $x \in U^\circ(0;\delta)$ 就有 $|f(x) - 0| < \varepsilon$, 于是 $\lim\limits_{x\to 0} f(x) = 0$. ■

例 3.3.2　设 f 是 $[a,b]$ 上严格增函数, 又若对 $x_n \in (a,b]$, $n \in \mathbb{N}_+$, 有 $\lim\limits_{n\to\infty} f(x_n) = f(a)$, 证明 $\lim\limits_{n\to\infty} x_n = a$.

证明　(反证法) 若 $\lim\limits_{n\to\infty} x_n \neq a$, 则存在 $\varepsilon_0 > 0$, 存在 $\{x_{n_k}\} \subset \{x_n\}$, 使得

$$|x_{n_k} - a| \geqslant \varepsilon_0 \Rightarrow \ x_{n_k} - a \geqslant \varepsilon_0 \ (\text{因为 } x_{n_k} \in (a,b]),$$

即 $x_{n_k} \geqslant a + \varepsilon_0$. 由 $x_{n_k} \geqslant a + \varepsilon_0 > a$ 和 f 的严格增性, 有

$$f(x_{n_k}) \geqslant f(a+\varepsilon_0) > f(a). \tag{3.3.10}$$

又 $\lim\limits_{n\to\infty} f(x_n) = \lim\limits_{n\to\infty} f(x_{n_k}) = f(a)$ 及函数极限保不等式性, 所以再由式 (3.3.10) 立即可得

$$f(a) \geqslant f(a+\varepsilon_0) > f(a).$$

上述不等式是不可能成立的, 所以 $\lim\limits_{n\to\infty} x_n = a$. ■

例 3.3.3　设 f 为 $[a,x_0)$ 上单调函数, 则 $\lim\limits_{x\to x_0^-} f(x)$ 存在 $\Leftrightarrow$ 函数 f 在 $[a,x_0)$ 上有界.

证明　$\Rightarrow$　若 $\lim\limits_{x\to x_0^-} f(x)$ 存在, 则由函数极限的局部有界性, 存在 $\delta_0 > 0$, f 在 $U_-^\circ(x_0;\delta_0)$ 内有界. 而在 $[a, x_0-\delta_0]$(不妨设 $a < x_0 - \delta_0$) 上 f 是单调函数, 所以对任意 $x \in [a, x_0-\delta_0]$, 有

$$|f(x)| \leqslant \max\left\{|f(a)|, |f(x_0-\delta_0)|\right\}.$$

于是, f 在 $[a,x_0)$ 上有界.

$\Leftarrow$　若函数 f 在 $[a,x_0)$ 上有界, 因为 f 为 $[a,x_0)$ 上单调函数, 所以由函数极限的单调有界定理知 $\lim\limits_{x\to x_0^-} f(x)$ 存在. ■

例 3.3.4　设 f 在 $U^\circ(x_0)$ 内有定义. 证明若对任意满足下述条件的数列 $\{x_n\}$, $x_n \in U^\circ(x_0)$, $\lim\limits_{n\to\infty} x_n = x_0$,

$$0 < |x_{n+1} - x_0| < |x_n - x_0|, \tag{3.3.11}$$

都有 $\lim\limits_{n\to\infty} f(x_n) = A$, 则 $\lim\limits_{x\to x_0} f(x) = A$.

证明　(反证法) 若 $\lim\limits_{x\to x_0} f(x) \neq A$, 则

存在 $\varepsilon_0 > 0$, 对任意的 $\delta_\alpha > 0$, 存在 $x_\alpha \in U^\circ(x_0;\delta_\alpha)$, 使得 $|f(x_\alpha) - A| \geqslant \varepsilon_0$.

取 $\delta_1 = 1$, 存在 $x_1 \in U^\circ(x_0;\delta_1)$, 使得 $|f(x_1) - A| \geqslant \varepsilon_0$;

取 $\delta_2 = \min\left\{\dfrac{1}{2}, |x_1 - x_0|\right\}$, 存在 $x_2 \in U^\circ(x_0;\delta_2)$, 使得 $|f(x_2) - A| \geqslant \varepsilon_0$;

$\cdots\cdots$

取 $\delta_n = \min\left\{\frac{1}{n}, |x_{n-1} - x_0|\right\}$, 存在 $x_n \in U^\circ(x_0; \delta_n)$, 使得 $|f(x_n) - A| \geqslant \varepsilon_0$;

$\cdots\ \cdots$

数列 $\{x_n\}$ 满足 $x_n \in U^\circ(x_0)$, $\lim\limits_{n\to\infty} x_n = x_0$, 且 $0 < |x_{n+1} - x_0| < |x_n - x_0|$, 但 $|f(x_n) - A| \geqslant \varepsilon_0$, 这与 $\lim\limits_{n\to\infty} f(x_n) = A$ 相矛盾. 所以 $\lim\limits_{x\to x_0} f(x) = A$. ■

例 3.3.5 证明若 $\lim\limits_{x\to+\infty}(a\sin x + b\cos x)$ 存在, 则只能是 $a = b = 0$.

证明 记 $f(x) = a\sin x + b\cos x$. 取 $x_n = n\pi$, $n \in \mathbb{N}_+$, 有 $f(x_n) = (-1)^n b$, 则由归结原则知 $\lim\limits_{n\to\infty} f(x_n)$ 存在, 因此 $b = 0$. 再取 $x_n = \left(n + \frac{1}{2}\right)\pi$, $n \in \mathbb{N}_+$, 同理可得 $a = 0$. ■

例 3.3.6 设 A 为有限数, $\lim\limits_{x\to+\infty} f(x) = A \Leftrightarrow$ 对每个严格单调增的正无穷大数列 $\{x_n\}$, 都有 $\lim\limits_{n\to\infty} f(x_n) = A$.

证明 $\Rightarrow$ 若 $\lim\limits_{x\to+\infty} f(x) = A$, 则对 $\varepsilon > 0$, 存在 $M > 0$, 当 $x > M$ 时成立 $|f(x) - A| < \varepsilon$. 若 $\{x_n\}$ 满足题设条件, 有 $\lim\limits_{n\to\infty} x_n = +\infty$, 则对上述 $M > 0$, 存在 $N > 0$, 当 $n > N$ 时, 成立 $x_n > M$. 因此就有 $|f(x_n) - A| < \varepsilon$. 这就证明了 $\lim\limits_{n\to\infty} f(x_n) = A$ (此时 $\{x_n\}$ 的严格单调增不起作用).

$\Leftarrow$ 这时对每个满足题中所给条件的数列 $\{x_n\}$(即 $\{x_n\}$ 为严格单调增的正无穷大量), 成立 $\lim\limits_{n\to\infty} f(x_n) = A$. 以下采用反证法证明:

若结论 $\lim\limits_{x\to+\infty} f(x) = A$ 不真, 则知存在 $\varepsilon_0 > 0$, 对任意 $M > 0$, 存在 $\overline{x}$, 同时满足条件 $\overline{x} > M$ 和 $|f(\overline{x}) - A| \geqslant \varepsilon_0$.

任取 $M_1 = 1$, 得到 $x_1 > M_1$, 满足 $|f(x_1) - A| \geqslant \varepsilon_0$.

任取 $M_2 = \max\{2, x_1\}$, 得到 $x_2 > M_2$, 满足 $|f(x_2) - A| \geqslant \varepsilon_0$.

$\cdots\ \cdots$

任取 $M_{n+1} = \max\{n+1, x_n\}$, 得到 $x_{n+1} > M_{n+1}$, 满足 $|f(x_{n+1}) - A| \geqslant \varepsilon_0$.

$\cdots\ \cdots$

这样取出来的数列 $\{x_n\}$ 是严格单调增加的正无穷大量, 但 $\lim\limits_{n\to\infty} f(x_n) \neq A$, 因此与所给的条件相矛盾. ■

四、巩固提高

3.3.1 叙述函数极限 $\lim\limits_{x\to\alpha} f(x)$ 的归纳原则, 其中 α 为 x_0^+, x_0^-, ∞, $-\infty$, $+\infty$.

3.3.2 用两种方法证明 $\lim\limits_{x\to 0} \sin\frac{1}{x}$ 不存在.

3.3.3 设 $D(x)$ 为 Dirichlet 函数, $x_0 \in \mathbb{R}$. 证明 $\lim\limits_{x\to x_0} D(x)$ 不存在.

3.3.4 设 f 为周期函数, 且 $\lim\limits_{x\to+\infty} f(x) = 0$, 证明 $f(x) \equiv 0$.

3.3.5　设函数 f 在 $\mathbb{R}_+$ 上满足方程 $f(2x)=f(x)$, 且 $\lim\limits_{x\to+\infty} f(x)=A$. 证明 $f(x)\equiv A,\ x\in\mathbb{R}_+$.

3.3.6　设函数 f 在 $\mathbb{R}_+$ 上满足方程 $f(x^2)=f(x)$, 且 $\lim\limits_{x\to0^+} f(x)=\lim\limits_{x\to+\infty} f(x)=f(1)$. 证明 $f(x)\equiv f(1),\ x\in\mathbb{R}_+$.

3.3.7　设 f 在区间 (a,b) 上为单调增函数, 且存在一个数列 $\{x_n\}\subset(a,b)$, 使得 $\lim\limits_{n\to\infty} x_n=b$, $\lim\limits_{n\to\infty} f(x_n)=A$. 证明:

(i) f 在区间 (a,b) 上以 A 为上界;　　(ii) $\lim\limits_{x\to b} f(x)=A$.

3.3.8　试用归结原则证明单调函数的单侧极限存在定理 (即 (3.3.1)~(3.3.6)).

3.4　两个重要的极限

一、内容精读

1. 重要极限之一 $\left(\dfrac{0}{0}\text{ 型}\right)$

$$\lim_{x\to0}\frac{\sin x}{x}=1. \tag{3.4.1}$$

2. 重要极限之二 (1^∞ 型)

$$\lim_{x\to\infty}\left(1+\frac{1}{x}\right)^x=\mathrm{e}\ \text{或}\ \lim_{x\to0}(1+x)^{\frac{1}{x}}=\mathrm{e}. \tag{3.4.2}$$

3. 由重要极限所得的一些常用极限

$$\lim_{x\to0}\frac{\tan x}{x}=1.$$

$$\lim_{x\to0}\frac{\arcsin x}{x}=\lim_{x\to0}\frac{\arctan x}{x}=1.$$

$$\lim_{x\to0}\frac{1-\cos x}{x^2}=\frac{1}{2}.$$

$$\lim_{x\to0}\frac{\ln(1+x)}{x}=1.$$

$$\lim_{x\to0}\frac{a^x-1}{x}=\ln a\ (a>0).$$

$$\lim_{x\to0}\frac{(1+x)^\alpha-1}{x}=\alpha.$$

$$\cdots\ \cdots$$

通过变量替换, 可得更一般情况:

若 $\lim\limits_{x\to x_0} g(x)=0$, 且当 $x\neq x_0$ 时 $g(x)\neq 0$, 则 $\lim\limits_{x\to x_0}\dfrac{\sin g(x)}{g(x)}=1$.

若 $\lim\limits_{x\to x_0} g(x)=+\infty\ (-\infty)$, 则 $\lim\limits_{x\to x_0}\left(1+\dfrac{1}{g(x)}\right)^{g(x)}=\mathrm{e}$.

若 $\lim\limits_{x\to x_0} g(x)=0$, 且当 $x\neq x_0$ 时 $g(x)\neq 0$, 则 $\lim\limits_{x\to x_0}\dfrac{\ln(1+g(x))}{g(x)}=1$.

⋯⋯

二、疑难解答

问题 3.4.1 如何理解极限 $\lim\limits_{x\to 0}\dfrac{\sin x}{x}=1$ 与 $\lim\limits_{x\to\infty}\left(1+\dfrac{1}{x}\right)^x=\mathrm{e}$ 的重要性?

答 读者学完一元函数微分学后, 会发现导数运算是数学分析中最基本的重要运算. 而导数运算的基础是基本初等函数的导数公式. 其中求三角函数, 如 $y=\sin x$ 的导数公式必须使用极限 $\lim\limits_{x\to 0}\dfrac{\sin x}{x}=1$, 求对数函数 $y=\log_a x$ 的导数必须使用 $\lim\limits_{x\to\infty}\left(1+\dfrac{1}{x}\right)^x=\mathrm{e}$. 再者, 这两个极限在求初等超越函数的导数时也是不能缺少的. 当然, 这两个极限在数学分析的其他内容方面也是很重要的, 如在计算极限时, 也常用到这两个极限. ■

三、典型例题

例 3.4.1 求极限 $\lim\limits_{x\to 0}\dfrac{\sin x-\tan x}{x^3}$.

解 先将表达式进行分解, 然后利用已知极限进行计算.

$$\lim_{x\to 0}\frac{\sin x-\tan x}{x^3}=\lim_{x\to 0}\frac{\sin x}{x}\cdot\frac{1}{\cos x}\cdot\frac{\cos x-1}{x^2}=1\times 1\times\left(-\frac{1}{2}\right)=-\frac{1}{2}.$$ ■

例 3.4.2 求 $\lim\limits_{x\to\infty}\left(\sin\dfrac{1}{x}+\cos\dfrac{1}{x}\right)^x$.

解 利用三角运算及两个重要极限, 可得

$$\lim_{x\to\infty}\left(\sin\frac{1}{x}+\cos\frac{1}{x}\right)^x=\lim_{x\to\infty}\left(1+\sin\frac{2}{x}\right)^{\frac{x}{2}}=\lim_{x\to\infty}\left(1+\sin\frac{2}{x}\right)^{\frac{1}{\sin\frac{2}{x}}\cdot\frac{\sin\frac{2}{x}}{\frac{2}{x}}}=\mathrm{e}.$$ ■

例 3.4.3 求 $\lim\limits_{x\to 0}(\cos x)^{\frac{1}{x^2}}$.

解 利用三角运算及重要极限二, 可得

$$\begin{aligned}\lim_{x\to 0}(\cos x)^{\frac{1}{x^2}}&=\lim_{x\to 0}\left(1-2\sin^2\frac{x}{2}\right)^{\frac{1}{x^2}}\\&=\lim_{x\to 0}\left(1-2\sin^2\frac{x}{2}\right)^{\frac{1}{-2\sin^2\frac{x}{2}}\cdot\frac{-2\sin^2\frac{x}{2}}{x^2}}=\mathrm{e}^{-\frac{1}{2}}.\end{aligned}$$ ■

例 3.4.4 求极限 $\lim\limits_{x\to 0}\dfrac{\tan(x+x_0)\tan(x-x_0)+\tan^2 x_0}{x^2}$, $x_0\neq k\pi+\dfrac{\pi}{2}$, $k\in\mathbb{N}$.

解　因为

$$\begin{aligned}\frac{\tan(x+x_0)\tan(x-x_0)+\tan^2 x_0}{x^2}=&\frac{\dfrac{\tan^2 x-\tan^2 x_0}{1-\tan^2 x\tan^2 x_0}+\tan^2 x_0}{x^2}\\=&\frac{\tan^2 x\cdot(1-\tan^4 x_0)}{x^2(1-\tan^2 x\tan^2 x_0)}\\=&(1-\tan^4 x_0)\cdot\left(\frac{\tan x}{x}\right)^2\frac{1}{1-\tan^2 x\tan^2 x_0},\end{aligned}$$

所以

$$\begin{aligned}&\lim_{x\to0}\frac{\tan(x+x_0)\tan(x-x_0)+\tan^2 x_0}{x^2}\\=&\lim_{x\to0}(1-\tan^4 x_0)\lim_{x\to0}\left(\frac{\tan x}{x}\right)^2\lim_{x\to0}\frac{1}{1-\tan^2 x\tan^2 x_0}\\=&(1-\tan^4 x_0)\cdot1^2\cdot1\\=&1-\tan^4 x_0.\end{aligned}$$

■

例 3.4.5　假定某种细菌的繁殖速度在合适的条件下与当时已有的数量 B_0 成正比, 即 $v=kB_0$, 其中 k 为比例常数, 问经过时间 t 以后细菌的数量为多少?

解　由于细菌繁殖的速度是变数而不是常数, 所以要想计算出细菌的数量, 先对时间 t 作等分, 即将 $[0,t]$ 等分为 n 等份: $\left[0,\dfrac{t}{n}\right]$, $\left[\dfrac{t}{n},\dfrac{2t}{n}\right]$, $\cdots$, $\left[\dfrac{(n-1)t}{n},t\right]$. 当 n 充分大, 即时间间隔充分小时, 该时间间隔内 (或时间区间 $\left[\dfrac{(j-1)t}{n},\dfrac{jt}{n}\right]$) 细菌繁殖的速度可近似地看作常数. 这样就有

在 $\left[0,\dfrac{t}{n}\right]$ 内细菌繁殖数量约为 $kB_0\dfrac{t}{n}$, 在 $\dfrac{t}{n}$ 时刻细菌数量约为 $B_0\left(1+k\dfrac{t}{n}\right)$;

在 $\left[\dfrac{t}{n},\dfrac{2t}{n}\right]$ 内细菌繁殖的数量约为 $kB_0\left(1+k\dfrac{t}{n}\right)\dfrac{t}{n}$, 在 $\dfrac{2t}{n}$ 时刻细菌数量约为 $B_0\left(1+k\dfrac{t}{n}\right)^2$;

$\cdots\cdots$

依次类推可得, 在时间 t 时, 细菌的数量约为 $B_0\left(1+k\dfrac{t}{n}\right)^n$. 从而经过时间 t 后细菌数量 m 为

$$\begin{aligned}m=\lim_{n\to\infty}B_0\left(1+k\frac{t}{n}\right)^n&=B_0\lim_{x\to+\infty}\left(1+\frac{1}{x}\right)^{ktx}\\&=B_0\lim_{x\to+\infty}\left[\left(1+\frac{1}{x}\right)^x\right]^{kt}=B_0\mathrm{e}^{kt},\end{aligned}$$

其中在上述过程中令 $\dfrac{kt}{n}=\dfrac{1}{x}$.　■

四、巩固提高

3.4.1 计算下列各极限:

(i) $\lim\limits_{x\to+\infty}\left(\dfrac{2}{\pi}\arctan x\right)^x$;　　(ii) $\lim\limits_{x\to\frac{\pi}{2}^-}\left(\sin x\right)^{\tan x}$;

(iii) $\lim\limits_{x\to 0}\dfrac{\sin 2x-2\sin x}{x^3}$;　　(iv) $\lim\limits_{x\to\frac{\pi}{2}^-}\left(\cos x\right)^{\frac{\pi}{2}-x}$;

(v) $\lim\limits_{x\to 0}\left[\dfrac{\sin(2+x)}{x}-\dfrac{\sin(2-x)}{x}\right]$;　　(vi) $\lim\limits_{x\to\pi}\dfrac{\sin mx}{\sin nx}$, 其中 $m,n\in\mathbb{N}_+$.

3.4.2 (i) 设 $a>0$, $b>0$, 求极限 $\lim\limits_{n\to\infty}\left(\dfrac{\sqrt[n]{a}+\sqrt[n]{b}}{2}\right)^n$;

(ii) 设 $a_1,a_2,\cdots,a_n$ 为正数, $n\geqslant 2$, $f(x)=\left[\dfrac{a_1^x+a_2^x+\cdots+a_n^x}{n}\right]$, 求 $\lim\limits_{x\to 0}f(x)$.

3.4.3 计算极限 $\lim\limits_{n\to\infty}\prod\limits_{k=1}^{n}\cos\dfrac{x}{2^k}$, 并证明Viète 公式

$$\frac{\pi}{2}=\frac{1}{\sqrt{\frac{1}{2}}\cdot\sqrt{\frac{1}{2}+\frac{1}{2}\sqrt{\frac{1}{2}}}\cdot\sqrt{\frac{1}{2}+\frac{1}{2}\sqrt{\frac{1}{2}+\frac{1}{2}\sqrt{\frac{1}{2}}}}\cdots}.$$

3.4.4 求极限 $\lim\limits_{x\to\infty}\left(\dfrac{x+n}{x-n}\right)^x$, $n\in\mathbb{N}_+$.

3.4.5 若 $\lim\limits_{x\to\infty}\left(\dfrac{x+2k}{x-k}\right)^x=8$, 求 k 之值.

3.4.6 求极限 $\lim\limits_{x\to 0}\dfrac{\tan(\tan x)-\sin(\sin x)}{\tan x-\sin x}$.

3.4.7 设 $f(x)=a_1\sin x+a_2\sin 2x+\cdots+a_n\sin nx$, 其中 a_1, a_2,$\cdots$, a_n 均为常数, 且对任意 $x\in\mathbb{R}$, 有 $|f(x)|\leqslant|\sin x|$. 证明 $|a_1+2a_2+\cdots+na_n|\leqslant 1$.

3.5 无穷小量与无穷大量

一、内容精读

1. 无穷小量

1) 无穷小量的定义

定义 3.5.1 设 f 在某个邻域 $U^\circ(x_0)$ 内有定义. 若 $\lim\limits_{x\to x_0}f(x)=0$, 则称 f 为当 $x\to x_0$ 时的无穷小量, 记为 $f(x)=o(1)(x\to x_0)$.

注 3.5.1 (i) 类似可定义 $x\to x_0^+$, $x\to x_0^-$, $x\to\pm\infty$ 及 $x\to\infty$ 时的无穷小量;

(ii) 关于无穷小量, 必须要注意 x 的变化趋势, 在自变量的同一变化过程中的无穷小量才能进行运算与比较.

性质 3.5.1　两个 (相同类型的) 无穷小量之和、差、积仍为无穷小量;

性质 3.5.2　无穷小量与有界量的乘积仍为无穷小量.

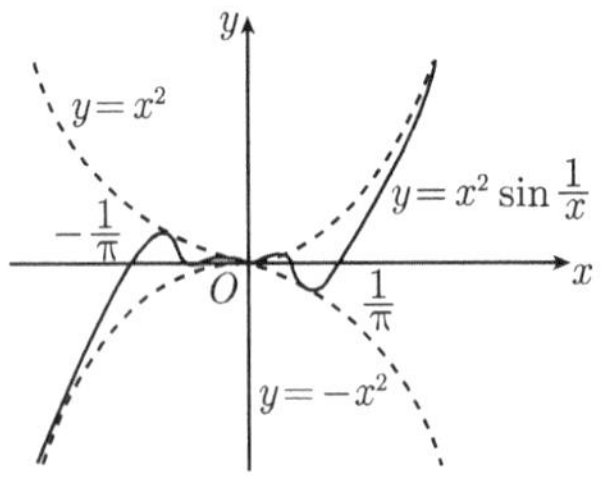

图 3.5.1

例如,

$$x^2 = o(1)(x \to 0), \quad \sin\frac{1}{x} = O(1),$$

则由性质 3.5.2 知

$$x^2 \sin\frac{1}{x} = o(1)(x \to 0).$$

函数 $y = x^2 \sin\dfrac{1}{x}$ 的图像如图 3.5.1 所示.

性质 3.5.3　$\lim\limits_{x \to x_0} f(x) = A \Leftrightarrow f(x) - A = o(1)(x \to x_0)$.

2) 无穷小量的比较

设 $f(x) = o(1)$, $g(x) = o(1)(x \to x_0)$.

(i) 若 $\lim\limits_{x \to x_0} \dfrac{f(x)}{g(x)} = 0$, 则称当 $x \to x_0$ 时 f 为 g 的高阶无穷小量, 或称 g 为 f 的低阶无穷小量, 记作

$$f(x) = o\Big(g(x)\Big) \quad (x \to x_0).$$

(ii) 若存在正数 K 和 L, 使得在某个邻域 $U^\circ(x_0)$ 上有

$$0 < K \leqslant \left|\frac{f(x)}{g(x)}\right| \leqslant L,$$

则称 f 与 g 为当 $x \to x_0$ 时的同阶无穷小量. 特别地, 当

$$\lim_{x \to x_0} \frac{f(x)}{g(x)} = c \neq 0$$

时, f 与 g 必为当 $x \to x_0$ 时的同阶无穷小量.

若无穷小量 f 与 g 满足关系式

$$\left|\frac{f(x)}{g(x)}\right| \leqslant L, \quad x \in U^\circ(x_0),$$

则记为

$$f(x) = O\Big(g(x)\Big) \quad (x \to x_0).$$

特别地, 若 f 在某 $U^\circ(x_0)$ 内有界, 则记作

$$f(x) = O(1) \quad (x \to x_0).$$

(iii) 若 $\lim\limits_{x\to x_0}\dfrac{f(x)}{g(x)}=1$ 时, 则称 f 与 g 是当 $x\to x_0$ 时的等价无穷小量, 记作

$$f(x)\sim g(x)\quad (x\to x_0).$$

例如, $1-\cos x\sim\dfrac{1}{2}x^2\quad (x\to 0)$; $\mathrm{e}^x-1\sim x\quad (x\to 0)$;

$\ln(1+x)\sim x\quad (x\to 0)$; $\sin x\sim x\quad (x\to 0)$;

$\tan x\sim x\quad (x\to 0)$; $\arcsin x\sim x\quad (x\to 0)$;

$\arctan x\sim x\quad (x\to 0)$; $(1+x)^\alpha-1\sim\alpha x\quad (x\to 0)$;

$\sqrt{x}-x\sim\sqrt{x}\quad (x\to 0^+)$; $x+a_2x^2+\cdots+a_kx^k\sim x\quad (x\to 0)$.

3) 乘积因子的 等价无穷小量替换

设函数 f, g, h 在 $U^\circ(x_0)$ 内有定义, $f(x)=o(1), g(x)=o(1)(x\to x_0)$, 且有

$$f(x)\sim g(x)\quad (x\to x_0).$$

(i) 若 $\lim\limits_{x\to x_0}f(x)h(x)=A$, 则 $\lim\limits_{x\to x_0}g(x)h(x)=A$;

(ii) 若 $\lim\limits_{x\to x_0}\dfrac{h(x)}{f(x)}=B$, 则 $\lim\limits_{x\to x_0}\dfrac{h(x)}{g(x)}=B$.

4) n 阶无穷小量

若

$$\lim_{x\to 0}\frac{f(x)}{x^n}=k\quad (0<|k|<+\infty),$$

则称 $f(x)$ 为对于无穷小量 x 的n 阶无穷小量.

类似地可给出 $x\to x_0^+, x\to x_0^-, x\to+\infty, x\to-\infty, x\to\infty$ 的情形.

2. 无穷大量

1) 无穷大量的定义

定义 3.5.2 设 f 在 $U^\circ(x_0)$ 内有定义. 下列情况统称为函数 f 为当 $x\to x_0$ 时的无穷大量.

$\lim\limits_{x\to x_0}f(x)=\infty\Leftrightarrow\forall\, G>0,\ \exists\,\delta>0$, 当 $x\in U^\circ(x_0)$ 时, $|f(x)|>G$;

$\lim\limits_{x\to x_0}f(x)=+\infty\Leftrightarrow\forall\, G>0,\ \exists\,\delta>0$, 当 $x\in U^\circ(x_0)$ 时, $f(x)>G$;

$\lim\limits_{x\to x_0}f(x)=-\infty\Leftrightarrow\forall\, G>0,\ \exists\,\delta>0$, 当 $x\in U^\circ(x_0)$ 时, $f(x)<-G$.

类似地可给出 $x\to x_0^+, x\to x_0^-, x\to+\infty, x\to-\infty, x\to\infty$ 的情形.

对于数列 $\{a_n\}$, 有

$\lim\limits_{n\to\infty}a_n=\infty\Leftrightarrow\forall\, G>0,\ \exists\, N\in\mathbb{N}_+$, 当 $n>N$ 时, $|a_n|>G$;

$\lim\limits_{n\to\infty}a_n=+\infty\Leftrightarrow\forall\, G>0,\ \exists\, N\in\mathbb{N}_+$, 当 $n>N$ 时, $a_n>G$;

$\lim\limits_{n\to\infty}a_n=-\infty\Leftrightarrow\forall\, G>0,\ \exists\, N\in\mathbb{N}_+$, 当 $n>N$ 时, $a_n<-G$.

2) 无穷大量的比较

设 $x \to x_0$ 时, f 和 g 均为无穷大量.

若 $\lim\limits_{x\to x_0}\dfrac{f(x)}{g(x)}=0$, 则称当 $x\to x_0$ 时 g 为 f 的高阶 (f 为 g 的低阶) 无穷大量.

3) 无穷小量与无穷大量间的关系

(i) 设 f 在 $U^\circ(x_0)$ 内有定义且不等于 0. 若 f 为 $x\to x_0$ 时的无穷小量, 则 $\dfrac{1}{f}$ 为 $x\to x_0$ 时的无穷大量.

(ii) 若 g 为 $x\to x_0$ 时的无穷大量, 则 $\dfrac{1}{g}$ 为 $x\to x_0$ 时的无穷小量.

对于 $x\to x_0^+$, $x\to x_0^-$, $x\to+\infty$, $x\to-\infty$, $x\to\infty$ 也可得类似表述.

3. 曲线的渐近线

1) 定义

定义 3.5.3　若曲线 C 上的动点 P 沿着曲线无限地远离原点时, 点 P 与某定直线 L 的距离趋于 0, 则称直线 L 为曲线 C 的渐近线 (参考图 3.5.2).

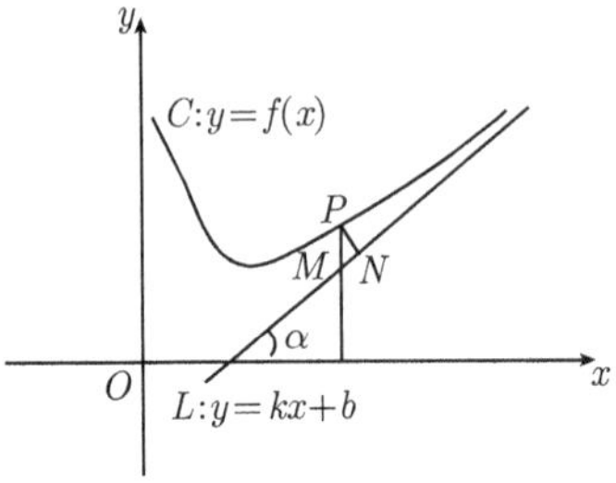

图 3.5.2

2) 渐近线的求法

(i) 斜渐近线 (含水平渐近线). 若曲线 $y=f(x)$ 有斜渐近线 $y=kx+b$ (参考图 3.5.2), 则

$$k=\lim_{x\to+\infty}\frac{f(x)}{x}\quad\left(\text{或}\lim_{x\to-\infty}\frac{f(x)}{x}\right),\tag{3.5.1}$$

$$b=\lim_{x\to+\infty}\big(f(x)-kx\big)\quad\left(\text{或}\lim_{x\to-\infty}\big(f(x)-kx\big)\right).\tag{3.5.2}$$

(ii) 垂直渐近线. 若函数 f 满足

$$\lim_{x\to x_0}f(x)=\infty\quad\left(\text{或}\lim_{x\to x_0^+}f(x)=\infty,\ \text{或}\lim_{x\to x_0^-}f(x)=\infty\right),\tag{3.5.3}$$

则曲线 $y=f(x)$ 有垂直渐近线 $x=x_0$(或单侧渐近线 $x=x_0$).

二、问题解答

问题 3.5.1　在求函数极限中, 极限式的和、差运算能否应用等价无穷小量替换?

答　答案是否定的.

在求极限时, 只有对极限式中乘积因子或相除因子才能用等价无穷小量替换, 而对极限式的和、差运算不能用等价无穷小量替换, 否则会得到错误的结果. 例如

$\lim\limits_{x\to 0}\dfrac{\tan x-\sin x}{\sin x^3}$, 其正确的计算为

$$\lim_{x\to 0}\frac{\tan x-\sin x}{\sin x^3}=\lim_{x\to 0}\frac{1}{\cos x}\cdot\frac{\sin x(1-\cos x)}{\sin x^3}=\lim_{x\to 0}\frac{1}{\cos x}\cdot\frac{x\cdot\frac{1}{2}x^2}{x^3}=\frac{1}{2}.$$

若一开始就对差运算进行等价无穷小量替换, 就导致错误的结果:

$$\lim_{x\to 0}\frac{\tan x-\sin x}{\sin x^3}=\lim_{x\to 0}\frac{x-x}{x^3}=0.$$ ■

问题 3.5.2 试给出函数极限的各种形式的正面方式叙述.

答 函数极限有 $x\to x_0$, $x\to x_0^-$, $x\to x_0^+$, $x\to\infty$, $x\to-\infty$ 和 $x\to+\infty$ 共 6 种情况, 而每一种情况的极限值可能是 A (有限数), ∞, $-\infty$ 及 $+\infty$ 之一, 这样一来就有 24 种不同的极限形式. 下面以列表的形式加以概括和总结 (表 3.5.1).

表 3.5.1 函数各种极限正面叙述汇总表

	$f(x)\to A$	$f(x)\to\infty$	$f(x)\to+\infty$	$f(x)\to-\infty$
$x\to x_0$	$\forall\,\varepsilon>0,\exists\,\delta>0$ 当 $x\in U^\circ(x_0;\delta)$ 时 有 $\vert f(x)-A\vert<\varepsilon$	$\forall\,G>0,\exists\,\delta>0$ 当 $x\in U^\circ(x_0;\delta)$ 时 有 $\vert f(x)\vert>G$	$\forall\,G>0,\exists\,\delta>0$ 当 $x\in U^\circ(x_0;\delta)$ 时 有 $f(x)>G$	$\forall\,G>0,\exists\,\delta>0$ 当 $x\in U^\circ(x_0;\delta)$ 时 有 $f(x)<-G$
$x\to x_0^+$	$\forall\,\varepsilon>0,\exists\,\delta>0$ 当 $x\in U_+^\circ(x_0;\delta)$ 时 有 $\vert f(x)-A\vert<\varepsilon$	$\forall\,G>0,\exists\,\delta>0$ 当 $x\in U_+^\circ(x_0;\delta)$ 时 有 $\vert f(x)\vert>G$	$\forall\,G>0,\exists\,\delta>0$ 当 $x\in U_+^\circ(x_0;\delta)$ 时 有 $f(x)>G$	$\forall\,G>0,\exists\,\delta>0$ 当 $x\in U_+^\circ(x_0;\delta)$ 时 有 $f(x)<-G$
$x\to x_0^-$	$\forall\,\varepsilon>0,\exists\,\delta>0$ 当 $x\in U_-^\circ(x_0;\delta)$ 时 有 $\vert f(x)-A\vert<\varepsilon$	$\forall\,G>0,\exists\,\delta>0$ 当 $x\in U_-^\circ(x_0;\delta)$ 时 有 $\vert f(x)\vert>G$	$\forall\,G>0,\exists\,\delta>0$ 当 $x\in U_-^\circ(x_0;\delta)$ 时 有 $f(x)>G$	$\forall\,G>0,\exists\,\delta>0$ 当 $x\in U_-^\circ(x_0;\delta)$ 时 有 $f(x)<-G$
$x\to\infty$	$\forall\,\varepsilon>0,\exists\,M>0$ 当 $\vert x\vert>M$ 时 有 $\vert f(x)-A\vert<\varepsilon$	$\forall\,G>0,\exists\,M>0$ 当 $\vert x\vert>M$ 时 有 $\vert f(x)\vert>G$	$\forall\,G>0,\exists\,M>0$ 当 $\vert x\vert>M$ 时 有 $f(x)>G$	$\forall\,G>0,\exists\,M>0$ 当 $\vert x\vert>M$ 时 有 $f(x)<-G$
$x\to-\infty$	$\forall\,\varepsilon>0,\exists\,M>0$ 当 $x<-M$ 时 有 $\vert f(x)-A\vert<\varepsilon$	$\forall\,G>0,\exists\,M>0$ 当 $x<-M$ 时 有 $\vert f(x)\vert>G$	$\forall\,G>0,\exists\,M>0$ 当 $x<-M$ 时 有 $f(x)>G$	$\forall\,G>0,\exists\,M>0$ 当 $x<-M$ 时 有 $f(x)<-G$
$x\to+\infty$	$\forall\,\varepsilon>0,\exists\,M>0$ 当 $x>M$ 时 有 $\vert f(x)-A\vert<\varepsilon$	$\forall\,G>0,\exists\,M>0$ 当 $x>M$ 时 有 $\vert f(x)\vert>G$	$\forall\,G>0,\exists\,M>0$ 当 $x>M$ 时 有 $f(x)>G$	$\forall\,G>0,\exists\,M>0$ 当 $x>M$ 时 有 $f(x)<-G$

■

问题 3.5.3 给出 $\lim\limits_{x\to x_0}f(x)\neq\infty$ 的正面叙述.

答 因为

$$\lim_{x\to x_0}f(x)=\infty\Leftrightarrow\forall\,G>0,\ \exists\,\delta>0,\forall\,x\in U^\circ(x_0;\delta),|f(x)|>G,$$

所以

$$\lim_{x\to x_0} f(x)\neq\infty \Leftrightarrow \exists\, G_0>0,\ \forall\,\delta>0, \exists\, \overline{x}\in U^\circ(x_0;\delta), |f(\overline{x})|\leqslant G_0.$$

作为上述 $\lim\limits_{x\to x_0} f(x)\neq\infty$ 的正面叙述的一个应用, 可以证明: 若 $\lim\limits_{x\to x_0} f(x)\neq\infty$, 则存在正常数 G_0 与各项互异的数列 $\{x_n\}$, 虽然 $\lim\limits_{n\to\infty} x_n=x_0$, 但 $|f(x_n)|\leqslant G_0$. (事实上, 因 $\lim\limits_{x\to x_0} f(x)\neq\infty \Leftrightarrow \exists\, G_0>0,\ \forall\,\delta>0,\ \exists\, \overline{x}\in U^\circ(x_0;\delta), |f(\overline{x})|\leqslant G_0$, 故

取 $\delta_1=1$, 存在 $x_1\in U^\circ(x_0;\delta_1)$, 使 $|f(x_1)|\leqslant G_0$;

取 $\delta_2=\min\left\{\dfrac{1}{2}, |x_1-x_0|\right\}$, 存在 $x_2\in U^\circ(x_0;\delta_2)$, 使 $|f(x_2)|\leqslant G_0$;

取 $\delta_3=\min\left\{\dfrac{1}{3}, |x_2-x_0|\right\}$, 存在 $x_3\in U^\circ(x_0;\delta_3)$, 使 $|f(x_3)|\leqslant G_0$;

… …

取 $\delta_n=\min\left\{\dfrac{1}{n}, |x_{n-1}-x_0|\right\}$, 存在 $x_n\in U^\circ(x_0;\delta_n)$, 使 $|f(x_n)|\leqslant G_0$;

… …

显然数列 $\{x_n\}$ 各项互异, $\lim\limits_{n\to\infty} x_n=x_0$, 但 $|f(x_n)|\leqslant G_0$.) ■

问题 3.5.4　由无穷小量的基本性质可知, 有限个同类型的无穷小量之和仍为无穷小量. 试问无限多个同类型的无穷小量之和也是无穷小量吗?

答　无限多个同类型的无穷小量之和未必是无穷小量.

(i) 例如, $\sum\limits_{k=1}^{\infty}\dfrac{k}{n^2}$. 对任意 $k\in\mathbb{N}_+$, 有 $\lim\limits_{n\to\infty}\dfrac{k}{n^2}=0$, 即 $\dfrac{k}{n^2}=o(1)(n\to\infty)$, $k\in\mathbb{N}_+$. 记 $s_n=\sum\limits_{k=1}^{n}\dfrac{k}{n^2}$, 则 $\sum\limits_{k=1}^{\infty}\dfrac{k}{n^2}=\lim\limits_{n\to\infty}s_n=\lim\limits_{n\to\infty}\dfrac{1}{n^2}\cdot\dfrac{n(n+1)}{2}=\dfrac{1}{2}$, 即此时无限多个同类型的无穷小量之和为非零常数, 而不是无穷小量.

(ii) 例如, $\sum\limits_{k=1}^{\infty}\dfrac{k}{n^3}$. 对任意 $k\in\mathbb{N}_+$, 有 $\lim\limits_{n\to\infty}\dfrac{k}{n^3}=0$, 即 $\dfrac{k}{n^3}=o(1)(n\to\infty)$, $k\in\mathbb{N}_+$. 记 $s_n=\sum\limits_{k=1}^{n}\dfrac{k}{n^3}$, 则 $\sum\limits_{k=1}^{\infty}\dfrac{k}{n^3}=\lim\limits_{n\to\infty}s_n=\lim\limits_{n\to\infty}\dfrac{1}{n^3}\cdot\dfrac{n(n+1)}{2}=0$, 即此时无限多个同类型的无穷小量之和为无穷小量.

(iii) 例如, $\sum\limits_{k=1}^{\infty}\dfrac{k}{n^{\frac{3}{2}}}$. 对任意 $k\in\mathbb{N}_+$, 有 $\lim\limits_{n\to\infty}\dfrac{k}{n^{\frac{3}{2}}}=0$, 即 $\dfrac{k}{n^{\frac{3}{2}}}=o(1)(n\to\infty)$, $k\in\mathbb{N}_+$. 记 $s_n=\sum\limits_{k=1}^{n}\dfrac{k}{n^{\frac{3}{2}}}$, 则 $\sum\limits_{k=1}^{\infty}\dfrac{k}{n^{\frac{3}{2}}}=\lim\limits_{n\to\infty}s_n=\lim\limits_{n\to\infty}\dfrac{1}{n^{\frac{3}{2}}}\cdot\dfrac{n(n+1)}{2}=+\infty$, 即此时无限多个同类型的无穷小量之和为无穷大量. ■

问题 3.5.5　请问无穷大量与无界有何区别?

答　对于数列 $\{a_n\}$ 而言, 若 $\lim\limits_{n\to\infty} a_n=\infty\ (\pm\infty)$, 则 $\{a_n\}$ 必无界; 反之则不

成立. 例如 $a_n=\begin{cases}-1, & n \text{ 为奇数},\\ n-1, & n \text{ 为偶数},\end{cases}$ 显然 $\{a_n\}$ 无界, 但 $\lim\limits_{n\to\infty}a_n$ 不存在, 从而 $\{a_n\}$ 不是无穷大数列.

对于函数 $y=f(x)$ 而言, 若 $\lim\limits_{x\to x_0}f(x)=\infty$, 意指对任意 $M>0$, 存在 $\delta>0$, 任意 $x\in U^\circ(x_0;\delta)$, 必有 $|f(x)|>M$. 函数 $f(x)$ 无界, 意指对任意 $M>0$, 总存在一个点 x^* 使 $|f(x^*)|>M$. 因此 $\lim\limits_{x\to x_0}f(x)=\infty\ (\pm\infty)$, 则 $f(x)$ 必无界; 反之则不成立. 例如, 函数 $f(x)=\dfrac{1}{x}\sin\dfrac{1}{x}$ 在 $(0,1]$ 内无界, 但 $\lim\limits_{x\to 0^+}f(x)\neq\infty$. 事实上, 取 $x_n=\dfrac{1}{2n\pi+\dfrac{\pi}{2}}\in(0,1]$, 则 $\lim\limits_{n\to\infty}f(x_n)=\lim\limits_{n\to\infty}\left(2n\pi+\dfrac{\pi}{2}\right)=+\infty$; 取 $y_n=\dfrac{1}{2n\pi}\in(0,1]$, 则 $\lim\limits_{n\to\infty}f(x_n)=\lim\limits_{n\to\infty}\left(2n\pi\cdot 0\right)=0$. 所以 $\lim\limits_{x\to 0^+}f(x)\neq\infty$. ■

三、典型例题

例 3.5.1 试确定常数 μ 的值, 使下列函数与 $(x-1)^\mu$ 当 $x\to 1$ 时为同阶无穷小量:

(i) x^3-3x+2; (ii) $\ln x$; (iii) $\mathrm{e}^x-\mathrm{e}$.

解 (i) 由于 $x^3-3x+2=(x-1)^2(x+2)$, 所以

当 $\mu<2$ 时,

$$\lim_{x\to 1}\frac{x^3-3x+2}{(x-1)^\mu}=\lim_{x\to 1}\frac{(x-1)^2(x+2)}{(x-1)^\mu}=\lim_{x\to 1}(x-1)^{2-\mu}(x+2)=0.$$

当 $\mu=2$ 时,

$$\lim_{x\to 1}\frac{x^3-3x+2}{(x-1)^\mu}=\lim_{x\to 1}\frac{(x-1)^2(x+2)}{(x-1)^\mu}=\lim_{x\to 1}(x+2)=3.$$

当 $\mu>2$ 时,

$$\lim_{x\to 1}\frac{x^3-3x+2}{(x-1)^\mu}=\lim_{x\to 1}\frac{(x-1)^2(x+2)}{(x-1)^\mu}=\lim_{x\to 1}\frac{x+2}{(x-1)^{\mu-2}}=\infty.$$

于是 $\mu=2$.

(ii) 由于 $\lim\limits_{x\to 1}\dfrac{\ln x}{x-1}=\lim\limits_{y\to 0}\dfrac{\ln(1+y)}{y}=\lim\limits_{y\to 0}\ln(1+y)^{\frac{1}{y}}=1$, 而

当 $\mu<1$ 时,

$$\lim_{x\to 1}\frac{\ln x}{(x-1)^\mu}=\lim_{x\to 1}\frac{\ln x}{x-1}\cdot(x-1)^{1-\mu}=1\times 0=0.$$

当 $\mu>1$ 时,

$$\lim_{x\to 1}\frac{\ln x}{(x-1)^\mu}=\lim_{x\to 1}\frac{\ln x}{x-1}\cdot\frac{1}{(x-1)^{\mu-1}}=\infty.$$

于是 $\mu=1$.

(iii) 同样的分析可得 $\mu=1$. ■

例 3.5.2 若 $x\to x_0$ 时, f, g 与 h 都是无穷小量, 且

$$f(x)=o\Big(g(x)\Big),\quad g(x)\sim h(x),$$

则 $g(x)\sim h(x)+f(x)(x\to x_0)$.

(此题表明: 两个等价的无穷小量中某个量加上比它们高阶的无穷小量, 仍不改变它们的等价性.)

证明 因为当 $x\to x_0$ 时, $f(x)=o(g(x))$, $g(x)\sim h(x)$, 所以

$$\lim_{x\to x_0}\frac{f(x)}{g(x)}=0,\quad \lim_{x\to x_0}\frac{h(x)}{g(x)}=1,$$

于是

$$\lim_{x\to x_0}\frac{h(x)+f(x)}{g(x)}=\lim_{x\to x_0}\frac{h(x)}{g(x)}+\lim_{x\to x_0}\frac{f(x)}{g(x)}=1+0=1,$$

即 $g(x)\sim h(x)+f(x)(x\to x_0)$. ■

例 3.5.3 证明当 $x\to 0$ 时无穷小量 $x\sin\dfrac{1}{x}$ 没有阶.

证明 当 $\mu<1$ 时, $\lim\limits_{x\to 0}\dfrac{x\sin\frac{1}{x}}{x^\mu}=\lim\limits_{x\to 0}x^{1-\mu}\sin\dfrac{1}{x}=0$. 当 $\mu\geqslant 1$ 时, $\lim\limits_{x\to 0}\dfrac{x\sin\frac{1}{x}}{x^\mu}$ $=\lim\limits_{x\to 0}\dfrac{\sin\frac{1}{x}}{x^{\mu-1}}$ 不存在. 因此, 当 $x\to 0$ 时无穷小量 $x\sin\dfrac{1}{x}$ 没有阶. ■

例 3.5.4 若 S 为无上界数集, 证明存在递增数列 $\{x_n\}\subset S$, 使 $\lim\limits_{n\to\infty}x_n=+\infty$.

证明 因 S 无上界, 则对任意 $M>0$, 存在 $x\in S$ 使得 $x>M$.

取 $M_1=1$, 存在 $x_1\in S$ 使得 $x_1>M_1$;

取 $M_2=\max\{2,x_1\}$, 存在 $x_2\in S$ 使得 $x_2>M_2\geqslant 2$ 且 $x_2>x_1$;

取 $M_3=\max\{3,x_2\}$, 存在 $x_3\in S$ 使得 $x_3>M_3\geqslant 3$ 且 $x_3>x_2$;

$\cdots\quad\cdots$

取 $M_n=\max\{n,x_{n-1}\}$, 存在 $x_n\in S$ 使得 $x_n>M_n\geqslant n$ 且 $x_n>x_{n-1}$;

$\cdots\quad\cdots$

于是得到递增数列 $\{x_n\}\subset S$, 且 $\lim\limits_{n\to\infty}x_n=+\infty$. ■

例 3.5.5 求极限 $\lim\limits_{x\to 0}\dfrac{(1+x)^{\alpha}-1}{x}$, 其中 $\alpha\neq 0$.

解 令 $y=(1+x)^{\alpha}-1$, 则当 $x\to 0$ 时 $y\to 0$. 于是由等价无穷小量替换得

$$\lim_{x\to 0}\frac{(1+x)^{\alpha}-1}{x}=\lim_{x\to 0}\frac{(1+x)^{\alpha}-1}{\ln(1+x)}=\lim_{y\to 0}\frac{y}{\dfrac{1}{\alpha}\ln(1+y)}=\alpha\lim_{y\to 0}\frac{y}{y}=\alpha.\qquad ■$$

注 3.5.2 此题虽简单, 却是利用等价无穷小量替换的典型例子, 请读者体会.

例 3.5.6 求极限 $\lim\limits_{x\to 1}\dfrac{(\sqrt{x}-1)(\sqrt[3]{x}-1)\cdots(\sqrt[n]{x}-1)}{(x-1)^{n-1}}$, 其中 n 为大于 1 的整数.

解 令 $x=1+t$, 则当 $x\to 1$ 时 $t\to 0$. 注意到 $(1+t)^{\alpha}-1\sim\alpha t$, $(t\to 0)$, 所以

$$\begin{aligned}&\lim_{x\to 1}\frac{(\sqrt{x}-1)(\sqrt[3]{x}-1)\cdots(\sqrt[n]{x}-1)}{(x-1)^{n-1}}\\=&\lim_{t\to 0}\frac{(\sqrt{1+t}-1)(\sqrt[3]{1+t}-1)\cdots(\sqrt[n]{1+t}-1)}{t^{n-1}}\\=&\lim_{t\to 0}\frac{\dfrac{1}{2}t\cdot\dfrac{1}{3}t\cdots\dfrac{1}{n}t}{t^{n-1}}=\frac{1}{n!}.\end{aligned}\qquad ■$$

例 3.5.7 求双曲线 $\dfrac{x^2}{a^2}-\dfrac{y^2}{b^2}=1$ 的渐近线 (其中 $a>0$, $b>0$).

解 由双曲线方程可得, 对 $x\geqslant a$ 时其两个分支为

$$y=f_1(x)=\frac{b}{a}\sqrt{x^2-a^2},\quad y=f_2(x)=-\frac{b}{a}\sqrt{x^2-a^2}.$$

由于

$$k_1=\lim_{x\to+\infty}\frac{f_1(x)}{x}=\lim_{x\to+\infty}\frac{\dfrac{b}{a}\sqrt{x^2-a^2}}{x}=\lim_{x\to+\infty}\frac{b}{a}\sqrt{1-\frac{a^2}{x^2}}=\frac{b}{a},$$

$$k_2=\lim_{x\to+\infty}\frac{f_2(x)}{x}=\lim_{x\to+\infty}\frac{-\dfrac{b}{a}\sqrt{x^2-a^2}}{x}=-\lim_{x\to+\infty}\frac{b}{a}\sqrt{1-\frac{a^2}{x^2}}=-\frac{b}{a},$$

$$b_1=\lim_{x\to+\infty}\big(f_1(x)-k_1x\big)=\lim_{x\to+\infty}\frac{b}{a}(\sqrt{x^2-a^2}-x)=\frac{b}{a}\lim_{x\to+\infty}\frac{-a^2}{\sqrt{x^2-a^2}+x}=0,$$

$$b_2=\lim_{x\to+\infty}\big(f_2(x)-k_2x\big)=\lim_{x\to+\infty}-\frac{b}{a}(\sqrt{x^2-a^2}-x)=0,$$

故当 $x\to+\infty$ 时 $y=f_1(x)$ 与 $y=f_2(x)$ 分别以 $y=\dfrac{b}{a}x$ 与 $y=-\dfrac{b}{a}x$ 为渐近线.

同理, 对于 $x\leqslant -a$ 时双曲线的两分支为

$$y=f_3(x)=\frac{b}{a}\sqrt{x^2-a^2},$$

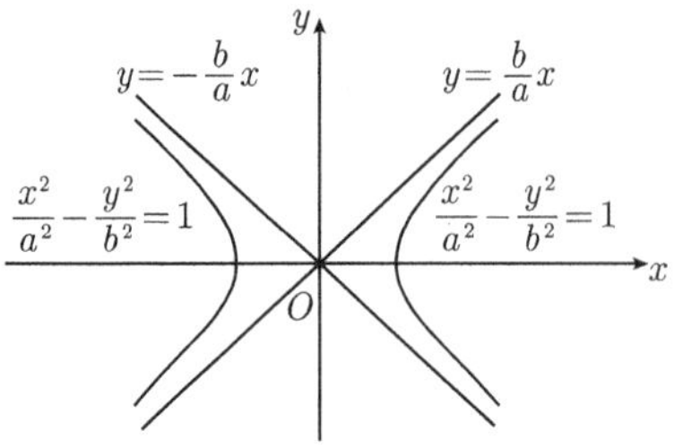

图 3.5.3

$$y=f_4(x)=-\frac{b}{a}\sqrt{x^2-a^2}.$$

当 $x\to-\infty$ 时 $y=f_3(x)$ 以 $y=-\frac{b}{a}x$ 为渐近线, $y=f_4(x)$ 以 $y=\frac{b}{a}x$ 为渐近线.

综上所述, 双曲线 $\frac{x^2}{a^2}-\frac{y^2}{b^2}=1$ 的渐近线为 $y=\pm\frac{b}{a}x$ (图 3.5.3). ■

四、巩固提高

3.5.1　$10^{-10\ 000}$, $\mathrm{e}^{-10^{10}}$, x, $\sin x$ 是否为无穷小量, $10^{10\ 000}$, $\mathrm{e}^{10^{10}}$, $x^n(n\in\mathbb{N}_+)$, $a^x(a>1)$ 是否为无穷大量? 为什么?

3.5.2　试确定常数 μ 的值, 使下列函数与 $\frac{1}{x^\mu}$ 当 $x\to\infty$ 时为同阶无穷小量:

(i) $\frac{x+1}{x^4+1}$;　　(ii) $\sqrt{x+1}-\sqrt{x}$;　　(iii) $\frac{1}{x}\sin\frac{1}{x}$.

3.5.3　判断下列极限是否存在, 若存在则其值是多少; 若不存在则说明理由.

(i) $\lim\limits_{x\to0}\frac{\sin x}{x}$;　　(ii) $\lim\limits_{x\to+\infty}\frac{\sin x}{x}$;

(iii) $\lim\limits_{x\to0}x\sin\frac{1}{x}$;　　(iv) $\lim\limits_{x\to+\infty}x\sin\frac{1}{x}$;

(v) $\lim\limits_{x\to0}x\sin x$;　　(vi) $\lim\limits_{x\to\infty}x\sin x$;

(vii) $\lim\limits_{x\to0}\frac{1}{x}\sin\frac{1}{x}$;　　(viii) $\lim\limits_{x\to+\infty}\frac{1}{x}\sin\frac{1}{x}$.

3.5.4　确定下列无穷小量的阶:

(i) $\ln x-\ln a\ (x\to a)$;　　(ii) $\sqrt{1+\tan x}-\sqrt{1-\tan x}\ (x\to0)$;

(iii) $a^x-1\ (x\to a)$, 其中 $a>0$;　　(iv) $a^{x^2}-b^{x^2}\ (x\to0)$, 其中 $a>0,b>0$.

3.5.5　试确定 a 的值, 使得当 $x\to0$ 时 $1-\cos x$ 与 $a\sin^2\frac{x}{2}$ 为等价无穷小量.

3.5.6　计算下列极限:

(i) $\lim\limits_{x\to0}\frac{\ln(\sin^2x+\mathrm{e}^x)-x}{\ln(x^2+\mathrm{e}^{2x})-2x}$;　　(ii) $\lim\limits_{x\to+\infty}(x+1)\left[\ln(x^2+x)-2\ln(x+1)\right]$;

(iii) $\lim\limits_{x\to0}\frac{\sqrt{1+x}-\sqrt[6]{1+x}}{\sqrt[3]{1+x}-1}$;　　(iv) $\lim\limits_{x\to0}\frac{\sqrt{\cos x}-\sqrt[3]{\cos x}}{\sin^2x}$;

(v) $\lim\limits_{x\to0}\frac{(2\sin x+3)^x-3^x}{\tan^2x}$;　　(vi) $\lim\limits_{x\to0}\left(\frac{\arcsin x}{x}\right)^{\frac{1}{x^2}}$.

3.5.7　(i) 设函数 $f(x)=a_1\sin x+a_2\sin 2x+\cdots+a_n\sin nx$, 且对所有 x 成立 $|f(x)|\leqslant|\sin x|$. 证明: $|a_1+2a_2+\cdots+na_n|\leqslant1$.

(ii) 设函数 $f(x)=a_1\ln(1+x)+a_2\ln(1+2x)+\cdots+a_n\ln(1+nx)$, 且对于所有 $x>0$ 成立 $|f(x)|\leqslant|x|$. 试陈述与 (i) 相对应的不等式并加以证明.

*3.5.8 求曲线 $y=\mathrm{e}^{\frac{1}{x^2}}\arctan\dfrac{x^2+x+1}{(x-1)(x+2)}$ 的渐近线.

*3.5.9 设 T 为正常数. 若函数 f,g 在 $[a,+\infty)$ 上满足条件:

(i) $g(x+T)>g(x)$, $x\in[a,+\infty)$;

(ii) $\lim\limits_{x\to+\infty}g(x)=+\infty$, f,g 在 $[a,+\infty)$ 的每个有界的子区间上有界;

(iii) $\lim\limits_{x\to+\infty}\dfrac{f(x+T)-f(x)}{g(x+T)-g(x)}=\ell$,

则 $\lim\limits_{x\to+\infty}\dfrac{f(x)}{g(x)}=\ell$.

3.5.10 解答下列各题:

(i) 若 $\lim\limits_{x\to2}\dfrac{x^2+x+k}{x-2}=5$, 求 k 的值;

(ii) 若 $\lim\limits_{x\to1}\dfrac{3x^2+ax+a+3}{x^2+x-2}$ 存在, 求 a 及此极限的值;

*(iii) 若 $\lim\limits_{x\to\infty}\left(\dfrac{ax^2+3}{x^2-1}+2bx+1\right)$ 存在, 求 a,b 的值;

*(iv) 求常数 a,b 的值, 使 $\lim\limits_{x\to\infty}\left(\dfrac{x^2+1}{x-1}-ax-b\right)=2$;

*(v) 设 $f(x)=\dfrac{ax^3+bx^2+cx+d}{x^2+x-2}$, 求 a,b,c,d 使 $\lim\limits_{x\to\infty}f(x)=1$, $\lim\limits_{x\to1}f(x)=0$.

第 4 章　函数的连续性

连续类函数是数学分析中重要的函数类. 本章主要介绍连续函数的基本性质.

4.1　连续性概念

一、内容精读

1. 函数在一点的连续性

设函数 f 在 x_0 的某个邻域 $U(x_0)$ 或 $U_+(x_0)$, 或 $U_-(x_0)$ 内有定义,

$$\begin{aligned}
f \text{ 在点 } x_0 \text{ 连续} &\Leftrightarrow \lim_{x\to x_0} f(x)=f(x_0)\\
&\Leftrightarrow \lim_{\Delta x\to 0}\Delta y=0\\
&\Leftrightarrow \lim_{x\to x_0} f(x)=f(\lim_{x\to x_0} x)\\
&\Leftrightarrow \forall\, \varepsilon>0,\ \exists\, \delta>0,\ \text{当 } x\in U(x_0;\delta) \text{ 时},\ |f(x)-f(x_0)|<\varepsilon\\
&\Leftrightarrow \omega_f(x_0)=0,\ \text{其中 } \omega_f(x_0)=\lim_{\delta\to 0^+}\omega_f(x_0,\delta) \text{ 为函数 } f \text{ 在点}\\
&\qquad x_0 \text{ 的振幅, 而 } \omega_f(x_0,\delta)=\sup_{U(x_0;\delta)}\{f(x)\}-\inf_{U(x_0;\delta)}\{f(x)\}.
\end{aligned}$$

$$\begin{aligned}
f \text{ 在点 } x_0 \text{ 右连续} &\Leftrightarrow \lim_{x\to x_0^+} f(x)=f(x_0) \text{ 或 } f(x_0+0)=f(x_0)\\
&\Leftrightarrow \lim_{\Delta x\to 0^+}\Delta y=0\\
&\Leftrightarrow \lim_{x\to x_0^+} f(x)=f(\lim_{x\to x_0^+} x)\\
&\Leftrightarrow \forall\, \varepsilon>0,\ \exists\, \delta>0,\ \text{当 } x\in U_+(x_0;\delta) \text{ 时},\ |f(x)-f(x_0)|<\varepsilon.
\end{aligned}$$

$$\begin{aligned}
f \text{ 在点 } x_0 \text{ 左连续} &\Leftrightarrow \lim_{x\to x_0^-} f(x)=f(x_0) \text{ 或 } f(x_0-0)=f(x_0)\\
&\Leftrightarrow \lim_{\Delta x\to 0^-}\Delta y-0\\
&\Leftrightarrow \lim_{x\to x_0^-} f(x)=f(\lim_{x\to x_0^-} x)\\
&\Leftrightarrow \forall\, \varepsilon>0,\ \exists\, \delta>0,\ \text{当 } x\in U_-(x_0;\delta) \text{ 时},\ |f(x)-f(x_0)|<\varepsilon.
\end{aligned}$$

函数 f 在点 x_0 连续 $\Leftrightarrow$ 函数 f 在点 x_0 既左连续又右连续.

2. 函数的间断点及其分类

定义 4.1.1 设函数 f 在某个 $U^{\circ}(x_0)$ 内有定义, 若 f 在点 x_0 处无定义, 或在点 x_0 虽有定义但不连续, 则称点 x_0 为函数 f 的间断点.

第一类间断点 $\begin{cases} \textbf{可去间断点}: f(x_0-0)=f(x_0+0)=A, f \text{ 在点 } x_0 \text{ 无定义,} \\ \qquad\qquad\qquad \text{或虽有定义但 } f(x_0)\neq A. \\ \textbf{跳跃间断点}: f(x_0-0)\neq f(x_0+0). \end{cases}$

第二类间断点: $f(x_0-0)$, $f(x_0+0)$ 中至少有一个不存在.

3. 连续延拓原理

设 x_0 为函数 f 的可去间断点, 令

$$\widetilde{f}(x)=\begin{cases} f(x), & x\neq x_0, \\ A, & x=x_0, \end{cases}$$

其中 $A=\lim\limits_{x\to x_0}f(x)$, 则函数 $\widetilde{f}$ 在点 x_0 连续. 函数 $\widetilde{f}$ 称为 f 的**连续延拓**.

类似地, 可以给出函数在一点处的**左、右连续延拓**.

例如, 设 $f(x)=\dfrac{\sin x}{x}$, 则

$$\widetilde{f}(x)=\begin{cases} \dfrac{\sin x}{x}, & x\neq 0, \\ 1, & x=0 \end{cases}$$

在 $\mathbb{R}$ 上连续.

4. 区间 I 上的连续函数

若函数 f 在区间 I 上每一点都连续 (即在 I 上处处连续), 则称函数f 在区间 I 上连续. 若区间包含端点, 则在端点处的连续性是按左连续或右连续来定义的.

约定: 用 $C(I)$ 表示区间 I 上连续函数的全体.

二、疑难解答

问题 4.1.1 若 f 在点 x_0 连续, 则 $|f|$ 与 f^2 在点 x_0 是否连续? 若 $|f|$ 与 f^2 在点 x_0 连续, 则 f 在点 x_0 是否连续?

答 若 f 在点 x_0 连续, 则 $|f|$ 与 f^2 在点 x_0 必连续. 这是因为, 由 $\lim\limits_{x\to x_0}f(x)=f(x_0)$ 可得

$$\lim_{x\to x_0}|f(x)|=|f(x_0)|,$$

$$\lim_{x\to x_0}f^2(x)=\lim_{x\to x_0}f(x)\lim_{x\to x_0}f(x)=f^2(x_0).$$

若 $|f|$ 与 f^2 在点 x_0 连续, 则 f 未必在点 x_0 连续. 如函数

$$f(x)=\begin{cases}-1, & x<0,\\ 1, & x\geqslant 0.\end{cases}$$

显然, $|f|$ 与 f^2 在点 $x=0$ 连续, 但 f 在 $x=0$ 处间断. ■

问题 4.1.2　若函数 f,g 在点 x_0 都不连续, 则 $f+g$, fg 在点 x_0 一定不连续吗?

答　不一定.

(i) 如函数 $f(x)=\begin{cases}1, & x\neq 0,\\ 0, & x=0\end{cases}$ 与 $g(x)=\begin{cases}0, & x\neq 0,\\ 1, & x=0\end{cases}$ 在点 $x=0$ 处都不连续, 但 $f(x)+g(x)\equiv 1$, $f(x)g(x)\equiv 0$ 都在点 $x=0$ 处连续;

(ii) 如函数 $f(x)=\dfrac{1}{x}$ 与 $g(x)=\dfrac{1}{x^2}$ 在点 $x=0$ 处都不连续, 且 $f+g$, fg 在点 $x=0$ 不连续. ■

问题 4.1.3　设 f 在 x_0 某个邻域 $U(x_0)$ 内有定义, 试给出函数 f 在点 x_0 不连续的正面叙述.

答　若 f 在点 x_0 处不连续, 则 $\lim\limits_{x\to x_0} f(x)$ 不存在, 或者 $\lim\limits_{x\to x_0} f(x)$ 存在但不等于 $f(x_0)$. 其正面叙述分别为:

$$\begin{aligned}\lim_{x\to x_0} f(x)\ \text{不存在} \Leftrightarrow\ &\exists\, \varepsilon_0>0, \forall\, \delta>0, \exists\, x_1,x_2\in U^\circ(x_0;\delta),\\ &\text{使得}\ |f(x_1)-f(x_2)|\geqslant \varepsilon_0.\end{aligned}$$

$$\begin{aligned}\lim_{x\to x_0} f(x)\neq f(x_0) \Leftrightarrow\ &\exists\, \varepsilon_0>0, \forall\, \delta>0, \exists\, x_1\in U^\circ(x_0;\delta),\\ &\text{使得}\ |f(x_1)-f(x_0)|\geqslant \varepsilon_0.\end{aligned}$$

例如, 定义在 $\mathbb{R}$ 上的 Dirichlet 函数

$$D(x)=\begin{cases}1, & x\ \text{为有理数},\\ 0, & x\ \text{为无理数}.\end{cases}$$

对任意 $x_0\in\mathbb{R}$, $\lim\limits_{x\to x_0} D(x)$ 不存在, 于是 $D(x)$ 在任意 $x_0\in\mathbb{R}$ 处不连续. 又如定义在 $[0,1]$ 上的 Riemann 函数

$$R(x)=\begin{cases}\dfrac{1}{q}, & \text{当}\ x=\dfrac{p}{q}\ (\text{其中}\ p,q\in\mathbb{N}_+\ \text{且}\ p,q\ \text{互质}),\\ 0, & \text{当}\ x=0,1\ \text{和}\ (0,1)\ \text{中的无理数}.\end{cases}$$

由文献 [1] 中的第 3 章第 1 节习题 8 知, 对任意 $x\in[0,1]$ 有 $\lim\limits_{x\to x_0} R(x)=0$. 于是可知, $R(x)$ 在 0, 1 和 $(0,1)$ 内的无理点处连续, 而在 $(0,1)$ 内的有理点处不连续. ■

问题 4.1.4 设函数 f 在某个邻域 $U(x_0)$ 内有定义, 若对一数列 $a_n = \dfrac{1}{2^n}, n \in \mathbb{N}_+$, 存在 $\delta_n > 0$, 当 $|x - x_0| < \delta_n$ 时, $|f(x) - f(x_0)| < a_n$. 试问能否断定 f 在点 x_0 连续?

答 在问题给定的条件下, 可以断定 f 在点 x_0 处必连续. 这是因为

$$\lim_{n\to\infty} a_n = 0 \Rightarrow \forall\, \varepsilon > 0,\ \exists\, N \in \mathbb{N}_+,\ \text{当 } n \geqslant N \text{ 时, 有 } \frac{1}{2^n} < \varepsilon.$$

对 $\dfrac{1}{2^N} > 0$, $\exists\, \delta_N > 0$, 当 $|x - x_0| < \delta_N$, $|f(x) - f(x_0)| < a_N = \dfrac{1}{2^N} < \varepsilon$. 于是

$$\forall\, \varepsilon > 0,\ \exists\, \delta > 0 (\text{比如 } \delta = \delta_N),\ \text{当 } |x - x_0| < \delta,\ |f(x) - f(x_0)| < \varepsilon.$$

这就证明了 f 在点 x_0 处连续. ■

注 4.1.1 问题 4.1.4 中的 $\{a_n\}$ 为正无穷小数列时, 其结论仍然成立.

三、典型例题

例 4.1.1 用 ε–δ 语言方法来验证下列函数的连续性.

(i) $f(x) = x^2,\ x \in \mathbb{R}$; (ii) $f(x) = \sqrt{x},\ x \geqslant 0$.

解 (i) 对任意 $x_0 \in \mathbb{R}$, 若 $x_0 = 0$, 则对任意 $\varepsilon > 0$, 取 $\delta = \sqrt{\varepsilon}$, 当 $|x - x_0| = |x| < \delta$ 时, 就有 $|f(x) - f(x_0)| = |x^2 - 0| = x^2 < \varepsilon$.

若 $x_0 \neq 0$, 先限定 x 满足 $|x - x_0| < \dfrac{1}{2}|x_0|$. 由于

$$|f(x) - f(x_0)| = |x^2 - x_0^2| = |x - x_0| \cdot |x + x_0| \leqslant \frac{3}{2}|x_0| \cdot |x - x_0|,$$

则对任意 $\varepsilon > 0$, 取 $\delta = \left\{\dfrac{1}{2}|x_0|, \dfrac{2\varepsilon}{3|x_0|}\right\}$, 当 $|x - x_0| < \delta$ 时,

$$|f(x) - f(x_0)| = |x^2 - x_0^2| < \varepsilon.$$

(ii) 对任意 $x_0 \geqslant 0$, 若 $x_0 = 0$, 则对任意 $\varepsilon > 0$, 取 $\delta = \varepsilon^2$, 当 $|x - x_0| = x < \delta$ 时, 就有 $|f(x) - f(x_0)| = |\sqrt{x} - 0| = \sqrt{x} < \varepsilon$.

若 $x_0 > 0$, 由于

$$|f(x) - f(x_0)| = |\sqrt{x} - \sqrt{x_0}| = \frac{|x - x_0|}{\sqrt{x} + \sqrt{x_0}} \leqslant \frac{|x - x_0|}{\sqrt{x_0}},$$

则对任意 $\varepsilon > 0$, 取 $\delta = \sqrt{x_0}\,\varepsilon$, 当 $|x - x_0| < \delta$ 时,

$$|f(x) - f(x_0)| = |\sqrt{x} - \sqrt{x_0}| < \varepsilon.$$

■

例 4.1.2 证明函数 $f(x)=\begin{cases} x^3, & x\text{为有理数}, \\ 0, & x\text{为无理数} \end{cases}$ 在 $x=0$ 处连续, 但在 $x\neq 0$ 处不连续.

证明 当 $x_0=0$ 时, 因为 $0\leqslant |f(x)|\leqslant |x|^3$, 所以 $\lim\limits_{x\to 0}f(x)=0=f(0)$, 即函数 f 在 $x_0=0$ 处连续.

若 $x_0\neq 0$ 时, 则当 $x_0>0$ 时, 取 $\varepsilon_0=\dfrac{1}{2}x_0^3>0$, 对任意 $\delta>0$, 在 $U_+^\circ(x_0;\delta)$ 中取 x_1 为有理数, 取 x_2 为无理数, 于是

$$|f(x_1)-f(x_2)|=x_1^3>x_0^3>\frac{1}{2}x_0^3=\varepsilon_0.$$

由函数极限的 Cauchy 准则知函数 $f(x)$ 在点 x_0 极限不存在, 从而在点 x_0 不连续.

当 $x_0<0$ 时可类似证明. ■

例 4.1.3 若函数 f 在原点连续, 且 $f(x)=f(2x)$, $x\in\mathbb{R}$, 证明 f 为常值函数.

证明 由条件可知, 对任意 $x\in\mathbb{R}$, 有

$$f(x)=f\left(2\cdot\frac{x}{2}\right)=f\left(\frac{x}{2}\right)=f\left(\frac{x}{2^2}\right)=\cdots=f\left(\frac{x}{2^n}\right)=\cdots,\quad n\in\mathbb{N}_+.$$

又函数 f 在 $x=0$ 处连续, 即 $f(0)=\lim\limits_{\alpha\to 0}f(\alpha)$, 所以

$$f(x)=\lim_{n\to\infty}f\left(\frac{x}{2^n}\right)=\lim_{\alpha\to 0}f(\alpha)=f(0),\quad x\in\mathbb{R}.$$ ■

***例 4.1.4** 设 $f,g\in C(\mathbb{R})$, 且 $f(x)=g(x)$, $x\in\mathbb{Q}$, 证明 $f\equiv g$, $x\in\mathbb{R}$.

证明 只要证明对 $\mathbb{R}$ 中所有无理数 x, 成立 $f(x)=g(x)$ 即可.

对 $\mathbb{R}$ 中任一无理数 x, 取有理数列 $\{r_n\}$, 使 $\lim\limits_{n\to\infty}r_n=x$ (事实上, 取无理数 x 的不足近似值 $r_n=\dfrac{[10^n x]}{10^n}$, 则有 $r_n=\dfrac{[10^n x]}{10^n}=\dfrac{10^n x-\theta_{x,n}}{10^n}$, 其中 $0\leqslant\theta_{x,n}<1$, 所以 $\lim\limits_{n\to\infty}r_n=x$).

由条件知 $f(r_n)=g(r_n)$, $n=1,2,\cdots$, 且 f,g 为连续函数, 所以

$$f(x)=f(\lim_{n\to\infty}r_n)=\lim_{n\to\infty}f(r_n)=\lim_{n\to\infty}g(r_n)=g(\lim_{n\to\infty}r_n)=g(x).$$ ■

例 4.1.5 若函数 f 在 $x=0$ 处连续, 且对一切 $x,y\in\mathbb{R}$, 有 $f(x+y)=f(x)+f(y)$. 证明 f 在 $\mathbb{R}$ 上连续, 且 $f(x)=f(1)x$.

证明 由 $f(x+y)=f(x)+f(y)$, $x\in\mathbb{R}$, 可得 $f(0)=0$. 再由函数 f 在 $x=0$ 处连续性, 有 $\lim\limits_{x\to 0}f(x)=f(0)=0$.

任取 $x_0\in\mathbb{R}$, 记 $x=x_0+\Delta x$, 有 $x\to x_0$ 时, $\Delta x\to 0$. 从而

$$\begin{aligned}\lim_{x\to x_0}f(x)&=\lim_{\Delta x\to 0}f(x_0+\Delta x)=\lim_{\Delta x\to 0}\left[f(x_0)+f(\Delta x)\right]\\&=f(x_0)+\lim_{\Delta x\to 0}f(\Delta x)=f(x_0),\end{aligned}$$

即 f 在 x_0 处连续. 由 x 的任意性知 f 在 $\mathbb{R}$ 上连续.

由于 $f(x)+f(-x)=f\big(x+(-x)\big)=f(0)=0$, 知 $f(-x)=-f(x)$. 因此只需讨论 $x>0$ 的情况. 对正有理数 $x=\dfrac{m}{n}$, 其中 $m,n\in\mathbb{N}_+$, 由数学归纳法可证对自然数 $m\in\mathbb{N}_+$, 有

$$f(mx)=mf(x).$$

由于

$$f(x)=f\left(n\cdot\frac{x}{n}\right)=nf\left(\frac{x}{n}\right),$$

所以

$$f\left(\frac{x}{n}\right)=\frac{1}{n}f(x).$$

从而

$$f\left(\frac{m}{n}x\right)=mf\left(\frac{x}{n}\right)=\frac{m}{n}f(x).$$

令 $x=1$, 就有

$$f\left(\frac{m}{n}\right)=\frac{m}{n}f(1).$$

这就证明了 $f(x)=f(1)x,\ x\in\mathbb{Q}$.

最后, 由例 4.1.4 知 $f(x)=f(1)x,\ x\in\mathbb{R}$. ■

例 4.1.6 试讨论函数 $f(x)=\dfrac{1}{\ln|x|}$ 的间断点.

解 给定函数可能的间断点为: $x=0,\ x=\pm1$. 因为

$$\lim_{x\to-1}\frac{1}{\ln|x|}=\infty,\quad \lim_{x\to1}\frac{1}{\ln|x|}=\infty,$$

所以, $x=\pm1$ 为函数 f 的第二类间断点.

又由于函数 f 在 $U^\circ(0)$ 内有定义, 而

$$\lim_{x\to0}\frac{1}{\ln|x|}=0,$$

所以, $x=0$ 为函数 f 的可去间断点. ■

例 4.1.7 举出定义在 $[0,1]$ 上分别符合下述要求的函数:

(i) 只在 $\dfrac{1}{2},\ \dfrac{1}{3}$ 和 $\dfrac{1}{4}$ 三点不连续的函数;

(ii) 只在 $\dfrac{1}{2},\dfrac{1}{3}$ 和 $\dfrac{1}{4}$ 三点连续的函数;

(iii) 只在 $\dfrac{1}{n}\ (n\in\mathbb{N}_+)$ 上间断的函数;

(iv) 只在 $x=0$ 右连续, 而在其他点都不连续的函数.

解 (i) 函数 $f(x)=\begin{cases}\dfrac{1}{\left(x-\dfrac{1}{2}\right)\left(x-\dfrac{1}{3}\right)\left(x-\dfrac{1}{4}\right)}, & x\neq\dfrac{1}{2},\dfrac{1}{3},\dfrac{1}{4},\ x\in[0,1],\\ 0, & x=\dfrac{1}{2},\dfrac{1}{3},\dfrac{1}{4};\end{cases}$

(ii) 函数 $f(x)=\left(x-\dfrac{1}{2}\right)\left(x-\dfrac{1}{3}\right)\left(x-\dfrac{1}{4}\right)D(x),\ x\in[0,1]$;

(iii) 函数 $f(x)=\begin{cases}x\left[\dfrac{1}{x}\right], & x\in(0,1),\\ 1, & x=0,\\ 0, & x=1;\end{cases}$

(iv) 函数 $f(x)=xD(x),\ x\in[0,1]$.

其中 (ii) 和 (iv) 中的函数 $D(x)$ 为定义在 $[0,1]$ 上的 Dirichlet 函数. ■

例 4.1.8 试讨论函数 $f(x)=\lim\limits_{n\to\infty}\dfrac{x^{n+2}}{\sqrt{2^{2n}+x^{2n}}}$ 的连续性, 其中 $x\geqslant 0$.

解 因为 $\dfrac{x^{n+2}}{\sqrt{2^{2n}+x^{2n}}}=x^2\cdot\dfrac{\left(\dfrac{x}{2}\right)^n}{\sqrt{1+\left(\dfrac{x}{2}\right)^{2n}}}$, 所以

当 $0\leqslant x<2$ 时, $f(x)=\lim\limits_{n\to\infty}\dfrac{x^{n+2}}{\sqrt{2^{2n}+x^{2n}}}=\lim\limits_{n\to\infty}x^2\cdot\dfrac{\left(\dfrac{x}{2}\right)^n}{\sqrt{1+\left(\dfrac{x}{2}\right)^{2n}}}=0$;

当 $x=2$ 时, $f(2)=\lim\limits_{n\to\infty}\dfrac{2^{n+2}}{\sqrt{2^{2n}+2^{2n}}}=2\sqrt{2}$;

当 $x>2$ 时, $f(x)=\lim\limits_{n\to\infty}\dfrac{x^{n+2}}{\sqrt{2^{2n}+x^{2n}}}=\lim\limits_{n\to\infty}x^2\cdot\dfrac{1}{\sqrt{\left(\dfrac{2}{x}\right)^{2n}+1}}=x^2$.

于是

$$f(x)=\begin{cases}0, & 0\leqslant x<2,\\ 2\sqrt{2}, & x=2,\\ x^2, & x>2.\end{cases}$$

由 f 的表达式易知, 函数 f 在 $x\geqslant 0$ 时除 $x=2$ 外均连续, $x=2$ 为函数 f 的跳跃间断点且跃度为 4. ■

四、巩固提高

4.1.1 利用定义证明下列函数在其定义内连续:

(i) $f(x)=\dfrac{1}{x}$; (ii) $f(x)=\sin x$;

(iii) $f(x)=|x|$; (iv) $f(x)=\sqrt[3]{x}$.

4.1.2 讨论下列函数的间断点及其类型:

(i) $f(x)=[x]$; (ii) $f(x)=x-[x]$;

(iii) $f(x)=[x]+[-x]$; (iv) $f(x)=\mathrm{sgn}|x|$;

(v) $f(x)=\begin{cases}\dfrac{\mathrm{e}^{\sin x}-1}{x}, & x\in(\infty,0)\cup(0,+\infty),\\ 1, & x=0;\end{cases}$ (vi) $f(x)=\dfrac{\sin x}{|x|}$.

4.1.3 延拓下列函数, 使其在 $\mathbb{R}$ 上连续:

(i) $f(x)=\dfrac{x^2-4}{x-2}$; (ii) $f(x)=\dfrac{\cos x-1}{x^2}$.

***4.1.4** 确定常数 a 与 b 的值, 使 $f(x)=\lim\limits_{n\to\infty}\dfrac{x^{2n-1}+ax^2+bx}{x^{2n}+1}$ 为连续函数.

4.1.5 设当 $x\neq 0$ 时 $f(x)\equiv g(x)$, 而 $f(0)\neq g(0)$, 证明函数 f 和 g 中至多有一个在 $x=0$ 处连续.

4.1.6 证明函数 f 在点 x_0 连续的充要条件是 $\omega_f(x_0)=0$, 其中 $\omega_f(x_0)$ 为函数 f 在点 x_0 的振幅 (参见函数在一点连续的等价性定义).

4.1.7 若 $f,g\in C(I)$, 证明 $\max\{f,g\},\min\{f,g\}\in C(I)$.

4.1.8 证明 f 为连续函数的充要条件为对每个自然数 n, 函数

$$f_n(x)=\begin{cases}-n, & f(x)\leqslant -n,\\ f(x), & -n<f(x)\leqslant n,\\ n, & f(x)>n\end{cases}$$

连续.

(提示: 注意到 $f_n(x)=\max\Big\{-n,\min\{f(x),n\}\Big\}$ 后此题归结为上一题, 或直接用定义证明.)

4.1.9 设函数 $f\in C[a,b]$. 若存在数列 $\{x_n\}\subset[a,b]$, 使得 $\lim\limits_{n\to\infty}f(x_n)=A$, 证明存在 $\xi\in[a,b]$, 使得 $f(\xi)=A$.

(提示: 有界数列必存在收敛子列.)

4.1.10 设函数 f 在 $\mathbb{R}$ 上有定义, 在 $x=0,1$ 两点连续, 且 $f(x)=f(x^2)$, $x\in\mathbb{R}$. 证明 f 为常值函数.

类题: 设函数 f 在 $[0,+\infty)$ 上有定义, 在 $x=1$ 连续, 且 $f(x)=f(\sqrt{x})$. 证明 f 为常值函数.

4.1.11 设 $f\in C(\mathbb{R})$, 且对任意 $x,y\in\mathbb{R}$, $f(x+y)=f(x)f(y)$. 证明: $f(x)=0$ 或 $f(x)=a^x$, 其中 $a=f(1)>0$.

4.1.12 设函数 f 只有可去间断点, 定义 $g(x)=\lim\limits_{y\to x}f(y)$, 证明 g 为连续函数.

(提示：$g(x)-g(x_0)=g(x)-f(y)+f(y)-g(x_0)$.)

4.1.13 设 f 为 $\mathbb{R}$ 上的单调函数, 定义 $g(x)=f(x+0)$. 证明 g 在 $\mathbb{R}$ 上每一点都右连续.

4.1.14 设 $f\in C[0,+\infty)$, 满足 $0\leqslant f(x)\leqslant x$, $x\in[0,+\infty)$. 又设 $a_1\geqslant 0$, $a_{n+1}=f(a_n)$, $n=1,2,\cdots$. 证明：

(i) $\{a_n\}$ 为收敛数列;

(ii) 若 $\lim\limits_{n\to\infty}a_n=\alpha$, 则 $f(\alpha)=\alpha$;

(iii) 若条件改为 $0\leqslant f(x)<x$, $x\in(0,+\infty)$, 则 $\alpha=0$.

4.2 连续函数的性质

一、内容精读

1. 连续函数的局部性质

定理 4.2.1(局部有界性) 若函数 f 在点 x_0 连续, 则 f 在某 $U(x_0)$ 内有界.

定理 4.2.2(局部保号性) 若函数 f 在点 x_0 连续, 且 $f(x_0)>0$ (或 $f(x_0)<0$), 则对任何正数 $r<f(x_0)$ (或 $r<-f(x_0)$), 存在 x_0 的某个邻域 $U(x_0)$, 对一切 $x\in U(x_0)$, 有

$$f(x)>r \quad (\text{或 } f(x)<-r).$$

定理 4.2.3(四则运算法则) 若函数 f 和 g 在点 x_0 连续, 则 $f\pm g$, $f\cdot g$, f/g(其中 $g(x_0)\neq 0$) 也在点 x_0 连续.

定理 4.2.4(复合函数连续性) 若函数 f 在点 x_0 连续, g 在点 u_0 连续, $u_0=f(x_0)$, 则复合函数 $g\circ f$ 在点 x_0 连续, 即

$$\lim_{x\to x_0}g\left(f(x)\right)=g\left(\lim_{x\to x_0}f(x)\right)=g\left(f(x_0)\right).$$

推广形式 当 x_0 为内函数 f 的可去间断点时, $\lim\limits_{x\to x_0}f(x)=a$, 且外函数 g 在 $u=a$ 处连续, 则

$$\lim_{x\to x_0}g\left(f(x)\right)=g\left(\lim_{x\to x_0}f(x)\right)=g(a).$$

注 4.2.1 上式对 $x\to-\infty$, $x\to+\infty$, $x\to x_0^-$ 及 $x\to x_0^+$ 同样成立.

2. 闭区间上连续函数的基本性质

定理 4.2.5(值域定理) 有界闭区间上的连续函数的值域也必是有界闭区间. 换言之, 若 $f\in C[a,b]$, 则 $f\left([a,b]\right)=[m,M]$.

此定理表明如下三个方面的事实：

推论 4.2.1(最值定理) 若 $f\in C[a,b]$, 则函数 f 在 $[a,b]$ 上必有最大值与最小值.

推论 4.2.2(有界性定理) 若 $f\in C[a,b]$, 则函数 f 在 $[a,b]$ 上有界.

推论 4.2.3(介值性定理) 若 $f\in C[a,b]$, 对任意 $\mu\in[m,M]$, 则必存在 $x_0\in[a,b]$, 使得

$$f(x_0)=\mu,$$

其中 m,M 为函数 f 在 $[a,b]$ 上的最大值与最小值(其几何意义如图 4.2.1 所示).

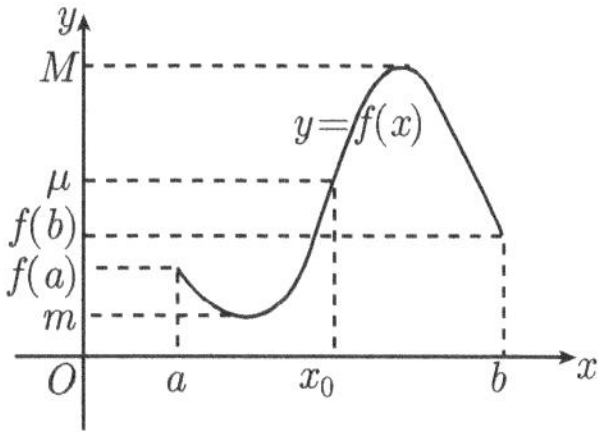

图 4.2.1

推论 4.2.4(根的存在定理/零点定理) 若 $f\in C[a,b]$, 且 $f(a)f(b)<0$. 则至少存在一点 $x_0\in(a,b)$, 使得

$$f(x_0)=0,$$

即方程 $f(x)=0$ 在 (a,b) 内至少有一个根.

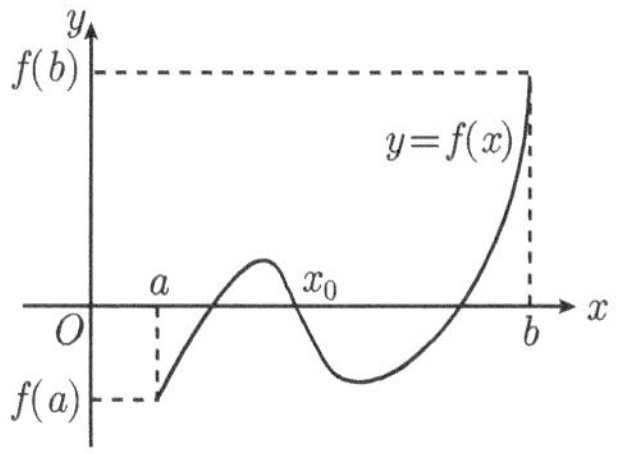

图 4.2.2

推论 4.2.4 的几何解释 闭区间上的连续函数, 若区间端点的函数值异号, 则该函数的图形穿越 x 轴且与 x 轴有交点, 如图 4.2.2 所示.

3. 反函数的连续性

若 $f\in C[a,b]$ 且严格单调, 则反函数 f^{-1} 在其值域 $[f(a),f(b)]$ 或 $[f(b),f(a)]$ 上连续.

4. 一致连续性

一致连续性定义 设 f 为定义在区间 I 上的函数. 若对任给 $\varepsilon>0$, 存在 $\delta=\delta(\varepsilon)>0$, 使得对任何 $x_1,x_2\in I$, 只要 $|x_1-x_2|<\delta$, 就有

$$|f(x_1)-f(x_2)|<\varepsilon,$$

则称函数 f 在区间 I 上一致连续.

非一致连续定义 设 f 为定义在区间 I 上的函数. 若存在 $\varepsilon_0>0$, 对任意 $\delta>0$, 总存在 $x_1,x_2\in I$, 尽管 $|x_1-x_2|<\delta$, 但

$$|f(x_1)-f(x_2)|\geqslant\varepsilon_0,$$

则称函数 f 在区间 I 上非一致连续.

定理 4.2.6(一致连续性定理/Cantor 定理) 若 $f\in C[a,b]$, 则 f 在 $[a,b]$ 上一致连续.

二、疑难解答

问题 4.2.1 请问判定函数为一致连续的常用方法有哪些?

答 判定函数为一致连续通常有以下一些方法:

(1) 函数一致连续性的定义 (ε–δ 语言).

(2) 应用一致连续性定理 (Cantor 定理).

(3) 若 f 在区间 I 上满足 Lipschitz 条件, 则 f 必在 I 上一致连续 (见例 4.2.4).

(4) 设区间 I_1 的右端点为 $c \in I_1$, 区间 I_2 的左端点为 $c \in I_2$ (I_1, I_2 可分别为有限或无限区间). 若 f 在 I_1, I_2 上均一致连续, 则 f 在 $I = I_1 \cup I_2$ 上一致连续 (见文献 [1] 中第 80 页例 10).

(5) 开区间 (a,b) 内连续函数 f 为一致连续 $\Leftrightarrow$ $f(a+0)$ 与 $f(b-0)$ 存在.

(必要性见问题 4.2.2, 而充分性可参考问题 4.2.3 的方法.)

(6) 若 $f \in C[a,+\infty)$, 且 $\lim\limits_{x\to+\infty} f(x)$ 存在 (有限), 则 f 在 $[a,+\infty)$ 上一致连续 (见例 4.2.7).

(7) 函数 f 在区间 I 上一致连续 $\Leftrightarrow$ 对任意的 $\{x_n\}, \{y_n\} \subset I$, 且 $\lim\limits_{n\to\infty} \big(x_n - y_n\big) = 0$, 都有 $\lim\limits_{n\to\infty} \big(f(x_n) - f(y_n)\big) = 0$ (见例 4.2.5).

(8) 若 f 为有限开区间 (a,b) 内单调、有界的连续函数, 则 f 在 (a,b) 内必一致连续 (见例 4.2.6).

(9) 函数 f 在有界区间 I 上一致连续 $\Leftrightarrow$ 若 $\{x_n\}$ 为 I 上的任何 Cauchy 列, 则 $\{f(x_n)\}$ 也为 Cauchy 列.

注 4.2.2 设 f 在区间 I 上有定义, 若存在正常数 L, 使得对任意 $x_1, x_2 \in I$, 有

$$|f(x_1) - f(x_2)| \leqslant L|x_1 - x_2|,$$

则称 f 在区间 I 上满足 Lipschitz 条件, L 称作Lipschitz 常数. ■

问题 4.2.2 若 f 在有限开区间 (a,b) 内一致连续, 能否推出 $f(a+0)$ 与 $f(b-0)$ 存在?

答 若 f 在 (a,b) 内一致连续, 则 $f(a+0)$ 与 $f(b-0)$ 必存在.

事实上, 由 f 在有限开区间 (a,b) 内一致连续性, 可得

对任给 $\varepsilon > 0$, 存在 $\delta > 0$, 对任意 $x_1, x_2 \in (a,b)$, 只要 $|x_1 - x_2| < \delta$ 时, 就有 $|f(x_1) - f(x_2)| < \varepsilon$.

特别地, 当 $x_1, x_2 \in U_+^\circ(a;\delta)$, 有 $|x_1 - x_2| < \delta$, 从而 $|f(x_1) - f(x_2)| < \varepsilon$. 由 Cauchy 收敛准则知 $f(a+0)$ 存在.

同理可得 $f(b-0)$ 存在. ■

问题 4.2.3 若 f 在 (a,b) 内一致连续, 能否确定 f 在 (a,b) 内有界?

答 若 f 在 (a,b) 内一致连续, 则 f 在 (a,b) 内必有界.

事实上, 由问题 4.2.2 知 $f(a+0)$ 与 $f(b-0)$ 存在. 现作辅助函数

$$F(x)=\begin{cases} f(a+0), & x=a,\\ f(x), & x\in(a,b),\\ f(b-0), & x=b,\end{cases}$$

则 $F(x)$ 在 $[a,b]$ 上连续. 于是, 由有界性定理知 $F(x)$ 在 $[a,b]$ 上有界, 从而 $F(x)$ 在 (a,b) 上有界. 而在 (a,b) 内 $F(x)=f(x)$, 所以 f 在 (a,b) 内有界. ■

问题 4.2.4 试问区间上的连续函数的值域必为区间吗?

答 区间上的连续函数的值域必为区间.

事实上, 设 $f\in C(I)$, 其中 I 为区间. 为了证明 $f(I)$ 为区间, 只需证明:

若有 x_1,x_2, 且 $f(x_1)\neq f(x_2)$, 则 f 能取到 $f(x_1)$ 与 $f(x_2)$ 之间的每一个值.

为此, 仅证明: $x_1<x_2$, $f(x_1)<c<f(x_2)$ 时, 存在 $\alpha\in(x_1,x_2)$, 使得 $f(\alpha)=c$ (其他情形同理可得).

作辅助函数 $F(x)=f(x)-c$, 则 F 在 (x_1,x_2) 上连续, 且

$$F(x_1)F(x_2)=\big(f(x_1)-c\big)\big(f(x_2)-c\big)<0.$$

所以, 由根的存在性定理知, 存在 $\alpha\in(x_1,x_2)$, 使得 $F(\alpha)=0$, 即 $f(\alpha)=c$. ■

问题 4.2.5 若 $f\in C[a,b]$, 由介值定理知函数 f 可以取到 $f(a)$ 与 $f(b)$ 之间的一切值. 反之, 函数 f 可以取到 $f(a)$ 与 $f(b)$ 之间的一切值, 问 f 是否为连续函数?

答 不一定. 例如, 如图 4.2.3 所示, 函数

$$f(x)=\begin{cases} x, & 0\leqslant x<1,\\ 3-x, & 1\leqslant x\leqslant 2,\\ x, & 2<x\leqslant 3.\end{cases}$$

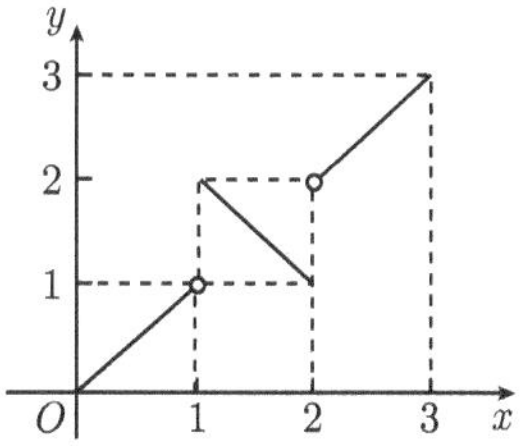

图 4.2.3

由于

$$f(1-0)=\lim_{x\to1^-}f(x)=\lim_{x\to1^-}x=1,$$

$$f(1+0)=\lim_{x\to1^+}f(x)=\lim_{x\to1^+}(3-x)=2,$$

所以 f 在 $x=1$ 处不连续. 同理可知, f 在 $x=2$ 处也不连续. 显然函数 f 可以取到 $f(0)=0$ 与 $f(3)=3$ 之间的一切值, 但 $f\notin C[0,3]$. ■

问题 4.2.6 下列断言正确吗, 为什么?

若 $\lim\limits_{u\to u_0}f(u)=A$, 且 $\lim\limits_{x\to x_0}\varphi(x)=u_0$, 则 $\lim\limits_{x\to x_0}f\big(\varphi(x)\big)=\lim\limits_{u\to u_0}f(u)=A$.

答 不正确.

(i) 若 $f(u)$ 在 u_0 点处连续, 则上述断言正确.

(ii) 若 $f(u)$ 在 u_0 点处不连续, 则上述断言未必正确. 例如函数

$$f(u)=\begin{cases}2, & u\neq 0,\\ 0, & u=0,\end{cases}\qquad \varphi(x)=\begin{cases}0, & x\neq 0,\\ 1, & x=0,\end{cases}$$

则 $f\big(\varphi(x)\big)=\begin{cases}0, & x\neq 0,\\ 2, & x=0.\end{cases}$ 虽然 $\lim\limits_{u\to 0}f(u)=2$, $\lim\limits_{x\to 0}\varphi(x)=0=u_0$, 但是 $\lim\limits_{x\to 0}f\big(\varphi(x)\big)=0$. 故 $\lim\limits_{x\to 0}f\big(\varphi(x)\big)\neq\lim\limits_{u\to 0}f(u)$. ■

三、典型例题

例 4.2.1　设 $f\in C(a,b)$, 且 $\lim\limits_{x\to a^+}f(x)=\lim\limits_{x\to b^-}f(x)=0$, 证明 f 在 (a,b) 内存在最大值或最小值.

证明　利用连续延拓原理, 先将函数 f 延拓为 $[a,b]$ 上的函数 $F(x)$, 设

$$F(x)=\begin{cases}f(x), & x\in(a,b),\\ 0, & x=a,b.\end{cases}$$

由于

$$\lim_{x\to a^+}F(x)=\lim_{x\to a^+}f(x)=0=F(a),\quad \lim_{x\to b^-}F(x)=\lim_{x\to b^-}f(x)=0=F(b),$$

所以, $F(x)$ 为 $[a,b]$ 上的连续函数.

由闭区间上连续函数的最大最小值定理知, 存在 $\xi_1,\xi_2\in[a,b]$, $F(x)$ 在 ξ_1,ξ_2 分别取得最大值和最小值. 若 $\xi_1=a$, $\xi_2=b$ (或 $\xi_1=b$, $\xi_2=a$), 则 f 在 (a,b) 内恒为零, 此时 f 在 (a,b) 内能取得最大值和最小值; 若 ξ_1, ξ_2 中有一个数在 (a,b) 内取得, 则 f 在 (a,b) 内取得最大值或最小值. ■

解题回顾　此题是利用条件 $\lim\limits_{x\to a^+}f(x)=\lim\limits_{x\to b^-}f(x)=0$, 先将 f 延拓为 $[a,b]$ 上的函数, 然后再应用闭区间上连续函数的性质得到所需结论. 问题 4.2.3 也是使用同样的方法. 这种技巧的使用希望读者能熟练掌握.

例 4.2.2　证明: 若 $f\in C[a,b]$, 且对 $x\in[a,b]$, $f(x)\neq 0$, 则 f 在 $[a,b]$ 上恒正或恒负 (或者: 若 $f\in C[a,b]$, 且 f 在 $[a,b]$ 上无零点, 则 f 在 $[a,b]$ 上不变号).

证明　(反证法) 若 f 在 $[a,b]$ 上不恒正或不恒负, 则必存在 $x_1,x_2\in[a,b]$ (不妨设 $x_1<x_2$), 使得 $f(x_1)f(x_2)<0$. 由于 $[x_1,x_2]\subset[a,b]$, 所以由根的存在性定理可知, 存在 $x_0\in(x_1,x_2)\subset[a,b]$, 使 $f(x_0)=0$. 这与题设发生矛盾. ■

例 4.2.3　设 f 在区间 $[0,2a]$ 上连续, 且 $f(0)=f(2a)$. 证明: 存在点 $x_0\in[0,a]$, 使得 $f(x_0)=f(x_0+a)$.

证明　作辅助函数 $F(x)=f(x)-f(x+a)$, 则知 $F(x)$ 在 $[0,a]$ 上连续. 由于

$$F(0)=f(0)-f(a),\quad F(a)=f(a)-f(2a)=f(a)-f(0),$$

即得

$$F(0)F(a) = -\big(f(0) - f(a)\big)^2 \leqslant 0.$$

若 $f(0) - f(a) = 0$, 则取 $x_0 = 0, a \in [0, a]$, 就有 $f(x_0) = f(x_0 + a)$;

若 $f(0) - f(a) \neq 0$, 则 $F(0)F(a) < 0$. 由根的存在性定理知, 存在点 $x_0 \in (0, a)$, 使得 $f(x_0) = f(x_0 + a)$.

综上所述, 存在点 $x_0 \in [0, a]$, 使得 $f(x_0) = f(x_0 + a)$. ■

例 4.2.4 若 f 在区间 I 上满足 Lipschitz 条件, 则 f 必在 I 上一致连续.

证明 由于 f 在区间 I 上满足 Lipschitz 条件, 故存在正常数 L, 使得对任意 $x_1, x_2 \in I$, 都有 $|f(x_1) - f(x_2)| \leqslant L|x_1 - x_2|$. 于是, 对任意 $\varepsilon > 0$, 取 $\delta = \varepsilon/L > 0$, 对任意 $x_1, x_2 \in I$, 只要 $|x_1 - x_2| < \delta$, 就有 $|f(x_1) - f(x_2)| < \varepsilon$, 即函数 f 在 I 上一致连续. ■

例 4.2.5 函数 f 在区间 I 上一致连续 $\Leftrightarrow$ 对任意的 $\{x_n\}, \{y_n\} \subset I$, 且 $\lim\limits_{n\to\infty}(x_n - y_n) = 0$, 都有 $\lim\limits_{n\to\infty}\big(f(x_n) - f(y_n)\big) = 0$.

证明 必要性. 函数 f 在区间 I 上一致连续 $\Rightarrow \forall\varepsilon > 0$, $\exists\, \delta > 0$, 对任意 $x_1, x_2 \in I$, 只要 $|x_1 - x_2| < \delta$, 就有 $|f(x_1) - f(x_2)| < \varepsilon$.

于是, 对任意的 $\{x_n\}, \{y_n\} \subset I$, 且 $\lim\limits_{n\to\infty}(x_n - y_n) = 0$, 对上述的 $\delta > 0$, 存在 $N \in \mathbb{N}_+$, 当 $n > N$ 时, 就有 $|x_n - y_n| < \delta$, 从而当 $n > N$ 时, 有 $|f(x_n) - f(y_n)| < \varepsilon$, 即 $\lim\limits_{n\to\infty}\big(f(x_n) - f(y_n)\big) = 0$.

充分性. 对任意的 $\{x_n\}, \{y_n\} \subset I$, 且 $\lim\limits_{n\to\infty}(x_n - y_n) = 0$, 都有 $\lim\limits_{n\to\infty}\big(f(x_n) - f(y_n)\big) = 0$. 以下证明函数 f 在区间 I 上一致连续.

用反证法证明. 若函数 f 在区间 I 上不一致连续, 则

$$\exists\, \varepsilon_0 > 0,\ \forall\, \delta > 0,\ \exists\, x',\ x'' \in I,\ \text{尽管}\ |x' - x''| < \delta,\ \text{但}\ |f(x') - f(x'')| \geqslant \varepsilon_0.$$

取 $\delta_1 = 1 > 0, \exists\, x_1, y_1 \in I$, 尽管 $|x_1 - y_1| < \delta_1 = 1$, 但 $|f(x_1) - f(y_1)| \geqslant \varepsilon_0$;

$\delta_2 = \dfrac{1}{2} > 0,\ \exists\, x_2, y_2 \in I$, 尽管 $|x_2 - y_2| < \delta_2 = \dfrac{1}{2}$, 但 $|f(x_2) - f(y_2)| \geqslant \varepsilon_0$;

$\delta_3 = \dfrac{1}{3} > 0,\ \exists\, x_3, y_3 \in I$, 尽管 $|x_3 - y_3| < \delta_3 = \dfrac{1}{3}$, 但 $|f(x_3) - f(y_3)| \geqslant \varepsilon_0$;

$\cdots\quad\cdots$

$\delta_n = \dfrac{1}{n} > 0,\ \exists\, x_n, y_n \in I$, 尽管 $|x_n - y_n| < \delta_n = \dfrac{1}{n}$, 但 $|f(x_n) - f(y_n)| \geqslant \varepsilon_0$;

$\cdots\quad\cdots$

于是得到 $\{x_n\}, \{y_n\} \subset I$, 且 $\lim\limits_{n\to\infty}(x_n - y_n) = 0$, 但 $\lim\limits_{n\to\infty}\big(f(x_n) - f(y_n)\big) \neq 0$, 这与条件发生矛盾. 所以, 函数 f 在区间 I 上一致连续.

注 4.2.3 此例是用来判定函数不一致收敛的一种十分有效的方法.

命题 4.2.1　若存在 $\{x_n\},\{y_n\}\subset I$, 且 $\lim\limits_{n\to\infty}(x_n-y_n)=0$, 但 $\lim\limits_{n\to\infty}(f(x_n)-f(y_n))\neq 0$, 则函数 f 在区间 I 上不一致连续.

为了更好地掌握此方法, 现举例如下:

例 1　证明 $f(x)=x\sin x$ 在 $[1,+\infty)$ 上不一致连续, 但在 $(0,1)$ 上一致连续.

证明　(i) 先证 $f(x)=x\sin x$ 在 $[1,+\infty)$ 上不一致连续.

取 $x_n=2n\pi+\dfrac{1}{n}$, $y_n=2n\pi$, $n\in\mathbb{N}_+$, 则 $\{x_n\},\{y_n\}\subset[1,+\infty)$, 且 $\lim\limits_{n\to\infty}(x_n-y_n)=\lim\limits_{n\to\infty}\dfrac{1}{n}=0$, 但

$$\begin{aligned}\lim_{n\to\infty}(f(x_n)-f(y_n))&=\lim_{n\to\infty}\left[\left(2n\pi+\frac{1}{n}\right)\sin\frac{1}{n}-0\right]\\&=\lim_{n\to\infty}\left(2\pi+\frac{1}{n^2}\right)\frac{\sin\frac{1}{n}}{\frac{1}{n}}=2\pi\neq 0.\end{aligned}$$

故函数 $f(x)=x\sin x$ 在 $[1,+\infty)$ 上不一致连续.

(ii) 再证 $f(x)=x\sin x$ 在 $(0,1)$ 上一致连续. 由于对任意 $x_1,x_2\in(0,1)$, 有

$$\begin{aligned}|x_1\sin x_1-x_2\sin x_2|&\leqslant|\sin x_1|\cdot|x_1-x_2|+|x_2|\cdot|\sin x_1-\sin x_2|\\&\leqslant|x_1-x_2|+|x_2|\cdot|x_1-x_2|\leqslant 2|x_1-x_2|,\end{aligned}$$

所以, 对任意 $\varepsilon>0$, 取 $\delta=\dfrac{1}{2}\varepsilon>0$, 对任意 $x_1,x_2\in(0,1)$, 只要 $|x_1-x_2|<\delta$, 总有

$$|x_1\sin x_1-x_2\sin x_2|<\varepsilon.$$

这就证明了 $f(x)=x\sin x$ 在 $(0,1)$ 上一致连续.

例 2　证明 $f(x)=\sin\dfrac{1}{x}$ 在 $(0,1)$ 内不一致连续, 但在 $[1,+\infty)$ 上一致连续.

证明　(i) 先证 $f(x)=\sin\dfrac{1}{x}$ 在 $(0,1)$ 内不一致连续.

取 $x_n=\dfrac{1}{2n\pi+\frac{\pi}{2}}$, $y_n=\dfrac{1}{2n\pi-\frac{\pi}{2}}$, $n\in\mathbb{N}_+$, 则 $\{x_n\},\{y_n\}\subset(0,1)$, 且

$$\lim_{n\to\infty}(x_n-y_n)=\lim_{n\to\infty}\left(\frac{1}{2n\pi+\frac{\pi}{2}}-\frac{1}{2n\pi-\frac{\pi}{2}}\right)=\lim_{n\to\infty}\frac{-4}{\pi(4n-1)(4n+1)}=0,$$

但

$$\lim_{n\to+\infty}(f(x_n)-f(y_n))=\lim_{n\to\infty}\left(\sin\left(2n\pi+\frac{\pi}{2}\right)-\sin\left(2n\pi-\frac{\pi}{2}\right)\right)=2\neq 0.$$

故函数 $f(x)=\sin\dfrac{1}{x}$ 在 $(0,1)$ 内不一致连续.

(ii) 再证明 $f(x)=\sin\dfrac{1}{x}$ 在 $[1,+\infty)$ 上一致连续.

证法 1 由于对任意 $x_1,x_2\in[1,+\infty)$, 有

$$\left|\sin\frac{1}{x_1}-\sin\frac{1}{x_2}\right|\leqslant\left|\frac{1}{x_1}-\frac{1}{x_2}\right|\leqslant|x_1-x_2|,$$

所以, 对任意 $\varepsilon>0$, 取 $\delta=\varepsilon>0$, 对任意 $x_1,x_2\in[1,+\infty)$, 只要 $|x_1-x_2|<\delta$, 总有

$$\left|\sin\frac{1}{x_1}-\sin\frac{1}{x_2}\right|<\varepsilon.$$

这就证明了 $f(x)=\sin\dfrac{1}{x}$ 在 $[1,+\infty)$ 上一致连续.

证法 2 由于 $\lim\limits_{x\to+\infty}\sin\dfrac{1}{x}=0$, 且 $f(x)=\sin\dfrac{1}{x}$ 在 $[1,+\infty)$ 上连续, 所以由问题 4.2.1 中 (6) 知, $f(x)=\sin\dfrac{1}{x}$ 在 $[1,+\infty)$ 上一致连续.

例 3 证明函数 $f(x)=\sin x^2$ 在 $[0,+\infty)$ 上不一致连续.

证明 取 $x_n=\sqrt{2n\pi+\dfrac{\pi}{2}}$, $y_n=\sqrt{2n\pi}$, $n\in\mathbb{N}_+$, 则 $\{x_n\},\{y_n\}\subset[0,+\infty)$, 且

$$\lim_{n\to\infty}(x_n-y_n)=\lim_{n\to\infty}\left(\sqrt{2n\pi+\frac{\pi}{2}}-\sqrt{2n\pi}\right)=\frac{\pi}{2}\lim_{n\to\infty}\frac{1}{\sqrt{2n\pi+\dfrac{\pi}{2}}+\sqrt{2n\pi}}=0,$$

但

$$\lim_{n\to+\infty}\left(f(x_n)-f(y_n)\right)=\lim_{n\to\infty}\left(\sin\left(2n\pi+\frac{\pi}{2}\right)-\sin(2n\pi)\right)=1\neq0.$$

故函数 $f(x)=\sin x^2$ 在 $[0,+\infty)$ 上不一致连续. ■

例 4.2.6 证明有限开区间 (a,b) 内单调、有界、连续的函数 f 必在 (a,b) 内一致连续.

证明 因 f 在区间 (a,b) 内单调、有界, 所以由函数极限的单调有界定理知, $\lim\limits_{x\to a^+}f(x)$ 与 $\lim\limits_{x\to b^-}f(x)$ 均存在. 将函数 f 作如下延拓:

$$F(x)=\begin{cases}\lim\limits_{x\to a^+}f(x), & x=a,\\ f(x), & x\in(a,b),\\ \lim\limits_{x\to b^-}f(x), & x=b.\end{cases}$$

由 Cantor 定理, 可知 $F(x)$ 在 $[a,b]$ 上一致连续, 于是 f 在 (a,b) 内一致连续. ■

例 4.2.7 若 $f \in C[a,+\infty)$, $\lim\limits_{x\to+\infty} f(x) = A$ (有限), 则函数 f 在 $[a,+\infty)$ 上一致连续.

证明 由 $\lim\limits_{x\to+\infty} f(x) = A$ (有限), 得对任意 $\varepsilon > 0$, $M > a$, 当 $x > M$ 时有 $|f(x) - A| < \dfrac{\varepsilon}{2}$. 由 Cantor 定理知, f 在 $[a, M+1]$ 上一致连续. 因此, 对上述 $\varepsilon > 0$, 存在 $\delta > 0$, 使得对任意 $x_1, x_2 \in [a, M+1]$, 只要 $|x_1 - x_2| < \delta$ 时, 就有 $|f(x_1) - f(x_2)| < \varepsilon$.

下证: 对任意 $x_1, x_2 \in [a,+\infty)$, 只要 $|x_1 - x_2| < \delta$ 时, 就有 $|f(x_1) - f(x_2)| < \varepsilon$.

为此不妨假定上述的 $\delta < 1$. 对任意 $x_1, x_2 \in [a,+\infty)$, 满足 $|x_1 - x_2| < \delta$ 时, x_1, x_2 仅有下列两种情况之一: (i) $x_1, x_2 \in [a, M+1]$; (ii) $x_1, x_2 > M$.

若 $x_1, x_2 \in [a, M+1]$, 由上述结论知只要 $|x_1 - x_2| < \delta$ 时, 有 $|f(x_1) - f(x_2)| < \varepsilon$.

若 $x_1, x_2 > M$, 则有

$$|f(x_1) - f(x_2)| \leqslant |f(x_1) - A| + |f(x_2) - A| < \frac{\varepsilon}{2} + \frac{\varepsilon}{2} = \varepsilon.$$

这就证明了函数 f 在 $[a,+\infty)$ 上一致连续. ■

例 4.2.8 $f \in C(\mathbb{R})$, 且 f 为周期函数, 证明函数 f 在 $(\mathbb{R})$ 上一致连续.

证明 设 f 的周期为 T. 因为 $f \in C[0, 2T]$, 则由一致收敛性定理知, f 在 $[0, 2T]$ 上一致连续, 即对任意 $\varepsilon > 0$, 存在 $\delta_1 > 0$, 对任意 $x_1, x_2 \in [0, 2T]$, 当 $|x_1 - x_2| < \delta_1$ 时, 就有 $|f(x_1) - f(x_2)| < \varepsilon$.

对上述 $\varepsilon > 0$, 取 $\delta = \min\{\delta_1, T\}$, 对一切 $x_1, x_2 \in (-\infty, +\infty)$(不妨设 $x_1 \leqslant x_2$), $|x_1 - x_2| < \delta$. 显然, 存在整数 k, 使得 $x_1 \in \big[kT, (k+1)T\big)$. 由于 $0 < \delta \leqslant T$, $x_1 \leqslant x_2$, 所以 $x_2 \in \big[kT, (k+2)T\big)$. 从而 $x_1 - kT, x_2 - kT \in [0, 2T]$, 且 $|(x_1 - kT) - (x_2 - kT)| = |x_1 - x_2| < \delta \leqslant \delta_1$, 有

$$|f(x_1) - f(x_2)| = |f(x_1 - kT) - f(x_2 - kT)| < \varepsilon.$$

这就证明了 f 在 $(\mathbb{R})$ 上一致连续. ■

四、巩固提高

4.2.1 设函数 f 在区间 $[a, b]$ 上只有第一类间断点, 则 f 在 $[a, b]$ 上有界.

4.2.2 设 $f \in C[a,+\infty)$, 且 $\lim\limits_{x\to+\infty} f(x)$ 存在. 证明函数 f 在 $[a,+\infty)$ 上有界. 又问函数 f 在 $[a,+\infty)$ 上必有最大值或最小值吗?

4.2.3 设 $f \in C(\mathbb{R})$, $f(x) > 0$, 且 $\lim\limits_{x\to-\infty} f(x) = \lim\limits_{x\to+\infty} f(x) = 0$, 证明 f 必能取得最大值.

(提示: $f(0) > 0$, 取 $0 < \varepsilon < f(0)$, 然后利用闭区间上连续函数的最值定理.)

4.2.4 设 $f\in C[a,b]$, $a\leqslant x_1<x_2<\cdots<x_n\leqslant b$, 证明存在 $\xi\in[x_1,x_n]$ 使得

$$f(\xi)=\frac{1}{n}\Big(f(x_1)+f(x_2)+\cdots+f(x_n)\Big).$$

更一般地, 设 $f\in C[a,b]$, $x_1,x_2,\cdots,x_n\in[a,b]$, 且有一组正数 $\lambda_1,\lambda_2,\cdots,\lambda_n$ 满足 $\sum\limits_{i=1}^{n}\lambda_i=1$, 则存在 $\xi\in[a,b]$ 使得 $f(\xi)=\sum\limits_{i=1}^{n}\lambda_i f(x_i)$.

4.2.5 设 $f\in C[a,b]$, 且 $f([a,b])\subset[a,b]$. 证明: 存在 $\xi\in[a,b]$, 使得 $f(\xi)=\xi$.

注 4.2.4 此为区间上的不动点定理, 更一般的情况可参考注 2.3.2 后的压缩映射原理.

*__4.2.6__ 设 $f\in C[a,b]$, 且对任意 $x\in[a,b]$ 存在 $y\in[a,b]$, 使得 $|f(y)|\leqslant\frac{1}{2}|f(x)|$. 证明存在 $\xi\in[a,b]$, 使得 $f(\xi)=0$.

4.2.7 设 $x_1,x_2,x_3>0$, 且 $\lambda_1<\lambda_2<\lambda_3$. 证明方程

$$\frac{x_1}{x-\lambda_1}+\frac{x_2}{x-\lambda_2}+\frac{x_3}{x-\lambda_3}=0$$

在区间 (λ_1,λ_2) 和 (λ_2,λ_3) 内恰好各有一个根.

(提示: 作辅助函数 $f(x)=x_1(x-\lambda_2)(x-\lambda_3)+x_2(x-\lambda_1)(x-\lambda_3)+x_3(x-\lambda_1)(x-\lambda_2)$.)

4.2.8 证明: (i) 实系数奇数次多项式方程 $f(x)=x^{2n+1}+a_1x^{2n}+\cdots+a_{2n}x+a_{2n+1}=0$ 至少有一个实根;

(ii) 实系数偶数次多项式方程 $f(x)=x^{2n}+a_1x^{2n-1}+\cdots+a_{2n-1}x+a_{2n}=0$ 可以没有实根, 但当 $a_{2n}<0$ 时则至少有两个实根.

4.2.9 设 $f\in C[a,b]$, 且为一一映射. 证明:

(i) 若 $f(a)<f(b)$, 则 f 严格单调增加;

(ii) 若 $f(a)>f(b)$, 则 f 严格单调减少.

4.2.10 设 $f\in C(a,b)$, 且 $f(a+0)$ 与 $f(b-0)$ 存在, 则函数 f 在 (a,b) 内一致连续.

(提示: 参考问题 4.2.3 的解答方法.)

4.2.11 证明: $f(x)=\ln x$ 在 $(1,+\infty)$ 上一致连续, 但在 $(0,1)$ 上不一致连续.

4.2.12 讨论下列函数在指定区间上的一致连续性:

(i) 定义在区间 $(0,1)$ 上的函数 $x\sin\frac{1}{x}$;

(ii) 定义在区间 $(0,+\infty)$ 上的函数 $\frac{\sin x}{x}$.

4.2.13 设 $f\in C[a,a+2\lambda]$, 证明存在 $\xi\in[a,a+\lambda]$ 使得

$$f(\xi+\lambda)-f(\xi)=\frac{1}{2}\big(f(a+2\lambda)-f(a)\big).$$

(提示：作辅助函数 $F(x)=f(x+\lambda)-f(x)-\frac{1}{2}\big(f(a+2\lambda)-f(a)\big)$.)

4.2.14 设非负函数 $f\in C[0,1]$, 且 $f(0)=f(1)=0$. 证明：对任意实数 $\alpha\in(0,1)$, 必存在 $\xi\in[0,1]$, 使得 $\xi+\alpha\in[0,1]$, 且满足 $f(\xi)=f(\xi+\alpha)$.

4.2.15 若函数 $f\in C(a,b)$, 且 $\lim\limits_{x\to a^+}f(x)=\lim\limits_{x\to b^-}f(x)=-\infty$, 则 f 在 (a,b) 内取得最大值.

4.3 初等函数的连续性

一、内容精读

1. 指数函数的连续性

在初等数学中, 指数函数 a^x 当 x 为有理数时已有定义, 利用确界原理可以将 a^x 的定义域拓广到 x 为任何实数的情况：

$$a^x=\sup_{r<x}\{a^r\mid r\text{ 为有理数}\},\quad a>1,$$

$$a^x=\inf_{r<x}\{a^r\mid r\text{ 为有理数}\},\quad 1>a>0.$$

由此定义的实数指数函数同样有如下运算法则：

$$a^\alpha\cdot a^\beta=a^{\alpha+\beta},\quad (a^\alpha)^\beta=a^{\alpha\beta}.$$

指数函数 a^x $(a>0,a\neq1)$ 在 $\mathbb{R}$ 上是连续的, 且

$$\lim_{x\to-\infty}a^x=0,\quad \lim_{x\to+\infty}a^x=+\infty,\quad a>1;$$

$$\lim_{x\to-\infty}a^x=+\infty,\quad \lim_{x\to+\infty}a^x=0,\quad 1>a>0.$$

对数函数 $\log_a x$ $(a>0,a\neq1)$ 在其定义域 $(0,+\infty)$ 内是连续的, 且

$$\lim_{x\to0^+}\log_a x=-\infty,\quad \lim_{x\to+\infty}\log_a x=+\infty,\quad a>1;$$

$$\lim_{x\to0^+}\log_a x=+\infty,\quad \lim_{x\to+\infty}\log_a x=-\infty,\quad 1>a>0.$$

2. 指数函数的连续性在求极限中的应用

幂指函数的极限：设 $\lim\limits_{x\to x_0}u(x)=a>0$, $\lim\limits_{x\to x_0}v(x)=b$, 则 $\lim\limits_{x\to x_0}u(x)^{v(x)}=a^b$.

设 $\lim\limits_{n\to\infty}x_n=x>0$, $\lim\limits_{n\to\infty}y_n=y$, 则 $\lim\limits_{n\to\infty}x_n^{y_n}=x^y$.

3. 初等函数的连续性

一切基本初等函数都是其定义域上的连续函数.

任何初等函数都是其定义区间上的连续函数.

二、疑难解答

问题 4.3.1 为什么说“初等函数是其定义区间上的连续函数”, 而不叙述为“初等函数是其定义域上的连续函数”?

答 这是因为初等函数的定义域中可能包含“孤立点”(有关“孤立点”概念见本书第 16.1 节, 也可参考文献 [1] 中第 16 章第 1 节中的相关内容). 例如函数

$$f(x)=\sqrt{x^2-1}+\sqrt{1-x^2}$$

是初等函数, 其定义域为两点 $x=\pm1$, 这些点的空心邻域中函数无定义, 这里无法讨论极限 $\lim\limits_{x\to x_0}f(x)$. 因此, 就目前而言, 也无法讨论函数在这些点的连续性. ■

三、典型例题

例 4.3.1 设 $\lim\limits_{x\to x_0}u(x)=a>0$, $\lim\limits_{x\to x_0}v(x)=b$. 证明 $\lim\limits_{x\to x_0}u(x)^{v(x)}=a^b$.

证明 补充定义 $u(x_0)=a$, $v(x_0)=b$, 则 $u(x),v(x)$ 在点 x_0 连续, 从而 $v(x)\ln u(x)$ 在 x_0 连续, 所以 $u(x)^{v(x)}=\mathrm{e}^{v(x)\ln u(x)}$ 在 x_0 连续. 由此可得

$$\lim_{x\to x_0}u(x)^{v(x)}=\lim_{x\to x_0}\mathrm{e}^{v(x)\ln u(x)}=\mathrm{e}^{b\ln a}=a^b.$$ ■

例 4.3.2 求极限 $\lim\limits_{x\to0}(1+\alpha x)^{\frac{1}{x}}$, 其中 α 为实数.

证明 当 $\alpha\neq0$ 时, 记 $u(x)=(1+\alpha x)^{\frac{1}{\alpha x}}$, $v(x)=\alpha$, 则 $\lim\limits_{x\to0}u(x)=\lim\limits_{x\to0}(1+\alpha x)^{\frac{1}{\alpha x}}=\mathrm{e}$, $\lim\limits_{x\to0}v(x)=\alpha$. 于是 $\lim\limits_{x\to0}(1+\alpha x)^{\frac{1}{x}}=\lim\limits_{x\to0}\left[(1+\alpha x)^{\frac{1}{\alpha x}}\right]^{\alpha}=\mathrm{e}^{\alpha}$.

当 $\alpha=0$ 时, $\lim\limits_{x\to0}(1+\alpha x)^{\frac{1}{x}}=1=\mathrm{e}^0$.

综合知, 对任意实数 α, 有 $\lim\limits_{x\to0}(1+\alpha x)^{\frac{1}{x}}=\mathrm{e}^{\alpha}$. ■

例 4.3.3 求 $\lim\limits_{x\to0}\dfrac{\ln(1+x)}{x}$.

证明 由对数函数的连续性可得

$$\lim_{x\to0}\frac{\ln(1+x)}{x}=\lim_{x\to0}\ln(1+x)^{\frac{1}{x}}=\ln\lim_{x\to0}(1+x)^{\frac{1}{x}}=\ln\mathrm{e}=1.$$ ■

例 4.3.4 设 $a>0$, $a\neq1$, 求 (i) $\lim\limits_{x\to0}\dfrac{a^x-1}{x}$; (ii) $\lim\limits_{x\to x_0}\dfrac{a^x-a^{x_0}}{x-x_0}$.

解 (i) 令 $a^x-1=t$, 则 $x=\log_a(1+t)$, 且当 $x\to0$, 有 $t\to0$. 所以

$$\lim_{x\to0}\frac{a^x-1}{x}=\lim_{x\to0}\frac{t}{\log_a(1+t)}=\lim_{x\to0}\frac{1}{\log_a(1+t)^{\frac{1}{t}}}=\ln a.$$

特别地, $\lim\limits_{x\to0}\dfrac{\mathrm{e}^x-1}{x}=1$.

(ii) $\lim\limits_{x\to x_0}\dfrac{a^x-a^{x_0}}{x-x_0}=a^{x_0}\lim\limits_{x\to x_0}\dfrac{a^{x-x_0}-1}{x-x_0}=a^{x_0}\lim\limits_{t\to 0}\dfrac{a^t-1}{t}=a^{x_0}\ln a.$ ■

例 4.3.5 设 $a_n>0$, $\lim\limits_{n\to\infty}a_n=a>0$, 证明 $\lim\limits_{n\to\infty}\sqrt[n]{a_1a_2\cdots a_n}=a$.

证明 因为 $\lim\limits_{n\to\infty}a_n=a>0$, 所以由对数函数的连续性, 有 $\lim\limits_{n\to\infty}\ln a_n=\ln a$. 注意到

$$\lim_{n\to\infty}\frac{\ln a_1+\ln a_2+\cdots+\ln a_n}{n}=\ln a \quad (\text{Cauchy 定理})$$

所以由指数函数的连续性, 可得

$$\lim_{n\to\infty}\sqrt[n]{a_1a_2\cdots a_n}=\lim_{n\to\infty}\mathrm{e}^{\ln\sqrt[n]{a_1a_2\cdots a_n}}=\lim_{n\to\infty}\mathrm{e}^{\frac{\ln a_1+\ln a_2+\cdots+\ln a_n}{n}}=\mathrm{e}^{\ln a}=a. \quad ■$$

例 4.3.6 求极限 $\lim\limits_{n\to\infty}\left[\dfrac{\sqrt[n]{a}+\sqrt[n]{b}}{2}\right]^n$, 其中 $a>0, b>0$.

解 由于

$$\begin{aligned}\left[\frac{\sqrt[n]{a}+\sqrt[n]{b}}{2}\right]^n&=\left[1+\left(\frac{\sqrt[n]{a}+\sqrt[n]{b}}{2}-1\right)\right]^n\\&=\left[\left(1+\frac{\sqrt[n]{a}-1+\sqrt[n]{b}-1}{2}\right)^{\frac{2}{\sqrt[n]{a}-1+\sqrt[n]{b}-1}}\right]^{\frac{n(\sqrt[n]{a}-1+\sqrt[n]{b}-1)}{2}}=u_n^{v_n},\end{aligned}$$

其中

$$u_n=\left(1+\frac{\sqrt[n]{a}-1+\sqrt[n]{b}-1}{2}\right)^{\frac{2}{\sqrt[n]{a}-1+\sqrt[n]{b}-1}},\quad v_n=\frac{n(\sqrt[n]{a}-1+\sqrt[n]{b}-1)}{2},$$

而

$$\lim_{n\to\infty}u_n=\lim_{n\to\infty}\left(1+\frac{\sqrt[n]{a}-1+\sqrt[n]{b}-1}{2}\right)^{\frac{2}{\sqrt[n]{a}-1+\sqrt[n]{b}-1}}=\mathrm{e},$$

$$\begin{aligned}\lim_{n\to\infty}v_n&=\lim_{n\to\infty}\frac{n(\sqrt[n]{a}-1+\sqrt[n]{b}-1)}{2}=\frac{1}{2}\lim_{n\to\infty}\left(\frac{a^{\frac{1}{n}}-1}{\frac{1}{n}}+\frac{b^{\frac{1}{n}}-1}{\frac{1}{n}}\right)\\&=\frac{\ln a+\ln b}{2}=\ln\sqrt{ab},\end{aligned}$$

所以

$$\lim_{n\to\infty}\left[\frac{\sqrt[n]{a}+\sqrt[n]{b}}{2}\right]^n=\lim_{n\to\infty}u_n^{v_n}=\mathrm{e}^{\ln\sqrt{ab}}=\sqrt{ab}. \quad ■$$

四、巩固提高

4.3.1 求下列极限：

(i) $\lim\limits_{x\to\frac{\pi}{4}}(x-\pi)\tan x$; (ii) $\lim\limits_{x\to1^+}\dfrac{x\sqrt{1+3x}+\sqrt{x^2-1}}{x^2+x}$;

(iii) $\lim\limits_{x\to1}\dfrac{\sin\left(\ln(1+x^2)\right)}{\arctan(x^2+3)}$; (iv) $\lim\limits_{x\to0}(1+\sin x)^{\frac{1}{2x}}$.

4.3.2 求极限 $\lim\limits_{x\to0}\dfrac{3\sin x+x^2\cos\dfrac{1}{x}}{(1+\cos x)\ln(1+x)}$.

4.3.3 求极限 $\lim\limits_{x\to0}\left(\dfrac{2+\mathrm{e}^{\frac{1}{x}}}{1+\mathrm{e}^{\frac{4}{x}}}+\dfrac{\sin x}{|x|}\right)$.

4.3.4 求极限 $\lim\limits_{x\to0}\dfrac{\log_a(x+b)+\log_a(b-x)-2\log_a b}{x^2}$, 其中 $b>0$.

4.3.5 求极限 $\lim\limits_{n\to\infty}\left(\dfrac{\sqrt[n]{a}+\sqrt[n]{b}+\sqrt[n]{c}}{3}\right)^n$, 其中 $a>0,\ b>0,\ c>0$.

4.3.6 求极限 $\lim\limits_{n\to\infty}\left(\dfrac{\sqrt[n]{a}+b-1}{b}\right)^n$, 其中 $a>0,\ b>0$.

4.3.7 求极限 $\lim\limits_{n\to\infty}\tan^n\left(\dfrac{\pi}{4}+\dfrac{1}{n}\right)$.

4.3.8 求极限 $\lim\limits_{x\to0}\left(\dfrac{a^{x+1}+b^{x+1}+c^{x+1}}{a+b+c}\right)^{\frac{1}{x}}$.

4.3.9 设 $\lim\limits_{n\to\infty}x_n=x>0$, $\lim\limits_{n\to\infty}y_n=y$, 证明 $\lim\limits_{n\to\infty}x_n^{y_n}=x^y$.

4.3.10 求极限 $\lim\limits_{x\to\infty}x\left[\sin\ln\left(1+\dfrac{3}{x}\right)-\sin\ln\left(1+\dfrac{1}{x}\right)\right]$.

第 5 章　导数和微分

导数和微分是数学分析中极其重要的一部分内容, 它们的一些性质是研究函数的有力工具. 读者要重点掌握导数与微分的概念, 训练和提高求导的计算能力.

本章主要介绍导数的概念, 基本求导公式和导数的计算, 高阶导数及其求导法则, 以及一阶微分概念与运算.

5.1　导数的概念

一、内容精读

1. 导数的定义

导数为函数的变化率, 其实际背景为曲线的切线斜率和变速运动的瞬时速度.

1) 导数

定义 5.1.1　设函数 f 在 x_0 的某个邻域 $U(x_0)$ 内有定义, f 在点 x_0 处的导数 $f'(x_0)$ 定义为

$$f'(x_0) = \lim_{x \to x_0} \frac{f(x) - f(x_0)}{x - x_0} = \lim_{\Delta x \to 0} \frac{\Delta y}{\Delta x} = \lim_{\Delta x \to 0} \frac{f(x_0 + \Delta x) - f(x_0)}{\Delta x}.$$

2) 有限增量公式

设函数 f 在点 x_0 可导, 则 f 在点 x_0 的有限增量公式为

$$\Delta y = f'(x_0)\Delta x + o(\Delta x), \quad \lim_{\Delta x \to 0} o(\Delta x) = 0.$$

有限增量公式建立了函数增量与自变量增量之间的关系, 是微分学中的重要公式, 它将在后面微分概念的讨论中起着重要作用.

3) 可导与连续的关系

函数 f 在点 x_0 可导 $\underset{\not\Leftarrow}{\Rightarrow}$ 函数 f 在点 x_0 连续.

4) 单侧导数 (左导数、右导数)

左导数: 设函数 f 在 x_0 的某个左邻域 $U_-(x_0)$ 内有定义, f 在点 x_0 处的左导数 $f'_-(x_0)$ 定义为

$$f'_-(x_0)=\lim_{x\to x_0^-}\frac{f(x)-f(x_0)}{x-x_0}$$
$$=\lim_{\Delta x\to 0^-}\frac{\Delta y}{\Delta x}=\lim_{\Delta x\to 0^-}\frac{f(x_0+\Delta x)-f(x_0)}{\Delta x}.$$

右导数：设函数 f 在 x_0 的某个右邻域 $U_+(x_0)$ 内有定义, f在点 x_0 处的右导数 $f'_+(x_0)$ 定义为

$$f'_+(x_0)=\lim_{x\to x_0^+}\frac{f(x)-f(x_0)}{x-x_0}$$
$$=\lim_{\Delta x\to 0^+}\frac{\Delta y}{\Delta x}=\lim_{\Delta x\to 0^+}\frac{f(x_0+\Delta x)-f(x_0)}{\Delta x}.$$

5) 导数存在的条件

$f'(x_0)$ 存在 $\Leftrightarrow f'_+(x_0)=f'_-(x_0)$.

6) 导函数

定义 5.1.2 若函数 f 在区间 I 上每点都可导 (对区间端点, 仅考虑相应的单侧导数), 则称 f 为 I 上的可导函数, f' 称为 f 在 I 上的导函数, 也简称为导数.

2. 导数的几何意义与 Fermat 定理

1) 导数的几何意义

若函数 f 在点 x_0 处可导, 则 $f'(x_0)$ 为曲线 $y=f(x)$ 在点 $(x_0,f(x_0))$ 处的切线斜率. 若 α 表示这条切线与 x 轴正向的夹角, 则 $f'(x_0)=\tan\alpha$. 从而 $f'(x_0)>0$ 意味着切线与 x 轴正向的夹角为锐角; $f'(x_0)<0$ 意味着切线与 x 轴正向的夹角为钝角; $f'(x_0)=0$ 表示切线与 x 轴平行 (参考图 5.1.1).

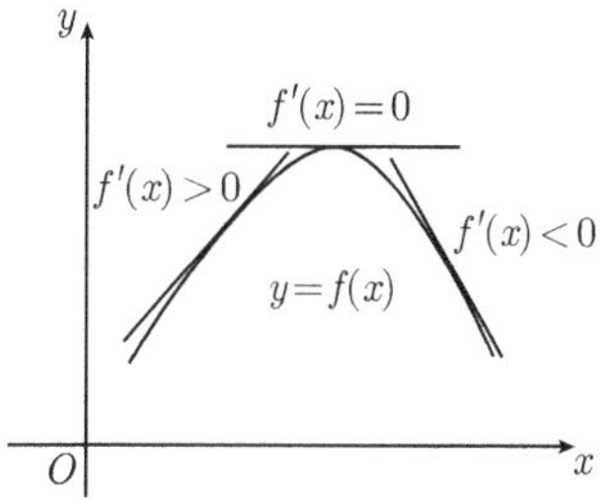

图 5.1.1

若函数 f 在点 x_0 处可导, 则曲线 $y=f(x)$ 在点 $(x_0,f(x_0))$ 处的

切线方程为 $y-y_0=f'(x_0)(x-x_0)$;

法线方程为 $y-y_0=-\dfrac{1}{f'(x_0)}(x-x_0)$(当 $f'(x_0)\neq 0$ 时),

$x=x_0$(当 $f'(x_0)=0$ 时).

2) Fermat 定理

Fermat 定理 设函数 f 在点 x_0 的某邻域 $U(x_0)$ 有定义, 且在点 x_0 可导. 若点 x_0 为 f 的极值点, 则必有

$$f'(x_0)=0.$$

3) Fermat 定理的几何意义

若函数在可导点取得极值, 则函数表示的曲线在该点必有水平切线 (参考图 5.1.1).

使得 $f'(x_0)=0$ 的 x_0 称为函数 f 的稳定点 (驻点).

3. Darboux 定理

若函数 f 在 $[a,b]$ 上可导, 且 $f'_+(a)\neq f'_-(b)$, μ 为介于 $f'_+(a)$, $f'_-(b)$ 之间任一实数, 则至少存在一点 ξ, 使得

$$f'(\xi)=\mu.$$

Darboux 定理的条件中未涉及导函数 $f'(x)$ 的连续性, 但 $f'(x)$ 却具有介值性, 这是微分学中的深刻的结果, 称之为导函数介值定理.

Darboux 定理的证明是应用连续函数的最大值与最小值定理, 由此可见闭区间上连续函数的整体性质在微分学中的重要性.

二、疑难解答

问题 5.1.1　试问 $f'(x_0)$ 与 $(f(x_0))'$ 有无区别?

答　$f'(x_0)$ 与 $(f(x_0))'$ 的含义完全不同.

若函数 $f(x)$ 在点 x_0 可导, 则 $f'(x_0)$ 是函数 $f(x)$ 在点 x_0 的导数. 而 $(f(x_0))'$ 则是常数 $f(x_0)$ 的导数, 即恒为 0. 例如, 对于函数 $f(x)=\sin x$, 有

$$f'\left(\frac{\pi}{4}\right)=\cos x|_{x=\frac{\pi}{4}}=\frac{\sqrt{2}}{2},\quad \left(f\left(\frac{\pi}{4}\right)\right)'=\left(\frac{\sqrt{2}}{2}\right)'=0.$$ ■

问题 5.1.2　存在仅在一点可导而在该点之外的每点都不可导的函数吗?

答　存在. 例如 (参见文献 [1] 第 89 页例 4), 定义函数 $f(x)=x^2D(x)$, 其中 $D(x)$ 为 Dirichlet 函数. 当 $x=0$ 时, 由于 $D(x)$ 为有界函数, 所以

$$f'(0)=\lim_{\Delta x\to 0}\frac{f(0+\Delta x)-f(0)}{\Delta x-0}=\lim_{\Delta x\to 0}\Delta xD(\Delta x)=0,$$

即函数 $f(x)=x^2D(x)$ 在 $x=0$ 可导.

当 $x\neq 0$ 时, 由归结原则可知 f 不连续 (第二类间断点), 从而不可导. ■

问题 5.1.3　问函数在一点可导, 是否必在该点的空心邻域内连续?

答　函数在一点可导, 不能保证函数在该点的空心邻域内连续.

现考察函数

$$f(x)=\begin{cases}x, & x\text{ 为有理数},\\ x^2+x, & x\text{ 为无理数}.\end{cases}$$

可以证明: f 在每一点 $x\in U^\circ(0)$ 处不连续, 但在 $x=0$ 处可导, 且 $f'(0)=1$.

事实上, 若 $x_0\in U^\circ(0)$. 取有理数列 $\{x_n\}$, 使得 $\lim\limits_{n\to\infty}x_n=x_0$, 则 $\lim\limits_{n\to\infty}f(x_n)=\lim\limits_{n\to\infty}x_n=x_0$. 再取无理数列 $\{y_n\}$, 使得 $\lim\limits_{n\to\infty}y_n=x_0$, 则 $\lim\limits_{n\to\infty}f(y_n)=\lim\limits_{n\to\infty}(y_n^2+y_n)=x_0^2+x_0$. 当 $x_0\neq 0$ 时, $x_0\neq x_0+x_0^2$ (否则 $x_0=0$). 所以, f 在 x_0 处极限不存在, 从而 f 在 x_0 处不连续. 但显然 f 在 $x=0$ 处连续. 又因

$$\frac{f(x)-f(0)}{x}=\begin{cases}\dfrac{x}{x}=1, & x\text{ 为有理数},\\ \dfrac{x^2+x}{x}=x+1, & x\text{ 为无理数},\end{cases}$$

所以

$$\lim_{x\to0}\frac{f(x)-f(0)}{x}=1.$$

这就证明了, 函数 f 在 $x=0$ 处可导, 且 $f'(0)=1$.

另外, 也可以参照例 5.1.3 中的第二个函数. ■

问题 5.1.4 函数 f 在点 x_0 处不可导通常有哪些情形?

答 函数 f 在点 x_0 处不可导, 通常有如下情形:

(i) 函数 f 在点 x_0 处不连续 (间断);

(ii) 函数 f 在点 x_0 处的左、右导数中至少有一个不存在. 例如,

$$f(x)=\begin{cases}x\sin\dfrac{1}{x}, & x>0,\\ 0, & x\leqslant 0,\end{cases}$$

$f'_-(0)=0$, $f'_+(0)$ 不存在.

(iii) 函数 f 在点 x_0 处的左、右导数都存在但不相等. 例如函数 $f(x)=|x|$ (其图像参考图 1.3.2), 有 $f'_-(0)=-1$, $f'_+(0)=1$. ■

问题 5.1.5 (i) 若函数 f 在点 x_0 既左连续又右连续, f 在 x_0 连续吗?

(ii) 若函数 f 在点 x_0 既左侧可导又右侧可导, f 在点 x_0 是否可导?

答 (i) 若函数 f 在点 x_0 既左连续又右连续, 则 f 在点 x_0 必连续. 这是因为, 若 $f(x_0-0)=f(x_0)$, $f(x_0+0)=f(x_0)$, 则 $f(x_0-0)=f(x_0+0)=f(x_0)$, 即 f 在 x_0 连续.

(ii) 若函数 f 在点 x_0 既左侧可导又右侧可导, 则 f 在点 x_0 未必可导. 例如函数 $f(x)=|x|$ (其图像参考图 1.3.2), 有 $f'_-(0)=-1$, $f'_+(0)=1$, 即函数 f 在 $x=0$ 既左侧可导, 又右侧可导, 但 f 在 $x=0$ 不可导. ■

三、典型例题

例 5.1.1 用三种方法证明: 函数 f 在点 x_0 处可导, 则 f 在点 x_0 处必连续.

证法 1　利用有限增量公式. 若函数 f 在点 x_0 处可导, 则

$$\Delta y = f'(x_0)\Delta x + o(\Delta x), \quad \lim_{\Delta x\to 0} o(\Delta x) = 0,$$

所以 $\lim\limits_{\Delta x\to 0}\Delta y = 0$. 这就证明了 f 在点 x_0 处连续.

证法 2　直接利用函数连续性的 ε–δ 语言. 由于

$$\lim_{x\to x_0}\frac{f(x)-f(x_0)}{x-x_0} = f'(x_0),$$

由局部有界性知, 存在 $M>0$, $\eta>0$, 使得 $0<|x-x_0|<\eta$ 时, 成立

$$\left|\frac{f(x)-f(x_0)}{x-x_0}\right| \leqslant M.$$

所以, 对任意 $\varepsilon>0$, 取 $\delta=\min\{\eta,\varepsilon/M\}$, 则当 $0<|x-x_0|<\delta$ 时, 成立

$$|f(x)-f(x_0)| = \left|\frac{f(x)-f(x_0)}{x-x_0}\right|\cdot|x-x_0| \leqslant M|x-x_0| \leqslant \varepsilon,$$

即 $\lim\limits_{x\to x_0} f(x) = f(x_0)$. 这就证明了 f 在点 x_0 处连续.

证法 3　利用无穷小量的性质. 因当 $\Delta x\neq 0$ 时, 有 $\Delta y = \dfrac{\Delta y}{\Delta x}\cdot\Delta x$, 且当 $\Delta x\to 0$ 时 $\dfrac{\Delta y}{\Delta x}$ 为有界量, 所以 $\lim\limits_{\Delta x\to 0}\Delta y = 0$. 这就证明了 f 在点 x_0 处连续. ■

例 5.1.2　设 f 在 $[-a,a]$ $(a>0)$ 上有定义, 且 $|f(x)|\leqslant x^2$, 证明 $f'(0)=0$.

证明　由于对任意 $x\in[-a,a]$ $(a>0)$, $|f(x)|\leqslant x^2$, 所以 $f(0)=0$. 又因为

$$\left|\frac{f(\Delta x)-f(0)}{\Delta x}\right| \leqslant \frac{(\Delta x)^2}{|\Delta x|} = |\Delta x|,$$

于是

$$\lim_{\Delta x\to 0}\left|\frac{f(\Delta x)-f(0)}{\Delta x}\right| = 0,$$

所以 $|f'(0)|=0$, 从而 $f'(0)=0$. ■

例 5.1.3　讨论如下函数的可导性:

(i) $f(x) = \begin{cases} x, & x \text{ 为有理数}, \\ -x, & x \text{ 为无理数}; \end{cases}$　　(ii) $g(x) = \begin{cases} x^2, & x \text{ 为有理数}, \\ -x^2, & x \text{ 为无理数}. \end{cases}$

解　(i) 当 $x_0=0$ 时, 因为

$$\frac{f(x_0+\Delta x)-f(x_0)}{\Delta x} = \begin{cases} 1, & \Delta x \text{ 为有理数}, \\ -1, & \Delta x \text{ 为无理数}, \end{cases}$$

所以 $\lim\limits_{\Delta x\to 0}\dfrac{f(x_0+\Delta x)-f(x_0)}{\Delta x}$ 不存在, 即 f 在 $x_0=0$ 处不可导. 而当 $x_0\neq 0$ 时, f 在点 x_0 处不连续, 从而 f 在点 x_0 处不可导.

综合知, 函数 f 在定义域内每一点均不可导.

(ii) 当 $x_0=0$ 时, 因为

$$\frac{g(x_0+\Delta x)-g(x_0)}{\Delta x}=\begin{cases}\Delta x, & \Delta x\text{ 为有理数},\\ -\Delta x, & \Delta x\text{ 为无理数},\end{cases}$$

所以, $\lim\limits_{\Delta x\to 0}\dfrac{g(x_0+\Delta x)-g(x_0)}{\Delta x}=0=g'(0)$, 即 g 在 $x_0=0$ 处可导, 且 $g'(0)=0$. 而当 $x_0\neq 0$ 时, g 在 x_0 处不连续, 从而 g 在 x_0 处不可导.

综合知, 函数 g 仅在 $x=0$ 处可导, 且 $g'(0)=0$, 而在其他点均不可导. ■

例 5.1.4 确定常数 a,b 的值, 使函数 $f(x)=\begin{cases}ax+b, & x>1,\\ x^2, & x\leqslant 1\end{cases}$ 在 $x=1$ 处可导.

解 因 f 在 $x=1$ 可导, 则 f 必在 $x=1$ 连续. 所以 $f(1+0)=f(1-0)=f(1)$. 而 $f(1)=1$, $f(1+0)=\lim\limits_{x\to 1^+}f(x)=a+b$, 所以

$$a+b=1.$$

又 $f'_-(1)=\lim\limits_{x\to 1^-}\dfrac{x^2-1}{x-1}=2$, $f'_+(1)=\lim\limits_{x\to 1^+}\dfrac{ax+b-1}{x-1}=\lim\limits_{x\to 1^+}\dfrac{a(x-1)}{x-1}=a$, 所以由 f 在 $x=1$ 可导性, 得 $a=2$. 从而 $b=-1$.

当 $a=2$, $b=-1$ 时, 所给的函数在 $x=1$ 处可导. ■

例 5.1.5 若 $|f|$ 在点 x_0 可导, 且 f 在点 x_0 连续, 则 f 在点 x_0 也可导.

证明 若 $f(x_0)\neq 0$, 则由连续函数的局部保号性知, 存在 $U(x_0)$ 使 f 在 $U(x_0)$ 中保号, 于是由 $|f|$ 在点 x_0 可导性, 知 f 在点 x_0 可导.

若 $f(x_0)=0$, 则 x_0 为函数 $|f|$ 的极小值点. 因 $|f|$ 在点 x_0 可导, 则由 Fermat 定理知

$$|f|'(x_0)=0,$$

即

$$\lim_{\Delta x\to 0}\frac{|f(x_0+\Delta x)|-|f(x_0)|}{\Delta x}=0.$$

注意到 $f(x_0)=0$, 所以

$$\lim_{\Delta x\to 0}\frac{|f(x_0+\Delta x)-f(x_0)|}{\Delta x}=0,$$

所以 $|f'(x_0)|=0$, 于是 $f'(x_0)=0$. ■

例 5.1.6　设 f 为定义在 $\mathbb{R}$ 上的连续函数, 且对任意 $x_1,x_2\in\mathbb{R}$, 都有

$$f(x_1+x_2)=f(x_1)f(x_2).$$

若 $f'(0)=1$, 证明对任意 $x\in\mathbb{R}$, $f'(x)=f(x)$.

解　由对任意 $x\in\mathbb{R}$, $f(x_1+x_2)=f(x_1)f(x_2)$, 得 $f(0)=0$ 或 $f(0)=1$.

(i) 若 $f(0)=0$, 则对任意 $x\in\mathbb{R}$, 有 $f(x)=f(x+0)=f(x)f(0)=0$, 即 $f(x)\equiv 0$, $x\in\mathbb{R}$. 从而与条件矛盾.

(ii) 若 $f(0)=1$, 则对任意 $x\in\mathbb{R}$, 有 $f(x+\Delta x)-f(x)=f(x)f(\Delta x)-f(x)=f(x)(f(\Delta x)-1)=f(x)(f(\Delta x)-f(0))$. 所以

$$f'(x)=\lim_{\Delta x\to 0}\frac{f(x+\Delta x)-f(x)}{\Delta x}=\lim_{\Delta x\to 0}f(x)\frac{f(\Delta x)-f(0)}{\Delta x}=f'(0)f(x)=f(x).$$

综上所述, 就证明了对任意 $x\in\mathbb{R}$, 都有 $f'(x)=f(x)$. ■

例 5.1.7(Fermat 定理)　设函数 f 在点 x_0 的某邻域 $U(x_0)$ 有定义, 且在点 x_0 可导. 若点 x_0 为 f 的极值点, 则必有 $f'(x_0)=0$.

证明　设 x_0 是 $f(x)$ 的极大值点 (极小值点时证明类似), 则

$$f(x_0+\Delta x)-f(x_0)\leqslant 0.$$

所以, 当 $\Delta x>0$ 时, 有

$$\frac{f(x_0+\Delta x)-f(x_0)}{\Delta x}\leqslant 0.$$

从而

$$f'_+(x_0)=\lim_{\Delta x\to 0^+}\frac{f(x_0+\Delta x)-f(x_0)}{\Delta x}\leqslant 0.$$

当 $\Delta x<0$ 时, 有

$$\frac{f(x_0+\Delta x)-f(x_0)}{\Delta x}\geqslant 0.$$

从而

$$f'_-(x_0)=\lim_{\Delta x\to 0^-}\frac{f(x_0+\Delta x)-f(x_0)}{\Delta x}\geqslant 0.$$

但 $f(x)$ 在 x_0 点可导, 所以

$$0\leqslant f'_-(x_0)=f'(x_0)=f'_+(x_0)\leqslant 0.$$

从而必有 $f'(x_0)=0$. ■

例 5.1.8(Darboux 定理)　若函数 f 在 $[a,b]$ 上可导, 且 $f'_+(a)\neq f'_-(b)$, μ 为介于 $f'_+(a)$, $f'_-(b)$ 之间任一实数, 则至少存在一点 $\xi\in(a,b)$, 使得 $f'(\xi)=\mu$.

证明　作辅助函数 $F(x)=f(x)-\mu x$, 则 $F(x)$ 在 $[a,b]$ 上可导, 且

$$F'_+(a)F'_-(b) = (f'_+(a) - \mu)(f'_-(b) - \mu) < 0.$$

不妨设 $F'_+(a) > 0$, $F'_-(b) < 0$, 则由文献 [1] 中的第 93 页例 8 可知, 分别存在 $x_1 \in U^\circ_+(a)$, $x_2 \in U^\circ_-(b)$, 且 $x_1 < x_2$, 使得

$$F(x_1) > F(a), \quad F(x_2) > F(b). \tag{5.1.1}$$

因为 $F(x)$ 在 $[a,b]$ 上可导, 所以连续. 据最值定理存在一点 $\xi \in [a,b]$, 使得 F 在点 ξ 取得最大值. 由式 (5.1.1) 可知 $\xi \neq a, b$. 这就说明 ξ 是 F 的极大值点, 从而由 Fermat 定理得 $F'(\xi) = 0$, 即 $f'(\xi) = \mu$, $\xi \in (a,b)$. ■

四、巩固提高

5.1.1 若 $f'(x_0)$ 存在, 求 $\lim\limits_{\Delta x \to 0} \dfrac{f(x_0 + \Delta x) - f(x_0 - 2\Delta x)}{2\Delta x}$.

5.1.2 判断下列命题的真假, 并说明理由:

(i) 若 f 在点 $x = 0$ 处可导, 且 $f(0) = 0$, 则 $f'(0) = 0$. 反之也成立;

(ii) 若 f 在点 x_0 处可导, 且在某个邻域 $U(x_0)$ 内 $f(x) > 0$, 则 $f'(x_0) > 0$;

(iii) 若 f 为 $(-1,1)$ 上的偶函数, 且在点 $x = 0$ 处可导, 则 $f'(0) = 0$;

(iv) 若 f 为 $(-1,1)$ 上的奇函数, 且在点 $x = 0$ 处可导, 则 $f'(0) = 0$;

(v) 若 f 在点 x_0 处可导, 则 $|f|$ 也在点 x_0 处可导. 反之也成立;

(vi) 若 $\lim\limits_{\Delta x \to 0} \dfrac{f(x_0 + \Delta x) - f(x_0 - \Delta x)}{\Delta x}$ 存在, 则 f 在 x_0 处可导, 反之也成立.

5.1.3 确定常数 a, b 的值, 使函数 $f(x) = \begin{cases} ax + b, & x < 3, \\ x^2, & x \geqslant 3 \end{cases}$ 在点 $x = 3$ 处可导.

5.1.4 若 $g(0) = g'(0) = 0$, $f(x) = \begin{cases} g(x)\sin\dfrac{1}{x}, & x \neq 0, \\ 0, & x = 0, \end{cases}$ 求 $f'(0)$.

5.1.5 设函数

$$f(x) = \begin{cases} x^k \sin\dfrac{1}{x}, & x \neq 0, \ k \text{ 为正整数}, \\ 0, & x = 0. \end{cases}$$

试问: (i) k 取何值时, f 在点 $x = 0$ 处连续;

(ii) k 取何值时, f 在点 $x = 0$ 处可导;

(iii) k 取何值时, f' 在点 $x = 0$ 处连续.

5.1.6 给定如下函数

$$f(x) = \begin{cases} x, & x \text{ 为有理数}, \\ 0, & x \text{ 为无理数}, \end{cases} \qquad g(x) = \begin{cases} x^2, & x \text{ 为有理数}, \\ 0, & x \text{ 为无理数}. \end{cases}$$

试讨论它们的连续性与可导性.

5.1.7　若 $|f(x)| \leqslant |g(x)|$, $x \in U(0;\delta)$, 且 $g(0)=g'(0)=0$, 求 $f'(0)$.

5.1.8　设 f 在 $x=2$ 处连续, 且 $\lim\limits_{x\to 2}\dfrac{f(x)}{x-2}=2$, 求 $f'(2)$.

(提示: 先求 $f(2)$, 然后再用导数定义.)

5.1.9　设 f 在 $(a,+\infty)$ 内可导, 且 $\lim\limits_{x\to+\infty} f'(x)=0$, 证明 $\lim\limits_{x\to+\infty}\dfrac{f(x)}{x}=0$.

5.1.10　设函数 f 在 $[-1,1]$ 上有定义, 且满足 $x \leqslant f(x) \leqslant x^4+x$, $x\in[-1,1]$, 证明 $f'(0)$ 存在, 且 $f'(0)=1$.

5.1.11　设函数 f 在点 x_0 处可导, 过曲线上点 $P(x_0, f(x_0))$ 处的切线和法线与 x 轴分别交于点 N 和点 M, 点 P 在 x 轴上的投影为点 T (图 5.1.2). 证明:

$$|NT|=\frac{|f(x_0)|}{|f'(x_0)|},$$

$$|TM|=|f(x_0)f'(x_0)|,$$

$$|PN|=\frac{|f(x_0)|}{|f'(x_0)|}\sqrt{1+(f'(x_0))^2},$$

$$|PM|=|f(x_0)|\sqrt{1+(f'(x_0))^2}.$$

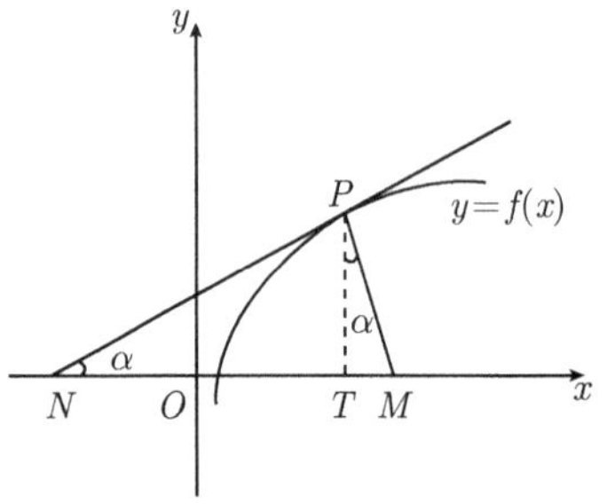

图 5.1.2

5.2 求导法则

一、内容精读

1. 求导数的四则运算法则

若函数 $u(x)$, $v(x)$ 在点 x 可导, 则函数 $u(x)\pm v(x)$, $u(x)v(x)$ 在点 x 也可导, 当 $v'(x)\neq 0$, $\dfrac{u(x)}{v(x)}$ 在点 x 也可导, 且

$$(u(x)\pm v(x))'=u'(x)\pm v'(x), \tag{5.2.1}$$

$$(u(x)v(x))'=u'(x)v(x)+u(x)v'(x), \quad (cu(x))'=cu'(x)\ (c\text{ 为常数}), \tag{5.2.2}$$

$$\left(\frac{u(x)}{v(x)}\right)'=\frac{u'(x)v(x)-u(x)v'(x)}{v^2(x)}, \quad \left(\frac{1}{v(x)}\right)'=-\frac{v'(x)}{v^2(x)}. \tag{5.2.3}$$

2. 反函数的导数

设函数 $y=f(x)$ 为 $x=\varphi(y)$ 的反函数, 若 $\varphi(y)$ 在点 y 的某个邻域内连续, 严

格单调且 $\varphi'(y)\neq 0$, 则 $f(x)$ 在点 x $(x=\varphi(y))$ 可导, 且

$$f'(x)=\frac{1}{\varphi'(y)}. \tag{5.2.4}$$

3. 复合函数的导数

设 $y=f(u)$ 在点 u 可导, $u=\varphi(x)$ 在点 x 可导, 则复合函数 $f(\varphi(x))$ 在点 x 可导, 且

$$(f(\varphi(x)))'=f'(u)\varphi'(x)=f'(\varphi(x))\,\varphi'(x). \tag{5.2.5}$$

复合函数求导公式 (5.2.5) 又称为链式法则. 应用链式法则的关键是要弄清函数的复合关系以及相应的中间变量, 要特别注意中间变量中出现函数的四则运算情况.

4. 基本初等函数求导公式

$$(c)'=0\quad (c \text{ 为常数}). \tag{5.2.6}$$

$$(x^\alpha)'=\alpha x^{\alpha-1}\quad (\alpha \text{ 为任意实数}). \tag{5.2.7}$$

$$(a^x)'=a^x\ln a,\quad (\mathrm{e}^x)'=\mathrm{e}^x. \tag{5.2.8}$$

$$(\log_a x)'=\frac{1}{x\ln a},\quad (\ln x)'=\frac{1}{x}. \tag{5.2.9}$$

$$(\sin x)'=\cos x,\quad (\cos x)'=-\sin x, \tag{5.2.10}$$

$$(\tan x)'=\sec^2 x,\quad (\cot x)'=-\csc^2 x, \tag{5.2.11}$$

$$(\sec x)'=\sec x\tan x,\quad (\csc x)'=-\csc x\cot x. \tag{5.2.12}$$

$$(\arcsin x)'=\frac{1}{\sqrt{1-x^2}},\quad (\arccos x)'=-\frac{1}{\sqrt{1-x^2}}, \tag{5.2.13}$$

$$(\arctan x)'=\frac{1}{1+x^2},\quad (\operatorname{arccot} x)'=-\frac{1}{1+x^2}. \tag{5.2.14}$$

5. 对数求导法

若函数 f 可导, 则由复合函数求导法知

$$(\ln f(x))'=\frac{f'(x)}{f(x)}. \tag{5.2.15}$$

此法一般适应于多个函数相乘 (除) 的求导, 或者是幂指函数的求导.

幂指函数的求导 若函数 $u(x)$ 和 $v(x)$ 均可导, 且 $u(x)>0$, 则

$$\left(u(x)^{v(x)}\right)'=u(x)^{v(x)}v'(x)\ln u(x)+u(x)^{v(x)-1}u'(x)v(x). \tag{5.2.16}$$

二、疑难解答

问题 5.2.1　请问 $f'\big(g(x)\big)$ 与 $\big(f(g(x))\big)'$ 具有相同意义吗?

答　$f'\big(g(x)\big)$ 与 $\big(f(g(x))\big)'$ 两者意义是不同的, 具有本质的区别.

$f'\big(g(x)\big)$ 表示函数 $f(u)$ 与 $u=g(x)$ 复合后对中间变量 u 的导数, 并用 $u=g(x)$ 替换后所得的结果, 即

$$f'\big(g(x)\big)=f'(u)|_{u=g(x)}.$$

而 $\big(f(g(x))\big)'$ 表示函数 $f(u)$ 与 $u=g(x)$ 复合后关于最终变量 x 的导数, 即

$$\big(f(g(x))\big)'=f'\big(g(x)\big)g'(x).$$

■

问题 5.2.2　若 f,g 都在点 x_0 可导, 则 $f+g$, fg 必在点 x_0 可导; 反之, 若 $f+g$, fg 都在点 x_0 可导, 问 f,g 在点 x_0 可导吗?

答　若 f,g 都在点 x_0 可导, 则 $f+g$, fg 必在 x_0 可导 (求导的四则运算法则). 若 $f+g$, fg 都在点 x_0 可导, 未必有 f,g 在点 x_0 可导. 如函数 $f(x)=|x|$ 和 $g(x)=-|x|$ 都在点 $x=0$ 不可导, 但函数 $f(x)+g(x)\equiv 0$ 与 $f(x)g(x)=-x^2$ 却都在点 $x=0$ 可导. ■

问题 5.2.3　问下列断言是否正确, 为什么?

(i) 可导的偶函数的导函数为偶函数;

(ii) 可导的奇函数的导函数为奇函数;

(iii) 可导的周期函数的导函数为周期函数;

(iv) 若 f 为单调增函数, 则其导函数 f 也是单调增函数.

答　(i) 不正确. 设 f 为偶函数, 即 $f(x)=f(-x)$. 由求导的链式法则得 $f'(x)=-f'(-x)$, 即 f' 为奇函数. 所以, 可导的偶函数的导函数为奇函数.

(ii) 不正确. 与 (i) 同理可知：可导的奇函数的导函数为偶函数.

(iii) 正确. 可利用复合函数求导法则易证明.

(iv) 不正确. 如函数 $f(x)=x^3$, $x\in\mathbb{R}$, 则此函数为 $\mathbb{R}$ 上单调增函数, 但其导函数 $f'(x)=3x^2$, $x\in\mathbb{R}$ 却不是单调函数, 更不是单调增函数. ■

问题 5.2.4　$\big(u(x)^{v(x)}\big)'=v(x)u(x)^{v(x)-1}$ 吗 (其中 $u(x)>0$)?

答　问题中的求导不正确. 正确的结果为：若 $u(x)$ 与 $v(x)$ 可导, 则

$$\begin{aligned}\Big(u(x)^{v(x)}\Big)'&=\Big(\mathrm{e}^{v(x)\ln u(x)}\Big)'=\mathrm{e}^{v(x)\ln u(x)}\left[v'(x)\ln u(x)+v(x)\frac{u'(x)}{u(x)}\right]\\&=u(x)^{v(x)}v'(x)\ln u(x)+u(x)^{v(x)-1}u'(x)v(x).\end{aligned}$$

■

问题 5.2.5　设 $f(x)=(x^2-a^2)g(x)$, 其中 $g(x)$ 在 $x=a$ 处连续, 求 $f'(a)$ 的下列做法是否正确? 为什么?

$f'(a)$ 的计算过程：因 $f'(x)=2xg(x)+(x^2-a^2)g'(x)$, 所以 $f'(a)=2ag(a)$.

答 上述做法是错误的. 错误的主要原因是, 错误地应用了函数求导的四则运算法则, 因为此处 $g(x)$ 未必可导.

正确的做法是

$$f'(a)=\lim_{x\to a}\frac{f(x)-f(a)}{x-a}=\lim_{x\to a}\frac{(x^2-a^2)g(x)}{x-a}=\lim_{x\to a}(x+a)g(x)=2ag(a).\quad\blacksquare$$

问题 5.2.6 若函数 $f(u)$ 在 $u_0=g(x_0)$ 可导, 而函数 $g(x)$ 在 x_0 点不可导, 试问 $f(g(x))$ 在 x_0 也不可导吗?

答 不一定. 例如函数 $f(u)=u^2$, $u=|x|$ $(\equiv g(x))$. 函数 $f(u)$ 在点 $u_0=0$ 可导, 而 $g(x)$ 在 $x_0=0$ 不可导, 但 $f(g(x))=x^2$ 在 $x_0=0$ 却可导. ■

三、典型例题

例 5.2.1 设 $f(x)=\sin\left(\tan x^2\right)$, 求 $f'(x)$.

解 因函数 $f(x)=\sin\left(\tan x^2\right)$ 可以看作是由 $f(u)=\sin u$, $u(v)=\tan v$ 和 $v(x)=x^2$ 复合而成, 所以由链式法则可得

$$\begin{aligned}f'(x)&=\left(\sin(\tan x^2)\right)'=f'(u)\cdot u'(v)\cdot v'(x)\\&=\cos\left(\tan x^2\right)\sec^2 x^2\cdot 2x\\&=2x\cos\left(\tan x^2\right)\sec^2 x^2.\end{aligned}\quad\blacksquare$$

例 5.2.2 求函数 $f(x)=\sqrt{x+\sqrt{x+\sqrt{x}}}$ 的导数.

解 由链式法则, 可得

$$\begin{aligned}f'(x)&=\frac{1}{2\sqrt{x+\sqrt{x+\sqrt{x}}}}\cdot\left(1+\frac{1}{2\sqrt{x+\sqrt{x}}}\cdot\left(1+\frac{1}{2\sqrt{x}}\right)\right)\\&=\frac{4\sqrt{x}\sqrt{x+\sqrt{x}}+2\sqrt{x}+1}{8\sqrt{x}\sqrt{x+\sqrt{x}}\sqrt{x+\sqrt{x+\sqrt{x}}}}.\end{aligned}\quad\blacksquare$$

例 5.2.3 设 $f(x)=\dfrac{1}{2}x\sqrt{x^2+a^2}+\dfrac{1}{2}a^2\ln(x+\sqrt{x^2+a^2})$, 求 $f'(x)$.

解 记 $f_1(x)=\dfrac{1}{2}x\sqrt{x^2+a^2}$, $f_2(x)=\dfrac{1}{2}a^2\ln(x+\sqrt{x^2+a^2})$, 则

$$\begin{aligned}f_1'(x)&=\left(\frac{1}{2}x\sqrt{x^2+a^2}\right)'=\frac{1}{2}\left(\sqrt{x^2+a^2}+x\cdot\frac{2x}{2\sqrt{x^2+a^2}}\right)\\&=\frac{1}{2}\left(\sqrt{x^2+a^2}+\frac{x^2}{\sqrt{x^2+a^2}}\right),\end{aligned}$$

$$f_2'(x) = \left(\frac{1}{2}a^2\ln(x+\sqrt{x^2+a^2})\right)' = \frac{a^2}{2}\frac{1}{x+\sqrt{x^2+a^2}}\left(1+\frac{2x}{2\sqrt{x^2+a^2}}\right)$$
$$= \frac{a^2}{2}\frac{1}{\sqrt{x^2+a^2}}.$$

所以

$$f'(x) = \big(f_1(x)+f_2(x)\big)' = \sqrt{x^2+a^2}.$$ ■

例 5.2.4　设 $a>b\geqslant 0$, 求函数 $f(x)=\dfrac{2}{\sqrt{a^2-b^2}}\arctan\left(\sqrt{\dfrac{a-b}{a+b}}\tan\dfrac{x}{2}\right)$ 的导数.

解　由反函数的导数及链式法则, 有

$$f'(x) = \frac{2}{\sqrt{a^2-b^2}}\frac{1}{1+\left(\sqrt{\dfrac{a-b}{a+b}}\tan\dfrac{x}{2}\right)^2}\cdot\sqrt{\frac{a-b}{a+b}}\sec^2\frac{x}{2}\cdot\frac{1}{2}$$
$$= \frac{1}{\sqrt{a^2-b^2}}\frac{a+b}{a+b+(a-b)\tan^2\dfrac{x}{2}}\cdot\frac{\sqrt{a^2-b^2}}{a+b}\sec^2\frac{x}{2}$$
$$= \frac{1}{(a+b)\cos^2\dfrac{x}{2}+(a-b)\sin^2\dfrac{x}{2}}$$
$$= \frac{1}{a+b\cos x}.$$ ■

例 5.2.5　求函数 $f(x)=\prod\limits_{i=1}^{k}(x-a_j)^{a_j}$ 的导数, 其中 $a_j\in\mathbb{R}$.

解　由于 $f(x)=\mathrm{e}^{a_1\ln(x-a_1)+a_2\ln(x-a_2)+\cdots+a_k\ln(x-a_k)}$, 所以

$$f'(x) = \mathrm{e}^{a_1\ln(x-a_1)+a_2\ln(x-a_2)+\cdots+a_k\ln(x-a_k)}\left(\sum_{j=1}^{k}\frac{a_j}{x-a_j}\right)$$
$$= \prod_{j=1}^{k}(x-a_j)^{a_j}\left(\sum_{j=1}^{k}\frac{a_j}{x-a_j}\right).$$ ■

例 5.2.6　求函数 $f(x)=\mathrm{e}^{x^x}$ 的导数.

解　记 $u(x)=x^x$, 则 $f(x)=\mathrm{e}^{x^x}$ 是由函数 $f(u)=\mathrm{e}^u$ 与 $u=x^x$ 复合而成. 而

$$u'(x) = (x^x)' = \left(\mathrm{e}^{x\ln x}\right)' = \mathrm{e}^{x\ln x}\left(\ln x + x\cdot\frac{1}{x}\right) = x^x(\ln x+1).$$

所以

$$f'(x) = \left(\mathrm{e}^{x^x}\right)' = \mathrm{e}^u\cdot u'(x) = \mathrm{e}^{x^x}x^x(\ln x+1).$$ ■

例 5.2.7 求函数 $f(x)=|(x-1)^2(x+1)^3|$ 的导数.

解 先将函数改写为

$$f(x)=\begin{cases}(x-1)^2(x+1)^3, & x\geqslant -1,\\ -(x-1)^2(x+1)^3, & x<-1.\end{cases}$$

由求导数的四则运算法则, 有

$$f'(x)=\begin{cases}(x-1)(x+1)^2(5x-1), & x>-1,\\ -(x-1)(x+1)^2(5x-1), & x<-1.\end{cases}$$

当 $x=-1$ 时, 由于

$$f'_+(-1)=\lim_{\Delta x\to 0^+}\frac{f(-1+\Delta x)-f(-1)}{\Delta x}=\lim_{\Delta x\to 0^+}\frac{(\Delta x-2)^2(\Delta x)^3}{\Delta x}=0,$$

$$f'_-(-1)=\lim_{\Delta x\to 0^-}\frac{f(-1+\Delta x)-f(-1)}{\Delta x}=-\lim_{\Delta x\to 0^-}\frac{(\Delta x-2)^2(\Delta x)^3}{\Delta x}=0,$$

所以, $f'(-1)=0$. 于是

$$f'(x)=\begin{cases}(x-1)(x+1)^2(5x-1), & x\geqslant -1,\\ -(x-1)(x+1)^2(5x-1), & x<-1.\end{cases}$$ ■

例 5.2.8 设 $V=\{p_2(x)\mid p_2(x)$ 为实系数二次多项式, 且 $|p_2(x)|\leqslant 1,\ x\in[0,1]\}$, 证明 $\sup\{|p_2'(0)|\mid p_2(x)\in V\}=8$.

证明 令 $p_2(x)=ax^2+bx+c$, 则

$$p_2(0)=c,\quad p_2\left(\frac{1}{2}\right)=\frac{1}{4}a+\frac{1}{2}b+c,\quad p_2(1)=a+b+c.$$

故

$$p_2'(0)=b=4p_2\left(\frac{1}{2}\right)-3p_2(0)-p_2(1).$$

从而由 $|p_2(x)|\leqslant 1,\ x\in[0,1]$, 可得

$$\left|p_2'(0)\right|\leqslant 4\left|p_2\left(\frac{1}{2}\right)\right|+3\left|p_2(0)\right|+\left|p_2(1)\right|\leqslant 4+3+1=8.$$

取 $\overline{p_2}(x)=8x^2-8x+1\in V$, 则 $\overline{p_2}'(x)=16x-8$. 从而有 $\left|\overline{p_2}'(0)\right|=8$.

综上所述, 有 $\sup\{|p_2'(0)|\mid p_2(x)\in V\}=8$. ■

四、巩固提高

5.2.1 求下列函数的导数:

(i) $f(x)=\sin 2x$; (ii) $f(x)=\sin x^2$;

(iii) $f(x)=3x+5\sqrt{x}$; (iv) $f(x)=\sqrt{x\sqrt{x\sqrt{x}}}$;

(v) $f(x)=\sin\big(\cos^3(\tan^2 x)\big)$; (vi) $f(x)=\dfrac{\sin(2x)-x\cos x}{\cos x+x\sin(2x)}$;

(vii) $f(x)=\ln\sqrt{\dfrac{a-x}{a+x}}$; (viii) $f(x)=\ln\sqrt{\dfrac{\sqrt{a^2+x^2}-\sqrt{a^2-x^2}}{\sqrt{a^2+x^2}+\sqrt{a^2-x^2}}}$.

5.2.2 求下列函数的导数:

(i) $f(x)=\dfrac{\sin x}{x^2}\ln\dfrac{1}{x}$; (ii) $f(x)=\mathrm{e}^{-\ln^2 x}+x\sin\big(\cos^2(\tan x)\big)$;

(iii) $f(x)=\arctan\dfrac{x+1}{x-1}$; (iv) $f(x)=(x^2-4)\arcsin\sqrt{1-x^2}$;

(v) $f(x)=\dfrac{1}{\sqrt{a^2-b^2}}\arcsin\dfrac{a\sin x+b}{a+b\sin x}$, $\quad a>b\geqslant 0$.

5.2.3 求下列函数的导数:

(i) $f(x)=(x+a)\sqrt{x+b}\sqrt[3]{x^3+c}$; (ii) $f(x)=\dfrac{(x^2+x+1)^{50}}{x\mathrm{e}^{x^2}}\sqrt[3]{\dfrac{16-x^2}{x^2+5}}$.

5.2.4 设函数 $y=f\left(\dfrac{x-2}{3x+2}\right)$, $f'(x)=\arctan x^2$, 求 $\dfrac{\mathrm{d}y}{\mathrm{d}x}$.

5.2.5 设 f 为可导函数, 证明: 若 $x=1$ 时有 $\dfrac{\mathrm{d}}{\mathrm{d}x}f(x^2)=\dfrac{\mathrm{d}}{\mathrm{d}x}f^2(x)$, 则必有 $f'(1)=0$ 或 $f(1)=1$.

5.2.6 已知 g 为可导函数, c 为实常数, 求下列函数 f 的导数:

(i) $f(x)=g\,(x+g(c))$; (ii) $f(x)=g\,(x+g(x))$;

(iii) $f(x)=g\,(xg(c))$; (iv) $f(x)=g\,(xg(x))$.

5.2.7 求下列函数的导数:

(i) $f(x)=x|x(x-2)|$; (ii) $f(x)=(x+1)|(x+1)(x-3)^2|$.

5.2.8 设函数 f, g 可导, 求下列函数的导数:

(i) $F(x)=\dfrac{f(x)g(x)}{1+f^2(x)+g^2(x)}$; (ii) $F(x)=\arctan\big(f(x)g(x)\big)$.

5.2.9 求下列函数的导数:

(i) $f(x)=x^{a^x}$; (ii) $f(x)=x^{x^a}$;

(iii) $f(x)=x^{\frac{1}{x}}$; (iv) $f(x)=\left(\dfrac{x}{1+x}\right)^x$;

(v) $f(x)=(\tan x)^x+x^{\sin\frac{1}{x}}$; (vi) $f(x)=\big(\sin x\big)^{\cos^2 x}$.

5.2.10 计算极限 $\lim\limits_{x\to 0}\dfrac{(1+\tan x)^{10}-(1-\sin x)^{10}}{\sin x}$.

5.2.11 设 f 在点 $x=c$ 处可导, 且 $f(c)\neq 0$, 求 $\lim\limits_{n\to\infty}\left[\dfrac{f\left(c+\dfrac{1}{n}\right)}{f(c)}\right]^n$.

5.2.12 设 f 在 x_0 处可导, 求 $\lim\limits_{n\to\infty} n\left[f\left(\dfrac{nx_0+a}{n}\right)-f\left(\dfrac{nx_0-a}{n}\right)\right]$, 其中 $n\in\mathbb{N}_+$.

5.3 参变量函数的导数

一、内容精读

1. 参数式与极坐标表示函数的导数

1) 参数式

设参数方程

$$x=\varphi(t),\quad y=\psi(t),\quad \alpha\leqslant t\leqslant\beta.$$

又若 $\varphi(t),\psi(t)$ 可导, 且 $\varphi'(t)\neq 0$, 则

$$\frac{\mathrm{d}y}{\mathrm{d}x}=\frac{\psi'(t)}{\varphi'(t)} \text{ 或 } \frac{\mathrm{d}y}{\mathrm{d}x}=\frac{\mathrm{d}y}{\mathrm{d}t}\Big/\frac{\mathrm{d}x}{\mathrm{d}t}. \tag{5.3.1}$$

2) 极坐标式

若曲线 C 是由极坐标 $\rho=\rho(\theta)$ 表示, 则

$$\frac{\mathrm{d}y}{\mathrm{d}x}=\frac{\rho'(\theta)\sin\theta+\rho(\theta)\cos\theta}{\rho'(\theta)\cos\theta-\rho(\theta)\sin\theta}=\frac{\rho'(\theta)\tan\theta+\rho(\theta)}{\rho'(\theta)-\rho(\theta)\tan\theta}. \tag{5.3.2}$$

2. 光滑曲线的切线方程和法线方程

1) 光滑曲线

定义 5.3.1 设曲线 $C: x=\varphi(t),\ y=\psi(t),\ \alpha\leqslant t\leqslant\beta$. 若 φ,ψ 在 $[\alpha,\beta]$ 上都存在连续导函数, 且 $\varphi'^2(t)+\psi'^2(t)\neq 0$, 则称 C 为光滑曲线. 光滑曲线上任意一点处都存在切线, 且切线与 x 轴正向的夹角为 t 的连续函数.

2) 光滑曲线的切线方程和法线方程

光滑曲线 C 在点 $(\varphi(t_0),\psi(t_0))$ 处的

切线方程为

$$(x-\varphi(t_0))\,\psi'(t_0)-(y-\psi(t_0))\,\varphi'(t_0)=0. \tag{5.3.3}$$

法线方程为

$$(x-\varphi(t_0))\,\varphi'(t_0)+(y-\psi(t_0))\,\psi'(t_0)=0. \tag{5.3.4}$$

二、疑难解答

问题 5.3.1 请问：导数存在与存在切线二者等价吗?

答 导数存在与存在切线二者不等价.

导数存在必存在切线, 这由导数的几何意义保证. 但存在切线不一定有导数. 例如, 圆 $x^2+y^2=1$ 上任一点处都存在切线 (含平行于 y 轴的切线), 但它在 $x=\pm1$ 对应的点处 y' 不存在. ■

问题 5.3.2 如何求极坐标形式函数的导数?

答 用极坐标方程表示某些曲线也是常用的方法之一, 其一般形式为

$$r=r(\theta),\quad \theta\in[\alpha,\beta], \tag{5.3.5}$$

其中 r 为极径, θ 为极角. 将其先化为参数方程形式, 然后利用参数方程求导数的方法求出极坐标形式函数的导数. 式 (5.3.5) 的参数方程为

$$x=r(\theta)\cos\theta,\quad y=r(\theta)\sin\theta.$$

于是

$$\frac{\mathrm{d}y}{\mathrm{d}x}=\frac{\mathrm{d}y}{\mathrm{d}\theta}\Big/\frac{\mathrm{d}x}{\mathrm{d}\theta}=\frac{r'(\theta)\sin\theta+r(\theta)\cos\theta}{r'(\theta)\cos\theta-r(\theta)\sin\theta}.$$ ■

三、典型例题

例 5.3.1 求由参数方程所确定的函数 $y(x)$ 的导数, 其中参数方程为

(i) $\begin{cases} x=a(t-\sin t),\\ y=a(1-\cos t);\end{cases}$ (ii) $\begin{cases} x=\dfrac{t}{1+t^3},\\ y=\dfrac{t^2}{1+t^3}.\end{cases}$

解 (i) 由于

$$\frac{\mathrm{d}x}{\mathrm{d}t}=\big(a(t-\sin t)\big)'_t=a(1-\cos t),\quad \frac{\mathrm{d}y}{\mathrm{d}t}=\big(a(1-\cos t)\big)'_t=a\sin t,$$

所以

$$\frac{\mathrm{d}y}{\mathrm{d}x}=\frac{\mathrm{d}y}{\mathrm{d}t}\Big/\frac{\mathrm{d}x}{\mathrm{d}t}=\frac{a\sin t}{a(1-\cos t)}=\frac{\sin t}{1-\cos t}.$$

(ii) 由于

$$\frac{\mathrm{d}x}{\mathrm{d}t}=\left(\frac{t}{1+t^3}\right)'_t=\frac{1+t^3-t\cdot3t^2}{(1+t^3)^2}=\frac{1-2t^3}{(1+t^3)^2},$$

$$\frac{\mathrm{d}y}{\mathrm{d}t}=\left(\frac{t^2}{1+t^3}\right)'_t=\frac{(1+t^3)\cdot2t-t^2\cdot3t^2}{(1+t^3)^2}=\frac{2t-t^4}{(1+t^3)^2},$$

所以

$$\frac{\mathrm{d}y}{\mathrm{d}x}=\frac{\mathrm{d}y}{\mathrm{d}t}\Big/\frac{\mathrm{d}x}{\mathrm{d}t}=\frac{2t-t^4}{(1+t^3)^2}\cdot\frac{(1+t^3)^2}{1-2t^3}=\frac{2t-t^4}{1-2t^3}.$$ ■

例 5.3.2 求由参数方程 $x=\cos^2 t$, $y=\sin^2 t$ 所确定的函数 $y(x)$ 的 $\dfrac{\mathrm{d}y}{\mathrm{d}x}$.

解 由于

$$\frac{\mathrm{d}x}{\mathrm{d}t}=\left(\cos^2 t\right)_t'=2\cos t\cdot(-\sin t)=-\sin 2t,$$

$$\frac{\mathrm{d}y}{\mathrm{d}t}=\left(\sin^2 t)\right)_t'=2\sin t\cos t=\sin 2t,$$

所以

$$\frac{\mathrm{d}y}{\mathrm{d}x}=\frac{\mathrm{d}y}{\mathrm{d}t}\Big/\frac{\mathrm{d}x}{\mathrm{d}t}=\frac{\sin 2t}{-\sin 2t}=-1.$$ ■

例 5.3.3 设曲线方程为 $x=\mathrm{e}^{at}\cos^2 t$, $y=\mathrm{e}^{at}\sin^2 t$, 求 $\dfrac{\mathrm{d}y}{\mathrm{d}x}$.

解 由于

$$\frac{\mathrm{d}x}{\mathrm{d}t}=a\mathrm{e}^{at}\cos^2 t-2\mathrm{e}^{at}\cos t\sin t=\mathrm{e}^{at}(a\cos^2 t-\sin 2t),$$

$$\frac{\mathrm{d}y}{\mathrm{d}t}=a\mathrm{e}^{at}\sin^2 t+2\mathrm{e}^{at}\sin t\cos t=\mathrm{e}^{at}(a\sin^2 t+\sin 2t),$$

所以

$$\frac{\mathrm{d}y}{\mathrm{d}x}=\frac{\mathrm{d}y}{\mathrm{d}t}\Big/\frac{\mathrm{d}x}{\mathrm{d}t}=\frac{a\sin^2 t+\sin 2t}{a\cos^2 t-\sin 2t}.$$ ■

例 5.3.4 求由椭圆方程 $\dfrac{x^2}{a^2}+\dfrac{y^2}{b^2}=1$ 所确定的函数 $y(x)$ 的 $\dfrac{\mathrm{d}y}{\mathrm{d}x}$.

解 将椭圆方程 $\dfrac{x^2}{a^2}+\dfrac{y^2}{b^2}=1$ 化为参数方程: $x=a\cos t$, $y=b\sin t$. 由参数方程求导数法则, 有

$$\frac{\mathrm{d}y}{\mathrm{d}x}=\frac{\mathrm{d}y}{\mathrm{d}t}\Big/\frac{\mathrm{d}x}{\mathrm{d}t}=\frac{b\cos t}{-a\sin t}=-\frac{b^2x}{a^2y}.$$ ■

例 5.3.5 设阿基米德螺线方程为 $r=a\theta$, 求 $\dfrac{\mathrm{d}y}{\mathrm{d}x}$.

解 由极坐标方程求导公式 (5.3.2), 有

$$\frac{\mathrm{d}y}{\mathrm{d}x}=\frac{r'(\theta)\tan\theta+r(\theta)}{r'(\theta)-r(\theta)\tan\theta}=\frac{a\tan\theta+a\theta}{a-a\theta\tan\theta}=\frac{\tan\theta+\theta}{1-\theta\tan\theta}.$$ ■

例 5.3.6 求原点到曲线 $\begin{cases} x=a(\cos t+t\sin t), \\ y=a(\sin t-t\cos t) \end{cases}$ 上任一点处法线的距离.

解 设 $P_0(x_0,y_0)=(x(t_0),y(t_0))$ 为曲线上任一点. 由于所给曲线为光滑曲线, 所以其上任一点处必有切线, 从而有法线.

先求过 P_0 点处曲线的法线. 由于 $x'(t_0)=at_0\cos t_0$, $y'(t_0)=at_0\sin t_0$, 所以 P_0 点处曲线的法线方程为

$$\big(x-a(\cos t_0+t_0\sin t_0)\big)\cdot at_0\cos t_0+\big(y-a(\sin t_0-t_0\cos t_0)\big)\cdot at_0\sin t_0=0,$$

则当 $t_0\neq 0$ 时, P_0 点处曲线的法线方程为

$$\cos t_0\cdot x+\sin t_0\cdot y-a=0.$$

再由点到直线的距离公式, 可得原点到曲线在 P_0 处法线的距离为 $(t_0\neq 0)$

$$d=\frac{|(\cos t_0)\cdot 0+(\sin t_0)\cdot 0-a|}{\sqrt{\cos^2 t_0+\sin^2 t_0}}=a.$$

而当 $t_0=0$ 时, 法线方程为 $y=0$. 此时原点到 P_0 处法线的距离 $d=0$. ■

例 5.3.7　将方程组 $\begin{cases}\dfrac{\mathrm{d}x}{\mathrm{d}t}=y+c(x^2+y^2)x,\\ \dfrac{\mathrm{d}y}{\mathrm{d}t}=-x+c(x^2+y^2)y\end{cases}$ 极坐标化, 其中 c 为常数.

解　由直角坐标 (x,y) 与极坐标 (r,θ) 间的关系知, $x=r\cos\theta$, $y=r\sin\theta$. 视 $r=r(t)$, $\theta=\theta(t)$, 其中 t 为参变量. 于是

$$\frac{\mathrm{d}x}{\mathrm{d}t}=\frac{\mathrm{d}r}{\mathrm{d}t}\cos\theta-r\sin\theta\frac{\mathrm{d}\theta}{\mathrm{d}t},\quad \frac{\mathrm{d}y}{\mathrm{d}t}=\frac{\mathrm{d}r}{\mathrm{d}t}\sin\theta+r\cos\theta\frac{\mathrm{d}\theta}{\mathrm{d}t}.$$

代入原方程, 可得

$$\begin{cases}\cos\theta\dfrac{\mathrm{d}r}{\mathrm{d}t}-r\sin\theta\dfrac{\mathrm{d}\theta}{\mathrm{d}t}=r\sin\theta+cr^3\cos\theta,\\ \sin\theta\dfrac{\mathrm{d}r}{\mathrm{d}t}+r\cos\theta\dfrac{\mathrm{d}\theta}{\mathrm{d}t}=-r\cos\theta+cr^3\sin\theta.\end{cases}$$

解上述方程组, 可得

$$\frac{\mathrm{d}r}{\mathrm{d}t}=cr^3,\quad \frac{\mathrm{d}\theta}{\mathrm{d}t}=-1.$$ ■

四、巩固提高

5.3.1　求由下列参数方程所确定的函数的导数 $\dfrac{\mathrm{d}y}{\mathrm{d}x}$:

(i) $\begin{cases}x=\sqrt{1+t},\\ y=\sqrt{1-t};\end{cases}$　　(ii) $\begin{cases}x=at\cos t,\\ y=at\sin t;\end{cases}$

(iii) $\begin{cases}x=a\cos^3 t,\\ y=a\sin^3 t;\end{cases}$　　(iv) $\begin{cases}x=f'(t),\\ y=tf'(t)-f(t).\end{cases}$

5.3.2 求由参数方程 $\begin{cases} x=(a+b)\cos t-a\cos\left(\dfrac{a+b}{a}t\right), \\ y=(a+b)\sin t-a\sin\left(\dfrac{a+b}{a}t\right) \end{cases}$ 所确定的函数 $y=y(x)$ 的导数.

5.3.3 求曲线 $\dfrac{x^2}{a^2}+\dfrac{y^2}{b^2}=1$ 在点 $P_0\left(\dfrac{\sqrt{2}}{2}a, \dfrac{\sqrt{2}}{2}b\right)$ 处的切线和法线.

5.3.4 求由下列方程所确定的隐函数的导数 $\dfrac{\mathrm{d}y}{\mathrm{d}x}$:

(i) $\cos(x+y)-y=0$; (ii) $x-\sin(xy)=0$.

5.3.5 求曲线 $x=1-t^2, y=t-t^2$ 在参数 $t=1$ 所对应点处的切线方程与法线方程.

5.3.6 求心形线 $r=a(1+\cos\theta)$ 的切线与切点向径之间的夹角.

5.3.7 证明圆 $r=2a\sin\theta$ (其中 $a>0$) 上任一点的切线与向径夹角等于向径的极角.

5.3.8 证明阿基米德螺线 $r=a\theta$ 与双曲螺线 $r=a\theta^{-1}$ 在相交处的切线正交, 其中 $a>0$.

5.3.9 设 $y=y(x)$ 是由 $x=\arctan t, 2y-ty^2+\mathrm{e}^t=5$ 所确定, 求 $\dfrac{\mathrm{d}y}{\mathrm{d}x}$.

5.3.10 求由参变量方程 $x=2t+|t|, y=5t^2+4t|t|$ 所确定的曲线 $y=f(x)$ 在 $t=0$ 处的切线斜率.

5.3.11 求曲线 $x=\dfrac{2t+t^2}{1+t^3}, y=\dfrac{2t-t^2}{1+t^3}$ 在 $t=0, t=1, t=\infty$ 各点处的切线方程与法线方程.

5.3.12 以 $t=\ln x$ 为新的自变量, 变换方程(Euler 方程)

$$x^2\frac{\mathrm{d}^2y}{\mathrm{d}x^2}+2x\frac{\mathrm{d}y}{\mathrm{d}x}+y=0.$$

5.4 高阶导数

一、内容精读

1. 二阶导数与高阶导数

二阶导数 若函数 f 的导函数 $f'(x)$ 在点 x_0 可导, 则称 $f'(x)$ 在点 x_0 的导数为函数 f 在点 x_0 的二阶导数, 记作 $f''(x_0)$, 即

$$f''(x_0)=\lim_{x\to x_0}\frac{f'(x)-f'(x_0)}{x-x_0}.$$

n 阶导数 一般地, 若函数 f 的 $n-1$ 阶导函数可导, 则 $f^{(n-1)}$ 的一阶导数称为函数 f 的 n 阶导函数 (或 n 阶导数), 记为 $f^{(n)}(x)$.

$$f^{(n)}(x)=\left(f^{(n-1)}(x)\right)'.$$

二阶及二阶以上的导数统称为高阶导数.

2. 基本的高阶导数公式

$$(x^m)^{(n)}=m(m-1)\cdots(m-n+1)x^{m-n},\quad m\geqslant n;\tag{5.4.1}$$

$$(a^x)^{(n)}=(\ln a)^n a^x\ (a>0),\quad (\mathrm{e}^x)^{(n)}=\mathrm{e}^x;\tag{5.4.2}$$

$$(\ln x)^{(n)}=(-1)^{n-1}\frac{(n-1)!}{x^n};\tag{5.4.3}$$

$$\left(\frac{1}{x-a}\right)^{(n)}=(-1)^n\frac{n!}{(x-a)^{n+1}};\tag{5.4.4}$$

$$(\sin x)^{(n)}=\sin\left(x+n\cdot\frac{\pi}{2}\right);\tag{5.4.5}$$

$$(\cos x)^{(n)}=\cos\left(x+n\cdot\frac{\pi}{2}\right).\tag{5.4.6}$$

3. Leibniz 公式

若函数 $u(x), v(x)$ 都有 n 阶导数, 则

$$\left(u(x)v(x)\right)^{(n)}=\sum_{k=0}^{n}\mathrm{C}_n^k u^{(n-k)}(x)v^{(k)}(x),\tag{5.4.7}$$

其中 $u^{(0)}(x)=u(x), v^{(0)}(x)=v(x)$.

4. 参数方程的二阶导数

设 φ,ψ 在 $[\alpha,\beta]$ 上都二阶可导, 则由参量方程 $x=\varphi(t), y=\psi(t), t\in[\alpha,\beta]$ 所确定的函数 $y=y(x)$ 的二阶导数为

$$\frac{\mathrm{d}^2y}{\mathrm{d}x^2}=\frac{\psi''(t)\varphi'(t)-\psi'(t)\varphi''(t)}{\left(\varphi'(t)\right)^3}.\tag{5.4.8}$$

二、疑难解答

问题 5.4.1 请列举出求函数的高阶导数的常用方法 (4 种以上).

答 求函数的高阶导数常用的一些计算方法如下:

(i) 利用基本的高阶导数公式 (见例 5.4.1);

(ii) 应用 Leibniz 公式 (见例 5.4.2);

(iii) 应用数学归纳法 (见例 5.4.3);

(iv) 先简化函数式子, 然后再应用基本的高阶导数公式 (见例 5.4.4);

(v) 递推公式法, 即先证明高阶导数满足一个微分方程, 然后求解 (见例 5.4.5);

(vi) 利用 Euler 公式及复数运算 (见例 5.4.6 与例 5.4.7). ■

问题 5.4.2 对于参数方程 $x=\varphi(t)$, $y=\psi(t)$, $\alpha\leqslant t\leqslant\beta$, 且 φ,ψ 在 $[\alpha,\beta]$ 上都存在二阶导函数, 下面求二阶导数的方法是否正确? 为什么?

(i) $\dfrac{\mathrm{d}y}{\mathrm{d}x}=\dfrac{\psi'(t)}{\varphi'(t)}$;

(ii) $\dfrac{\mathrm{d}^2y}{\mathrm{d}x^2}=\dfrac{\mathrm{d}}{\mathrm{d}t}\Big(\dfrac{\psi'(t)}{\varphi'(t)}\Big)=\dfrac{\psi''(t)\varphi'(t)-\psi'(t)\varphi''(t)}{(\varphi'(t))^2}$.

答 上述求二阶导数的方法不正确. 这是因为, 按高阶导数的定义, 应有 $\dfrac{\mathrm{d}^2y}{\mathrm{d}x^2}=\dfrac{\mathrm{d}}{\mathrm{d}x}\Big(\dfrac{\mathrm{d}y}{\mathrm{d}x}\Big)$. 上述计算中将 $\dfrac{\mathrm{d}^2y}{\mathrm{d}x^2}$ 误认为 $\dfrac{\mathrm{d}}{\mathrm{d}t}\Big(\dfrac{\mathrm{d}y}{\mathrm{d}x}\Big)$, 因而导致错误. 正确的计算为

$$\frac{\mathrm{d}^2y}{\mathrm{d}x^2}=\frac{\mathrm{d}}{\mathrm{d}x}\left(\frac{\psi'(t)}{\varphi'(t)}\right)=\frac{\mathrm{d}}{\mathrm{d}t}\left(\frac{\psi'(t)}{\varphi'(t)}\right)\Big/\frac{\mathrm{d}x}{\mathrm{d}t}=\frac{\psi''(t)\varphi'(t)-\psi'(t)\varphi''(t)}{(\varphi'(t))^3}.$$ ■

三、典型例题

例 5.4.1 设 $f(x)=\ln(1+x)$, 计算 $f^{(n)}(x)$.

解 (利用问题 5.4.1 中的方法 (i)) 因为 $f'(x)=\dfrac{1}{1+x}$, 所以由基本的高阶导数公式 (5.4.4) 得

$$f^{(n)}(x)=\left(\frac{1}{1+x}\right)^{(n-1)}=(-1)^{n-1}\frac{(n-1)!}{(1+x)^n}\quad(n\geqslant 1,\ 0!=1).$$ ■

例 5.4.2 设 $f(x)=x^2\sin x$, 计算 $f^{(80)}(x)$.

解 (利用问题 5.4.1 中的方法 (ii)) 由 Leibniz 公式及 $(\sin x)^{(4)}=\sin x$, 可得

$$\begin{aligned}f^{(80)}(x)&=(x^2\sin x)^{(80)}\\&=\mathrm{C}_{80}^0(\sin x)^{(80)}\cdot x^2+\mathrm{C}_{80}^1(\sin x)^{(79)}\cdot(x^2)'+\mathrm{C}_{80}^2(\sin x)^{(78)}\cdot(x^2)''\\&=x^2\sin x+160x(\sin x)'''+6320(\sin x)''\\&=(x^2-6320)\sin x-160x\cos x.\end{aligned}$$ ■

例 5.4.3 设 $f(x)=\begin{cases}\mathrm{e}^{-\frac{1}{x^2}}, & x\neq 0,\\ 0, & x=0,\end{cases}$ 求 $f^{(n)}(0)$.

解 (利用问题 5.4.1 中的方法 (iii)) 先求 $f'(0)$. 由于

$$f'(0)=\lim_{x\to 0}\frac{f(x)-f(0)}{x-0}=\lim_{x\to 0}\frac{1}{x}\mathrm{e}^{-\frac{1}{x^2}}=\lim_{y\to\infty}y\mathrm{e}^{-y^2}=0.$$

当 $x \neq 0$ 时, $f'(x) = \dfrac{2}{x^3}e^{-\frac{1}{x^2}}$. 再由定义可得

$$f''(0) = \lim_{x\to 0}\frac{f'(x)-f'(0)}{x-0} = \lim_{x\to 0}\frac{2}{x^4}e^{-\frac{1}{x^2}} = \lim_{y\to\infty} y^2 e^{-y} = 0.$$

同样可得, 当 $x \neq 0$ 时, $f''(x) = \left(\dfrac{4}{x^6} - \dfrac{6}{x^4}\right)e^{-\frac{1}{x^2}}$.

可以猜测：当 $x \neq 0$ 时, $f^{(n)}(x)$ 具有如下形式：

$$f^{(n)}(x) = P_n\left(\frac{1}{x}\right)e^{-\frac{1}{x^2}}, \tag{5.4.9}$$

其中 $P_n\left(\dfrac{1}{x}\right)$ 表示以 $\dfrac{1}{x}$ 为变元的某个 m 次多项式.

以下先用数学归纳法来证明上述猜测. 当 $n=1,2$ 时上述猜测已成立. 现设 $f^{(k)}(x)$ 具有上述所述形式 (5.4.9), 来计算 $f^{(k+1)}(x)$.

$$\begin{aligned} f^{(k+1)}(x) &= \left(f^{(k)}(x)\right)' = \left(P_k\left(\frac{1}{x}\right)\cdot e^{-\frac{1}{x^2}}\right)' \\ &= P_k'\left(\frac{1}{x}\right)\cdot\left(-\frac{1}{x^2}\right)\cdot e^{-\frac{1}{x^2}} + P_k\left(\frac{1}{x}\right)\cdot e^{-\frac{1}{x^2}}\cdot\frac{2}{x^3} \\ &= \left[-\frac{1}{x^2}P_k'\left(\frac{1}{x}\right) + \frac{2}{x^3}P_k\left(\frac{1}{x}\right)\right]\cdot e^{-\frac{1}{x^2}} = P_{k+1}\left(\frac{1}{x}\right)\cdot e^{-\frac{1}{x^2}}, \end{aligned}$$

即当 $n=k+1$ 时式 (5.4.9) 成立. 故由数学归纳法知, 猜测式 (5.4.9) 正确.

最后, 再用数学归纳法证明：$f^{(n)}(0)=0$, $n\in\mathbb{N}_+$. 当 $n=1,2$ 时已成立. 设 $n=k$ 时, 有 $f^{(k)}(0)=0$, 则对 $n=k+1$ 时, 由 $f^{(n)}(x)$ 的表达形式, 有

$$\begin{aligned} f^{(k+1)}(0) &= \lim_{x\to 0}\frac{f^{(k)}(x)-f^{(k)}(0)}{x-0} = \lim_{x\to 0}\frac{f^{(k)}(x)}{x} \\ &= \lim_{x\to 0}\frac{1}{x}P_k\left(\frac{1}{x}\right)\cdot e^{-\frac{1}{x^2}} = \lim_{y\to\infty} yP_k(y)e^{-y^2} = 0. \end{aligned}$$ ■

例 5.4.4　设 $f(x) = \dfrac{2x}{1-x^2}$, 求 $f^{(n)}(x)$.

解　(利用问题 5.4.1 中的方法 (iv)) 先将函数 f 改写为如下形式：

$$f(x) = \frac{1}{1-x} - \frac{1}{1+x},$$

所以利用基本的高阶导数公式 (5.4.4), 有

$$\begin{aligned} f^{(n)}(x) &= \left(\frac{1}{1-x} - \frac{1}{1+x}\right)^{(n)} = -\left(\frac{1}{x-1}\right)^{(n)} - \left(\frac{1}{1+x}\right)^{(n)} \\ &= -(-1)^n\frac{n!}{(x-1)^{n+1}} - (-1)^n\frac{n!}{(x+1)^{n+1}} \\ &= (-1)^{n+1}n!\left[\frac{1}{(x-1)^{n+1}} + \frac{1}{(x+1)^{n+1}}\right]. \end{aligned}$$ ■

例 5.4.5 计算 $f(x)=\arcsin x$ 在 $x=0$ 点的 n 阶导数 $f^{(n)}(0)$.

解 (利用问题 5.4.1 中的方法 (v)) 因 $f'(x)=\dfrac{1}{\sqrt{1-x^2}}$, 所以可得

$$(1-x^2)\left(f'(x)\right)^2=1,$$

上式两边对变量 x 求导数, 可得

$$(1-x^2)2f'(x)f''(x)-2x\left(f'(x)\right)^2=0.$$

注意到 $|x|<1$ 时, $f'(x)\neq 0$, 所以

$$(1-x^2)f''(x)-xf'(x)=0.$$

利用 Leibniz 公式, 上式对变量 x 求 $n-2$ 阶导数, 有

$$\begin{aligned}(1-x^2)f^{(n)}(x)+(n-2)f^{(n-1)}(x)(-2x)+\frac{(n-2)(n-3)}{2}f^{(n-2)}(x)\cdot(-2)\\ -xf^{(n-1)}(x)-(n-2)f^{(n-2)}(x)=0.\end{aligned}$$

代入 $x=0$, 有

$$f^{(n)}(0)-(n-2)(n-3)f^{(n-2)}(0)-(n-2)f^{(n-2)}(0)=0,$$

即

$$f^{(n)}(0)=(n-2)^2f^{(n-2)}(0).$$

又 $f^{(0)}(0)=\arcsin 0=0$, $f^{(1)}(0)=\left.\dfrac{1}{\sqrt{1-x^2}}\right|_{x=0}=1$, 所以

当 n 为偶数即 $n=2m$ 时 $(m\in\mathbb{N})$, 有 $f^{(2m)}(0)=0$;

当 n 为奇数即 $n=2m+1$ 时 $(m\in\mathbb{N}_+)$, 有

$$\begin{aligned}f^{(2m+1)}(0)&=(2m-1)^2f^{(2m-1)}(0)=(2m-1)^2(2m-3)^2f^{(2m-3)}(0)\\&=\cdots=(2m-1)^2(2m-3)^2\cdots3^2\cdot1^1f^{(1)}(0)=\left((2m-1)!!\right)^2.\end{aligned}$$

■

例 5.4.6 设 $f(x)=\mathrm{e}^x\sin x$, 求 $f^{(n)}(x)$.

解 (利用问题 5.4.1 中的方法 (vi)) 由于 $\mathrm{e}^x\sin x=\mathrm{Im}\big(\mathrm{e}^x(\cos x+\mathrm{i}\sin x)\big)=\mathrm{Im}\big(\mathrm{e}^{(1+\mathrm{i})x}\big)$, 而

$$\begin{aligned}\left(\mathrm{e}^{(1+\mathrm{i})x}\right)^{(n)}&=(1+i)^n\mathrm{e}^{(1+\mathrm{i})x}=\left(\sqrt{2}\left(\cos\frac{\pi}{4}+\mathrm{i}\sin\frac{\pi}{4}\right)\right)^n\mathrm{e}^x(\cos x+\mathrm{i}\sin x)\\&=2^{\frac{n}{2}}\mathrm{e}^x\left(\cos\frac{n\pi}{4}+\mathrm{i}\sin\frac{n\pi}{4}\right)(\cos x+\mathrm{i}\sin x)\\&=2^{\frac{n}{2}}\mathrm{e}^x\left[\cos\left(\frac{n\pi}{4}+x\right)+\mathrm{i}\sin\left(\frac{n\pi}{4}+x\right)\right],\end{aligned}$$

于是

$$f^{(n)}(x)=\operatorname{Im}\left(\mathrm{e}^{(1+\mathrm{i})x}\right)^{(n)}=2^{\frac{n}{2}}\mathrm{e}^{x}\sin\left(\frac{n\pi}{4}+x\right). \qquad \blacksquare$$

例 5.4.7 证明 $\left(\dfrac{1}{x^2+1}\right)^{(n)}=\dfrac{(-1)^n n!}{(x^2+1)^{\frac{n+1}{2}}}\sin\left((n+1)\operatorname{arccot} x\right)$.

证明 由于

$$\frac{1}{x^2+1}=\frac{1}{2\mathrm{i}}\left(\frac{1}{x-\mathrm{i}}-\frac{1}{x+\mathrm{i}}\right),$$

所以利用基本的高阶导数公式, 有

$$\begin{aligned}\left(\frac{1}{x^2+1}\right)^{(n)}&=\frac{1}{2\mathrm{i}}\left(\frac{1}{x-\mathrm{i}}-\frac{1}{x+\mathrm{i}}\right)^{(n)}=\frac{1}{2\mathrm{i}}\left(\left(\frac{1}{x-\mathrm{i}}\right)^{(n)}-\left(\frac{1}{x+\mathrm{i}}\right)^{(n)}\right)\\&=\frac{(-1)^n n!}{2\mathrm{i}}\left(\frac{1}{(x-\mathrm{i})^{n+1}}-\frac{1}{(x+\mathrm{i})^{n+1}}\right)\\&=\frac{(-1)^n n!}{2\mathrm{i}}\frac{1}{(x^2+1)^{n+1}}\left((x+\mathrm{i})^{n+1}-(x-\mathrm{i})^{n+1}\right).\end{aligned}$$

因为 $x+\mathrm{i}=\sqrt{x^2+1}\left(\dfrac{x}{\sqrt{x^2+1}}+\mathrm{i}\dfrac{1}{\sqrt{x^2+1}}\right)$, 设 $\dfrac{x}{\sqrt{x^2+1}}=\cos\varphi$, $\dfrac{1}{\sqrt{x^2+1}}=\sin\varphi$, 则 $\cot\varphi=x$. 于是, 由 Euler 公式可得

$$x+\mathrm{i}=\sqrt{x^2+1}(\cos\varphi+\mathrm{i}\sin\varphi)=\sqrt{x^2+1}\mathrm{e}^{\mathrm{i}\varphi},$$

$$x-\mathrm{i}=\sqrt{x^2+1}(\cos\varphi-\mathrm{i}\sin\varphi)=\sqrt{x^2+1}\mathrm{e}^{-\mathrm{i}\varphi},$$

从而

$$(x+\mathrm{i})^{n+1}=(x^2+1)^{\frac{n+1}{2}}\mathrm{e}^{\mathrm{i}(n+1)\varphi}=(x^2+1)^{\frac{n+1}{2}}\left(\cos(n+1)\varphi+\mathrm{i}\sin(n+1)\varphi\right),$$

$$(x-\mathrm{i})^{n+1}=(x^2+1)^{\frac{n+1}{2}}\mathrm{e}^{-\mathrm{i}(n+1)\varphi}=(x^2+1)^{\frac{n+1}{2}}\left(\cos(n+1)\varphi-\mathrm{i}\sin(n+1)\varphi\right),$$

故

$$\begin{aligned}\left(\frac{1}{x^2+1}\right)^{(n)}&=\frac{(-1)^n n!}{2\mathrm{i}}\frac{1}{(x^2+1)^{\frac{n+1}{2}}}\cdot 2\mathrm{i}\sin(n+1)\varphi\\&=\frac{(-1)^n n!}{(x^2+1)^{\frac{n+1}{2}}}\cdot\sin\left((n+1)\operatorname{arccot} x\right). \qquad \blacksquare\end{aligned}$$

例 5.4.8 设 $\begin{cases} x=f'(t), \\ y=tf'(t)-f(t), \end{cases}$ 其 $f(t)$ 是二阶可导函数, 且 $f''(t)\neq 0$, 求 $\dfrac{\mathrm{d}^2y}{\mathrm{d}x^2}$.

解 由于

$$x'(t)=f''(t),\quad y'(t)=f'(t)+tf''(t)-f'(t)=tf''(t),$$

所以

$$\frac{\mathrm{d}y}{\mathrm{d}x}=\frac{y'(t)}{x'(t)}=\frac{tf''(t)}{f''(t)}=t,$$

$$\frac{\mathrm{d}^2y}{\mathrm{d}x^2}=\frac{\mathrm{d}}{\mathrm{d}x}\left(\frac{\mathrm{d}y}{\mathrm{d}x}\right)=\frac{\mathrm{d}}{\mathrm{d}t}\left(\frac{\mathrm{d}y}{\mathrm{d}x}\right)\Big/x'(t)=\frac{1}{f''(t)}\quad (f''(t)\neq 0).$$ ■

例 5.4.9 求由参数方程所确定的函数 $y=y(x)$ 的二阶导数, 其中参数方程为

$$x=a\cos^3 t,\quad y=a\sin^3 t.$$

解 由于

$$x'(t)=-3a\cos^2 t\sin t,\quad y'(t)=3a\sin^2 t\cos t,$$

所以

$$\frac{\mathrm{d}y}{\mathrm{d}x}=\frac{y'(t)}{x'(t)}=\frac{3a\sin^2 t\cos t}{-3a\cos^2 t\sin t}=-\tan t,$$

$$\frac{\mathrm{d}^2y}{\mathrm{d}x^2}=\frac{\mathrm{d}}{\mathrm{d}x}\left(\frac{\mathrm{d}y}{\mathrm{d}x}\right)=\frac{\mathrm{d}}{\mathrm{d}t}\left(\frac{\mathrm{d}y}{\mathrm{d}x}\right)\Big/x'(t)=\frac{-\sec^2 t}{-3a\cos^2 t\sin t}=\frac{1}{3a\cos^4 t\sin t}.$$ ■

四、巩固提高

5.4.1 求下列函数的 n 阶导数:

(i) $f(x)=x^3\mathrm{e}^x$; (ii) $f(x)=\mathrm{e}^{ax}\cos bx$;

(iii) $f(x)=\dfrac{x^n}{1-x}$; (iv) $f(x)=\dfrac{x^n}{(1+x)^2}$.

5.4.2 设 $f(x)=\dfrac{1}{x^2+3x+2}$, 计算 $f^{(100)}(0)$.

5.4.3 求函数 $f(x)=x^2\ln(1+x)$ 在 $x=0$ 处的 n 阶导数 $f^{(n)}(0)$(其中 $n\geqslant 0$).

5.4.4 求函数 $f(x)=\arctan x$ 的 n 阶导数 $f^{(n)}(x)$, 并给出 $f^{(n)}(0)$.

5.4.5 讨论函数 $f(x)=|x^3|$ 在 $x=0$ 处的各阶导数.

5.4.6 证明 $\dfrac{\mathrm{d}^n}{\mathrm{d}x^n}\left(x^{n-1}\mathrm{e}^{\frac{1}{x}}\right)=(-1)^n x^{-(n+1)}\mathrm{e}^{\frac{1}{x}}$.

5.4.7 求由下列参数方程所确定的函数 $y=y(x)$ 的导数 $\dfrac{\mathrm{d}y}{\mathrm{d}x}$ 和 $\dfrac{\mathrm{d}^2y}{\mathrm{d}x^2}$:

(i) $\begin{cases}x=\sqrt{1+t},\\ y=\sqrt{1-t};\end{cases}$ (ii) $\begin{cases}x=at\cos t,\\ y=at\sin t.\end{cases}$

5.4.8 求由参数方程 $x=\dfrac{2}{\sqrt{3}}\cos t$, $y=\sin t-\dfrac{1}{\sqrt{3}}\cos t$ 所确定的函数 $y=y(x)$ 的高阶导数 $\dfrac{\mathrm{d}^2y}{\mathrm{d}x^2}$ 和 $\dfrac{\mathrm{d}^3y}{\mathrm{d}x^3}$.

5.4.9 设函数 $y=y(x)$ 可导, 且满足方程 $x^2+xy+y^2=2$, 求 y'' 和 $y^{(3)}$.

5.4.10 证明下列组合恒等式：

(i) $\sum_{k=1}^{n} k\mathrm{C}_n^k = n2^{n-1}$, $n \in \mathbb{N}_+$; (ii) $\sum_{k=1}^{n} k^2\mathrm{C}_n^k = n(n+1)2^{n-2}$, $n \in \mathbb{N}_+$.

5.4.11 设 $n \geqslant 2$, 函数 $f(x) = f(x_0) + \varphi(x)(x - x_0)$, $\varphi(x)$ 在某个邻域 $U(x_0)$ 中 $n-1$ 阶可导, 且 $\varphi^{(n-1)}(x)$ 于 x_0 连续, 证明 $f^{(n)}(x_0)$ 存在.

5.4.12 设 $f(x) = x^n \ln x$, $n \in \mathbb{N}_+$, 求极限 $\lim\limits_{n\to\infty} \dfrac{f^{(n)}\left(\dfrac{1}{n}\right)}{n!}$.

5.4.13 设 $f(x) = (1+\sqrt{x})^{2(n+1)}$, $n \in \mathbb{N}_+$, 求 $f^{(n)}(1)$.

5.4.14 设 Legendre 多项式 $P_n(x) = \dfrac{1}{2^n n!}\dfrac{\mathrm{d}^n}{\mathrm{d}x^n}(x^2-1)^n$, 证明：

(i) $P'_{n+1}(x) - P'_{n-1}(x) = (2n+1)P_n(x)$;

(ii) $(1-x^2)P''_n(x) - 2xP'_n(x) + n(n+1)P_n(x) = 0$.

5.4.15 设函数 $f(x) = \arcsin x$. 证明：

(i) $(1-x^2)f^{(n+2)}(x) - (2n+1)xf^{(n+1)}(x) - n^2 f^{(n)}(x) = 0$, $n \in \mathbb{N}$;

(ii) $f^{(n+2)}(0) = n^2 f^{(n)}(0)$, $n \in \mathbb{N}$;

(iii) $f^{(2n)}(0) = 0$, $f^{(2n+1)}(0) = 1^2 \cdot 3^2 \cdot 5^2 \cdots (2n-1)^2$, $n \in \mathbb{N}_+$.

5.4.16 设函数 $y = \sin(k \arcsin x)$. 解答下面问题：

(i) 证明函数 y 满足方程 $(1-x^2)y'' - xy' + k^2 y = 0$;

(ii) 求 $y^{(n)}(0)$.

5.4.17 证明下列高阶导数的公式：

(i) $\left[\mathrm{e}^{ax}\sin(bx+c)\right]^{(n)} = (a^2+b^2)^{\frac{n}{2}}\mathrm{e}^{ax}\sin(bx+c+n\varphi)$;

(ii) $\left[\mathrm{e}^{ax}\cos(bx+c)\right]^{(n)} = (a^2+b^2)^{\frac{n}{2}}\mathrm{e}^{ax}\cos(bx+c+n\varphi)$,

其中 $\cos\varphi = \dfrac{a}{\sqrt{a^2+b^2}}$, $\sin\varphi = \dfrac{b}{\sqrt{a^2+b^2}}$.

5.5 微 分

一、内容精读

1. 微分的概念

函数 f 在 x_0 处的增量若能表示为

$$\Delta y = f(x_0+\Delta x) - f(x_0) = A\cdot\Delta x + o(\Delta x),$$

其中 A 与 x_0 有关而与 Δx 无关, 则称函数 f 在点 x_0 可微, 并称 $A\cdot\Delta x$ 为 f 在点 x_0 的微分, 并记为 $\mathrm{d}y$, 即 $\mathrm{d}y = A\cdot\Delta x$.

函数 f 在点 x_0 可微 $\Leftrightarrow$ 函数 f 在点 x_0 可导, 且 $A = f'(x_0)$.

若函数 f 在区间 I 上每一点都可微, 则称 f 为 I 上的可微函数. 可微函数 f 在 I 上任一点 x 的微分为

$$\mathrm{d}y = f'(x)\mathrm{d}x, \quad x \in I.$$

2. 微分的运算法则

$$\mathrm{d}\big(u(x) \pm v(x)\big) = \mathrm{d}u(x) \pm \mathrm{d}v(x); \tag{5.5.1}$$

$$\mathrm{d}\big(u(x)v(x)\big) = v(x)\mathrm{d}u(x) + u(x)\mathrm{d}v(x); \tag{5.5.2}$$

$$\mathrm{d}\left(\frac{u(x)}{v(x)}\right) = \frac{v(x)\mathrm{d}u(x) - u(x)\mathrm{d}v(x)}{v^2(x)}; \tag{5.5.3}$$

$$\mathrm{d}\big(f(g(x))\big) = f'(u)g'(x)\mathrm{d}x,\ \text{其中}\ u = g(x). \tag{5.5.4}$$

3. 高阶微分

若函数 f 二阶可导, 则函数 f 的二阶微分

$$\mathrm{d}^2y = f''(x)\mathrm{d}x^2. \tag{5.5.5}$$

若函数 f 为 n 阶可导, 则函数 f 的 n 阶微分

$$\mathrm{d}^ny = f^{(n)}(x)\mathrm{d}x^n. \tag{5.5.6}$$

4. 微分在近似计算中的应用

函数的近似计算

$$f(x_0 + \Delta x) \approx f(x_0) + f'(x_0)\Delta x, \tag{5.5.7}$$

在原点附近, 有下列一些近似计算公式:

$$\sin x \approx x; \quad \tan x \approx x; \quad \ln(1+x) \approx x; \quad \mathrm{e}^x \approx 1 + x. \tag{5.5.8}$$

误差估计: 设 x_0 为 x 的近似值, 当 x_0 的误差限为 δ_x, 即 $|\Delta x| = |x - x_0| \leqslant \delta_x$. $f(x_0)$ 为 $f(x)$ 的近似值, 则 y 的绝对误差限 为

$$|\Delta y| = |f(x) - f(x_0)| \approx |f'(x_0)\Delta x| \leqslant |f'(x_0)| \cdot \delta_x, \tag{5.5.9}$$

而相对误差限 则为

$$\frac{\delta_y}{|f(x_0)|} = \left|\frac{f'(x_0)}{f(x_0)}\right| \cdot \delta_x. \tag{5.5.10}$$

二、疑难解答

问题 5.5.1　请回答下列问题:

(i) f 在点 x_0 处的微分是否是一个函数?

(ii) f 在 (a,b) 上可微, f 的微分依赖于哪些变量?

(iii) $\mathrm{d}u$ 与 Δu 是否一定相等?

答　(i) 由函数 f 在点 x_0 微分的定义知 $\mathrm{d}f(x_0)=f'(x_0)\mathrm{d}x$, 所以函数 f 在点 x_0 处的微分是 $\mathrm{d}x$ (或 Δx) 的函数;

(ii) 由 $\mathrm{d}f(x)=f'(x)\mathrm{d}x$ 可知, f 的微分 $\mathrm{d}f(x)$ 依赖于函数 f 的导函数 f' 及自变量 x 的改变量 (微分)$\mathrm{d}x$;

(iii) $\mathrm{d}u$ 与 Δu 不一定相等. 这是因为, 若 u 是自变量, 则 $\mathrm{d}u=\Delta u$; 若 u 是因变量 (即中间变量), 则 $\mathrm{d}u\neq\Delta u$, $\mathrm{d}u=u'(x)\mathrm{d}x$, $\Delta u=u(x+\Delta x)-u(x)$. ■

问题 5.5.2　请问记号 d^2u, $\mathrm{d}u^2$ 和 $\mathrm{d}(u^2)$ 是否具有相同的含义?

答　记号 d^2u, $\mathrm{d}u^2$ 和 $\mathrm{d}(u^2)$ 这三者是不同的, 它们分别表示不同的含义.

d^2u 表示函数 u 的二阶微分; $\mathrm{d}u^2$ 表示函数 u 的一阶微分的平方, 即 $(\mathrm{d}u)^2$; 而 $\mathrm{d}(u^2)$ 则表示函数 u^2 的微分. 不能将这三者混淆.

例如, 设 $u=x^2$, 则 $\mathrm{d}^2u=2\mathrm{d}x^2$, $\mathrm{d}u^2=4x^2\mathrm{d}x^2$, $\mathrm{d}(u^2)=4x^3\mathrm{d}x$. ■

问题 5.5.3　什么是 "一阶微分形式不变性"? 为什么二阶微分形式不具有不变性?

答　设函数 $y=f(u)$ 为变量 u 的可微函数, 即 $\mathrm{d}y=f'(u)\mathrm{d}u$.

若 u 又是 x 的可微函数 $u=\varphi(x)$, 于是 $\mathrm{d}u=\varphi'(x)\mathrm{d}x$. 复合函数 $y=f(\varphi(x))$ 的微分为

$$\mathrm{d}y=f'(\varphi(x))\cdot\varphi'(x)\mathrm{d}x=f'(u)\mathrm{d}u.$$

由此可见, 将 u 看成自变量或看成一可微函数 $\varphi(x)$ 时, 一阶微分形式都是 $\mathrm{d}y=f'(u)\mathrm{d}u$, 称其为一阶微分形式不变性. 此不变性是复合函数求导法则的另一种表现形式.

但对于二阶微分形式就不具有不变性. 这是因为, 若 $u=\varphi(x)$ 是可微函数, 则 $\mathrm{d}u=\varphi'(x)\mathrm{d}x$ 是 x 的函数. 若 u 是自变量时, y 对 u 的二阶微分为

$$\mathrm{d}^2y=f''(u)\mathrm{d}u^2.$$

又若 $u=\varphi(x)$ 为可微函数, 则 y 对 x 的二阶微分为

$$\begin{aligned}\mathrm{d}^2y&=\mathrm{d}(\mathrm{d}y)=\mathrm{d}(f'(\varphi(x))\varphi'(x)\mathrm{d}x)\\&=(f'(\varphi(x))\varphi'(x))'\mathrm{d}x^2\end{aligned}$$

$$= \Big(f''(\varphi(x))(\varphi'(x))^2 + f'(\varphi(x))\varphi''(x)\Big)\mathrm{d}x^2$$
$$= f''(\varphi(x))(\varphi'(x)\mathrm{d}x)^2 + f'(\varphi(x))(\varphi''(x)\mathrm{d}x^2)$$
$$= f''(u)\mathrm{d}u^2 + f'(u)\mathrm{d}^2u.$$

比较上述两式可看出, 二者相差一项 $f'(u)\mathrm{d}^2u$. 此项当 u 为自变量时为零. 因此, 当 u 为中间变量或可微的因变量时, 二阶微分形式并不相同, 即二阶微分形式不具有不变性. ■

问题 5.5.4 设函数 f 在点 x_0 的某个邻域 $U(x_0)$ 内有定义, 且满足

$$f(x_0+\Delta x)-f(x_0)=A\Delta x+B(\Delta x)^2+o\big((\Delta x)^2\big), \tag{5.5.11}$$

其中 A, B 是与 Δx 无关的常数. 试问函数 f 在点 x_0 是否二阶可导?

答 不能保证 f 在点 x_0 二阶可导.

现考察如下函数

$$f(x)=\begin{cases} x^3\sin\dfrac{1}{x}, & x\neq 0,\\ 0, & x=0.\end{cases}$$

取 $x_0=0$, 则有

$$f(0+\Delta x)-f(0)=(\Delta x)^3\sin\frac{1}{\Delta x}=0\cdot\Delta x+0\cdot(\Delta x)^2+o\big((\Delta x)^2\big).$$

但 f 在点 $x_0=0$ 不存在二阶导数. 事实上, f 的一阶导数为

$$f'(x)=\begin{cases} 3x^2\sin\dfrac{1}{x}-x\cos\dfrac{1}{x}, & x\neq 0,\\ 0, & x=0.\end{cases}$$

注意到 $\lim\limits_{\Delta x\to 0}\Delta x\sin\dfrac{1}{\Delta x}=0$, $\lim\limits_{\Delta x\to 0}\cos\dfrac{1}{\Delta x}$ 不存在, 所以, 极限

$$\lim_{\Delta x\to 0}\frac{f(\Delta x)-f(0)}{\Delta x}=\lim_{\Delta x\to 0}\frac{3(\Delta x)^2\sin\dfrac{1}{\Delta x}-\Delta x\cos\dfrac{1}{\Delta x}}{\Delta x}$$
$$=\lim_{\Delta x\to 0}\left(3\Delta x\sin\frac{1}{\Delta x}-\cos\frac{1}{\Delta x}\right)$$

不存在, 亦即函数 f 在点 $x_0=0$ 处的二阶导数不存在. ■

注 5.5.1 (i) 函数在点 x_0 成立

$$f(x_0+\Delta x)-f(x_0)=A\Delta x+o(\Delta x)$$

的充要条件是 $f(x)$ 在 x_0 可导. 但不能由此推断等式

$$f(x_0+\Delta x)-f(x_0)=A\Delta x+B(\Delta x)^2+o\big((\Delta x)^2\big)$$

成立与 $f(x)$ 在点 x_0 二阶可导是等价的;

(ii) 在后面的 Taylor 展开式中可以看到: 若函数 f 在点 x_0 二阶可导, 则有

$$f(x_0+\Delta x)-f(x_0)=f'(x_0)\Delta x+\frac{1}{2!}f''(x_0)(\Delta x)^2+o\big((\Delta x)^2\big).$$

这表明 f 在点 x_0 二阶可导是使 (5.5.11) 式成立的充分条件, 但并非是必要条件.

三、典型例题

例 5.5.1 求函数 $y=(\tan x)^x+x^{\sin\frac{1}{x}}$ 的微分 $\mathrm{d}y$.

解 令 $y=y_1+y_2$, 其中 $y_1=(\tan x)^x$, $y_2=x^{\sin\frac{1}{x}}$. 由于

$$\begin{aligned}y_1'&=\big((\tan x)^x\big)'=\big(\mathrm{e}^{x\ln(\tan x)}\big)'=\mathrm{e}^{x\ln(\tan x)}\left(\ln(\tan x)+x\frac{\sec^2 x}{\tan x}\right)\\&=(\tan x)^x\big(\ln(\tan x)+2x\csc 2x\big),\end{aligned}$$

$$\begin{aligned}y_2'&=\big(x^{\sin\frac{1}{x}}\big)'=\big(\mathrm{e}^{\sin\frac{1}{x}\cdot\ln x}\big)'=\mathrm{e}^{\sin\frac{1}{x}\cdot\ln x}\left(-\frac{1}{x^2}\cos\frac{1}{x}\ln x+\frac{1}{x}\sin\frac{1}{x}\right)\\&=x^{\sin\frac{1}{x}}\left(\frac{1}{x}\sin\frac{1}{x}-\frac{\ln x}{x^2}\cos\frac{1}{x}\right),\end{aligned}$$

所以

$$\mathrm{d}y=\left[(\tan x)^x\big(\ln(\tan x)+2x\csc 2x\big)+x^{\sin\frac{1}{x}}\left(\frac{1}{x}\sin\frac{1}{x}-\frac{\ln x}{x^2}\cos\frac{1}{x}\right)\right]\mathrm{d}x. \qquad \blacksquare$$

例 5.5.2 求 $\mathrm{d}\left(\arcsin\dfrac{1}{|x|}\right)$.

解 由反函数及复合函数求导法则, 易得

$$\left(\arcsin\frac{1}{|x|}\right)'=\begin{cases}\dfrac{1}{\sqrt{1-\dfrac{1}{x^2}}}\cdot\Big(-\dfrac{1}{x^2}\Big), & x>1,\\[2ex] \dfrac{1}{\sqrt{1-\dfrac{1}{x^2}}}\cdot\dfrac{1}{x^2}, & x<-1,\end{cases}$$

即

$$\left(\arcsin\frac{1}{|x|}\right)'=-\frac{1}{x\sqrt{x^2-1}},\quad |x|>1.$$

于是

$$\mathrm{d}\left(\arcsin\frac{1}{|x|}\right)=-\frac{1}{x\sqrt{x^2-1}}\,\mathrm{d}x. \qquad \blacksquare$$

例 5.5.3 求由方程 $y=a+\mathrm{e}^{x+y}+\ln(xy)$ 所确定的隐函数 $y=y(x)$ 的 d^2y.

解　由复合函数求导法则, 在方程 $y=a+\mathrm{e}^{x+y}+\ln(xy)$ 两边对变量 x 求导得

$$y'=\mathrm{e}^{x+y}(1+y')+\frac{1}{xy}(y+xy'),$$

整理得

$$y'=\frac{\dfrac{1}{x}+\mathrm{e}^{x+y}}{1-\dfrac{1}{y}-\mathrm{e}^{x+y}}=\frac{y(1+x\mathrm{e}^{x+y})}{x(a-1+\ln(xy))}.$$

进一步, 有

$$\begin{aligned}y''=&\frac{y'(1+x\mathrm{e}^{x+y})+y\big(\mathrm{e}^{x+y}+x\mathrm{e}^{x+y}(1+y')\big)\big(x(a-1+\ln(xy))\big)}{[x(a-1+\ln(xy))]^2}\\&-\frac{y(1+x\mathrm{e}^{x+y})\left(a-1+\ln(xy)+x\cdot\dfrac{y+xy'}{xy}\right)}{[x(a-1+\ln(xy))]^2}\\=&\,y\frac{\big(1+(1+y)x\mathrm{e}^{x+y}\big)(1+x\mathrm{e}^{x+y})}{[x(a-1+\ln(xy))]^2}+\frac{y(1+x)\mathrm{e}^{x+y}}{x[a-1\ln(xy)]}\\&+\frac{y(1+x\mathrm{e}^{x+y})}{[x(a-1+\ln(xy))]^2}\left[a-2+\ln(xy)-\frac{1+x\mathrm{e}^{x+y}}{a-1+\ln(xy)}\right].\end{aligned}$$

所以

$$\begin{aligned}\mathrm{d}^2y=&\,y''\mathrm{d}x^2\\=&\left\{y\frac{\big(1+(1+y)x\mathrm{e}^{x+y}\big)(1+x\mathrm{e}^{x+y})}{[x(a-1+\ln(xy))]^2}+\frac{y(1+x)\mathrm{e}^{x+y}}{x[a-1\ln(xy)]}\right.\\&\left.+\frac{y(1+x\mathrm{e}^{x+y})}{[x(a-1+\ln(xy))]^2}\left[a-2+\ln(xy)-\frac{1+x\mathrm{e}^{x+y}}{a-1+\ln(xy)}\right]\right\}\mathrm{d}x^2.\end{aligned}$$ ■

例 5.5.4　求由方程 $\dfrac{x^2}{a^2}+\dfrac{y^2}{b^2}=1$ 所确定的隐函数 $y=y(x)$ 的二阶微分 d^2y.

解　将方程 $\dfrac{x^2}{a^2}+\dfrac{y^2}{b^2}=1$ 化为如下的参数方程

$$x=a\cos t,\quad y=b\sin t.$$

所以

$$\frac{\mathrm{d}y}{\mathrm{d}x}=\frac{\mathrm{d}y}{\mathrm{d}t}\Big/\frac{\mathrm{d}x}{\mathrm{d}t}=\frac{b\cos t}{-a\sin t}=-\frac{b}{a}\cot t,$$

$$\frac{\mathrm{d}^2y}{\mathrm{d}x^2}=\frac{\mathrm{d}}{\mathrm{d}t}\left(\frac{\mathrm{d}y}{\mathrm{d}x}\right)\Big/\frac{\mathrm{d}x}{\mathrm{d}t}=\frac{\mathrm{d}}{\mathrm{d}t}\left(-\frac{b}{a}\cot t\right)\frac{1}{-a\sin t}=-\frac{b}{a^2}\csc^3 t=-\frac{b^4}{a^2y^3}.$$

故 $\mathrm{d}^2y=\dfrac{\mathrm{d}^2y}{\mathrm{d}x^2}\cdot\mathrm{d}x^2=-\dfrac{b^4}{a^2y^3}\mathrm{d}x^2$. ■

例 5.5.5　证明如下的近似公式：

$$\sqrt[n]{a^n+x}\approx a+\frac{x}{n\cdot a^{n-1}},\quad a>0,$$

其中 $|x|\ll a$.

证明　令 $f(x)=\sqrt[n]{1+x}$. 利用 $f(x_0+\Delta x)\approx f(x_0)+f'(x_0)\Delta x$, 并取 $x_0=0$ 则

$$\sqrt[n]{1+\Delta x}\approx\sqrt[n]{1+0}+\left(\sqrt[n]{1+x}\right)'|_{x=0}\cdot\Delta x=1+\frac{1}{n}\Delta x.$$

于是, 当 $|x|\ll a$ 且 $a>0$ 时, 有

$$\sqrt[n]{a^n+x}=a\cdot\sqrt[n]{1+\frac{x}{a^n}}\approx a\left(1+\frac{1}{n}\frac{x}{a^n}\right)=a+\frac{x}{n\cdot a^{n-1}}.$$ ■

例 5.5.6　已知单摆的周期按下面的公式进行计算：

$$T=2\pi\sqrt{\frac{\ell}{g}},$$

其中 ℓ 为摆长 (单位为 m), $g=9.8\mathrm{m/s^2}$ 为重力加速度. 为使周期增大 0.05s, 原摆长 $\ell=0.2\mathrm{m}$ 约需变化多大?

解　由近似公式 (5.5.7), 有

$$\begin{aligned}\Delta T&=T(\ell_0+\Delta\ell)-T(\ell_0)\approx T'(\ell)|_{\ell=\ell_0}\cdot\Delta\ell\\&=\left.\frac{2\pi}{\sqrt{g}}\frac{1}{2\sqrt{\ell}}\right|_{\ell=\ell_0}\cdot\Delta\ell=\frac{\pi}{\sqrt{g\ell_0}}\cdot\Delta\ell,\end{aligned}$$

所以, $\Delta\ell$ 为

$$\Delta\ell\approx\frac{\sqrt{g\ell_0}}{\pi}\cdot\Delta T.$$

将 $\ell_0=0.2(\mathrm{m})$, $\Delta T=0.05(\mathrm{s})$ 代入上式, 得

$$\Delta\ell\approx\frac{\sqrt{9.8\times0.2}}{3.14159}\times0.05\approx0.0223(\mathrm{m}).$$

欲使周期增大 0.05s, 原摆长 $\ell=0.2\mathrm{m}$ 约需增加 0.0223m. ■

四、巩固提高

5.5.1　在下列括号中填上正确的内容：

(i) $x^2\mathrm{d}x=\mathrm{d}(\qquad)$;　　(ii) $\frac{1}{x^2}\mathrm{d}x=\mathrm{d}(\qquad)$;

(iii) $\cos2x\mathrm{d}x=\mathrm{d}(\qquad)$;　　(iv) $\left(1+\frac{1}{x^2}\right)\mathrm{d}x=\mathrm{d}(\qquad)$;

(v) $\sin\frac{t}{3}\mathrm{d}t=\mathrm{d}(\qquad)$;　　(vi) $\frac{1}{\cos^2 x}\mathrm{d}x=\mathrm{d}(\qquad)$;

(vii) $\frac{1}{\sqrt{1-x^2}}\mathrm{d}x=\mathrm{d}(\qquad)$;　　(viii) $\frac{1}{\sqrt{x-1}}\mathrm{d}x=\mathrm{d}(\qquad)$;

(ix) $\sin^2 x\mathrm{d}x=\mathrm{d}(\qquad)$;　　(x) $\mathrm{e}^{-3x}\mathrm{d}x=\mathrm{d}(\qquad)$.

5.5.2　求下列函数的微分:

(i) $f(x)=(x-a)^n(x^2+c)^m$;　　(ii) $f(x)=x^x$ (其中 $x>0$);

(iii) $f(x)=\frac{\arcsin x}{\sqrt{1-x^2}}$;　　(iv) $f(x)=\frac{x^m}{x-1}$.

5.5.3　设 u 为 x 的二阶可微函数, $f(u)=\ln u$, 求 $\mathrm{d}^2f(u(x))$.

5.5.4　设 $y=f(\ln x)\mathrm{e}^{f(x)}$, 若 $f(x)$ 可微, 求 $\mathrm{d}y$.

5.5.5　求由方程 $x^2-y^2-4xy=0$ 所确定的隐函数 $y=y(x)$ 的二阶微分 d^2y.

5.5.6　利用一阶微分的不变性, 求 $f(x)=x^2\ln(x+1)+\sin x^2$ 的微分.

5.5.7　若用测量球的直径来得到球的体积, 为了所得的球体积的相对误差不超过 1%, 问测量直径的相对误差应为多少才能符合要求?

5.5.8　计算下列近似值 (精确到 10^{-4}):

(i) $\mathrm{e}^{1.01}$;　　(ii) $\sqrt[3]{1.02}$.

第 6 章　微分中值定理及其应用

本章是微分学的核心部分, 主要内容包含微分中值定理、Taylor 公式、不定式极限的求法、极值、最值、函数的单调性、凸凹性、函数作图、不等式证明, 以及方程的近似求根等.

6.1　Lagrange 中值定理及函数的单调性

一、内容精读

1. Rolle 中值定理与 Lagrange 中值定理

定理 6.1.1 (Rolle 中值定理)　若函数 f 满足如下条件:

(i) $f \in C[a,b]$;

(ii) f 在开区间 (a,b) 内可导;

(iii) $f(a)=f(b)$,

则在 (a,b) 内至少存在一点 ξ, 使得

$$f'(\xi)=0.$$

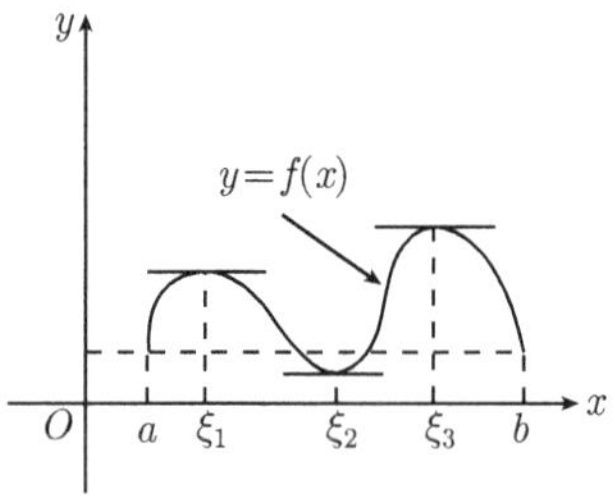

图 6.1.1

注 6.1.1　(i) Rolle 中值定理的几何解释: 在每一点都可导的一段连续曲线上, 若曲线的两端点高度相同, 则该曲线至少存在一条水平切线, 见图 6.1.1.

(ii) Rolle 中值定理是微分学的基本定理, 由它可以推出 Lagrange 中值定理和 Cauchy 中值定理, 其证明主要是利用 Fermat 定理和闭区间上连续函数的最大最小值定理. Rolle 中值定理的一个重要应用是用来讨论导函数的根的存在性问题.

定理 6.1.2 (Lagrange 中值定理)　若函数 f 满足如下条件:

(i) $f \in C[a,b]$;

(ii) f 在开区间 (a,b) 内可导,

则在 (a,b) 内至少存在一点 ξ, 使得

$$f'(\xi)=\frac{f(b)-f(a)}{b-a}. \quad \text{(Lagrange 公式)} \tag{6.1.1}$$

注 6.1.2 (i) Lagrange 中值定理的几何解释：在每一点都可导的一段连续曲线上，则至少存在一点处的切线与该曲线两端点的连线平行，见图 6.1.2.

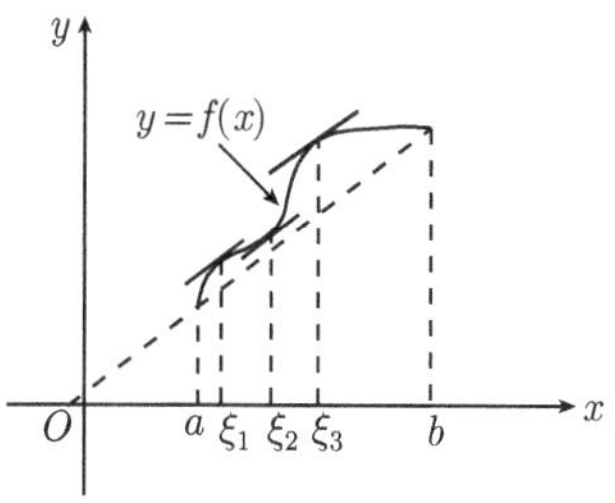

图 6.1.2

(ii) Lagrange 公式还有以下几种等价表示形式：

$$f(b)-f(a)=f'(\xi)(b-a),\quad a<\xi<b; \tag{6.1.2}$$

$$f(b)-f(a)=f'\big(a+\theta(b-a)\big)(b-a),\quad 0<\theta<1; \tag{6.1.3}$$

$$f(a+h)-f(a)=f'(a+\theta h)h,\quad 0<\theta<1. \tag{6.1.4}$$

(iii) Lagrange 中值定理是研究 Taylor 公式及其余项、函数单调性、极值的重要工具，且在函数的幂级数展开的收敛性讨论中将起关键作用，可以说 Lagrange 中值定理是 Taylor 级数的理论基础.

(iv) Lagrange 中值定理的两个直接推论：

推论 6.1.1 若函数 f 在区间 I 上可导，则 $f'(x)\equiv 0, x\in I \Leftrightarrow f(x)\equiv C,\ x\in I$.

推论 6.1.2 若函数 f 和 g 均在区间 I 上可导，则 $f'(x)\equiv g'(x), x\in I\Leftrightarrow f(x)=g(x)+C,\ x\in I$ (C 为某一常数).

2. 导数极限定理

定理 6.1.3 (导数极限定理) 若函数 f 在点 x_0 的某个邻域 $U(x_0)$ 内连续，在 $U^\circ(x_0)$ 内可导，且极限 $\lim\limits_{x\to x_0} f'(x)$ 存在，则

(i) f 在点 x_0 可导；

(ii) $f'(x_0)=\lim\limits_{x\to x_0} f'(x)$.

定理 6.1.4 (单侧导数极限定理) 若函数 f 在点 x_0 的某个右邻域 $U_+(x_0)$ (左邻域 $U_-(x_0)$) 内连续，在 $U_+^\circ(x_0)$ $\big(U_-^\circ(x_0)\big)$ 内可导，且极限 $\lim\limits_{x\to x_0^+} f'(x)$ $\big(\lim\limits_{x\to x_0^-} f'(x)\big)$ 存在，则

(i) $f'_+(x_0)$ $\big(f'_-(x_0)\big)$ 存在；

(ii) $f'_+(x_0)=\lim\limits_{x\to x_0^+} f'(x)$ $\big(f'_-(x_0)=\lim\limits_{x\to x_0^-} f'(x)\big)$.

3. 单调函数

1) 函数增 (减) 性判别法

设函数 $f(x)$ 在区间 I 上可导，则函数 $f(x)$ 在 I 上增 (减)$\Leftrightarrow f'(x)\geqslant 0$ ($\leqslant 0$).

2) 函数严格增 (减) 性判别法

设函数 $f(x)$ 在 (a,b) 内可导，则函数 $f(x)$ 在 (a,b) 内严格增 (减) $\Leftrightarrow$

(i) 对一切 $x \in (a,b)$, 有 $f'(x) \geqslant 0$ ($f'(x) \leqslant 0$);

(ii) 在 (a,b) 内任何子区间上 $f'(x)$ 不恒为零.

3) 函数严格增 (减) 的充分条件

设函数 f 在区间 I 上可微, 若 $f'(x) > 0$ ($f'(x) < 0$), 则 f 在 I 上严格增 (减).

二、疑难解答

问题 6.1.1　若函数 f 在 (a,b) 内严格增, 在点 $x=a$ 处右连续, 问能否推出 f 在 $[a,b)$ 内严格增?

答　结论是肯定的. 只要证明: 对任意 $x>a$, $f(x)>f(a)$ 即可.

事实上, 对任意 $b>x>a$, 存在 $x_1, x_2 \in (a,b)$, 满足 $a<x_1<x_2<x$. 由函数 f 在 (a,b) 内严格增性, 可得

$$f(x_1) < f(x_2) < f(x).$$

又 f 在点 $x=a$ 处右连续, 所以

$$f(a) = f(a+0) = \lim_{x_1 \to a^+} f(x_1) \leqslant f(x_2) < f(x).$$

于是 $f(a) < f(x)$. ■

问题 6.1.2　如何正确理解和使用导数极限定理?

答　导数极限定理: 若函数 f 在点 x_0 的某个邻域 $U(x_0)$ 内连续, 在 $U^\circ(x_0)$ 内可导, 且极限 $\lim\limits_{x \to x_0} f'(x)$ 存在, 则

(i) f 在点 x_0 可导;

(ii) $f'(x_0) = \lim\limits_{x \to x_0} f'(x)$.

从导数极限定理的条件可以看出, 正确理解和使用其至少要注意以下两点:

(1) 不可忽视函数 f 在点 x_0 的某 $U(x_0)$ 内连续的条件, 否则会导致错误的结论. 如函数

$$f(x) = \begin{cases} x^2, & x \neq 0, \\ 2, & x = 0, \end{cases}$$

此函数在点 $x=0$ 处不连续, 当然也不可导. 若忽视函数在 $U(0)$ 的连续性, 由 $f(x)$ 在 $U^\circ(0)$ 内可导, 且 $f'(x) = 2x$, 使用导数极限定理推得 $f'(0) = \lim\limits_{x \to 0} f'(x) = 0$. 这是一个错误的结论, 因为所给函数 f 在 $x=0$ 处是不可导的.

(2) $\lim\limits_{x \to x_0} f'(x)$ 存在是结论 (i) 成立的充分条件, 而不是必要条件. 例如, 函数

$$f(x) = \begin{cases} x^2 \sin \dfrac{1}{x}, & x \neq 0, \\ 0, & x = 0. \end{cases}$$

f 在 $U(0)$ 中连续, 在 $U^\circ(0)$ 内可导, 且

$$f'(x)=2x\sin\frac{1}{x}-\cos\frac{1}{x},\quad x\neq 0.$$

显然 $\lim\limits_{x\to 0}f'(x)$ 不存在, 但却有 $f'(0)=0$. ■

问题 6.1.3 请问：导函数存在第一类间断点吗?

答 导函数不存在第一类间断点. 以下用导数极限定理证明这个断言.

因第一类间断有两类：可去间断点和跳跃间断点, 所以分两种情况加以证明.

(i) 先证明：导函数 f' 不能具有可去间断点. 假设 x_0 为 f' 的可去间断点, 则 $\lim\limits_{x\to x_0}f'(x)$ 存在; 而 f 在点 x_0 连续, 故有导数极限定理, 有

$$\lim_{x\to x_0}f'(x)=f'(x_0).$$

这与点 x_0 为 f' 的可去间断点相矛盾.

(ii) 再证明：导函数 f' 不能具有跳跃间断点. 假设 x_0 为 f' 的跳跃间断点, 即 $f'(x_0-0)\neq f'(x_0+0)$, 则存在左、右邻域 $U_-(x_0)$, $U_+(x_0)$, f 在这两个邻域上连续, 且 $\lim\limits_{x\to x_0^-}f'(x)$, $\lim\limits_{x\to x_0^+}f'(x)$ 存在, 于是 f 在 $U_-(x_0)$ 和 $U_+(x_0)$ 上满足单侧导数极限定理的条件, 即有

$$f'_-(x_0)=f'(x_0-0),\quad f'_+(x_0)=f'(x_0+0).$$

由于 $f'(x_0-0)\neq f'(x_0+0)$, 所以 $f'_-(x_0)\neq f'_+(x_0)$, 这与 f 在 x_0 点处可导相矛盾.

综合 (i) 和 (ii), 导函数不能具有第一类间断点. ■

问题 6.1.4 下列断言是否正确, 为什么?

(i) 若函数 f 严格单调增且可导, 则必有 $f'(x)>0$;

(ii) 单调函数的导函数必为单调函数;

(iii) 若函数 f 的导函数 f' 单调, 则 f 必单调;

(iv) 若函数 f 可导且只有一个稳定点, 则该稳定点必为极值点.

答 上述断言 (i)–(iv) 均不正确. 这是因为

(i) 例如函数 $f(x)=x^3$ 在 $\mathbb{R}$ 严格单调增且可导, 但 $f'(0)=0$;

(ii) 例如函数 $f(x)=x^3$ 在 $\mathbb{R}$ 单调且可导, 但 $f'(x)=3x^2$ 在 $\mathbb{R}$ 上非单调;

(iii) 例如函数 $f(x)=x^2$ 的导函数 $f'(x)=2x$ 在 $\mathbb{R}$ 上单调增, 但 f 在 $\mathbb{R}$ 不是单调函数;

(iv) 例如函数 $f(x)=x^3$ 在 $\mathbb{R}$ 可导且仅有一个稳定点 $x=0$, 但此点不是 f 的极值点. ■

问题 6.1.5 对任意 $x\in(a,b)$, $f'(x)\geqslant 0$, 函数 f 在 (a,b) 内能否是严格增?

答 有可能. 一般来说, 对任意 $x\in(a,b)$, $f'(x)\geqslant 0$, 函数 f 在 (a,b) 内只是单调增加的, 但不一定是严格增加的. 例如函数

$$f(x)=\begin{cases} x^2, & x>0,\\ 0, & x\leqslant 0,\end{cases}$$

对任意 $x\in\mathbb{R}$, $f'(x)\geqslant 0$, 而函数 f 在 $\mathbb{R}$ 上只是单调增加.

但是, 若对任意 $x\in(a,b)$, $f'(x)\geqslant 0$, 而 $f'(x)=0$ 的点仅是孤立点 (关于孤立点的定义请参见文献 [1] 下册 16.1 节), 则函数 f 在 (a,b) 内是严格增加的.

事实上, 由对任意 $x\in(a,b)$, $f'(x)\geqslant 0$, 知函数 f 在 (a,b) 内是增加的. 若存在 $x_1,x_2\in(a,b)$, 且 $x_1<x_2$, 有 $f(x_1)=f(x_2)$. 由于 f 是单调增加的, 所以函数 f 在 $[x_1,x_2]$ 上是常数, 从而对任意 $x\in(x_1,x_2)$, $f'(x)=0$. 这与使 $f'(x)=0$ 的点仅是孤立点相矛盾. 于是, 函数 f 在 (a,b) 内是严格增加的. 例如函数

$$f(x)=x+\sin x,$$

其导数 $f'(x)=1+\cos x\geqslant 0$, 当 $x_k=(2k+1)\pi$, $k\in\mathbb{Z}$ 时, 有 $f'(x_k)=f'\big((2k+1)\pi\big)=0$, 而 x_k 是 $\mathbb{R}$ 上的孤立点. 函数 $f(x)=x+\sin x$ 在 $\mathbb{R}$ 上是严格增加的. ■

问题 6.1.6 若 $f'(a)>0$, 能否断定函数 f 在点 a 的某个邻域 $U(a;\delta)$ 内单调增加?

答 不能. 例如函数

$$f(x)=\begin{cases} \dfrac{x}{2}+x^2\sin\dfrac{1}{x}, & x\neq 0,\\ 0, & x=0,\end{cases}$$

易知 $f'(0)=\dfrac{1}{2}>0$, 但函数 f 在 0 的任意邻域 $U(0;\delta)$ 内都不是单调增加的. 当 $x\neq 0$ 时,

$$f'(x)=\frac{1}{2}-\cos\frac{1}{x}+2x\sin\frac{1}{x}.$$

因 $\lim\limits_{x\to 0}2x\sin\dfrac{1}{x}=0$, 所以当 $|x|$ 充分小时, $f'(x)$ 的符号由 $\dfrac{1}{2}-\cos\dfrac{1}{x}$ 的符号确定.

取 $x=\dfrac{1}{2k\pi}$, $k\in\mathbb{Z}\backslash\{0\}$, 当 $|k|$ 充分大时, $x=\dfrac{1}{2k\pi}\in U(0;\delta)$, 有 $f'\left(\dfrac{1}{2k\pi}\right)=\dfrac{1}{2}-1=-\dfrac{1}{2}<0$;

取 $x=\dfrac{1}{(2k+1)\pi}\in U(0;\delta)$, $k=\in\mathbb{Z}\backslash\{0\}$, 当 $|k|$ 充分大时, $x=\dfrac{1}{(2k+1)\pi}\in U(0;\delta)$, 有 $f'\left(\dfrac{1}{(2k+1)\pi}\right)=\dfrac{1}{2}+1=\dfrac{3}{2}>0$.

于是, 函数 f 在 0 的邻域 $U(0;\delta)$ 内不是单调的. ■

三、典型例题

例 6.1.1 证明: 若函数 f 在有限区间 (a,b) 内可导, 且 $\lim\limits_{x\to a^+}f(x)=\lim\limits_{x\to b^-}f(x)$,

则至少存在上点 $\xi \in (a,b)$, 使得 $f'(\xi)=0$.

证明 作辅助函数 $F(x)$ 如下:

$$F(x)=\begin{cases}\lim\limits_{x\to a^+} f(x), & x=a,\\ f(x), & x\in(a,b),\\ \lim\limits_{x\to b^-} f(x), & x=b,\end{cases}$$

则 $F(x)$ 在 $[a,b]$ 上连续, 且 $F(a)=F(b)$. 又当 $x\in(a,b)$ 时 $F(x)=f(x)$, 则由 $f(x)$ 在 (a,b) 内的可导性知, $F(x)$ 在 (a,b) 内可导, 故由 Rolle 中值定理知, 至少存在 $\xi\in(a,b)$, 使得 $F'(\xi)=0$, 从而 $f'(\xi)=0$. ■

例 6.1.2 设 F 和 G 在 (a,b) 中可微, 且 $F(x_1)=F(x_2)=0$, $x_1,x_2\in(a,b)$, 证明在 x_1,x_2 之间 $F'(x)+F(x)G'(x)$ 至少有一个零点.

证明 作辅助函数 $H(x)=F(x)\mathrm{e}^{G(x)}$. 由于 $x_1,x_2\in(a,b)$ (不妨设 $x_1<x_2$), 则在 $H(x)$ 上 $[x_1,x_2]$ 连续、可微, 且 $H(x_1)=H(x_2)=0$, 故由 Rolle 定理知, 至少存在一点 $\xi\in(x_1,x_2)$, 使得 $H'(\xi)=0$, 即

$$F'(\xi)+F(\xi)G'(\xi)=0.$$ ■

例 6.1.3 设函数 f 在有限区间 $[a,b]$ 上三阶可导, $f'(a)=f'(b)=0$, 且存在点 $c\in(a,b)$, 有 $f(c)=\max\limits_{x\in[a,b]} f(x)$, 证明方程 $f'''(x)=0$ 在 (a,b) 上至少有一个根.

证明 由于函数 f 在有限区间 $[a,b]$ 上三阶可导, 当然函数 f 在 $[a,b]$ 上可导, 且 $f(c)=\max\limits_{x\in[a,b]} f(x)$, $c\in(a,b)$, 故 c 必是极值点, 从而由 Fermat 定理知 $f'(c)=0$.

由题设条件及上述推得的结论知, 函数 f' 在区间 $[a,c]$, $[c,b]$ 均满足 Rolle 中值定理的条件, 所以存在 $\xi_1\in(a,c)$, $\xi_2\in(c,b)$, 使得 $f''(\xi_1)=f''(\xi_2)=0$.

函数 f'' 在区间 $[\xi_1,\xi_2]$ 上满足 Rolle 中值定理的条件, 所以至少存在 $\xi\in(\xi_1,\xi_2)\subset(a,b)$, 使得 $f'''(\xi)=0$. 这就证明了方程 $f'''(x)=0$ 在 (a,b) 上至少有一个根. ■

例 6.1.4 设函数 f 在区间 $[x,x+h]$ 上连续, 且二阶可导, $\tau\in[0,1]$. 试证明: 存在 $\theta\in(0,1)$, 使得

$$f(x+\tau h)=\tau f(x+h)+(1-\tau)f(x)+\frac{h^2}{2}\tau(\tau-1)f''(x+\theta h). \tag{6.1.5}$$

证明 若 $\tau=0$, 1, 则任取 $\theta\in(0,1)$, 式 (6.1.5) 成立.

若 $\tau\neq 0$, 1, 即 $\tau\in(0,1)$, 有 $\dfrac{h^2}{2}\tau(\tau-1)\neq 0$. 设 M 使得下式成立:

$$f(x+\tau h)-\tau f(x+h)-(1-\tau)f(x)-\frac{h^2}{2}\tau(\tau-1)M=0. \tag{6.1.6}$$

令

$$F(t)=f(x+th)-tf(x+h)-(1-t)f(x)-\frac{h^2}{2}t(t-1)M,\quad t\in[0,1],$$

则 $F(0)=F(\tau)=F(1)=0$. 从而由已知条件知, $F(t)$ 在 $[0,\tau]$ 和 $[\tau,1]$ 上满足 Rolle 定理的条件, 由 Rolle 定理知, 存在 $\xi_1\in(0,\tau)$, $\xi_2\in(\tau,1)$, 使得 $F'(\xi_1)=F'(\xi_2)=0$. 再由已知条件知, $F'(t)$ 在 $[\xi_1,\xi_2]$ 上满足 Rolle 定理的条件, 由 Rolle 定理知, 存在 $\theta\in(\xi_1,\xi_2)$ 使得 $F''(\theta)=0$. 而 $F''(t)=h^2(f''(x+th)-M)$, 所以 $M=f''(x+\theta h)$. 再由式 (6.1.6) 立即可得式 (6.1.5). ■

例 6.1.5　已知函数 f 在 $[0,1]$ 上连续, 在 $(0,1)$ 内可导, 且 $f(0)=0$, $f(1)=1$. 证明: (i) 存在 $\xi_1\in(0,1)$, 使得 $f(\xi_1)=1-\xi_1$;

(ii) 存在两个不同的 $\xi_2,\xi_3\in(0,1)$, 使得 $f'(\xi_2)f'(\xi_3)=1$.

证明　(i) 作辅助函数 $F(x)=f(x)+x-1$, 则 $F(x)$ 在 $[0,1]$ 上连续. 又

$$F(0)=f(0)+0-1=-1<0,\quad F(1)=f(1)+1-1=1>0,$$

所以由根的存在性定理知, 至少存在一 $\xi_1\in(0,1)$, 使 $F(\xi_1)=0$, 即 $f(\xi_1)=1-\xi_1$;

(ii) 作辅助函数 $G(x)=f(x)+x$, 则 $G(x)$ 在 $[0,1]$ 上连续, 且在 $(0,1)$ 内可导, 且 $G'(x)=f'(x)+1$. $G(0)=0$, $G(\xi_1)=f(\xi_1)+\xi_1=1$, $G(1)=2$.

$G(x)$ 在 $[0,\xi_1]$ 上满足 Lagrange 中值定理的条件, 则存在 $\xi_2\in(0,\xi_1)$, 使得

$$G(\xi_1)-G(0)=G'(\xi_2)(\xi_1-0),$$

由此可得

$$f'(\xi_2)=\frac{1-\xi_1}{\xi_1}.\tag{6.1.7}$$

$G(x)$ 在 $[\xi_1,1]$ 上满足 Lagrange 中值定理的条件, 则存在 $\xi_3\in(\xi_1,1)$, 使得

$$G(1)-G(\xi_1)=G'(\xi_3)(1-\xi_1),$$

由此可得

$$f'(\xi_3)=\frac{\xi_1}{1-\xi_1}.\tag{6.1.8}$$

由上述式 (6.1.7) 与式 (6.1.8) 立即可得

$$f'(\xi_2)f'(\xi_3)=1,\quad \xi_2,\xi_3\in(0,1),\ 且\ \xi_2\neq\xi_3.$$ ■

例 6.1.6　若函数 f 在区间 I 上可导, 且 f' 有界, 则 f 在 I 上一致连续.

证明　对任意 $x_1,x_2\in I$, 则由 Lagrange 中值定理, 有

$$f(x_1)-f(x_2)=f'(\xi)\cdot(x_1-x_2),\quad \xi\ 介于\ x_1,x_2\ 之间.$$

又 f' 在 I 有界, 所以存在 $L>0$, 对任意 $x\in I$, 有 $|f'(x)|\leqslant L$. 由此可得

$$|f(x_1)-f(x_2)|\leqslant L|x_1-x_2|.$$

因此, 对任意 $\varepsilon>0$, 取 $\delta=\varepsilon/L>0$, 对任意 $x_1,x_2\in I$, 且 $|x_1-x_2|<\delta$, 都有

$$|f(x_1)-f(x_2)|<\varepsilon.$$

这就证明了 f 在 I 上是一致连续的. ■

例 6.1.7 证明: (i) 若函数 f 在 $[a,b]$ 上可导, 且 $f'(x)\geqslant m$, 则

$$f(b)\geqslant f(a)+m(b-a);$$

(ii) 若函数 f 在 $[a,b]$ 上可导, 且 $|f'(x)|\leqslant m$, 则 $|f(b)-f(a)|\leqslant m(b-a)$;

(iii) 对任意实数 x_1, x_2, 都有 $|\sin x_1-\sin x_2|\leqslant|x_1-x_2|$.

证明 (i) 由条件知 f 在 $[a,b]$ 上满足 Lagrange 中值定理的条件, 则存在 $\xi\in(a,b)$ 使得

$$\frac{f(b)-f(a)}{b-a}=f'(\xi)\geqslant m,$$

从而 $f(b)\geqslant f(a)+m(b-a)$.

(ii) 由条件知 f 在 $[a,b]$ 上满足 Lagrange 中值定理的条件, 则存在 $\xi\in(a,b)$ 使得

$$f(b)-f(a)=f'(\xi)(b-a).$$

而 $|f'(x)|\leqslant m$, 所以 $|f(b)-f(a)|\leqslant m(b-a)$.

(iii) 对任意实数 x_1, x_2. 若 $x_1=x_2$, 则结论显然.

若 $x_1\neq x_2$, 由于函数 $\sin x$ 在区间 $[x_1,x_2]$ 或 $[x_2,x_1]$ 上满足 Lagrange 中值定理的条件, 则存在介于 x_1 与 x_2 之间的 ξ, 使得

$$\sin x_1-\sin x_2=\cos\xi\cdot(x_1-x_2).$$

注意到 $|\cos\xi|\leqslant1$, 可得 $|\sin x_1-\sin x_2|\leqslant|x_1-x_2|$. ■

例 6.1.8 设 $f(x)=\sum\limits_{k=1}^{n}a_k\sin kx$, 且 $|f(x)|\leqslant|\sin x|$, 其中 $a_k\ (k=1,2,\cdots,n)$ 均为实数. 证明 $\left|\sum\limits_{k=1}^{n}ka_k\right|\leqslant1$.

证明 显然 $f(0)=0$, 且 f 可导. 由 Lagrange 中值定理, 有

$$|f(x)|=|f(x)-f(0)|=|f'(\xi)|\cdot|x|\quad(\xi \text{ 介于 } 0 \text{ 和 } x \text{ 之间}),$$

由此可得

$$\left|\sum_{k=1}^{n}ka_k\cos k\xi\right|\leqslant\left|\frac{\sin x}{x}\right|.$$

再由极限的保不等式性, 有 (令 $x \to 0$)

$$\left|\sum_{k=1}^{n} ka_k\right| \leqslant 1.$$ ■

例 6.1.9 设函数 f 在 $[a,b]$ 上满足: 存在正常数 M, 对任意 $x,y \in [a,b]$, 有

$$|f(x)-f(y)| \leqslant M|x-y|^{\alpha}.$$

证明当 $\alpha > 1$ 时, $f(x) \equiv C$ (常数), $x \in [a,b]$.

证明 当 $\alpha > 1$ 时, 令 $\alpha = 1+\beta$, 则 $\beta > 0$. 任取 $x_0 \in (a,b)$, 有

$$|f(x)-f(x_0)| \leqslant M|x-x_0|^{1+\beta}, \quad x \in U^{\circ}(x_0) \subset [a,b],$$

从而

$$\left|\frac{f(x)-f(x_0)}{x-x_0}\right| \leqslant M|x-x_0|^{\beta}, \quad x \in U^{\circ}(x_0) \subset [a,b],$$

所以, 由极限的迫敛性可得

$$\lim_{x\to x_0}\left|\frac{f(x)-f(x_0)}{x-x_0}\right| = 0 \Rightarrow f'(x_0) = \lim_{x\to x_0}\frac{f(x)-f(x_0)}{x-x_0} = 0.$$

类似可得, $f'_+(a)=0$, $f'_-(b)=0$. 故

$$f'(x_0)=0, \quad x_0 \in [a,b].$$

由此可知, 当 $\alpha > 1$ 时, $f(x) \equiv C$ (常数), $x \in [a,b]$. ■

例 6.1.10 证明: 若函数 f 在 $(-\infty,+\infty)$ 内满足关系式 $f'(x)=f(x)$, 且 $f(0)=1$, 则 $f(x)=\mathrm{e}^x$, $x \in (-\infty,+\infty)$.

证明 作辅助函数 $F(x)=\mathrm{e}^{-x}f(x)$, 则由 $f'(x)=f(x)$ 知

$$F'(x)=\mathrm{e}^{-x}\big(f'(x)-f(x)\big) \equiv 0,$$

从而 $F(x) \equiv C$. 而 $F(0)=f(0)=1$, 得 $C=1$. 于是 $\mathrm{e}^{-x}f(x)=1$, 即

$$f(x)=\mathrm{e}^x, \quad x \in (-\infty,+\infty).$$ ■

例 6.1.11 设函数 $f \in C[a,b]$, 在 (a,b) 内可导, 且导函数 f' 严格增, 若 $f(a)=f(b)$, 证明对一切 $x \in (a,b)$ 均有 $f(x) < f(a) = f(b)$.

证明 (反证法) 若存在 $x_0 \in (a,b)$, 使 $f(x_0) \geqslant f(a) = f(b)$, 在区间 $[a,x_0]$, $[x_0,b]$ 上分别用 Lagrange 中值定理, 存在 $\xi_1 \in (a,x_0)$, $\xi_2 \in (x_0,b)$ 使得

$$f'(\xi_1)=\frac{f(x_0)-f(a)}{x_0-a} \geqslant 0, \quad f'(\xi_2)=\frac{f(x_0)-f(b)}{x_0-b} \leqslant 0,$$

即存在 $\xi_1,\xi_2\in(a,b)$, 且 $\xi_1<\xi_2$, $f'(\xi_1)\geqslant f'(\xi_2)$. 这与 f' 为严格增函数相矛盾. ■

例 6.1.12 证明：当 $b>a>0$ 时, 成立不等式 $\dfrac{b-a}{b}<\ln\dfrac{b}{a}<\dfrac{b-a}{a}$.

证明 对函数 $f(x)=\ln x$ 在 $[a,b]$ 上应用 Lagrange 中值定理, 有

$$\ln\frac{b}{a}=\ln b-\ln a=\frac{1}{\xi}\cdot(b-a),\quad a<\xi<b.$$

由于 $\dfrac{1}{b}<\dfrac{1}{\xi}<\dfrac{1}{a}$, 且 $b-a>0$, 所以

$$\frac{b-a}{b}<\frac{b-a}{\xi}<\frac{b-a}{a},$$

从而 $\dfrac{b-a}{b}<\ln\dfrac{b}{a}<\dfrac{b-a}{a}$. ■

例 6.1.13 证明 $\left(1+\dfrac{1}{x}\right)^x$ 是 x 的严格增函数, 而 $\left(1+\dfrac{1}{x}\right)^{x+1}$ 是 x 的严格减函数, 其中 $x\in\mathbb{R}_+$.

证明 作辅助函数 $F(x)=\ln\left(1+\dfrac{1}{x}\right)^x$, 则

$$\begin{aligned}F'(x)&=\big[x\big(\ln(1+x)-\ln x\big)\big]'=\ln(1+x)-\ln x+x\Big(\frac{1}{1+x}-\frac{1}{x}\Big)\\&=\ln(1+x)-\ln x-\frac{1}{1+x}\\&=\frac{1}{\theta+x}-\frac{1}{1+x}\quad(0<\theta<1)\\&>0.\end{aligned}$$

所以 $F(x)$ 在 $\mathbb{R}_+$ 上严格增, 从而 $\left(1+\dfrac{1}{x}\right)^x=\mathrm{e}^{F(x)}$ 也是严格增函数.

同理可证, 当 $x\in\mathbb{R}_+$ 时, $\left(1+\dfrac{1}{x}\right)^{x+1}$ 是 x 的严格减函数. ■

例 6.1.14 设 f 为 $[a,+\infty)$ 上的函数, 且 n 阶可导. 证明：若 $f(a)=f'(a)=f''(a)=\cdots=f^{(n-1)}(a)=0$, $f^{(n)}(x)>0$, $x\in(a,+\infty)$. 则 $f(x)>0$, $x\in(a,+\infty)$.

证明 对任意 $x\in(a,+\infty)$, 在 $[a,x]$ 上对 $f^{(n-1)}(t)$ 应用 Lagrange 中值定理, 存在 $\xi_n\in(a,x)$, 使得

$$f^{(n-1)}(x)-f^{(n-1)}(a)=f^{(n)}(\xi_n)\cdot(x-a)>0.$$

因 $f^{(n-1)}(a)=0$, 所以对任意 $x>a$, $f^{(n-1)}(x)>0$. 继续上述过程 $n-2$ 次, 可得 $f'(x)>0$, $x\in(a,+\infty)$. 最后, 对任意 $x\in(a,+\infty)$, 在 $[a,x]$ 上对 $f(t)$ 应用 Lagrange 中值定理, 存在 $\xi_1\in(a,x)$, 使得

$$f(x)=f(x)-f(a)=f'(\xi_1)\cdot(x-a)>0.$$

这就证明了结论：$f(x)>0,\ x\in(a,+\infty)$. ■

注 6.1.3　此题的证明过程纯粹是让读者去熟悉 Lagrange 中值定理的应用，其实其证明时完全可以利用函数严格增 (减) 的充分条件而得，即 $f^{(n)}(x)>0\Rightarrow f^{(n-1)}(x)$ 严格增 $\Rightarrow f^{(n-1)}(x)>f^{(n-1)}(a)=0,\cdots\Rightarrow f(x)>0$.

例 6.1.15　证明不等式：$\mathrm{e}^x>1+x+\dfrac{1}{2}x^2$ (其中 $x>0$).

证法 1　利用例 6.1.14 的结论.

当 $x>0$ 时，作辅助函数 $f(x)=\mathrm{e}^x-1-x-\dfrac{1}{2}x^2$. 则

$$f'(x)=\mathrm{e}^x-1-x,\quad f''(x)=\mathrm{e}^x-1,\quad f'''(x)=\mathrm{e}^x>0,$$

且

$$f(0)=f'(0)=f''(0)=0,$$

故由例 6.1.14 知，当 $x>0$ 时 $f(x)>0$，即 $\mathrm{e}^x>1+x+\dfrac{1}{2}x^2\ (x>0)$.

证法 2　利用函数的单调性. 易知 $\mathrm{e}^x>1+x(x\neq 0)$. 当 $x>0$ 时，作辅助函数 $f(x)=\mathrm{e}^x-1-x-\dfrac{1}{2}x^2$. 则

$$f'(x)=\mathrm{e}^x-1-x>0.$$

所以，当 $x>0$ 时 f 严格递增. 又 $f(0)=0$，所以

$$f(x)>f(0)=0.$$

这就证明了，当 $x>0$ 时 $\mathrm{e}^x>1+x+\dfrac{1}{2}x^2$. ■

四、巩固提高

6.1.1　用 Rolle 中值定理证明下列结论 (下面出现的系数均为实数)：

(i) 方程 $\mathrm{e}^x=ax^2+bx+c$ 至多有三个不同实根.

(提示：反证法.)

(ii) 方程 $4ax^3+3bx^2+2cx=a+b+c$ 在 $(0,1)$ 内至少有一个实根.

(提示：作辅助函数 $f(x)=ax^4+bx^3+cx^2-(a+b+c)x$.)

(iii) 若 $f(x)=a_nx^n+a_{n-1}x^{n-1}+\cdots+a_1x+a_0=0$ 有 $n+1$ 个不同的实根，则 $f(x)\equiv 0$.

(提示：由条件推出 $a_i=0,\ i=0,1,\cdots,n$.)

(iv) 若 $2a^2-5b\leqslant 0$，则方程 $x^5+ax^4+bx^3+cx^2+dx+e=0$ 不可能有 5 个不同的实数根.

(提示：反证法.)

6.1.2　设 I 为区间，$f\in C(I)$，且 f 在 I 中的每点处都可导；又设存在正常数 L，使得对任意 $x\in I$，有 $|f'(x)|\leqslant L$，证明 f 在 I 上满足 Lipschitz 条件.

6.1.3 设 I 为区间.

(i) 若函数 f 在 I 上可导, 证明 f' 为 I 上的常值函数 $\Leftrightarrow$ f 为线性函数;

(ii) 若函数 f 在 I 上二阶可导, 且 $f''(x)\equiv 0$. 问 f 是什么函数?

6.1.4 以 $S(x)$ 记由 $(a,f(a))$, $(b,f(b))$, $(x,f(x))$ 三点组成的三角形面积, 试对 $S(x)$ 应用 Rolle 中值定理证明 Lagrange 中值定理.

6.1.5 设 $f\in C[a,+\infty)$, 在 $(a,+\infty)$ 上可导, 且 $\lim\limits_{x\to+\infty}f(x)=f(a)$. 证明存在 $\xi>a$, 使得 $f'(\xi)=0$.

6.1.6 设函数 f 在 $[0,+\infty)$ 上可微, 且 $0\leqslant f'(x)\leqslant f(x)$, $f(0)=0$. 证明 $f(x)\equiv 0$, $x\in[0,+\infty)$.

(提示: 考察函数 $F(x)=\mathrm{e}^{-x}f(x)$, 并证明 $F(x)\leqslant 0$.)

6.1.7 设函数 f 在 (a,b) 内可导, 导函数 f' 在 (a,b) 内有界. 证明: f 是 (a,b) 内的有界函数. 反之, 试问从函数 f 有界是否能得到导函数 f' 是有界的?

6.1.8 证明: 当 $|x|\leqslant 1$, 有 $\arcsin x+\arccos x=\dfrac{\pi}{2}$.

(提示: 应用 Lagrange 中值定理的推论 6.1.1.)

6.1.9 设函数 f,g 在 (a,b) 内可微, $g(x)\neq 0$, 且

$$\begin{vmatrix} f(x) & g(x) \\ f'(x) & g'(x) \end{vmatrix}\equiv 0,\quad x\in(a,b),$$

证明存在常数 c, 使得 $f(x)=cg(x)$, $x\in(a,b)$.

6.1.10 设函数 f 在 $[a,+\infty)$ 内可导, 且 $\lim\limits_{x\to+\infty}f'(x)=0$, 证明 $\lim\limits_{x\to+\infty}\dfrac{f(x)}{x}=0$. (提示: 应用 Lagrange 中值定理.)

6.1.11 证明对 $x>0$, 成立不等式 $x-\dfrac{x^2}{2}<\ln(1+x)<x$.

6.1.12 证明当 $x\geqslant 0$ 时, 有 $(1+x)\ln(1+x)\geqslant\arctan x$.

6.1.13 证明不等式 $\dfrac{|a+b|}{1+|a+b|}\leqslant\dfrac{|a|}{1+|a|}+\dfrac{|b|}{1+|b|}$.

(提示: 应用辅助函数 $f(x)=\dfrac{x}{1+x}$, $x\geqslant 0$ 和函数单调性来证明.)

6.1.14 设 f 在 $[a,b]$ 上可微, 在 (a,b) 上二阶可微, 证明存在 $\xi\in(a,b)$, 使

$$f'(b)-f'(a)=(b-a)f''(\xi).$$

6.1.15 设函数 $f,g\in C[a,+\infty)$, 在 $(a,+\infty)$ 上可导, 且 $f(a)=g(a)$, 当 $x>a$ 时, $f'(x)>g'(x)$. 证明: 当 $x>a$ 时, $f(x)>g(x)$.

6.1.16 若当 $x\in[0,a]$ 时有 $|f''(x)|\leqslant M$, 且 f 在 $(0,a)$ 中取得最大值, 证明 $|f'(0)|+|f'(a)|\leqslant Ma$.

6.2 Cauchy 中值定理与不定式极限

一、内容精读

1. Cauchy 中值定理

设函数 f, g 满足

(i) 在 $[a,b]$ 上都连续;

(ii) 在 (a,b) 内都可导;

(iii) $f'(x)$ 和 $g'(x)$ 不同时为零;

(iv) $g(a) \neq g(b)$,

则存在 $\xi \in (a,b)$, 使得

$$\frac{f'(\xi)}{g'(\xi)} = \frac{f(b)-f(a)}{g(b)-g(a)}. \tag{6.2.1}$$

2. 不定式极限

(1) $\dfrac{\mathbf{0}}{\mathbf{0}}$ **型不定式极限** 设函数 f 和 g 满足

(i) $\lim\limits_{x\to x_0} f(x) = \lim\limits_{x\to x_0} g(x) = 0$;

(ii) 在点 x_0 的某个空心邻域 $U^\circ(x_0)$ 内两者都可导, 且 $g'(x) \neq 0$;

(iii) $\lim\limits_{x\to x_0} \dfrac{f'(x)}{g'(x)} = A$ (A 可为实数, 也可为 $\pm\infty$ 或 ∞),

则

$$\lim_{x\to x_0} \frac{f(x)}{g(x)} = \lim_{x\to x_0} \frac{f'(x)}{g'(x)} = A. \tag{6.2.2}$$

注 6.2.1 若用 α 表示 x_0^+, x_0^-, $-\infty$, $+\infty$, ∞, $U(\alpha)$ 表示对应于 α 的邻域 $U_+^\circ(x_0)$, $U_-^\circ(x_0)$, $U(-\infty)$, $U(+\infty)$, $U(\infty)$. 只要相应地修正条件 (ii) 中的邻域, 也可得到同样的结论. 具体为

函数 f 和 g 满足: (i) $\lim\limits_{x\to\alpha} f(x) = \lim\limits_{x\to\alpha} g(x) = 0$; (ii) 在 α 的某个邻域 $U(\alpha)$ 内都可导, 且 $g'(x) \neq 0$; (iii) $\lim\limits_{x\to\alpha} \dfrac{f'(x)}{g'(x)} = A$ (A 可为实数, 也可为 $\pm\infty$ 或 ∞), 则

$$\lim_{x\to\alpha} \frac{f(x)}{g(x)} = \lim_{x\to\alpha} \frac{f'(x)}{g'(x)} = A.$$

(2) $\dfrac{*}{\infty}$ **型不定式极限** 设函数 f 和 g 满足

(i) $\lim\limits_{x\to x_0^+} g(x) = \infty$;

(ii) 在点 x_0 的某个右邻域 $U_+^\circ(x_0)$ 内两者都可导, 且 $g'(x) \neq 0$;

(iii) $\lim\limits_{x\to x_0^+}\dfrac{f'(x)}{g'(x)}=A$ (A 可为实数, 也可为 $\pm\infty$ 或 ∞),

则

$$\lim_{x\to x_0^+}\frac{f(x)}{g(x)}=\lim_{x\to x_0^+}\frac{f'(x)}{g'(x)}=A. \tag{6.2.3}$$

若将上述的 $x\to x_0^+$ 换成 $x\to x_0$, $x\to x_0^-$, $x\to\pm\infty$, $x\to\infty$ 等情形, 只要相应地修正条件 (ii) 中的邻域, 也可得到同样的结论.

(3) **其他类型不定式极限**

不定式极限除了上述情形外, 还有 $0\cdot\infty$, 1^∞, 0^0, ∞^0, $\infty-\infty$ 等类型. 经过四则运算或简单变换, 它们一般可以化为 $\dfrac{0}{0}$ 或 $\dfrac{\infty}{\infty}$ 型的极限.

二、疑难解答

问题 6.2.1 下面由 Lagrange 中值定理来导出 Cauchy 中值定理的做法是否正确? 为什么?

若函数 f 和 g 满足 Cauchy 中值定理的条件, 则它们必满足 Lagrange 中值定理的条件, 于是存在 $\xi\in(a,b)$ 使得

$$f'(\xi)=\frac{f(b)-f(a)}{b-a},\quad g'(\xi)=\frac{g(b)-g(a)}{b-a}.$$

因 $g'(\xi)\neq 0$, $g(b)-g(a)\neq 0$, 所以将上述两式相除即得

$$\frac{f'(\xi)}{g'(\xi)}=\frac{f(b)-f(a)}{g(b)-g(a)}.$$

答 上述的推证过程是错误的. 主要是因为应用 Lagrange 中值定理时的中值点 ξ, 对于不同的函数 f 和 g 即使在同一区间 $[a,b]$ 上一般是不相同的.

依照上述推导的出发点, 由 Lagrange 中值定理, 存在 $\xi_1,\xi_2\in(a,b)$ 使得

$$f'(\xi_1)=\frac{f(b)-f(a)}{b-a},\quad g'(\xi_2)=\frac{g(b)-g(a)}{b-a}.$$

当 $\xi_1\neq\xi_2$ 时, 是无法通过两式相除而得到 Cauchy 中值定理的结论. ■

问题 6.2.2 Rolle 中值定理、Lagrange 中值定理、Cauchy 中值定理之间有何关联? 在应用时各有何特点?

答 (i) 从逻辑推理关系上看, 三者间有下图 6.2.1 中的蕴涵关系

图 6.2.1

(ii) 从证明方法上看, 由 Rolle 中值定理导出 Lagrange 中值定理时应用了辅助函数

$$F(x)=f(x)-f(a)-\frac{f(b)-f(a)}{b-a}(x-a);$$

由 Rolle 中值定理导出 Cauchy 中值定理时是应用了辅助函数

$$F(x)=f(x)-f(a)-\frac{f(b)-f(a)}{g(b)-g(a)}\big(g(x)-g(a)\big).$$

反之, 在 Cauchy 中值定理中取 $g(x)=x$, 就得到 Lagrange 中值定理. 在 Lagrange 中值定理中设 $f(a)=f(b)$, 又可得到 Rolle 中值定理. 所以, 若能先得到 Cauchy 中值定理, 则另外两个中值定理都是它的特殊情形.

(iii) 从应用方面来看, Rolle 中值定理除了在推导 Lagrange 中值定理和 Cauchy 中值定理时所起的关键性作用外, 在利用方程 $f(x)=0$ 的根的情况来讨论方程 $f'(x)=0$ 的根的分布情况时也有重要作用.

Lagrange 中值定理在利用导函数的性质讨论函数的单调性方面具有特殊的作用. 函数的单调性是函数在区间上的整体性质, 中值定理中的 $f'(\xi)$ 只是 f' 在某点 ξ 的局部性质, 但因中值点 ξ 的不明确性, 故只能假设在整个区间 (a,b) 内 $f'(x)\geqslant 0$, 并用于推得 f 在 $[a,b]$ 上的递增性质. 这里存在着"整体 $\Rightarrow$ 局部 $\Rightarrow$ 整体"的辩证关系, 也是应用 Lagrange 中值定理的实质所在.

Cauchy 中值定理是 Lagrange 中值定理的推广, Lagrange 中值定理是利用导数讨论函数 f 的增量与自变量增量比的性质, 而 Cauchy 中值定理则是利用导数的比来讨论两个函数 f 与 g 的增量比的性质.

Cauchy 中值定理的典型应用就是讨论 $\dfrac{0}{0}$ 型不定式极限. 详细内容可参照文献 [1, 3, 5, 7~11] 中的内容. ■

问题 6.2.3 应用洛必达法则计算不定式极限时通常要注意哪些问题?

答 应用洛必达法则计算不定式极限时通常要注意以下几个方面:

(i) 要认真审定计算的极限是否为不定式极限. 不是不定式极限不能使用洛必达法则, 因为它不满足洛必达法则的条件. 例如

$$\lim_{x\to 0}\frac{1-\cos x}{1+x^2}=\lim_{x\to 0}\frac{\sin x}{2x}=\frac{1}{2}$$

是错误的, 因为极限 $\lim\limits_{x\to 0}\dfrac{1-\cos x}{1+x^2}$ 不是 $\dfrac{0}{0}$ 型的. 其实 $\lim\limits_{x\to 0}\dfrac{1-\cos x}{1+x^2}=0$.

(ii) 除了 $\dfrac{0}{0}$ 型与 $\dfrac{*}{\infty}$ 型两种标准的不定式极限外, 其他五种不定式 $0\cdot\infty$, 1^{∞}, 0^0, ∞^0, $\infty-\infty$ 可化为 $\dfrac{0}{0}$ 型与 $\dfrac{\infty}{\infty}$ 型, 然后再应用洛必达法则.

(iii) 应用洛必达法则有一个条件是极限 $\lim\limits_{x\to\square}\dfrac{f'(x)}{g'(x)}$ 存在 (其中 □ 表示 x_0, x_0^-, x_0^+, $+\infty$, $-\infty$, ∞). 若 $\lim\limits_{x\to\square}\dfrac{f'(x)}{g'(x)}$ 不存在, 计算的极限 $\lim\limits_{x\to\square}\dfrac{f(x)}{g(x)}$ 就不能应用洛必达法则. 尽管 $\lim\limits_{x\to\square}\dfrac{f'(x)}{g'(x)}$ 不存在, 但极限 $\lim\limits_{x\to\square}\dfrac{f(x)}{g(x)}$ 有可能存在, 这时只能应用其他方法进行计算了. 例如极限 $\lim\limits_{x\to\infty}\dfrac{x+\sin x}{x}$, 易知 $\lim\limits_{x\to\infty}\dfrac{(x+\sin x)'}{(x)'}=\lim\limits_{x\to\infty}(1+\cos x)$ 不存在, 但 $\lim\limits_{x\to\infty}\dfrac{x+\sin x}{x}=\lim\limits_{x\to\infty}\left(1+\dfrac{\sin x}{x}\right)=1$.

(iv) 应用洛必达法则计算不定式极限时, 可能会出现 $\lim\limits_{x\to\square}\dfrac{f'(x)}{g'(x)}$ 仍是不定式极限, 若不定式极限 $\lim\limits_{x\to\square}\dfrac{f'(x)}{g'(x)}$ 容易求得, 则问题已得到解决; 若 $\lim\limits_{x\to\square}\dfrac{f'(x)}{g'(x)}$ 不易计算, 还可以继续使用洛必达法则, 有限次应用洛必达法则可以求出结果. 下面一些已知极限的应用, 可以简化极限的计算过程:

$$\lim_{x\to0}\frac{\sin x}{x}=1,\quad \lim_{x\to0}\frac{1-\cos x}{x^2}=\frac{1}{2},\quad \lim_{x\to0}(1+x)^{\frac{1}{x}}=\mathrm{e},$$

$$\lim_{x\to0}\frac{a^x-1}{x}=\ln a,\quad \lim_{x\to0}\frac{\ln(1+x)}{x}=1,\quad \lim_{x\to0}\frac{\tan x}{x}=1,\ \cdots.$$

例如, 计算极限 $\lim\limits_{x\to0}\dfrac{x-\sin x}{x^3}$. 计算过程如下

$$\lim_{x\to0}\frac{x-\sin x}{x^3}=\lim_{x\to0}\frac{(x-\sin x)'}{(x^3)'}=\lim_{x\to0}\frac{1-\cos x}{3x^2}=\frac{1}{3}\times\frac{1}{2}=\frac{1}{6}.$$

(v) 一般来说, 应用洛必达法则计算不定式的极限时, 应用一次洛必达法则计算要简单一些, 否则就要考虑应用其他方法了. 例如计算极限 $\lim\limits_{x\to0}\dfrac{\mathrm{e}^x-\mathrm{e}^{\sin x}}{x-\sin x}$. 若应用洛必达法则, 则

$$\begin{aligned}\lim_{x\to0}\frac{\mathrm{e}^x-\mathrm{e}^{\sin x}}{x-\sin x}&=\lim_{x\to0}\frac{\mathrm{e}^x-\mathrm{e}^{\sin x}\cdot\cos x}{1-\cos x}\\&=\lim_{x\to0}\frac{\mathrm{e}^x-\mathrm{e}^{\sin x}\cos^2 x+\mathrm{e}^{\sin x}\sin x}{\sin x}\\&=\lim_{x\to0}\frac{\mathrm{e}^x-\mathrm{e}^{\sin x}\cos^3 x+\dfrac{3}{2}\mathrm{e}^{\sin x}\sin 2x+\mathrm{e}^{\sin x}\cos x}{\cos x}=1.\end{aligned}$$

显然计算过程较复杂, 但应用已有的极限来计算时, 却简单得多.

$$\lim_{x\to0}\frac{\mathrm{e}^x-\mathrm{e}^{\sin x}}{x-\sin x}=\lim_{x\to0}\mathrm{e}^{\sin x}\frac{\mathrm{e}^{x-\sin x}-1}{x-\sin x}=1\times\ln\mathrm{e}=1.$$

(vi) 不能机械地使用洛必达法则, 在使用的过程中, 若出现极限为非零常数的积因子时, 可以先将其极限求出, 从而可以简化运算 (可参见例 6.2.9). ■

三、典型例题

例 6.2.1 若 $f \in C[a,b]$, 在 (a,b) 内可导, 且 $ab>0$. 证明存在 $\xi \in (a,b)$ 使得

$$\frac{1}{a-b}\begin{vmatrix} a & b \\ f(a) & f(b) \end{vmatrix} = f(\xi) - \xi f'(\xi).$$

证明 作辅助函数 $F(x) = \dfrac{f(x)}{x}$, $G(x) = \dfrac{1}{x}$, 则 $F(x)$ 和 $G(x)$ 在 $[a,b]$ 上满足 Cauchy 中值定理的条件, 于是存在 $\xi \in (a,b)$, 使得

$$\frac{F(b)-F(a)}{G(b)-G(a)} = \frac{F'(\xi)}{G'(\xi)}.$$

而

$$F'(x) = \frac{xf'(x)-f(x)}{x^2}, \quad G'(x) = -\frac{1}{x^2},$$

所以

$$\frac{af(b)-bf(a)}{a-b} = f(\xi) - \xi f'(\xi),$$

即 $\dfrac{1}{a-b}\begin{vmatrix} a & b \\ f(a) & f(b) \end{vmatrix} = f(\xi) - \xi f'(\xi).$ ■

解题回顾 分析所证结论的左边, 有

$$\frac{1}{a-b}\begin{vmatrix} a & b \\ f(a) & f(b) \end{vmatrix} = \frac{\dfrac{f(b)}{b} - \dfrac{f(a)}{a}}{\dfrac{1}{b} - \dfrac{1}{a}}.$$

由此可以试取辅助函数 $F(x) = \dfrac{f(x)}{x}$, $G(x) = \dfrac{1}{x}$.

例 6.2.2 设函数 f 在点 a 处二阶可导, 且 $f''(a) \neq 0$, 则在 h 充分小时, 成立 $f(a+h)-f(a) = f'(a+\theta h)\cdot h$, 且其中的 θ 具有性质 $\lim\limits_{h\to 0}\theta(h) = \dfrac{1}{2}$.

证明 由于 $f''(a)$ 存在, 所以至少在 a 的某个邻域 $U(a)$ 中 f 可微. 当 h 充分小时, 据 $h>0$ (或 $h<0$) 可在区间 $[a,a+h]$ (或 $[a+h,a]$) 上应用 Lagrange 中值定理, 得到

$$f(a+h)-f(a) = f'(a+\theta h)h, \quad \theta = \theta(h), \quad \theta \in (0,1). \tag{6.2.4}$$

考察分式

$$I = \frac{f(a+h)-f(a)-f'(a)h}{h^2}. \tag{6.2.5}$$

若令

$$F(x) = f(a+x) - f(a) - f'(a)x, \quad G(x) = x^2,$$

则

$$I = \frac{F(h) - F(0)}{G(h) - G(0)}.$$

由 Cauchy 中值定理, 存在 $\eta \in (0, h)$, 使得

$$I = \frac{F'(\eta)}{G'(\eta)} = \frac{f'(a+\eta) - f'(a)}{2\eta}. \tag{6.2.6}$$

另一方面, 将式 (6.2.4) 代入到式 (6.2.5) 中, 有

$$I = \frac{f'(a+\theta h)h - f'(a)h}{h^2} = \frac{f'(a+\theta h) - f'(a)}{h}. \tag{6.2.7}$$

由式 (6.2.6) 和式 (6.2.7), 有

$$\theta \cdot \frac{f'(a+\theta h) - f'(a)}{\theta h} = \frac{f'(a+\eta) - f'(a)}{2\eta}. \tag{6.2.8}$$

注意到 $\theta \in (0,1)$, η 在 0 和 h 之间, 而条件 $f''(a) \neq 0$, 因此在式 (6.2.8) 两边令 $h \to 0$, 就可以得到 $\lim\limits_{h \to 0} \theta(h) = \dfrac{1}{2}$. ■

例 6.2.3 设 $f, g \in C[a,b]$, 且 f, g 在 (a,b) 内可导, 则存在 $\xi \in (a,b)$, 使得

$$\big[f(b) - f(a)\big]g'(\xi) = \big[g(b) - g(a)\big]f'(\xi). \tag{6.2.9}$$

证明 作辅助函数

$$F(x) = \big[f(b) - f(a)\big]g(x) - \big[g(b) - g(a)\big]f(x),$$

则由条件知 $F \in C[a,b]$, F 在 (a,b) 内可导. 又

$$F(a) = \big[f(b) - f(a)\big]g(a) - \big[g(b) - g(a)\big]f(a) = f(b)g(a) - g(b)f(a),$$

$$F(b) = \big[f(b) - f(a)\big]g(b) - \big[g(b) - g(a)\big]f(b) = f(b)g(a) - g(b)f(a),$$

即 $F(a) = F(b)$. 故由 Rolle 中值定理, 存在 $\xi \in (a,b)$, 使得 $F'(\xi) = 0$, 即

$$\big[f(b) - f(a)\big]g'(\xi) - \big[g(b) - g(a)\big]f'(\xi) = 0.$$

注 6.2.2 本例比 Cauchy 中值定理少两个条件：$f'(x)$, $g'(x)$ 不同时为零与 $g(a) \neq g(b)$. 所以结论是以乘积形式给出. 而在证明过程中所作的辅助函数为

$$F(x) = \big[f(b) - f(a)\big]g(x) - \big[g(b) - g(a)\big]f(x),$$

当然 Cauchy 中值定理证明中的辅助函数也可以取此函数.

若 $f'(x)$, $g'(x)$ 不同时为零, $g(a) \neq g(b)$, 则 $g'(\xi) \neq 0$ (否则将导致 $f'(\xi) = 0$), 此时式 (6.2.9) 立即可以改写为式 (6.2.1). 所以 Cauchy 中值定理证明中的辅助函数选取不是唯一的. ■

例 6.2.4 设 $f \in C[a,b]$ $(b > a > 0)$, 且 f 在 (a,b) 内可导. 证明存在 $\xi, \eta \in (a,b)$, 使得 $f'(\xi) = \dfrac{(b+a)f'(\eta)}{2\eta}$.

证明 取 $g(x) = x^2$, 则 f, g 满足 Cauchy 中值定理条件, 故存在 $\eta \in (a,b)$ 使得

$$\frac{f'(\eta)}{2\eta} = \frac{f(b) - f(a)}{b^2 - a^2}.$$

由条件知, 函数 f 满足 Lagrange 中值定理条件, 则存在 $\xi \in (a,b)$, 使得

$$f(b) - f(a) = f'(\xi) \cdot (b - a).$$

于是, 由上述两式立即得到所要证明的结论. ■

例 6.2.5 对任意 $x > -1$, 由 Lagrange 中值定理知存在 $\theta \in (0,1)$ (其中 $\theta = \theta(x)$), 使得 $\ln(1+x) - 0 = \dfrac{x}{1+\theta x}$, 求证 $\lim\limits_{x \to 0} \theta(x) = \dfrac{1}{2}$.

解 由 $\ln(1+x) - 0 = \dfrac{x}{1+\theta x}$ 可得

$$\theta = \frac{x - \ln(1+x)}{x\ln(1+x)}.$$

注意到 $\ln(1+x) \sim x$ $(x \to 0)$, 故由洛必达法则可得

$$\begin{aligned}\lim_{x\to 0}\theta &= \lim_{x\to 0}\frac{x - \ln(1+x)}{x\ln(1+x)} = \lim_{x\to 0}\frac{x - \ln(1+x)}{x^2} = \lim_{x\to 0}\frac{1 - \dfrac{1}{1+x}}{2x} \\ &= \lim_{x\to 0}\frac{1}{2(1+x)} = \frac{1}{2}.\end{aligned}$$

■

例 6.2.6 设 f 在 $[a,b]$ 上三阶可导. 证明存在 $\xi \in (a,b)$, 使得

$$f(b) = f(a) + \frac{1}{2}(b-a)\Big[f'(a) + f'(b)\Big] - \frac{1}{12}(b-a)^3 f'''(\xi).$$

证明 作如下辅助函数:

$$F(x) = f(b) - f(x) - \frac{1}{2}(b-x)\big(f'(x) + f'(b)\big), \quad G(x) = (b-x)^3,$$

则

$$F(b) = F'(b) = 0, \quad F''(x) = -\frac{1}{2}(b-x)f'''(x),$$

$$G(b) = G'(b) = 0, \quad G''(x) = 6(b-x).$$

在 $[x,b]$ 上两次应用 Cauchy 中值定理, 有

$$\begin{aligned}\frac{F(x)}{G(x)} &= \frac{F(x)-F(b)}{G(x)-G(b)} = \frac{F'(\xi_1)}{G'(\xi_1)} \quad (a \leqslant x < \xi_1 < b)\\ &= \frac{F'(\xi_1)-F'(b)}{G'(\xi_1)-G'(b)} = \frac{F''(\xi)}{G''(\xi)} \quad (\xi_1 < \xi < b)\\ &= -\frac{1}{12}f'''(\xi), \quad \xi \in (a,b).\end{aligned}$$

在上式中令 $x=a$, 则有 $F(a) = -\frac{1}{12}(b-a)^3 f'''(\xi)$. 由此即得要证明的结论.

例 6.2.7 求下列各极限:

(i) $\lim\limits_{x\to+\infty}\left[x - x^2\ln\left(1+\frac{1}{x}\right)\right]$; (ii) $\lim\limits_{x\to\infty}\left(1-\frac{1}{x}\right)^x$;

(iii) $\lim\limits_{x\to\infty}\left(\tan\frac{1}{x+1}\right)^{\frac{1}{x}}$.

解 (i) 此为 $\infty-\infty$ 型不定式极限, 所以

$$\lim_{x\to+\infty}\left[x-x^2\ln\left(1+\frac{1}{x}\right)\right] = \lim_{x\to+\infty}\frac{\frac{1}{x}-\ln\left(1+\frac{1}{x}\right)}{\frac{1}{x^2}}$$

$$= \lim_{x\to+\infty}\frac{-\frac{1}{x^2}-\frac{x}{1+x}\left(-\frac{1}{x^2}\right)}{-\frac{2}{x^3}} = \lim_{x\to+\infty}\frac{x}{2(1+x)} = \frac{1}{2}.$$

(ii) 此为 1^∞ 型不定式极限. 由于

$$\lim_{x\to\infty}\left(1-\frac{1}{x}\right)^x = \lim_{x\to\infty}\mathrm{e}^{x\ln\left(1-\frac{1}{x}\right)},$$

而

$$\lim_{x\to\infty}x\ln\left(1-\frac{1}{x}\right) = \lim_{x\to+\infty}\frac{\ln\left(1-\frac{1}{x}\right)}{\frac{1}{x}} = \lim_{x\to\infty}\frac{\frac{x}{x-1}\cdot\frac{x-x+1}{x^2}}{-\frac{1}{x^2}}$$

$$= -\lim_{x\to\infty}\frac{x^2}{x(x-1)} = -1.$$

所以 $\lim\limits_{x\to\infty}\left(1-\frac{1}{x}\right)^x = \mathrm{e}^{-1}$.

(iii) 此为 0^0 型不定式极限. 由于 $\lim\limits_{x\to\infty}\left(\tan\frac{1}{x+1}\right)^{\frac{1}{x}} = \lim\limits_{x\to\infty}\mathrm{e}^{\frac{1}{x}\ln\tan\frac{1}{x+1}}$, 而

$$\lim_{x\to\infty}\frac{1}{x}\ln\tan\frac{1}{x+1} = \lim_{x\to+\infty}\frac{\ln\tan\frac{1}{x+1}}{x}$$

$$= \lim_{x\to\infty} \frac{1}{\tan\frac{1}{x+1}} \cdot \sec^2\left(\frac{1}{x+1}\right) \cdot \left[-\frac{1}{(x+1)^2}\right]$$

$$= -\lim_{x\to\infty} \frac{\frac{2}{(x+1)^2}}{\sin\frac{2}{x+1}} = -\lim_{x\to\infty} \frac{\frac{2}{x+1}}{\sin\frac{2}{x+1}} \cdot \frac{1}{x+1} = 0.$$

所以 $\lim\limits_{x\to\infty}\left(\tan\dfrac{1}{x+1}\right)^{\frac{1}{x}} = \mathrm{e}^0 = 1.$ ■

例 6.2.8　设 $f(0)=0$, f' 在 $U(0;\delta)$ 内连续, 且 $f'(0)\neq 0$, 证明 $\lim\limits_{x\to 0^+} x^{f(x)} = 1$.

证明　因 $x^{f(x)} = \mathrm{e}^{f(x)\ln x}$, 而

$$\lim_{x\to 0^+} f(x)\ln x = \lim_{x\to 0^+} \frac{f(x)}{\frac{1}{\ln x}} = \lim_{x\to 0^+} \frac{f'(x)}{-\frac{1}{(\ln x)^2}\cdot\frac{1}{x}} = -f'(0)\lim_{x\to 0^+} \frac{(\ln x)^2}{\frac{1}{x}}$$

$$= -f'(0)\lim_{x\to 0^+} \frac{2\ln x\cdot\frac{1}{x}}{-\frac{1}{x^2}} = 2f'(0)\lim_{x\to 0^+} \frac{\ln x}{\frac{1}{x}} = 2f'(0)\lim_{x\to 0^+} \frac{\frac{1}{x}}{-\frac{1}{x^2}} = 0,$$

所以 $\lim\limits_{x\to 0^+} x^{f(x)} = \mathrm{e}^0 = 1.$ ■

例 6.2.9　求极限 $\lim\limits_{x\to 0} \dfrac{\sqrt{1+\tan x}-\sqrt{1+\sin x}}{x\ln(1+x)-x^2}$.

解　此题为 $\dfrac{0}{0}$ 型不定式极限, 但一开始不直接用洛必达法则, 而是在适当的地方使用. 求解如下:

$$\lim_{x\to 0} \frac{\sqrt{1+\tan x}-\sqrt{1+\sin x}}{x\ln(1+x)-x^2}$$

$$= \lim_{x\to 0} \frac{\tan x-\sin x}{x\ln(1+x)-x^2} \cdot \frac{1}{\sqrt{1+\tan x}+\sqrt{1+\sin x}}$$

$$= \lim_{x\to 0} \frac{1}{\cos x} \cdot \frac{\sin x}{x} \cdot \frac{1-\cos x}{\ln(1+x)-x} \cdot \frac{1}{\sqrt{1+\tan x}+\sqrt{1+\sin x}}$$

$$= \frac{1}{2}\lim_{x\to 0} \frac{1-\cos x}{\ln(1+x)-x}$$

$$= \frac{1}{2}\lim_{x\to 0} \frac{\sin x}{\frac{1}{1+x}-1} = -\frac{1}{2}\lim_{x\to 0} \frac{\sin x}{x}\cdot(1+x) = -\frac{1}{2}.$$ ■

解题回顾　从例 6.2.9 的求解过程可以看出, 用洛必达法则求不定式极限时, 不能机械地使用. 如果使用的不当, 有时导致复杂运算而不能得到结果. 另外在求极限过程中, 出现极限为非零常数的因子时, 可以先将其极限求出, 从而可以简化运算, 如本例中的第二个等号到第三个等号就是如此.

四、巩固提高

6.2.1 以下几个函数的极限均不宜用洛必达法则, 为什么?

(i) $\lim\limits_{x\to 1}\dfrac{x}{x+1}$;

(ii) $\lim\limits_{x\to +\infty}\dfrac{x+\sin x}{x-\sin x}$;

(iii) $\lim\limits_{x\to +\infty}\dfrac{e^{x}+e^{-x}}{e^{x}-e^{-x}}$;

(iv) $\lim\limits_{x\to +\infty}\dfrac{x}{\sqrt{x^2+1}}$.

6.2.2 求下列不定式极限:

(i) $\lim\limits_{x\to 0}\dfrac{x-\tan x}{x^3}$;

(ii) $\lim\limits_{x\to 0}\dfrac{\tan x-x}{x^2\sin x}$;

(iii) $\lim\limits_{x\to 0^+}\dfrac{\ln\tan(ax)}{\ln\tan(bx)}$, $a>0,b>0$;

(iv) $\lim\limits_{x\to +\infty}x\left(\dfrac{\pi}{2}-\arctan x\right)$;

(v) $\lim\limits_{x\to 1}\left(\dfrac{x}{x-1}-\dfrac{1}{\ln x}\right)$;

(vi) $\lim\limits_{x\to \infty}\left(\dfrac{2}{\pi}\arctan x\right)^{x}$;

(vii) $\lim\limits_{x\to 0^+}x^{\sin x}$;

(viii) $\lim\limits_{x\to \infty}(x^2+a^2)^{\frac{1}{x^2}}$.

6.2.3 设 $f\in C[a,b]$, f 在 (a,b) 上可导, 且有 $0<a<b$ 成立. 证明存在 $\xi\in(a,b)$, 使得下式成立 $f(b)-f(a)=\ln\dfrac{b}{a}\cdot\xi f'(\xi)$.

6.2.4 设 f 在 $[a,b]$ 上可微, 证明存在 $\xi\in(a,b)$, 使成立

$$2\xi\big[f(b-f(a)\big]=\big(b^2-a^2\big)f'(\xi).$$

6.2.5 设 $f,g\in C[a,b]$, 且 f,g 在 (a,b) 上可微, 其中 g 在区间 (a,b) 中无零点. 证明存在 $\xi\in(a,b)$, 使得

$$\frac{f'(\xi)}{g'(\xi)}=\frac{f(\xi)-f(a)}{g(b)-g(\xi)}.$$

6.2.6 若函数 f 在 $[a,b]$ 上连续, 在 (a,b) 内可导, 且 $a\geqslant 0$, 则在 (a,b) 内存在三点 ξ,η,ζ, 有

$$f'(\xi)=(a+b)\frac{f'(\eta)}{2\eta}=(a^2+ab+b^2)\frac{f'(\zeta)}{3\zeta^2}.$$

6.2.7 设函数 $f,g\in C^2[a,b]$, $g''(x)\neq 0$, $f(a)=f(b)=g(a)=g(b)=0$, 证明:

(i) 在开区间 (a,b) 内 $g(x)\neq 0$;

(ii) 存在 $\xi\in(a,b)$, 使得 $\dfrac{f(\xi)}{g(\xi)}=\dfrac{f''(\xi)}{g''(\xi)}$.

6.2.8 对于下列所定义的函数

(i) $f(x)=ax^2+bx+c$, 其中 $a\neq 0$;

(ii) $f(x)=\dfrac{1}{x}$, $x>0$,

计算在公式 $f(x+\Delta x)-f(x)=f'(x+\theta\Delta x)\cdot\Delta x$ 中的 θ, 并求极限 $\lim\limits_{\Delta x\to 0}\theta$.

6.2.9 设 $f\in C[a,b]$, f 在 (a,b) 内二阶可导, 证明存在 $\xi\in(a,b)$, 使得

$$f(b)-2f\left(\frac{a+b}{2}\right)+f(a)=\frac{1}{4}(b-a)^2f''(\xi).$$

(提示: 取辅助函数 $F(x)=f(x)-2f\left(\dfrac{a+x}{2}\right)+f(a)$, $G(x)=\dfrac{1}{4}(x-a)^2$ 并利用 Cauchy 中值定理.)

6.2.10 证明当 $x\geqslant 0$ 时有 $\sqrt{x+1}-\sqrt{x}=\dfrac{1}{2\sqrt{x+\theta(x)}}$, 其中 $\dfrac{1}{4}\leqslant\theta(x)\leqslant\dfrac{1}{2}$, 且具有性质 $\lim\limits_{x\to 0^+}\theta(x)=\dfrac{1}{4}$, $\lim\limits_{x\to+\infty}\theta(x)=\dfrac{1}{2}$.

6.2.11 设 $f''(a)$ 存在, 证明 $\lim\limits_{h\to 0}\dfrac{f(a+2h)-2f(a+h)+f(a)}{h^2}=f''(a)$.

6.2.12 设 f 在某 $U(x_0)$ 中二阶连续可微, $f'(x_0)\neq 0$, 且对任意 $x\neq x_0$, $f(x)\neq f(x_0)$, 求 $\lim\limits_{x\to x_0}\left(\dfrac{1}{f(x)-f(x_0)}-\dfrac{1}{(x-x_0)f'(x_0)}\right)$.

6.2.13 设 f 在 $x=0$ 的某个邻域 $U(0)$ 内二阶可导, 且 $\lim\limits_{x\to 0}\left[1+x+\dfrac{f(x)}{x}\right]^{\frac{1}{x}}=$ e^3. 求 $f(0)$, $f'(0)$, $f''(0)$ 和 $\lim\limits_{x\to 0}\left(1+\dfrac{f(x)}{x}\right)^{\frac{1}{x}}$.

(提示: 先证明 $f(0)=f'(0)=0$, 然后从条件中求出 $f''(0)=4$. 答案为 e^2.)

6.2.14 (i) 试确定 a,b 的值, 使得 $\mathrm{e}^x-(ax^2+bx+1)=o(x^2)$ $(x\to 0)$;

(ii) 求正整数 n 的值, 使得当 $x\to 0$ 时, $\mathrm{e}^{\tan x}-\mathrm{e}^x$ 与 x^n 为同阶无穷小量.

6.2.15 设 $a_1=\sin x>0$, $a_{n+1}=\sin a_n$, $n\in\mathbb{N}_+$. 证明:

(i) $\lim\limits_{n\to\infty}a_n=0$;   (ii) $\lim\limits_{n\to\infty}\sqrt{\dfrac{n}{3}}\,a_n=1$.

6.3 Taylor 公式

一、内容精读

1. 带有 Peano 型余项的 Taylor 公式

若函数 $f(x)$ 在点 x_0 存在直到 n 阶导数, 则有

$$\begin{aligned}f(x)=&T_n(x)+o((x-x_0)^n)\\=&f(x_0)+\frac{f'(x_0)}{1!}(x-x_0)+\frac{f''(x_0)}{2!}(x-x_0)^2+\cdots\\&+\frac{f^{(n-1)}(x_0)}{(n-1)!}(x-x_0)^{n-1}+\frac{f^{(n)}(x_0)}{n!}(x-x_0)^n+o\big((x-x_0)^n\big).\end{aligned}\tag{6.3.1}$$

式 (6.3.1) 称为函数 $f(x)$ 在点 x_0 处的泰勒 (Taylor) 公式, $R_n(x)=f(x)-T_n(x)$ 称为Taylor 公式的余项. 形如 $o\big((x-x_0)^n\big)$ 的余项称为佩亚诺 (Peano) 型余项. 式 (6.3.1) 又称为带有佩亚诺型余项的 Taylor 公式.

特别地, 当 $x_0=0$ 时

$$f(x)=f(0)+\frac{f'(0)}{1!}x+\frac{f''(0)}{2!}x^2+\cdots+\frac{f^{(n)}(0)}{n!}x^n+o(x^n) \tag{6.3.2}$$

称为(带有 Peano 型余项的) 麦克劳林 (Maclaurin) 公式.

2. 带有 Lagrange 型余项的泰勒公式

定理 6.3.1 (Taylor 定理) 若函数 $f(x)$ 在 $[a,b]$ 上存在直到 n 阶连续导数, 在 (a,b) 内存在 $n+1$ 阶导数, 则对任意给定 $x,x_0\in[a,b]$, 至少存在一点 $\xi\in(a,b)$, 使得

$$\begin{aligned}f(x)=&f(x_0)+\frac{f'(x_0)}{1!}(x-x_0)+\frac{f''(x_0)}{2!}(x-x_0)^2+\cdots\\&+\frac{f^{(n)}(x_0)}{n!}(x-x_0)^n+\frac{f^{(n+1)}(\xi)}{(n+1)!}(x-x_0)^{n+1}.\end{aligned} \tag{6.3.3}$$

式 (6.3.3) 也称为 Taylor 公式. 它的余项为

$$R_n(x)=f(x)-T_n(x)=\frac{f^{(n+1)}(\xi)}{(n+1)!}(x-x_0)^{(n+1)},\quad \xi=x_0+\theta(x-x_0),\quad \theta\in(0,1)$$

称为 Lagrange 型余项. 式 (6.3.3) 又称为带 Lagrange 型余项的 Taylor 公式.

特别地, 当 $x_0=0$, 得到的 Taylor 公式

$$\begin{aligned}f(x)=&f(0)+\frac{f'(0)}{1!}x+\frac{f''(0)}{2!}x^2+\cdots\\&+\frac{f^{(n)}(0)}{n!}x^n+\frac{f^{(n+1)}(\theta x)}{(n+1)!}x^{n+1}\quad(0<\theta<1).\end{aligned} \tag{6.3.4}$$

式 (6.3.4) 称为 (带有 Lagrange 型余项的) Maclaurin 公式.

Taylor 从牛顿二项式展开定理得到启发, 形式上给出下列展开式:

$$f(x+h)=f(x)+Ah+Bh^2+Ch^3+Dh^4+\cdots.$$

但是遗憾的是他没有给出此展开式的证明及其成立的条件. Lagrange 直接继承了 Taylor 的公式, 引进了导数的概念, 并证明了公式

$$f(x+h)=f(x)+f'(x)h+\frac{f''(x)}{2!}h^2+\cdots+\frac{f^{(n)}(x)}{n!}h^n+\cdots.$$

引进导数的概念并用余项讨论所展开的 Taylor 多项式的性质, 这是 Lagrange 在微分学上的重要贡献.

3. 一些常用的 Maclaurin 公式

(仅给出带 Lagrange 型余项, 而带 Peano 型余项可类似得到)

(i) $$e^x = 1 + x + \frac{x^2}{2!} + \cdots + \frac{x^n}{n!} + \frac{e^{\theta x}}{(n+1)!}x^{n+1}, \quad \theta \in (0,1),\ x \in \mathbb{R}; \tag{6.3.5}$$

(ii) $$\sin x = x - \frac{x^3}{3!} + \frac{x^5}{5!} + \cdots + (-1)^{m-1}\frac{x^{2m-1}}{(2m-1)!} + (-1)^m \frac{\cos\theta x}{(2m+1)!}x^{2m+1}, \quad \theta \in (0,1),\ x \in \mathbb{R}; \tag{6.3.6}$$

(iii) $$\cos x = 1 - \frac{x^2}{2!} + \frac{x^4}{4!} + \cdots + (-1)^m \frac{x^{2m}}{(2m)!} + (-1)^{m+1}\frac{\cos\theta x}{(2m+2)!}x^{2m+2}, \quad \theta \in (0,1),\ x \in \mathbb{R}; \tag{6.3.7}$$

(iv) $$\ln(1+x) = x - \frac{x^2}{2} + \frac{x^3}{3} + \cdots + (-1)^{n-1}\frac{x^n}{n} + (-1)^n \frac{x^{n+1}}{(n+1)(1+\theta x)^{n+1}}, \quad \theta \in (0,1),\ x \in (-1,+\infty); \tag{6.3.8}$$

(v) $$\frac{1}{1-x} = 1 + x + x^2 + \cdots + x^n + \frac{x^{n+1}}{(1-\theta x)^{n+2}}, \quad \theta \in (0,1), x \in (-1,1); \tag{6.3.9}$$

(vi) $$(1+x)^\alpha = 1 + \alpha x + \frac{\alpha(\alpha-1)}{2!}x^2 + \cdots + \frac{\alpha(\alpha-1)\cdots(\alpha-n+1)}{n!}x^n + \frac{\alpha(\alpha-1)\cdots(\alpha-n)}{(n+1)!}(1+\theta x)^{\alpha-n-1}x^{n+1}, \quad \theta \in (0,1),\ x \in (-1,+\infty). \tag{6.3.10}$$

4. Taylor 公式的应用

(i) 在求函数极限中的应用 (主要应用带 Peano 型余项的 Taylor 公式);

(ii) 在近似计算上的应用.

二、疑难解答

问题 6.3.1　若 f 在点 x_0 的某个邻域上有 $n+1$ 阶连续导函数, 试问能否由 Taylor 公式的 Lagrange 型余项导出 Peano 型余项公式?

答　可以. 理由如下:

因 f 具有 $n+1$ 阶连续导函数, 则由 Taylor 公式, 有

$$f(x) = f(x_0) + f'(x_0)(x-x_0) + \frac{f'(x_0)}{2!}(x-x_0)^2 + \cdots + \frac{f^{(n)}(x_0)}{n!}(x-x_0)^n + \frac{f^{(n+1)}(x_0+\theta\cdot(x-x_0))}{(n+1)!}(x-x_0)^{n+1}, \quad \theta \in (0,1).$$

因 $f^{(n+1)}(x)$ 在点 x_0 的某个邻域上连续, 所以存在 $M>0,\ \delta>0$, 当 $x\in U(x_0;\delta)$ 时, 有 $|f^{(n+1)}(x)|\leqslant M$. 由此可得

$$|R_n(x)|=\left|\frac{f^{(n+1)}(x_0+\theta\cdot(x-x_0))}{(n+1)!}(x-x_0)^{n+1}\right|\leqslant\frac{M}{(n+1)!}|x-x_0|^{n+1}.$$

于是, 有

$$\left|\frac{R_n(x)}{(x-x_0)^n}\right|\leqslant\frac{M}{(n+1)!}|x-x_0|\to 0\quad(x\to x_0),$$

即 $R_n(x)=o\big((x-x_0)^n\big)\ (x\to x_0)$.

上述推导过程表明, 当导函数 $f^{(n+1)}(x)$ 在点 x_0 的某个闭邻域内连续时, 可以得到 $R_n(x)=o\big((x-x_0)^n\big)\ (x\to x_0)$, 这与 Peano 型余项的结论是一致的. ■

问题 6.3.2 试问 Taylor 公式的 Lagrange 型余项和 Peano 型余项有何不同的特点?

答 两者的不同特点体现在以下几个方面:

(i) 从定理的条件来看, Taylor 公式的 Peano 型余项成立的条件是 $f(x)$ 在点 x_0 存在直到 n 阶导数, 而 Lagrange 型余项成立的条件则要求函数 $f(x)$ 在点 x_0 的邻域内 $f^{(n)}(x)$ 连续, 且存在 $n+1$ 阶导函数 $f^{(n+1)}(x)$. 后者所需的条件比前者强;

(ii) 从余项本身的形式来看, Peano 型余项 $o\big((x-x_0)^n\big)$ 是以高阶无穷小量的形式给出的, 是一种定性的描述, 而 Lagrange 型余项是用 $n+1$ 阶导数形式给出的, 利用这类余项对用 Taylor 多项式逼近函数时产生的误差可以给出定量的估计;

(iii) 从证明方法来看, Peano 型余项是用洛必达法则证明的, 而 Lagrange 型余项是用 Cauchy 中值定理证明的;

(iv) 从应用方面来看, Peano 型余项在求极限时用的较多, 而 Lagrange 型余项在近似计算估计误差时用的较多.

三、典型例题

例 6.3.1 将 $f(x)=\ln(1+\sin x)$ 在 $x=0$ 展开到 x^4(带 Peano 型余项).

解 利用 $\ln(1+x)$ 与 $\sin x$ 的 Maclaurin 公式, 有

$$\begin{aligned}\ln(1+\sin x)&=\sin x-\frac{\sin^2 x}{2}+\frac{\sin^3 x}{3}-\frac{\sin^4 x}{4}+o(\sin^4 x)\\&=\left[x-\frac{x^3}{3!}+o(x^5)\right]-\frac{1}{2}\left[x-\frac{x^3}{3!}+o(x^3)\right]^2\\&\quad+\frac{1}{3}\left[x-\frac{x^3}{3!}+o(x^3)\right]^3-\frac{1}{4}\left[x+o(x)\right]^4+o(x^4)\\&=x-\frac{x^3}{6}+o(x^4)-\frac{1}{2}\left[x^2-\frac{x^4}{3}+o(x^4)\right]\end{aligned}$$

$$+\frac{1}{3}\left[x^3+o(x^4)\right]-\frac{1}{4}x^4+o(x^4)+o(x^4)$$
$$=x-\frac{1}{2}x^2+\frac{1}{6}x^3-\frac{1}{12}x^4+o(x^4).$$ ■

例 6.3.2　将函数 $f(x)=\dfrac{1+x+x^2}{1-x+x^2}$ 在 $x=0$ 点处展开到含 x^4 项, 并求 $f^{(3)}(0)$.

解　先改写函数 $f(x)$ 为如下表示:

$$f(x)=\frac{1+x+x^2}{1-x+x^2}=1+\frac{2x}{1-x+x^2}=1+2x\cdot\frac{1+x}{1+x^3}.$$

又

$$\frac{1}{1+x^3}=1-x^3+o(x^3)\quad(x\to 0),$$

于是

$$f(x)\ =1+2x(1+x)[1-x^3+o(x^3)]=1+2x+2x^2-2x^4+o(x^4)\quad(x\to 0).$$

由 Taylor 公式的唯一性, 可知 $\dfrac{f^{(3)}(0)}{3!}=0$, 从而 $f^{(3)}(0)=0$. ■

例 6.3.3　将 $f(x)=\arcsin x$ 展成 Maclaurin 公式直到 x^5 项.

解　对 f 求导, 并利用式 (6.3.10) 可得

$$f'(x)=(1-x^2)^{-\frac{1}{2}}=1+\frac{1}{2}x^2+\frac{3}{8}x^4+o(x^6).$$

由 Maclaurin 公式的唯一性, 可知

$$1=f'(0),\quad 0=f''(0),\quad \frac{1}{2}=\frac{f'''(0)}{2!},\quad 0=\frac{f^{(4)}(0)}{4!},\quad \frac{3}{8}=\frac{f^{(5)}(0)}{4!},\quad 0=\frac{f^{(6)}(0)}{5!}.$$

即得

$$f'(0)=1,\quad f''(0)=0,\quad f'''(0)=1,\quad f^{(4)}(0)=0,\quad f^{(5)}(0)=9,\quad f^{(6)}(0)=0.$$

再注意到 $f(0)=0$, 所以要求的 Maclaurin 公式为

$$\arcsin x=x+\frac{1}{3!}x^3+\frac{9}{5!}x^5+o(x^6)=x+\frac{1}{6}x^3+\frac{3}{40}x^5+o(x^6)\quad(x\to 0).$$ ■

例 6.3.4　设 $f\in C[a,b]$, f 在 (a,b) 内二阶可导, 证明存在 $\xi\in(a,b)$, 使得

$$f(b)-2f\left(\frac{a+b}{2}\right)+f(a)=\frac{1}{4}(b-a)^2f''(\xi).$$

证明　将 $f(a)$ 与 $f(b)$ 在点 $x_0=\dfrac{a+b}{2}$ 处展开到二阶导数项如下:

$$f(b)=f\left(\frac{a+b}{2}\right)+f'\left(\frac{a+b}{2}\right)\cdot\frac{b-a}{2}+\frac{f''(\xi_1)}{2!}\left(\frac{b-a}{2}\right)^2,\quad \xi_1\in\left(\frac{a+b}{2},b\right),$$

$$f(a)=f\left(\frac{a+b}{2}\right)+f'\left(\frac{a+b}{2}\right)\cdot\frac{a-b}{2}+\frac{f''(\xi_2)}{2!}\left(\frac{b-a}{2}\right)^2,\quad \xi_2\in\left(a,\frac{a+b}{2}\right).$$

上述两式相加, 可得

$$f(b)-2f\left(\frac{a+b}{2}\right)+f(a)=\frac{1}{4}(b-a)^2\cdot\frac{1}{2}\big(f''(\xi_1)+f''(\xi_2)\big).$$

不妨设 $f''(\xi_1)\leqslant f''(\xi_2)$, 则有

$$f''(\xi_1)\leqslant\frac{1}{2}\big(f''(\xi_1)+f''(\xi_2)\big)\leqslant f''(\xi_2).$$

在 $[\xi_2,\xi_1]$ 上对 $f''(x)$ 应用 Darboux 定理, 存在 $\xi\in(\xi_2,\xi_1)\subset(a,b)$ 使得

$$f''(\xi)=\frac{1}{2}\big(f''(\xi_1)+f''(\xi_2)\big).$$

由此立即可得 $f(b)-2f\left(\dfrac{a+b}{2}\right)+f(a)=\dfrac{1}{4}(b-a)^2f''(\xi)$. ■

例 6.3.5 设函数 f 在区间 $[a,b]$ 上二阶可导, 且 $f'(a)=f'(b)=0$. 试证明必存在 $\xi\in(a,b)$, 使得

$$|f''(\xi)|\geqslant\frac{4}{(b-a)^2}\big|f(b)-f(a)\big|.$$

证明 因 $f'(a)=f'(b)=0$, 且 f 在区间 $[a,b]$ 上二阶可导, 则由 Taylor 公式, 有

$$f\left(\frac{a+b}{2}\right)=f(a)+\frac{1}{2}f''(\xi_1)\left(\frac{b-a}{2}\right)^2,\quad f\left(\frac{a+b}{2}\right)=f(b)+\frac{1}{2}f''(\xi_2)\left(\frac{a-b}{2}\right)^2,$$

其中 $a<\xi_1<\dfrac{a+b}{2}$, $\dfrac{a+b}{2}<\xi_2<b$. 所以

$$\big|f(b)-f(a)\big|\leqslant\left(\frac{b-a}{2}\right)^2\cdot\frac{1}{2}\Big(|f''(\xi_1)|+|f''(\xi_2)|\Big).$$

记

$$\xi=\begin{cases}\xi_1, & 若\ |f''(\xi_2)|\leqslant|f''(\xi_1)|,\\ \xi_2, & 若\ |f''(\xi_2)|\geqslant|f''(\xi_1)|,\end{cases}$$

则

$$\big|f(b)-f(a)\big|\leqslant\left(\frac{b-a}{2}\right)^2\cdot|f''(\xi)|,$$

即 $|f''(\xi)| \geqslant \dfrac{4}{(b-a)^2}\big|f(b)-f(a)\big|$. ■

例 6.3.6 设函数 f 在 $[0,2]$ 上二阶可导, 且 $|f(x)| \leqslant 1$, $|f''(x)| \leqslant 1$. 证明在 $[0,2]$ 上成立 $\big|f'(x)\big| \leqslant 2$.

证明 对任意 $x \in [0,2]$, 将 $f(0)$ 与 $f(2)$ 在点 x 处展开成带有二阶 Lagrange 型余项的 Taylor 公式, 有

$$f(0) = f(x) - f'(x)x + \frac{f''(\xi_1)}{2!}x^2, \quad \xi_1 \in (0,x), \tag{6.3.11}$$

$$f(2) = f(x) + f'(x)(2-x) + \frac{f''(\xi_2)}{2!}(2-x)^2, \quad \xi_2 \in (x,2). \tag{6.3.12}$$

上述两个式子相减后可得

$$2f'(x) = f(2) - f(0) - \frac{f''(\xi_2)}{2!}(2-x)^2 + \frac{f''(\xi_1)}{2!}x^2.$$

再由 $|f(x)| \leqslant 1$, $|f''(x)| \leqslant 1$, 可得

$$2|f'(x)| \leqslant 2 + \frac{x^2+(2-x)^2}{2} = 2 + (x-1)^2 + 1 \leqslant 4.$$

由此立即得到要证明的结论. ■

解题回顾 (i) 本题的解题思路: 从要证的结果来看, 若能找到 $f'(x)$ 的某种表达式 (用 f, f'' 来表示的话), 则问题就容易解决. 建立 f, f', f'' 之间的关系, 显然先考虑应用 Taylor 公式;

(ii) 本题的一个力学解释: 若一物体从 $t=0$ 时刻开始做直线加速运动, 在 2 秒时间内, 物体运动的路程与加速度均不超过 1, 则在该时间内运动速度不超过 2;

(iii) 本题的证明中隐含了 $x \in (0,2)$ 时式 (6.3.11), 式 (6.3.12) 同时成立, 当 $x=0$ 或 2 时, 分别应用式 (6.3.12) 或式 (6.3.11) 立即可得结论.

例 6.3.7 设函数 f 在有限区间 (a,b) 内可导, 但无界. 证明 f' 在 (a,b) 内也无界. 反之不真.

证明 (反证法) 若 f' 在 (a,b) 内有界, 即存在 $M>0$, 对 $x \in (a,b)$ 有 $|f'(x)| \leqslant M$.

任意取定 $c \in (a,b)$, 对于满足 $a < a_1 < c < b_1 < b$ 任意 a_1, b_1, 则对任意 $x \in (a_1,b_1)$, 将 $f(x)$ 在 $x_0 = c$ 点处展成一阶 Taylor 公式 (带 Lagrange 型余项), 得

$$f(x) = f(c) + f'\big(c+\theta(x-c)\big)\cdot(x-c), \quad \theta \in (0,1), x \in (a_1,b_1).$$

于是

$$\begin{aligned}|f(x)| &= |f(c) + f'\big(c+\theta(x-c)\big)\cdot(x-c)| \\ &\leqslant |f(c)| + |f'\big(c+\theta(x-c)\big)|\cdot|x-c| \\ &\leqslant |f(c)| + M(b-a) = M_1.\end{aligned}$$

由于 a_1, b_1 的任意性, 推得对任意 $x \in (a,b)$, 有 $|f(x)| \leqslant M_1$. 矛盾.

反之不真. 例如函数 $f(x)=\sqrt{x}$, $x\in(0,1)$, 则 $f'(x)=\dfrac{1}{2\sqrt{x}}$ 在 $(0,1)$ 内无界, 但 $|f(x)|\leqslant 1$, $x\in(0,1)$, 即 $f(x)=\sqrt{x}$ 在有限区间 $(0,1)$ 内可导, 但有界. ■

例 6.3.8 求极限 $\lim\limits_{x\to 0}\dfrac{x^2}{\sqrt{1+x\sin x}-\sqrt{\cos x}}$.

解 利用带有 Peano 型余项的 Maclaurin 公式, 将有关函数展开到 x^2 项. 当 $x\to 0$ 时, $1-\cos x=\dfrac{1}{2}x^2+o(x^2)$, $x\sin x=x^2+o(x^2)$, 所以

$$\sqrt{1+x\sin x}=\sqrt{1+x^2+o(x^2)}=1+\frac{1}{2}x^2+o(x^2),$$

$$\begin{aligned}\sqrt{\cos x}&=\sqrt{1-(1-\cos x)}\\&=1+\frac{1}{2}\left(-\frac{1}{2}x^2+o(x^2)\right)+o\left(-\frac{1}{2}x^2+o(x^2)\right)=1-\frac{1}{4}x^2+o(x^2),\end{aligned}$$

于是

$$\begin{aligned}\lim_{x\to 0}\frac{x^2}{\sqrt{1+x\sin x}-\sqrt{\cos x}}&=\lim_{x\to 0}\frac{x^2}{1+\frac{1}{2}x^2+o(x^2)-\left(1-\frac{1}{4}x^2+o(x^2)\right)}\\&=\lim_{x\to 0}\frac{x^2}{\frac{3}{4}x^2+o(x^2)}=\frac{4}{3}.\end{aligned}$$ ■

注 6.3.1 此题为一个 $\dfrac{0}{0}$ 型不定式极限, 可应用洛必达法则求解, 其过程为

$$\begin{aligned}\lim_{x\to 0}\frac{x^2}{\sqrt{1+x\sin x}-\sqrt{\cos x}}&=\lim_{x\to 0}\frac{x^2(\sqrt{1+x\sin x}+\sqrt{\cos x})}{1+x\sin x-\cos x}\\&=2\lim_{x\to 0}\frac{x^2}{1+x\sin x-\cos x}\\&=2\lim_{x\to 0}\frac{2x}{\sin x+x\cos x+\sin x}\\&=4\lim_{x\to 0}\frac{1}{\cos x-x\sin x+2\cos x}=4\times\frac{1}{3}=\frac{4}{3}.\end{aligned}$$

例 6.3.9 设 f 具有一阶导数, 且 $f''(x_0)$ 存在, 证明

$$\lim_{h\to 0}\frac{f(x_0+2h)-2f(x_0+h)+f(x_0)}{h^2}=f''(x_0).$$

证明 利用带有 Peano 型余项的 Maclaurin 公式, 可得

$$\begin{aligned}&f(x_0+2h)-2f(x_0+h)+f(x_0)\\=&\left(f(x_0)+f'(x_0)\cdot 2h+\frac{f''(x_0)}{2!}(2h)^2+o(h^2)\right)\end{aligned}$$

$$-2\left(f(x_0)+f'(x_0)\cdot h+\frac{f''(x_0)}{2!}h^2+o(h^2)\right)+f(x_0)$$
$$=f''(x_0)\cdot h^2+o(h^2).$$

于是, 上式两边同时除以 h^2 并求极限得

$$\lim_{h\to 0}\frac{f(x_0+2h)-2f(x_0+h)+f(x_0)}{h^2}=\lim_{h\to 0}\left(f''(x_0)+\frac{o(h^2)}{h^2}\right)=f''(x_0). \quad ■$$

注 6.3.2　此题为一 $\dfrac{0}{0}$ 型不定式极限, 可用洛必达法则及导数的定义求解, 具体求解过程为

$$\lim_{h\to 0}\frac{f(x_0+2h)-2f(x_0+h)+f(x_0)}{h^2}=\lim_{h\to 0}\frac{2f'(x_0+2h)-2f'(x_0+h)}{2h}$$
$$=\lim_{h\to 0}\frac{2\big(f'(x_0+2h)-f'(x_0)\big)-2\big(f'(x_0+h)-f'(x_0)\big)}{2h}$$
$$=2f''(x_0)-f''(x_0)=f''(x_0).$$

例 6.3.10　应用 Taylor 公式作如下近似计算 (精确到 10^{-3}):

(i) $\sqrt[3]{30}$;　　(ii) $\sin 9^\circ$.

解　(i) 由于 $\sqrt[3]{30}=\sqrt[3]{27+3}=3\sqrt[3]{1+\dfrac{1}{9}}=3\cdot\left(1+\dfrac{1}{9}\right)^{\frac{1}{3}}$, 而

$$(1+x)^\alpha=1+\alpha x+\frac{\alpha(\alpha-1)}{2!}x^2+\cdots+\frac{\alpha(\alpha-1)\cdots(\alpha-n+1)}{n!}x^n$$
$$+\frac{\alpha(\alpha-1)\cdots(\alpha-n)}{(n+1)!}(1+\theta x)^{\alpha-n-1}x^{n+1},\quad \theta\in(0,1),x\in(-1,+\infty).$$

所以

$$\left(1+\frac{1}{9}\right)^{\frac{1}{3}}=1+\frac{1}{3}\times\frac{1}{9}+\frac{1}{2!}\cdot\frac{1}{3}\left(\frac{1}{3}-1\right)\left(\frac{1}{9}\right)^2+\cdots$$
$$+\frac{1}{n!}\cdot\frac{1}{3}\left(\frac{1}{3}-1\right)\cdots\left(\frac{1}{3}-n+1\right)\left(\frac{1}{9}\right)^n$$
$$+\frac{1}{(n+1)!}\cdot\frac{1}{3}\left(\frac{1}{3}-1\right)\cdots\left(\frac{1}{3}-n\right)\left(\frac{1}{9}\right)^{n+1}(1+\frac{1}{9}\theta)^{\frac{1}{3}-n-1}.$$

欲使 $3\left[\dfrac{1}{(n+1)!}\cdot\dfrac{1}{3}\left(\dfrac{1}{3}-1\right)\cdots\left(\dfrac{1}{3}-n\right)\left(\dfrac{1}{9}\right)^{n+1}\right]<10^{-3}$, 取 $n\geqslant 2$ 即可. 从而

$$\sqrt[3]{30}\approx 3\left[1+\frac{1}{3}\times\frac{1}{9}+\frac{1}{2!}\cdot\frac{1}{3}\left(\frac{1}{3}-1\right)\left(\frac{1}{9}\right)^2+\frac{1}{3!}\cdot\frac{1}{3}\left(\frac{1}{3}-1\right)\left(\frac{1}{3}-2\right)\left(\frac{1}{9}\right)^3\right]$$
$$=3\left(1+\frac{1}{27}-\frac{1}{9^3}+\frac{5}{81}\cdot\frac{1}{9^3}\right)$$
$$\approx 3.107.$$

(ii) 由于 $\sin 9^\circ = \sin\frac{\pi}{20}$, 而

$$\sin x = x - \frac{x^3}{3!} + \frac{x^5}{5!} + \cdots + (-1)^{n-1}\frac{x^{2n-1}}{(2n-1)!}$$
$$+ (-1)^n \frac{\cos\theta x}{(2n+1)!}x^{2n+1}, \quad \theta \in (0,1),\ x \in (-\infty,+\infty);$$

欲使 $\frac{1}{(2n+1)!}\cdot\left(\frac{\pi}{20}\right)^{2n+1} < 10^{-3}$, 取 $n \geqslant 1$ 即可. 从而

$$\sin 9^\circ = \sin\frac{\pi}{20} \approx \frac{\pi}{20} - \frac{1}{3!}\cdot\left(\frac{\pi}{20}\right)^3 \approx 0.156.$$ ■

注 6.3.3 在应用 Taylor 公式证明命题或作近似计算时, 至少有两点需要注意: (i) Taylor 公式展开到第几阶才能达到解题的目的? 对于近似计算来说, 这一点较容易由余项作出判断; 而对于命题来说, 则没有统一的规律可遵循, 常需随意取舍 (主要是据命题的需要而论); (ii) 采用带何种类型余项的 Taylor 公式? 一般来说, 若命题出现极限过程, 大多采用带 Peano 型余项的 Taylor 公式 (如例 6.3.8、例 6.3.9), 一些带导数的不等式的命题, 通常采用带 Lagrange 型余项的 Taylor 公式 (如例 6.3.4~例 6.3.7). 另外, 作近似计算时通常使用带 Lagrange 型余项的 Taylor 公式, 这样有助于检验计算的精度 (如例 6.3.10).

关于 Taylor 公式的应用, 下面再举一例:

例 6.3.11 证明: 若函数 f 在 $(a,+\infty)$ 二阶可导, 且 $M_k = \sup\limits_{x\in(a,+\infty)}\{|f^{(k)}(x)|\}$ $(k=0,1,2)$, $f^{(0)}(x) = f(x)$, 则 $M_1^2 \leqslant 4M_0M_2$.

证明 对任意 $x \in (a,+\infty)$, 任意 $h > 0$, 应用 Taylor 公式将 $f(x+2h)$ 在 x 处展开, 可得

$$f(x+2h) = f(x) + f'(x)\cdot 2h + \frac{1}{2}f''(\xi)\cdot 4h^2, \quad x < \xi < x+2h.$$

由此可得

$$f'(x)\cdot 2h = f(x+2h) - f(x) - \frac{1}{2}f''(\xi)\cdot 4h^2, \quad x < \xi < x+2h.$$

由 $M_k = \sup\limits_{x\in(a,+\infty)}\{|f^{(k)}(x)|\}$, $(k=0,2)$ 及三角不等式可得

$$|f'(x)|\cdot h \leqslant M_0 + M_2h^2,$$

从而

$$M_2h^2 - M_1h + M_0 \geqslant 0.$$

若 $M_2 = 0$, 则易知结论成立.

若 $M_2 \neq 0$, 则由二次三项式的判别式知

$$\Delta = (-M_1)^2 - 4M_2 \cdot M_0 \leqslant 0,$$

即 $M_1^2 \leqslant 4M_0M_2$. ■

四、巩固提高

6.3.1　用 Taylor 公式, 将函数 $f(x) = 4 + 3x^2 + x^4$ 展开成 $x - 1$ 的多项式.

6.3.2　将函数 $f(x) = \ln(1 + \sin^2 x)$ 展开成带 Peano 型余项的 Maclaurin 公式到 x^4 项.

6.3.3　给出 $f(x) = \dfrac{1-x}{1+x}$ 在 $x = 0$ 点处带 Lagrange 型余项的 n 阶 Taylor 公式.

6.3.4　将函数 $f(x) = \arctan x$ 展成 Maclaurin 公式直到 x^5 项.

6.3.5　证明函数 $f(x)$ 为 n 次多项式的充要条件是 $f^{(n+1)}(x) \equiv 0, x \in \mathbb{R}$.

6.3.6　设一物体在 $t = 0$ 时刻开始做直线加速运动, 若在 2 秒内, 物体运动的路程与运动的加速度均不超过 1, 证明在该时间段内物体的运动速度也不会超过 2.

6.3.7　设函数 f 在 $[0,1]$ 上有三阶导数, 且 $f(0) = 0$, $f(1) = \dfrac{1}{2}$, $f'\left(\dfrac{1}{2}\right) = 0$. 证明存在 $\xi \in (0,1)$, 使得 $|f'''(\xi)| \geqslant 12$.

(提示: 作 $F(x) = f\left(\dfrac{1}{2}+x\right) - f\left(\dfrac{1}{2}-x\right)$, 对 $F\left(\dfrac{1}{2}\right)$ 在 $x = 0$ 处应用带 Lagrange 型余项的 Taylor 公式; 或者直接对 $f(1)$ 与 $f(0)$ 在 $x = \dfrac{1}{2}$ 处应用带 Lagrange 型余项的 Taylor 公式.)

6.3.8　设 $f \in C^2[0,1]$, 且满足 $|f(x)| \leqslant a$, $|f''(x)| \leqslant b$, 其中 a, b 为正常数. 证明对任意 $c \in (0,1)$, 成立 $|f'(c)| \leqslant 2a + \dfrac{b}{2}$.

6.3.9　若 f 在 $[0,1]$ 上二阶可导, 且 $f(0) = 0$, $f(1) = 1$, $f'(0) = f'(1) = 0$, 则存在 $\xi \in (0,1)$, 使得 $|f''(\xi)| \geqslant 2$.

(提示: 将 $f(x)$ 分别在 $x = 0$ 与 $x = 1$ 处展开成带有 Lagrange 型二阶余项的 Taylor 公式, 然后采用反证法.)

6.3.10　若 f 在 $[0,1]$ 上二阶可导, 且 $f(0) = f(1) = 0$, $\min\limits_{x\in[0,1]} f(x) = -1$. 证明: 存在 $\xi \in (0,1)$, 使得 $f''(\xi) \geqslant 8$.

(提示: 由 Fermat 定理知存在 $\eta \in (0,1)$, 使 $f(\eta) = -1$, $f'(\eta) = 0$. 将 $f(0)$ 与 $f(1)$ 在 $x = \eta$ 处展开成带有 Lagrange 型二阶余项的 Taylor 公式.)

6.3.11 设 f 在 $U(x_0)$ 内存在四阶导数, 且 $|f^{(4)}(x)| \leqslant M$. 证明对于 $U(x_0)$ 内异于 x_0 的任何 x 均有

$$\left| f''(x_0) - \frac{f(x) - 2f(x_0) + f(x_1)}{(x - x_0)^2} \right| \leqslant \frac{M}{12}(x - x_0)^2,$$

其中 x_1 与 x 关于点 x_0 对称.

(提示: 将 $f(x)$ 与 $f(x_1)$ 在 $x = x_0$ 处展开成带有 4 阶余项的 Taylor 公式.)

6.3.12 设 f 在 $(-1,1)$ 内 $n+1$ 可微, $f^{(n+1)}(0) \neq 0$, 在 $0 < |x| < 1$ 上有

$$f(x) = f(0) + f'(0)x + \cdots + \frac{f^{(n-1)}(0)}{(n-1)!}x^{n-1} + \frac{f^{(n)}(\theta x)}{n!}x^n.$$

证明 $\lim\limits_{x\to 0} \theta = \dfrac{1}{n+1}$.

6.3.13 证明: 若函数 f 在 $\mathbb{R}$ 二阶可导, 且 $M_k = \sup\limits_{x\in\mathbb{R}}\left\{|f^{(k)}(x)|\right\}$ $(k = 0, 1, 2)$, $f^{(0)}(x) = f(x)$, 则 $M_1^2 \leqslant 2M_0M_2$.

(提示: 仿例 6.3.11, 将 $f(x+h)$ 与 $f(x-h)$ 在 x 进行 Taylor 展开.)

6.3.14 应用 Taylor 公式, 求下列极限:

(i) $\lim\limits_{x\to+\infty}\left(\sqrt[3]{x^3+3x} - \sqrt{x^2-x}\right)$;

(ii) $\lim\limits_{x\to+\infty}\left(\sqrt[6]{x^6+x^5} - \sqrt[6]{x^6-x^5}\right)$;

(iii) $\lim\limits_{x\to+\infty}\left[x - x^2\ln\left(1+\dfrac{1}{x}\right)\right]$;

(iv) $\lim\limits_{x\to 0}\dfrac{e^{x^3} - 1 - x^3}{\sin^6 x}$;

(v) $\lim\limits_{x\to 0}\dfrac{e^x + e^{-x} - 2\cos x - 2x^2}{x^6}$;

(vi) $\lim\limits_{x\to 0}\dfrac{1}{x}\left(\dfrac{1}{x} - \cot x\right)$.

6.3.15 设 s 是圆弧 $\overset{\frown}{AB}$ 的弧长, d 是对应于弧 $\overset{\frown}{AB}$ 的弦长, δ 是对应于 $\overset{\frown}{AB}$ 半弧的弦长. 试确定用 d 与 δ 表示 s 的近似公式

$$s \approx Ad + B\delta,$$

其中 A, B 为待定常数, 使得误差尽可能小, 见图 6.3.1.

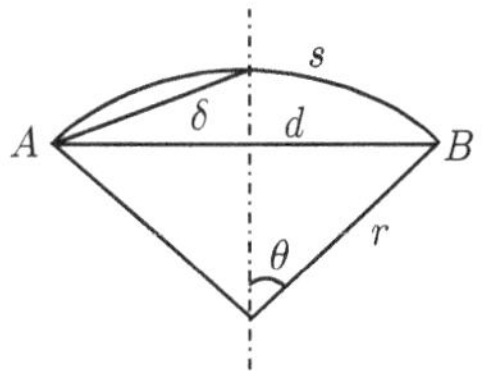

图 6.3.1

(参考答案: 应用带有 Lagrange 余项的 Taylor 公式可得: $s \approx 2\delta + \dfrac{2\delta - d}{3}$(惠更斯公式), $A = -\dfrac{1}{3}$, $B = \dfrac{8}{3}$.)

6.3.16 应用 Taylor 公式作如下近似计算 (精确到 10^{-3}):

(i) $e^{1.11}$;

(ii) $\sqrt[3]{1.12}$.

6.4 函数的极值与最大 (小) 值

一、内容精读

1. 极值判别

1) 极值的必要条件

Fermat 定理 若函数 f 在点 x_0 可导, 且 x_0 为 f 的极值点, 则 $f'(x_0)=0$. 此时称 x_0 为 f 的稳定点.

2) 极值的第一充分条件

设 f 在点 x_0 连续, 且在某邻域 $U^\circ(x_0;\delta)$ 内可导.

(i) 若当 $x\in U^\circ_-(x_0;\delta)$ 时 $f'(x)\leqslant 0$, 当 $x\in U^\circ_+(x_0;\delta)$ 时 $f'(x)\geqslant 0$, 则 f 在点 x_0 取得极小值;

(ii) 若当 $x\in U^\circ_-(x_0;\delta)$ 时 $f'(x)\geqslant 0$, 当 $x\in U^\circ_+(x_0;\delta)$ 时 $f'(x)\leqslant 0$, 则 f 在点 x_0 取得极大值.

3) 极值的第二充分条件

设 f 在 x_0 的某个邻域 $U(x_0;\delta)$ 内一阶可导, 在 $x=x_0$ 处二阶可导, 且 $f'(x_0)=0$, $f''(x_0)\neq 0$.

(i) 若 $f''(x_0)<0$, 则 f 在点 x_0 取得极大值;

(ii) 若 $f''(x_0)>0$, 则 f 在点 x_0 取得极小值.

4) 极值的第三充分条件

设 f 在 x_0 的某个邻域 $U(x_0;\delta)$ 内存在直到 $n-1$ 阶导函数, 在 x_0 处 n 阶可导, 且 $f^{(k)}(x_0)=0\ (k=1,2,\cdots,n-1)$, $f^{(n)}(x_0)\neq 0$.

(i) 当 n 为偶数时, f 在 x_0 取得极值, 且当 $f^{(n)}(x_0)<0$ 时 f 在点 x_0 取得极大值, 当 $f^{(n)}(x_0)>0$ 时 f 在点 x_0 取得极小值;

(ii) 当 n 为奇数时, f 在 x_0 处不取极值.

2. 最大值与最小值

1) 最值定理

若函数 $f\in C[a,b]$, 则 f 在 $[a,b]$ 上必有最大值 M 与最小值 m.

2) 最值求法

为了求函数 f 的最大 (小) 值, 通常只要比较 f 在所有稳定点、不可导点和区间端点的函数值, 由此可以求出 f 在闭区间 $[a,b]$ 上的最大 (小) 值. 在求实际问题的最大 (小) 值时, 还要借助问题的实际意义来确定函数的最大 (小) 值. 具体地,

若 f 在 (a,b) 内可导, 且 $x_1,x_2,\cdots,x_k\in(a,b)$ 为 f 的稳定点, 则

$$M = \max\left\{f(x_1), f(x_2), \cdots, f(x_k), f(a), f(b)\right\},$$

$$m = \min\left\{f(x_1), f(x_2), \cdots, f(x_k), f(a), f(b)\right\}.$$

若函数 f 在区间 (a,b) 上存在不可导点 $\overline{x_1}, \overline{x_2}, \cdots, \overline{x_p}$, 且 $x_1, x_2, \cdots, x_k \in (a,b)$ 为 f 的稳定点, 则

$$M = \max\left\{f(\overline{x_1}), f(\overline{x_2}), \cdots, f(\overline{x_p}), f(x_1), f(x_2), \cdots, f(x_k), f(a), f(b)\right\},$$

$$m = \min\left\{f(\overline{x_1}), f(\overline{x_2}), \cdots, f(\overline{x_p}), f(x_1), f(x_2), \cdots, f(x_k), f(a), f(b)\right\}.$$

若 f 在区间 I 内可导 (或连续), 且 f 仅有唯一极值点 $x_0 \in I$. 当 x_0 为极大值点时, 则 f 在 x_0 取得最大值; 当 x_0 为极小值点时, 则 f 在 x_0 取得最小值. 这里的 I 可以为开区间、闭区间或无穷区间.

二、疑难解答

问题 6.4.1 若 f 在区间 I 内连续, 且 f 仅有唯一极值点 $x_0 \in I$. 为何当 x_0 为极大 (小) 值点时, f 在 x_0 取得最大 (小) 值?

答 设 $f \in C(I)$, 且只有唯一的极小值点 x_0, 而无极大值点, 则 f 在 x_0 取最小值. (反证法) 假设 $f(x_0)$ 不是 f 的在 I 上的最小值, 则必存在 $x_1 \in I$, 使 $f(x_1) < f(x_0)$, 不妨设 $x_1 < x_0$ (对 $x_1 > x_0$ 同样可证).

因 f 为 $[x_1, x_0]$ 上的连续函数, 则由连续函数的最大值与最小值定理知, 存在 $x^* \in [x_1, x_0]$ 为函数 f 在 $[x_1, x_0]$ 上的最大值点. 现证 $x_1 < x^* < x_0$. 这是因为

(i) 因 $f(x_1) < f(x_0)$, 故 $x^* \neq x_1$;

(ii) 若 $x^* = x_0$, 由于 x_0 为 f 在 I 上的极小值点, 而点 x_0 又是 f 在 $[x_1, x_0]$ 上的最大值点, 因此存在邻域 $U_-(x_0)$, 在此邻域内 f 只能是常数, 这与 x_0 是 f 在 I 上的唯一极小值点相矛盾.

于是 $x^* \in (x_1, x_0)$, 从而成为 f 的极大值点, 这与 f 在 I 上不存在极大值点的假设又相矛盾. 故点 x_0 必为 f 在 I 上的最小值点.

同理可证, 点 x_0 为极大值点而无极小值点的情况. ■

问题 6.4.2 若函数 f 在点 x_0 取极大值, 是否可断定在点 x_0 的充分小邻域内, 函数在点 x_0 的左侧上升, 右侧下降? (或者: 问函数在邻近其极值点的每一侧是否一定具有单调性?)

答 不能断定. 考察如下函数之例.

$$f(x) = \begin{cases} 2 - x^2\left(2 + \sin\dfrac{1}{x}\right), & x \neq 0, \\ 2, & x = 0, \end{cases}$$

它在 $x = 0$ 取得极大值 $f_{极大}(x) = f(0) = 2$. 由于

$$f'(x)=\begin{cases} -2x\left(2+\sin\dfrac{1}{x}\right)+\cos\dfrac{1}{x}, & x\neq 0,\\ 0, & x=0,\end{cases}$$

当 $|x|$ 充分小且 $x\neq 0$ 时, f' 的符号取决于函数 $\cos\dfrac{1}{x}$ 的符号, 而 $\cos\dfrac{1}{x}$ 在 $x_0=0$ 的充分小邻域内, 无限次改变正、负号. 因此, $f(x)$ 不满足在零点左侧上升、右侧下降的条件. 由此可见, 极值的第一充分条件并非必要条件. ■

问题 6.4.3　不等式的证明有多种技巧, 若利用导数的性质来证明不等式常用的方法有哪些?

答　若利用导数的性质来证明不等式, 一般是先作辅助函数, 将不等式的证明转化为利用导数来研究函数的特征. 通常有如下一些方法:

(i) 利用微分中值定理.

例 1　若 $0<x_1<x_2<\dfrac{\pi}{2}$, 证明 $e^{x_2}-e^{x_1}>(\cos x_1-\cos x_2)e^{x_1}$.

证明　欲证不等式 $e^{x_2}-e^{x_1}>(\cos x_1-\cos x_2)e^{x_1}$, 实际上只要证明

$$\frac{e^{x_2}-e^{x_1}}{\cos x_1-\cos x_2}>e^{x_1}$$

即可. 为此令

$$f(t)=e^t,\quad g(t)=\cos t,$$

则 $f(t), g(t)$ 在 $[x_1,x_2]$ 上满足柯西中值定理的条件, 所以

$$\frac{e^{x_2}-e^{x_1}}{\cos x_2-\cos x_1}=\frac{e^{\xi}}{-\sin\xi},\quad 0<x_1<\xi<x_2<\frac{\pi}{2}.$$

又 e^t 为单调递增函数, $\dfrac{1}{\sin\xi}>1$, 于是

$$\frac{e^{x_2}-e^{x_1}}{\cos x_1-\cos x_2}=\frac{e^{\xi}}{\sin\xi}>e^{\xi}\geqslant e^{x_1}.$$

由此立即得到要证明的不等式.

例 2　设 $f\in C[a,+\infty)$, f 在 $(a,+\infty)$ 上可导, 且 $f(a)=0$, 当 $x>a$ 时 $f'(x)>0$. 证明当 $x>a$ 时, $f(x)>0$.

证明　任取 $x_1\in(a,+\infty)$, 由已知条件知 f 在 $[a,x_1]$ 上满足 Lagrange 中值定理的条件, 故存在 $\xi\in[a,x_1]$, 使得

$$f(x_1)-f(a)=f'(\xi)(x_1-a).$$

注意到 $f(a)=0$, $f'(\xi)>0$ 及 $x_1-a>0$, 故当 $x_1>a$ 时

$$f(x_1)=f'(\xi)(x_1-a)>0.$$

于是, 由 x_1 的任意性, 得当 $x>a$ 时, $f(x)>0$.

(ii) 利用 Taylor 公式.

例 1 设函数 f 在 $[0,1]$ 上有三阶导数, 且 $f(0)=0$, $f(1)=\dfrac{1}{2}$, $f'\left(\dfrac{1}{2}\right)=0$. 证明: 存在 $\xi\in(0,1)$, 使得 $|f'''(\xi)|\geqslant 12$.

证明 因为函数 f 在 $[0,1]$ 上有三阶导数, 且 $f'\left(\dfrac{1}{2}\right)=0$, 所以将 $f(0)$, $f(1)$ 在 $x=\dfrac{1}{2}$ 处展开成带 Lagrange 余项的 Taylor 公式, 有

$$\frac{1}{2}=f(1)=f\left(\frac{1}{2}\right)+\frac{1}{2!}f''\left(\frac{1}{2}\right)\left(1-\frac{1}{2}\right)^2+\frac{1}{3!}f'''(\xi_1)\cdot\left(1-\frac{1}{2}\right)^3,\quad \frac{1}{2}<\xi_1<1,$$

$$0=f(0)=f\left(\frac{1}{2}\right)+\frac{1}{2!}f''\left(\frac{1}{2}\right)\left(0-\frac{1}{2}\right)^2+\frac{1}{3!}f'''(\xi_2)\cdot\left(0-\frac{1}{2}\right)^3,\quad 0<\xi_2<\frac{1}{2},$$

上述两式相减, 得

$$\frac{1}{2}=f(1)-f(0)=\frac{1}{3!}\Big[f'''(\xi_1)+f'''(\xi_2)\Big]\cdot\frac{1}{2^3}.$$

从而

$$24\leqslant|f'''(\xi_2)|+|f'''(\xi_1)|.$$

记

$$\xi=\begin{cases}\xi_1, & 若\ |f''(\xi_2)|\leqslant|f''(\xi_1)|,\\ \xi_2, & 若\ |f''(\xi_2)|\geqslant|f''(\xi_1)|,\end{cases}$$

则 $|f'''(\xi)|\geqslant 12$.

(iii) 利用函数的单调性.

例 1 证明不等式 $\dfrac{|a+b|}{1+|a+b|}\leqslant\dfrac{|a|}{1+|a|}+\dfrac{|b|}{1+|b|}$.

证明 作辅助函数 $f(x)=\dfrac{x}{1+x}$, $x\geqslant 0$.

显然 $f(x)$ 可导, 且 $f'(x)=\dfrac{1}{(1+x)^2}>0$, 即当 $x\geqslant 0$ 时 $f(x)$ 为单调增函数. 又由 $|a+b|\leqslant|a|+|b|$, 可得 $f(|a+b|)\leqslant f(|a|+|b|)$, 从而

$$\begin{aligned}\frac{|a+b|}{1+|a+b|}&\leqslant\frac{|a|+|b|}{1+|a|+|b|}\leqslant\frac{|a|}{1+|a|+|b|}+\frac{|b|}{1+|a|+|b|}\\&\leqslant\frac{|a|}{1+|a|}+\frac{|b|}{1+|b|}.\end{aligned}$$

例 2 证明当 $x>1$ 时, 有 $\ln x>\dfrac{2(x-1)}{x+1}$.

证明 当 $x>1$ 时, 有 $\ln x>\dfrac{2(x-1)}{x+1}\Leftrightarrow(x+1)\ln x>2(x-1)$.

作辅助函数 $f(x)=(x+1)\ln x-2(x-1)$. 显然, 当 $x>1$ 时, $f(x)$ 二阶可导, 且

$$f'(x)=\ln x+\frac{x+1}{x}-2=\ln x+\frac{1}{x}-1,\quad f''(x)=\frac{1}{x}-\frac{1}{x^2}=\frac{x-1}{x^2}>0.$$

所以, 当 $x\geqslant 1$ 时, $f'(x)$ 严格单调增, 从而当 $x\geqslant 1$ 时有 $f'(x)>f'(1)=0+1-1=0$, 这表明 $f(x)$ 在 $x>1$ 时严格单调增, 故 $f(x)>f(1)=0$, 即 $(x+1)\ln x-2(x-1)>0$, 亦即当 $x>1$ 时 $(x+1)\ln x>2(x-1)$.

(iv) 利用最大值与最小值.

例 1　证明对 $x\in[0,1]$, $p>1$, 成立不等式 $\dfrac{1}{2^{p-1}}\leqslant x^p+(1-x)^p\leqslant 1$.

证明　作辅助函数 $f(x)=x^p+(1-x)^p$, $x\in[0,1]$, $p>1$. 先在闭区间 $[0,1]$ 上求此函数的最大值与最小值. 对于 $p>1$, $f\in C^1[0,1]$. 由

$$f'(x)=px^{p-1}-p(1-x)^{p-1}=0,$$

得函数 f 的稳定点 $x_0=\dfrac{1}{2}$. 因而

$$f_{\max}=\max\left\{f(0),f(1),f\left(\frac{1}{2}\right)\right\}=\max\left\{1,1,\frac{1}{2^{p-1}}\right\}=1,$$

$$f_{\min}=\min\left\{f(0),f(1),f\left(\frac{1}{2}\right)\right\}=\min\left\{1,1,\frac{1}{2^{p-1}}\right\}=\frac{1}{2^{p-1}}.$$

于是, 当 $x\in[0,1]$, $p>1$ 时, 有

$$\frac{1}{2^{p-1}}=f_{\min}\leqslant f(x)\leqslant f_{\max}=1.$$ ■

问题 6.4.4　问由函数在一个点上的导数大于 (小于) 0, 能否推出函数在该点的一个充分小的邻域内为单调?

答　不能. 考察如下函数

$$f(x)=\begin{cases} x+2x^2\sin\dfrac{1}{x}, & x\neq 0,\\ 0, & x=0.\end{cases}$$

则易求出 $f'(0)=1>0$. 又可以求出当 $x\neq 0$ 时的导函数表达式为

$$f'(x)=1+4x\sin\frac{1}{x}-2\cos\frac{1}{x}.$$

取 $x=\dfrac{1}{n\pi}$, 则有 $f'\left(\dfrac{1}{n\pi}\right)=1-2\cdot(-1)^n$. 可见在 $x=0$ 的任意邻近导函数 $f'(x)$ 都不保号. 因此, 在 $x=0$ 的每一个邻域内 f 都不是单调的. ■

三、典型例题

例 6.4.1　求函数 $f(x)=3x-x^2$ 的单调区间及极值点.

解 显然 $f(x)$ 可导. 由 $f'(x)=3-2x=0$, 得稳定点 $x=\dfrac{3}{2}$. 列表分析如表 6.4.1 所示.

表 6.4.1

x	$\left(-\infty,\dfrac{3}{2}\right)$	$\dfrac{3}{2}$	$\left(\dfrac{3}{2},+\infty\right)$
$f'(x)$	+	0	−
$f(x)$	增	极大值	减

所以, 函数 $f(x)=3x-x^2$ 在 $\left(-\infty,\dfrac{3}{2}\right)$ 上单调增, 在 $\left(\dfrac{3}{2},+\infty\right)$ 上单调减, 且 $x=\dfrac{3}{2}$ 是函数 $f(x)=3x-x^2$ 的极大值点, 极大值为

$$f_{极大}=3\times\frac{3}{2}-\left(\frac{3}{2}\right)^2=\frac{9}{4}.$$ ■

例 6.4.2 求函数 $f(x)=x^3-3x^2+3x-4$ 在区间 $[-1,4]$ 上的最大值与最小值, 并指出最大值点和最小值点.

解 显然所给的函数在 $[-1,4]$ 上可导. 由

$$f'(x)=3x^2-6x+3=3(x-1)^2=0,$$

得稳定点 $x=1$. 注意到

$$f(1)=1^3-3\times1^2+3\times1-4=-3,$$

$$f(-1)=(-1)^3-3\times(-1)^2+3\times(-1)-4=-11,$$

$$f(4)=4^3-3\times4^2+3\times4-4=24,$$

所以

$$f_{\max}=\max\{-3,-11,24\}=24,\quad f_{\min}=\min\{-3,-11,24\}=-11,$$

且最大值点为 $x=4$, 而最小值点为 $x=-1$. ■

例 6.4.3 求函数 $f(x)=\dfrac{\sqrt[3]{(x-1)^2}}{x+3}$ 在区间 $[0,2]$ 上的最大值与最小值, 并指出最大值点和最小值点.

解 可知所给的函数在 $x=1$ 点处不可导. 当 $x\neq1$ 时, 由

$$f'(x)=\frac{\dfrac{2}{3}(x-1)^{-\frac{1}{3}}(x+3)-(x-1)^{\frac{2}{3}}}{(x+3)^2}=\frac{9-x}{3(x-1)^{\frac{1}{3}}(x+3)^2}=0,$$

得 $x=9$. 但 $9\notin[0,2]$, 所以 $x=9$ 不是所给函数在 $[0,2]$ 的稳定点. 注意到

$$f(0)=\frac{1}{3},\quad f(2)=\frac{1}{5},\quad f(1)=0,$$

所以

$$f_{\max}=\max\left\{\frac{1}{3},\frac{1}{5},0\right\}=\frac{1}{3},\quad f_{\min}=\min\left\{\frac{1}{3},\frac{1}{5},0\right\}=0,$$

且最大值点为 $x=0$, 而最小值点为 $x=1$. ■

*例 6.4.4　若当 $x>0$ 时, 方程 $ax+\frac{1}{x^2}=1$ 有且仅有一个根, 求 a 的取值.

解　设 $f(x)=ax+\frac{1}{x^2}-1$, 则

$$f'(x)=a-\frac{2}{x^3},\ f''(x)=\frac{6}{x^4}>0.$$

(i) 当 $a\leqslant 0$ 时, $f'(x)<0$, $f(x)$ 为严格单调减函数, 且 $\lim\limits_{x\to 0^+}f(x)=+\infty$.

当 $a<0$ 时, $\lim\limits_{x\to+\infty}f(x)=-\infty$; 当 $a=0$ 时, $\lim\limits_{x\to+\infty}f(x)=-1$. 因此, 当 $a\leqslant 0$ 时, 方程 $ax+\frac{1}{x^2}=1$ 在 $(0,+\infty)$ 内有且仅有一个根.

(ii) 当 $a>0$ 时, 令 $f'(x)=0$, 得唯一稳定点 $x=\sqrt[3]{\frac{2}{a}}$. 由于 $f''\left(\sqrt[3]{\frac{2}{a}}\right)>0$, 即唯一稳定点是极小值点. 若函数的极小值为零, 即

$$f\left(\sqrt[3]{\frac{2}{a}}\right)=a\cdot\sqrt[3]{\frac{2}{a}}+\frac{1}{\left(\sqrt[3]{\frac{2}{a}}\right)^2}-1=0,$$

由此解得 $a=\frac{2\sqrt{3}}{9}$, 此时原方程有且仅有一个根.

当 $a\neq\frac{2\sqrt{3}}{9}$ 时, 原方程或者无实根, 或有两个根.

综上所述, 当 $a=\frac{2\sqrt{3}}{9}$ 及 $a\leqslant 0$ 时, 方程 $ax+\frac{1}{x^2}=1$ 有且仅有一个根. ■

例 6.4.5　设函数 $f(x)$ 对一切 x 满足 $xf''(x)+2x\big(f'(x)\big)^2=1-\mathrm{e}^{-x}$. 若 $f'(x_0)=0$, 但 $x_0\neq 0$, 则 f 在 x_0 处取得极小值 $f(x_0)$.

证明　将 x_0 代入 $xf''(x)+2x\big(f'(x)\big)^2=1-\mathrm{e}^{-x}$ 中得

$$x_0f''(x_0)=1-\mathrm{e}^{-x_0}.$$

若 $x_0>0$ 时, $\mathrm{e}^{-x_0}<1$, $1-\mathrm{e}^{-x_0}>0$, 从而 $f''(x_0)>0$;

若 $x_0<0$ 时, $\mathrm{e}^{-x_0}>1$, $1-\mathrm{e}^{-x_0}<0$, 从而 $f''(x_0)>0$.

综上所述, 当 $x_0 \neq 0$ 时, $f''(x_0) > 0$. 由极值的第二充分条件知, x_0 为函数 $f(x)$ 的极小值点, 亦即 f 在 x_0 处取得极小值 $f(x_0)$. ■

例 6.4.6 设函数

$$f(x) = (x - x_0)^n \varphi(x), \quad n \in \mathbb{N}_+,$$

其中函数 $\varphi(x)$ 当 $x = x_0$ 时连续, 且 $\varphi(x_0) \neq 0$. 试问点 x_0 是否为 f 的极值点? 当它是极值点时, 讨论它是何种极值点?

解 因 $\varphi(x_0) \neq 0$, 则 $\varphi(x_0) > 0$ 或 $\varphi(x_0) < 0$. 又显然

$$f(x) - f(x_0) = (x - x_0)^n \varphi(x).$$

(i) 当 n 为奇数时. 若 $\varphi(x_0) > 0$ 时, 则由连续函数的局部保号性, 在某邻域 $U(x_0)$ 中 $\varphi(x) > 0$. 从而 $f(x) - f(x_0)$ 在 $U(x_0)$ 中总会改变符号, 于是点 x_0 不是 f 的极值点. 同理可以讨论, 当 $\varphi(x_0) < 0$ 时, 点 x_0 不是 f 的极值点.

(ii) 当 n 为偶数时. 若 $\varphi(x_0) > 0$ 时, 则由连续函数的局部保号性, 在某邻域 $U(x_0)$ 中 $\varphi(x) > 0$. 对任意 $x \in U^\circ(x_0)$, 有 $f(x) - f(x_0) > 0$, 于是 f 在点 x_0 处取得极小值. 同理可以讨论, 当 $\varphi(x_0) < 0$ 时, f 在点 x_0 处取得极大值. ■

例 6.4.7 设在区间 $[a, b]$ 上, $f(x) \geqslant 0$, 且 $f''(x) \geqslant 0$. 又在 $[a, b]$ 的任一子区间 $[a_1, b_1] \subset [a, b]$ 上, $f'(x) \neq 0$, 证明方程 $f(x) = 0$ 在 $[a, b]$ 上至多有一个根.

证明 (反证法) 假定方程 $f(x) = 0$ 在 $[a, b]$ 上有两个根 x_1, x_2, 且 $x_1 < x_2$, 则显然 $f \in C^1[x_1, x_2]$, $f(x) \geqslant 0$. 由闭区间上连续函数的性质知, 存在 $\xi \in (x_1, x_2)$, 使得 $f(\xi) = \max\limits_{x \in [x_1, x_2]} f(x)$, 且 $f'(\xi) = 0$. 将 f 在 ξ 点展开成一阶 Taylor 公式, 即

$$f(x) = f(\xi) + \frac{f''(\xi_1)}{2!}(x - \xi)^2, \quad x \in [x_1, x_2], \quad \xi_1 \text{ 介于 } x \text{ 与 } \xi \text{ 之间}.$$

又 $f''(x) \geqslant 0$, 所以 $f(x) \geqslant f(\xi)$, $x \in [x_1, x_2]$.

若对任意 $x \in [x_1, x_2]$, $f(x) \equiv f(\xi)$, 则 $f'(x) \equiv 0$, $x \in [x_1, x_2]$. 这与题设相矛盾. 故至少存在 $x_0 \in [x_1, x_2]$, 使 $f(x_0) > f(\xi)$, 但这又与 ξ 是 f 在 $[x_1, x_2]$ 上最大值点相矛盾. 因此, 方程 $f(x) = 0$ 在区间 $[a, b]$ 上至多有一个根. ■

例 6.4.8 设函数 f 满足 $f''(x) + f'(x)g(x) - f(x) = 0$, 其中 g 为任一函数. 证明: 若 $f(x_0) = f(x_1) = 0$ $(x_0 < x_1)$, 则 $f(x) \equiv 0$, $x \in [x_0, x_1]$.

证明 由于 f 是 $[x_0, x_1]$ 上的连续函数, 故 f 在 $\xi, \eta \in [x_0, x_1]$ 处分别取到最大值与最小值. 显然 $f(\xi) \geqslant 0$.

下证 $f(\xi) = 0$. (反证法) 若 $f(\xi) > 0$, 因 $f(x_0) = f(x_1) = 0$, 所以 $x_0 < \xi < x_1$. 由 Fermat 定理知, $f'(\xi) = 0$. 用 ξ 代入方程 $f''(x) + f'(x)g(x) - f(x) = 0$, 可得

$$f''(\xi) = f(\xi) > 0.$$

故 ξ 为严格极小值点, 这与 ξ 为最大值点相矛盾. 于是, $f(\xi)=0$.

同理可证 $f(\eta)=0$.

从而对 $x\in[x_0,x_1]$, 有

$$0=f(\eta)\leqslant f(x)\leqslant f(\xi)=0.$$

这就证明了 $f(x)\equiv 0,\ x\in[x_0,x_1]$. ■

例 6.4.9 设 f 满足 $af(x)+bf\left(\dfrac{1}{x}\right)=\dfrac{c}{x}$, 其中 a, b, c 都是常数, 且 $|a|\neq|b|$.

(i) 证明 $f(x)=-f(-x)$;

(ii) 求 $f'(x)$、$f''(x)$ 及 $f^{(n)}(x)$;

(iii) 若 $c>0$, $|a|>|b|$, 则 a、b 满足何条件, $f(x)$ 才有极大值或极小值?

解 将 x 用 $\dfrac{1}{x}$ 替换, 可得 $af\left(\dfrac{1}{x}\right)+bf(x)=cx$. 因 $|a|\neq|b|$, 所以与已给的等式联立解得

$$f(x)=\frac{c}{a^2-b^2}\left(\frac{a}{x}-bx\right).$$

(i) 由所求得的 $f(x)$ 表达式, 立即可得 $f(x)=-f(-x)$.

(ii) $f'(x)$、$f''(x)$ 及 $f^{(n)}(x)$ 如下:

$$f'(x)=\frac{c}{a^2-b^2}\left(-\frac{a}{x^2}-b\right),$$

$$f''(x)=\frac{ac}{a^2-b^2}\cdot\frac{2!}{x^3},$$

$$f^{(n)}(x)=\frac{ac}{a^2-b^2}\cdot\frac{(-1)^n n!}{x^{n+1}}.$$

(iii) 令 $f'(x)=0$, 得 $x_0=\pm\sqrt{-\dfrac{a}{b}}$. 可见 a 与 b 必须异号, 且 $b\neq 0$.

当 $x_0=\sqrt{-\dfrac{a}{b}}$ 时, 若 $a>0$, 由 $c>0$ 及 $|a|>|b|$ 可知 $f''(x_0)>0$, 此时 $f(x)$ 有极小值; 若 $a<0$, 由 $c>0$ 及 $|a|>|b|$ 可知 $f''(x_0)<0$, 此时 $f(x)$ 有极大值.

当 $x_0=-\sqrt{-\dfrac{a}{b}}$ 时, 若 $a>0$, 由 $c>0$ 及 $|a|>|b|$ 可知 $f''(x_0)<0$, 此时 $f(x)$ 有极大值; 若 $a<0$, 由 $c>0$ 及 $|a|>|b|$ 可知 $f''(x_0)>0$, 此时 $f(x)$ 有极小值. ■

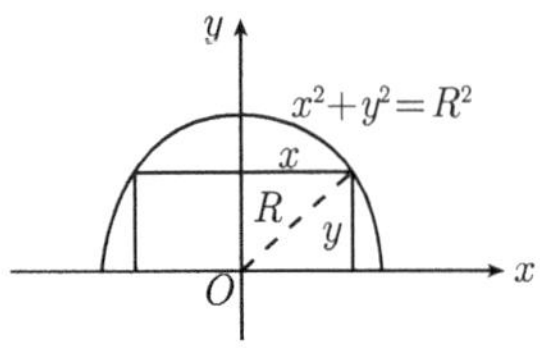

图 6.4.1

例 6.4.10 在半径为 R 的半圆内作一矩形, 问矩形的边长取何值时矩形的面积最大?

解 以圆心为原点, 直径为 x 轴, 建立直角坐标系如图 6.4.1 所示, 则圆的方程为 $x^2+y^2=R^2$. 现设在上半圆内作矩形, 矩形在第一象限内且位于半圆上的顶点的坐标为 (x,y)(其中 $x>0$, $y>0$), 则矩形面积为

$$A(x)=2xy=2x\sqrt{R^2-x^2},\quad x\in(0,R).$$

由于

$$A'(x)=2\left(\sqrt{R^2-x^2}-\frac{x^2}{\sqrt{R^2-x^2}}\right)=\frac{2(R^2-2x^2)}{\sqrt{R^2-x^2}}.$$

令 $A'(x)=0$, 得稳定点 $x=\dfrac{R}{\sqrt{2}}$. 列表分析于表 6.4.2.

表 6.4.2

x	$\left(0,\dfrac{R}{\sqrt{2}}\right)$	$\dfrac{R}{\sqrt{2}}$	$\left(\dfrac{R}{\sqrt{2}},R\right)$
$A'(x)$	+	0	−
$A(x)$	增	极大值	减

所以, 函数 $A(x)$ 在 $x=\dfrac{R}{\sqrt{2}}$ 取得极大值, 亦即最大值 (因为 $A(x)$ 为可导函数, 且仅有一个极值点). 此时 $y=\sqrt{R^2-\left(\dfrac{R}{\sqrt{2}}\right)^2}=\dfrac{R}{\sqrt{2}}$. 当 $x=y=\dfrac{R}{\sqrt{2}}$ 时矩形的面积最大, 即矩形的长为 $\sqrt{2}R$, 宽为 $\dfrac{R}{\sqrt{2}}$ 时, 其面积最大. ■

例 6.4.11 将一质量为 m 的物体置于水平面上, 若水平面的摩擦系数为 μ, 拉力 F 与水平面的夹角为 θ, 且使物体开始移动 (图 6.4.2). 试讨论 θ 取何值时, 力 F 最小?

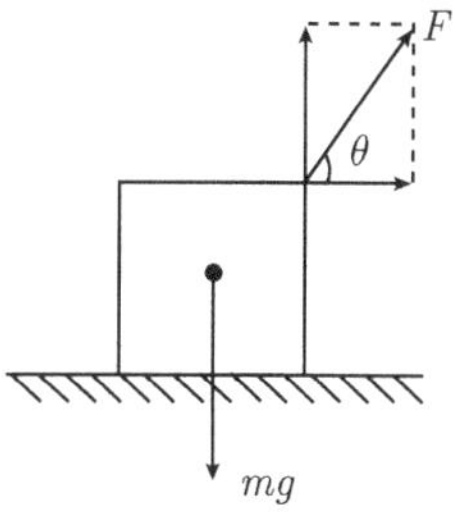

图 6.4.2

解 据受力分析知, 物体所受的摩擦力为 $\mu\cdot(mg-F(\theta)\sin\theta)$, 其中 g 为重力加速度. 由 Newton 第二定律知, 物体沿水平方向力的平衡方程为

$$\mu\cdot(mg-F(\theta)\sin\theta)-F(\theta)\cos\theta=0.$$

由此解得力函数 $F(\theta)$ 为

$$F(\theta)=\frac{\mu mg}{\cos\theta+\mu\sin\theta},\quad \theta\in\left[0,\frac{\pi}{2}\right).$$

显然, $F(\theta)$ 在 $\left[0,\dfrac{\pi}{2}\right)$ 上可导. 由于

$$F'(\theta)=\frac{\mu mg(\sin\theta-\mu\cos\theta)}{(\cos\theta+\mu\sin\theta)^2},\quad 0\leqslant\theta<\frac{\pi}{2},$$

于是, 得到函数 $F(\theta)$ 在 $\left[0,\dfrac{\pi}{2}\right)$ 上的唯一稳定点 $\theta_0=\arctan\mu$. 列表分析于表 6.4.3.

表 6.4.3

θ	$[0,\theta_0)$	θ_0	$\left(\theta_0,\dfrac{\pi}{2}\right)$
$F'(\theta)$	$-$	0	$+$
$F(\theta)$	减	极小值	增

由表 6.4.3 可知 θ_0 为 $F(\theta)$ 的极小值点. 由于唯一的极小值点为最小值点, 所以当力 $F(\theta)$ 与水平方向夹角为 $\theta_0=\arctan\mu$ 时, 力 F 最小. ■

四、巩固提高

6.4.1 求函数 $f(x)=(x-1)\mathrm{e}^{\frac{\pi}{2}+\arctan x}$ 的单调区间与极值.

6.4.2 求函数 $f(x)=\dfrac{1}{x}\ln^2 x$ 的单调区间与极值点.

6.4.3 试确定常数 c, 使函数 $f(x)=x^3+cx+c_1$ (其中 c_1 为常数) 在点 $x=\pm1$ 处取得极值, 并求极值.

6.4.4 证明函数 $f(x)=a^2\mathrm{e}^{\lambda x}+b^2\mathrm{e}^{-\lambda x}$ $(a,b>0)$ 存在与 λ 无关的极小值.

6.4.5 证明若 $f(x)=\dfrac{ax+b}{cx+d}$ 不是常值函数, 则它不会有极值.

6.4.6 设函数 $f(x)$ 满足 $xf''(x)-3x\big(f'(x)\big)^2=1-\mathrm{e}^{-x}$, $x\in\mathbb{R}$.

(i) 若 $f'(a)=0$ (其中 $a\neq0$), 函数 f 在 $x=a$ 处是否取得极值, 为什么?

(ii) 若 f 在 $x=0$ 处取得极值, 证明 $x=0$ 为极小值点.

6.4.7 试比较 $\left(\sqrt{n}\right)^{\sqrt{n+1}}$ 与 $\left(\sqrt{n+1}\right)^{\sqrt{n}}$ 的大小, 其中 $n\in\mathbb{N}_+$.

(提示: 考察辅助函数 $f(x)=\dfrac{\ln x}{x}$, 并据其单调性.)

6.4.8 证明当 $x>-1$ 时, 有 $\dfrac{x}{1+x}\leqslant\ln(1+x)\leqslant x$.

6.4.9 证明当 $-\dfrac{1}{2}\leqslant x\leqslant 2$ 时, 有 $|3x-x^3|\leqslant 2$.

6.4.10 证明当 $0<x<\dfrac{\pi}{2}$ 时, 有 $\sin x+\tan x>2x$.

6.4.11 设函数 f,g 在 $\mathbb{R}$ 上可导, 且 $f'(x)>g'(x)$, $f(a)=g(a)$. 证明当 $x>a$ 时, 有 $f(x)>g(x)$; 当 $x<a$ 时, 有 $f(x)<g(x)$.

6.4.12 若以 $F(k)$ 表示 $f(x)=x^2-2kx$ 在 $[-1,2]$ 上的最大值与最小值之差, 试求 $F(k)$ 的最小值, 其中 $k\in\mathbb{R}$.

6.4.13 建立适当的直角坐标系, 利用光线沿最省时间的路径传播原理, 验证光线的反射规律: 入射角等于反射角.

6.4.14 在一个顶角为 2α, 底圆半径为 R 的直圆锥中嵌入一个直圆柱, 使圆柱的底面在圆锥的底圆内 (参考图 6.4.3). 问圆柱的底面半径为多少时, 其表面积为最大?

6.4.15 求给定点 $(0,b)$ 到抛物线 $x^2=4y$ 上的点的最短距离.

6.4.16 若椭圆 $\dfrac{x^2}{a^2}+\dfrac{y^2}{b^2}=1$ 的切线与两坐标轴分别交于 A 和 B 两点.

(i) 求 A 与 B 两点间距离的最小值;

(ii) 求 $\triangle OAB$ 的最小面积.

6.4.17 问数列 $\left\{n^2\left(\dfrac{1}{2}\right)^{n+1}\right\}$ 中哪一项最大?

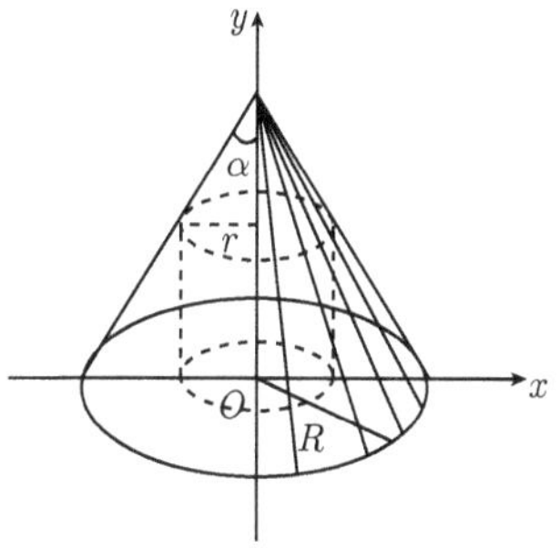

图 6.4.3

6.5 函数的凸性与拐点

一、内容精读

1. 函数的凸性定义及判别法

1) 函数的凸性定义

定义 6.5.1 设 f 为区间 I 上的函数, 若对任意 $x_1,x_2\in I$ 和任意实数 $\lambda\in(0,1)$ 总有

$$f(\lambda x_1+(1-\lambda)x_2)\leqslant\lambda f(x_1)+(1-\lambda)f(x_2) \tag{6.5.1}$$

$$\big(f(\lambda x_1+(1-\lambda)x_2)\geqslant\lambda f(x_1)+(1-\lambda)f(x_2)\big), \tag{6.5.2}$$

则称 f 为 I 上的凸 (凹) 函数. 若式 (6.5.1) 或式 (6.5.2) 中的不等式改为严格不等式, 则相应的函数称为严格凸 (凹) 函数.

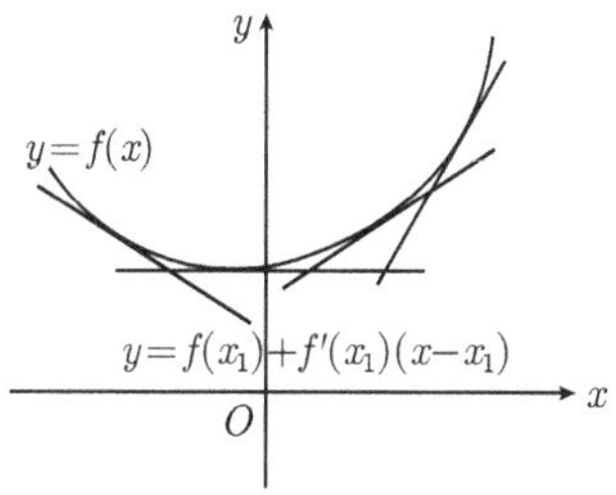

图 6.5.1

若 $-f$ 为区间 I 上的凸函数, 则 f 为区间 I 上的凹函数. 因此, 仅研究凸函数的相关性质就足够了.

2) 凸函数的几何解释

若 f 为可导的凸函数, 则曲线 $y=f(x)$ 总是位于它的任一切线的上方 (见后面的判别法四, 参考图 6.5.1).

3) 凸函数的判别法

(i) **判别法一** 利用凸函数的定义.

(ii) **判别法二** f 为 I 上的凸函数 $\Leftrightarrow$ 对 I 上任意三点 $x_1<x_2<x_3$, 总有

$$\frac{f(x_2)-f(x_1)}{x_2-x_1}\leqslant\frac{f(x_3)-f(x_2)}{x_3-x_2}. \tag{6.5.3}$$

(iii) **判别法三**　若 f 在 I 上可导, 则 f 为 I 上凸函数 $\Leftrightarrow f'$ 为 I 上的增函数.

(iv) **判别法四**　若 f 在 I 上可导, 则 f 为 I 上凸函数 $\Leftrightarrow$ 对任意 $x_1, x_2 \in I$, 有

$$f(x_2) \geqslant f(x_1) + f'(x_1)(x_2 - x_1). \tag{6.5.4}$$

(v) **判别法五**　若 f 在 I 上二阶可导, 则 f 为 I 上凸函数 $\Leftrightarrow f''(x) \geqslant 0,\ x \in I$.

2. 拐点的定义及判别法

1) 拐点的定义

定义 6.5.2　若曲线 $y = f(x)$ 在点 $(x_0, f(x_0))$ 处有穿过曲线的切线, 且在切点近旁, 曲线在切线的两侧分别是严格凸和严格凹的, 则称点 $(x_0, f(x_0))$ 为曲线 $y = f(x)$ 的拐点.

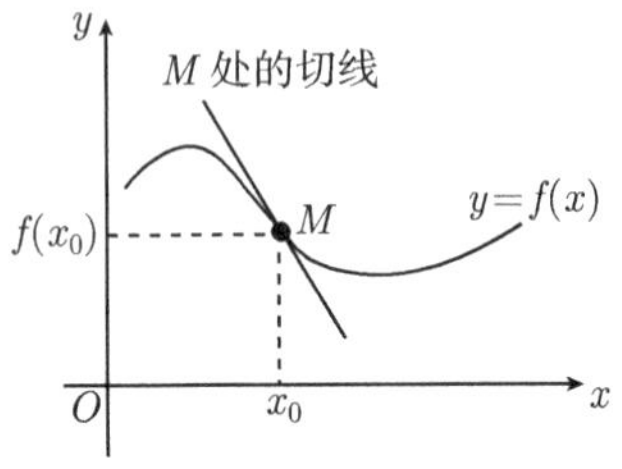

图 6.5.2

曲线的拐点正是其凸和凹性的分界点, 如图 6.5.2 中的点 M.

2) 拐点的判别法

定理 6.5.1 (拐点必要条件)　若 f 在 x_0 二阶可导, 且 $(x_0, f(x_0))$ 为曲线 $y = f(x)$ 的拐点, 则 $f''(x_0) = 0$.

定理 6.5.2 (拐点充分条件)　设 f 在 x_0 可导, 并在该点某邻域 $U^\circ(x_0)$ 内二阶可导. 若在 $U^\circ_+(x_0)$ 和 $U^\circ_-(x_0)$ 内 $f''(x)$ 符号相反, 则点 $(x_0, f(x_0))$ 为曲线 $y = f(x)$ 的拐点.

特别值得一提的是, 若点 $(x_0, f(x_0))$ 为曲线 $y = f(x)$ 的拐点, $y = f(x)$ 在 x_0 的导数不一定存在. 如函数 $f(x) = \sqrt[3]{x}$ 的拐点为 $(0, 0)$, 但其在 $x = 0$ 处不可导.

3. Jenson 不等式

定理 6.5.3 (Jenson 不等式)　若 f 为 $[a, b]$ 上的凸函数, 则对任意 $x_i \in [a, b]$, $\lambda_i > 0\ (i = 1, 2, \cdots, n)$, 且 $\sum\limits_{i=1}^{n} \lambda_i = 1$, 有

$$f\left(\sum_{i=1}^{n} \lambda_i x_i\right) \leqslant \sum_{i=1}^{n} \lambda_i f(x_i). \tag{6.5.5}$$

Jenson 不等式的应用　利用 Jenson 不等式证明一些重要的不等式, 也可以用其来构造不等式.

二、疑难解答

问题 6.5.1　开区间 I 内的凸函数一定是连续函数吗?

答　开区间 I 内的凸函数必是连续函数.

由文献 [1] 上册第 152 页例 5 可知, 若 f 为开区间 I 内的凸函数, 则对任意 $x_0 \in I$, f 在 x_0 处存在左、右导数. 由此可知 f 在 x_0 处均左、右连续, 从而 f 在 x_0 处连续. 再由 x_0 的任意性知, f 为 I 上连续函数. ■

问题 6.5.2 若点 $(x_0, f(x_0))$ 为曲线 $y = f(x)$ 的一个拐点, $f'(x_0)$ 可能不存在, 但在拐点的定义中, 在点 $(x_0, f(x_0))$ 处有穿过曲线的切线, 这是否有矛盾?

答 不矛盾. 这是因为曲线存在切线与在该点可导不等价 (参见问题 5.3.1). 考察如下函数

$$f(x) = \sqrt[3]{x}.$$

它在 $x = 0$ 处不可导, 当 $x \neq 0$ 时

$$f'(x) = \frac{1}{3}x^{-\frac{2}{3}}, \quad f''(x) = -\frac{2}{9}x^{-\frac{5}{3}}.$$

所以, 当 $x < 0$ 时, $f''(x) > 0$, 曲线 $y = f(x)$ 是凸的; 当 $x > 0$ 时, $f''(x) < 0$, 曲线 $y = f(x)$ 是凹的. 过原点有穿过曲线的垂直切线, 故点 $(0,0)$ 为曲线的拐点. ■

三、典型例题

例 6.5.1 研究函数 $f(x) = a_1x^3 + a_2x^2 + a_3x + a_4$ 的凸凹性 (其中 $a_1 > 0$).

解 易得函数的一阶和二阶导数为

$$f'(x) = 3a_1x^2 + 2a_2x + a_3, \quad f''(x) = 6a_1x + 2a_2 = 6a_1\left(x + \frac{a_2}{3a_1}\right).$$

所以, 由 $f''(x) = 0$ 得 $x = -\dfrac{a_2}{3a_1}$.

当 $x > -\dfrac{a_2}{3a_1}$ 时, $f''(x) > 0$, 故在 $\left(-\dfrac{a_2}{3a_1}, +\infty\right)$ 上 f 为凸函数; 当 $x < -\dfrac{a_2}{3a_1}$ 时, $f''(x) < 0$, 故在 $\left(-\infty, -\dfrac{a_2}{3a_1}\right)$ 上 f 为凹函数. ■

例 6.5.2 (Bernoulli 不等式) 在 $x > -1$ 时.

对于 $0 < \alpha < 1$ 成立不等式

$$(1+x)^\alpha \leqslant 1 + \alpha x, \tag{6.5.6}$$

而对于 $\alpha < 0$ 和 $\alpha > 1$ 则成立不等式

$$(1+x)^\alpha \geqslant 1 + \alpha x, \tag{6.5.7}$$

且在这些不等式中仅当 $x = 0$ 时等号成立.

证明 对于函数 $f(x) = (1+x)^\alpha$, 其一阶和二阶导数为

$$f'(x) = \alpha(1+x)^{\alpha-1}, \quad f''(x) = \alpha(\alpha-1)(1+x)^{\alpha-2}.$$

由此可知, 当 $0<\alpha<1$ 时 $f''(x)<0$, 即 f 是严格凹函数, 而当 $\alpha<0$ 和 $\alpha>1$ 时 $f''(x)>0$, 即 f 为严格凸函数. 注意到 $y=1+\alpha x$ 为曲线 $y=f(x)$ 在点 $(0,1)$ 处的切线. 由凸 (凹) 函数的几何意义立即可得要证明的不等式. ■

例 6.5.3　设 f 是正的二次可微函数. 证明:

$\ln f(x)$ 为凸函数 $\Leftrightarrow$ $f(x)f''(x)-\big(f'(x)\big)^2\geqslant 0$.

证明　记 $F(x)=\ln f(x)$, 则 $F(x)$ 为二次可导函数. 由凸函数的判别法五知, $F(x)$ 为凸函数 $\Leftrightarrow$ $F''(x)\geqslant 0$. 由于

$$F''(x)=\left(\frac{f'(x)}{f(x)}\right)'=\frac{f(x)f''(x)-\big(f'(x)\big)^2}{f^2(x)},$$

所以

$$\ln f(x)\text{ 为凸函数}\Leftrightarrow\frac{f(x)f''(x)-\big(f'(x)\big)^2}{f^2(x)}\geqslant 0,$$

亦即

$$\ln f(x)\text{ 为凸函数}\Leftrightarrow f(x)f''(x)-\big(f'(x)\big)^2\geqslant 0.$$ ■

例 6.5.4　设 f 为开区间 I 上的凸函数, 证明在 I 的任何内闭区间 $[a,b]\subset I$ 上, f 是有界的.

解　先证 f 在 $[a,b]$ 上是上有界的.

对任意 $x\in[a,b]$, 存在 $\lambda\in[0,1]$, 使得 $x=\lambda a+(1-\lambda)b$. 由凸函数的定义可得

$$f(x)=f\big(\lambda a+(1-\lambda)b\big)\leqslant\lambda f(a)+(1-\lambda)f(b)\leqslant\max\big\{f(a),f(b)\big\}\triangleq M.$$

于是, 函数 f 在 $[a,b]$ 上是上有界的.

再证 f 在 $[a,b]$ 上是下有界的. 取 $d=\dfrac{a+b}{2}$, 对任意 $x\in[a,b]$, 令 x_1 是 x 在 $[a,b]$ 中关于 d 的对称点, 则由 $d=\dfrac{x+x_1}{2}$, 有

$$f(d)=f\left(\frac{x+x_1}{2}\right)\leqslant\frac{1}{2}\big(f(x)+f(x_1)\big)\leqslant\frac{f(x)}{2}+\frac{M}{2},$$

即

$$f(x)\geqslant 2f(d)-M\triangleq m.$$

于是, 函数 f 在 $[a,b]$ 上是下有界的.

综上所述, 函数 f 在 $[a,b]$ 上有界. ■

例 6.5.5　设 f 是开区间 I 上的凸函数, 则对任何 $[\alpha,\beta]\subset I$, f 在 $[\alpha,\beta]$ 上满足 Lipschitz 条件 (即存在 $L>0$, 对任何 $x_1,x_2\in[\alpha,\beta]$, 成立不等式 $|f(x_1)-f(x_2)|\leqslant L|x_1-x_2|$).

证明 当取定 $[\alpha,\beta]\subset I$ 后, 因 I 为开区间, 必能在 I 中选取 a, b, c, d 满足

$$a<b<\alpha<\beta<c<d,$$

如图 6.5.3 所示. 应用判别法二, 任取 $x_1,x_2\in[\alpha,\beta]$, $x_1<x_2$, 有

$$\frac{f(b)-f(a)}{b-a}\leqslant\frac{f(x_2)-f(x_1)}{x_2-x_1}\leqslant\frac{f(d)-f(c)}{d-c}.$$

现令

$$L=\max\left\{\left|\frac{f(b)-f(a)}{b-a}\right|,\left|\frac{f(d)-f(c)}{d-c}\right|\right\},$$

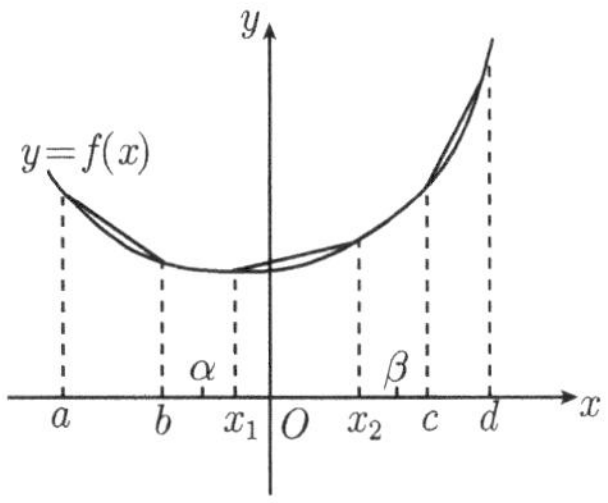

图 6.5.3

则

$$\left|\frac{f(x_2)-f(x_1)}{x_2-x_1}\right|\leqslant L,\quad x_1,x_2\in[\alpha,\beta].$$

由于上述常数 L 与 $[\alpha,\beta]$ 中的点 x_1, x_2 无关, 因此 f 在 $[\alpha,\beta]$ 上满足 Lipschitz 条件, 即存在 $L>0$, 对任何 $x_1,x_2\in[\alpha,\beta]$, 有 $|f(x_1)-f(x_2)|\leqslant L|x_1-x_2|$. ■

例 6.5.6 利用 Jenson 不等式证明下列不等式:

(i) 设 $a_i>0$ $(i=1,2,\cdots,n)$, 有

$$\frac{n}{\dfrac{1}{a_1}+\dfrac{1}{a_2}+\cdots+\dfrac{1}{a_n}}\leqslant\sqrt[n]{a_1a_2\cdots a_n}\leqslant\frac{a_1+a_2+\cdots+a_n}{n},\tag{6.5.8}$$

等号成立的条件为 $a_i=a_j$, $i,j=1,2,\cdots,n$ (调和平均值 – 几何平均值 – 算术平均值不等式).

(ii) (Hölder 不等式) 设 $a_i,b_i>0$ $(i=1,2,\cdots,n)$, 有

$$\sum_{i=1}^{n}a_ib_i\leqslant\left(\sum_{i=1}^{n}a_i^p\right)^{\frac{1}{p}}\left(\sum_{i=1}^{n}b_i^q\right)^{\frac{1}{q}},\tag{6.5.9}$$

其中 $p>1$, $q>1$, 且 $\dfrac{1}{p}+\dfrac{1}{q}=1$. 特别地, 下面Cauchy–Schwarz 不等式 成立

$$\sum_{i=1}^{n}a_ib_i\leqslant\left(\sum_{i=1}^{n}a_i^2\right)^{\frac{1}{2}}\left(\sum_{i=1}^{n}b_i^2\right)^{\frac{1}{2}},\tag{6.5.10}$$

等号成立的条件为 $a_i=a_j$, $i,j=1,2,\cdots,n$.

证明 (i) 先证明 $\sqrt[n]{a_1a_2\cdots a_n}\leqslant\dfrac{a_1+a_2+\cdots+a_n}{n}$.

为此, 取函数 $f(x)=-\ln x,\ x\in\mathbb{R}_+$. 由于

$$f'(x)=-\frac{1}{x},\quad f''(x)=\frac{1}{x^2}>0,\quad x\in\mathbb{R}_+,$$

所以 $f(x)=-\ln x$ 在 $\mathbb{R}_+$ 上为凸函数, 则由 Jensen 不等式 $\left(\text{只要取 } \lambda_i=\frac{1}{n}, x_i=a_i\ (i=1,2,\cdots,n) \text{ 代入 Jenson 等式即可}\right)$ 得

$$-\ln\left(\frac{a_1+a_2+\cdots+a_n}{n}\right)\leqslant-\frac{1}{n}\Big(\ln a_1+\ln a_2+\cdots+\ln a_n\Big),$$

亦即

$$\ln\left(\frac{a_1+a_2+\cdots+a_n}{n}\right)\geqslant\ln\sqrt[n]{a_1a_2\cdots a_n}.$$

注意到 $\ln x$ 为增函数, 所以 $\sqrt[n]{a_1a_2\cdots a_n}\leqslant\dfrac{a_1+a_2+\cdots+a_n}{n}$.

再证明 $\dfrac{n}{\dfrac{1}{a_1}+\dfrac{1}{a_2}+\cdots+\dfrac{1}{a_n}}\leqslant\sqrt[n]{a_1a_2\cdots a_n}$.

用 $\dfrac{1}{a_i}\ (i=1,2,\cdots,n)$ 依次替换上述不等式中的 $a_i\ (i=1,2,\cdots,n)$, 有

$$\frac{1}{\sqrt[n]{a_1a_2\cdots a_n}}=\sqrt[n]{\frac{1}{a_1}\frac{1}{a_2}\cdots\frac{1}{a_n}}\leqslant\frac{\dfrac{1}{a_1}+\dfrac{1}{a_2}+\cdots+\dfrac{1}{a_n}}{n}.$$

由此立即可得要证明的不等式.

(ii) 取 $f(x)=x^p\ (p>1,x\in\mathbb{R}_+)$. 由于

$$f'(x)=px^{p-1},\quad f''(x)=p(p-1)x^{p-2}\geqslant0,\quad x\in\mathbb{R}_+.$$

所以, $f(x)=x^p$ 为 $\mathbb{R}_+$ 上凸函数, 从而由 Jenson 不等式, 对任意 $t_i>0,\lambda_i>0\ (i=1,2,\cdots,n)$ 有

$$\left(\frac{\sum\limits_{i=1}^n\lambda_it_i}{\sum\limits_{i=1}^n\lambda_i}\right)^p=\left(\sum_{i=1}^n\frac{\lambda_i}{\sum\limits_{i=1}^n\lambda_i}t_i\right)^p\leqslant\frac{\sum\limits_{i=1}^n\lambda_it_i^p}{\sum\limits_{i=1}^n\lambda_i},$$

从而可得

$$\left(\sum_{i=1}^n\lambda_it_i\right)^p\leqslant\left(\sum_{i=1}^n\lambda_it_i^p\right)\left(\sum_{i=1}^n\lambda_i\right)^{p-1}.$$

由此可得

$$\sum_{i=1}^{n}\lambda_i t_i \leqslant \left(\sum_{i=1}^{n}\lambda_i t_i^p\right)^{\frac{1}{p}}\left(\sum_{i=1}^{n}\lambda_i\right)^{1-\frac{1}{p}}.$$

取 $\lambda_i = b_i^q$, $t_i = a_i b_i^{-\frac{q}{p}}$ $(i=1,2,\cdots,n)$ 代入上式, 并注意到 $1-\dfrac{1}{p}=\dfrac{1}{q}$, 有

$$\sum_{i=1}^{n}a_i b_i \leqslant \left(\sum_{i=1}^{n}a_i^p\right)^{\frac{1}{p}}\left(\sum_{i=1}^{n}b_i^q\right)^{\frac{1}{q}}.$$

取 $p=q=2$, 立即得到 Cauchy–Schwarz 不等式. ■

例 6.5.7 设 $a_i>0$ $(i=1,2,\cdots,n)$, 证明:

(i) $\left(\dfrac{1}{n}\displaystyle\sum_{i=1}^{n}a_i\right)^{a_1+a_2+\cdots+a_n} \leqslant a_1^{a_1}a_2^{a_2}\cdots a_n^{a_n} \equiv \displaystyle\prod_{i=1}^{n}a_i^{a_i}$;

(ii) $\left(a_1a_2\cdots a_n\right)^{\frac{a_1+a_2+\cdots+a_n}{n}} \leqslant a_1^{a_1}a_2^{a_2}\cdots a_n^{a_n} \equiv \displaystyle\prod_{i=1}^{n}a_i^{a_i}$;

(iii) $\left(\dfrac{1}{n}\displaystyle\sum_{i=1}^{n}a_i\right)^{\frac{a_1+a_2+\cdots+a_n}{n}} \leqslant \dfrac{1}{n}\displaystyle\sum_{i=1}^{n}a_i^{a_i}$.

证明 (i) 取 $f(x)=x\ln x$, $x\in\mathbb{R}_+$. 因为

$$f'(x)=1+\ln x,\quad f''(x)=\frac{1}{x}>0,$$

所以 $f(x)=x\ln x$ 为 $\mathbb{R}_+$ 上凸函数, 从而由 Jensen 不等式可得

$$\left(\frac{1}{n}\sum_{i=1}^{n}a_i\right)\ln\left(\frac{1}{n}\sum_{i=1}^{n}a_i\right) \leqslant \frac{1}{n}\sum_{i=1}^{n}a_i\ln a_i \quad (a_i>0,\ i=1,2,\cdots,n),$$

即

$$\ln\left(\frac{1}{n}\sum_{i=1}^{n}a_i\right)^{a_1+a_2+\cdots+a_n} \leqslant \ln\left(a_1^{a_1}a_2^{a_2}\cdots a_n^{a_n}\right) \quad (a_i>0,\ i=1,2,\cdots,n),$$

由此可得

$$\left(\frac{1}{n}\sum_{i=1}^{n}a_i\right)^{a_1+a_2+\cdots+a_n} \leqslant a_1^{a_1}a_2^{a_2}\cdots a_n^{a_n}.$$

(ii) 由于 $\dfrac{1}{n}\displaystyle\sum_{i=1}^{n}a_i \geqslant (a_1a_2\cdots a_n)^{\frac{1}{n}}$, 再结合已证明的 (i) 立即可得

$$(a_1a_2\cdots a_n)^{\frac{a_1+a_2+\cdots+a_n}{n}} \leqslant a_1^{a_1}a_2^{a_2}\cdots a_n^{a_n}.$$

(iii) 取 $f(x)=x^x$, $x\in\mathbb{R}_+$. 因为

$$f'(x) = x^x(1+\ln x), \quad f''(x) = x^x(1+\ln x)^2 + x^x \cdot \frac{1}{x} > 0,$$

所以 $f(x) = x^x$ 为 $\mathbb{R}_+$ 上凸函数, 从而由 Jenson 不等式可得

$$\left(\frac{1}{n}\sum_{i=1}^n a_i\right)^{\frac{a_1+a_2+\cdots+a_n}{n}} \leqslant \frac{1}{n}\sum_{i=1}^n a_i^{a_i}. \qquad \blacksquare$$

注 6.5.1　应用 Jenson 不等式或凸函数性质来证明不等式时, 辅助函数的选取至关重要. 通常要对证明的不等式进行分析, 从而选取合适的凸 (凹) 函数以达到证明的要求.

例 6.5.8　设 $a_i > 0, b_i > 0\ (i = 1, 2, \cdots, n)$, 则

$$\left(\sum_{i=1}^n (a_i+b_i)^2\right)^{\frac{1}{2}} \leqslant \left(\sum_{i=1}^n a_i^2\right)^{\frac{1}{2}} + \left(\sum_{i=1}^n b_i^2\right)^{\frac{1}{2}}. \tag{6.5.11}$$

证明　由 Cauchy–Schwarz 不等式, 有

$$\begin{aligned}\sum_{i=1}^n (a_i+b_i)^2 &\leqslant \sum_{i=1}^n a_i^2 + 2\sum_{i=1}^n a_ib_i + \sum_{i=1}^n b_i^2 \\ &\leqslant \sum_{i=1}^n a_i^2 + 2\left(\sum_{i=1}^n a_i^2\right)^{\frac{1}{2}}\left(\sum_{i=1}^n b_i^2\right)^{\frac{1}{2}} + \sum_{i=1}^n b_i^2 \\ &\leqslant \left[\left(\sum_{i=1}^n a_i^2\right)^{\frac{1}{2}} + \left(\sum_{i=1}^n b_i^2\right)^{\frac{1}{2}}\right]^2.\end{aligned}$$

由此立即可得所要证明的结论. $\blacksquare$

例 6.5.9　证明 $\sqrt[2006]{2006!} + \sqrt[2007]{2007!} < \frac{1}{2}(2007+2008)$.

证明　由于 $\sqrt[n]{a_1a_2\cdots a_n} \leqslant \dfrac{a_1+a_2+\cdots+a_n}{n}\ (a_i > 0,\ i = 1, 2, \cdots, n)$, 等号成立的条件为 $a_i = a_j\ (i, j = 1, 2, \cdots, n)$, 得

$$\sqrt[n]{n!} < \frac{1+2+\cdots+n}{n} = \frac{1}{n} \cdot \frac{n(1+n)}{2} = \frac{1}{2}(1+n).$$

所以

$$\sqrt[2006]{2006!} < \frac{1}{2}(1+2006), \quad \sqrt[2007]{2007!} < \frac{1}{2}(1+2007).$$

由此可得

$$\sqrt[2006]{2006!} + \sqrt[2007]{2007!} < \frac{1}{2}(2007+2008). \qquad \blacksquare$$

例 6.5.10　问 a 和 b 为何值时, 点 $(1, 3)$ 为曲线 $y = ax^3 + bx^2$ 的拐点?

解 由 $y=ax^3+bx^2$ 可得, $y'=3ax^2+2bx$, $y''=6ax+2b$. 欲使点 $(1,3)$ 为曲线 $y=ax^3+bx^2$ 的拐点, 须

$$y(1)=3,\quad y''(1)=0.$$

即

$$a+b=3,\quad 6a+2b=0.$$

解得: $a=-\dfrac{3}{2}$, $b=\dfrac{9}{2}$. 从而 $y''=-9x+9=-9(x-1)$.

当 $x>1$ 时, $y''<0$, 曲线 $y=ax^3+bx^2$ 是凹的, 当 $x<1$ 时, $y''>0$, 曲线 $y=ax^3+bx^2$ 是凸的. 故 $a=-\dfrac{3}{2}$, $b=\dfrac{9}{2}$ 即为所求. ■

四、巩固提高

6.5.1 若 f,g 为 I 上的凸函数, 证明 $\max\{f(x),g(x)\}$ 也是 I 上的凸函数.

6.5.2 若 f,g 均为 I 上的单调增非负凸函数, 证明 fg 也是 I 上的凸函数.

6.5.3 若 f 为区间 I 上的凸函数, 证明 $F(x)=\mathrm{e}^{f(x)}$ 也为区间 I 上的凸函数.

6.5.4 设 f 是 $[a,b]$ 上的凸函数, 若有 $c\in[a,b]$ 使得 $f(a)=f(c)=f(b)$, 证明 f 是 $[a,b]$ 上的常值函数.

6.5.5 设 f 在 $[a,+\infty)$ 上为凸函数, 证明 $\lim\limits_{x\to+\infty}\dfrac{f(x)}{x}$ 一定有意义.

6.5.6 设 f 在 $\mathbb{R}$ 上为凸函数, 且 $\lim\limits_{x\to\pm\infty}\dfrac{f(x)}{x}=0$, 证明 $f\equiv c$ (常数).

6.5.7 证明: f 为区间 I 上的凸函数 $\Leftrightarrow$ 对任意 x_1,x_2,x_2, 且 $x_1<x_2<x_3$, 有

$$\begin{vmatrix} x_1 & f(x_1) & 1 \\ x_2 & f(x_2) & 1 \\ x_3 & f(x_3) & 1 \end{vmatrix} \geqslant 0.$$

6.5.8 证明下列不等式:

(i) $a^{\frac{x_1+x_2+\cdots+x_n}{n}}\leqslant\dfrac{1}{n}(a^{x_1}+a^{x_2}+\cdots+a^{x_n})$, 其中 $a>0$.

(ii) $\left(\dfrac{x_1+x_2+\cdots+x_n}{n}\right)^p\leqslant\dfrac{1}{n}(x_1^p+x_2^p+\cdots+x_n^p)$, 其中 $p>1$, $x_i>0$.

(iii) 当 $x_i>0$, $i=1,2,\cdots,n$ 时, 有

$$\frac{x_1+x_2+\cdots+x_n}{n}\leqslant\left(x_1^{x_1}\cdot x_2^{x_2}\cdots x_n^{x_n}\right)^{\frac{1}{x_1+x_2+\cdots+x_n}}.$$

(iv) 当 $x_i>0$, $i=1,2,\cdots,n$ 时, 有

$$\frac{x_1x_2\cdots x_n}{(x_1+x_2+\cdots+x_n)^n}\leqslant\frac{(1+x_1)(1+x_2)\cdots(1+x_n)}{(n+x_1+x_2+\cdots+x_n)^n}.$$

并讨论等号成立的条件.

6.5.9 若 $f''(x_0)=0$, 问 $\big(x_0,f(x_0)\big)$ 一定是曲线 $y=f(x)$ 的拐点? 为什么?

6.5.10 讨论曲线 $f(x)=x+\dfrac{x}{x^2-1}$ 的凸凹性及拐点.

6.5.11 研究函数 $f(x)=\dfrac{(x+1)^3}{(x-1)^2}$ 的凸凹性并求其拐点.

6.5.12(Minkowski 不等式) 设 $a_1,a_2,\cdots,a_n$ 和 $b_1,b_2,\cdots,b_n$ 均为非负数, 且 $p\geqslant 1$, 则成立不等式

$$\left(\sum_{i=1}^{n}(a_i+b_i)^p\right)^{\frac{1}{p}}\leqslant\left(\sum_{i=1}^{n}a_i^p\right)^{\frac{1}{p}}+\left(\sum_{i=1}^{n}b_i^p\right)^{\frac{1}{p}}.$$

当且仅当数组 $a_1,a_2,\cdots,a_n$ 和 $b_1,b_2,\cdots,b_n$ 成比例时等号成立.

6.5.13(Young 不等式) 若 $x,y\geqslant 0,\ p,q>0$, 且 $\dfrac{1}{p}+\dfrac{1}{q}=1$, 则成立不等式

$$x^{\frac{1}{p}}y^{\frac{1}{q}}\leqslant\frac{x}{p}+\frac{y}{q}\quad 或\quad xy\leqslant\frac{x^p}{p}+\frac{y^q}{q}.$$

6.5.14 证明不等式

$$\sum_{k=1}^{n}a_k^pb_k^qc_k^r\leqslant\left(\sum_{k=1}^{n}a_k\right)^p\left(\sum_{k=1}^{n}b_k\right)^q\left(\sum_{k=1}^{n}c_k\right)^r,$$

其中 $a_k,b_k,c_k>0\ (k=1,2,\cdots,n),\ p,q,r>0$, 且 $p+q+r=1$.

6.6 函数图像的讨论与方程的近似解

一、内容精读

1. 函数图像的讨论

作函数图像的一般程序如下:

(i) 求出函数的定义域;

(ii) 考察函数的初等特性: 如奇偶性、周期性、有界性、对称性等;

(iii) 求函数的某些特殊点: 如与两坐标轴的交点、不连续点、不可导点等;

(iv) 确定函数的稳定点、单调区间、极值点、凸性区间及拐点等 (常列表考查);

(v) 考察曲线的渐近线 (包括斜渐近线和垂直渐近线);

(vi) 综合上述 (i)~(v) 的结果画出函数的图像.

2. 方程的近似解

1) 弦截法

若函数 $f\in C[a,b]$, 在 (a,b) 内二阶可导, 且满足

$$f'(x)f''(x) \neq 0, \quad f(a)f(b) < 0, \tag{6.6.1}$$

则方程 $f(x)=0$ 在 (a,b) 内存在唯一实数根 ξ.

现在仅讨论 $f'(x)>0$, $f''(x)>0$, $f(a)<0$, $f(b)>0$ 的情况 (参考图 6.6.1), 而其余情况可类似讨论.

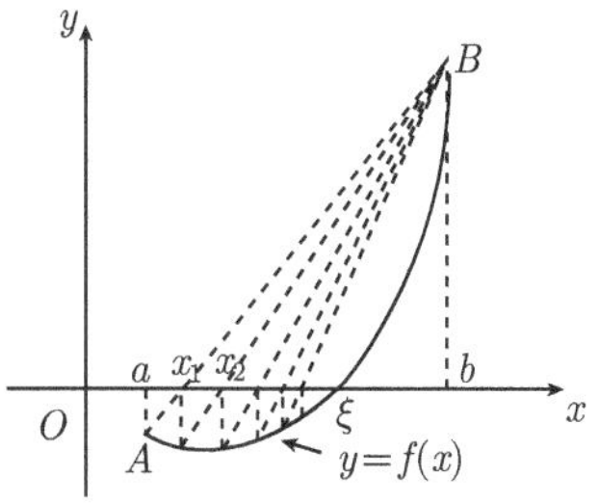

图 6.6.1

取点 $A(a,f(a))$ 与点 $B(b,f(b))$ 的连线与 x 轴交点的横坐标

$$x_1 = a - \frac{(b-a)f(a)}{f(b)-f(a)}$$

为根 ξ 的第一近似值.

由曲线 $y=f(x)$ 的凸性可知 $a<x_1<\xi$, $f(x_1)<0$. 再在 $[x_1,b]$ 上应用上述方法, 得到 ξ 的第二近似值

$$x_2 = x_1 - \frac{(b-x_1)f(x_1)}{f(b)-f(x_1)}.$$

依照上述方法继续做下去, 一般地由 x_{n-1} 得到 x_n 如下

$$x_n = x_{n-1} - \frac{(b-x_{n-1})f(x_{n-1})}{f(b)-f(x_{n-1})}, \quad x_0=a, \quad n=1,2,\cdots. \tag{6.6.2}$$

可以证明 (见注 6.6.1)

$$\lim_{n\to\infty} x_n = \xi,$$

且有如下误差估计式:

$$|x_n-\xi| \leqslant \frac{|f(x_n)|}{m},$$

其中 $m = \inf\limits_{x\in[a,b]} |f'(x)|$.

式 (6.6.2) 为弦截法计算方程 $f(x)=0$ 根的近似公式, 由此公式可以求出方程 $f(x)=0$ 满足条件的近似解.

注 6.6.1 现在来证明由式 (6.6.2) 得到的数列 $\{x_n\}$, 有 $\lim\limits_{n\to\infty} x_n=\xi$.

事实上, 由于数列 $\{x_n\}$ 递增, 且 $x_n \leqslant b$, 则由数列的单调有界定理知, $\lim\limits_{n\to\infty} x_n$ 存在并设 $\lim\limits_{n\to\infty} x_n=\eta$. 在式 (6.6.2) 中取 $n\to\infty$ 极限, 并利用 f 的连续性, 有 $\dfrac{(b-\eta)f(\eta)}{f(b)-f(\eta)}=0$. 于是, $f(\eta)=0$. 由于 $f(x)=0$ 在 (a,b) 内存在唯一根 ξ (因 $f'(x)>0$, 即 f 在 $[a,b]$ 内单调), 所以 $\eta\equiv\xi$, 即 $\lim\limits_{n\to\infty} x_n=\xi$.

2) Newton 切线法

设 f 为 $[a,b]$ 上的二阶可导函数, 满足

$$f'(x)f''(x) \neq 0, \quad f(a)f(b) < 0.$$

(i) 若 $f'(x) < 0$, $f''(x) > 0$. 从而 $f(a) > 0$, $f(b) < 0$, 并设 $f(\xi) = 0$. x_n 由下列关系求得:

$$x_0 = a, \quad x_n = x_{n-1} - \frac{f(x_{n-1})}{f'(x_{n-1})}, \quad n = 1, 2, \cdots. \tag{6.6.3}$$

记 $m = \min\limits_{x \in [a,b]} \{|f'(x)|\}$, 则以 x_n 代替 ξ 的误差为

$$|x_n - \xi| \leqslant \frac{|f(x_n)|}{m}.$$

类似地, 可以考虑如下三种情况:

(ii) 若 $f'(x) > 0$, $f''(x) < 0$, 这时有 $f(a) < 0$, $f(b) > 0$;

$$x_0 = a, \quad x_n = x_{n-1} - \frac{f(x_{n-1})}{f'(x_{n-1})}, \quad n = 1, 2, \cdots.$$

(iii) 若 $f'(x) > 0$, $f''(x) > 0$, 这时有 $f(a) < 0$, $f(b) > 0$;

$$x_0 = b, \quad x_n = x_{n-1} - \frac{f(x_{n-1})}{f'(x_{n-1})}, \quad n = 1, 2, \cdots. \tag{6.6.4}$$

(iv) 若 $f'(x) < 0$, $f''(x) < 0$, 这时有 $f(a) > 0$, $f(b) < 0$.

$$x_0 = b, \quad x_n = x_{n-1} - \frac{f(x_{n-1})}{f'(x_{n-1})}, \quad n = 1, 2, \cdots.$$

上述 Newton 切线法的四种情况分别对应于图 6.6.2 (a)~(d), 弦截法和 Newton 切线法均为方程 $f(x) = 0$ 的求根迭代算法.

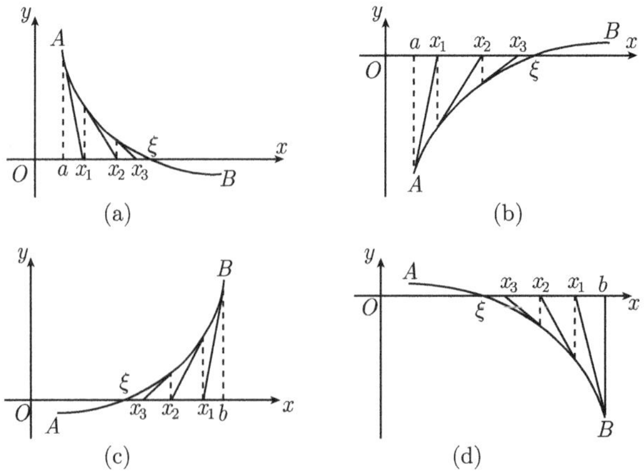

图 6.6.2

二、疑难解答

问题 6.6.1 何为迭代算法的阶? 何为数列的收敛速度?

答 设某个迭代算法 $x_{n+1}=F(x_n)$ 的第 n 次计算的误差为 ε_n (其中 $\varepsilon_n=x_n-\xi$, x_n 为第 n 次迭代解, 而 ξ 为精确解). 若存在一个常数 α, 使得相连两次的误差之间满足递推估计式

$$C_1\varepsilon_n^\alpha\leqslant\varepsilon_{n+1}\leqslant C_2\varepsilon_n^\alpha,\tag{6.6.5}$$

其中 C_1, C_2 为两个正常数, 则称此迭代算法为α 阶算法. 其特例之一是存在极限

$$\lim_{n\to\infty}\frac{\varepsilon_{n+1}}{\varepsilon_n^\alpha}=c\neq 0,\tag{6.6.6}$$

则算法的阶为 α. 此时当 n 足够大时成立 $\varepsilon_{n+1}\approx c\varepsilon_n^\alpha$. 又若对某个迭代算法仅知道公式 (6.6.5) 的右边不等式成立, 则称该算法的阶不低于 α.

对于一般的收敛数列 $\{x_n\}$ 而言, 若有 $\lim\limits_{n\to\infty}x_n=A$, 而绝对误差 $\varepsilon_n=|x_n-A|$ 满足式 (6.6.5) 或式 (6.6.6), 则称此数列的收敛速度为 α 阶.

特别地, 当 $\alpha=1$ 时的算法称为一阶算法(或线性算法). 当然, 一阶算法的收敛速度是比较慢的. ■

三、典型例题

例 6.6.1 作函数 $f(x)=\sin x+\dfrac{1}{3}\sin 3x$ 的图形.

解 (i) 易知函数的定义域为 $\mathbb{R}$;

(ii) 该函数为周期 2π 的周期函数, 且为有界的奇函数. 因此, 只要讨论它在 $[0,\pi]$ 上的图形即可;

(iii) 该函数为定义域上连续可导函数, 与 x 轴的交点为 $(k\pi,0)$, $k=0,1,2,\cdots$;

(iv) 由

$$f'(x)=\cos x+\cos 3x=2\big(2\cos^2 x-1\big)\cos x=0,$$

得在 $[0,\pi]$ 上的稳定点 $x=\dfrac{\pi}{4},\dfrac{\pi}{2},\dfrac{3\pi}{4}$. 单调区间和极值点情况分析如表 6.6.1 所示.

表 6.6.1

x	$\left(0,\dfrac{\pi}{4}\right)$	$\dfrac{\pi}{4}$	$\left(\dfrac{\pi}{4},\dfrac{\pi}{2}\right)$	$\dfrac{\pi}{2}$	$\left(\dfrac{\pi}{2},\dfrac{3\pi}{4}\right)$	$\dfrac{3\pi}{4}$	$\left(\dfrac{3\pi}{4},\pi\right)$
$f'(x)$	+	0	−	0	+	0	−
$f(x)$	↗	极大值 $\dfrac{2\sqrt{2}}{3}$	↘	极小值 $\dfrac{2}{3}$	↗	极大值 $\dfrac{2\sqrt{2}}{3}$	↘

再由

$$f''(x)=-2(5-6\sin^2 x)\sin x=0,$$

在区间 $[0,\pi]$ 上可得 $x=0,\pi,\arcsin\sqrt{\frac{5}{6}},\pi-\arcsin\sqrt{\frac{5}{6}}$. 于是, 凸性区间及拐点情况分析如表 6.6.2 所示 $\left(记\ x_0=\arcsin\sqrt{\frac{5}{6}}\right)$.

表 6.6.2

x	$(0,x_0)$	x_0	$(x_0,\pi-x_0)$	$\pi-x_0$	$(\pi-x_0,\pi)$
$f''(x)$	$-$	0	$+$	0	$-$
$f(x)$	凹	$\frac{4\sqrt{30}}{27}$	凸	$\frac{4\sqrt{30}}{27}$	凹

其中拐点为 $D\left(\arcsin\sqrt{\frac{5}{6}},\frac{4\sqrt{30}}{27}\right)$ 和 $E\left(\pi-\arcsin\sqrt{\frac{5}{6}},\frac{4\sqrt{30}}{27}\right)$, 而 $A\left(\frac{\pi}{4},\frac{2\sqrt{2}}{3}\right)$, $B\left(\frac{\pi}{2},\frac{2}{3}\right)$, $C\left(\frac{3\pi}{4},\frac{2\sqrt{2}}{3}\right)$ 为极值点.

(v) 此曲线无渐近线.

综上所述, 可画出函数 $f(x)=\sin x+\frac{1}{3}\sin 3x$ 的图形 (参考图 6.6.3). ■

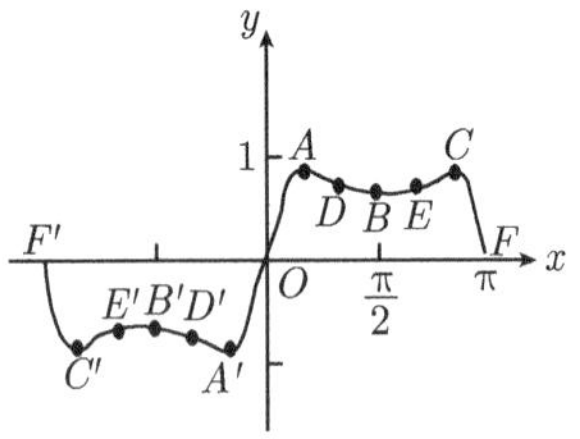

图 6.6.3

例 6.6.2　作函数 $f(x)=(x+2)e^{\frac{1}{x}}$ 的图像.

解　(i) 易知函数的定义域为非零实数, 即 $x\in\mathbb{R}_-\cup\mathbb{R}_+$;

(ii) 该函数为无界、非周期函数, 且无奇偶性;

(iii) 该函数分别在 $\mathbb{R}_-,\mathbb{R}_+$ 上连续可导, 与 x 轴的交点为 $A(-2,0)$;

(iv) 由

$$f'(x)=\frac{(x-2)(x+1)}{x^2}e^{\frac{1}{x}}=0,$$

得稳定点 $x=-1,2$. 单调区间和极值点情况分析如表 6.3.3 所示.

表 6.6.3

x	$(-\infty,-1)$	-1	$(-1,0)$	0	$(0,2)$	2	$(2,+\infty)$
$f'(x)$	$+$	0	$-$		$-$	0	$+$
$f(x)$	↗	极大值 $\frac{1}{e}$	↘	无定义	↘	极小值 $4\sqrt{e}$	↗

再由

$$f''(x)=\frac{5x+2}{x^4}e^{\frac{1}{x}}=0,$$

可得 $x=-\frac{2}{5}$. 于是, 凸性区间及拐点情况分析如表 6.4.4 所示.

表 6.6.4

x	$\left(0,-\frac{2}{5}\right)$	$-\frac{2}{5}$	$\left(-\frac{2}{5},0\right)$	0	$(0,+\infty)$
$f''(x)$	$-$	0	$+$		$+$
$f(x)$	凹	$\frac{8}{5}\mathrm{e}^{-\frac{5}{2}}$	凸	无定义	凸

其中拐点为 $C\left(-\frac{2}{5},\frac{8}{5}\mathrm{e}^{-\frac{5}{2}}\right)$, 而在 $B\left(-1,\frac{1}{\mathrm{e}}\right)$, $E(2,4\sqrt{\mathrm{e}})$ 处取得极值.

(v) 曲线有如下的渐近线. 由

$$\lim_{x\to0^+}(x+2)\mathrm{e}^{\frac{1}{x}}=+\infty,\quad \lim_{x\to0^-}(x+2)\mathrm{e}^{\frac{1}{x}}=0$$

知, 曲线有垂直渐近线 $x=0$ (单侧渐近线). 又因为

$$k=\lim_{x\to\infty}\frac{f(x)}{x}=\lim_{x\to\infty}\frac{x+2}{x}\mathrm{e}^{\frac{1}{x}}=1,$$

$$b=\lim_{x\to\infty}\left((x+2)\mathrm{e}^{\frac{1}{x}}-x\right)=\lim_{x\to\infty}\left[x(\mathrm{e}^{\frac{1}{x}}-1)+2\mathrm{e}^{\frac{1}{x}}\right]=3,$$

所以曲线有斜直渐近线 $y=x+3$.

综上所述, 可画出函数 $f(x)=(x+2)\mathrm{e}^{\frac{1}{x}}$ 的图形 (参考图 6.6.4). ■

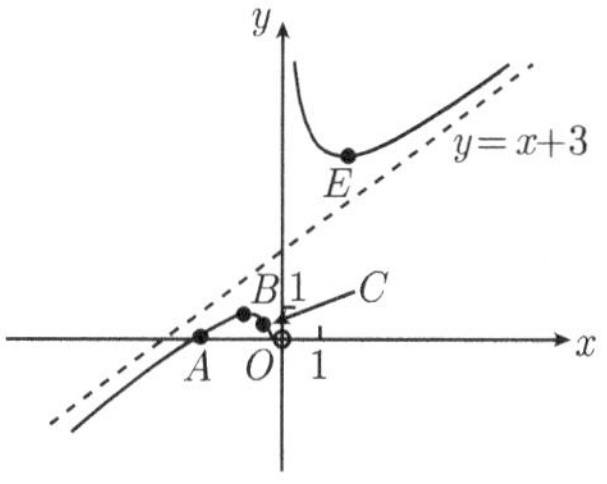

图 6.6.4

例 6.6.3 设 $f''(x)$ 在 $[a,b]$ 上有界, 证明 Newton 切线法的误差估计式为

$$|x_{n+1}-\xi|\leqslant\frac{M}{2m}|x_n-\xi|^2,$$

其中 ξ 为方程 $f(x)=0$ 的根, $M=\sup\limits_{x\in[a,b]}\{|f''(x)|\}$, $m=\inf\limits_{x\in[a,b]}\{|f'(x)|\}$.

证明 设 $x_0=b$ 为 Newton 切线法的初值, $x_1=b-\frac{f(b)}{f'(b)}$, 于是

$$\xi-x_1=\xi-b+\frac{f(b)}{f'(b)}. \tag{6.6.7}$$

现将 $f(\xi)$ 在点 b 处展开成带有二次 Lagrange 型余项的 Taylor 公式

$$0=f(\xi)=f(b)+f'(b)(\xi-b)+\frac{1}{2}f''(c_1)(\xi-b)^2,\quad c_1\in(\xi,b), \tag{6.6.8}$$

再将式 (6.6.8) 代入式 (6.6.7) 可得

$$x_1-\xi=\frac{f''(c_1)}{2f'(b)}(\xi-b)^2.$$

类似地, 由 $x_{n+1} = x_n - \dfrac{f(x_n)}{f'(x_n)}$, 有

$$\xi - x_{n+1} = \xi - x_n + \frac{f(x_n)}{f'(x_n)}. \tag{6.6.9}$$

同样地, 现将 $f(\xi)$ 在点 x_n 处展开成带有二次 Lagrange 型余项的 Taylor 公式

$$0 = f(\xi) = f(x_n) + f'(x_n)(\xi - x_n) + \frac{1}{2}f''(c_n)(\xi - x_n)^2, \quad c_n \in (\xi, x_n). \tag{6.6.10}$$

由式 (6.6.9) 与式 (6.6.10) 可得

$$x_{n+1} - \xi = \frac{f''(c_n)}{2f'(x_n)}(\xi - x_n)^2.$$

从而有 $|x_{n+1} - \xi| \leqslant \dfrac{M}{2m}|x_n - \xi|^2$.

同理可证明, $x_0 = a$ 为 Newton 切线法初值的情形. ■

例 6.6.4　若 $a > 0$, 用 Newtion 切线法导出 $\sqrt{a}$ 的迭代算法.

解　取函数 $f(x) = x^2 - a$, 则求 $\sqrt{a}$ 的问题就转化为求方程 $f(x) = 0$ 的正根问题. 由于 $f'(x) = 2x$, 所以由 Newton 切线法公式 (6.6.4) 可得

$$x_{n+1} = x_n - \frac{x_n^2 - a}{2x_n} = \frac{1}{2}\left(x_n + \frac{a}{x_n}\right),$$

即求 $\sqrt{a}$ 的迭代算法 (取初始值 $x_0 = c$ 使 $f(c) > 0$) 为

$$x_{n+1} = \frac{1}{2}\left(x_n + \frac{a}{x_n}\right), \quad n = 0, 1, \cdots. \tag{6.6.11}$$

由式 (6.6.11) 所得的迭代数列 $\{x_n\}$ 从第二项 (即 x_2) 起严格单调减少且有下界 $\sqrt{a}$. 容易得到

$$0 < \varepsilon_{n+1} = x_{n+1} - \sqrt{a} = \frac{1}{2}\left(x_n + \frac{a}{x_n}\right) - \sqrt{a} = \frac{(x_n - \sqrt{a})^2}{2x_n} \leqslant \frac{1}{2\sqrt{a}}\,\varepsilon_n^2.$$

所以, 迭代算法 (6.6.11) 为二阶算法.

特别地, 如求无理数 $\sqrt{2}$ 的近似值, 可利用迭代算法

$$x_0 = c, \quad x_{n+1} = \frac{1}{2}x_n + \frac{1}{x_n}, \quad n = 0, 1, \cdots.$$

若取 $x_0 = 2$ 开始计算, 前几个值计算如下：

$$x_1 \approx 1.5, \quad x_2 \approx 1.416, \quad x_3 \approx 1.414\ 215.$$ ■

例 6.6.5　设 $f \in C^2[a, b]$, 且满足如下条件：

(i) $f(a)<0,\ f(b)>0$;

(ii) $f'(x)>0,\ \forall\ x\in[a,b]$;

(iii) $f''(x)>0,\ \forall\ x\in[a,b]$;

(iv) 取 $x_0=b$ 为初始值,

则有 (1) 方程 $f(x)=0$ 在区间 (a,b) 上存在唯一根 ξ;

(2) 由递推公式 (6.6.4) 所得数列为区间 $[a,b]$ 中严格单调减数列, 且 $\lim\limits_{n\to\infty}x_n=\xi$;

(3) 数列 $\{x_n\}$ 的收敛速度为二阶.

证明 (1) 因 $f\in C[a,b]$, 且 $f(a)<0,\ f(b)>0$, 故由连续函数零点存在性定理知方程 $f(x)=0$ 在 (a,b) 中至少有一个根. 又由对任意 $x\in[a,b]$ 有 $f'(x)>0$ 知, 函数 f 在 $[a,b]$ 上严格单调增加, 因此方程的根唯一.

(2) 将 $f(\xi)$ 展成如下的 Taylor 公式

$$0=f(\xi)=f(x_n)+f'(x_n)(\xi-x_n)+\frac{f''(\theta_n)}{2!}(\xi-x_n)^2, \tag{6.6.12}$$

其中 θ_n 介于 ξ 与 x_n 之间. 据式 (6.6.12) 和对任意 $x\in[a,b]$ 时 $f''(x)>0$, 可知

$$f(x_n)+f'(x_n)(\xi-x_n)<0,\quad n\in\mathbb{N}_+.$$

由此立即可得 (注意到 $f'(x)>0,\ \forall\ x\in[a,b]$)

$$\xi<x_n-\frac{f(x_n)}{f'(x_n)}=x_{n+1},\quad n\in\mathbb{N}_+.$$

由递推公式 (6.6.4) 又可以看出, 只要 $f(x_n)>0$ 就有

$$x_{n+1}<x_n$$

成立. 由于初始值 $x_0=b$ 处有 $f(b)>0$, 而当 $x_n>\xi$ 时就有 $f(x_n)>0$, 因此就保证了数列 $\{x_n\}$ 是严格单调减少数列, 且以 ξ 为下界. 记该数列的极限为 η, 在公式 (6.6.4) 两边取极限, 得到

$$\eta=\eta-\frac{f(\eta)}{f'(\eta)},$$

可见 $f(\eta)=0$. 由于方程 $f(x)=0$ 在 $[a,b]$ 中的根唯一, 因此 $\eta\equiv\xi$. 这样就证明了 Newton 法求方程的根所得到的迭代数列 $\{x_n\}$, 有 $\lim\limits_{n\to\infty}x_n=\xi$.

(3) 用式 (6.6.12) 来估计迭代误差.

$$0<x_{n+1}-\xi=x_n-\frac{f(x_n)}{f'(x_n)}-\xi=\frac{(x_n-\xi)f'(x_n)-f(x_n)}{f'(x_n)}=\frac{f''(\theta_n)(x_n-\xi)^2}{2f'(x_n)},$$

其中 $\theta_n\in(\xi,x_n)$. 利用 $f''(x)$ 连续且对任意 $x\in[a,b]$ 时 $f''(x)>0$, 有

$$\lim_{n\to\infty}\frac{\varepsilon_{n+1}}{\varepsilon_n^2}=\lim_{n\to\infty}\frac{x_{n+1}-\xi}{(x_n-\xi)^2}=\frac{f''(\xi)}{2f'(\xi)}\neq 0.$$

因此 $\{x_n\}$ 二阶收敛于 ξ. ■

四、巩固提高

6.6.1 作函数 $f(x)=x+\dfrac{1}{x}$ 的图像.

6.6.2 讨论函数 $f(x)=x\mathrm{e}^{-x}$ 的性态, 并作出其图像.

6.6.3 讨论函数 $f(x)=\dfrac{(x-3)^2}{4(x-1)}$ 的性态, 并作出其图像.

6.6.4 求曲线 $f(x)=|x+2|\mathrm{e}^{-\frac{1}{x}}$ 的渐近线.

(参考答案: $y=x+1\ (x\to+\infty)$; $y=-x-1\ (x\to-\infty)$.)

6.6.5 设 $a>0$, $x_1>0$, $x_{n+1}=\dfrac{x_n(x_n^2+3a)}{3x_n^2+a}$, $n\in\mathbb{N}_+$. 证明:

(i) 数列 $\{x_n\}$ 收敛于 $\sqrt{a}$; (ii) 该迭算法为求平方根的三阶算法.

6.6.6 设 $a>0$, 从 $x_0>0$ 出发用递推公式 $x_{n+1}=\dfrac{x_n(x_n^3+2a)}{2x_n^3+a}$, $n\in\mathbb{N}_+$ 作迭代, 证明数列 $\{x_n\}$ 收敛, 求出其极限, 并确定其收敛的阶.

6.6.7 用 Newton 切线法设计出一个求 $\sqrt[k]{a}$ (其中 $a>0$, $k>0$) 的迭代算法, 并对其收敛速度作出分析.

6.6.8 用 Newton 切线法计算 (要求精确到 10^{-4}):

(i) $x^3-2x^2-4x-7=0$ 在 $[3,4]$ 之间的根的近似值;

(ii) $\sin x=1-x$ 的根的近似值.

6.6.9 定义迭代算法 $x_0=a$, $x_1=b$, $x_{n+1}=\dfrac{(2n-1)x_n+x_{n-1}}{2n}$, 求 $\lim\limits_{n\to\infty}x_n$.

6.6.10 设 $0<x_0<y_0\leqslant\dfrac{\pi}{2}$, 并用递推公式 $x_{n+1}=\sin x_n$ 和 $y_{n+1}=\sin y_n$ 生成两数列 $\{x_n\}$ 和 $\{y_n\}$, 证明 $\lim\limits_{n\to\infty}\dfrac{x_n}{y_n}=1$.

第 7 章　实数的完备性

数学分析的基础是极限理论, 而极限的基础就是实数的基本定理. 如在第 2 章中有关数列极限存在的条件 “单调有界定理” 就是其中之一. 除了前面各章已介绍过的 “确界原理”、“Cauchy 收敛准则”、“单调有界定理” 之外, 本章重点介绍 “区间套定理”、“有限覆盖定理”、“聚点定理” 和 “致密性定理”, 以及这些基本定理间的等价性. 对闭区间上连续函数的性质作了证明, 同时也对上、下极限作适当介绍.

7.1　关于实数集完备性的基本定理

一、内容精读

1. 区间套定理

定义 7.1.1 (闭区间套)　若闭区间列 $\{[a_n,b_n]\}$ 具有如下性质:

(i) $[a_n,b_n]\supset[a_{n+1},b_{n+1}]$, $n\in\mathbb{N}_+$;

(ii) $\lim\limits_{n\to\infty}(b_n-a_n)=0$,

则称 $\{[a_n,b_n]\}$ 为闭区间套, 或简称为区间套.

定理 7.1.1 (区间套定理)　若 $\{[a_n,b_n]\}$ 是一个区间套, 则在实数系中存在唯一的一点 ξ, 使得 $\xi\in[a_n,b_n]$, $n\in\mathbb{N}_+$, 即 $a_n\leqslant\xi\leqslant b_n$, $n\in\mathbb{N}_+$.

推论 7.1.1　若 $\xi\in[a_n,b_n]$, $n\in\mathbb{N}_+$, 是区间套 $\{[a_n,b_n]\}$ 所确定的点, 则对任给 $\varepsilon>0$, 存在 $N>0$, 使得当 $n>N$ 时有

$$[a_n,b_n]\subset U(\xi;\varepsilon).$$

注 7.1.1　(1) 闭区间套定理中对 “闭区间套” 有两个限制条件, 其中条件 (i) $[a_n,b_n]\supset[a_{n+1},b_{n+1}]$, $n\in\mathbb{N}_+$, 保证存在 ξ 属于所有的闭区间; 条件 (ii) $\lim\limits_{n\to\infty}(b_n-a_n)=0$ 保证 ξ 的唯一性. 读者在学习时要注意定理证明过程中 “闭区间” 这一条件的应用.

(2) 若定理的条件不满足, 则结论不一定成立.　如开区间列 $\left\{\left(1,1+\dfrac{1}{n}\right)\right\}$, 虽然是一个包含一个且区间长度趋于 0, 但不存在点属于所有开区间.

又如 $\left\{\left[n,n+\dfrac{1}{n}\right]\right\}$, 虽是闭区间列且区间长度趋于 0, 但由于区间不是一个套

一个, 仍不存在任何点属于所有区间. 再如 $\left\{\left[0,1+\dfrac{1}{n}\right]\right\}$, 由于区间长度不趋于 0, 所以存在不止一个点属于所有闭区间.

(3) 若是严格开区间套, 定理的结论仍然成立, 即文献 [1] 中第 7 章第 1 节习题 3. 它可用证明闭区间套定理的方法直接证明, 也可以用闭区间套定理给出证明.

例 1　设 $\{(a_n,b_n)\}$ 是一个严格开区间套, 即满足

$$a_1<a_2<\cdots<a_n<\cdots<b_n<\cdots<b_2<b_1,$$

且 $\lim\limits_{n\to\infty}(b_n-a_n)=0$. 证明存在唯一的一点 ξ, 使得

$$a_n<\xi<b_n,\quad n\in\mathbb{N}_+.$$

证明　令 $x_n=\dfrac{a_n+a_{n+1}}{2}$, $y_n=\dfrac{b_n+b_{n+1}}{2}$, 则 $\{[x_n,y_n]\}$ 为一闭区间套, 且

(i) $a_1<x_1<a_2<x_2<\cdots<a_n<x_n<a_{n+1}<\cdots<b_{n+1}<y_n<b_n<\cdots<y_2<b_2<y_1<b_1$;

(ii) $\lim\limits_{n\to\infty}(y_n-x_n)=0$,

所以, 由闭区间套定理, 存在唯一的 $\xi\in[x_n,y_n]\subset(a_n,b_n)$, $n\in\mathbb{N}_+$.

(4) 构造闭区间套, 常用的方法是**二分法**, 当然也可以用**三分法**、**四分法** 或**十分法**, 等. 而应用闭区间套定理证题时, 其实质是所有闭区间具有某种性质 (P), 则在 ξ 的任何邻域内也具有此性质 (P). 从而在构造闭区间套时, 一定要先清楚每个闭区间所具有的性质, 然后根据此性质去进行取舍.

2. 聚点定理

定理 7.1.2 (Weierstrass 聚点定理)　$\mathbb{R}$ 中任一有界无限点集至少有一个聚点.

推论 7.1.2 (致密性定理)　有界数列必有收敛子列.

注 7.1.2　(1) 聚点的定义：若在点 ξ 的任何邻域内总含有实数集 S 的无穷多个点, 则称 ξ 为 S 的聚点. 但经常见到有的读者将 “任何邻域” 理解为 “某一邻域”. 其次, 聚点的两个等价性定义要仔细体会, 它们在不同的场合有不同的应用.

(2) 有限集必无聚点, 但即使是无限集, 若它无界, 则不一定有聚点. 例如自然数集.

(3) 聚点与上 (下) 确界的关系. 一个实数集, 即使只有唯一的聚点, 此聚点也不一定是该集合的上 (下) 确界. 如 $S=\mathbb{Z}\cup\left\{\dfrac{1}{n}\mid n\in\mathbb{N}_+\right\}$, 它有唯一聚点 0, 但 S 既无上确界, 也无下确界; 另一方面, 若 α 是 S 的上 (下) 确界, 则当 $\alpha\notin S$ 时, α 必为 S 的聚点 (仅证 α 是 S 的上确界情形. 设 $\alpha=\sup S\notin S$, 则由上确界定义知 (i) 对任意 $x\in S$, $x\leqslant\alpha$; (ii) 对任意 $\varepsilon>0$, 存在 $x'\in S$, 使 $x'>\alpha-\varepsilon$. 为此

取 $\varepsilon_1 = 1 > 0$, 存在 $x_1 \in S$, 使得 $x_1 > \alpha - \varepsilon_1$,

$\varepsilon_2 = \min\left\{\dfrac{1}{2}, |x_1 - \alpha|\right\} > 0$, 存在 $x_2 \in S$, 使得 $x_2 > \alpha - \varepsilon_2$,

$\varepsilon_3 = \min\left\{\dfrac{1}{3}, |x_2 - \alpha|\right\} > 0$, 存在 $x_3 \in S$, 使得 $x_3 > \alpha - \varepsilon_3$,

$\cdots\quad\cdots$

$\varepsilon_n = \min\left\{\dfrac{1}{n}, |x_{n-1} - \alpha|\right\} > 0$, 存在 $x_n \in S$, 使得 $x_n > \alpha - \varepsilon_n$,

$\cdots\quad\cdots$

于是, 就得到各项互异的数列 $\{x_n\} \subset S$, 且 $\lim\limits_{n\to\infty} x_n = \alpha$ (由聚点的等价性定义知, α 为 S 的聚点.), 而当 $\alpha \in S$ 时, α 不一定是 S 的聚点. 如 $S = (0,1) \cup \{2\}$, 其上确界为 2, 但 2 不是 S 的聚点.

3. 有限覆盖定理

定义 7.1.2 设 S 为数轴上的点集, H 为开区间的集合 (即 H 的每一个元素都是形如 (α, β) 的开区间). 若 S 中的任何一点都含在 H 中至少一个开区间内, 则称 H 为 S 的一个开覆盖 或称H 覆盖 S. 若 H 中开区间的个数是无限 (有限) 的, 则称 H 为 S 的一个无限开覆盖 (有限开覆盖).

定理 7.1.3 设 H 为闭区间 $[a, b]$ 的一个 (无限) 开覆盖, 则从 H 中可以选出有限个开区间来覆盖 $[a, b]$.

注 7.1.3 (1) 开区间集 H 覆盖 实数集 S 是指: 任意 $x_0 \in S$, 存在 $(\alpha, \beta) \in H$, 使得 $x_0 \in (\alpha, \beta)$. 或理解为: 若设 $H = \{(\alpha_i, \beta_i) \mid i \in I\}$ (其中 I 是指标集), 则 $\bigcup\limits_{i\in I}(\alpha_i, \beta_i) \supset S$;

(2) 有限覆盖定理中要求开区间集覆盖闭区间, 才有相应的结论. 若不满足任何一项要求, 则结论不一定成立.

例 1 开区间集 $\left\{\left(0, 1 - \dfrac{1}{n}\right)\right\}$ 覆盖了开区间 $(0,1)$, 但不能从中选出有限个开区间盖住开区间 $(0,1)$.

例 2 闭区间集 E 由下列闭区间组成:

$$\left[0, \frac{1}{4}\right], \quad \left[\frac{1}{4}, \frac{3}{8}\right], \quad \cdots, \quad \left[\frac{2^n - 1}{2^{n+1}}, \frac{2^{n+1} - 1}{2^{n+2}}\right], \quad \cdots, \quad 及 \quad \left[\frac{1}{2}, 1\right],$$

则 E 覆盖 $[0,1]$, 但不能从 E 中选出有限个覆盖 $[0,1]$.

证明 先证明 E 覆盖 $[0,1]$. 对任意 $x_0 \in [0,1]$.

若 $x_0 = 0$, 则 $x_0 \in \left[0, \dfrac{1}{4}\right]$.

若 $\frac{1}{2} \leqslant x_0 \leqslant 1$, 则 $x_0 \in \left[\frac{1}{2}, 1\right]$.

若 $0 < x_0 < \frac{1}{2}$, 则存在 n, 使得 $2^{n+2} > \dfrac{1}{\frac{1}{2} - x_0} \geqslant 2^{n+1}$,

$$\frac{2^n - 1}{2^{n+1}} \leqslant x_0 < \frac{2^{n+1} - 1}{2^{n+2}},$$

从而 $x_0 \in \left[\dfrac{2^n - 1}{2^{n+1}}, \dfrac{2^{n+1} - 1}{2^{n+2}}\right]$.

其次证明 E 中任意有限个都不能盖住 $[0,1]$. 否则, E 中有有限个闭区间盖住 $[0,1]$, 设为

$$\left[\frac{2^{k_i} - 1}{2^{k_i+1}}, \frac{2^{k_i+1} - 1}{2^{k_i+2}}\right], \quad i = 1, 2, \cdots, n; \quad k_1 < k_2 < \cdots < k_n \quad \text{及} \quad \left[\frac{1}{2}, 1\right].$$

从而

$$\left[0, \frac{1}{4}\right], \quad \left[\frac{1}{4}, \frac{3}{8}\right], \quad \cdots, \quad \left[\frac{2^{k_n} - 1}{2^{k_n+1}}, \frac{2^{k_n+1} - 1}{2^{k_n+2}}\right] \quad \text{及} \quad \left[\frac{1}{2}, 1\right]$$

也覆盖了 $[0,1]$, 但 $\left(\dfrac{2^{k_n+1} - 1}{2^{k_n+2}}, \dfrac{1}{2}\right)$ $(\subset [0,1])$ 中任何一点都不属于上述任一个区间, 矛盾. 事实上, 只要 H 中有一个是闭区间, 结论就不一定成立.

例 3 设 $H = \left\{\left(-\frac{1}{n}, 1 - \frac{1}{n}\right) \mid n = 1, 2, \cdots\right\} \cup \{[1,2]\}$, 则 H 覆盖了 $[0,2]$, 但 $[0,2]$ 不能被 H 中任意有限个所覆盖.

(3) 有限覆盖定理实现了从"无限"向"有限"的转化, 这是一个非常本质的转化. 例如, 利用有限覆盖定理可将闭区间上每点所具有的局部性质推广到整个闭区间上, 这是利用有限覆盖定理证明闭区间上连续函数有界的主要思想.

4. 柯西 (Cauchy) 收敛准则

定理 7.1.4 (Cauchy 收敛准则) 数列 $\{a_n\}$ 收敛 $\Leftrightarrow \forall\, \varepsilon > 0, \exists\, N > 0$, 当 n, $m > N$ 时, 有 $|a_m - a_n| < \varepsilon$.

注 7.1.4 (1) Cauchy 收敛准则说明: 任一满足 Cauchy 收敛准则条件的实数列, 都必定收敛于某个实数. 称具有这种性质的空间为完备空间 (空间的概念今后将详细讨论, 此处略去). Cauchy 收敛准则表明 $\mathbb{R}$ 具有完备性, 这也是称本章为"实数的完备性"的理由. 若将 Cauchy 收敛准则中的实数全部换成有理数, 则结论就不一定成立. 例如以 $\sqrt{2}$ 的一切不足近似值

$$1.4, \quad 1.41, \quad 1.414, \quad \cdots$$

所组成的数列 $\{x_n\}$, 满足 Cauchy 收敛准则的条件, 但在有理数集 $\mathbb{Q}$ 中却没有极限, 即 $\mathbb{Q}$ 不具有完备性.

(2) 若数列 $\{x_n\}$ 满足 Cauchy 收敛准则的条件, 即对任意 $\varepsilon>0$, 存在 $N\in\mathbb{N}_+$, 当 $n,m>N$ 时, 有 $|x_n-x_m|<\varepsilon$, 则称数列 $\{x_n\}$ 为一Cauchy 数列. Cauchy 数列具有如下两个性质:

性质 7.1.1 任一 Cauchy 数列均为有界数列.

证明 设 $\{x_n\}$ 为一 Cauchy 数列, 则对 $\varepsilon_0=1$, 存在 $N\in\mathbb{N}_+$, 使得 $n>N$ 时有 $|x_n-x_{N+1}|<1$, 从而当 $n>N$ 时, $|x_n|\leqslant|x_{N+1}|+1$.

令 $K=\max\{|x_1|,\cdots,|x_N|,|x_{N+1}|+1\}$, 则 $|x_n|\leqslant K$, 故 $\{x_n\}$ 为有界数列.

性质 7.1.2 若 Cauchy 数列 $\{x_n\}$ 有一收敛子列 $\{x_{n_k}\}$, 则 $\{x_n\}$ 也收敛.

证明 设 $\lim\limits_{k\to\infty}x_{n_k}=\xi$, 则

$$\forall\,\varepsilon>0,\exists\,K\in\mathbb{N}_+,\ni k>K \text{ 时, 有 } |x_{n_k}-\xi|<\frac{\varepsilon}{2}.$$

又 $\{x_n\}$ 为一 Cauchy 数列, 对上述 $\varepsilon>0$, 存在 $N_1\in\mathbb{N}_+$, 使得当 $n,m>N_1$ 时, 有 $|x_n-x_m|<\dfrac{\varepsilon}{2}$. 令 $N=\max\{K,N_1\}$, 则当 $n>N$ 时, 总存在 $k>N$, 使得

$$|x_n-\xi|\leqslant|x_n-x_{n_k}|+|x_{n_k}-\xi|<\frac{\varepsilon}{2}+\frac{\varepsilon}{2}=\varepsilon,$$

即 $\lim\limits_{n\to\infty}x_n=\xi$.

上述性质说明, 用其他定理证明 Cauchy 收敛准则的充分性时, 只证明数列 $\{x_n\}$ 有收敛子列即可.

(3) 利用 Cauchy 收敛准则证明其他定理 (如聚点定理、确界原理等) 时, 要能熟练地构造出 Cauchy 数列. 另外, Cauchy 收敛准则在证明已知数列的极限存在性时, 有着重要的应用. 与数列极限的定义相比, 它不需要事先知道极限, 而只要根据数列本身的特征就可判断数列的敛散性. 这是一个很大的进步. 实际上, 只有很少的数列可以通过猜出其极限, 然后用定义 (与适当放大法) 来验证其收敛.

(4) 纵观数学分析的全部内容, 在包括积分、级数的许多类型的极限中, 都有相应的 Cauchy 收敛准则, 而且往往是其他收敛判别法的基础, 它具有其他基本定理所不能代替的独特作用. 因此, 读者在学习过程中要深刻理解并能熟练掌握.

二、疑难解答

问题 7.1.1 设 S 为数集, 试给出 "η 不是 S 的聚点" 的正面表述.

答 η 不是 S 的聚点 $\Leftrightarrow$ 存在 $\varepsilon_0>0$, 在 $U(\eta;\varepsilon_0)$ 中至多包含 S 中有限个点.

例如, 数集 $\left\{(-1)^n+\dfrac{1}{2^n}\right\}$, 试找出 S 的所有聚点.

事实上, $\left\{(-1)^{2k}+\dfrac{1}{2^{2k}}\right\}$ 是各项互异且收敛于 1 的数列, 而 $\left\{(-1)^{2k+1}+\dfrac{1}{2^{2k+1}}\right\}$

是各项互异且收敛于 -1 的数列, 所以 ± 1 为 S 的聚点.

对任意 $\eta \neq \pm 1$, 取 $\varepsilon_0 = \dfrac{1}{2}\min\left\{|\eta - 1|, |\eta + 1|\right\}$, 在 $U(\eta; \varepsilon_0)$ 中至多含有数集 S 中有限个点, 于是 η 不是数集 S 的聚点.

综上所述, 数集 S 的聚点为: 1, -1. ■

问题 7.1.2 设 S 为有界数集, 则 $\sup S$ ($\inf S$) 是 S 的聚点吗? 在什么情况下 $\sup S$ ($\inf S$) 是数集 S 的聚点?

答 在一般情况下, $\sup S$ 不一定是 S 的聚点.

当 $\sup S \in S$ 时, 它可能不是数集 S 的聚点. 例如 $S = \left\{\dfrac{1}{n}, n \in \mathbb{N}_+\right\}$, $\sup S = 1$, 但它不是 S 的聚点.

若 $\sup S \notin S$, 由数列的极限理论, 存在严格递增数列 $\{x_n\} \subset S$, 使 $\lim\limits_{n\to\infty} x_n = \sup S$ (详见文献 [1] 第二章第三节中的例 3). 依据聚点的等价性定义知, $\sup S$ 为 S 的聚点.

上述讨论对下确界同样适用. ■

三、典型例题

有关实数完备性理论的六个基本定理:

(1) 确界原理;

(2) 单调有界定理;

(3) 区间套定理;

(4) 有限覆盖定理;

(5) 聚点定理;

(6) Cauchy 收敛准则.

文献 [1] 中是按照图 7.1.1 (从确界原理出发) 的顺序给出了这六个定理等价性的证明.

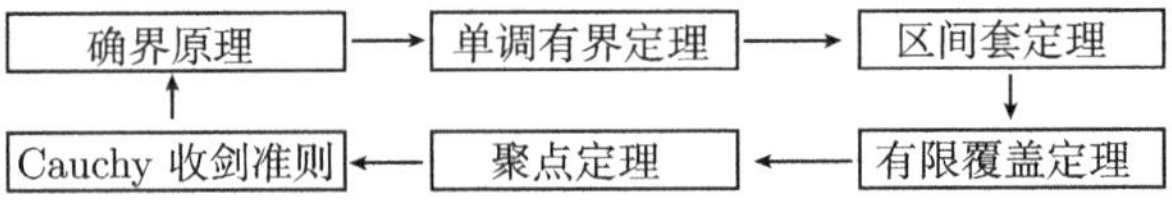

图 7.1.1

为了使大家熟悉这些定理的应用, 并加深对这些定理等价性的理解, 下面再按照图 7.1.2 (仍从确界原理出发) 的顺序证明一遍, 并希望大家能举一反三, 触类旁通.

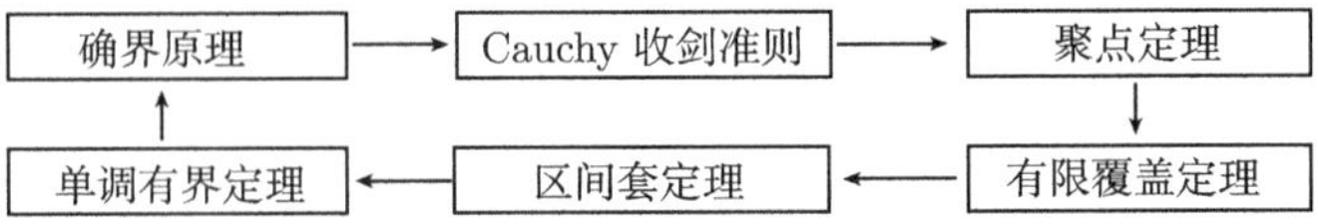

图 7.1.2

例 7.1.1 试用确界原理证明 Cauchy 收敛准则.

证明 只证明定理的充分性.

设数列 $\{x_n\}$ 为一 Cauchy 数列. 要证数列 $\{x_n\}$ 收敛, 由 Cauchy 数列的性质知, 只要证数列 $\{x_n\}$ 有收敛子列即可.

首先, 若数列 $\{x_n\}$ 中有无穷多项相同, 即有一个常数列为它的子列, 则结论成立. 否则, 数列 $\{x_n\}$ 中必有一个各项互异的子列, 不妨仍记为 $\{x_n\}$.

由于数列 $\{x_n\}$ 为 Cauchy 数列, 从而它必为有界数列, 故 $\{x_n\}$ 有上确界 $a_0=\sup\{x_n\}$. 若 $a_0\notin\{x_n\}$, 则由上确界定义知, 数列 $\{x_n\}$ 中必存在收敛子列 $\{x_{n_k}\}$, 使得 $\lim\limits_{k\to\infty}x_{n_k}=a_0$, 从而结论成立.

若存在 $n_0\in\mathbb{N}_+$, 使得 $x_{n_0}=a_0$, 则记 $\left\{x_n^{(1)}\right\}$ 为 $\{x_n\}$ 中去掉 $\{x_1,x_2,\cdots,x_{n_0}\}$ 后所得到的数列, 则 $\left\{x_n^{(1)}\right\}$ 仍为各项互异的 Cauchy 数列, 从而它有上确界

$$a_1=\sup\left\{x_n^{(1)}\right\}.$$

同理, 若 $a_1\notin\left\{x_n^{(1)}\right\}$, 则 $\left\{x_n^{(1)}\right\}$ 中必有收敛子列 $\left\{x_{n_k}^{(1)}\right\}$ (当然它也是 $\{x_n\}$ 的子列), 使得 $\lim\limits_{k\to\infty}x_{n_k}^{(1)}=a_1$, 此时结论仍成立. 否则, 存在 $x_{n_1}^{(1)}$, 使得 $x_{n_1}^{(1)}=a_1$. 令 $\left\{x_n^{(2)}\right\}$ 为 $\left\{x_n^{(1)}\right\}$ 中去掉 $\left\{x_1^{(1)},x_2^{(1)},\cdots,x_{n_1}^{(1)}\right\}$ 后所得到的数列, $\cdots$, 继续上述过程, 若进行到第 k 步时有

$$a_k=\sup\left\{x_n^{(k)}\right\}\notin\left\{x_n^{(k)}\right\},$$

则结论成立. 否则, 得到一个数列 $\{a_k\}$. 由于任意 $k\in\mathbb{N}_+$, $a_k\in\left\{x_n^{(k)}\right\}$ 及 $\{x_n\}$ 的定义知 $\{a_k\}$ 为数列 $\{x_n\}$ 的一个子列.

若 $i<j$, 则 $a_i=x_{n_i}^{(i)}$, $a_j\in\left\{x_n^{(j)}\right\}$. 由 $\{x_n\}$ 各项互异及 $x_{n_i}^{(i)}\notin\left\{x_n^{(j)}\right\}$ 知 $a_i\neq a_j$. 再由

$$\left\{x_n^{(1)}\right\}\supset\left\{x_n^{(2)}\right\}\supset\cdots\supset\left\{x_n^{(k)}\right\}\supset\cdots$$

知

$$a_1>a_2>\cdots>a_k>\cdots.$$

由于 $\{a_k\}$ 为有界集, 故 $\{a_k\}$ 有下确界 $b=\inf\{a_k\}$, 此时易知 $b=\lim\limits_{k\to\infty}a_k$, 即数列 $\{x_n\}$ 有收敛子列. ■

例 7.1.2 试用 Cauchy 收敛准则证明聚点定理.

证明 设 S 为有界无限点集, 则存在 $a,b\in\mathbb{R}$, 使得 $S\subset[a,b]$.

将 $[a,b]$ 二等分, 则 $\left[a,\dfrac{a+b}{2}\right]$ 与 $\left[\dfrac{a+b}{2},b\right]$ 中至少有一个含有 S 中无限多个

点, 记为 $[a_1,b_1]$. 再将 $[a_1,b_1]$ 二等分, 则 $\left[a_1,\frac{a_1+b_1}{2}\right]$ 与 $\left[\frac{a_1+b_1}{2},b_1\right]$ 中至少有一个含有 S 中无限多个点, 记为 $[a_2,b_2]$. $\cdots$, 继续上述步骤, 可得到两个数列 $\{a_n\}$, $\{b_n\}$ 满足

(i) $a\leqslant a_1\leqslant a_2\leqslant\cdots\leqslant a_n\cdots\leqslant b_n\leqslant\cdots\leqslant b_2\leqslant b_1\leqslant b$;

(ii) $b_n-a_n=\frac{b-a}{2^n}\to 0\ (n\to\infty)$;

(iii) 对任意 $n\in\mathbb{N}_+$, $[a_n,b_n]$ 中含有 S 中的无限多个点.

因此, 对任意 $\varepsilon>0$, 由 (ii) 知, 存在 $N\in\mathbb{N}_+$, 使得 $n>N$ 时 $|b_n-a_n|<\varepsilon$, 从而当 $m>n>N$ 时, 由 (i) 有

$$|a_m-a_n|\leqslant|b_n-a_n|<\varepsilon,\quad |b_m-b_n|\leqslant|b_n-a_n|<\varepsilon.$$

故 $\{a_n\}$, $\{b_n\}$ 均为 Cauchy 数列.

由 Cauchy 收敛准则及 $\lim\limits_{n\to\infty}(b_n-a_n)=0$ 可设

$$\lim_{n\to\infty}a_n=\xi=\lim_{n\to\infty}b_n.$$

从而对任意 $\varepsilon>0$, 存在 $N\in\mathbb{N}_+$, 使得 $|a_N-\xi|<\varepsilon$, $|b_N-\xi|<\varepsilon$. 所以

$$\xi-\varepsilon<a_N<b_N<\xi+\varepsilon.$$

由于 $[a_N,b_N]$ 中含有 S 的无限多个点, 故 $U(\xi;\varepsilon)$ 中有 S 的无限多个点, 这就证明了 ξ 为 S 的聚点. ■

例 7.1.3　试用聚点定理证明有限覆盖定理.

证明　设 H 是 $[a,b]$ 的一个开覆盖. 假设 H 中的任何有限个开区间都不能覆盖 $[a,b]$, 将 $[a,b]$ 二等分, 则 $\left[a,\frac{a+b}{2}\right]$ 与 $\left[\frac{a+b}{2},b\right]$ 中至少有一个不能被 H 中有限个开区间所覆盖, 记为 $[a_1,b_1]$. 再将 $[a_1,b_1]$ 二等分, 则 $\left[a_1,\frac{a_1+b_1}{2}\right]$ 与 $\left[\frac{a_1+b_1}{2},b\right]$ 中又必有一个不能被 H 中有限个开区间所覆盖, 记为 $[a_2,b_2]$. $\cdots$, 将此过程继续下去, 可得两个数列 $\{a_n\}$, $\{b_n\}$, 满足

(i) 对任意 $n\in\mathbb{N}_+$, $[a_n,b_n]$ 不能被 H 中有限个开区所覆盖;

(ii) $S=\{a_n\}\cup\{b_n\}$ 为有界无限点集;

(iii) $b_n-a_n=\frac{b-a}{2^n}\to 0\ (n\to\infty)$.

由聚点定理知 S 有聚点 ξ, 且 $\xi\in[a,b]$. 由于 H 覆盖 $[a,b]$, 故存在 $(\alpha,\beta)\in H$, 使得 $\xi\in(\alpha,\beta)$. 令 $\varepsilon=\min\{\xi-\alpha,\beta-\xi\}$, 则 $\varepsilon>0$. 由 $b_n-a_n\to 0(n\to\infty)$ 知, 存

在 $N>0$, 使得 $n>N$ 时 $|b_n-a_n|<\dfrac{\varepsilon}{2}$. 又由聚点定义知, 在 $U\left(\xi;\dfrac{\varepsilon}{2}\right)$ 内必有 S 中无穷多个点, 从而必存在 $n_0>N$, 使 a_{n_0}(或 b_{n_0}) 属于 $U\left(\xi;\dfrac{\varepsilon}{2}\right)\subset U(\xi;\varepsilon)$ 内. 又

$$|b_{n_0}-\xi|\leqslant|b_{n_0}-a_{n_0}|+|a_{n_0}-\xi|<\frac{\varepsilon}{2}+\frac{\varepsilon}{2}=\varepsilon.$$

故 $b_{n_0}\in U(\xi;\varepsilon)$. 从而 $[a_{n_0},b_{n_0}]$ 被 H 中的一个开区间所覆盖, 这与 (i) 矛盾. ■

例 7.1.4 试用有限覆盖定理证明区间套定理.

证明 设 $\{[a_n,b_n]\}$ 是一个闭区间套, 要证明存在唯一的 ξ 属于所有的闭区间 $[a_n,b_n]$, $n\in\mathbb{N}_+$.

(反证法) 如若不然, 则对任意 $x\in[a_1,b_1]$, 有 $x\notin\bigcap\limits_{n=1}^{\infty}[a_n,b_n]$. 由区间的逐次包含关系知, 必存在 n_x, 使 $k\geqslant n_x$ 时 $x\in[a_k,b_k]$. 所以必存在 $U(x;\delta_x)$, 使 $U(x;\delta_x)\cup[a_k,b_k]=\varnothing$ $(k\geqslant n_x)$. 于是 $[a_1,b_1]$ 有开覆盖 H:

$$H=\left\{U(x;\delta_x)\mid x\in[a_1,b_1];\ \ U(x;\delta_x)\cup[a_k,b_k]=\varnothing,\ \ k\geqslant n_x\right\}.$$

由有限覆盖定理知, 存在有限个开区间

$$U(x_1;\delta_{x_1}),\quad U(x_2;\delta_{x_2}),\quad\cdots,\quad U(x_n;\delta_{x_n})$$

覆盖 $[a_1,b_1]$. 由于 $[a_1,b_1]\supset[a_n,b_n]$, $n>1$, 所以

$$\forall\, n>1,\quad \bigcup_{k=1}^{n}U(x_k;\delta_{x_k})\supset[a_1,b_1]\supset[a_n,b_n].$$

但另一方面, 若令 $N=\max\left\{n_{x_1},n_{x_2},\cdots,n_{x_n}\right\}$, 则当 $n>N$ 时, 有

$$U(x_k;\delta_{x_k})\cap[a_N,b_N]=\varnothing,$$

所以

$$\bigcup_{k=1}^{n}U(x_k;\delta_{x_k})\cap[a_N,b_N]=\varnothing.$$

由此导出矛盾. ■

例 7.1.5 试用区间套定理证明单调有界定理.

证明 不失一般性, 不妨设 $\{x_n\}$ 为单调增数列, 且有上界, 则存在闭区间 $[a,b]$, 使 $\{x_n\}\subset[a,b]$. 现将 $[a,b]$ 二等分, 令 $c_1=\dfrac{a+b}{2}$. 若 c_1 不是 $\{x_n\}$ 的上界, 则记 $a_1=c_1$, $b_1=b$; 否则取 $a_1=a$, $b_1=c_1$. 继续上述步骤得闭区间列 $\{[a_n,b_n]\}$ 满足:

(i) $[a_{n+1},b_{n+1}]\subset[a_n,b_n]$, $n\in\mathbb{N}_+$;

(ii) $b_n - a_n = \dfrac{b-a}{2^n} \to 0\ (n \to \infty)$;

(iii) 每个闭区间具有性质 (P): a_n 不是 $\{x_n\}$ 的上界, 而 b_n 是 $\{x_n\}$ 的上界.

由区间套定理知, 存在唯一 $\xi \in [a_n, b_n]$, $n \in \mathbb{N}_+$, 且 $\lim\limits_{n\to\infty} a_n = \xi = \lim\limits_{n\to\infty} b_n$. 下证 $\lim\limits_{n\to\infty} x_n = \xi$.

由 $\{b_n\}$ 的取法知, 任给自然数 k, 有 $x_n \leqslant b_k\ (n \in \mathbb{N}_+)$. 令 $k \to \infty$ 知 $x_n \leqslant \xi$ $(n \in \mathbb{N}_+)$. 另一方面, 对任意 $\varepsilon > 0$, 由 $\lim\limits_{k\to\infty} a_k = \xi$ 知存在 K', 使

$$|a_{K'} - \xi| = \xi - a_{K'} < \varepsilon.$$

由于 $a_{K'}$ 不是 $\{x_n\}$ 的上界, 故存在 $N > 0$, 使得 $x_N > a_{K'}$. 再由 $\{x_n\}$ 单调递增知, 当 $n > N$ 时

$$|x_n - \xi| = \xi - x_n \leqslant \xi - x_N < \xi - a_{K'} < \varepsilon.$$

所以 $\lim\limits_{n\to\infty} x_n = \xi$. ■

例 7.1.6 试用单调有界定理证明确界原理.

证明 设 S 为非空有上界的实数集, 则存在 $M \in \mathbb{R}$, 使得对任意 $x \in S$, 有 $x < M$. 现任取 $x_0 \in S$ (因为 S 非空, 故存在 $x_0 \in S$). 记 $a_1 = x_0$, $b_1 = M$. 将 $[a_1, b_1]$ 二等分. 若存在 $x \in S$, 使得 $\dfrac{a_1+b_1}{2} \leqslant x$, 则令 $a_2 = \dfrac{a_1+b_1}{2}$, $b_2 = b_1$; 否则令 $a_2 = a_1$, $b_2 = \dfrac{a_1+b_1}{2}$. 再将 $[a_2, b_2]$ 二等分. 若存在 $x \in S$, 使得 $\dfrac{a_2+b_2}{2} \leqslant x$, 则令 $a_3 = \dfrac{a_2+b_2}{2}$, $b_3 = b_2$; 否则令 $a_3 = a_2$, $b_3 = \dfrac{a_2+b_2}{2}$ …… 如此继续下去, 可得到两个数列 $\{a_n\}$, $\{b_n\}$ 满足

(i) 对任意 $n \in \mathbb{N}_+$, $x \in S$, 有 $x \leqslant b_n$;

(ii) 对任意 $n \in \mathbb{N}_+$, 存在 $x_n \in S$, 使得 $a_n \leqslant x_n$;

(iii) $a_1 \leqslant a_2 \leqslant \cdots \leqslant a_n \leqslant \cdots \leqslant b_n \leqslant \cdots \leqslant b_2 \leqslant b_1$;

(iv) $b_n - a_n = \dfrac{b-a}{2^{n-1}} = \dfrac{M-x_0}{2^{n-1}} \to 0\ (n \to \infty)$.

从而 $\{a_n\}$ 为单调递增有上界数列, $\{b_n\}$ 为单调递减有下界数列, 由单调有界定理知它们都有极限. 再由 (iv) 可设 $\lim\limits_{n\to\infty} a_n = \xi = \lim\limits_{n\to\infty} b_n$. 下证明 $\xi = \sup S$.

由 (i) 知, 对任意 $x \in S$, $n \in \mathbb{N}_+$, 有 $x \leqslant b_n$. 令 $n \to \infty$ 知 $x \leqslant \xi$, 从而 ξ 是 S 的上界. 另一方面, 由 $\lim\limits_{n\to\infty} a_n = \xi$ 知, 对任意 $\varepsilon > 0$, 存在 $a_n > \xi - \varepsilon$. 再由 (ii) 知存在 $x \in S$, 使得 $x \geqslant a_n > \xi - \varepsilon$. 故 $\xi - \varepsilon$ 不是 S 的上界. 从而 $\xi = \sup S$.

同理可证非空有下界数集必有下确界. ■

下面再给出相关定理在其他方面的一些应用.

例 7.1.7 若 f 在 $[a,b]$ 上无界, 证明存在 $\xi\in[a,b]$, 使 f 在任何 $U(\xi)$ 内无界.

证明 将 $[a,b]$ 二等分, 则 f 必 (至少) 在其中之一无界, 记为 $[a_1,b_1]$. 将 $[a_1,b_1]$ 二等分, 则 f 必 (至少) 在其中之一无界, 记为 $[a_2,b_2]\cdots\cdots$ 如此继续下去, 得到闭区间套 $\{[a_n,b_n]\}$, f 在每个 $[a_n,b_n]$ 上无界. 根据闭区间套定理, 存在唯一的 $\xi\in[a_n,b_n]$. 因为 ξ 的任何邻域 $U(\xi;\varepsilon)$ 内必含某个 $[a_n,b_n]$, 所以 f 在 $U(\xi;\varepsilon)$ 内无界. 从而 f 在点 ξ 的任何邻域内无界. ■

例 7.1.8 设 $H=\{(\alpha_i,\beta_i)\mid i\in I\}$ 为 $[a,b]$ 的一个开覆盖. 证明：存在 $\delta>0$, 对任意 $x',x''\in[a,b]$, 只要 $|x'-x''|<\delta$, 就有开区间 $(\alpha,\beta)\in H$, 使得 $x',x''\in(\alpha,\beta)$. 称此正数 δ 为闭区间 $[a,b]$ 关于 H 的Lebesgue 数.

证明 由有限覆盖定理, 从 H 中可选出有限个开区间盖住 $[a,b]$. 设这有限个开区间的端点 (若有重复, 只计一次) 为

$$E=\{x_1,x_2,\cdots,x_n\}\quad 且\quad x_1<x_2<\cdots<x_n.$$

令 $\delta=\min\{x_2-x_1,x_3-x_2,\cdots,x_n-x_{n-1}\}$. 下证 δ 即为所求.

任取 $x',x''\in[a,b]$, 且 $0<x''-x'<\delta$. 由 δ 的取法知, 在 $[x',x'']$ 内至多只有一个 E 中的点. 以下分两种情形讨论：

(i) 在 $[x',x'']$ 中没有 E 中的点, 则覆盖 x' 与 x'' 两点之一的开区间必同时盖住另一个点;

(ii) 在 $[x',x'']$ 中有一个 E 中的点 x_i, 则在选出的有限个开区间中至少有一个盖住 x_i, 则此开区间必同时盖住 x' 和 x''. ■

例 7.1.9 设函数 f 定义在 $[a,b]$ 上, 对任意 $x_0\in[a,b]$, 极限 $\lim\limits_{x\to x_0}f(x)$ 存在. 证明 f 在 $[a,b]$ 上有界.

证明 因为对任意 $x_0\in[a,b]$, 极限 $\lim\limits_{x\to x_0}f(x)$ 存在, 则由函数极限的局部有界性, 对任意 $x\in[a,b]$, 存在 $U(x;\delta_x)$ 与 $M_x>0$, 使得对任意 $t\in U(x;\delta_x)\cap[a,b]$, $|f(t)|\leqslant M_x$. 所有这种邻域的集合

$$H=\{U(x;\delta_x)\mid x\in[a,b]\}$$

成为 $[a,b]$ 的一个开覆盖. 由有限覆盖定理知, 存在 $[a,b]$ 的有限开覆盖

$$\widetilde{H}=\{U(x_i;\delta_{x_i})\mid x_i\in[a,b],1\leqslant i\leqslant n\}\subset H.$$

若取 $M=\max\limits_{1\leqslant i\leqslant n}\{M_{x_i}\}$, 则因 $\widetilde{H}$ 覆盖了 $[a,b]$, 对任意 $x\in[a,b]$, 存在 $U(x_k;\delta_{x_k})\in\widetilde{H}$, 使得 $x\in U(x_k;\delta_{x_k})$, 从而 $x\in U(x_k;\delta_{x_k})\cap[a,b]$. 于是 $|f(x)|\leqslant M_{x_i}\leqslant M$. ■

注 7.1.5 (i) 本例的证明与闭区间上连续函数的有界性的证明完全相似 (可参见文献 [1] 第 7 章 2 节中的内容);

(ii) 有限覆盖定理的作用在于当 $[a,b]$ 能被有限个邻域覆盖时, 可以在**有限个** M_{x_i} $(i=1,2,\cdots,n)$ 中求得一个最大值 M;

(iii) 一般地, 当所考虑的命题要通过有限来揭示无限的性质时, 不妨使用有限覆盖定理.

例 7.1.10　证明: 若函数 f 定义在区间 (a,b) 内, 对任意 $x\in(a,b)$, 存在邻域 $U(x;\delta_x)$, 使 f 在 $U(x;\delta_x)$ 内单调增加, 则函数 f 在 (a,b) 内也单调增加.

证明　假设函数 f 在 (a,b) 内非单调增加, 即存在 $x_1,y_1\in(a,b)$, 且 $x_1<y_1$, 有 $f(x_1)>f(y_1)$.

将闭区间 $[x_1,y_1]$ 分为两个子区间: $\left[x_1,\dfrac{x_1+y_1}{2}\right]$ 与 $\left[\dfrac{x_1+y_1}{2},y_1\right]$. 若 $f(x_1)>f\left(\dfrac{x_1+y_1}{2}\right)$ 时, 则令 $[x_2,y_2]=\left[x_1,\dfrac{x_1+y_1}{2}\right]$, 且有 $f(x_2)>f(y_2)$; 若 $f(x_1)<f\left(\dfrac{x_1+y_1}{2}\right)$ 时, 则令 $[x_2,y_2]=\left[\dfrac{x_1+y_1}{2},y_1\right]$, 且有 $f(x_2)>f(y_2)$.

再将闭区间 $[x_2,y_2]$ 分为两个子区间: $\left[x_2,\dfrac{x_2+y_2}{2}\right]$ 与 $\left[\dfrac{x_2+y_2}{2},y_2\right]$, 其中必有一个区间, 令其为 $[x_3,y_3]$, 且有 $f(x_3)>f(y_3)$.

依上述方法继续下去, 则得到闭区间套 $\{[x_n,y_n]\}$:

$$[x_1,y_1]\supset[x_2,y_2]\supset\cdots\supset[x_n,y_n]\supset\cdots,$$

$$\lim_{n\to\infty}(y_n-x_n)=\lim_{n\to\infty}\frac{y_1-x_1}{2^{n-1}}=0,$$

$$f(x_n)>f(y_n),\quad n\in\mathbb{N}_+.$$

根据闭区间套定理, 存在 $\alpha\in(a,b)$, 使得 $\alpha\in[x_n,y_n]$, $n\in\mathbb{N}_+$, 且存在 $U(\alpha;\delta_\alpha)$, 函数 f 在 $U(\alpha;\delta_\alpha)$ 内单调增加. 当 n_0 充分大时, 有 $[x_{n_0},y_{n_0}]\subset U(\alpha;\delta_\alpha)$, 而 $f(x_{n_0})>f(y_{n_0})$. 这与假设函数 f 在 $U(\alpha;\delta_\alpha)$ 内单调增加相矛盾. 这就证明了函数 f 在 (a,b) 内是单调增加的. ■

四、巩固提高

7.1.1　试用致密性定理证明 Cauchy 收敛准则.

7.1.2　试用确界原理证明聚点定理.

7.1.3　试用有限覆盖定理证明聚点定理.

7.1.4　试用区间套定理证明确界原理.

7.1.5　设 $f\in C[a,b]$, $S=\{p\mid f(p)=0,p\in[a,b]\}$ 为非空集, 证明 $\sup S\in S$.

7.1.6　若 $\{x_n\}$ 为无界数列, 但非无穷大量, 则必存在两个子列, 其中一个收敛, 另一个是无穷大量.

7.1.7 若 $\{x_n\}$ 是有界发散数列, 试证明存在两个子列 $\{x_{n'_k}\}$ 及 $\{x_{n''_k}\}$, 趋向于不同的极限.

(提示: 应用致密性定理.)

7.1.8 设 $\{a_n\}$ 为收敛数列, 证明 $\{a_n\}$ 的上、下确界中至少有一个属于 $\{a_n\}$.

7.1.9 设函数 $f:[a,b]\to[a,b]$, 存在 k $(0<k<1)$, 对任何 $x_1,x_2\in[a,b]$, 都有

$$|f(x_1)-f(x_2)|<k|x_1-x_2|,$$

证明存在唯一的 $\xi\in[a,b]$, 使得 $\xi=f(\xi)$.

(提示: 令 $x_n=f(x_{n-1})$, $n\in\mathbb{N}_+$, $x_0\in[a,b]$. 证明 $\{x_n\}$ 为 Cauchy 数列.)

7.1.10 试证: ξ 为数列 $\{x_n\}$ 的聚点 $\Leftrightarrow$ 存在子列 $\{x_{n_k}\}$, 使得 $\lim\limits_{k\to\infty}x_{n_k}=\xi$.

7.1.11 证明若函数 $f\in C[a,b]$, 且对任意 $x\in[a,b]$, $f(x)>0$, 则存在 $r>0$, 对任意 $x\in[a,b]$ 有 $f(x)\geqslant r$.

(提示: 应用有限覆盖定理.)

7.1.12 证明若 E 是非空有上界数集, 设 $\sup E=a$, 且 $a\notin E$, 则存在数列 $\{x_n\}$, $x_n\in E$, $x_n<x_{n+1}$, $n\in\mathbb{N}_+$, 有 $\lim\limits_{n\to\infty}x_n=a$.

7.1.13 用有限覆盖定理证明: 若函数 f 定义在 $[a,b]$ 上, 且对任意 $x_0\in[a,b]$, 存在 $\delta>0$, 对任意 $x\in U(x_0;\delta)\cap[a,b]$, 有 $f(x)<f(x_0)+\varepsilon$ $(\varepsilon>0)$, 则函数 f 在 $[a,b]$ 上有界.

7.2 闭区间上连续函数性质的证明

一、内容精读

1. 有界性定理

若 $f\in C[a,b]$, 则 f 在 $[a,b]$ 上有界.

注 7.2.1 本定理分别应用有限覆盖定理和致密性定理两种方法来证明.

2. 最值定理

若 $f\in C[a,b]$, 则 f 在 $[a,b]$ 上有最大值与最小值.

注 7.2.2 本定理应用确界原理来证明.

3. 介值定理

设 $f\in C[a,b]$, 且 $f(a)\neq f(b)$. 若 μ 为介于 $f(a)$ 与 $f(b)$ 之间的任何实数, 则存在 $x_0\in(a,b)$, 使得 $f(x_0)=\mu$.

注 7.2.3 (i) 本定理分别应用确界原理和区间套定理两种方法来证明;

(ii) 介值定理的证明过程中提供了求解方程 $f(x)=0$ 的一种十分有效近似方法 ——**二分法**. 二分法的算法实现如表 7.2.1 所示.

表 7.2.1　二分法算法实现过程

步 1	输入必要的数据: 区间两端点 a,b 和求解允许误差 ε.	
	$\text{Error}=b-a$	%% 迭代误差
	$n=0$	%% 迭代计算器的初值
步 2	当 $\text{Error}>\varepsilon$ 时, 做	
	$n\Leftarrow n+1$	%% 统计迭代次数
	$m=\dfrac{a+b}{2}$	%% 取区间的中点
	$A\Leftarrow f(a),\ M\Leftarrow f(m)$	
	如果 $M=0$,	
	转到步 3; 否则	
	如果 $A\cdot M<0$,	
	$b\Leftarrow m$; 否则	
	$a\Leftarrow m$,	
	$\text{Error}=b-a$	
结束循环		
步 3	$x_0=m$.	
步 4	输出方程的根 x_0 及计算次数 n, 停机.	

4. 一致连续性

函数 f 在区间 I 上连续: 对任意 $a\in I$, f 在 a 点处连续, 即对任意 $\varepsilon>0$, 存在 $\delta>0$, 当 $|x-a|<\delta$ 且 $x\in I$ 时, 总有 $|f(x)-f(a)|<\varepsilon$. 一般来说, 对区间 I 上的不同的点 a, 使上式成立的 δ 也不相同, 换句话说, δ 的大小不仅与给定的 ε 有关, 也与 a 在 I 中的位置有关. 即当固定 ε 时, δ 会随 a 在 I 中的位置的变化而变化. 由于在区间 I 中有无穷多个 a, 相应地就有无穷多个 $\delta_a>0$, 那么这无穷多个 δ_a 中是否存在一个公共的 $\delta>0$ (或最小的 $\delta>0$), 使对任意 $a\in I$, 只要 $|x-a|<\delta$ 时就有 $|f(x)-f(a)|<\varepsilon$ 呢? 一般来说这种公共的 δ 是不一定存在的. 若存在这样的公共 δ, 就称 f 在区间 I 上一致连续, 从而有下面的定义.

定义 7.2.1　设 f 在区间 I 上有定义, 若对任意 $\varepsilon>0$, 存在 $\delta>0$, 使得当 $x_1,x_2\in I$ 且 $|x_1-x_2|<\delta$ 时, 总有 $|f(x_1)-f(x_2)|<\varepsilon$, 则称 f 在区间 I 上**一致连续**.

定理 7.2.1 (Cantor 定理)　若 $f\in C[a,b]$, 则 f 在 $[a,b]$ 上一致连续.

注 7.2.4　本定理分别应用有限覆盖定理和致密性定理两种方法来证明.

二、疑难解答

问题 7.2.1　试归纳区间套定理的应用 (至少三种).

答　应用区间套定理来处理问题时, 一般根据问题的要求构造一个区间套, 使得区间套的公共点为解决问题所需要的点.

(i) 证明 Cauchy 收敛准则. 对于 Cauchy 数列 $\{a_n\}$ 构造区间套 $\{[\alpha_n,\beta_n]\}$, 使得在每个 $[\alpha_n,\beta_n]$ 外只有数列 $\{a_n\}$ 中有限项, 区间套的公共点 ξ 即为数列 $\{a_n\}$ 的极限.

(ii) 证明聚点定理. 设 S 为有界无限点集, $S\subset[a,b]$, 将区间 $[a,b]$ 二等分, 其中必有一子区间内包含数集中无限多个点, 继续上述步骤, 可得区间套 $\{[\alpha_n,\beta_n]\}$, 其公共点 ξ 即为 S 的聚点.

(iii) 证明有限覆盖定理. (用反证法) 若闭区间不能用有限个开区间覆盖, 将这个区间二等分, 其中必有一个子区间不能用有限个开区间覆盖, 由此可构造区间套, 其公共点 ξ 属于某个开区间, 从而导致区间套中某区间可以用一个开区间覆盖的矛盾.

(iv) 证明零点定理. 设 $f(a)f(b)<0$, 用二等分区间的方法构造区间套 $\{[a_n,b_n]\}$, 使得 $f(a_n)f(b_n)<0$, 即 f 在区间 $[a_n,b_n]$ 的两个端点上异号, 区间套的公共点 ξ 必满足 $f(\xi)=0$.

(v) 方程 $f(x)=0$ 的近似求根. 寻找区间 $[a,b]$, 使得 $f(a)f(b)<0$, 用二等分区间的方法构造区间套 $\{[a_n,b_n]\}$, 使得 $f(a_n)f(b_n)<0$, 即 f 在区间 $[a_n,b_n]$ 的两个端点上异号, 再根据要求取 $\xi=\dfrac{a_n+b_n}{2}$ 作为方程 $f(x)=0$ 的近似根. ■

问题 7.2.2 试归纳有限覆盖定理的应用 (至少两种).

答 据问题的要求构造无限开覆盖, 由有限覆盖定理选出有限开覆盖以达到解决问题的要求.

(i) 证明有界性定理. 应用连续函数局部有界性, 对任意 $x\in[a,b]$, 存在邻域 $U(x;\delta_x)$, 使得任意 $x'\in U(x;\delta_x)\cap[a,b]$, $|f(x')|\leqslant M_x$, 其中 M_x 是与 x 有关的常数.

$$H=\{U(x;\delta_x)\mid x\in[a,b]\}$$

为 $[a,b]$ 的无限开覆盖. 由 H 中可选出有限个邻域覆盖 $[a,b]$, 易证 f 的有界性.

(ii) 证明一致连续性定理. 应用连续性, 对任意 $\varepsilon>0$, 与 $x\in[a,b]$, 存在 $\delta_x>0$, 对任意 $x'\in U(x;\delta_x)$, 有 $|f(x')-f(x)|<\varepsilon$. 取

$$H=\left\{U\left(x;\frac{\delta_x}{2}\right)\,\middle|\,x\in[a,b]\right\}$$

为 $[a,b]$ 的无限开覆盖, 然后利用有限覆盖定理证明一致连续性.

(iii) 证明零点定理. (反证法) 若对任意 $x\in[a,b]$, 但 $f(x)\neq0$. 由连续函数的局部保号性, 存在 $U(x;\delta_x)$, 当 $x'\in U(x;\delta_x)$ 时, $f(x')>0$ (或 $f(x')<0$). 于是

$$H=\left\{U(x;\delta_x)\mid x\in[a,b]\right\}$$

为 $[a,b]$ 的一个无限开覆盖. 然后选出有限开覆盖, 可推出 $f(a)$ 与 $f(b)$ 同号, 这与假设相矛盾. ■

问题 7.2.3 试归纳致密性定理的应用 (至少两种).

答 经常在反证法中对选出的有界子列应用致密性定理.

(i) 证明有界性定理. (反证法) 若 f 在 $[a,b]$ 上无界, 则存在 $\{x_n\}\subset[a,b]$, 使得

$$|f(x_n)|>n,\ n=1,2,\cdots.$$

利用致密性定理在 $\{x_n\}$ 中选出子列 $\{x_{n_k}\}$, 使得 $\lim\limits_{k\to\infty}x_{n_k}=\xi\in[a,b]$. 由连续性 $\lim\limits_{k\to\infty}f(x_{n_k})=f(\xi)$, 这与上面的不等式矛盾.

(ii) 证明一致连续性定理. (反证法) 若函数 f 在 $[a,b]$ 上不一致连续, 则存在 $\varepsilon_0>0$, 对任意 $n\in\mathbb{N}_+$, 存在 $x_n',x_n''\in[a,b]$, 尽管 $|x_n'-x_n''|<\dfrac{1}{n}$, 但

$$|f(x_n')-f(x_n'')|\geqslant\varepsilon_0.$$

然后由致密性定理在 $\{x_n'\}$, $\{x_n''\}$ 中分别选出子列 $\{x_{n_k}'\}$, $\{x_{n_k}''\}$, 它们收敛于同一实数, 于是与上面的不等式矛盾. ■

问题 7.2.4 试归纳确界原理的应用 (至少两种).

答 构造合适的点集 E, 使得 E 的确界即为需证明命题中的数.

(i) 证明根的存在性定理. 设 $f\in C[a,b]$, $f(a)<0$, $f(b)>0$, 若定义

$$E=\big\{x\mid f(x)>0,\ x\in[a,b]\big\},$$

$\xi=\inf E$, 则 $f(\xi)=0$.

(ii) 证明有界性定理. 设

$$E=\big\{x\mid f\text{ 在 }[a,x]\text{ 上有界},\ x\in[a,b]\big\},$$

若证得 $\sup E=b$, 即得 f 在 $[a,b]$ 上有界.

事实上, 设

$$E=\big\{x\mid f\text{ 在 }[a,x]\text{ 上有界},\ x\in[a,b]\big\}.$$

因 f 在点 a 的局部有界性可知, E 为非空数集, 且以 b 为上界, 所以 E 为非空有上界数集. 于是由确界原理, 存在 $\xi=\sup E$. 现用反证法来证明 $\xi=b$.

若 $\xi<b$, 由连续函数的局部有界性知存在 $\delta_0>0$, f 在 $(\xi-\delta_0,\xi+\delta_0)$ 内有界, 即存在 $x_0>\xi$, 使 $x_0\in E$, 而这与 $\xi=\sup E$ 相矛盾, 所以 $\xi=b$.

再证明函数 f 在 $[a,b]$ 上有界. 因 f 在点 b 连续, 故存在 $\delta>0$, f 在 $\big(b-\delta,b\big]$ 上有界. 再由 $b=\sup E$, 可知 f 在 $\big[a,b-\delta/2\big]$ 中有界. 于是 f 在 $[a,b]$ 上有界.

(iii) 证明数列的单调有界性定理 (详见文献 [1] 中第二章第 35 页). ■

问题 7.2.5 试归纳证明函数不一致连续的常用方法 (至少两种).

答 设 f 为定义在区间 I 的函数. 欲证 f 在 I 上不一致连续, 常用的方法有:

方法 1 存在 $\varepsilon_0 > 0$, 对任意 $\delta > 0$, 存在 $x_1, x_2 \in I$, 虽有 $|x_1 - x_2| < \delta$, 但 $|f(x_1) - f(x_2)| \geqslant \varepsilon_0$.

注 7.2.5 由于对任给的 $\delta > 0$, 只要找到满足条件的 x_1, x_2 就行了, 所以此处的 x_1, x_2 可以具有一定的相关性 $\left(\text{如 } x_1 = \frac{1}{2}x_2,\ x_2 = x_1 + \frac{1}{2}\delta \text{ 等}\right)$, 而在证明一致连续性时, x_1, x_2 必须是相对独立的, 不能有任何的依存关系.

方法 2 存在 $\varepsilon_0 > 0$, 对任一单调递减且趋于 0 的正数列 $\{\delta_n\}$, 总存在相应的点列 $\{x_n\}, \{y_n\} \subset I$, 虽有 $|x_n - y_n| < \delta_n$, 但 $|f(x_n) - f(y_n)| \geqslant \varepsilon_0$.

方法 3 存在 $\varepsilon_0 > 0$ 及 $\{x_n\}, \{y_n\} \subset I$, 虽有 $\lim\limits_{n\to\infty} x_n = \lim\limits_{n\to\infty} y_n$, 但 $|f(x_n) - f(y_n)| \geqslant \varepsilon_0$ (见问题 4.2.1).

例 1 设 $f(x) = \dfrac{x+2}{x+1}\sin\dfrac{1}{x}$, a 为任一正常数. 试证 f 在 $(0, a)$ 内不一致连续.

证明 对 $\varepsilon_0 = 2$, 取 $x_n = \dfrac{1}{2n\pi + \frac{\pi}{2}}$, $y_n = \dfrac{1}{2n\pi - \frac{\pi}{2}}$ $(n = 1, 2, \cdots)$, 则当 n 充分大时, $x_n, y_n \in (0, a)$ 且 $\lim\limits_{n\to\infty} x_n = \lim\limits_{n\to\infty} y_n = 0$, 但

$$|f(x_n) - f(y_n)| = \left|\frac{4n\pi + \pi + 1}{2n\pi + \frac{\pi}{2} + 1} + \frac{4n\pi - \pi + 1}{2n\pi - \frac{\pi}{2} + 1}\right| > \varepsilon_0.$$

故 f 在 $(0, a)$ 内不一致连续.

方法 4 存在 I 上的 Cauchy 数列 $\{x_n\}$, 但 $\{f(x_n)\}$ 不是 Cauchy 数列. ■

问题 7.2.6 已知, 闭区间上的连续函数必一致连续, 但开区间上的连续函数不一定一致连续. 请添加适当的条件, 以保证开区间内的连续函数成为一致连续函数.

答 下设 f 在开区间 (a, b)(有限或无穷) 内连续, 若添加下面的条件之一, f 就在 (a, b) 内一致连续.

条件一 若 $\lim\limits_{x\to a^+} f(x) = A$, $\lim\limits_{x\to b^-} = B$, 则 f 在 (a, b) 内一致连续.

条件二 若 f 在 (a, b) 内满足 Lipschitz 条件 (即存在 $L > 0$, 对任意 $x_1, x_2 \in (a, b)$, 均有 $|f(x_1) - f(x_2)| \leqslant L|x_1 - x_2|$), 则 f 在 (a, b) 内一致连续.

特别地, 若 f 在 (a, b) 内可导, 且导函数有界, 则 f 在 (a, b) 内一致连续.

注 7.2.6 函数满足 Lipschitz 条件和导函数有界都是函数一致连续的充分条件, 而非必要条件. 如函数 $f(x) = \sqrt{x}$ 在 $(0, 1)$ 内一致连续, 但它不满足 Lipschitz 条件, 且导函数无界 (请读者自己验证).

条件三　若 f 为单调有界函数, 则 f 在 (a,b) 内一致连续.

条件四　若 $\lim\limits_{\delta\to 0^+}\omega_f(\delta)=0$, 其中 $\omega_f(\delta)=\sup\limits_{\substack{|x_1-x_2|<\delta\\ x_1,x_2\in(a,b)}}|f(x_1)-f(x_2)|$ 称为 f 的连续模 (或振幅), 则 f 在 (a,b) 内必一致连续.

下面给出条件三与条件四的证明, 而条件一和条件二的证明留给读者.

条件三的证明:

(i) 当 (a,b) 为有限区间时, 由于 f 在 (a,b) 内单调有界, 故 $\lim\limits_{x\to a^+}f(x)$ 及 $\lim\limits_{x\to b^-}f(x)$ 均存在, 从而 f 在 (a,b) 内一致连续.

(ii) 当 a, b 之一为无限时, 不妨设 $b=+\infty$. 令

$$\widetilde{f}(x)=\begin{cases} f(x), & a<x<+\infty,\\ f(a+0), & x=a,\end{cases}$$

则 $\widetilde{f}$ 在 $[a,+\infty)$ 上连续. 又因 f 单调有界, 所以 $\lim\limits_{x\to+\infty}\widetilde{f}(x)<+\infty$. 任给 $\varepsilon>0$, 存在 $M(>a)$, 当 $x_1,x_2>M$ 时, 总有 $|\widetilde{f}(x_1)-\widetilde{f}(x_2)|<\varepsilon$. 由 $\widetilde{f}$ 在 $[a,M+1]$ 上连续, 从而一致连续, 故对上述 $\varepsilon>0$, 存在 $\delta_1>0$, 当 $x_1,x_2\in[a,M+1]$ 且 $|x_1-x_2|<\delta_1$ 时, 总有 $|f(x_1)-f(x_2)|<\varepsilon$. 令 $\delta=\min\{\delta_1,1\}$, 则当 $|x_1-x_2|<\delta$ 时, 或有 $x_1,x_2\in[a,M+1]$, 或有 $x_1,x_2\in(M,M+1)$, 从而总有 $|\widetilde{f}(x_1)-\widetilde{f}(x_2)|<\varepsilon$, 所以 $\widetilde{f}$ 在 $[a,+\infty)$ 上一致连续, 从而 f 在 $(a,+\infty)$ 上一致连续.

当 $a=-\infty$, b 为有限时同理可证.

当 $(a,b)=\mathbb{R}$ 时, 则由 f 在 $\mathbb{R}_-$ 及 $\mathbb{R}_+$ 上一致连续及一致连续的性质知, f 在 $\mathbb{R}$ 上一致连续.

条件四的证明　因 $\lim\limits_{\delta\to 0^+}\omega_f(\delta)=0$, 故对任意的 $\varepsilon>0$, 存在 $\delta'>0$, 使得 $0<\delta<\delta'$ 时 $\omega_f(\delta)<\varepsilon$.

任取 $x_1,x_2\in(a,b)$ 满足 $|x_1-x_2|<\delta'$. 若记 $\delta=|x_1-x_2|$, 则

$$|f(x_1)-f(x_2)|\leqslant\omega_f(\delta)<\varepsilon.$$

所以 f 在 (a,b) 上一致连续. ■

三、典型例题

例 7.2.1　设 f 为定义在有限区间 I 上的函数, 对 I 内任何 Cauchy 数列 $\{x_n\}$, $\{f(x_n)\}$ 也是 Cauchy 数列. 证明 f 是 I 上的一致连续函数.

证明　(反证法) 若 f 在 I 上不一致连续, 于是存在 $\varepsilon_0>0$, $\{x_n'\},\{x_n''\}\subset I$, 尽管 $|x_n'-x_n''|<\dfrac{1}{n}$, 但

$$|f(x_n')-f(x_n'')|\geqslant\varepsilon_0.$$

由致密性定理, 对有界数列 $\{x'_n\}$, 存在 $\{x'_{n_k}\}\subset\{x'_n\}$, $\lim\limits_{k\to\infty}x'_{n_k}=\xi$. 因为 $\lim\limits_{k\to\infty}(x'_{n_k}-x''_{n_k})=0$, 于是 $\lim\limits_{k\to\infty}x''_{n_k}=\lim\limits_{k\to\infty}\left[(x''_{n_k}-x'_{n_k})+x'_{n_k}\right]=\xi$. 这样, 数列

$$x'_{n_1},\ x''_{n_1},\ x'_{n_2},\ x''_{n_2},\ \cdots,\ x'_{n_k},\ x''_{n_k},\ \cdots$$

也收敛于 ξ, 因而是 Cauchy 数列. 但因为 $|f(x'_{n_k})-f(x''_{n_k})|\geqslant\varepsilon_0$, 使得

$$f(x'_{n_1}),\ f(x''_{n_1}),\ f(x'_{n_2}),\ f(x''_{n_2}),\ \cdots,\ f(x'_{n_k}),\ f(x''_{n_k}),\ \cdots$$

不是 Cauchy 数列, 这与假设相矛盾. ■

注 7.2.7 (i) 如何应用反证法证明结论是数学分析学习过程中的一个难点, 掌握好基本概念的否定说法的正面叙述是其中的关键.

(ii) 易证本题中的条件不仅是充分的, 而且也是必要的. 于是, 函数在有限区间 I 上一致连续 $\Leftrightarrow$ 对 I 上任何 Cauchy 数列 $\{x_n\}$, $\{f(x_n)\}$ 也是 Cauchy 数列.

例 7.2.2 设 $f\in C[a,b]$, 对任何 $x\in[a,b]$, $f(x)>0$. 试用有限覆盖定理证明: 必存在 $c>0$, 使得对任何 $x\in[a,b]$, 满足 $f(x)\geqslant c$.

证明 对任何 $x\in[a,b]$, 因为 $f(x)>0$, 由连续函数的局部保号性知, 存在 $\delta_x>0$, 对任意 $x'\in U(x;\delta_x)\cap[a,b]$, $f(x')>\dfrac{1}{2}f(x)$. 现令

$$H=\big\{U(x;\delta_x)\mid x\in[a,b]\big\},$$

它是 $[a,b]$ 的一个无限开覆盖, 由有限覆盖定理知, 存在

$$\widetilde{H}=\big\{U(x_i;\delta_{x_i})\mid x_i\in[a,b],\ i=1,2,\cdots,n\big\}\subset H$$

为 $[a,b]$ 的一个有限开覆盖. 取

$$c=\min_{1\leqslant i\leqslant n}\left\{\frac{f(x_i)}{2}\right\}>0,$$

对任意 $x\in[a,b]$, 存在某个 i $(1\leqslant i\leqslant n)$, 使 $x\in U(x_i;\delta_{x_i})\cap[a,b]$. 于是

$$f(x)>\frac{f(x_i)}{2}\geqslant c.$$ ■

例 7.2.3 设函数 f 在 $[a,b]$ 上无界, 则必存在 $[a,b]$ 上某点, 使得 f 在该点的任意邻域内无界.

证明 (反证法) 若对任意 $x\in[a,b]$, 存在 $\delta_x>0$, 使得 f 在 $U(x,\delta_x)\cap[a,b]$ 中有界, 则令

$$H=\big\{U(x;\delta_x)\mid x\in[a,b]\big\},$$

它是 $[a,b]$ 的一个无限开覆盖, 由有限覆盖定理知, 存在

$$\widetilde{H}=\left\{U(x_i;\delta_{x_i})\mid x_i\in[a,b],\ i=1,2,\cdots,n\right\}\subset H$$

为 $[a,b]$ 的一个有限开覆盖. 由于 f 在每个 $U(x_i;\delta_{x_i})\cap[a,b]$ 内有界, 因此 f 在 $[a,b]$ 上有界, 这与函数 f 在 $[a,b]$ 上无界相矛盾. ■

例 7.2.4 设函数 f 对 (a,b) 内任何 x, 存在 $\delta_x>0$, 使得 f 在 $(x-\delta_x,x+\delta_x)$ 内递增. 试证明 f 在整个 (a,b) 内也递增.

证明 对任意的 a_1,a_2, $a<a_1<a_2<b$, 设法证明对任意 $x\in[a_1,a_2]$, 有 $f(a_1)<f(a_2)$. 由条件知, 存在 $\delta_x>0$, 使得 f 在 $(x-\delta_x,x+\delta_x)$ 内递增. 因此,

$$H=\left\{U(x;\delta_x)\mid x\in[a_1,a_2]\right\}$$

是 $[a_1,a_2]$ 的一个无限开覆盖, 由有限覆盖定理知, 存在

$$\widetilde{H}=\left\{U(x_i;\delta_{x_i})\mid x_i\in[a,b],\ i=1,2,\cdots,n\right\}\subset H$$

为 $[a_1,a_2]$ 的一个有限开覆盖. 为叙述方便起见, 不妨设由 $U(x_1;\delta_{x_1})$, $U(x_2;\delta_{x_2})$ 就能覆盖 $[a_1,a_2]$, 且设 $x_1<x_2$.

若 $a_2\in U(x_1;\delta_{x_1})$, 则因 $a_1\in U(x_1;\delta_{x_1})$, f 在 $U(x_1;\delta_{x_1})$ 中递增, 故 $f(a_1)\leqslant f(a_2)$. 若 $a_2\notin U(x_1;\delta_{x_1})$, 则 $a_2\in U(x_2;\delta_{x_2})$, 且因 $V=U(x_1;\delta_{x_1})\cap U(x_2;\delta_{x_2})\neq\varnothing$, 故存在 $a^*\in V$, 使 $a_1<a^*<a_2$. 于是又有

$$f(a_1)\leqslant f(a^*)\leqslant f(a_2).$$

对 $k>2$ 的情形可类似证明. 故 f 在 $[a,b]$ 上递增. ■

例 7.2.5 试用有限覆盖定理证明：若 f 在有限开区间 (a,b) 内一致连续, 则 f 在 (a,b) 内有界.

证明 由于 f 在 (a,b) 内一致连续, 所以对 $\varepsilon=1$, 存在 $\delta>0$, 使得 $x,x'\in(a,b)$ 且 $|x-x'|<\delta$ 时, 有 $|f(x)-f(x')|<1$, 即当 $x\in U(x';\delta)\cap(a,b)$ 时, $|f(x)|\leqslant|f(x')|+1$.

作开区间集 $H=\left\{U(x';\delta)\mid x'\in(a,b)\right\}$. 显然 H 是 (a,b) 的一个开覆盖, 且 a 必被 H 的某个开区间 (例如 $U\left(a+\dfrac{\delta}{2};\delta\right)$) 所覆盖, 同理 b 也被 H 的某个开区间所覆盖, 从而 H 覆盖了 $[a,b]$. 由有限覆盖面定理, 在 H 中存在有限个开区间

$$U(x_1;\delta),\quad U(x_2;\delta),\quad\cdots,\quad U(x_n;\delta)$$

覆盖 $[a,b]$, 当然也覆盖了 (a,b). 令

$$M=\max_{1\leqslant i\leqslant n}\left\{|f(x_i)|+1\right\},$$

则对任给 $x \in (a,b)$, 则存在 $i \in \mathbb{N}_+$, 使得 $x_i \in U(x_i;\delta)$, 从而

$$|f(x| \leqslant |f(x_i)| + 1 \leqslant M.$$

这就证明了 f 在 (a,b) 内有界. ■

注 7.2.8 读者要注意本例的证明与文献 [1] 中闭区间上连续函数有界性定理的证明之间的异同. 文献 [1] 中定理证明中对每一个点 x', 找到的 $\delta_{x'}$ 与 x' 有关, 而本例中对所有的 x', 找到的是一个公共的 δ. 正因为如此, 才使本例中的 H 覆盖 (a,b) 时, 也能覆盖闭区间 $[a,b]$, 从而可使用有限覆盖定理.

一般地, 若对开区间 (a,b) 的任一点找出一个邻域组成开区间的一个开覆盖, 它并不一定能覆盖相应的闭区间. 如 $H = \left\{U\left(x;\dfrac{x}{2}\right) \mid x \in (0,1)\right\}$ 是 $(0,1)$ 的一个开覆盖, 它不能覆盖 $[0,1]$.

从本例可以看出, 一致连续性中 "公共的 δ" 所起到的重要作用, 也使读者对一致连续性有更深的理解.

例 7.2.6 试用确界原理证明：若 $f \in C[a,b]$, 则 f 在 $[a,b]$ 上有界.

证明 因 f 在 $x=a$ 处右连续, 所以对 $\varepsilon = 1$, 存在 $\delta_0 > 0$(不妨设 $\delta_0 < b-a$), 只要 $0 < x-a \leqslant \delta_0$ 就有

$$|f(x) - f(a)| < 1,$$

即

$$|f(x)| < |f(a)| + 1.$$

所以 f 在 $[a, a+\delta_0] \subset [a,b]$ 上有界.

现作非空有界集

$$S = \{x \mid x \in [a,b] \text{ 且 } f \text{ 在 } [a,x] \text{ 上有界}\},$$

因 $a + \delta_0 \in S$, 所以 S 非空. 由确界原理知, S 有上确界 ξ. 显然 $\xi \leqslant b$.

若 $\xi < b$, 则由 f 在 ξ 的局部有界性知, 存在 $\delta > 0$ $(\delta < \min\{\xi - a, b - \xi\})$, 使 f 在 $[\xi-\delta, \xi+\delta]$ 上内有界. 又由 S 的定义知, f 在 $[a, \xi-\delta]$ 上有界, 从而 f 在 $[a, \xi+\delta]$ 上有界, 故 $\xi + \dfrac{\delta}{2} \in S$, 这与 ξ 为 S 的上确界相矛盾. ■

例 7.2.7 试用闭区间套定理证明一致连续性定理.

分析 设 $f \in C[a,b]$, 但不一致连续 (反证法), 即在 $[a,b]$ 上具有性质 (P):

$\exists\, \varepsilon_0 > 0, \forall\, \delta > 0, \exists\, x', x'' \in [a,b]$, 虽有 $|x' - x''| < \delta$, 但 $|f(x') - f(x'')| \geqslant \varepsilon_0$.

若将 $[a,b]$ 二等分为两个子区间, 能否保证在至少一个子区间上存在满足上述条件的两点 x', x'' 呢? 回答是否定的. 因为 x', x'' 可能总在 $[a,b]$ 中点两侧取到. 这样, 当构造闭区间套时, 无论挑选 $\left[a, \dfrac{a+b}{2}\right]$ 与 $\left[\dfrac{a+b}{2}, b\right]$ 中那一个作为 $[a_1, b_1]$, 都

不能保证 $[a_1,b_1]$ 同样具有某种性质 (P). 为此, 将 $[a,b]$ 等分为三个子区间 $[a,c_1]$, $[c_1,c_2]$ 及 $[c_2,b]$, 则当 $\delta<\dfrac{1}{3}(b-a)$ 时, 在 $[a,c_2]$ 及 $[c_1,b]$ 中至少存在一个具有性质 (P) 的子区间, 记这种区间为 $[a_1,b_1]$. 照此可得区间套 $[a_n,b_n]$, 具有如下性质:

(i) $[a_{n+1},b_{n+1}]\subset[a_n,b_n]$, $n\in\mathbb{N}_+$;

(ii) $b_n-a_n=\left(\dfrac{2}{3}\right)^n(b-a)\to 0\ (n\to\infty)$;

(iii) $[a_n,b_n]\ (n\in\mathbb{N}_+)$ 具有性质 (P).

由此不难推出矛盾. 具体证明过程请读者自己完成. ■

例 7.2.8　设 f 在 $\mathbb{R}$ 上一致连续, 则存在正数 A 与 B, 使得对任意 $x\in\mathbb{R}$, 有 $|f(x)|\leqslant A|x|+B$.

证明　由于 f 在 $\mathbb{R}$ 上一致连续, 故对 $\varepsilon=1$, 存在 $\delta>0$, 对任意 $x',x''\in\mathbb{R}$, 且 $|x'-x''|\leqslant\delta$ 时, 有

$$|f(x')-f(x'')|<1.$$

现对任意 $x\in\mathbb{R}$, x 可表示为

$$x=n\delta+x_0$$

的形式, 其中 n 为整数, $x_0\in(-\delta,\delta)$.

又因 f 在 $[-\delta,\delta]$ 上连续, 从而有界. 故存在 $M>0$, 对任意 $x\in[-\delta,\delta]$ 时, 有 $|f(x)|\leqslant M$. 于是有

$$\begin{aligned}|f(x)|&=\left|\sum_{k=1}^{n}\left[f(k\delta+x_0)-f\big((k-1)\delta+x_0\big)\right]+f(x_0)\right|\\&\leqslant\sum_{k=1}^{n}\left|f(k\delta+x_0)-f\big((k-1)\delta+x_0\big)\right|+|f(x_0)|\\&\leqslant|n|+M=\frac{1}{\delta}|x-x_0|+M\\&\leqslant\frac{1}{\delta}|x|+\frac{1}{\delta}|x_0|+M\leqslant\frac{1}{\delta}|x|+M+1.\end{aligned}$$

故只要取 $A=\dfrac{1}{\delta}$, $B=M+1$ 即得要证明的结论. ■

四、巩固提高

7.2.1　设 $f\in C[a,b]$, $f(a)<0$, $f(b)>0$. 证明存在 $\xi\in(a,b)$, 使得 $f(\xi)=0$, 且当 $\xi<x<b$ 时, $f(x)>0$.

(提示: 构造集合 $E=\big\{x\mid x\in(a,b],\forall\ y\in(x,b],\ f(y)>0\big\}$, 验证 $\xi=\inf E$.)

7.2.2　证明 $f(x)=\dfrac{\sin x}{x}$ 在 $\mathbb{R}_+$ 内一致连续.

7.2.3 证明函数 $f(x)=\mathrm{e}^x\cos\dfrac{1}{x}$ 在 $(0,1)$ 内不一致连续.

7.2.4 证明问题 7.2.6 中关于一致连续的条件一与条件二.

7.2.5 设 $f\in C[a,b]$, $S=\big\{P\mid f(P)=0, P\in[a,b]\big\}$ 为非空集, 证明 $\sup S\in S$.

7.2.6 请将利用闭区间套定理证明一致连续性定理的证明补充完整 (即例 7.2.7).

7.2.7 设 $f(u)$ 在区间 J 上一致连续, 而 $g(x)$ 在区间 I 上一致连续, 且 $\big\{g(x)\mid x\in I\big\}\subset J$, 则 $f\big(g(x)\big)$ 在 I 上一致连续, 并由此证明 $\sqrt{\ln x}$ 在 $[1,+\infty)$ 上一致连续.

7.2.8 证明在有界闭区间上的无界函数一定在这个区间的某一点的每一个邻域中无界. 又问: 在开区间上的无界函数是否具有此类性质?

7.2.9 设函数 f 在区间 (a,b) 上定义, 对区间 (a,b) 的每一个点 σ, 存在 $\delta>0$, 当 $x\in(\sigma-\delta,\sigma+\delta)\cap(a,b)$ 时, 如 $x<\sigma$, 则 $f(x)<f(\sigma)$, 如 $x>\sigma$, 则 $f(x)>f(\sigma)$. 证明函数 f 在 (a,b) 上严格单调增加.

7.2.10 用闭区间套定理证明连续函数有界性定理.

连续函数有界性定理: 若函数 $f\in C[a,b]$, 则存在 $M>0$, 对任意 $x\in[a,b]$, 有 $|f(x)|\leqslant M$.

7.2.11 用致密性定理证明连续函数取极值性定理.

连续函数取极值性定理: 若函数 $f\in C[a,b]$, 则存在 $x_1,x_2\in[a,b]$, 对任意 $x\in[a,b]$, 有 $f(x_1)\leqslant f(x)\leqslant f(x_2)$.

7.3 上极限和下极限

一、内容精读

1. 数列的聚点

定义 7.3.1 若在数 a 的任一邻域内含有数列 $\{x_n\}$ 的无限多项, 则称 a 为数列 $\{x_n\}$ 的一个聚点.

数列的聚点 a 是在 a 的任何邻域内含有该数列的 “无限多项”, 而数集的聚点 ξ 是在 ξ 的任一邻域内含有该数集中 “无限多个点”, 这是两者的差别. 若把数列中不同的项看作不同的点, 两者一致.

定理 7.3.1 (聚点的存在性) 有界点列 (数列)$\{x_n\}$ 至少有一个聚点, 且存在最大聚点与最小聚点.

ξ 为数列 $\{x_n\}$ 的聚点 $\Leftrightarrow$ 存在子列 $\{x_{n_k}\}(\subset\{x_n\})$, 使得 $\lim\limits_{k\to\infty}x_{n_k}=\xi$.

上述结论表明: 数列的聚点为其收敛子列的极限, 若需要找出数列的所有聚点只要找出所有收敛子列的极限即可.

2. 数列的上极限与下极限

定义 7.3.2　有界数列 (点列)$\{x_n\}$ 的最大聚点 $\overline{A}$ 与最小聚点 $\underline{A}$ 分别称为 $\{x_n\}$ 的上极限与下极限. 记为

$$\overline{A}=\overline{\lim_{n\to\infty}}\,x_n,\quad \underline{A}=\underline{\lim_{n\to\infty}}\,x_n.$$

任何有界数列必存在上、下极限 (由定理 7.3.1 保证).

1) 上、下极限的等价性定义

(1) 对有界数列 $\{x_n\}$ 的上极限 $\overline{A}$, 下述条件中的每一个都是与它等价的:

(i) 任给 $\varepsilon>0$, 存在 $N>0$, 使得当 $n>N$ 时有 $x_n<\overline{A}+\varepsilon$; 对任给 $\varepsilon>0$, 存在子列 $\{x_{n_k}\}$, $x_{n_k}>\overline{A}-\varepsilon,\ k=1,2,\cdots$.

(ii) 对任何 $\alpha>\overline{A}$, $\{x_n\}$ 中大于 α 的项至多有限个; 对任何 $\beta<\overline{A}$, $\{x_n\}$ 中大于 β 的项有无限多个.

(iii) $\overline{A}=\lim\limits_{n\to\infty}\sup\limits_{k\geqslant n}\{x_k\}$.

(2) 对有界数列 $\{x_n\}$ 的下极限 $\underline{A}$, 下述条件中的每一个都是与它等价的:

(i) 任给 $\varepsilon>0$, 存在 $N>0$, 使得当 $n>N$ 时有 $x_n>\underline{A}-\varepsilon$; 对任给 $\varepsilon>0$, 存在子列 $\{x_{n_k}\}$, $x_{n_k}<\underline{A}+\varepsilon,\ k=1,2,\cdots$.

(ii) 对任何 $\alpha<\underline{A}$, $\{x_n\}$ 中小于 α 的项至多有限个; 对任何 $\beta>\underline{A}$, $\{x_n\}$ 中小于 β 的项有无限多个.

(iii) $\underline{A}=\lim\limits_{n\to\infty}\inf\limits_{k\geqslant n}\{x_k\}$.

2) 上、下极限的性质

(1) 对任何有界数列 $\{x_n\}$ 有

$$\underline{\lim_{n\to\infty}}\,x_n\leqslant\overline{\lim_{n\to\infty}}\,x_n.\tag{7.3.1}$$

(2)

$$\lim_{n\to\infty}x_n=A\Leftrightarrow\overline{\lim_{n\to\infty}}\,x_n=\underline{\lim_{n\to\infty}}\,x_n=A.\tag{7.3.2}$$

(3) (上、下极限的保不等式性)　设有界数列 $\{x_n\}$, $\{y_n\}$ 满足: 存在 $N_0>0$, 当 $n>N_0$ 时有 $x_n\leqslant y_n$, 则

$$\overline{\lim_{n\to\infty}}\,x_n\leqslant\overline{\lim_{n\to\infty}}\,y_n,\quad \underline{\lim_{n\to\infty}}\,x_n\leqslant\underline{\lim_{n\to\infty}}\,y_n.\tag{7.3.3}$$

特别地, 若 α,β 为常数, 又存在 $N_0>0$, 当 $n>N_0$ 时有 $\alpha\leqslant x_n\leqslant\beta$, 则

$$\alpha \leqslant \varliminf_{n\to\infty} x_n \leqslant \varlimsup_{n\to\infty} x_n \leqslant \beta. \tag{7.3.4}$$

(4) 设 $\{x_n\}$, $\{y_n\}$ 为有界数列, 则

(i)

$$\varlimsup_{n\to\infty}(x_n+y_n) \leqslant \varlimsup_{n\to\infty} x_n + \varlimsup_{n\to\infty} y_n, \tag{7.3.5}$$

$$\varliminf_{n\to\infty} x_n + \varliminf_{n\to\infty} y_n \leqslant \varliminf_{n\to\infty}(x_n+y_n). \tag{7.3.6}$$

特别地, 若 $\{x_n\}$ 与 $\{y_n\}$ 之一收敛, 则式 (7.3.5) 与式 (7.3.6) 取等号.

(ii) 若 $x_n>0$, $y_n>0$ $(n=1,2,\cdots)$, 则

$$\varliminf_{n\to\infty} x_n \cdot \varliminf_{n\to\infty} y_n \leqslant \varliminf_{n\to\infty}(x_n \cdot y_n), \tag{7.3.7}$$

$$\varlimsup_{n\to\infty}(x_n \cdot y_n) \leqslant \varlimsup_{n\to\infty} x_n \cdot \varlimsup_{n\to\infty} y_n. \tag{7.3.8}$$

特别地, 若 $\{x_n\}$ 与 $\{y_n\}$ 之一收敛, 则式 (7.3.7) 与式 (7.3.8) 取等号.

(iii) 若 $x_n>0$, $\varliminf\limits_{n\to\infty} x_n>0$, 则 $\varlimsup\limits_{n\to\infty}\dfrac{1}{x_n}=\dfrac{1}{\varliminf\limits_{n\to\infty} x_n}$. (7.3.9)

(iv) $\varliminf\limits_{n\to\infty} x_n = -\varlimsup\limits_{n\to\infty}(-x_n)$, $\quad \varlimsup\limits_{n\to\infty} x_n = -\varliminf\limits_{n\to\infty}(-x_n)$. (7.3.10)

(v) 若 $c>0$, 则 $\varlimsup\limits_{n\to\infty}(cx_n)=c\varlimsup\limits_{n\to\infty} x_n$; 若 $c<0$, 则 $\varliminf\limits_{n\to\infty}(cx_n)=c\varliminf\limits_{n\to\infty} x_n$.

(vi) 若 $\{x_n\}$ 为递增数列, 则 $\varlimsup\limits_{n\to\infty} x_n = \lim\limits_{n\to\infty} x_n$.

(vii) 若 $x_n>0$, $n\in\mathbb{N}_+$, 且 $\varlimsup\limits_{n\to\infty} x_n \varlimsup\limits_{n\to\infty}\dfrac{1}{x_n}=1$, 则数列 $\{x_n\}$ 收敛.

二、疑难解答

问题 7.3.1 文献 [1] 中是用最大 (小) 聚点来定义上 (下) 极限的, 而有些数学分析教材中则是用上 (下) 极限的等价性定义中的 (iii), 即

$$\lim_{n\to\infty}\sup_{k\geqslant n}\{x_k\} \quad \left(\lim_{n\to\infty}\inf_{k\geqslant n}\{x_k\}\right)$$

作为上 (下) 极限的定义, 试比较这两种定义方式的不同特点.

答 两者之间至少有以下几点的不同.

(i) 存在性证明方面. 最大 (小) 聚点的存在性是用区间套定理来证明的, 而 $\lim\limits_{n\to\infty}\sup\limits_{k\geqslant n}\{x_k\}$ $\left(\lim\limits_{n\to\infty}\inf\limits_{k\geqslant n}\{x_k\}\right)$ 的存在性是用确界原理与单调有界定理来证明的.

(ii) 直观认识方面. 前者具有较强的几何直观意义, 而后者是用确界的极限来表示的, 其描述形式是一种十分抽象的数列极限.

(iii) 应用方面. 一般来说, 前者对求具体数列的上 (下) 极限较为方便, 只要找出所有收敛子列极限中的最大 (小) 者即可 (可参见文献 [1] 中第七章第 175 页习题 1、例 7.3.1 与例 7.3.6), 而后者在证明与上 (下) 极限有关的不等式时较为方便 (可参见例 7.3.3、例 7.3.4 与例 7.3.5). ■

三、典型例题

例 7.3.1　证明: 数列 $\{x_n\}$ 与 $\{x_n\sqrt[n]{n}\}$ 具有相同的聚点.

证明　若数列 $\{x_n\}$ 无聚点, 则易知数列 $\{x_n\sqrt[n]{n}\}$ 也无聚点. 反之亦然.

若 ξ 为数列 $\{x_n\}$ 的聚点, 则存在子列数列 $\{x_{n_k}\}\subset\{x_n\}$, 有 $\lim\limits_{k\to\infty}x_{n_k}=\xi$. 因为 $\lim\limits_{k\to\infty}x_{n_k}\sqrt[n_k]{n_k}=\xi$, 所以 ξ 为数列 $\{x_n\sqrt[n]{n}\}$ 的聚点.

反之, 若 η 为数列 $\{x_n\sqrt[n]{n}\}$ 的聚点, 则存在子列 $\{x_{n_k}\sqrt[n_k]{n_k}\}$, 有 $\lim\limits_{k\to\infty}x_{n_k}\sqrt[n_k]{n_k}=\eta$. 因为 $\lim\limits_{k\to\infty}\dfrac{1}{\sqrt[n_k]{n_k}}=1$, 所以

$$\lim_{k\to\infty}x_{n_k}=\lim_{k\to\infty}\frac{x_{n_k}\sqrt[n_k]{n_k}}{\sqrt[n_k]{n_k}}=\eta.$$

于是, η 为数列 $\{x_n\}$ 的聚点. ■

例 7.3.2　设 $\{x_n\}$ 为有界数列, 证明:

(i) $\overline{A}$ 为数列 $\{x_n\}$ 的上极限 $\Leftrightarrow\overline{A}=\lim\limits_{n\to\infty}\sup\limits_{k\geqslant n}\{x_k\}$;

(ii) $\underline{A}$ 为数列 $\{x_n\}$ 的下极限 $\Leftrightarrow\underline{A}=\lim\limits_{n\to\infty}\inf\limits_{k\geqslant n}\{x_k\}$.

证明　因 $\{x_n\}$ 有界, 则 $\{x_n\}$ 必有上、下确界. 仅证明 (i), 而 (ii) 同理.

必要性. 若 $\overline{A}$ 为数列 $\{x_n\}$ 的上极限, 则由上极限的等价性定义, 有

(a) 对任意 $\varepsilon>0$, 存在 $N>0$, 当 $n>N$ 时 $x_n<\overline{A}+\varepsilon$;

(b) 对任意 $\varepsilon>0$, 存在子列 $\{x_{n_k}\}$, 使 $\overline{A}-\varepsilon<x_{n_k}$.

由 (a) 知, 当 $n>N$ 时有

$$\sup_{k\geqslant n}\{x_{n_k}\}\leqslant\overline{A}+\varepsilon.$$

由 (b) 知, 有

$$\overline{A}-\varepsilon<x_{n_k}\leqslant\sup_{i\geqslant n_k}\{x_i\}.$$

再由 $g_n=\sup\limits_{k\geqslant n}\{x_k\}$ 的递减性, 又有

$$\overline{A}-\varepsilon\leqslant\lim_{k\to\infty}\sup_{i\geqslant n_k}\{x_i\}=\lim_{n\to\infty}\sup_{k\geqslant n}\{x_k\}\leqslant\overline{A}+\varepsilon.$$

令 $\varepsilon\to0$, 即得 $\overline{A}=\lim\limits_{n\to\infty}\sup\limits_{k\geqslant n}\{x_k\}$.

充分性. 设 $A^*=\lim\limits_{n\to\infty}\sup\limits_{k\geqslant n}\{x_k\}$, 则对任意 $\varepsilon>0$, 存在 $N>0$, 当 $n>N$ 时,

$A^*-\varepsilon<\sup\limits_{i\geqslant n}\{x_i\}<A^*+\varepsilon$. 于是

$$x_n\leqslant\sup_{i\geqslant n}\{x_i\}<A^*+\varepsilon.$$

又由上确界定义, 对任意 $k>N$, 存在 n_k, 使得

$$A^*-\varepsilon<x_{n_k}.$$

故由上确界的等价性定义知, $\overline{A}=A^*=\lim\limits_{n\to\infty}\sup\limits_{k\geqslant n}\{x_k\}$. ■

注 7.3.1 例 7.3.2 的更一般情形及其证明可参考文献 [12] 中第 84 页命题 3.6.2.

例 7.3.3 证明对任何有界数列 $\{x_n\}$, $\{y_n\}$, 有

$$\varliminf_{n\to\infty}(x_n+y_n)\leqslant\varliminf_{n\to\infty}x_n+\varlimsup_{n\to\infty}y_n.$$

证明 由上 (下) 极限的等价性定义 (iii), 有

$$-\varlimsup_{n\to\infty}y_n=-\lim_{n\to\infty}\sup_{k\geqslant n}\{y_k\}=\lim_{n\to\infty}\inf_{k\geqslant n}\{-y_k\}=\varliminf_{n\to\infty}(-y_n).$$

所以, 由式 (7.3.6), 有

$$\varliminf_{n\to\infty}(x_n+y_n)+\varliminf_{n\to\infty}(-y_n)\leqslant\varliminf_{n\to\infty}\left[(x_n+y_n)+(-y_n)\right]=\varliminf_{n\to\infty}x_n.$$

由此即得要证明的不等式. ■

例 7.3.4 设 $\{x_n\}$, $\{y_n\}$ 为有界数列, 且 $x_n>0$, $y_n>0$. 证明

$$\varliminf_{n\to\infty}x_n\cdot\varlimsup_{n\to\infty}y_n\leqslant\varlimsup_{n\to\infty}(x_ny_n).$$

证明 若 $\varliminf\limits_{n\to\infty}x_n=0$, 则不等式显然成立.

若 $\varliminf\limits_{n\to\infty}x_n>0$, 因 $x_n>0$, 所以 (实际上是式 (7.3.9) 的证明)

$$\frac{1}{\varliminf\limits_{n\to\infty}x_n}=\lim_{n\to\infty}\frac{1}{\inf\limits_{k\geqslant n}\{x_k\}}=\lim_{n\to\infty}\sup_{k\geqslant n}\left\{\frac{1}{x_k}\right\}=\varlimsup_{n\to\infty}\frac{1}{x_n}.$$

所以, 由式 (7.3.8), 有

$$\varlimsup_{n\to\infty}y_n=\varlimsup_{n\to\infty}\left(x_ny_n\cdot\frac{1}{x_n}\right)\leqslant\varlimsup_{n\to\infty}(x_ny_n)\varlimsup_{n\to\infty}\frac{1}{x_n}=\varlimsup_{n\to\infty}(x_ny_n)\frac{1}{\varliminf\limits_{n\to\infty}x_n}.$$

由此即得要证明的不等式. ■

例 7.3.5　设 $\{x_n\}$ 为有界数列. 证明

$$\varliminf_{n\to\infty} x_n = -\varlimsup_{n\to\infty}(-x_n),\quad \varlimsup_{n\to\infty} x_n = -\varliminf_{n\to\infty}(-x_n).$$

证明　因 $\{x_n\}$ 为有界数列, 故 $\{-x_n\}$ 也为有界数列, 从而 $\varlimsup\limits_{n\to\infty}(-x_n)$ 存在. 由上 (下) 极限的等价性定义 (iii), 有

$$\varliminf_{n\to\infty} x_n = \lim_{n\to\infty}\inf_{k\geqslant n}\{x_k\} = -\lim_{n\to\infty}\sup_{k\geqslant n}\{-x_k\} = -\varlimsup_{n\to\infty}(-x_n).$$

同理可证 $\varlimsup\limits_{n\to\infty} x_n = -\varliminf\limits_{n\to\infty}(-x_n)$. ■

例 7.3.6　设 $\{x_n\}$ 为有界数列.

(i) 是否成立 $\sup\{x_n\} = \varlimsup\limits_{n\to\infty} x_n$, $\inf\{x_n\} = \varliminf\limits_{n\to\infty} x_n$? 为什么?

(ii) 若 $\sup\{x_n\}\notin\{x_n\}$ (或 $\inf\{x_n\}\notin\{x_n\}$), 证明

$$\sup\{x_n\} = \varlimsup_{n\to\infty} x_n\quad (\text{或}\ \inf\{x_n\} = \varliminf_{n\to\infty} x_n).$$

解　(i) 一般情况下是不对的. 例如, 数列 $\{x_n\} = \left\{\dfrac{1}{n}\right\}$, 有 $\sup\{x_n\} = 1$, 但 $\varlimsup\limits_{n\to\infty} x_n = 0$. 数列 $\{x_n\} = \left\{1-\dfrac{1}{n}\right\}$, 有 $\inf\{x_n\} = 0$, 但 $\varliminf\limits_{n\to\infty} x_n = 1$.

(ii) 若 $\xi = \sup\{x_n\}\notin\{x_n\}$, 由数列极限理论可知存在递增子列 $\{x_{n_k}\}\subset\{x_n\}$, $\lim\limits_{k\to\infty} x_{n_k} = \xi$. 由于 $\varlimsup\limits_{n\to\infty} x_n$ 是 $\{x_n\}$ 的最大聚点, 因此 $\xi\leqslant\varlimsup\limits_{n\to\infty} x_n$. 又因 $x_n\leqslant\xi$, 于是 $\varlimsup\limits_{n\to\infty} x_n\leqslant\xi$. 由此可得 $\xi = \varlimsup\limits_{n\to\infty} x_n$.

同理可证明: 若 $\inf\{x_n\}\notin\{x_n\}$, 则 $\inf\{x_n\} = \varliminf\limits_{n\to\infty} x_n$. ■

例 7.3.7　用上 (下) 极限理论证明: 若 $\{x_n\}$ 为有界发散数列, 则数列 $\{x_n\}$ 存在两个收敛于不同极限的子列.

证明　因 $\{x_n\}$ 有界, 故 $\varlimsup\limits_{n\to\infty} x_n$ 与 $\varliminf\limits_{n\to\infty} x_n$ 均存在. 于是, 存在 $\{x_n\}$ 的两个子列 $\{x'_{n_k}\}$ 与 $\{x''_{n_k}\}$, 使

$$\lim_{k\to\infty} x'_{n_k} = \varlimsup_{n\to\infty} x_n,\quad \lim_{k\to\infty} x''_{n_k} = \varliminf_{n\to\infty} x_n.$$

由式 (7.3.2) 知, 数列 $\{x_n\}$ 发散 $\Leftrightarrow$ $\varlimsup\limits_{n\to\infty} x_n \neq \varliminf\limits_{n\to\infty} x_n$, 所以 $\lim\limits_{k\to\infty} x'_{n_k} \neq \lim\limits_{k\to\infty} x''_{n_k}$. 这就证明了数列 $\{x_n\}$ 存在两个收敛于不同极限的子列. ■

例 7.3.8　设数列 $\{x_n\}$ 定义为: $x_1 = 1$, $x_{n+1} = 1+\dfrac{1}{x_n}$, $n\geqslant 1$. 讨论数列 $\{x_n\}$ 的敛散性, 若收敛则求出其极限.

解 容易证明数列 $\{x_n\}$ 从第二项起不越出区间 $[1.5,2]$. 因此有

$$1.5 \leqslant \alpha = \varliminf_{n\to\infty} x_n \leqslant \beta = \varlimsup_{n\to\infty} x_n \leqslant 2.$$

在递推公式两边取上极限与下极限, 则有

$$\alpha = 1 + \varliminf_{n\to\infty} \frac{1}{x_n} = 1 + \frac{1}{\varlimsup\limits_{n\to\infty} x_n} = 1 + \frac{1}{\beta},$$

$$\beta = 1 + \varlimsup_{n\to\infty} \frac{1}{x_n} = 1 + \frac{1}{\varliminf\limits_{n\to\infty} x_n} = 1 + \frac{1}{\alpha}.$$

将上述两处方程联立, 可得 $(\alpha-\beta)\left(1-\dfrac{1}{\alpha\beta}\right)=0$. 由于 $\beta \geqslant \alpha \geqslant 1.5$, 所以 $\alpha=\beta$, 即数列 $\{x_n\}$ 收敛.

易求得数列 $\{x_n\}$ 的极限为 $\dfrac{1+\sqrt{5}}{2}$, 即 $\lim\limits_{n\to\infty} x_n = \dfrac{1+\sqrt{5}}{2}$. ■

四、巩固提高

7.3.1 求下列数列的上、下极限:

(i) $\left\{\arctan n^{(-1)^n}\right\}$; (ii) $\left\{n \sin \dfrac{n\pi}{2} - 1\right\}$.

7.3.2 证明数列 $\left\{\dfrac{1}{2} + (-1)^n \dfrac{n}{2n+1}\right\}$ 只有 0 和 1 两个聚点.

7.3.3 证明若 $\lim\limits_{n\to\infty} x_n$ 存在, $\{y_n\}$ 为有界数列, 则

$$\varlimsup_{n\to\infty}(x_n+y_n) = \lim_{n\to\infty} x_n + \varlimsup_{n\to\infty} y_n.$$

7.3.4 证明若 $x_n>0$, $n\in\mathbb{N}_+$, 且 $\lim\limits_{n\to\infty} x_n$ 存在, 则对任何有界数列 $\{y_n\}$, 有

$$\varlimsup_{n\to\infty}(x_n y_n) = \lim_{n\to\infty} x_n \varlimsup_{n\to\infty} y_n.$$

***7.3.5** 证明若 $x_n>0$, $n\in\mathbb{N}_+$, 则

$$\varliminf_{n\to\infty} \frac{x_{n+1}}{x_n} \leqslant \varliminf_{n\to\infty} \sqrt[n]{x_n} \leqslant \varlimsup_{n\to\infty} \sqrt[n]{x_n} \leqslant \varlimsup_{n\to\infty} \frac{x_{n+1}}{x_n}.$$

***7.3.6** 设 $\{x_n\}$ 为有界数列, 且满足条件 $\lim\limits_{n\to\infty}(x_{n+1}-x_n)=0$. 若记 σ, μ 分别为 $\{x_n\}$ 的上、下极限, 则 $[\mu,\sigma]$ 中任何数均是数列 $\{x_n\}$ 的聚点.

***7.3.7** 设 $y_n = x_n + 2x_{n+1}$, $n\in\mathbb{N}_+$. 证明: 若数列 $\{y_n\}$ 收敛, 则数列 $\{x_n\}$ 也收敛.

(提示: 先证明 $\{x_n\}$ 有界, 再证明其上下极限相等.)

*7.3.8　对于数列 $\{x_n\}$, 记 $S_n = \dfrac{1}{n}\sum_{k=1}^{n} x_k$, $n \in \mathbb{N}_+$, 证明

$$\varliminf_{n\to\infty} x_n \leqslant \varliminf_{n\to\infty} S_n \leqslant \varlimsup_{n\to\infty} S_n \leqslant \varlimsup_{n\to\infty} x_n.$$

*7.3.9　设 $\{x_n\}$ 为正数列. 证明 $\varlimsup\limits_{n\to\infty} \sqrt[n]{x_n} \leqslant 1$ 的充要条件是对大于 1 的每一个数 ℓ 成立 $\lim\limits_{n\to\infty} \dfrac{x_n}{\ell^n} = 0$.

第8章 不定积分

由前面内容知道, 微分法的基本问题是研究如何从已知函数求出其导函数, 与之相反的问题则是: 求一个未知函数, 使其导函数恰好是某一已知函数. 提出此逆问题首先是因为它出现在许多的实际问题中. 本章与其后两章 (定积分、定积分的应用等) 一起构成了一元函数积分学.

本章先介绍不定积分的概念及其基本性质, 然后讨论不定积分的计算, 其核心是不定积分的计算, 关键要掌握不定积分的基本计算方法与常见的可积分类函数.

8.1 不定积分概念与基本积分公式

一、内容精读

1. *原函数与不定积分*

(1) 原函数定义　设函数 f 与 F 在区间 I 上都有定义. 若

$$F'(x)=f(x),\quad x\in I,$$

则称 F 为 f 在区间 I 上的一个*原函数*.

(2) 原函数存在性　若 $f\in C(I)$, 则 f 在 I 上存在原函数 F, 即 $F'(x)=f(x)$, $x\in I$ (连续函数必存在原函数).

(3) 原函数性质　设 F 是 f 在区间 I 上的一个原函数, 则

(i) $F+C$ 也是 f 在 I 上的原函数, 其中 C 为任意常数;

(ii) f 在 I 上的任意两个原函数之间, 只可能相差一个常数.

(4) 不定积分定义　函数 f 在区间 I 上的全体原函数称为 f 在 I 上的*不定积分*, 记作 $\int f(x)\mathrm{d}x$. 若 F 是 f 的一个原函数, 则

$$\int f(x)\mathrm{d}x=F(x)+C, \tag{8.1.1}$$

其中 C 称为*积分常数*.

$$\left(\int f(x)\mathrm{d}x\right)'=\big(F(x)+C\big)'=f(x), \tag{8.1.2}$$

$$\mathrm{d}\left(\int f(x)\mathrm{d}x\right)=\mathrm{d}\big(F(x)+C\big)=f(x)\mathrm{d}x. \tag{8.1.3}$$

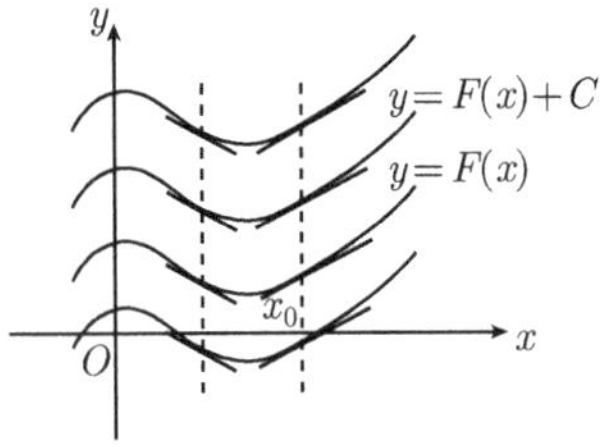

图 8.1.1

(5) 不定积分几何意义　若 F 为 f 的一个原函数, 则称 $y = F(x)$ 的图像为 f 的一条积分曲线. 函数 f 的不定积分在几何上表示 f 的某一积分曲线沿纵轴方向任意平移所得一切积分曲线所组成的曲线族 (图 8.1.1). 显然, 若在每条积分曲线上横坐标相同的点处作切线, 则这些切线互相平行.

2. 基本积分表 (请读者熟记)

由于求原函数的问题就是求导数的逆运算问题, 所以由基本导数公式可以反推出如下的基本积分公式.

(1) $\int 0\mathrm{d}x = C$;

(2) $\int 1\mathrm{d}x = \int \mathrm{d}x = x + C$;

(3) $\int x^\alpha \mathrm{d}x = \dfrac{x^{\alpha+1}}{1+\alpha} + C \quad (\alpha \neq -1, x > 0)$;

(4) $\int \dfrac{\mathrm{d}x}{x} = \ln|x| + C \quad (\alpha = -1)$;

(5) $\int \mathrm{e}^x \mathrm{d}x = \mathrm{e}^x + C$;

(6) $\int a^x \mathrm{d}x = \dfrac{a^x}{\ln a} + C \quad (a > 0, a \neq 1)$;

(7) $\int \cos ax \mathrm{d}x = \dfrac{1}{a}\sin ax + C \quad (a \neq 0)$;

(8) $\int \sin ax \mathrm{d}x = -\dfrac{1}{a}\cos ax + C \quad (a \neq 0)$;

(9) $\int \sec^2 x \mathrm{d}x = \tan x + C$;

(10) $\int \csc^2 x \mathrm{d}x = -\cot x + C$;

(11) $\int \sec x \tan x \mathrm{d}x = \sec x + C$;

(12) $\int \csc x \cot x \mathrm{d}x = -\csc x + C$;

(13) $\int \dfrac{\mathrm{d}x}{\sqrt{1-x^2}} = \arcsin x + C = -\arccos x + C_1$;

(14) $\int \dfrac{\mathrm{d}x}{1+x^2} = \arctan x + C = -\mathrm{arccot} x + C_1$.

线性运算法则　若函数 f 和 g 在区间 I 上都存在原函数, k_1 和 k_2 为任意常

数, 则 k_1f+k_2g 在 I 上也存在原函数, 且

$$\int\big(k_1f(x)+k_2g(x)\big)\mathrm{d}x=k_1\int f(x)\mathrm{d}x+k_2\int g(x)\mathrm{d}x. \tag{8.1.4}$$

一般地, 若 f_i 在区间 I 上都存在原函数, k_i $(i=1,2,\cdots,n)$ 为任意常数, 则

$$\int\left(\sum_{i=1}^{n}k_if_i(x)\right)\mathrm{d}x=\sum_{i=1}^{n}\left(k_i\int f_i(x)\mathrm{d}x\right). \tag{8.1.5}$$

二、疑难解答

问题 8.1.1 为什么原函数的定义中要求自变量的变化范围为一个区间, 而不是一般的数集?

答 要弄清楚这个问题, 可以从以下两个方面加以理解:

(i) 原函数是与导数密切相关的, 而在一般的数集上往往是无法进行求导数的.

(ii) 原函数的一个最根本的性质是:"函数 f 在区间 I 上的任意两个原函数之间只相差一个常数." 而此性质源于微分中值定理 (Lagrange 中值定理) 的推论 6.1.1:"若在区间 I 上 $F'(x)\equiv 0$, 则在区间 I 上 $F(x)\equiv C$." 所以, 在原函数的定义中作出了 "在一个区间上" 的要求, 且在此基础上定义的不定积分才是明确无误的, 即 $f(x)$ 在一个区间 I 上的所有原函数只能是 $F(x)+C$ (其中 $F(x)$ 是 $f(x)$ 在 I 上的任一原函数). ■

问题 8.1.2 原函数与不定积分有何不同? 有何联系?

答 原函数与不定积分是有区别的, 表现为个体与整体间的关系. 若 F 为 f 在区间 I 上的一个原函数, 则 f 在 I 上的不定积分就是其所有原函数的集合, 即

$$\int f(x)\mathrm{d}x=\big\{F(x)+C\mid F'(x)=f(x),\ C\text{ 为任意常数}\big\}.$$

这种关系反映在几何意义上就是某一条积分曲线 $y=F(x)$ 与所有积分曲线族 $y=F(x)+C$ 的关系 (参考图 8.1.1).

原函数与不定积分又是有联系的. 函数 f 在区间 I 上的全体原函数称为 f 在 I 上的不定积分, f 的不定积分是由其一个原函数来确定. 因此, 在求函数 f 的不定积分时, 只要求出 f 的一个原函数, 问题就迎刃而解了.

正是由于函数 f 不定积分是其所有原函数构成的集合, 所以有关不定积分的各种等式都应理解为两个集合的相等, 任意常数 C 不可遗漏. ■

问题 8.1.3 能否谈一谈不定积分记号 "$\int$" 的含义?

答 先看一个几何问题, 即曲边梯形的面积. 设 $y=f(x)$ 为有界闭区间 $[a,b]$ 上的非负连续函数, 曲线 $y=f(x)$ 与直线 $x=a$, $x=b$ 及 $y=0$ 所围成的平面图形 $ABCD$, 称为曲边梯形 $ABCD$, 试求其面积 A.

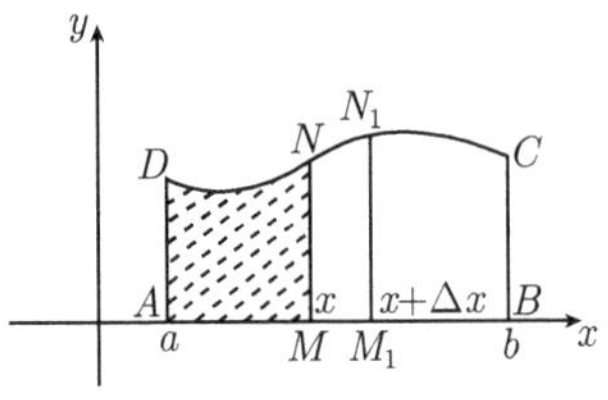

图 8.1.2

在此用一种富有启发性的方式来给出曲边梯形 $ABCD$ 的面积 A 的求法, 旨在发现考虑解决问题的关键过程, 其严格的数学论证暂不考虑.

任取 $x \in [a,b]$, 记曲边梯形 $AMND$ 的面积为 $A(x)$ (图 8.1.2), 它是 x 的函数 (此处称其为面积函数). 特别地, $A(a)=0$, $A(b)=A$.

当 x 变到 $x+\Delta x$ 时, 曲边梯形 $AMND$ 变为曲边梯形 AM_1N_1D. 窄条 MM_1N_1N 的面积 $\Delta A = A(x+\Delta x) - A(x)$. 另一方面, 因 $f(x)$ 为连续函数, 所以 $\Delta x \approx 0$ 时, $\Delta A \approx f(x)\Delta x$. 由此可得

$$\frac{\Delta A}{\Delta x} \approx f(x),$$

从而

$$A'(x) = \lim_{\Delta x \to 0} \frac{\Delta A}{\Delta x} = f(x).$$

这是一个重要结论, 它说明求曲边梯形 $ABCD$ 的面积 A 可归结为求一个导数等于 $f(x)$ 的函数 $A(x)$. 这是求函数导数的逆问题, 称之为求逆问题.

再者, 从数学发展历史上看, 形成定积分概念 (见文献 [1] 中的第 9 章) 要远早于不定积分概念. $f(x)$ 在 $[a,b]$ 上的定积分记为 $\int_a^b f(x)\mathrm{d}x$, 它是微分量 $f(x)\mathrm{d}x$ 的无限累加, 积分号 "$\int$" 可以看成是个被拉长了的字母 S (Sum, 求和). 后来人们知道定积分的计算要依赖于不定积分. 更重要的是, 每个连续函数必存在原函数, 且可以用某种特殊形式的定积分来表示 (变上 (下) 限定积分). 正是由于这两者间的千丝万缕的联系, 后人就把全体原函数的集合取名为 "不定积分", 并用记号 $\int f(x)\mathrm{d}x$ 来表示. 由式 (8.1.2) 和式 (8.1.3) 可知, 微分号 "d" 与积分号 "$\int$" 正好相抵消, 犹如正负相抵消, 乘除相抵消一般. 值得注意的是

$$\int \mathrm{d}f(x) = \int f'(x)\mathrm{d}x = f(x) + C,$$

不要漏写了任意常数 C.

因此, 不定积分记号的设计不仅有着特定的含义, 而且使用也较方便. ■

问题 8.1.4　原函数存在性定理表明: 连续函数必有原函数. 那么请问不连续函数 (间断函数) 是否一定无原函数?

答　不一定. 间断函数不一定无原函数. 例如函数

$$f(x)=\begin{cases}2x\sin\dfrac{1}{x}-\cos\dfrac{1}{x}, & x\neq 0,\\ 0, & x=0.\end{cases}$$

取 $x_n=\dfrac{1}{2n\pi}$, 则 $\lim\limits_{n\to\infty}x_n=0$. 对于所取的数列 $\{x_n\}$, 由于

$$\lim_{n\to\infty}f(x_n)=\lim_{n\to\infty}\left(\frac{1}{n\pi}\sin 2n\pi-\cos 2n\pi\right)=-1\neq 0,$$

所以由归结原理知 $\lim\limits_{x\to 0}f(x)\neq 0$, 表明 $x=0$ 为 $f(x)$ 的间断点. 当 $x\neq 0$ 时, $f(x)$ 连续. 函数 f 是以 $x=0$ 为唯一间断点的间断函数. 易知

$$F(x)=\begin{cases}x^2\sin\dfrac{1}{x}, & x\neq 0,\\ 0, & x=0\end{cases}$$

为 f 的一个原函数, 这表明存在有原函数的间断函数. ■

三、典型例题

例 8.1.1 求下列不定积分:

(i) $\displaystyle\int x^2\mathrm{d}x$; (ii) $\displaystyle\int\frac{\mathrm{d}x}{\sqrt{x}}$; (iii) $\displaystyle\int 2^{-x}\mathrm{d}x$.

解 由基本积分公式, 可得

$$\int x^2\mathrm{d}x=\frac{1}{1+2}x^{1+2}+C=\frac{1}{3}x^3+C;$$

$$\int\frac{\mathrm{d}x}{\sqrt{x}}=\frac{1}{1-\frac{1}{2}}x^{1-\frac{1}{2}}+C=2x^{\frac{1}{2}}+C=2\sqrt{x}+C;$$

$$\int 2^{-x}\mathrm{d}x=\int(2^{-1})^x\mathrm{d}x=\frac{(2^{-1})^x}{\ln 2^{-1}}+C=-\frac{1}{2^x\ln 2}+C.$$ ■

例 8.1.2 求 $\displaystyle\int\cos^2\frac{x}{2}\,\mathrm{d}x$.

解 由于 $\cos^2\dfrac{x}{2}=\dfrac{1}{2}(1+\cos x)$, 所以

$$\int\cos^2\frac{x}{2}\,\mathrm{d}x=\frac{1}{2}\int\mathrm{d}x+\frac{1}{2}\int\cos x\,\mathrm{d}x=\frac{1}{2}x+\frac{1}{2}\sin x+C.$$ ■

例 8.1.3 求下列不定积分:

(i) $\displaystyle\int\frac{1+x^2+x^4}{x^2+x^4}\,\mathrm{d}x$; (ii) $\displaystyle\int(1+\sqrt{x})^5\mathrm{d}x$.

解 (i) 由于 $\dfrac{1+x^2+x^4}{x^2+x^4}=1+\dfrac{1}{x^2(1+x^2)}=1+\dfrac{1}{x^2}-\dfrac{1}{1+x^2}$, 所以

$$\int \frac{1+x^2+x^4}{x^2+x^4}\,\mathrm{d}x = \int \mathrm{d}x + \int \frac{\mathrm{d}x}{x^2} - \int \frac{\mathrm{d}x}{1+x^2} = x - \frac{1}{x} - \arctan x + C.$$

(ii) 由于

$$(1+\sqrt{x})^5 = 1 + 5x^{\frac{1}{2}} + 10x + 10x^{\frac{3}{2}} + 5x^2 + x^{\frac{5}{2}},$$

所以

$$\int (1+\sqrt{x})^5 \mathrm{d}x = x + \frac{10}{3}x^{\frac{3}{2}} + 5x^2 + 4x^{\frac{5}{2}} + \frac{5}{3}x^3 + \frac{2}{7}x^{\frac{7}{2}} + C.$$ ■

例 8.1.4　求 $\int \max\{1, x^2\}\mathrm{d}x$.

解　被积函数 $\max\{1, x^2\}$ 为 $\mathbb{R}$ 上的分段函数, 即

$$\max\{1, x^2\} = \begin{cases} x^2, & x < -1, \\ 1, & -1 \leqslant x \leqslant 1, \\ x^2, & x > 1. \end{cases}$$

当 $x < -1$ 时, $\int \max\{1, x^2\}\mathrm{d}x = \int x^2 \mathrm{d}x = \frac{1}{3}x^3 + C_1$;

当 $-1 \leqslant x \leqslant 1$ 时, $\int \max\{1, x^2\}\,\mathrm{d}x = \int \mathrm{d}x = x + C_2$;

当 $x > 1$ 时, $\int \max\{1, x^2\}\mathrm{d}x = \int x^2 \mathrm{d}x = \frac{1}{3}x^3 + C_3$.

由于 $\max\{1, x^2\}$ 的原函数应在分点 $x=-1$ 和 $x=1$ 处连续, 则有

$$\lim_{x\to -1^-}\left(\frac{1}{3}x^3 + C_1\right) = \lim_{x\to -1^+}(x + C_2), \quad \lim_{x\to 1^-}(x + C_2) = \lim_{x\to 1^+}\left(\frac{1}{3}x^3 + C_3\right),$$

可得 $C_1 = -\frac{2}{3} + C_2$, $C_3 = \frac{2}{3} + C_2$. 从而

$$\int \max\{1, x^2\}\,\mathrm{d}x = \begin{cases} \frac{1}{3}x^3 - \frac{2}{3} + C, & x < -1, \\ x + C, & -1 \leqslant x \leqslant 1, \\ \frac{1}{3}x^3 + \frac{2}{3} + C, & x > 1. \end{cases}$$ ■

例 8.1.5　若 $\int f(u)\mathrm{d}u = F(u) + C$, $a \neq 0$, 证明 $\int f(ax+b)\mathrm{d}x = \frac{1}{a}F(ax+b) + C$.

证明　由条件知, $\frac{\mathrm{d}F(u)}{\mathrm{d}u} = f(u)$, 故

$$\begin{aligned} \frac{\mathrm{d}}{\mathrm{d}x}\left(\frac{1}{a}F(ax+b)\right) &= \frac{1}{a}\frac{\mathrm{d}}{\mathrm{d}x}\big(F(ax+b)\big) \xlongequal{\text{令 } u=ax+b} \frac{1}{a}\frac{\mathrm{d}F(u)}{\mathrm{d}u}\frac{\mathrm{d}u}{\mathrm{d}x} \\ &= \frac{1}{a}\cdot f(ax+b)\cdot a = f(ax+b). \end{aligned}$$ ■

注 8.1.1 例 8.1.5 所证明的结论, 可以看作如下求解过程:

$$\begin{aligned}\int f(ax+b)\mathrm{d}x &\xlongequal{a\neq 0} \frac{1}{a}\int f(ax+b)\mathrm{d}(ax+b)\\ &\xlongequal{\text{令 } u=ax+b} \frac{1}{a}\int f(u)\mathrm{d}u=\frac{1}{a}F(u)+C\\ &\xlongequal{\text{回代 } u=ax+b} \frac{1}{a}F(ax+b)+C.\end{aligned}$$

如

$$\begin{aligned}\int\frac{\mathrm{d}x}{x+1} &\xlongequal{a=1\neq 0}\int\frac{1}{x+1}\,\mathrm{d}(x+1)\\ &\xlongequal{\text{令 } u=x+1}\int\frac{\mathrm{d}u}{u}=\ln|u|+C\xlongequal{\text{回代 } u=x+1}\ln|x+1|+C.\end{aligned}$$

例 8.1.5 体现了第一换元法的基本思想. 推广可得第一换元法 (参见定理 8.2.1):

命题 8.1.1 若 $\int f(u)\mathrm{d}u=F(u)+C$, $u=\varphi(x)$ 可导, 则

$$\int f(\varphi(x))\varphi'(x)\mathrm{d}x=\int f(u)\mathrm{d}u=F(u)+C=F(\varphi(x))+C.$$

***例 8.1.6** 利用例 8.1.5 的基本思想来求下列不定积分:

(i) $\displaystyle\int\frac{\mathrm{d}x}{x^2}\mathrm{e}^{\frac{1}{x}}$; (ii) $\displaystyle\int\sin nx\cos mx\ \mathrm{d}x\quad(n\neq\pm m)$;

(iii) $\displaystyle\int\frac{\arctan\sqrt{x}}{\sqrt{x}+\sqrt{x^3}}\mathrm{d}x$; (iv) $\displaystyle\int\frac{x^5}{(x^3-2)^2}\mathrm{d}x$.

解 (i) $\displaystyle\int\frac{1}{x^2}\mathrm{e}^{\frac{1}{x}}\mathrm{d}x=-\int\mathrm{e}^{\frac{1}{x}}\left(\frac{1}{x}\right)'\mathrm{d}x=-\int\mathrm{e}^{\frac{1}{x}}\mathrm{d}\left(\frac{1}{x}\right)=-\mathrm{e}^{\frac{1}{x}}+C.$

(ii) 当 $n\neq m$ 时, 有 $\sin nx\cos mx=\dfrac{1}{2}\big(\sin(n+m)x+\sin(n-m)x\big)$, 所以

$$\begin{aligned}\int\sin nx\cos mx\ \mathrm{d}x&=\frac{1}{2}\int\big(\sin(n+m)x+\sin(n-m)x\big)\ \mathrm{d}x\\ &=\frac{1}{2}\left(\int\sin(n+m)x\ \mathrm{d}x+\int\sin(n-m)x\ \mathrm{d}x\right)\\ &=\frac{1}{2}\left(\int\frac{\sin(n+m)x}{n+m}\mathrm{d}\big((n+m)x\big)+\int\frac{\sin(n-m)x}{n-m}\mathrm{d}\big((n-m)x\big)\right)\\ &=\frac{1}{2}\left(-\frac{1}{n+m}\cos(n+m)x-\frac{1}{n-m}\cos(n-m)x\right)+C.\end{aligned}$$

(iii) 由于 $(\arctan\sqrt{x})'=\dfrac{1}{1+(\sqrt{x})^2}\cdot\dfrac{1}{2\sqrt{x}}=\dfrac{1}{2}\dfrac{1}{(1+x)\sqrt{x}}$, 所以

$$\int\frac{\arctan\sqrt{x}}{\sqrt{x}+\sqrt{x^3}}\mathrm{d}x=\int\arctan\sqrt{x}\cdot\frac{1}{(1+x)\sqrt{x}}\ \mathrm{d}x$$

$$= 2\int \arctan\sqrt{x}\ \mathrm{d}(\arctan\sqrt{x}) = (\arctan\sqrt{x})^2 + C.$$

(iv) 由于 $\dfrac{x^5}{(x^3-2)^2} = \dfrac{x^3(x^3-2)'}{3(x^3-2)^2} = \dfrac{1}{3}\left(\dfrac{1}{x^3-2} + \dfrac{2}{(x^3-2)^2}\right)\cdot(x^3-2)'$, 所以

$$\begin{aligned}\int \frac{x^5}{(x^3-2)^2}\mathrm{d}x &= \frac{1}{3}\int\left(\frac{1}{x^3-2}+\frac{2}{(x^3-2)^2}\right)\cdot(x^3-2)'\mathrm{d}x\\ &= \frac{1}{3}\int\left(\frac{1}{x^3-2}+\frac{2}{(x^3-2)^2}\right)\mathrm{d}(x^3-2)\\ &= \frac{1}{3}\left(\ln|x^3-2| - \frac{2}{x^3-2}\right)+C.\end{aligned}$$

■

四、巩固提高

8.1.1　下列等式是否正确? 请说明理由.

(i) $\mathrm{d}\left(\int f(x)\mathrm{d}x\right) = f(x)$;　　(ii) $\mathrm{d}\left(\int f(x)\mathrm{d}x\right) = f(x)\mathrm{d}x$;

(iii) $\int \mathrm{d}\,f(x) = f(x)$;　　(iv) $\mathrm{d}\left(\int \mathrm{d}\,f(x)\right) = \mathrm{d}f(x)$.

8.1.2　求下列不定积分:

(i) $\int\left(\cos^2\dfrac{x}{2} - \sin^2\dfrac{x}{2}\right)\mathrm{d}x$;　　(ii) $\int \dfrac{x+1}{x^2}\mathrm{d}x$;

(iii) $\int \cos 2x\cos 4x\ \mathrm{d}x$;　　(iv) $\int \dfrac{x^4}{1+x^2}\mathrm{d}x$.

8.1.3　求下列不定积分:

(i) $\int \dfrac{\mathrm{d}x}{a-x}$;　　(ii) $\int \dfrac{\arctan x}{1+x^2}\mathrm{d}x$;

(iii) $\int \dfrac{\mathrm{d}x}{x\ln x}$;　　(iv) $\int (x-1)\mathrm{e}^{x^2-2x}\mathrm{d}x$;

(v) $\int x^2\sqrt{x^3+1}\ \mathrm{d}x$;　　(vi) $\int \sin^5 x\cos x\ \mathrm{d}x$;

(vii) $\int \dfrac{\mathrm{d}x}{5+4x+x^2}$;　　(viii) $\int \dfrac{x^2+1}{x^4+1}\ \mathrm{d}x$.

8.1.4　求下列不定积分:

(i) $\int |x|\mathrm{d}x$;　　(ii) $\int \min\{1, x^2\}\mathrm{d}x$.

8.1.5　求不定积分 $\int f(x)\mathrm{d}x$, 其中 $f(x) = \begin{cases} 1, & x<0,\\ x+1, & 0\leqslant x\leqslant 1,\\ 2x, & x>1.\end{cases}$

8.1.6　求一曲线, 使在其上每一点 (x, y) 处的切线斜率为 $\dfrac{\ln x}{x}$, 且通过点 $(1, 2)$.

8.1.7 一曲线通过点 $(\mathrm{e}^2,3)$, 且在其上任一点 (x,y) 处的切线斜率等于该点横坐标的倒数, 求该曲线的方程.

8.1.8 一物体由静止开始运动, 经 t 秒后的速度是 $3t^2$ 米/秒, 问:

(i) 在 3 秒后物体离开出发点的距离是多少?

(ii) 物体走完 360 米需要多少时间?

8.2 换元积分法与分部积分法

一、内容精读

1. 换元积分法

定理 8.2.1 (第一换元积分法) 设 $f(x)=g(\varphi(x))\varphi'(x)$, $x\in[a,b]$. 若 $\int g(u)\mathrm{d}u=G(u)+C$, 则

$$\int f(x)\mathrm{d}x=\int g(\varphi(x))\varphi'(x)\mathrm{d}x=\int g(u)\mathrm{d}u$$
$$=G(u)+C=G(\varphi(x))+C. \quad (\text{第一换元公式}) \tag{8.2.1}$$

定理 8.2.2 (第二换元积分法) 设 $f(x)=g(\varphi(x))\varphi'(x)$, $x\in[a,b]$. 若 $\varphi'(x)\neq 0$, $x\in[a,b]$, 且 $\int f(x)\,\mathrm{d}x=F(x)+C$, 则

$$\int g(u)\mathrm{d}u=\int g(\varphi(x))\varphi'(x)\mathrm{d}x=\int f(x)\mathrm{d}x$$
$$=F(x)+C=F\big(\varphi^{-1}(u)\big)+C, \quad (\text{第二换元公式}) \tag{8.2.2}$$

其中 φ^{-1} 为 φ 的反函数.

2. 分部积分法

定理 8.2.3 (分部积分公式) 若 $u(x)$, $v(x)$ 可导, $\int u'(x)v(x)\mathrm{d}x$ 存在, 则 $\int u(x)v'(x)\mathrm{d}x$ 也存在, 并有

$$\int u(x)v'(x)\mathrm{d}x=u(x)v(x)-\int u'(x)v(x)\mathrm{d}x \tag{8.2.3}$$

或者

$$\int u\mathrm{d}v=uv-\int v\mathrm{d}u. \tag{8.2.3$'$}$$

分部积分公式的使用 分部积分公式的应用大致可归纳为 "升幂"、"降幂"、"循环"、"递推" 四种形式, 具体如何使用可参见后面的例题, 并仔细体会.

在使用分部积分公式时, $v'(x)$ 的选取是一件非常难的事. 通常情况下, 分部积分法使用的基本经验是 "反对幂指三". 具体的 "反" 意指 "反三角函数", "对" 意指

“对数函数”,“幂” 意指 “幂函数”,“指” 意指 “指数函数”, “三” 意指 “三角函数”. 排列次序在后的优先考虑选为 $v'(x)$, 具体可参见后面的例题. 需要说明的是, 上述的“基本经验” 仅作为非常有用的参考, 如 “指三” 情况两者均可以选为 $v'(x)$, 只不过通常要采用递推法得到计算结果.

二、疑难解答

问题 8.2.1　在使用换元积分法时通常需注意那些问题?

答　不定积分的换元积分法有两种: 第一换元积分法, 第二换元积分法.

(i) 第一换元积分法又称为 “*凑微分法*”, 主要是因为公式 (8.2.1) 可以写为

$$\int g(\varphi(x))\varphi'(x)\mathrm{d}x = \int g(\varphi(x))\mathrm{d}\varphi(x) = G(\varphi(x)) + C. \tag{8.2.4}$$

在实际计算时, $\varphi(x)$ 的形式往往是 “凑出来” 的, 目的是使得被积表达式能化成 $f(u)\mathrm{d}u$, 同时能够较易积出来. 能否熟练使用此积分方法, 是与使用者对各种微分形式是否娴熟大有关系. 除了 8.1 节中的基本积分公式要熟记外, 下面这些基本结果也是经常会遇到的, 请读者熟记于心.

$$\int \mathrm{e}^{\varphi(x)}\varphi'(x)\mathrm{d}x = \int \mathrm{e}^{\varphi(x)}\mathrm{d}\varphi(x) = \mathrm{e}^{\varphi(x)} + C;$$

$$\int \varphi'(x)\cos\varphi(x)\mathrm{d}x = \int \cos\varphi(x)\mathrm{d}\varphi(x) = \sin\varphi(x) + C;$$

$$\int \varphi'(x)\sin\varphi(x)\mathrm{d}x = \int \sin\varphi(x)\mathrm{d}\varphi(x) = -\cos\varphi(x) + C;$$

$$\int \varphi(x)\varphi'(x)\mathrm{d}x = \int \varphi(x)\mathrm{d}\varphi(x) = \frac{1}{2}\varphi^2(x) + C;$$

$$\int \frac{\varphi'(x)}{\varphi^2(x)}\mathrm{d}x = \int \frac{1}{\varphi^2(x)}\mathrm{d}\varphi(x) = -\frac{1}{\varphi(x)} + C;$$

$$\int \frac{\varphi'(x)}{\varphi(x)}\mathrm{d}x = \int \frac{1}{\varphi(x)}\mathrm{d}\varphi(x) = \ln|\varphi(x)| + C;$$

$$\cdots\cdots$$

(ii) 第二换元积分法又称为 “*变量替换法*”. 在使用第二换元积分法时, 若变量替换为 $x = \varphi(t)$, 一般用条件 $\varphi'(t) \neq 0$ 来保证逆变换 $t = \varphi^{-1}(x)$ 的存在, 所以通常需要指出 $\varphi(t)$ 的定义范围, 如文献 [1] 第 185 页中的例 7 与例 8 就是如此.

(iii) 在解题结束时必须检查一下所得的结果, 看看在解题运算过程中是否增加 (或忽略) 了对积分变量的限制 (需要说明的是, 这一注意点不只适应于换元积分法), 并作出相应的调整. 例如, 求不定积分 $I = \displaystyle\int \frac{\mathrm{d}x}{1 + \cos x}$.

解法 1 由于 $\dfrac{1}{1+\cos x}=\dfrac{1-\cos x}{1-\cos^2 x}=\dfrac{1-\cos x}{\sin^2 x}=\csc^2 x-\csc x\cot x$, 所以

$$I=\int \csc^2 x\ \mathrm{d}x-\int \csc x\cot x\ \mathrm{d}x=-\cot x+\csc x+C.$$

解法 2 由于 $\dfrac{1}{1+\cos x}=\dfrac{1}{2\cos^2\dfrac{x}{2}}=\dfrac{1}{2}\sec^2\dfrac{x}{2}$, 所以

$$I=\int \frac{1}{2}\sec^2\frac{x}{2}\ \mathrm{d}x=\int \sec^2\frac{x}{2}\ \mathrm{d}\left(\frac{x}{2}\right)=\tan\frac{x}{2}+C.$$

不难发现, 在解法 1 中由于被积函数的分子和分母同乘以 $1-\cos x$, 因此增加了限制条件 $x\neq 2k\pi\ (k\in\mathbb{Z})$. 在解法 2 中没有这一限制, 所以解法 2 的结果是一个完全的结果. 若要从解法 1 的结果中消去多余的限制, 只要作如下调整即可:

$$-\cot x+\csc x+C=\frac{1-\cos x}{\sin x}+C=\frac{1-\cos^2 x}{(1+\cos x)\sin x}+C=\frac{\sin x}{1+\cos x}+C,$$

这个结果与解法 2 中的结果 $\tan\dfrac{x}{2}+C$ 是完全等价的. ■

问题 8.2.2 请举例说明在使用分部积分公式 (8.2.3) 求不定积分时合理选取函数因子 $u(x)$ 与 $v'(x)$ 的重要性.

答 先以文献 [1] 中第 187 页例 13 为例, 求 $\displaystyle\int x^3\ln x\ \mathrm{d}x$.

这是一个 “对幂” 型不定积分计算, 文献 [1] 采用了 “升幂法” 求解此问题.

若取 $u(x)=x^3$, $v'(x)=\ln x$, 则 $u'(x)=3x^2$, 但 $v(x)$ 不易直接得到, 需要先用分部积分法求得. 由分部积分公式 (8.2.3), 有

$$\int \ln x\ \mathrm{d}x=x\ln x-\int x\cdot\frac{1}{x}\ \mathrm{d}x=x\ln x-x+C.$$

所以, 可取 $v(x)=x\ln x-x$. 再由分部积分公式 (8.2.3), 有

$$\begin{aligned}\int x^3\ln x\ \mathrm{d}x&=x^3(x\ln x-x)-3\int x^2(x\ln x-x)\ \mathrm{d}x\\&=x^4(\ln x-1)+\frac{3}{4}x^4-3\int x^3\ln x\ \mathrm{d}x.\end{aligned}$$

对上式移项后整理可得 $\displaystyle\int x^3\ln x\ \mathrm{d}x=\frac{x^4}{16}(4\ln x-1)+C$.

显然, 上述解法要比文献 [1] 中的解法复杂得多, 但毕竟可以求出结果来.

再看一例, 计算 $\displaystyle\int x\mathrm{e}^x\mathrm{d}x$.

若取 $u(x)=\mathrm{e}^x$, $v'(x)=x$, 则由分部积分公式 (8.2.3) 得

$$\int x\mathrm{e}^x\mathrm{d}x=\frac{1}{2}x^2\mathrm{e}^x-\frac{1}{2}\int x^2\mathrm{e}^x\,\mathrm{d}x.$$

而 $\int x^2\mathrm{e}^x\mathrm{d}x$ 比 $\int x\mathrm{e}^x\mathrm{d}x$ 更复杂, 也无法得到计算结果.

此例为"幂指"型不定积分计算, 可采用了"降幂法"求解此问题. 取 $u(x)=x$, $v'(x)=\mathrm{e}^x$, 则

$$\int x\mathrm{e}^x\mathrm{d}x=x\mathrm{e}^x-\int \mathrm{e}^x\mathrm{d}x=x\mathrm{e}^x-\mathrm{e}^x+C=(x-1)\mathrm{e}^x+C.$$

这样, 问题很快就得到解决了. ■

三、典型例题

例 8.2.1　求不定积分 $\int \frac{1}{x^2}\sin\frac{1}{x}\,\mathrm{d}x$.

解

$$\int \frac{1}{x^2}\sin\frac{1}{x}\,\mathrm{d}x=-\int\sin\frac{1}{x}\,\mathrm{d}\left(\frac{1}{x}\right)\xlongequal{\text{令 } u=\frac{1}{x}}-\int\sin u\,\mathrm{d}u=\cos u+C$$

$$\xlongequal{\text{回代 } u=\frac{1}{x}}\cos\frac{1}{x}+C.$$ ■

例 8.2.2　求不定积分 $\int\sqrt{\sin x}\,\cos x\,\mathrm{d}x$.

解

$$\int\sqrt{\sin x}\,\cos x\,\mathrm{d}x\xlongequal{\text{令 } u=\sin x}\int u^{\frac{1}{2}}\mathrm{d}u$$

$$=\frac{2}{3}u^{\frac{3}{2}}+C\xlongequal{\text{回代 } u=\sin x}\frac{2}{3}\sin^{\frac{3}{2}}x+C.$$ ■

例 8.2.3　求不定积分 $\int\sin^3 x\,\mathrm{d}x$.

解

$$\int\sin^3 x\,\mathrm{d}x=\int(1-\cos^2 x)\sin x\,\mathrm{d}x=-\cos x+\frac{1}{3}\cos^3 x+C.$$ ■

例 8.2.4　求不定积分 $\int\frac{\mathrm{d}x}{\sin^3 x\cos x}$.

解

$$\int\frac{\mathrm{d}x}{\sin^3 x\cos x}=\int\frac{\cos^2 x+\sin^2 x}{\sin^3 x\cos x}\,\mathrm{d}x=\int\frac{1+\tan^2 x}{\tan^3 x}\sec^2 x\,\mathrm{d}x$$

$$=\int\left(\tan^{-3}x+\tan^{-1}x\right)\sec^2 x\,\mathrm{d}x$$

$$=-\frac{1}{2}\tan^{-2}x+\ln|\tan x|+C.$$ ■

注 8.2.1　例 8.2.1 为下面类型的特殊情况. 当 $\alpha\neq 0$ 时, 有

$$\int f(x^\alpha)\cdot x^{\alpha-1}\mathrm{d}x\xlongequal{\text{令 } u=x^\alpha}\frac{1}{\alpha}\int f(u)\mathrm{d}u.$$

特别地, 当 $\alpha=-1$ 时, 有

$$\int f\left(\frac{1}{x}\right)\cdot\frac{1}{x^2}\mathrm{d}x \xlongequal{令\ u=\frac{1}{x}} \int f(u)\mathrm{d}u.$$

例 8.2.2∼ 例 8.2.4 为下面类型的特殊情况:

$$\int f(\sin x)\cdot\cos x\ \mathrm{d}x \xlongequal{令\ u=\sin x} \int f(u)\mathrm{d}u;$$

$$\int f(\cos x)\cdot\sin x\ \mathrm{d}x \xlongequal{令\ u=\cos x} -\int f(u)\mathrm{d}u;$$

$$\int f(\tan x)\cdot\sec^2 x\ \mathrm{d}x \xlongequal{令\ u=\tan x} \int f(u)\mathrm{d}u;$$

$$\int f(\cot x)\cdot\csc^2 x\ \mathrm{d}x \xlongequal{令\ u=\cot x} -\int f(u)\mathrm{d}u.$$

若 $\int f(u)\mathrm{d}u$ 易求出, 问题就迎刃而解. 当然, 上述类型应用属于不定积分的第一换元法的范畴, 即 "凑微分法", 它是不定积分计算中常用方法. 对于此法, 读者应多练习才能熟练掌握. 以上仅罗列了几种情况供参考, 以期抛砖引玉.

为了加深对第一换元积分法的理解, 下面再举几例, 以示凑 $\varphi(x)$ 的过程.

例 8.2.5　求不定积分 $\int\frac{\mathrm{d}x}{(1+x)\sqrt{x}}$.

解

$$\int\frac{\mathrm{d}x}{(1+x)\sqrt{x}}=2\int\frac{1}{1+(\sqrt{x})^2}\ \mathrm{d}\sqrt{x} \xlongequal{令\ u=\sqrt{x}} 2\int\frac{\mathrm{d}u}{1+u^2}$$

$$=2\arctan u+C \xlongequal{回代\ u=\sqrt{x}} 2\arctan\sqrt{x}+C.$$

■

例 8.2.6　求不定积分 $\int\frac{\mathrm{d}x}{x(1+x^n)}$ (n 为正整数).

解

$$\int\frac{\mathrm{d}x}{x(1+x^n)}=\frac{1}{n}\int\frac{nx^{n-1}}{x^n(1+x^n)}\mathrm{d}x \xlongequal{令\ u=x^n} \frac{1}{n}\int\frac{\mathrm{d}u}{u(1+u)}$$

$$=\frac{1}{n}\int\left(\frac{1}{u}-\frac{1}{1+u}\right)\mathrm{d}u=\frac{1}{n}\Big(\ln|u|-\ln|1+u|\Big)+C$$

$$\xlongequal{回代\ u=x^n} \frac{1}{n}\ln\left|\frac{x^n}{1+x^n}\right|+C.$$

■

例 8.2.7　求不定积分:

(i) $\int\frac{\arctan x}{1+x^2}\mathrm{d}x$;　(ii) $\int\frac{x^4}{(x^5+1)^4}\mathrm{d}x$;

(iii) $\int\frac{1}{1-x^2}\ln\frac{1+x}{1-x}\mathrm{d}x$;　(iv) $\int\frac{f'(\ln x)}{x\sqrt{f(\ln x)}}\mathrm{d}x$.

解 由第一换元积分法公式 (8.2.1), 可得

(i) $\displaystyle\int \frac{\arctan x}{1+x^2}\mathrm{d}x = \int \arctan x\ \mathrm{d}(\arctan x) = \frac{1}{2}\big(\arctan x\big)^2 + C.$

(ii) $\displaystyle\int \frac{x^4}{(x^5+1)^4}\mathrm{d}x = \frac{1}{5}\int \frac{1}{(x^5+1)^4}\ \mathrm{d}(x^5+1) = -\frac{1}{15}\frac{1}{(x^5+1)^3} + C.$

(iii) $\displaystyle\int \frac{1}{1-x^2}\ln\frac{1+x}{1-x}\mathrm{d}x = \frac{1}{2}\int \ln\frac{1+x}{1-x}\ \mathrm{d}\left(\ln\frac{1+x}{1-x}\right) = \frac{1}{4}\left(\ln\frac{1+x}{1-x}\right)^2 + C.$

(iv) $\displaystyle\int \frac{f'(\ln x)}{x\sqrt{f(\ln x)}}\mathrm{d}x = \int \frac{f'(\ln x)}{\sqrt{f(\ln x)}}\mathrm{d}(\ln x) = \int \frac{\mathrm{d}\big(f(\ln x)\big)}{\sqrt{f(\ln x)}} = 2\sqrt{f(\ln x)} + C.$ ■

在使用第二换元积分公式

$$\int f(x)\mathrm{d}x = \int f(\varphi(t))\varphi'(t)\mathrm{d}t$$

时, 为保证 $t = \varphi^{-1}(x)$ 和 $(\varphi^{-1}(x))' = \dfrac{1}{\varphi'(t)}$ 的存在, 要求 $\varphi'(t) \neq 0$. 为此应指出 t 的合适范围 (请见下面相关的例子).

例 8.2.8 求下列不定积分:

(i) $\displaystyle\int \frac{\mathrm{d}x}{\sqrt{x^2+a^2}},\ a>0;$　　(ii) $\displaystyle\int \frac{x^2}{\sqrt{a^2-x^2}}\ \mathrm{d}x,\ a>0;$

(iii) $\displaystyle\int \frac{\mathrm{d}x}{x\sqrt{x^2+1}};$　　(iv) $\displaystyle\int \frac{1}{\sqrt{(x-a)(b-x)}}\mathrm{d}x,\ a\neq b.$

解 (i) 令 $x = a\tan t,\ -\dfrac{\pi}{2} < t < \dfrac{\pi}{2},\ \mathrm{d}x = a\sec^2 t\mathrm{d}t$, 则

$$\begin{aligned}\int \frac{\mathrm{d}x}{\sqrt{x^2+a^2}} &= \int \frac{a\sec^2 t}{\sqrt{a^2\sec^2 t}}\mathrm{d}t = \int \sec t\ \mathrm{d}t\\ &= \ln|\sec t + \tan t| + C = \ln|x + \sqrt{x^2+a^2}| + C.\end{aligned}$$

(ii) 令 $x = a\sin t,\ -\dfrac{\pi}{2} < t < \dfrac{\pi}{2},\ \mathrm{d}x = a\cos t\mathrm{d}t$, 则

$$\begin{aligned}\int \frac{x^2}{\sqrt{a^2-x^2}}\mathrm{d}x &= \int \frac{a^3\sin^2 t\cos t}{a\cos t}\mathrm{d}t = \frac{a^2}{2}\int (1-\cos 2t)\ \mathrm{d}t\\ &= \frac{a^2}{2}\left(t - \frac{1}{2}\sin 2t\right) + C = \frac{a^2}{2}(t - \sin t\cos t) + C\\ &= \frac{a^2}{2}\left(\arcsin\frac{x}{a} - \frac{1}{a^2}x\sqrt{a^2-x^2}\right) + C.\end{aligned}$$

(iii) 令 $x = \tan t,\ -\dfrac{\pi}{2} < t < \dfrac{\pi}{2},\ \mathrm{d}x = \sec^2 t\mathrm{d}t$, 则

$$\begin{aligned}\int \frac{\mathrm{d}x}{x\sqrt{x^2+1}} &= \int \frac{\sec^2 t}{\tan t \sec t}\mathrm{d}t = \int \csc t\ \mathrm{d}t = \int \frac{\csc^2 t - \csc t \cot t}{\csc t - \cot t}\mathrm{d}t \\ &= \int \frac{\mathrm{d}(\csc t - \cot t)}{\csc t - \cot t} = \ln|\csc t - \cot t| + C \\ &= \ln\left|\frac{1}{x}\sqrt{x^2+1} - \frac{1}{x}\right| + C = \ln\frac{|x|}{\sqrt{x^2+1}+1} + C.\end{aligned}$$

(iv) 因 $\dfrac{x-a}{b-a} + \dfrac{b-x}{b-a} = 1$, 故若令 $x-a=(b-a)\sin^2 t$, $b-x=(b-a)\cos^2 t$, 则

$$x = a + (b-a)\sin^2 t, \quad \mathrm{d}x = 2(b-a)\sin t\cos t\mathrm{d}t.$$

于是

$$\begin{aligned}\int \frac{\mathrm{d}x}{\sqrt{(x-a)(b-x)}} &= \int \frac{2(b-a)\sin t\cos t}{\sqrt{(b-a)^2\sin^2 t\cos^2 t}}\mathrm{d}t = \mathrm{sgn}(b-a)\int 2\mathrm{d}t \\ &= \mathrm{sgn}(b-a)2t + C = \mathrm{sgn}(b-a)2\arctan\sqrt{\frac{x-a}{b-x}} + C.\end{aligned}$$ ■

关于第二换元积分法, 文献 [1] 中例举了较为丰富的实例, 请读者仔细体会.

对于分部积分法的应用是十分灵活的, 再分类举例如下:

例 8.2.9 求下列不定积分(升幂法):

(i) $\int (2x-1)\ln x\ \mathrm{d}x$; (ii) $\int (x^2-1)\arctan x\ \mathrm{d}x$.

解 (i) 这是一个 "对幂" 型不定积分. 取 $u(x)=\ln x$, $v'(x)=2x-1$, 于是

$$\begin{aligned}\int (2x-1)\ln x\ \mathrm{d}x &= (x^2-x)\ln x - \int (x^2-x)\cdot\frac{1}{x}\mathrm{d}x \\ &= (x^2-x)\ln x - \int (x-1)\mathrm{d}x = (x^2-x)\ln x - \frac{1}{2}x^2 + x + C.\end{aligned}$$

(ii) 这是一个 "反幂" 型不定积分. 取 $u(x)=\arctan x$, $v'(x)=x^2-1$, 于是

$$\begin{aligned}\int (x^2-1)\arctan x\mathrm{d}x &= \left(\frac{1}{3}x^3 - x\right)\arctan x - \int\left(\frac{1}{3}x^3 - x\right)\frac{1}{1+x^2}\mathrm{d}x \\ &= \left(\frac{1}{3}x^3 - x\right)\arctan x - \frac{1}{3}\int\frac{x^3-3x}{1+x^2}\mathrm{d}x \\ &= \left(\frac{1}{3}x^3 - x\right)\arctan x - \frac{1}{3}\int\left(x - \frac{4x}{1+x^2}\right)\mathrm{d}x \\ &= \frac{1}{3}\left[(x^3-3x)\arctan x - \frac{x^2}{2} + 2\ln(1+x^2)\right] + C.\end{aligned}$$ ■

适合应用 "升幂法" 的不定积分有如下一些典型的类型:

$$\int P_n(x)(\ln x)^k\mathrm{d}x, \quad \int P_n(x)(\arctan x)^k\mathrm{d}x, \quad k\in\mathbb{N}_+,$$

其中 $P_n(x)$ 为某一 n 次多项式. 在使用分部积分法求上述各类不定积分时, 只需取 $u(x) = (\ln x)^k$ 或 $(\arctan x)^k$, $v'(x) = P_n(x)$, 每使用一次分部积分公式, 多项式因子升幂一次, 同时使 $(\ln x)^k$ 或 $(\arctan x)^k$ 降幂. 重复此过程 k 次, 最后可化为求一个多项式或一个有理分式的不定积分.

例 8.2.10　求下列不定积分(降幂法):

(i) $\displaystyle\int (2x-1)\cos 3x \,\mathrm{d}x$;　　(ii) $\displaystyle\int x^2\mathrm{e}^x \mathrm{d}x$.

解　(i) 这是一个 "幂三" 型不定积分. 取 $u(x) = 2x-1$, $v'(x) = \cos 3x$, 于是

$$\begin{aligned}\int (2x-1)\cos 3x \,\mathrm{d}x &= \frac{1}{3}(2x-1)\sin 3x - \frac{2}{3}\int \sin 3x \,\mathrm{d}x \\ &= \frac{1}{3}(2x-1)\sin 3x + \frac{2}{9}\cos 3x + C.\end{aligned}$$

(ii) 这是一个 "幂指" 型不定积分. 取 $u(x) = x^2$, $v'(x) = \mathrm{e}^x$, 于是

$$\begin{aligned}\int x^2\mathrm{e}^x\mathrm{d}x &= x^2\mathrm{e}^x - 2\int x\mathrm{e}^x\mathrm{d}x = x^2\mathrm{e}^x - 2x\mathrm{e}^x + 2\int \mathrm{e}^x\mathrm{d}x \\ &= x^2\mathrm{e}^x - 2x\mathrm{e}^x + 2\mathrm{e}^x + C = (x^2-2x+2)\mathrm{e}^x + C.\end{aligned}$$ ■

适合应用 "降幂法" 的不定积分有如下一些典型的类型:

$$\int P_n(x)\mathrm{e}^{ax}\mathrm{d}x, \quad \int P_n(x)\sin bx \,\mathrm{d}x, \quad \int P_n(x)\cos bx \,\mathrm{d}x,$$

其中 $P_n(x)$ 为某一 n 次多项式. 在使用分部积分法求上述各类不定积分时, 只须取 $u(x) = P_n(x)$, $v'(x) = \mathrm{e}^{ax}$ (或 $\sin bx$ 或 $\cos bx$), 每使用一次分部积分公式, 多项式因子降幂一次. 重复此过程 n 次, 可使多项式因子降幂成一个常数, 而剩下的是只求 e^{ax} (或 $\sin bx$ 或 $\cos bx$) 的不定积分.

例 8.2.11　求下列不定积分(循环法):

(i) $\displaystyle\int \mathrm{e}^{ax}\cos bx \,\mathrm{d}x$, $(ab \neq 0)$;　　(ii) $\displaystyle\int \sec^3 x \,\mathrm{d}x$.

解　(i) 记 $I = \displaystyle\int \mathrm{e}^{ax}\cos bx \,\mathrm{d}x$, 这是一个 "指三" 型不定积分, e^{ax}, $\cos bx$ 均可以选为 $v'(x)$, 若取 $v'(x) = \mathrm{e}^{ax}$, 则

$$\begin{aligned}I &= \int \mathrm{e}^{ax}\cos bx\mathrm{d}x = \frac{1}{a}\left(\mathrm{e}^{ax}\cos bx + b\int \mathrm{e}^{ax}\sin bx \,\mathrm{d}x\right) \\ &= \frac{1}{a}\left(\mathrm{e}^{ax}\cos bx + \frac{b}{a}\mathrm{e}^{ax}\sin bx - \frac{b^2}{a}\int \mathrm{e}^{ax}\cos bx \,\mathrm{d}x\right) \\ &= \frac{a\cos bx + b\sin bx}{a^2} - \frac{b^2}{a^2}I.\end{aligned}$$

所以 $\int e^{ax}\cos bx\ dx = \dfrac{b\sin bx + a\cos bx}{a^2+b^2}\ e^{ax} + C.$

若取 $v'(x)=\cos bx$, 可以得到同样的结果.

(ii) 由于 $\sec^3 x = \sec x\cdot\sec^2 x = \sec x\cdot(\tan x)'$, 所以取 $v(x)=\tan x$, 则

$$\begin{aligned}\int \sec^3 x\ dx &= \int \sec x\cdot(\tan x)'\ dx = \sec x\tan x - \int \sec x\tan^2 x\ dx\\ &= \sec x\tan x - \int \sec x\cdot(\sec^2 x - 1)dx\\ &= \sec x\tan x + \int \sec x\ dx - \int \sec^3 x\ dx.\end{aligned}$$

由此可得

$$\begin{aligned}\int \sec^3 x\ dx &= \frac{1}{2}\Big(\sec x\tan x + \int \sec x\ dx\Big)\\ &= \frac{1}{2}\Big(\sec x\tan x + \ln|\sec x + \tan x|\Big) + C.\end{aligned}$$ ■

适合应用 "循环法" 的不定积分有如下一些类型:

$$\int P_n(\cos bx)e^{ax}dx,\quad \int P_n(\sin bx)e^{ax}dx.$$

这些不定积分经若干次分部积分后, 会得到形如

$$I = \cdots = F(x) + \lambda I,\quad \lambda \neq 1$$

的 "循环" 项形式 (其中 I 为所要求的不定积分), 由此可以求出

$$I = \frac{1}{1-\lambda}F(x) + C.$$

例 8.2.12 求下列不定积分(递推法):

(i) $\int x^3\cos x\ dx$;　　(ii) $\int \dfrac{dx}{\sin^4 x}$.

解 (i) 先对一般形如 $I_n = \int x^n\cos x\ dx$ 的不定积分给出递推公式.

$$\begin{aligned}I_n &= \int x^n(\sin x)'\ dx = x^n\sin x - n\int x^{n-1}\sin x\ dx\\ &= x^n\sin x + n\int x^{n-1}(\cos x)'\ dx\\ &= x^n\sin x + nx^{n-1}\cos x - n(n-1)\int x^{n-2}\cos x\ dx,\end{aligned}$$

由此得到递推公式如下：

$$
\begin{aligned}
&I_n = x^n \sin x + n x^{n-1} \cos x - n(n-1) I_{n-2}, \quad n \geqslant 2,\\
&I_1 = x \sin x + \cos x + C_1,\\
&I_0 = \sin x + C_0.
\end{aligned}
$$

利用上述递推公式, 可得

$$
\begin{aligned}
\int x^3 \cos x \, \mathrm{d}x = I_3 &= x^3 \sin x + 3x^2 \cos x - 6I_1\\
&= x^3 \sin x + 3x^2 \cos x - 6\big(x \sin x + \cos x + C_1\big)\\
&= (x^3 - 6x) \sin x + (3x^2 - 6) \cos x + C.
\end{aligned}
$$

(ii) 先给出 $I_n = \displaystyle\int \frac{\mathrm{d}x}{\sin^n x}$ 的递推公式, 其中 $n \in \mathbb{N}$.

对三角函数 $\sin^n x$ 进行降幂 (对 $n > 2$ 时), 有

$$
\begin{aligned}
I_n &= \int \frac{\sin^2 x + \cos^2 x}{\sin^n x} \, \mathrm{d}x = I_{n-2} + \int \cos x \, \mathrm{d}\left(\frac{\sin^{1-n} x}{1-n}\right)\\
&= I_{n-2} + \frac{\cos x \sin^{1-n} x}{1-n} - \frac{1}{1-n} \int \sin^{1-n} x \, \mathrm{d}\cos x\\
&= I_{n-2} + \frac{\cos x \sin^{1-n} x}{1-n} + \frac{1}{1-n} \int \sin^{2-n} x \, \mathrm{d}x\\
&= I_{n-2} + \frac{\cos x \sin^{1-n} x}{1-n} + \frac{1}{1-n} I_{n-2},
\end{aligned}
$$

由此得递推公式如下：

$$
\begin{aligned}
&I_n = \frac{n-2}{n-1} I_{n-2} + \frac{\cos x \sin^{1-n} x}{1-n}, \quad n > 2,\\
&I_2 = -\cot x + C_2,\\
&I_1 = \ln|\csc x - \cot x| + C_1,\\
&I_0 = x + C_0.
\end{aligned}
$$

利用上述递推公式, 可得

$$
\begin{aligned}
\int \frac{\mathrm{d}x}{\sin^4 x} = I_4 &= -\frac{1}{3} \csc^2 x \cot x + \frac{2}{3} I_2\\
&= -\frac{1}{3} \csc^2 x \cot x + \frac{2}{3}\big(-\cot x + C_2\big)\\
&= -\frac{1}{3} \csc^2 x \cot x - \frac{2}{3} \cot x + C\\
&= -\frac{1}{3}(\csc^2 x + 2) \cot x + C.
\end{aligned}
$$

■

例 8.2.13 求不定积分 $\int \frac{\ln\cos x}{\sin^2 x}\mathrm{d}x$.

解 此为 “对三” 型不定积分, 取 $v'(x)=\csc^2 x$, 则

$$\begin{aligned}\int \frac{\ln\cos x}{\sin^2 x}\mathrm{d}x &= -\int \ln\cos x \,\mathrm{d}\cot x\\ &= -\cot x\cdot\ln\cos x + \int \cot x\frac{-\sin x}{\cos x}\mathrm{d}x\\ &= -\cot x\cdot\ln\cos x - x + C.\end{aligned}$$

■

下面再介绍一例, 通过它来说明计算不定积分时能使用多种方法的可能性:

例 8.2.14 计算不定积分 $I=\int\frac{\mathrm{d}x}{x\sqrt{x^2-1}}$.

解法 1 直接利用 “凑微分法”.

$$I=\int\frac{\mathrm{d}x}{x\sqrt{x^2-1}}=\int\frac{\mathrm{d}\left(\sqrt{x^2-1}\right)}{\left(\sqrt{x^2-1}\right)^2+1}=\arctan\sqrt{x^2-1}+C.$$

解法 2 利用 “倒代换” 的 “凑微分法”.

$$I=\int\frac{\mathrm{d}x}{x^2\sqrt{1-\left(\frac{1}{x}\right)^2}}=-\int\frac{\mathrm{d}\left(\frac{1}{x}\right)}{\sqrt{1-\left(\frac{1}{x}\right)^2}}=-\arcsin\frac{1}{x}+C.$$

解法 3 令 $x=\sec t$, 则 $\mathrm{d}x=\sec t\tan t$, 于是

$$I=\int\frac{\sec t\tan t}{\sec t\tan t}\,\mathrm{d}t=\int\mathrm{d}t=t+C=\arccos\frac{1}{x}+C.$$

解法 4(Euler 变换) 令 $\sqrt{x^2-1}=x-t$, 则 $x=\frac{t^2+1}{2t}$, 且

$$\sqrt{x^2-1}=\frac{1-t^2}{2t},\quad \mathrm{d}x=\frac{t^2-1}{2t^2}\,\mathrm{d}t.$$

于是

$$\begin{aligned}I&=\int\frac{2t\cdot 2t(t^2-1)}{(t^2+1)(1-t^2)2t^2}\,\mathrm{d}t=-2\int\frac{\mathrm{d}t}{1+t^2}\\ &=-2\arctan t+C=-2\arctan(x-\sqrt{x^2-1})+C.\end{aligned}$$

解法 5(Euler 变换) 令 $\sqrt{x^2-1}=t(x-1)$, 则 $x=\frac{t^2+1}{t^2-1}$, 且

$$\sqrt{x^2-1}=\frac{2t}{t^2-1},\quad \mathrm{d}x=-\frac{4t}{(t^2-1)^2}\,\mathrm{d}t.$$

于是

$$I = \int \frac{(t^2-1)^2(-4t)}{(t^2+1)2t(t^2-1)^2}\,\mathrm{d}t = -2\int \frac{\mathrm{d}t}{1+t^2} = -2\arctan t + C$$
$$= -2\arctan\frac{\sqrt{x^2-1}}{x-1} + C. \qquad \blacksquare$$

对例 8.2.14, 应用了五种不同方法去求解. 值得一提的是, 最后两种解法中所用的变换称为 Euler 变换, 可以证明, 对于形如

$$\int R\Big(x, \sqrt{ax^2+bx+c}\Big)\mathrm{d}x \quad (a \neq 0)$$

的不定积分 (其中 R 为有理分式), 利用 Euler 变换可以解决, 详见文献 [5] 中的第二卷. 文献 [1] 上册第 197~198 页中对 Euler 变换略作介绍.

在例 8.2.14 的 5 种解法中, 所得的答案表面上看起来是不同的, 这在不定积分计算中是常见的现象. 由于不定积分是以一个原函数加上任意常数的形式来表示的, 而其中的原函数的选取又是任意的, 彼此之间仅相差一个常数, 因此表面上就可能不一样, 但它们的导数必须相同, 否则就错了. 所以对初学者的特别提醒: **要养成用求导运算来检验不定积分计算结果是否正确的良好习惯**.

例 8.2.15　计算不定积分 $I = \displaystyle\int x^2\sqrt{x^2+1}\,\mathrm{d}x$.

解法 1　将被积函数根式外的 x^2 中的一个 x 移入根号里, 并将积分表达式改写为 $f(u)\mathrm{d}u$ 形式, 其中 $u = x^2$. 具体计算如下:

$$I = \frac{1}{2}\int \sqrt{x^4+x^2}\,\mathrm{d}(x^2)$$
$$= \frac{1}{2}\int \sqrt{\left(x^2+\frac{1}{2}\right)^2 - \frac{1}{4}}\,\mathrm{d}\left(x^2+\frac{1}{2}\right)$$
$$= \frac{1}{4}\left(x^2+\frac{1}{2}\right)\sqrt{x^4+x^2} - \frac{1}{16}\ln\left(x^2+\frac{1}{2}+\sqrt{x^4+x^2}\right) + C_1$$
$$= \frac{1}{8}x(2x^2+1)\sqrt{x^2+1} - \frac{1}{16}\ln\left(x+\sqrt{x^2+1}\right)^2 + C$$
$$= \frac{1}{8}x(2x^2+1)\sqrt{x^2+1} - \frac{1}{8}\ln\left(x+\sqrt{x^2+1}\right) + C.$$

解法 2　利用分部积分法来得到关于 I 的方程, 从而求得 I. 具体计算如下:

$$I = \int x\cdot\left(x\sqrt{x^2+1}\right)\mathrm{d}x = \int x\cdot\left(\frac{1}{2}\sqrt{x^2+1}\,\mathrm{d}(x^2+1)\right)$$
$$= \frac{1}{3}\int x\,\mathrm{d}\big((x^2+1)^{\frac{3}{2}}\big)$$

$$
\begin{aligned}
&=\frac{1}{3}x(x^2+1)^{\frac{3}{2}}-\frac{1}{3}\int(x^2+1)\sqrt{x^2+1}\,\mathrm{d}x\\
&=\frac{1}{3}x(x^2+1)^{\frac{3}{2}}-\frac{1}{3}I-\frac{1}{3}\int\sqrt{x^2+1}\,\mathrm{d}x\\
&=\frac{1}{3}x(x^2+1)^{\frac{3}{2}}-\frac{1}{3}I-\frac{1}{6}\big(x\sqrt{x^2+1}+\ln(x+\sqrt{x^2+1}\,)\big).
\end{aligned}
$$

从上式解出 I 为

$$
I=\frac{1}{4}x(x^2+1)^{\frac{3}{2}}-\frac{1}{8}\Big(x\sqrt{x^2+1}+\ln\big(x+\sqrt{x^2+1}\big)\Big)+C.
$$

解法 3 (此法很难想到, 但计算过程十分简洁) 由于

$$
\Big(x^3\sqrt{x^2+1}\Big)'=3x^2\sqrt{x^2+1}+\frac{x^4}{\sqrt{x^2+1}}=4x^2\sqrt{x^2+1}-\sqrt{x^2+1}+\frac{1}{\sqrt{x^2+1}},
$$

所以

$$
x^2\sqrt{x^2+1}=\frac{1}{4}\Big[\big(x^3\sqrt{x^2+1}\big)'+\sqrt{x^2+1}-\frac{1}{\sqrt{x^2+1}}\Big].
$$

于是

$$
I=\frac{1}{4}\left(x^3\sqrt{x^2+1}+\frac{1}{2}x\sqrt{x^2+1}-\frac{1}{2}\ln\Big(x+\sqrt{x^2+1}\Big)\right)+C.
$$

■

例 8.2.16 设对自然数 $n>2$, 定义 $I_n=\displaystyle\int\frac{\sin nx}{\sin x}\mathrm{d}x$, 证明:

$$
I_n=\frac{2}{n-1}\sin(n-1)x+I_{n-2}.
$$

证明 考虑降 n, 可得

$$
\begin{aligned}
I_n&=\int\frac{\sin(n-1)x\cos x+\sin x\cos(n-1)x}{\sin x}\mathrm{d}x\\
&=\int\frac{\sin(n-1)x\cos x}{\sin x}\mathrm{d}x+\int\cos(n-1)x\,\mathrm{d}x\\
&=\frac{1}{2}\int\frac{\sin nx+\sin(n-2)x}{\sin x}\mathrm{d}x+\frac{1}{n-1}\int\mathrm{d}\big(\sin(n-1)x\big)\\
&=\frac{1}{2}I_n+\frac{1}{2}I_{n-2}+\frac{1}{n-1}\sin(n-1)x,
\end{aligned}
$$

于是 $I_n=\dfrac{2}{n-1}\sin(n-1)x+I_{n-2}$. ■

例 8.2.17 设函数 f 连续, $f'(0)$ 存在, 且对任何 x, y 都有

$$
f(x+y)=\frac{f(x)+f(y)}{1-4f(x)f(y)}.
$$

(i) 证明 f 可导; (ii) 若 $f'(0)=\frac{1}{2}$, 求 $f(x)$.

解　令 $x=y=0$, 则 $f(0)=\dfrac{2f(0)}{1-4f^2(0)}$, 解得 $f(0)=0$.

(i) 由于

$$\frac{f(x+\Delta x)-f(x)}{\Delta x}=\frac{f(\Delta x)\big(1+4f^2(x)\big)}{\Delta x\big(1-4f(x)f(\Delta x)\big)}=\frac{f(\Delta x)-f(0)}{\Delta x}\frac{1+4f^2(x)}{1-4f(x)f(\Delta x)},$$

而 $f'(0)$ 存在, 且 f 在 $x=0$ 处连续, 所以

$$f'(x)=f'(0)\big(1+4f^2(x)\big),$$

从而 f 可导.

(ii) 由 (i) 可知 $f'(x)=f'(0)\big(1+4f^2(x)\big)$, 而 $f'(0)=\frac{1}{2}$, 所以

$$\frac{2f'(x)}{1+4f^2(x)}=1,$$

由此可得 $\arctan\big(2f(x)\big)=x+C$. 又 $f(0)=0$, 所以 $C=0$. 于是

$$f(x)=\frac{1}{2}\tan x.$$ ■

四、巩固提高

8.2.1　求下列不定积分:

(i) $\displaystyle\int e^{-3x+2}dx$;　(ii) $\displaystyle\int\frac{2x-3}{(x^2-3x+8)^2}dx$;

(iii) $\displaystyle\int e^x\sin(e^x)dx$;　(iv) $\displaystyle\int\frac{dx}{\sin x+2\cos x}$;

(v) $\displaystyle\int\frac{1}{1+\sin x}dx$;　(vi) $\displaystyle\int e^{2x^2+\ln x}dx$.

8.2.2　求下列不定积分:

(i) $\displaystyle\int\frac{\arctan x}{x^2(1+x^2)}dx$;　(ii) $\displaystyle\int\frac{x}{\sqrt{4x+2}}dx$;

(iii) $\displaystyle\int\frac{dx}{x^2\sqrt{1-x^2}}$;　(iv) $\displaystyle\int\frac{dx}{\sqrt{ax+b}+c}$, $a\neq 0$;

(v) $\displaystyle\int\frac{\ln x}{x\sqrt{1+\ln x}}dx$;　(vi) $\displaystyle\int\frac{dx}{x\sqrt{x^2-2x-1}}$.

8.2.3　求下列不定积分:

(i) $\displaystyle\int x^2\arcsin x\,dx$;　(ii) $\displaystyle\int\arctan x\,dx$.

8.2.4 求下列不定积分：

(i) $\int (x^4+x^2)\cos 2x\ \mathrm{d}x$; (ii) $\int (x^2-1)\mathrm{e}^{-2x}\mathrm{d}x$.

8.2.5 求下列不定积分：

(i) $\int \mathrm{e}^{-x}\cos x\ \mathrm{d}x$; (ii) $\int \sqrt{x^2+a^2}\ \mathrm{d}x$, 其中 $a>0$.

8.2.6 求下列不定积分 (其中 $m,n\in\mathbb{N}$):

(i) $I(n,m)=\int x^n(\ln x)^m\mathrm{d}x$; (ii) $I_n=\int \dfrac{\mathrm{d}x}{x^n\sqrt{x^2+1}}$.

8.2.7 求下列不定积分：

(i) $\int x\tan x\sec^2 x\ \mathrm{d}x$; (ii) $\int \csc^4 x\ \mathrm{d}x$;

(iii) $\int \dfrac{x\ln x}{(1+x^2)^2}\mathrm{d}x$; (iv) $\int \dfrac{x\arctan x}{(1+x^2)^2}\mathrm{d}x$.

8.2.8 设对任意自然数 m,n, 定义 $I(m,n)=\int \cos^m x\sin^n x\ \mathrm{d}x$, 证明：

(i) $I(m,n)=-\dfrac{\sin^{n-1}x\cos^{m+1}x}{m+n}+\dfrac{n-1}{m+n}I(m,n-2)$;

(ii) $I(m,n)=\dfrac{\cos^{m-1}x\sin^{n+1}x}{m+n}+\dfrac{m-1}{m+n}I(m-2,n)$;

(iii) $I(n,n)=-\dfrac{\cos 2x\sin^{n-1}x}{n2^{n+1}}+\dfrac{n-1}{4n}I(n-2,n-2)$.

***8.2.9** 对 $n\in\mathbb{N}_+$, 定义 $I_n=\int \dfrac{(ax+b)^n}{\sqrt{cx+b}}\mathrm{d}x$, 求出计算 I_n 的递推公式.

***8.2.10** 对于实数 $a\neq 0$ 与自然数 $n>2$, 定义 $I_n=\int \left(\dfrac{\sin(x-a)/2}{\sin(x+a)/2}\right)^n\mathrm{d}x$. 证明：对于 I_n 有递推公式

$$I_n=\frac{2\sin a}{n-1}t^{n-1}-I_{n-2}+2I_{n-1}\cos a,$$

其中 $t=\dfrac{\sin(x-a)/2}{\sin(x+a)/2}$.

8.3 有理函数与可化为有理函数的不定积分

一、内容精读

1. 有理函数的不定积分

(1) 有理函数 两个多项式函数的商

$$R(x)=\frac{P_n(x)}{Q_m(x)}=\frac{\alpha_0x^n+\alpha_1x^{n-1}+\cdots+\alpha_{n-1}x+\alpha_n}{\beta_0x^m+\beta_1x^{m-1}+\cdots+\beta_{m-1}x+\beta_m} \tag{8.3.1}$$

称为**有理函数**(或**有理分式**), 其中 n,m 为非负整数, $\alpha_0,\alpha_1,\cdots,\alpha_n$ 与 $\beta_0,\beta_1,\cdots,\beta_m$ 都是常数, 且 $\alpha_0\beta_0\neq 0$. 当 $m>n$, $R(x)$ 为**真分式**; 当 $m\leqslant n$, $R(x)$ 为**假分式**. 由多项式除法可知, 假分式总可以化为一个多项式和一个真分式之和, 而多项式的不定积分易得, 因此只需研究真分式的不定积分 $\int R(x)\,\mathrm{d}x$. 为此, 通常假设式 (8.3.1) 为一有理真分式.

(2) 有理真分式的不定积分　假定式 (8.3.1) 为一有理真分式. 由代数知识, 有理真分式必可表示为若干个简单部分分式之和 (又称为 "部分分式分解"), 而每个简单部分分式的不定积分均可以依照固定的方法计算.

第一步　对分母 $Q_m(x)$ 在实系数内作标准分解:

$$Q_m(x)=\beta_0(x-a_1)^{\lambda_1}\cdots(x-a_s)^{\lambda_s}(x^2+p_1x+q_1)^{\mu_1}\cdots(x^2+p_tx+q_t)^{\mu_t}, \tag{8.3.2}$$

其中 $\lambda_i,\ \mu_j\ (i=1,2,\cdots,s;\ j=1,2,\cdots,t)$ 均为自然数, 而且

$$\sum_{i=1}^{s}\lambda_i+2\sum_{j=1}^{t}\mu_j=m;\quad p_j^2-4q_j<0,\quad j=1,2,\cdots,t.$$

第二步　写出

$$\begin{aligned}R(x)=&\frac{A_{11}}{x-a_1}+\frac{A_{12}}{(x-a_1)^2}+\cdots+\frac{A_{1\lambda_1}}{(x-a_1)^{\lambda_1}}\\&+\frac{A_{21}}{x-a_2}+\frac{A_{22}}{(x-a_2)^2}+\cdots+\frac{A_{2\lambda_2}}{(x-a_2)^{\lambda_2}}\\&+\cdots\\&+\frac{A_{s1}}{x-a_s}+\frac{A_{s2}}{(x-a_s)^2}+\cdots+\frac{A_{s\lambda_s}}{(x-a_s)^{\lambda_s}}\\&+\frac{B_{11}x+C_{11}}{x^2+p_1x+q_1}+\frac{B_{12}x+C_{12}}{(x^2+p_1x+q_1)^2}+\cdots+\frac{B_{1\mu_1}x+C_{1\mu_1}}{(x^2+p_1x+q_1)^{\mu_1}}\\&+\frac{B_{21}x+C_{21}}{x^2+p_2x+q_2}+\frac{B_{22}x+C_{22}}{(x^2+p_2x+q_2)^2}+\cdots+\frac{B_{2\mu_2}x+C_{2\mu_2}}{(x^2+p_2x+q_2)^{\mu_2}}\\&+\cdots\\&+\frac{B_{t1}x+C_{t1}}{x^2+p_tx+q_t}+\frac{B_{t2}x+C_{t2}}{(x^2+p_tx+q_t)^2}+\cdots+\frac{B_{t\mu_t}x+C_{t\mu_t}}{(x^2+p_tx+q_t)^{\mu_t}}.\end{aligned}$$

第三步　确定待定系数: $A_{ij}\ (i=1,2,\cdots,s;j=1,2,\cdots,\lambda_i)$ 和 $B_{ij},C_{ij}\ (i=1,2,\cdots,t;j=1,2,\cdots,\mu_i)$. 一般方法是将第二步中的式子的右边部分通分相加, 所得的分式的分母即为原分母 $Q_m(x)$, 而分子部分应与原分子 $P_n(x)$ 恒等, 按同幂项系数必相等, 得到一组关于待定系数的线性方程, 求解这一线性方程组所得到的解就是需要确定的系数.

第四步 将分解后的 $R(x)$ 的表达式代入求不定积分.

(3) 常用的几种类型的有理函数的不定积分 (其中 $k \in \mathbb{N}_+$, $a \neq 0$):

(i) $$\int \frac{\mathrm{d}x}{(x-a)^k} = \begin{cases} \ln|x-a| + C, & k=1, \\ \dfrac{1}{(1-k)(x-a)^{k-1}} + C, & k \neq 1. \end{cases}$$

(ii) $$\int \frac{x}{(x^2+a^2)^k}\mathrm{d}x = \begin{cases} \dfrac{1}{2}\ln(x^2+a^2) + C, & k=1, \\ \dfrac{1}{2(1-k)(x^2+a^2)^{k-1}} + C, & k \neq 1. \end{cases}$$

(iii) $I_k = \displaystyle\int \frac{\mathrm{d}x}{(x^2+a^2)^k}$:

当 $k=1$ 时, $I_1 = \dfrac{1}{a}\arctan\dfrac{x}{a} + C$;

当 $k \neq 1$ 时, $I_k = \dfrac{x}{2a^2(k-1)(x^2+a^2)^{k-1}} + \dfrac{2k-3}{2a^2(k-1)}I_{k-1}$.

2. 三角函数有理式的不定积分

由 $u(x)$、$v(x)$ 及常数经过有限次四则运算所得到的函数称为关于 $u(x)$、$v(x)$ 的有理式, 记为 $R(u(x), v(x))$. 对于三角函数有理式的不定积分 $\displaystyle\int R(\sin x, \cos x)\mathrm{d}x$, 作变量变换 $t = \tan\dfrac{x}{2}$, 则

$$\sin x = \frac{2\tan\dfrac{x}{2}}{1+\tan^2\dfrac{x}{2}} = \frac{2t}{1+t^2}, \tag{8.3.3}$$

$$\cos x = \frac{1-\tan^2\dfrac{x}{2}}{1+\tan^2\dfrac{x}{2}} = \frac{1-t^2}{1+t^2}, \tag{8.3.4}$$

$$\mathrm{d}x = \mathrm{d}(\arctan 2t) = \frac{2}{1+t^2}\mathrm{d}t. \tag{8.3.5}$$

所以

$$\int R(\sin x, \cos x)\mathrm{d}x = \int R\left(\frac{2t}{1+t^2}, \frac{1-t^2}{1+t^2}\right)\frac{2}{1+t^2}\mathrm{d}t.$$

这样就将三角函数有理式的不定积分化为有理函数的不定积分, 可利用有理函数的不定积分的方法进行计算.

在某些特定的情况下, 选择更合适的变量替换, 可使运算过程更简单一些. 如

(i) 若 $R(-\sin x, \cos x) = -R(\sin x, \cos x)$, 可令 $t = \cos x$;

(ii) 若 $R(\sin x, -\cos x) = -R(\sin x, \cos x)$, 可令 $t = \sin x$;

(iii) 若 $R(-\sin x,-\cos x)=R(\sin x,\cos x)$, 可令 $t=\tan x$.
具体说明可见下面的问题 8.3.1.

3. 某些无理根式的不定积分

$\displaystyle\int R\left(x,\sqrt[n]{\frac{ax+b}{cx+d}}\right)\mathrm{d}x\ (ad-bc\neq 0)$ 型不定积分. 只需令 $t=\sqrt[n]{\dfrac{ax+b}{cx+d}}$, 就可将其化为有理函数的不定积分.

$\displaystyle\int R(x,\sqrt{ax^2+bx+c}\,)\mathrm{d}x$ 型不定积分 ($a>0$ 时 $b^2-4ac\neq 0$, $a<0$ 时 $b^2-4ac>0$). 由于

$$ax^2+bx+c=a\left[\left(x+\frac{b}{2a}\right)^2+\frac{4ac-b^2}{4a^2}\right],$$

若记 $u=x+\dfrac{b}{2a}$, $k^2=\left|\dfrac{4ac-b^2}{4a^2}\right|$, 则此二次三项式必属于如下三种情况之一:

$$|a|(u^2+k^2),\quad |a|(u^2-k^2),\quad |a|(k^2-u^2).$$

所以, 上述无理根式不定积分也就化为如下三种类型之一:

$$\int R\left(u,\sqrt{u^2+k^2}\right)\mathrm{d}u,\quad \int R\left(u,\sqrt{u^2-k^2}\right)\mathrm{d}u,\quad \int R\left(u,\sqrt{k^2-u^2}\right)\mathrm{d}u.$$

分别令 $u=k\tan t$, $u=k\sec t$ 和 $u=k\sin t$ 后, 它们都可化为三角函数有理式的不定积分. 对于 $\displaystyle\int R(x,\sqrt{ax^2+bx+c}\,)\mathrm{d}x$ 类型的不定积分, 除上述方法外, 还可以采用如下的 Euler 变换法, 直接可以将其化为有理函数的积分: 令

$$\sqrt{ax^2+bx+c}=\begin{cases} t\pm\sqrt{a}\,x, & 若\ a>0,\\ tx\pm\sqrt{c}, & 若\ c>0,\\ t(x-\alpha), & 若\ ax^2+bx+c=a(x-\alpha)(x-\beta). \end{cases}$$

二、疑难解答

问题 8.3.1 对于三角函数有理式的不定积分 $\displaystyle\int R(\sin x,\cos x)\mathrm{d}x$, 对前述三角函数有理式的不定积分中的 (i)~(iii) 能给出明确的理由吗?

答 现在借助于代数学中的知识加以说明.

设 $R(u,v)$ 是关于 u 和 v 的有理式 (整式或分式). 当它变更一个自变量的符号时, 若其值不改变, 如

$$R(-u,v)=R(u,v),$$

则此有理式可以化成 u 只含偶次幂的形式

$$R(u,v)=R_1(u^2,v),$$

若满足

$$R(-u,v)=-R(u,v),$$

则其可以化成如下形式

$$R(u,v)=R_2(u^2,v)u.$$

事实上, 后一个结论可由前一个结论直接推出. 设

$$R^*(u,v)=\frac{1}{u}R(u,v),$$

则满足

$$R^*(-u,v)=\frac{1}{-u}R(-u,v)=\frac{1}{u}R(u,v)=R^*(u,v),$$

据前一个结论, 必有 $R^*(u,v)=R_2(u^2,v)$, 亦即

$$R(u,v)=R^*(u,v)u=R_2(u^2,v)u.$$

将上述结论用到三角函数有理式的不定积分中去, 就有

(i) 若 $R(-\sin x,\cos x)=-R(\sin x,\cos x)$, 则

$$\begin{aligned}\int R(\sin x,\cos x)\mathrm{d}x&=\int R_3\left(\sin^2 x,\cos x\right)\sin x\ \mathrm{d}x\\&=-\int R_3(1-\cos^2 x,\cos x)\mathrm{d}(\cos x)\\&\xlongequal{\text{令 } t=\cos x}-\int R_3(1-t^2,t)\mathrm{d}t\end{aligned}$$

就变为有理式的积分.

(ii) 若 $R(\sin x,-\cos x)=-R(\sin x,\cos x)$, 则

$$\begin{aligned}\int R(\sin x,\cos x)\mathrm{d}x&=\int R_4(\sin x,\cos^2 x)\cos x\ \mathrm{d}x\\&=\int R_4(\sin x,1-\sin^2 x)\mathrm{d}(\sin x)\\&\xlongequal{\text{令 } t=\sin x}\int R_4(t,1-t^2)\mathrm{d}t\end{aligned}$$

就变为有理式的积分.

(iii) 若 $R(-u,-v)=R(u,v)$, 则以 $\dfrac{u}{v}v$ 替代 u, 则有

$$R(u,v)=R\left(\frac{u}{v}v,v\right)=R_5\left(\frac{u}{v},v\right),$$

而 R_5 满足

$$R_5\left(\frac{u}{v},-v\right)=R_5\left(\frac{-u}{-v},-v\right)=R(-u,-v)\equiv R(u,v)=R_5\left(\frac{u}{v},v\right),$$

依前述的代数结论, 必可化为

$$R_5\left(\frac{u}{v},v\right)=R_6\left(\frac{u}{v},v^2\right),$$

所以

$$\begin{aligned}R(\sin x,\cos x)&=R_5(\tan x,\cos x)=R_6(\tan x,\cos^2 x)\\&=R_6\left(\tan x,\frac{1}{1+\tan^2 x}\right)=R^\star(\tan x).\end{aligned}$$

故当满足 $R(-\sin x,-\cos x)=R(\sin x,\cos x)$ 时, 只需令 $t=\tan x$, 就有

$$\int R(\sin x,\cos x)\mathrm{d}x=\int R^\star(\tan x)\mathrm{d}x=\int R^\star(t)\cdot\frac{1}{1+t^2}\mathrm{d}t$$

就变为有理式的积分. ■

问题 8.3.2 能对 $\int R\left(x,\sqrt{ax^2+bx+c}\right)\mathrm{d}x$ 型不定积分所采用的 Euler 变换给出一种合理的解释吗?

答 (i) 当 $a>0$ 时, 令

$$\sqrt{ax^2+bx+c}=t+\sqrt{a}\,x,\tag{8.3.6}$$

将式 (8.3.6) 两边平方后得

$$ax^2+bx+c=t^2+2\sqrt{a}\,tx+ax^2,$$

并由此解出

$$x=\frac{t^2-c}{b-2\sqrt{a}\,t},\qquad \sqrt{ax^2+bx+c}=t+\frac{\sqrt{a}(t^2-c)}{b-2\sqrt{a}\,t}.$$

由此可得

$$\int R\left(x,\sqrt{ax^2+bx+c}\,\right)\mathrm{d}x=\int R\left(\frac{t^2-c}{b-2\sqrt{a}\,t},t+\frac{\sqrt{a}(t^2-c)}{b-2\sqrt{a}\,t}\right)\left(\frac{t^2-c}{b-2\sqrt{a}\,t}\right)'\mathrm{d}t,$$

此时不定积分已化为有理式的不定积分.

在上述情形下的 Euler 积分变换, 积分能成功地化为有理式不定积分的主要原因在于式 (8.3.6) 两边平方后消去了 ax^2 这个二次项, 从而由剩下的一次方程可以很容易解出 x 作为 t 的有理函数. 其余两种 Euler 变换的特点也在于此.

(ii) 当 $c>0$ 时, 令

$$\sqrt{ax^2+bx+c}=tx+\sqrt{c}, \tag{8.3.7}$$

式 (8.3.7) 两边平方后得

$$ax^2+bx+c=t^2x^2+2\sqrt{c}\,tx+c,$$

消去 c 并约去 x 后可得

$$ax+b=t^2x+2\sqrt{c}\,t,$$

并由此解出

$$x=\frac{2\sqrt{c}\,t-b}{a-t^2},\quad \sqrt{ax^2+bx+c}=\frac{\sqrt{c}t^2-bt+a\sqrt{c}}{a-t^2}.$$

由此可得

$$\int R\left(x,\sqrt{ax^2+bx+c}\,\right)\mathrm{d}x=\int R\left(\frac{2\sqrt{c}\,t-b}{a-t^2},\frac{\sqrt{c}t^2-bt+a\sqrt{c}}{a-t^2}\right)\left(\frac{2\sqrt{c}\,t-b}{a-t^2}\right)'\mathrm{d}t,$$

此时不定积分已化为有理式的不定积分.

(iii) 若 $ax^2+bx+c=a(x-\alpha)(x-\beta)$, 则令

$$\sqrt{ax^2+bx+c}=\sqrt{a(x-\alpha)(x-\beta)}=t(x-\alpha), \tag{8.3.8}$$

将式 (8.3.8) 两边平方, 并约去 $x-\alpha$ 后可得 $a(x-\beta)=t^2(x-\alpha)$. 由此解出

$$x=\frac{\alpha t^2-a\beta}{t^2-a},\quad \sqrt{ax^2+bx+c}=\frac{a(\alpha-\beta)t}{t^2-a}.$$

由此可得

$$\int R\left(x,\sqrt{ax^2+bx+c}\,\right)\mathrm{d}x=\int R\left(\frac{\alpha t^2-a\beta}{t^2-a},\frac{a(\alpha-\beta)t}{t^2-a}\right)\left(\frac{\alpha t^2-a\beta}{t^2-a}\right)'\mathrm{d}t,$$

此时不定积分已化为有理式的不定积分.

值得一提的是, 在前面介绍了许多计算三角函数有理式和简单无理根式的积分方法, 但每一种方法都不是万能的, 使用起来有时简捷, 有时繁杂, 所以请读者在学习过程中认真体会, 选择出合适的积分方法来计算相应的不定积分. ■

三、典型例题

例 8.3.1 计算下列有理函数的不定积分:

(i) $\displaystyle\int\frac{\mathrm{d}x}{x^3+1}$; (ii) $\displaystyle\int\frac{4x+3}{(x-2)^3}\,\mathrm{d}x$;

(iii) $\displaystyle\int\frac{x+1}{x^2+4x+13}\,\mathrm{d}x$; (iv) $\displaystyle\int\frac{2x^2-5}{x^4-5x^2+6}\,\mathrm{d}x$.

解 (i) 由于 $x^3+1=(x+1)(x^2-x+1)$, 所以可设

$$\frac{1}{x^3+1}=\frac{A}{x+1}+\frac{Bx+C}{x^2-x+1},$$

比较系数可得

$$A+C=1,\quad -A+B+C=0,\quad A+B=0.$$

解上述代数方程, 求得 $A=\dfrac{1}{3},\ B=-\dfrac{1}{3},\ C=\dfrac{2}{3}$. 于是

$$\begin{aligned}\int\frac{\mathrm{d}x}{x^3+1}&=\frac{1}{3}\int\frac{\mathrm{d}x}{x+1}-\frac{1}{3}\int\frac{x-2}{x^2-x+1}\mathrm{d}x\\&=\frac{1}{3}\ln|x+1|-\frac{1}{6}\int\frac{2x-1}{x^2-x+1}\mathrm{d}x+\frac{1}{2}\int\frac{\mathrm{d}x}{x^2-x+1}\\&=\frac{1}{3}\ln|x+1|-\frac{1}{6}\ln(x^2-x+1)+\frac{1}{\sqrt{3}}\arctan\frac{2x-1}{\sqrt{3}}+C.\end{aligned}$$

(ii) 设 $\dfrac{4x+3}{(x-2)^3}=\dfrac{A}{x-2}+\dfrac{B}{(x-2)^2}+\dfrac{C}{(x-2)^3}$, 比较系数可得

$$A=0,\quad -4A+B=4,\quad 4A-2B+C=3.$$

解上述代数方程, 求得 $A=0,\ B=4,\ C=11$. 于是

$$\int\frac{4x+3}{(x-2)^3}\mathrm{d}x=\int\frac{4}{(x-2)^2}\mathrm{d}x+\int\frac{11}{(x-2)^3}\mathrm{d}x=-\frac{4}{x-2}-\frac{11}{2}\frac{1}{(x-2)^2}+C.$$

(iii) 对于二次三项式 $x^2+4x+13$, 因 $\Delta=4^2-4\times1\times13=-36<0$, 所以

$$\begin{aligned}\int\frac{x+1}{x^2+4x+13}\mathrm{d}x=\int\frac{x+1}{(x+2)^2+9}\mathrm{d}x&\xlongequal{令\ t=x+2}\int\frac{t-1}{t^2+3^2}\mathrm{d}t\\&=\frac{1}{2}\ln(t^2+9)-\frac{1}{3}\arctan\frac{t}{3}+C\\&=\frac{1}{2}\ln(x^2+2x+13)-\frac{1}{3}\arctan\frac{x+2}{3}+C.\end{aligned}$$

(iv) 由于 $x^4-5x^2+6=(x^2-3)(x^2-2)=(x-\sqrt{3})(x+\sqrt{3})(x-\sqrt{2})(x+\sqrt{2})$, 所以可设 (要特别注意如下确定待定常数的方法)

$$\frac{2x^2-5}{x^4-5x^2+6}=\frac{A}{x-\sqrt{3}}+\frac{B}{x+\sqrt{3}}+\frac{C}{x-\sqrt{2}}+\frac{D}{x+\sqrt{2}}.\tag{8.3.9}$$

将式 (8.3.9) 中两边同乘以 $x-\sqrt{3}$, 并令 $x\to\sqrt{3}$ 得 $A=\dfrac{1}{2\sqrt{3}}$.

同理可得 $B=-\dfrac{1}{2\sqrt{3}},\ C=\dfrac{1}{2\sqrt{2}},\ D=-\dfrac{1}{2\sqrt{2}}$. 于是

$$\begin{aligned}\int\frac{2x^2-5}{x^4-5x^2+6}\mathrm{d}x=&\frac{1}{2\sqrt{3}}\int\frac{\mathrm{d}x}{x-\sqrt{3}}-\frac{1}{2\sqrt{3}}\int\frac{\mathrm{d}x}{x+\sqrt{3}}\\&+\frac{1}{2\sqrt{2}}\int\frac{\mathrm{d}x}{x-\sqrt{2}}-\frac{1}{2\sqrt{2}}\int\frac{\mathrm{d}x}{x+\sqrt{2}}\end{aligned}$$

$$= \frac{1}{2\sqrt{3}}\ln|x-\sqrt{3}| - \frac{1}{2\sqrt{3}}\ln|x+\sqrt{3}| + \frac{1}{2\sqrt{2}}\ln|x-\sqrt{2}| - \frac{1}{2\sqrt{2}}\ln|x+\sqrt{2}|$$

$$= \frac{1}{2\sqrt{3}}\ln\left|\frac{x-\sqrt{3}}{x+\sqrt{3}}\right| + \frac{1}{2\sqrt{2}}\ln\left|\frac{x-\sqrt{2}}{x+\sqrt{2}}\right| + C.$$ ■

例 8.3.2 计算下列三角函数有理式的不定积分:

(i) $\displaystyle\int \frac{\cos^5 x}{\sin^4 x}dx$; (ii) $\displaystyle\int \frac{\cos 2x}{\sin^4 x+\cos^4 x}dx$; (iii) $\displaystyle\int \frac{3\sin x+2\cos x}{2\sin x+3\cos x}dx$.

解 (i) 利用内容精读中 2 的 (ii), 可得

$$\int \frac{\cos^5 x}{\sin^4 x}dx = \int \frac{\cos^4 x}{\sin^4 x}d(\sin x) \xlongequal{令\ t=\sin x} \int \frac{(1-t^2)^2}{t^4}dt$$

$$= \int (t^{-4}-2t^{-2}+1)dt = -\frac{1}{3}t^{-3}+\frac{2}{t}+t+C$$

$$= -\frac{1}{3\sin^3 x}+\frac{2}{\sin x}+\sin x + C.$$

(ii) 利用内容精读中 2 的 (iii), 可得

$$\int \frac{\cos 2x}{\sin^4 x+\cos^4 x}dx = \int \frac{\cos^2 x-\sin^2 x}{\sin^4 x+\cos^4 x}dx = \int \frac{1-\tan^2 x}{1+\tan^4 x}d(\tan x)$$

$$\xlongequal{令\ t=\tan x} \int \frac{1-t^2}{1+t^4}dt = \int \frac{\frac{1}{t^2}-1}{\frac{1}{t^2}+t^2}dt$$

$$= -\int \frac{\left(\frac{1}{t}+t\right)'}{\left(\frac{1}{t}+t\right)^2-2}dt \xlongequal{令\ u=\frac{1}{t}+t} -\int \frac{du}{u^2-2}$$

$$= \frac{1}{2\sqrt{2}}\int \left(\frac{1}{u+\sqrt{2}}-\frac{1}{u-\sqrt{2}}\right)du$$

$$= \frac{1}{2\sqrt{2}}\ln\left|\frac{u+\sqrt{2}}{u-\sqrt{2}}\right| + C = \frac{1}{2\sqrt{2}}\ln\frac{t^2+\sqrt{2}t+1}{t^2-\sqrt{2}t+1} + C$$

$$= \frac{1}{2\sqrt{2}}\ln\frac{\sec^2 x+\sqrt{2}\tan x}{\sec^2 x-\sqrt{2}\tan x} + C.$$

注 8.3.1 此题还可以用如下更简捷的方法.

$$\int \frac{\cos 2x}{\sin^4 x+\cos^4 x}dx = \int \frac{\cos 2x}{(\cos^2 x+\sin^2 x)^2-2\sin^2 x\cos^2 x}dx$$

$$
\begin{aligned}
&= \int \frac{\cos 2x}{2-\sin^2 2x}\mathrm{d}(2x) = \int \frac{\mathrm{d}(\sin 2x)}{2-\sin^2 2x} \\
&= \frac{1}{2\sqrt{2}} \ln\left|\frac{\sqrt{2}+\sin 2x}{\sqrt{2}-\sin 2x}\right| + C.
\end{aligned}
$$

(iii) 本题可以用上述类似的方法去求解, 但注意到有理分式的分母 $(2\sin x + 3\cos x)' = 2\cos x - 3\sin x$, 且分式的分子与分母均为 $\sin x$, $\cos x$ 的线性组合, 因此采用另外一种独特的方法来求解. 为此令

$$3\sin x + 2\cos x = a(2\cos x - 3\sin x) + b(2\sin x + 3\cos x),$$

即

$$3\sin x + 2\cos x = (-3a+2b)\sin x + (2a+3b)\cos x,$$

由此可得

$$-3a+2b=3, \quad 2a+3b=2.$$

解得 $a=-\dfrac{5}{13}$, $b=\dfrac{12}{13}$. 于是

$$
\begin{aligned}
\int \frac{3\sin x + 2\cos x}{2\sin x + 3\cos x}\mathrm{d}x &= \frac{12}{13}\int \mathrm{d}x - \frac{5}{13}\int \frac{\mathrm{d}(2\sin x + 3\cos x)}{2\sin x + 3\cos x} \\
&= \frac{12}{13}x - \frac{5}{13}\ln|2\sin x + 3\cos x| + C.
\end{aligned}
$$

■

例 8.3.2 中的 (iii) 的解法是一类典型的特殊解法, 请读者在学习时努力掌握.

下面再介绍一种简便且容易掌握的方法 —— 称之为“**配对积分法**”. 由于

$$\frac{3\sin x + 2\cos x}{2\sin x + 3\cos x} = \frac{2}{3} + \frac{5}{3}\cdot\frac{\sin x}{2\sin x + 3\cos x},$$

所以只要求出不定积分 $\displaystyle\int \frac{\sin x}{2\sin x + 3\cos x}\mathrm{d}x$ 问题就解决了. 为此记

$$I_1 = \int \frac{\sin x}{2\sin x + 3\cos x}\mathrm{d}x, \quad I_2 = \int \frac{\cos x}{2\sin x + 3\cos x}\mathrm{d}x,$$

就有

$$2I_1 + 3I_2 = x + C_1,$$

$$-3I_1 + 2I_2 = \ln|2\sin x + 3\cos x| + C_2,$$

解得 $I_1 = \dfrac{2}{13}x - \dfrac{3}{13}\ln|2\sin x + 3\cos x| + 2C_1 - 3C_2$. 从而

$$I = \frac{2}{3}x + \frac{5}{3}I_1 = \frac{12}{13}x - \frac{5}{13}\ln|2\sin x + 3\cos x| + C.$$

"配对积分法" 的一般形式：一般地, 为了计算不定积分 $I(x)=\int f(x)\mathrm{d}x$, 可以寻找另一个积分 $J(x)=\int g(x)\mathrm{d}x$ 及实数 a, b, c, d (其中 $ad-bc\neq 0$), 使得 $\int\big(af(x)+bg(x)\big)\mathrm{d}x$ 和 $\int\big(cf(x)+dg(x)\big)\mathrm{d}x$ 都比 $\int f(x)\mathrm{d}x$ 容易计算, 从而计算出 $aI(x)+bJ(x)$ 和 $cI(x)+dJ(x)$ 后, 通过解代数方程求出 $I(x)$.

为了便于读者掌握 "配对积分法", 下面再举两例：

例 1 计算不定积分 $\displaystyle\int\frac{\mathrm{d}x}{1+x^4}$.

解 令 $\displaystyle I(x)=\int\frac{\mathrm{d}x}{1+x^4}$, $\displaystyle J(x)=\int\frac{x^2}{1+x^4}\mathrm{d}x$, 则有

$$I(x)+J(x)=\int\frac{1+x^2}{1+x^4}\mathrm{d}x=\int\frac{\mathrm{d}\left(x-\dfrac{1}{x}\right)}{\left(x-\dfrac{1}{x}\right)^2+2}=\frac{1}{\sqrt{2}}\arctan\frac{x^2-1}{\sqrt{2}\,x}+C,$$

$$I(x)-J(x)=\int\frac{1-x^2}{1+x^4}\mathrm{d}x=-\int\frac{\mathrm{d}\left(x+\dfrac{1}{x}\right)}{\left(x+\dfrac{1}{x}\right)^2-2}=-\frac{1}{2\sqrt{2}}\ln\frac{x^2-\sqrt{2}\,x+1}{x^2+\sqrt{2}\,x+1}+C.$$

于是

$$\begin{aligned}I(x)&=\frac{1}{2}\Big[\big(I(x)+J(x)\big)+\big(I(x)-J(x)\big)\Big]\\&=-\frac{1}{4\sqrt{2}}\ln\frac{x^2-\sqrt{2}\,x+1}{x^2+\sqrt{2}\,x+1}+\frac{1}{2\sqrt{2}}\arctan\frac{x^2-1}{\sqrt{2}\,x}+C.\end{aligned}$$

例 2 计算不定积分 $\displaystyle\int\frac{\mathrm{d}x}{1+x^3}$.

解 令 $\displaystyle I(x)=\int\frac{\mathrm{d}x}{1+x^3}$, $\displaystyle J(x)=\int\frac{x}{1+x^3}\mathrm{d}x$, 则有

$$I(x)+J(x)=\int\frac{1+x}{1+x^3}\mathrm{d}x=\int\frac{1}{x^2-x+1}\mathrm{d}x=\frac{2}{\sqrt{3}}\arctan\frac{2x-1}{\sqrt{3}}+C,$$

$$\begin{aligned}I(x)-J(x)&=\int\frac{1-x}{1+x^3}\mathrm{d}x=\int\frac{1-x+x^2-x^2}{1+x^3}\mathrm{d}x\\&=\int\frac{\mathrm{d}x}{1+x}-\int\frac{x^2}{1+x^3}\mathrm{d}x=\ln|1+x|-\frac{1}{3}\ln|1+x^3|+C.\end{aligned}$$

于是

$$
\begin{aligned}
I(x) &= \frac{1}{2}\Big[\big(I(x)+J(x)\big)+\big(I(x)-J(x)\big)\Big] \\
&= \frac{1}{\sqrt{3}}\arctan\frac{2x-1}{\sqrt{3}}+\frac{1}{2}\ln|1+x|-\frac{1}{6}\ln\left|1+x^3\right|+C.
\end{aligned}
$$

例 8.3.3　求下列不定积分：

(i) $I_1=\displaystyle\int\frac{\sqrt{x-1}+1}{\sqrt{x+1}-1}\mathrm{d}x$;

(ii) $I_2=\displaystyle\int\frac{\mathrm{d}x}{\sqrt[n]{(x-a)^{n+1}(x-b)^{n-1}}}$,　其中 $a\neq b$, $n\in\mathbb{N}_+$.

解　(i) 将被积函数分母有理化, 则得

$$
I_1=\int\frac{1}{x}\left(\sqrt{x^2-1}+\sqrt{x+1}+\sqrt{x-1}+1\right)\mathrm{d}x.
$$

由于

$$
\begin{aligned}
\int\frac{1}{x}\sqrt{x^2-1}\,\mathrm{d}x &\xlongequal{\text{令 } t=\sec x}\int\tan^2 t\,\mathrm{d}t=\int(\sec^2 t-1)\mathrm{d}t \\
&= \tan t-t+C_1=\sqrt{x^2-1}-\arccos\frac{1}{x}+C_1;
\end{aligned}
$$

$$
\begin{aligned}
\int\frac{1}{x}\sqrt{x+1}\,\mathrm{d}x &\xlongequal{\text{令 } t=\sqrt{x+1}}\int\frac{2t^2}{t^2-1}\mathrm{d}t=\int\left(2+\frac{2}{t^2-1}\right)\mathrm{d}t \\
&= 2t+\ln\left|\frac{t-1}{t+1}\right|+C_2=2\sqrt{x+1}+\ln\left|\frac{\sqrt{x+1}-1}{\sqrt{x+1}+1}\right|+C_2 \\
&= 2\sqrt{x+1}+2\ln\left|\sqrt{x+1}-1\right|-\ln|x|+C_2;
\end{aligned}
$$

$$
\begin{aligned}
\int\frac{1}{x}\sqrt{x-1}\,\mathrm{d}x &\xlongequal{\text{令 } t=\sqrt{x-1}}\int\frac{2t^2}{t^2+1}\,\mathrm{d}t=\int\left(2-\frac{2}{t^2+1}\right)\mathrm{d}t \\
&= 2t-2\arctan t+C_2 \\
&= 2\sqrt{x-1}-2\arctan\sqrt{x-1}+C_3;
\end{aligned}
$$

$$
\int\frac{\mathrm{d}x}{x}=\ln|x|+C_4.
$$

从而

$$
\begin{aligned}
I_1 =&\sqrt{x^2-1}+2\sqrt{x+1}+2\sqrt{x-1} \\
&+2\ln\left|\sqrt{x+1}-1\right|-\arccos\frac{1}{x}-2\arctan\sqrt{x-1}+C.
\end{aligned}
$$

(ii) 将所求的不定积分变形为

$$
I_2=\int\frac{1}{(x-a)(x-b)}\sqrt[n]{\frac{x-b}{x-a}}\,\mathrm{d}x.
$$

令 $t=\sqrt[n]{\dfrac{x-b}{x-a}}$, 则

$$x=\frac{at^n-b}{t^n-1},\quad \mathrm{d}x=\frac{n(b-a)t^{n-1}}{(t^n-1)^2}\mathrm{d}t,\quad x-a=\frac{a-b}{t^n-1},\quad x-b=\frac{(a-b)t^n}{t^n-1}.$$

于是可得

$$\begin{aligned}I_2&=\int\frac{(t^n-1)^2}{(a-b)^2t^n}\cdot t\cdot\frac{n(b-a)t^{n-1}}{(t^n-1)^2}\,\mathrm{d}t=\frac{n}{b-a}\int\mathrm{d}t\\&=\frac{n}{b-a}t+C=\frac{n}{b-a}\sqrt[n]{\frac{x-b}{x-a}}+C.\end{aligned}$$

■

对不定积分 (ii), 化为形如 $\displaystyle\int R\left(x,\sqrt[n]{\frac{ax+b}{cx+d}}\right)\mathrm{d}x$ 的不定积分, 通常令 $t=\sqrt[n]{\dfrac{ax+b}{cx+d}}$, 就可以将其化为有理函数的积分. 下面再看一个具体的例子:

例 8.3.4 计算不定积分 $I=\displaystyle\int\frac{1}{x}\sqrt{\frac{x+2}{x-2}}\mathrm{d}x$.

解 令 $t=\sqrt{\dfrac{x+2}{x-2}}$, 则 $x=\dfrac{2(t^2+1)}{t^2-1}$, $\mathrm{d}x=-\dfrac{8t}{(t^2-1)^2}\mathrm{d}t$. 所以

$$\begin{aligned}I&=\int\frac{4t^2}{(1-t^2)(1+t^2)}\mathrm{d}t=2\int\left(\frac{1}{1-t^2}-\frac{1}{1+t^2}\right)\mathrm{d}t\\&=\ln\left|\frac{1+t}{1-t}\right|-2\arctan t+C\\&=\ln\left|\frac{1+\sqrt{\dfrac{x+2}{x-2}}}{1-\sqrt{\dfrac{x+2}{x-2}}}\right|-2\arctan\sqrt{\frac{x+2}{x-2}}+C\\&=\ln|x+\sqrt{x^2-4}|+\arctan\frac{\sqrt{x^2-4}}{2}+C.\end{aligned}$$

■

对形如 $\displaystyle\int R\left(x,\sqrt[n]{ax+b},\sqrt[m]{ax+b}\right)\mathrm{d}x$ 类型的不定积分, 其中 $n,m\in\mathbb{N}_+$. 可令 $t=\sqrt[k]{ax+b}$, 其中 k 为 n,m 的最小公倍数, 就可以将其化为有理函数的不定积分.

例 8.3.5 计算不定积分 $I=\displaystyle\int\frac{1-\sqrt{x+1}}{(x+1)(1+\sqrt[3]{x+1})}\mathrm{d}x$.

解 此题是形如 $\displaystyle\int R\left(x,\sqrt{x+1},\sqrt[3]{x+1}\right)\mathrm{d}x$ 的不定积分, 故令 $t=\sqrt[6]{x+1}$. 从而有 $x=t^6-1$, $\mathrm{d}x=6t^5\mathrm{d}t$. 所以

$$\begin{aligned}I&=\int\frac{(1-t^3)}{t^6(1+t^2)}\cdot 6t^5\mathrm{d}t=6\int\frac{1-t^3}{t(1+t^2)}\mathrm{d}t\\&=6\int\frac{(1+t^2)-t(t-1)-t(1+t^2)}{t(1+t^2)}\mathrm{d}t\\&=6\int\left(\frac{1}{t}-\frac{t-1}{t^2+1}-1\right)\mathrm{d}t=6\int\left(\frac{1}{t}-\frac{t}{t^2+1}+\frac{1}{t^2+1}-1\right)\mathrm{d}t\\&=6\left(\ln|t|-\frac{1}{2}\ln\left(1+t^2\right)+\arctan t-t\right)+C\\&=6\left(\ln\sqrt[6]{x+1}-\frac{1}{2}\ln\left(1+\sqrt[3]{x+1}\right)+\arctan\sqrt[6]{x+1}-\sqrt[6]{x+1}\right)+C\\&=3\ln\frac{\sqrt[3]{x+1}}{1+\sqrt[3]{x+1}}+6\arctan\sqrt[6]{x+1}-6\sqrt[6]{x+1}+C.\end{aligned}$$

■

例 8.3.6　求下列不定积分:

(i) $I_1=\int\frac{x^2}{\sqrt{x^2+2x+5}}\mathrm{d}x$;　　(ii) $I_2=\int\frac{1}{x-\sqrt{x^2+2x-8}}\mathrm{d}x$.

解　此例中的两个积分可用 Euler 积分变换, 根据不同的情况作相应的换元.

(i) 由于无理根式中的二次三项式的系数满足 $a=1>0$, $c=5>0$, 故作 Euler 变换

$$\sqrt{x^2+2x+5}=x\pm t\quad 或\quad \sqrt{x^2+2x+5}=tx\pm\sqrt{5}.$$

下面仅以其中之一变换求之, 不妨取变换

$$\sqrt{x^2+2x+5}=x-t.$$

上式两边平方后并整理可得

$$x=\frac{t^2-5}{2(t+1)},\quad \mathrm{d}x=\frac{t^2+2t+5}{2(t+1)^2}\mathrm{d}t,\quad \sqrt{x^2+2x+5}=-\frac{t^2+2t+5}{2(t+1)}.$$

于是

$$\begin{aligned}I_1&=\int\frac{(t^2-5)^2}{4(t+1)^2}\cdot\frac{-2(t+1)}{t^2+2t+5}\cdot\frac{t^2+2t+5}{2(t+1)^2}\mathrm{d}t=-\int\frac{(t^2-5)^2}{4(t+1)^3}\mathrm{d}t\\&=-\frac{1}{4}\int\frac{(t+1)^4-4(t+1)^3-4(t+1)^2+16(t+1)+16}{(t+1)^3}\mathrm{d}t\\&=-\frac{1}{4}\int\left[(t+1)-4-\frac{4}{t+1}+\frac{16}{(t+1)^2}+\frac{16}{(t+1)^3}\right]\mathrm{d}t\\&=-\frac{1}{4}\left[\frac{1}{2}t^2-3t-4\ln|t+1|-\frac{16}{t+1}-\frac{8}{(t+1)^2}\right]+C\\&=-\frac{1}{8}\left(x-\sqrt{x^2+2x+5}\right)^2+\frac{3}{4}\left(x-\sqrt{x^2+2x+5}\right)\end{aligned}$$

$$+\ln\left|x-\sqrt{x^2+2x+5}+1\right|+\frac{4}{x-\sqrt{x^2+2x+5}+1}$$
$$+\frac{2}{\left(x-\sqrt{x^2+2x+5}+1\right)^2}+C.$$

(ii) 由于 x^2+2x-8 中的系数满足 $a=1>0$, 且

$$x^2+2x-8=(x-2)(x+4),$$

故可作 Euler 变换

$$\sqrt{x^2+2x-8}=x\pm t \quad 或 \quad \sqrt{x^2+2x+5}=t(x+4) \quad (或\ t(x-2)\ ).$$

下面仅以其中之一变换求之, 不妨取变换

$$\sqrt{x^2+2x-8}=t(x+4).$$

上式两边平方后并整理可得

$$x=\frac{4t^2+2}{1-t^2},\quad dx=\frac{12t}{2(1-t^2)^2}dt,\quad \sqrt{x^2+2x-8}=\frac{6t}{1-t^2},$$

$$x-\sqrt{x^2+2x-8}=\frac{2(1-2t)}{1+t}.$$

于是

$$\begin{aligned}
I_2&=\int\frac{1+t}{2(1-2t)}\cdot\frac{12t}{2(1-t^2)^2}dt=\int\frac{6t}{(1-2t)(t+1)(t-1)^2}dt\\
&=\frac{9}{2}\int\frac{dt}{t-1}-\frac{1}{2}\int\frac{dt}{t+1}-8\int\frac{dt}{2t-1}-3\int\frac{dt}{(t-1)^2}\\
&=\frac{9}{2}\ln|t-1|-\frac{1}{2}\ln|t+1|-4\ln|2t-1|+\frac{3}{t-1}+C\\
&=\frac{9}{2}\ln\left|\sqrt{x^2+2x-8}-x-4\right|-\frac{1}{2}\ln\left|\sqrt{x^2+2x-8}+x+4\right|\\
&=\frac{9}{2}\ln\left|\sqrt{x^2+2x-8}-x-4\right|-\frac{1}{2}\ln\left|\sqrt{x^2+2x-8}+x+4\right|\\
&\quad-4\ln\left|2\sqrt{x^2+2x-8}-x-4\right|+\frac{3(x+4)}{\sqrt{x^2+2x-8}-x-4}+C.
\end{aligned}$$
■

四、巩固提高

8.3.1 求下列不定积分:

(i) $\displaystyle\int\frac{dx}{(x+1)^2(x^2+1)}$; (ii) $\displaystyle\int\frac{x^2}{x^6+4}dx$;

(iii) $\displaystyle\int\frac{dx}{x(x+1)(x^2+x+1)}$; (iv) $\displaystyle\int\frac{x}{\sqrt[3]{1-3x}}dx$.

8.3.2　求下列不定积分:

(i) $\displaystyle\int \sin(\ln x)\mathrm{d}x$;　(ii) $\displaystyle\int \frac{3-\sin x}{3+\cos x}\mathrm{d}x$;

(iii) $\displaystyle\int \frac{\sin x}{1+\sin x}\mathrm{d}x$;　(iv) $\displaystyle\int \frac{\mathrm{d}x}{1+\sin x+\cos x}$;

(v) $\displaystyle\int \frac{x+\sin x}{1+\cos x}\mathrm{d}x$;　(vi) $\displaystyle\int \frac{\mathrm{d}x}{\sin 2x+2\sin x}$.

8.3.3　求下列无理函数的不定积分:

(i) $\displaystyle\int \frac{\mathrm{d}x}{\sqrt{\sin x\cos^7 x}}$;　(ii) $\displaystyle\int \sqrt{\tan^2 x+2}\,\mathrm{d}x$;

(iii) $\displaystyle\int \frac{\mathrm{d}x}{x\sqrt{2x^2+3}}$;　(iv) $\displaystyle\int \frac{x\mathrm{e}^x}{\sqrt{1+\mathrm{e}^x}}\mathrm{d}x$;

(v) $\displaystyle\int \frac{\mathrm{d}x}{\sqrt{(x-1)^3(x-2)}}$;　(vi) $\displaystyle\int \frac{\sqrt{x}-1}{\sqrt[3]{x}+1}\mathrm{d}x$.

8.3.4　求下列不定积分:

(i) $\displaystyle\int \frac{\mathrm{d}x}{1+x^2+x^4}$;　(ii) $\displaystyle\int \frac{b\sin x+a\cos x}{a\sin x+b\cos x}\mathrm{d}x\ (a\neq b)$.

8.3.5　计算 Poisson 积分 $\displaystyle\int \frac{1-r^2}{1-2r\cos\theta+r^2}\mathrm{d}\theta$, 其中 $r\in(-1,1)$.

***8.3.6**　设 $f'(\sin^2 x)=\cos 4x+\tan^2 x$, $x\in(0,1)$, 求函数 $f(x)$.

第9章 定 积 分

本章主要介绍一元函数积分学的基本理论. 在介绍一元函数可积性概念之后, 利用可积性的若干充要条件对可积类函数作了较为深入的讨论. 研究了定积分的若干性质、积分中值定理和积分学的基本定理, 并讨论定积分的计算. 本章的核心内容为可积性理论, 它同时也是本章的难点. 要求读者熟练掌握积分中值定理, 这在数学分析后续的内容中将起重要作用.

9.1 定积分概念

一、内容精读

1. 定积分的定义

1) 闭区间分割

设闭区间 $[a,b]$ 内有任意 $n-1$ 个点, 依次为

$$a=x_0<x_1<x_2<\cdots<x_{n-1}<x_n=b,$$

它们将区间 $[a,b]$ 分成 n 个小区间 $\Delta_i=[x_{i-1},x_i]$, $i=1,2,\cdots,n$. 这些分点或这些闭子区间构成对 $[a,b]$ 的一个分割 (分划), 记为

$$T=\{x_0,x_1,\cdots,x_n\} \quad 或 \quad T=\{\Delta_1,\Delta_2,\cdots,\Delta_n\}.$$

小区间 Δ_i 的长度为 $\Delta x_i=x_i-x_{i-1}$, 并记

$$\|T\|=\max_{i\leqslant i\leqslant n}\{\Delta x_i\}$$

称为分割 T 的模 (细度). 分割的小区间长度 Δx_i 与其模之间满足 $\Delta x_i\leqslant\|T\|$.

2) 积分和

设 f 是定义在 $[a,b]$ 上的一个函数. 对于 $[a,b]$ 的一个分割 T, **任取点** $\xi_i\in\Delta_i$, $i=1,2,\cdots,n$, 并作和式

$$\sum_{i=1}^{n}f(\xi_i)\Delta x_i,$$

称此和式为函数 f 在 $[a,b]$ 上的一个积分和, 也称黎曼 (Riemann) 和.

3) 定积分定义 (ε-δ 语言)

定义 9.1.1　设 f 是定义在 $[a,b]$ 上的一个函数, J 是一个确定的实数. 若对任给 $\varepsilon>0$, 存在 $\delta>0$, 使得对 $[a,b]$ 的**任何**分割 T, 以及在其上的**任意**选取的点集 $\{\xi_i\}$ (其中 $\xi_i\in\Delta_i$), 只要 $\|T\|<\delta$, 就有

$$\left|\sum_{i=1}^{n} f(\xi_i)\Delta x_i - J\right| < \varepsilon, \tag{9.1.1}$$

则称函数 f 在区间 $[a,b]$ 上可积或黎曼可积; 数 J 称为 f 在 $[a,b]$ 上的定积分 或黎曼积分, 记为

$$J=\int_a^b f(x)\mathrm{d}x, \tag{9.1.2}$$

其中 f 称为被积函数, x 称为积分变量, $[a,b]$ 称为积分区间, a 与 b 分别称为此定积分的上限和下限.

关于定积分定义的几点说明:

(i) 注意定积分定义的 ε–δ 语言与函数极限定义的区别与联系.

$$J=\lim_{\|T\|\to 0}\sum_{i=1}^{n} f(\xi_i)\Delta x_i=\int_a^b f(x)\mathrm{d}x. \tag{9.1.3}$$

二者表述具有类似方式, 但积分和极限与函数极限之间具有很大区别: 在函数的极限 $\lim\limits_{x\to a} f(x)$ 中, 对每个极限变量 x 而言, $f(x)$ 的值是唯一确定的, 而对积分和极限而言, 每一个 $\|T\|$ 并不唯一对应积分和的一个值 (因 ξ_i 任取).

(ii) 可积性是函数的又一分析性质. 连续函数必定可积.

(iii) 定积分的几何意义. 对于 $[a,b]$ 上的连续函数 f, 当 $f(x)\geqslant 0$, $x\in[a,b]$ 时, 定积分 (9.1.2) 的几何意义就是以 $y=f(x)$, $x=a$, $x=b$ 及 $y=0$ 所围成的曲边梯形的面积; 当 $f(x)\leqslant 0$, $x\in[a,b]$ 时, $J=-\int_a^b(-f(x))\mathrm{d}x$ 是位于 x 轴下方的曲边梯形面积的相反数, 称之为 "负面积"; 对于一般非定号的 $f(x)$, 定积分 $\int_a^b f(x)\mathrm{d}x$ 的值则是曲线 $y=f(x)$ 在 x 轴上方部分所有曲边梯形的正面积与下方所有曲边梯形的负面积的代数和. 参见图 9.1.1.

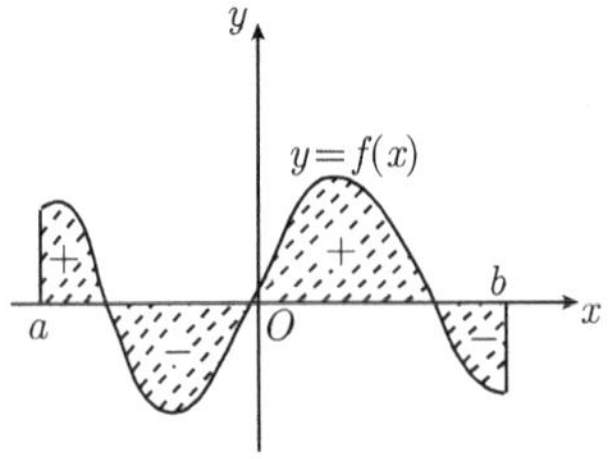

图 9.1.1

(iv) 约定: 用 $\mathscr{R}[a,b]$ 表示区间 $[a,b]$ 上的一切可积函数的集合. 若 $f\in\mathscr{R}[a,b]$ 即表示 f 在 $[a,b]$ 上可积.

二、疑难解答

问题 9.1.1　函数 "可积" 与函数 "连续" 之间有何关系?

答 可积性是函数的又一分析性质. 连续函数必定可积 (见 9.3 节), 但可积函数不一定连续. 所以, 函数的连续性强于函数的可积性. ■

问题 9.1.2 如何正确理解定积分的定义?

答 区间 $[a,b]$ 上的函数 f 的定积分的定义, 其本质内容体现为三个部分:

(1) 分割 在闭区间 $[a,b]$ 内**任意**插入 $n-1$ 个点, 依次为

$$a=x_0<x_1<x_2<\cdots<x_{n-1}<x_n=b,$$

将 $[a,b]$ 分成 n 个小区间 $\Delta_i=[x_{i-1},x_i]$, $i=1,2,\cdots,n$, 得到 $[a,b]$ 的一个分割

$$T=\{x_0,x_1,\cdots,x_n\} \quad \text{或} \quad T=\{\Delta_1,\Delta_2,\cdots,\Delta_n\}.$$

分割 T 的模 $\|T\|=\max\limits_{i\leqslant i\leqslant n}\{\Delta x_i\}$, $\Delta x_i=x_i-x_{i-1}$, 并有 $\Delta x_i\leqslant\|T\|$.

(2) 近似求和 对定义在$[a,b]$上的函数 f, 在 $[a,b]$ 的分割 $T=\{\Delta_1,\Delta_2,\cdots,\Delta_n\}$ 下, **任取**点 $\xi_i\in\Delta_i$, $i=1,2,\cdots,n$, 并作和式 $\sum\limits_{i=1}^{n}f(\xi_i)\Delta x_i$. 称此和式为函数 f 在 $[a,b]$ 上的一个积分和.

(3) 取极限 对区间 $[a,b]$ 的**任意**分割 T 和**任取**的 $\xi_i\in\Delta_i, 1\leqslant i\leqslant n$, 若极限 $\lim\limits_{\|T\|\to 0}\sum\limits_{i=1}^{n}f(\xi_i)\Delta x_i$ 存在, 则函数 f 在区间 $[a,b]$ 上可积, 且

$$\int_a^b f(x)\mathrm{d}x=\lim_{\|T\|\to 0}\sum_{i=1}^{n}f(\xi_i)\Delta x_i. \tag{9.1.4}$$

因此, 在理解定积分的定义时应重点关注以下几点:

(i) 极限 $\lim\limits_{\|T\|\to 0}$ 一般不能用 $\lim\limits_{n\to\infty}$ 替代, 因为 $n\to\infty$ 不能保证 $\|T\|\to 0$, 而 $\|T\|\to 0$ 必有 $n\to\infty$. 当然, 当 $f\in\mathscr{R}[a,b]$ 时, 若对区间 $[a,b]$ 作**等分**时, 可以用 $\lim\limits_{n\to\infty}$ 替代 $\lim\limits_{\|T\|\to 0}$ (因为在等分的情况下, $\|T\|\to 0\Leftrightarrow n\to\infty$).

(ii) 要注意与函数极限 $\lim\limits_{x\to a}f(x)=A$ 的区别. 对函数极限 $\lim\limits_{x\to a}f(x)=A$ 而言, 对极限变量 x 的每一个值, $f(x)$ 是唯一确定的; 而在式 (9.1.4) 的极限中, 对于 $\|T\|$ 的每一个值, 积分和 $\sum\limits_{i=1}^{n}f(\xi_i)\Delta x_i$的值却不是唯一确定的 (因为积分和包括 T 和点集 $\{\xi_i\}$ 的不确定性), 正因为如此, 积分和极限要比函数的极限复杂得多.

(iii) 式 (9.1.4) 中极限的存在性, 必须是与分割 T 的形式和点集 $\{\xi_i\}$ 的选择无关, 这一点非常重要. 由此可知, 若能适当选取分割 T 和点集 $\{\xi_i\}$ 得到两个不同的积分和, 使它们的极限不相同, 则可立即断言该函数在所论及的区间上是不可积的.

例如定义在 $[0,1]$ 上的 Dirichlet 函数

$$D(x)=\begin{cases}1, & x \text{ 为 } [0,1] \text{ 中的有理数},\\ 0, & x \text{ 为 } [0,1] \text{ 中的无理数},\end{cases}$$

则 $D(x)\notin\mathscr{R}[0,1]$. 这是因为对 $[0,1]$ 上的任意分割 T, 在 T 所属的小区间中既有有理数又有无理数, 因此

若取 $\{\xi_i\}$ 全为有理数时, 得积分和 $S_1=\sum\limits_{i=1}^{n}D(\xi_i)\Delta x_i=\sum\limits_{i=1}^{n}\Delta x_i=1$;

若取 $\{\xi_i\}$ 全为无理数时, 得积分和 $S_2=\sum\limits_{i=1}^{n}D(\xi_i)\Delta x_i=\sum\limits_{i=1}^{n}0\cdot\Delta x_i=0$,

显然上述两种积分和的极限是不相等的, 从而 $D(x)\notin\mathscr{R}[0,1]$.

一般地, $f\notin\mathscr{R}[a,b]\Leftrightarrow$ 存在 $\varepsilon_0>0$, 对任意 $\delta>0$, 存在分割 T_1,T_2 以及 $\{\xi_i'\},\{\xi_j''\}$, 尽管 $\|T_1\|<\delta$, $\|T_2\|<\delta$, 但

$$\left|\sum_{T_1}f(\xi_i')\Delta x_i-\sum_{T_2}f(\xi_j'')\Delta x_j\right|\geqslant\varepsilon_0.$$

(iv) 由定积分的定义可知, 定积分作为积分和的极限, 它的值只与被积函数 f 和积分区间 $[a,b]$ 有关, 而与积分变量所用的符号无关, 即

$$\int_a^b f(x)\mathrm{d}x=\int_a^b f(t)\mathrm{d}t=\int_a^b f(\theta)\mathrm{d}\theta=\cdots.$$ ■

三、典型例题

例 9.1.1　利用定积分定义, 求 $\int_a^b\frac{\mathrm{d}x}{x^2}$, 其中 $b>a>0$.

解　由于 $f(x)=\frac{1}{x^2}$ 在 $[a,b]$ 上连续 (其中 $b>a>0$), 故其定积分存在. 对 $[a,b]$ 进行 n 等分, 记其分割为 $T=\{x_0,x_1,\cdots,x_n\}$, $\Delta x_i=\frac{b-a}{n}(i=1,2,\cdots,n)$, 并取 $\xi_i=\sqrt{x_{i-1}x_i}\in[x_{i-1},x_i]$ (即 ξ_i 为 x_{i-1} 与 x_i 的几何平均值), 则

$$\begin{aligned}\int_a^b\frac{\mathrm{d}x}{x^2}&=\lim_{\|T\|\to0}\sum_{i=1}^{n}f(\xi_i)\Delta x_i=\lim_{n\to\infty}\sum_{i=1}^{n}\frac{1}{\xi_i^2}\Delta x_i\\&=\lim_{n\to\infty}\sum_{i=1}^{n}\frac{x_i-x_{i-1}}{x_{i-1}x_i}=\lim_{n\to\infty}\sum_{i=1}^{n}\left(\frac{1}{x_{i-1}}-\frac{1}{x_i}\right)\\&=\lim_{n\to\infty}\left(\frac{1}{x_0}-\frac{1}{x_n}\right)=\frac{1}{a}-\frac{1}{b}.\end{aligned}$$ ■

例 9.1.2 利用定积分定义, 求 $\int_a^b x\mathrm{d}x$.

解 由于 $f(x)=x$ 在 $[a,b]$ 上连续, 故其定积分存在. 对 $[a,b]$ 进行 n 等分, 记其分割为 $T=\{x_0,x_1,\cdots,x_n\}$, $\Delta x_i=x_i-x_{i-1}(i=1,2,\cdots,n)$, 取 $\xi_i=\frac{1}{2}(x_{i-1}+x_i)\in[x_{i-1},x_i]$ (即 ξ_i 为 x_{i-1} 与 x_i 的算术平均值), 则

$$\begin{aligned}\int_a^b x\mathrm{d}x &= \lim_{\|T\|\to 0}\sum_{i=1}^n f(\xi_i)\Delta x_i=\lim_{n\to\infty}\sum_{i=1}^n \xi_i\Delta x_i\\ &=\lim_{n\to\infty}\sum_{i=1}^n\frac{1}{2}(x_{i-1}+x_i)(x_i-x_{i-1})\\ &=\frac{1}{2}\lim_{n\to\infty}\sum_{i=1}^n\left(x_i^2-x_{i-1}^2\right)=\frac{1}{2}\left(x_n^2-x_0^2\right)=\frac{1}{2}\left(b^2-a^2\right).\end{aligned}$$ ■

例 9.1.3 利用定积分定义, 求 $\int_\alpha^\beta a^x\mathrm{d}x$, 其中 $a>0$ 且 $a\neq 1$.

解 由于 $f(x)=a^x$ 在 $[\alpha,\beta]$ 上连续, 故其定积分存在. 取等分割

$$T=\left\{\alpha,\alpha+\frac{\beta-\alpha}{n},\cdots,\alpha+\frac{(n-1)(\beta-\alpha)}{n},\beta\right\},$$

$$\Delta x_i=\|T\|=\frac{\beta-\alpha}{n},\quad i=1,2,\cdots,n.$$

在此分割下, 取 $\xi_i=\alpha+\frac{i(\beta-\alpha)}{n}$, $i=1,2,\cdots,n$ (分割区间的右端点). 则有

$$\begin{aligned}\int_a^b a^x\mathrm{d}x &= \lim_{\|T\|\to 0}\sum_{i=1}^n f(\xi_i)\Delta x_i=\lim_{n\to\infty}\sum_{i=1}^n a^{\alpha+\frac{i(\beta-\alpha)}{n}}\frac{\beta-\alpha}{n}\\ &=a^\alpha\lim_{n\to\infty}\sum_{i=1}^n\left(a^{\frac{\beta-\alpha}{n}}\right)^i\frac{\beta-\alpha}{n}\\ &=a^\alpha\lim_{n\to\infty}\frac{a^{\frac{\beta-\alpha}{n}}(1-a^{\beta-\alpha})}{1-a^{\frac{\beta-\alpha}{n}}}\frac{\beta-\alpha}{n}\\ &=a^\alpha\cdot(1-a^{\beta-\alpha})\lim_{t\to 0}\frac{t}{1-a^t}a^t\quad\left(\text{令 } t=\frac{\beta-\alpha}{n}\right)\\ &=(a^\alpha-a^\beta)\cdot\frac{1}{-\ln a}\cdot 1=\frac{a^\beta-a^\alpha}{\ln a}.\end{aligned}$$ ■

解题回顾 利用定积分定义来计算定积分 $\int_a^b f(x)\mathrm{d}x(b>a)$, 关键是 $f(x)$ 在区间 $[a,b]$ 上是否可积. 若可积, 则由定积分的定义知, $\int_a^b f(x)\mathrm{d}x$ 的值与区间 $[a,b]$

的分法及点 ξ_i 的取法无关. 因此对 $[a,b]$ 作某种特殊分法及 ξ_i 的某种特殊取法, 然后计算相应的积分和的极限.

例 9.1.4　设 $f \in \mathscr{R}[a,b]$, f 与 g 仅在有限个点处取值不同. 试用定积分定义证明 $g \in \mathscr{R}[a,b]$, 且 $\int_a^b g(x)\mathrm{d}x = \int_a^b f(x)\mathrm{d}x$.

证明　不失一般性, 设 f 与 g 仅在一点处取值不同, 不妨设为 $x=b$, 即 $g(b) \neq f(b)$. 由于 $f \in \mathscr{R}[a,b]$, 则记 $\int_a^b f(x)\mathrm{d}x = J$. 由定积分的定义知, 对任意 $\varepsilon > 0$, 存在 $\delta_1 > 0$, 对任意分割 T 及 T 上的点集 $\{\xi_i\} \subset [a,b]$, 当 $\|T\| < \delta_1$ 时, 有

$$\left|\sum_{i=1}^n f(\xi_i)\Delta x_i - J\right| < \frac{\varepsilon}{2}.$$

于是

$$\begin{aligned}\left|\sum_{i=1}^n g(\xi_i)\Delta x_i - J\right| &\leqslant \left|\sum_{i=1}^n g(\xi_i)\Delta x_i - \sum_{i=1}^n f(\xi_i)\Delta x_i\right| + \left|\sum_{i=1}^n f(\xi_i)\Delta x_i - J\right| \\ &\leqslant \sum_{i=1}^n |g(\xi_i) - f(\xi_i)| \cdot \|T\| + \frac{\varepsilon}{2}.\end{aligned}$$

因 $1 \leqslant i \leqslant n-1$ 时, $|g(\xi_i) - f(\xi_i)| = 0$, 而 $i = n$ 时无论 $\xi_n = b$ 或 $\xi_n \neq b$, 都有

$$|g(\xi_n) - f(\xi_n)| \leqslant |g(b) - f(b)|,$$

因此, 只要

$$\|T\| < \delta = \min\left\{\delta_1, \frac{\varepsilon}{2|g(b) - f(b)|}\right\},$$

就有

$$\left|\sum_{i=1}^n g(\xi_i)\Delta x_i - J\right| < \frac{\varepsilon}{2} + \frac{\varepsilon}{2} = \varepsilon.$$

这就证明了 $g \in \mathscr{R}[a,b]$, 且 $\int_a^b g(x)\mathrm{d}x = J = \int_a^b f(x)\mathrm{d}x$. ■

本例表明, 对于一个可积函数, 当它仅在有限个点处的值发生改变时, 既不影响其可积性, 也不会影响其定积分之值. 由此可知, 可积函数的定积分与其有限个点处的函数值无关. 当然本例可以推广到可列个点的情况 (可参见文献 [10]).

例 9.1.5　设 $f \in \mathscr{R}[0,1]$, 且为凸函数. 证明 $\int_0^1 f(x)\mathrm{d}x \geqslant f\left(\frac{1}{2}\right)$.

证明　由于 $f \in \mathscr{R}[0,1]$, 所以可以将 $[0,1]$ 等到分为 $2n$ 个小区间, 并取 ξ_i 为

第 i 个小区间的中点 $(i=1,2,\cdots,2n)$, 则有 $\dfrac{\xi_i+\xi_{2n-i+1}}{2}=\dfrac{1}{2}$, $i=1,2,\cdots,n$. 又 f 为凸函数, 所以对任意 $x_1,x_2\in[0,1]$, 有 $f\Big(\dfrac{x_1+x_2}{2}\Big)\leqslant\dfrac{1}{2}\big(f(x_1)+f(x_2)\big)$. 所以

$$\begin{aligned}\sum_{i=1}^{2n}f(\xi_i)&=\big[(f(\xi_1)+f(\xi_{2n}))+(f(\xi_2)+f(\xi_{2n-1}))+\cdots+(f(\xi_n)+f(\xi_{n+1}))\big]\\&\geqslant 2\Big[f\Big(\frac{\xi_1+\xi_{2n}}{2}\Big)+f\Big(\frac{\xi_2+\xi_{2n-1}}{2}\Big)+\cdots+f\Big(\frac{\xi_n+\xi_{n+1}}{2}\Big)\Big]=2nf\Big(\frac{1}{2}\Big).\end{aligned}$$

于是

$$\int_0^1 f(x)\mathrm{d}x=\lim_{n\to\infty}\sum_{i=1}^{2n}f(\xi_i)\cdot\frac{1}{2n}\geqslant\lim_{n\to\infty}\frac{1}{2n}f\Big(\frac{1}{2}\Big)\cdot 2n=f\Big(\frac{1}{2}\Big).$$ ■

注 9.1.1 本题可推广到一般情况, 即

设 $f\in\mathscr{R}[a,b]$, 且为凸函数, 则 $\displaystyle\int_a^b f(x)\mathrm{d}x\geqslant(b-a)f\Big(\frac{a+b}{2}\Big)$.

四、巩固提高

9.1.1 利用定积分定义, 计算下列积分:

(i) $\displaystyle\int_0^1 x^2\mathrm{d}x$; (ii) $\displaystyle\int_0^1 x^3\mathrm{d}x$;

(iii) $\displaystyle\int_a^b \mathrm{e}^x\mathrm{d}x$; (iv) $\displaystyle\int_0^\pi \cos x\mathrm{d}x$.

9.1.2 利用定积分的几何意义, 计算下列积分:

(i) $\displaystyle\int_0^a \sqrt{a^2-x^2}\mathrm{d}x$; (ii) $\displaystyle\int_0^1 x\mathrm{d}x$.

9.1.3 设 $f\in\mathscr{R}[a,b]$, 且为凸函数, 则 $\displaystyle\int_a^b f(x)\mathrm{d}x\geqslant(b-a)f\Big(\frac{a+b}{2}\Big)$.

9.1.4 定义如下函数

$$f(x)=\begin{cases}x(1-x), & x\text{ 为 }[0,1]\text{ 中的有理数},\\ 0, & x\text{ 为 }[0,1]\text{ 中的无理数}.\end{cases}$$

问 f 在 $[0,1]$ 上是否可积?

9.1.5 设 f 在区间 $[a,b]$ 上的每一点处的极限存在且为零, 证明 $f\in\mathscr{R}[a,b]$ 且 $\displaystyle\int_a^b f(x)\mathrm{d}x=0$.

9.1.6 对于连续函数, 可否用如下方式定义定积分：若 $f\in C[a,b]$, 且存在实数 I, 使得 $\displaystyle\lim_{n\to\infty}\frac{b-a}{n}\sum_{i=1}^{n}f\Big(a+\frac{i}{n}(b-a)\Big)=I$, 则 $f\in\mathscr{R}[a,b]$ 且 $\displaystyle\int_a^b f(x)\mathrm{d}x=I$.

9.1.7(Cauchy 积分)　设 f 在 $[a,b]$ 上有界, 若存在常数 J, 使得对每个 $\varepsilon > 0$, 存在 $\delta > 0$, 对 $[a,b]$ 的任何分割 $T = \{x_0, x_1, \cdots, x_n\}$, 只要 $\|T\| < \delta$, 就有 $\left|\sum_{i=1}^{n} f(x_i)\Delta x_i - J\right| < \varepsilon$, 则 $f \in \mathscr{R}[a,b]$, 且 $\int_a^b f(x)\mathrm{d}x = J$.

9.2　Newton-Leibniz 公式

一、内容精读

1. 牛顿–莱布尼茨 (Newton–Leibniz) 公式

若函数 $f \in C[a,b]$, 且存在原函数 F, 则

$$\int_a^b f(x)\mathrm{d}x = F(x)\Big|_a^b = F(b) - F(a). \tag{9.2.1}$$

关于 Newton–Leibniz 公式的几点说明:

(i) 在应用 Newton–Leibniz 公式时, $F(x)$ 可由不定积分求得.

(ii) 定理中的条件可以减弱. 如

(a) 对 F 的要求可减弱为: $F \in C[a,b]$, 在 (a,b) 内可导, $F'(x) = f(x), x \in (a,b)$;

(b) 对 f 的要求可减弱为: 在 $[a,b]$ 上可积 (不一定要连续).

(iii) 因连续函数必有原函数, 故 Newton–Leibniz 公式中对 F 的假设可去掉.

2. 推广形式

若 $f \in \mathscr{R}[a,b]$ (未必连续), $F \in C[a,b]$, 且除有限个点外有 $F'(x) = f(x)$, 则

$$\int_a^b f(x)\mathrm{d}x = F(b) - F(a).$$

……

二、疑难解答

问题 9.2.1　在使用 Newton–Leibniz 公式时通常需注意哪些问题?

答　(i) Newton–Leibniz 公式的条件是充分条件, 故这些条件可以适当减弱. 如

(a) 对 F 的条件减弱: 若 $f \in \mathscr{R}[a,b]$, $F \in C[a,b]$, 且除有限个点外有 $F'(x) = f(x)$, 则式 (9.2.1) 仍成立 (请见例 9.2.3).

(b) 对 f 的条件减弱: 若 $f \in \mathscr{R}[a,b]$ (不一定要连续), 则式 (9.2.1) 仍成立.

为了正确地使用上面 (a) 与 (b), 现举一例. 计算 $I=\int_{-1}^{1} f(x)\mathrm{d}x$, 其中

$$f(x)=\begin{cases}-1, & x\in[-1,0),\\ \mathrm{e}^x, & x\in(0,1].\end{cases}$$

此函数本身在 $[-1,1]$ 内不连续 ($x=0$ 处间断), 但它在 $[-1,1]$ 上却是可积的 (参见 9.3 节中的可积性条件). 取 $F_1(x)$ 与 $F_2(x)$ 如下:

$$F_1(x)=\begin{cases}-x, & x\in[-1,0),\\ \mathrm{e}^x, & x\in(0,1];\end{cases}\qquad F_2(x)=\begin{cases}-x+1, & x\in[-1,0),\\ \mathrm{e}^x, & x\in(0,1].\end{cases}$$

易知, 在 $[-1,1]$ 上, 除 $x=0$ 之外处处有

$$F_1'(x)=f(x)=F_2'(x).$$

但是, 却有

$$F_1(1)-F_1(-1)=\mathrm{e}-1,\quad F_2(1)-F_2(-1)=\mathrm{e}-2.$$

注意到 (a) 中的条件有 $F\in C[-1,1]$, 所以 $I=F_2(1)-F_2(-1)=\mathrm{e}-2$.

(ii) 由于连续函数必存在原函数 (见 9.5 节), 故若函数 $f\in C[a,b]$ 上连续, 则 F 的假设条件是多余的.

(iii) 若 f 仅存在原函数, 不能保证式 (9.2.1) 成立, 因为此时不一定能保证 f 的可积性. 如定义在 $[-1,1]$ 上的函数

$$f(x)=\begin{cases}0, & x=0,\\ 2x\sin\dfrac{1}{x^2}-\dfrac{2}{x}\cos\dfrac{1}{x^2}, & x\neq 0,\end{cases}$$

$f(x)$ 在 $[-1,1]$ 上存在原函数

$$F(x)=\begin{cases}0, & x=0,\\ x^2\sin\dfrac{1}{x^2}, & x\neq 0.\end{cases}$$

由于 f 在 $U(0;\delta)$ 无界, 故 $f\notin\mathscr{R}[-1,1]$ (参见 9.3 节), 于是 (9.2.1) 不成立. ■

问题 9.2.2 (i) 可积函数一定存在原函数吗?(ii) 有原函数的函数必可积吗?

答 (i) 可积函数未必存在原函数. 例如函数

$$f(x)=\begin{cases}1, & x\in(0,1],\\ 0, & x=0,\\ -1, & x\in[-1,0).\end{cases}$$

易知 $f(x)\in\mathscr{R}[-1,1]$, 但 f 无原函数 (因导函数没有第一类间断点, 参见问题 6.1.3).

(ii) 有原函数的函数未必可积. 反例见问题 9.2.1(iii) 中的函数 $f(x)$. ■

三、典型例题

例 9.2.1　求极限 $I=\lim\limits_{n\to\infty}\dfrac{1}{n^4}(1^3+2^3+\cdots+n^3)$.

解　令 $I_n=\dfrac{1}{n^4}(1^3+2^3+\cdots+n^3)$, 则 $I_n=\sum\limits_{i=1}^{n}\dfrac{1}{n}\cdot\left(\dfrac{i}{n}\right)^3$. 易知 I_n 可视为函数 $f(x)=x^3$ 在区间 $[0,1]$ 上采用 n 等分, 并取 $\xi_i=\dfrac{i}{n}\in\left[\dfrac{i-1}{n},\dfrac{i}{n}\right]$, $i=1,2,\cdots,n$ 的积分和. 由于 $f(x)=x^3\in C[0,1]$, 所以 $f(x)\in\mathscr{R}[0,1]$. 又 $f(x)$ 存在原函数 $F(x)=\dfrac{1}{4}x^4$. 于是

$$I=\lim_{n\to\infty}I_n=\lim_{n\to\infty}\sum_{i=1}^{n}\frac{1}{n}\cdot\left(\frac{i}{n}\right)^3=\int_0^1x^3\mathrm{d}x=\frac{1}{4}x^4\bigg|_0^1=\frac{1}{4}.$$ ■

例 9.2.2　求极限 $I=\lim\limits_{n\to\infty}\dfrac{1}{n}\sqrt[n]{n(n+1)\cdots(2n-1)}$.

解　令 $I_n=\dfrac{1}{n}\sqrt[n]{n(n+1)\cdots(2n-1)}$, 则

$$\ln I_n=\ln\frac{1}{n}\sqrt[n]{n(n+1)\cdots(2n-1)}=\sum_{i=0}^{n-1}\frac{1}{n}\ln\left(1+\frac{i}{n}\right).$$

易知 $\ln I_n$ 为函数 $f(x)=\ln(1+x)$ 在区间 $[0,1]$ 上采用 n 等分, 并取 $\xi_i=\dfrac{i}{n}\in\left[\dfrac{i}{n},\dfrac{i+1}{n}\right]$, $i=0,1,\cdots,n-1$ 的积分和. 由于 $f(x)=\ln(1+x)\in C[0,1]$, 所以 $f(x)\in\mathscr{R}[0,1]$. 又 $f(x)$ 存在原函数 $F(x)=(1+x)[\ln(1+x)-1]$, 所以

$$\begin{aligned}\lim_{n\to\infty}\ln I_n&=\lim_{n\to\infty}\sum_{i=0}^{n-1}\frac{1}{n}\ln\left(1+\frac{i}{n}\right)=\int_0^1\ln(1+x)\mathrm{d}x\\&=(1+x)[\ln(1+x)-1]\bigg|_0^1=2\ln2-1.\end{aligned}$$

于是

$$I=\lim_{n\to\infty}I_n=\lim_{n\to\infty}\mathrm{e}^{\ln I_n}=\mathrm{e}^{2\ln2-1}=\mathrm{e}^{\ln\frac{4}{\mathrm{e}}}=\frac{4}{\mathrm{e}}.$$ ■

例 9.2.3　若 $f\in\mathscr{R}[a,b]$, $F\in C[a,b]$, 且除有限个点外有 $F'(x)=f(x)$, 则

$$\int_a^bf(x)\mathrm{d}x=F(b)-F(a).$$

证明　取 $[a,b]$ 的一个分割 $T=\{a=x_0,x_1,\cdots,x_{n-1},x_n=b\}$, 使此分割包含所有 F 不可导的点及 $F'(x)\neq f(x)$ 的点 (有限个). 于是, 在每个小区间 $[x_{i-1},x_i]$

上 F 连续, 在 (x_{i-1},x_i) 内 F 可导. 由 Lagrange 中值定理, 则存在 $\xi_i\in(x_{i-1},x_i)$, $i=1,2,\cdots,n$, 使得

$$F(x_i)-F(x_{i-1})=F'(\xi_i)(x_i-x_{i-1})=f(\xi_i)\Delta x_i,\quad i=1,2,\cdots,n.$$

又函数 $f\in\mathscr{R}[a,b]$ 上可积, 故

$$\begin{aligned}\int_a^b f(x)\mathrm{d}x&=\lim_{\|T\|\to0}\sum_{i=1}^n f(\xi_i)\Delta x_i=\lim_{\|T\|\to0}\sum_{i=1}^n\big[F(x_i)-F(x_{i-1})\big]\\&=\lim_{\|T\|\to0}\big[F(x_n)-F(x_0)\big]=F(b)-F(a).\end{aligned}$$ ■

例 9.2.4 计算定积分 $\displaystyle\int_0^{\frac{\pi}{4}}\frac{\sec^2 x}{2+\tan^2 x}\mathrm{d}x$.

解 由 Newton–Leibniz 公式, 可得

$$\begin{aligned}\int_0^{\frac{\pi}{4}}\frac{\sec^2 x}{2+\tan^2 x}\mathrm{d}x&=\int_0^{\frac{\pi}{4}}\frac{\mathrm{d}(\tan x)}{2+\tan^2 x}=\frac{1}{\sqrt2}\int_0^{\frac{\pi}{4}}\frac{\mathrm{d}\left(\dfrac{\tan x}{\sqrt2}\right)}{1+\left(\dfrac{\tan x}{\sqrt2}\right)^2}\\&=\frac{1}{\sqrt2}\arctan\left(\frac{\tan x}{\sqrt2}\right)\Bigg|_0^{\frac{\pi}{4}}=\frac{1}{\sqrt2}\arctan\frac{1}{\sqrt2}.\end{aligned}$$ ■

例 9.2.5 求由曲线 $y=x|1-x|$、直线 $x=2$ 与 x 轴所围成图形的面积 S.

解 参考图 9.2.1 所示的阴影部分. 由于

$$y=x|1-x|=\begin{cases}x-x^2,& x\in[0,1],\\x^2-x,& x\in(1,2],\end{cases}$$

所以由定积分的几何意义, 可得所求的面积 S 为

$$\begin{aligned}S&=\int_0^1(x-x^2)\mathrm{d}x+\int_1^2(x^2-x)\mathrm{d}x\\&=\left[\frac{x^2}{2}-\frac{x^3}{3}\right]\Bigg|_0^1+\left[\frac{x^3}{3}-\frac{x^2}{2}\right]\Bigg|_1^2=\frac16+\frac56=1.\end{aligned}$$ ■

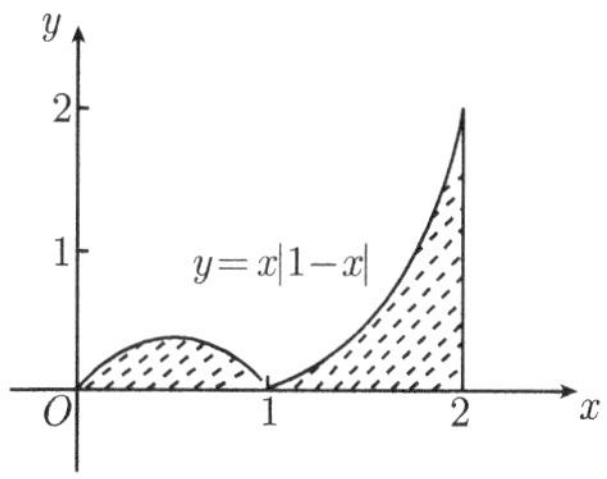

图 9.2.1

四、巩固提高

9.2.1 计算下列各定积分:

(i) $\displaystyle\int_0^1(3x^2+2x+1)\mathrm{d}x$; (ii) $\displaystyle\int_0^1\frac{x+1}{1+x^2}\mathrm{d}x$;

(iii) $\displaystyle\int_0^{\frac{\pi}{4}}\sin x\cos x\mathrm{d}x$; (iv) $\displaystyle\int_0^1(\mathrm{e}^{3x}+2^x)\mathrm{d}x$;

(v) $\int_0^{\frac{\pi}{4}}(\csc^2 x+\tan^2 x)\mathrm{d}x$;　　(vi) $\int_0^1 \frac{\mathrm{d}x}{(1+x)\sqrt{x}}$.

9.2.2　求下列定极限:

(i) $\lim\limits_{n\to\infty}\left(\sqrt{\frac{1}{n^2}+\frac{1}{n^3}}+\sqrt{\frac{1}{n^2}+\frac{2}{n^3}}+\cdots+\sqrt{\frac{1}{n^2}+\frac{n}{n^3}}\right)$;

(ii) $\lim\limits_{n\to\infty}\left(\frac{1}{n+1}+\frac{1}{n+2}+\cdots+\frac{1}{n+n}\right)$;

(iii) $\lim\limits_{n\to\infty}\left(\frac{n}{n^2+1}+\frac{n}{n^2+2^2}+\cdots+\frac{n}{n^2+n^2}\right)$;

(iv) $\lim\limits_{n\to\infty}\left(\frac{1}{n^2}+\frac{2}{n^2}+\cdots+\frac{n-1}{n^2}\right)$;

(v) $\lim\limits_{n\to\infty}\left(\frac{1}{\sqrt{n^2}}+\frac{1}{\sqrt{n^2-1}}+\cdots+\frac{1}{\sqrt{n^2-(n-1)^2}}\right)$.

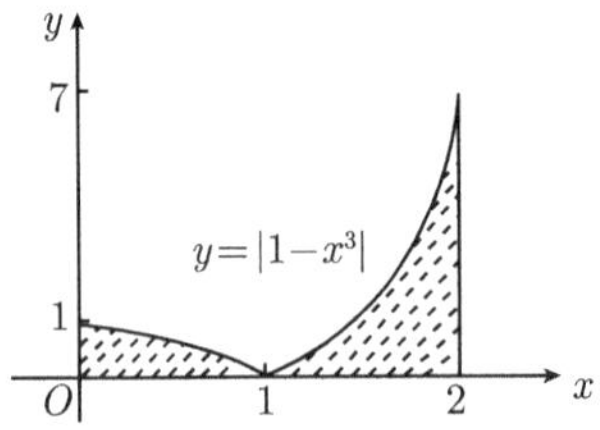

图 9.2.2

9.2.3　若函数 $f\in C[a,b]$, 且对任意 $x\in(a,b)$ 有 $F'(x)=f(x)$, 则

$$\int_a^b f(x)\mathrm{d}x=F(x)\Big|_a^b=F(b)-F(a).$$

9.2.4　求由曲线 $y=|1-x^3|$、直线 $x=2$ 与 x 轴和 y 轴所围成图形的面积 (参考图 9.2.2).

9.3　可 积 条 件

一、内容精读

1. 可积的必要条件

若 $f\in\mathscr{R}[a,b]$, 则函数 f 在区间 $[a,b]$ 上必有界.

2. 可积的充要条件

设 $T=\{\Delta_i\mid i=1,2,\cdots,n\}$ 为对 $[a,b]$ 的任一分割. f 在每个 Δ_i 上的上、下确界: $M_i=\sup\limits_{x\in\Delta_i}f(x), m_i=\inf\limits_{x\in\Delta_i}f(x), i=1,2,\cdots,n$.

达布上和 (或上和): $S(T)=\sum\limits_{i=1}^n M_i\Delta x_i$;

达布下和 (或下和): $s(T)=\sum\limits_{i=1}^n m_i\Delta x_i$;

f 在 Δ_i 上的振幅 $\omega_i^f = \omega_i = M_i - m_i$.

定理 9.3.1(可积准则) $f \in \mathscr{R}[a,b] \Leftrightarrow \forall \varepsilon > 0, \exists\, T$, 使得

$$S(T) - s(T) < \varepsilon. \tag{9.3.1}$$

或者

$f \in \mathscr{R}[a,b] \Leftrightarrow \forall \varepsilon > 0, \exists\, T$, 使得

$$\sum_{i=1}^{n} \omega_i^f \Delta x_i \equiv \sum_{i=1}^{n} \omega_i \Delta x_i < \varepsilon \quad 或 \quad \sum_{T} \omega_i^f \Delta x_i \equiv \sum_{T} \omega_i \Delta x_i < \varepsilon. \tag{9.3.2}$$

3. 可积类函数

(i) 若函数 $f \in C[a,b]$, 则 $f \in \mathscr{R}[a,b]$;

(ii) 若 f 是区间 $[a,b]$ 上只有有限个间断点的有界函数, 则 $f \in \mathscr{R}[a,b]$;

(iii) 若 f 是区间 $[a,b]$ 上的单调函数, 则 $f \in \mathscr{R}[a,b]$.

4. 几点补充说明

(i) 本节仅给出可积的必要条件、可积准则 (充要条件) 和三类可积函数, 对可积性的进一步讨论可详见 9.6 节.

(ii) 可积函数的一个最基本的必要条件是：若函数 $f \in \mathscr{R}[a,b]$, 则 f 在区间 $[a,b]$ 上必有界. 反之不一定成立. 例如 Dirichlet 函数

$$D(x) = \begin{cases} 1, & x为有理数, \\ 0, & x为无理数 \end{cases}$$

在 $[0,1]$ 上有界但不可积.

事实上, 因 $|D(x)| \leqslant 1$, $x \in [0,1]$, 所以函数 $D(x)$ 在 $[0,1]$ 上有界. 函数 $D(x)$ 在 $[0,1]$ 上不可积性可参见问题 9.1.2.

(iii) 可积准则的基本构想基于下述不等式

$$s(T) \leqslant \sum_{i=1}^{n} f(\xi_i) \Delta x_i \leqslant S(T). \tag{9.3.3}$$

其本质在于：$\forall \varepsilon > 0, \exists\, T, S(T) - s(T) < \varepsilon \Leftrightarrow \lim\limits_{\|T\| \to 0} S(T) = \lim\limits_{\|T\| \to 0} s(T)$.

(iv) 可积的充要条件的另一种表述 (文献 [1] 第 9 章第 3 节定理 9.3′), 在理论上常应用它.

(v) 本节给出的三类可积函数, 文献 [1] 中的证明均使用了式 (9.3.2) (实际上用的是充分性条件), 请读者仔细体会.

二、疑难解答

问题 9.3.1　可积准则 (9.3.1) 与如下的叙述是否相互等价? 为什么?

$$\forall\varepsilon>0,\ \exists\delta>0,\ \text{对于}\ \|T\|<\delta\ \text{的一切}\ T,\ \text{都有}\ \sum_T\omega_i\Delta x_i<\varepsilon. \tag{9.3.4}$$

答　两者叙述是相互等价的.

显然, 叙述 (9.3.4)⇒(9.3.1). 反之, 若叙述 (9.3.1) 成立, 则对任意 $\varepsilon>0$, 存在相应的分割 T, 有

$$0\leqslant S(T)-s(T)=\sum_T\omega_i\Delta x_i<\varepsilon.$$

由 ε 的任意性, 知 $\lim\limits_{\|T\|\to0}\sum\limits_T\omega_i\Delta x_i=0$. 将此用 ε-δ 语言表述即为叙述 (9.3.4). ■

问题 9.3.2　已经知道定义在 $[0,1]$ 上的 Dirichlet 函数

$$D(x)=\begin{cases}1, & x\text{为有理数},\\ 0, & x\text{为无理数}\end{cases}$$

是不可积的 (参见内容精读中的 4(ii)), 请问定义在 $[0,1]$ 上的 Riemann 函数

$$R(x)=\begin{cases}\dfrac{1}{q}, & x=\dfrac{p}{q}, p,q\text{互素}, q>p,\\ 0, & x=0,1\text{以及}\ (0,1)\ \text{内的无理数}\end{cases}$$

的可积性如何? 为什么?

答　定义在 $[0,1]$ 上的 Riemann 函数 $R(x)$ 是可积的, 且 $\displaystyle\int_0^1R(x)\mathrm{d}x=0$.

(i) 先证明 Riemann 函数 $R(x)$ 的可积性.

对任给 $\varepsilon>0$, 在 $[0,1]$ 上使得 $\dfrac{1}{q}>\dfrac{\varepsilon}{2}$ 的有理点 $\dfrac{p}{q}$ 只有有限个, 设它们为 $r_1,r_2,\cdots,r_k$. 现对 $[0,1]$ 作分割 $T=\{\Delta_1,\Delta_2,\cdots,\Delta_n\}$, 使 $\|T\|<\dfrac{\varepsilon}{2k}$, 并将 T 中所有小区间分为 $\{\Delta_i'\mid i=1,2,\cdots,m\}$ 和 $\{\Delta_i''\mid i=1,2,\cdots,n-m\}$ 两类, 其中 $\{\Delta_i'\}$ 为含有 $\{r_i\mid i=1,2,\cdots,k\}$ 中点的所有小区间, 这类小区间的个数 $m\leqslant2k$ (当所有 r_i 恰好都是 T 的分割点时才有 $m=2k$); 而 $\{\Delta_i''\}$ 为 T 中不含 $\{r_i\mid i=1,2,\cdots,k\}$ 中点的所有小区间. 由于 f 在 Δ_i' 上的振幅满足 $\omega_i'\leqslant\dfrac{1}{2}$ (因 $q\neq1$, 当 $q\geqslant2$ 时, $\dfrac{1}{q}\leqslant\dfrac{1}{2}$), 于是

$$\sum_{i=1}^m\omega_i'\Delta x_i'\leqslant\frac{1}{2}\sum_{i=1}^m\Delta x_i'\leqslant\frac{1}{2}\cdot2k\|T\|<\frac{\varepsilon}{2}.$$

而 f 在 Δ_i'' 上的振幅满足 $\omega_i'' \leqslant \frac{\varepsilon}{2}$ (因在 Δ_i'' 上 $\frac{1}{q} \leqslant \frac{\varepsilon}{2}$), 于是

$$\sum_{i=1}^{n-m} \omega_i'' \Delta x_i'' \leqslant \frac{\varepsilon}{2} \sum_{i=1}^{n-m} \Delta x_i'' < \frac{\varepsilon}{2}.$$

因此, 在整个分割 T 上, 有

$$\sum_{i=1}^{n} \omega_i \Delta x_i = \sum_{i=1}^{m} \omega_i' \Delta x_i' + \sum_{i=1}^{n-m} \omega_i'' \Delta x_i'' < \frac{\varepsilon}{2} + \frac{\varepsilon}{2} = \varepsilon.$$

所以, 由可积准则知 Riemann 函数 $R(x)$ 在 $[0,1]$ 上可积.

(ii) 再证明 $\int_0^1 R(x)\mathrm{d}x = 0$.

由 (i) 知 Riemann 函数 $R(x)$ 在 $[0,1]$ 上可积, 所以对 $[0,1]$ 的任意分割 $T(\|T\| \to 0)$, 点集 $\xi_i(i=1,2,\cdots,n)$ 全取为无理点, 则 $R(\xi_i)=0(i=1,2,\cdots,n)$, 从而

$$\int_0^1 R(x)\mathrm{d}x = \lim_{\|T\|\to 0} \sum_{i=1}^{n} R(\xi_i)\Delta x_i = 0.$$ ■

三、典型例题

例 9.3.1 证明若 $f \in \mathscr{R}[a,b]$, 且 $[\alpha,\beta] \subset [a,b]$, 则 $f \in \mathscr{R}[\alpha,\beta]$.

证明 由于 $f \in \mathscr{R}[a,b]$, 则由可积准则知, 对任给 $\varepsilon > 0$, 存在对 $[a,b]$ 的某个分割 T, 使得 $\sum\limits_{T} \omega_i \Delta x_i < \varepsilon$.

在 T 上增加两个分点 α, β 得到 $[a,b]$ 上的一个新分割 T', 则 (参见文献 [1] 中第 212 页习题 1) 知

$$\sum_{T'} \omega_i' \Delta x_i' \leqslant \sum_{T} \omega_i \Delta x_i < \varepsilon.$$

分割 T' 在 $[\alpha,\beta]$ 上的部分, 构成了 $[\alpha,\beta]$ 的一个分割 T^*, 则有

$$\sum_{T^*} \omega_i^* \Delta x_i^* \leqslant \sum_{T'} \omega_i' \Delta x_i' < \varepsilon.$$

于是, 由可积准则 (充分性) 知, $f \in \mathscr{R}[\alpha,\beta]$. ■

例 9.3.2 设 f 在 $[a,b]$ 上有界, $\{a_n\} \subset [a,b]$, $\lim\limits_{n\to\infty} a_n = c$. 证明: 若 f 在 $[a,b]$ 上只有 $a_n(n=1,2,\cdots)$ 为其间断点, 则 $f \in \mathscr{R}[a,b]$.

证明 因 f 在 $[a,b]$ 上有界, 故可记 $M = \sup\limits_{x\in[a,b]} f(x)$, $m = \inf\limits_{x\in[a,b]} f(x)$.

若 $M = m$, 则可知 f 为常值函数, 从而 $f \in \mathscr{R}[a,b]$.

若 $M \neq m$, (i) 若 $\lim\limits_{n\to\infty} a_n = c = a$, 则对任给的 $\varepsilon > 0$, 记 $\delta' = \frac{\varepsilon}{2(M-m)}$, 且

$\delta' < b-a$. 存在 $N>0$, 当 $n>N$ 时恒有 $a \leqslant a_n < a+\delta'$, 满足 $b \geqslant a_n \geqslant a+\delta'$ 的 a_n 至多有有限个, 这说明 f 在 $[a+\delta', b]$ 上只有有限个间断点. 利用可积类函数与可积的充要条件知 $f \in \mathscr{R}[a+\delta', b]$ 上, 且存在对 $[a+\delta', b]$ 的某一个分割 T', 使得

$$\sum_{T'} \omega_i^f \Delta x_i < \frac{\varepsilon}{2}.$$

再将 $[a, a+\delta']$ 与 T' 合并而成为 $[a,b]$ 上的一个分割 T, 而 f 在 $[a, a+\delta']$ 上的振幅满足 $\omega_0^f < M-m$, 则

$$\omega_0^f \delta' < (M-m) \cdot \frac{\varepsilon}{2(M-m)} = \frac{\varepsilon}{2}$$

从而对于 T, 有

$$\sum_{T} \omega_i^f \Delta x_i = \sum_{T'} \omega_i^f \Delta x_i + \omega_0^f \delta' < \frac{\varepsilon}{2} + \frac{\varepsilon}{2} = \varepsilon.$$

再据可积准则 (充分性) 知 $f \in \mathscr{R}[a,b]$;

(ii) 若 $\lim\limits_{n\to\infty} a_n = c = b$ 时, 同理可证;

(iii) 若 $\lim\limits_{n\to\infty} a_n = c \in (a,b)$, 则对任给的 $\varepsilon > 0$, 记 $\delta' = \dfrac{\varepsilon}{4(M-m)}$, 且 $\delta' < \min\{c-a, b-c\}$. 存在 $N>0$, 当 $n>N$ 时恒有 $c-\delta' < a_n < c+\delta'$, 这说明 f 在 $[a, c-\delta'] \cup [c+\delta', b]$ 上只有有限个间断点. 利用可积类函数与可积准则知 $f \in \mathscr{R}[a, c-\delta'] \cup [c+\delta', b]$, 且存在对 $[a, c-\delta'] \cup [c+\delta', b]$ 的某一个分割 T', 使得

$$\sum_{T'} \omega_i^f \Delta x_i < \frac{\varepsilon}{2}.$$

再将 $[c-\delta', c+\delta']$ 与 T' 合并而成为 $[a,b]$ 上的一个分割 T, 而 f 在 $[c-\delta', c+\delta']$ 上的振幅满足 $\omega_0^f < M-m$, 则

$$\omega_0^f 2\delta' < (M-m) \cdot \frac{\varepsilon}{4(M-m)} = \frac{\varepsilon}{2}.$$

从而对于分割 T, 有

$$\sum_{T} \omega_i^f \Delta x_i = \sum_{T'} \omega_i^f \Delta x_i + \omega_0^f 2\delta' < \frac{\varepsilon}{2} + \frac{\varepsilon}{2} = \varepsilon.$$

再据可积准则 (充分性) 知 $f \in \mathscr{R}[a,b]$. ■

例 9.3.3　设 $f \in \mathscr{R}[a,b]$, $g(x) = \mathrm{e}^{f(x)}$, 则 $g \in \mathscr{R}[a,b]$.

证明　因 $f \in \mathscr{R}[a,b]$, 所以 f 在 $[a,b]$ 上有界, 故存在 $M_1 > 0$, 使得

$$|f(x)| \leqslant M_1, \quad x \in [a,b].$$

于是 (因 e^u 为增函数)

$$|g(x)| \leqslant e^{M_1} \equiv M, \quad x \in [a,b].$$

由微分中值定理及文献 [1] 中第 212 页习题 5, 有

$$\begin{aligned}\omega_i^g &= \sup_{\Delta_i} g(x) - \inf_{\Delta_i} g(x) = \sup_{x',x''\in\Delta_i} |g(x') - g(x'')| \\ &= \sup_{x',x''\in\Delta_i} \left| e^{f(x')} - e^{f(x'')} \right| = \sup_{x',x''\in\Delta_i} e^{\eta_i} |f(x') - f(x'')| \\ &\leqslant M \sup_{x',x''\in\Delta_i} |f(x') - f(x'')| \\ &= M\left(\sup_{\Delta_i} f(x) - \inf_{\Delta_i} f(x)\right) \\ &= M\omega_i^f \quad (\text{其中 } \eta_i \text{ 介于 } f(x') \text{ 与 } f(x'') \text{ 之间}).\end{aligned}$$

再由 $f \in \mathscr{R}[a,b]$ 及可积准则 (必要性), 对任给 $\varepsilon > 0$, 存在某个分割 T, 使得

$$\sum_T \omega_i^f \Delta x_i < \frac{\varepsilon}{M}.$$

于是, 对上述的 $\varepsilon > 0$ 及同一分割 T, 有

$$\sum_T \omega_i^g \Delta x_i \leqslant M \sum_T \omega_i^f \Delta x_i < M \cdot \frac{\varepsilon}{M} = \varepsilon.$$

由可积准则 (充分性) 知 $g \in \mathscr{R}[a,b]$. ■

*__例 9.3.4__ 设 $f \in \mathscr{R}[a,b]$, 则 f 在 $[a,b]$ 上必存在无数多个连续点, 且它们在 $[a,b]$ 上处处稠密.

证明 此处利用区间套定理来证明本题的结论 (证明共分五个部分).

(i) 若对 $[a,b]$ 的分割 T 能使 $S(T) - s(T) < b - a$, 则在 T 中必存在某个小区间 Δ_i, 使得在其上有 $\omega_i^f < 1$. 若不然, 对 T 中的所有小区间 $\Delta_i, i = 1,2,\cdots,n$, 都有

$$\omega_i^f \geqslant 1, \quad i = 1,2,\cdots,n,$$

则

$$S(T) - s(T) = \sum_T \omega_i^f \Delta x_i \geqslant \sum_T \Delta x_i = b - a.$$

这与假设 $S(T) - s(T) < b - a$ 相矛盾.

(ii) 证明：存在 $I_1 = [a_1, b_1] \subset (a,b)$, 使 $\omega^f(I_1) < 1$.

事实上, 由 (i) 知, 存在 $\Delta_i = [x_{i-1}, x_i] \subset [a,b]$, 在其上有 $\omega_i^f < 1$. 按如下规定获得 I_1：

若 $1 < i < n$, 则取 $I_1 = [a_1, b_1] = [x_{i-1}, x_i] \subset (a, b)$;

若 $i = 1$, 则取 $I_1 = [a_1, b_1] = [a_1, x_1]$, 其中 a_1 为满足 $a < a_1 < x_1$ 的任意数, 则 $I_1 = [a_1, b_1] \subset (a, b)$;

若 $i = n$, 则取 $I_1 = [a_1, b_1] = [x_{n-1}, b_1]$, 其中 b_1 为满足 $x_{n-1} < b_1 < b$ 的任意数, 则 $I_1 = [a_1, b_1] \subset (a, b)$.

由此得到 $I_1 = [a_1, b_1] \subset \Delta_i \subset (a, b)$, 必有 $\omega^f(I_1) \leqslant \omega_i^f < 1$.

(iii) 用 I_1 代替 (i) 中的 $[a, b]$, 根据例 9.3.1 知 $f \in \mathscr{R}[a_1, b_1]$.

同理可证: 存在 $[a_1, b_1]$ 上的分割 T_1 使得

$$S(T_1) - s(T_1) < \frac{1}{2}(b_1 - a_1),$$

且存在 T_1 中的某个小区间 Δ_i', 使 $\omega^f(\Delta_i') < \dfrac{1}{2}$.

类似于 (ii), 存在 $I_2 = [a_2, b_2] \subset (a_1, b_1)$, 满足 $\omega^f(I_2) \leqslant \omega^f(\Delta_i') < \dfrac{1}{2}$.

如此继续下去, 可得 $I_n = [a_n, b_n] \subset (a_{n-1}, b_{n-1})$ 满足 $\omega^f(I_n) < \dfrac{1}{n}$.

(iv) 因以上分割 T_n 可以做得无限细密, 故当 $\lim\limits_{n\to\infty} \|T_n\| = 0$ 时, 由 $b_{n+1} - a_{n+1} \leqslant \|T_n\|$ 可知 $\lim\limits_{n\to\infty}(b_n - a_n) = 0$. 又因 $I_{n+1} \subset I_n$, 所以 $\{I_n\}$ 为一闭区间套.

由区间套定理知, 存在 $x_0 \in I_n, n = 1, 2, \cdots$, 且对任给 $\varepsilon > 0$, 存在 $N \in \mathbb{N}_+$, 当 $n \geqslant N$ 时有 $\dfrac{1}{n} < \varepsilon$, 以及

$$[a_n, b_n] \subset U(x_0; \varepsilon).$$

由 $\{I_n\}$ 的构造特征 $[a_n, b_n] \subset (a_{n-1}, b_{n-1})$, $n = 1, 2, \cdots$, 保证了 $x_0 \in (a_n, b_n)$, $n = 1, 2, \cdots$. 现取

$$\delta = \min\{x_0 - a_N, b_N - x_0\} > 0,$$

当 $x', x'' \in U(x_0; \delta) \subset U(x_0; \varepsilon)$ 时, 必有

$$|f(x') - f(x'')| \leqslant \omega^f(I_N) < \frac{1}{N} < \varepsilon,$$

所以, f 在 x_0 处连续 (因一致连续必连续).

(v) 对任意 $[\alpha, \beta] \subset [a, b]$, 以 $[\alpha, \beta]$ 代替 $[a, b]$, 因 $f \in \mathscr{R}[\alpha, \beta]$, 故由上述 (i)~(iv) 可证得 f 在 (α, β) 内至少有一个连续点. 所以 f 的连续点在 $[a, b]$ 中处处稠密. ■

对例 9.3.4 的两点注记:

(1) 本例进一步阐述了可积与连续之间的内在联系, 因此本例十分重要.

(2) 由本例可知, 若函数 f 在 $[a, b]$ 上的连续点不处处稠密, 则 $f \notin \mathscr{R}[a, b]$. 如

$$f(x) = \begin{cases} x \sin\dfrac{1}{x}, & x \text{ 为 } \left(0, \dfrac{2}{\pi}\right] \text{ 中的有理数}, \\ 0, & x = 0 \text{ 和 } \left(0, \dfrac{2}{\pi}\right] \text{ 中的无理数}. \end{cases}$$

此函数在 $\left[0, \dfrac{2}{\pi}\right]$ 中的连续点为

$$x = 0, \frac{1}{k\pi}, \quad k = 1, 2, \cdots.$$

这些连续点虽然是无限多个, 但它们并不处处稠密, 所以 $f \notin \mathscr{R}\left[0, \dfrac{2}{\pi}\right]$.

例 9.3.5(可积第三充要条件) 设 f 在 $[a,b]$ 上有界, 则 $f \in \mathscr{R}[a,b] \Leftrightarrow$ 对任给 $\varepsilon > 0, \eta > 0$, 存在 $[a,b]$ 的一个分割 T, 使振幅不小于 η 的子区间的长度之和小于 ε.

证明 因 f 在 $[a,b]$ 上有界, 所以设 $m \leqslant f(x) \leqslant M$. $x \in [a,b]$.

$\Leftarrow$ 对任给 $\varepsilon > 0$, 取

$$\varepsilon' = \frac{\varepsilon}{2(M-m)}, \quad \eta = \frac{\varepsilon}{2(b-a)}.$$

据条件, 对上述的 $\varepsilon' > 0, \eta > 0$, 存在 $[a,b]$ 的一个分割 T, 使振幅不小于 η 的子区间的长度之和小于 ε'. 对于分割 T, 用 $\sum{}'$ 和 $\sum{}''$ 分别表示在积分和式中对振幅不小于 η 的子区间和对振幅小于 η 的子区间求和. 则有

$$\sum{}'\omega_i'\Delta x_i' \leqslant (M-m)\sum{}'\Delta x_i' \leqslant (M-m)\varepsilon',$$

$$\sum{}''\omega_i''\Delta x_i'' \leqslant \eta\sum{}''\Delta x_i'' \leqslant (b-a)\eta.$$

于是, 有

$$\sum\omega_i\Delta x_i = \sum{}'\omega_i'\Delta x_i' + \sum{}''\omega_i''\Delta x_i'' \leqslant (M-m)\varepsilon' + (b-a)\eta < \frac{\varepsilon}{2} + \frac{\varepsilon}{2} = \varepsilon.$$

因此, 由可积准则知, $f \in \mathscr{R}[a,b]$.

$\Rightarrow$ 设 $f \in \mathscr{R}[a,b]$, 则由可积准则 (必要性), 对任给 $\varepsilon > 0, \eta > 0$, 存在 $[a,b]$ 的一个分割 T, 使 $\sum\limits_T \omega_i\Delta x_i < \eta\varepsilon$. 用 $\sum{}'$ 表示对振幅不小于 η (即 $\omega_i' \geqslant \eta$) 的子区间求和, 则

$$\eta\sum{}'\Delta x_i' \leqslant \sum{}'\omega_i'\Delta x_i' \leqslant \sum_T \omega_i\Delta x_i < \eta\varepsilon.$$

于是, $\sum{}'\Delta x_i' < \varepsilon$, 即振幅不小于 η 的子区间的长度之和小于 ε. ■

例 9.3.6 若 $f \in \mathscr{R}[a,b]$, 则函数 f 在区间 $[a,b]$ 上必有界.

证明 本例题的主要目的旨在给出可积的必要条件不同于文献 [1] 的另一种证明.

由条件, 若记 $\int_a^b f(x)\mathrm{d}x = J$, 则由可积性定义可知, 对于 $\varepsilon_0 = 1$, 存在 $[a,b]$ 的

一个分割 T, 使得对于从属于分割 T 的任何点集 $\{\xi_i\}$, 均成立不等式

$$\left|\sum_{i=1}^{n} f(\xi_i)\Delta x_i - J\right| < 1. \tag{9.3.5}$$

以下只要能证明, 在每个小区间 $I_i=[x_{i-1},x_i]$ 上 f 有界即可.

对于确定的子区间 I_i, 固定所有的 $\xi_k(k\neq i)$, 则由式 (9.3.5) 可得

$$\frac{1}{\Delta x_i}\left(J-1-\sum_{k\neq i} f(\xi_k)\Delta x_k\right) < f(\xi_i) < \frac{1}{\Delta x_i}\left(J+1-\sum_{k\neq i} f(\xi_k)\Delta x_k\right).$$

再由 $\xi_i\in I_i=[x_{i-1},x_i]$ 的任意性, 可知 f 在 I_i 上有界. ■

四、巩固提高

9.3.1 设 h 为定义在区间 $[a,b]$ 上的一个阶梯函数, 即有一个 $[a,b]$ 上的分割 T, 使 h 在 T 所属的每个小区间 (x_{i-1},x_i) 上都是常数 (其中 $h(x_i)$ 的值可以是任意的, 它对 h 的积分无影响), $i=1,2,\cdots,n$. 证明:

(i) 若 $f\in\mathscr{R}[a,b]$, 则任给 $\varepsilon>0$, 存在阶梯函数 $h_1(x)\leqslant f(x)$ (或 $h_2(x)\geqslant f(x)$), $x\in[a,b]$, 使得

$$\int_a^b f(x)\mathrm{d}x-\int_a^b h_1(x)\mathrm{d}x<\varepsilon \quad \left(\text{或} \int_a^b h_2(x)\mathrm{d}x-\int_a^b f(x)\mathrm{d}x<\varepsilon\right).$$

(ii) 若对任给 $\varepsilon>0$, 存在阶梯函数 $h_1(x)\leqslant f(x)$, $h_2(x)\geqslant f(x)$, $x\in[a,b]$, 使得 $\displaystyle\int_a^b h_2(x)\mathrm{d}x-\int_a^b h_1(x)\mathrm{d}x<\varepsilon$, 则 $f\in\mathscr{R}[a,b]$.

9.3.2 证明: 若 $f\in\mathscr{R}[a,b]$, 则对任给 $\varepsilon>0$, 存在一个连续函数 g, $g(x)\leqslant f(x)$, $x\in[a,b]$, 使得

$$\int_a^b f(x)\mathrm{d}x-\int_a^b g(x)\mathrm{d}x<\varepsilon.$$

9.3.3 设 f 在 $[a,b]$ 上有界, 且其所有间断点构成一个收敛数列, 证明 $f\in\mathscr{R}[a,b]$ (此题为例 9.3.2 的另一种表述).

***9.3.4** 设 $g\in\mathscr{R}[a,b]$, $M=\sup\limits_{x\in[a,b]} g(x)$, $m=\inf\limits_{x\in[a,b]} g(x)$, 若 $m<M$, $f\in C[m,M]$, 则 $f\circ g\in\mathscr{R}[a,b]$.

9.3.5 设 $f,g\in\mathscr{R}[a,b]$, ξ_i 与 η_i 是分割 T 所属小区间 $\varDelta_i$ 中的任意两点, 证明

$$\lim_{\|T\|\to 0}\sum_{i=1}^{n} f(\xi_i)g(\eta_i)\Delta x_i=\int_a^b f(x)g(x)\mathrm{d}x.$$

9.3.6 设 f 在 $[a,b]$ 上有界. 证明: 若对任给 $\eta>0$, $f\in\mathscr{R}[a,b-\eta]$, 则 $f\in\mathscr{R}[a,b]$.

9.4 定积分的性质

一、内容精读

1. 定积分的基本性质

性质 9.4.1 若 $f\in\mathscr{R}[a,b]$, k 为常数, 则 $kf\in\mathscr{R}[a,b]$, 且

$$\int_a^b kf(x)\mathrm{d}x=k\int_a^b f(x)\mathrm{d}x. \tag{9.4.1}$$

性质 9.4.2(线性可加性) 若 $f,g\in\mathscr{R}[a,b]$, 则 $f\pm g\in\mathscr{R}[a,b]$, 且

$$\int_a^b \big[f(x)\pm g(x)\big]\mathrm{d}x=\int_a^b f(x)\mathrm{d}x\pm\int_a^b g(x)\mathrm{d}x. \tag{9.4.2}$$

性质 9.4.3 若 $f,g\in\mathscr{R}[a,b]$, 则 $fg\in\mathscr{R}[a,b]$.

性质 9.4.4(积分区间可加性) $f\in\mathscr{R}[a,b]\Leftrightarrow\forall c\in(a,b)$, $f\in\mathscr{R}[a,c]$, $f\in\mathscr{R}[c,b]$, 且

$$\int_a^b f(x)\mathrm{d}x=\int_a^c f(x)\mathrm{d}x+\int_c^b f(x)\mathrm{d}x. \tag{9.4.3}$$

性质 9.4.5 设 $f\in\mathscr{R}[a,b]$. 若 $f(x)\geqslant 0$, $x\in[a,b]$, 则 $\displaystyle\int_a^b f(x)\mathrm{d}x\geqslant 0$.

(积分不等式性质) 若 $f,g\in\mathscr{R}[a,b]$, 且 $f(x)\leqslant g(x)$, $x\in[a,b]$, 则

$$\int_a^b f(x)\mathrm{d}x\leqslant\int_a^b g(x)\mathrm{d}x. \tag{9.4.4}$$

性质 9.4.6 若 $f\in\mathscr{R}[a,b]$, 则 $|f|\in\mathscr{R}[a,b]$, 且

$$\left|\int_a^b f(x)\mathrm{d}x\right|\leqslant\int_a^b |f(x)|\mathrm{d}x. \tag{9.4.5}$$

2. 积分中值定理

定理 9.4.1(积分第一中值定理) 若 $f\in C[a,b]$, 则至少存在一点 $\xi\in[a,b]$, 使得

$$\int_a^b f(x)\mathrm{d}x=f(\xi)(b-a). \tag{9.4.6}$$

定理 9.4.2(推广的积分第一中值定理) 若 $f,g\in C[a,b]$, 且 $g(x)$ 在 $[a,b]$ 上不变号, 则至少存在一点 $\xi\in[a,b]$, 使得

$$\int_a^b f(x)g(x)\mathrm{d}x=f(\xi)\int_a^b g(x)\mathrm{d}x. \tag{9.4.7}$$

二、疑难解答

问题 9.4.1　积分区间的可加性要求 $c \in (a,b)$, 是否可以对 c 放宽此限制?

答　可以, 即 $c \notin [a,b]$ 时, 只要在相应区间上 f 是可积的, 则式 (9.4.3) 仍然成立. 事实上, 在规定了 $\int_a^a f(x)\mathrm{d}x = 0$ 与 $\int_a^b f(x)\mathrm{d}x = -\int_b^a f(x)\mathrm{d}x$ 之后,

若 $c \in [a,b]$ 时, 由上述规定及性质 9.4.4 知式 (9.4.3) 成立.

若 $a < b < c$ 时, 由上述规定及性质 9.4.4 知

$$\begin{aligned}\int_a^b f(x)\mathrm{d}x &= \left(\int_a^b f(x)\mathrm{d}x + \int_b^c f(x)\mathrm{d}x\right) - \int_b^c f(x)\mathrm{d}x \\ &= \int_a^c f(x)\mathrm{d}x + \int_c^b f(x)\mathrm{d}x.\end{aligned}$$

同理可得, 当 $c < a < b$ 时结论也成立. ■

问题 9.4.2　由定积分性质知, 若 $f \in \mathscr{R}[a,b]$, 则 $|f|, f^2 \in \mathscr{R}[a,b]$; 反之, 若 $|f|, f^2 \in \mathscr{R}[a,b]$, 能否一定推出 $f \in \mathscr{R}[a,b]$?

答　不一定. 例如定义在 $[0,1]$ 上的函数

$$f(x) = \begin{cases} 1, & \text{当 } x \text{ 为 } [0,1] \text{ 上的有理数}, \\ -1, & \text{当 } x \text{ 为 } [0,1] \text{ 上的无理数}. \end{cases}$$

因函数 $|f(x)| \equiv 1$ 与 $f^2(x) \equiv 1$, 所以 $|f|, f^2 \in \mathscr{R}[0,1]$, 但 $f \notin \mathscr{R}[0,1]$. ■

问题 9.4.3　若 $f, g \in \mathscr{R}[a,b]$, 且 g 在 $[a,b]$ 上保号, 则存在 $\mu, \sigma \in \mathbb{R}$, 成立

(i) $\int_a^b f(x)\mathrm{d}x = \mu(b-a)$;

(ii) $\int_a^b f(x)g(x)\mathrm{d}x = \sigma \int_a^b g(x)\mathrm{d}x$.

上述断言正确吗?

答　上述断言是正确的. 具体证明如下:

若 $f \in \mathscr{R}[a,b]$, 则 f 在 $[a,b]$ 上有界, 从而 f 在 $[a,b]$ 上有上、下确界. 记

$$M = \sup_{x\in[a,b]} f(x), \quad m = \inf_{x\in[a,b]} f(x),$$

则 $m \leqslant f(x) \leqslant M$, $x \in [a,b]$.

(i) 由 $m \leqslant f(x) \leqslant M$, $x \in [a,b]$ 及性质 9.4.5, 有

$$m(b-a) = \int_a^b \mathrm{d}x \leqslant \int_a^b f(x)\mathrm{d}x \leqslant \int_a^b M\mathrm{d}x = M(b-a),$$

即

$$m \leqslant \frac{1}{b-a}\int_a^b f(x)\mathrm{d}x \leqslant M,$$

取 $\mu = \dfrac{1}{b-a}\displaystyle\int_a^b f(x)\mathrm{d}x \in \mathbb{R}$, 立即可得 (i).

(ii) 因 g 在 $[a,b]$ 上不变号, 不妨设 $g(x) \geqslant 0$, $x \in [a,b]$. 由 $m \leqslant f(x) \leqslant M$, $x \in [a,b]$ 可得 $mg(x) \leqslant f(x)g(x) \leqslant Mg(x)$, $x \in [a,b]$. 由此不等式及性质 9.4.5, 有

$$m\int_a^b g(x)\mathrm{d}x \leqslant \int_a^b f(x)g(x)\mathrm{d}x \leqslant M\int_a^b g(x)\mathrm{d}x.$$

若 $\displaystyle\int_a^b g(x)\mathrm{d}x = 0$, 则 $\displaystyle\int_a^b f(x)g(x)\mathrm{d}x = 0$, 从而对任意 $\sigma \in \mathbb{R}$ 都有 (ii) 成立;

若 $\displaystyle\int_a^b g(x)\mathrm{d}x \neq 0$, 则 $m \leqslant \displaystyle\int_a^b f(x)\mathrm{d}x \Big/ \int_a^b g(x)\mathrm{d}x \leqslant M$, 取

$$\sigma = \left(\int_a^b f(x)\mathrm{d}x \Big/ \int_a^b g(x)\mathrm{d}x\right) \in \mathbb{R},$$

立即可得 (ii). ■

问题 9.4.4 (i) 若 $f, g \in \mathscr{R}[a,b]$, 能否推出 $\dfrac{g}{f} \in \mathscr{R}[a,b]$ 吗?

(ii) 若 $f \in \mathscr{R}[a,b]$, $g \notin \mathscr{R}[a,b]$, 能否推出 $fg \notin \mathscr{R}[a,b]$ 吗?

答 (i) 不能. 例如函数

$$f(x) = x^3, \quad x \in [-1,1]; \quad g(x) = x^2, \quad x \in [-1,1].$$

由于 f, g 都是 $[-1,1]$ 上的连续函数, 当然 $f, g \in \mathscr{R}[-1,1]$, 但 $\dfrac{g}{f} \notin \mathscr{R}[-1,1]$.

上述表明, 对一般的两个可积函数, 它们的商函数不一定可积. 但在一定的条件下, 可积函数的商函数仍可积. 如

"若 $f, g \in \mathscr{R}[a,b]$, $|f(x)| \geqslant m > 0, x \in [a,b]$, 则 $\dfrac{g}{f} \in \mathscr{R}[a,b]$."

先证明 "若 $f \in \mathscr{R}[a,b]$, $|f(x)| \geqslant m > 0, x \in [a,b]$, 则 $\dfrac{1}{f} \in \mathscr{R}[a,b]$."

事实上, 因 $f \in \mathscr{R}[a,b]$, 则由可积准则知, 对任给 $\varepsilon > 0$, 必存在 $[a,b]$ 的一个分割 $T = \{\Delta_1, \Delta_2, \cdots, \Delta_n\}$, 使得 $\displaystyle\sum_{i=1}^n \omega_i^f \Delta x_i < m^2\varepsilon$. 令 x_i', x_i'' 为属于分割 T 的小区间 $\Delta_i (i = 1, 2, \cdots, n)$ 上的任意两点, 则由 $|f(x)| \geqslant m > 0$ 得

$$\left|\frac{1}{f(x_i'')} - \frac{1}{f(x_i')}\right| = \frac{|f(x_i') - f(x_i'')|}{|f(x_i')| \cdot |f(x_i'')|} \leqslant \frac{\omega_i^f}{m^2}.$$

若用 $\omega_i^{\frac{1}{f}}$ 表示 $\dfrac{1}{f}$ 在 $\Delta_i(i=1,2,\cdots,n)$ 上的振幅, 则有

$$\omega_i^{\frac{1}{f}}=\sup_{x\in\Delta_i}\frac{1}{f(x)}-\inf_{x\in\Delta_i}\frac{1}{f(x)}=\sup_{x_i',x_i''\in\Delta_i}\left|\frac{1}{f(x_i'')}-\frac{1}{f(x_i')}\right|\leqslant\frac{\omega_i^f}{m^2}.$$

于是, 对于分割 T, 有

$$\sum_{i=1}^n\omega_i^{\frac{1}{f}}\Delta x_i\leqslant\sum_{i=1}^n\frac{\omega_i^f}{m^2}\Delta x_i=\frac{1}{m^2}\sum_{i=1}^n\omega_i^f\Delta x_i<\frac{1}{m^2}\cdot m^2\varepsilon=\varepsilon,$$

故由可积准则 (充分性) 知, $\dfrac{1}{f}\in\mathscr{R}[a,b]$.

最后, 由 $g\in\mathscr{R}[a,b]$, $\dfrac{1}{f}\in\mathscr{R}[a,b]$ 及性质 9.4.3, 知 $\dfrac{g}{f}\equiv g\cdot\dfrac{1}{f}\in\mathscr{R}[a,b]$.

(ii) 不能. 如定义在 $[0,1]$ 上的 Riemann 函数 $R(x)$ 和 Dirichlet 函数 $D(x)$(参见问题 9.3.2), $R(x)\in\mathscr{R}[0,1]$, 而 $D(x)\notin\mathscr{R}[0,1]$, 但 $R(x)D(x)=R(x)\in\mathscr{R}[0,1]$. ■

三、典型例题

例 9.4.1 令 $M(x)=\max\limits_{x\in[a,b]}\{f(x),g(x)\}$, $m(x)=\min\limits_{x\in[a,b]}\{f(x),g(x)\}$. 证明: 若 $f,g\in\mathscr{R}[a,b]$, 则 $M(x),m(x)\in\mathscr{R}[a,b]$.

证明 因 $f,g\in\mathscr{R}[a,b]$, 则 $f\pm g\in\mathscr{R}[a,b]$, 再由性质 9.4.6 知 $|f\pm g|\in\mathscr{R}[a,b]$. 又

$$M(x)=\frac{1}{2}\{f(x)+g(x)+|f(x)-g(x)|\},\quad m(x)=\frac{1}{2}\{f(x)+g(x)-|f(x)-g(x)|\},$$

于是由性质 9.4.2 知, $M(x),m(x)\in\mathscr{R}[a,b]$. ■

例 9.4.2 若 f 在 $[a,b]$ 上二阶可导, 且 $f''(x)>0$. 证明:

(i) $f\left(\dfrac{a+b}{2}\right)\leqslant\dfrac{1}{b-a}\displaystyle\int_a^b f(x)\mathrm{d}x$;

(ii) 又若 $f(x)\leqslant 0$, $x\in[a,b]$, 则又有 $f(x)\geqslant\dfrac{2}{b-a}\displaystyle\int_a^b f(x)\mathrm{d}x, x\in[a,b]$.

证明 (i) 由于 f 在 $[a,b]$ 上二阶可导, 且 $f''(x)>0$, 所以 f 为 $[a,b]$ 上的凸函数, 从而

$$f(x)\geqslant f\left(\frac{a+b}{2}\right)+f'\left(\frac{a+b}{2}\right)\left(x-\frac{a+b}{2}\right).\tag{9.4.8}$$

又因 $\displaystyle\int_a^b\left(x-\frac{a+b}{2}\right)\mathrm{d}x=\frac{1}{2}\left(x-\frac{a+b}{2}\right)^2\Bigg|_a^b=0$, 所以利用性质 9.4.2 与性质 9.4.5 对式 (9.4.8) 两边积分, 可得

$$\int_a^b f(x)\mathrm{d}x\geqslant(b-a)f\left(\frac{a+b}{2}\right).$$

由此立即得到 (i).

(ii) 因 $f''(x) > 0$, $x \in [a,b]$, 故 f 为 $[a,b]$ 上的凸函数, 从而对任意 $t \in [a,b]$, 有

$$f(x) \geqslant f(t) + f'(t)(x-t). \tag{9.4.9}$$

又

$$\begin{aligned}\int_a^b f'(t)(x-t)\mathrm{d}t &= \int_a^b f(t)\mathrm{d}t + (x-b)f(b) - (x-a)f(a) \\ &= \int_a^b f(x)\mathrm{d}x + (x-b)f(b) - (x-a)f(a),\end{aligned}$$

而 $f(a) \leqslant 0$, $f(b) \leqslant 0$, $x-b<0$, $x-a>0$, 所以 $\int_a^b f'(t)(x-t)\mathrm{d}t \geqslant \int_a^b f(x)\mathrm{d}x$. 于是, 对任意 $x \in [a,b]$, 由性质 9.4.5 并对式 (9.4.9) 两端对 t 在 $[a,b]$ 上积分, 就有

$$(b-a)f(x) = \int_a^b f(x)\mathrm{d}t \geqslant \int_a^b f(t)\mathrm{d}t + \int_a^b f'(t)(x-t)\mathrm{d}t \geqslant 2\int_a^b f(x)\mathrm{d}x.$$

由此立即得到 (ii). ■

例 9.4.3 若 $f, g \in \mathscr{R}[a,b]$, 证明:

(i) $\left(\int_a^b f(x)g(x)\mathrm{d}x\right)^2 \leqslant \int_a^b f^2(x)\mathrm{d}x \int_a^b g^2(x)\mathrm{d}x$;

(ii) $\left(\int_a^b \big(f(x)+g(x)\big)^2\mathrm{d}x\right)^{\frac{1}{2}} \leqslant \left(\int_a^b f^2(x)\mathrm{d}x\right)^{\frac{1}{2}} + \left(\int_a^b g^2(x)\mathrm{d}x\right)^{\frac{1}{2}}$;

(iii) $\left(\int_a^b f(x)\mathrm{d}x\right)^2 \leqslant (b-a)\int_a^b f^2(x)\mathrm{d}x$;

(iv) 又若 $f(x) \geqslant m > 0$, 则 $\int_a^b f(x)\mathrm{d}x \int_a^b \frac{1}{f(x)}\mathrm{d}x \geqslant (b-a)^2$;

(v) 又若 $\int_a^b f^2(x)\mathrm{d}x = 1$, 且 k 为非零实数, 则

$$\left(\int_a^b f(x)\cos kx\mathrm{d}x\right)^2 + \left(\int_a^b f(x)\sin kx\mathrm{d}x\right)^2 \leqslant b-a.$$

证明 (i) 对任意 $\lambda \in \mathbb{R}$, 有 $\big(f(x)+\lambda g(x)\big)^2 \geqslant 0$, 即

$$f^2(x) + 2\lambda f(x)g(x) + \lambda^2 g^2(x) \geqslant 0,$$

所以

$$\left(\int_a^b g^2(x)\mathrm{d}x\right)\lambda^2 + \left(2\int_a^b f(x)g(x)\mathrm{d}x\right)\lambda + \int_a^b f^2(x)\mathrm{d}x \geqslant 0.$$

上式为 λ 的二次不等式 (任意 $\lambda \in \mathbb{R}$), 且 $\int_a^b g^2(x)\mathrm{d}x > 0$ (只要 $g(x) \not\equiv 0$), 故

$$\Delta \equiv \left(2\int_a^b f(x)g(x)\mathrm{d}x\right)^2 - 4\int_a^b g^2(x)\mathrm{d}x\int_a^b f^2(x)\mathrm{d}x \leqslant 0,$$

由此即得 (i).

(ii) 由 (i) 可得

$$\begin{aligned}\int_a^b \big(f(x)+g(x)\big)^2\mathrm{d}x &= \int_a^b f^2(x)\mathrm{d}x + 2\int_a^b f(x)g(x)\mathrm{d}x + \int_a^b g^2(x)\mathrm{d}x \\ &\leqslant \int_a^b f^2(x)\mathrm{d}x + 2\left(\int_a^b f^2(x)\mathrm{d}x\right)^{\frac{1}{2}}\left(\int_a^b g^2(x)\mathrm{d}x\right)^{\frac{1}{2}} + \int_a^b g^2(x)\mathrm{d}x \\ &= \left[\left(\int_a^b f^2(x)\mathrm{d}x\right)^{\frac{1}{2}} + \left(\int_a^b g^2(x)\mathrm{d}x\right)^{\frac{1}{2}}\right]^2,\end{aligned}$$

由此即得 (ii).

(iii) 在 (i) 中取 $g(x) \equiv 1$, 则

$$\left(\int_a^b f(x)\mathrm{d}x\right)^2 \leqslant \int_a^b f^2(x)\mathrm{d}x\int_a^b 1^2\mathrm{d}x = (b-a)\int_a^b f^2(x)\mathrm{d}x.$$

(iv) 由 $f \in \mathscr{R}[a,b]$, 且 $f(x) \geqslant m > 0$, 则由问题 9.4.4 知, $\dfrac{1}{f} \in \mathscr{R}[a,b]$, 从而 $\sqrt{f}, \dfrac{1}{\sqrt{f}} \in \mathscr{R}[a,b]$ (可参见问题 9.6.2). 于是由 (i) 可得

$$\int_a^b f(x)\mathrm{d}x\int_a^b \frac{1}{f(x)}\mathrm{d}x \geqslant \left(\int_a^b \sqrt{f(x)}\,\frac{1}{\sqrt{f(x)}}\mathrm{d}x\right)^2 = \left(\int_a^b \mathrm{d}x\right)^2 = (b-a)^2.$$

(v) 由 (i) 可得

$$\left(\int_a^b f(x)\cos kx\mathrm{d}x\right)^2 \leqslant \int_a^b f^2(x)\mathrm{d}x\int_a^b \cos^2 kx\mathrm{d}x = \int_a^b \cos^2 kx\mathrm{d}x.$$

同理可得 $\left(\int_a^b f(x)\sin kx\mathrm{d}x\right)^2 \leqslant \int_a^b \sin^2 kx\mathrm{d}x$. 于是, 上述两式相加可得

$$\left(\int_a^b f(x)\cos kx\mathrm{d}x\right)^2 + \left(\int_a^b f(x)\sin kx\mathrm{d}x\right)^2 \leqslant \int_a^b \mathrm{d}x = b-a.$$ ■

*例 **9.4.4** 设 $f \in C[a,b]$, 且 $f(x) \geqslant 0$, 证明 $\lim\limits_{n\to\infty} \sqrt[n]{\int_a^b f^n(x)\mathrm{d}x} = \max\limits_{x\in[a,b]} f(x)$.

证明 因 $f \in C[a,b]$, 所以 f 在 $[a,b]$ 上有最大值, 并记 $M = \max\limits_{x\in[a,b]} f(x) \geqslant 0$.

若 $M = 0$, 则 $f(x) \equiv 0, x \in [a,b]$, 此时结论显然成立.

若 $M > 0$. 对任意 $\varepsilon > 0(\varepsilon < M)$, 存在 $[\alpha,\beta] \subset [a,b]$, 使得

$$0 < M - \varepsilon \leqslant f(x) \leqslant M, \quad x \in [\alpha,\beta],$$

于是, 有

$$0 < (M-\varepsilon)^n \leqslant f^n(x) \leqslant M^n, \quad x \in [\alpha,\beta].$$

又因 $f(x) \geqslant 0$, 且 $f(x) \leqslant M, x \in [a,b]$, 所以

$$\begin{aligned}(b-a)M^n = \int_a^b M^n \mathrm{d}x \geqslant \int_a^b f^n(x)\mathrm{d}x \geqslant \int_\alpha^\beta f^n(x)\mathrm{d}x \\ \geqslant \int_\alpha^\beta (M-\varepsilon)^n \mathrm{d}x = (\beta-\alpha)(M-\varepsilon)^n,\end{aligned}$$

由此可得

$$(M-\varepsilon)\sqrt[n]{\beta-\alpha} \leqslant \sqrt[n]{\int_a^b f^n(x)\mathrm{d}x} \leqslant M\sqrt[n]{b-a}.$$

又 $\lim\limits_{n\to\infty}(M-\varepsilon)\sqrt[n]{\beta-\alpha} = M-\varepsilon$, $\lim\limits_{n\to\infty} M\sqrt[n]{b-a} = M$, 故由极限的保不等式性得

$$M - \varepsilon \leqslant \lim_{n\to\infty} \sqrt[n]{\int_a^b f^n(x)\mathrm{d}x} \leqslant M.$$

最后, 由 ε 的任意性知, $\lim\limits_{n\to\infty} \sqrt[n]{\int_a^b f^n(x)\mathrm{d}x} = M = \max\limits_{x\in[a,b]} f(x)$. ■

例 9.4.5 设 $f \in \mathscr{R}[a,b]$, 且 $I = \int_a^b f(x)\mathrm{d}x > 0$, 则有子区间 $[\alpha,\beta] \subset [a,b]$ 和 $\mu > 0$, 使在区间 $[\alpha,\beta]$ 上成立 $f(x) \geqslant \mu$.

证明 因 $f \in \mathscr{R}[a,b]$, 所以存在 $[a,b]$ 的一个分割 $T = \{x_0, x_1, \cdots, x_n\}$, 使得从属于 T 的任何点集 $\{\xi_i\}$, 成立 $\sum\limits_{i=1}^n f(\xi_i)\Delta x_i > \frac{1}{2}I > 0$ (由定义, 只要取 $\varepsilon_0 = \frac{1}{2}I > 0$).

记 $m_i = \inf\limits_{x\in[x_{i-1},x_i]} f(x)$, $i = 1,2,\cdots,n$, 并对上面的和式取下确界, 则有

$$\sum_{i=1}^n m_i \Delta x_i \geqslant \frac{1}{2}I > 0. \tag{9.4.10}$$

显然在式 (9.4.10) 左边的和式中至少有一项大于 0, 就设此项为第 k 项, 则取 $\mu = m_k$, $[\alpha,\beta]=[x_{k-1},x_k]\subset[a,b]$. 这就证明了题中的结论. ■

例 9.4.6 计算定积分 $I=\int_{e^{-1}}^{e}|\ln x|dx$.

解 因 $\ln x$ 在区间 $[e^{-1},e]$ 上变号, 且以 $x=1$ 为分界点, 所以

$$\begin{aligned}I&=\int_{e^{-1}}^{e}|\ln x|dx=\int_{1}^{e}\ln xdx-\int_{e^{-1}}^{1}\ln xdx\\&=(x\ln x-x)\Big|_1^e-(x\ln x-x)\Big|_{e^{-1}}^1\\&=\left[(e\ln e-e)-(0-1)\right]-\left[(0-1)-(e^{-1}\ln e^{-1}-e^{-1})\right]\\&=1+\left(1-\frac{2}{e}\right)=2-\frac{2}{e}.\end{aligned}$$

■

例 9.4.7 计算定积分 $I=\int_{-4}^{3}\max\{1,x^2,x^3\}dx$.

解 由于 $\max\{1,x^2,x^3\}=\begin{cases}x^3, & 1\leqslant x\leqslant 3,\\ 1, & -1<x<1,\\ x^2, & -4\leqslant x\leqslant -1,\end{cases}$ 所以

$$\begin{aligned}I&=\int_{-4}^{3}\max\{1,x^2,x^3\}dx=\int_{1}^{3}x^3dx+\int_{-1}^{1}1dx+\int_{-4}^{-1}x^2dx\\&=\frac{1}{4}x^4\Big|_1^3+x\Big|_{-1}^1+\frac{1}{3}x^3\Big|_{-4}^{-1}=20+2+21=43.\end{aligned}$$

■

四、巩固提高

9.4.1 计算下列定积分:

(i) $\int_{-2}^{5}|x^2-2x-3|dx$; (ii) $\int_{a}^{b}|x|dx$, 其中 $a<b$;

(iii) $\int_{0}^{2}|x-1|dx$; (iv) $\int_{-2}^{2}\min\left\{\frac{1}{|x|},x^2\right\}dx$.

9.4.2 若 $|a|\leqslant 1$, 计算 $\int_{-1}^{1}|x-a|e^x dx$.

9.4.3 设 $f\in C[0,1]$, 求下列极限:

(i) $\lim\limits_{n\to\infty}\int_0^1 x^n f(x)dx$; (ii) $\lim\limits_{n\to\infty}\int_0^1 nx^n f(x)dx$.

9.4.4 设正数列 $\{a_n\}$ 满足 $\lim\limits_{n\to\infty}\int_0^{a_n}x^n dx=2$, 求极限 $\lim\limits_{n\to\infty}a_n$.

9.4.5 若 $f\in C^1[a,b]$, 且 $f(a)=f(b)=0$, 证明

$$\int_a^b |f(x)|\mathrm{d}x\leqslant\frac{(b-a)^2}{4}\max_{x\in[a,b]}|f'(x)|.$$

9.4.6 若 $f\in C[a,b]$, 且单调递增, 证明 $\displaystyle\int_a^b xf(x)\mathrm{d}x\geqslant\frac{a+b}{2}\int_a^b f(x)\mathrm{d}x$.

(提示: 应用积分第一中值定理的推广形式.)

9.4.7 若 $f\in C^1[0,1]$, 且 $f(0)=f(1)=0$, 证明 $\displaystyle\left|\int_0^1 f(x)\mathrm{d}x\right|\leqslant\frac{1}{2}\int_0^1|f'(x)|\mathrm{d}x$. 一般地, 若 $f\in C^1[a,b]$, 且 $f(a)=f(b)=0$, 证明 $\displaystyle\left|\int_a^b f(x)\mathrm{d}x\right|\leqslant\frac{b-a}{2}\int_a^b|f'(x)|\mathrm{d}x$.

9.4.8 设 f 为 $\mathbb{R}_+$ 上的连续、递减函数, $f(x)>0$; 又设

$$a_n=\sum_{k=1}^n f(k)-\int_1^n f(x)\mathrm{d}x.$$

证明 $\{a_n\}$ 为收敛数列.

(提示: 证明数列 $\{a_n\}$ 单调有界.)

9.5 微积分学基本定理 · 定积分计算 (续)

一、内容精读

1. 变限积分与原函数的存在性

1) 变限积分

定义 9.5.1 若 $f\in\mathscr{R}[a,b]$, 则对任意 $x\in[a,b]$, 有 $f\in\mathscr{R}[a,x]$. 于是可以定义变动上限积分函数

$$\varPhi(x)=\int_a^x f(t)\mathrm{d}t,\quad x\in[a,b]. \tag{9.5.1}$$

类似地, 可以定义变下限的定积分

$$\varPsi(x)=\int_x^b f(t)\mathrm{d}t,\quad x\in[a,b]. \tag{9.5.2}$$

$\varPhi$ 与 $\varPsi$ 统称为变限积分 (函数). 更一般地, 还有变限积分的复合函数:

$$\int_a^{u(x)}f(t)\mathrm{d}t,\quad \int_{v(x)}^b f(t)\mathrm{d}t,\quad \int_{v(x)}^{u(x)}f(t)\mathrm{d}t.$$

2) 变限积分的性质

性质 9.5.1　若 $f \in \mathscr{R}[a,b]$, 则 $\varPhi, \varPsi \in C[a,b]$.

性质 9.5.2(原函数存在定理)　若 $f \in C[a,b]$, 则函数 $\varPhi$ 与 $\varPsi$ 在 $[a,b]$ 上可导, 且

$$\varPhi'(x) = \frac{\mathrm{d}}{\mathrm{d}x}\left(\int_a^x f(t)\mathrm{d}t\right) = f(x), \quad x \in [a,b], \tag{9.5.3}$$

$$\varPsi'(x) = \frac{\mathrm{d}}{\mathrm{d}x}\left(\int_x^b f(t)\mathrm{d}t\right) = -f(x), \quad x \in [a,b]. \tag{9.5.4}$$

性质 9.5.3　若 $f \in C[a,b]$, $u(x)$, $v(x)$ 在 $[\alpha,\beta]$ 上可导, $u([\alpha,\beta]), v([\alpha,\beta]) \subset [a,b]$, 则

$$\frac{\mathrm{d}}{\mathrm{d}x}\left(\int_a^{u(x)} f(t)\mathrm{d}t\right) = f\big(u(x)\big)u'(x), \quad x \in [\alpha,\beta], \tag{9.5.5}$$

$$\frac{\mathrm{d}}{\mathrm{d}x}\left(\int_{v(x)}^b f(t)\mathrm{d}t\right) = -f\big(v(x)\big)v'(x), \quad x \in [\alpha,\beta], \tag{9.5.6}$$

$$\frac{\mathrm{d}}{\mathrm{d}x}\left(\int_{v(x)}^{u(x)} f(t)\mathrm{d}t\right) = f\big(u(x)\big)u'(x) - f\big(v(x)\big)v'(x), \quad x \in [\alpha,\beta]. \tag{9.5.7}$$

注 9.5.1　(i) 性质 9.5.2 沟通了导数与定积分这两个从表面看去似不相干的概念之间的内在联系; 同时也证明了 "连续函数必有原函数" 这一基本结论, 并以积分形式给出了 f 的一个原函数. 性质 9.5.2 称为**微积分学基本定理**.

(ii) Newton-Leibniz 公式的又一证明: 若 f 连续, 则其任一原函数 F 必满足

$$F(x) = \int_a^x f(t)\mathrm{d}t + C.$$

若在上式中令 $x = a$, 则 $C = F(a)$, 从而

$$\int_a^x f(t)\mathrm{d}t = F(x) - F(a).$$

再令 $x = b$, 即得

$$\int_a^b f(t)\mathrm{d}t = F(b) - F(a). \tag{9.5.8}$$

2. 积分第二中值定理

设 $f \in \mathscr{R}[a,b]$.

(i) 若函数 g 在 $[a,b]$ 上单调减, 且 $g(x) \geqslant 0$, 则存在 $\xi \in [a,b]$, 使得

$$\int_a^b f(x)g(x)\mathrm{d}x = g(a)\int_a^\xi f(x)\mathrm{d}x. \tag{9.5.9}$$

(ii) 若函数 g 在 $[a,b]$ 上单调增, 且 $g(x)\geqslant 0$, 则存在 $\eta\in[a,b]$, 使得

$$\int_a^b f(x)g(x)\mathrm{d}x = g(b)\int_\eta^b f(x)\mathrm{d}x. \tag{9.5.10}$$

(iii) 若 g 为单调函数, 则存在 $\xi\in[a,b]$, 使得

$$\int_a^b f(x)g(x)\mathrm{d}x = g(a)\int_a^\xi f(x)\mathrm{d}x + g(b)\int_\xi^b f(x)\mathrm{d}x. \tag{9.5.11}$$

3. 定积分的换元积分法

若 $f\in C[a,b]$, $\varphi\in C^1[\alpha,\beta]$, 且满足

$$\varphi(\alpha)=a,\quad \varphi(\beta)=b,\quad a\leqslant\varphi(t)\leqslant b,\quad t\in[\alpha,\beta],$$

则有如下的定积分的换元公式

$$\int_a^b f(x)\mathrm{d}x = \int_\alpha^\beta f(\varphi(t))\varphi'(t)\mathrm{d}t. \tag{9.5.12}$$

或者 (可参见文献 [1] 中第 230 页的练习 14):

若函数 $f\in\mathscr{R}[a,b]$, $\varphi\in C^1[\alpha,\beta]$, 且严格单调, 又满足

$$\varphi(\alpha)=a,\quad \varphi(\beta)=b,\quad a\leqslant\varphi(t)\leqslant b,\quad t\in[\alpha,\beta],$$

则有如下的定积分的换元公式:

$$\int_a^b f(x)\mathrm{d}x = \int_\alpha^\beta f(\varphi(t))\varphi'(t)\mathrm{d}t. \tag{9.5.13}$$

4. 定积分的分部积分法

若 $u(x),v(x)\in C^1[a,b]$, 则有如下定积分分部积分公式

$$\int_a^b u(x)v'(x)\mathrm{d}x = u(x)v(x)\Big|_a^b - \int_a^b u'(x)v(x)\mathrm{d}x \tag{9.5.14}$$

或

$$\int_a^b u(x)\mathrm{d}v(x) = u(x)v(x)\Big|_a^b - \int_a^b v(x)\mathrm{d}u(x). \tag{9.5.14$'$}$$

5. Taylor 公式的积分型余项

若 f 在点 x_0 的某个邻域 $U(x_0)$ 内有 $n+1$ 阶连续导数, 则 Taylor 公式的积分型余项 为

$$R_n(x)=\frac{1}{n!}\int_{x_0}^x (x-t)^n f^{(n+1)}(t)\mathrm{d}t. \tag{9.5.15}$$

6. 一些重要的积分等式

(i) 若函数 f 是以 T 为周期的连续周期函数, 则

$$\int_a^{a+T} f(x)\mathrm{d}x = \int_0^T f(x)\mathrm{d}x.$$

(ii) 若函数 f 为连续函数, 则

$$\int_0^{\frac{\pi}{2}} f(\sin x)\mathrm{d}x = \int_0^{\frac{\pi}{2}} f(\cos x)\mathrm{d}x;\quad \int_0^{\pi} xf(\sin x)\mathrm{d}x = \frac{\pi}{2}\int_0^{\pi} f(\sin x)\mathrm{d}x.$$

(iii) $$\int_{-a}^{a} f(x)\mathrm{d}x = \begin{cases} 2\int_0^a f(x)\mathrm{d}x, & f\text{ 为偶函数}, \\ 0, & f\text{ 为奇函数}. \end{cases}$$

(iv) $$\int_0^{\frac{\pi}{2}} \sin^n x\mathrm{d}x = \int_0^{\frac{\pi}{2}} \cos^n x\mathrm{d}x = \begin{cases} \dfrac{(2m-1)!!}{(2m)!!}\cdot\dfrac{\pi}{2}, & n=2m, \\ \dfrac{(2m)!!}{(2m+1)!!}, & n=2m+1. \end{cases}$$

(v) 沃利斯 (Wallis) 公式: $\dfrac{\pi}{2} = \lim\limits_{m\to\infty}\left(\dfrac{(2m)!!}{(2m-1)!!}\right)^2\cdot\dfrac{1}{2m+1}.$

二、疑难解答

问题 9.5.1 函数的可积性与存在原函数之间有无蕴涵关系?

答 答案是否定的.

(i) 函数 $f\in\mathscr{R}[a,b] \nRightarrow f$ 在 $[a,b]$ 上存在原函数. 例如函数

$$f(x) = \begin{cases} 1, & 0 < x \leqslant 1, \\ 0, & x = 0, \\ -1, & -1 \leqslant x < 0. \end{cases}$$

易知 $f\in\mathscr{R}[-1,1]$, 但 f 在 $[-1,1]$ 上不存在原函数 (应用导函数的介值定理).

(ii) f 在 $[a,b]$ 上存在原函数 $\nRightarrow f\in\mathscr{R}[a,b]$. 例如定义在 $[-1,1]$ 上的函数

$$f(x) = \begin{cases} 2x\sin\dfrac{1}{x^2} - \dfrac{2}{x}\cos\dfrac{1}{x^2}, & x\neq 0, \\ 0, & x = 0, \end{cases}$$

f 在 $[-1,1]$ 上有原函数 $F(x)$:

$$F(x) = \begin{cases} x^2\sin\dfrac{1}{x^2}, & x\neq 0, \\ 0, & x = 0. \end{cases}$$

由于 f 在 $[-1,1]$ 上无界, 故 $f \notin \mathscr{R}[-1,1]$. ■

问题 9.5.2 请问 $\int f(x)\mathrm{d}x$、$\int_a^b f(x)\mathrm{d}x$ 与 $\int_a^x f(t)\mathrm{d}t$ 有何区别与联系?

答 $\int f(x)\mathrm{d}x$ 表示函数 f 的不定积分, 即函数 f 的全体原函数的集合. $\int_a^b f(x)\mathrm{d}x$ 表示函数 f 在区间 $[a,b]$ 上的积分和极限, 即 f 在区间 $[a,b]$ 定积分, 它是一个确定的数. $\int_a^x f(t)\mathrm{d}t$ 表示变上限积分函数. 若 f 连续, 则它是函数 f 的一个原函数, 即是 $\int f(x)\mathrm{d}x$ 中的一个函数, 且 $\left(\int_a^x f(t)\mathrm{d}t\right)' = f(x)$. 由 Newton–Leibniz 公式有

$$\int_a^b f(x)\mathrm{d}x = \left(\int f(x)\mathrm{d}x\right)\Bigg|_a^b, \quad \int_a^b f(x)\mathrm{d}x = \left(\int_a^x f(t)\mathrm{d}t\right)\Bigg|_a^b.$$ ■

问题 9.5.3 若 $g(x) = \int_a^x f(t)\mathrm{d}t$ 在某区间 $[a,b]$ 上可导, 问是否必有

$$g'(x) = f(x), \quad x \in [a,b]?$$

答 答案是否定的. 例如, 定义在 $[0,1]$ 上的 Riemann 函数

$$R(x) = \begin{cases} \dfrac{1}{q}, & x = \dfrac{p}{q}, p, q\text{互素}, q > p, \\ 0, & x = 0, 1\text{以及 }(0,1)\text{ 内的无理数}, \end{cases}$$

$R(x)$ 在 $[0,1]$ 上是可积的, 且 $\int_0^1 R(x)\mathrm{d}x = 0$ (参见问题 9.3.2). 注意到 $R(x) \geqslant 0$, 所以对任意 $x \in [0,1]$, 有 $R(x) \in \mathscr{R}[0,x]$, 且

$$0 \leqslant g(x) = \int_0^x R(t)\mathrm{d}t \leqslant \int_0^1 R(t)\mathrm{d}t \equiv 0, \quad x \in [0,1],$$

即 $g(x) \equiv 0$, $x \in [0,1]$, 从而 $g'(x) \equiv 0 \neq R(x)$, $x \in [0,1]$. ■

问题 9.5.4 定积分的换元积分法与不定积分的换元积分法有何区别?

答 定积分的换元积分法与不定积分的换元积分法两者之间主要有以下区别:

(i) 定积分的换元积分法必须与积分区间紧密联系, 不仅在换元时要对积分限作相应的改变, 而且还要考虑所采用的变换在积分区间上是否可行. 而在不定积分的换元积分法中对所作的变换, 往往是在 "可行" 的区间上自然地进行, 对变换的可行性一般不去严格深究. 至于求得的结果是否合理、正确, 直接求导加以检验;

(ii) 不定积分所得的结果是被积函数的原函数, 因此由换元积分法求得了用新变量表示的原函数后, 必须作变量还原. 而定积分的计算结果是一个确定的数 (除变限积分外), 无须再还原. ■

问题 9.5.5 请指出下面证明过程的错误. 设 $f \in C[a,b]$, $[\alpha,\beta] \subset [a,b]$, 则

$$\lim_{h\to 0}\int_\alpha^\beta \frac{f(x+h)-f(x)}{h}\mathrm{d}x = f(\beta)-f(\alpha). \tag{9.5.16}$$

式 (9.5.16) 证明如下:

$$\begin{aligned}\lim_{h\to 0}\int_\alpha^\beta \frac{f(x+h)-f(x)}{h}\mathrm{d}x &= \int_\alpha^\beta \lim_{h\to 0}\frac{f(x+h)-f(x)}{h}\mathrm{d}x\\ &= \int_\alpha^\beta f'(x)\mathrm{d}x\\ &= f(x)\Big|_\alpha^\beta = f(\beta)-f(\alpha).\end{aligned}$$

答 证明过程没有理论依据, 且是错误的. 错误具体体现在以下三个方面:

(i) 错误之一是极限运算 "$\lim\limits_{h\to 0}$" 与积分运算 "$\int_\alpha^\beta$" 交换次序运算, 因为此处没有给出二者可以交换次序运算的条件;

(ii) 错误之二是证明过程中的第二个等式不一定成立, 原因是题中没有给出函数 f 的可导性, 而在此强行使用了函数 f 的可导性;

(iii) 错误之三是证明过程中的第三个等式不一定成立, 原因在于即使 $f'(x)$ 存在, 也不表示 $f'(x)$ 一定连续或可积, 以及 Newton–Leibniz 公式成立.

此题的正确证明方法如下:

因 $f \in C[a,b]$, $[\alpha,\beta] \subset [a,b]$, 因此 $F(x) = \int_\alpha^x f(t)\mathrm{d}t$ 在 $[\alpha,\beta]$ 上处处可导, 且 $F'(x) = f(x)$, 故

$$\int_\alpha^\beta f(x)\mathrm{d}x = F(\beta)-F(\alpha), \quad \int_\alpha^\beta f(x+h)\mathrm{d}x = F(\beta+h)-F(\alpha+h).$$

于是, 有

$$\begin{aligned}\lim_{h\to 0}\int_\alpha^\beta \frac{f(x+h)-f(x)}{h}\mathrm{d}x &= \lim_{h\to 0}\frac{1}{h}\left[\int_\alpha^\beta f(x+h)\mathrm{d}x - \int_\alpha^\beta f(x)\mathrm{d}x\right]\\ &= \lim_{h\to 0}\frac{1}{h}\big[F(\beta+h)-F(\alpha+h)-F(\beta)+F(\alpha)\big]\\ &= \lim_{h\to 0}\frac{F(\beta+h)-F(\beta)}{h} - \lim_{h\to 0}\frac{F(\alpha+h)-F(\alpha)}{h}\\ &= F'(\beta)-F'(\alpha) = f(\beta)-f(\alpha).\end{aligned}$$

■

三、典型例题

例 9.5.1 计算定积分 $I=\int_0^2\frac{x}{\mathrm{e}^x+\mathrm{e}^{2-x}}\mathrm{d}x$.

解 利用定积分的性质, 有

$$I=\int_0^1\frac{x}{\mathrm{e}^x+\mathrm{e}^{2-x}}\mathrm{d}x+\int_1^2\frac{x}{\mathrm{e}^x+\mathrm{e}^{2-x}}\mathrm{d}x=I_1+I_2.$$

由于

$$\begin{aligned}I_2&=\int_1^2\frac{x}{\mathrm{e}^x+\mathrm{e}^{2-x}}\mathrm{d}x=\int_1^2\frac{x-2}{\mathrm{e}^x+\mathrm{e}^{2-x}}\mathrm{d}x+\int_1^2\frac{2}{\mathrm{e}^x+\mathrm{e}^{2-x}}\mathrm{d}x\\&=\int_1^0\frac{t}{\mathrm{e}^t+\mathrm{e}^{2-t}}\mathrm{d}t+\int_1^2\frac{2}{\mathrm{e}^x+\mathrm{e}^{2-x}}\mathrm{d}x=-I_1+\int_1^2\frac{2}{\mathrm{e}^x+\mathrm{e}^{2-x}}\mathrm{d}x,\end{aligned}$$

即 $I_1+I_2=\int_1^2\frac{2}{\mathrm{e}^x+\mathrm{e}^{2-x}}\mathrm{d}x$. 于是

$$I=2\int_1^2\frac{1}{\mathrm{e}^x+\mathrm{e}^{2-x}}\mathrm{d}x=2\int_1^2\frac{\mathrm{e}^x}{\mathrm{e}^{2x}+\mathrm{e}^2}\mathrm{d}x=\frac{2}{\mathrm{e}}\arctan\left.\frac{\mathrm{e}^x}{\mathrm{e}}\right|_1^2=\frac{2}{\mathrm{e}}\left(\arctan\mathrm{e}-\frac{\pi}{4}\right).\quad ■$$

例 9.5.2 设 n 为大于 1 的自然数, 计算 $\int_0^n(x-[x])\mathrm{d}x$.

解 由函数 $[x]$ 的定义可知, 函数 $x-[x]$ 是周期为 1 的周期函数, 因此由周期函数的积分性质知, 它在每个长度为 1 的区间上的积分值相同, 所以

$$\begin{aligned}\int_0^n(x-[x])\mathrm{d}x&=\left(\int_0^1+\int_1^2+\cdots+\int_{n-1}^n\right)(x-[x])\mathrm{d}x\\&=n\int_0^1(x-[x])\mathrm{d}x=n\int_0^1x\mathrm{d}x=\frac{n}{2}.\end{aligned}\quad ■$$

例 9.5.3 设 $f\in C(\mathbb{R})$. 证明: 当且仅当积分 $\varphi(y)=\int_0^{2\pi}f(x+y)\mathrm{d}x$ 与 y 无关时, f 为周期 2π 的周期函数.

证明 因 $f\in C(\mathbb{R})$, 所以 f 在任意有限区间上可积. 容易得到

$$\varphi(y)=\int_0^{2\pi}f(x+y)\mathrm{d}x=\int_y^{2\pi+y}f(t)\mathrm{d}t.$$

若 $\varphi(y)$ 与 y 无关, 则必有 $0=\varphi'(y)=f(2\pi+y)-f(y),y\in\mathbb{R}$, 由此可知, f 为周期 2π 的周期函数.

反之, 若 f 为周期 2π 的周期函数, 则 $f(2\pi+y)=f(y),y\in\mathbb{R}$. 于是

$$\varphi'(y)=f(2\pi+y)-f(y)\equiv0,\quad y\in\mathbb{R},$$

即 $\varphi(y)$ 与 y 无关. ■

例 9.5.4　证明: (i) $\displaystyle\int_a^b \left|x-\frac{a+b}{2}\right|^n \mathrm{d}x=\frac{(b-a)^{n+1}}{2^n(n+1)},\quad n\in\mathbb{N}$;

(ii) 若 $f\in C[0,1]$, 且满足

$$\int_0^1 x^n f(x)\mathrm{d}x=1,\quad \int_0^1 x^k f(x)\mathrm{d}x=0,\quad k=0,1,\cdots,n-1,$$

则 $\max\limits_{x\in[0,1]}|f(x)|\geqslant 2^n(n+1)$.

证明　(i) 由积分换元法, 可得

$$\begin{aligned}\int_a^b \left|x-\frac{a+b}{2}\right|^n \mathrm{d}x&=\int_a^{\frac{a+b}{2}}\left(\frac{a+b}{2}-x\right)^n\mathrm{d}x+\int_{\frac{a+b}{2}}^b\left(x-\frac{a+b}{2}\right)^n\mathrm{d}x\\&=-\int_{\frac{b-a}{2}}^0 t^n\mathrm{d}t+\int_0^{\frac{b-a}{2}}t^n\mathrm{d}t=2\int_0^{\frac{b-a}{2}}t^n\mathrm{d}t=\frac{(b-a)^{n+1}}{2^n(n+1)}.\end{aligned}$$

(ii) 由 $\displaystyle\int_0^1 x^n f(x)\mathrm{d}x=1$, $\displaystyle\int_0^1 x^k f(x)\mathrm{d}x=0$, $k=0,1,\cdots,n-1$, 可得

$$\int_0^1\left(x-\frac{1}{2}\right)^n f(x)\mathrm{d}x=1.$$

由推广的积分第一中值定理, 存在 $\xi\in[0,1]$, 使得

$$1=\left|\int_0^1\left(x-\frac{1}{2}\right)^n f(x)\mathrm{d}x\right|\leqslant\int_0^1\left|x-\frac{1}{2}\right|^n\cdot|f(x)|\mathrm{d}x=|f(\xi)|\int_0^1\left|x-\frac{1}{2}\right|^n\mathrm{d}x.$$

又由 (i) 知, $\displaystyle\int_0^1\left|x-\frac{1}{2}\right|^n\mathrm{d}x=\frac{1}{2^n(n+1)}$, 所以

$$1\leqslant|f(\xi)|\int_0^1\left|x-\frac{1}{2}\right|^n\mathrm{d}x=\frac{|f(\xi)|}{2^n(n+1)},$$

即 $|f(\xi)|\geqslant 2^n(n+1)$. 于是

$$\max_{x\in[0,1]}|f(x)|\geqslant|f(\xi)|\geqslant 2^n(n+1).$$ ■

例 9.5.5　设 f 在 $[a,b]$ 上可导, 且 $f'\in\mathscr{R}[a,b]$, $f(a)=0$. 证明:

(i) $|f(x)|\leqslant\displaystyle\int_a^x|f'(t)|\mathrm{d}t,\ x\in[a,b]$;

(ii) $\displaystyle\int_a^b f^2(x)\mathrm{d}x\leqslant\frac{(b-a)^2}{2}\int_a^b\left(f'(x)\right)^2\mathrm{d}x$.

证明 (i) 由 $f' \in \mathscr{R}[a,b]$, $f(a)=0$ 及 Newton–Leibniz 公式可得

$$f(x)=f(x)-f(a)=\int_a^x f'(t)\mathrm{d}t, \quad x\in[a,b],$$

从而

$$|f(x)|=\left|\int_a^x f'(t)\mathrm{d}t\right|\leqslant\int_a^x |f'(t)|\mathrm{d}t, \quad x\in[a,b].$$

(ii) 由 (i) 及 Schwarz 不等式 (参见例 9.4.3(i)) 可得

$$f^2(x)=\left(\int_a^x f'(t)\mathrm{d}t\right)^2\leqslant(x-a)\int_a^x \big(f'(t)\big)^2\mathrm{d}t\leqslant(x-a)\int_a^b \big(f'(t)\big)^2\mathrm{d}t.$$

由于 $\displaystyle\int_a^b (x-a)\mathrm{d}x=\frac{(b-a)^2}{2}$, 于是

$$\int_a^b f^2(x)\mathrm{d}x\leqslant\int_a^b(x-a)\mathrm{d}x\int_a^b\big(f'(t)\big)^2\mathrm{d}t=\frac{(b-a)^2}{2}\int_a^b\big(f'(x)\big)^2\mathrm{d}x.$$ ■

例 9.5.6 若 $f,g\in C[a,b]$, 且 f 为非负递减 (增) 的可微函数, 则存在 $\xi\in[a,b]$ 使得

$$\int_a^b f(x)g(x)\mathrm{d}x=f(a)\int_a^\xi g(x)\mathrm{d}x \quad \left(\int_a^b f(x)g(x)\mathrm{d}x=f(b)\int_\xi^b g(x)\mathrm{d}x\right).$$

证明 因 $g\in C[a,b]$, 所以 $G(x)=\displaystyle\int_a^x g(t)\mathrm{d}t$ 在 $[a,b]$ 上连续. 记

$$m=\min_{x\in[a,b]}G(x), \quad M=\max_{x\in[a,b]}G(x).$$

若 f 为 $[a,b]$ 上非负递减的可微函数, 则 $f'(x)\leqslant 0$. 因为

$$Mf'(x)\leqslant f'(x)G(x)\leqslant mf'(x),$$

所以

$$M\big[f(b)-f(a)\big]\leqslant\int_a^b f'(x)G(x)\mathrm{d}x\leqslant m\big[f(b)-f(a)\big].$$

又由于

$$\int_a^b f(x)g(x)\mathrm{d}x=\int_a^b f(x)\mathrm{d}G(x)=f(b)G(b)-\int_a^b f'(x)G(x)\mathrm{d}x,$$

$$mf(b)\leqslant f(b)G(b)\leqslant Mf(b),$$

所以

$$\int_a^b f(x)g(x)\mathrm{d}x \leqslant Mf(b) - M\big[f(b) - f(a)\big] = Mf(a),$$

$$\int_a^b f(x)g(x)\mathrm{d}x \geqslant mf(b) - m\big[f(b) - f(a)\big] = mf(a),$$

即

$$mf(a) \leqslant \int_a^b f(x)g(x)\mathrm{d}x \leqslant Mf(a).$$

因 $f(a) \geqslant 0$, 所以

若 $f(a) = 0$, 则由 f 的非负递减性知 $f(x) \equiv 0$, 此时结论显然成立 (ξ 可任取).

若 $f(a) > 0$, 则有

$$m \leqslant \frac{1}{f(a)}\int_a^b f(x)g(x)\mathrm{d}x \leqslant M.$$

由连续函数 $G(x)$ 的介值性, 存在 $\xi \in [a,b]$, 使

$$G(\xi) = \int_a^\xi g(t)\mathrm{d}t = \frac{1}{f(a)}\int_a^b f(x)g(x)\mathrm{d}x,$$

从而可得

$$\int_a^b f(x)g(x)\mathrm{d}x = f(a)\int_a^\xi g(x)\mathrm{d}x.$$

对于 f 为 $[a,b]$ 上非负递增的可微函数时, 同理可证则存在 $\xi \in [a,b]$ 使得

$$\int_a^b f(x)g(x)\mathrm{d}x = f(b)\int_\xi^b g(x)\mathrm{d}x.$$ ■

例 9.5.7　设 f 为 $[-\pi,\pi]$ 上递减函数, 证明

$$I_n = \int_{-\pi}^{\pi} f(x)\sin(2n+1)x\mathrm{d}x \leqslant 0, \quad n \in \mathbb{N}.$$

证明　由积分第二中值定理, 可知存在 $\xi \in [-\pi,\pi]$, 使得

$$\begin{aligned}
I_n &= \int_{-\pi}^{\pi} f(x)\sin(2n+1)x\mathrm{d}x \\
&= f(-\pi)\int_{-\pi}^{\xi}\sin(2n+1)x\mathrm{d}x + f(\pi)\int_{\xi}^{\pi}\sin(2n+1)x\mathrm{d}x \\
&= \frac{f(-\pi)}{2n+1}\cos(2n+1)x\bigg|_{\xi}^{-\pi} + \frac{f(\pi)}{2n+1}\cos(2n+1)x\bigg|_{\pi}^{\xi} \\
&= -\frac{1}{2n+1}\big(f(-\pi) - f(\pi)\big)\Big[1 + \cos(2n+1)\xi\Big].
\end{aligned}$$

注意到 $1+\cos(2n+1)\xi \geqslant 0$, $f(-\pi) \geqslant f(\pi)$, 所以 $I_n \leqslant 0$. ■

例 9.5.8 设 $\lim\limits_{x\to+\infty}\big(\varphi(x)+\varphi'(x)\big)=a$, 且 $\varphi'(x)$ 连续, 则

$$\lim_{x\to+\infty}\varphi(x)=a,\quad \lim_{x\to+\infty}\varphi'(x)=0.$$

证明 设 $f(x)=\varphi(x)+\varphi'(x)$, 则 $f(x)$ 连续, 且 $\lim\limits_{x\to+\infty}f(x)=a$ 及

$$\big(\mathrm{e}^x\varphi(x)\big)'=\mathrm{e}^x f(x).$$

任意取定 x_0, 将上式从 x_0 到 x $(x>x_0)$ 积分得

$$\mathrm{e}^x\varphi(x)=\mathrm{e}^{x_0}\varphi(x_0)+\int_{x_0}^x \mathrm{e}^t f(t)\mathrm{d}t,$$

从而得

$$\varphi(x)=\frac{\mathrm{e}^{x_0}\varphi(x_0)+\displaystyle\int_{x_0}^x \mathrm{e}^t f(t)\mathrm{d}t}{\mathrm{e}^x}.$$

(i) 若 $a>0$, 由 $\lim\limits_{x\to+\infty}f(x)=a$, 当 x 充分大时, $f(x)>\dfrac{a}{2}>0$, 则

$$\lim_{x\to+\infty}\int_{x_0}^x \mathrm{e}^t f(t)\mathrm{d}t=+\infty.$$

由洛必达法则得

$$\lim_{x\to+\infty}\varphi(x)=\lim_{x\to+\infty}\frac{\mathrm{e}^x f(x)}{\mathrm{e}^x}=\lim_{x\to+\infty}f(x)=a.$$

(ii) 若 $a<0$, 由 $\lim\limits_{x\to+\infty}f(x)=a$, 当 x 充分大时, $f(x)<-\dfrac{a}{2}<0$, 则

$$\lim_{x\to+\infty}\int_{x_0}^x \mathrm{e}^t f(t)\mathrm{d}t=-\infty.$$

由洛必达法则得

$$\lim_{x\to+\infty}\varphi(x)=\lim_{x\to+\infty}\frac{\mathrm{e}^x f(x)}{\mathrm{e}^x}=\lim_{x\to+\infty}f(x)=a.$$

(iii) 若 $a=0$, 则任给 $\varepsilon>0$, 当 x 充分大时, 有 $|f(x)|<\varepsilon$ $(x>x_0)$, 从而

$$|\varphi(x)|\leqslant \mathrm{e}^{-x}\left(\varepsilon\int_{x_0}^x \mathrm{e}^t\mathrm{d}t+\mathrm{e}^{x_0}|\varphi(x_0)|\right),$$

即

$$|\varphi(x)|\leqslant \varepsilon-\varepsilon\mathrm{e}^{-x+x_0}+\mathrm{e}^{-x+x_0}|\varphi(x_0)|.$$

由 ε 的任意性, $\lim\limits_{x\to+\infty}\varphi(x)=0=a$.

综合 (i)、(ii) 和 (iii) 知, 有 $\lim\limits_{x\to+\infty}\varphi(x)=a$.

$$\lim_{x\to+\infty}\varphi'(x)=\lim_{x\to+\infty}\left[\big(\varphi'(x)+\varphi(x)\big)-\varphi(x)\right]=a-a=0.$$ ■

注 9.5.2　此题若应用 $\dfrac{*}{\infty}$ 型求极限方法, 易证结论. 证明如下:

$$\lim_{x\to+\infty}\varphi(x)=\lim_{x\to+\infty}\frac{\mathrm{e}^x\varphi(x)}{\mathrm{e}^x}=\lim_{x\to+\infty}\frac{(\mathrm{e}^x\varphi(x))'}{(\mathrm{e}^x)'}=\lim_{x\to+\infty}\big(\varphi(x)+\varphi'(x)\big)=a;$$

$$\lim_{x\to+\infty}\varphi'(x)=\lim_{x\to+\infty}\left[\big(\varphi'(x)+\varphi(x)\big)-\varphi(x)\right]=a-a=0.$$

例 9.5.9　设 f 在 $\mathbb{R}$ 上可导, $f(x)>0$, 且满足

$$(x^2+1)f(x)=4\int_0^x tf(t)\mathrm{d}t+3.$$

求函数 f 的表达式.

解　由条件可得

$$2xf(x)+(x^2+1)f'(x)=4xf(x),$$

于是

$$\frac{f'(x)}{f(x)}=\frac{2x}{x^2+1},$$

对上式两边求变上限积分 (实际上是从 0 到 x 积分), 可得

$$\ln f(x)-\ln f(0)=\ln(1+x^2).$$

显然, $f(0)=3$. 从而 $f(x)=3(1+x^2), x\in\mathbb{R}$. ■

例 9.5.10　求 $I=\displaystyle\int_{-1}^1 x(1+x^{2007})(\mathrm{e}^x-\mathrm{e}^{-x})\mathrm{d}x$.

解　记 $f(x)=x(1+x^{2007})(\mathrm{e}^x-\mathrm{e}^{-x})=x(\mathrm{e}^x-\mathrm{e}^{-x})+x^{2008}(\mathrm{e}^x-\mathrm{e}^{-x})=f_1(x)+f_2(x)$, 其中 $f_1(x)=x(\mathrm{e}^x-\mathrm{e}^{-x})$, $f_2(x)=x^{2008}(\mathrm{e}^x-\mathrm{e}^{-x})$. 显然 $f_1(x)$ 为 $[-1,1]$ 上的偶函数, 而 $f_2(x)$ 为 $[-1,1]$ 上的奇函数, 所以

$$\begin{aligned}I&=\int_{-1}^1 x(1+x^{2007})(\mathrm{e}^x-\mathrm{e}^{-x})\mathrm{d}x=2\int_0^1 x(\mathrm{e}^x-\mathrm{e}^{-x})\mathrm{d}x\\&=2x(\mathrm{e}^x+\mathrm{e}^{-x})\Big|_0^1-2\int_0^1(\mathrm{e}^x+\mathrm{e}^{-x})\mathrm{d}x\\&=2(\mathrm{e}+\mathrm{e}^{-1})-2(\mathrm{e}^x-\mathrm{e}^{-x})\Big|_0^1=4\mathrm{e}^{-1}.\end{aligned}$$ ■

例 9.5.11 证明：若 $f \in C[0,2\pi]$, 则

$$\lim_{n\to\infty}\int_0^{2\pi} f(x)|\sin nx|\mathrm{d}x = \frac{2}{\pi}\int_0^{2\pi} f(x)\mathrm{d}x.$$

证明 因 $f \in C[0,2\pi]$, 所以 $f(x), f(x)|\sin nx| \in \mathscr{R}[0,2\pi]$. 将 $[0,2\pi]$ 等分成 n 个小区间：$\left[(k-1)\dfrac{2\pi}{n}, k\dfrac{2\pi}{n}\right]$, $k=1,2,\cdots,n$.

由于 $\displaystyle\int_{2(k-1)\pi}^{2k\pi}|\sin t|\mathrm{d}t = 4$, 所以应用积分中值定理, 可得

$$\begin{aligned}\int_0^{2\pi} f(x)|\sin nx|\mathrm{d}x &= \sum_{k=1}^{n}\int_{(k-1)\frac{2\pi}{n}}^{k\frac{2\pi}{n}} f(x)|\sin nx|\mathrm{d}x \\ &= \sum_{k=1}^{n} f(\xi_k)\int_{(k-1)\frac{2\pi}{n}}^{k\frac{2\pi}{n}}|\sin nx|\mathrm{d}x \quad \left(\xi_k \in \left[(k-1)\frac{2\pi}{n}, k\frac{2\pi}{n}\right]\right) \\ &= \sum_{k=1}^{n} f(\xi_k)\frac{1}{n}\int_{2(k-1)\pi}^{2k\pi}|\sin t|\mathrm{d}t \quad (\text{令 } t = nx) \\ &= \sum_{k=1}^{n} f(\xi_k)\cdot\frac{4}{n} = \frac{2}{\pi}\sum_{k=1}^{n} f(\xi_k)\cdot\frac{2\pi}{n}.\end{aligned}$$

于是

$$\lim_{n\to\infty}\int_0^{2\pi} f(x)|\sin nx|\mathrm{d}x = \lim_{n\to\infty}\frac{2}{\pi}\sum_{k=1}^{n} f(\xi_k)\cdot\frac{2\pi}{n} = \frac{2}{\pi}\int_0^{2\pi} f(x)\mathrm{d}x. \qquad \blacksquare$$

解题回顾 欲计算或估计定积分 $\displaystyle\int_a^b f(x)\mathrm{d}x$ 之值, 在区间 $[a,b]$ 上无法达到目的时, 不妨考虑将区间 $[a,b]$ 等分成 n 个小区间, 即

$$\int_a^b f(x)\mathrm{d}x = \sum_{k=1}^{n}\int_{x_{k-1}}^{x_k} f(x)\mathrm{d}x, \quad x_k = a + \frac{k(b-a)}{n},$$

然后分别在每个小区间上计算或估计相应的定积分, 这是一种较常用的方法.

例 9.5.12 设函数 f 在闭区间 $[a,b]$ 上连续, 且 $f(x) > 0$, 证明方程

$$\int_a^x f(t)\mathrm{d}t + \int_b^x \frac{1}{f(t)}\mathrm{d}t = 0 \tag{9.5.17}$$

在 (a,b) 内有且仅有一个实根.

证明 作辅助函数

$$F(x) = \int_a^x f(t)\mathrm{d}t + \int_b^x \frac{1}{f(t)}\mathrm{d}t,$$

则 $F(x)$ 在闭区间 $[a,b]$ 上连续, 在 (a,b) 可导, 且 $F'(x)=f(x)+\dfrac{1}{f(x)}>0$, 即 $F(x)$ 为 $[a,b]$ 上的单调递增函数.

由于

$$F(a)=\int_b^a \frac{1}{f(t)}\mathrm{d}t<0,\quad F(b)=\int_a^b f(t)\mathrm{d}t>0,$$

所以由零点定理知, 存在 $\xi\in(a,b)$ 使得 $F(\xi)=0$, 即方程 (9.5.17) 在 (a,b) 内有一个实根. 上述已证明了 $F(x)$ 为 $[a,b]$ 上的单调递增函数, 所以曲线 $y=F(x)$ 不可能与 x 轴交于 1 个以上的点, 这就证明了方程 (9.5.17) 在 (a,b) 内仅有 1 个根 (或者: 根的唯一性可应用 Rolle 定理及反证法来证明). ■

四、巩固提高

9.5.1 计算定积分 $I=\displaystyle\int_0^{2\pi}\frac{\mathrm{d}x}{2+\sin x}$.

(提示: 利用周期函数的积分性质.)

9.5.2 设 $f\in C(\mathbb{R})$, 定义 $F(x)=\displaystyle\int_a^x f(x+t)\cos t\mathrm{d}t$, $a\leqslant x\leqslant b$.

(i) 证明 F 在 $[a,b]$ 上可导; (ii) 计算 $F'(x)$.

9.5.3 设 $F(x)=\displaystyle\int_0^x \cos\frac{1}{t}\mathrm{d}t$, 求 $F'(0)$.

9.5.4 求正常数 a 与 b, 使得 $\displaystyle\lim_{x\to 0}\frac{1}{bx-\sin x}\int_0^x\frac{t^2}{\sqrt{a+t^2}}\mathrm{d}t=3$.

9.5.5 设 $f\in C^2[0,\pi]$, 且 $f(\pi)=a$, $\displaystyle\int_0^{\pi}\big(f(x)+f''(x)\big)\sin x\mathrm{d}x=b$, 求 $f(0)$.

9.5.6 设 $f\in C\left[0,\dfrac{\pi}{2}\right]$, 且满足 $f(x)=x^2\cos x+\displaystyle\int_0^{\frac{\pi}{2}}f(t)\mathrm{d}t$, 求 $f(x)$.

9.5.7 设函数 f 连续, $f(1)=1$, 且 $\displaystyle\int_0^x tf(2x-t)\mathrm{d}t=\frac{1}{2}\arctan x^2$, 求 $\displaystyle\int_1^2 f(x)\mathrm{d}x$.

9.5.8 设 f 为连续函数, $a,b\in\mathbb{R}$, 证明下列等式:

(i) $\displaystyle\int_0^{\pi}xf(\sin x)\mathrm{d}x=\frac{\pi}{2}\int_0^{\pi}f(\sin x)\mathrm{d}x$;

(ii) $\displaystyle\int_1^a f\left(x^2+\frac{a^2}{x^2}\right)\frac{\mathrm{d}x}{x}=\int_1^a f\left(x+\frac{a^2}{x}\right)\frac{\mathrm{d}x}{x}$;

(iii) $\displaystyle\int_0^{2\pi}f(a\cos x+b\sin x)\mathrm{d}x=2\int_0^{\pi}f\left(\sqrt{a^2+b^2}\cos x\right)\mathrm{d}x$.

*__9.5.9__ 设 $f\in C^2[a,b]$, 且 $f(a)=f(b)=0$. 证明:

(i) $\displaystyle\int_a^b f(x)\mathrm{d}x=\frac{1}{2}\int_a^b(x-a)(x-b)f''(x)\mathrm{d}x$;

(ii) $\left|\int_a^b f(x)\mathrm{d}x\right| \leqslant \frac{1}{12}(b-a)^3 \max\limits_{x\in[a,b]}|f''(x)|$.

9.5.10 设 $f\in C^1[0,1]$, 且满足 $\left|\int_0^1 f(x)\mathrm{d}x\right| < \int_0^1 |f(x)|\mathrm{d}x$. 证明:

(i) $|f(x)| \leqslant \int_0^1 |f'(x)|\mathrm{d}x$, $x\in[0,1]$; (ii) $\int_0^1 |f(x)|\mathrm{d}x \leqslant \int_0^1 |f'(x)|\mathrm{d}x$.

(提示: 对于 (i) 设法证明存在 $\xi\in(0,1)$ 使 $f(\xi)=0$, 然后利用 Newton–Leibniz 公式; 而 (ii) 则由 (i) 的结论很容易得到.)

9.5.11 设函数 f 为 $[0,2\pi]$ 上连续可微且单调增加函数, 证明:

$$\left|\int_0^{2\pi} f(x)\sin nx\mathrm{d}x\right| \leqslant \frac{2\big(f(2\pi)-f(0)\big)}{n}.$$

9.5.12 设 $a_n = \int_{n-1}^{n+1}\left|\frac{1}{x}-\frac{1}{n}\right|\mathrm{d}x$, $S_n=\sum\limits_{k=2}^{n} a_k$, 计算 a_n, S_n 及 $\lim\limits_{n\to\infty} n(S_n-\ln 2)$.

9.5.13 设 $f(x)=\int_x^{x+\frac{\pi}{2}}|\sin t|\mathrm{d}t$, $x\in\mathbb{R}$.

(i) 证明: f 是周期为 π 的周期函数; (ii) 求 f 的最大值与最小值.

***9.5.14** 若 $f\in C[-1,1]$, 则 $\lim\limits_{h\to 0}\int_{-1}^{1}\frac{h}{h^2+x^2}f(x)\mathrm{d}x=\pi f(0)$.

9.5.15 证明: 当 $n\geqslant 2$ 时, 有不等式 $\int_\pi^{n\pi}\frac{|\sin x|}{x}\mathrm{d}x > \frac{2}{\pi}\ln\frac{n+1}{2}$.

*9.6 可积性理论补叙

一、内容精读

1. 上和与下和的性质

性质 9.6.1 对于同一分割 T, 相对于任何点集 $\{\xi_i\}$ 而言, 有

$$S(T)=\sup_{\{\xi_i\}}\sum_{i=1}^{n} f(\xi_i)\Delta x_i,\quad s(T)=\inf_{\{\xi_i\}}\sum_{i=1}^{n} f(\xi_i)\Delta x_i. \tag{9.6.1}$$

性质 9.6.2 设 T' 为分割 T 添加 p 个新分点后所得到的分割, 则

$$S(T)\geqslant S(T')\geqslant S(T)-(M-m)p\|T\|, \tag{9.6.2}$$

$$s(T)\leqslant s(T')\leqslant s(T)+(M-m)p\|T\|, \tag{9.6.3}$$

即增加分点后：上和不增, 下和不减.

性质 9.6.3　若 T' 与 T'' 为任意两个分割, $T = T' + T''$ 表示把 T' 与 T'' 的所有分点合并而得的分割 (注意：重复分点仅取一次), 则

$$S(T) \leqslant S(T'), \quad s(T) \geqslant s(T'),$$

$$S(T) \leqslant S(T''), \quad s(T) \geqslant s(T'').$$

性质 9.6.4　对任意两个分割 T' 与 T'', 总有

$$s(T') \leqslant S(T'').$$

性质 9.6.5　$m(b-a) \leqslant s \leqslant S \leqslant M(b-a)$, 其中 $S = \inf\limits_{T} S(T)$(f 在 $[a,b]$ 上的上积分), $s = \sup\limits_{T} s(T)$ (f 在 $[a,b]$ 上的下积分).

性质 9.6.6(Darboux 定理)　$\lim\limits_{\|T\|\to 0} S(T) = S$, $\lim\limits_{\|T\|\to 0} s(T) = s$.

2. 可积类函数与可积性条件

文献 [1] 中 9.3 节给出了可积的必要条件、充要条件和可积类函数, 并对可积的必要条件、可积类函数加以证明, 而对于可积的充要条件只给出结论未加以证明, 本节的主要任务就是对其补充证明. 有关可积的相关内容通过图 9.6.1 给出, 以便读者对这部分内容脉搏有更加清晰的认识, 从而达到更深刻地理解之目的.

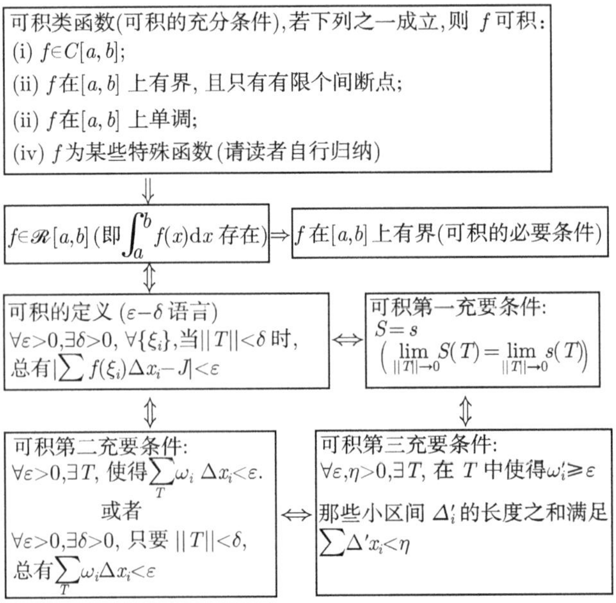

图 9.6.1

二、疑难解答

问题 9.6.1 两个可积函数的复合函数一定可积吗?

答 两个可积函数的复合函数不一定可积.

(i) 若外函数 f 连续, 内函数 φ 可积, 则复合函数 $f\circ\varphi$ 必可积. 表示如下 [1]:

"若 $f\in C[a,b]$, $\varphi\in\mathscr{R}[\alpha,\beta]$, $\varphi([\alpha,\beta])\subset[a,b]$, 则 $f\circ\varphi\in\mathscr{R}[\alpha,\beta]$."

事实上, 任给 $\varepsilon>0$, $\eta>0$. 因 $f\in C[a,b]$, 所以 f 在 $[a,b]$ 上一致连续, 因此对上述 η, 存在 $\delta>0$, 当 $x',x''\in[a,b]$ 且 $|x'-x''|<\delta$ 时,

$$\left|f(x')-f(x'')\right|<\eta.$$

由假设 φ 在 $[\alpha,\beta]$ 上可积, 对上述正数 δ 和 ε, 存在某一分割 T, 使得在 T 所属的小区间中, $\omega_{k'}^{\varphi}\geqslant\delta$ 的所有小区间 $\Delta_{k'}$ 的总长 $\sum\limits_{k'}\Delta t_{k'}<\varepsilon$; 而在其余小区间 $\Delta x_{k''}$ 上 $\omega_{k''}^{\varphi}<\delta$ (因为 $\omega_{k''}^{\varphi}=\sup\limits_{t\in\Delta_{k''}}\varphi(t)-\inf\limits_{t\in\Delta_{k''}}\varphi(t)=\sup\limits_{t',t''\in\Delta_{k''}}|\varphi(t')-\varphi(t'')|$).

设 $F(t)=f(\varphi(t))$, $t\in[\alpha,\beta]$. 由以上可知: 在 T 中的小区间 $\Delta_{k''}$ 上, $\omega_{k''}^{F}<\eta$ (因为 $\omega_{k''}^{F}=\sup\limits_{t\in\Delta_{k''}}F(\varphi(t))-\inf\limits_{t\in\Delta_{k''}}F(\varphi(t))=\sup\limits_{t',t''\in\Delta_{k''}}|F(\varphi(t'))-F(\varphi(t''))|$); 至多在所有 $\Delta_{k'}$ 上 $\omega_{k'}^{F}\geqslant\eta$, 而这些小区间的总长至多为 $\sum\limits_{k'}\Delta t_{k'}<\varepsilon$.

故由可积的第三充要条件, 知复合函数 $f\circ\varphi\in\mathscr{R}[\alpha,\beta]$.

由上述结论易证例 9.3.3. 这是因为 $g(x)=\mathrm{e}^{f(x)}$ 为连续函数 $g(u)=\mathrm{e}^{u}$ 为外函数与可积函数 $u=f(x)$ 为内函数的复合, 因而 $\mathrm{e}^{f(x)}$ 可积.

(ii) 若内函数与外函数均为可积函数时, 则复合函数将不能保证是可积的. 例如内函数 $\varphi(x)=R(x)$ 为 $[0,1]$ 上的 Riemann 函数, 而外函数定义为

$$f(x)=\begin{cases}1, & 0<x\leqslant 1,\\ 0, & x=0.\end{cases}$$

上述定义的两个函数都是可积的, 并且可以复合得到 $f\big(\varphi(x)\big)$, 而 $f\big(\varphi(x)\big)=D(x)$ 恰好为 $[0,1]$ 上的 Dirichlet 函数, 而 $[0,1]$ 上的 Dirichlet 函数是不可积的. ■

问题 9.6.2 若 $f\in\mathscr{R}[a,b]$, 且 f 非负, 试问 $\sqrt{f}\in\mathscr{R}[a,b]$? 为什么?

答 $\sqrt{f}\in\mathscr{R}[a,b]$.

事实上, 记 $g(x)=\sqrt{f(x)}$, $x\in[a,b]$. 因 $f\in\mathscr{R}[a,b]$, 则 f 在 $[a,b]$ 上有界, 并设 $M=\sup\limits_{x\in[a,b]}f(x)$. 因 $\sqrt{f}$ 在 $[0,M]$ 上一致连续 (以 $u=f(x)$ 为变量), 因此对任给的 $\varepsilon>0$, $\eta>0$, 存在 $\delta>0$, 当 $t_1,t_2\in[0,M]$ 且 $|t_1-t_2|<\delta$ 时, 有

$$\left|\sqrt{t_1}-\sqrt{t_2}\right|<\eta. \tag{9.6.4}$$

由于 $f \in \mathscr{R}[a,b]$, 则由可积第三充要条件, 对上述的 $\delta > 0, \varepsilon > 0$, 存在一个分割 T, 使得在分割 T 所属的小区间中, 满足 $\omega_{k'}^f \geqslant \delta$ 的所有小区间 $\Delta_{k'}$ 的总长度 $\sum\limits_{k'} \Delta x_{k'} < \varepsilon$; 而在其余小区间 $\Delta_{k''}$ 上 $\omega_{k''}^f < \delta$.

由以上讨论可知, 在 T 的小区间 $\Delta_{k''}$ 上 $\omega_{k''}^f < \delta$, 即 $M_{k''}^f - m_{k''}^f < \delta$. 从而 $\left|\sqrt{M_{k''}^f} - \sqrt{m_{k''}^f}\right| < \eta$. 注意到 $M_{k''}^g = \sqrt{M_{k''}^f}, m_{k''}^g = \sqrt{m_{k''}^f}$, 于是

$$\omega_{k''}^g \equiv M_{k''}^g - m_{k''}^g < \eta.$$

另一方面, 至多在 $\Delta_{k'}$ 上 $\omega_{k'}^g \geqslant \eta$, 而这些小区间的长度之和满足 $\sum\limits_{k'} \Delta x_{k'} < \varepsilon$. 故由可积第三充要条件知 $g = \sqrt{f} \in \mathscr{R}[a,b]$. ■

问题 9.6.3 可积的单调函数中是否有存在具有无限多个间断点的函数?

答 可积的单调函数中能存在具有无限多个间断点的函数. 例如,

$$f(x) = \begin{cases} \dfrac{1}{2^{n-1}}, & x \in \left(\dfrac{1}{2^n}, \dfrac{1}{2^{n-1}}\right], \quad n \in \mathbb{N}_+, \\ 0, & x = 0, \end{cases}$$

则易知 f 为 $[0,1]$ 上单调增加的有界函数, 从而 $f \in \mathscr{R}[0,1]$. 但是, 函数 f 在 $[0,1]$ 上有无限多个间断点: $\left\{\dfrac{1}{2^n}\right\}, n \in \mathbb{N}_+$. ■

三、典型例题

例 9.6.1 证明: 如下定义在 $[0,1]$ 上的函数不可积

$$f(x) = \begin{cases} x, & x\text{为有理数}, \\ 0, & x\text{为无理数}. \end{cases}$$

证明 因为对区间 $[0,1]$ 上的任意分点为有理点的分割 T, 在小区间 $\Delta_i = [x_{i-1}, x_i]$ 上, 有 $M_i = x_i, m_i = 0$. 所以

$$S(T) = \sum_{i=1}^n M_i \Delta x_i = \sum_{i=1}^n x_i \Delta x_i, \quad s(T) = \sum_{i=1}^n m_i \Delta x_i = \sum_{i=1}^n 0 \cdot \Delta x_i = 0.$$

于是

$$S = \lim_{\|T\| \to 0} S(T) = \lim_{\|T\| \to 0} \sum_{i=1}^n x_i \Delta x_i = \int_0^1 x \mathrm{d}x = \frac{1}{2},$$

$$s = \lim_{\|T\| \to 0} S(T) = \lim_{\|T\| \to 0} 0 = 0.$$

由于 $S \neq s$, 所以由可积第一充要条件知, $f \notin \mathscr{R}[0,1]$. ■

例 9.6.2 设 $f \in \mathscr{R}[a,b]$, φ 在 $[\alpha,\beta]$ 上严格单调连续可微, $\varphi(\alpha)=a$, $\varphi(\beta)=b$, 则

$$\int_a^b f(x)\mathrm{d}x = \int_\alpha^\beta f(\varphi(t))\varphi'(t)\mathrm{d}t.$$

证明 不妨设 φ 严格增函数. 对区间 $[\alpha,\beta]$ 的任意分割

$$T_t : \alpha = t_0 < t_1 < \cdots < t_n = \beta,$$

令 $x_i = \varphi(t_i)$, $i=0,1,\cdots,n$, 得到区间 $[a,b]$ 的一个分割

$$T_x : a = x_0 < x_1 < \cdots < x_n = b.$$

由于 φ 在 $[\alpha,\beta]$ 上一致连续, 故当 $\|T_t\| \to 0$ 时必有 $\|T_x\| \to 0$. 对任意 $\tau_i \in [t_{i-1},t_i]$, $i=1,2,\cdots,n$, 作积分和

$$\sigma_t = \sum_{i=1}^n f(\varphi(\tau_i))\varphi'(\tau_i)\Delta t_i.$$

令 $\xi_i = \varphi(\tau_i) \in [x_{i-1},x_i]$, $i=1,2,\cdots,n$, 并记

$$\sigma_x = \sum_{i=1}^n f(\xi_i)\Delta x_i.$$

由于 φ 在 $[\alpha,\beta]$ 满足 Lagrange 中值定理的条件, 所以存在 $\tau^* \in (t_{i-1},t_i)$, 使得

$$\Delta x_i = \varphi(t_i) - \varphi(t_{i-1}) = \varphi'(\tau^*)\Delta t_i, \quad i=1,2,\cdots,n.$$

因此, 有

$$\sigma_x = \sum_{i=1}^n f(\varphi(\tau_i))\varphi'(\tau_i^*)\Delta t_i.$$

于是, 由条件 $f \in \mathscr{R}[a,b]$, 可得

$$\lim_{\|T_t\|\to 0}\sigma_x = \lim_{\|T_t\|\to 0}\sum_{i=1}^n f(\varphi(\tau_i))\varphi'(\tau_i^*)\Delta t_i = \lim_{\|T_x\|\to 0}\sum_{i=1}^n f(\xi_i)\Delta x_i = \int_a^b f(x)\mathrm{d}x.$$

另一方面, 由 $f \in \mathscr{R}[a,b]$, 存在 $M>0$, 使 $|f(x)| \leqslant M$, $x \in [a,b]$. 因 $\varphi' \in C[\alpha,\beta]$, 则 φ' 在 $[\alpha,\beta]$ 上一致连续, 所以对任意 $\varepsilon>0$, 存在 $\delta>0$, 使 $\|T_t\|<\delta$ 时恒有

$$|\varphi'(\tau_i) - \varphi'(\tau_i^*)| < \frac{\varepsilon}{M(\beta-\alpha)}, \quad i=1,2,\cdots,n.$$

于是, 有

$$|\sigma_t - \sigma_x| \leqslant \sum_{i=1}^n |f(\varphi(\tau_i))| \cdot |\varphi'(\tau_i) - \varphi'(\tau_i^*)|\,\Delta t_i < M \cdot \frac{\varepsilon}{M(\beta-\alpha)}\sum_{i=1}^n \Delta t_i = \varepsilon.$$

由此可得

$$\lim_{\|T_t\|\to 0}\sigma_t=\lim_{\|T_t\|\to 0}\sigma_x=\int_a^b f(x)\mathrm{d}x.$$

这就证明了 $\int_\alpha^\beta f(\varphi(t))\varphi'(t)\mathrm{d}t=\int_a^b f(x)\mathrm{d}x.$ ■

例 9.6.3　设 f 在 $[a,b]$ 上有界, 证明: 若对任给 $\eta>0$, $f\in\mathscr{R}[a,b-\eta]$, 则 $f\in\mathscr{R}[a,b]$.

证明　因 f 在 $[a,b]$ 上有界, 故存在 $M>0$, 使得 $|f(x)|\leqslant M$, $x\in[a,b]$.

对任给 $\varepsilon>0$, 取 $\eta=\frac{\varepsilon}{4M}$, 则 f 在 $[b-\eta,b]$ 上的振幅满足 $\omega_0\leqslant 2M$ (因为 $\omega_0=\sup\limits_{x\in[b-\eta,b]}f(x)-\inf\limits_{x\in[b-\eta,b]}f(x)=\sup\limits_{x_1,x_2\in[b-\eta,b]}|f(x_1)-f(x_2)|\leqslant 2M$), 且有 $\omega_0\eta\leqslant\frac{\varepsilon}{2}$.

又对上述的 $\varepsilon>0$, $\eta>0$, $f\in\mathscr{R}[a,b-\eta]$, 所以据可积的第二充要条件, 存在 $[a,b-\eta]$ 的分割 T_1, 使得 $\sum\limits_{T_1}\omega_i\Delta x_i<\frac{\varepsilon}{2}$.

现将 T_1 与 $[b-\eta,b]$ 合并成为 $[a,b]$ 的一个分割 T, 则

$$\sum_T\omega_i\Delta x_i=\sum_{T_1}\omega_i\Delta x_i+\omega_0\eta<\frac{\varepsilon}{2}+\frac{\varepsilon}{2}=\varepsilon.$$

再由可积第二充要条件知 $f\in\mathscr{R}[a,b]$. ■

例 9.6.4　设 f,g 均为定义在 $[a,b]$ 上的有界函数. 证明: 若仅在 $[a,b]$ 中有限个点处 $f(x)\neq g(x)$, 则当 $f\in\mathscr{R}[a,b]$ 时, 有 $g\in\mathscr{R}[a,b]$, 且 $\int_a^b f(x)\mathrm{d}x=\int_a^b g(x)\mathrm{d}x$.

证法 1　(利用可积定义) 设 f 与 g 在 $[a,b]$ 上的值仅在 k 个点 $\mu_1,\mu_2,\cdots,\mu_k$ 处不同, 并记 $M=\max\limits_{1\leqslant i\leqslant k}\{|f(\mu_i)-g(\mu_i)|\}$, $I=\int_a^b f(x)\mathrm{d}x$. 由于 $f\in\mathscr{R}[a,b]$ 上可积, 所以对任给 $\varepsilon>0$, 存在 $\delta_1>0$, 使得当 $\|T\|<\delta_1$ 时, 有

$$\left|\sum_T f(\xi_i)\Delta x_i-I\right|<\frac{\varepsilon}{2}.$$

令 $\delta=\min\left\{\delta_1,\frac{\varepsilon}{4kM}\right\}$, 则当 $\|T\|<\delta$ 时, 有

$$\begin{aligned}\left|\sum_T g(\xi_i)\Delta x_i-I\right|&\leqslant\left|\sum_T f(\xi_i)\Delta x_i-\sum_T g(\xi_i)\Delta x_i\right|+\left|\sum_T f(\xi_i)\Delta x_i-I\right|\\&\leqslant\sum_T|g(\xi_i)-f(\xi_i)|\Delta x_i+\frac{\varepsilon}{2}\leqslant\|T\|\cdot\sum_T|g(\xi_i)-f(\xi_i)|+\frac{\varepsilon}{2}.\end{aligned}$$

当 $\xi_i \neq \mu_i$ 时, $|g(\xi_i) - f(\xi_i)| \neq 0$, 所以 $\sum\limits_T |g(\xi_i) - f(\xi_i)|$ 中至多有 k 项不为零, 故

$$\left|\sum_T g(\xi_i)\Delta x_i - I\right| \leqslant \|T\| \cdot kM + \frac{\varepsilon}{2} \leqslant \frac{\varepsilon}{4} + \frac{\varepsilon}{2} < \varepsilon.$$

这就证明了 $g \in \mathscr{R}[a,b]$, 且 $\int_a^b g(x)\mathrm{d}x = I = \int_a^b f(x)\mathrm{d}x$.

证法 2 (利用可积第二充要条件) 设 f 与 g 在 $[a,b]$ 上的值仅在 k 个点 $\mu_1, \mu_2, \cdots, \mu_k$ 处不同. 由 g 在 $[a,b]$ 上有界, 所以存在 $M > 0$ 使 $\omega_i^g \leqslant M$.

因 $f \in \mathscr{R}[a,b]$, 所以对任给 $\varepsilon > 0$, 存在 $\delta_1 > 0$, 使得当 $\|T\| < \delta_1$ 时, 有 $\sum\limits_T \omega_i^f \Delta x_i < \frac{\varepsilon}{2}$. 设点 $\mu_1, \mu_2, \cdots, \mu_k$ 依次落在分割 T 中 Δ_1, Δ_2, $\cdots$, Δ_k 小区间之中, 于是有

$$\begin{aligned}\sum_T \omega_i^g \Delta x_i &= \sum_{j=k+1}^{n} \omega_j^f \Delta x_j + \sum_{i=1}^{k} \omega_i^g \Delta x_i \\ &\leqslant \sum_T \omega_i^f \Delta x_i + \sum_{i=1}^{k} \omega_i^g \Delta x_i < \sum_{i=1}^{k} \omega_i^g \Delta x_i + \frac{\varepsilon}{2} \leqslant kM\|T\| + \frac{\varepsilon}{2}.\end{aligned}$$

令 $\delta = \min\left\{\delta_1, \frac{\varepsilon}{2kM}\right\}$, 则当 $\|T\| < \delta$ 时, 有

$$\sum_T \omega_i^g \Delta x_i < kM \cdot \frac{\varepsilon}{2kM} + \frac{\varepsilon}{2} = \varepsilon.$$

所以, 由可积第二充要条件知 $g \in \mathscr{R}[a,b]$.

在 $f, g \in \mathscr{R}[a,b]$ 的基础上, 易证 $\int_a^b f(x)\mathrm{d}x = \int_a^b g(x)\mathrm{d}x$ (请读者自证). ■

例 9.6.5(可积 Cauchy 准则) $f \in \mathscr{R}[a,b] \Leftrightarrow$ 对任意 $\varepsilon > 0$, 存在 $\delta > 0$, 对任意分割 T_1, T_2 及相应分割上的任意点集 $\{\xi_i\}$, $\{\eta_k\}$, 只要 $\|T_1\| < \delta$, $\|T_2\| < \delta$, 有

$$\left|\sum_{i=1}^{n} f(\xi_i)\Delta x_i - \sum_{k=1}^{m} f(\eta_k)\Delta x_k'\right| < \varepsilon.$$

证明 $\Rightarrow$ 设 $f \in \mathscr{R}[a,b]$, 并记 $\int_a^b f(x)\mathrm{d}x = I$. 则由可积的定义知, 对任意 $\varepsilon > 0$, 存在 $\delta > 0$, 对任意分割 T, 以及 T 上的任意点集 $\{\xi_i\}$, 只要 $\|T\| < \delta$, 就有

$$\left|\sum_{i=1}^{n} f(\xi_i)\Delta x_i - I\right| < \varepsilon.$$

于是, 对任意分割 T_1, 以及 T_1 上的任意点集 $\{\xi_i\}$, 只要 $\|T_1\|<\delta$, 有

$$\left|\sum_{i=1}^{n} f(\xi_i)\Delta x_i - I\right| < \frac{\varepsilon}{2}.$$

对任意分割 T_2, 以及 T_2 上的任意点集 $\{\eta_k\}$, 只要 $\|T_2\|<\delta$, 有

$$\left|\sum_{k=1}^{m} f(\eta_k)\Delta x'_k - I\right| < \frac{\varepsilon}{2}.$$

由此即得

$$\begin{aligned}&\left|\sum_{i=1}^{n} f(\xi_i)\Delta x_i - \sum_{k=1}^{m} f(\eta_k)\Delta x'_k\right|\\ \leqslant &\left|\sum_{i=1}^{n} f(\xi_i)\Delta x_i - I\right| + \left|\sum_{k=1}^{m} f(\eta_k)\Delta x'_k - I\right| < \frac{\varepsilon}{2}+\frac{\varepsilon}{2}=\varepsilon.\end{aligned}$$

$\Leftarrow$ 若对任意 $\varepsilon>0$, 存在 $\delta>0$, 对任意分割 T_1, T_2, 以及相应分割上的任意点集 $\{\xi_i\}, \{\eta_k\}$, 只要 $\|T_1\|<\delta$, $\|T_2\|<\delta$, 有 $\left|\sum\limits_{i=1}^{n} f(\xi_i)\Delta x_i - \sum\limits_{k=1}^{m} f(\eta_k)\Delta x'_k\right| < \varepsilon$.

取 $T_1=T_2=T$, 有 $\left|\sum\limits_{i=1}^{n} f(\xi_i)\Delta x_i - \sum\limits_{i=1}^{n} f(\eta_i)\Delta x_i\right| < \varepsilon$. 由于

$$\begin{aligned}\sum_T \omega_k\Delta x_k =& \sum_{k=1}^{n} M_k\Delta x_k - \sum_{k=1}^{n} m_k\Delta x_k = \left(\sum_{k=1}^{n} M_k\Delta x_k - \sum_{k=1}^{n} f(\xi_k)\Delta x_k\right)\\ &+\left(\sum_{k=1}^{n} f(\eta_k)\Delta x_k - \sum_{k=1}^{n} m_k\Delta x_k\right)+\left(\sum_{k=1}^{n} f(\xi_k)\Delta x_k - \sum_{k=1}^{n} f(\eta_k)\Delta x_k\right)\\ \leqslant& \sum_{k=1}^{n}\big(M_k - f(\xi_k)\big)\Delta x_k + \sum_{k=1}^{n}\big(f(\eta_k)-m_k\big)\Delta x_k\\ &+\left|\sum_{k=1}^{n} f(\xi_k)\Delta x_k - \sum_{k=1}^{n} f(\eta_k)\Delta x_k\right|,\end{aligned}$$

所以再由已知条件, 有

$$\sum_T \omega_k\Delta x_k < \varepsilon+\varepsilon+\varepsilon = 3\varepsilon.$$

于是, 由可积第二充要条件知 $f\in\mathscr{R}[a,b]$. ■

例 9.6.6 证明: 若 $f,g\in C[0,1]$, 且 f 与 g 具有相同的单调性, 则

$$\int_0^1 f(x)\mathrm{d}x\int_0^1 g(x)\mathrm{d}x \leqslant \int_0^1 f(x)g(x)\mathrm{d}x.$$

证明 先证明如下的一个不等式:

$$\sum_{i=1}^n a_i \sum_{i=1}^n b_i \leqslant n \sum_{i=1}^n a_i b_i,$$

其中 $a_i \geqslant a_j$ 与 $b_i \geqslant b_j$(或 $a_i \leqslant a_j$ 与 $b_i \leqslant b_j$), $i, j = 1, 2, \cdots, n$.

事实上, 已知 $a_i - a_j$ 与 $b_i - b_j$ 同时非负或同时非正, 则

$$\sum_{i,j=1}^n (a_i b_i - a_i b_j) = \sum_{i=1}^n \left(n a_i b_i - a_i \sum_{j=1}^n b_j \right) = n \sum_{i=1}^n a_i b_i - \sum_{i=1}^n a_i \sum_{j=1}^n b_j,$$

$$\sum_{i,j=1}^n (a_j b_j - a_j b_i) = \sum_{j=1}^n \left(n a_j b_j - a_j \sum_{i=1}^n b_i \right) = n \sum_{j=1}^n a_j b_j - \sum_{j=1}^n a_j \sum_{i=1}^n b_i.$$

将上述两式相加, 得

$$\begin{aligned} n \sum_{i=1}^n a_i b_i - \sum_{i=1}^n a_i \sum_{j=1}^n b_j &= \frac{1}{2} \sum_{i,j=1}^n (a_i b_i - a_i b_j + a_j b_j - a_j b_i) \\ &= \frac{1}{2} \sum_{i,j=1}^n (a_i - a_j)(b_i - b_j) \geqslant 0, \end{aligned}$$

即 $\sum_{i=1}^n a_i \sum_{i=1}^n b_i \leqslant n \sum_{i=1}^n a_i b_i$.

现在回过头来证明本题的结论. 由条件知 $f, g \in \mathscr{R}[0,1]$, 从而 $fg \in \mathscr{R}[0,1]$.

将 $[0,1]$ 等分成 n 个小区间 $\left[\frac{k-1}{n}, \frac{k}{n}\right]$, 取 $\xi_k = \frac{k}{n}$, $k = 1, 2, \cdots, n$. 由函数 f 与 g 在 $[0,1]$ 具有相同的单调性及已证的不等式, 有 $\left(\text{取 } a_k = f\left(\frac{k}{n}\right), b_k = g\left(\frac{k}{n}\right)\right.$ 即可$\Big)$

$$\sum_{k=1}^n f\left(\frac{k}{n}\right) \sum_{k=1}^n g\left(\frac{k}{n}\right) \leqslant n \sum_{k=1}^n f\left(\frac{k}{n}\right) g\left(\frac{k}{n}\right),$$

即

$$\left(\sum_{k=1}^n f\left(\frac{k}{n}\right) \cdot \frac{1}{n} \right) \left(\sum_{k=1}^n g\left(\frac{k}{n}\right) \cdot \frac{1}{n} \right) \leqslant \sum_{k=1}^n f\left(\frac{k}{n}\right) g\left(\frac{k}{n}\right) \cdot \frac{1}{n}.$$

注意到 $f, g, fg \in \mathscr{R}[0,1]$, 对上式两边取 $n \to \infty$ 极限, 立即可得结论. ■

四、巩固提高

9.6.1　证明：若 $f \in \mathscr{R}[0,1]$, 且 $\int_0^1 f(x)\mathrm{d}x > 0$, 则存在某个闭区间 $[a,b] \subset [0,1]$, 对任意 $x \in [a,b]$, 有 $f(x) > 0$.

(提示：采用反证法.)

9.6.2　若 f 与 g 为如下定义在 $[0,1]$ 上的函数

$$f(x) = \begin{cases} \dfrac{1}{x} - \left[\dfrac{1}{x}\right], & x \neq 0, \\ 0, & x = 0, \end{cases} \qquad g(x) = \begin{cases} \operatorname{sgn}\left(\sin\dfrac{\pi}{x}\right), & x \neq 0, \\ 0, & x = 0. \end{cases}$$

证明 $f, g \in \mathscr{R}[0,1]$.

9.6.3　定义 $[0,1]$ 上的函数如下：

$$f(x) = \begin{cases} 1, & \text{当 } x = 0 \text{ 时}, \\ 0, & \text{当 } x \text{ 为无理数时}, \\ \dfrac{1}{q}, & \text{当 } x = \dfrac{p}{q} \text{ 时}, p \text{ 与 } q \text{ 是互质整数, 且 } p \leqslant q. \end{cases}$$

证明 $f \in \mathscr{R}[0,1]$, 且 $\int_0^1 f(x)\mathrm{d}x = 0$.

9.6.4　证明：若 $f, g \in C[a,b]$, T 为区间 $[a,b]$ 的任意分割, $\{\xi_k\}$ 与 $\{\eta_k\}$ 为 T 的任意两个不同的点集, 则

$$\lim_{\|T\| \to 0} \sum_{k=1}^{n} f(\xi_k) g(\eta_k) \Delta x_k = \int_a^b f(x) g(x) \mathrm{d}x.$$

***9.6.5**　证明若 $f \in \mathscr{R}[a,b]$, 则 $|f|^\alpha \in \mathscr{R}[a,b]$, 其中 α 为某正数.

***9.6.6**　证明若 $f \in C^1[0,2n]$, 则

$$\int_1^{2n} f'(x)\left([x] - 2\left[\frac{x}{2}\right]\right)\mathrm{d}x = \sum_{k=1}^{2n} (-1)^k f(k).$$

$\left(\text{提示：考查关系式 } \dfrac{[x]}{2} - \left[\dfrac{x}{2}\right] = \begin{cases} 0, & 2k \leqslant x < 2k+1, \\ \dfrac{1}{2}, & 2k-1 \leqslant x < 2k. \end{cases}\right)$

第 10 章　定积分的应用

本章共包含五节内容, 主要介绍定积分在几何上的应用, 以及物理方面的某些应用等. 值得一提的是, 读者在学习过程中应认真体会并能熟练掌握微元法.

10.1　平面图形的面积

一、内容精读

1. *微元法*

在 9.1 节中定积分定义的引入时, 是以曲线弧 $y=f(x)$, $a\leqslant x\leqslant b$ 为曲边, $x=a$, $x=b$ 及 $y=0$ 为直边围成的平面图形 (曲边梯形) 的面积为例, 用细分法处理了其面积, 最终归结为计算定积分 $\int_a^b f(x)\mathrm{d}x$. 其主要思路是: (i) 将区间 $[a,b]$ 分成 n 个小区间, 于是将整个曲边梯形分成 n 个小的曲边梯形; (ii) 任取其中的一个小区间, 记为 $[x_i,x_i+\Delta x_i]$, 相应的小曲边梯形面积记为 ΔA_i, $\Delta A_i\approx f(\xi_i)\Delta x_i$, 且 Δx_i 越小, 这种近似就越精确; (iii) 由 $A=\sum\Delta A_i$, 得 $A=\lim\limits_{\|T\|\to 0}\sum\limits_{i=1}^{n}f(\xi_i)\Delta x_i$ $\left(A=\int_a^b f(x)\mathrm{d}x\right)$, 即曲边梯形的面积 A 等于函数 $f(x)$ 在 $[a,b]$ 上的定积分.

上述过程 (ii) 为了省略下标 i, 用 ΔA 表示任意一个小区间 $[x,x+\Delta x]$ 上是窄曲边梯形的面积, 有 $\Delta A\approx f(x)\mathrm{d}x$, 其中 $f(x)\mathrm{d}x$ 称为*面积微元*. 于是 $A=\int_a^b f(x)\mathrm{d}x$.

一般地, 若某个具体问题中所要计算的量 A 符合下列条件:

(i) A 是一个与变量 x (当然可以用其他字母表示) 变化区间 $[a,b]$ 有关的量;

(ii) A 对于区间 $[a,b]$ 具有*可加性*, 即把区间 $[a,b]$ 分成若干小区间后, 量 A 可相应的分成若干部分, 它等于所分成的部分量 ΔA 的和, 即 $A=\sum\Delta A$;

(iii) 小区间 $[x,x+\mathrm{d}x]$ 上的部分量 ΔA 可近似地表示为某连续函数 $f(x)$ 与 $\mathrm{d}x$ 的积, 即 $\Delta A\approx f(x)\mathrm{d}x$.

那么就可以考虑用定积分来计算量 A. 具体步骤如下:

(i) 据问题的具体情况, 选取一个变量, 此处记为 x (积分变量), 并确定其变化区间 $[a,b]$;

(ii) 将区间 $[a,b]$ 分成若干小区间, 任取其中一个并记为 $[x,x+\mathrm{d}x]$, **设法找出**一个函数 $f(x)$, 使 $\Delta A\approx f(x)\mathrm{d}x$, 记为 $\mathrm{d}A$. 称 $\mathrm{d}A=f(x)\mathrm{d}x$ 为量 A 的微元;

(iii) 以 $\mathrm{d}A$ 为积分表达式, 将 $\mathrm{d}A$ 在 $[a,b]$ 上取定积分, 便得 $A=\int_a^b f(x)\mathrm{d}x$.

在具体问题中, $f(x)$ 往往是连续函数, 故可积, 即

$$A=\int_a^b \mathrm{d}A=\int_a^b f(x)\mathrm{d}x.$$

通过上述步骤寻求量 A 的方法就称为微元法.

2. 平面图形的面积

1) 直角坐标表示

由连续曲线 $y=f(x)(\geqslant 0)$ 及直线 $x=a$, $x=b$ 和 x 轴所围成曲边梯形 (图 10.1.1(a)) 的面积为

$$A=\int_a^b y\mathrm{d}x=\int_a^b f(x)\mathrm{d}x. \tag{10.1.1}$$

如果 $f(x)$ 在 $[a,b]$ 上不是非负的, 则所围成图形 (图 10.1.1(b)) 的面积为

$$A=\int_a^b |y|\mathrm{d}x=\int_a^b |f(x)|\mathrm{d}x. \tag{10.1.2}$$

由上、下两条连续曲线 $y=f_2(x)$ 与 $y=f_1(x)$ 及两条直线 $x=a$ 与 $x=b$ 所围成的平面图形 (图 10.1.1(c)), 其面积为

$$A=\int_a^b \left[f_2(x)-f_1(x)\right]\mathrm{d}x \quad 或 \quad A=\int_a^b \left|f_2(x)-f_1(x)\right|\mathrm{d}x. \tag{10.1.3}$$

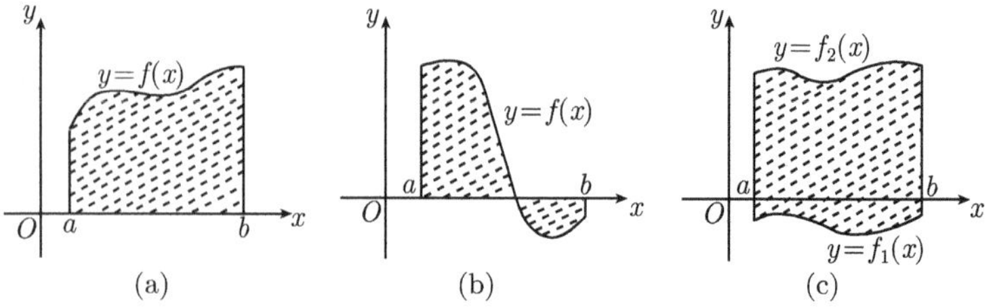

图 10.1.1

2) 参数方程表示

设曲线 C 是由参数方程

$$x=x(t),\quad y=y(t),\quad t\in[\alpha,\beta]$$

给出, 在 $[\alpha,\beta]$ 上 $y(t)$ 连续, $x(t)$ 连续可微且 $x'(t)\neq 0$ (对于 $y(t)$ 连续可微且 $y'(t)\neq 0$ 的情形可类似地讨论). 记 $a=x(\alpha)$, $b=x(\beta)$, 则由曲线 C 及直线 $x=a$, $x=b$ 和 x 轴所围成的图形, 其面积为

$$A=\int_{\alpha}^{\beta}|y(t)x'(t)|\mathrm{d}t. \tag{10.1.4}$$

设没有自交的平面封闭曲线 C 由参数方程

$$x=x(t),\quad y=y(t),\quad t\in[\alpha,\beta]$$

给出, 其中 $x(t),y(t)\in C^1[\alpha,\beta]$. 当 t 从 α 增加到 β 时, 点 $\big(x(t),y(t)\big)$ 以逆时针方向绕闭曲线一周 $(x(\alpha)=x(\beta),\ y(\alpha)=y(\beta))$, 则曲线 C 所围成的平面图形面积为

$$A=\frac{1}{2}\int_{\alpha}^{\beta}\big(x(t)y'(t)-x'(t)y(t)\big)\mathrm{d}t\quad\left(\text{或}A=\frac{1}{2}\int_{\alpha}^{\beta}\begin{vmatrix}x(t)&y(t)\\x'(t)&y'(t)\end{vmatrix}\mathrm{d}t\right). \tag{10.1.5}$$

此公式实际上是本书 21.3 节中关于第二型曲线积分的 Green 公式的特例.

3) 极坐标方程表示

设曲线 C 是由极坐标方程

$$r=r(\theta),\quad \theta\in[\alpha,\beta]$$

给出, 其中 $r(\theta)$ 在 $[\alpha,\beta]$ 上连续, $\beta-\alpha\leqslant 2\pi$. 由曲线 C 及两条射线 $\theta=\alpha$, $\theta=\beta$ 所围成的平面图形 (通常称之为扇形), 其面积为

$$A=\frac{1}{2}\int_{\alpha}^{\beta}r^2(\theta)\mathrm{d}\theta. \tag{10.1.6}$$

二、疑难解答

问题 10.1.1 应用微元法处理问题时, 应注意哪些问题?

答 应用微元法处理问题时, 至少应关注以下几点:

(i) 所要求的量应具有可加性, 这是能用定积分处理问题的基本前提.

(ii) 以直代曲法. 如求曲边梯形的面积时, 在区间 $[a,b]$ 上任取一小区间 $[x,x+\Delta x]$, 在此小区间上的窄条曲边梯形面积用相应的矩形面积 $f(\xi)\Delta x$ 代替 (其中 $\xi\in[x,x+\Delta x]$), 从而得到曲边梯形的面积为 $\int_a^b f(x)\mathrm{d}x$.

(iii) 舍去高阶无穷小量法. 若存在 $M>0$, $\alpha>1$, 使在任一充分小的区间 $[x,x+\Delta x]\subset[a,b]$ 上, 成立

$$|g(\eta)\Delta x-f(\xi)\Delta x|\leqslant M\cdot(\Delta x)^{\alpha},$$

其中 $\xi,\eta\in[x,x+\Delta x]$, $f(\xi)\Delta x$ 为以直代曲法得出的部分量, 则所求的量可以写成定积分 $\int_a^b g(x)\mathrm{d}x$. 在对具体问题应用此法时, 通常取 $\alpha=2$. 具体例子可参见后面的问题 10.2.1. ■

问题 10.1.2 平面图形面积公式 (10.1.2) 能否写成 $A=\left|\int_a^b f(x)\mathrm{d}x\right|$?

答 不能. 这是因为 $\left|\int_a^b f(x)\mathrm{d}x\right|$ 表示由 $[a,b]$ 上的曲线 $y=f(x)$ 所形成的位于 x 轴上方的正面积与位于 x 轴下方的负面积的代数和的绝对值, 当 f 在 $[a,b]$ 上不保号 (即曲线 $y=f(x)$ 穿越 x 轴) 时, 通常 $\int_a^b |f(x)|\mathrm{d}x\neq\left|\int_a^b f(x)\mathrm{d}x\right|$. 例如, 计算由曲线 $y=\sin x$, $x\in[0,2\pi]$ 与 x 轴所围成的平面图形的面积时, 此平面图形的面积应为

$$A=\int_0^{2\pi}|\sin x|\mathrm{d}x=\int_0^{\pi}\sin x\mathrm{d}x-\int_{\pi}^{2\pi}\sin x\mathrm{d}x=4.$$

而 $A=\left|\int_0^{2\pi}\sin x\mathrm{d}x\right|=\left|-\cos x\Big|_0^{2\pi}\right|=0$, 这显然是错误的. 只有当 f 在 $[a,b]$ 上保号 (即曲线 $y=f(x)$ 位于 x 轴一侧) 时, $\int_a^b |f(x)|\mathrm{d}x=\left|\int_a^b f(x)\mathrm{d}x\right|$. ■

三、典型例题

例 10.1.1 求由曲线 $y=\dfrac{4}{x}$ 与 $y=(x-3)^2$ 所围成的平面图形的面积.

解 先求两条曲线 $y=\dfrac{4}{x}$ 与 $y=(x-3)^2$ 的交点. 由方程

$$\begin{cases}xy=4,\\ y=(x-3)^2,\end{cases}$$

得 $(x-1)^2(x-4)=0$, 解得 $x_{1,2}=1$, $x_3=4$. 所以, 所给的两条曲线的交点为 $(1,4)$ 与 $(4,1)$. 这两条曲线所所围成的平面图形 (如图 10.1.2 中的阴影部分) 的面积为

$$A=\int_1^4\left[\frac{4}{x}-(x-3)^2\right]\mathrm{d}x=\left[4\ln x-\frac{1}{3}(x-3)^3\right]\Bigg|_1^4=8\ln 2-3. \quad ■$$

例 10.1.2 求过抛物线 $y^2=4px(p>0)$ 焦点的一条直线, 使其与抛物线所围成图形 (如图 10.1.3 中的阴影部分) 的面积为最小.

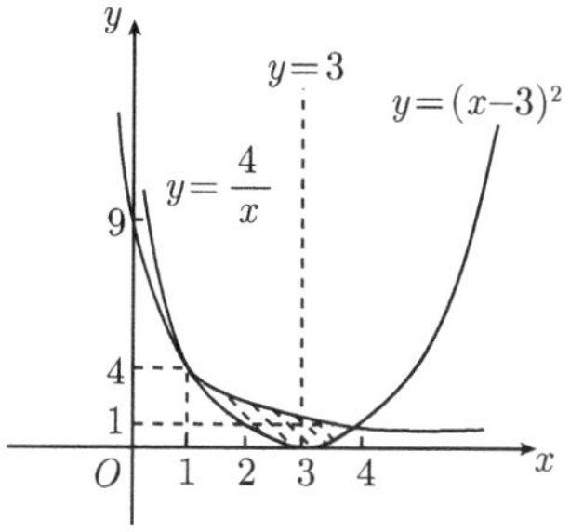

图 10.1.2

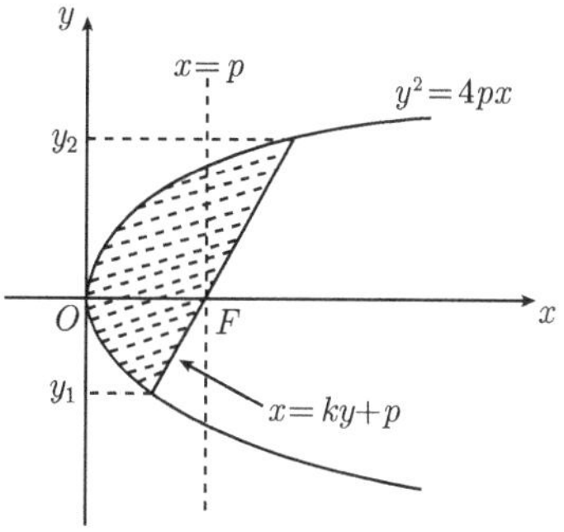

图 10.1.3

解 已知抛物线的焦点坐标为 $F(p,0)$. 设所求的直线 L 方程为 $x=ky+b$. 由于直线 L 过点 $F(p,0)$, 则 $b=p$, 所以

$$x=ky+p.$$

容易求得, 直线 L 与所给的抛物线交点的纵坐标分别为 $y_1=2p\left(k-\sqrt{1+k^2}\right)$ 与 $y_2=2p\left(k+\sqrt{1+k^2}\right)$. 于是, 直线 L 与抛物线所围成图形的面积 $A(k)$ 为

$$A(k)=\int_{2p(k-\sqrt{1+k^2})}^{2p(k+\sqrt{1+k^2})}\left[(ky+p)-\frac{y^2}{4p}\right]\mathrm{d}y=\frac{8}{3}p^2(1+k^2)^{\frac{3}{2}}.$$

令 $\dfrac{\mathrm{d}A(k)}{\mathrm{d}k}=8p^2k(1+k^2)^{\frac{1}{2}}=0$, 得函数 $A(k)$ 的唯一稳定点 $k=0$. 由表 10.1.1 所示.

表 10.1.1

k	$k<0$	$k=0$	$k>0$
$A'(k)$	$-$	0	$+$
$A(k)$	$\searrow$	极小值 $\dfrac{8}{3}p^2$	$\nearrow$

又注意到

$$\lim_{k\to\infty}A(k)=\lim_{k\to\infty}\frac{8}{3}p^2(1+k^2)^{\frac{3}{2}}=+\infty\quad(\text{即接近 } x \text{ 轴的直线})$$

故 $A(k)$ 在 $k=0$ 时取得最小值 $\dfrac{8}{3}p^2$, 此时直线 L 的方程为 $x=p$. 这表明过焦点 $F(p,0)$ 且与 y 轴平行的直线与抛物线所围图形的面积为最小, 最小面积为 $\dfrac{8}{3}p^2$. ■

例 10.1.3 求由曲线 $y=\mathrm{e}^{-x}\sin x$ 与 x 在区间 $[0,2n\pi]$ 上所围平面图形的面积.

解　所求的面积 A 为

$$
\begin{aligned}
A &= \int_0^{2n\pi} \left|\mathrm{e}^{-x}\sin x\right|\mathrm{d}x = \int_0^{2n\pi} \mathrm{e}^{-x}\left|\sin x\right|\mathrm{d}x \\
&= \sum_{k=0}^{n-1}\int_{2k\pi}^{(2k+1)\pi} \mathrm{e}^{-x}\sin x\mathrm{d}x - \sum_{k=0}^{n-1}\int_{(2k+1)\pi}^{2(k+1)\pi} \mathrm{e}^{-x}\sin x\mathrm{d}x \\
&= \sum_{k=0}^{n-1}\left[-\frac{1}{2}\mathrm{e}^{-x}(\sin x+\cos x)\right]\Bigg|_{2k\pi}^{(2k+1)\pi} - \sum_{k=0}^{n-1}\left[-\frac{1}{2}\mathrm{e}^{-x}(\sin x+\cos x)\right]\Bigg|_{(2k+1)\pi}^{2(k+1)\pi} \\
&= \sum_{k=0}^{n-1}\frac{1}{2}\mathrm{e}^{-2k\pi}(1+\mathrm{e}^{-2\pi}) = \frac{1}{2}(1+\mathrm{e}^{-2\pi})\sum_{k=0}^{n-1}\mathrm{e}^{-2k\pi} \\
&= \frac{1}{2}(1+\mathrm{e}^{-2\pi})\frac{1-\mathrm{e}^{-2n\pi}}{1-\mathrm{e}^{-2\pi}} = \frac{(1+\mathrm{e}^{-2\pi})(1-\mathrm{e}^{-2n\pi})}{2(1-\mathrm{e}^{-2\pi})}.
\end{aligned}
$$

■

例 10.1.4　求由曲线 $x^2+xy+y^2=1$ 所围成的平面图形的面积.

解　先改写曲线 $x^2+xy+y^2=1$ 方程为

$$\frac{3}{4}x^2+\left(\frac{x}{2}+y\right)^2=1,$$

然后引入参数方程

$$x=\frac{2}{\sqrt{3}}\cos t,\quad y=\sin t-\frac{1}{\sqrt{3}}\cos t,\quad t\in[0,2\pi].$$

由于

$$
\begin{aligned}
x(t)y'(t)-x'(t)y(t) =& \frac{2}{\sqrt{3}}\cos t\cdot\left(\cos t+\frac{1}{\sqrt{3}}\sin t\right) \\
&-\left(-\frac{2}{\sqrt{3}}\sin t\right)\left(\sin t-\frac{1}{\sqrt{3}}\cos t\right)=\frac{2}{\sqrt{3}},
\end{aligned}
$$

所以, 所求的面积为

$$A=\frac{1}{2}\int_0^{2\pi}\big(x(t)y'(t)-x'(t)y(t)\big)\mathrm{d}t=\frac{1}{2}\int_0^{2\pi}\frac{2}{\sqrt{3}}\mathrm{d}t=\frac{2\pi}{\sqrt{3}}.$$

■

例 10.1.5　求由 $y^2-2xy+x^3=0$ 确定的封闭曲线所围成的平面图形的面积.

解　此处利用参数方程表示来计算图形的面积. 为此先来确定曲线的参数方程形式表示. 先令 $y=tx$, 代入原方程中可得 x 的参数表示 $x=2t-t^2$, 从而得到曲线的参数表示形式:

$$x=2t-t^2,\quad y=2t^2-t^3.$$

易知，当 t 从 0 到 2 时点 $\big(x(t),y(t)\big)$ 从原点按逆时针方向沿曲线回到原点，所以所求的图形面积为

$$\begin{aligned}A&=\frac{1}{2}\int_0^2\big(x(t)y'(t)-x'(t)y(t)\big)\mathrm{d}t\\&=\frac{1}{2}\int_0^2\big[(2t-t^2)(4t-3t^2)-(2-2t)(2t^2-t^3)\big]\mathrm{d}t\\&=\frac{1}{2}\int_0^2\big(t^4-4t^3+4t^2\big)\mathrm{d}t=\frac{8}{15}.\end{aligned}$$ ■

例 10.1.6 求三叶玫瑰线 $r=a\sin3\theta$ (其中 $a>0$) 所围平面图形 (图 10.1.4) 的面积.

解 对三叶玫瑰线 $r=a\sin3\theta$ 作图可知，三叶的每一叶面积相等，其中它的一叶 θ 取值为 $\left[0,\dfrac{\pi}{3}\right]$，因此所求的面积为

$$\begin{aligned}A&=3\times\frac{1}{2}\int_0^{\frac{\pi}{3}}r^2(\theta)\mathrm{d}\theta=\frac{3}{2}\int_0^{\frac{\pi}{3}}a^2\sin^2 3\theta\mathrm{d}\theta\\&=\frac{3a^2}{2}\int_0^{\frac{\pi}{3}}\frac{1-\cos6\theta}{2}\mathrm{d}\theta=\frac{3a^2}{2}\times\frac{1}{2}\times\frac{\pi}{3}=\frac{\pi}{4}a^2.\end{aligned}$$ ■

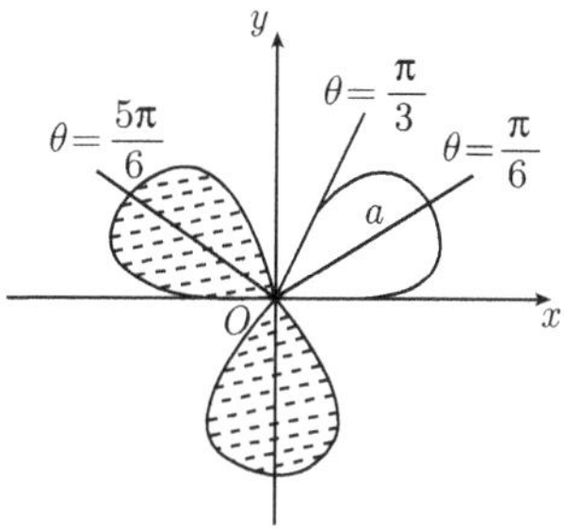

图 10.1.4

四、巩固提高

10.1.1 抛物线 $y^2=2x$ 分圆 $x^2+y^2=8$ 为两部分 (图 10.1.5)，求这两部分的面积.

10.1.2 求由抛物线 $y^2=x$ 与 $y^2=-x+4$ 所围平面图形 (图 10.1.6) 的面积.

10.1.3 求 a 的值，使得由 $x=\sqrt{1-y}$ 与 x 轴、y 轴所围成的平面图形被曲线 $y=ax^2$ 分成面积相等有两部分 (图 10.1.7).

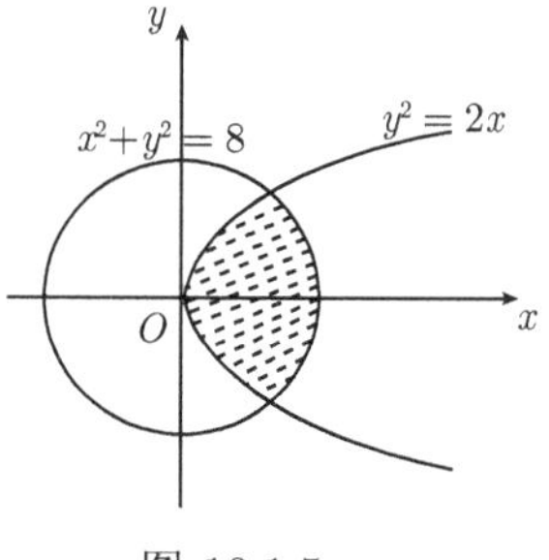

图 10.1.5

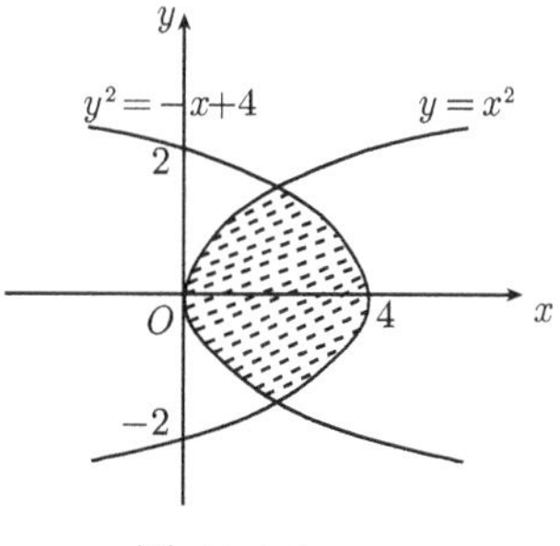

图 10.1.6

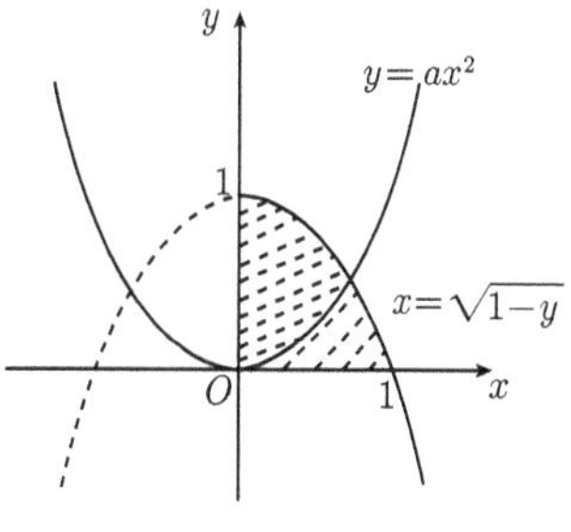

图 10.1.7

****10.1.4** 从抛物线 $y=x^2-1$ 上的点 P 引抛物线 $y=x^2$ 的切线，证明该切线与 $y=x^2$ 所围图形 (图 10.1.8 中的阴影部分) 的面积与 P 点的位置无关.

10.1.5　在曲线 $y=x^2(x\geqslant 0)$ 上一点 M 处作切线, 使得切线、曲线及 x 轴所围图形 (参考图 10.1.9 中的阴影部分) 的面积为 $\dfrac{2}{3}$. 求

(i) 切点 M 的坐标;

(ii) 过切点 M 的切线方程.

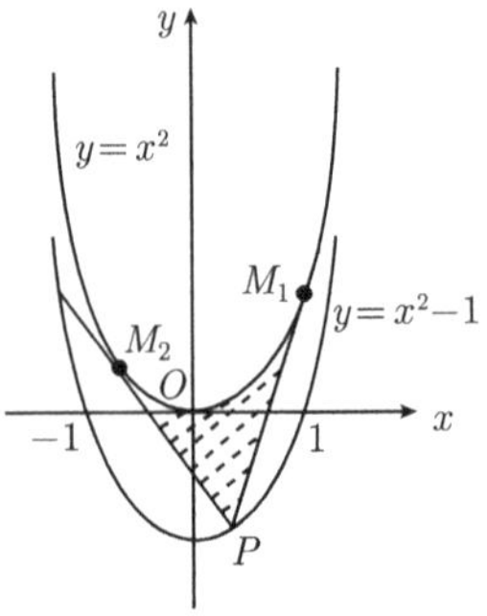

图 10.1.8

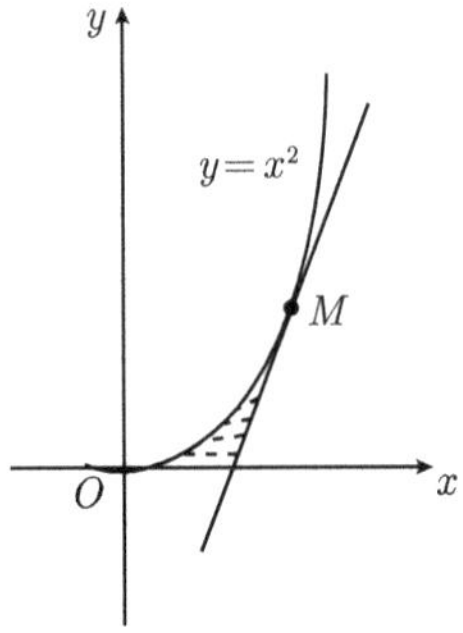

图 10.1.9

10.1.6　求通过点 (0,0) 与 (1,2) 的抛物线, 使其满足以下两个性质:

(i) 它的对称轴平行于 y 轴, 且向下弯曲;

(ii) 它与 x 轴所围成图形的面积最小.

10.1.7　直线 $y=x$ 将椭圆 $x^2+3y^2-6y=0$ 分成两块, 求这两块面积之比.

10.1.8　求边界曲线为

$$x=a\cos t,\quad y=a\sin t+m(a\cos t)^2$$

的平面图形的面积, 其中 $a>0$, $m\geqslant 0$.

10.1.9　设椭圆方程为 $ax^2+2bxy+cy^2=1$, 其中 $a>0$, $\Delta=ac-b^2>0$. 试用例 10.1.4 的方法证明由该椭圆所围图形的面积为 $\pi/\sqrt{\Delta}$.

10.1.10　求螺线 $r=a\mathrm{e}^{k\theta}$, $\theta\in[0,\pi]$ 与 x 轴所围成图形的面积, 其中 $k>0$.

10.1.11　求由 $r=3\cos\theta$ 与 $r=1+\cos\theta$ 所围图形公共部分的面积.

10.1.12　圆 $r=1$ 被心形线 $r=1+\cos\theta$ 分割成两部分, 求这两部分的面积.

10.1.13　设 f 为区间 $[0,1]$ 上的任一非负连续函数.

(i) 证明存在点 $x_0\in(0,1)$, 使得在区间 $[0,x_0]$ 上以 $f(x_0)$ 为高的矩形面积等于在区间 $[x_0,1]$ 上以 $y=f(x)$ 为曲边的曲边梯形的面积.

(ii) 又设 f 在区间 $(0,1)$ 内可导, 且 $f'(x)>-\dfrac{2f(x)}{x}$, 证明 (i) 中的 x_0 是唯一的.

(提示: (i) 作辅助函数 $g(x)=-x\displaystyle\int_x^1 f(t)\mathrm{d}t$, 并设法应用 Rolle 中值定理; (ii) 证明 (i) 中的辅助函数 g 的导函数 g' 为严格单调函数.)

10.2 由平行截面面积求体积

一、内容精读

1. 由平行截面面积求体积

设 Ω 为三维空间的一立体, 它夹在垂直于 x 轴的两平面 $x=a$ 与 $x=b$ 之间 $(a<b)$ (简称 Ω 为位于 $[a,b]$ 上的立体), 见图 10.2.1. 若已知在任意一点 $x\in[a,b]$ 处垂直于 x 轴的截面 (称为 Ω 的平行截面) 面积为 $A(x)$ (称为截面面积函数), 则立体 Ω 的体积为

$$V=\int_a^b A(x)\mathrm{d}x. \tag{10.2.1}$$

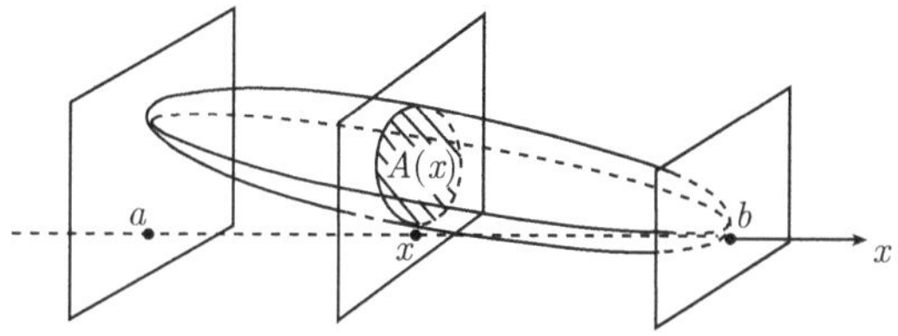

图 10.2.1

2. 旋转体体积

设 f 是 $[a,b]$ 上的连续函数, 曲边梯形为

$$0\leqslant y\leqslant f(x),\quad a\leqslant x\leqslant b. \tag{10.2.2}$$

若 Ω 是由曲边梯形 (10.2.2) 绕 x 轴旋转一周所得的旋转体, 见图 10.2.2, 则 Ω 的体积为

$$V=\pi\int_a^b f^2(x)\mathrm{d}x. \tag{10.2.3}$$

若 Ω 是由曲边梯形 (10.2.2) 绕 y 轴旋转一周所得的旋转体, 见图 10.2.3, 则 Ω 的体积为

$$V=2\pi\int_a^b xf(x)\mathrm{d}x. \tag{10.2.4}$$

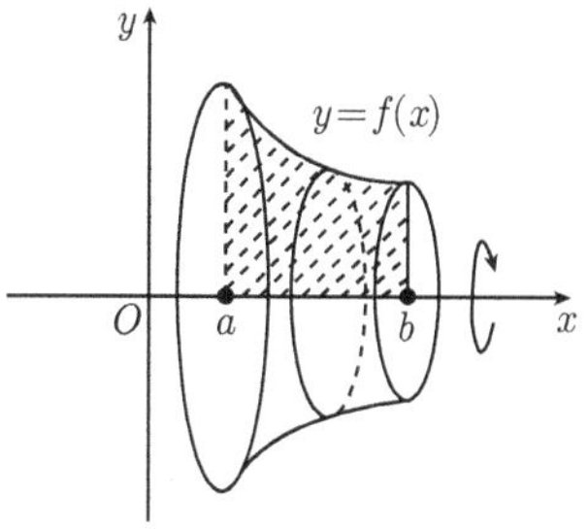

图 10.2.2

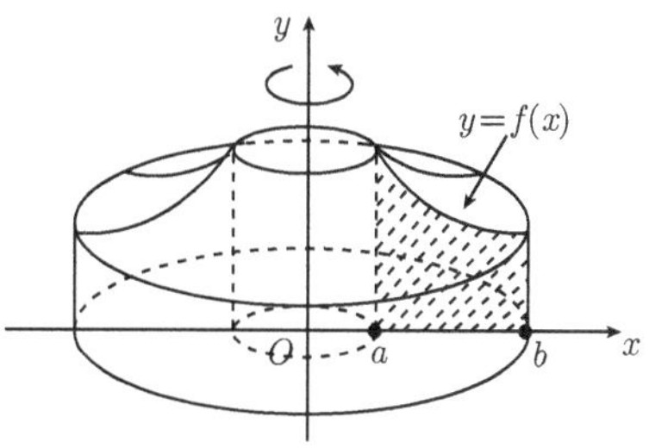

图 10.2.3

二、疑难解答

问题 10.2.1　曲边梯形 (10.2.2) 绕 y 轴旋转一周的旋转体体积为何是 (10.2.4)?

答　参考图 10.2.4. 此处利用微元法的思想, 来解释公式的正确性.

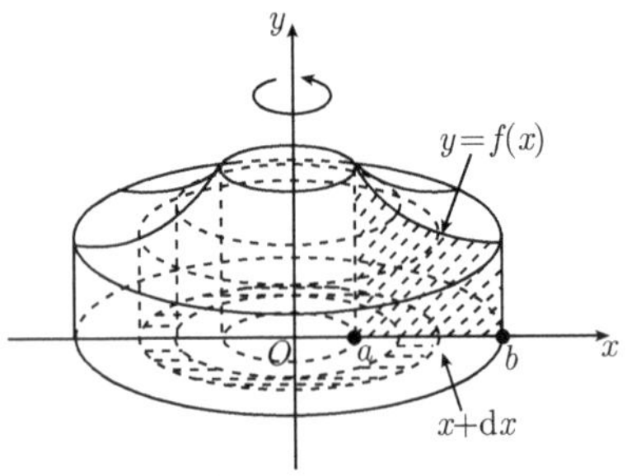

图 10.2.4

在 $[a,b]$ 内任取一小区间 $[x,x+\mathrm{d}x]$, 此小区间对应的圆环面积为

$$\Delta S=\pi\left[(x+\mathrm{d}x)^2-x^2\right]=2\pi x\mathrm{d}x+\pi(\mathrm{d}x)^2.$$

在小区间 $[x,x+\mathrm{d}x]$ 上窄条曲边形绕 y 轴旋转一周所得立体的体积近似为

$$\begin{aligned}\Delta V&\approx\Delta Sf(x)\\&=2\pi xf(x)\mathrm{d}x+\pi f(x)(\mathrm{d}x)^2.\end{aligned}$$

由于

$$\begin{aligned}&\left|2\pi xf(x)\mathrm{d}x-\left[2\pi xf(x)\mathrm{d}x+\pi f(x)(\mathrm{d}x)^2\right]\right|\\=&\ \pi f(x)(\mathrm{d}x)^2\\\leqslant&\ \pi M(\mathrm{d}x)^2,\end{aligned}$$

其中 $M=\max\limits_{x\in[a,b]}f(x)$, 所以

$$\mathrm{d}V=2\pi xf(x)\mathrm{d}x.$$

于是, 由曲边梯形 (10.2.2) 绕 y 轴旋转一周所得的旋转体的体积为

$$V=2\pi\int_a^b xf(x)\mathrm{d}x.$$ ■

注 10.2.1　应用定积分去解决一些实际问题, 可以说关键是微元法的应用. 虽然在 10.1 节及本节中已给出了一些问题的计算公式, 但读者不应去死记硬背, 应该理解计算公式的由来 (微元法思想), 这样才是学习本章的目的所在.

问题 10.2.2　何为“祖暅原理”?

答　据《九章算术》记载, “祖暅原理” 为: “夫叠棋成立积, 缘幂势既同则积不容异”, 即等高的两立体, 若等高处的截面面积既然相等, 则两立体的体积不可能不等.

若用本节内容, 很容易说明其正确性.

设 Ω_A, Ω_B 为位于同一区间 $[a,b]$ 上的两个立体, 其体积分别为 V_A, V_B. 若在 $[a,b]$ 上它们的平行截面面积函数 $A(x)$ 与 $B(x)$ 皆连续, 且 $A(x)=B(x)$, 则

$$V_A=\int_a^b A(x)\mathrm{d}x=\int_a^b B(x)\mathrm{d}x=V_B.$$ ■

三、典型例题

例 10.2.1 设有一正椭圆柱体, 其底面的长、短轴分别为 $2a$ 与 $2b$, 用过此柱体底面的短轴且与底面成 $\alpha\left(0<\alpha<\dfrac{\pi}{2}\right)$ 的平面截此柱体, 得一楔形体, 求此楔形体的体积 V.

解 建立如图 10.2.5 所示的直角坐标系. 据题设, 可设椭圆的方程为 $\dfrac{x^2}{a^2}+\dfrac{y^2}{b^2}=1$(其中 $a>b$). 以垂直于 y 轴的平行平面截此楔形体所得的截面均为直角三角形, 直角三角形的一直角边长为 $a\sqrt{1-\dfrac{y^2}{b^2}}$, 而另一直角边的长度为 $a\sqrt{1-\dfrac{y^2}{b^2}}\tan\alpha$, 因此截面的面积为

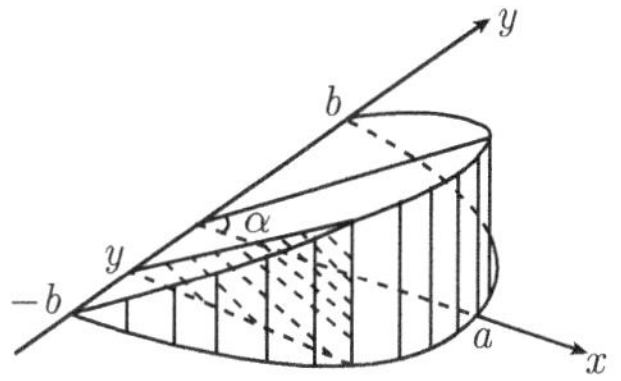

图 10.2.5

$$A(y)=\frac{1}{2}a\sqrt{1-\frac{y^2}{b^2}}\cdot a\sqrt{1-\frac{y^2}{b^2}}\tan\alpha=\frac{a^2}{2}\left(1-\frac{y^2}{b^2}\right)\tan\alpha.$$

于是, 楔形体的体积 V 为

$$V=\int_{-b}^{b}A(x)\mathrm{d}x=2\int_0^b\frac{a^2}{2}\left(1-\frac{y^2}{b^2}\right)\tan\alpha\mathrm{d}y=\frac{2}{3}a^2b\tan\alpha.$$ ■

例 10.2.2 设 $f,g\in C[a,b]$, 且 $f(x)>g(x)>m$ (其中 m 为常数), 证明由曲线 $y=f(x)$, $y=g(x)$, $x=a$ 及 $x=b$ 所围成平面图形绕直线 $y=m$ 旋转一周所得的旋转体 (图 10.2.6) 的体积为

$$V=\pi\int_a^b\big(f(x)+g(x)-2m\big)\big(f(x)-g(x)\big)\mathrm{d}x.$$

证明 任取 $x\in[a,b]$, 过点 x 且垂直于 x 的平面截旋转体得截圆环, 其面积为

$$\begin{aligned}A(x)&=\pi\big(f(x)-m\big)^2-\pi\big(g(x)-m\big)^2\\&=\pi\big(f(x)+g(x)-2m\big)\big(f(x)-g(x)\big),\end{aligned}$$

于是得旋转体的体积为

$$V=\pi\int_a^b\big(f(x)+g(x)-2m\big)\big(f(x)-g(x)\big)\mathrm{d}x.$$ ■

例 10.2.3 求曲线 $y=3-\left|x^2-1\right|$ 与 x 轴围成的封闭图形 (图 10.2.7) 绕直线 $y=3$ 旋转一周所得的旋转体的体积.

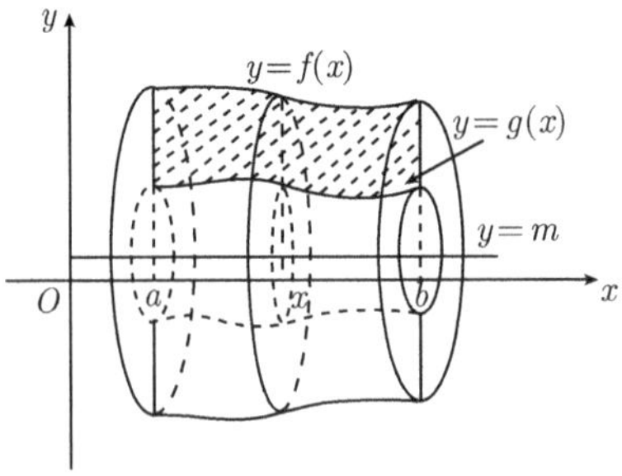

图 10.2.6

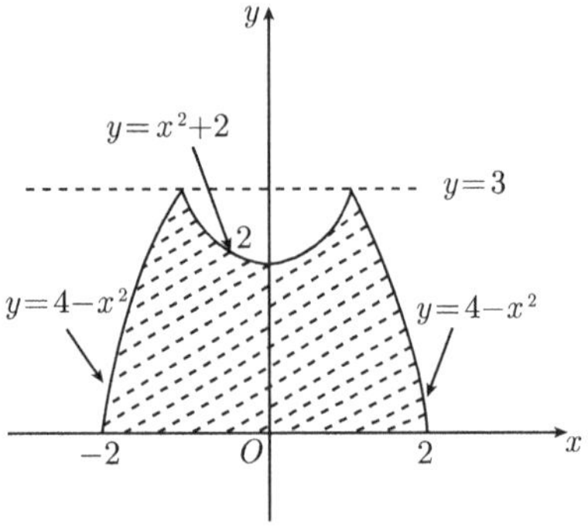

图 10.2.7

解　封闭图形的曲边的曲线方程为

$$y=\begin{cases} x^2+2, & x\in[-1,1], \\ 4-x^2, & x\in[-2,-1]\cup[1,2]. \end{cases}$$

设旋转体在区间 $[0,1]$ 与 $[1,2]$ 上的体积为 V_1 与 V_2, 则 V_1 与 V_2 的微元分别为

$$\mathrm{d}V_1=\pi\left[3^2-\big(3-(x^2+2)\big)^2\right]\mathrm{d}x,\quad \mathrm{d}V_2=\pi\left[3^2-\big(3-(4-x^2)\big)^2\right]\mathrm{d}x.$$

注意到立体的对称性, 则所求立体的体积 V 为

$$\begin{aligned} V&=2(V_1+V_2)\\ &=2\pi\int_0^1\left[3^2-\big(3-(x^2+2)\big)^2\right]\mathrm{d}x+2\pi\int_1^2\left[3^2-\big(3-(4-x^2)\big)^2\right]\mathrm{d}x\\ &=2\pi\int_0^1(8+2x^2-x^4)\mathrm{d}x+2\pi\int_1^2(8+2x^2-x^4)\mathrm{d}x\\ &=2\pi\int_0^2(8+2x^2-x^4)\mathrm{d}x\\ &=2\pi\left[8x+\frac{2}{3}x^3-\frac{1}{5}x^5\right]\Big|_0^2=\frac{448\pi}{15}. \end{aligned}$$

■

例 10.2.4　设抛物线 $y=ax^2+bx+c$ 过原点, 当 $x\in[0,1]$ 时 $y\geqslant 0$, 又已知该抛物线与直线 $x=1$ 及 x 轴所围图形的面积为 $\frac{1}{3}$, 求 a,b,c 使此图形绕 x 轴旋转一周而成的旋转体的体积 V 最小.

解　由于抛物线 $y=ax^2+bx+c$ 过原点, 所以 $c=0$. 又由题设, 有

$$\int_0^1(ax^2+bx)\mathrm{d}x=\frac{1}{3},$$

由此可得 $\frac{1}{3}a+\frac{1}{2}b=\frac{1}{3}$, 即 $b=\frac{2}{3}(1-a)$. 于是, 所得旋转体的体积 V 为

$$\begin{aligned}V(a)&=\pi\int_0^1(ax^2+bx)^2\mathrm{d}x=\pi\left(\frac{1}{5}a^2+\frac{1}{2}ab+\frac{1}{3}b^2\right)\\&=\pi\left(\frac{1}{5}a^2+\frac{1}{3}a(1-a)+\frac{4}{27}(1-a)^2\right)\\&=\pi\left(\frac{2}{135}a^2+\frac{1}{27}a+\frac{4}{27}\right).\end{aligned}$$

令 $\frac{\mathrm{d}V(a)}{\mathrm{d}a}=\pi\left(\frac{4}{135}a+\frac{1}{27}\right)=\frac{4\pi}{135}\left(a+\frac{5}{4}\right)=0$, 则 $a=-\frac{5}{4}$. 由表 10.2.1 所示.

表 10.2.1

a	$a<-\frac{5}{4}$	$a=-\frac{5}{4}$	$a>-\frac{5}{4}$
$V'(a)$	$-$	0	$+$
$V(a)$	$\searrow$	极小值	$\nearrow$

而 $V(a)$ 在 $\mathbb{R}_+$ 上可微且仅有一个极小值点, 从而为最小值点. 此时 $b=\frac{3}{2}$. 故 $a=-\frac{5}{4}$, $b=\frac{3}{2}$, $c=0$ 时所得的旋转体的体积最小, 且最小体积为 $\frac{\pi}{8}$. ■

例 10.2.5 求螺线 $r=a\mathrm{e}^{k\theta}$, $\theta\in[0,\pi]$ 与 x 轴所围图形绕 x 轴旋转一周所得立体的体积, 其中 $k>0$.

解法 1 由于螺线的参数方程为: $x=a\mathrm{e}^{k\theta}\cos\theta$, $y=a\mathrm{e}^{k\theta}\sin\theta$, $\theta\in[0,\pi]$, 所以所得旋转体的体积 V 为

$$\begin{aligned}V_x&=\left|\pi\int_0^\pi y^2(\theta)\mathrm{d}x(\theta)\right|=\pi\left|\int_0^\pi a^2\mathrm{e}^{2k\theta}\sin^2\theta\cdot a\mathrm{e}^{k\theta}(k\cos\theta-\sin\theta)\mathrm{d}\theta\right|\\&=\pi a^3\left|\int_0^\pi \mathrm{e}^{3k\theta}\sin^2\theta(k\cos\theta-\sin\theta)\mathrm{d}\theta\right|=\frac{2\pi a^3(\mathrm{e}^{3k\pi}+1)}{3(1+9k^2)}.\end{aligned}$$

解法 2 利用本节巩固提高中的 10.2.10 的结论.

$$\begin{aligned}V_x&=\frac{2}{3}\pi\int_\alpha^\beta r^3(\theta)\sin\theta\mathrm{d}\theta=\frac{2}{3}\pi a^3\int_0^\pi \mathrm{e}^{3k\theta}\sin\theta\mathrm{d}\theta\\&=\frac{2}{3}\pi a^3\left.\frac{3k\sin\theta-\cos\theta}{1+9k^2}\mathrm{e}^{3k\theta}\right|_0^\pi=\frac{2\pi a^3(\mathrm{e}^{3k\pi}+1)}{3(1+9k^2)}.\end{aligned}$$ ■

四、巩固提高

10.2.1 求圆柱面 $x^2+y^2=a^2$ 与 $x^2+z^2=a^2$ 所围立体(牟合方盖)的体积(图 10.2.8).

10.2.2　求以长半轴长为 a, 短半轴长为 b 的椭圆为底的而垂直于长轴的截面是等边三角形的立体的体积.

10.2.3　求由抛物线 $y=x^2$ 与直线 $y=2$ 围成的平面图形绕 y 轴旋转一周所得立体的体积.

10.2.4　试导出球缺 (球体被平面截下的部分) 的体积公式

$$V=\frac{\pi}{6}h(3r^2+h^2),$$

其中 r 为底面圆半径, h 为球缺的高.

10.2.5　平面图形 D 是由 $y=kx$ (其中 $k\in(0,1)$), $y=x^2$ 和 $x=1$ 所围成 (图 10.2.9 中的阴影部分).

(i) 求 k 的值使得 D 的面积最小;

(ii) 在 D 的面积最小时, 求 D 绕 x 轴旋转一周所得立体的体积.

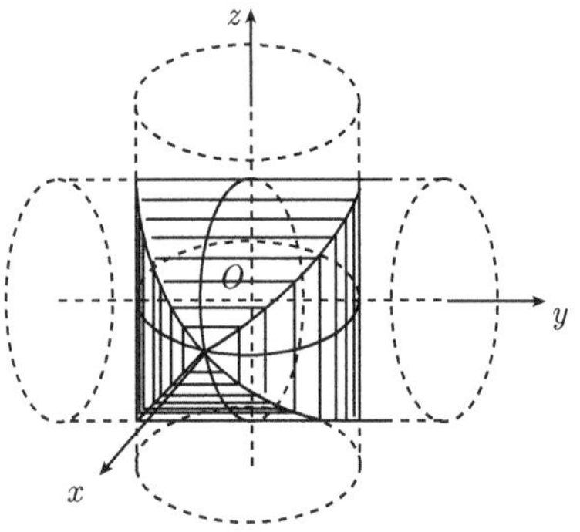

图 10.2.8

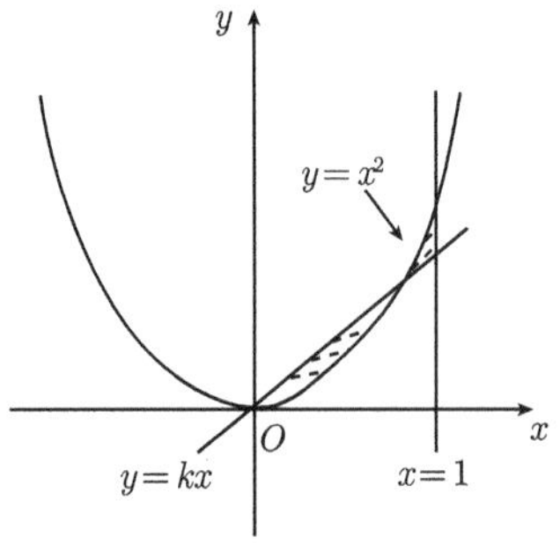

图 10.2.9

10.2.6　设曲线 $y=\sqrt{x-1}$, 过原点作其切线, 求此曲线、切线及 x 轴围成的平面图形绕 x 轴旋转一周所得到的旋转体的体积.

10.2.7　在曲线 $y=x^2(x\geqslant 0)$ 上一点 M 处作切线, 使得切线、曲线及 x 轴所围图形 (图 10.2.10) 的面积为 $\dfrac{2}{3}$. 求此平面图形绕 x 轴旋转一周所得立体的体积.

10.2.8　如图 10.2.11 所示, 由点 $M(2a,0)$ 向椭圆 $\dfrac{x^2}{a^2}+\dfrac{y^2}{b^2}=1$ 作两条切线 MP 与 MQ (其中 P, Q 为切点). 试求这两条切线与椭圆所围成图形的面积, 并求该图形绕 y 轴旋转一周所得旋转体的体积.

10.2.9　设 $f\in C[0,1]$, 在开区间 $(0,1)$ 上, $f(x)>0$, 并满足 $xf'(x)=f(x)+\dfrac{3a}{2}x^2$ (其中 a 为常数), 又曲线 $y=f(x)$ 与 $x=1$, $y=0$ 所围成的图形 S 的面积为 2, 求函数 f 的表达式, 并问 a 为何值时, 图形 S 绕 x 轴旋转一周所得旋转体的体积最小?

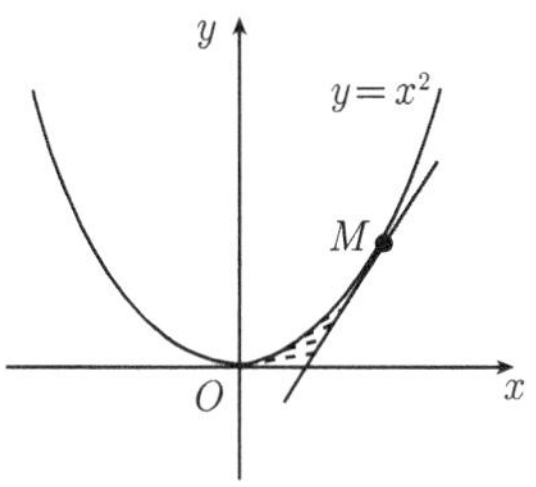

图 10.2.10

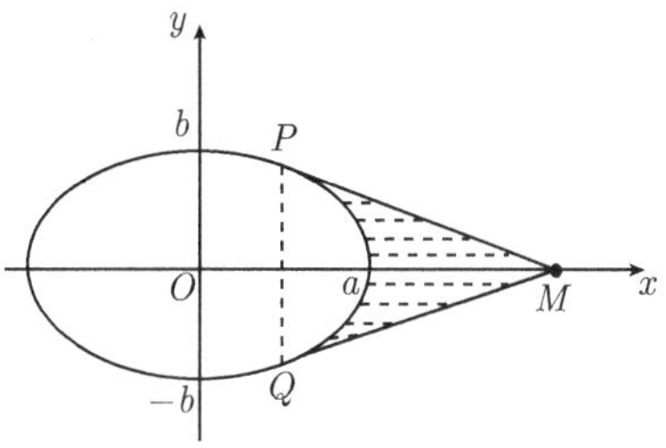

图 10.2.11

10.2.10　证明: 将平面图形 $0\leqslant r\leqslant r(\theta)$, $\theta\in[\alpha,\beta]\subseteq[0,\pi]$, 绕极轴旋转一周所得到的旋转体的体积为 $V=\dfrac{2}{3}\pi\displaystyle\int_\alpha^\beta r^3(\theta)\sin\theta\mathrm{d}\theta$.

10.2.11　设一旋转抛物面内盛有高度为 H 厘米的液体, 把另一同轴旋转抛物面浸沉在它里面深达 h 米, 问液面上升多少?

10.3　平面曲线的弧长与曲率

一、内容精读

1. 平面曲线的弧长

1) 参数方程表示

若光滑曲线段 C 是由参数方程

$$x=x(t),\quad y=y(t),\quad t\in[\alpha,\beta]$$

给出, 则曲线 C 的弧长计算公式为

$$s=\int_\alpha^\beta\sqrt{x'^2(t)+y'^2(t)}\mathrm{d}t.\tag{10.3.1}$$

2) 直角坐标方程表示

若曲线 C 是由直角坐标方程

$$y=f(x),\quad x\in[a,b]$$

给出, 且 $f(x)\in C^1[a,b]$, 则曲线 C 的弧长计算公式为

$$s=\int_a^b\sqrt{1+f'^2(x)}\mathrm{d}x.\tag{10.3.2}$$

3) 极坐标方程表示

若曲线 C 是由极坐标方程

$$r=r(\theta),\quad \theta\in[\alpha,\beta]$$

给出, $r'(\theta) \in C[\alpha,\beta]$, 且 $r^2(\theta)+r'^2(\theta) \neq 0$, 则曲线 C 的弧长计算公式为

$$s=\int_\alpha^\beta \sqrt{r^2(\theta)+r'^2(\theta)}\mathrm{d}\theta. \tag{10.3.3}$$

4) 弧微分

$\mathrm{d}s=\sqrt{\mathrm{d}x^2+\mathrm{d}y^2}$ 称为弧微分. 当曲线方程分别由上述的参数方程、直角坐标与极坐标形式表示时, 相应的弧微分分别为

$$\mathrm{d}s=\sqrt{x'^2(t)+y'^2(t)}\mathrm{d}t, \quad \mathrm{d}s=\sqrt{1+f'^2(x)}\mathrm{d}x, \quad \mathrm{d}s=\sqrt{r^2(\theta)+r'^2(\theta)}\mathrm{d}\theta.$$

2. 曲率

1) 曲率的定义 (图 10.3.1)

定义 10.3.1　曲线 C 在点 P 处的曲率 为

$$K=\left|\lim_{\Delta t\to 0}\frac{\Delta\alpha}{\Delta s}\right|_P=\left|\lim_{\Delta s\to 0}\frac{\Delta\alpha}{\Delta s}\right|_P=\left|\frac{\mathrm{d}\alpha}{\mathrm{d}s}\right|_P,$$

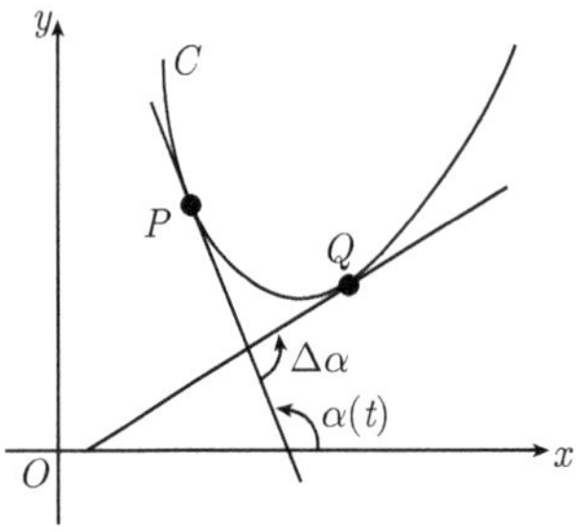

图 10.3.1

其中 $\alpha(t)$ 是曲线

$$C: x=x(t), \quad y=y(t)$$

在点 $P\big(x(t),y(t)\big)$ 处切线的倾角, $\Delta\alpha=\alpha(t+\Delta t)-\alpha(t)$ 表示动点由点 P 沿曲线位移至点 $Q\big(x(t+\Delta t),y(t+\Delta t)\big)$ 时切线倾角的增量, Δs 表示曲线段 $\overset{\frown}{PQ}$ 的弧长.

曲率是用来描述曲线上各点处的弯曲程度的量.

2) 曲率的计算

(i) 参数方程表示. 曲线段 $C: x-x(t)$, $y-y(t)$, $t\in[\alpha,\beta]$, 若 $x(t)$ 与 $y(t)$ 关于 t 是二阶可导的, 且 $x'^2(t)+y'^2(t)\neq 0$, 则曲率的计算公式为

$$K=\frac{\big|x'(t)y''(t)-x''(t)y'(t)\big|}{\big(x'^2(t)+y'^2(t)\big)^{3/2}}. \tag{10.3.4}$$

(ii) 直角坐标方程表示. 曲线 $C: y=f(x)$, $x\in[a,b]$, 若 f 关于 x 二阶可导时, 则曲线 C 的曲率的计算公式为

$$K=\frac{\big|f''(x)\big|}{\big(1+f'^2(x)\big)^{3/2}}. \tag{10.3.5}$$

3) 曲率圆

设曲线 C 在其上一点 P 处的曲率满足 $K \neq 0$, 在 P 点处曲线凹侧法线上取一点 G, 使 $|PG| = \dfrac{1}{K} = \rho$, 并以 G 为圆心, ρ 为半径作圆 (图 10.3.2), 此圆及其半径和圆心分别称为曲线 C 在点 P 处的曲率圆、曲率半径、曲率中心.

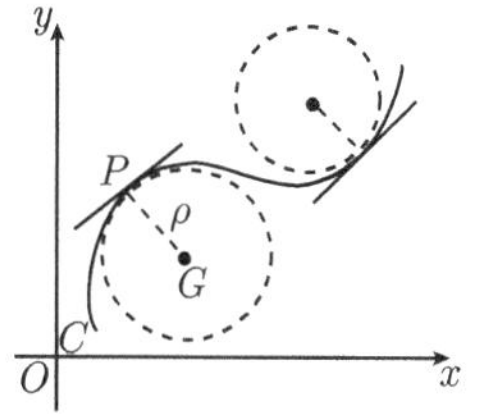

图 10.3.2

若点 P 的坐标为 $(x(t), y(t))$ 或 $(x, f(x))$, 则曲率中心坐标 (α, β) 为

$$\alpha = x(t) - \frac{y'(t)\big(x'^2(t) + y'^2(t)\big)}{x'(t)y''(t) - x''(t)y'(t)},$$

$$\beta = y(t) + \frac{x'(t)\big(x'^2(t) + y'^2(t)\big)}{x'(t)y''(t) - x''(t)y'(t)} \tag{10.3.6}$$

或

$$\alpha = x - \frac{f'(x)\big(1 + f'^2(x)\big)}{f''(x)}, \quad \beta = f(x) + \frac{1 + f'^2(x)}{f''(x)}. \tag{10.3.6$'$}$$

二、疑难解答

问题 10.3.1 请给出曲率中心坐标公式 (10.3.6) 或式 (10.3.6′) 的推导过程.

答 由曲率中心的定义, 点 $P(x(t), y(t))$ 与 $G(\alpha, \beta)$ 应满足

$$(x(t) - \alpha)^2 + (y(t) - \beta)^2 = \frac{1}{K^2}, \quad \frac{y'(t)}{x'(t)} = -\frac{x(t) - \alpha}{y(t) - \beta}.$$

将上述第二式化为 $x(t) - \alpha = -\dfrac{y'(t)}{x'(t)} \cdot (y(t) - \beta)$ 代入另一式, 消去 $x(t) - \alpha$ 后可得

$$\left(1 + \frac{y'^2(t)}{x'^2(t)}\right)(y(t) - \beta)^2 = \frac{1}{K^2}.$$

将式 (10.3.4) 代入上式, 有

$$(y(t) - \beta)^2 = \left(\frac{x'(t)\big(x'^2(t) + y'^2(t)\big)}{x'(t)y''(t) - x''(t)y'(t)}\right)^2.$$

由于 G 在曲线 C 凹侧法线上, 因此 $y(t) - \beta$ 与 $\dfrac{\mathrm{d}^2 y}{\mathrm{d}x^2}$ 异号. 而

$$\frac{\mathrm{d}^2 y}{\mathrm{d}x^2} = \frac{x'(t)y''(t) - x''(t)y'(t)}{x'^3(t)},$$

所以

$$y(t) - \beta = -\frac{x'(t)\big(x'^2(t) + (y'^2(t)\big)}{x'(t)y''(t) - x''(t)y'(t)}.$$

从而可得

$$x(t)-\alpha=\frac{y'(t)\big(x'^2(t)+y'^2(t)\big)}{x'(t)y''(t)-x''(t)y'(t)}.$$

于是, 由上述两式立即得到式 (10.3.6).

以 $x=t,\ y=f(t)$ 代入式 (10.3.6), 立即得到式 (10.3.6′). ■

问题 10.3.2　闭区间 $[a,b]$ 上的连续曲线 $y=f(x)$ 一定可求长吗?

答　不一定. 请看下面的反例. 在坐标平面上取如下点列:

$$A_1(1,0),\quad A_2\left(\frac{1}{2},\frac{1}{2}\right),\quad A_3\left(\frac{1}{3},0\right),\quad A_4\left(\frac{1}{4},\frac{1}{4}\right),\cdots,$$

$$A_{2k-1}\left(\frac{1}{2k-1},0\right),\quad A_{2k}\left(\frac{1}{2k},\frac{1}{2k}\right),\quad \cdots$$

依次用线段连接上述各点 (图 10.3.3), 得线段列如下:

$$A_1A_2,\quad A_2A_3,\quad A_3A_4,\quad \cdots,\quad A_nA_{n+1},\quad \cdots$$

上述线段列与原点 (0,0) 构成 $[0,1]$ 上的连续曲线 C. 取曲线 C 的内接折线列如下:

$$A_1A_2A_3O,\quad A_1A_2A_3A_4A_5O,\quad A_1A_2A_3A_4A_5A_6A_7O,\quad \cdots$$

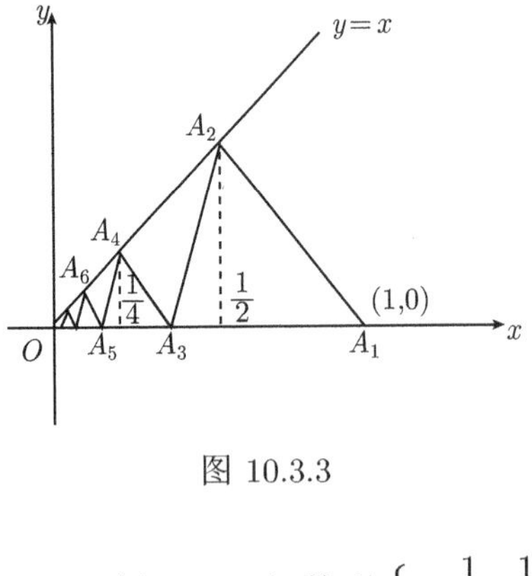

图 10.3.3

设内接折线列的长度为数列 $\{s_n\}$. 显然, 有

$$s_1>2\cdot\frac{1}{2}=1,$$

$$s_2>1+2\cdot\frac{1}{4}=1+\frac{1}{2},$$

$$s_3>1+\frac{1}{2}+2\cdot\frac{1}{6}=1+\frac{1}{2}+\frac{1}{3},$$

$$\cdots\cdots$$

$$s_n>1+\frac{1}{2}+\frac{1}{3}+\cdots+\frac{1}{n},$$

$$\cdots\cdots$$

由例 2.2.10 知数列 $\left\{1+\frac{1}{2}+\frac{1}{3}+\cdots+\frac{1}{n}\right\}$ 发散, 且 $\lim\limits_{n\to\infty}\left(1+\frac{1}{2}+\frac{1}{3}+\cdots+\frac{1}{n}\right)=+\infty$, 于是 $\lim\limits_{n\to\infty}s_n=+\infty$, 即所构造的 $[0,1]$ 上的连续曲线 C 是不可求长的. ■

三、典型例题

例 10.3.1　求 a,b 的值, 使得正弦曲线 $y=\sin x$ 在一个周期上的弧长等于椭圆 $x=a\cos t,\ y=b\sin t$ 的周长.

解 由对称性知, 正弦曲线 $y=\sin x$ 在一个周期上的弧长为

$$s_1=4\int_0^{\frac{\pi}{2}}\sqrt{1+\cos^2 x}\mathrm{d}x=4\int_0^{\frac{\pi}{2}}\sqrt{1+\sin^2 x}\mathrm{d}x.$$

上述最后一个等号利用了 9.5 节内容精读中 6(ii) 中的结论.

椭圆 $x=a\cos t,\ y=b\sin t$ 的周长为

$$s_2=4\int_0^{\frac{\pi}{2}}\sqrt{a^2\sin^2 t+b^2\cos^2 t}\mathrm{d}t.$$

(i) 当 $a>b$ 时, 由 $s_2=4\int_0^{\frac{\pi}{2}}\sqrt{b^2+(a^2-b^2)\sin^2 t}\mathrm{d}t$ 知,

$$s_1=s_2\Leftrightarrow b^2=1,a^2-b^2=1,\quad 即\quad b=1,a=\sqrt{2}.$$

(ii) 当 $a<b$ 时, 由 $s_2=4\int_0^{\frac{\pi}{2}}\sqrt{a^2+(b^2-a^2)\cos^2 t}\mathrm{d}t$ 知,

$$s_1=s_2\Leftrightarrow a^2=1,b^2-a^2=1,\quad 即\quad a=1,b=\sqrt{2}.$$

综上讨论, 满足题目要求时, $a=\sqrt{2},\ b=1;\ a=1,\ b=\sqrt{2}$. ■

例 10.3.2 求如下外摆线的一拱之长:

$$\begin{cases}x=(a+b)\cos t-b\cos\dfrac{a+b}{b}t,\\ y=(a+b)\sin t-b\sin\dfrac{a+b}{b}t,\end{cases}\quad 0<b\leqslant a.$$

解 由于外摆线的一拱的始点与终点均在圆周 $x^2+y^2=a^2$ 上, 所以解方程

$$\begin{aligned}a^2&=x^2+y^2\\&=\left((a+b)\cos t-b\cos\frac{a+b}{b}t\right)^2+\left((a+b)\sin t-b\sin\frac{a+b}{b}t\right)^2\\&=a^2+2ab+2b^2-2b(a+b)\cos\frac{a}{b}t,\end{aligned}$$

可得 $\cos\dfrac{a}{b}t=1$, 从而 $t=0,\ t=\dfrac{2b\pi}{a}$, 这样就得到了外摆线一拱的参数 t 取值范围为 $\left[0,\dfrac{2b\pi}{a}\right]$. 于是, 外摆线一拱的长度为

$$s=\int_0^{\frac{2b\pi}{a}}\sqrt{x'^2(t)+y'^2(t)}\mathrm{d}t=\int_0^{\frac{2b\pi}{a}}2(a+b)\sin\frac{a}{2b}t\mathrm{d}t=8b\left(1+\frac{b}{a}\right).$$ ■

例 10.3.3　设曲线 C 的极坐标方程为 $r=r(\theta)$, $M(r,\theta)$ 为 C 上任意一点, $M_0(2,0)$ 为 C 上一定点, 若极径 OM_0、OM 与曲线 C 所围成的曲边扇形面积等于 C 上 M_0、M 两点间弧长值的一半, 求曲线 C 的方程, 见图 10.3.4.

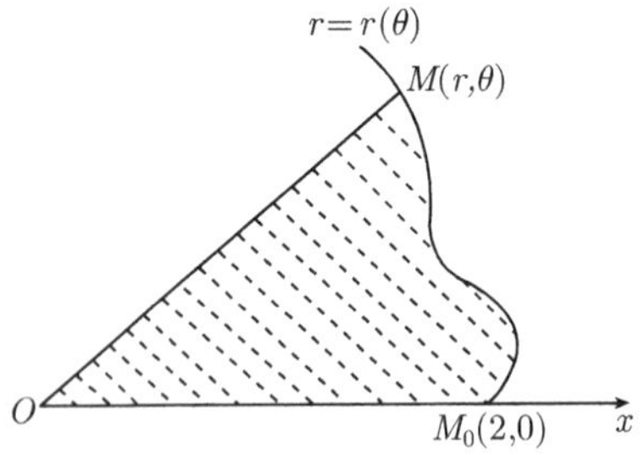

图 10.3.4

解　由题设条件, 可得

$$\frac{1}{2}\int_0^\theta r^2(\theta)\mathrm{d}\theta=\frac{1}{2}\int_0^\theta\sqrt{r^2(\theta)+r'^2(\theta)}\mathrm{d}\theta,$$

上式两端对 θ 求导数, 得

$$r^2(\theta)=\sqrt{r^2(\theta)+r'^2(\theta)},$$

即

$$r'(\theta)=\pm r(\theta)\sqrt{r^2(\theta)-1},$$

从而

$$\frac{\mathrm{d}r}{r\sqrt{r^2-1}}=\pm\mathrm{d}\theta.$$

注意到 $\displaystyle\int\frac{\mathrm{d}r}{r\sqrt{r^2-1}}=-\arcsin\frac{1}{r}+C$, 所以

$$-\arcsin\frac{1}{r}+C=\pm\theta.$$

又由条件 $r(0)=2$, 得 $C=\dfrac{\pi}{6}$. 故曲线 C 的方程为

$$r\sin\left(\frac{\pi}{6}\mp\theta\right)=1\quad 或\quad x\mp\sqrt{3}y-2=0.$$ ■

例 10.3.4　求曲线 $y=\ln x$ 的最大曲率.

解　由于 $y'=\dfrac{1}{x}$, $y''=-\dfrac{1}{x^2}$, 所以曲线在任一点 x 处的曲率为

$$K(x)=\frac{|y''|}{(1+y'^2)^{\frac{3}{2}}}=\frac{x}{(1+x^2)^{\frac{3}{2}}},\quad x>0.$$

由于 $K'(x)=\dfrac{(1+x^2)^{\frac{3}{2}}-x\cdot\dfrac{3}{2}(1+x^2)^{\frac{1}{2}}\cdot 2x}{(1+x^2)^3}=\dfrac{(1-2x^2)}{(1+x^2)^{\frac{5}{2}}}$, 所以令 $K'(x)=0$, 得唯一驻点 $x=\dfrac{1}{\sqrt{2}}$. 列表讨论如下 (表 10.3.1).

表 10.3.1

x	$0<x<\frac{1}{\sqrt{2}}$	$x=\frac{1}{\sqrt{2}}$	$x>\frac{1}{\sqrt{2}}$
$K'(x)$	+	0	−
$K(x)$	↗	极大值	↘

而 $K(x)$ 在 $(0,+\infty)$ 上可微且仅有一个极大值点, 从而为最大值点. 此时最大值为

$$K(x)_{\max}=\left.\frac{x}{(1+x^2)^{\frac{3}{2}}}\right|_{x=\frac{1}{\sqrt{2}}}=\frac{2\sqrt{3}}{9}.$$ ■

四、巩固提高

10.3.1 计算曲线 $x=a\cos^3 t$, $y=a\sin^3 t$ 当 t 从 0 变到 π 时的弧长 $(a>0)$.

10.3.2 计算曲线 $x=a(t-\sin t)$, $y=a(1-\cos t)$, $t\in[0,2\pi]$ 的弧长 $(a>0)$.

10.3.3 证明曲线 $y=\sin x$ 的一个周期的弧长等于椭圆 $2x^2+y^2=2$ 的周长.

10.3.4 求由曲线 $x=2\sqrt{1-y}$, $x=\sqrt{4-2y}$ 及直线 $x=0$ 所围成的平面图形边界的总长.

10.3.5 计算心形线 $r=a(1+\cos\theta)$ 的弧长, 其中 $a>0$.

10.3.6 计算螺线 $r=a\mathrm{e}^{k\theta}$, $\theta\in[0,\pi]$ 的弧长, 其中 $a>0$, $k\neq 0$.

10.3.7 求抛物线 $y=x^2+3x+2$ 在点 $x=1$ 处的曲率和曲率半径.

10.3.8 求内摆线 $x^{\frac{2}{3}}+y^{\frac{2}{3}}=a^{\frac{2}{3}}$ 的曲率半径和曲率圆心坐标.

10.4 旋转曲面的面积

一、内容精读

1. 直角坐标表示

若平面光滑曲线 C 的方程为 $y=f(x)$, $x\in[a,b]$, 且设 $f(x)\geqslant 0$, 则此段曲线绕 x 轴旋转一周得到旋转曲面的面积为

$$S=2\pi\int_a^b f(x)\sqrt{1+f'^2(x)}\mathrm{d}x. \tag{10.4.1}$$

2. 参数方程表示

若平面光滑曲线 C 由参数方程 $x=x(t)$, $y=y(t)$, $t\in[\alpha,\beta]$ 给出, 且 $y(t)\geqslant 0$, 则此曲线绕 x 轴旋转所得的旋转曲面的面积为

$$S=2\pi\int_\alpha^\beta y(t)\sqrt{x'^2(t)+y'^2(t)}\mathrm{d}t. \tag{10.4.2}$$

3. 极坐标表示

若平面光滑曲线 C 方程 $r = r(\theta)$, $\theta \in [\alpha, \beta] \subset [0, \pi]$, 则此曲线绕 x 轴旋转所得的旋转曲面的面积为

$$S = 2\pi \int_{\alpha}^{\beta} r(\theta) \sin\theta \sqrt{r^2(\theta) + r'^2(\theta)} \mathrm{d}\theta. \tag{10.4.3}$$

二、疑难解答

问题 10.4.1　光滑曲线 $C: y = f(x)$, $x \in [a, b]$ (其中 $f(x) \geqslant 0$) 绕 x 轴 (即 $y = 0$) 旋转一周得到旋转曲面的面积如 (10.4.1) 所示. 一般地, 若平面光滑曲线 $C: y = f(x)$, $x \in [a, b]$ 位于直线 $L: y = kx + b$ (其中 $k \neq 0, \infty$) 的上方, 则曲线 C 绕直线 L 旋转一周得到旋转曲面 (图 10.4.1) 的面积如何?

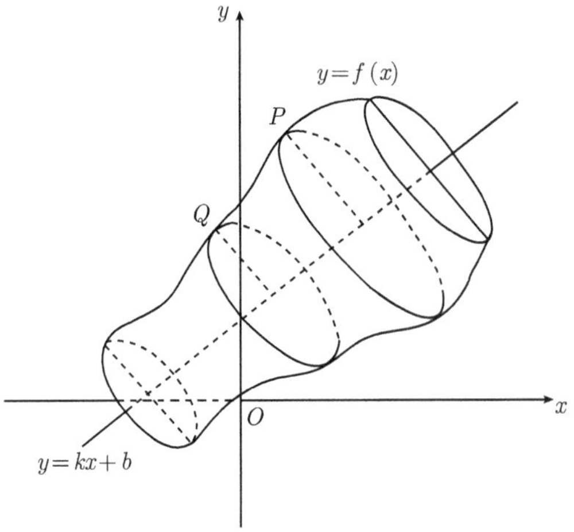

图 10.4.1

答　这里应用微元法来给出具体结果. 曲线 $C: y = f(x)$, $x \in [a, b]$ 在充分小的区间 $[x, x + \Delta x] \subset [a, b]$ 上的那部分曲线段绕直线 L: $y = kx + b$ 旋转一周得到的曲面的面积可以用过点 $P(x, f(x))$ 与 $Q(x + \Delta x, f(x + \Delta x))$ 的直线段绕直线 $L: y = kx + b$ 旋转一周得到的圆台的侧面积来代替, 即

$$\begin{aligned}\Delta S &\approx 2\pi \cdot \frac{1}{2}\left[\frac{|kx - f(x) + b|}{\sqrt{1 + k^2}} + \frac{|k(x + \Delta x) - f(x + \Delta x) + b|}{\sqrt{1 + k^2}}\right]\sqrt{(\Delta x)^2 + (\Delta f(x))^2} \\ &= 2\pi \cdot \frac{1}{2}\left[\frac{f(x) - kx - b}{\sqrt{1 + k^2}} + \frac{f(x + \Delta x) - k(x + \Delta x) - b}{\sqrt{1 + k^2}}\right]\sqrt{(\Delta x)^2 + (\Delta f(x))^2}.\end{aligned}$$

由条件知, $f(x + \Delta x) = f(x) + o(\Delta x)$, $\Delta x \to 0$, 所以

$$\Delta S \approx 2\pi\left[\frac{f(x) - kx - b}{\sqrt{1 + k^2}} + \frac{1}{2} \cdot \frac{o(\Delta x) - k\Delta x}{\sqrt{1 + k^2}}\right]\sqrt{1 + \left(\frac{\Delta f(x)}{\Delta x}\right)^2}\Delta x.$$

舍去高阶无穷小量 $\pi\frac{o(\Delta x)-k\Delta x}{\sqrt{1+k^2}}\sqrt{1+\left(\frac{\Delta f(x)}{\Delta x}\right)^2}\Delta x$ 后可得

$$\Delta S\approx 2\pi\frac{f(x)-kx-b}{\sqrt{1+k^2}}\sqrt{1+\left(\frac{\Delta f(x)}{\Delta x}\right)^2}\Delta x.$$

于是, 可得所得旋转曲面的面积为

$$S=2\pi\int_a^b\frac{f(x)-kx-b}{\sqrt{1+k^2}}\sqrt{1+\left(f'(x)\right)^2}\mathrm{d}x.$$

进一步地, 如果将问题 10.4.1 中 "位于直线 L 上方" 去掉, 则结论为

$$S=2\pi\int_a^b\frac{|f(x)-kx-b|}{\sqrt{1+k^2}}\sqrt{1+\left(f'(x)\right)^2}\mathrm{d}x.$$ ■

三、典型例题

例 10.4.1 (i) 求抛物线 $y^2=2px, x\in[0,a]$ 绕 x 轴旋转一周所得曲面的面积; (ii) 求曲线 $r=a\mathrm{e}^{k\theta},\theta\in[0,\pi]$ 绕 x 轴旋转一周所得曲面的面积 (其中 $a>0$).

解 (i) 由 $y=\sqrt{2px}$ 得 $y'=\sqrt{\frac{p}{2x}}$. 于是, 由式 (10.4.1) 可得曲面的面积为

$$\begin{aligned}S&=2\pi\int_0^a\sqrt{2px}\cdot\sqrt{1+\frac{p}{2x}}\mathrm{d}x=2\pi\sqrt{p}\int_0^a\sqrt{p+2x}\mathrm{d}x\\&=\pi\sqrt{p}\cdot\frac{2}{3}(p+2x)^{\frac{3}{2}}\Big|_0^a=\frac{2\pi\sqrt{p}}{3}\left((p+2a)^{\frac{3}{2}}-p^{\frac{3}{2}}\right).\end{aligned}$$

(ii) 由式 (10.4.3) 可得所求曲面的面积为

$$\begin{aligned}S&=2\pi\int_0^\pi r(\theta)\sin\theta\sqrt{r^2(\theta)+r'^2(\theta)}\mathrm{d}\theta\\&=2\pi\int_0^\pi a\mathrm{e}^{k\theta}\sin\theta\cdot a\sqrt{1+k^2}\mathrm{e}^{k\theta}\mathrm{d}\theta\\&=2\pi a^2\sqrt{1+k^2}\int_0^\pi\mathrm{e}^{2k\theta}\sin\theta\mathrm{d}\theta\\&=\frac{2\pi a^2\sqrt{1+k^2}}{1+4k^2}(1+\mathrm{e}^{2k\pi}).\end{aligned}$$ ■

例 10.4.2 曲线 $y=\mathrm{ch}x$ 在 $x\in[0,t]$ 上的一段弧长与曲边梯形的面积分别记为 $s(t)$ 和 $A(t)$; 该曲边梯形绕 x 轴旋转所得的旋转体的体积和侧面积分别记为 $V(t)$ 和 $S(t)$; 该旋转体在 $x=t$ 处的底面积为 $F(t)$. 证明:

(i) $s(t)=A(t)$, $S(t)=2V(t)$; (ii) $\lim\limits_{t\to+\infty}\frac{S(t)}{F(t)}=1$.

解 (i) 由于 $(\mathrm{ch}x)'=\mathrm{sh}x$, $(\mathrm{sh}x)'=\mathrm{ch}x$, $\mathrm{ch}^2x-\mathrm{sh}^2x=1$, 所以

$$s(t)=\int_0^t\sqrt{1+y'^2(x)}\mathrm{d}x=\int_0^t\sqrt{1+\mathrm{sh}^2x}\mathrm{d}x=\int_0^t\mathrm{ch}x\mathrm{d}x=A(t),$$

$$S(t)=2\pi\int_0^t y\sqrt{1+y'^2(x)}\mathrm{d}x=2\pi\int_0^t y\sqrt{1+\mathrm{sh}^2x}\mathrm{d}x=2\pi\int_0^t\mathrm{ch}^2x\mathrm{d}x=2V(t).$$

(ii) 由于 $S(t)=2\pi\int_0^t\mathrm{ch}^2x\mathrm{d}x$, $F(t)=\pi y^2(t)=\dfrac{\pi}{4}(\mathrm{e}^t+\mathrm{e}^{-t})^2$, 所以

$$\begin{aligned}\lim_{t\to+\infty}\frac{S(t)}{F(t)}&=\lim_{t\to+\infty}\frac{2\pi\int_0^t\mathrm{ch}^2x\mathrm{d}x}{\pi\mathrm{ch}^2t}=\lim_{t\to+\infty}\frac{2\pi\mathrm{ch}^2t}{\pi\cdot2\cdot\mathrm{ch}t\cdot\mathrm{sh}t}\\&=\lim_{t\to+\infty}\frac{\mathrm{e}^t+\mathrm{e}^{-t}}{\mathrm{e}^t-\mathrm{e}^{-t}}=\lim_{t\to+\infty}\frac{1+\mathrm{e}^{-2t}}{1-\mathrm{e}^{-2t}}=1.\end{aligned}$$ ■

例 10.4.3 若光滑曲线 C 方程 $r=r(\theta)$, $\theta\in[\alpha,\beta]\subset[0,\pi]$ (其中 $r(\theta)\geqslant0$), 则此曲线绕 x 轴旋转所得的旋转曲面的面积为 $S=2\pi\int_\alpha^\beta r(\theta)\sin\theta\sqrt{r^2(\theta)+r'^2(\theta)}\mathrm{d}\theta$.

证明 将曲线 C 的方程改写为如下形式的参数方程:

$$x=r(\theta)\cos\theta,\quad y=r(\theta)\sin\theta,\quad \theta\in[\alpha,\beta]\subset[0,\pi].$$

由于 $\theta\in[\alpha,\beta]\subset[0,\pi]$ 和 $r(\theta)\geqslant0$, 则 $y=r(\theta)\sin\theta\geqslant0$, 而

$$x'^2(\theta)+y'^2(\theta)=r^2(\theta)+r'^2(\theta),$$

所以, 由式 (10.4.2) 知

$$\begin{aligned}S&=2\pi\int_\alpha^\beta y(\theta)\sqrt{x'^2(\theta)+y'^2(\theta)}\mathrm{d}\theta\\&=2\pi\int_\alpha^\beta r(\theta)\sin\theta\sqrt{r^2(\theta)+r'^2(\theta)}\mathrm{d}\theta.\end{aligned}$$ ■

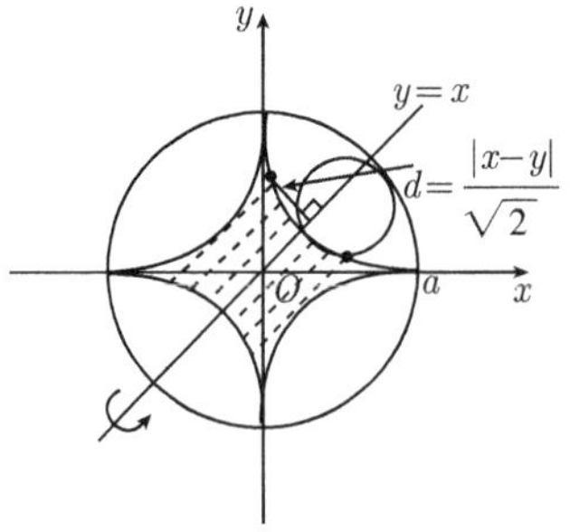

图 10.4.2

例 10.4.4 如图 10.4.2 所示的阴影部分, 求星形线 $x=a\cos^3t$, $y=a\sin^3t$ (其中 $a>0$) 绕直线 $y=x$ 旋转一周所得旋转曲面的面积.

解 由对称性可知, 所求旋转曲面的面积为

$$\begin{aligned}S=&4\pi\int_{\frac{\pi}{4}}^{\frac{3\pi}{4}}\frac{|y(t)-x(t)|}{\sqrt2}\sqrt{x'^2(t)+y'^2(t)}\mathrm{d}t\\=&\frac{4\pi a}{\sqrt2}\int_{\frac{\pi}{4}}^{\frac{3\pi}{4}}\left(\sin^3t-\cos^3t\right)\sqrt{9a^2\sin^2t\cos^2t}\mathrm{d}t\end{aligned}$$

$$=\frac{12\pi a^2}{\sqrt{2}}\left[\int_{\frac{\pi}{4}}^{\frac{\pi}{2}}\left(\sin^3 t-\cos^3 t\right)\sin t\cos t\mathrm{d}t\right.$$
$$\left.+\int_{\frac{\pi}{2}}^{\frac{3\pi}{4}}\left(\sin^3 t-\cos^3 t\right)(-\sin t\cos t)\mathrm{d}t\right]$$
$$=\frac{3}{5}\left(4\sqrt{2}-1\right)\pi a^2.$$

四、巩固提高

10.4.1 设抛物叶型线 $y^2=\dfrac{1}{9}x(x-3)^2$ 所围成的区域记为 D, 试求:

(i) D 的面积 A;

(ii) D 的边界的周长 s;

(iii) D 绕 x 轴旋转所得旋转体的表面积.

10.4.2 过原点作曲线 $y=1+x^2(x\geqslant 0)$ 的切线, 求由此曲线、切线及 y 轴所围成的图形分别绕 x 轴与 y 轴旋转一周所得旋转体的表面积.

10.4.3 求曲线 $x^2+(y-b)^2=a^2(a<b)$ 绕 x 轴旋转一周而成圆环 (图 10.4.3) 的表面积.

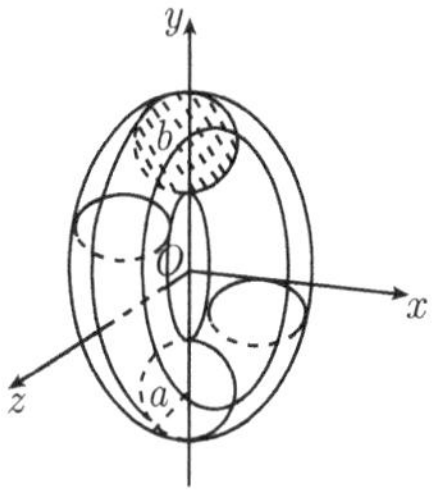

图 10.4.3

10.4.4 设星形线 $x=a\cos^3 t, y=a\sin^3 t, t\in[0,2\pi]$ 所围成区域为 D. 试求:

(i) D 的面积 A;

(ii) D 的边界的周长 s;

(iii) D 绕 x 轴旋转一周所得旋转体的体积 V 与表面积 S.

10.4.5 曲线 $y=\dfrac{1}{2}(\mathrm{e}^x+\mathrm{e}^{-x})$ 与直线 $x=0, x=t(t>0)$ 及 $y=0$ 围成一曲边梯形. 设曲边梯形绕 x 轴旋转一周得一旋转体, 其体积为 $V(t)$, 侧面积为 $S(t)$, 在 $x=t$ 处的底面积为 $F(t)$.

(i) 求 $\dfrac{S(t)}{V(t)}$ 的值; (ii) 计算极限 $\lim\limits_{t\to+\infty}\dfrac{S(t)}{F(t)}$.

10.4.6 求曲线 $r=a(1+\cos\theta)$ 绕 x 轴旋转一周所得曲面的面积, 其中 $a>0$.

*__10.4.7__ 设有曲线 $r=a(1-\theta^2), a>0, \theta\in\mathbb{R}$. 试求该曲线所围最小一叶的面积 A、周长 s 和它绕 x 轴旋转一周所得旋转曲面的面积 S.

10.4.8 求 Bernoulli 双纽线 $r^2=a^2\cos 2\theta$ 所围成的区域绕 x 轴旋转一周所得旋转体的侧面积 S.

10.5　定积分在物理中的某些应用

一、内容精读

1. 液体静压力

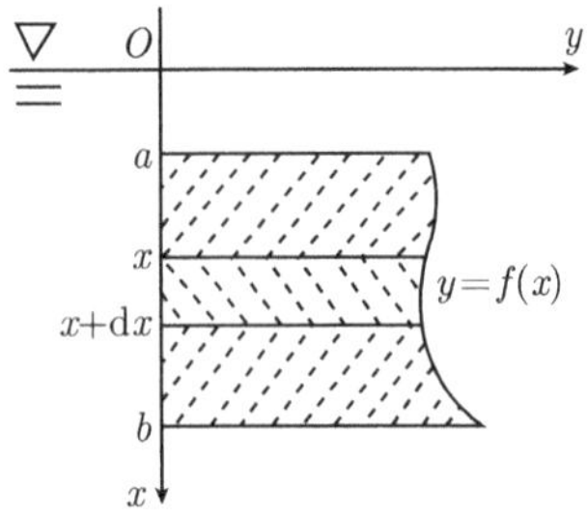

图 10.5.1

如图 10.5.1 所示, 曲边梯形

$$0 \leqslant y \leqslant f(x), \quad a \leqslant x \leqslant b$$

直立地浸没在密度为 ν 的液体中, 整个曲边梯形每侧所受的静压力为

$$P=\int_a^b \nu g x f(x)\mathrm{d}x.$$

其中 g 为重力加速度.

2. 引力

如图 10.5.2 所示, 长为 L、质量为 M 的均匀细杆, 在其中垂线上距离细杆 a 处有一质量为 m 的质点, 细杆对质点的引力为

$$F_x=\int_{-\frac{L}{2}}^{\frac{L}{2}} \frac{kmM}{L}\frac{x\mathrm{d}x}{(a^2+x^2)^{\frac{3}{2}}}=0, \quad (\text{水平方向})$$

$$\begin{aligned} F_y &= -\int_{-\frac{L}{2}}^{\frac{L}{2}} \frac{kmM}{L}\frac{a\mathrm{d}x}{(a^2+x^2)^{\frac{3}{2}}} \\ &= -\frac{2kmMa}{L}\int_0^{\frac{L}{2}} \frac{\mathrm{d}x}{(a^2+x^2)^{\frac{3}{2}}}=-\frac{2kmM}{a\sqrt{4a^2+L^2}}, \quad (\text{垂直方向}) \end{aligned}$$

其中负号表示垂直方向合力与 y 轴方向相反.

如图 10.5.3 所示, 半径为 R、质量为 M 均匀圆周, 质点 O 的质量为 m 位于圆心正上方, 且相距圆所在的平面为 h 的地方, 圆周对质点的引力为

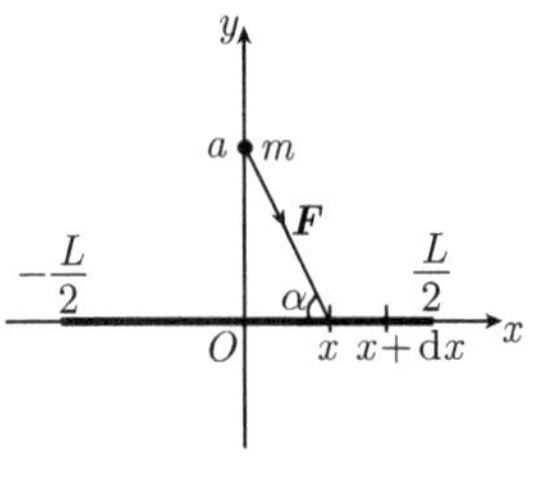

图 10.5.2

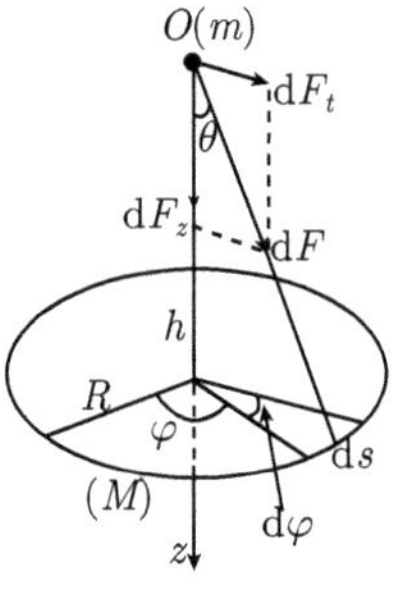

图 10.5.3

$$F_t = 0, \quad (\text{水平方向})$$

$$F_z = \int_0^{2\pi} \frac{kmMh}{2\pi(h^2+R^2)^{\frac{3}{2}}} \mathrm{d}\varphi = \frac{kmMh}{(h^2+R^2)^{\frac{3}{2}}}. \quad (\text{垂直方向})$$

3. 功与平均功率

1) 变力做功

变力 $F(x)$ 沿直线 (如 x 轴) 由 $x=a$ 到 $x=b$ 所做的功为

$$W = \int_a^b F(x)\mathrm{d}x. \tag{10.5.1}$$

式 (10.5.1) 是引入定积分概念时的一个基本力学背景 (参见文献 [1] 中第 9 章第 1 节). 其他的做功问题, 应先给出功的微元表达式 $\mathrm{d}W = F(x)\mathrm{d}x$, 然后再计算定积分 (10.5.1), 如例 10.5.4.

2) 平均功率

设有瞬时功率为 $P=P(t), t\in[0,T]$, 则由 $t=0$ 到 $t=T$ 的平均功率为

$$\overline{P} = \frac{1}{T}\int_0^T P(t)\mathrm{d}t. \tag{10.5.2}$$

3) 平均值问题

设 $f\in C[a,b]$, 则 f 在 $[a,b]$ 上的平均值为

$$\overline{f} = \frac{1}{b-a}\int_a^b f(x)\mathrm{d}x. \tag{10.5.3}$$

二、疑难解答

问题 10.5.1 什么是 Guldin 定理?

答 在给出 Guldin 定理之前, 首先给出质心公式.

质心公式 设密度均匀的平面图形分布在直线 $x=a$, $x=b$ 和 $y=c$, $y=d$ 之间, 且对任一 $x\in[a,b]$ 和 $y\in[c,d]$, 直线 $X=x$ 和 $Y=y$ 截图形的线段长度为 $s_1(x)$ 和 $s_2(y)$, 则图形的质心的横坐标与纵坐标分别为

$$x_c = \int_a^b xs_1(x)\mathrm{d}x \Big/ \int_a^b s_1(x)\mathrm{d}x, \quad y_c = \int_c^d ys_2(y)\mathrm{d}y \Big/ \int_c^d s_2(y)\mathrm{d}y. \tag{10.5.4}$$

分段光滑曲线 $C: y=f(x), x\in[a,b]$ 的质心的横坐标为

$$x_c = \int_a^b x\sqrt{1+f'^2(x)}\mathrm{d}x \Big/ \int_a^b \sqrt{1+f'^2(x)}\mathrm{d}x. \tag{10.5.5}$$

利用上述质心公式, 给出 Guldin 定理, 具体如下:

(i) Guldin 第一定理　设平面曲线的质心坐标为 (x_c, y_c), 且曲线位于右半平面内, 则曲线绕 y 轴旋转一周所产生的旋转曲面的面积 S_y 等于质心绕 y 轴一周所经过的路程 $2\pi x_c$ 乘以曲线的弧长 s, 即 $S_y = 2\pi x_c s$.

(ii) Guldin 第二定理　设平面图形的质心坐标为 (x_c, y_c), 且图形位于右半平面内, 则图形绕 y 轴旋转一周所产生的旋转立体的体积 V_y 等于质心绕 y 轴一周所经过的路程 $2\pi x_c$ 乘以图形的面积 S, 即 $V_y = 2\pi x_c S$. ■

三、典型例题

例 10.5.1　一块高为 a, 底为 b 的等腰三角形薄板, 垂直地沉没在水中, 顶在下, 底与水面相齐, 试计算薄板每面所受的压力. 如果将它倒放, 使它的顶与水面相齐, 而底面与水面平行, 压力又如何?

解　(i) 如图 10.5.4 所示, 取水平面上的底为 y 轴, 则直线 AB 的方程为

$$y = \frac{b}{2} - \frac{b}{2a}x,$$

所以

$$\mathrm{d}A_1 = 2y\mathrm{d}x = \frac{b}{a}(a-x)\mathrm{d}x, \quad \mathrm{d}P_1 = \rho x \mathrm{d}A_1 = \frac{b}{a}(a-x)x\mathrm{d}x,$$

其中 $\rho(=1)$ 为水的比重. 故三角形薄板每面所受的压力 P_1 为

$$P_1 = \int_0^a \mathrm{d}P_1 = \int_0^a \frac{b}{a}(a-x)x\mathrm{d}x = \frac{1}{6}a^2 b.$$

(ii) 如图 10.5.5 所示, 建立坐标系, 则直线 OC 的方程为 $y = \dfrac{b}{2a}x$, 所以

$$\mathrm{d}A_2 = 2y\mathrm{d}x = \frac{b}{a}x\mathrm{d}x, \quad \mathrm{d}P_2 = \rho x \mathrm{d}A_2 = \frac{b}{a}x^2\mathrm{d}x,$$

其中 $\rho(=1)$ 为水的比重. 故三角形薄板每面所受的压力 P_2 为

$$P_2 = \int_0^a \mathrm{d}P_2 = \int_0^a \frac{b}{a}x^2\mathrm{d}x = \frac{1}{3}a^2 b.$$

由 (i) 与 (ii) 可知, $P_1 = \dfrac{1}{2}P_2$, 即三角形顶点在下时所受的压力较小. ■

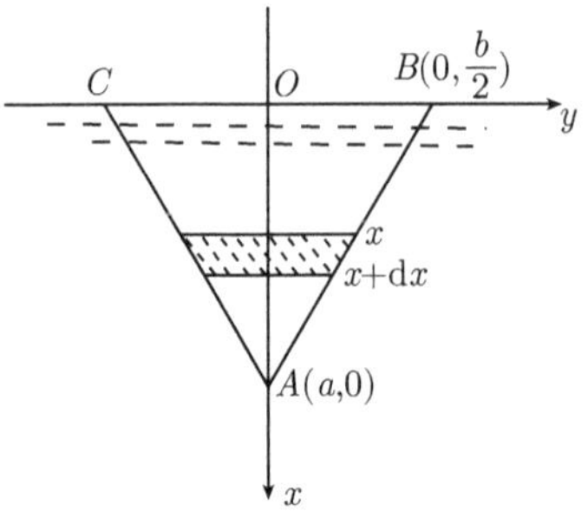

图 10.5.4

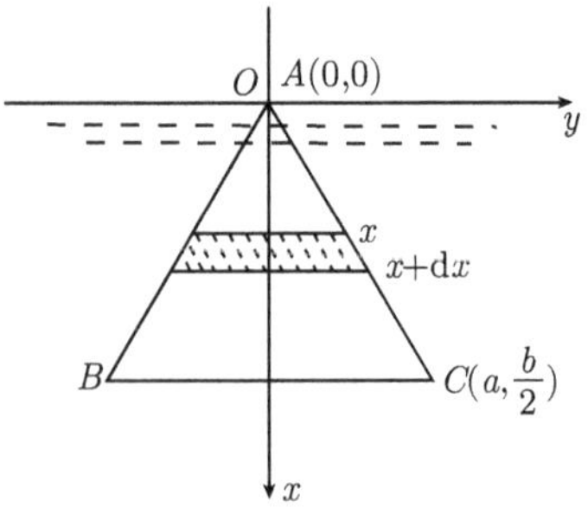

图 10.5.5

例 10.5.2 设在坐标原点有一质量为 m 的质点, 在区间 $[a,a+L](a>0)$ 上有一质量为 M 的均匀细棒, 试求质点与细棒之间的万有引力.

解 以细棒所在的直线为 x 轴建立直角坐标系. 在 $[a,a+L]$ 上任取一小区间 $[x,x+\mathrm{d}x]$, 当 $\mathrm{d}x$ 很小时, 可将这一小段细棒看作一质点, 其质量这

$$\mathrm{d}m_1=\frac{M}{L}\mathrm{d}x.$$

由万有引力公式, 可得

$$\mathrm{d}F=k\cdot\frac{m\cdot\mathrm{d}m_1}{r^2}=\frac{kmM}{Lx^2}\mathrm{d}x.$$

于是, 所求的万有引力为

$$F=\int_a^{a+L}\mathrm{d}F=\int_a^{a+L}\frac{kmM}{Lx^2}\mathrm{d}x=\frac{kmM}{L}\left(-\frac{1}{x}\right)\bigg|_a^{a+L}=\frac{kmM}{a(a+L)}.$$

这里的 k 为引力常数. ■

例 10.5.3 设有两质点, 质量分别为 m_1 与 m_2, m_1 位于坐标轴 x 的原点, m_2 位于坐标轴上点 $A(x=a)$. 试求质点 m_2 沿坐标轴自 A 点移至 $B(x=b)$ 时, 克服两质点间引力所做的功 (假设 $0<a<b$).

解 在 $[a,b]$ 上任取一小区间 $[x,x+\mathrm{d}x]$, 当 $\mathrm{d}x$ 很小时, 质点 m_2 自 x 移至 $x+\mathrm{d}x$ 所做的功为可

$$\mathrm{d}W=k\frac{m_1m_2}{x^2}\mathrm{d}x.$$

于是, 质点 m_2 沿坐标轴自 A 点移至 B 时, 克服两质点间引力所做的功

$$W=\int_a^b\mathrm{d}W=\int_a^b k\frac{m_1m_2}{x^2}\mathrm{d}x=\frac{k(b-a)m_1m_2}{ab}.$$

这里的 k 为引力常数. ■

例 10.5.4 设一半径为 R, 长为 L 的圆柱体平放在深度为 $2R$ 的水池中 (圆柱体的侧面与水面相切). 设圆柱体的密度为 $\rho(\rho>1)$, 现将圆柱从水中移出水面, 问需要做多少功?

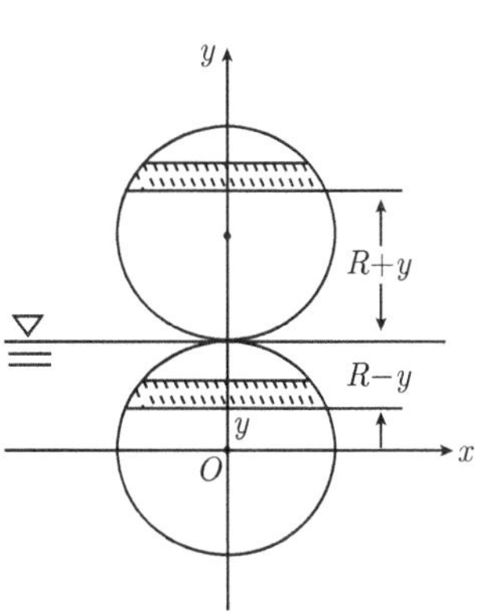

图 10.5.6

解 先建立坐标系如图 10.5.6 所示. 将平放的圆柱从水中移出, 相当于把每一个水平薄层提高 $2R$, 所做的功包括将薄层提升到水面, 提升力所做的功及从水面提高到 $R+y$ 高度提升力所做的功之和. 水下部分提升力为

$$F_1=(\rho-1)2xL\mathrm{d}y,$$

所以

$$\mathrm{d}W_1 = (\rho - 1)2xL(R - y)\mathrm{d}y.$$

水上部分提升力

$$F_2 = \rho 2xL\mathrm{d}y,$$

所以

$$\mathrm{d}W_2 = \rho(R + y)2xL\mathrm{d}y.$$

从而

$$\mathrm{d}W = \mathrm{d}W_1 + \mathrm{d}W_2 = 2L\sqrt{R^2 - y^2}\big[(2\rho - 1)R + y\big]\mathrm{d}y.$$

于是

$$W = \int_{-R}^{R}\mathrm{d}W = \int_{-R}^{R}2L\sqrt{R^2 - y^2}\big[(2\rho - 1)R + y\big]\mathrm{d}y = (2\rho - 1)\pi LR^3.$$ ■

四、巩固提高

10.5.1 利用 Guldin 定理证明下列问题:

(i) 若曲线 $C: y = f(x), x \in [a, b]$ 分段光滑, 则曲线 C 绕 y 轴旋转一周所产生的旋转曲面的面积为

$$S_y = 2\pi\int_a^b x\sqrt{1 + f'^2(x)}\mathrm{d}x.$$

(ii) 若曲线 $C: y = f(x), x \in [a, b]$ 分段光滑, 则曲边梯形 $\big\{(x, y) | 0 \leqslant a \leqslant x \leqslant b, 0 \leqslant y \leqslant f(x)\big\}$ 绕 y 轴旋转一周得到的旋转体的体积为

$$V_y = 2\pi\int_a^b xf(x)\mathrm{d}x.$$

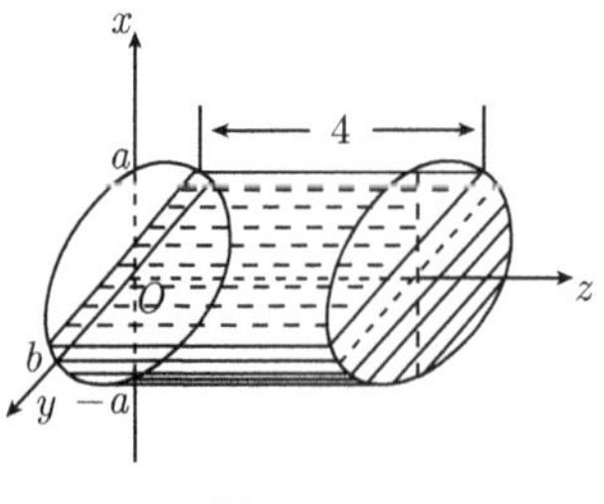

图 10.5.7

10.5.2 洒水车上的水箱是一个横放着的长为 4 米的椭圆柱体, 其椭圆端面的横向长半轴为 $b = 1$ 米, 纵向短半轴为 $a = \dfrac{3}{4}$ 米. 试计算当水箱有深度为 $\dfrac{3}{2}a$ 米的水时每个端面所受的静压力 (图 10.5.7).

10.5.3 将一块薄板垂直插入密度为 ν 的液体中, 证明此薄板每面所受的静压力等于液体在该薄板质心处的压强与薄板面积的乘积.

10.5.4 设有一半径为 R, 中心角为 φ 的圆弧形细棒, 其线密度为常数 ρ, 在圆心处有一质量为 m 的质点 M, 试求此弧形棒对 M 的引力.

10.5.5 设有一长度为 L, 线密度为 ρ 的均匀直棒, 在与棒的一端垂直距离为 a 单位处有一质量为 m 的质点 M, 试求该棒对质点 M 的引力.

10.5.6 用铁锤将一铁钉击入木板, 设木板对钉子之阻力与铁钉击入木板之深度成正比, 在铁锤击第一次时能将铁钉击入木板内 1cm, 如果铁锤每次打击铁钉所做的功相等, 问铁锤击第二次时能把铁钉又击入多少 cm?

10.5.7 如图 10.5.8 所示, 由抛物线 $y=x^2$ 及 $y=4x^2$ 绕 y 轴旋转一周构成旋转抛物面容器, 高为 H, 现在其中盛水, 水高 $\frac{1}{2}H$, 问要将水全部抽出, 外力需做多少功?

10.5.8 如图 10.5.9 所示, 古埃及大金字塔为一正四棱锥, 设其高为 125m, 塔基为 230m×230m 的正方形, 传说历时 20 年才建成. 若建造金字塔所用石块的密度为 3210kg/m^3, 试求建成这座金字塔至少所做的功.

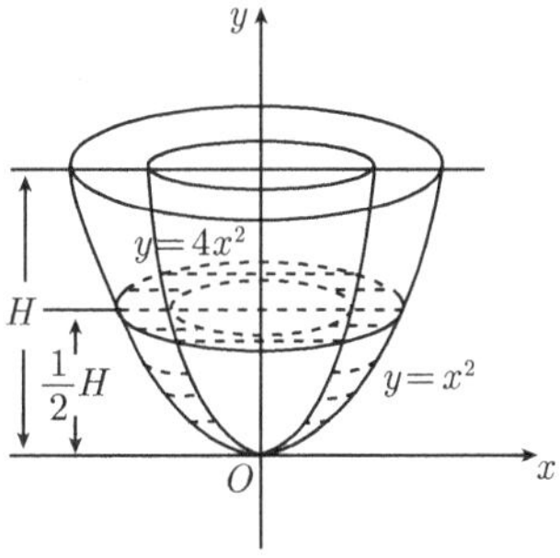

图 10.5.8

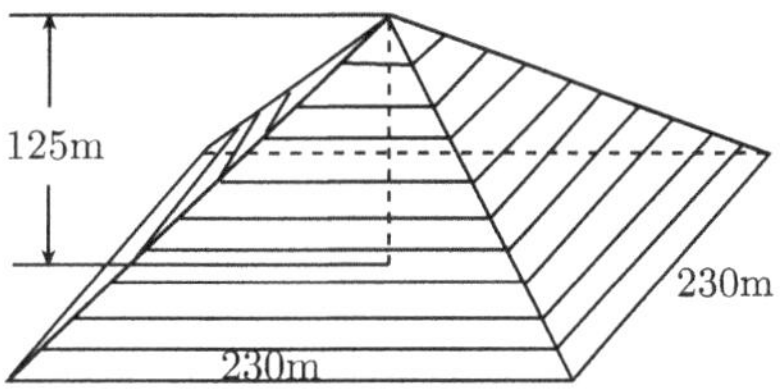

图 10.5.9

10.5.9 将质量为 m 的物体从地球 (设地球的半径为 R) 表面发射到高度为 h 的位置, 需要花费多大的功? 需要多大的初速度?

10.5.10 设 $f\in C[a,b]$, 证明 f 在 $[a,b]$ 上的平均值为 $\overline{f}=\dfrac{1}{b-a}\displaystyle\int_a^b f(x)\mathrm{d}x$.

10.5.11 求纯电阻电路中正弦交流电 $i=I_{\mathrm{m}}\sin\omega t$ 在一个周期上的平均功率.

10.5.12 计算周期为 T 的矩形脉冲电流 $i=\begin{cases}a, & 0\leqslant t\leqslant c,\\ 0, & c<t\leqslant T\end{cases}$ 的平均值.

10.5.13 一物体以速度 $v(t)=3t^2+2t$ (米/秒) 做直线运动, 求 $t=0$ 到 $t=3$ (秒) 一段时间内的平均速度.

10.5.14 设 12 小时内气温 $T(t)$ 的关系为 $T(t)=12+3t-0.2t^2$. 求前 6 小时和整个 12 小时内的平均气温.

第11章　反常积分

反常积分又称为非正常积分或广义积分. 它作为变限积分函数的极限, 其许多性质与定积分类似. 本章共分三节内容：反常积分的概念; 无穷积分的性质与收敛判别; 瑕积分的性质与收敛判别.

反常积分在应用数学领域具有特别重要的作用, 如在微分方程、数理方程、控制论等中所用到的积分变换 (Laplace 变换与 Fourier 变换), 概率论与数理统计中有关分布函数与概率密度函数等基本内容, 都与反常积分密切相关.

反常积分与数项级数之间具有密切联系, 在数学分析的各种教材中两者的编排顺序是不同的, 但在文献 [1] 中反常积分安排在数项级数之前. 关于数项级数的论述, 将在下册的第 12 章中进行讨论, 因此二者之间的联系也将在稍后介绍.

11.1　反常积分概念

一、内容精读

1. 无穷限反常积分 (无穷积分)

设函数 f 定义在 $[a,+\infty)$ 上, 且对任意 $u\in[a,+\infty)$, $f\in\mathscr{R}[a,u]$. 若存在极限

$$\lim_{u\to+\infty}\int_a^u f(x)\mathrm{d}x=J, \tag{11.1.1}$$

则称此极限 J 为函数 f 在 $[a,+\infty)$ 上的无穷限反常积分 (无穷积分), 并称反常积分 $\displaystyle\int_a^{+\infty}f(x)\mathrm{d}x$ 收敛, 且

$$\int_a^{+\infty}f(x)\mathrm{d}x=\lim_{u\to+\infty}\int_a^u f(x)\mathrm{d}x. \tag{11.1.2}$$

如果极限 (11.1.1) 不存在, 称反常积分 $\displaystyle\int_a^{+\infty}f(x)\mathrm{d}x$ 发散.

类似地, 可定义 f 在 $(-\infty,b]$ 上的无穷积分：

$$\int_{-\infty}^b f(x)\mathrm{d}x=\lim_{u\to-\infty}\int_u^b f(x)\mathrm{d}x. \tag{11.1.3}$$

对于 f 在 $\mathbb{R}$ 上的无穷积分定义为

$$\int_{-\infty}^{+\infty} f(x)\mathrm{d}x = \int_{-\infty}^{a} f(x)\mathrm{d}x + \int_{a}^{+\infty} f(x)\mathrm{d}x, \tag{11.1.4}$$

其中 a 为任一实数, $\int_{-\infty}^{+\infty} f(x)\mathrm{d}x$ 收敛 $\Leftrightarrow \int_{-\infty}^{a} f(x)\mathrm{d}x$ 与 $\int_{a}^{+\infty} f(x)\mathrm{d}x$ 都收敛.

2. 无界函数反常积分 (瑕积分)

设函数 f 定义在区间 $(a,b]$ 上, 在 a 的任一右邻域内无界, 但在任何内闭区间 $[u,b]\subset(a,b]$ 上有界且可积. 若存在极限

$$\lim_{u\to a^+}\int_{u}^{b} f(x)\mathrm{d}x = J, \tag{11.1.5}$$

则称此极限 J 为无界函数 f 在 $(a,b]$ 上的反常积分, 并称反常积分 $\int_{a}^{b} f(x)\mathrm{d}x$收敛, 且

$$\int_{a}^{b} f(x)\mathrm{d}x = \lim_{u\to a^+}\int_{u}^{b} f(x)\mathrm{d}x, \tag{11.1.6}$$

如果极限 (11.1.5) 不存在, 称反常积分 $\int_{a}^{b} f(x)\mathrm{d}x$ 发散.

上述被积函数 f 在点 a 近旁无界, 此时点 a 称为 f 的瑕点, 无界函数反常积分 $\int_{a}^{b} f(x)\mathrm{d}x$ 又称为瑕积分.

类似地, 可定义瑕点为 b 时的瑕积分: f 在 $[a,b)$ 上有定义, 在点 b 的任一左邻域内无界, f 在任何内闭区间 $[a,u]\subset[a,b)$ 上可积,

$$\int_{a}^{b} f(x)\mathrm{d}x = \lim_{u\to b^-}\int_{a}^{u} f(x)\mathrm{d}x. \tag{11.1.7}$$

若 f 的瑕点 $c\in(a,b)$, 则定义瑕积分

$$\begin{aligned}\int_{a}^{b} f(x)\mathrm{d}x &= \int_{a}^{c} f(x)\mathrm{d}x + \int_{c}^{b} f(x)\mathrm{d}x\\ &= \lim_{u\to c^-}\int_{a}^{u} f(x)\mathrm{d}x + \lim_{v\to c^+}\int_{v}^{b} f(x)\mathrm{d}x,\end{aligned} \tag{11.1.8}$$

其中 f 在 $[a,c)\cup(c,b]$ 上有定义, 在点 c 的任一邻域内无界, 但在任何内闭区间 $[a,u]\subset[a,c)$ 和 $[v,b]\subset(c,b]$ 上都可积, 当且仅当式 (11.1.8) 右边两个瑕积分都收敛时, 左边的瑕积分才是收敛的.

又若 a, b 两点都是 f 的瑕点, 而 f 在任何 $[u,v]\subset(a,b)$ 上可积, 定义瑕积分

$$\begin{aligned}\int_a^b f(x)\mathrm{d}x &= \int_a^c f(x)\mathrm{d}x + \int_c^b f(x)\mathrm{d}x\\ &= \lim_{u\to a^+}\int_u^c f(x)\mathrm{d}x + \lim_{v\to b^-}\int_c^v f(x)\mathrm{d}x,\end{aligned} \tag{11.1.9}$$

其中 c 为 (a,b) 内任一实数. 当且仅当式 (11.1.9) 右边两个瑕积分都收敛时, 左边的瑕积分才是收敛的.

3. 几个重要的反常积分

(i) $\displaystyle\int_1^{+\infty}\frac{\mathrm{d}x}{x^p}=\begin{cases}\dfrac{1}{p-1}, & p>1, \quad (\text{收敛})\\ +\infty, & p\leqslant 1. \quad (\text{发散})\end{cases}$

(ii) $\displaystyle\int_2^{+\infty}\frac{\mathrm{d}x}{x(\ln x)^p}=\begin{cases}\dfrac{(\ln 2)^{1-p}}{p-1}, & p>1, \quad (\text{收敛})\\ +\infty, & p\leqslant 1. \quad (\text{发散})\end{cases}$

(iii) $\displaystyle\int_{-\infty}^{+\infty}\frac{\mathrm{d}x}{1+x^2}=\pi.$ (收敛)

(iv) $\displaystyle\int_a^b\frac{\mathrm{d}x}{(x-a)^p}=\begin{cases}\dfrac{(b-a)^{1-p}}{p-1}, & 0<p<1, \quad (\text{收敛})\\ +\infty, & p\geqslant 1. \quad (\text{发散})\end{cases}$

(v) $\displaystyle\int_a^{+\infty}\frac{\mathrm{d}x}{(x-a)^p}$ 对任何实数 p 均发散.

二、疑难解答

问题 11.1.1　请问 $\displaystyle\int_a^{+\infty}f(x)\mathrm{d}x$ 收敛与 $\displaystyle\lim_{x\to+\infty}f(x)=0$ 有何联系?

答　若 $\displaystyle\lim_{x\to+\infty}f(x)=0$, 不能推出 $\displaystyle\int_a^{+\infty}f(x)\mathrm{d}x$ 收敛, 即 $\displaystyle\lim_{x\to+\infty}f(x)=0$ 不是 $\displaystyle\int_a^{+\infty}f(x)\mathrm{d}x$ 收敛的充分条件. 例如 $\displaystyle\lim_{x\to+\infty}\frac{1}{x}=0$, 但 $\displaystyle\int_1^{+\infty}\frac{\mathrm{d}x}{x}$ 发散. 反之, 若 $\displaystyle\int_a^{+\infty}f(x)\mathrm{d}x$ 收敛, 也不能保证 $\displaystyle\lim_{x\to+\infty}f(x)=0$, 即 $\displaystyle\lim_{x\to+\infty}f(x)=0$ 也不是 $\displaystyle\int_a^{+\infty}f(x)\mathrm{d}x$ 收敛的必要条件. 例如, 对于函数

$$f(x)=\begin{cases}1, & x=n\in\mathrm{N}_+,\\ 0, & x\geqslant 0, \text{且} x\neq n,\end{cases}$$

则 $\int_0^{+\infty} f(x)\mathrm{d}x$ 收敛 (其值为 0), 但 $\lim\limits_{x\to+\infty} f(x)$ 不存在, 从而 $\lim\limits_{x\to+\infty} f(x)\neq 0$.

又取 $f(x)=\dfrac{x}{1+x^6\sin^2 x}$, 有 $\int_0^{+\infty} f(x)\mathrm{d}x$ 收敛, 但 $\lim\limits_{x\to+\infty} f(x)\neq 0$. 事实上, 记 $F(u)=\int_0^u \dfrac{x}{1+x^6\sin^2 x}\mathrm{d}x\ (u>0)$, 则容易证明 $F(u)$ 关于 u 单调递增且有界 (请读者自证), 从而反常积分 $\int_0^{+\infty}\dfrac{x}{1+x^6\sin^2 x}\mathrm{d}x$ 收敛. 又由于对于数列 $x_n=2n\pi, n=1,2,\cdots$ 与 $y_n=2n\pi+\dfrac{\pi}{2}, n=1,2,\cdots$, 有

$$\lim_{n\to\infty} f(x_n)=\lim_{n\to\infty}\frac{2n\pi}{1+(2n\pi)^6\sin^2(2n\pi)}=+\infty,$$

$$\lim_{n\to\infty} f(y_n)=\lim_{n\to\infty}\frac{2n\pi+\dfrac{\pi}{2}}{1+\left(2n\pi+\dfrac{\pi}{2}\right)^6\sin^2\left(2n\pi+\dfrac{\pi}{2}\right)}=0,$$

所以由归结原则知 $\lim\limits_{x\to+\infty} f(x)$ 不存在, 从而 $\lim\limits_{x\to+\infty} f(x)\neq 0$.

但若反常积分 $\int_a^{+\infty} f(x)\mathrm{d}x$ 收敛, 且 $\lim\limits_{x\to+\infty} f(x)$ 存在, 则必有 $\lim\limits_{x\to+\infty} f(x)=0$ (参见例 11.1.3(i)). ■

问题 11.1.2 若无穷积分 $\int_a^{+\infty} f(x)\mathrm{d}x=A$, 则必有 $\lim\limits_{n\to\infty}\int_a^n f(x)\mathrm{d}x=A$ (其中 n 为正整数) 吗? 为什么? 反之是否成立?

答 若无穷积分 $\int_a^{+\infty} f(x)\mathrm{d}x=A$, 则必有 $\lim\limits_{n\to\infty}\int_a^n f(x)\mathrm{d}x=A$.

事实上, 记 $F(u)=\int_a^u f(x)\mathrm{d}x$, 则由条件有

$$\lim_{u\to\infty} F(u)=A.$$

由函数极限的归结原则, 对一切满足 $\lim\limits_{n\to\infty} x_n=+\infty$ 的数列 $\{x_n\}$, 恒有

$$\lim_{n\to\infty} F(x_n)=\lim_{n\to\infty}\int_a^{x_n} f(x)\mathrm{d}x=A.$$

特别地, 取 $x_n=n$, 则有 $\lim\limits_{n\to\infty}\int_a^n f(x)\mathrm{d}x=A$.

反之不成立. 例如函数

$$f(x)=\begin{cases}-1, & n-1\leqslant x<n-\dfrac{1}{2},\\ 1, & n-\dfrac{1}{2}\leqslant x<n,\end{cases}\quad n=1,2,\cdots.$$

显然 $F(n)=\int_0^n f(x)\mathrm{d}x=0$, 从而 $\lim\limits_{n\to\infty}\int_0^n f(x)\mathrm{d}x=0$. 又

$$F\left(n+\frac{1}{2}\right)=F(n)+\int_n^{n+\frac{1}{2}}(-1)\mathrm{d}x=-\frac{1}{2},$$

所以 $\lim\limits_{n\to\infty}F\left(n+\frac{1}{2}\right)=-\frac{1}{2}\neq\lim\limits_{n\to\infty}F(n)$, 从而 $\lim\limits_{u\to+\infty}\int_0^u f(x)\mathrm{d}x$ 不存在, 亦即无穷积分 $\int_a^{+\infty}f(x)\mathrm{d}x$ 发散. ■

注 11.1.1　若 f 在无限区间 $[a,+\infty)$ 上保号, 则 $F(u)=\int_a^u f(x)\mathrm{d}x$ 在 $[a,+\infty)$ 是单调的. 此时只要有一个数列 $\{x_n\}$ 满足 $\lim\limits_{n\to\infty}x_n=+\infty$, 使得 $\lim\limits_{n\to\infty}F(x_n)=A$, 便能保证 $\lim\limits_{u\to+\infty}F(u)=A$. 因此, 问题 11.1.2 在 f 保号的条件下, 结论的逆成立.

问题 11.1.3　瑕积分 $\int_a^b f(x)\mathrm{d}x$ 收敛时, $\int_a^b f^2(x)\mathrm{d}x$ 一定收敛吗?

答　瑕积分 $\int_a^b f(x)\mathrm{d}x$ 收敛时不能保证 $\int_a^b f^2(x)\mathrm{d}x$ 一定收敛. 例如, 瑕积分 $\int_0^1\frac{\mathrm{d}x}{\sqrt{x}}$ 收敛, 但瑕积分 $\int_0^1\frac{\mathrm{d}x}{x}$ 却发散. ■

问题 11.1.4　据瑕积分定义可知, 若 $\lim\limits_{x\to a^+}f(x)=\infty$, 则 a 必为函数 f 的瑕点; 反之, 若 a 为函数 f 的瑕点, 是否必有 $\lim\limits_{x\to a^+}f(x)=\infty$?

答　不一定. 这是因为无界的量未必是无穷大量. 例如函数

$$f(x)=\begin{cases} n, & x=\dfrac{1}{n},n\in\mathbb{N}_+,\\ 1, & x\in(0,1),x\neq\dfrac{1}{n}\end{cases}$$

的瑕积分 $\int_0^1 f(x)\mathrm{d}x$, $x=0$ 是函数 f 的瑕点, 即函数 f 在 $x=0$ 的任何右邻域内无界, 但 $\lim\limits_{x\to0^+}f(x)\neq\infty$. ■

三、典型例题

例 11.1.1(Euler 积分)　计算瑕积分 $J=\int_0^{\frac{\pi}{2}}\ln\sin x\mathrm{d}x$.

解　此积分是瑕点为 0 的瑕积分. 作 $x=2t$ 换元可得

$$\begin{aligned}J&=\int_0^{\frac{\pi}{2}}\ln\sin x\mathrm{d}x=\lim_{u\to0^+}\int_u^{\frac{\pi}{2}}\ln\sin x\mathrm{d}x=2\lim_{u\to0^+}\int_{\frac{u}{2}}^{\frac{\pi}{4}}\ln\sin 2t\mathrm{d}t\\&=2\lim_{u\to0^+}\int_{\frac{u}{2}}^{\frac{\pi}{4}}(\ln2+\ln\sin t+\ln\cos t)\mathrm{d}t\end{aligned}$$

$$
\begin{aligned}
&= \frac{\pi}{2}\ln 2 + 2\lim_{u\to 0^+}\left(\int_{\frac{u}{2}}^{\frac{\pi}{4}}\ln\sin t\mathrm{d}t + \int_{\frac{u}{2}}^{\frac{\pi}{4}}\ln\cos t\mathrm{d}t\right)\\
&= \frac{\pi}{2}\ln 2 + 2\int_0^{\frac{\pi}{4}}\ln\sin t\mathrm{d}t + 2\lim_{u\to 0^+}\int_{\frac{\pi}{4}}^{\frac{\pi}{2}-\frac{u}{2}}\ln\sin x\mathrm{d}x \quad (令\ t=\frac{\pi}{2}-x)\\
&= \frac{\pi}{2}\ln 2 + 2\int_0^{\frac{\pi}{4}}\ln\sin t\mathrm{d}t + 2\int_{\frac{\pi}{4}}^{\frac{\pi}{2}}\ln\sin x\mathrm{d}x\\
&= \frac{\pi}{2}\ln 2 + 2J.
\end{aligned}
$$

由此可得 $J=-\dfrac{\pi}{2}\ln 2$. ■

例 11.1.2 证明: 若 f 在 $\mathbb{R}$ 上连续, 且 $\displaystyle\int_{-\infty}^{+\infty} f(x)\mathrm{d}x$ 收敛, 则

$$
\frac{\mathrm{d}}{\mathrm{d}x}\left(\int_{-\infty}^{x} f(t)\mathrm{d}t\right)=f(x), \quad \frac{\mathrm{d}}{\mathrm{d}x}\left(\int_{x}^{+\infty} f(t)\mathrm{d}t\right)=-f(x), \quad x\in\mathbb{R}.
$$

证明 因 $\displaystyle\int_{-\infty}^{+\infty} f(x)\mathrm{d}x$ 收敛, 所以对任意给定 a, $\displaystyle\int_{-\infty}^{a} f(x)\mathrm{d}x = J_1$ 与 $\displaystyle\int_{a}^{+\infty} f(x)\mathrm{d}x = J_2$ 都存在. 再由 f 的连续性, 有

$$
\frac{\mathrm{d}}{\mathrm{d}x}\left(\int_{-\infty}^{x} f(t)\mathrm{d}t\right)=\frac{\mathrm{d}}{\mathrm{d}x}\left(J_1+\int_{a}^{x} f(t)\mathrm{d}t\right)=f(x),
$$

$$
\frac{\mathrm{d}}{\mathrm{d}x}\left(\int_{x}^{+\infty} f(t)\mathrm{d}t\right)=\frac{\mathrm{d}}{\mathrm{d}x}\left(\int_{x}^{a} f(t)\mathrm{d}t+J_2\right)=-f(x).
$$
■

例 11.1.3 设 $\displaystyle\int_{a}^{+\infty} f(x)\mathrm{d}x$ 收敛. 证明:

(i) 若极限 $\lim\limits_{x\to+\infty} f(x)$ 存在, 则 $\lim\limits_{x\to+\infty} f(x)=0$;

(ii) 若 f 在 $[a,+\infty)$ 上为单调函数, 则 $\lim\limits_{x\to+\infty} f(x)=0$;

(iii) 若 f 在 $[a,+\infty)$ 上一致连续, 则 $\lim\limits_{x\to+\infty} f(x)=0$.

证明 (i) 设 $\lim\limits_{x\to+\infty} f(x)=A$. 若 $A\neq 0$, 不妨设 $A>0$ (对 $A<0$ 时同理可证), 则由极限保号性, 知存在 $G>a$, 当 $x\geqslant G$ 时, 有 $f(x)\geqslant\dfrac{1}{2}A>0$. 于是对 $u>G$, 有

$$
\int_a^u f(x)\mathrm{d}x=\int_a^G f(x)\mathrm{d}x+\int_G^u f(x)\mathrm{d}x\geqslant\int_a^G f(x)\mathrm{d}x+\frac{A}{2}(u-G),
$$

从而 $\lim\limits_{u\to\infty}\displaystyle\int_a^u f(x)\mathrm{d}x=+\infty$. 这与 $\displaystyle\int_a^{+\infty} f(x)\mathrm{d}x$ 收敛相矛盾, 故 $A=0$.

(ii) 先证明 f 在 $[a,+\infty)$ 上单调有界. (反证法) 若 f 在 $[a,+\infty)$ 上单调无界, 不妨设为递增无上界 (对于其他情况同理可证), 则对任意 $A>0$, 存在 $G>a$, 当 $x\geqslant G$ 时, 使得 $f(x)\geqslant A$. 类似于 (i) 的证明, 推得 $\int_a^{+\infty}f(x)\mathrm{d}x=+\infty$, 这与 $\int_a^{+\infty}f(x)\mathrm{d}x$ 收敛相矛盾. 所以 f 在 $[a,+\infty)$ 上单调有界, 则存在极限 $\lim\limits_{x\to+\infty}f(x)=A$. 再由已证明的结论 (i) 知, $\lim\limits_{x\to+\infty}f(x)=0$.

(iii) **证法 1** (反证法) 假设 $\lim\limits_{x\to+\infty}f(x)=0$ 不成立, 则存在 $\varepsilon_0>0$, 使得对任意正数 $A(>a)$, 存在 $x_0>A$, 满足 $|f(x_0)|\geqslant 2\varepsilon_0$.

因为 f 在 $[a,+\infty)$ 上一致连续, 所以对 $\varepsilon_0>0$, 存在 $\delta>0$, 对任意 $x_1,x_2\in[a,+\infty)$ 且 $|x_1-x_2|<\delta$, 成立 $|f(x_1)-f(x_2)|<\varepsilon_0$. 于是, 当 $x\in U_+^\circ(x_0;\delta)$ 时, 有

$$|f(x)|\geqslant|f(x_0)|-|f(x_0)-f(x)|>\varepsilon_0,$$

且 $f(x)$ 与 $f(x_0)$ 同号. 因此就有

$$\left|\int_{x_0}^{x_0+\delta}f(x)\mathrm{d}x\right|\geqslant\varepsilon_0\int_{x_0}^{x_0+\delta}\mathrm{d}x=\varepsilon_0\delta. \tag{11.1.10}$$

因不等式 (11.1.10) 右边的 $\varepsilon_0\delta$ 是一个固定的正数, 而对每一个正数 $A(>a)$, 都存在 $x_0>A$ 满足式 (11.1.10), 由 Cauchy 收敛准则知 $\int_a^{+\infty}f(x)\mathrm{d}x$ 发散, 与条件矛盾.

证法 2 因 f 在 $[a,+\infty)$ 上一致连续, 所以对任意 $\varepsilon>0$, 存在 $\delta>0$ (设 $\delta\leqslant\varepsilon$), 当 $x_1,x_2\in[a,+\infty)$ 且 $|x_1-x_2|<\delta$ 时, 成立 $|f(x_1)-f(x_2)|<\dfrac{\varepsilon}{2}$.

又因 $\int_a^{+\infty}f(x)\mathrm{d}x$ 收敛, 故对上述 $\delta>0$, 存在 $G>a$, 当 $x_3,x_4>G$ 时有 $\left|\int_{x_3}^{x_4}f(x)\mathrm{d}x\right|<\dfrac{\delta^2}{2}$. 现对任意 $x>G$, 取 $x_1,x_2>G$ 且使 $x_1<x<x_2$, $x_2-x_1=\delta$, 则

$$\begin{aligned}|f(x)\delta|&=\left|\int_{x_1}^{x_2}f(x)\mathrm{d}t-\int_{x_1}^{x_2}f(t)\mathrm{d}t+\int_{x_1}^{x_2}f(t)\mathrm{d}t\right|\\&\leqslant\int_{x_1}^{x_2}|f(x)-f(t)|\mathrm{d}t+\left|\int_{x_1}^{x_2}f(t)\mathrm{d}t\right|\leqslant\frac{\varepsilon}{2}\cdot\delta+\frac{\delta^2}{2}\leqslant\varepsilon\delta,\end{aligned}$$

便得 $|f(x)|<\varepsilon$, $x>G$. 故 $\lim\limits_{x\to+\infty}f(x)=0$. ■

例 11.1.4 设 f 在 $[0,+\infty)$ 上单调, 且 $\int_0^{+\infty} f(x)\mathrm{d}x$ 收敛, 则

$$\lim_{h\to 0^+} h\sum_{n=1}^{\infty} f(nh) = \int_0^{+\infty} f(x)\mathrm{d}x.$$

证明 不妨假定 f 在 $[0,+\infty)$ 上单调减少 (对于 f 在 $[0,+\infty)$ 上单调增加时同理可证). 在此假设下, 先证明 f 在 $[0,+\infty)$ 上非负 (反证法). 若存在某个 $x_0 \in [0,+\infty)$, 使 $f(x_0) < 0$, 则对于任何 $A > x_0$ 有

$$\int_{x_0}^{A} f(x)\mathrm{d}x \leqslant f(x_0)(A-x_0) \to -\infty \quad (A\to+\infty).$$

这与无穷积分 $\int_0^{+\infty} f(x)\mathrm{d}x$ 收敛相矛盾, 所以 f 在 $[0,+\infty)$ 上非负.

于是, 对任意自然数 n, 有

$$\begin{aligned}\int_h^{(n+1)h} f(x)\mathrm{d}x &= \sum_{k=1}^{n}\int_{kh}^{(k+1)h} f(x)\mathrm{d}x \leqslant \sum_{k=1}^{n} hf(kh)\\ &= h\sum_{k=1}^{n} f(kh) \leqslant \sum_{k=1}^{n}\int_{(k-1)h}^{kh} f(x)\mathrm{d}x = \int_0^{nh} f(x)\mathrm{d}x.\end{aligned}$$

若令 $a_n = h\sum_{k=1}^{n} f(kh)$, 则由 f 的非负性知, 数列 $\{a_n\}$ 单调增加且有上界, 故数列 $\{a_n\}$ 存在极限. 在上式两边令 $n\to\infty$, 得到

$$\int_h^{+\infty} f(x)\mathrm{d}x \leqslant h\sum_{k=1}^{\infty} f(kh) \leqslant \int_0^{+\infty} f(x)\mathrm{d}x.$$

再令 $h\to 0^+$ 并由迫敛性立即得到所要证明的结果. ■

例 11.1.5 若 f 在 $[a,+\infty)$ 上可导, 且 $\int_a^{+\infty} f(x)\mathrm{d}x$ 与 $\int_a^{+\infty} f'(x)\mathrm{d}x$ 都收敛, 证明 $\lim\limits_{x\to+\infty} f(x) = 0$.

证明 (i) 先证明 $\lim\limits_{x\to+\infty} f(x)$ 存在.

因 $\int_a^{+\infty} f'(x)\mathrm{d}x$ 收敛, 所以据无穷积分收敛的定义知, 对任意 $\varepsilon > 0$, 存在 $G > a$, 当 $x_1, x_2 > G$ (不妨设 $x_2 > x_1$) 时, 便有

$$|f(x_2) - f(x_1)| = \left|\int_{x_1}^{x_2} f'(x)\mathrm{d}x\right| < \varepsilon,$$

故由函数极限的 Cauchy 收敛准则知, $\lim\limits_{x\to+\infty} f(x)$ 存在.

(另证: 因 $\int_a^{+\infty} f'(x)\mathrm{d}x$ 收敛, 并记 $\int_a^{+\infty} f'(x)\mathrm{d}x = J$, 所以

$$J = \lim_{u\to+\infty}\int_a^u f'(x)\mathrm{d}x = \lim_{u\to+\infty} f(u) - f(a),$$

即 $\lim\limits_{u\to+\infty} f(u) = J + f(a)$, 从而 $\lim\limits_{x\to+\infty} f(x)$ 存在.)

(ii) 再证明 $\lim\limits_{x\to+\infty} f(x) = 0$. 详细证明过程见例 11.1.3 中 (i) 的证明. ■

例 11.1.6　证明: 若 $f(x) = \int_0^x \cos\frac{1}{t}\mathrm{d}t$, 则 $f'(0) = 0$.

证明　考察 $\dfrac{f(x)-f(0)}{x} = \dfrac{1}{x}\int_0^x \cos\frac{1}{t}\mathrm{d}t$. 令 $y = \dfrac{1}{t}$, 则

$$\frac{f(x)-f(0)}{x} = \frac{1}{x}\int_0^x \cos\frac{1}{t}\mathrm{d}t = \frac{1}{x}\int_{\frac{1}{x}}^{+\infty}\frac{\cos y}{y^2}\mathrm{d}y = \frac{1}{x}\int_{\frac{1}{x}}^{\frac{1}{x^2}}\frac{\cos y}{y^2}\mathrm{d}y + \frac{1}{x}\int_{\frac{1}{x^2}}^{+\infty}\frac{\cos y}{y^2}\mathrm{d}y.$$

由于函数 $\varphi(y) = \dfrac{1}{y^2}$ 是单调减少的, 所以据积分第二中值定理可得

$$\left|\frac{1}{x}\int_{\frac{1}{x}}^{\frac{1}{x^2}}\frac{\cos y}{y^2}\mathrm{d}y\right| = \left|\frac{1}{x}\cdot\frac{1}{\frac{1}{x^2}}\int_{\frac{1}{x}}^{\xi}\cos y\mathrm{d}y\right| = \left|x\left(\sin\xi - \sin\frac{1}{x}\right)\right| \leqslant 2|x|,$$

$$\left|\frac{1}{x}\int_{\frac{1}{x^2}}^{+\infty}\frac{\cos y}{y^2}\mathrm{d}y\right| \leqslant \left|\frac{1}{x}\int_{\frac{1}{x^2}}^{+\infty}\frac{1}{y^2}\mathrm{d}y\right| = |x|.$$

于是, 对任意 $\varepsilon > 0$, 存在 $\delta < \dfrac{1}{3}\varepsilon$, 对任意满足 $0 < |x| < \delta$ 的 x, 有

$$\left|\frac{f(x)-f(0)}{x}\right| \leqslant \left|\frac{1}{x}\int_{\frac{1}{x}}^{\frac{1}{x^2}}\frac{\cos y}{y^2}\mathrm{d}y\right| + \left|\frac{1}{x}\int_{\frac{1}{x^2}}^{+\infty}\frac{\cos y}{y^2}\mathrm{d}y\right| < 3|x| < \varepsilon,$$

所以 $|f'(0)| = 0$, 从而 $f'(0) = 0$. ■

例 11.1.7　若瑕积分 $\int_0^1 f(x)\mathrm{d}x$ 收敛 (其中 0 是瑕点), 且 f 在 $(0,1]$ 上单调, 则

$$\lim_{n\to\infty}\frac{1}{n}\sum_{k=1}^{n} f\left(\frac{k}{n}\right) = \int_0^1 f(x)\mathrm{d}x.$$

证明　不妨设函数 f 在 $(0,1]$ 上单调递增 (对于单调递减情况同理可证). 将

$(0,1]$ 进行 n 等分, 分点为 $\dfrac{k}{n}(k=0,1,2,\cdots,n)$. 一方面, 有

$$\int_{\frac{k-1}{n}}^{\frac{k}{n}} f(x)\mathrm{d}x \leqslant \frac{1}{n}\cdot f\left(\frac{k}{n}\right),\quad k=1,2,\cdots,n.$$

从而

$$\int_0^1 f(x)\mathrm{d}x=\sum_{k=1}^{n}\int_{\frac{k-1}{n}}^{\frac{k}{n}} f(x)\mathrm{d}x \leqslant \frac{1}{n}\sum_{k=1}^{n} f\Big(\frac{k}{n}\Big).$$

另一方面, 还有

$$\frac{1}{n}\cdot f\Big(\frac{k}{n}\Big)\leqslant \int_{\frac{k}{n}}^{\frac{k+1}{n}} f(x)\mathrm{d}x,\quad k=1,2,\cdots,n-1.$$

从而

$$\frac{1}{n}\sum_{k=1}^{n-1} f\Big(\frac{k}{n}\Big)\leqslant \sum_{k=1}^{n-1}\int_{\frac{k}{n}}^{\frac{k+1}{n}} f(x)\mathrm{d}x=\int_{\frac{1}{n}}^{1} f(x)\mathrm{d}x,$$

即

$$\frac{1}{n}\sum_{k=1}^{n} f\Big(\frac{k}{n}\Big)\leqslant \int_{\frac{1}{n}}^{1} f(x)\mathrm{d}x+\frac{1}{n}f\Big(\frac{n}{n}\Big).$$

于是

$$\int_0^1 f(x)\mathrm{d}x \leqslant \frac{1}{n}\sum_{k=1}^{n} f\Big(\frac{k}{n}\Big)\leqslant \int_{\frac{1}{n}}^{1} f(x)\mathrm{d}x+\frac{1}{n}f(1).$$

又瑕积分 $\displaystyle\int_0^1 f(x)\mathrm{d}x$ 收敛, 所以 $\displaystyle\lim_{n\to\infty}\int_{\frac{1}{n}}^{1} f(x)\mathrm{d}x=\int_0^1 f(x)\mathrm{d}x$, 且 $\displaystyle\lim_{n\to\infty}\frac{f(1)}{n}=0$, 则由迫敛性得 $\displaystyle\lim_{n\to\infty}\frac{1}{n}\sum_{k=1}^{n} f\Big(\frac{k}{n}\Big)=\int_0^1 f(x)\mathrm{d}x.$ ■

注 11.1.1 例 11.1.7 与例 11.1.4 类题, 两者的证明方法完全相同.

例 11.1.8 证明：若瑕积分 $\displaystyle\int_0^1 f(x)\mathrm{d}x$ 收敛, 且当 $x\to 0^+$ 时 f 单调趋于 $+\infty$, 则 $\displaystyle\lim_{x\to 0^+} xf(x)=0$.

证明 因 $\displaystyle\lim_{x\to 0^+} f(x)=+\infty$, 故 $x=0$ 为 f 的瑕点, 且在 $U_+^\circ(0)$ 内 $f(x)>0$. 记 $F(v)=\displaystyle\int_v^1 f(t)\mathrm{d}t$, 因 $\displaystyle\int_0^1 f(t)\mathrm{d}t$ 收敛, 即 $\displaystyle\lim_{v\to 0^+}F(v)$ 存在, 则由函数极限的 Cauchy 收敛准则, 对任意 $\varepsilon>0$, 存在 $\delta>0$, 对一切满足 $0<x<\delta$ 的 x, 有

$$\left|\int_{\frac{x}{2}}^{x} f(t)\mathrm{d}t\right|=\left|F(x)-F\Big(\frac{x}{2}\Big)\right|<\varepsilon.$$

又 f 在 $U_+^\circ(0;\delta)$ 单调, 不妨设为单调减, 则有

$$0 < xf(x) < 2\varepsilon.$$

于是 $\lim\limits_{x\to 0^+} xf(x) = 0$. ■

四、巩固提高

11.1.1　计算下列各反常积分:

(i) $\displaystyle\int_0^{+\infty} \frac{\mathrm{d}x}{(1+x^2)(2+x^2)}$;　(ii) $\displaystyle\int_1^2 \frac{\mathrm{d}x}{x\sqrt{3x^2-2x-1}}$.

11.1.2　利用 Euler 积分 (见例 11.1.1), 计算瑕下列各积分:

(i) $\displaystyle\int_0^{\pi} \frac{x\sin x}{1-\cos x}\mathrm{d}x$;　(ii) $\displaystyle\int_0^{\frac{\pi}{2}} \ln(\tan x)\mathrm{d}x$;

(iii) $\displaystyle\int_0^{\frac{\pi}{2}} x\cot x\mathrm{d}x$;　(iv) $\displaystyle\int_0^{\pi} x\ln(\sin x)\mathrm{d}x$;

(v) $\displaystyle\int_0^1 \frac{\arcsin x}{x}\mathrm{d}x$;　(vi) $\displaystyle\int_0^1 \frac{\ln x}{\sqrt{1-x^2}}\mathrm{d}x$.

11.1.3(Froullani 公式)　设 f 在 $[0,+\infty)$ 上连续, $a>0$, $b>0$. 证明:

(i) 若 $\lim\limits_{x\to+\infty} f(x) = k$, 则 $\displaystyle\int_0^{+\infty} \frac{f(ax)-f(bx)}{x}\mathrm{d}x = \big(f(0)-k\big)\ln\frac{b}{a}$;

(ii) 若 $\displaystyle\int_a^{+\infty} \frac{f(x)}{x}\mathrm{d}x$ 收敛, 则 $\displaystyle\int_0^{+\infty} \frac{f(ax)-f(bx)}{x}\mathrm{d}x = f(0)\ln\frac{b}{a}$.

11.1.4　设 $a>0$, $b>0$, 应用 Froullani 公式计算下列各反常积分:

(i) $\displaystyle\int_0^{+\infty} \frac{\arctan ax - \arctan bx}{x}\mathrm{d}x$;　(ii) $\displaystyle\int_0^{+\infty} \frac{\cos ax - \cos bx}{x}\mathrm{d}x$;

(iii) $\displaystyle\int_0^{+\infty} \frac{\mathrm{e}^{-ax}-\mathrm{e}^{-bx}}{x}\mathrm{d}x$;　(iv) $\displaystyle\int_0^{+\infty} \frac{\mathrm{e}^{-ax^2}-\mathrm{e}^{-bx^2}}{x}\mathrm{d}x$;

(v) $\displaystyle\int_0^{+\infty} \frac{b\sin ax - a\sin bx}{x^2}\mathrm{d}x$;　(vi) $\displaystyle\int_0^1 \frac{x^{a-1}-x^{b-1}}{\ln x}\mathrm{d}x$.

*__11.1.5__　设 f 在任何 $[0,n]$ 上可积. 证明: 若 $\lim\limits_{x\to+\infty} f(x) = 0$, $\lim\limits_{n\to\infty}\displaystyle\int_0^n f(x)\mathrm{d}x = a$ (其中 $n\in\mathbb{N}_+$), 则 $\displaystyle\int_0^{+\infty} f(x)\mathrm{d}x = a$.

*__11.1.6__　若 $a>0$, $b>0$, 反常积分 $\displaystyle\int_0^{+\infty} f\Big(ax+\frac{b}{x}\Big)\mathrm{d}x$ 收敛, 证明

$$\int_0^{+\infty} f\Big(ax+\frac{b}{x}\Big)\mathrm{d}x = \frac{1}{a}\int_0^{+\infty} f\left(\sqrt{x^2+4ab}\right)\mathrm{d}x.$$

11.1.7 设函数 f 在 $[a,+\infty)$ 上有有界的导数, 且反常积分 $\int_a^{+\infty} f(x)\mathrm{d}x$ 收敛, 证明 $\lim\limits_{x\to+\infty} f(x)=0$.

11.2 无穷积分的性质与收敛判别

一、内容精读

1. 无穷积分的性质

性质 11.2.1(线性性质) 若 $\int_a^{+\infty} f_1(x)\mathrm{d}x$ 与 $\int_a^{+\infty} f_2(x)\mathrm{d}x$ 都收敛, k_1,k_2 为任意常数, 则 $\int_a^{+\infty} [k_1f_1(x)+k_2f_2(x)]\mathrm{d}x$ 也收敛, 且

$$\int_a^{+\infty} [k_1f_1(x)+k_2f_2(x)]\mathrm{d}x=k_1\int_a^{+\infty} f_1(x)\mathrm{d}x+k_2\int_a^{+\infty} f_2(x)\mathrm{d}x. \tag{11.2.1}$$

性质 11.2.2(区间可加性) 若对任意 $u>a$, $f\in\mathscr{R}[a,u]$, $a<b$, 则 $\int_a^{+\infty} f(x)\mathrm{d}x$ 与 $\int_b^{+\infty} f(x)\mathrm{d}x$ 同敛态 (即同时收敛或同时发散), 且

$$\int_a^{+\infty} f(x)\mathrm{d}x=\int_a^{b} f(x)\mathrm{d}x+\int_b^{+\infty} f(x)\mathrm{d}x, \tag{11.2.2}$$

其中 $\int_a^{b} f(x)\mathrm{d}x$ 为定积分.

注 11.2.1 由区间可加性, 对任意 $u\in(a,+\infty)$, 有

$$\int_a^{+\infty} f(x)\mathrm{d}x=\int_a^{u} f(x)\mathrm{d}x+\int_u^{+\infty} f(x)\mathrm{d}x, \tag{11.2.3}$$

并令 $u\to+\infty$, 由无穷积分收敛之定义, 知式 (11.2.3) 左边的无穷积分收敛, 等同于

$$\lim_{u\to+\infty}\int_u^{+\infty} f(x)\mathrm{d}x=0,$$

亦即对任意 $\varepsilon>0$, 存在 $G>a$, 当 $u>G$ 时, 总有

$$\left|\int_u^{+\infty} f(x)\mathrm{d}x\right|<\varepsilon. \tag{11.2.4}$$

式 (11.2.4) 可以理解为：若 $\int_a^{+\infty} f(x)\mathrm{d}x$ 收敛, 则当 u 充分大时, “余部”

$\left|\int_u^{+\infty} f(x)\mathrm{d}x\right|$ 总能任意小.

性质 11.2.3　若对任意 $u > a$, $f \in \mathscr{R}[a,u]$, 且 $\int_a^{+\infty} |f(x)|\mathrm{d}x$ 收敛, 则 $\int_a^{+\infty} f(x)\mathrm{d}x$ 必收敛, 并有

$$\left|\int_a^{+\infty} f(x)\mathrm{d}x\right| \leqslant \int_a^{+\infty} |f(x)|\mathrm{d}x. \tag{11.2.5}$$

当 $\int_a^{+\infty} |f(x)|\mathrm{d}x$ 收敛时, 称 $\int_a^{+\infty} f(x)\mathrm{d}x$ 为绝对收敛, 称 $\int_a^{+\infty} f(x)\mathrm{d}x$ 收敛而不绝对收敛者为条件收敛.

对于无穷积分, 绝对收敛 $\overset{\Rightarrow}{\not\Leftarrow}$ 收敛.

2. 收敛判别方法

定理 11.2.1(Cauchy 收敛准则)　无穷积分 $\int_a^{+\infty} f(x)\mathrm{d}x$ 收敛 $\Leftrightarrow$任给 $\varepsilon > 0$, 存在 $G \geqslant a$, 只要 $u_1, u_2 > G$, 便有

$$\left|\int_a^{u_2} f(x)\mathrm{d}x - \int_a^{u_1} f(x)\mathrm{d}x\right| = \left|\int_{u_1}^{u_2} f(x)\mathrm{d}x\right| < \varepsilon. \tag{11.2.6}$$

定理 11.2.2(比较法则)　若对任意 $u > a$, $f, g \in \mathscr{R}[a,u]$, 且满足

$$|f(x)| \leqslant g(x), \quad x \in [a, +\infty),$$

则当 $\int_a^{+\infty} g(x)\mathrm{d}x$ 收敛时, $\int_a^{+\infty} |f(x)|\mathrm{d}x$ 必收敛; 当 $\int_a^{+\infty} |f(x)|\mathrm{d}x$ 发散时, $\int_a^{+\infty} g(x)\mathrm{d}x$ 必发散.

推论 11.2.1　若对任意 $u > a$, $f, g \in \mathscr{R}[a,u]$, $g(x) > 0$, 且 $\lim\limits_{x\to+\infty} \dfrac{|f(x)|}{g(x)} = c$, 则

(i) 当 $0 < c < +\infty$ 时, $\int_a^{+\infty} |f(x)|\mathrm{d}x$ 与 $\int_a^{+\infty} g(x)\mathrm{d}x$ 同敛态;

(ii) 当 $c = 0$ 时, $\int_a^{+\infty} g(x)\mathrm{d}x$ 收敛 $\Rightarrow \int_a^{+\infty} |f(x)|\mathrm{d}x$ 收敛;

(iii) 当 $c = +\infty$ 时, $\int_a^{+\infty} g(x)\mathrm{d}x$ 发散 $\Rightarrow \int_a^{+\infty} |f(x)|\mathrm{d}x$ 发散.

推论 11.2.2(Cauchy 判别法)　若对任意 $u > a$, $f \in \mathscr{R}[a,u] (a > 0)$, 则有

(i) 当 $|f(x)| \leqslant \dfrac{1}{x^p}$, $x \in [a, +\infty)$, 且 $p > 1$ 时, $\int_a^{+\infty} |f(x)|\mathrm{d}x$ 收敛;

(ii) 当 $|f(x)| \geqslant \dfrac{1}{x^p}$, $x \in [a, +\infty)$, 且 $p \leqslant 1$ 时, $\displaystyle\int_a^{+\infty} |f(x)|\mathrm{d}x$ 发散.

推论 11.2.3(Cauchy 判别法的极限形式) 若对任意 $u > a$, $f \in \mathscr{R}[a, u](a > 0)$, 且

$$\lim_{x \to +\infty} x^p |f(x)| = \lambda.$$

则有

(i) 当 $p > 1$, $0 \leqslant \lambda < +\infty$ 时, $\displaystyle\int_a^{+\infty} |f(x)|\mathrm{d}x$ 收敛;

(ii) 当 $p \leqslant 1$, $0 < \lambda \leqslant +\infty$ 时, $\displaystyle\int_a^{+\infty} |f(x)|\mathrm{d}x$ 发散.

定理 11.2.3(Dirichlet 判别法) 若 $F(u) = \displaystyle\int_a^{u} f(x)\mathrm{d}x$ 在 $[a, +\infty)$ 上有界, $g(x)$ 在 $[a, +\infty)$ 上单调且 $\displaystyle\lim_{x \to +\infty} g(x) = 0$, 则 $\displaystyle\int_a^{+\infty} f(x)g(x)\mathrm{d}x$ 收敛.

定理 11.2.4(Abel 判别法) 若 $\displaystyle\int_a^{+\infty} f(x)\mathrm{d}x$ 收敛, $g(x)$ 在 $[a, +\infty)$ 上单调有界, 则 $\displaystyle\int_a^{+\infty} f(x)g(x)\mathrm{d}x$ 收敛.

3. 若干收敛与发散的无穷积分

(i) $\displaystyle\int_1^{+\infty} \frac{\sin ax}{x^\mu}\mathrm{d}x$ 与 $\displaystyle\int_1^{+\infty} \frac{\cos ax}{x^\mu}\mathrm{d}x$: 当$0 < \mu \leqslant 1$ 时为条件收敛; 当 $\mu > 1$ 时为绝对收敛.

(ii) $\displaystyle\int_1^{+\infty} \sin x^2\mathrm{d}x$, $\displaystyle\int_1^{+\infty} \cos x^2\mathrm{d}x$ 与 $\displaystyle\int_1^{+\infty} x\sin x^4\mathrm{d}x$ 均为条件收敛.

(iii) $\displaystyle\int_1^{+\infty} \frac{\mathrm{d}x}{x^\mu}$: 当 $0 < \mu \leqslant 1$ 时发散; 而当 $\mu > 1$ 时绝对收敛.

二、疑难解答

问题 11.2.1 若无穷积分 $\displaystyle\int_a^{+\infty} f(x)\mathrm{d}x$ 与 $\displaystyle\int_a^{+\infty} g(x)\mathrm{d}x$ 均发散, 无穷积分 $\displaystyle\int_a^{+\infty} [f(x) \pm g(x)]\mathrm{d}x$ 是否一定发散?

答 不一定. 例如, 若 $\displaystyle\int_a^{+\infty} f(x)\mathrm{d}x = \int_a^{+\infty} g(x)\mathrm{d}x = +\infty$ (发散), 则

$$\int_a^{+\infty} [f(x) + g(x)]\mathrm{d}x = +\infty(\text{发散});$$

但对于 $\int_a^{+\infty}[f(x)-g(x)]\mathrm{d}x$ 的敛散性, 则无法肯定. 例如, 取 $f(x)=\dfrac{x}{x^2+m^2}$, $g(x)=\dfrac{m^2}{x+1}$, 其中 $m\neq 0$. 由推论 11.2.3 易知, 当 $m\neq 0$ 时, 无穷积分 $\int_1^{+\infty}\dfrac{x}{x^2+m^2}\mathrm{d}x$ 与 $\int_1^{+\infty}\dfrac{m^2}{x+1}\mathrm{d}x$ 都是发散的, 但无穷积分 $\int_1^{+\infty}\left[\dfrac{x}{x^2+m^2}-\dfrac{m^2}{x+1}\right]\mathrm{d}x$ 的敛散性不能肯定, 取决于 m 的取值. 为此, 先考察

$$F(x)=f(x)-g(x)=\frac{(1-m^2)x^2+x-m^4}{(x^2+m^2)(x+1)}.$$

对于充分大的 x, $F(x)$ 保持与 $1-m^2$ 同号, 因此当 m 给定后, F 的符号固定, 从而 $\int_1^{+\infty}F(x)\mathrm{d}x$ 的收敛与绝对收敛是同一回事.

(i) 当 $m=\pm 1$ 时, $\lim\limits_{x\to+\infty}x^2F(x)=1$, 故由推论 11.2.3 知 $\int_1^{+\infty}F(x)\mathrm{d}x$ 收敛.

(ii) 当 $m\neq\pm 1$ 时, $\lim\limits_{x\to+\infty}x|F(x)|=|1-m^2|\neq 0$, 故由推论 11.2.3 知 $\int_1^{+\infty}|F(x)|\mathrm{d}x$ 与 $\int_1^{+\infty}F(x)\mathrm{d}x$ 同为发散. ■

问题 11.2.2　若无穷积分 $\int_a^{+\infty}f(x)\mathrm{d}x$ 绝对收敛, 且 $\lim\limits_{x\to+\infty}g(x)=a$ (存在), 则 $\int_a^{+\infty}f(x)g(x)\mathrm{d}x$ 必绝对收敛吗? 又若无穷积分 $\int_a^{+\infty}f(x)\mathrm{d}x$ 条件收敛, 且 $\lim\limits_{x\to+\infty}g(x)=a$ (存在), 则 $\int_a^{+\infty}f(x)g(x)\mathrm{d}x$ 一定收敛吗?

答　(i) 若 $\int_a^{+\infty}f(x)\mathrm{d}x$ 绝对收敛, 且 $\lim\limits_{x\to+\infty}g(x)=a$ (存在), 则 $\int_a^{+\infty}f(x)g(x)\mathrm{d}x$ 必绝对收敛. 事实上, 由 $\lim\limits_{x\to+\infty}g(x)=a$ (存在), 知对 $\varepsilon_0=1$, 存在正数 $G(\geqslant a)$, 当 $x>G$ 时, 有 $|g(x)-a|<1$. 从而, 当 $x>G$ 时, 恒有

$$|g(x)|\leqslant M=|a|+1.$$

于是, 当 $x>G$ 时, 恒有 $|f(x)g(x)|\leqslant M|f(x)|$.

再由 $\int_a^{+\infty}|f(x)|\mathrm{d}x$ 收敛性及比较法则知 $\int_a^{+\infty}|f(x)g(x)|\mathrm{d}x$ 收敛, 这就证明了 $\int_a^{+\infty}f(x)g(x)\mathrm{d}x$ 绝对收敛.

(ii) 若 $\int_a^{+\infty}f(x)\mathrm{d}x$ 条件收敛, 且 $\lim\limits_{x\to+\infty}g(x)=a$ (存在), 但不能保证

$\int_a^{+\infty} f(x)g(x)\mathrm{d}x$ 一定收敛. 例如对于条件收敛的无穷积分 $\int_1^{+\infty} f(x)\mathrm{d}x = \int_1^{+\infty} \frac{\sin x}{\sqrt{x}}\mathrm{d}x$ 和函数

$$g(x) = 1 + \frac{\sin x}{\sqrt{x}} \quad 且 \quad \lim_{x\to+\infty} g(x) = \lim_{x\to+\infty}\left(1 + \frac{\sin x}{\sqrt{x}}\right) = 1,$$

得到

$$\int_1^{+\infty} f(x)g(x)\mathrm{d}x = \int_1^{+\infty}\left(\frac{\sin x}{\sqrt{x}} + \frac{\sin^2 x}{x}\right)\mathrm{d}x.$$

由于 $\int_1^{+\infty} \frac{\sin x}{\sqrt{x}}\mathrm{d}x$ 条件收敛, 而

$$\int_1^{+\infty} \frac{\sin^2 x}{x}\mathrm{d}x = \frac{1}{2}\int_1^{+\infty}\left(\frac{1}{x} - \frac{\cos 2x}{x}\right)\mathrm{d}x$$

是发散的, 所以无穷积分 $\int_1^{+\infty}\left(\frac{\sin x}{\sqrt{x}} + \frac{\sin^2 x}{x}\right)\mathrm{d}x$ 也是发散的. ■

三、典型例题

例 11.2.1 计算无穷积分 $\int_{-\infty}^{+\infty} \frac{\mathrm{d}x}{(x^2+2x+2)^n}$.

解 记 $I_n = \int_{-\infty}^{+\infty} \frac{\mathrm{d}x}{(x^2+2x+2)^n}$. 则当 $n=1$ 时,

$$I_1 = \int_{-\infty}^{+\infty} \frac{\mathrm{d}x}{x^2+2x+2} = \int_{-\infty}^{+\infty} \frac{\mathrm{d}x}{(x+1)^2+1} = \pi.$$

当 $n \geqslant 2$ 时, 作变换 $x+1 = \tan\theta$, 则 $\mathrm{d}x = \sec^2\theta\mathrm{d}\theta$,

$$\begin{aligned}
I_n &= \int_{-\frac{\pi}{2}}^{\frac{\pi}{2}} \cos^{2n-2}\theta\mathrm{d}\theta = \int_{-\frac{\pi}{2}}^{\frac{\pi}{2}} \cos^{2n-3}\theta\mathrm{d}\sin\theta \\
&= \cos^{2n-3}\theta\cdot\sin\theta\Big|_{-\frac{\pi}{2}}^{\frac{\pi}{2}} - \int_{-\frac{\pi}{2}}^{\frac{\pi}{2}} \sin\theta\cdot(2n-3)\cos^{2n-4}\theta\cdot(-\sin\theta)\mathrm{d}\theta \\
&= (2n-3)\left(\int_{-\frac{\pi}{2}}^{\frac{\pi}{2}} \cos^{2n-4}\theta\mathrm{d}\theta - \int_{-\frac{\pi}{2}}^{\frac{\pi}{2}} \cos^{2n-2}\theta\mathrm{d}\theta\right) \\
&= (2n-3)(I_{n-1} - I_n),
\end{aligned}$$

由此得到 I_n 计算的递推公式:

$$I_n = \frac{2n-3}{2n-2}I_{n-1}, \quad n \geqslant 2, \quad I_1 = \pi.$$

所以

$$I_n = \frac{I_n}{I_{n-1}}\cdot\frac{I_{n-1}}{I_{n-2}}\cdots\frac{I_2}{I_1}\cdot I_1 = \frac{2n-3}{2n-2}\cdot\frac{2n-5}{2n-4}\cdots\frac{1}{2}\cdot\pi = \frac{(2n-3)!!}{(2n-2)!!}\pi,$$

即 $\displaystyle\int_{-\infty}^{+\infty}\frac{\mathrm{d}x}{(x^2+2x+2)^n}=\frac{(2n-3)!!}{(2n-2)!!}\pi.$ ■

例 11.2.2　设 $f\in C[1,+\infty)$, 证明若 $f(x)\geqslant 0$, 且 $\displaystyle\int_1^{+\infty}xf(x)\mathrm{d}x$ 收敛, 则 $\displaystyle\int_1^{+\infty}f(x)\mathrm{d}x$ 也收敛.

证明　由条件知, 当 $x\in[1,+\infty)$ 时, 有

$$0\leqslant f(x)\leqslant xf(x).$$

由于 $\displaystyle\int_1^{+\infty}xf(x)\mathrm{d}x$ 收敛, 故由比较法则知 $\displaystyle\int_1^{+\infty}f(x)\mathrm{d}x$ 也收敛. ■

注 11.2.2　若例 11.2.2 的条件中去掉 "$f(x)\geqslant 0$" 后, 结论仍成立.

例 11.2.3　设 $f\in C^1[a,+\infty)$, 单调减少, 且 $\lim\limits_{x\to+\infty}f(x)=0$, 证明反常积分 $\displaystyle\int_a^{+\infty}f(x)\mathrm{d}x$ 收敛的充要条件是 $\displaystyle\int_a^{+\infty}xf'(x)\mathrm{d}x$ 收敛.

证明　必要性. (i) 先证明一个结论：若 f 为 $[a,+\infty)$ 上的单调减少函数, 且 $\displaystyle\int_a^{+\infty}f(x)\mathrm{d}x$ 收敛, 则 $\lim\limits_{x\to+\infty}xf(x)=0$.

事实上, 由 f 为 $[a,+\infty)$ 上的单调减少函数知, $f(x)\geqslant 0$. 否则, 若存在一点 $x=b$ 使 $f(x)<0$, 则当 $x>b$ 时 $f(x)\leqslant f(b)<0$, 从而

$$\int_a^{+\infty}f(x)\mathrm{d}x=\int_a^b f(x)\mathrm{d}x+\int_b^{+\infty}f(x)\mathrm{d}x,\quad \int_b^{+\infty}f(x)\mathrm{d}x\leqslant f(b)(+\infty-b),$$

即 $\displaystyle\int_a^{+\infty}f(x)\mathrm{d}x$ 发散, 这与条件 $\displaystyle\int_a^{+\infty}f(x)\mathrm{d}x$ 收敛相矛盾, 故 $f(x)\geqslant 0, x\in[a,+\infty)$.

由 $\displaystyle\int_a^{+\infty}f(x)\mathrm{d}x$ 收敛及 Cauchy 收敛准则, 对任意 $\varepsilon>0$, 存在正数 $G>a$, 当 $x>G$ 时, 有

$$\frac{\varepsilon}{2}>\left|\int_{\frac{x}{2}}^{x}f(t)\mathrm{d}t\right|=\int_{\frac{x}{2}}^{x}f(t)\mathrm{d}t\geqslant f(x)\int_{\frac{x}{2}}^{x}\mathrm{d}t=\frac{x}{2}f(x)>0,$$

即 $0<xf(x)<\varepsilon$, 因此 $\lim\limits_{x\to+\infty}xf(x)=0$.

(ii) 证明 $\displaystyle\int_a^{+\infty}f(x)\mathrm{d}x$ 收敛 $\Rightarrow\displaystyle\int_a^{+\infty}xf'(x)\mathrm{d}x$ 收敛. 由于

$$\int_a^u xf'(x)\mathrm{d}x=xf(x)\Big|_a^u-\int_a^u f(x)\mathrm{d}x=uf(u)-af(a)-\int_a^u f(x)\mathrm{d}x,$$

而由 (i) 知 $\lim\limits_{u\to+\infty} uf(u)=0$, 且 $\lim\limits_{u\to+\infty}\int_a^u f(x)\mathrm{d}x=\int_a^{+\infty} f(x)\mathrm{d}x$, 所以

$$\lim_{u\to+\infty}\int_a^u xf'(x)\mathrm{d}x=-af(a)-\int_a^{+\infty} f(x)\mathrm{d}x,$$

即 $\int_a^{+\infty} xf'(x)\mathrm{d}x$ 收敛.

充分性. 由于

$$\int_a^u xf'(x)\mathrm{d}x=uf(u)-af(a)-\int_a^u f(x)\mathrm{d}x, \tag{11.2.7}$$

因此所要证明的问题就归结于证明 $\lim\limits_{x\to+\infty} xf(x)$ 的存在性.

由 f 为 $[a,+\infty)$ 上的单调减少, 且 $\lim\limits_{x\to+\infty} f(x)=0$, 则由 (i) 知 $f(x)\geqslant 0$. 由于 $\int_a^{+\infty} xf'(x)\mathrm{d}x$ 收敛, 所以对任意 $\varepsilon>0$, 故存在正数 $G>a$, 当 $x>G$ 时, 有

$$\varepsilon>\left|\int_x^{+\infty} tf'(t)\mathrm{d}t\right|\geqslant\left|x\int_x^{+\infty} f'(t)\mathrm{d}t\right|=\left|x\left(\lim_{t\to+\infty} f(t)-f(x)\right)\right|=xf(x)>0,$$

于是 $\lim\limits_{x\to+\infty} xf(x)=0$. 最后, 由式 (11.2.7) 立即可知 $\int_a^{+\infty} f(x)\mathrm{d}x$ 收敛. ■

例 11.2.4 设 $\lambda>0$, 证明反常积分 $\int_0^{+\infty}\dfrac{\sin x}{x^\lambda+\sin x}\mathrm{d}x$ 在 $0<\lambda\leqslant\dfrac{1}{2}$ 时发散, 在 $\dfrac{1}{2}<\lambda\leqslant 1$ 时条件收敛, 而在 $\lambda>1$ 时绝对收敛.

证明 由于被积函数 $f(x)=\dfrac{\sin x}{x^\lambda+\sin x}$ 在 $x=0$ 右侧有界 (为什么?), 故 $x=0$ 不是瑕点. 因此, 只要讨论无穷积分

$$\Phi(\lambda)=\int_1^{+\infty}\frac{\sin x}{x^\lambda+\sin x}\mathrm{d}x \tag{11.2.8}$$

即可. 由于

$$\frac{\sin x}{x^\lambda+\sin x}-\frac{\sin x}{x^\lambda}=-\frac{\sin^2 x}{x^\lambda(x^\lambda+\sin x)}, \tag{11.2.9}$$

所以

$$\frac{\sin x}{x^\lambda+\sin x}=\frac{\sin x}{x^\lambda}-\frac{\sin^2 x}{x^\lambda(x^\lambda+\sin x)},$$

于是

$$\Phi(\lambda)=\int_1^{+\infty}\frac{\sin x}{x^\lambda}\mathrm{d}x-\int_1^{+\infty}\frac{\sin^2 x}{x^\lambda(x^\lambda+\sin x)}\mathrm{d}x=I_1(\lambda)-I_2(\lambda).$$

由于反常积分 $I_1(\lambda)=\int_1^{+\infty}\frac{\sin x}{x^\lambda}\mathrm{d}x$ 在 $0<\lambda\leqslant 1$ 时条件收敛, 而在 $\lambda>1$ 时绝对收敛 (参见文献 [1] 中第 274 页例 3). 下面再考虑反常积分 $I_2(\lambda)=\int_1^{+\infty}\frac{\sin^2 x}{x^\lambda(x^\lambda+\sin x)}\mathrm{d}x$.

当 $0<\lambda\leqslant\frac{1}{2}$ 时, 由于

$$\frac{\sin^2 x}{x^\lambda(x^\lambda+\sin x)}\geqslant\frac{\sin^2 x}{x^\lambda(x^\lambda+1)},$$

而 $\int_1^{+\infty}\frac{\sin^2 x}{x^\lambda(x^\lambda+1)}\mathrm{d}x$ 发散, 所以反常积分 I_2 发散. 而当 $\lambda>\frac{1}{2}$ 时, 由于

$$\frac{\sin^2 x}{x^\lambda(x^\lambda+\sin x)}\leqslant\frac{1}{x^\lambda(x^\lambda-1)},$$

而 $\int_1^{+\infty}\frac{\mathrm{d}x}{x^\lambda(x^\lambda-1)}$ 收敛, 所以反常积分 I_2 绝对收敛.

上述讨论结果如表 11.2.1 所示.

表 11.2.1

λ	$I_1(\lambda)$	$I_2(\lambda)$	$\Phi(\lambda)$
$0<\lambda\leqslant 1/2$	条件收敛	发散	发散
$1/2<\lambda\leqslant 1$	条件收敛	绝对收敛	条件收敛
$\lambda>1$	绝对收敛	绝对收敛	绝对收敛

由此可见, 反常积分 $\int_0^{+\infty}\frac{\sin x}{x^\lambda+\sin x}\mathrm{d}x$ 在 $0<\lambda\leqslant\frac{1}{2}$ 时发散, 在 $\frac{1}{2}<\lambda\leqslant 1$ 时条件收敛, 而在 $\lambda>1$ 时绝对收敛. ■

例 11.2.5　设 $f,g\in C^1[a,+\infty)$, 且 g 在 $[a,+\infty)$ 上有界, 又 $f'(x)\geqslant 0$, $\lim\limits_{x\to+\infty}f(x)=0$. 证明反常积分 $\int_0^{+\infty}f(x)g'(x)\mathrm{d}x$ 收敛.

证明　因 $f'(x)\geqslant 0$, $\lim\limits_{x\to+\infty}f(x)=0$, 故 f 在 $[a,+\infty)$ 单调递增, 且 $f(x)\leqslant 0$. 由 g 在 $[a,+\infty)$ 上有界, 故存在正常数 M, 使得 $|g(x)|\leqslant M$, $x\in[a,+\infty)$.

再由 $\lim\limits_{x\to+\infty}f(x)=0$ 知, 对任意 $\varepsilon>0$, 存在正数 $G>a$, 当 $x_2>x_1>G$ 时, 有

$$|f(x_1)|<\frac{\varepsilon}{3M},\quad f(x_2)-f(x_1)=|f(x_2)-f(x_1)|<\frac{\varepsilon}{3M}.$$

于是, 对任意 $u_2>u_1>G$, 有

$$\begin{aligned}\left|\int_{u_1}^{u_2}f(x)g'(x)\mathrm{d}x\right|&=\left|f(u_2)g(u_2)-f(u_1)g(u_1)-\int_{u_1}^{u_2}f'(x)g(x)\mathrm{d}x\right|\\&\leqslant M\cdot\frac{\varepsilon}{3M}+M\cdot\frac{\varepsilon}{3M}+M\int_{u_1}^{u_2}f'(x)\mathrm{d}x\end{aligned}$$

$$= \frac{2}{3}\varepsilon + M(f(u_2) - f(u_1)) < \varepsilon.$$

由 Cauchy 收敛准则知, 反常积分 $\int_0^{+\infty} f(x)g'(x)\mathrm{d}x$ 收敛. ■

四、巩固提高

11.2.1 计算下列反常积分:

(i) $\int_0^{+\infty} \mathrm{e}^{-x}|\sin x|\mathrm{d}x$; (ii) $\int_1^{+\infty} \frac{\mathrm{d}x}{\mathrm{e}^{x+1}+\mathrm{e}^{3-x}}$;

(iii) $\int_0^{+\infty} \frac{\mathrm{d}x}{(1+x^2)^n}, n \in \mathbb{N}_+$; (iv) $\int_0^{+\infty} \frac{\mathrm{d}x}{(x^2+1)(x^2+4)}$.

11.2.2 判别下列反常积分的敛散性:

(i) $\int_1^{+\infty} \frac{\sin x}{x\sqrt{1+x^2}}\mathrm{d}x$; (ii) $\int_1^{+\infty} \frac{x\arctan x}{1+x^3}\mathrm{d}x$;

(iii) $\int_0^{+\infty} \frac{\mathrm{d}x}{\sqrt[3]{1+x^4}}$; (iv) $\int_1^{+\infty} \sin\frac{1}{x^2}\mathrm{d}x$.

11.2.3 设 f 与 g 为定义在 $[a,+\infty)$ 的函数, 且对任意 $u > a$, $f, g \in \mathscr{R}[a,u]$. 证明: 若 $\int_a^{+\infty} f^2(x)\mathrm{d}x$ 与 $\int_a^{+\infty} g^2(x)\mathrm{d}x$ 都收敛, 则 $\int_a^{+\infty} \big(f(x) \pm g(x)\big)^2\mathrm{d}x$ 与 $\int_a^{+\infty} f(x)g(x)\mathrm{d}x$ 也都收敛 (绝对收敛).

11.2.4 证明: 对任意实数 μ, 无穷积分 $\int_1^{+\infty} x^\mu \mathrm{e}^{-x}\mathrm{d}x$ 收敛.

11.2.5 讨论反常积分 $\Phi(\mu) = \int_2^{+\infty} \frac{\mathrm{d}x}{x^\mu \ln x}$ 的敛散性, 其中 μ 为实数.

11.2.6 (i) 证明: 当 $x \geqslant 0$ 时, 成立不等式 $1 - x^2 \leqslant \mathrm{e}^{-x^2} \leqslant \frac{1}{1+x^2}$;

(ii) 证明: 对正整数 n, 有 $\int_0^1 (1-x^2)^n\mathrm{d}x \leqslant \int_0^{+\infty} \mathrm{e}^{-nx^2}\mathrm{d}x \leqslant \int_0^{+\infty} \frac{1}{(1+x^2)^n}\mathrm{d}x$.

并由此计算概率积分 $\int_0^{+\infty} \mathrm{e}^{-x^2}\mathrm{d}x$.

11.2.7 设无穷积分 $\int_1^{+\infty} xf(x)\mathrm{d}x$ 收敛, 证明无穷积分 $\int_1^{+\infty} f(x)\mathrm{d}x$ 也收敛.

***11.2.8** 设 f 在每个有限区间 $[a,b]$ 上可积, 且 $\lim\limits_{x\to+\infty} f(x) = A$, $\lim\limits_{x\to-\infty} f(x) = B$. 证明对任何一个正实数 a, 积分 $\int_{-\infty}^{+\infty} \big(f(x+a) - f(x)\big)\mathrm{d}x$ 存在, 并求其值.

11.3 瑕积分的性质与收敛判别

一、内容精读

1. 瑕积分的性质

性质 11.3.1(线性性质)　瑕积分 $\int_a^b f_1(x)\mathrm{d}x$ 与 $\int_a^b f_2(x)\mathrm{d}x$(瑕点同为 $x=a$ 或 $x=b$) 都收敛, 则 $\int_a^b \left[k_1f_1(x)+k_2f_2(x)\right]\mathrm{d}x$ 必收敛, 并有

$$\int_a^b \left[k_1f_1(x)+k_2f_2(x)\right]\mathrm{d}x=k_1\int_a^b f_1(x)\mathrm{d}x+k_2\int_a^b f_2(x)\mathrm{d}x. \tag{11.3.1}$$

性质 11.3.2(区间可加性)　设函数 f 的瑕点为 $x=a$, $c\in(a,b)$ 为任一常数, 则瑕积分 $\int_a^b f(x)\mathrm{d}x$ 与 $\int_a^c f(x)\mathrm{d}x$ 同敛态, 并有

$$\int_a^b f(x)\mathrm{d}x=\int_a^c f(x)\mathrm{d}x+\int_c^b f(x)\mathrm{d}x, \tag{11.3.2}$$

其中 $\int_c^b f(x)\mathrm{d}x$ 为定积分.

注 11.3.1　由区间可加性, 对任意 $u\in(a,b)$, 有

$$\int_a^b f(x)\mathrm{d}x=\int_a^u f(x)\mathrm{d}x+\int_u^b f(x)\mathrm{d}x, \tag{11.3.3}$$

并令 $u\to a^+$, 由瑕积分收敛之定义, 知式 (11.3.3) 左边的瑕积分收敛, 等同于

$$\lim_{u\to a^+}\int_a^u f(x)\mathrm{d}x=0,$$

亦即对任意 $\varepsilon>0$, 存在 $\delta>0$, 当 $u\in U_+^\circ(a;\delta)$ 时, 总有

$$\left|\int_a^u f(x)\mathrm{d}x\right|<\varepsilon. \tag{11.3.4}$$

式 (11.3.4) 可理解为：若 $\int_a^b f(x)\mathrm{d}x$ 收敛, 则当 “u 充分接近 a” 时, “余部” $\left|\int_a^u f(x)\mathrm{d}x\right|$ 总能任意小.

性质 11.3.3　设函数 f 的瑕点为 $x=a$, f 在 $(a,b]$ 的任一内闭区间 $[u,b]$ 上

可积, 则当 $\int_a^b |f(x)|\mathrm{d}x$ 收敛时, $\int_a^b f(x)\mathrm{d}x$ 必收敛, 并有

$$\left|\int_a^b f(x)\mathrm{d}x\right| \leqslant \int_a^b |f(x)|\mathrm{d}x. \tag{11.3.5}$$

当 $\int_a^b |f(x)|\mathrm{d}x$ 收敛时, 称 $\int_a^b f(x)\mathrm{d}x$ 为绝对收敛, 称 $\int_a^b f(x)\mathrm{d}x$ 收敛而不绝对收敛者为条件收敛.

对于瑕积分, 绝对收敛 $\underset{\nLeftarrow}{\Rightarrow}$ 收敛.

2. 收敛判别方法

定理 11.3.1(Cauchy 收敛准则) 瑕积分 $\int_a^b f(x)\mathrm{d}x$ (瑕点为 a) 收敛 $\Leftrightarrow$任给 $\varepsilon > 0$, 存在 $\delta > 0$, 只要 $u_1, u_2 \in U_+^\circ(a;\delta)$, 总有

$$\left|\int_{u_1}^b f(x)\mathrm{d}x - \int_{u_2}^b f(x)\mathrm{d}x\right| = \left|\int_{u_1}^{u_2} f(x)\mathrm{d}x\right| < \varepsilon.$$

定理 11.3.2(比较法则) 若函数 f, g 瑕点同为 $x = a$, 都在任何 $[u, b] \subset (a, b]$ 上可积, 且

$$|f(x)| \leqslant g(x), \quad x \in (a, b],$$

则当 $\int_a^b g(x)\mathrm{d}x$ 收敛时, $\int_a^b |f(x)|\mathrm{d}x$ 必收敛; 当 $\int_a^b |f(x)|\mathrm{d}x$ 发散时, $\int_a^b g(x)\mathrm{d}x$ 必发散.

推论 11.3.1 对任何 $[u, b] \subset (a, b]$, $f, g \in \mathscr{R}[u, b]$, 瑕点同为 $x = a$. 又 $g(x) > 0$, 且 $\lim\limits_{x\to a^+} \dfrac{|f(x)|}{g(x)} = c$, 则

(i) 当 $0 < c < +\infty$ 时, $\int_a^b |f(x)|\mathrm{d}x$ 与 $\int_a^b g(x)\mathrm{d}x$ 同敛态;

(ii) 当 $c = 0$ 时, $\int_a^b g(x)\mathrm{d}x$ 收敛 $\Rightarrow \int_a^b |f(x)|\mathrm{d}x$ 收敛;

(iii) 当 $c = +\infty$ 时, $\int_a^b g(x)\mathrm{d}x$ 发散 $\Rightarrow \int_a^b |f(x)|\mathrm{d}x$ 发散.

推论 11.3.2(Cauchy 判别法) 对任何 $[u, b] \subset (a, b]$, $f \in \mathscr{R}[u, b]$, 瑕点为 a, 则

(i) 当 $|f(x)| \leqslant \dfrac{1}{(x-a)^p}$, 且 $0 < p < 1$ 时, $\int_a^b |f(x)|\mathrm{d}x$ 收敛;

(ii) 当 $|f(x)| \geqslant \dfrac{1}{(x-a)^p}$, 且 $p \geqslant 1$ 时, $\int_a^b |f(x)|\mathrm{d}x$ 发散.

推论 11.3.3(Cauchy 判别法的极限形式)　对任何 $[u,b]\subset(a,b]$, $f\in\mathscr{R}[u,b]$, 瑕点为 a, 且 $\lim\limits_{x\to a^+}(x-a)^p|f(x)|=\lambda$, 则

(i) 当 $0<p<1$, $0\leqslant\lambda<+\infty$ 时, $\int_a^b|f(x)|\mathrm{d}x$ 收敛;

(ii) 当 $p\geqslant 1$, $0<\lambda\leqslant+\infty$ 时, $\int_a^b|f(x)|\mathrm{d}x$ 发散.

定理 11.3.3(Dirichlet 判别法)　若 $F(u)=\int_u^b f(x)\mathrm{d}x$ 在 $(a,b]$ 上有界, $g(x)$ 在 $(a,b]$ 上单调且 $\lim\limits_{x\to a^+}g(x)=0$, 则 $\int_a^b f(x)g(x)\mathrm{d}x$ 收敛.

定理 11.3.4(Abel 判别法)　若以 a 为瑕点的瑕积分 $\int_a^b f(x)\mathrm{d}x$ 收敛, $g(x)$ 在 $(a,b]$ 上单调有界, 则 $\int_a^b f(x)g(x)\mathrm{d}x$ 收敛.

二、疑难解答

问题 11.3.1　在确定反常积分类型时通常要注意什么?

答　在确定反常积分为无穷积分或是瑕积分时通常要注意以下几个方面:

(i) 对于无穷限积分, 可能既有无穷积分又含有瑕积分, 即无穷积分与瑕积分存在于同一个反常积分之中. 例如无穷积分

$$I=\int_0^{+\infty}\frac{x^\mu}{x-1}\mathrm{d}x,$$

它还含有瑕点 $x=1$ 与 $x=0$ (当 $\mu<0$ 时). 这时需要将 I 拆成如下形式的积分

$$\begin{aligned}I(\mu)&=\underbrace{\int_0^{\frac{1}{2}}\frac{x^\mu}{x-1}\mathrm{d}x}_{I_1(\mu)}+\underbrace{\int_{\frac{1}{2}}^1\frac{x^\mu}{x-1}\mathrm{d}x}_{I_2(\mu)}+\underbrace{\int_1^2\frac{x^\mu}{x-1}\mathrm{d}x}_{I_3(\mu)}+\underbrace{\int_2^{+\infty}\frac{x^\mu}{x-1}\mathrm{d}x}_{I_4(\mu)}\\&=I_1(\mu)+I_2(\mu)+I_3(\mu)+I_4(\mu),\end{aligned}$$

当且仅当 $I_1(\mu)$, $I_2(\mu)$, $I_3(\mu)$ 与 $I_4(\mu)$ 都收敛时, $I(\mu)$ 才收敛. 当 $\mu<0$ 时, $I_1(\mu)$ 是瑕点为 $x=0$ 的瑕积分; 当 $\mu>0$ 时 $I_1(\mu)$ 为定积分. $I_2(\mu)$ 与 $I_3(\mu)$ 都是瑕点为 $x=1$ 的瑕积分, 而 $I_4(\mu)$ 为无穷积分. 其中无论 μ 取任何实数, $I_2(\mu)$ 与 $I_3(\mu)$ 都是发散的 (可利用瑕积分判别法中的推论 11.3.3 进行判定), 故 $I(\mu)$ 发散.

(ii) 不要将瑕积分混淆为定积分. 例如积分 $\int_{-1}^1\frac{\mathrm{d}x}{x^3}$, 它是一个以 $x=0$ 为瑕点的瑕积分, 必须先将其化为 $\int_{-1}^1\frac{\mathrm{d}x}{x^3}=\int_{-1}^0\frac{\mathrm{d}x}{x^3}+\int_0^1\frac{\mathrm{d}x}{x^3}$.

由于上式等号右边的两个瑕积分均发散, 所以原积分发散. 千万不可误将此瑕积分当作定积分, 并利用奇函数在 $[-1,1]$ 上的积分值为 0, 轻率地得出错误的结论 "$\int_{-1}^{1}\frac{\mathrm{d}x}{x^3}=0$". ■

问题 11.3.2 如何用 ε-δ 语言表述瑕积分 $\int_a^b f(x)\mathrm{d}x$ (其中 b 为瑕点) 敛散性的定义? 它的敛散性 Cauchy 准则又怎样表述?

答 为了便于对比, 对于瑕积分 $\int_a^b f(x)\mathrm{d}x$ (其中 b 为瑕点)敛散性的定义的 ε-δ 语言及其敛散性的 Cauchy 准则表述见表 11.3.1.

表 11.3.1 瑕积分 $\int_a^b f(x)\mathrm{d}x$ (其中 b 为瑕点)

	收敛	发散
定义	$\lim\limits_{u\to b^-}\int_a^u f(x)\mathrm{d}x=I=\int_a^b f(x)\mathrm{d}x$ $\forall\varepsilon>0,\exists\delta>0,\forall u\in U_-^{\circ}(b;\delta)$, 有 $\left\|\int_a^u f(x)\mathrm{d}x-I\right\|<\varepsilon$.	$\lim\limits_{u\to b^-}\int_a^u f(x)\mathrm{d}x$ 不存在 $\forall I\in\mathbb{R},\exists\varepsilon_0>0,\forall\delta>0,\ \exists u_0\in U_-^{\circ}(b;\delta)$, 但 $\left\|\int_a^{u_0} f(x)\mathrm{d}x-I\right\|\geqslant\varepsilon_0$.
柯西准则	$\int_a^b f(x)\mathrm{d}x$ 收敛 $\Leftrightarrow\forall\varepsilon>0,\exists\delta>0$, $\forall u_1,u_2\in U_-^{\circ}(b;\delta)$, 有 $\left\|\int_{u_1}^{u_2} f(x)\mathrm{d}x\right\|<\varepsilon$.	$\int_a^b f(x)\mathrm{d}x$ 发散 $\Leftrightarrow\exists\varepsilon_0>0,\forall\delta>0$, 尽管 $u_1,u_2\in U_-^{\circ}(b;\delta)$, 但 $\left\|\int_{u_1}^{u_2} f(x)\mathrm{d}x\right\|\geqslant\varepsilon_0$.

■

问题 11.3.3 若瑕积分 $\int_a^b f(x)\mathrm{d}x$ 收敛 (其中 a 为瑕点), 一定有

$$\int_a^b f(x)\mathrm{d}x=\lim_{\|T\|\to 0}\sum_{k=1}^{n}f(\xi_k)\Delta x_k$$

成立吗? 其中 $\sum\limits_{k=1}^{n}f(\xi_k)\Delta x_k$ 是函数 f 在 $(a,b]$ 上的积分和.

答 不一定. 例如, 瑕积分 $\int_0^1|\ln x|\mathrm{d}x$ 收敛 (其中 $x=0$ 为瑕点), 且

$$\int_0^1|\ln x|\mathrm{d}x=\lim_{v\to 0^+}\int_v^1|\ln x|\mathrm{d}x=-\lim_{v\to 0^+}\int_v^1\ln x\mathrm{d}x=-\lim_{v\to 0^+}(x\ln x-x)\Big|_v^1=1.$$

下面来说明 $\int_0^1|\ln x|\mathrm{d}x\neq\lim\limits_{\|T\|\to 0}\sum\limits_{k=1}^{n}|\ln\xi_k|\Delta x_k$.

将 $(0,1]$ 等分成 n 个小区间, 分点为 $x_k=\dfrac{k}{n}(k=1,2,\cdots,n)$. 在小区间 $\left(0,\dfrac{1}{n}\right)$ 内任取两点 $\xi_1'=\mathrm{e}^{-n}$ 与 $\xi_1''=\mathrm{e}^{-2n}$, 在其余的小区间 $\left[\dfrac{k-1}{n},\dfrac{k}{n}\right]$上取 $\xi_k'=\xi_k''$, $k=2,3,\cdots,n$. 于是, 有两个点集

$$\{\xi_k'\}:\mathrm{e}^{-n},\ \xi_2',\ \xi_3',\ \cdots,\ \xi_n';\quad \{\xi_k''\}:\mathrm{e}^{-2n},\ \xi_2',\ \xi_3',\ \cdots,\ \xi_n'.$$

对这两个点集 $\{\xi_k'\}$ 与 $\{\xi_k''\}$ 所作的积分和作差, 有

$$\sum_{k=1}^{n}|\ln\xi_k'|\cdot\frac{1}{n}-\sum_{k=1}^{n}|\ln\xi_k''|\cdot\frac{1}{n}=\frac{|\ln\mathrm{e}^{-2n}|-|\ln\mathrm{e}^{-n}|}{n}=1,$$

从而

$$\lim_{\|T\|\to0}\left(\sum_{k=1}^{n}|\ln\xi_k'|\cdot\frac{1}{n}-\sum_{k=1}^{n}|\ln\xi_k''|\cdot\frac{1}{n}\right)=\lim_{n\to\infty}\left(\sum_{k=1}^{n}|\ln\xi_k'|\cdot\frac{1}{n}-\sum_{k=1}^{n}|\ln\xi_k''|\cdot\frac{1}{n}\right)\neq0,$$

这表明, 瑕积分的积分和极限与点集 $\{\xi_k\}$ 的取法有关. 因而, 在一般情况下

$$\int_a^b f(x)\mathrm{d}x\neq\lim_{\|T\|\to0}\sum_{k=1}^{n}f(\xi_k)\Delta x_k.$$

若瑕积分 $\displaystyle\int_a^b f(x)\mathrm{d}x$ 收敛 (其中 a 为瑕点), 且函数 f 在 $(a,b]$ 上单调. 又对 $(a,b]$ 等分, 并取 $\xi_k=a+\dfrac{b-a}{n}k$ 时, 则

$$\int_a^b f(x)\mathrm{d}x=\lim_{n\to\infty}\frac{b-a}{n}\sum_{k=1}^{n}f\left(a+\frac{b-a}{n}k\right).$$

其证明可参考例 11.1.7. ■

三、典型例题

例 11.3.1　证明: 对任意实数 α, 成立下列恒等式

$$\int_0^{+\infty}\frac{\mathrm{d}x}{(1+x^2)(1+x^\alpha)}=\int_0^1\frac{\mathrm{d}x}{1+x^2}=\int_1^{+\infty}\frac{\mathrm{d}x}{1+x^2}=\frac{\pi}{4}.$$

并计算下列积分: (i) $\displaystyle\int_0^{+\infty}\frac{\mathrm{d}x}{(1+x^2)(1+x^6)}$;　(ii) $\displaystyle\int_0^{\frac{\pi}{2}}\frac{\mathrm{d}x}{1+\tan^{100}x}$.

证明　由于

$$\int_0^{+\infty}\frac{\mathrm{d}x}{(1+x^2)(1+x^\alpha)}=\int_0^1\frac{\mathrm{d}x}{(1+x^2)(1+x^\alpha)}+\int_1^{+\infty}\frac{\mathrm{d}x}{(1+x^2)(1+x^\alpha)},$$

而令 $x=\dfrac{1}{t}$ 时, 有

$$\int_1^{+\infty}\frac{\mathrm{d}x}{(1+x^2)(1+x^\alpha)}=\int_1^0\frac{-t^\alpha}{(1+t^2)(1+t^\alpha)}\mathrm{d}t=\int_0^1\frac{x^\alpha}{(1+x^2)(1+x^\alpha)}\mathrm{d}x,$$

所以 $\displaystyle\int_0^{+\infty}\frac{\mathrm{d}x}{(1+x^2)(1+x^\alpha)}=\int_0^1\frac{\mathrm{d}x}{1+x^2}=\frac{\pi}{4}.$

类似可证明:

$$\int_0^{+\infty}\frac{\mathrm{d}x}{(1+x^2)(1+x^\alpha)}=\int_1^{+\infty}\frac{\mathrm{d}x}{1+x^2}=\frac{\pi}{4}.$$

(i) 由已证明的结果, 有

$$\int_0^{+\infty}\frac{\mathrm{d}x}{(1+x^2)(1+x^6)}=\int_1^{+\infty}\frac{\mathrm{d}x}{1+x^2}=\frac{\pi}{4}.$$

(ii) 作积分换元 $t=\tan x$, 则

$$\int_0^{\frac{\pi}{2}}\frac{\mathrm{d}x}{1+\tan^{100}x}=\int_0^{+\infty}\frac{1}{1+t^{100}}\cdot\frac{\mathrm{d}t}{1+t^2}=\int_0^1\frac{\mathrm{d}t}{1+t^2}=\frac{\pi}{4}.$$ ■

例 11.3.2 讨论反常积分 $\varPhi(\alpha)=\displaystyle\int_0^{+\infty}\frac{\arctan x}{x^\alpha}\mathrm{d}x$ 的收敛性.

解 将反常积分 $\varPhi(\alpha)$ 写成

$$\varPhi(\alpha)=\int_0^1\frac{\arctan x}{x^\alpha}\mathrm{d}x+\int_1^{+\infty}\frac{\arctan x}{x^\alpha}\mathrm{d}x=I(\alpha)+J(\alpha).$$

(i) 先讨论 $J(\alpha)$. 由于 $\left|\dfrac{\arctan x}{x^\alpha}\right|\leqslant\dfrac{\pi}{2}\cdot\dfrac{1}{x^\alpha}$, 而当 $1<\alpha$ 时 $\displaystyle\int_1^{+\infty}\frac{\mathrm{d}x}{x^\alpha}$ 收敛, 所以由比较判别法知 $J(\alpha)$ 收敛. 当 $\alpha\leqslant1$ 时, 由于 $\displaystyle\lim_{x\to+\infty}x^\alpha\cdot\frac{\arctan x}{x^\alpha}=\lim_{x\to+\infty}\arctan x=\frac{\pi}{2}$. 据无穷积分判别法中的推论 11.2.3 可知, $J(\alpha)$ 发散.

(ii) 再讨论 $I(\alpha)$. 当 $\alpha\leqslant0$ 时, $I(\alpha)$ 为定积分; 而 $\alpha>0$ 且 $\alpha\neq1$ 时它是瑕积分且瑕点为 $x=0$. 由于

$$\lambda=\lim_{x\to0^+}x^{\alpha-1}\cdot\frac{\arctan x}{x^\alpha}=\lim_{x\to0^+}\frac{\arctan x}{x}=\lim_{x\to0^+}\frac{1}{1+x^2}=1,$$

据瑕积分判别法中的推论 11.3.3 可知, 当 $0<p=\alpha-1<1$, 即 $1<\alpha<2$ 时瑕积分 $I(\alpha)$ 收敛; 而当 $\alpha-1\geqslant1$, 即 $\alpha\geqslant2$ 时瑕积分 $I(\alpha)$ 发散.

当 $\alpha=1$ 时, 由于

$$\lambda=\lim_{x\to0^+}x^{\frac{1}{2}}\cdot\frac{\arctan x}{x}=\lim_{x\to0^+}\frac{\arctan x}{\sqrt{x}}=\lim_{x\to0^+}\frac{2\sqrt{x}}{1+x^2}=0,$$

据瑕积分判别法中的推论 11.3.3 可知, 当 $\alpha=1$ 时瑕积分 $I(\alpha)$ 收敛.

当 $0<\alpha<1$ 时, 由于

$$\lambda=\lim_{x\to 0^+} x^\alpha \frac{\arctan x}{x^\alpha}=\lim_{x\to 0^+}\arctan x=0,$$

据瑕积分判别法中的推论 11.3.3 可知, 当 $0<\alpha<1$ 时瑕积分 $I(\alpha)$ 收敛.

表 11.3.2

α	$\alpha\leqslant 0$	$0<\alpha<1$	$\alpha=1$	$1<\alpha<2$	$\alpha\geqslant 2$
$I(\alpha)$	定积分	收敛	收敛	收敛	发散
$J(\alpha)$	发散	发散	发散	收敛	收敛
$\Phi(\alpha)$	发散	发散	发散	收敛	发散

由表 11.3.2 可见, 反常积分 $\Phi(\alpha)$ 只有当 $1<\alpha<2$ 时才是收敛的. ■

例 11.3.3 讨论反常积分 $\Phi(p,q)=\displaystyle\int_0^{+\infty} x^p\sin(x^q)\mathrm{d}x$的绝对收敛性与条件收敛性, 其中 $q>0$.

解 令 $t=x^q$, 则 $\mathrm{d}x=\dfrac{1}{q}t^{\frac{1}{q}-1}\mathrm{d}t$, 从而

$$\Phi(p,q)=\int_0^{+\infty} x^p\sin(x^q)\mathrm{d}x=\frac{1}{q}\int_0^{+\infty}\frac{\sin t}{t^{1-\frac{p+1}{q}}}\mathrm{d}t.$$

记 $\lambda=1-\dfrac{p+1}{q}$, 则

$$\begin{aligned}\Phi(p,q)&=\int_0^{+\infty} x^p\sin(x^q)\mathrm{d}x=\frac{1}{q}\int_0^{+\infty}\frac{\sin t}{t^\lambda}\mathrm{d}t\\&=\frac{1}{q}\left[\int_0^1\frac{\sin t}{t^\lambda}\mathrm{d}t+\int_1^{+\infty}\frac{\sin t}{t^\lambda}\mathrm{d}t\right]=\frac{1}{q}\Big[I(\lambda)+J(\lambda)\Big].\end{aligned}$$

(a) 先讨论无穷积分 $J(\lambda)=\displaystyle\int_1^{+\infty}\frac{\sin t}{t^\lambda}\mathrm{d}t$.

(i) 当 $\lambda\leqslant 0$, 即 $\dfrac{p+1}{q}\geqslant 1$ 时, 对充分大的 n, 有

$$\left|\int_{2n\pi}^{2n\pi+\frac{\pi}{2}} t^{\ \lambda}\sin t\mathrm{d}t\right|=\int_{2n\pi}^{2n\pi+\frac{\pi}{2}} t^{-\lambda}\sin t\mathrm{d}t\geqslant\int_{2n\pi}^{2n\pi+\frac{\pi}{2}}\sin t\mathrm{d}t=1,$$

则由 Cauchy 收敛准则知, $J(\lambda)$ 发散.

(ii) 当 $0<\lambda\leqslant 1$, 即 $0\leqslant\dfrac{p+1}{q}<1$ 时, 由文献 [1] 中第 11 章 2 节例 3 知, $J(\lambda)$ 是条件收敛的.

(iii) 当 $\lambda>1$, 即 $\dfrac{p+1}{q}<0$ 时, 由文献 [1] 中第 11 章 2 节例 3 知, $J(\lambda)$ 是绝对收敛的.

(b) 再讨论无穷积分 $I(\lambda)=\displaystyle\int_0^1\frac{\sin t}{t^\lambda}\mathrm{d}t$.

(i) 当 $\lambda\leqslant 0$, 即 $\dfrac{p+1}{q}\geqslant 1$ 时, $I(\lambda)$ 为定积分.

(ii) 当 $0<\lambda\leqslant 1$, 即 $0\leqslant\dfrac{p+1}{q}<1$ 时, 由于 $\displaystyle\lim_{t\to0^+}\frac{\sin t}{t^\lambda}=\lim_{t\to0^+}\frac{\sin t}{t}\cdot t^{1-\lambda}=0$, 所以此时 $I(\lambda)$ 也为定积分.

(iii) 当 $\lambda>1$, 即 $\dfrac{p+1}{q}<0$ 时, 由于

$$\lim_{t\to0^+}\frac{\sin t}{t^\lambda}\Big/\frac{1}{t^{\lambda-1}}=\lim_{t\to0^+}\frac{\sin t}{t}=1,$$

所以 $I(\lambda)$ 与 $\displaystyle\int_0^1\frac{\mathrm{d}t}{t^{\lambda-1}}$ 同敛态. 已知瑕积分 $\displaystyle\int_0^1\frac{\mathrm{d}t}{t^{\lambda-1}}$ 当 $\lambda-1<1$ 时收敛, 当 $\lambda-1\geqslant 1$ 时发散. 于是, 当 $1<\lambda<2$, 即 $-1<\dfrac{p+1}{q}<0$ 时, $I(\lambda)$ 收敛, 当然也绝对收敛 (因为 $\dfrac{\sin t}{t^\lambda}>0$); 而当 $\lambda\geqslant 2$, 即 $\dfrac{p+1}{q}\leqslant -1$ 时, $I(\lambda)$ 发散.

上述讨论的结果如表 11.3.3 所示 (记 $\mu=\dfrac{p+1}{q}$).

表 11.3.3

λ	$I(\lambda)$	$J(\lambda)$	μ	$\Phi(p,q)$
$\lambda\leqslant 0$	定积分	发散	$\mu\geqslant 1$	发散
$0<\lambda\leqslant 1$	定积分	条件收敛	$0\leqslant\mu<1$	条件收敛
$1<\lambda<2$	绝对收敛	绝对收敛	$-1<\mu<0$	绝对收敛
$\lambda\geqslant 2$	发散	绝对收敛	$\mu\leqslant -1$	发散

由表 11.3.3 可见, 反常积分 $\Phi(p,q)$ 当 $p+1\geqslant q$ 及 $p+1\leqslant -q$ 时发散, 当 $0\leqslant p+1<q$ 时条件收敛, 当 $-q<p+1<0$ 时绝对收敛. ■

例 11.3.4　设 $\alpha>0$, 证明瑕积分 $\Phi(\alpha)=\displaystyle\int_0^1\frac{\mathrm{d}x}{x^\alpha(1-\cos x)^\alpha}$ 当 $\alpha<\dfrac{1}{3}$ 时收敛, 而当 $\alpha\geqslant\dfrac{1}{3}$ 时发散.

证明　由于

$$\lim_{x\to0^+}x^{3\alpha}\cdot\frac{1}{x^\alpha(1-\cos x)^\alpha}=\lim_{x\to0^+}\frac{1}{\left(\dfrac{1-\cos x}{x^2}\right)^\alpha}=\lim_{x\to0^+}\left(\frac{\sin\dfrac{x}{2}}{\dfrac{x}{2}}\right)^{-2\alpha}\cdot 2^\alpha=2^\alpha,$$

所以由推论 11.3.3 知, 当 $3\alpha < 1$, 即 $\alpha < \dfrac{1}{3}$ 时, 瑕积分 $\varPhi(\alpha)$ 收敛, 而当 $3\alpha \geqslant 1$, 即 $\alpha \geqslant \dfrac{1}{3}$ 时, 瑕积分 $\varPhi(\alpha)$ 发散. ■

四、巩固提高

11.3.1 求下列瑕积分的值, 其中 $n \in \mathbb{N}_+$:

(i) $\displaystyle\int_0^1 (\ln x)^n \mathrm{d}x$;　　(ii) $\displaystyle\int_0^1 \frac{x^n}{\sqrt{1-x}}\mathrm{d}x$.

11.3.2 讨论下列反常积分的敛散性:

(i) $\displaystyle\int_0^{+\infty} \frac{\mathrm{d}x}{x^\alpha(x^2+1)}\ (\alpha > 0)$;　　(ii) $\displaystyle\int_0^1 |\ln x|^\alpha \mathrm{d}x$.

11.3.3 证明下列等式:

(i) $\displaystyle\int_0^1 \frac{x^{\alpha-1}}{1+x}\mathrm{d}x = \int_1^{+\infty} \frac{x^{-\alpha}}{1+x}\mathrm{d}x$, 其中 $\alpha > 0$;

(ii) $\displaystyle\int_0^{+\infty} \frac{x^{\alpha-1}}{1+x}\mathrm{d}x = \int_0^{+\infty} \frac{x^{-\alpha}}{1+x}\mathrm{d}x$, 其中 $0 < \alpha < 1$.

11.3.4 证明 $\displaystyle\int_0^{+\infty} f\left(\frac{x}{a}+\frac{a}{x}\right)\frac{\ln x}{x}\mathrm{d}x = \ln a \int_0^{+\infty} f\left(\frac{x}{a}+\frac{a}{x}\right)\frac{1}{x}\mathrm{d}x$, 其中 $a > 0$.

11.3.5 讨论反常积分 $\varPhi(\alpha) = \displaystyle\int_0^{+\infty} \frac{\sin^2 x}{x^\alpha}\mathrm{d}x$ 的敛散性.

***11.3.6** 讨论反常积分 $\varPhi(\alpha,\beta) = \displaystyle\int_0^{+\infty} \frac{x^{\alpha-1}}{|x-1|^{\alpha+\beta}}\mathrm{d}x$ 的敛散性.

11.3.7 计算反常积分 $I = \displaystyle\int_0^{+\infty} \frac{\ln x}{1+x^2}\mathrm{d}x$.

11.3.8 设 f 在 $[a,b)$ 上连续, 且 b 为瑕点. 证明: 若 $\displaystyle\int_a^b f^2(x)\mathrm{d}x$ 收敛, 则 $\displaystyle\int_a^b f(x)\mathrm{d}x$ 必绝对收敛.

参 考 文 献

[1] 华东师范大学数学系. 数学分析 (上册). 3 版. 北京：高等教育出版社, 2001.
[2] 阿黑波夫 Г И, 萨多夫尼奇 B A, 丘巴里阔夫 B H. 数学分析讲义. 3 版. 北京：高等教育出版社, 2006.
[3] 菲赫金哥尔茨 Г M. 微积分学教程 (第一卷). 8 版. 北京：高等教育出版社, 2009.
[4] 克莱因. 古今数学思想. 上海：上海科学技术出版社, 1979.
[5] 菲赫金哥尔茨 Г M. 数学分析原理 (二卷四册). 北京：人民教育出版社, 1980.
[6] 孙文瑜, 杜其奎, 陈金如. 计算方法. 北京：科学出版社, 2007.
[7] 常庚哲. 史济怀. 数学分析教程 (上册). 南京：江苏教育出版社, 1998.
[8] 陈传璋, 金福临, 朱学炎, 等. 数学分析. 2 版, 北京：高等教育出版社, 1983.
[9] 刘玉琏, 傅沛仁. 数学分析讲义 (上、下册). 北京：高等教育出版社, 1985.
[10] Rudin W. *Principles of Mathmatical Analysis.* 3rd ed. New York: McGraw–Hill Companies, Inc., 1976.
[11] Zorich V A. *Mathematical Analysis* (I、II). Berlin: Springer–Verlag, 2002.
[12] 谢惠民, 恽自求, 易法槐, 等. 数学分析习题课讲义 (上册). 北京：高等教育出版社, 2003.
[13] 波利亚. 数学的发现. 呼和浩特：内蒙古人民出版社, 1979.
[14] 波利亚. 怎样解题. 北京：科学出版社, 1982.
[15] 波利亚. 数学与猜想. 北京：科学出版社, 1984.
[16] 常庚哲. 史济怀. 数学分析教程 (下册). 南京：江苏教育出版社, 2003.
[17] 费定晖, 郭大均, 周学圣, 等. 数学分析习题集解 (一至六册). 济南：山东科学技术出版社, 1981.
[18] 克莱鲍尔 G. 数学分析. 上海：上海科学技术出版社, 1981.
[19] 克莱鲍尔 G. 分析中的问题与命题. 湖南：湖南师范学院学报增刊, 1984.
[20] 哈代, 李特伍德, 波利亚. 不等式. 北京：科学出版社, 1965.
[21] 郝柏林. 从抛物线谈起 —— 混沌动力学引论. 上海：上海科技教育出版社, 1993.
[22] 华罗庚. 高等数学引论. 北京：科学出版社, 1963.
[23] 吉米多维奇. 数学分析习题集. 北京：人民教育出版社, 1958.
[24] 匡继昌. 常用不等式. 3 版. 济南：山东科学技术出版社, 2004.
[25] 李文林. 数学史教程. 北京：高等教育出版社, 2000.
[26] 刘三阳, 于力, 李广民. 数学分析选讲. 北京：科学出版社, 2007.
[27] 刘玉琏, 杨奎元, 刘伟, 等. 数学分析讲义学习辅导书 (上、下册). 2 版. 北京：高等教育出版社, 2003.
[28] 沐定夷. 数学分析. 上海：上海交通大学出版社, 1993.
[29] 沐定夷, 谢惠民. 吉米多维奇数学分析习题集学习指引 (第一册). 北京：高等教育出版社, 2010.
[30] 欧阳光中, 姚允龙, 周渊. 数学分析 (上、下册). 上海：复旦大学出版社, 2004.

[31] 裴礼文. 数学分析中的典型问题和方法. 北京：高等教育出版社, 1998.
[32] 斯特洛伊克. 数学简史. 北京：科学出版社, 1956.
[33] 孙本旺, 汪浩. 数学分析中的典型例题和解题方法. 长沙：湖南科学技术出版社, 1981.
[34] 吴良森, 毛羽辉, 韩士安, 等. 数学分析学习指导书 (上册). 北京：高等教育出版社, 2004.
[35] 吴良森, 毛羽辉, 韩士安, 等. 数学分析学习指导书 (下册). 北京：高等教育出版社, 2004.
[36] 吴文俊. 世界著名数学家传记 (上、下册). 北京：科学出版社, 1995.
[37] 谢惠民, 沐定夷. 吉米多维奇数学分析习题集学习指引 (第二册). 北京：高等教育出版社, 2011.
[38] 徐利治, 王兴华. 数学分析的方法及例题选讲. 北京：高等教育出版社, 1983.
[39] 赵显曾. 数学分析拾遗. 南京：东南大学出版社, 2006.
[40] 卓里奇. 数学分析. 北京：高等教育出版社, 1987.
[41] Apostol T M. *Mathematical Analysis.* 2nd ed. Reading Mass: Addison–Wesley, 1974.
[42] Courant R, John F. *Introduction to Calculus and Analysis.* New York: Springer–Verlag, 1989.
[43] Gelbaum B R, Olmsted J M H. *Counterexamples in Analysis.* San Francisco: Holden–Day, Inc., 1964.
[44] Johnsonbaugh R, Pfaffenberger W E. *Foundation of Mathematical Analysis.* New York: Dover Publications, 2002.
[45] Katz V J. *A History of Mathematics—An Introduction.* 2nd ed. New Jersey: Addison–Wesley, 1998.
[46] Pólya G, Szegö G. *Problems and Theorems in Analysis.* Berlin: Springer–Verlag, 1972.

名 词 索 引

(以汉语拼音字母为序)

J

K

L

V

W

X

Y

Z

数学分析精读讲义

(下册)

杜其奎　陈金如　谢四清　徐晓立　编著

科学出版社

北　京

内 容 简 介

本书是以华东师范大学数学系所编的《数学分析 (第三版)》内容为主线而编写的教学辅导书，主要是为课程精读教师的教学及学生学习本课程的课后复习与提高之用，是在作者二十多年来讲授数学分析课程内容的基础上发展起来的. 本书按章节编写，每节内容主要包括：内容精读、疑难解答、典型例题、巩固提高. 本书切合实际，十分注意提高学生对数学分析的基本概念、基本定理、基本计算技巧的理解和应用，通过对一些典型例题的讲解与分析，由浅入深、分层次、分类型地介绍微积分学的解题思路，特别注重一法多用、一题多解，同时关注形象思维的培养. 期望为读者更有效地掌握微积分学的基本功、打下数学分析坚实的基础，提供适当的帮助.

本书适合于正在学习微积分学的大学生和需要提高自己数学水平与能力的各类自学者，对于讲授数学分析或高等数学的教师及准备考研的广大学生也有极高的参考价值.

图书在版编目(CIP)数据

数学分析精读讲义(上、下册)/ 杜其奎等编著. —北京：科学出版社，2012

ISBN 978-7-03-034881-4

Ⅰ.①数… Ⅱ.①杜… Ⅲ.①数学分析-高等学校-教材 Ⅳ.①O17

中国版本图书馆 CIP 数据核字(2012) 第 128444 号

责任编辑：王 静 房 阳／责任校对：林青梅
责任印制：赵 博／封面设计：陈 敬

科学出版社出版
北京东黄城根北街 16 号
邮政编码：100717
http://www.sciencep.com

保定市中画美凯印刷有限公司印刷
科学出版社发行 各地新华书店经销
*
2012 年 6 月第 一 版 开本：720 × 1000 1/16
2025 年 6 月第十二次印刷 印张：51 1/4
字数：1 028 000

定价：119.00 元(上、下册)

(如有印装质量问题，我社负责调换)

前　　言

数学分析是数学专业最重要的基础课程之一，对数学专业后续课程的学习和研究影响甚大. 它不但是众多学科分支的重要基础和有力工具，而且对培养学生的思维能力、夯实学生的数学基础、加强学生的基本功训练都具有十分重要的功效. 毫不夸张地说，学生学好这门课程，就奠定了大学阶段学好数学的坚实基础，也是开创数学学习良好局面的关键.

当然，数学分析对于初学者而言，难以学深学透、融会贯通、真正掌握这门课程的精髓. 因此，有必要对其内容进行细嚼慢咽，不断强化. 一方面要充分发挥教师课堂教学的主导作用，另一方面也要充分调动每位学生学习的积极性与主动性，促使他们自觉地接受持之以恒、充分而严格的数学训练，能真正地走近数学，从而加深对数学内容的理解.

基于上述考虑，南京师范大学数学科学学院对数学分析课程的教学进行了重大改革，从 2006 年起，将这门课程分为两门子课程，即“数学分析原理”和“数学分析精读”. “数学分析原理”由数学专业学术带头人担任主讲，主要向学生传授该课程的知识与科学思想；“数学分析精读”由具有该课程丰富教学经验的教授或副教授担任主讲，带领学生学会如何预习、如何听课、如何做笔记、如何提问、如何做题、如何归纳、如何提高，等等. 为了配合数学分析精读课的教学，我们在多年教学实践的基础上，编写了《数学分析精读讲义》，旨在使学生进一步巩固知识、加强训练，掌握方法、开阔思路，夯实基础、提高能力.

本书是以华东师范大学数学系编写的《数学分析 (第三版)》的内容为主要依据而编写的，参照其章节，每节主要包含四部分的内容.

一、内容精读：简要概述每节中的基本概念，重要定理和公式，并对要点与难点作适当分析.

二、疑难解答：解答在数学分析学习过程中可能遇到的一些疑难问题，主要涉及某些概念的理解，重要定理的使用，解题技巧的总结及某些模糊问题的辨析.

三、典型例题：选取若干个紧扣内容的典型题目，通过分析和求解，使读者从中得到启发，有助于提高分析问题和解决问题的能力.

四、巩固提高：配套一定量的题目，使学生所学的方法和技巧得以应用，进而达到巩固知识，提高能力之目的.

本书的编写，受到国家精品课程主持人、江苏省教学名师及南京师范大学“数学类基础课程教学团队”带头人周兴和教授的鼓励和支持，在此谨向他表示由衷的感谢! 编写中, 参考了国内外一些专家学者编著的数学分析方面的书籍, 在此一并表示由衷的感谢!

由于编者受水平所限, 书中难免存在疏漏和不妥之处, 恳请同行和广大读者不吝赐教, 以利于今后对本书的修订.

作　者

2012 年 2 月

于南京师范大学随园

符 号 说 明

本书中凡用文字符号表示的数, 除特别说明外均为实数. 书中涉及符号的具体含义如下.

$\mathbb{N}_+$	表示“所有正整数构成的集合”.
$\mathbb{N}$	表示“所有非负整数构成的集合”.
$\mathbb{Z}$	表示“所有整数构成的集合”.
$\mathbb{Q}$	表示“所有有理数构成的集合”.
$\mathbb{R}$	表示“所有实数构成的集合”(或用于表示无限区间 $(-\infty,+\infty)$).
$\mathbb{R}_+$	表示“所有正实数构成的集合”(或用于表示半无限区间 $(0,+\infty)$).
$\mathbb{R}_-$	表示“所有负实数构成的集合”(或用于表示半无限区间 $(-\infty,0)$).
$\mathbb{C}$	表示“所有复数构成的集合”.
$\varnothing$	表示“空集”.
$A\cup B$	表示“A 与 B 的并集”, 即 $A\cup B=\{x \mid x\in A$ 或 $x\in B\}$.
$A\cap B$	表示“A 与 B 的交集”, 即 $A\cap B=\{x \mid x\in A$ 且 $x\in B\}$.
$A\backslash B$	表示“A 与 B 的差集”, 即 $A\backslash B=\{x \mid x\in A$ 且 $x\notin B\}$.
E^{c}	表示“集合 E 的补集”.
E^{d}	表示“集合 E 的导集”, 即 E 的全部聚点的集合.
$\mathrm{int}E$ 或 E°	表示“集合 E 的内部”, 即 E 的全部内点的集合.
$\overline{E}$	表示“集合 E 的闭包”, 即 $\overline{E}=E\cup E^d$.
∂E	表示“集合 E 的边界”, 即 E 的所有界点构成的集合.
$\mathrm{meas}(E)$	表示“E 的 Lebesgue 测度”.
$C(D)$	表示“区域 D 上连续函数的全体”.
$C^k(D)$	表示“区域 D 上有直到 k 阶连续偏导函数的函数全体”.
$\mathscr{R}(D)$	表示“D 上 Riemann 可积的函数全体”.
$\Leftrightarrow$	表示“等价关系”的记号. $A\Leftrightarrow B$表示 A 与 B 等价. 如 $\lvert x\rvert<1\Leftrightarrow -1<x<1$.
$\Rightarrow$	表示“A 蕴涵 B”之意, 如 $A\Rightarrow B$ 即为由 A 推出 B.
$\approx$	表示“近似”符号. 如 $\sqrt{3}\approx 1.732$.
$\equiv$	表示“恒等”之意.
$\forall$	表示“对任意”、“对所有”、“对任何”或“对每一个”之意.
$\exists$	表示“存在”或“有”之意.
$\ni$	表示“使得”之意.
C_n^k	表示“组合数”, 即 $\mathrm{C}_n^k=\dfrac{n(n-1)\cdots(n-k+1)}{k!}=\dfrac{n!}{k!\cdot(n-k)!}$.
$\max\{a,b\}$	表示“a 与 b 中最大者”. 如 $\max\{12,-1\}=12$.
$\min\{a,b\}$	表示“a 与 b 中最小者”. 如 $\min\{12,-1\}=-1$.

$\sum$	表示“求和”记号. 如 $\sum_{k=1}^{n} a_k = a_1 + a_2 + \cdots + a_n$.
$\prod$	表示“连乘积”记号. 如 $\prod_{k=1}^{n} a_k = a_1 \cdot a_2 \cdot \cdots \cdot a_n$.
$\rightrightarrows$	表示“一致收敛”. 如 $f_n(x) \rightrightarrows f(x)(n \to \infty), x \in D$.
$\operatorname{grad} u$ 或 $\boldsymbol{\nabla} u$	表示“函数 u 的梯度”.
$\operatorname{div}\boldsymbol{A}$ 或 $\boldsymbol{\nabla} \cdot \boldsymbol{A}$	表示“向量函数 $\boldsymbol{A}$ 的散度”.
$\operatorname{rot}\boldsymbol{A}$ 或 $\operatorname{curl}\boldsymbol{A}$	表示“向量函数 $\boldsymbol{A}$ 的旋度”.
■	表示“一个证明或求解的结束”.

目　　录

(下册)

第 12 章　数 项 级 数

本章先介绍级数及其收敛性的概念, 然后重点讨论正项级数敛散性判别法, 并研究了一般项级数的敛散性问题. 其内容主要体现在以下五个方面: (i) 借助于部分和数列的敛散性给出了级数的敛散性定义, 这是研究级数的基础; (ii) 给出了与收敛数列相平行的收敛级数的两个性质: Cauchy 收敛准则, 线性性质; (iii) 正项级数 (或同号级数) 敛散性判别法, 这是本章的核心与重点; (iv) 级数的绝对收敛与条件收敛的概念, 条件收敛的判别法 (Dirichlet 判别法与 Abel 判别法); (v) 介绍了收敛级数的结合律、绝对收敛级数的交换律与分配律.

本章的基本要求: (i) 掌握级数敛散性的定义, 理解其含义, 并能熟练地掌握级数敛散性的判别法 (要记住几何级数与 p-级数的敛散性); (ii) 掌握收敛级数和绝对收敛级数的性质及其证明方法; (iii) 能应用级数的敛散性定义和收敛级数的性质, 来处理级数中的一些理论问题.

12.1　级数的收敛性

一、内容精读

1. 级数的概念及其敛散性

1) 级数的概念

定义 12.1.1　设 $\{u_n\}$ 为一给定的数列, 形如

$$\sum_{n=1}^{\infty} u_n = u_1 + u_2 + \cdots + u_n + \cdots \tag{12.1.1}$$

称为数项级数 或无穷级数 (常简称级数), 其中 u_n 称为级数 (12.1.1) 的通项.

级数的基本问题: (i) 级数敛散性的判定; (ii) 收敛级数的求和.

无论是讨论级数的敛散性还是求级数的和, 其最初的出发点都是考察级数 (12.1.1) 的部分和 (或第 n 个部分和)

$$S_n = \sum_{k=1}^{n} u_k = u_1 + u_2 + \cdots + u_n \tag{12.1.2}$$

所组成的数列 $\{S_n\}$.

2) 级数的敛散性

若级数 (12.1.1) 的部分和数列 $\{S_n\}$ 收敛于 S (即 $\lim\limits_{n\to\infty} S_n = S$), 则称级数 (12.1.1) 收敛, 并称 S 为级数 (12.1.1) 的和, 记作

$$S=\sum_{k=1}^{\infty} u_k = u_1+u_2+\cdots+u_n+\cdots \quad 或 \quad S=\sum u_n.$$

若 $\{S_n\}$ 是发散数列, 则称级数 (12.1.1) 发散.

由级数的定义可知, 从给定的数列 $\{u_n\}$ 出发可以构造一个级数

$$u_1+\sum_{n=1}^{\infty}(u_{n+1}-u_n), \tag{12.1.3}$$

使得二者具有相同的敛散性. 当它们收敛时, 级数 (12.1.3) 的和 S 就等于数列 $\{u_n\}$ 的极限, 即 $\lim\limits_{n\to\infty} u_n = S$. 今后读者将会看到, 对于给定的数列构造级数 (12.1.3) 是研究数列以及计算其极限的一种有效方法.

2. Cauchy 收敛准则

定理 12.1.1(Cauchy 收敛准则)　级数 (12.1.1) 收敛的充要条件: 对任给 $\varepsilon>0$, 总存在正整数 N, 使得当 $m>N$ 以及对任意的正整数 p, 都有

$$|u_{m+1}+u_{m+2}+\cdots+u_{m+p}|<\varepsilon; \tag{12.1.4}$$

或

对任给 $\varepsilon>0$, 总存在正整数 N, 使得当 $n>m>N$ 时, 有

$$|u_{m+1}+u_{m+2}+\cdots+u_n|<\varepsilon. \tag{12.1.4$'$}$$

(事实上, 级数 $\sum u_n$ 收敛 $\Leftrightarrow \{S_n\}$ 收敛

$\Leftrightarrow \forall\,\varepsilon>0, \exists\, N>0$, 当 $m>N$ 及任意正整数 p, 有 $|S_{m+p}-S_m|<\varepsilon$

$\Leftrightarrow \forall\,\varepsilon>0, \exists\, N>0$, 当 $m>N$ 及任意正整数 p, 有 $|u_{m+1}+\cdots+u_{m+p}|<\varepsilon$

$\Leftrightarrow \forall\,\varepsilon>0, \exists\, N>0$, 当 $n>m>N$ 时, 有 $|S_n-S_m|<\varepsilon$

$\Leftrightarrow \forall\,\varepsilon>0, \exists\, N>0$, 当 $n>m>N$ 时, 有 $|u_{m+1}+\cdots+u_n|<\varepsilon$.)

级数 (12.1.1) 发散的充要条件: 存在 $\varepsilon_0>0$, 对任意的正整数 N, 总存在正整数 $m_0>N$ 及正整数 p_0, 使得

$$|u_{m_0+1}+u_{m_0+2}+\cdots+u_{m_0+p_0}|\geqslant\varepsilon_0. \tag{12.1.5}$$

级数收敛的必要条件: 若级数 (12.1.1) 收敛, 则 $\lim\limits_{n\to\infty} u_n = 0$.

级数收敛的必要条件常用来判别级数 (12.1.1) 的发散.

3. 级数的性质

性质 12.1.1 若级数 $\sum u_n$ 与 $\sum v_n$ 都收敛, 则对任意常数 c, d, 级数 $\sum(cu_n+dv_n)$ 亦收敛, 且 $\sum(cu_n+dv_n)=c\sum u_n+d\sum v_n$.

性质 12.1.2 去掉、增加或改变级数的**有限**个项并不改变其敛散性 (但影响其和).

性质 12.1.3 在收敛级数的项中任意加括号, 既不改变其收敛性, 也不改变其和.

4. 级数的余项

称 $R_n=\sum\limits_{k=1}^{\infty}u_{n+k}$ 为级数 (12.1.1) 的第 n 个余项 (或余项).

级数 (12.1.1) 收敛 $\Leftrightarrow \lim\limits_{n\to\infty}R_n=0$.

5. 两个重要的数项级数

(i) 几何级数 $\sum\limits_{n=1}^{\infty}aq^{n-1}$: 当 $|q|<1$ 时收敛, 其和为 $\dfrac{a}{1-q}$; 当 $|q|\geqslant 1$ 时发散.

(ii) p-级数 $\sum\limits_{n=1}^{\infty}\dfrac{1}{n^p}$: 当 $p>1$ 时收敛; 当 $p\leqslant 1$ 时发散.

二、疑难解答

问题 12.1.1 问级数 $\sum u_n$、$\sum v_n$ 与 $\sum(u_n+v_n)$ 的敛散性间有何联系?

答 (i) 若级数 $\sum u_n$ 与 $\sum v_n$ 都收敛, 则级数 $\sum(u_n+v_n)$ 也收敛, 且

$$\sum(u_n+v_n)=\sum u_n+\sum v_n.$$

(ii) 若级数 $\sum u_n$ 与 $\sum v_n$ 中一个收敛, 一个发散, 则级数 $\sum(u_n+v_n)$ 必发散. 这是因为, 若级数 $\sum u_n$ 收敛, 而 $\sum v_n$ 发散, 若 $\sum(u_n+v_n)$ 收敛, 则由性质 12.1.1 知, $\sum v_n=\sum\left[(u_n+v_n)-u_n\right]$ 也收敛, 矛盾.

(iii) 若级数 $\sum u_n$ 与 $\sum v_n$ 都发散, 则级数 $\sum(u_n+v_n)$ 的敛散性不能肯定. 例如, 级数 $\sum\limits_{n=1}^{\infty}\dfrac{1}{n}$, $\sum\limits_{n=1}^{\infty}\dfrac{-1}{2n}$, $\sum\limits_{n=1}^{\infty}\dfrac{-1}{n+1}$ 都发散, 而级数 $\sum\limits_{n=1}^{\infty}\left(\dfrac{1}{n}-\dfrac{1}{2n}\right)=\sum\limits_{n=1}^{\infty}\dfrac{1}{2n}$ 发散, 级数 $\sum\limits_{n=1}^{\infty}\left(\dfrac{1}{n}-\dfrac{1}{n+1}\right)=\sum\limits_{n=1}^{\infty}\dfrac{1}{n(n+1)}=1$ 收敛.

(iv) 若 $\sum(u_n+v_n)$ 收敛, 则 $\sum u_n$ 与 $\sum v_n$ 必须具有相同的敛散性. 否则, 若级数 $\sum u_n$ 与 $\sum v_n$ 中一个收敛, 一个发散, 则由 (ii) 知 $\sum(u_n+v_n)$ 必发散, 矛盾.

(v) 若 $\sum(u_n+v_n)$ 发散, 则 $\sum u_n$ 与 $\sum v_n$ 不能同时收敛, 否则由 (i) 知 $\sum\left(u_n+v_n\right)$ 必收敛, 矛盾. ■

问题 12.1.2　若级数 $\sum u_n$ 与 $\sum v_n$ 都发散, 能否断定级数 $\sum u_nv_n$ 与 $\sum u_nv_n^{-1}$ 的敛散性?

答　无法断定. 例如,

取 $u_n=n,\ v_n=\dfrac{1}{n}$, 则 $\sum u_n$ 与 $\sum v_n$ 都发散, 且 $\sum u_nv_n=\sum 1$ 也发散;

取 $u_n=v_n=n^{-1}$, 则 $\sum u_n$ 与 $\sum v_n$ 都发散, 但 $\sum u_nv_n=\sum n^{-2}$ 收敛;

取 $u_n=3^n,\ v_n=2^n$, 则 $\sum u_n$ 与 $\sum v_n$ 都发散, 且 $\sum\dfrac{u_n}{v_n}=\sum\left(\dfrac{3}{2}\right)^n$ 也发散;

取 $u_n=2^n,\ v_n=3^n$, 则 $\sum u_n$ 与 $\sum v_n$ 都发散, 但 $\sum\dfrac{u_n}{v_n}=\sum\left(\dfrac{2}{3}\right)^n$ 收敛. ■

问题 12.1.3　由性质 12.1.2 知, 级数的敛散性与其有限个项无关, 那么级数的和也与其有限个项无关吗?

答　级数的和与其有限个项有关. 例如收敛级数 $\sum\dfrac{1}{n(n+1)}$, 则

$$S=\sum_{n=1}^{\infty}\frac{1}{n(n+1)}=\sum_{n=1}^{\infty}\left(\frac{1}{n}-\frac{1}{n+1}\right)=\lim_{n\to\infty}\left(1-\frac{1}{n+1}\right)=1,$$

$$S=\sum_{n=2}^{\infty}\frac{1}{n(n+1)}=\sum_{n=2}^{\infty}\left(\frac{1}{n}-\frac{1}{n+1}\right)=\lim_{n\to\infty}\left(\frac{1}{2}-\frac{1}{n+1}\right)=\frac{1}{2},$$

$$S=\sum_{n=3}^{\infty}\frac{1}{n(n+1)}=\sum_{n=3}^{\infty}\left(\frac{1}{n}-\frac{1}{n+1}\right)=\lim_{n\to\infty}\left(\frac{1}{3}-\frac{1}{n+1}\right)=\frac{1}{3},$$

$$\cdots\cdots$$

■

问题 12.1.4　下列断言成立吗? 为什么?

(i) 若级数 $\sum u_n$ 发散, 则必有 $\lim\limits_{n\to\infty}u_n\neq 0$;

(ii) 若对级数 $\sum u_n$ 的项加括号后所得的级数发散, 则原级数必发散.

答　(i) 不正确. 例如, 级数 $\sum\dfrac{1}{n}$ 发散, 但 $\lim\limits_{n\to\infty}u_n=0$.

(ii) 正确. (反证法) 若级数 $\sum u_n$ 收敛, 则由性质 12.1.3 知, 对其任意加括号后所得到的级数也收敛, 这与所给的条件相矛盾. ■

三、典型例题

例 12.1.1　判定下列级数的敛散性:

(i) $\displaystyle\sum_{n=1}^{\infty}\frac{n^3-2n+5}{(2n-1)(2n+1)(2n+3)}$;

(ii) $\sum\limits_{n=1}^{\infty}\dfrac{3n^n}{(1+n)^n}$; (iii) $\sum\limits_{n=1}^{\infty}\dfrac{\left(n+\dfrac{1}{n}\right)^n}{n^{n+\frac{1}{n}}}$.

解 (i) 因 $\lim\limits_{n\to\infty}\dfrac{n^3-2n+5}{(2n-1)(2n+1)(2n+3)}=\dfrac{1}{8}\neq 0$, 故原级数发散.

(ii) 因 $\lim\limits_{n\to\infty}\dfrac{3n^n}{(1+n)^n}=\lim\limits_{n\to\infty}\dfrac{3}{\left(1+\dfrac{1}{n}\right)^n}=\dfrac{3}{\mathrm{e}}\neq 0$, 故原级数发散.

(iii) 因 $\lim\limits_{n\to\infty}\dfrac{\left(n+\dfrac{1}{n}\right)^n}{n^{n+\frac{1}{n}}}=\lim\limits_{n\to\infty}\dfrac{\left[\left(1+\dfrac{1}{n^2}\right)^{n^2}\right]^{\frac{1}{n}}}{n^{\frac{1}{n}}}=1\neq 0$, 故原级数发散. ■

例 12.1.2 讨论数项级数 $\sum\limits_{n=1}^{\infty}\dfrac{1}{(5n-4)(5n+1)}$ 的敛散性.

解 级数 $\sum\limits_{n=1}^{\infty}\dfrac{1}{(5n-4)(5n+1)}$ 的第 n 个部分和为

$$
\begin{aligned}
S_n&=\sum_{k=1}^{n}\frac{1}{(5k-4)(5k+1)}\\
&=\frac{1}{1\cdot 6}+\frac{1}{6\cdot 11}+\cdots+\frac{1}{(5n-4)(5n+1)}\\
&=\frac{1}{5}\left[\left(1-\frac{1}{6}\right)+\left(\frac{1}{6}-\frac{1}{11}\right)+\cdots+\left(\frac{1}{5n-4}-\frac{1}{5n+1}\right)\right]\\
&=\frac{1}{5}\left(1-\frac{1}{5n+1}\right).
\end{aligned}
$$

而

$$
\lim_{n\to\infty}S_n=\lim_{n\to\infty}\frac{1}{5}\left(1-\frac{1}{5n+1}\right)=\frac{1}{5},
$$

所以原级数收敛, 且 $\sum\limits_{n=1}^{\infty}\dfrac{1}{(5n-4)(5n+1)}=\dfrac{1}{5}$. ■

例 12.1.3 设数项级数 $\sum\limits_{n=1}^{\infty}u_n$ 的部分和为

$$
S_n=\frac{1}{n+1}+\frac{1}{n+2}+\cdots+\frac{1}{n+n},
$$

求该级数的通项 u_n 及其和 S.

解　(i) 先求通项 u_n. 显然, $u_1 = S_1 = \frac{1}{2}$, 当 $n \geqslant 2$ 时,

$$\begin{aligned}
u_n = S_n - S_{n-1} &= \left(\frac{1}{n+1} + \frac{1}{n+2} + \cdots + \frac{1}{n+n}\right) \\
&\quad - \left[\frac{1}{(n-1)+1} + \frac{1}{(n-1)+2} + \cdots + \frac{1}{(n-1)+(n-1)}\right] \\
&= \frac{1}{n+(n-1)} + \frac{1}{n+n} - \frac{1}{(n-1)+1} \\
&= \frac{1}{2n-1} + \frac{1}{2n} - \frac{1}{n} = \frac{1}{2n(2n-1)}.
\end{aligned}$$

所以, 该级数的通项 u_n 为 $u_n = \frac{1}{2n(2n-1)}$, $n \in \mathbb{N}_+$.

(ii) 再求和 S. 利用定积分的定义可得

$$\begin{aligned}
S = \lim_{n\to\infty} S_n &= \lim_{n\to\infty} \left(\frac{1}{n+1} + \frac{1}{n+2} + \cdots + \frac{1}{n+n}\right) \\
&= \lim_{n\to\infty} \frac{1}{n}\left(\frac{1}{1+\frac{1}{n}} + \frac{1}{1+\frac{2}{n}} + \cdots + \frac{1}{1+\frac{n}{n}}\right) = \int_0^1 \frac{1}{1+x}\,\mathrm{d}x = \ln 2.
\end{aligned}$$

■

例 12.1.4　应用级数的敛散性定义, 讨论 p-级数 $\sum_{n=1}^{\infty} \frac{1}{n^p}$ 的敛散性.

解　显然, 当 $p \leqslant 0$ 时 p-级数 $\sum_{n=1}^{\infty} \frac{1}{n^p}$ 发散. 下面设 $p > 0$.

考察 p-级数的部分和数列

$$S_n = 1 + \frac{1}{2^p} + \cdots + \frac{1}{n^p}, \quad n \in \mathbb{N}_+ \tag{12.1.6}$$

的敛散性. 由于 p-级数的各项均为正数, 因此其部分和数列 $\{S_n\}$ 为递增数列.

(i) 当 $p \neq 1$ 时, 由微分中值定理可得

$$\frac{1}{1-p}\left[n^{1-p} - (n+1)^{1-p}\right] = -\frac{1}{\xi^p}, \quad \xi \in (n, n+1). \tag{12.1.7}$$

当 $p > 1$ 时, 由式 (12.1.7) 可得

$$\frac{1}{(n+1)^p} < \frac{1}{\xi^p} = \frac{1}{p-1}\left[\frac{1}{n^{p-1}} - \frac{1}{(n+1)^{p-1}}\right], \quad n \in \mathbb{N}_+.$$

于是

$$
\begin{aligned}
S_n =&1+\frac{1}{2^p}+\cdots+\frac{1}{n^p}\\
<&1+\frac{1}{p-1}\left[\left(1-\frac{1}{2^{p-1}}\right)+\left(\frac{1}{2^{p-1}}-\frac{1}{3^{p-1}}\right)+\cdots+\left(\frac{1}{(n-1)^{p-1}}-\frac{1}{n^{p-1}}\right)\right]\\
=&1+\frac{1}{p-1}\left(1-\frac{1}{n^{p-1}}\right)<1+\frac{1}{p-1}=\frac{p}{p-1},
\end{aligned}
$$

即数列 $\{S_n\}$ 有上界, 由单调有界定理知 $\{S_n\}$ 收敛, 故当 $p>1$ 时 $\sum\limits_{n=1}^{\infty}\frac{1}{n^p}$ 收敛.

当 $0<p<1$ 时, 由式 (12.1.7) 可得

$$
\frac{1}{n^p}>\frac{1}{\xi^p}=\frac{1}{1-p}\left[(n+1)^{1-p}-n^{1-p}\right],\quad n\in\mathbb{N}_+.
$$

于是

$$
\begin{aligned}
S_n &= 1+\frac{1}{2^p}+\cdots+\frac{1}{n^p}\\
&>\frac{1}{1-p}\left[2^{1-p}-1\right]+\frac{1}{1-p}\left[3^{1-p}-2^{1-p}\right]+\cdots+\frac{1}{1-p}\left[(n+1)^{1-p}-n^{1-p}\right]\\
&=\frac{1}{1-p}\left[(n+1)^{1-p}-1\right],
\end{aligned}
$$

从而 $\lim\limits_{n\to\infty}S_n=+\infty$, 即知当 $0<p<1$ 时 $\sum\limits_{n=1}^{\infty}\frac{1}{n^p}$ 发散.

(ii) 当 $p=1$ 时, 由于 $\ln\left(1+\frac{1}{n}\right)<\frac{1}{n}$, $n\in\mathbb{N}_+$, 所以

$$
S_n=1+\frac{1}{2}+\cdots+\frac{1}{n}>\ln 2+\ln\frac{3}{2}+\cdots+\ln\frac{n+1}{n}=\ln(n+1),
$$

从而 $\lim\limits_{n\to\infty}S_n=+\infty$, 即知当 $p=1$ 时 $\sum\limits_{n=1}^{\infty}\frac{1}{n^p}$ 发散.

综上所述, p-级数 $\sum\limits_{n=1}^{\infty}\frac{1}{n^p}$ 当 $p>1$ 时收敛, 当 $p\leqslant 1$ 时发散. ■

解题回顾 应用级数的敛散性定义来判定级数的敛散性时, 关键在于研究级数的部分和数列 $\{S_n\}$ 的敛散性, 因而级数的敛散性问题就转化为数列的敛散性问题. 当然在考察 S_n 时, 通常要设法将其化为比较简单的形式, 或者进行适当放大或缩小, 得到 S_n 的估计式, 便于讨论 $\lim\limits_{n\to\infty}S_n$ 的存在性.

例 12.1.5 应用 Cauchy 收敛准则证明级数 $\sum\limits_{n=1}^{\infty}\frac{\sin n}{n^2}$ 收敛.

证明 由于对任意正整数 $n > m > 1$, 有

$$\begin{aligned}
&\left|\frac{\sin(m+1)}{(m+1)^2}+\frac{\sin(m+2)}{(m+2)^2}+\cdots+\frac{\sin n}{n^2}\right| \\
\leqslant &\frac{1}{(m+1)^2}+\frac{1}{(m+2)^2}+\cdots+\frac{1}{n^2} \\
< &\frac{1}{m(m+1)}+\frac{1}{(m+1)(m+2)}+\cdots+\frac{1}{(n-1)n} \\
= &\left(\frac{1}{m}-\frac{1}{m+1}\right)+\left(\frac{1}{m+1}-\frac{1}{m+2}\right)+\cdots+\left(\frac{1}{n-1}-\frac{1}{n}\right) \\
= &\frac{1}{m}-\frac{1}{n}<\frac{1}{m}.
\end{aligned}$$

所以, 对任给 $\varepsilon > 0$, 取 $N = \left[\frac{1}{\varepsilon}\right]$, 当 $n > m > N$ 时, 就有

$$\left|\frac{\sin(m+1)}{(m+1)^2}+\frac{\sin(m+2)}{(m+2)^2}+\cdots+\frac{\sin n}{n^2}\right| < \varepsilon.$$

故由 Cauchy 收敛准则知级数 $\sum_{n=1}^{\infty}\frac{\sin n}{n^2}$ 收敛. ■

例 12.1.6 求下列各数项级数的和 S:

(i) $\sum_{n=2}^{\infty}\frac{1}{n^2+n-2}$; (ii) $\sum_{n=1}^{\infty}\frac{2n-1}{3^n}$; (iii) $\sum_{n=1}^{\infty}(-1)^{n-1}\frac{1}{2n-1}$.

解 (i) 由于 $\frac{1}{n^2+n-2}=\frac{1}{3}\left(\frac{1}{n-1}-\frac{1}{n+2}\right)$, 所以

$$\begin{aligned}
S_n &= \sum_{k=2}^{n}\frac{1}{k^2+k-2}=\frac{1}{3}\sum_{k=2}^{n}\left(\frac{1}{k-1}-\frac{1}{k+2}\right) \\
&= \frac{1}{3}\left(1+\frac{1}{2}+\frac{1}{3}-\frac{1}{n}-\frac{1}{n+1}-\frac{1}{n+2}\right).
\end{aligned}$$

于是

$$S=\lim_{n\to\infty}S_n=\frac{1}{3}\left(1+\frac{1}{2}+\frac{1}{3}\right)=\frac{11}{18}.$$

(ii) 因为

$$S_n=\frac{1}{3}+\frac{3}{3^2}+\frac{5}{3^3}+\cdots+\frac{2n-3}{3^{n-1}}+\frac{2n-1}{3^n},$$

$$\frac{1}{3}S_n=\frac{1}{3^2}+\frac{3}{3^3}+\frac{5}{3^4}+\cdots+\frac{2n-3}{3^n}+\frac{2n-1}{3^{n+1}},$$

所以

$$\frac{2}{3}S_n=\frac{1}{3}+\frac{2}{3^2}+\frac{2}{3^3}+\cdots+\frac{2}{3^n}-\frac{2n-1}{3^{n+1}}=\frac{2}{3}-\frac{1}{3^n}-\frac{2n-1}{3^{n+1}},$$

于是

$$S=\lim_{n\to\infty}S_n=\lim_{n\to\infty}\frac{3}{2}\left(\frac{2}{3}-\frac{1}{3^n}-\frac{2n-1}{3^{n+1}}\right)=1.$$

(iii) 由于 $\dfrac{1}{2n-1}=\displaystyle\int_0^1 x^{2n-2}\mathrm{d}x$, 所以

$$\begin{aligned}S_n&=\sum_{k=1}^{n}(-1)^{k-1}\frac{1}{2k-1}=\sum_{k=0}^{n-1}(-1)^k\frac{1}{2k+1}\\&=\sum_{k=0}^{n-1}(-1)^k\int_0^1 x^{2k}\mathrm{d}x=\int_0^1\left(\sum_{k=0}^{n-1}(-1)^k x^{2k}\right)\mathrm{d}x\\&=\int_0^1\frac{1-(-1)^n x^{2n}}{1+x^2}\mathrm{d}x=\frac{\pi}{4}-(-1)^n\int_0^1\frac{x^{2n}}{1+x^2}\mathrm{d}x.\end{aligned}$$

又注意到

$$0\leqslant\int_0^1\frac{x^{2n}}{1+x^2}\mathrm{d}x\leqslant\int_0^1 x^{2n}\mathrm{d}x=\frac{1}{2n+1}\to 0\quad(n\to\infty).$$

于是

$$S=\lim_{n\to\infty}S_n=\frac{\pi}{4}-\lim_{n\to\infty}\int_0^1\frac{x^{2n}}{1+x^2}\mathrm{d}x=\frac{\pi}{4}.$$ ■

解题回顾 对于收敛的数项级数求和, 一般来说是比较困难的, 通常没有统一的规律可循. 本例中的级数求和用到了三种不同的方法：分项组合法, 变形法和逐项积分法. 这些方法的共同点旨在将 S_n 化为有限表达形式, 以便于求出 $\lim\limits_{n\to\infty}S_n$.

当然, 并不是所有的收敛级数都可以直接求出其和 S, 但只要是收敛级数, 就可以通过编程计算出其和的近似值, 也可以应用数学软件 (如 Matlab) 的符号求和程序 (symsum), 求出级数的和. 建议读者在学习“数学实验”课程时, 进行这方面的尝试.

四、巩固提高

12.1.1 判定下列级数的敛散性:

(i) $\displaystyle\sum_{n=1}^{\infty}\left(\frac{1}{n}\right)^{\frac{1}{n}}$;　　(ii) $\displaystyle\sum_{n=1}^{\infty}\left(\frac{1}{n^3}-\frac{\ln^n 3}{3^n}\right)$.

12.1.2 已知级数 $\displaystyle\sum_{n=1}^{\infty}\frac{1}{(2n-1)(2n+1)}$. 解答下列各问题:

(i) 写出此级数的前四项 u_1, u_2, u_3, u_4;

(ii) 计算此级数的部分和 S_n;

(iii) 用级数的收敛性定义证明此级数收敛, 并求其和.

12.1.3 求下列各级数的和:

(i) $\left(\frac{1}{5}-\frac{1}{6}\right)+\left(\frac{1}{5^2}-\frac{1}{6^2}\right)+\cdots+\left(\frac{1}{5^n}-\frac{1}{6^n}\right)+\cdots$;

(ii) $\frac{1}{2}+\frac{1}{3}+\frac{1}{2^2}+\frac{1}{3^2}+\cdots+\frac{1}{2^n}+\frac{1}{3^n}+\cdots$;

(iii) $\frac{\ln 2}{2}+\frac{\ln^2 2}{2}+\cdots+\frac{\ln^n 2}{2}+\cdots$.

12.1.4 应用 Cauchy收敛准则判别下列各级数的敛散性:

(i) $\sum\limits_{n=1}^{\infty}\frac{1}{n^3}$; (ii) $\sum\limits_{n=1}^{\infty}\frac{1}{n}\cos\frac{1}{n}$.

12.1.5 证明若数列 $\{u_n\}$ 有 $\lim\limits_{n\to\infty}u_n=\infty$, 则

(i) 级数 $\sum\limits_{n=1}^{\infty}(u_{n+1}-u_n)$ 发散;

(ii) 当 $u_n\neq 0$ 时, 级数 $\sum\limits_{n=1}^{\infty}\left(\frac{1}{u_n}-\frac{1}{u_{n+1}}\right)=\frac{1}{u_1}$.

12.1.6 设数项级数 $\sum\limits_{n=1}^{\infty}u_n$ 的部分和为

$$S_n=\frac{1}{n^2+n+1}+\frac{2}{n^2+n+2}+\cdots+\frac{n}{n^2+n+n},$$

证明该级数收敛, 并求其和 S.

12.1.7 设有两条抛物线 $y=nx^2+\frac{1}{n}$ 与 $y=(n+1)x^2+\frac{1}{n+1}$, 记它们交点横坐标的绝对值为 u_n.

(i) 求这两条抛物线所围的平面图形的面积 S_n;

(ii) 证明级数 $\sum\limits_{n=1}^{\infty}\frac{S_n}{u_n}$ 收敛, 并求其和 S.

12.1.8 若对任意 $p\in\mathbb{N}_+$, 均成立

$$\lim_{n\to\infty}(a_{n+1}+a_{n+2}+\cdots+a_{n+p})=0,$$

问是否能由此推出级数 $\sum a_n$ 一定收敛?

12.1.9 设级数 $\sum\limits_{n=1}^{\infty}u_n$ 发散, $u_n>0$, $S_n=\sum\limits_{k=1}^{n}u_k$. 证明级数 $\sum\limits_{n=1}^{\infty}\frac{u_n}{S_n}$ 也发散.

12.2 正项级数

一、内容精读

1. 正项级数收敛性的一般判别原则

各项符号都相同的数项级数称为同号级数; 各项都是正数的级数称为**正项级数**; 各项都是负数的级数称为**负项级数**. 由 12.1 节中的性质 12.1.1 知, 有了正项级数敛散性判别法, 就解决了同号级数的敛散性判定.

定理 12.2.1(正项级数收敛的充要条件) 正项级数 $\sum u_n$ 收敛 $\Leftrightarrow$ 正项级数 $\sum u_n$ 的部分和数列 $\{S_n\}$ 有界, 即存在正数 M, 使得 $0 \leqslant S_n \leqslant M, n \in \mathbb{N}_+$.

2. 比较判别法

定理 12.2.2(比较原则) 设 $\sum u_n$ 和 $\sum v_n$ 均为正项级数, 若存在正数 N, 当 $n > N$ 有

$$u_n \leqslant v_n, \tag{12.2.1}$$

则有如下结论:

(i) 若级数 $\sum v_n$ 收敛, 则级数 $\sum u_n$ 也收敛;

(ii) 若级数 $\sum u_n$ 发散, 则级数 $\sum v_n$ 也发散.

推论 12.2.1(比较原则的极限形式) 设 $\sum u_n$ 和 $\sum v_n$ 为两个正项级数, 若

$$\lim_{n\to\infty} \frac{u_n}{v_n} = \ell, \tag{12.2.2}$$

则有如下结论:

(i) 当 $0 < \ell < +\infty$ 时, 级数 $\sum u_n$ 与 $\sum v_n$ 同敛态 (即同时收敛或同时发散);

(ii) 当 $\ell = 0$ 时, 级数 $\sum v_n$ 收敛时, 级数 $\sum u_n$ 也收敛;

(iii) 当 $\ell = +\infty$ 时, 级数 $\sum v_n$ 发散时, 级数 $\sum u_n$ 也发散.

比较原则的极限形式表明, 研究级数 $\sum v_n$ 的通项所形成的数列 $\{v_n\}$ 当 $n \to \infty$ 时的渐近性态往往是值得做的分析工作, 其中包括通项 v_n 是否是无穷小量的初步观察, 若不是, 则已经可以断定该级数发散. 对于上面 $0 < \ell < +\infty$ 的情况, 可以称为等价量判别法.

推论 12.2.2(比较原则的比值形式) 若对于正项级数 $\sum u_n$ 与 $\sum v_n$ 的通项当 n 充分大时满足

$$\frac{u_{n+1}}{u_n} \leqslant \frac{v_{n+1}}{v_n}, \tag{12.2.3}$$

则有如下结论:

(i) 若级数 $\sum v_n$ 收敛, 则级数 $\sum u_n$ 也收敛;

(ii) 若级数 $\sum u_n$ 发散, 则级数 $\sum v_n$ 也发散.

上述比较原则及其他形式有一个共同点, 就是都需要有比较级数. 对于给定的级数, 如何寻找出合适的比较级数往往是一个难题.

3. 比式判别法和根式判别法

定理 12.2.3(比式判别法 (D'Alembert 判别法)) 设 $\sum u_n$ 为正项级数, 且存在 $N_0 \in \mathbb{N}_+$ 及正常数 d.

(i) 若对一切 $n \geqslant N_0$, 成立不等式

$$0 < \frac{u_{n+1}}{u_n} \leqslant d < 1, \tag{12.2.4}$$

则级数 $\sum u_n$ 收敛;

(ii) 若对一切 $n \geqslant N_0$, 成立不等式

$$\frac{u_{n+1}}{u_n} \geqslant 1, \tag{12.2.5}$$

则级数 $\sum u_n$ 发散.

推论 12.2.3(比式判别法的极限形式) 设 $\sum u_n$ 为正项级数, 且

$$\lim_{n\to\infty} \frac{u_{n+1}}{u_n} = d, \tag{12.2.6}$$

则有如下结论:

(i) 当 $d < 1$ 时, 级数 $\sum u_n$ 收敛;

(ii) 当 $d > 1$ (或 $q = +\infty$) 时, 级数 $\sum u_n$ 发散;

(iii) 当 $d = 1$ 时, 级数 $\sum u_n$ 的敛散性无法判定.

注 12.2.1 若式 (12.2.6) 的极限不存在时, 则可用上、下极限来判别.

设 $\sum u_n$ 为正项级数. 则

(i) 若 $\overline{\lim\limits_{n\to\infty}} \dfrac{u_{n+1}}{u_n} = d < 1$ 时, 则级数 $\sum u_n$ 收敛;

(ii) 若 $\underline{\lim\limits_{n\to\infty}} \dfrac{u_{n+1}}{u_n} = d > 1$ 时, 则级数 $\sum u_n$ 发散.

定理 12.2.4(根式判别法/Cauchy 判别法) 设 $\sum\limits_{n=1}^{\infty} u_n$ 为正项级数, 且存在 $N_0 \in \mathbb{N}_+$ 及正常数 c.

(i) 若对一切 $n > N_0$, 成立不等式

$$\sqrt[n]{u_n} \leqslant c < 1, \tag{12.2.7}$$

则级数 $\sum u_n$ 收敛;

(ii) 若对一切 $n > N_0$, 成立不等式

$$\sqrt[n]{u_n} \geqslant 1, \tag{12.2.8}$$

则级数 $\sum\limits_{n=1}^{\infty} u_n$ 发散.

推论 12.2.4(根式判别法的极限形式) 若 $\sum u_n$ 为正项级数, 且

$$\lim_{n\to\infty} \sqrt[n]{u_n} = c, \tag{12.2.9}$$

则有如下结论:

(i) 当 $c < 1$ 时, 级数 $\sum u_n$ 收敛;

(ii) 当 $c > 1$ 时, 级数 $\sum u_n$ 发散;

(iii) 当 $c = 1$ 时, 级数 $\sum u_n$ 的敛散性无法判定.

若式 (12.2.9) 的极限不存在, 则可用上极限来判别.

注 12.2.2 若 $\sum u_n$ 为正项级数, 且 $\overline{\lim\limits_{n\to\infty}} \sqrt[n]{u_n} = c$, 则有如下结论:

(i) 当 $c < 1$ 时, 级数 $\sum u_n$ 收敛;

(ii) 当 $c > 1$ 时, 级数 $\sum u_n$ 发散.

4. 拉阿伯判别法

定理 12.2.5(拉阿伯 (Raabe) 判别法) 设 $\sum u_n$ 为正项级数, 且存在 $N_0 \in \mathbb{N}_+$ 及常数 r.

(i) 若对一切 $n > N_0$, 成立不等式

$$n\left(1 - \frac{u_{n+1}}{u_n}\right) \geqslant r > 1, \tag{12.2.10}$$

则级数 $\sum u_n$ 收敛;

(ii) 若对一切 $n > N_0$, 成立不等式

$$n\left(1 - \frac{u_{n+1}}{u_n}\right) \leqslant 1, \tag{12.2.11}$$

则级数 $\sum u_n$ 发散.

推论 12.2.5(Raabe 判别法的极限形式) 设 $\sum u_n$ 为正项级数, 且

$$\lim_{n\to\infty} n\left(1 - \frac{u_{n+1}}{u_n}\right) = r,$$

则有如下结论:

(i) 当 $r > 1$ 时, 级数 $\sum u_n$ 收敛;

(ii) 当 $r < 1$ 时, 级数 $\sum u_n$ 发散.

5. Bertrand 判别法

设 $\sum u_n$ 为正项级数, 且

$$\lim_{n\to\infty}\left[n\left(1-\frac{u_{n+1}}{u_n}\right)-1\right]\ln n=b,$$

则有如下结论:

(i) 当 $b>1$ 时, 级数 $\sum u_n$ 收敛;

(ii) 当 $b<1$ 时, 级数 $\sum u_n$ 发散.

6. Gauss 判别法

设 $\sum u_n$ 为正项级数, 且

$$\frac{u_n}{u_{n+1}}=1+\frac{g}{n}+O\left(\frac{1}{n^{1+\varepsilon}}\right),\quad \varepsilon>0,$$

则有如下结论:

(i) 当 $g>1$ 时, 级数 $\sum u_n$ 收敛;

(ii) 当 $g\leqslant 1$ 时, 级数 $\sum u_n$ 发散.

7. 积分判别法

设 f 为 $[1,+\infty)$ 上非负单调减函数, 则正项级数 $\sum f(n)$ 与无穷限广义积分 $\int_1^{+\infty}f(x)\mathrm{d}x$ 同敛态.

8. 其他判别法

定理 12.2.6(Cauchy 凝聚判别法)　设 $\{u_n\}$ 是非负单调递减数列, 则正项级数 $\sum u_n$ 收敛的充要条件是凝聚项级数 $\sum\limits_{n=0}^{\infty}2^n u_{2^n}=u_1+2u_2+\cdots+2^n u_{2^n}+\cdots$ 收敛 (或等价地: 若 $\{u_n\}$ 为非负单调递减数列, 则级数 $\sum u_n$ 与 $\sum 2^n u_{2^n}$ 同敛态).

事实上, 由于正项级数 $\sum u_n$ 的通项 u_n 单调减少, 因此对 $k\geqslant 1$ 成立不等式

$$2^{k-1}u_{2^k}\leqslant u_{2^{k-1}+1}+u_{2^{k-1}+2}+\cdots+u_{2^k}\leqslant 2^{k-1}u_{2^{k-1}}.$$

注意到上述不等式中间部分恰有 2^{k-1} 项, 取 k 从 1 到 n 并相加, 可得

$$\frac{1}{2}\sum_{k=1}^{n}2^k u_{2^k}\leqslant u_1+u_2+\cdots+u_{2^n}\leqslant u_1+\sum_{k=0}^{n-1}2^k u_{2^k}.$$

由此可见, 原级数的部分和与凝聚项级数的部分和同时有界或无界, 从而得证.

定理 12.2.7(Kummer 判别法) 设 $\sum_{n=1}^{\infty} u_n$ 为正项级数, $c_1, c_2, \cdots, c_n, \cdots$ 是使级数 $\sum_{n=1}^{\infty} \frac{1}{c_n}$ 发散的正数列. 令 $K_n = c_n - c_{n+1}\frac{u_{n+1}}{u_n}$.

(i) 若存在 $N \in \mathbb{N}_+$ 及正数 δ, 当 $n > N$ 时, 有 $K_n \geqslant \delta$, 则级数 $\sum_{n=1}^{\infty} u_n$ 收敛;

(ii) 若存在 $N \in \mathbb{N}_+$, 使当 $n > N$ 时, 有 $K_n \leqslant 0$, 则级数 $\sum_{n=1}^{\infty} u_n$ 发散.

事实上, (i) 设当 $n > N$ 时, 有

$$K_n = c_n - c_{n+1}\frac{u_{n+1}}{u_n} \geqslant \delta > 0,$$

则

$$c_n u_n - c_{n+1} u_{n+1} \geqslant \delta u_n > 0.$$

于是, 数列 $\{c_n u_n\}$ 单调递减有下界, 从而极限 $\lim\limits_{n\to\infty} c_n u_n = A$ (存在). 于是, 级数

$$\sum_{n=1}^{\infty}(c_n u_n - c_{n+1}u_{n+1}) = c_1 u_1 - \lim_{n\to\infty} c_n u_n = c_1 u_1 - A$$

收敛. 从而由比较原则知 $\sum_{n=1}^{\infty} \delta u_n$ 收敛, 当然 $\sum_{n=1}^{\infty} u_n$ 也收敛.

(ii) 设当 $n > N$ 时, 有

$$K_n = c_n - c_{n+1}\frac{u_{n+1}}{u_n} \leqslant 0,$$

则

$$\frac{u_{n+1}}{u_n} \geqslant \frac{c_n}{c_{n+1}} = \frac{1}{c_{n+1}} \Big/ \frac{1}{c_n}.$$

由于 $\sum_{n=1}^{\infty} \frac{1}{c_n}$ 发散, 故级数 $\sum_{n=1}^{\infty} u_n$ 也发散 (可参见比较原则的比值形式).

对 Kummer 判别法作以下两点说明:

(1) Kummer 判别法具有如下的极限形式: 设 $\sum_{n=1}^{\infty} u_n$ 为正项级数, $c_1, c_2, \cdots, c_n, \cdots$ 是使级数 $\sum_{n=1}^{\infty} \frac{1}{c_n}$ 发散的正数列. 令 $K_n = c_n - c_{n+1}\frac{u_{n+1}}{u_n}$. 若 $\lim\limits_{n\to\infty} K_n = K$ (有限或无限), 则当 $K > 0$ 时, $\sum_{n=1}^{\infty} u_n$ 收敛, 而当 $K < 0$ 时, $\sum_{n=1}^{\infty} u_n$ 发散.

(2) 在应用 Kummer 判别法时, 关键在于恰当选择数列 $\{c_n\}$. 不难验证：当取 $c_n=1$ 时为比式判别法; 当取 $c_n=n$ 时为 Raabe 判别法. 再取 $c_n=(n-1)\ln(n-1)$, $n\geqslant 3$, $c_1=c_2=1$ 时, 若存在 $\delta>0$, 使

$$K_n=(n-1)\ln(n-1)-n\ln n\cdot\frac{u_{n+1}}{u_n}\geqslant\delta,$$

则 $\sum\limits_{n=1}^{\infty}u_n$ 收敛. 将上式改写为

$$-n\cdot\frac{u_{n+1}}{u_n}\ln n+n\ln n-\ln n\geqslant\delta-(n-1)\ln(n-1)+n\ln n-\ln n,$$

经整理后得到

$$\left[n\left(1-\frac{u_{n+1}}{u_n}\right)-1\right]\ln n\geqslant\delta+(n-1)\ln\frac{n}{n-1}=\delta+\ln\left(1+\frac{1}{n-1}\right)^{n-1},$$

上式两边取极限, 又得

$$\lim_{n\to\infty}\left[n\left(1-\frac{u_{n+1}}{u_n}\right)-1\right]\ln n\geqslant 1+\delta>1.$$

由此可得 Bertrand 判别法.

讨论一个数列 $\{u_n\}$ 是否收敛于 0 (即 $\lim\limits_{n\to\infty}u_n=0$), 是数学分析中的基本问题之一, 具有多方面的应用. 无穷级数已经为此提供了一种方法：若级数 $\sum u_n$ 收敛, 则有 $\lim\limits_{n\to\infty}u_n=0$. 若级数 $\sum u_n$ 发散就不能作出任何结论, 但对单调减少的正数列, 则有

定理 12.2.8(Sapagof 判别法)　设 $\{u_n\}$ 为非负单调递减数列, 则 $\lim\limits_{n\to\infty}u_n=0$ 的充要条件是正项级数 $\sum\limits_{n=1}^{\infty}\left(1-\dfrac{u_{n+1}}{u_n}\right)$ 发散.

事实上, 将正项级数 $\sum\limits_{n=1}^{\infty}\left(1-\dfrac{u_{n+1}}{u_n}\right)$ 记为 $\sum\limits_{n=1}^{\infty}v_n$, 其中 $v_n=1-\dfrac{u_{n+1}}{u_n}$, $n\in\mathbb{N}_+$.

由于 $\{u_n\}$ 为非负单调递减数列, 所以有极限 $\lim\limits_{n\to\infty}u_n=\ell\geqslant 0$. 若 $\ell>0$, 则 $v_n\leqslant\dfrac{u_n-u_{n+1}}{\ell}$. 由于 $\sum\limits_{n=1}^{\infty}(u_n-u_{n+1})=\lim\limits_{n\to\infty}(u_1-u_n)=u_1-\ell$, 可见 $\sum\limits_{n=1}^{\infty}v_n$ 收敛. 若 $\ell=0$, 则有

$$\sum_{k=n+1}^{n+p}v_k=\sum_{k=n+1}^{n+p}\frac{u_k-u_{k+1}}{u_k}\geqslant\sum_{k=n+1}^{n+p}\frac{u_k-u_{k+1}}{u_{n+1}}=1-\frac{u_{n+p+1}}{u_{n+1}},$$

对任意给定的 n, 并利用 $\lim\limits_{n\to\infty}u_n=0$ 的条件, 总可以取到充分大的 p, 使上式大于 $\dfrac{1}{2}$, 可见级数 $\sum\limits_{n=1}^{\infty}v_n$ 发散.

9. 若干常用作比较的正项级数

(i) 几何级数 $\sum aq^n$ $(a>0, q>0)$：当 $0<q<1$ 时收敛, 当 $q\geqslant 1$ 时发散;

(ii) p-级数 $\sum \dfrac{1}{n^p}$：当 $p>1$ 时收敛, 当 $p\leqslant 1$ 时发散;

(iii) 其他级数 $\sum\limits_{n=2}^{\infty}\dfrac{1}{n(\ln n)^p}$, $\sum\limits_{n=3}^{\infty}\dfrac{1}{n\ln n\cdot(\ln\ln n)^p}$, $\sum\limits_{n=27}^{\infty}\dfrac{1}{n\ln n\cdot\ln\ln n\cdot(\ln\ln\ln n)^p}$, $\cdots$：当 $p>1$ 时收敛, 当 $p\leqslant 1$ 时发散 (可应用积分判别法证明之).

二、疑难解答

问题 12.2.1 设 $\sum u_n$, $\sum v_n$ 为两个正项级数, 若 $\sum u_n$ 收敛, 而 $\sum v_n$ 发散, 问是否存在某正数 N_0, 当 $n>N_0$ 时必有 $u_n<v_n$?

答 不一定. 例如正项级数 $\sum\limits_{n=1}^{\infty}u_n=\sum\limits_{n=1}^{\infty}\dfrac{1}{n^2}$ 收敛, 而 $v_n=\begin{cases}\dfrac{1}{n^4}, & n\ \text{为奇数时}, \\ n, & n\ \text{为偶数时}\end{cases}$ 对应的正项级 $\sum\limits_{n=1}^{\infty}v_n$ 发散, 但找不到正数 N_0, 当 $n>N_0$ 时使 $u_n<v_n$. ■

问题 12.2.2 对于正项级数 $\sum u_n$ 的敛散性, 如何选择合适的判别法?

答 正项级数敛散性判别法有：比较原则、比式判别法、根式判别法、Raabe 判别法, 及其对应的极限形式, 积分判别法等, 当然还有敛散性定义及 Cauchy 准则. 对于如此多的判别法, 要从中选择一个合适的判别法并非易事, 但通常可以采用如图 12.2.1 的方式进行, 达到判别目的为止.

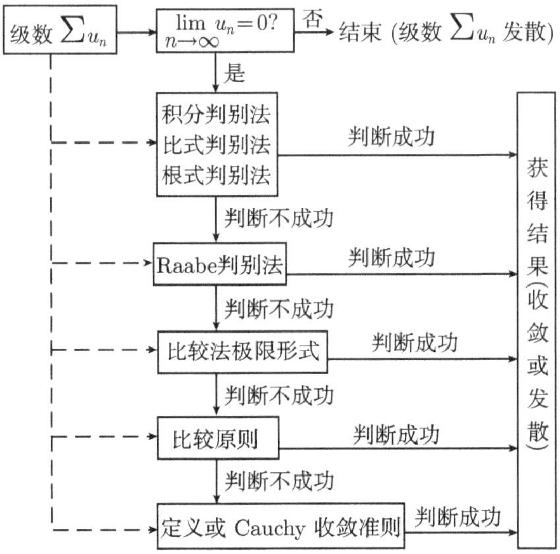

图 12.2.1

需要说明的是, 图 12.2.1 为一般的操作过程, 不排除在具体使用时, 带有某种倾向性的选择, 比如图中用虚线所指的某一判别途径. ■

问题 12.2.3　若 $\{u_n\}$ 为非负单调递减数列, 且 $\sum u_n$ 收敛, 问是否必有 $\lim\limits_{n\to\infty}\dfrac{u_{n+1}}{u_n}=q<1$ 或 $\dfrac{u_{n+1}}{u_n}\leqslant q<1$?

答　不一定. 例如正项级数 $\sum\dfrac{1}{n^2}$ 收敛, 且 $u_n=\dfrac{1}{n^2}$ $(n\in\mathbb{N}_+)$ 单调递减, 但

$$\lim_{n\to\infty}\frac{u_{n+1}}{u_n}=\lim_{n\to\infty}\frac{n^2}{(n+1)^2}=1.$$

这也是比式判别法中, 当 $q=1$ 时失效的原因. ■

* **问题 12.2.4**　(i) 对任意给定的收敛正项级数 $\sum u_n$, 是否必存在收敛的正项级数 $\sum v_n$, 以及正数 N_0 与 M, 当 $n\geqslant N_0$ 时成立 $u_n\leqslant Mv_n$?

(ii) 对任意给定的发散正项级数 $\sum u_n$, 是否必存在发散的正项级数 $\sum v_n$, 以及正数 N_0 与 M, 当 $n\geqslant N_0$ 时成立 $u_n\geqslant Mv_n$?

答　(i) 这样的正项级数 $\sum v_n$ 是不一定存在的.

对任意的收敛的正项级数 $\sum\limits_{n=1}^{\infty}v_n$, 记

$$S=\sum_{n=1}^{\infty}v_n,\quad S_n=\sum_{k=1}^{n}v_k,$$

$$u_n=\sqrt{S-S_{n-1}}-\sqrt{S-S_n},\quad S_0=0,\quad n\in\mathbb{N}_+.$$

由于

$$\overline{S}_n=u_1+u_2+\cdots+u_n=\sum_{k=1}^{n}\left(\sqrt{S-S_{k-1}}-\sqrt{S-S_k}\right)=\sqrt{S}-\sqrt{S-S_n},$$

所以 $\lim\limits_{n\to\infty}\overline{S}_n=\sqrt{S}$, 即 $\sum\limits_{n=1}^{\infty}u_n$ 收敛, 且

$$\lim_{n\to\infty}\frac{u_n}{v_n}=\lim_{n\to\infty}\frac{\sqrt{S-S_{n-1}}-\sqrt{S-S_n}}{v_n}=\lim_{n\to\infty}\frac{1}{\sqrt{S-S_{n-1}}+\sqrt{S-S_n}}=+\infty.$$

于是, 对任意 $M>0$, 存在 $N>0$, 当 $n>N$ 时, 有 $\dfrac{u_n}{v_n}>M$(即 $u_n>Mv_n$).

(ii) 这样的正项级数 $\sum v_n$ 同样是不存在的.

对任意的发散的正项级数 $\sum\limits_{n=1}^{\infty}v_n$, 记

$$S_n=\sum_{k=1}^{n}v_k,\quad u_n=\frac{v_n}{S_n}.$$

则由 12.1 节中巩固提高 12.1.9 知, $\sum_{n=1}^{\infty} u_n$ 为一发散数列. 由于正项级数 $\sum_{n=1}^{\infty} v_n$ 发散, 易知 $\lim_{n\to\infty} S_n = +\infty$. 从而

$$\lim_{n\to\infty} \frac{u_n}{v_n} = \lim_{n\to\infty} \frac{1}{S_n} = 0.$$

故对任意给定的 $\varepsilon_0 > 0$, 存在 $N > 0$, 当 $n > N$ 时, 有 $\frac{u_n}{v_n} < \varepsilon_0$(即 $u_n < \varepsilon_0 v_n$). ■

此问题表明, 不存在一个发散得"最慢"的级数, 也不存在一个收敛"最慢"的级数. 从而, 在应用比较原则判别正项级数的敛散性时, 每一个用作比较的正项级数仅适用于一部分正项级数. 由于比式判别法、根式判别法和 Raabe 判别法都是由比较原则直接或间接地导出的, 因此这几种判别法也仅适用于一部分正项级数. 另一方面, 正是由于既不存在收敛最慢的正项级数, 也不存在发散得最慢的正项级数, 因此就可以不断地发现新的收敛的 (或发散的) 更慢的正项级数, 以便由它们导出新的判别法则. 这一想法典型地体现为由几何级数导出了比式判别法、根式判别法, 由 p-级数导出了拉阿伯判别法.

问题 12.2.5 请归纳出证明调和级数 $\sum \frac{1}{n}$ 发散的方法 (至少四种).

答 到目前为止, 证明调和级数 $\sum \frac{1}{n}$ 发散可有以下一些方法:

(i) 利用定义, 证明 $\sum \frac{1}{n}$ 其部分和数列发散 (见例 12.1.4 中 (ii); 例 2.2.10).

(ii) 应用 Cauchy 准则 (参见文献 [1] 第 3 页中的例 3).

(iii) 利用积分判别法. 取 $f(x) = \frac{1}{x}$ $(x > 0)$, 则 $\sum \frac{1}{n}$ 与无穷积分 $\int_1^{+\infty} \frac{1}{x}\mathrm{d}x$ 同敛态, 而无穷积分 $\int_1^{+\infty} \frac{1}{x}\mathrm{d}x$ 发散, 故调和级数 $\sum \frac{1}{n}$ 发散.

(iv) 利用例 2.3.6 的结论: 设 $u_n = 1 + \frac{1}{2} + \frac{1}{3} + \cdots + \frac{1}{n} - \ln n$ $(n \in \mathbb{N}_+)$, 则数列 $\{u_n\}$ 收敛, 且 $\lim_{n\to\infty} u_n = c$ (Euler 常数).

记调和级数的部分和为 $S_n = 1 + \frac{1}{2} + \frac{1}{3} + \cdots + \frac{1}{n}$, 则 $S_n = u_n + \ln n$. 假设调和级数 $\sum \frac{1}{n}$ 收敛, 即 $\lim_{n\to\infty} S_n = s$ (存在), 则 $\lim_{n\to\infty} \ln n = \lim_{n\to\infty} (S_n - u_n) = s - c$ (存在), 即 $\lim_{n\to\infty} \ln n$ 存在, 这是一个错误的结论. 所以, 调和级数 $\sum \frac{1}{n}$ 发散.

(v) 利用如下结论证明 (参见文献 [2] 中下册第 40 页中的习题 13):

"若 $\{u_n\}$ 为非负单调递减数列, 且 $\lim_{n\to\infty} nu_n = \ell \neq 0$, 则级数 $\sum u_n$ 发散."

对于调和级数 $\sum \frac{1}{n}$ 而言, 显然 $u_n = \frac{1}{n}$, $n \in \mathbb{N}_+$ 单调递减, 且

$$\lim_{n\to\infty} nu_n = \lim_{n\to\infty} n \cdot \frac{1}{n} = 1 \neq 0.$$

于是, 调和级数 $\sum \frac{1}{n}$ 发散.

(vi) 利用 Cauchy 凝聚判别法.

因 $u_n = \frac{1}{n}$, 显然 $\{u_n\}$ 为非负单调递减数列. 又由于

$$\sum_{n=1}^{\infty} 2^n u_{2^n} = \sum_{n=1}^{\infty} 2^n \cdot \frac{1}{2^n} = \sum_{n=1}^{\infty} 1 = +\infty,$$

所以级数 $\sum\limits_{n=1}^{\infty} 2^n u_{2^n}$ 发散, 从而调和级数 $\sum \frac{1}{n}$ 也发散. ■

问题 12.2.6　若两个正项级数 $\sum u_n$ 与 $\sum v_n$ 均发散, 则级数 $\sum \min(u_n, v_n)$, $\sum \max(u_n, v_n)$, $\sum (u_n + v_n)$ 都必发散吗?

答　(i) 级数 $\sum \min(u_n, v_n)$ 可能收敛, 也可能发散.

如 $u_n = \frac{1+(-1)^n}{2} + \frac{1}{2^n}$, $v_n = \frac{1-(-1)^n}{2} + \frac{1}{2^n}$, $n = 1, 2, \cdots$, 则知 $\sum u_n$ 与 $\sum v_n$ 均发散, 但级数 $\sum \min(u_n, v_n) = \sum \frac{1}{2^n}$ 收敛.

如 $u_n = 2^n$, $v_n = 3^n$, 则 $\sum u_n$ 与 $\sum v_n$ 均发散, 且级数 $\sum \min(u_n, v_n) = \sum 2^n$ 也发散.

(ii) $\sum \max(u_n, v_n)$ 必发散. 由 $\max(u_n, v_n) \geqslant u_n$ (或 v_n) 及比较原则可得结论.

(iii) $\sum (u_n + v_n)$ 必发散. 由 $u_n + v_n \geqslant u_n$ (或 v_n) 及比较原则可得结论. ■

三、典型例题

例 12.2.1　判别下列各正项级数的敛散性:

(i) $\sum\limits_{n=1}^{\infty} (\sqrt[n]{a} - 1)$ (其中 $a > 1$);　　(ii) $\sum\limits_{n=1}^{\infty} \left(1 - \cos \frac{\pi}{n}\right)$;

(iii) $\sum\limits_{n=1}^{\infty} \left[\frac{1}{n} - \ln\left(1 + \frac{1}{n}\right)\right]$;　　(iv) $\sum\limits_{n=1}^{\infty} \left[\mathrm{e} - \left(1 + \frac{1}{n}\right)^n\right]^2$.

解　(i) 记 $u_n = \sqrt[n]{a} - 1 > 0$ (因 $a > 1$). 由于 $\lim\limits_{n\to\infty} \frac{u_n}{\frac{1}{n}} = \ln a > 0$, 而级数 $\sum \frac{1}{n}$ 发散, 所以由比较法的极限形式知级数 $\sum (\sqrt[n]{a} - 1)$ 发散.

(ii) 记 $u_n = 1 - \cos \frac{\pi}{n} > 0$. 由于 $\lim\limits_{n\to\infty} \frac{u_n}{\frac{1}{n^2}} = \frac{\pi^2}{2}$, 而级数 $\sum \frac{1}{n^2}$ 收敛, 所以由比较法的极限形式知级数 $\sum \left(1 - \cos \frac{\pi}{n}\right)$ 收敛.

(iii) 由于 $\dfrac{1}{n+1} < \ln\left(1+\dfrac{1}{n}\right) < \dfrac{1}{n}$, 所以

$$0 < \frac{1}{n} - \ln\left(1+\frac{1}{n}\right) < \frac{1}{n} - \frac{1}{n+1} = \frac{1}{n(n+1)}.$$

又级数 $\sum\limits_{n=1}^{\infty} \dfrac{1}{n(n+1)}$ 收敛, 所以由比较原则知级数 $\sum\limits_{n=1}^{\infty}\left[\dfrac{1}{n} - \ln\left(1+\dfrac{1}{n}\right)\right]$ 收敛.

(iv) 由于 $\left(1+\dfrac{1}{n}\right)^n < \mathrm{e} < \left(1+\dfrac{1}{n}\right)^{n+1}$, 所以

$$0 < \left[\mathrm{e} - \left(1+\frac{1}{n}\right)^n\right]^2 < \left[\left(1+\frac{1}{n}\right)^{n+1} - \left(1+\frac{1}{n}\right)^n\right]^2 = \left(1+\frac{1}{n}\right)^{2n}\frac{1}{n^2} < \frac{\mathrm{e}^2}{n^2}.$$

又级数 $\sum\limits_{n=1}^{\infty} \dfrac{1}{n^2}$ 收敛, 所以由比较原则知级数 $\sum\limits_{n=1}^{\infty}\left[\mathrm{e} - \left(1+\dfrac{1}{n}\right)^n\right]^2$ 收敛. ■

在问题 12.2.5 中, 用 Cauchy 凝聚判别法, 即"若 $\{u_n\}$ 为非负单调递减数列, 则级数 $\sum u_n$ 与 $\sum 2^n u_{2^n}$ 同敛态"给出了判别调和级数发散的另一种方法, 为了加深对此结论的理解, 更好地用它去判定一些正项级数的敛散性, 再举例如下:

例 12.2.2 证明当 $p>1$ 时下列级数都收敛:

(i) $\sum\limits_{n=2}^{\infty} \dfrac{1}{n(\ln n)^p}$; (ii) $\sum\limits_{n=3}^{\infty} \dfrac{1}{n\ln n\cdot(\ln\ln n)^p}$.

证明 (i) 记 $u_n = \dfrac{1}{n(\ln n)^p}$. 显然 $\{u_n\}$ 为非负单调递减数列,

$$2^n u_{2^n} = 2^n \cdot \frac{1}{2^n(\ln 2^n)^p} = \frac{1}{(\ln 2)^p}\cdot\frac{1}{n^p}.$$

且当 $p>1$ 时 $\sum\limits_{n=1}^{\infty} 2^n u_{2^n} = \dfrac{1}{(\ln 2)^p}\sum\limits_{n=1}^{\infty}\dfrac{1}{n^p}$ 收敛, 从而当 $p>1$ 时级数 $\sum\limits_{n=2}^{\infty}\dfrac{1}{n(\ln n)^p}$ 也收敛.

(ii) 记 $u_n = \dfrac{1}{n\ln n\cdot(\ln\ln n)^p}$. 显然 $\{u_n\}$ 为非负单调递减数列, 且

$$2^n u_{2^n} = 2^n\cdot\frac{1}{2^n\ln 2^n\cdot(\ln\ln 2^n)^p} = \frac{1}{n\ln 2\cdot(\ln n + \ln\ln 2)^p}.$$

因

$$\lim_{n\to\infty}\frac{2^n u_{2^n}}{\dfrac{1}{n(\ln n)^p}} = \lim_{n\to\infty}\frac{\dfrac{1}{n\ln 2\cdot(\ln n+\ln\ln 2)^p}}{\dfrac{1}{n(\ln n)^p}} = \frac{1}{\ln 2} > 0,$$

且由 (i) 知当 $p>1$ 时级数 $\sum\limits_{n=2}^{\infty}\dfrac{1}{n(\ln n)^p}$ 收敛, 所以当 $p>1$ 时级数 $\sum\limits_{n=1}^{\infty} 2^n u_{2^n}$ 收敛, 从而当 $p>1$ 时级数 $\sum\limits_{n=3}^{\infty}\dfrac{1}{n\ln n\cdot(\ln\ln n)^p}$ 也收敛. ■

当然, 例 12.2.2 也可以用积分判别法. 具体如下：当 $p>1$ 时, 函数

$$f_1(x)=\frac{1}{x(\ln x)^p},\quad f_2(x)=\frac{1}{x\ln x\cdot(\ln\ln x)^p}$$

分别为 $[2,+\infty)$, $[3,+\infty)$ 上的非负减函数, 且连续. 无穷积分

$$\int_2^{+\infty}f_1(x)\mathrm{d}x=\int_2^{+\infty}\frac{\mathrm{d}x}{x(\ln x)^p}=\int_2^{+\infty}\frac{\mathrm{d}(\ln x)}{(\ln x)^p}=\frac{1}{(p-1)(\ln 2)^{p-1}},$$

$$\int_3^{+\infty}f_2(x)\mathrm{d}x=\int_3^{+\infty}\frac{\mathrm{d}x}{x\ln x\cdot(\ln\ln x)^p}=\int_3^{+\infty}\frac{\mathrm{d}(\ln\ln x)}{(\ln\ln x)^p}=\frac{1}{(p-1)(\ln\ln 3)^{p-1}}$$

都收敛. 于是, $p>1$ 时正项级数 $\sum\limits_{n=2}^{\infty}\frac{1}{n(\ln n)^p}$ 与 $\sum\limits_{n=3}^{\infty}\frac{1}{n\ln n\cdot(\ln\ln n)^p}$ 都收敛.

例 12.2.3(推广的比式判别法)　设 $\sum u_n$ 为正项级数, k 为某个正整数.

(i) 若对一切 n, $\frac{u_{n+k}}{u_n}\leqslant q<1$, 则级数 $\sum u_n$ 收敛;

(ii) 若对一切 n, $\frac{u_{n+k}}{u_n}\geqslant 1$, 则级数 $\sum u_n$ 发散.

并由此判别级数 $\frac{1}{2}+\frac{1}{3}+\frac{1}{2^2}+\frac{1}{3^2}+\cdots+\frac{1}{2^n}+\frac{1}{3^n}+\cdots$ 的敛散性.

证明　(i) 由于 $\frac{u_{n+k}}{u_n}\leqslant q$, 则 $u_{n+k}\leqslant qu_n$, 从而

$$u_{mk+1}=u_{(m-1)k+1+k}\leqslant qu_{(m-1)k+1}\leqslant q^m u_1,$$

$$u_{mk+2}=u_{(m-1)k+2+k}\leqslant qu_{(m-1)k+2}\leqslant q^m u_2,$$

$$\cdots\quad\cdots$$

$$u_{mk+k}=u_{(m-1)k+k+k}\leqslant qu_{(m-1)k+k}\leqslant q^m u_k,$$

$$\cdots\quad\cdots$$

其中 m 为任意正整数. 对 $\ell=1,2,\cdots,k$, 有 $\lim\limits_{m\to\infty}u_{mk+\ell}=0$. 考虑级数的部分和数列 $\{S_{mk}\}$ 满足

$$\begin{aligned}S_{(m+1)k}=&\underbrace{(u_1+u_2+\cdots+u_k)}_{k\text{项}}+\underbrace{(u_{k+1}+u_{k+2}+\cdots+u_{k+k})}_{k\text{项}}\\&+\cdots+\underbrace{(u_{mk+1}+u_{mk+2}+\cdots+u_{mk+k})}_{k\text{项}}\\=&(1+q+\cdots+q^m)(u_1+u_2+\cdots+u_k)\\=&\frac{1-q^{m+1}}{1-q}(u_1+u_2+\cdots+u_k)\\\leqslant&\frac{1}{1-q}(u_1+u_2+\cdots+u_k),\end{aligned}$$

即 $\{S_{mk}\}$ 有上界, 从而 $\lim\limits_{m\to\infty} S_{(m+1)k}$ 存在, 且设 $\lim\limits_{m\to\infty} S_{(m+1)k}=S$. 注意到

$$S_{mk+1}=S_{mk}+u_{mk+1},$$

$$S_{mk+2}=S_{mk}+u_{mk+1}+u_{mk+2},$$

$$\cdots\quad\cdots$$

$$S_{mk+(k-1)}=S_{mk}+\underbrace{u_{mk+1}+u_{mk+2}+\cdots+u_{mk+(k-1)}}_{k-1\text{项}},$$

所以, $\lim\limits_{m\to\infty} S_{mk+1}=\lim\limits_{m\to\infty} S_{mk+2}=\cdots=\lim\limits_{m\to\infty} S_{mk+(k-1)}=\lim\limits_{m\to\infty} S_{mk+k}=S$, 即 $\lim\limits_{m\to\infty} S_n=S$, 这就证明了级数 $\sum u_n$ 收敛.

(ii) 若 $\dfrac{u_{n+k}}{u_n}\geqslant 1$ 成立, 则 $u_{n+k}\geqslant u_n$, 从而 $u_{mk+1}\geqslant u_{(m-1)k+1}\geqslant u_1>0$, 故 $\lim\limits_{n\to\infty} u_n\neq 0$, 所以级数 $\sum u_n$ 发散.

对于级数 $\dfrac{1}{2}+\dfrac{1}{3}+\dfrac{1}{2^2}+\dfrac{1}{3^2}+\cdots+\dfrac{1}{2^n}+\dfrac{1}{3^n}+\cdots$, 取 $k=2$, 因

$$\frac{u_{n+k}}{u_n}=\begin{cases}1/2, & n\text{为奇数},\\ 1/3, & n\text{为偶数},\end{cases}$$

即 $\dfrac{u_{n+k}}{u_n}\leqslant\dfrac{1}{2}<1$, 故知原级数收敛. ■

例 12.2.4(推广的根式判别法) 设 $\sum u_n$ 为正项级数, 若

$$\lim_{n\to\infty}\sqrt[an+b]{u_n}=\ell\quad(a>0),$$

则

(i) 当 $\ell<1$ 时, 级数 $\sum u_n$ 收敛;

(ii) 当 $\ell>1$ 时, 级数 $\sum u_n$ 发散;

(iii) 当 $\ell=1$ 时, 此判别法失效.

并由此判别级数 $\sum\limits_{n=1}^{\infty}\left(\dfrac{1}{3n-1}\right)^{2n-1}$ 的敛散性.

证明 因 $\lim\limits_{n\to\infty}\sqrt[an+b]{u_n}=\ell$, 故对任给 $\varepsilon>0$, 存在 $N_1\in\mathbb{N}_+$, 当 $n>N_1$ 时, 有

$$\left|\sqrt[an+b]{u_n}-\ell\right|<\varepsilon\Leftrightarrow\ell-\varepsilon<\sqrt[an+b]{u_n}<\ell+\varepsilon.$$

又因为 $a>0$, 所以对任意常数 b, 总存在正整数 N_2, 当 $n>N_2$ 时, 有 $an+b>0$. 取 $N=\max\{N_1,N_2\}$, 当 $n>N$ 时, 有

$$\ell-\varepsilon<\sqrt[an+b]{u_n}<\ell+\varepsilon,\quad an+b>0.$$

(i) 当 $\ell < 1$ 时, 取 $\varepsilon_0 = \dfrac{1-\ell}{2}$, 则 $q = \ell + \varepsilon_0 = \dfrac{1+\ell}{2} < 1$. 由上述的讨论可知, 存在正整数 N, 当 $n > N$ 时, 有

$$u_n < q^{an+b} \equiv q^b(q^a)^n.$$

而级数 $\sum q^b(q^a)^n$ 收敛 (其公比为 $q^a < 1$), 由比较判别法知级数 $\sum u_n$ 收敛.

(ii) 当 $\ell > 1$ 时, 取 $\varepsilon_0 = \dfrac{\ell-1}{2}$, 则 $q = \ell - \varepsilon_0 = \dfrac{1+\ell}{2} > 1$. 由上述的讨论可知, 存在正整数 N, 当 $n > N$ 时, 有

$$u_n > q^{an+b} > 1 \Leftrightarrow \lim_{n\to\infty} u_n \neq 0.$$

故由级数收敛的必要条件知级数 $\sum u_n$ 发散.

(iii) 当 $\ell = 1$ 时, 取 $u_n = \dfrac{1}{n^p}$, 则对任何 $a > 0$, b 为常数, 有 $\lim\limits_{n\to\infty} \sqrt[an+b]{u_n} = 1$. 而 $\sum \dfrac{1}{n}$ 发散, $\sum \dfrac{1}{n^2}$ 收敛, 故此时无法判定级数 $\sum u_n$ 的敛散性.

对于正项级数 $\sum\limits_{n=1}^{\infty} \left(\dfrac{1}{3n-1}\right)^{2n-1}$, 因为 (取 $a = 2$, $b = -1$)

$$\lim_{n\to\infty} \sqrt[2n-1]{u_n} = \lim_{n\to\infty} \sqrt[2n-1]{\left(\frac{1}{3n-1}\right)^{2n-1}} = \lim_{n\to\infty} \frac{1}{3n-1} = 0 < 1,$$

所以原级数是收敛的. ■

例 12.2.5　设 $\omega_n = u_n v_n$, $u_n \geqslant 0$, $v_n \geqslant 0$, $n \in \mathbb{N}_+$. 若 $\lim\limits_{n\to\infty} \sqrt[n]{u_n} = u$, $\lim\limits_{n\to\infty} \dfrac{v_n}{v_{n-1}} = v$, 则 (i) 当 $uv < 1$ 时, 级数 $\sum \omega_n$ 收敛; (ii) 当 $uv > 1$ 时, 级数 $\sum \omega_n$ 发散. 并由此判别级数 $\sum\limits_{n=1}^{\infty} \dfrac{n!}{(2n+1)^n}\left(\dfrac{n+1}{n}\right)^{n^2}$ 的敛散性.

证明　因为

$$\lim_{n\to\infty} \sqrt[n]{\omega_n} = \lim_{n\to\infty} \sqrt[n]{u_n} \lim_{n\to\infty} \sqrt[n]{v_n} = \lim_{n\to\infty} \sqrt[n]{u_n} \lim_{n\to\infty} \frac{v_n}{v_{n-1}} = uv.$$

故由根式判别法的极限形式知结论成立.

对于级数 $\sum\limits_{n=1}^{\infty} \dfrac{n!}{(2n+1)^n}\left(\dfrac{n+1}{n}\right)^{n^2}$, 令 $u_n = \left(\dfrac{n+1}{n}\right)^{n^2}$, $v_n = \dfrac{n!}{(2n+1)^n}$, 则

$$\lim_{n\to\infty} \sqrt[n]{u_n} = \lim_{n\to\infty} \left(1+\frac{1}{n}\right)^n = \mathrm{e}, \quad \lim_{n\to\infty} \frac{v_n}{v_{n-1}} = \lim_{n\to\infty} \frac{n}{2n-1}\left(\frac{2n-1}{2n+1}\right)^n = \frac{1}{2\mathrm{e}}.$$

由于 $\mathrm{e} \cdot \dfrac{1}{2\mathrm{e}} = \dfrac{1}{2} < 1$, 所以原级数是收敛的. ■

例 12.2.6 设 $u_1=2,\ u_{n+1}=\dfrac{1}{2}\left(u_n+\dfrac{1}{u_n}\right),\ n\in\mathbb{N}_+$. 证明:

(i) $\lim\limits_{n\to\infty}u_n$ 存在; (ii) 级数 $\sum\limits_{n=1}^{\infty}\left(\dfrac{u_n}{u_{n+1}}-1\right)$ 收敛.

证明 (i) 显然 $u_n>0$. 由于

$$u_{n+1}=\frac{1}{2}\left(u_n+\frac{1}{u_n}\right)\geqslant\frac{1}{2}\cdot 2\sqrt{u_n\cdot\frac{1}{u_n}}=1,\quad n\in\mathbb{N}_+,$$

所以数列 $\{u_n\}$ 有下界. 以下证明数列 $\{u_n\}$ 单调递减即可. 因为

$$u_{n+1}-u_n=\frac{1}{2}\left(u_n+\frac{1}{u_n}\right)-u_n=\frac{1-u_n^2}{2u_n}\leqslant 0,$$

所以数列 $\{u_n\}$ 单调递减, 从而 $\lim\limits_{n\to\infty}u_n$存在.

(ii) 由 (i) 知 $\lim\limits_{n\to\infty}u_n$ 存在, 并设 $\lim\limits_{n\to\infty}u_n=u$. 又因为 $u_n\geqslant u_{n+1}\geqslant 1$, 所以级数 $\sum\limits_{n=1}^{\infty}\left(\dfrac{u_n}{u_{n+1}}-1\right)$ 为正项级数, 且

$$0\leqslant\frac{u_n}{u_{n+1}}-1=\frac{1}{u_{n+1}}(u_n-u_{n+1})\leqslant u_n-u_{n+1}.$$

又由于 $\sum\limits_{n=1}^{\infty}(u_n-u_{n+1})=u_1-\lim\limits_{n\to\infty}u_n=2-u$ 收敛, 所以由比较原则知级数 $\sum\limits_{n=1}^{\infty}\left(\dfrac{u_n}{u_{n+1}}-1\right)$ 收敛. ■

例 12.2.7 若数列 $\{u_n\}$ 单调递减, 且 $\lim\limits_{n\to\infty}u_n=0$, 对任意 $n\in\mathbb{N}_+$, $(u_1-u_n)+(u_2-u_n)+\cdots+(u_{n-1}-u_n)$ 有界, 则级数 $\sum\limits_{n=1}^{\infty}u_n$ 收敛.

证明 设 $S_m=\sum\limits_{k=1}^{m}u_k$. 由条件可知, $u_n\geqslant 0$, 于是 $\sum\limits_{n=1}^{\infty}u_n$ 为正项级数. 只要证明 $\{S_m\}$ 有界即可.

由于对任意 $n\in\mathbb{N}_+$, $(u_1-u_n)+(u_2-u_n)+\cdots+(u_{n-1}-u_n)$ 有界, 所以存在 $M>0$, 对任意 $n\in\mathbb{N}_+$, 有

$$(u_1-u_n)+(u_2-u_n)+\cdots+(u_{n-1}-u_n)=\sum_{k=1}^{n-1}u_k-(n-1)u_n\leqslant M,$$

即

$$0<S_{n-1}\leqslant M+(n-1)u_n.$$

又 $\{u_n\}$ 单调递减, $\lim\limits_{n\to\infty} u_n=0$, 则对任意 $m\in\mathbb{N}_+$, 存在 $n>m$, 有 $u_n\leqslant\dfrac{u_m}{2}$. 从而

$$\begin{aligned}M &\geqslant u_1+u_2+\cdots+u_m-mu_n+(u_{m+1}+\cdots+u_{n-1})-(n-1-m)u_n\\ &\geqslant mu_m-\frac{m}{2}u_m+(n-1-m)u_n-(n-1-m)u_n=\frac{m}{2}u_m,\end{aligned}$$

即 $mu_m\leqslant 2M$. 于是, 对任意 $m\in\mathbb{N}_+$, 有

$$0<S_m=\sum_{k=1}^{m}u_k\leqslant M+mu_m\leqslant 3M,$$

即 $\sum\limits_{n=1}^{\infty}u_n$ 的部分和数列 $\{S_m\}$ 有界, 则级数 $\sum\limits_{n=1}^{\infty}u_n$ 收敛. ■

四、巩固提高

12.2.1　若正项级数 $\sum u_n$ 收敛, 则级数 $\sum u_n^2$ 也收敛; 反之成立否? 为什么?

12.2.2　证明: 若 $\lim\limits_{n\to\infty} nu_n=\ell>0$, 则级数 $\sum u_n$ 发散.

12.2.3　应用比较原则判断下列级数的敛散性:

(i) $\displaystyle\sum_{n=1}^{\infty}\frac{1}{n^{2n\sin\frac{1}{n}}}$;　　(ii) $\displaystyle\sum_{n=2}^{\infty}(\sqrt{n+1}-\sqrt{n}\,)\ln\frac{n+1}{n-1}$.

12.2.4　应用比式或根式判别法判断下列级数的敛散性:

(i) $\displaystyle\sum_{n=1}^{\infty}\frac{1\cdot3\cdot5\cdots(2n-1)}{2\cdot5\cdot8\cdots(3n-1)}$;　　(ii) $\displaystyle\sum_{n=1}^{\infty}\frac{(n!)^2}{(2n)!}$;

(iii) $\displaystyle\sum_{n=1}^{\infty}\frac{n^2}{\left(2+\frac{1}{n}\right)^n}$;　　(iv) $\displaystyle\sum_{n=1}^{\infty}\frac{\left(1+\frac{1}{n}\right)^{n^3}}{\mathrm{e}^{n^2}}$.

12.2.5　用积分判别法判别级数 $\sum n\mathrm{e}^{-\sqrt{n}}$ 的敛散性.

12.2.6　讨论级数 $\sum n^p\left(\sqrt{n+1}-2\sqrt{n}+\sqrt{n-1}\right)$ 的敛散性.

12.2.7　证明: 若 $\{u_n\}$ 为等差数列, 则级数 $\sum\dfrac{1}{u_n}$ 发散.

12.2.8　设 $u_n\leqslant\omega_n\leqslant v_n\ (n\in\mathbb{N}_+)$, 若级数 $\sum u_n$ 与 $\sum v_n$ 都收敛, 证明级数 $\sum\omega_n$ 也收敛; 若级数 $\sum u_n$ 与 $\sum v_n$ 都发散, 则级数 $\sum\omega_n$ 的敛散性又如何?

12.2.9　设 $\sum u_n$ 为正项级数, k 为某个正整数,

$$\lim_{n\to\infty}\frac{u_{n+k}}{u_n}=q\quad(\text{或 } q=+\infty),$$

则 (i) 当 $q<1$ 时, 级数 $\sum u_n$ 收敛; (ii) 当 $q>1$, 级数 $\sum u_n$ 发散. 并由此来判别下列级数的敛散性:

(i) $\sum\limits_{n=1}^{\infty} 2^{-n-(-1)^n}$; (ii) $\sum\limits_{n=1}^{\infty} \mathrm{e}^{\{2\sin\frac{n\pi}{2}+\cos\frac{n\pi}{2}-n\}}$.

12.2.10 设 $\sum u_n$ 为正项级数, 若

$$\lim_{n\to\infty} \sqrt[n^{m_0}]{u_n} = \ell \quad (\text{其中 } m_0 \text{ 为大于 1 的正整数}),$$

则 (i) 当 $\ell < 1$ 时, 级数 $\sum u_n$ 收敛; (ii) 当 $\ell > 1$ 时, 级数 $\sum u_n$ 发散; (iii) 当 $\ell = 1$ 时, 此判别法失效. 并由此判别级数 $\sum\limits_{n=1}^{\infty}\left(\dfrac{n}{2n+1}\right)^{n^2}$ 的敛散性.

12.2.11 设 $\sum\limits_{n=1}^{\infty} u_n$ 为正项级数, 存在正数 σ 及正整数 N. 证明:

(i) 当 $n > N$ 时, 有 $\dfrac{\ln\dfrac{1}{u_n}}{\ln n} \geqslant 1+\sigma$, 则级数 $\sum\limits_{n=1}^{\infty} u_n$ 收敛;

(ii) 当 $n > N$ 时, 有 $\dfrac{\ln\dfrac{1}{u_n}}{\ln n} \leqslant 1$, 则级数 $\sum\limits_{n=1}^{\infty} u_n$ 发散.

12.2.12 设 $\sum u_n$ 为正项级数, 且 $\lim\limits_{n\to\infty}\left(\dfrac{u_{n+1}}{u_n}\right)^n = q$, 则 (i) 当 $0 \leqslant q < \mathrm{e}^{-1}$ 时, 级数 $\sum u_n$ 收敛; (ii) 当 $q > \mathrm{e}^{-1}$ 时, 级数 $\sum u_n$ 发散.

12.2.13 设数列 $\{u_n\}$单调减少收敛于 0, 且 $v_n = u_n - 2u_{n+1} + u_{n+2} \geqslant 0$, $n = 1, 2, \cdots$, 证明级数 $\sum\limits_{n=1}^{\infty} nv_n$ 收敛.

12.2.14 对任意 $n \in \mathbb{N}_+$ 都有 $0 < u_n < u_{2n} + u_{2n+1}$, 证明级数 $\sum\limits_{n=1}^{\infty} u_n$ 发散.

12.2.15 设 $x > 0$, 证明级数 $\sum\limits_{n=1}^{\infty} \dfrac{x^n}{(1+x)(1+x^2)\cdots(1+x^n)}$ 收敛.

12.2.16(Dini 定理) 设正项级数 $\sum\limits_{n=1}^{\infty} u_n$ 收敛, 其余项为 $R_n = \sum\limits_{k=n+1}^{\infty} u_k, n \in \mathbb{N}$. 证明 $\sum\limits_{n=1}^{\infty} \dfrac{u_n}{R_{n-1}}$ 发散, 但对任意 $p > 0$, $\sum\limits_{n=1}^{\infty} \dfrac{u_n}{R_{n-1}^{1-p}}$ 收敛.

12.2.17 设正项级数 $\sum\limits_{n=1}^{\infty} u_n$ 发散, 讨论下列各级数的敛散性:

(i) $\sum\limits_{n=1}^{\infty} \dfrac{u_n}{1+n^2u_n}$; (ii) $\sum\limits_{n=1}^{\infty} \dfrac{u_n}{1+nu_n}$; (iii) $\sum\limits_{n=1}^{\infty} \dfrac{u_n}{1+u_n}$; (iv) $\sum\limits_{n=1}^{\infty} \dfrac{u_n}{1+u_n^2}$.

12.3 一般项级数

一、内容精读

1. 交错级数

定义 12.3.1 若级数的各项符号正负相间, 即

$$u_1 - u_2 + u_3 - u_4 + (-1)^{n+1}u_n + \cdots \quad (u_n > 0,\ n \in \mathbb{N}_+), \tag{12.3.1}$$

则称式 (12.3.1) 为交错级数.

定理 12.3.1(Leibniz 判别法) 若交错级数 (12.3.1) 满足下列两个条件:

(i) 数列 $\{u_n\}$ 单调递减 (即 $u_{n+1} \leqslant u_n$); (ii) $\lim\limits_{n\to\infty} u_n = 0$,

则级数 (12.3.1) 收敛.

Leibniz 级数余项 满足 Leibniz 判别法条件的级数称为Leibniz 级数. 对于 Leibniz 级数, 有余项估计式 $|R_n| \leqslant u_{n+1}$.

2. 绝对收敛与条件收敛

1) 定义

定义 12.3.2 若级数 $\sum |u_n|$ 收敛, 则称级数 $\sum u_n$ 绝对收敛; 级数 $\sum u_n$ 收敛, 而级数 $\sum |u_n|$ 不收敛, 则称级数 $\sum u_n$ 条件收敛.

命题 12.3.1 若 $\sum |u_n|$ 收敛, 则 $\sum u_n$ 必收敛 (即绝对收敛的级数必收敛).

文献 [1] 是利用 Cauchy 收敛准则来证明本命题的. 还可以利用正项级数的比较原则以及收敛级数的性质, 给出异于文献 [1] 的证明.

令 $v_n = u_n + |u_n|$, 则 $0 \leqslant v_n \leqslant 2|u_n|$. 由比较原则并注意到级数 $\sum |u_n|$ 收敛, 则知级数 $\sum v_n$ 收敛. 又 $u_n = v_n - |u_n|$, 从而由收敛级数的性质可知 $\sum u_n$ 收敛.

由命题 12.3.1 知, 在研究一般项级数 $\sum u_n$ 的敛散性时, 可以先分析对应的正项级数 $\sum |u_n|$ 的敛散性. 对于级数 $\sum |u_n|$ 而言可以用正项级数的各种判别法. 若级数 $\sum |u_n|$ 收敛, 则原级数 $\sum u_n$ 也收敛. 若级数 $\sum |u_n|$ 发散, 则原级数 $\sum u_n$ 的敛散性有两种可能: 条件收敛或发散. 此时在 12.2 节中以比较原则为基础的各种判别法都不能奏效, 但其中例外的是导致发散结论的 Cauchy 判别法和 D'Alembert 判别法, 即是说, 对于级数 $\sum |u_n|$ 用 Cauchy 判别法或 D'Alembert 判别法时, 若 $\overline{\lim\limits_{n\to\infty}} \sqrt[n]{|u_n|} > 1$ 或 $\lim\limits_{n\to\infty} \dfrac{|u_{n+1}|}{|u_n|} > 1$, 则可以断定原级数 $\sum u_n$ 发散, 其主要原因在于这两种判别法背后的比较级数是 (正项) 几何级数, 它在公比大于 1 时级数的通项不收敛于 0, 而 $\lim\limits_{n\to\infty} |u_n| = 0$ 与 $\lim\limits_{n\to\infty} u_n = 0$ 是等价的, 因此它们的反面也等价.

2) 绝对 (条件) 收敛性质

(i) 重排定理　设级数 $\sum_{n=1}^{\infty} u_n$ 绝对收敛, 且其和为 S, 则任意重排后所得到的级数也绝对收敛且与原级数有相同的和数.

(ii) Cauchy 定理　设级数 $\sum_{n=1}^{\infty} u_n$ 与 $\sum_{n=1}^{\infty} v_n$ 绝对收敛, 且分别收敛于 A 与 B, 则对所有乘积 $u_i v_j$ 按任意顺序排列得到的级数 $\sum_{n=1}^{\infty} \omega_n$ 也绝对收敛, 且其和等于 AB.

(iii) Riemann 定理　级数 $\sum_{n=1}^{\infty} u_n$ 条件收敛, 则对任意给定的数 A, 总有 $\{u_n\}$ 的重排 $\{v_n\}$, 使 $\sum_{n=1}^{\infty} v_n = A$, 也可以找到适当的重排方式, 使所得的级数发散.

(iv) Mertens 定理　设级数 $\sum_{n=1}^{\infty} u_n$ 与 $\sum_{n=1}^{\infty} v_n$ 分别收敛于 A 与 B, 且二者之中至少有一个级数绝对收敛, 则 $\sum_{n=1}^{\infty} \omega_n = AB$, 其中 $\omega_n = \sum_{i+j=n+1} u_i v_j$.

3. Abel 判别法和 Dirichlet 判别法

命题 12.3.2(分部求和公式/Abel 变换)　设 ε_k, v_k $(k = 1, 2, \cdots, n)$ 为两组实数, 若令

$$\sigma_k \overset{\text{def}}{=\!=} v_1 + v_2 + \cdots + v_k \quad (k = 1, 2, \cdots, n),$$

则有如下分部求和公式 (Abel 变换):

$$\sum_{k=1}^{n} \varepsilon_k v_k = \sum_{k=1}^{n-1} (\varepsilon_k - \varepsilon_{k+1}) \sigma_k + \varepsilon_n \sigma_n. \tag{12.3.2}$$

由式 (12.3.2) 可以导出各种有用的估计式. 若设 $|\sigma_k| \leqslant M$ $(k = 1, 2, \cdots, n)$, 则当 $\{\varepsilon_n\}$ 为非负单调减少时, 容易得到

$$\left| \sum_{k=1}^{n} \varepsilon_k v_k \right| \leqslant M \varepsilon_1.$$

又若设 $|\sigma_k| \leqslant M$ $(k = 1, 2, \cdots, n)$, 则当 $\{\varepsilon_n\}$ 为单调时, 容易得到

$$\left| \sum_{k=1}^{n} \varepsilon_k v_k \right| \leqslant M(|\varepsilon_1| + 2|\varepsilon_n|).$$

命题 12.3.3(Abel 引理)　若

(i) $\varepsilon_1, \varepsilon_2, \cdots, \varepsilon_n$ 是单调数组;

(ii) 对任一正整数 k $(1 \leqslant k \leqslant n)$ 有 $|\sigma_k| \leqslant A$ (这里 $\sigma_k = v_1 + v_2 + \cdots + v_k$), 则记 $\varepsilon = \max\limits_{1\leqslant k\leqslant n} \{|\varepsilon_k|\}$ 时, 有

$$\left|\sum_{k=1}^{n} \varepsilon_k v_k\right| \leqslant 3\varepsilon A. \tag{12.3.3}$$

定理 12.3.2(Abel 判别法) 若 $\{u_n\}$ 为单调有界数列, 且级数 $\sum v_n$ 收敛, 则级数 $\sum u_n v_n$ 收敛.

定理 12.3.3(Dirichlet 判别法) 若数列 $\{u_n\}$ 为单调递减, $\lim\limits_{n\to\infty} u_n = 0$, 且级数 $\sum v_n$ 的部分和数列有界, 则级数 $\sum u_n v_n$ 收敛.

二、疑难解答

问题 12.3.1 判定一般项级数敛散性的基本思路是什么?

答 对于一般项级数 $\sum u_n$, 其敛散性的判定通常按图 12.3.1 的顺序进行, 到某一步得出敛散性结论时, 判断结束.

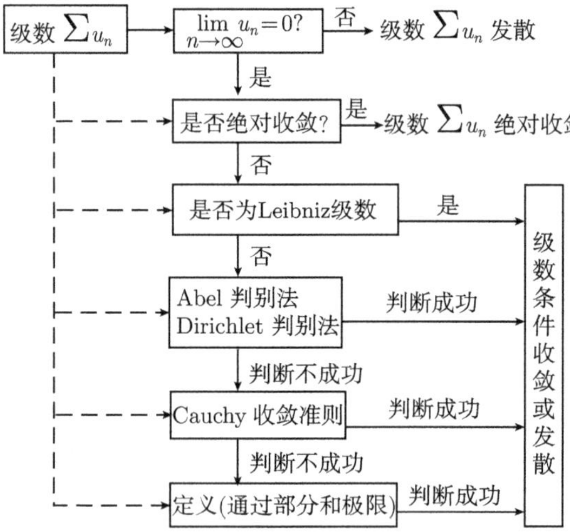

图 12.3.1

需要说明的是, 上述判断的基本顺序不是绝对的, 不排除在具体使用时, 带有某种倾向性的选择, 比如采用顺序中用虚线所指的某一判别途径. 另外, 若按上述顺序仍未得出级数的敛散性, 也可以采用其他一些方法, 比如例 12.3.5. 请读者在级数的学习过程中认真体会并不断加以归纳、总结与应用. ■

问题 12.3.2 对于一般项级数 $\sum u_n$ 与 $\sum v_n$, 若

$$\lim_{n\to\infty} \frac{u_n}{v_n} = \ell \neq 0,$$

能否由此推出 $\sum u_n$ 与 $\sum v_n$ 具有同敛态?

答 不能. 例如两级数 $\sum(-1)^n\frac{1}{\sqrt{n}}$ 与 $\sum\left[(-1)^n\frac{1}{\sqrt{n}}+\frac{1}{n}\right]$, 有

$$\lim_{n\to\infty}\frac{(-1)^n\frac{1}{\sqrt{n}}+\frac{1}{n}}{(-1)^n\frac{1}{\sqrt{n}}}=1,$$

但是 $\sum(-1)^n\frac{1}{\sqrt{n}}$ 为 Leibniz 级数而收敛, 而级数 $\sum\left[(-1)^n\frac{1}{\sqrt{n}}+\frac{1}{n}\right]$ 发散. ■

问题 12.3.3 (i) 若级数 $\sum u_n$ 绝对收敛, 而级数 $\sum v_n$ 条件收敛, 问级数 $\sum(u_n+v_n)$ 是绝对收敛还是条件收敛?

(ii) 若级数 $\sum u_n$ 与 $\sum v_n$ 都是条件收敛, 问 $\sum(u_n+v_n)$ 是绝对收敛还是条件收敛?

答 (i) 级数 $\sum(u_n+v_n)$ 必是条件收敛. 这是因为

首先, 级数 $\sum(u_n+v_n)$ 必收敛. 其次, 级数 $\sum(u_n+v_n)$ 不可能绝对收敛. 反证如下：假设 $\sum(u_n+v_n)$ 绝对收敛, 则由级数 $\sum u_n$ 绝对收敛, 及不等式

$$|v_n|=|(u_n+v_n)-u_n|\leqslant|u_n+v_n|+|u_n|,$$

级数 $\sum v_n$ 绝对收敛, 这与级数 $\sum v_n$ 条件收敛相矛盾.

(ii) $\sum(u_n+v_n)$ 必收敛, 但不能断定其是绝对收敛还是条件收敛, 换句话说, 级数 $\sum(u_n+v_n)$ 可能是条件收敛, 也可能是绝对收敛. 例如,

$$u_n=(-1)^n\frac{1}{n},\quad v_n=(-1)^{n+1}\frac{1}{n}+\frac{1}{n^2},\quad u_n+v_n=\frac{1}{n^2},$$

级数 $\sum u_n$ 与 $\sum v_n$ 均条件收敛, 但级数 $\sum(u_n+v_n)$ 绝对收敛. ■

问题 12.3.4 若级数

$$\sum_{n=1}^{\infty}(u_{n_{k-1}+1}+u_{n_{k-1}+2}+\cdots+u_{n_k}) \tag{12.3.4}$$

收敛, 其中 $n_0=0$, $1\leqslant n_1<n_2<\cdots<n_k<\cdots$, 问去掉括号之后所得到的级数 $\sum\limits_{n=1}^{\infty}u_n$ 是否收敛?

答 不一定. 例如, 取 $u_n=(-1)^{n+1}$, 则级数

$$\sum_{k=1}^{\infty}(u_k+u_{k+1})=(1-1)+(1-1)+\cdots+(1-1)+\cdots$$

收敛, 但 $\sum_{n=1}^{\infty} u_n = \sum_{n=1}^{\infty}(-1)^{n+1}$ 发散. ■

注 12.3.1　若级数 $\sum_{n=1}^{\infty} u_n$ 收敛, 则级数 $\sum_{n=1}^{\infty}(u_{n_{k-1}+1}+u_{n_{k-1}+2}+\cdots+u_{n_k})$ 也收敛, 其中 $n_0=0,\ 1\leqslant n_1<n_2<\cdots<n_k<\cdots$(实际上, 此为 12.1 节中性质 12.1.3). 问题 12.3.4 回答了上述命题的逆不成立, 但若加上适当的条件可以得到级数 $\sum_{n=1}^{\infty} u_n$ 收敛性, 即

命题 12.3.4　若级数 (12.3.4) 收敛 (其中 $n_0=0,\ 1\leqslant n_1<n_2<\cdots<n_k<\cdots$), 且在同一括号内所有项具有相同符号, 则去掉括号之后所得到的级数 $\sum_{n=1}^{\infty} u_n$ 也收敛, 且与级数 (12.3.4) 具有相同的和.(可参见 [1] 的下册第 6 页中的习题 10.)

证明如下: 设 $S_k^*=\sum_{m=1}^{k}(u_{n_{m-1}+1}+\cdots+u_{n_m}),\ \lim_{k\to\infty} S_k^*=A$ (有限), $S_k=\sum_{m=1}^{k} u_m$. 显然 $S_{n_{k-1}}=S_{k-1}^*,\ S_{n_k}=S_k^*$.

对任意 $m\in\mathbb{N}_+$, 存在 $k\in\mathbb{N}_+$, 有 $n_{k-1}<m\leqslant n_k$. 已知同一括号内所有项具有相同符号, 从而当 m 从 n_{k-1} 变化到 n_k 时, 部分和 S_m 是单调增或单调减, 即

$$S_{k-1}^*<S_m\leqslant S_k^* \quad 或 \quad S_{k-1}^*>S_m\geqslant S_k^*.$$

当 $m\to\infty$ 时, 有 $k\to\infty$. 于是

$$\lim_{m\to\infty} S_m=\lim_{k\to\infty} S_k^*=A,$$

即级数 $\sum_{n=1}^{\infty} u_n$ 收敛, 其和也是 A.

问题 12.3.5　若级数 $\sum_{n=1}^{\infty} u_n$ 绝对收敛, 下面证明 $\sum_{n=1}^{\infty} u_n^2$ 收敛方法是否正确? 为什么?

证明过程: 因为 $\sum_{n=1}^{\infty} u_n$ 绝对收敛, 所以 $\lim_{n\to\infty}\left|\frac{u_{n+1}}{u_n}\right|=\rho<1$, 从而 $\lim_{n\to\infty}\frac{u_{n+1}^2}{u_n^2}=\rho^2<1$, 由比值判别法知 $\sum_{n=1}^{\infty} u_n^2$ 收敛.

答　不正确. 因为比值判别法仅是正项级数收敛的充分条件而非必要条件, 也就是说正项级数 $\sum_{n=1}^{\infty}|u_n|$ 收敛, 不能得出 $\lim_{n\to\infty}\left|\frac{u_{n+1}}{u_n}\right|=\rho<1$. 例如正项级数

$$\sum_{n=1}^{\infty} u_n=\frac{1}{2^2}+\frac{1}{2^3}+\frac{1}{3^2}+\frac{1}{3^3}+\cdots+\frac{1}{n^2}+\frac{1}{n^3}+\cdots$$

收敛, 但 $\lim\limits_{n\to\infty}\left|\dfrac{u_{n+1}}{u_n}\right|$ 不存在, 故没有 $\lim\limits_{n\to\infty}\left|\dfrac{u_{n+1}}{u_n}\right|<1$.

正确的证法: 由级数 $\sum\limits_{n=1}^{\infty}u_n$ 绝对收敛及级数收敛的必要条件知, 取 $0<\varepsilon_0<1$, 存在 $N>0$, 当 $n>N$ 时, 有 $|u_n|<\varepsilon_0<1$, 从而 $u_n^2<|u_n|$. 于是, 由比较判别法知级数 $\sum\limits_{n=1}^{\infty}u_n^2$ 收敛. ■

三、典型例题

例 12.3.1 设正项数列 $\{u_n\}$ 单调减少, 且 $\sum\limits_{n=1}^{\infty}(-1)^n u_n$ 发散. 问级数 $\sum\limits_{n=1}^{\infty}\left(\dfrac{1}{1+u_n}\right)^n$ 是否收敛? 并说明理由.

解 级数 $\sum\limits_{n=1}^{\infty}\left(\dfrac{1}{1+u_n}\right)^n$ 必收敛. 这是因为数列 $\{u_n\}$ 单调减少且 $u_n\geqslant 0$, 所以 $\lim\limits_{n\to\infty}u_n=u_0\ (\geqslant 0)$. 又由莱布尼兹判别法知 $u_0\neq 0$ (否则, 则由莱布尼兹判别法知 $\sum\limits_{n=1}^{\infty}(-1)^n u_n$ 收敛, 这与假设发生矛盾), 所以 $u_0>0$. 从而

$$\lim_{n\to\infty}\sqrt[n]{\left(\frac{1}{1+u_n}\right)^n}=\lim_{n\to\infty}\frac{1}{1+u_n}=\frac{1}{1+u_0}<1,$$

故由 Cauchy 判别法知级数 $\sum\limits_{n=1}^{\infty}\left(\dfrac{1}{1+u_n}\right)^n$ 收敛. ■

例 12.3.2 设常数 $\lambda>0$, 且 $\sum\limits_{n=1}^{\infty}u_n^2$ 收敛, 判别级数 $\sum\limits_{n=1}^{\infty}\dfrac{(-1)^n|u_n|}{\sqrt{n^2+\lambda}}$ 的敛散性.

解 因 $\left|\dfrac{(-1)^n|u_n|}{\sqrt{n^2+\lambda}}\right|=\dfrac{|u_n|}{\sqrt{n^2+\lambda}}\leqslant\dfrac{1}{2}\left(u_n^2+\dfrac{1}{n^2+\lambda}\right)\leqslant\dfrac{1}{2}\left(u_n^2+\dfrac{1}{n^2}\right)$, 而 $\sum\limits_{n=1}^{\infty}u_n^2$ 与 $\sum\limits_{n=1}^{\infty}\dfrac{1}{n^2}$ 均收敛, 所以 $\sum\limits_{n=1}^{\infty}\left|\dfrac{(-1)^n|u_n|}{\sqrt{n^2+\lambda}}\right|$ 收敛, 从而原级数绝对收敛. ■

例 12.3.3(绝对收敛的导数判别法) 设 $f(x)$ 在 $U(0;\delta)$ 内有定义, $u_n=f\left(\dfrac{1}{n}\right)$ (或者: 当 n 充分大时成立此式), 且 $f''(0)$ 存在, 则级数 $\sum\limits_{n=1}^{\infty}u_n$ 绝对收敛的充要条件为 $f(0)=f'(0)=0$.

并由此结论来考察级数 $\sum\limits_{n=1}^{\infty}\left[\dfrac{1}{n}-\ln\left(1+\dfrac{1}{n}\right)\right]$ 的收敛性.

证明 不失一般性设对一切 n 有 $u_n=f(\dfrac{1}{n})$.

由 $f''(0)$ 存在知, $f(x)$ 在 $x=0$ 处连续, 且在某个邻域 $U(0;\delta)$ 内可导.

$\Leftarrow$　由 $f(0)=f'(0)=0$, 令 $0<\lambda<1$, 则有

$$\lim_{x\to0^+}\frac{f(x)}{x^{1+\lambda}}=\lim_{x\to0^+}\frac{f'(x)}{(1+\lambda)x^{\lambda}}=\frac{1}{1+\lambda}\lim_{x\to0^+}\frac{f'(x)}{x}\cdot x^{1-\lambda}=\frac{1}{1+\lambda}\cdot f''(0)\cdot 0=0,$$

从而 $\lim\limits_{x\to0^+}\dfrac{|f(x)|}{x^{1+\lambda}}=0$. 由 $u_n=f\left(\frac{1}{n}\right)$ 得 $\lim\limits_{n\to\infty}\dfrac{|u_n|}{\dfrac{1}{n^{1+\lambda}}}=0$, 而 $\sum\limits_{n=1}^{\infty}\dfrac{1}{n^{1+\lambda}}$ 收敛, 则由比较原则的极限形式知 $\sum\limits_{n=1}^{\infty}|u_n|$ 收敛, 故 $\sum\limits_{n=1}^{\infty}u_n$ 绝对收敛.

$\Rightarrow$　设 $\sum\limits_{n=1}^{\infty}u_n$ 绝对收敛, 则 $|f(0)|=\lim\limits_{n\to\infty}\left|f\left(\dfrac{1}{n}\right)\right|=\lim\limits_{n\to\infty}|u_n|=0$, 即 $f(0)=0$.

若 $f'(0)=k\neq0$, 则 $\lim\limits_{x\to0^+}\dfrac{f(x)}{x}=f'(0)=k$, 从而 $\lim\limits_{x\to0^+}\left|\dfrac{f(x)}{x}\right|=|k|$, 于是 $\lim\limits_{n\to\infty}\dfrac{|u_n|}{\dfrac{1}{n}}=\lim\limits_{n\to\infty}\dfrac{|f(\frac{1}{n})|}{\dfrac{1}{n}}=|k|\neq0$. 而级数 $\sum\limits_{n=1}^{\infty}\dfrac{1}{n}$ 发散, 由比较原则的极限形式知 $\sum\limits_{n=1}^{\infty}|u_n|$ 发散, 这与 $\sum\limits_{n=1}^{\infty}u_n$ 绝对收敛矛盾, 故 $f'(0)=0$.

取 $f(x)=x-\ln(1+x)$, 则 $f(x)$ 在 $x=0$ 处二阶可导, 且 $f(0)=0$, $f'(0)=\left.\left(1-\dfrac{1}{1+x}\right)\right|_{x=0}=0$, 故知级数 $\sum\limits_{n=1}^{\infty}\left[\dfrac{1}{n}-\ln\left(1+\dfrac{1}{n}\right)\right]$ 绝对收敛. ■

例 12.3.4　若级数 $\sum u_n$ 收敛, 证明级数 $\sum\limits_{n=1}^{\infty}\dfrac{u_n}{n}$, $\sum\limits_{n=1}^{\infty}\dfrac{u_n}{\sqrt{n}}$ 及 $\sum\limits_{n=1}^{\infty}\dfrac{nu_n}{n+1}$ 都收敛.

证明　$\sum u_n$ 收敛, 分别取 $v_n=\dfrac{1}{n}$, $v_n=\dfrac{1}{\sqrt{n}}$, $v_n=\dfrac{n}{n+1}$, 则知 $\{v_n\}$ 单调有界, 故由 Abel 判别法知级数 $\sum\limits_{n=1}^{\infty}\dfrac{u_n}{n}$, $\sum\limits_{n=1}^{\infty}\dfrac{u_n}{\sqrt{n}}$ 及 $\sum\limits_{n=1}^{\infty}\dfrac{nu_n}{n+1}$ 都收敛. ■

例 12.3.5　设数列 $\{u_n\}$ 单调减少趋于 0, 且级数 $\sum\limits_{n=1}^{\infty}u_n$ 发散, 证明级数 $\sum\limits_{n=1}^{\infty}u_n\sin nx$ 当 $x\neq k\pi$, $k=0,\pm1,\pm2,\cdots$ 时条件收敛.

证明　由正弦函数的性质知, 只要讨论 $0<x<\pi$. 令

$$\sigma_n=\sin x+\sin 2x+\cdots+\sin nx,$$

则

$$\sigma_n\cdot 2\sin\frac{x}{2}=2\sin\frac{x}{2}\big(\sin x+\sin 2x+\cdots+\sin nx\big)=\cos\frac{x}{2}-\cos\frac{(2n+1)x}{2},$$

从而

$$|\sigma_n| = |\sin x + \sin 2x + \cdots + \sin nx| \leqslant \frac{1}{\sin\frac{x}{2}},$$

即级数 $\sum_{n=1}^{\infty} \sin nx$ 的部分和数列有界. 而数列 $\{u_n\}$ 单调减少趋于 0, 故由 Dirichlet 判别法知级数 $\sum_{n=1}^{\infty} u_n \sin nx$ 收敛.

另一方面, 利用 $|u_n \sin nx| \geqslant u_n \sin^2 nx = \frac{1}{2}(u_n - u_n \cos 2nx) \geqslant 0$, 仿上述证明可证级数 $\sum_{n=1}^{\infty} u_n \cos 2nx$ 收敛, 而级数 $\sum_{n=1}^{\infty} u_n$ 发散, 所以级数 $\sum_{n=1}^{\infty} \frac{1}{2}(u_n - u_n \cos 2nx)$ 发散, 因此由比较原则知级数 $\sum_{n=1}^{\infty} |u_n \sin nx|$ 发散. 这就证明了原级数 $\sum_{n=1}^{\infty} u_n \sin nx$ 为条件收敛. ■

* **例 12.3.6** 证明级数 $\sum_{n=1}^{\infty} \frac{(-1)^{[\sqrt{n}]}}{n}$ 收敛.

证明 对任意 $n \in \mathbb{N}_+$, 解不等式

$$k \leqslant [\sqrt{n}] < k+1,$$

可得 $n = k^2, k^2+1, \cdots, (k+1)^2 - 1$ (共有 $2k+1$ 个).

$k=1$ 时, 有 3 项: $-\left(1 + \frac{1}{2} + \frac{1}{3}\right) = -u_1$;

$k=2$ 时, 有 5 项: $\frac{1}{4} + \frac{1}{5} + \frac{1}{6} + \frac{1}{7} + \frac{1}{8} = u_2$;

$\cdots\ \cdots$

$k=m$ 时, 有 $2m+1$ 项: $(-1)^m\left[\frac{1}{m^2} + \frac{1}{m^2+1} + \cdots + \frac{1}{(m+1)^2-1}\right] = (-1)^m u_m$;

$\cdots\ \cdots$

有

$$\sum_{n=1}^{\infty} \frac{(-1)^{[\sqrt{n}]}}{n} = \sum_{m=1}^{\infty} (-1)^m u_m,$$

其中

$$u_m = \underbrace{\frac{1}{m^2} + \frac{1}{m^2+1} + \cdots + \frac{1}{m^2+m-1}}_{m\text{项}} + \underbrace{\frac{1}{m^2+m} + \cdots + \frac{1}{(m+1)^2-1}}_{m+1\text{项}}.$$

由于

$$u_m < m \cdot \frac{1}{m^2} + (m+1) \cdot \frac{1}{m^2+m} = \frac{2}{m},$$

$$u_m > m\cdot\frac{1}{m^2+m}+(m+1)\cdot\frac{1}{(m+1)}=\frac{2}{m+1},$$

即 $\dfrac{2}{m+1} < u_m < \dfrac{2}{m}$. 由此可得

(i) $u_{m+1} < u_m$, 即 $\{u_m\}$ 单调递减;

(ii) $\lim\limits_{m\to\infty} u_m = 0$.

所以, 由 Leibniz 判别法知, 交错级数 $\sum\limits_{m=1}^{\infty}(-1)^m u_m$ 收敛. 再由命题 12.3.4 知级数 $\sum\limits_{n=1}^{\infty}\dfrac{(-1)^{[\sqrt{n}]}}{n}$ 收敛. ■

例 12.3.7　若级数 $\sum\limits_{n=1}^{\infty}u_n$ 收敛, 证明:

(i) $\lim\limits_{n\to\infty}\dfrac{1}{n}\sum\limits_{k=1}^{n}ku_k=0$;　　(ii) $\sum\limits_{n=1}^{\infty}\dfrac{u_1+2u_2+\cdots+nu_n}{n(n+1)}=\sum\limits_{n=1}^{\infty}u_n$.

证明　(i) 记 $S_n=\sum\limits_{k=1}^{n}u_k$. 因级数 $\sum\limits_{n=1}^{\infty}u_n$ 收敛, 所以 $\lim\limits_{n\to\infty}S_n=S$ (有限数). 由于 $u_n=S_n-S_{n-1}$, $n\in\mathbb{N}_+$ (令 $S_0=0$), 所以

$$\frac{1}{n}\sum_{k=1}^{n}ku_k=S_n-\frac{S_1+S_2+\cdots+S_{n-1}}{n-1}\cdot\frac{n-1}{n}.$$

由 Cauchy 定理 (例 2.2.9) 知, $\lim\limits_{n\to\infty}\dfrac{S_1+S_2+\cdots+S_{n-1}}{n-1}=S$, 从而

$$\lim_{n\to\infty}\frac{1}{n}\sum_{k=1}^{n}ku_k=\lim_{n\to\infty}S_n-\lim_{n\to\infty}\frac{S_1+S_2+\cdots+S_{n-1}}{n-1}\cdot\lim_{n\to\infty}\frac{n-1}{n}=0.$$

(ii) 因为

$$\begin{aligned}
&\frac{u_1+2u_2+\cdots+nu_n}{n(n+1)}\\
=&(u_1+2u_2+\cdots+nu_n)\left(\frac{1}{n}-\frac{1}{n+1}\right)\\
=&\frac{u_1+2u_2+\cdots+nu_n}{n}-\frac{u_1+2u_2+\cdots+nu_n}{n+1}\\
=&u_n+\frac{u_1+2u_2+\cdots+(n-1)u_{n-1}}{n}-\frac{u_1+2u_2+\cdots+nu_n}{n+1},
\end{aligned}$$

其中约定 $u_0=0$, 所以

$$\sum_{k=1}^{n}\frac{u_1+2u_2+\cdots+ku_k}{k(k+1)}$$

$$
\begin{aligned}
&=\sum_{k=1}^{n} u_k+\sum_{k=1}^{n}\left[\frac{u_1+2u_2+\cdots+(k-1)u_{k-1}}{k}-\frac{u_1+2u_2+\cdots+ku_k}{k+1}\right]\\
&=\sum_{k=1}^{n} u_k-\frac{u_1+2u_2+\cdots+nu_n}{n+1}.
\end{aligned}
$$

于是, 由 (i) 并对上式取极限立即得到结论. ■

例 12.3.8 证明若级数 $\sum_{n=1}^{\infty} u_n$ 与 $\sum_{n=1}^{\infty} v_n$ 都收敛, 和分别为 s 与 σ, 且级数 $\sum_{n=1}^{\infty} u_n$ 绝对收敛, 则它们的乘积级数 $\sum_{n=1}^{\infty} \omega_n$ 也收敛, 且和为 $s\sigma$, 其中 $\omega_n = \sum_{k=1}^{n} u_k v_{n-k+1}$.

证明 设三个级数 $\sum_{n=1}^{\infty} u_n$、$\sum_{n=1}^{\infty} v_n$ 与 $\sum_{n=1}^{\infty} \omega_n$ 的部分和分别为

$$
s_n=\sum_{k=1}^{n} u_k,\quad \sigma_n=\sum_{k=1}^{n} v_k,\quad q_n=\sum_{k=1}^{n} \omega_k,
$$

则

$$
\begin{aligned}
q_n&=\sum_{k=1}^{n} \omega_k=\sum_{k=1}^{n}\sum_{i=1}^{k} u_i v_{k-i+1}=u_1\sum_{k=1}^{n} v_k+u_2\sum_{k=1}^{n-1} v_{k-1}+\cdots+u_n v_1\\
&=u_1\sigma_n+u_2\sigma_{n-1}+\cdots+u_n\sigma_1,
\end{aligned}
$$

所以

$$
\begin{aligned}
s_n\sigma_n-q_n&=(u_1+u_2+\cdots+u_n)\sigma_n-(u_1\sigma_n+u_2\sigma_{n-1}+\cdots+u_n\sigma_1)\\
&=u_2(\sigma_n-\sigma_{n-1})+\cdots+u_{k+1}(\sigma_n-\sigma_m)\\
&\quad+u_{k+2}(\sigma_n-\sigma_{m-1})+\cdots+u_n(\sigma_n-\sigma_1),
\end{aligned}
$$

其中 $k+m=n$. 从而

$$
\begin{aligned}
|s_n\sigma_n-q_n|\leqslant&|u_2|\cdot|\sigma_n-\sigma_{n-1}|+\cdots+|u_{k+1}|\cdot|\sigma_n-\sigma_m|\\
&+|u_{k+2}|\cdot|\sigma_n-\sigma_{m-1}|+\cdots+|u_n|\cdot|\sigma_n-\sigma_1|.
\end{aligned}
$$

由于级数 $\sum_{n=1}^{\infty} u_n$ 绝对收敛, $\sum_{n=1}^{\infty} v_n$ 收敛, 则对任意 $\varepsilon>0$, 存在 $M>0$, 存在 $N\in\mathbb{N}_+$, 对任意 $k,n>N$, 有

$$
|u_{k+2}|+|u_{k+3}|+\cdots+|u_n|<\varepsilon,\quad |u_2|+|u_3|+\cdots+|u_{k+1}|\leqslant M,
$$

$$|\sigma_n-\sigma_{n-1}|<\varepsilon,\quad \cdots,\quad |\sigma_n-\sigma_m|<\varepsilon,$$

$$|\sigma_n-\sigma_{m-1}|<M,\quad \cdots,\quad |\sigma_n-\sigma_1|<M.$$

于是

$$\begin{aligned}|s_n\sigma_n-q_n|&<\varepsilon(|u_2|+|u_3|+\cdots+|u_{k+1}|)\\&\quad+M(|u_{k+2}|+|u_{k+3}|+\cdots+|u_n|)<2M\varepsilon,\end{aligned}$$

即

$$\lim_{n\to\infty}q_n=\lim_{n\to\infty}s_n\sigma_n=s\sigma.$$ ■

例 12.3.9　设函数 f 在 $\mathbb{R}$ 上可微, 且满足

(i) $f(x)>0,\ \forall\, x\in\mathbb{R}$;

(ii) $|f'(x)|\leqslant Lf(x),\ L\in(0,1)$. 任取 $u_0\in\mathbb{R}$, 定义

$$u_n=\ln f(u_{n-1}),\quad n=1,2,\cdots.$$

证明级数 $\sum|u_n-u_{n-1}|$ 收敛.

证明　因为函数 f 在 $\mathbb{R}$ 上可微, 所以由 Lagrange 中值定理, 可得

$$u_n-u_{n-1}=\ln f(u_{n-1})-\ln f(u_{n-2})=\frac{f'(\xi_n)}{f(\xi_n)}(u_{n-1}-u_{n-2}),\quad n=2,3,\cdots,$$

其中 ξ_n 介于 u_{n-1} 与 u_{n-2} 之间. 于是

$$|u_n-u_{n-1}|\leqslant L|u_{n-1}-u_{n-2}|,\quad n=2,3,\cdots.$$

若存在某个正整数 N_0, 使 $u_{N_0-1}-u_{N_0-2}=0$, 则对任意的 $n>N_0$, 都有 $|u_n-u_{n-1}|=0$, 于是级数 $\sum|u_n-u_{n-1}|$ 收敛.

若对任意的正整数 n, 都有 $|u_n-u_{n-1}|\neq 0$, 则

$$\frac{|u_n-u_{n-1}|}{|u_{n-1}-u_{n-2}|}\leqslant L<1,\quad n=2,3,\cdots$$

于是由比式判别法知级数 $\sum|u_n-u_{n-1}|$ 收敛. ■

四、巩固提高

12.3.1　考察级数 $\sum\limits_{n=1}^{\infty}\frac{1}{n^p}\sin\frac{\pi}{n}\ (p\geqslant 1)$ 的绝对收敛性.

12.3.2　判断下列级数的敛散性 (若收敛, 请指明是绝对收敛或条件收敛):

(i) $\sum\limits_{n=2}^{\infty}(-1)^n\frac{1}{\ln n}\sin\frac{1}{n}$;　　(ii) $\sum\limits_{n=1}^{\infty}\left(\frac{1}{\sqrt{n}}-\sqrt{\ln\frac{n+1}{n}}\right)$;

(iii) $\sum\limits_{n=1}^{\infty}(-1)^{n-1}\dfrac{(2n)!}{4^n(n!)^2}$; (iv) $\sum\limits_{n=2}^{\infty}\dfrac{(-1)^n}{(n+(-1)^n)^p}\quad(p>0)$.

12.3.3 应用 Abel 判别法或 Dirichlet 判别法判别下列级数的敛散性:

(i) $\sum\limits_{n=1}^{\infty}(-1)^n\left(1+\dfrac{1}{n}\right)^n\dfrac{1}{\sqrt{n}}$;

(ii) $\sum\limits_{n=1}^{\infty}(-1)^n\left(1+\dfrac{1}{2}+\cdots+\dfrac{1}{n}\right)\dfrac{\sin nx}{n},\ x\in(0,\pi)$.

12.3.4 证明下列各题:

(i) 若级数 $\sum u_n$ 绝对收敛, 而数列 $\{v_n\}$ 有界, 则级数 $\sum u_nv_n$ 绝对收敛;

(ii) 若级数 $\sum u_n$ 绝对收敛, 则级数 $\sum u_n^2$ 收敛;

(iii) 若级数 $\sum u_n^2$ 收敛, 则级数 $\sum u_nu_{n+1}$ 绝对收敛;

(iv) 若对任意 $n\in\mathbb{N}_+$, $u_n,v_n>0$, 且 $v_n\dfrac{u_n}{u_{n+1}}-v_{n+1}\geqslant r>0$, 则 $\sum u_n$ 收敛.

12.3.5 若级数 $\sum\limits_{n=1}^{\infty}u_n^2$ 收敛, 证明级数 $\sum\limits_{n=1}^{\infty}\dfrac{u_n}{\sqrt{n}\ln n}$ 绝对收敛.

12.3.6 证明对任意非零实数 x, 级数 $\sum\limits_{n=1}^{\infty}(-1)^n\sin\dfrac{x}{n}$ 为条件收敛.

12.3.7 设数列 $\{u_n\}$ 严格单调减少且趋于 0, 证明级数 $\sum\limits_{n=1}^{\infty}(-1)^n(u_1+u_2+\cdots+u_n)/n$ 收敛.

12.3.8 对于正参数 μ, 讨论级数 $1-\dfrac{1}{2^\mu}+\dfrac{1}{3}-\dfrac{1}{4^\mu}+\dfrac{1}{5}-\dfrac{1}{6^\mu}+\cdots$ 的敛散性.

12.3.9 设正项级数 $\sum\limits_{n=1}^{\infty}u_n$ 的通项 u_n 单调减少趋于 0, 且数列 $\{\sigma_n\}$ 有界 (其中 $\sigma_n=\sum\limits_{k=1}^{n}(u_k-u_n)$), 证明级数 $\sum\limits_{n=1}^{\infty}u_n$ 收敛.

12.3.10 设正项级数 $\sum\limits_{n=1}^{\infty}u_n$ 收敛, 且数列 $\{u_n-u_{n+1}\}$ 严格单调减少, 证明

$$\lim_{n\to\infty}\left(\frac{1}{u_{n+1}}-\frac{1}{u_n}\right)=+\infty.$$

12.3.11 设函数 f 在点 $x=0$ 的某一邻域内具有连续的二阶导数, 且 $\lim\limits_{x\to0}\dfrac{f(x)}{x}=0$, 证明级数 $\sum\limits_{n=1}^{\infty}f\left(\dfrac{1}{n}\right)$ 绝对收敛.

12.3.12 证明若级数 $\sum u_n$ 收敛, 且级数 $\sum(v_n-v_{n-1})$ 绝对收敛, 则级数 $\sum u_nv_n$ 也收敛.

12.3.13 证明若正项级数 $\sum u_n$ 收敛, 且数列 $\{u_n\}$ 单调, 则级数 $\sum n(u_n - u_{n+1})$ 收敛.

(提示: 应用 Abel 变换.)

12.3.14 证明级数 $\sum\limits_{n=1}^{\infty} u_n$ 收敛的充要条件是: 对任意正整数数列 $r_1, r_2, \cdots, r_n, \cdots$ 都有 $\lim\limits_{n\to\infty}(u_{n+1} + u_{n+2} + \cdots + u_{n+r_n}) = 0$.

12.3.15 研究级数 $\sum\limits_{n=1}^{\infty} \dfrac{1}{1+nx^n}$ (若分母为零则去掉该项) 的条件收敛与绝对收敛性.

12.3.16 证明当 $|q| < 1$ 时, 成立 $\left(\sum\limits_{n=0}^{\infty} q^n\right)\left(\sum\limits_{n=0}^{\infty} q^n\right) = \sum\limits_{n=0}^{\infty}(n+1)q^n$.

12.3.17(Dedekind 判别法) 若级数 $\sum\limits_{n=1}^{\infty}(u_n - u_{n-1})$ 绝对收敛, $\lim\limits_{n\to\infty} u_n = 0$, 级数 $\sum\limits_{n=1}^{\infty} v_n$ 的部分和数列有界, 则 $\sum\limits_{n=1}^{\infty} u_n v_n$ 收敛.

12.3.18 设 $\sum u_n$ 为正项级数. 证明若 $\lim\limits_{n\to\infty} n\left(1 - \dfrac{u_{n+1}}{u_n}\right) = r > 0$, 则级数 $\sum(-1)^{n-1}u_n$ 收敛.

12.3.19 若级数 $\sum\limits_{n=1}^{\infty} u_n$ 发散, 证明级数 $\sum\limits_{n=1}^{\infty}\left(1+\dfrac{1}{n}\right)u_n$ 也发散.

12.3.20 设函数 f 在 $[1,+\infty)$ 上单调增加且 $\lim\limits_{x\to+\infty} f(x) = A$. 证明:

(i) 级数 $\sum\limits_{n=1}^{\infty}\big(f(n+1) - f(n)\big)$ 收敛, 并求其和;

(ii) 又若 f 在 $[1,+\infty)$ 上二次可导, 且 $f''(x) < 0$, 则级数 $\sum\limits_{n=1}^{\infty} f'(n)$ 也收敛.

第 13 章　函数列与函数项级数

无穷级数为研究函数提供了一种全新的有力工具, 若将数项级数看作是无穷级数的基础的话, 则函数项级数就是无穷级数的理论核心.

本章主要介绍函数列和函数项级数的一致收敛、一致收敛判别法, 以及函数列和函数项级数的若干性质. 具体如下:

(i) 介绍函数列和函数项级数收敛及一致收敛的概念;

(ii) 给出函数列和函数项级数收敛及一致收敛的判别准则;

(iii) 研究函数列和函数项级数一致收敛的判别法;

(iv) 研究由函数列所确定的函数的分析性质: 连续性、可积性与可微性;

(v) 研究函数项级数和函数的分析性质: 若函数项级数或导函数项级数一致收敛 (这仅是充分条件), 则极限运算、求积分运算、求导数运算与级数无限求和运算可以交换次序 (即连续性、逐项求积、逐项求导).

本章的重点内容是函数列和函数项级数的一致收敛性及其判别法, 以及函数列的极限函数与函数项级数和函数的分析性质.

13.1　一致收敛性

一、内容精读

1. 函数列及其一致收敛性

设函数列 $\{f_n(x)\}$ 定义在数集 E 上, 若 $x_0 \in E$, 使得数列 $\{f_n(x_0)\}$ 收敛, 则称函数列 $\{f_n(x)\}$ 在点 x_0 收敛, x_0 称为函数列 $\{f_n(x)\}$ 的收敛点. 若数列 $\{f_n(x_0)\}$ 发散, 则称函数列 $\{f_n(x)\}$ 在点 x_0 发散.

若函数列 $\{f_n(x)\}$ 在数集 $D \subset E$ 上每一点都收敛, 则称

$$f(x) = \lim_{n\to\infty} f_n(x), \quad x \in D$$

为函数列 $\{f_n(x)\}$ 的极限函数.

定义 13.1.1　设函数列 $\{f_n(x)\}$ 与函数 f 定义在同一数集 D 上, 若对任给的正数 ε, 总存在某一正整数 N, 使得当 $n > N$ 时, 对一切 $x \in D$, 都有

$$|f_n(x) - f(x)| < \varepsilon,$$

则称函数列 $\{f_n\}$ 在 D 上一致收敛于 f, 记为

$$f_n(x) \rightrightarrows f(x)\ (n\to\infty),\quad x\in D.$$

关于函数列一致收敛的几点说明：

(i) 若函数列 $\{f_n\}$ 在 D 上一致收敛, 则对任给 $\varepsilon>0$, 不管 D 上哪一点 x, 总存在公共的 $N(\varepsilon)$ (即 N 的选取仅与 ε 有关, 而与 x 的取值无关), 只要 $n>N$, 有

$$|f_n(x)-f(x)|<\varepsilon.$$

由此可见, 函数列 $\{f_n\}$ 在 D 上一致收敛, 则必在 D 上每一点都收敛; 反之, 在 D 上每一点都收敛的函数列 $\{f_n\}$, 在 D 上未必一致收敛.

(函数列 $\{f_n\}$ 在 D 上一致收敛 $\underset{\not\Leftarrow}{\Rightarrow}$ 函数列 $\{f_n\}$ 在 D 上每一点都收敛.)

(ii) 函数列 $\{f_n\}$ 在 D 上不一致收敛 f 的充要条件是：存在某正数 ε_0, 对任何正数 N, 都有 D 上某一点 x_0 与正整数 $n_0>N$ (x_0 与 n_0 的取值与 N 有关), 使得

$$|f_{n_0}(x_0)-f(x_0)|\geqslant\varepsilon_0.$$

(iii) 函数列 $\{f_n\}$ 一致收于 f 的几何意义：对任何正数 ε, 存在正整数 N, 对一切序号大于 N 的曲线 $y=f_n(x)$, 都落在以曲线 $y=f(x)+\varepsilon$ 与 $y=f(x)-\varepsilon$ 为边 (即以曲线 $y=f(x)$ 为“中心线”, 宽度为 2ε) 的带状区域内 (图 13.1.1).

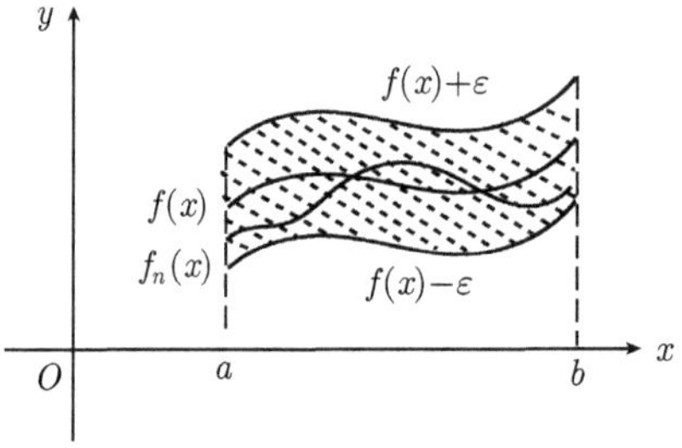

图 13.1.1

2. 函数列一致收敛性的判别准则

定理 13.1.1(Cauchy 收敛准则)　函数列 $\{f_n\}$ 在 D 上一致收敛 $\Leftrightarrow\forall\ \varepsilon>0$, $\exists\ N>0$, 使得当 $n,m>N$, 对一切 $x\in D$, 都有 $|f_n(x)-f_m(x)|<\varepsilon$.

(或者：$\Leftrightarrow\forall\ \varepsilon>0, \exists\ N>0$, 使得当 $n>N$, 对任意 $p\in\mathbb{N}_+$, 且对一切 $x\in D$, 都有 $|f_n(x)-f_{n+p}(x)|<\varepsilon$.)

定理 13.1.2(余项准则/上确界准则)　函数列 $\{f_n\}$ 在 D 上一致收敛 f $\Leftrightarrow$ $\lim\limits_{n\to\infty}\sup\limits_{x\in D}|f_n(x)-f(x)|=0$.

3. 函数项级数及其一致收敛性

设函数列 $\{u_n(x)\}$ 定义在数集 E 上. 表达式

$$\sum_{n=1}^{\infty} u_n(x) = u_1(x) + u_2(x) + \cdots + u_n(x) + \cdots, \quad x \in E \tag{13.1.1}$$

称为定义在 E 上的函数项级数. 称

$$S_n(x) = \sum_{k=1}^{n} u_k(x), \quad x \in E, \quad n \in \mathbb{N}_+ \tag{13.1.2}$$

为函数项级数 (13.1.1) 的部分和函数列.

若 $x_0 \in E$, 数项级数

$$\sum_{n=1}^{\infty} u_n(x_0) = u_1(x_0) + u_2(x_0) + \cdots + u_n(x_0) + \cdots \tag{13.1.3}$$

收敛, 即 $\lim\limits_{n\to\infty} S_n(x_0) = S(x_0)$ (极限存在), 则称级数 (13.1.1)在点 x_0 收敛, x_0 称为级数 (13.1.1) 的收敛点. 若级数 (13.1.3) 发散, 则称级数 (13.1.1)在点 x_0 发散. 若级数 (13.1.1) 在 E 的某个子集 D 上每一点都收敛, 则称级数 (13.1.1)在 D 上收敛. 若 D 为级数 (13.1.1) 全体收敛点的集合, 则称 D 为级数 (13.1.1) 的收敛域. 级数 (13.1.1) 在 D 上每点 x 与其所对应的数项级数 (13.1.3) 的和 $S(x)$ 构成一个定义在 D 上的函数, 称为级数 (13.1.1) 的和函数, 并记为

$$u_1(x) + u_2(x) + \cdots + u_n(x) + \cdots = S(x), \quad x \in D,$$

即 $\lim\limits_{n\to\infty} S_n(x) = S(x), x \in D$.

(函数项级数 (13.1.1) 收敛 $\Leftrightarrow$ 它的部分和函数列 (13.1.2) 收敛.)

$\sum u_n(x)$ 在 D 上一致收敛 $S(x) \Leftrightarrow S_n(x) \rightrightarrows S(x)\ (n \to \infty),\ x \in D$.

$\sum u_n(x)$ 在 D 上一致收敛 $\Rightarrow u_n(x) \rightrightarrows 0\ (n \to \infty),\ x \in D$.

若 $S(x)$ 为函数项级数 $\sum u_n(x)$ 在 D 上的和函数, 称

$$R_n(x) = S(x) - S_n(x)$$

为函数项级数 $\sum u_n(x)$ 的余项.

若 $\sum\limits_{n=1}^{\infty} |u_n(x)|$ 于数集 D 上一致收敛, 则称 $\sum\limits_{n=1}^{\infty} u_n(x)$ 于 D 上绝对一致收敛. 在 D 上绝对一致收敛的函数项级数必在 D 上一致收敛, 但反之不真.

4. 函数项级数一致收敛性的判别准则

定理 13.1.3(Cauchy 收敛准则)　函数项级数 $\sum u_n(x)$ 在数集 D 上一致收敛 $\Leftrightarrow \forall\, \varepsilon > 0, \exists\, N > 0$, 使得当 $n > N$ 时, 对一切 $x \in D$ 和一切正整数 p, 都有 $|S_{n+p}(x) - S_n(x)| < \varepsilon$ (或 $|u_{n+1}(x) + u_{n+2}(x) + \cdots + u_{n+p}(x)| < \varepsilon$).

定理 13.1.4(余项准则/上确界准则)　函数项级数 $\sum u_n(x)$ 在数集 D 上一致收敛于 $S(x) \Leftrightarrow \lim\limits_{n\to\infty} \sup\limits_{x\in D} |R_n(x)| = \lim\limits_{n\to\infty} \sup\limits_{x\in D} |S(x) - S_n(x)| = 0$.

5. 函数项级数的一致收敛判别法

定理 13.1.5(Weierstrass 判别法/M 判别法/优级数判别法)　设函数项级数 $\sum u_n(x)$ 定义在数集 D 上, $\sum M_n$ 为收敛的正项级数. 若

$$|u_n(x)| \leqslant M_n, \quad n \in \mathbb{N}_+,\ x \in D, \tag{13.1.4}$$

则函数项级数 $\sum u_n(x)$ 在 D 上一致收敛.

定理 13.1.6(Abel 判别法)　设

(i) $\sum u_n(x)$ 在区间 I 上一致收敛;

(ii) 对于每一个 $x \in I$, $\{v_n(x)\}$ 是关于 n 单调的;

(iii) 函数列 $\{v_n(x)\}$ 在 I 上一致有界, 即对一切 $x \in I$ 和 $n \in \mathbb{N}_+$, 存在 $M > 0$, 使得 $|v_n(x)| \leqslant M$,

则函数项级数 $\sum u_n(x)v_n(x)$ 在 I 上一致收敛.

定理 13.1.7(Dirichlet 判别法)　设

(i) $\sum u_n(x)$ 的部分和函数列 $S_n(x) = \sum\limits_{k=1}^{n} u_k(x)$, $n \in \mathbb{N}_+$ 在 I 上一致有界;

(ii) 对于每一个 $x \in I$, $\{v_n(x)\}$ 是关于 n 单调的;

(iii) 在 I 上 $v_n(x) \rightrightarrows 0\ (n \to \infty)$,

则函数项级数 $\sum u_n(x)v_n(x)$ 在 I 上一致收敛.

定理 13.1.8(Dini 定理)　若函数项级数 $\sum\limits_{n=1}^{\infty} u_n(x)$ 的每一项 (或 n 充分大后的项) 为有界闭区间 $[a,b]$ 上的非负连续函数, 又已知该函数项级数的和函数 $S(x)$ 也在 $[a,b]$ 上连续, 则级数 $\sum\limits_{n=1}^{\infty} u_n(x)$ 在 $[a,b]$ 上一致收敛.

定理 13.1.9(Bendixon 判别法)　设 $\sum\limits_{n=1}^{\infty} u_n(x)$ 为 $[a,b]$ 上的可微函数项级数, 且 $\sum\limits_{n=1}^{\infty} u_n'(x)$ 的部分和函数列在 $[a,b]$ 上一致有界. 若 $\sum\limits_{n=1}^{\infty} u_n(x)$ 在 $[a,b]$ 上收敛, 则

$\sum\limits_{n=1}^{\infty} u_n(x)$ 在 $[a,b]$ 上一致收敛.

二、疑难解答

问题 13.1.1 函数列 $\{f_n\}$ 在 D 上不一致收敛的正面表述是什么?

答 函数列 $\{f_n\}$ 在 D 上不一致收敛的正面表述有如下形式:

(i) 若 $\lim\limits_{n\to\infty} f_n = f(x)$, 则 $f_n(x) \rightrightarrows f(x)\ (n\to\infty)$, $x\in D$ 的否定形式为

$f_n(x)$ 在 D 上不一致收敛于 $f(x) \Leftrightarrow \exists\, \varepsilon_0>0,\ \forall\, N>0,\ \exists\, n_0>N, x_0\in D$, 使得 $|f_{n_0}(x_0)-f(x_0)|\geqslant \varepsilon_0$.

(ii) 就函数列本身的特征来表述其不一致收敛, 即函数列一致收敛的 Cauchy 收敛准则的否定形式:

$\{f_n\}$ 在 D 上不一致收敛 $\Leftrightarrow \exists\, \varepsilon_0>0,\ \forall\, N>0,\ \exists\, n_0, m_0>N,\ \exists\, x_0\in D$, 有 $|f_{n_0}(x_0)-f_{m_0}(x_0)|\geqslant\varepsilon_0$ (或者: $\exists\, \varepsilon_0>0,\ \forall\, N>0,\ \exists\, n_0>N,\ \exists\, p_0\in\mathbb{N}_+,\ x_0\in D$, 有 $|f_{n_0}(x_0)-f_{n_0+p_0}(x_0)|\geqslant\varepsilon_0$).

(iii) *对角线判别法* 若存在数列 $\{x_n\}\subset D$, 使得 $\lim\limits_{n\to\infty}|f_n(x_n)-f(x_n)|\neq 0$, 则函数列 $\{f_n\}$ 在 D 上不一致收敛于 $f(x)$. ■

问题 13.1.2 请给出函数项级数一致收敛判别法相互之间的关系.

答 可以用图 13.1.2 的方式给出函数项级数一致收敛判别法间的关系.

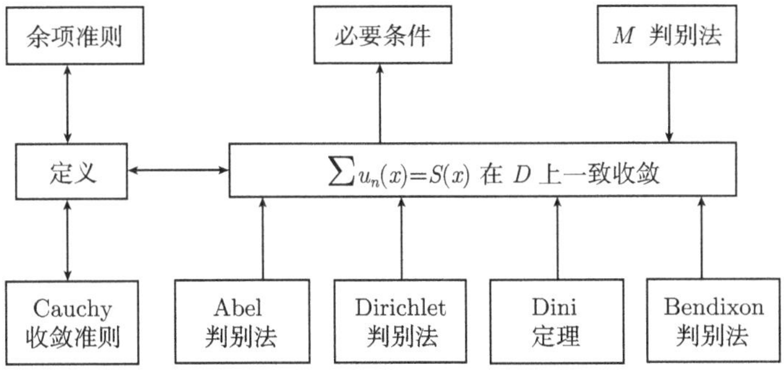

图 13.1.2

问题 13.1.3 请给出判断函数列 $\{f_n\}$ 在区间 I 上一致收敛的判别方法.

答 函数列 $\{f_n\}$ 在区间 I 上一致收敛 (设其极限函数为 f) 的判别如下:

(i) 函数列一致收敛的定义. 函数列 $\{f_n\}$ 在区间 I 上一致收敛于函数 $f \Leftrightarrow \forall\, \varepsilon>0,\ \exists\, N>0,\ \forall\, n>N,\ \forall\, x\in I$, 有 $|f_n(x)-f(x)|<\varepsilon$.

(ii) Cauchy 收敛准则. 函数列 $\{f_n\}$ 在区间 I 上一致收敛 $\Leftrightarrow \forall\, \varepsilon>0,\ \exists\, N>0,\ \forall\, n,m>N,\ \forall\, x\in I$, 有 $|f_n(x)-f_m(x)|<\varepsilon$.

(iii) 余项准则/上确界准则. 函数列 $\{f_n\}$ 在区间 I 上一致收敛于函数 $f \Leftrightarrow$

$\lim\limits_{n\to\infty}\sup\limits_{x\in I}|f_n(x)-f(x)|=0$.

(iv) 点列极限. 函数列 $\{f_n(x)\}$ 在区间 I 上一致收敛于函数 f $\Leftrightarrow$ 对任意数列 $\{x_n\}$, $x_n\in I$, 有 $\lim\limits_{n\to\infty}|f_n(x_n)-f(x_n)|=0$.

以上四个一致收敛的描述是等价的, 都可以用来判定函数列的一致收敛性. 关于法则 (iv) 的证明请参见例 13.1.5. 一般地, 当函数列 $\{f_n(x)\}$ 在区间 I 上的极限函数 f 易求得时, 应用余项准则 (或上确界准则) 来判定一致收敛较为方便; 当极限函数 f 不易获得时, 通常使用 Cauchy 收敛准则, Cauchy 收敛准则在理论分析中使用较为方便; 而点列极限法通常用来判定函数列的非一致收敛性, 即若找到某个点列 $\{\overline{x}_n\}$, $\overline{x}_n\in I$, 有 $\lim\limits_{n\to\infty}|f_n(\overline{x}_n)-f(\overline{x}_n)|>0$, 则函数列 $\{f_n(x)\}$ 在区间 I 上非一致收敛 (当然要事先知道极限函数 f). 例如, 函数列 $\{f_n\}$,

$$f_n(x)=\frac{nx}{n^2+(n+1)x},\quad x\in\mathbb{R}_+,$$

其极限函数为

$$f(x)=\lim_{n\to\infty}\frac{nx}{n^2+(n+1)x}=0.$$

现在 $\mathbb{R}_+$ 中取点列 $\{x_n\}$ $(x_n=n)$, 有

$$\lim_{n\to\infty}|f_n(x_n)-f(x_n)|=\lim_{n\to\infty}\left|\frac{n^2}{2n^2+n}\right|=\frac{1}{2}>0,$$

所以函数列 $\left\{\dfrac{nx}{n^2+(n+1)x}\right\}$ 在 $\mathbb{R}_+$ 上不一致收敛于 0. ■

问题 13.1.4　绝对一致收敛的函数项级数的一致收敛性一定能用 Weierstrass 判别法来判定吗?

答　不一定. 现在来考察非负函数项级数 $\sum\limits_{n=1}^{\infty}u_n(x)$, 其中

$$u_n(x)=\begin{cases}\dfrac{1}{n}, & \dfrac{1}{n+1}\leqslant x<\dfrac{1}{n},\\ 0, & x \text{ 为区间 } [0,1] \text{ 中的其他点}.\end{cases}$$

易知, 对于区间 $[0,1]$ 中的每个 x, 在级数的无限项中至多只有一项不为 0, 因此级数处处收敛. 又级数的余项估计 $R_n(x)=\sum\limits_{k=n+1}^{\infty}u_k(x)\leqslant\dfrac{1}{n+1}$ 在 $[0,1]$ 上一致成立, 因此级数在 $[0,1]$ 上一致收敛. 但从 $\sup\limits_{x\in[0,1]}u_n(x)=\dfrac{1}{n}$ $(n=1,2,\cdots)$ 和调和级数发散可知, 用 Weierstrass 判别法必不成功. ■

三、典型例题

例 13.1.1 应用 Cauchy 收敛准则与余项准则证明下列函数列 $\{f_n\}$ 在 $[0,1]$ 上不一致收敛, 其中 f_n 为

$$f_n(x)=\begin{cases}2n^2x, & 0\leqslant x\leqslant \dfrac{1}{2n},\\ 2n-2n^2x, & \dfrac{1}{2n}<x\leqslant \dfrac{1}{n},\\ 0, & \dfrac{1}{n}<x\leqslant 1,\end{cases}\quad n\in\mathbb{N}_+.$$

证明 $n=1,2,3$ 时的图像如图 13.1.3 所示.

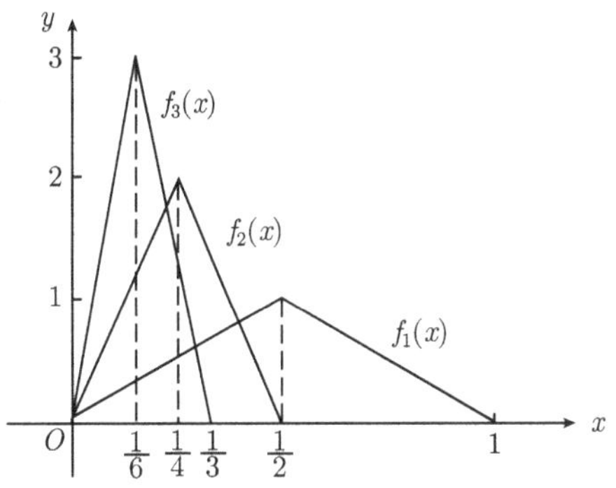

图 13.1.3

(i) 应用 Cauchy 收敛准则. 取 $\varepsilon_0=1$, 对任意 $N\in\mathbb{N}_+$, 取 $n_0=p_0=N$, $x_0=\dfrac{1}{4N}$, 有

$$\left|f_{2N}\left(\frac{1}{4N}\right)-f_N\left(\frac{1}{4N}\right)\right|=2N-\frac{N}{2}=\frac{3}{2}N\geqslant\varepsilon_0.$$

于是, 由 Cauchy 收敛准则知函数列 $\{f_n\}$ 在 $[0,1]$ 上不一致收敛.

(ii) 应用余项准则. 由于 $f_n(0)=0$, 故 $f(0)=\lim\limits_{n\to\infty}f_n(0)=0$. 当 $0<x\leqslant 1$ 时, 只要$n>\dfrac{1}{x}$, 就有 $f_n(x)=0$, 故在 $(0,1]$ 上有 $f(x)=\lim\limits_{n\to\infty}f_n(x)=0$. 于是所给的函数列在 $[0,1]$ 上的极限函数为 $f(x)=0$. 又由于

$$\lim_{n\to\infty}\sup_{x\in[0,1]}|f_n(x)-f(x)|=\lim_{n\to\infty}f_n\left(\frac{1}{2n}\right)=\lim_{n\to\infty}n=+\infty\neq 0,$$

所以由余项准则知函数列 $\{f_n\}$ 在 $[0,1]$ 上不一致收敛. ■

例 13.1.2 讨论下列函数列在指定区间上的一致收敛性:

(i) $f_n(x)=x\mathrm{e}^{-nx},\ x\in[0,1]$;

(ii) $f_n(x)=nx\mathrm{e}^{-nx},\ x\in[0,1]$;

(iii) $f_n(x)=\begin{cases}-1, & -1\leqslant x\leqslant -\dfrac{1}{n},\\ \sin\left(\dfrac{n\pi x}{2}\right), & -\dfrac{1}{n}<x<\dfrac{1}{n},\\ 1, & \dfrac{1}{n}\leqslant x\leqslant 1,\end{cases}\quad n\in\mathbb{N}_+$.

解　(i) 当 $x=0$ 时, $f_n(0)=0$, 有 $f(0)=\lim\limits_{n\to\infty}f_n(0)=0$; 当 $x\in(0,1]$ 时, $f(x)=\lim\limits_{n\to\infty}f_n(x)=\lim\limits_{n\to\infty}x\mathrm{e}^{-nx}=0$.

记$g(x)=|f_n(x)-f(x)|=x\mathrm{e}^{-nx}$, $x\in[0,1]$. 因为 $g'(x)=(1-nx)\mathrm{e}^{-nx}$, 所以 $g(x)$ 的唯一极值点 $x_0=\dfrac{1}{n}$ 且为极大值点, 故为最大值点, 由此可得

$$\lim_{n\to\infty}\sup_{x\in[0,1]}|f_n(x)-f(x)|=\lim_{n\to\infty}\left|f_n\left(\frac{1}{n}\right)-f\left(\frac{1}{n}\right)\right|=\lim_{n\to\infty}\frac{1}{\mathrm{e}n}=0,$$

所以由余项准则知函数列 $\{f_n\}$ 在 $[0,1]$ 上一致收敛.

(ii) 因为

$$f(x)=\lim_{n\to\infty}f_n(x)=\lim_{n\to\infty}nx\mathrm{e}^{-nx}=0,\quad x\in[0,1],$$

$$g(x)=|f_n(x)-f(x)|=nx\mathrm{e}^{-nx},$$

则由 (i) 的讨论过程知, $x_0=\dfrac{1}{n}$ 为函数 $g(x)$ 的最大值点, 则有

$$\lim_{n\to\infty}\sup_{x\in[0,1]}|f_n(x)-f(x)|=\lim_{n\to\infty}\left|f_n\left(\frac{1}{n}\right)-f\left(\frac{1}{n}\right)\right|=\lim_{n\to\infty}\frac{1}{\mathrm{e}}\neq 0,$$

所以由余项准则知函数列 $\{f_n\}$ 在 $[0,1]$ 上不一致收敛.

(iii) 先求函数列的极限函数 $f(x)$. 当 $x=0$ 时, $f_n(0)=0$, $f(0)=\lim\limits_{n\to\infty}f_n(0)=0$. 当 $x\geqslant\dfrac{1}{n}$ 时, $f_n(x)=1$, 则$f(x)=\lim\limits_{n\to\infty}f_n(x)=1$; 同理可得, 当 $x<0$ 时, $f(x)=\lim\limits_{n\to\infty}f_n(x)=-1$. 于是, 所给的函数列的极限函数为

$$f(x)=\begin{cases}-1, & -1\leqslant x<0,\\ 0, & x=0,\\ 1, & 0<x\leqslant 1.\end{cases}$$

记 $g(x)=|f_n(x)-f(x)|$, 则

$$g(x)=\begin{cases}1+\sin\left(\dfrac{n\pi x}{2}\right), & -\dfrac{1}{n}<x<0,\\ 0, & x\in\left[\dfrac{1}{n},1\right]\cup\left[-1,-\dfrac{1}{n}\right]\cup\{0\},\\ 1-\sin\left(\dfrac{n\pi x}{2}\right), & 0<x<\dfrac{1}{n}.\end{cases}$$

所以

$$\begin{aligned}\lim_{n\to\infty}\sup_{x\in[-1,1]}|f_n(x)-f(x)| &= \lim_{n\to\infty}\sup_{x\in[-1,1]}g(x)=\lim_{n\to\infty}\sup_{x\in(0,1]}|f_n(x)-f(x)|\\ &=\lim_{n\to\infty}\sup_{x\in(0,\frac{1}{n})}\left[1-\sin\left(\frac{n\pi x}{2}\right)\right]=1\neq 0,\end{aligned}$$

所以由余项准则知函数列 $\{f_n\}$ 在 $[-1,1]$ 上不一致收敛. ■

例 13.1.3 讨论下列函数项级数的一致收敛性:

(i) $\sum\limits_{n=1}^{\infty}x^2\mathrm{e}^{-nx}$, $x\in(0,+\infty)$;

(ii) $\sum\limits_{n=1}^{\infty}\dfrac{nx}{(1+x)(1+2x)\cdots(1+nx)}$, (a) $x\in[0,\varepsilon]$, (b) $x\in[\varepsilon,+\infty)$;

(iii) $\sum\limits_{n=1}^{\infty}\dfrac{\sin x\sin nx}{\sqrt{n+x}}$, $x\in[0,+\infty)$.

解 (i) 当 $x\in(0,+\infty)$ 时, 由于

$$x^2\mathrm{e}^{-nx}=\frac{x^2}{\mathrm{e}^{nx}}=\frac{x^2}{1+nx+\dfrac{1}{2}n^2x^2+\cdots}\leqslant\frac{x^2}{\dfrac{1}{2}n^2x^2}=\frac{2}{n^2},$$

且级数 $\sum\limits_{n=1}^{\infty}\dfrac{2}{n^2}$ 收敛, 所以由 M 判别法可知所给的函数项级数一致收敛.

(ii) 记 $S_n(x)=\sum\limits_{k=1}^{n}\dfrac{kx}{(1+x)(1+2x)\cdots(1+kx)}$, 则

$$\begin{aligned}S_n(x)&=\sum_{k=1}^{n}\frac{kx}{(1+x)(1+2x)\cdots(1+kx)}\\ &=\left(1-\frac{1}{1+x}\right)+\left[\frac{1}{1+x}-\frac{1}{(1+x)(1+2x)}\right]+\cdots\\ &\quad+\left[\frac{1}{(1+x)\cdots(1+(n-1)x)}-\frac{1}{(1+x)\cdots(1+nx)}\right]\\ &=1-\frac{1}{(1+x)(1+2x)\cdots(1+nx)}.\end{aligned}$$

当 $x=0$ 时, $S_n(0)=0$, 于是 $S(0)=\lim\limits_{n\to\infty}S_n(0)=0$.

当 $x>0$ 时,

$$S(x)=\lim_{n\to\infty}S_n(x)=1-\lim_{n\to\infty}\frac{1}{(1+x)(1+2x)\cdots(1+nx)}=1.$$

于是

$$|S_n(x)-S(x)|=\begin{cases}\dfrac{1}{(1+x)(1+2x)\cdots(1+nx)}, & x>0,\\ 0, & x=0.\end{cases}$$

(a) 当 $x\in[0,\varepsilon]$ 时, 因为

$$\begin{aligned}\lim_{n\to\infty}\sup_{x\in[0,\varepsilon]}|R_n(x)|&=\lim_{n\to\infty}\sup_{x\in[0,\varepsilon]}|S_n(x)-S(x)|\\&=\lim_{n\to\infty}\sup_{x\in[0,\varepsilon]}\frac{1}{(1+x)(1+2x)\cdots(1+nx)}=1\neq 0,\end{aligned}$$

所以由余项准则知函数项级数在 $[0,\varepsilon]$ 上不一致收敛.

(b) 当 $x\in[\varepsilon,+\infty)$, 因为

$$\begin{aligned}\lim_{n\to\infty}\sup_{x\in[\varepsilon,+\infty)}|R_n(x)|&=\lim_{n\to\infty}\sup_{x\in[\varepsilon,+\infty)}|S_n(x)-S(x)|\\&=\lim_{n\to\infty}\sup_{x\in[\varepsilon,+\infty)}\frac{1}{(1+x)(1+2x)\cdots(1+nx)}\\&=\lim_{n\to\infty}\frac{1}{(1+\varepsilon)(1+2\varepsilon)\cdots(1+n\varepsilon)}=0,\end{aligned}$$

所以由余项准则知函数项级数在 $[\varepsilon,+\infty)$ 上一致收敛.

(iii) 设 $u_n(x)=\sin x\sin nx$, $v_n(x)=\dfrac{1}{\sqrt{n+x}}$. 因为

$$\begin{aligned}\sum_{k=1}^{n}u_k(x)&=\sin x\sin x+\sin x\sin 2x+\cdots+\sin x\sin nx\\&=\cos\frac{x}{2}\left(2\sin\frac{x}{2}\sin x+2\sin\frac{x}{2}\sin 2x+\cdots+2\sin\frac{x}{2}\sin nx\right)\\&=\cos\frac{x}{2}\left[\cos\frac{x}{2}-\cos\frac{3x}{2}+\cos\frac{3x}{2}-\cos\frac{5x}{2}+\cdots\right.\\&\quad\left.+\cos\frac{(2n-1)x}{2}-\cos\frac{(2n+1)x}{2}\right]\\&=\cos\frac{x}{2}\left[\cos\frac{x}{2}-\cos\frac{(2n+1)x}{2}\right],\end{aligned}$$

故对任意 $n \in \mathbb{N}_+$, 有 $\left|\sum_{k=1}^{n} u_k(x)\right| \leqslant 2$, 即函数项级数 $\sum_{k=1}^{\infty} u_k(x)$ 的部分和在 $[0,+\infty)$ 上一致有界.

又当 $x \geqslant 0$ 时, $v_n(x)$ 对 n 单调且 $v_n(x)$ 一致趋于 0 $(n \to \infty)$.

所以, 由 Dirichlet 判别法知 $\sum_{n=1}^{\infty} \frac{\sin x \sin nx}{\sqrt{n+x}}$ 当 $x \in [0,+\infty)$ 时一致收敛. ■

例 13.1.4 证明函数项级数 $\sum_{n=1}^{\infty}(-1)^n(1-x)x^n$ 在 $[0,1]$ 上绝对收敛且一致收敛, 但不绝对一致收敛.

证明 现在分三部分来证明.

(i) 先证明函数项级数 $\sum_{n=1}^{\infty}(-1)^n(1-x)x^n$ 在 $[0,1]$ 上绝对收敛.

令 $\sigma_n(x) = \sum_{k=1}^{n}\left|(-1)^k(1-x)x^k\right|$, 则 $\sigma_n(x) = x - x^{n+1}$. 显然 $\{\sigma_n(x)\}$ 在 $[0,1]$ 上收敛, 从而函数项级数 $\sum_{n=1}^{\infty}(-1)^n(1-x)x^n$ 在 $[0,1]$ 上绝对收敛.

(ii) 其次证明函数项级数 $\sum_{n=1}^{\infty}(-1)^n(1-x)x^n$ 在 $[0,1]$ 上一致收敛. 利用算术平均值与几何平均值不等式可得估计

$$
\begin{aligned}
|R_n(x)| &= \left|\sum_{k=n+1}^{\infty}(-1)^k(1-x)x^k\right| = \left|\frac{(-1)^{n+1}(1-x)x^{n+1}}{1+x}\right| \\
&\leqslant (1-x)x^{n+1} = \frac{1}{n+1}\left[(n+1)(1-x)x^{n+1}\right] \\
&\leqslant \frac{1}{n+1}\left(\frac{n+1}{n+2}\right)^{n+2} < \frac{1}{n+1} \to 0, \quad n \to \infty,
\end{aligned}
$$

由此可见函数项级数 $\sum_{n=1}^{\infty}(-1)^n(1-x)x^n$ 在 $[0,1]$ 上一致收敛.

(iii) 最后证明所给的函数项级数在 $[0,1]$ 上不绝对一致收敛. 由 (i) 知

$$
\sigma(x) = \sum_{k=1}^{\infty}\left|(-1)^k(1-x)x^k\right| = \begin{cases} x, & x \in [0,1), \\ 0, & x = 1, \end{cases}
$$

即知 $\sum_{k=1}^{\infty}\left|(-1)^k(1-x)x^k\right|$ 的和函数在 $x=1$ 的左侧不连续, 而级数 $\sum_{k=1}^{\infty}\left|(-1)^k(1-x)x^k\right|$ 的通项 $\left|(-1)^k(1-x)x^k\right|$ 在 $[0,1]$ 上连续, 因此级数 $\sum_{k=1}^{\infty}\left|(-1)^k(1-x)x^k\right|$ 在

[0,1] 上不一致收敛 (此处利用了函数项级数一致收敛的性质, 见 13.2 节), 亦即函数项级数 $\sum_{n=1}^{\infty}(-1)^n(1-x)x^n$ 在 $[0,1]$ 上不绝对一致收敛. ■

例 13.1.5　函数列 $\{f_n(x)\}$ 在区间 I 上一致收敛于函数 $f(x) \Leftrightarrow$ 对任意数列 $\{x_n\}$, $x_n \in I$, 有 $\lim\limits_{n\to\infty}|f_n(x_n)-f(x_n)|=0$.

证明　$\Rightarrow$　若函数列 $\{f_n(x)\}$ 在区间 I 上一致收敛于 $f(x)$, 则由余项准则有

$$\lim_{n\to\infty}\sup_{x\in I}|f_n(x)-f(x)|=0.$$

对任意数列 $\{x_n\}$, $x_n \in I$, 有

$$|f_n(x_n)-f(x_n)| \leqslant \sup_{x\in I}|f_n(x)-f(x)|,$$

从而 $\lim\limits_{n\to\infty}|f_n(x_n)-f(x_n)|=0$.

$\Leftarrow$　(反证法) 假设函数列 $\{f_n(x)\}$ 在区间 I 上不一致收敛于函数 $f(x)$, 则存在 $\varepsilon_0>0$, 对任意 $N\in\mathbb{N}_+$, 存在 $n_0>N$ 及 $x_0\in I$, 有

$$|f_{n_0}(x_0)-f(x_0)| \geqslant \varepsilon_0.$$

取 $N=1$, 存在 $n_1>1$ 及 $x_1\in I$, 有 $|f_{n_1}(x_1)-f(x_1)|\geqslant\varepsilon_0$,

取 $N=n_1$, 存在 $n_2>n_1$ 及 $x_2\in I$, 有 $|f_{n_2}(x_2)-f(x_2)|\geqslant\varepsilon_0$,

$\cdots\ \cdots$

取 $N=n_{k-1}$, 存在 $n_k>n_{k-1}$ 及 $x_k\in I$, 有 $|f_{n_k}(x_k)-f(x_k)|\geqslant\varepsilon_0$,

$\cdots\ \cdots$

于是, 就得到数列$\{x_n\}$, $x_n\in I$, 但 $\lim\limits_{n\to\infty}|f_n(x_n)-f(x_n)|\neq 0$. 这与已知条件相矛盾. 故函数列 $\{f_n(x)\}$ 在区间 I 上一致收敛于 $f(x)$. ■

例 13.1.6　证明: 若函数 $f(x)$ 在 $[-a,a]$ $(a>0)$ 上连续, 且对任意 $x\in[-a,a]$, $x\neq 0$, 有 $|f(x)|<|x|$. 又设

$$f_1(x)=f(x),\quad f_2(x)=f(f(x)),\quad \cdots,\quad f_{n+1}(x)=f(f_n(x)),\quad \cdots,$$

则函数列 $\{f_n(x)\}$ 在 $[-a,a]$ 上一致收敛于 0.

证明　当 $x\neq 0$ 时, 有 $|f(x)|<|x|$ 与函数 f 的连续性, 有

$$f(0)=\lim_{x\to 0}f(x)=0,$$

即对任意$x\in[-a,a]$, 有 $|f(x)|\leqslant|x|$.

对任意 $\varepsilon>0$, 由函数 $\left|\dfrac{f(x)}{x}\right|$ 在 $[-a,-\varepsilon]$ 与 $[\varepsilon,a]$ 上的连续性, 知函数 $\left|\dfrac{f(x)}{x}\right|$ 在

$[-a,-\varepsilon]$ 与 $[\varepsilon,a]$ 上能取得最大值 M (其中 $M<1$), 即

$$|f(x)|\leqslant M|x|\leqslant Ma,\quad x\in[-a,-\varepsilon]\cup[\varepsilon,a].$$

于是, 在 $[-a,-\varepsilon]\cup[\varepsilon,a]$ 上, 有

$$|f_1(x)|\leqslant Ma,$$

$$|f_2(x)|\leqslant M|f(x)|\leqslant M^2a,$$

$$|f_3(x)|\leqslant M|f_2(x)|\leqslant M^3a,$$

$$\cdots\ \cdots$$

$$|f_n(x)|\leqslant M|f_{n-1}(x)|\leqslant M^na,$$

$$\cdots\ \cdots$$

由于 $\lim\limits_{n\to\infty}M^n=0\ (M<1)$, 所以对上述 $\varepsilon>0$, 存在 $N\in\mathbb{N}_+$, 当 $n>N$ 时有 $M^n<\dfrac{\varepsilon}{a}$. 于是, 对上述 $\varepsilon>0$, 存在 $N\in\mathbb{N}_+$, 当 $n>N$, 及对任意 $x\in[-a,-\varepsilon]\cup[\varepsilon,a]$ 时, 有

$$|f_n(x)-0|\leqslant M^na<\frac{\varepsilon}{a}\cdot a=\varepsilon.$$

又注意到在 $[-\varepsilon,\varepsilon]$ 上, $|f_n(x)|\leqslant|x|\leqslant\varepsilon$, 即知函数列 $\{f_n(x)\}$ 在 $[-a,a]$ 上一致收敛于 0. ■

例 13.1.7 设 $f_n(x)\rightrightarrows f(x)$, $g_n(x)\rightrightarrows g(x)\ (n\to\infty)$, $x\in[a,b]$. 若存在正数列 $\{M_n\}$, 使得 $|f_n(x)|\leqslant M_n$, $|g_n(x)|\leqslant M_n$, $n=1,2,\cdots$, $x\in[a,b]$. 证明: $f_n(x)g_n(x)\rightrightarrows f(x)g(x)\ (n\to\infty)$, $x\in[a,b]$.

证明 先证 $\{f_n\}$ 在 $[a,b]$ 上一致有界, 即存在正数 M, 有 $|f_n(x)|\leqslant M, n\in\mathbb{N}_+$, $x\in[a,b]$. 因设 $f_n(x)\rightrightarrows f(x)\ (n\to\infty)$, $x\in[a,b]$, 所以对任给 $\varepsilon>0$, 存在 $N_1>0$, 当 $n>N_1$ 时, $|f_n(x)-f(x)|<\varepsilon\ (x\in[a,b])$. 特别地, 对 $\varepsilon=1$ 时, 有

$$|f_n(x)-f(x)|<1.$$

所以 $|f(x)|\leqslant|f_n(x)|+1\leqslant M_n+1$, 即 $f(x)$ 在 $[a,b]$ 上有界.

记 $M_1'=\sup\limits_{x\in[a,b]}|f(x)|$, 则当 $n>N_1$ 时, 有 $|f_n(x)|\leqslant|f(x)|+1\leqslant M_1'+1$.

取 $M=\max\{M_1,M_2,\cdots,M_{N_1},M_1'+1\}$, 则对任意 $n\in\mathbb{N}_+$, 对任意 $x\in[a,b]$, 有 $|f_n(x)|\leqslant M$.

同理可证, $g(x)$ 在 $[a,b]$ 上一致有界, 即存在正数 M', 有 $|g(x)|\leqslant M'$, $x\in[a,b]$.

由于 $f_n(x) \rightrightarrows f(x)$, $g_n(x) \rightrightarrows g(x)$ $(n\to\infty)$, $x\in[a,b]$, 所以对任给 $\varepsilon>0$, 存在 $N>0$, 当 $n>N$ 时对一切 $x\in[a,b]$, 有

$$|f_n(x)-f(x)|<\frac{\varepsilon}{2M'},\quad |g_n(x)-g(x)|<\frac{\varepsilon}{2M},$$

注意到

$$\begin{aligned}|f_n(x)g_n(x)-f(x)g(x)|&\leqslant|f_n(x)g_n(x)-f_n(x)g(x)|+|f_n(x)g(x)-f(x)g(x)|\\&\leqslant|f_n(x)|\cdot|g_n(x)-g(x)|+|f_n(x)-f(x)|\cdot|g(x)|.\end{aligned}$$

于是, 当 $n>N$ 时, 对一切 $x\in[a,b]$, 有

$$|f_n(x)g_n(x)-f(x)g(x)|\leqslant M\cdot\frac{\varepsilon}{2M}+M'\cdot\frac{\varepsilon}{2M'}=\varepsilon.$$

故 $f_n(x)g_n(x) \rightrightarrows f(x)g(x)$ $(n\to\infty)$, $x\in[a,b]$. ■

例 13.1.8 设函数列 $\{u_n(x)\}$, $n\in\mathbb{N}$ 在区间 I 上有定义, 且满足

(i) $|u_0(x)|\leqslant M$; (ii) $\displaystyle\sum_{k=1}^{n}|u_k(x)-u_{k+1}(x)|\leqslant M,\quad n\in\mathbb{N},$

其中 M 为正常数. 证明若级数 $\sum a_n$ 收敛, 则函数项级数 $\sum a_nu_n(x)$ 必在 I 上一致收敛.

证明 因为数项级数 $\sum a_n$ 收敛, 所以由数项级数的 Cauchy 收敛准则知, 对任意 $\varepsilon>0$, 存在 $N>0$, 当 $n>N$ 时, 对任意 $p\in\mathbb{N}_+$ 时, 有

$$|a_{n+1}+a_{n+2}+\cdots+a_{n+p}|<\frac{\varepsilon}{3M}.$$

若记 $S_k^{(n)}=a_{n+1}+a_{n+2}+\cdots+a_{n+k}$, $k\in\mathbb{N}_+$, 则当 $n>N$, 任意 $p\in\mathbb{N}_+$, 有 $\left|S_p^{(n)}\right|<\dfrac{\varepsilon}{3M}$.

由条件 (ii) 知, 对任意 $x\in I$, 有

$$\begin{aligned}|u_0(x)-u_{n+p}(x)|\leqslant&|u_0(x)-u_1(x)|+|u_1(x)-u_2(x)|+\cdots+|u_{n+p-1}(x)-u_{n+p}(x)|\\=&\sum_{k=0}^{n+p-1}|u_k(x)-u_{k+1}(x)|\leqslant M,\end{aligned}$$

从而

$$|u_{n+p}(x)|\leqslant|u_0(x)|+|u_0(x)-u_{n+p}(x)|\leqslant 2M.$$

再由 Abel 变换知, 当 $n > N, p \in \mathbb{N}_+$ 时, 有

$$\begin{aligned}\left|\sum_{k=n+1}^{n+p} a_k u_k(x)\right| &= \left|(u_{n+1}(x) - u_{n+2}(x))S_1^{(n)} + (u_{n+2}(x) - u_{n+3}(x))S_2^{(n)} + \cdots\right.\\ &\quad \left. + (u_{n+p-1}(x) - u_{n+p}(x))S_{p-1}^{(n)} + u_{n+p}(x)S_p^{(n)}\right|\\ &\leqslant \Big[|u_{n+1}(x) - u_{n+2}(x)| + |u_{n+2}(x) - u_{n+3}(x)| + \cdots\\ &\quad + |u_{n+p-1}(x) - u_{n+p}(x)| + |u_{n+p}(x)|\Big] \cdot \frac{\varepsilon}{3M}\\ &\leqslant 3M \cdot \frac{\varepsilon}{3M} = \varepsilon.\end{aligned}$$

综上所述, 对任意 $\varepsilon > 0$, 存在 $N > 0$, 当 $n > N$ 时, 对任意 $p \in \mathbb{N}_+$, $x \in I$ 时, 有 $\left|\sum\limits_{k=n+1}^{n+p} a_k u_k(x)\right| < \varepsilon$. 于是, 由 Cauchy 收敛准则知, 函数项级数 $\sum a_n u_n(x)$ 在 I 上一致收敛. ■

例 13.1.9 证明: 若函数项级数 $\sum\limits_{n=1}^{\infty} u_n(x)$ 在 (a,b) 内一致收敛, 则将其项按原有顺序适当结合, 可使新的函数项级数 $\sum\limits_{n=1}^{\infty} F_n(x)$ 在 (a,b) 绝对一致收敛, 其中

$$F_0(x) = u_1(x) + u_2(x) + \cdots + u_{n_1-1}(x),$$

$$F_k(x) = u_{n_k}(x) + u_{n_k+1}(x) + \cdots + u_{n_{k+1}-1}(x), \quad k \in \mathbb{N}_+.$$

证明 因为函数项级数 $\sum\limits_{n=1}^{\infty} u_n(x)$ 在 (a,b) 内一致收敛, 所以对任意 $\dfrac{1}{2^k} > 0$ $(k \in \mathbb{N}_+)$, 存在 $n_k \in \mathbb{N}_+$, 当 $m \geqslant n_k$ 时, 对任意 $x \in (a,b)$, 有

$$|u_{n_k}(x) + u_{n_k+1}(x) + \cdots + u_m(x)| < \frac{1}{2^k}.$$

不妨设 $n_1 < n_2 < \cdots < n_k < \cdots$. 由 m 的任意性, 取 $m = n_{k+1} - 1$, 即

$$|u_{n_k}(x) + u_{n_k+1}(x) + \cdots + u_{n_{k+1}-1}(x)| < \frac{1}{2^k}.$$

令

$$F_0(x) = u_1(x) + u_2(x) + \cdots + u_{n_1-1}(x),$$

$$F_k(x) = u_{n_k}(x) + u_{n_k+1}(x) + \cdots + u_{n_{k+1}-1}(x), \quad k \in \mathbb{N}_+.$$

于是,

$$|F_k(x)| < \frac{1}{2^k}, \quad k \in \mathbb{N}_+.$$

由级数 $\sum\limits_{k=0}^{\infty}\frac{1}{2^k}$ 的收敛性及 M 判别法知, $\sum\limits_{k=1}^{\infty}F_k(x)$ 在 (a,b) 绝对一致收敛. ■

例 13.1.10(Bendixon 判别法)　设 $\sum\limits_{n=1}^{\infty}u_n(x)$ 为 $[a,b]$ 上的可微函数项级数, 且 $\sum\limits_{n=1}^{\infty}u_n'(x)$ 的部分和函数列在 $[a,b]$ 上一致有界. 若 $\sum\limits_{n=1}^{\infty}u_n(x)$ 在 $[a,b]$ 上收敛, 则 $\sum\limits_{n=1}^{\infty}u_n(x)$ 在 $[a,b]$ 上一致收敛.

证明　由假设知, 存在正常数 M, 使得对每个正整数 n 和每个 $x\in[a,b]$, 同时成立不等式 $\left|\sum\limits_{k=1}^{n}u_k'(x)\right|\leqslant M$.

对任意给定的 $\varepsilon>0$, 取区间 $[a,b]$ 的等距分割 $T=\{x_0,x_1,\cdots,x_m\}$, 其中 m 充分大, 使分割的模 $\|T\|=\Delta x_i=\dfrac{b-a}{m}<\dfrac{\varepsilon}{4M}$.

由于函数项级数$\sum\limits_{n=1}^{\infty}u_n(x)$ 在 $[a,b]$ 处处收敛, 因此由 Cauchy 收敛准则知, 存在 $N>0$, 使得 $n>N$ 时, 对任意正整数 p 和分割的每个分点 x_i, 同时成立

$$\left|\sum_{k=n+1}^{n+p}u_k(x_i)\right|<\frac{\varepsilon}{2},\quad i=0,1,\cdots,m.$$

现在对任意的 $x\in[a,b]$, 不妨设 $x\in[x_{i-1},x_i]$, 可得如下估计式:

$$\begin{aligned}\left|\sum_{k=n+1}^{n+p}u_k(x)\right|&=\left|\sum_{k=n+1}^{n+p}u_k(x_i)+\sum_{k=n+1}^{n+p}[u_k(x)-u_k(x_i)]\right|\\&\leqslant\left|\sum_{k=n+1}^{n+p}u_k(x_i)\right|+\left|\sum_{k=n+1}^{n+p}u_k'(\xi_i)\right|\cdot|x-x_i|\\&<\frac{\varepsilon}{2}+2M|x-x_i|\leqslant\frac{\varepsilon}{2}+\frac{\varepsilon}{2}=\varepsilon,\end{aligned}$$

其中在 $[x,x_i]$ 上对 $\sum\limits_{k=n+1}^{n+p}[u_k(x)-u_k(x_i)]$ 应用微分中值定理. 这表明 $\sum\limits_{n=1}^{\infty}u_n(x)$ 在 $[a,b]$ 上满足 Cauchy 收敛准则, 故 $\sum\limits_{n=1}^{\infty}u_n(x)$ 在 $[a,b]$ 上一致收敛. ■

四、巩固提高

13.1.1　讨论下列函数列在所示区间 I 上的一致收敛性:

(i) $f_n(x)=\dfrac{x}{1+n^2x^2},\quad n\in\mathbb{N}_+,\ I=\mathbb{R};$

(ii) $f_n(x)=\dfrac{nx}{1+n^2x^2},\quad n\in\mathbb{N}_+,\ I=\mathbb{R};$

(iii) $f_n(x)=\dfrac{n+x^2}{nx},\quad n\in\mathbb{N}_+,\ I=\mathbb{R}_+;$

(iv) $f_n(x)=\mathrm{e}^{-nx^2},\quad n\in\mathbb{N}_+,\ I=[-1,1].$

13.1.2 讨论下列函数项级数的一致收敛性：

(i) $\displaystyle\sum_{n=1}^{\infty}\frac{x^2}{1+n^4x^4},\quad x\in[0,+\infty);$ (ii) $\displaystyle\sum_{n=1}^{\infty}\frac{\cos nx}{\sqrt{n^5+x^2}},\quad x\in\mathbb{R}.$

13.1.3 设 $\lim\limits_{n\to\infty}f_n(x)=f(x),x\in D$, $\lim\limits_{n\to\infty}a_n=0\ (a_n>0)$. 若对每个 $n\in\mathbb{N}_+$ 有 $|f_n(x)-f(x)|\leqslant a_n,\ x\in D$, 则 $\{f_n(x)\}$ 在 D 上一致收敛于 $f(x)$.

13.1.4 设 f 为定义在区间 (a,b) 内的任一函数, 记

$$f_n(x)=\frac{[nf(x)]}{n},\quad n\in\mathbb{N}_+.$$

证明函数列 $\{f_n\}$ 在 (a,b) 内一致收敛于 f.

13.1.5 设在区间 $[a,b]$ 上的连续函数列 $\{f_n\}$ 一致收敛于函数 f, 且已知 f 在 $[a,b]$ 上无零点, 证明函数列 $\left\{\dfrac{1}{f_n}\right\}$ 在 $[a,b]$ 上一致收敛.

13.1.6 设 $f_1(x)\in\mathscr{R}[a,b]$, 定义

$$f_{n+1}(x)=\int_a^x f_n(t)\,\mathrm{d}t,\quad n\in\mathbb{N}_+.$$

证明函数列 $\{f_n(x)\}$ 在 $[a,b]$ 上一致收敛.

13.1.7 设函数列 $\{f_n(x)\}$ 与 $\{g_n(x)\}$ 分别在区间 I 上一致收敛, 若每个 f_n 和 g_n 在 I 上有界, 证明函数列 $\{f_n(x)g_n(x)\}$ 在 I 上一致收敛.

13.1.8 设在区间 I 上, 对任意 $n\in\mathbb{N}_+$, $|u_n(x)|\leqslant v_n(x)$. 若 $\sum v_n(x)$ 在 I 上一致收敛, 则 $\sum u_n(x)$ 在 I 上也一致收敛.

13.1.9 证明函数项级数 $\displaystyle\sum_{n=1}^{\infty}\left(1-\cos\frac{x}{n}\right)$ 在 $[-a,a]\ (a>0)$ 上一致收敛, 而在 $\mathbb{R}$ 上不一致收敛.

13.1.10 证明若级数 $\displaystyle\sum_{n=1}^{\infty}a_n$ 收敛, 则级数 $\displaystyle\sum_{n=1}^{\infty}a_nx^n$ 在 $[0,1]$ 上一致收敛.

(提示：应用 Abel 判别法.)

13.1.11 证明函数项级数 $\displaystyle\sum_{n=0}^{\infty}x^n(1-x)^2$ 在 $[0,1]$ 上一致收敛, 但 $\displaystyle\sum_{n=0}^{\infty}x^n(1-x)$ 在 $[0,1]$ 上不一致收敛.

13.1.12 证明函数项级数 $\sum_{n=1}^{\infty}\frac{(-1)^{n+1}}{x^2+n}\arctan nx$ 在 $\mathbb{R}$ 上一致收敛.

(提示：先用 Dirichlet 判别法证明 $\sum_{n=1}^{\infty}\frac{(-1)^{n+1}}{x^2+n}$ 一致收敛, 再应用 Abel 判别法.)

13.1.13 设 $\{u_n(x)\}$ 为 $[a,b]$ 上正的递减且收敛于 0 的函数列, 每一个 $u_n(x)$ 都是 $[a,b]$ 上的单调函数, 则级数 $\sum_{n=1}^{\infty}(-1)^n u_n(x)$ 在 $[a,b]$ 上收敛且一致收敛.

13.1.14 证明：若对任意 $n\in\mathbb{N}_+$, 函数 $\varphi_n(x)$ 在 $[a,b]$ 上单调, 且级数 $\sum_{n=1}^{\infty}\varphi_n(a)$ 与 $\sum_{n=1}^{\infty}\varphi_n(b)$ 都是绝对收敛, 则函数项级数 $\sum_{n=1}^{\infty}\varphi_n(x)$ 在 $[a,b]$ 上一致收敛.

13.1.15 设级数 $\sum_{n=1}^{\infty}a_n$ 收敛, 证明函数项级数 $\sum_{n=1}^{\infty}a_n\mathrm{e}^{-nx}$ 当 $x\geqslant 0$ 时一致收敛.

(提示: 应用 Abel 判别法.)

13.1.16 确定函数项级数 $\sum_{n=1}^{\infty}\frac{x^n}{1+x^{2n}}$ 的收敛域与一致收敛域.

13.1.17 证明函数项级数 $\sum_{n=1}^{\infty}\frac{(-1)^{n-1}x^2}{(1+x^2)^n}$ 在 $\mathbb{R}$ 上绝对收敛且一致收敛, 但不绝对一致收敛.

13.1.18 证明函数项级数 $\sum_{n=1}^{\infty}2^n\sin\frac{1}{3^n x}$ 在 $\mathbb{R}_+$ 上处处收敛, 但不一致收敛.

13.1.19 设 $f\in C(\mathbb{R})$, 定义函数列 $F_n(x)=\sum_{k=1}^{n}\frac{1}{n}f\left(x+\frac{k}{n}\right)$, $n\in\mathbb{N}_+$, 证明函数列 $\{F_n(x)\}$ 在 $\mathbb{R}$ 上内闭一致收敛.

***13.1.20** 设函数项级数 $\sum_{n=1}^{\infty}\lambda_n(x)a_n(x)$ 定义在 $[a,b]$ 上, 且满足

(i) 存在常数 M, 使得对任意 $x\in[a,b]$, $m=1,2,\cdots$, 成立 $\left|\sum_{n=1}^{m}a_n(x)\right|\leqslant M$;

(ii) $\sum_{n=1}^{\infty}|\lambda_n(x)-\lambda_{n+1}(x)|$ 在 $[a,b]$ 上一致收敛;

(iii) $\lambda_n(x)\rightrightarrows 0\ (n\to\infty)$, $x\in[a,b]$.

证明函数项级数 $\sum_{n=1}^{\infty}\lambda_n(x)a_n(x)$ 在 $[a,b]$ 上一致收敛.

13.2 一致收敛函数列与函数项级数的性质

一、内容精读

1. 一致收敛函数列的性质

命题 13.2.1(极限交换顺序定理) 设函数列 $\{f_n\}$ 在 $(a,x_0)\cup(x_0,b)$ 上一致收敛于 $f(x)$, 且对每个 $n\in\mathbb{N}_+$, $\lim\limits_{x\to x_0} f_n(x)=a_n$, 则 $\lim\limits_{n\to\infty} a_n$ 和 $\lim\limits_{x\to x_0} f(x)$ 存在且相等, 即

$$\lim_{n\to\infty}\lim_{x\to x_0} f_n(x)=\lim_{x\to x_0}\lim_{n\to\infty} f_n(x). \tag{13.2.1}$$

从极限交换顺序的角度来看, 上述命题似乎是平谈的, 但实际上有很基本的意义. 下面对此从方法的角度分析它的证明, 而不是简单地重复文献 [1] 中的证明.

(i) 先证 $\lim\limits_{n\to\infty} a_n$ 存在. 因为函数列 $\{f_n\}$ 在 $(a,x_0)\cup(x_0,b)$ 上一致收敛于 $f(x)$, 所以由 Cauchy 收敛准则知, 对任给 $\varepsilon>0$, 存在 $N\in\mathbb{N}_+$, 使得对任意 $n,m>N$ 和所有 $(a,x_0)\cup(x_0,b)$, 有

$$|f_n(x)-f_m(x)|<\varepsilon.$$

在此不等式中令 $x\to x_0$ 就有

$$|a_n-a_m|\leqslant\varepsilon.$$

于是由 Cauchy 收敛准则知 $\lim\limits_{n\to\infty} a_n$ 存在.

(ii) 记 $\lim\limits_{n\to\infty} a_n=\lim\limits_{n\to\infty}\lim\limits_{x\to x_0} f_n(x)=A$. 只要证明 $\lim\limits_{x\to x_0} f(x)=A$ 即可. 然而如何估计 $|f(x)-A|$? 从条件可知, 无法直接估计它, 而必须采取间接的 (或者说曲折的) 方法进行估计 ——**三拆法**, 即为了估计 $|f(x)-A|$ 而作如下的插项与分拆:

$$\begin{aligned}|f(x)-A|&=|f(x)-f_n(x)+f_n(x)-a_n+a_n-A|\\&\leqslant|f(x)-f_n(x)|+|f_n(x)-a_n|+|a_n-A|.\end{aligned} \tag{13.2.2}$$

目的就是要证明: 对任给的 $\varepsilon>0$, 存在 $\delta>0$, 使得 $0<|x-x_0|<\delta$ 时 $|f(x)-A|<\varepsilon$. 而式 (13.2.2) 只需分别估计右边的三项.

对式 (13.2.2) 式右边的第一项, 由于函数列 $\{f_n\}$ 在 $(a,x_0)\cup(x_0,b)$ 上一致收敛于 $f(x)$, 因此只要 n 足够大时就可以对满足 $0<|x-x_0|<\delta$ 的所有 x, 该项小于 $\dfrac{\varepsilon}{3}$.

对式 (13.2.2) 右边的第二项, 则只要利用 $\lim\limits_{x\to x_0} f_n(x)=a_n$, 当 x 与 x_0 充分接近时, 此就可以小于 $\dfrac{\varepsilon}{3}$. 但关键在于这里的 n 取什么? 是否存在 $\delta>0$, 使得

$$0<|x-x_0|<\delta\Rightarrow|f_n(x)-a_n|<\frac{\varepsilon}{3} \tag{13.2.3}$$

对一切 n 成立? 但条件中显然没有这一点, 需要去发掘.

再观察式 (13.2.2) 右边的第三项. 由于 $\lim\limits_{n\to\infty} a_n = A$, 因此对于 $\varepsilon > 0$, 存在 $N \in \mathbb{N}_+$, 当 $n > N$ 时, 就有 $|a_n - A| < \dfrac{\varepsilon}{3}$ 成立.

余下的是如何将上述的分析综合起来以写出一个正确的证明? 对于式 (13.2.2) 右边的第一项和第三项, 可以分别取出 N_1 和 N_2, 使得当 $n > N_1$ 和 $n > N_2$ 时它们分别小于 $\dfrac{\varepsilon}{3}$. 由于这两步是独立的, 从而只要取 $N = \max\{N_1, N_2\}$, 就可以使得当 $n > N$ 时对这两项的估计都满足要求. 最后取定一个 n, 例如 $n = N + 1$, 然后如前面所分析的那样, 存在 $\delta > 0$, 使得式 (13.2.3) 成立, 这样就使得当 $0 < |x - x_0| < \delta$ 时式 (13.2.2) 的左边小于 ε. ■

定理 13.2.1(连续性) 若函数列 $\{f_n\}$ 在区间 I 上一致收敛, 且每项都连续, 则其极限函数 f 在 I 上也连续.

定理 13.2.2(可积性) 若函数列 $\{f_n\}$ 在 $[a, b]$ 上一致收敛, 且每项都连续, 则

$$\int_a^b \lim_{n\to\infty} f_n(x)\mathrm{d}x = \lim_{n\to\infty} \int_a^b f_n(x)\mathrm{d}x. \tag{13.2.4}$$

定理 13.2.3(可微性) 设 $\{f_n\}$ 为定义在 $[a, b]$ 上的函数列, 若 $x_0 \in [a, b]$ 为 $\{f_n\}$ 的收敛点, $\{f_n\}$ 的每项在 $[a, b]$ 上有连续导数, 且 $\{f_n'\}$ 在 $[a, b]$ 上一致收敛, 则

$$\frac{\mathrm{d}}{\mathrm{d}x}\left(\lim_{n\to\infty} f_n(x)\right) = \lim_{n\to\infty} \frac{\mathrm{d}}{\mathrm{d}x} f_n(x). \tag{13.2.5}$$

2. 一致收敛函数项级数的性质

定理 13.2.4(连续性) 若函数项级数 $\sum\limits_{n=1}^{\infty} u_n(x)$ 在区间 $[a, b]$ 上一致收敛, 且每项 $u_n(x)$ 在 $[a, b]$ 上都连续, 则其和函数 $S(x)$ 在 $[a, b]$ 上也连续.

$$\sum_{n=1}^{\infty}\left(\lim_{x\to x_0} u_n(x)\right) = \lim_{x\to x_0}\left(\sum_{n=1}^{\infty} u_n(x)\right). \tag{13.2.6}$$

定理 13.2.5(逐项求积) 若函数项级数 $\sum\limits_{n=1}^{\infty} u_n(x)$ 在 $[a, b]$ 上一致收敛, 且每项 $u_n(x)$ 在 $[a, b]$ 上都连续, 则

$$\sum_{n=1}^{\infty} \int_a^b u_n(x)\mathrm{d}x = \int_a^b \sum_{n=1}^{\infty} u_n(x)\mathrm{d}x. \tag{13.2.7}$$

定理 13.2.6(逐项求导) 设函数项级数 $\sum\limits_{n=1}^{\infty} u_n(x)$ 在 $[a, b]$ 上每项都有连续的

导函数, $x_0 \in [a,b]$ 为 $\sum\limits_{n=1}^{\infty} u_n(x)$ 的收敛点, 且 $\sum\limits_{n=1}^{\infty} u_n'(x)$ 在 $[a,b]$ 上一致收敛, 则

$$\sum_{n=1}^{\infty}\left(\frac{\mathrm{d}}{\mathrm{d}x}u_n(x)\right) = \frac{\mathrm{d}}{\mathrm{d}x}\left(\sum_{n=1}^{\infty} u_n(x)\right). \tag{13.2.8}$$

二、疑难解答

问题 13.2.1 若函数列 $\{f_n\}$ 中每个函数 f_n 在 (a,b) 内任一点都不连续, 那么函数列 $\{f_n\}$ 在 (a,b) 内一定不一致收敛于连续函数吗?

答 不一定.

若函数列 $\{f_n\}$ 在 (a,b) 上一致收敛, 且每一项都连续, 则函数列 $\{f_n\}$ 在区间 (a,b) 上必一致收敛连续函数, 这是函数列一致收敛的连续性质.

若函数列 $\{f_n\}$ 中每个函数 f_n 在 (a,b) 内任一点都不连续, 则函数列 $\{f_n\}$ 在 (a,b) 内可能一致收敛于连续函数. 例如, 考虑如下函数列 $\{f_n\}$:

$$f_n(x) = \begin{cases} \dfrac{1}{n}, & x \text{ 为 } (0,1) \text{ 内有理数}, \\ 0, & x \text{ 为 } (0,1) \text{ 内无理数}. \end{cases}$$

该函数列中每个函数 $f_n(x)$ 在 $(0,1)$ 内任一点都不连续, 它的极限函数为

$$f(x) = \lim_{n\to\infty} f_n(x) = 0, \quad x \in (0,1).$$

显然, 所给函数列的极限函数 $f(x)=0$ 在 $(0,1)$ 上连续. 又

$$\lim_{n\to\infty} \sup_{x\in(0,1)} |f_n(x) - f(x)| = \lim_{n\to\infty} \frac{1}{n} = 0,$$

即所给的函数列在 $(0,1)$ 内一致收敛于连续函数 $f(x)=0$. ■

问题 13.2.2 易证明, 若函数列 $\{f_n\}$ 在有限个 (如 M 个) 区间 I_k, $k = 1,2,\cdots,M$ 上都一致收敛, 则函数列 $\{f_n\}$ 在 $\bigcup\limits_{k=1}^{M} I_k$ 上也一致收敛. 当将前述的有限区间改成可列个区间 I_k, $k \in \mathbb{N}_+$ 时, 函数列 $\{f_n\}$ 在 $\bigcup\limits_{k=1}^{\infty} I_k$ 上仍然一致收敛吗?

答 不一定. 例如函数列 $\left\{\dfrac{n+1}{n}x\right\}$ 在 $I_k = [k-1, k+1]$, $k = 1,2,\cdots$ 上的极限函数为

$$f(x) = \lim_{n\to\infty} \frac{n+1}{n} x = x, \quad x \in I_k,$$

且

$$\lim_{n\to\infty} \sup_{x\in I_k} |f_n(x) - f(x)| = \lim_{n\to\infty} \frac{k+1}{n} = 0,$$

即函数列 $\left\{\frac{n+1}{n}x\right\}$ 在每个 I_k, $k=1,2,\cdots$ 上都一致收敛.

由于取 $x_n=n\in\bigcup\limits_{k=1}^{\infty}I_k=[0,+\infty)$ 时, 有

$$\lim_{n\to\infty}|f_n(x_n)-f(x_n)|=\lim_{n\to\infty}\left|\frac{n+1}{n}\cdot n-n\right|=1>0,$$

由例 13.1.5 知, 函数列 $\left\{\frac{n+1}{n}x\right\}$ 在 $\bigcup\limits_{k=1}^{\infty}I_k=[0,+\infty)$ 上不一致收敛. ■

问题 13.2.3　如何利用一致收敛的性质定理, 来判别函数列或函数项级数的不一致收敛性?

答　利用两个极限交换定理可以得到如下判别法:

判别法一　设函数列 $\{f_n(x)\}$ 在 $[a,b)$ 上有定义, 并满足

(i) 对任意 $n\in\mathbb{N}_+$, $f_n(x)$ 在点 a 右连续, 即 $\lim\limits_{x\to a^+}f_n(x)=f_n(a)$;

(ii) 对任意 $x\in(a,b)$, $\lim\limits_{n\to\infty}f_n(x)=f(x)$;

(iii) $\lim\limits_{n\to\infty}f_n(a)$ 不存在,

则函数列 $\{f_n(x)\}$ 在 (a,b) 内不一致收敛于 $f(x)$.

事实上, 若函数列 $\{f_n(x)\}$ 在 (a,b) 内一致收敛于 $f(x)$, 则因 $\lim\limits_{x\to a^+}f_n(x)=f_n(a)$, 所以由命题 13.2.1 可得 $\lim\limits_{n\to\infty}f_n(a)$ 存在, 这与条件 (iii) 相矛盾.

判别法二　设函数项级数 $\sum\limits_{n=1}^{\infty}u_n(x)$ 的每一项 $u_n(x)$ 在 $[a,b)$ 上有定义, 且

(i) 对任意 $n\in\mathbb{N}_+$, $u_n(x)$ 在点 a 右连续, 即 $\lim\limits_{x\to a^+}u_n(x)=u_n(a)$;

(ii) 对任意 $x\in(a,b)$, 级数 $\sum\limits_{n=1}^{\infty}u_n(x)$ 收敛;

(iii) 级数 $\sum\limits_{n=1}^{\infty}u_n(a)$ 发散,

则函数项级数 $\sum\limits_{n=1}^{\infty}u_n(x)$ 在 (a,b) 内不一致收敛 (类似于判别法一的证法易证).

应用判别法二, 可以很方便地证明:

(1) 函数项级数 $\sum\limits_{n=1}^{\infty}\frac{1}{n^x}$ 在 $(1,+\infty)$ 内不一致收敛.

事实上, 对任意 $n\in\mathbb{N}_+$, $\frac{1}{n^x}$ 在 $x=1$ 右连续; 对任意 $x\in(1,+\infty)$ 级数 $\sum\limits_{n=1}^{\infty}\frac{1}{n^x}$ 收敛; 当 $x=1$ 时级数 $\sum\limits_{n=1}^{\infty}\frac{1}{n}$ 发散.

(2) 函数项级数 $\sum_{n=1}^{\infty}\frac{n}{x^n}$ 当 $|x|>1$ 时不一致收敛 (因 $x=\pm1$ 时级数 $\sum_{n=1}^{\infty}\frac{n}{x^n}$ 发散).

判别法三 设函数列 $\{f_n(x)\}$ 定义在 $[a,b]$ 上, 若对任何 $n\in\mathbb{N}_+$, $f_n(x)$ 在 $[a,b]$ 上连续, $\lim\limits_{n\to\infty}f_n(x)=f(x)$, 但 $f(x)$ 在 $[a,b]$ 上不连续, 则函数列 $\{f_n(x)\}$ 在 $[a,b]$ 上不一致收敛. (此为定理 13.2.1 的逆否命题.)

例如, 设 $f_n(x)=x^n$, $x\in[0,1]$, 则 $f(x)=\lim\limits_{n\to\infty}f_n(x)=\begin{cases}0, & x\in[0,1),\\ 1, & x=1,\end{cases}$ 由此可知 $\{f_n(x)\}$ 在 $[0,1]$ 上不一致收敛.

判别法四 设函数列 $\{f_n(x)\}$ 定义在 $[a,b]$ 上, 若对任何 $n\in\mathbb{N}_+$, $f_n(x)$ 在 $[a,b]$ 上可积, $\lim\limits_{n\to\infty}f_n(x)=f(x)$, 但 $f(x)$ 在 $[a,b]$ 上不可积, 或者 $\lim\limits_{n\to\infty}\int_a^b f_n(x)\mathrm{d}x\neq\int_a^b f(x)\mathrm{d}x$, 则函数列 $\{f_n(x)\}$ 在 $[a,b]$ 上不一致收敛于 $f(x)$.

例如, 设 $f_n(x)=nx\mathrm{e}^{-nx^2}$, $x\in[0,1]$, 则 $f(x)=\lim\limits_{n\to\infty}f_n(x)=0$,

$$\lim_{n\to\infty}\int_0^1 f_n(x)\mathrm{d}x=\lim_{n\to\infty}\int_0^1 nx\mathrm{e}^{-nx^2}\mathrm{d}x=\lim_{n\to\infty}\frac{1-\mathrm{e}^{-n}}{2}=\frac{1}{2}\neq0=\int_0^1 f(x)\mathrm{d}x,$$

由此可知 $\{f_n(x)\}$ 在 $[0,1]$ 上不一致收敛.

对于判别法三与判别法四, 可以对应写出关于函数项级数的一致收敛判别法 (请读者补写). ■

三、典型例题

例 13.2.1 设可微函数列 $\{f_n\}$ 在 $[a,b]$ 上收敛, $\{f_n'\}$ 在 $[a,b]$ 上一致有界, 证明 $\{f_n\}$ 在 $[a,b]$ 上一致收敛.

证明 因 $\{f_n'\}$ 在 $[a,b]$ 上一致有界, 故可设 $|f_n'(x)|\leqslant M(n=1,2,\cdots,\ x\in[a,b])$. 对任意 $\varepsilon>0$, 在 $[a,b]$ 内取 $m-1$ 个点

$$a=x_0<x_1<\cdots<x_{m-1}<x_m=b,$$

使其将 $[a,b]$ 分割成 m 个小区间 $\Delta_i=[x_{i-1},x_i]$, 且 $\Delta_i=x_i-x_{i-1}<\frac{\varepsilon}{4M}$. 因$\{f_n\}$ 在 $[a,b]$ 上收敛, 所以对 Δ_i 上任一点 $\overline{x_i}$, 存在 $N_i>0$, 当 $n>N_i$ 时, 对任意自然数 p, 有

$$|f_n(\overline{x_i})-f_{n+p}(\overline{x_i})|<\frac{\varepsilon}{2},\quad x\in\Delta_i.$$

对函数 $f_n(x)-f_{n+p}(x)$ 应用微分中值定理, 对任意 $x\in\Delta_i$, 存在位于 x 与 $\overline{x_i}$

之间的 ξ, 使得

$$|f_n(x)-f_{n+p}(x)-f_n(\overline{x_i})+f_{n+p}(\overline{x_i})|=|f_n'(\xi)-f_{n+p}'(\xi)|\cdot|x-\overline{x_i}|$$
$$<2M\cdot\frac{\varepsilon}{4M}=\frac{\varepsilon}{2}.$$

于是

$$|f_n(x)-f_{n+p}(x)|\leqslant|f_n(x)-f_{n+p}(x)-f_n(\overline{x_i})+f_{n+p}(\overline{x_i})|$$
$$+|f_n(\overline{x_i})-f_{n+p}(\overline{x_i})|<\frac{\varepsilon}{2}+\frac{\varepsilon}{2}=\varepsilon.$$

取 $N=\max\{N_1,N_2,\cdots,N_m\}>0$, 则当 $n>N$ 时, 对一切 $x\in[a,b]$, 有

$$|f_n(x)-f_{n+p}(x)|<\varepsilon.$$

故 $\{f_n\}$ 在 $[a,b]$ 上一致收敛. ■

例 13.2.2　若函数列 $\{f_n\}$ 在 $[a,b]$ 上一致收敛, 每项在 $[a,b]$ 上可积, 试证 $\{f_n\}$ 在 $[a,b]$ 上的极限函数 f 在 $[a,b]$ 上也可积.

证明　设 $\lim\limits_{n\to\infty}f_n(x)=f(x)$. 对 $[a,b]$ 作任一分割 T, $f(x)$ 在 $\Delta_i=[x_{i-1},x_i]$ $(i=1,2,\cdots,n_0)$ 上的振幅为 $\omega_i=\sup\limits_{x',x''\in\Delta_i}|f(x')-f(x'')|$.

因 $f_n(x)\rightrightarrows f(x)$ $(n\to\infty)$, $x\in[a,b]$, 所以对任给 $\varepsilon>0$, 存在 $N>0$, 有

$$|f_N(x')-f(x')|<\frac{\varepsilon}{3(b-a)},\quad|f_N(x'')-f(x'')|<\frac{\varepsilon}{3(b-a)},\quad x',x''\in[a,b].$$

又 $f_N(x)$ 在 $[a,b]$ 上可积, 所以对上述 $\varepsilon>0$, 存在 $\delta>0$, 只要 $\|T\|<\delta$, 就有 $\sum\limits_{i=1}^{n_0}\omega_i^{f_N}\Delta x_i<\dfrac{\varepsilon}{3}$, 其中 $\omega_i^{f_N}=\sup\limits_{x',x''\in\Delta_i}|f_N(x')-f_N(x'')|$. 于是, 当 $x',x''\in\Delta_i$ 时, 有

$$|f(x')-f(x'')|\leqslant|f(x')-f_N(x')|+|f_N(x')-f_N(x'')|+|f_N(x'')-f(x'')|$$
$$<\frac{2\varepsilon}{3(b-a)}+\omega_i^{f_N},$$

从而

$$\sum_{i=1}^{n_0}\omega_i\Delta x_i\leqslant\sum_{i=1}^{n_0}\left[\frac{2\varepsilon}{3(b-a)}+\omega_i^{f_N}\right]\Delta x_i$$
$$=\frac{2\varepsilon}{3(b-a)}\sum_{i=1}^{n_0}\Delta x_i+\sum_{i=1}^{n_0}\omega_i^{f_N}\Delta x_i<\frac{2\varepsilon}{3}+\frac{\varepsilon}{3}=\varepsilon.$$

这就证明了 $f(x)$ 在 $[a,b]$ 上也可积. ■

例 13.2.3　设 f 在 $\mathbb{R}$ 上有任何阶导数, 记 $F_n=f^{(n)}$, 且在任何有限区间内

$$F_n\rightrightarrows\varphi\ (n\to\infty),$$

试证 $\varphi(x)=c\mathrm{e}^x$ (其中 c 为任意常数).

证明 由 $F_n \rightrightarrows \varphi\ (n\to\infty)$, $x\in\mathbb{R}$, 所以 $F_{n+1}\rightrightarrows\varphi\ (n\to\infty)$, $x\in\mathbb{R}$. 又 $f^{(n)}$ 连续, 所以由可微性知

$$\varphi'(x)=\left[\lim_{n\to\infty}F_n(x)\right]'=\lim_{n\to\infty}\big(F_n(x)\big)'=\lim_{n\to\infty}F_{n+1}(x)=\varphi(x).$$

令 $G(x)=\mathrm{e}^{-x}\varphi(x)$, 则

$$G'(x)=\mathrm{e}^{-x}\big(\varphi'(x)-\varphi(x)\big)=0,$$

所以 $G(x)=c$ (其中 c 为任意常数), 于是 $\varphi(x)=c\mathrm{e}^x$. ■

例 13.2.4(Dini 定理) 若函数列 $\{f_n\}$ 在闭区间 $[a,b]$ 上收敛于连续函数 f, 每个 f_n 在 $[a,b]$ 上连续, 且对任意 $x\in[a,b]$, $\{f_n\}$ 单调 (意指关于 n 单调增加或单调减少), 则函数列 $\{f_n\}$ 在 $[a,b]$ 上一致收敛于函数 f.

证法 1 (应用有限覆盖定理) 不妨假设对任意 $x\in[a,b]$, $\{f_n\}$ 单调减少. 因此, 对任意 $x\in[a,b]$, $n\in\mathbb{N}_+$, 有 $f_n(x)\geqslant f_{n+1}(x)$. 令

$$g_n(x)=f_n(x)-f(x)\ (\geqslant 0),$$

则 $g_n(x)\geqslant g_{n+1}(x)$, 且 $\lim\limits_{n\to\infty}g_n(x)=0$, 即对任意 $\varepsilon>0$, 任意 $x\in[a,b]$, 存在 $n_x\in\mathbb{N}_+$, 有 $0<g_{n_x}(x)<\varepsilon$.

已知 $g_{n_x}(x)$ 是连续函数, 所以据连续函数的保号性, 存在 x 的邻域 $U(x)$, 对任意 $x\in U(x)\cap[a,b]$, 有

$$0<g_{n_x}(x)<\varepsilon.$$

邻域集 $\{U(x)\cap[a,b]\}$ 覆盖了闭区间 $[a,b]$. 根据有限覆盖定理, 存在有限个邻域 $U(x_k)\cap[a,b]$, $k=1,2,\cdots,M$ 也覆盖了闭区间 $[a,b]$. 每个 $U(x_k)\cap[a,b]$ 都对应一个 n_{x_k}, 令

$$N=\max\{n_{x_k}\mid k=1,2,\cdots,M\}.$$

于是, 对任意 $n>N$, 任意 $x\in[a,b]$, 必有 $x\in U(x_k)\cap[a,b]$, 对应的 n_{x_k}, 对任意 $n>N\geqslant n_{x_k}$, 有

$$0\leqslant f_n(x)-f(x)=g_{n_{x_k}}(x)<\varepsilon,$$

这就证明了函数列 $\{f_n\}$ 在 $[a,b]$ 上一致收敛于函数 f.

证法 2 (应用致密性定理) 不妨假设对任意 $x\in[a,b]$, $\{f_n\}$ 单调减少. 因此, 对任意 $x\in[a,b]$, $n\in\mathbb{N}_+$, 有 $f_n(x)\geqslant f_{n+1}(x)$. 令

$$g_n(x)=f_n(x)-f(x)\ (\geqslant 0),$$

则 $g_n(x) \geqslant g_{n+1}(x)$, $\lim\limits_{n\to\infty} g_n(x) = 0$, $x \in [a,b]$, 且 $g_n(x)$ 在 $[a,b]$ 上连续.

假设函数列 $\{f_n\}$ 在 $[a,b]$ 上不一致收敛于函数 f, 等价于函数列 $\{g_n\}$ 在 $[a,b]$ 上一致收敛于函数 0, 即

存在 $\varepsilon_0 > 0$, 对任意 $m \in \mathbb{N}_+$, 存在 $n_m > m$ 及 $x_m \in [a,b]$, 有 $g_{n_m}(x_m) \geqslant \varepsilon_0$.

当 $m = 1$ 时, 存在 $n_1 > 1$, 存在 $x_1 \in [a,b]$, 有 $g_{n_1}(x_1) \geqslant \varepsilon_0$,

当 $m = 2$ 时, 存在 $n_2 > 2$, 存在 $x_2 \in [a,b]$, 有 $g_{n_2}(x_2) \geqslant \varepsilon_0$,

当 $m = 3$ 时, 存在 $n_3 > 3$, 存在 $x_3 \in [a,b]$, 有 $g_{n_3}(x_3) \geqslant \varepsilon_0$,

$\cdots\ \cdots$

于是, 存在数列 $\{x_m\}$, $x_m \in [a,b]$, 有 $g_{n_m}(x_m) \geqslant \varepsilon_0$. 根据致密性定理, 数列 $\{x_m\}$ 存在一个收敛的子列 $\{x_{m_k}\}$, 设 $\lim\limits_{k\to\infty} x_{m_k} = x_0 \in [a,b]$. 已知 $g_n(x)$ 在点 x_0 连续, 即对任意 $n \in \mathbb{N}_+$, 有 $\lim\limits_{k\to\infty} g_n(x_{m_k}) = g_n(x_0)$.

因为对任意 $n \in \mathbb{N}_+$, 存在 $k \in \mathbb{N}_+$, 有 $m_k > n$, 对 $x_{m_k} \in [a,b]$, 有

$$g_n(x_{m_k}) \geqslant g_{m_k}(x_{m_k}) \geqslant \varepsilon_0.$$

于是, 对任意 $n \in \mathbb{N}_+$, 有

$$\lim_{k\to\infty} g_n(x_{m_k}) = g_n(x_0) \geqslant \varepsilon_0,$$

这与 $\lim\limits_{n\to\infty} g_n(x_0) = 0$ 相矛盾. 从而 $\{f_n\}$ 在 $[a,b]$ 上一致收敛于函数 f. ■

例 13.2.5　证明级数 $\sum\limits_{n=1}^{\infty}(-1)^{n-1}\dfrac{1}{n+x^2}$ 关于 x 在 $\mathbb{R}$ 上为一致收敛, 但对任何 x 并非绝对收敛, 而级数 $\sum\limits_{n=1}^{\infty}\dfrac{x^2}{(1+x^2)^n}$ 虽在 $\mathbb{R}$ 上绝对收敛但并不一致收敛.

证明　对级数 $\sum\limits_{n=1}^{\infty}(-1)^{n-1}\dfrac{1}{n+x^2}$, 令 $u_n(x) = \dfrac{1}{n+x^2}$, $v_n(x) = (-1)^{n-1}$, 则 $\left|\sum\limits_{k=1}^{n} v_k(x)\right| \leqslant 1$, $x \in \mathbb{R}$, 即 $\sum v_n(x)$ 的部分和函数列在 $\mathbb{R}$ 上一致有界, $\{u_n(x)\}$ 在 $\mathbb{R}$ 单调递减, 且在 $\mathbb{R}$ 上 $u_n(x) \rightrightarrows 0\ (n\to\infty)$, $x \in \mathbb{R}$, 由 Dirichlet 判别法知, 级数 $\sum\limits_{n=1}^{\infty}(-1)^{n-1}\dfrac{1}{n+x^2}$ 关于 x 在 $\mathbb{R}$ 上为一致收敛.

又 $\lim\limits_{n\to\infty}\left|(-1)^{n-1}\dfrac{1}{n+x^2}\right| \Big/ \dfrac{1}{n} = 1$, 而 $\sum\limits_{n=1}^{\infty}\dfrac{1}{n}$ 发散, 故由比较判别法知级数 $\sum\limits_{n=1}^{\infty}\dfrac{1}{n+x^2}$ 发散, 即级数 $\sum\limits_{n=1}^{\infty}(-1)^{n-1}\dfrac{1}{n+x^2}$ 在 $\mathbb{R}$ 上非绝对收敛.

对于级数 $\sum\limits_{n=1}^{\infty}\dfrac{x^2}{(1+x^2)^n}$, $x\in\mathbb{R}$, 有

$$\lim_{n\to\infty}\sqrt[n]{\frac{x^2}{(1+x^2)^n}}=\begin{cases}\dfrac{1}{1+x^2}<1, & x\neq 0,\\ 0, & x=0.\end{cases}$$

故由根式判别法知, 级数 $\sum\limits_{n=1}^{\infty}\dfrac{x^2}{(1+x^2)^n}$ 在 $x\in\mathbb{R}$ 上绝对收敛, 且有

$$\begin{aligned}\lim_{n\to\infty}S_n(x)&=\lim_{n\to\infty}\sum_{k=1}^{n}\frac{x^2}{(1+x^2)^k}=\lim_{n\to\infty}\left(1-\frac{1}{(1+x^2)^n}\right)\\&=S(x)=\begin{cases}1, & x\neq 0,\\ 0, & x=0,\end{cases}\end{aligned}$$

即级数 $\sum\limits_{n=1}^{\infty}\dfrac{x^2}{(1+x^2)^n}$, $x\in\mathbb{R}$ 的和函数 $S(x)$ 在 $x=0$ 处不连续, 这就证明了级数 $\sum\limits_{n=1}^{\infty}\dfrac{x^2}{(1+x^2)^n}$ 在 $\mathbb{R}$ 上不一致收敛. ■

例 13.2.6 设级数 $\sum a_n$ 收敛, 证明 $\lim\limits_{x\to 0^+}\sum\dfrac{a_n}{n^x}=\sum a_n$.

证明 记 $v_n(x)=\dfrac{1}{n^x}$, 则因 $|v_n(x)|=\left|\dfrac{1}{n^x}\right|\leqslant 1$, $x\in[0,+\infty)$. 又因 $v_{n+1}(x)\leqslant v_n(x)$, 所以 $\{v_n(x)\}$ 单调一致有界. 又 $\sum a_n$ 收敛, 从而 $\sum a_n$ 在 $[0,+\infty)$ 上一致收敛, 故由阿贝尔判别法知, 函数项级数 $\sum\dfrac{a_n}{n^x}$ 在 $[0,+\infty)$ 上一致收敛. 而 $\dfrac{a_n}{n^x}$, $n\in\mathbb{N}_+$ 在 $[0,+\infty)$ 连续, 故由定理 13.2.4 知

$$\lim_{x\to 0^+}\sum\frac{a_n}{n^x}=\sum\lim_{x\to 0^+}\frac{a_n}{n^x}=\sum a_n.$$ ■

例 13.2.7 确定函数项级数 $\sum\limits_{n=1}^{\infty}\left(x+\dfrac{1}{n}\right)^n$ 的收敛域, 并讨论其和函数的连续性.

解 首先, 由根式判别法来求出函数项级数 $\sum\limits_{n=1}^{\infty}\left(x+\dfrac{1}{n}\right)^n$ 的收敛域.

由于

$$\lim_{n\to\infty}\sqrt[n]{\left|\left(x+\frac{1}{n}\right)^n\right|}=\lim_{n\to\infty}\left|x+\frac{1}{n}\right|=|x|,$$

于是, 当 $|x|<1$ 时级数收敛, 而当 $|x|>1$ 时级数发散.

又当 $x=1$ 时, 级数 $\sum_{n=1}^{\infty}\left(1+\frac{1}{n}\right)^n$ 因 $\lim_{n\to\infty}\left(1+\frac{1}{n}\right)^n=\mathrm{e}\neq 0$ 而发散; 当 $x=-1$ 时, 级数 $\sum_{n=1}^{\infty}\left(-1+\frac{1}{n}\right)^n$ 也因 $\lim_{n\to\infty}(-1)^n\left(1-\frac{1}{n}\right)^n\neq 0$ 而发散.

综上讨论, 知函数项级数 $\sum_{n=1}^{\infty}\left(x+\frac{1}{n}\right)^n$ 的收敛域为 $(-1,1)$.

其次, 讨论 $\sum_{n=1}^{\infty}\left(x+\frac{1}{n}\right)^n$ 的和函数的连续性.

因为 $u_n(x)=\left(x+\frac{1}{n}\right)^n$ 在 $x=1$ 和 $x=-1$ 处分别左连续与右连续, 而级数 $\sum_{n=1}^{\infty}\left(1+\frac{1}{n}\right)^n$ 与 $\sum_{n=1}^{\infty}(-1)^n\left(1-\frac{1}{n}\right)^n$ 是发散的, 故由问题 13.2.3 中的判别法二可知 $\sum_{n=1}^{\infty}\left(x+\frac{1}{n}\right)^n$ 在 $(-1,1)$ 内不一致收敛, 所以不能直接在 $(-1,1)$ 内应用连续性定理 13.2.4.

下面应用内闭一致收敛性来验证给定的函数项级数的和函数 $S(x)$ 在 $(-1,1)$ 内的连续性. 对任意 $x_0\in(-1,1)$, 存在 $c\in(0,1)$ (如 $c=\frac{1}{2}(|x_0|+1)$), 使得 $x_0\in(-c,c)$. 当 $|x|\leqslant c$ 时,

$$\left|\left(x+\frac{1}{n}\right)^n\right|\leqslant\left(c+\frac{1}{n}\right)^n,$$

而级数 $\sum_{n=1}^{\infty}\left(c+\frac{1}{n}\right)^n$ 收敛, 所以由 M 判别法知, 函数项级数 $\sum_{n=1}^{\infty}\left(x+\frac{1}{n}\right)^n$ 在 $[-c,c]$ 上一致收敛. 于是, 由定理 13.2.4 知和函数 $S(x)$ 在 $[-c,c]$ 连续, 从而和函数 $S(x)$ 在 x_0 处连续. 又 x_0 的任意性, 故和函数 $S(x)$ 在 $(-1,1)$ 内处处连续. ■

例 13.2.8　设 $u_n(x),n\in\mathbb{N}_+$ 在 $[a,b]$ 上连续, $\sum_{n=1}^{\infty}u_n(x)$ 在 (a,b) 内一致收敛, 证明 $f(x)=\sum_{n=1}^{\infty}u_n(x)$ 在 $[a,b]$ 上一致连续.

证明　因为 $u_n(x),n\in\mathbb{N}_+$ 在 $[a,b]$ 上连续, $\sum_{n=1}^{\infty}u_n(x)$ 在 (a,b) 内一致收敛, 所以由定理 13.2.4 知, $f(x)=\sum_{n=1}^{\infty}u_n(x)$ 在 (a,b) 上连续. 又由于

$$\lim_{x\to a^+}u_n(x)=u_n(a),\quad \lim_{x\to b^-}u_n(x)=u_n(b),\quad n\in\mathbb{N}_+$$

且 $\sum\limits_{n=1}^{\infty} u_n(x)$ 在 (a,b) 内一致收敛, 因此由定理 13.2.4, 有

$$\lim_{x\to a^+}\sum_{n=1}^{\infty} u_n(x)=\sum_{n=1}^{\infty} u_n(a),\quad \lim_{x\to b^-}\sum_{n=1}^{\infty} u_n(x)=\sum_{n=1}^{\infty} u_n(b).$$

由此可见, 函数 $f(x)$ 在 $[a,b]$ 上有定义, 且为 $[a,b]$ 上的连续函数. 从而由 Cantor 定理知, $f(x)=\sum\limits_{n=1}^{\infty} u_n(x)$ 在 $[a,b]$ 上一致连续. ■

例 13.2.9 证明: 若函数项级数 $\sum\limits_{n=1}^{\infty} u_n(x)$ 在 $[a,b]$ 上一致收敛于和函数 $S(x)$, 且对任意 $n\in\mathbb{N}_+$, 函数 $u_n(x)$ 在 $[a,b]$ 上可积, 则 $S(x)$ 在 $[a,b]$ 上也可积.

证明 记 $S_n(x)=\sum\limits_{k=1}^{n} u_k(x)$. 已知 $\sum\limits_{n=1}^{\infty} u_n(x)$ 在 $[a,b]$ 上一致收敛于和函数 $S(x)$, 即对任意 $\varepsilon>0$, 存在 $N\in\mathbb{N}_+$, 对任意 $n>N$, $x\in[a,b]$, 有 $|S_n(x)-S(x)|<\varepsilon$.

任意取定某个 $m>N$, 对任意 $x\in[a,b]$, 有

$$S_m(x)-\varepsilon<S(x)<S_m(x)+\varepsilon.$$

对区间 $[a,b]$ 作任意分割 $T: a=x_0<x_1<\cdots<x_n=b$.

设 m_k 与 M_k 分别是 $S_m(x)$ 在 $[x_{k-1},x_k]$ 的下确界与上确界, 则对任意 $x\in[x_{k-1},x_k]$, 有 $m_k-\varepsilon<S(x)<M_k+\varepsilon$.

又设 σ_k 与 ω_k 分别是 $S(x)$ 与 $S_m(x)$ 在 $[x_{k-1},x_k]$ 上的振幅, 于是

$$\sigma_k\leqslant M_k-m_k+2\varepsilon=\omega_k+2\varepsilon,\quad k=1,2,\cdots,n.$$

从而

$$\sum_{k=1}^{n}\sigma_k\Delta x_k\leqslant\sum_{k=1}^{n}\omega_k\Delta x_k+2(b-a)\varepsilon.$$

再由函数 $u_n(x)$ 在 $[a,b]$ 上可积, 知 $S_m(x)$ 在 $[a,b]$ 上可积, 于是由上式便知和函数 $S(x)$ 在 $[a,b]$ 上可积. ■

例 13.2.10 设 $f_1(x)$ 在 $[a,b]$ 上正常可积, $f_{n+1}(x)=\int_a^x f_n(t)\mathrm{d}t$, $n\in\mathbb{N}_+$, 证明函数列 $\{f_n(x)\}$ 在 $[a,b]$ 上一致收敛于 0.

证明 由 $f_1(x)$ 在 $[a,b]$ 上正常可积知, $f_1(x)$ 在 $[a,b]$ 上有界, 即存在正常数 M, 使得

$$|f_1(x)|\leqslant M,\quad x\in[a,b].$$

从而, 当 $x\in[a,b]$ 时有

$$|f_2(x)|=\left|\int_a^x f_1(t)\mathrm{d}t\right|\leqslant M\int_a^x \mathrm{d}t=\frac{M}{1!}(x-a),$$

$$|f_3(x)| = \left| \int_a^x f_2(t)\mathrm{d}t \right| \leqslant M \int_a^x (t-a)\mathrm{d}t = \frac{M}{2!}(x-a)^2,$$

一般地, 若对于 $k \in \mathbb{N}_+$ 时有 $|f_k(x)| \leqslant \dfrac{M}{(k-1)!}(x-a)^{k-1}$, 则

$$|f_{k+1}(x)| = \left| \int_a^x f_k(t)\mathrm{d}t \right| \leqslant \frac{M}{(k-1)!} \int_a^x (t-a)^{k-1}\mathrm{d}t = \frac{M}{k!}(x-a)^k.$$

所以, 由数学归纳法知, 对于 $n \in \mathbb{N}_+$ 时, 有

$$|f_n(x)| \leqslant \frac{M}{(n-1)!}(x-a)^{n-1}, \quad x \in [a,b].$$

于是

$$|f_n(x)| \leqslant \frac{M}{(n-1)!}(b-a)^{n-1}, \quad x \in [a,b].$$

注意到 $\lim\limits_{n\to\infty} \dfrac{M}{(n-1)!}(b-a)^{n-1} = 0$, 故知 $f_n(x) \rightrightarrows 0\ (n \to \infty)$, $x \in [a,b]$. ■

四、巩固提高

13.2.1　设有函数列

(i) $f_n(x) = 2n^2 x \mathrm{e}^{-n^2x^2}$, $x \in [0,1]$ (图 13.2.1(a));

(ii) $f_n(x) = \dfrac{nx}{1+n^2x^2}$, $x \in [0,1]$ (图 13.2.1(b)).

证明: 上述给定的两个函数列在 [0,1] 上都是不一致收敛的; 可积性对函数列 (i) 不成立, 而对函数列 (ii) 却成立.

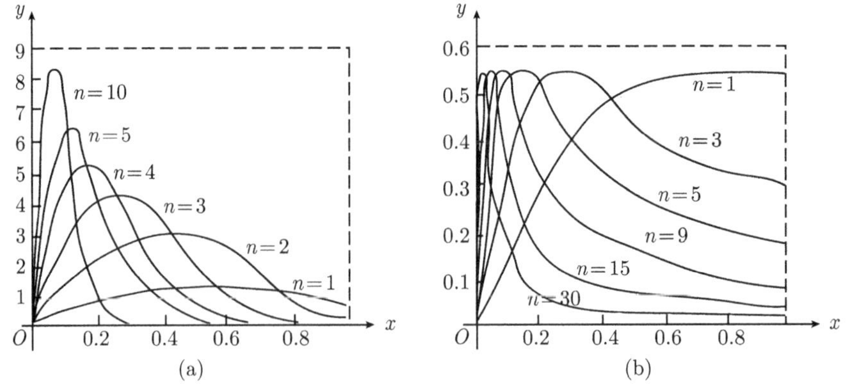

图 13.2.1

13.2.2　计算 $\lim\limits_{x\to 0^+} \sum\limits_{n=1}^{\infty} \dfrac{1}{2^n n^x}$.

(提示：参考例 13.2.6.)

13.2.3 证明：若 $\{f_n\}$ 是 $[a,b]$ 上的连续函数列, 对任意 $x\in[a,b]$, 数列 $\{f_n\}$ 都有界, 则存在闭区间 $[c,d]\subset[a,b]$, 使 $\{f_n\}$ 在 $[c,d]$ 上一致有界.

(提示: 反证法并应用闭区间套定理.)

13.2.4 证明：若函数列 $\{f_n\}$ 在区间 I 上一致收敛于 f, 而每个函数 f_n 在区间 I 上有界, 则函数列 $\{f_n\}$ 在区间 I 上一致有界.

13.2.5 证明：若连续函数列 $\{f_n(x)\}$ 在 $[a,b]$ 上一致收敛于 f, 对任意 $n\in\mathbb{N}_+$, $x_n\in[a,b]$, 且 $\lim\limits_{n\to\infty}x_n=x$, 则 $\lim\limits_{n\to\infty}f_n(x_n)=f(x)$.

(提示: $|f_n(x_n)-f(x)|\leqslant|f_n(x_n)-f(x_n)|+|f(x_n)-f(x)|$.)

13.2.6 设 f 为 $\left[\dfrac{1}{2},1\right]$ 上的连续函数, 证明：

(i) 函数列 $\{x^nf(x)\}$ 在 $\left[\dfrac{1}{2},1\right]$ 上收敛;

(ii) 函数列$\{x^nf(x)\}$ 在 $\left[\dfrac{1}{2},1\right]$ 上一致收敛的充要条件为 $f(1)=0$.

***13.2.7** 设函数 $f(x)$ 在 $(a,b+1)$ 内有连续导数 (其中 $a<b$),

$$f_n(x)=n\left[f\left(x+\frac{1}{n}\right)-f(x)\right],\ x\in(a,b).$$

证明：(i) 函数列$\{f_n(x)\}$ 在 (a,b) 上内闭一致收敛于 $f'(x)$; (ii) 对于任何闭区间 $[\alpha,\beta]\subset(a,b)$, 有 $\lim\limits_{n\to\infty}\displaystyle\int_\alpha^\beta f_n(x)\mathrm{d}x=f(\beta)-f(\alpha)$.

13.2.8 设有函数项级数 $\displaystyle\sum_{n=1}^{\infty}(1-\cos x)\cos^n x$, 解答下列问题：

(i) 试问当 $x\to0$ 时, 是否可以逐项求极限?

(ii) 证明级数在 $(0,\delta)$ 内不一致收敛 (其中 $0<\delta<1$).

13.2.9 设函数项级数 $\displaystyle\sum_{n=1}^{\infty}n\mathrm{e}^{-nx}$, 证明：

(i) 在 $\mathbb{R}_+$ 上收敛, 但不一致收敛;

(ii) 和函数 $f(x)$ 在 $\mathbb{R}_+$ 上可以任意次求导.

13.2.10 确定函数项级数 $\displaystyle\sum_{n=1}^{\infty}n\left(x+\frac{1}{n}\right)^n$ 的收敛域, 并讨论其一致收敛性.

13.2.11 设 $\{f_n(x)\}$ 是在 $\mathbb{R}$ 上一致连续的函数列, 且它在 $\mathbb{R}$ 上一致收敛于函数 $f(x)$, 证明函数 $f(x)$ 在 $\mathbb{R}$ 上一致连续.

13.2.12 设可积函数列 $\{f_n(x)\}$ 在 $[a,b]$ 上一致收敛于函数 $f(x)$, 且已知每个 $f_n(x)$ 在 $[a,b]$ 上有原函数, 证明 $f(x)$ 在 $[a,b]$ 上有原函数.

13.2.13　证明函数项级数 $\sum_{n=1}^{\infty}\frac{1}{n}\mathrm{e}^{-\frac{x^2}{n^2}}$ 在 $\mathbb{R}_+$ 上不一致收敛, 但和函数 $f(x)$ 在 $\mathbb{R}_+$ 上连续.

*__13.2.14__　试证明函数项级数 $\sum_{n=1}^{\infty}(-1)^{n+1}\frac{1}{n^x}$ 在 $\mathbb{R}_+$ 上不一致收敛, 但是在 $\mathbb{R}_+$ 上连续, 且有各阶连续导数.

*__13.2.15__　设 $\{u_n(x)\}$ 为 $[a,b]$ 上的可导函数列, 且在 $[a,b]$ 上有 $\left|\sum_{k=1}^{n}u_k(x)\right|\leqslant c$, c 为与 x 和 n 无关的正常数. 证明若 $\sum_{n=1}^{\infty}u_n(x)$ 在 $[a,b]$ 上收敛, 则必为一致收敛.

*__13.2.16__　设一元函数 f 在 $x=0$ 的某个邻域内有二阶连续导数, $f(0)=0$, $0<f'(0)<1$, 函数 f_n 是 f 的 n 次复合. 证明级数 $\sum_{n=1}^{\infty}f_n(x)$ 在 $x=0$ 的某邻域内一致收敛.

(提示：应用 Taylor 公式及 M 判别法.)

13.2.17　证明 $\lim\limits_{x\to 1^-}\sum_{n=1}^{\infty}\frac{(-1)^{n-1}x^n}{n(1+x^n)}=\frac{\ln 2}{2}$.

(提示：应用 $\sum_{n=1}^{\infty}\frac{(-1)^{n-1}}{n}=\ln 2$.)

13.2.18　证明：级数 $\sum_{n=1}^{\infty}(-1)^n\frac{\mathrm{e}^{x^2}+\sqrt{n}}{n^{\frac{3}{2}}}$ 在任何有限区间 $[a,b]$ 上一致收敛, 但在任何一点 x_0 处不绝对收敛.

13.2.19　证明：级数 $\sum_{n=1}^{\infty}(-1)^n\frac{x^2+n}{n^2}$ 在任何有限区间 $[a,b]$ 上一致收敛, 但在任何一点 $x_0\in[a,b]$ 处不绝对收敛.

第14章 幂 级 数

幂级数是一类特殊的函数项级数，它有许多类似于多项式的好的性质，可以看作是多项式的直接推广. 研究幂级数的重要性有两方面值得一提：一是将函数 (特别是初等超越函数) 展成幂级数，用于研究函数的性质和函数值的近似计算；另一个则是用幂级数的和函数表示新的非初等函数，这是解决某些理论问题和实际问题不可或缺的有力工具.

本章先介绍幂级数的概念，然后讨论幂级数收敛半径的计算，以及幂级数的基本性质 (如内闭一致收敛性，和函数的连续性、可微性与可积性，幂级数的逐项求极限、逐项求积与逐项求导)，最后介绍函数展开成幂级数及函数值的近似计算.

14.1 幂 级 数

一、内容精读

1. 幂级数的收敛区间

1) 幂级数的概念

定义 14.1.1 形如

$$\sum_{n=0}^{\infty} a_n(x-x_0)^n = a_0 + a_1(x-x_0) + a_2(x-x_0)^2 + \cdots + a_n(x-x_0)^n + \cdots \quad (14.1.1)$$

的函数项级数称为幂级数，a_n $(n \in \mathbb{N}_+)$ 称为幂级数 (14.1.1) 系数. 由于每个形如式 (14.1.1) 的幂级数均可以通过变量替换化为如下形式的幂级数

$$\sum_{n=0}^{\infty} a_n x^n = a_0 + a_1 x + a_2 x^2 + \cdots + a_n x^n + \cdots, \quad (14.1.2)$$

所以仅研究形如式 (14.1.2) 的幂级数就足够了.

定理 14.1.1(Abel 引理) 若幂级数 (14.1.2) 在 $x = \overline{x} \neq 0$ 收敛，则对满足不等式 $|x| < |\overline{x}|$ 的任何 x，幂级数 (14.1.2) 收敛且绝对收敛；若幂级数 (14.1.2) 在 $x = \overline{x}$ 时发散，则对满足不等式 $|x| > |\overline{x}|$ 的任何 x，幂级数 (14.1.2) 发散.

2) 收敛域、收敛区间与收敛半径

使幂级数收敛的点的全体所组成的集合称为幂级数的收敛域. 若幂级数 (14.1.2) 不止一个收敛点 $x = 0$，则由 Abel 引理知其收敛域构成以原点为中心，长为 $2R$ 的

区间, 同时称 R 为幂级数的收敛半径. 开区间 $(-R,R)$ 称为幂级数 (14.1.2) 的收敛区间. 至于收敛区间的两个端点是否属于收敛域, 这要根据数项级数 $\sum a_nR^n$ 与 $\sum(-1)^na_nR^n$ 的敛散性而定.

3) 收敛半径的计算

幂级数 (14.1.2) 的收敛半径可以通过下列几种方法求得:

(a) 比式法 (D'Alembert 定理)　若

$$\lim_{n\to\infty}\frac{|a_{n+1}|}{|a_n|}=\rho, \tag{14.1.3}$$

则当

(i) $0<\rho<+\infty$ 时, 幂级数 (14.1.2) 的收敛半径为 $R=\dfrac{1}{\rho}$;

(ii) $\rho=0$ 时, 幂级数 (14.1.2) 的收敛半径为 $R=+\infty$;

(iii) $\rho=+\infty$ 时, 幂级数 (14.1.2) 的收敛半径为 $R=0$.

(b) 根式法 (Cauchy 定理)　若

$$\lim_{n\to\infty}\sqrt[n]{|a_n|}=\rho, \tag{14.1.4}$$

则当

(i) $0<\rho<+\infty$ 时, 幂级数 (14.1.2) 的收敛半径为 $R=\dfrac{1}{\rho}$;

(ii) $\rho=0$ 时, 幂级数 (14.1.2) 的收敛半径为 $R=+\infty$;

(iii) $\rho=+\infty$ 时, 幂级数 (14.1.2) 的收敛半径为 $R=0$.

(c) 柯西–阿达玛 (Cauchy–Hadamard) 定理　若

$$\overline{\lim_{n\to\infty}}\sqrt[n]{|a_n|}=\rho, \tag{14.1.5}$$

则当

(i) $0<\rho<+\infty$ 时, 幂级数 (14.1.2) 的收敛半径为 $R=\dfrac{1}{\rho}$;

(ii) $\rho=0$ 时, 幂级数 (14.1.2) 的收敛半径为 $R=+\infty$;

(iii) $\rho=+\infty$ 时, 幂级数 (14.1.2) 的收敛半径为 $R=0$.

2. 幂级数的性质

定理 14.1.2(Abel 第一定理)　幂级数 (14.1.2) 的收敛域必是以 0 为中心, R 为半径的区间, 且于 $(-R,R)$ 上处处绝对收敛.

定理 14.1.3(Abel 第二定理 (内闭一致收敛性))　幂级数在其收敛域的任一闭子区间上一致收敛.

定理 14.1.4(和函数的连续性、可导性与可积性)　幂级数的和函数在其收敛域上连续; 幂级数的和函数在其收敛域的任一闭子区间上可积; 幂级数的和函数在其收敛区间内可导.

定理 14.1.5(逐项求极限、逐项求导与逐项求积) 设 f 为幂级数 (14.1.2) 的和函数, R 为其收敛半径 ($R \neq 0$), 则

(i) $f(\alpha)=\lim\limits_{x\to\alpha}f(x)=\sum\limits_{n=0}^{\infty}\lim\limits_{x\to\alpha}(a_nx^n)=\sum\limits_{n=0}^{\infty}a_n\alpha^n,\ \ \alpha\in(-R,R)$;

(ii) $\int_0^x f(t)\mathrm{d}t=\sum\limits_{n=0}^{\infty}\int_0^x a_nt^n\mathrm{d}t=\sum\limits_{n=0}^{\infty}\frac{a_n}{n+1}x^{n+1},\ \ x\in(-R,R)$;

(iii) $f'(x)=\sum\limits_{n=0}^{\infty}(a_nx^n)'=\sum\limits_{n=1}^{\infty}na_nx^{n-1},\ \ x\in(-R,R)$.

幂级数$\sum\limits_{n=0}^{\infty}\frac{a_n}{n+1}x^{n+1}$ 与 $\sum\limits_{n=1}^{\infty}na_nx^{n-1}$ 具有相同的收敛半径, 即幂级数逐项求导与逐项求积后, 收敛区间不变, 但收敛域可能发生变化.

定理 14.1.6(Abel 定理) 若幂级数 (14.1.2) 在 $x=R$ (或 $x=-R$) 收敛, 则

$$\lim_{x\to R^-}\sum_{n=0}^{\infty}a_nx^n=\sum_{n=0}^{\infty}a_nR^n\quad\left(\text{或}\ \lim_{x\to -R^+}\sum_{n=0}^{\infty}a_nx^n=\sum_{n=0}^{\infty}a_n(-R)^n\right).\tag{14.1.6}$$

若 $x=R$ (或 $-R$) 是 $\sum\limits_{n=0}^{\infty}\frac{a_n}{n+1}x^{n+1}$ 收敛点, $f(x)$ 为 $\sum\limits_{n=0}^{\infty}a_nx^n$ 的和函数, 则

$$\int_0^R f(x)\mathrm{d}x=\sum_{n=0}^{\infty}\frac{a_n}{n+1}R^{n+1}\quad\left(\text{或}\ \int_0^{-R}f(x)\mathrm{d}x=\sum_{n=0}^{\infty}\frac{a_n}{n+1}(-R)^{n+1}\right).\tag{14.1.7}$$

3. 幂级数的运算

设有两个幂级数

$$f_1(x)=\sum_{n=0}^{\infty}a_nx^n=a_0+a_1x+\cdots+a_nx^n+\cdots,\quad |x|<R_1\neq 0,$$

$$f_2(x)=\sum_{n=0}^{\infty}b_nx^n=b_0+b_1x+\cdots+b_nx^n+\cdots,\quad |x|<R_2\neq 0,$$

并记 $R=\min\{R_1,R_2\}$, 有

(i) $f_1(x)=f_2(x),\ |x|<R\Leftrightarrow a_n=b_n, n\in\mathbb{N}$;

(ii) $\lambda\sum\limits_{n=0}^{\infty}a_nx^n=\sum\limits_{n=0}^{\infty}\lambda a_nx^n,\ |x|<R_1$ (λ 为常数);

(iii) $\sum\limits_{n=0}^{\infty}a_nx^n\pm\sum\limits_{n=0}^{\infty}b_nx^n=\sum\limits_{n=0}^{\infty}(a_n\pm b_n)x^n,\ |x|<R$;

(iv) $\left(\sum\limits_{n=0}^{\infty}a_nx^n\right)\left(\sum\limits_{n=0}^{\infty}b_nx^n\right)=\sum\limits_{n=0}^{\infty}c_nx^n,\ |x|<R$, 其中 $c_n=\sum\limits_{k=0}^{n}a_kb_{n-k}$, $n\in\mathbb{N}$.

二、疑难解答

问题 14.1.1 求幂级数的收敛半径的比式法、根式法与 Cauchy–Hadamard 定理对一切幂级数有效吗?

答 不一定. 有时比式法、根式法失效, 但 Cauchy–Hadamard 定理仍有效.

若一个幂级数有无限多项的系数为零, 称这样的幂级数为**缺项幂级数**. 对于缺项幂级数, 通常不能直接应用比式法、根式法求收敛半径. 例如缺项幂级数 $\sum \frac{1}{2^n}x^{2n+1}$, 若直接应用比式法可得 $\rho = \lim\limits_{n\to\infty}\frac{|a_{n+1}|}{|a_n|} = \lim\limits_{n\to\infty}\frac{2^n}{2^{n+1}} = \frac{1}{2} \neq 0$, 从而 $R=2$, 这是错误的结果. 正确的做法应按照比式法、根式法与 Cauchy–Hadamard 定理的证明方法来获得收敛半径. 正确的求解过程如下：由于

$$\lim_{n\to\infty}\frac{\left|a_{n+1}x^{2n+3}\right|}{\left|a_n x^{2n+1}\right|} = \lim_{n\to\infty}\frac{2^n}{2^{n+1}}\left|x^2\right| = \frac{1}{2}|x|^2,$$

根据数项级数的比式判别法, 当 $\frac{1}{2}|x|^2 < 1$ 即 $|x| < \sqrt{2}$ 时, 级数 $\sum\left|\frac{1}{2^n}x^{2n+1}\right|$ 收敛; 当 $\frac{1}{2}|x|^2 > 1$ 即 $|x| > \sqrt{2}$ 时, 级数 $\sum \frac{1}{2^n}x^{2n+1}$ 发散. 于是, 缺项幂级数 $\sum \frac{1}{2^n}x^{2n+1}$ 的收敛半径为 $R=\sqrt{2}$.

另外, 对于缺项幂级数可以通过变量替换, 将其变为一个无缺项的幂级数, 在计算出后一个幂级数的收敛半径后, 再根据两变量之间的关系得出原幂级数的收敛半径. 例如缺项幂级数 $\sum \frac{1}{2^n}x^{2n}$, 先令 $t=x^2$, 则原幂级数化为 $\sum \frac{1}{2^n}t^n$. 容易求出幂级数 $\sum \frac{1}{2^n}t^n$ 的收敛半径为 $R=2$. 从而当 $|x|^2<2$ 时, 原幂级数收敛; 而当 $|x|^2>2$ 时原幂级数发散. 于是原幂级数的收敛半径为 $R=\sqrt{2}$.

一般地, 若幂级数 $\sum a_n x^n$ 的收敛半径为 R, 则缺项幂级数 $\sum a_n x^{kn}$ $(k\in\mathbb{N}_+)$ 的收敛半径为 $\sqrt[k]{R}$. 其他情形缺项幂级数的收敛半径, 可按上述实例分析过程求出.

但 Cauchy–Hadamard 定理对缺项幂级数收敛半径的求法仍有效, 例子可见例 14.1.1 及例 14.1.2 中的法三. ■

问题 14.1.2 如何求幂级数 $\sum a_n x^n$ 的收敛域?

答 先求出幂级数 $\sum a_n x^n$ 的收敛半径 R, 然后根据数项级数 $\sum a_n R^n$ 与 $\sum a_n(-R)^n$ 的敛散性给出幂级数 $\sum a_n x^n$ 的收敛域.

若 $\sum a_n R^n$ 与 $\sum a_n(-R)^n$ 均收敛, 则 $\sum a_n x^n$ 的收敛域为 $[-R,R]$;

若 $\sum a_n R^n$ 收敛, 但 $\sum a_n(-R)^n$ 发散, 则 $\sum a_n x^n$ 的收敛域为 $(-R,R]$;

若 $\sum a_n R^n$ 发散, 而 $\sum a_n(-R)^n$ 收敛, 则 $\sum a_n x^n$ 的收敛域为 $[-R,R)$;

若 $\sum a_n R^n$ 与 $\sum a_n(-R)^n$ 均发散, 则 $\sum a_n x^n$ 的收敛域为 $(-R,R)$.

因此不难看出, 确定幂级数的收敛域时的难点就在于判断数项级数 $\sum a_n R^n$ 与 $\sum a_n(-R)^n$ 的敛散性. ■

问题 14.1.3 由幂级数的性质知, 幂级数逐项求导与逐项求积后, 收敛区间不变, 请问它的收敛域是否也不变呢?

答 不一定. 通常情况下会发生改变. 例如幂级数 $f(x)=\sum\limits_{n=0}^{\infty}\frac{x^n}{n^2}$. 易知

$$f(x)=\sum_{n=0}^{\infty}\frac{x^n}{n^2},\quad f'(x)=\sum_{n=1}^{\infty}\frac{x^{n-1}}{n},\quad f''(x)=\sum_{n=2}^{\infty}\frac{n-1}{n}x^{n-2}$$

的收敛半径都是 $R=1$, 但是它们的收敛域却不相同:

$f(x)=\sum\limits_{n=0}^{\infty}\frac{x^n}{n^2}$ 的收敛域为 $[-1,1]$;

$f'(x)=\sum\limits_{n=1}^{\infty}\frac{x^{n-1}}{n}$ 的收敛域为 $[-1,1)$;

$f''(x)=\sum\limits_{n=2}^{\infty}\frac{n-1}{n}x^{n-2}$ 的收敛域为 $(-1,1)$. ■

问题 14.1.4 试列举求幂级数和函数的方法 (至少 3 种).

答 首先求出幂级数的收敛半径与收敛域, 然后在收敛域内可以通过以下方法来求幂级数和函数:

(i) 变量代换法, 即通过变量代换, 将幂级数化为一个较简单且易求和的幂级数. 如幂级数 $\sum\limits_{n=1}^{\infty}\frac{1}{2^{n+1}}x^n$, 若令 $t=\frac{x}{2}$, 则 $\sum\limits_{n=1}^{\infty}\frac{1}{2^{n+1}}x^n=\frac{1}{2}\sum\limits_{n=1}^{\infty}t^2$, 从而利用几何级数易得其和函数.

(ii) 拆项法, 即将原幂级数拆分成有限个简单幂级数之和, 从而求得原幂级数的和. 参见例 14.1.6 中的法二及例 14.1.8 的法一.

(iii) 逐项求导法, 原幂级数通过逐项求导得到另一个幂级数, 而所得的幂级数的和函数较原幂级数易求; 再通过积分得到原幂级数的和函数. 参见例 14.1.7.

(iv) 逐项积分法, 原幂级数通过逐项积分得到另一个幂级数, 而所得的幂级数的和函数较原幂级数易求; 再通过求导得到原幂级数的和函数. 参见例 14.1.6 中的法三及例 14.1.8 中的法二.

值得一提的是, 上述方法对具体问题时可能要综合使用. 请读者自行体会. ■

问题 14.1.5 是否可以用 Weierstrass 判别法来证明 Abel 第二定理?

答 可以. 请参见文献 [1] 第 47 页中的定理 14.4. ■

问题 14.1.6 若幂级数 $\sum\limits_{n=1}^{\infty}a_nx^n$ 在 $x=-1$ 处条件收敛, 能否推出该幂级数的收敛半径?

答 答案是肯定的, 且此幂级数的收敛半径为 $R=1$. 理由如下:

首先, 由 Abel 引理知, 若幂级数 $\sum_{n=1}^{\infty} a_n x^n$ 在 $x=-1$ 处收敛, 则对于满足 $|x|<|-1|$, 即 $|x|<1$ 的一切点, 幂级数 $\sum_{n=1}^{\infty} a_n x^n$ 是绝对收敛的.

其次, 注意到幂级数 $\sum_{n=1}^{\infty} a_n x^n$ 在 $x=-1$ 处条件收敛, 则任何满足 $|x|>1$ 的点都不可能使该幂级数收敛 (否则, 由 Abel 引理知, 该幂级数在 $x=-1$ 处就不是条件收敛, 而是绝对收敛了).

综合上述分析知, 该幂级数的收敛半径为 $R=1$. ■

问题 14.1.7 如何利用幂级数来求某些数项级数的和?

答 先选择一个合适的幂级数, 使得所求的数项级数为所选的幂级数在其某收敛点 x_0 处的值, 然后求出幂级数的和函数 $S(x)$, 则 $S(x_0)$ 便是原数项级数的和. 见例 14.1.9. ■

三、典型例题

例 14.1.1 证明 Cauchy–Hadamard 定理: 若

$$\overline{\lim_{n\to\infty}} \sqrt[n]{|a_n|}=\rho,$$

则当

(i) $0<\rho<+\infty$ 时, 幂级数 (14.1.2) 的收敛半径为 $R=\dfrac{1}{\rho}$;

(ii) $\rho=0$ 时, 幂级数 (14.1.2) 的收敛半径为 $R=+\infty$;

(iii) $\rho=+\infty$ 时, 幂级数 (14.1.2) 的收敛半径为 $R=0$.

证明 对于幂级数 (14.1.2), 若 $\overline{\lim\limits_{n\to\infty}} \sqrt[n]{|a_n|}=\rho$, 则

(i) 设 $0<\rho<+\infty$. 当 $|x|<\dfrac{1}{\rho}$, 即 $\rho\cdot|x|<1$ 时, 则存在 $\varepsilon>0$, 使

$$(\rho+\varepsilon)\cdot|x|<1.$$

由上极限定义, 存在 $N\in\mathbb{N}_+$, 当 $n>N$ 时, 有 $\sqrt[n]{|a_n|}<\rho+\varepsilon$. 从而当 $n>N$ 时得

$$\sqrt[n]{|a_n x^n|}=\sqrt[n]{|a_n|}\cdot|x|<1.$$

故由根式判别法知级数 (14.1.2) 绝对收敛, 所以该幂级数当 $|x|<\dfrac{1}{\rho}$ 时收敛.

若 $|x|>\dfrac{1}{\rho}$, 则存在 $\varepsilon>0$, 使 $(\rho-\varepsilon)\cdot|x|>1$. 由上极限的定义知存在子列 n_k, 使 $\sqrt[n_k]{|a_{n_k}|}>\rho-\varepsilon$. 于是

$$\sqrt[n_k]{|a_{n_k} x^{n_k}|}=\sqrt[n_k]{|a_{n_k}|}\cdot|x|>1,$$

从而幂级数 (14.1.2) 发散, 故幂级数 (14.1.2) 当 $|x|>\dfrac{1}{\rho}$ 时发散. 综合上述讨论知, 当 $0<\rho<+\infty$ 时, 幂级数 (14.1.2) 的收敛半径为 $R=\dfrac{1}{\rho}$.

(ii) 若 $\rho=0$ 时, 则 $\lim\limits_{n\to\infty}\sqrt[n]{|a_n|}=0$, 故幂级数 (14.1.2) 的收敛半径为 $R=+\infty$;

(iii) 若 $\rho=+\infty$ 时, 则对任意 $x\neq 0$, 有 $\overline{\lim\limits_{n\to\infty}}\sqrt[n]{|a_n|}\cdot|x|=+\infty$, 从而有 $\lim\limits_{n\to\infty}a_nx^n\neq 0$, 即幂级数 (14.1.2) 发散, 故幂级数 (14.1.2) 的收敛半径为 $R=0$. ■

例 14.1.2 求幂级数 $\sum\limits_{n=1}^{\infty}\dfrac{1}{n-3^{2n}}(x-1)^{2n}$ 的收敛半径与收敛域.

解 (i) 先求收敛半径. 因为所给幂级数为缺项幂级数, 所以不能直接应用比式法或根式法求其收敛半径. 现采用如下几种方法求收敛半径:

方法 1 直接求解. 为此令 $u_n(x)=\dfrac{1}{n-3^{2n}}(x-1)^{2n}$, 则

$$\lim_{n\to\infty}\left|\frac{u_{n+1}(x)}{u_n(x)}\right|=(x-1)^2\lim_{n\to\infty}\left|\frac{n-3^{2n}}{n+1-3^{2(n+1)}}\right|=\frac{1}{9}(x-1)^2.$$

于是, 当 $\dfrac{1}{9}(x-1)^2<1$ 即 $|x-1|<3$ 时, 级数 $\sum\limits_{n=1}^{\infty}u_n(x)$ 收敛; 而当 $\dfrac{1}{9}(x-1)^2>1$ 即 $|x-1|>3$ 时, 级数 $\sum\limits_{n=1}^{\infty}u_n(x)$ 发散. 所以该幂级数的收敛半径为 $R=3$.

方法 2 变量替换化原级数为非缺项幂级数. 为此作变量替换 $t=(x-1)^2$, 则原幂级数化为 $\sum\limits_{n=1}^{\infty}\dfrac{t^n}{n-3^{2n}}$. 于是 $\rho=\lim\limits_{n\to\infty}\sqrt[n]{\dfrac{1}{|n-3^{2n}|}}=\dfrac{1}{9}$, 即 $R_1=\dfrac{1}{\rho}=9$, 从而原幂级数的收敛半径为 $R=\sqrt{R_1}=3$.

方法 3 应用 Cauchy–Hadamard 定理. 因为

$$\rho=\overline{\lim_{n\to\infty}}\sqrt[n]{\frac{1}{|n-3^{2n}|}}=\overline{\lim_{n\to\infty}}\sqrt[2n]{\frac{1}{|n-3^{2n}|}}=\frac{1}{3},$$

所以原幂级数的收敛半径为 $R=3$.

(ii) 再求收敛域. 由 $|x-1|<3$ 得 $-2<x<4$, 所以幂级数的收敛区间为 $(-2,4)$. 当 $x=-2$ 及 $x=4$ 时, 对应的数项级数都为 $\sum\limits_{n=1}^{\infty}\dfrac{3^{2n}}{n-3^{2n}}$. 而 $\lim\limits_{n\to\infty}\dfrac{3^{2n}}{n-3^{2n}}=-1\neq 0$, 所以数项级数 $\sum\limits_{n=1}^{\infty}\dfrac{3^{2n}}{n-3^{2n}}$ 发散. 于是原幂级数的收敛域为 $(-2,4)$. ■

例 14.1.3 求幂级数 $\sum\limits_{n=1}^{\infty}\dfrac{1}{n(n+1)}(x^2+x+1)^n$ 的收敛半径与收敛域.

解 (i) 先求收敛半径. 作变量替换 $t = x^2+x+1$, 则原幂级数化为 $\sum\limits_{n=1}^{\infty}\dfrac{t^n}{n(n+1)}$. 因为

$$\rho = \lim_{n\to\infty}\frac{1}{(n+1)(n+2)}\Bigg/\frac{1}{n(n+1)} = 1,$$

所以当 $x^2+x+1<1$ 即 $\left|x+\dfrac{1}{2}\right|<\dfrac{1}{2}$ 时, 幂级数 $\sum\limits_{n=1}^{\infty}\dfrac{1}{n(n+1)}(x^2+x+1)^n$ 收敛; 而当 $x^2+x+1>1$ 即 $\left|x+\dfrac{1}{2}\right|>\dfrac{1}{2}$ 时, 幂级数 $\sum\limits_{n=1}^{\infty}\dfrac{1}{n(n+1)}(x^2+x+1)^n$ 发散. 于是原幂级数的收敛半径为 $R=\dfrac{1}{2}$, 收敛区间为 $(-1,0)$.

(ii) 再求收敛域. 由 (i) 知幂级数的收敛区间为 $(-1,0)$. 当 $x=0$ 及 $x=-1$ 时, 对应的数项级数都为 $\sum\limits_{n=1}^{\infty}\dfrac{1}{n(n+1)}$ 且收敛, 故原幂级数的收敛域为 $[-1,0]$. ■

例 14.1.4 求幂级数 $\sum\limits_{n=1}^{\infty}\dfrac{\left(3+(-1)^n\right)^n}{n}x^n$ 的收敛半径与收敛域.

解 将所给的幂级数按奇、偶次幂项组合, 可得

$$\sum_{n=1}^{\infty}\frac{\left[3+(-1)^n\right]^n}{n}x^n = \sum_{k=1}^{\infty}\frac{4^{2k}}{2k}x^{2k} + \sum_{k=0}^{\infty}\frac{2^{2k+1}}{2k+1}x^{2k+1}.$$

(i) 先求收敛半径. 对于幂级数 $\sum\limits_{k=0}^{\infty}\dfrac{2^{2k+1}}{2k+1}x^{2k+1}$, 由于

$$\lim_{n\to\infty}\left|\frac{2^{2k+3}}{2k+3}x^{2k+3}\right|\Bigg/\left|\frac{2^{2k+1}}{2k+1}x^{2k+1}\right| = 4|x|^2,$$

所以由达朗贝尔判别法知, 当 $4|x|^2<1$ 即 $|x|<\dfrac{1}{2}$ 时, 幂级数 $\sum\limits_{k=0}^{\infty}\dfrac{2^{2k+1}}{2k+1}x^{2k+1}$ 收敛, 而当 $4|x|^2>1$ 即 $|x|>\dfrac{1}{2}$ 时, 幂级数 $\sum\limits_{k=0}^{\infty}\dfrac{2^{2k+1}}{2k+1}x^{2k+1}$ 发散, 所以 $R_1=\dfrac{1}{2}$.

同理可得幂级数 $\sum\limits_{k=1}^{\infty}\dfrac{4^{2k}}{2k}x^{2k}$ 的收敛半径为 $R_2=\dfrac{1}{4}$.

故原幂级数的收敛半径为 $R=\min\{R_1,R_2\}=\dfrac{1}{4}$.

(ii) 再求收敛域. 由 (i) 知幂级数的收敛区间为 $\left(-\dfrac{1}{4},\dfrac{1}{4}\right)$.

当 $x=-\dfrac{1}{4}$ 时, 数项级数 $\sum\limits_{k=0}^{\infty}\dfrac{2^{2k+1}}{2k+1}\left(-\dfrac{1}{4}\right)^{2k+1}$ 收敛, 而 $\sum\limits_{k=1}^{\infty}\dfrac{4^{2k}}{2k}\left(-\dfrac{1}{4}\right)^{2k}$ 发散;

当 $x=\dfrac{1}{4}$ 时, 数项级数 $\displaystyle\sum_{k=0}^{\infty}\frac{2^{2k+1}}{2k+1}\Big(\frac{1}{4}\Big)^{2k+1}$ 收敛, 而 $\displaystyle\sum_{k=1}^{\infty}\frac{4^{2k}}{2k}\Big(\frac{1}{4}\Big)^{2k}$ 发散.

综上讨论知, 原幂级数的收敛域为 $\Big(-\dfrac{1}{4},\dfrac{1}{4}\Big)$. ■

例 14.1.5 设 $f(x)>0$, 且 $f\in C[0,2]$, 令 $a_n\stackrel{\text{def}}{=\!=}\displaystyle\int_0^2 x^n f(x)\mathrm{d}x$. 求幂级数 $\displaystyle\sum_{n=0}^{\infty}\frac{x^n}{a_n}$ 的收敛域.

解 因 $f\in C[0,2]$ 上连续, 所以 $f(x)$ 在 $[0,2]$ 必存在最大值与最小值. 设

$$m=\min_{x\in[0,2]}f(x),\quad M=\max_{x\in[0,2]}f(x).$$

又因 $f(x)>0$, 所以 $M\geqslant m>0$. 由定积分的性质可得

$$a_n=\int_0^2 x^n f(x)\ \mathrm{d}x\geqslant m\int_0^2 x^n\ \mathrm{d}x=\frac{m}{n+1}2^{n+1},$$

$$a_n=\int_0^2 x^n f(x)\ \mathrm{d}x\leqslant M\int_0^2 x^n\ \mathrm{d}x=\frac{M}{n+1}2^{n+1},$$

即

$$\frac{m}{n+1}2^{n+1}\leqslant a_n\leqslant\frac{M}{n+1}2^{n+1}.$$

由于 $\displaystyle\lim_{n\to\infty}\sqrt[n]{\frac{m}{n+1}2^{n+1}}=\lim_{n\to\infty}\sqrt[n]{\frac{M}{n+1}2^{n+1}}=2$, 所以 $\displaystyle\lim_{n\to\infty}\sqrt[n]{a_n}=2$. 从而

$$\rho=\lim_{n\to\infty}\sqrt[n]{\frac{1}{a_n}}=\frac{1}{2}\neq 0,$$

即得幂级数 $\displaystyle\sum_{n=0}^{\infty}\frac{x^n}{a_n}$ 的收敛半径为 $R=2$, 且收敛区间为$(-2,2)$.

由于 $\displaystyle\lim_{n\to\infty}\frac{2^n}{a_n}\geqslant\lim_{n\to\infty}\frac{2^n}{\frac{M}{n+1}2^{n+1}}=+\infty$, 所以当 $x=\pm2$ 时对应的数项级数 $\displaystyle\sum_{n=0}^{\infty}\frac{2^n}{a_n}$ 与 $\displaystyle\sum_{n=0}^{\infty}(-1)^n\frac{2^n}{a_n}$ 都发散, 故幂级数 $\displaystyle\sum_{n=0}^{\infty}\frac{x^n}{a_n}$ 的收敛域为 $(-2,2)$. ■

例 14.1.6 求幂级数 $\displaystyle\sum_{n=0}^{\infty}\frac{2n+1}{2^{n+1}}x^{2n}$ 的和函数.

解 容易求得所给幂级数的收敛域为 $(-\sqrt{2},\sqrt{2})$.

设所给的幂级数的和函数为 $S(x)$. 下面用三种方法求其和函数 $S(x)$.

方法 1 由已知幂级数的和函数通过逐项求导计算 $S(x)$. 由几何级数可得

$$\sum_{n=0}^{\infty}t^{2n+1}=\frac{t}{1-t^2},\quad t\in(-1,1).$$

对上式逐项求导可得

$$\sum_{n=0}^{\infty}(2n+1)t^{2n}=\left(\sum_{n=0}^{\infty}t^{2n+1}\right)'=\left(\frac{t}{1-t^2}\right)'=\frac{1+t^2}{(1-t^2)^2}.$$

将 $t=\dfrac{x}{\sqrt{2}}$ 代入上式, 可得 $\displaystyle\sum_{n=0}^{\infty}\frac{2n+1}{2^n}x^{2n}=2\frac{2+x^2}{(2-x^2)^2}$. 于是

$$S(x)=\sum_{n=0}^{\infty}\frac{2n+1}{2^{n+1}}x^{2n}=\frac{2+x^2}{(2-x^2)^2},\quad x\in(-\sqrt{2},\sqrt{2}).$$

方法 2　通过拆项并利用已知幂级数的和函数计算 $S(x)$. 由几何级数 $\dfrac{1}{1-t}=\displaystyle\sum_{n=0}^{\infty}t^n$, $|t|<1$, 可得 $\dfrac{t}{(1-t)^2}=\displaystyle\sum_{n=1}^{\infty}nt^n$, $|t|<1$. 所以, 当 $|x|<\sqrt{2}$ 时, 有

$$\begin{aligned}S(x)&=\sum_{n=0}^{\infty}\frac{2n+1}{2^{n+1}}x^{2n}=\sum_{n=1}^{\infty}n\left(\frac{x^2}{2}\right)^n+\frac{1}{2}\sum_{n=0}^{\infty}\left(\frac{x^2}{2}\right)^n\\&=\frac{\frac{x^2}{2}}{\left(1-\frac{x^2}{2}\right)^2}+\frac{1}{2}\cdot\frac{1}{1-\frac{x^2}{2}}=\frac{2+x^2}{(2-x^2)^2},\quad x\in\left(-\sqrt{2},\sqrt{2}\right).\end{aligned}$$

方法 3　通过先逐项积分后求导方式计算 $S(x)$. 由于

$$S(x)=\sum_{n=0}^{\infty}\frac{2n+1}{2^n}x^{2n},\quad x\in\left(-\sqrt{2},\sqrt{2}\right),$$

所以对 $x\in\left(-\sqrt{2},\sqrt{2}\right)$ 有

$$\begin{aligned}\int_0^x S(t)\,\mathrm{d}t&=\int_0^x\left(\sum_{n=0}^{\infty}\frac{2n+1}{2^{n+1}}t^{2n}\right)\mathrm{d}t=\sum_{n=0}^{\infty}\int_0^x\frac{2n+1}{2^{n+1}}t^{2n}\mathrm{d}t\\&=\sum_{n=0}^{\infty}\frac{1}{2^{n+1}}x^{2n+1}=\frac{x}{2}\cdot\frac{1}{1-\frac{x^2}{2}}=\frac{x}{2-x^2}.\end{aligned}$$

于是

$$S(x)=\left(\frac{x}{2-x^2}\right)'=\frac{2+x^2}{(2-x^2)^2},\quad x\in(-\sqrt{2},\sqrt{2}).$$ ■

例 14.1.7　求幂级数 $\displaystyle\sum_{n=1}^{\infty}\frac{x^n}{n(n+1)}$ 的和函数.

解 (i) 先求原幂级数的收敛域. 由于

$$\lim_{n\to\infty}\left|\frac{a_{n+1}}{a_n}\right| = \lim_{n\to\infty}\frac{n(n+1)}{(n+1)(n+2)} = 1 \neq 0,$$

故原幂级数的收敛半径为 $R=1$. 当 $x=\pm 1$ 时, 对应的数项级数 $\sum\limits_{n=1}^{\infty}\dfrac{(\pm 1)^n}{n(n+1)}$ 都收敛. 于是, 原幂级数的收敛域为 $[-1,1]$.

(ii) 再求和函数. 令 $S(x)=\sum\limits_{n=1}^{\infty}\dfrac{x^n}{n(n+1)}$, 则在收敛区间 $(-1,1)$ 内逐项求导得

$$S'(x)=\sum_{n=1}^{\infty}\frac{x^{n-1}}{n+1}=\frac{1}{x^2}\sum_{n=1}^{\infty}\frac{x^{n+1}}{n+1}=\frac{1}{x^2}S_1(x),\quad x\in(-1,0)\cup(0,1);\quad S'(0)=\frac{1}{2}.$$

同理可得

$$S_1'(x)=\sum_{n=1}^{\infty}x^n=\frac{x}{1-x},\quad x\in(-1,1);\quad S_1(0)=0.$$

进而

$$S_1(x)=\int_0^x S_1'(t)\,\mathrm{d}t=\int_0^x\frac{t}{1-t}\,\mathrm{d}t=-x-\ln(1-x),\quad x\in(-1,1).$$

代入 $S'(x)$ 中, 得

$$S'(x)=\frac{1}{x^2}S_1(x)=-\frac{x+\ln(1-x)}{x^2},\quad x\in(-1,0)\cup(0,1).$$

注意到 $S(0)=0$, 在 $(0,x)$ 上积分可得

$$\begin{aligned}S(x)&=\int_0^x S'(t)\,\mathrm{d}t=-\int_0^x\frac{t+\ln(1-t)}{t^2}\,\mathrm{d}t\\&=-\lim_{\varepsilon\to0^+}\int_\varepsilon^x\frac{t+\ln(1-t)}{t^2}\,\mathrm{d}t\\&=\lim_{\varepsilon\to0^+}\left[\frac{\ln(1-x)}{x}-\ln(1-x)-\frac{\ln(1-\varepsilon)}{\varepsilon}+\ln(1-\varepsilon)\right]\\&=\frac{\ln(1-x)}{x}-\ln(1-x)+1.\end{aligned}$$

又由于

$$\lim_{x\to0}S(x)=\lim_{x\to0}\left[\frac{\ln(1-x)}{x}-\ln(1-x)+1\right]=0=S(0),$$

所以

$$S(x)=\frac{\ln(1-x)}{x}-\ln(1-x)+1,\quad x\in(-1,1).$$

再来考察收敛域的端点 $x=\pm1$ 的情况.

$$S(1)=\lim_{x\to1^-}S(x)=\lim_{x\to1^-}\left(\frac{\ln(1-x)}{x}-\ln(1-x)+1\right)=1,$$

$$S(-1)=\lim_{x\to-1^+}S(x)=\lim_{x\to-1^+}\left(\frac{\ln(1-x)}{x}-\ln(1-x)+1\right)=1-2\ln2.$$

综合上述讨论, 可得原幂级数的和函数 $S(x)$ 为

$$S(x)=\begin{cases}1-2\ln2, & x=-1,\\ \dfrac{\ln(1-x)}{x}-\ln(1-x)+1, & x\in(-1,1),\\ 1, & x=1.\end{cases}$$ ■

例 14.1.8　求幂级数 $\sum\limits_{n=1}^{\infty}(-1)^{n-1}n^2x^n$ 的和函数.

解　(i) 先求幂级数的收敛域. 因为 $\lim\limits_{n\to\infty}\sqrt[n]{n^2}=1$, 且数项级数 $\sum\limits_{n=1}^{\infty}(-1)^{n-1}n^2$ 与 $\sum\limits_{n=1}^{\infty}n^2$ 都发散, 所以幂级数的收敛域为 $(-1,1)$.

(ii) 再求幂级数的和函数 $S(x)$. 以下用两种方法求 $S(x)$.

方法 1　(拆项法) 由于 $n^2=(n+1)(n+2)-3(n+1)+1$, 所以

$$\begin{aligned}\sum_{n=1}^{\infty}(-1)^{n-1}n^2x^n=&\sum_{n=1}^{\infty}(-1)^{n-1}(n+1)(n+2)x^n\\&-3\sum_{n=1}^{\infty}(-1)^{n-1}(n+1)x^n+\sum_{n=1}^{\infty}(-1)^{n-1}x^n\\=&\sum_{n=1}^{\infty}(-1)^{n-1}(x^{n+2})''-3\sum_{n=1}^{\infty}(-1)^{n-1}(x^{n+1})'+\frac{x}{1+x}\\=&\left(\sum_{n=1}^{\infty}(-1)^{n-1}x^{n+2}\right)''-3\left(\sum_{n=1}^{\infty}(-1)^{n-1}x^{n+1}\right)'+\frac{x}{1+x}\\=&\left(\frac{x^3}{1+x}\right)''-3\left(\frac{x^2}{1+x}\right)'+\frac{x}{1+x}\end{aligned}$$

$$=\frac{6x+6x^2+2x^3}{(1+x)^3}-\frac{3(2x+x^2)}{(1+x)^2}+\frac{x}{1+x}$$
$$=\frac{x-x^2}{(1+x)^3},\quad x\in(-1,1).$$

故所求的幂级数的函数为 $S(x)=\dfrac{x-x^2}{(1+x)^3}$, $x\in(-1,1)$.

方法 2 (逐项积分法) 设

$$S(x)=\sum_{n=1}^{\infty}(-1)^{n-1}n^2x^n=x\sum_{n=1}^{\infty}(-1)^{n-1}n^2x^{n-1}=x\cdot g(x),\quad x\in(-1,1).$$

对于幂级数 $g(x)=\sum\limits_{n=1}^{\infty}(-1)^{n-1}n^2x^{n-1}$ 作逐项积分, 可得

$$\int_0^x g(t)\,\mathrm{d}t=\sum_{n=1}^{\infty}(-1)^{n-1}\int_0^x n^2t^{n-1}\mathrm{d}t=\sum_{n=1}^{\infty}(-1)^{n-1}nx^n$$
$$=x\sum_{n=1}^{\infty}(-1)^{n-1}nx^{n-1}=x\cdot h(x),\quad x\in(-1,1).$$

再对于幂级数 $h(x)=\sum\limits_{n=1}^{\infty}(-1)^{n-1}nx^{n-1}$ 作逐项积分, 可得

$$\int_0^x h(t)\,\mathrm{d}t=\sum_{n=1}^{\infty}(-1)^{n-1}\int_0^x nt^{n-1}\mathrm{d}t=\sum_{n=1}^{\infty}(-1)^{n-1}x^n=\frac{x}{1+x},\quad x\in(-1,1).$$

于是

$$h(x)=\left(\frac{x}{1+x}\right)'=\frac{1}{(1+x)^2},\quad x\in(-1,1),$$

$$g(x)=\big(x\cdot h(x)\big)'=\left(\frac{x}{(1+x)^2}\right)'=\frac{1-x}{(1+x)^3},\quad x\in(-1,1),$$

$$S(x)=x\cdot g(x)=\frac{x-x^2}{(1+x)^3},\quad x\in(-1,1).$$ ■

例 14.1.9 试利用幂级数求数项级数 $\sum\limits_{n=0}^{\infty}\dfrac{(-1)^n}{4n+1}$ 的和.

解 构造幂级数 $\sum\limits_{n=0}^{\infty}\dfrac{(-1)^n}{4n+1}x^{4n+1}$. 易求得此幂级数的收敛域为 $[-1,1]$.

下面先求此幂级数的和函数 $S(x)$. 由于

$$S(x)=\sum_{n=0}^{\infty}\frac{(-1)^n}{4n+1}x^{4n+1},\quad x\in[-1,1], \tag{14.1.8}$$

则当 $x\in(-1,1)$ 时, 有 $S'(x)=\sum\limits_{n=0}^{\infty}(-1)^n x^{4n}=\dfrac{1}{1+x^4}$.

注意到 $S(0)=0$, 于是

$$S(x)=\int_0^x S'(t)\,\mathrm{d}t=\int_0^x\frac{1}{1+t^4}\,\mathrm{d}t,\quad x\in(-1,1).$$

由于 $\displaystyle\int_0^x\frac{1}{1+t^4}\,\mathrm{d}t$ 在闭区间 $[-1,1]$ 上连续, 因此

$$S(x)=\int_0^x\frac{1}{1+t^4}\,\mathrm{d}t,\quad x\in[-1,1].$$

从而

$$\sum_{n=0}^{\infty}\frac{(-1)^n}{4n+1}=S(1)=\int_0^1\frac{1}{1+t^4}\,\mathrm{d}t=\frac{\pi}{4\sqrt{2}}+\frac{1}{2\sqrt{2}}\ln\left(1+\sqrt{2}\right).$$ ■

四、巩固提高

14.1.1 求下列幂级数的收敛半径与收敛域:

(i) $\sum\limits_{n=1}^{\infty}\dfrac{\ln n}{n}x^n$; (ii) $\sum\limits_{n=1}^{\infty}\dfrac{x^n}{a^n+b^n}$, $a>0$, $b>0$;

(iii) $\sum\limits_{n=1}^{\infty}\dfrac{3^n+(-2)^n}{n}(x-2)^n$; (iv) $\sum\limits_{n=1}^{\infty}\dfrac{x^{n^3}}{3^n}$.

14.1.2 (i) 求级数 $\sum\limits_{n=1}^{\infty}\dfrac{1}{n^2}\left(x^n+x^{-n}\right)$ 的收敛域;

(ii) 求级数 $\sum\limits_{n=0}^{\infty}\dfrac{1^n+2^n+\cdots+k^n}{n^2}\left(\dfrac{1-x}{1+x}\right)^n$ 的收敛域, k 为大于 1 的整数.

14.1.3 求下列幂级数的和函数:

(i) $\sum\limits_{n=1}^{\infty}n(n+1)x^n$; (ii) $\sum\limits_{n=1}^{\infty}\dfrac{(-1)^{n-1}}{n(2n-1)}x^{2n}$;

(iii) $\sum\limits_{n=1}^{\infty}\dfrac{2^n-1}{2^n}x^{2n-2}$; (iv) $1+\sum\limits_{n=1}^{\infty}\dfrac{(2n-1)!!}{(2n)!!}x^n$;

(v) $\sum\limits_{n=1}^{\infty}nx^{2n}$; (vi) $\sum\limits_{n=2}^{\infty}\dfrac{(-1)^n}{n(n-1)}x^n$.

14.1.4 求下列数项级数的和:

(i) $\sum\limits_{n=1}^{\infty}\frac{2n}{3^n}$;　　(ii) $\sum\limits_{n=1}^{\infty}\frac{(-1)^{n-1}}{(2n-1)(2n+1)}$;

(iii) $\sum\limits_{n=1}^{\infty}\frac{n(n+1)(n+2)}{4^n}$;　　(iv) $\sum\limits_{n=2}^{\infty}\frac{1}{(n^2-1)2^n}$.

14.1.5 若幂级数 $\sum a_nx^n$ 的收敛半径为 R, 证明幂级数 $\sum a_nx^{kn}$ 的收敛半径为 $\sqrt[k]{R}$, 其中 $k\in\mathbb{N}_+$.

14.1.6 设 $S(x)=\sum\limits_{n=1}^{\infty}\frac{x^n}{n^2\ln(1+n)}$. 证明: (i) $S(x)\in C[-1,1]$; (ii) $S'_+(-1)$ 存在.

14.1.7 证明若数项级数 $\sum\limits_{n=0}^{\infty}a_n$, $\sum\limits_{n=0}^{\infty}b_n$ 与 $\sum\limits_{n=0}^{\infty}c_n$ 都收敛(其中 $c_n=\sum\limits_{k=0}^{n}a_kb_{n-k}$), 则$\sum\limits_{n=0}^{\infty}c_n=\left(\sum\limits_{n=0}^{\infty}a_n\right)\left(\sum\limits_{n=0}^{\infty}b_n\right)$.

14.1.8 设 $S(x)=\sum\limits_{n=1}^{\infty}\frac{x^n}{n^2}$, $x\in[-1,1]$. 证明: 对任意 $x\in(0,1)$, 有

$$S(x)+S(1-x)+\ln x\cdot\ln(1-x)=S(1)\equiv\frac{\pi^2}{6}.$$

14.1.9(Tauber 定理) 证明: 若 $S(x)=\sum\limits_{n=0}^{\infty}a_nx^n$ 的收敛半径 $R=1$, 且 $\lim\limits_{n\to\infty}na_n=0$, $\lim\limits_{x\to1^-}S(x)=s$, 则 $\sum\limits_{n=0}^{\infty}a_n=s$.

14.1.10 证明: 若 $S(x)=\sum\limits_{n=0}^{\infty}a_nx^n$ 的收敛半径为 R, 存在某个数列 $\{x_n\}$, $x_n\in(-R,R)$ (对任意 $m\in\mathbb{N}_+$, 存在 $n>m$, 有 $x_n\neq0$), 使 $\lim\limits_{n\to\infty}x_n=0$, 且 $S(x_n)=0$, $n\in\mathbb{N}_+$, 则 $a_n=0$, $n\in\mathbb{N}$.

14.1.11 证明函数 $S(x)=\sum\limits_{n=0}^{\infty}\frac{(-1)^nx^{2n}}{2^{2n}(n!)^2}$ 满足微分方程

$$xS''(x)+S'(x)+xS(x)=0.$$

14.1.12 设 $\{a_n\}$ 与 $\{b_n\}$ 为正数列, 幂级数 $\sum\limits_{n=0}^{\infty}a_nx^n$ 的收敛半径为 1, 且在 $x=1$ 处发散. 若 $\lim\limits_{n\to\infty}\frac{b_n}{a_n}=\ell$, 证明 $\lim\limits_{x\to1^-}\left(\sum\limits_{n=0}^{\infty}b_nx^n\right)\Bigg/\left(\sum\limits_{n=0}^{\infty}a_nx^n\right)=\ell$.

14.1.13　证明: 若正项级数 $\sum\limits_{n=0}^{\infty} a_n = \ell$, 则 $\lim\limits_{x\to 1^-}\left(\sum\limits_{n=0}^{\infty} a_n x^n\right) = \ell$.

14.2　函数的幂级数展开

一、内容精读

1. Taylor 级数

若 f 在 x_0 处具有任意阶导数, 则称

$$f(x_0)+f'(x_0)(x-x_0)+\frac{f''(x_0)}{2!}(x-x_0)^2+\cdots+\frac{f^{(n)}(x_0)}{n!}(x-x_0)^n+\cdots \tag{14.2.1}$$

为函数 f 在 x_0 处的泰勒 (Taylor) 级数. 特别地, 当 $x_0=0$ 时, 称

$$f(0)+f'(0)x+\frac{f''(0)}{2!}x^2+\cdots+\frac{f^{(n)}(0)}{n!}x^n+\cdots$$

为麦克劳林 (Maclaurin) 级数.

定理 14.2.1(幂级数展开式的唯一性定理)　若函数 f 在点 x_0 的某个邻域 $U(x_0)$ 内能够展开为幂级数 $\sum\limits_{n=0}^{\infty} a_n(x-x_0)^n$, 则此幂级数的展开式是唯一的, 而且它就是 f 在 x_0 处的 Taylor 级数.

定理 14.2.2　设 f 在点 x_0 具有任意阶导数, 则 f 在 $U(x_0)$ 内等于其 Taylor 级数和函数的充要条件是

$$\lim_{n\to\infty} R_n(x)=0,\quad x\in U(x_0), \tag{14.2.2}$$

其中 $R_n(x)$ 是 f 在 x_0 的Taylor 公式余项.

若 f 能在 x_0 的某个邻域上等于其 Taylor 级数的和函数, 则称函数 f 在 x_0 的这一邻域内可以展开成 Taylor 级数, 并称等式

$$f(x)=f(x_0)+f'(x_0)(x-x_0)+\frac{f''(x_0)}{2!}(x-x_0)^2+\cdots+\frac{f^{(n)}(x_0)}{n!}(x-x_0)^n+\cdots \tag{14.2.3}$$

的右端为 f 在 x_0 处的Taylor 展开式或称幂级数展开式.

余项对确定函数能否展开为幂级数极为重要, 当 $x_0=0$ 时的几种余项式为

$$R_n(x)=\frac{1}{n!}\int_0^x f^{(n+1)}(t)(x-t)^n\mathrm{d}t,\quad (\text{积分型余项})$$

$$R_n(x)=\frac{1}{(n+1)!}f^{(n+1)}(\xi)x^{n+1},\quad \xi \text{ 介于 } 0 \text{ 与 } x \text{ 之间, (Lagrange 型余项)}$$

$$R_n(x)=\frac{1}{n!}f^{(n+1)}(\theta x)(1-\theta)^n x^{n+1},\ \theta\in[0,1].\quad \text{(Cauchy 型余项)}$$

2. 初等函数的幂级数展开

一些常用初等函数的幂级数展开式:

(i) $\mathrm{e}^x=1+\dfrac{x}{1!}+\dfrac{x^2}{2!}+\cdots+\dfrac{x^n}{n!}+\cdots,\quad x\in\mathbb{R}.$

(ii) $\sin x=x-\dfrac{x^3}{3!}+\dfrac{x^5}{5!}+\cdots+(-1)^{n+1}\dfrac{x^{2n-1}}{(2n-1)!}+\cdots,\quad x\in\mathbb{R}.$

(iii) $\cos x=1-\dfrac{x^2}{2!}+\dfrac{x^4}{4!}+\cdots+(-1)^n\dfrac{x^{2n}}{(2n)!}+\cdots,\quad x\in\mathbb{R}.$

(iv) $\ln(1+x)=x-\dfrac{x^2}{2}+\dfrac{x^3}{3}-\dfrac{x^4}{4}+\cdots+(-1)^{n-1}\dfrac{x^n}{n}+\cdots,\quad x\in(-1,1).$

(v) $(1+x)^\alpha=1+\sum\limits_{n=1}^{\infty}\mathrm{C}_\alpha^n x^n$, 其中 $\mathrm{C}_\alpha^n=\dfrac{\alpha(\alpha-1)\cdots(\alpha-n+1)}{n!}$, 收敛域为：当 $\alpha\geqslant 0$ 时, $x\in[-1,1]$; 当 $-1<\alpha<0$ 时, $x\in(-1,1]$; 当 $\alpha\leqslant -1$ 时, $x\in(-1,1)$.

式 (v) 又称为**二项式级数**, 它是一个十分有用的幂级数展开式. 当 $\alpha=-1$ 时

$$\frac{1}{1+x}=1-x+x^2-\cdots+(-1)^n x^n+\cdots,\quad x\in(-1,1).$$

由此可得

$$\frac{1}{1-x}=1+x+x^2+\cdots+x^n+\cdots,\quad x\in(-1,1),$$

$$\frac{1}{1+x^2}=1-x^2+x^4-\cdots+(-1)^n x^{2n}+\cdots,\quad x\in(-1,1),$$

$$\cdots\quad\cdots$$

(vi) $\arctan x=x-\dfrac{x^3}{3}+\dfrac{x^5}{5}+\cdots+(-1)^n\dfrac{x^{2n+1}}{2n+1}+\cdots,\quad x\in[-1,1].$

(vii) $\arcsin x=x+\dfrac{1}{2}\dfrac{x^3}{3}+\dfrac{1\cdot 3}{2\cdot 4}\dfrac{x^5}{5}+\dfrac{1\cdot 3\cdot 5}{2\cdot 4\cdot 6}\dfrac{x^7}{7}+\cdots,\quad x\in[-1,1].$

二、疑难解答

问题 14.2.1 若幂级数 $\sum\limits_{n=0}^{\infty}a_n x^n$ 在开区间 $(-R,R)$ 上的和函数为 $S(x)$, 那么将 $S(x)$ 展开为 Maclaurin 级数后, 试问此 Maclaurin 级数就是原来的幂级数吗?

答 答案是肯定的. 设 $S(x)=\sum\limits_{n=0}^{\infty}a_n x^n$, $x\in(-R,R)$, 则由幂级数的逐项求导性质, 可知 $S(x)$ 在 $(-R,R)$ 内任意阶可导, 且

$$S^{(n)}(0)=\big[n!+(n+1)!a_{n+1}x+\cdots\big]_{x=0}=n!a_n,\quad n=0,1,\cdots.$$

于是 $S(x)$ 的 Maclaurin 级数为

$$\sum_{n=0}^{\infty}\frac{S^{(n)}(0)}{n!}x^n=\sum_{n=0}^{\infty}a_nx^n,\quad x\in(-R,R).$$ ■

问题 14.2.2 求函数 f 在 x_0 的 Taylor 展开式通常采用哪些方法?

答 求函数 f 在 x_0 的 Taylor 展开式通常有如下一些方法:

(i) 直接法. 先计算函数 f 在 x_0 的各阶导数, 然后由式 (14.2.1) 写出函数 f 在 x_0 的 Taylor 级数, 最后由余项的收敛性质 (14.2.2) 来确定收敛域. 直接法的难点在于计算 $f^{(n)}(x_0)$ 及验证 $\lim\limits_{n\to\infty}R_n(x)=0$. 这种方法通常用于少数简单函数的 Taylor 展开式计算. 对于稍复杂点的函数基本上不用此法.

(ii) 间接法. 借助于某些基本函数的展开式, 通过适当的变换、四则运算、逐项求导或逐项求积等方法, 导出给定函数的幂级数展开式. 这种方法比较常用. 因此, 要应用好此方法, 就必须熟练掌握一些初等函数的展开式. 例如求 $\dfrac{1}{x^2-x-2}$ 在 $x=1$ 处的 Taylor 展开式. 由于

$$\frac{1}{1-x}=1+x+x^2+\cdots+x^n+\cdots=\sum_{n=0}^{\infty}x^n,\quad x\in(-1,1),$$

所以用 $-x$ 替换上式中的 x 可得

$$\frac{1}{1+x}=1-x+x^2+\cdots+(-1)^nx^n+\cdots=\sum_{n=0}^{\infty}(-1)^nx^n,\quad x\in(-1,1).$$

由于 $\dfrac{1}{x^2-x-2}=\dfrac{1}{3}\Big(-\dfrac{1}{2-x}-\dfrac{1}{1+x}\Big)$, 而

$$\frac{1}{2-x}=\frac{1}{1-(x-1)}=\sum_{n=0}^{\infty}(x-1)^n,\quad x\in(0,2).$$

$$\frac{1}{1+x}=\frac{1}{2+(x-1)}=\frac{1}{2}\frac{1}{1+\frac{x-1}{2}}=\frac{1}{2}\sum_{n=0}^{\infty}(-1)^n\left(\frac{x-1}{2}\right)^n,\quad x\in(-1,3).$$

所以

$$\frac{1}{x^2-x-2}=\sum_{n=0}^{\infty}\frac{1}{3}\left(\frac{(-1)^{n+1}}{2^{n+1}}-1\right)(x-1)^n,\quad x\in(0,2).$$

有关例子可参见例 14.2.1, 例 14.2.2 及例 14.2.4, 例 14.2.5.

(iii) 待定系数法. 先假设函数 $f(x)$ 展开成如下形式的 Taylor 展开式:

$$f(x)=\sum_{n=0}^{\infty}a_n(x-x_0)^n,$$

然后利用某种关系求出待定的系数 $a_n, n\in\mathbb{N}$,从而得到 f 的 Taylor 展开式.

例如, 求函数 $f(x)=\dfrac{\ln\left(x+\sqrt{1+x^2}\right)}{\sqrt{1+x^2}}$ 在 $x=0$ 处的 Taylor展开式.

解 设函数 $f(x)$ 展开成如下形式的 Taylor 展开式 (幂级数):

$$f(x)=\sum_{n=0}^{\infty}a_nx^n.$$

显然 $a_0=f(0)=0$, 且

$$f'(x)=\sum_{n=1}^{\infty}na_nx^{n-1}. \tag{14.2.4}$$

容易求得所给函数的导数为 $f'(x)=\dfrac{1}{1+x^2}\left(1-x\dfrac{\ln(x+\sqrt{1+x^2})}{\sqrt{1+x^2}}\right)$, 即

$$(1+x^2)f'(x)=1-xf(x). \tag{14.2.5}$$

将 $f(x)$ 与 $f'(x)$ 的表达式代入式 (14.2.5), 可得

$$(1+x^2)\sum_{n=1}^{\infty}na_nx^{n-1}=1-x\sum_{n=0}^{\infty}a_nx^n. \tag{14.2.6}$$

对式 (14.2.6) 比较等式两边同次幂的系数, 可得

$$\begin{aligned}&a_1=1,\\&a_{n+1}=-\frac{n}{n+1}a_{n-1},\quad n=1,2,\cdots.\end{aligned}$$

于是, 得到

$$f(x)=\sum_{n=0}^{\infty}(-1)^n\frac{\left((2n)!!\right)^2}{(2n+1)!}x^{2n+1}=\sum_{n=0}^{\infty}(-1)^n\frac{(2n)!!}{(2n+1)!!}x^{2n+1},$$

即 $\dfrac{\ln(x+\sqrt{1+x^2})}{\sqrt{1+x^2}}=\displaystyle\sum_{n=0}^{\infty}(-1)^n\frac{(2n)!!}{(2n+1)!!}x^{2n+1},\ x\in[-1,1].$ ■

三、典型例题

例 14.2.1 将函数 $f(x)=\dfrac{1}{(1+x)(1+x^2)(1+x^4)(1+x^8)}$ 展成 Maclaurin 级数.

解 由于

$$\begin{aligned}f(x)&=\frac{1}{(1+x)(1+x^2)(1+x^4)(1+x^8)}\\&=\frac{1-x}{(1-x)(1+x)(1+x^2)(1+x^4)(1+x^8)}=\frac{1-x}{1-x^{16}},\end{aligned}$$

所以由几何级数得

$$
\begin{aligned}
f(x) &= (1-x)\sum_{n=0}^{\infty} x^{16n} = \sum_{n=0}^{\infty} x^{16n} - \sum_{n=0}^{\infty} x^{16n+1} \\
&= 1 - x + x^{16} - x^{17} + x^{32} - x^{33} + \cdots \\
&\quad + x^{16n} - x^{16n+1} + \cdots, \quad x \in (-1,1).
\end{aligned}
$$

■

例 14.2.2　将函数 $f(x)=\ln\left(x+\sqrt{1+x^2}\right)$ 展开成 Maclaurin 级数.

解　由于

$$
f'(x) = \left(1+x^2\right)^{-\frac{1}{2}}, \quad x \in (-1,1),
$$

且

$$
f'(x) = 1 + \sum_{n=1}^{\infty} (-1)^n \frac{(2n-1)!!}{(2n)!!} x^{2n}, \quad x \in (-1,1),
$$

所以对任意 $x \in (-1,1)$, 由 0 到 x 逐项积分可得

$$
\begin{aligned}
f(x) - f(0) &= \int_0^x f'(t)\mathrm{d}t = \int_0^x \mathrm{d}t + \int_0^x \left(\sum_{n=1}^{\infty} (-1)^n \frac{(2n-1)!!}{(2n)!!} t^{2n}\right)\mathrm{d}t \\
&= x + \sum_{n=1}^{\infty} (-1)^n \frac{(2n-1)!!}{(2n)!!} \int_0^x t^{2n}\mathrm{d}t \\
&= x + \sum_{n=1}^{\infty} (-1)^n \frac{(2n-1)!!}{(2n)!!} \frac{1}{2n+1} x^{2n+1}, \quad x \in (-1,1).
\end{aligned}
$$

注意到 $f(0)=0$, 所以函数 $f(x)=\ln\left(x+\sqrt{1+x^2}\right)$ 的 Maclaurin 级数为

$$
f(x) = x + \sum_{n=1}^{\infty} (-1)^n \frac{(2n-1)!!}{(2n)!!} \frac{1}{2n+1} x^{2n+1}, \quad x \in (-1,1).
$$

■

例 14.2.3　求函数 $f(x)=\mathrm{e}^x \sin x$ 的 Maclaurin 展开式.

解　由例 5.4.6 知 $f^{(n)}(x) = 2^{\frac{n}{2}} \mathrm{e}^x \sin\left(x+\dfrac{n\pi}{4}\right)$, 由此可得

$$
f^{(n)}(0) = 2^{\frac{n}{2}} \sin\frac{n\pi}{4}, \quad n = 0,1,2,\cdots.
$$

于是, $\mathrm{e}^x \sin x$ 的 Maclaurin 展开式为 $\displaystyle\sum_{n=0}^{\infty} \frac{2^{\frac{n}{2}} \sin\frac{n\pi}{4}}{n!} x^n$. 再由定理 14.2.1 知

$$
\mathrm{e}^x \sin x = \sum_{n=0}^{\infty} \frac{2^{\frac{n}{2}} \sin\frac{n\pi}{4}}{n!} x^n, \quad x \in \mathbb{R}.
$$

■

例 14.2.4 将函数 $f(x)=\dfrac{\mathrm{d}}{\mathrm{d}x}\Big(\dfrac{\mathrm{e}^x-1}{x}\Big)$ 展开成 Maclaurin 级数, 并计算 $\displaystyle\sum_{n=1}^{\infty}\frac{n}{(n+1)!}$.

解 令 $g(x)=\dfrac{\mathrm{e}^x-1}{x}$. 显然 $g(x)$ 在 $x=0$ 处无意义, 但有 $\lim\limits_{x\to0}g(x)=1$, 即 $x=0$ 为函数 $g(x)$ 的可去间断点. 将 $g(x)$ 补充定义, 即 $g(0)=1$. 这样 $g(x)$ 在 $\mathbb{R}$ 上有定义. 利用 $\mathrm{e}^x=\displaystyle\sum_{n=0}^{\infty}\frac{x^n}{n!}$ 可得

$$g(x)=\frac{1}{x}\left(\sum_{n=0}^{\infty}\frac{x^n}{n!}-1\right)=\sum_{n=1}^{\infty}\frac{x^{n-1}}{n!},$$

于是

$$f(x)=\frac{\mathrm{d}g(x)}{\mathrm{d}x}=\frac{\mathrm{d}}{\mathrm{d}x}\left(\sum_{n=1}^{\infty}\frac{x^{n-1}}{n!}\right)=\sum_{n=2}^{\infty}\frac{n-1}{n!}x^{n-2},\quad x\in\mathbb{R}.$$

由于

$$f(1)=\frac{\mathrm{d}}{\mathrm{d}x}\Big(\frac{\mathrm{e}^x-1}{x}\Big)\bigg|_{x=1}=\frac{x\mathrm{e}^x-\mathrm{e}^x+1}{x^2}\bigg|_{x=1}=1,$$

所以

$$\sum_{n=2}^{\infty}\frac{n-1}{n!}=f(1)=1,$$

由此可得 $\displaystyle\sum_{n=1}^{\infty}\frac{n}{(n+1)!}=1$. ■

例 14.2.5 将函数 $f(x)=\ln x$ 展开为 $\dfrac{x-1}{x+1}$ 的幂级数.

解 设 $t=\dfrac{x-1}{x+1}$, 则得 $x=\dfrac{1+t}{1-t}$, 且当 $x\in\mathbb{R}_+$ 时, $t\in(-1,1)$. 于是

$$f(x)=\ln x=\ln(1+t)-\ln(1-t),$$

而

$$\ln(1+t)=\sum_{n=1}^{\infty}\frac{(-1)^{n-1}}{n}t^n,\quad \ln(1-t)=-\sum_{n=1}^{\infty}\frac{1}{n}t^n,\quad t\in(-1,1),$$

从而

$$f(x)=\ln x=\ln(1+t)-\ln(1-t)=\sum_{n=1}^{\infty}\frac{2}{2n-1}t^{2n-1},\quad t\in(-1,1),$$

代回原变量 x 得

$$\ln x=\sum_{n=1}^{\infty}\frac{2}{2n-1}\Big(\frac{x-1}{x+1}\Big)^{2n-1},\quad x\in\mathbb{R}_+.$$ ■

四、巩固提高

14.2.1 求函数 $f(x)=(1-x)\ln(1-x)$ 在 $x=0$ 处的幂级数展开式.

*__14.2.2__ 求函数 $f(x)=\begin{cases}\arctan\dfrac{2x}{2-x^2}, & x\neq\pm\sqrt{2},\\ \dfrac{\pi}{2}, & x=\sqrt{2},\\ -\dfrac{\pi}{2}, & x=-\sqrt{2}\end{cases}$ 在原点处的 Taylor 展开式.

14.2.3 将下列函数展开成 x 的幂级数:

(i) $f(x)=\ln(1-x-x^2+x^3)$; (ii) $f(x)=\ln(1+x+x^2)$.

14.2.4 将函数 $f(x)=\dfrac{1}{x(x+3)}$ 展开成 $x-1$ 的幂级数.

14.2.5 将函数 $f(x)=\dfrac{1}{1+x+x^2}$ 展开成 x 及 $x+\dfrac{1}{2}$ 的幂级数.

14.2.6 利用函数的幂级数展开式求下列不定式的极限:

(i) $\lim\limits_{x\to\infty}\left(x-x^2\ln\left(1+\dfrac{1}{x}\right)\right)$; (ii) $\lim\limits_{x\to0}\dfrac{x-\arcsin x}{\sin^3 x}$;

(iii) $\lim\limits_{x\to\infty}\dfrac{\cos x-\mathrm{e}^{-\frac{x^2}{2}}}{x^4}$; (iv) $\lim\limits_{x\to0}\left(\dfrac{1}{x^4}+\dfrac{1}{6x^2}-\dfrac{\arcsin x}{x^5}\right)$.

14.2.7 设函数 f 在区间 $I=(-a,a)$ (其中 $a>0$) 内无限次可微, 且导函数列 $\{f^{(n)}(x)\}$ 在 I 上一致有界, 证明 f 在 I 上可以展开为 Maclaurin 级数.

14.2.8 设函数 f 在区间 $\mathbb{R}$ 上无限次可微, 且导函数序列 $\{f^{(n)}(x)\}$ 在 $\mathbb{R}$ 上一致有界, 若存在正数列 $\{x_n\}$, 使 $\lim\limits_{n\to\infty}x_n=0$ 且 $f(x_n)=0$, $n=1,2,\cdots$. 证明 $f(x)\equiv0$.

14.2.9 设数列 $\{a_n\}$ 的极限为 a, 证明 $f(x)=\sum\limits_{n=1}^{\infty}a_nx^n$ 在 $(-1,1)$ 上有定义, 且 $\lim\limits_{x\to1^-}(1-x)f(x)=a$.

第 15 章　Fourier 级数

Fourier 级数是一类重要的函数项级数 (其每一项都是三角函数), 它的出现不仅对现代数学的理论发展有着重大意义, 而且在数学与工程技术中有着广泛的应用.

本章主要介绍 Fourier 级数理论的一些基础知识：三角函数系, Fourier 级数, 函数展开成 Fourier 级数, Fourier 级数的收敛性等.

15.1　Fourier 级数

一、内容精读

1. 三角级数 · 正交函数系

1) 三角级数

定义 15.1.1　称级数

$$\frac{a_0}{2}+\sum_{n=1}^{\infty}(a_n\cos nx+b_n\sin nx) \tag{15.1.1}$$

为三角级数. 它由三角函数列 (或三角函数系)

$$1,\ \cos x,\ \sin x,\ \cos 2x,\ \sin 2x,\ \cdots,\ \cos nx,\ \sin nx,\ \cdots \tag{15.1.2}$$

生成. 易知, 若三角级数 (15.1.1) 收敛, 则其和必是一个以 2π 为周期的函数.

定理 15.1.1　若级数 $\dfrac{|a_0|}{2}+\sum\limits_{n=1}^{\infty}(|a_n|+|b_n|)$ 收敛, 则三角级数 (15.1.1) 在整个数轴上绝对收敛且一致收敛.

2) 正交函数系

设函数列 $\{f_n(x)\}$ 定义在区间 $[a,b]$ 上, 每个 $f_n(x)$ 在 $[a,b]$ 上可积且不恒为零. 若函数列 $\{f_n(x)\}$ 中任意两个不同的函数 $f_n(x)$ 和 $f_m(x)$, 都有 $\int_a^b f_n(x)f_m(x)\,\mathrm{d}x=0\ (m\neq n)$, 则称函数列 $\{f_n(x)\}$ 为 $[a,b]$ 上的正交函数系.

3) 三角函数系的基本性质

(i) 周期性：三角函数系 (15.1.2) 中所有函数具有共同的周期 2π;

(ii) 正交性: 三角函数系 (15.1.2) 为正交函数系, 即

$$\int_{-\pi}^{\pi} 1 \cdot \cos nx \, dx = \int_{-\pi}^{\pi} 1 \cdot \sin nx \, dx = 0, \tag{15.1.3}$$

$$\begin{cases} \displaystyle\int_{-\pi}^{\pi} \cos mx \cdot \cos nx \, dx = \int_{-\pi}^{\pi} \sin mx \cdot \sin nx \, dx = 0 \quad (m \neq n), \\ \displaystyle\int_{-\pi}^{\pi} \cos mx \cdot \sin nx \, dx = 0, \end{cases} \tag{15.1.4}$$

$$\int_{-\pi}^{\pi} \cos^2 nx \, dx = \int_{-\pi}^{\pi} \sin^2 nx \, dx = \pi, \ \int_{-\pi}^{\pi} 1^2 dx = 2\pi. \tag{15.1.5}$$

2. 以 2π 为周期的函数的 Fourier 级数

定理 15.1.2　若在整个数轴上

$$f(x) = \frac{a_0}{2} + \sum_{n=1}^{\infty} \left(a_n \cos nx + b_n \sin nx\right), \tag{15.1.6}$$

且等式右边级数一致收敛, 则有如下关系式:

$$\begin{cases} a_n = \dfrac{1}{\pi} \displaystyle\int_{-\pi}^{\pi} f(x) \cos nx \, dx, \quad n = 0, 1, \cdots, \\ b_n = \dfrac{1}{\pi} \displaystyle\int_{-\pi}^{\pi} f(x) \sin nx \, dx, \quad n = 1, 2, \cdots. \end{cases} \tag{15.1.7}$$

一般地说, 若 f 是以 2π 为周期且在 $[-\pi, \pi]$ 上可积的函数, 则可按公式 (15.1.7) 计算出 a_n 和 b_n, 它们称为函数 f (关于三角函数系) 的傅里叶 (Fourier) 系数, 以 f 的 Fourier 系数为系数的三角级数 (15.1.1) 称为 f 的Fourier 级数, 记为

$$f(x) \sim \frac{a_0}{2} + \sum_{n=1}^{\infty} \left(a_n \cos nx + b_n \sin nx\right). \tag{15.1.8}$$

记号 "∼" 表示上式右边是左边函数的 Fourier 级数. 由定理 15.1.2 可知, 若式 (15.1.6) 右边的三角级数在整个数轴上一致收敛于其和函数 f, 则此三角级数就是 f 的 Fourier 级数, 即此时式 (15.1.8) 中的记号 "∼" 可换为等号. 然而, 若从以 2π 为周期且在 $[-\pi, \pi]$ 上可积的函数 f 出发, 按公式 (15.1.7) 求出其 Fourier 系数并得到 Fourier 级数 (15.1.8), 这时还需要讨论此级数是否收敛. 若收敛, 是否收敛于 f.

若 f 为偶函数, 则

$$\begin{cases} a_n = \dfrac{2}{\pi} \displaystyle\int_{0}^{\pi} f(x) \cos nx \, dx, \quad n = 0, 1, \cdots, \\ b_n = 0, \quad n = 1, 2, \cdots, \end{cases} \tag{15.1.9}$$

且相应的 Fourier 级数为**余弦级数**

$$f(x) \sim \frac{a_0}{2} + \sum_{n=1}^{\infty} a_n \cos nx. \tag{15.1.10}$$

若 f 为奇函数, 则

$$\begin{cases} a_n = 0, \quad n = 0, 1, \cdots, \\ b_n = \dfrac{2}{\pi} \displaystyle\int_0^{\pi} f(x) \sin nx \, \mathrm{d}x, \quad n = 1, 2, \cdots, \end{cases} \tag{15.1.11}$$

且相应的 Fourier 级数为**正弦级数**

$$f(x) \sim \sum_{n=1}^{\infty} b_n \sin nx. \tag{15.1.12}$$

命题 15.1.1 设以 2π 为周期的连续函数 f 在 $[-\pi, \pi]$ 上除了有限个点以外可导, 又设 (在任意补充有限个点上的值之后) f' 在 $[-\pi, \pi]$ 上可积且绝对可积, 则从

$$f(x) \sim \frac{a_0}{2} + \sum_{n=1}^{\infty} \big(a_n \cos nx + b_n \sin nx\big),$$

可得

$$f'(x) \sim \sum_{n=1}^{\infty} \big(nb_n \cos nx - na_n \sin nx\big).$$

若用 a_n', b_n' 记 f' 的 Fourier 系数, 就有

$$a_0' = 0, \ a_n' = nb_n, \ b_n' = -na_n, \ n = 1, 2, \cdots.$$

3. 收敛定理

定理 15.1.3(收敛定理) 若周期 2π 的函数 f 在 $[-\pi, \pi]$ 上分段光滑, 则在每一点 $x \in [-\pi, \pi]$, f 的 Fourier 级数 (15.1.8) 收敛于 f 在点 x 的左、右极限的算术平均值, 即

$$\frac{f(x+0) + f(x-0)}{2} = \frac{a_0}{2} + \sum_{n=1}^{\infty} \big(a_n \cos nx + b_n \sin nx\big),$$

其中 a_n, b_n 为 f 的 Fourier 系数, 如式 (15.1.7) 所示.

推论 15.1.1 若 f 是以 2π 为周期的连续函数 (即 $f(x+0) = f(x-0) = f(x)$), 且在 $[-\pi, \pi]$ 上分段光滑, 则 f 的 Fourier 级数在 $\mathbb{R}$ 上收敛于 f.

二、疑难解答

问题 15.1.1 如何求一周期为 2π 函数的 Fourier 级数?

答 求一个周期为 2π 函数的 Fourier 级数, 通常可按下列步骤进行:

(i) 由式 (15.1.7) 计算相应的 Fourier 系数 $a_n, b_n, n = 0, 1, 2, \cdots$;

(ii) 按式 (15.1.8) 右边形式写出相应的 Fourier 级数;

(iii) 验证收敛性条件, 并按收敛定理指明 Fourier 级数的收敛性, 写出 Fourier 展开式, 特别要正确处理间断点处的收敛状态. ■

问题 15.1.2 简要概括 Fourier 级数有哪些优缺点?

答 先对 Fourier 级的优点归纳如下:

(i) 函数能展成 Fourier 级的要求较低. 据定理 15.1.3 知, 若函数 f 是以 2π 为周期, 且在 $[-\pi, \pi]$ 上分段光滑, f 就可以展成 Fourier 级数. 对于函数的研究它是比幂级数更有力的工具;

(ii) 对于分段函数, 可以用 Fourier 级数统一其表达式;

(iii) 对 Fourier 级数的逐项积分要求很低, 只需函数 f 在 $[-\pi, \pi]$ 分段连续即可, 甚至可以不顾及其 Fourier 级数的收敛性;

(iv) 借助于某些函数的 Fourier 级数, 可求出某些重要的函数项级数的和. 如

$$\sum_{n=1}^{\infty} \frac{(-1)^{n-1}}{2n-1} = \frac{\pi}{4}, \quad \sum_{n=1}^{\infty} \frac{1}{n^2} = \frac{\pi^2}{6}, \quad \sum_{n=1}^{\infty} \frac{1}{(2n-1)^2} = \frac{\pi^2}{8}, \quad \sum_{n=1}^{\infty} \frac{(-1)^{n-1}}{n^2} = \frac{\pi^2}{12};$$

(v) 在 Fourier 级数的基础上, 进一步可以得到 Fourier 积分与 Fourier 变换, 这些在偏微分方程与积分方程等课程中是不可缺少的工具.

虽然 Fourier 级数具有上述一些优点, 但也存在以下不足:

(i) Fourier 级数的收敛域比较复杂. 相比较而言, 幂级数的收敛域要比 Fourier 级数的收敛域简单;

(ii) 将函数展开成 Fourier 级数, 一般来说求 Fourier 系数的计算比较麻烦;

(iii) 连续函数的 Fourier 级数在某些点处可能发散 (可参见文献 [3]). 因此, 将函数 f 的 Fourier 级数表示为

$$f(x) \sim \frac{a_0}{2} + \sum_{n=1}^{\infty} (a_n \cos nx + b_n \sin nx),$$

而不写成等号 "=". 为了使其收敛, 即将 "∼" 改为 "=", 仅 f 连续还不够, 要求其分段光滑.

尽管 Fourier 级数有缺陷, 但并不因此而影响其在数学分析中的重要地位. ■

三、典型例题

例 15.1.1 将函数 $f(x)=x^2,\ x\in[-\pi,\pi]$, 展开成 Fourier 级数.

解 先将函数 f 延拓为整个数轴上, 使其为周期 2π 的函数 $\widetilde{f}$ (图 15.1.1), $\widetilde{f}$ 为 $\mathbb{R}$ 上的周期为 2π 的连续偶函数. 于是

$$a_0=\frac{1}{\pi}\int_{-\pi}^{\pi}x^2\ \mathrm{d}x=\frac{2}{\pi}\int_0^{\pi}x^2\ \mathrm{d}x=\frac{2}{3}\pi^2,$$

$$a_n=\frac{1}{\pi}\int_{-\pi}^{\pi}x^2\cos nx\ \mathrm{d}x=\frac{2}{\pi}\int_0^{\pi}x^2\cos nx\ \mathrm{d}x=(-1)^n\frac{4}{n^2},\quad n=1,2,\cdots,$$

$$b_n=\frac{1}{\pi}\int_{-\pi}^{\pi}x^2\sin nx\ \mathrm{d}x=0,\quad n=1,2,\cdots.$$

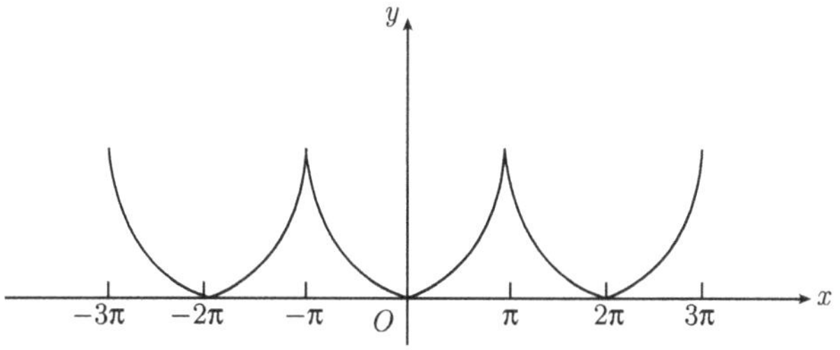

图 15.1.1

所以, 由收敛定理知 $\widetilde{f}$ 的 Fourier 级数为

$$\widetilde{f}(x)=\frac{\pi^2}{3}+4\sum_{n=1}^{\infty}(-1)^n\frac{1}{n^2}\cos nx,\quad x\in\mathbb{R},$$

限制在区间 $[-\pi,\pi]$ 上有

$$x^2=\frac{\pi^2}{3}+4\sum_{n=1}^{\infty}(-1)^n\frac{1}{n^2}\cos nx,\quad x\in[-\pi,\pi].$$

改写上式为 $\displaystyle\sum_{n=1}^{\infty}(-1)^n\frac{\cos nx}{n^2}=\frac{x^2}{4}-\frac{\pi^2}{12},\ x\in[-\pi,\pi]$. 若令 $x=\pi$, 则有 $\displaystyle\sum_{n=1}^{\infty}\frac{1}{n^2}=\frac{\pi^2}{6}$, 若令 $x=0$, 则有 $\displaystyle\sum_{n=1}^{\infty}\frac{(-1)^{n-1}}{n^2}=\frac{\pi^2}{12}$. ■

例 15.1.2 将函数 $f(x)=\cos ax$ 在 $[-\pi,\pi]$ 上展开成 Fourier 级数, 其中 $a\notin\mathbb{Z}$.

解 先将函数 f 延拓为整个数轴上, 使其为周期 2π 的函数 $\widetilde{f}$, 则 $\widetilde{f}$ 为 $\mathbb{R}$ 上

的周期为 2π 的连续偶函数. 于是

$$\begin{aligned}a_n &= \frac{1}{\pi}\int_{-\pi}^{\pi} \cos ax \cos nx \ \mathrm{d}x = \frac{2}{\pi}\int_0^{\pi} \cos ax \cos nx \ \mathrm{d}x \\ &= \frac{1}{\pi}\int_0^{\pi} \big[\cos(a-n)x + \cos(a+n)x\big]\mathrm{d}x \\ &= \frac{1}{\pi}\left[\frac{\sin(a-n)\pi}{a-n} + \frac{\sin(a+n)\pi}{a+n}\right] = \frac{(-1)^n}{\pi}\frac{2a\sin a\pi}{a^2-n^2}, \quad n=0,1,\cdots,\end{aligned}$$

$$b_n = \frac{1}{\pi}\int_{-\pi}^{\pi} \cos ax \sin nx \ \mathrm{d}x = 0,\ n=1,2,\cdots.$$

所以, 由收敛定理知 $\widetilde{f}$ 的 Fourier 级数为

$$\widetilde{f}(x) = \frac{\sin a\pi}{\pi}\left[\frac{1}{a} + \sum_{n=1}^{\infty}(-1)^n\frac{2a}{a^2-n^2}\cos nx\right], \quad x \in \mathbb{R},$$

从而

$$\cos ax = \frac{\sin a\pi}{\pi}\left[\frac{1}{a} + \sum_{n=1}^{\infty}(-1)^n\frac{2a}{a^2-n^2}\cos nx\right], \quad x \in [-\pi,\pi].$$

若令 $x=0$, 则有

$$\frac{\pi}{\sin a\pi} = \frac{1}{a} + \sum_{n=1}^{\infty}(-1)^n\frac{2a}{a^2-n^2}, \quad a \notin \mathbb{Z}.$$ ■

例 15.1.3　求函数 $f(x)=x^3$ 在区间 $(0,2\pi]$ 上的 Fourier 展开式, 并求级数 $\sum\limits_{n=1}^{\infty}\frac{1}{n^2}$ 的和.

解　先将函数 f 延拓为整个实数轴上, 使其为周期 2π 的函数 $\widetilde{f}$(图 15.1.2). 函数 $\widetilde{f}$ 的不连续点为 $x=2k\pi,\ k=0,\pm1,\pm2,\cdots$. 于是

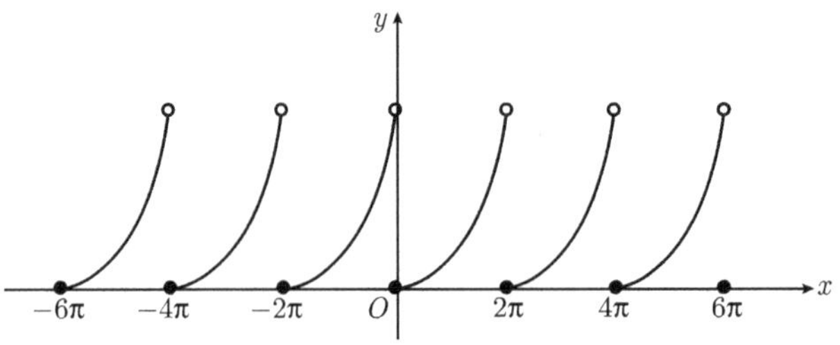

图 15.1.2

$$a_0 = \frac{1}{\pi}\int_0^{2\pi} x^3 \, dx = 4\pi^3,$$

$$a_n = \frac{1}{\pi}\int_0^{2\pi} x^3 \cos nx \, dx = \frac{12\pi}{n^2}, \quad n = 1, 2, \cdots,$$

$$b_n = \frac{1}{\pi}\int_0^{2\pi} x^3 \sin nx \, dx = \frac{12}{n^3} - \frac{8\pi^2}{n}, \quad n = 1, 2, \cdots.$$

所以, 由收敛定理知

$$2\pi^3 + 4\sum_{n=1}^{\infty}\left(\frac{3\pi}{n^2}\cos nx + \frac{3 - 2n^2\pi^2}{n^3}\sin nx\right) = \begin{cases} \widetilde{f}(x), & x \in (0, 2\pi) \\ \frac{(2\pi)^3+0}{2} = 4\pi^3, & x = 0,\ 2\pi. \end{cases}$$

从而函数 $f(x) = x^3$ 在区间 $(0, 2\pi)$ 上 Fourier 展开式为

$$x^3 = 2\pi^3 + 4\sum_{n=1}^{\infty}\left(\frac{3\pi}{n^2}\cos nx + \frac{3 - 2n^2\pi^2}{n^3}\sin nx\right), \quad x \in (0, 2\pi).$$

若在 $\widetilde{f}$ 的 Fourier 级数中取 $x = 0$, 则

$$4\pi^3 = 2\pi^3 + 4\sum_{n=1}^{\infty}\frac{3\pi}{n^2},$$

由上式立即得到 $\displaystyle\sum_{n=1}^{\infty}\frac{1}{n^2} = \frac{\pi^2}{6}$. ■

例 15.1.4 求级数 $\displaystyle\sum_{n=0}^{\infty}\frac{1}{1+n^2}$ 的和.

解 取 $f(x) = e^x$, $x \in [-\pi, \pi]$, 将 f 延拓为整个实数轴上且以 2π 为周期的函数 $\widetilde{f}$. 于是 $\widetilde{f}$ 满足收敛定理的条件. 将 $\widetilde{f}$ 在 $(-\pi, \pi)$ 展开成 Fourier 级数.

$$a_0 = \frac{1}{\pi}\int_{-\pi}^{\pi} e^x \, dx = \frac{e^{\pi} - e^{-\pi}}{\pi},$$

$$a_n = \frac{1}{\pi}\int_{-\pi}^{\pi} e^x \cos nx \, dx = (-1)^n \frac{e^{\pi} - e^{-\pi}}{\pi}\frac{1}{1+n^2}, \quad n = 1, 2, \cdots,$$

$$b_n = \frac{1}{\pi}\int_{-\pi}^{\pi} e^x \sin nx \, dx = (-1)^{n-1} \frac{e^{\pi} - e^{-\pi}}{\pi}\frac{n}{1+n^2}, \quad n = 1, 2, \cdots.$$

所以, 由收敛定理知

$$\frac{e^{\pi} - e^{-\pi}}{\pi}\left[\frac{1}{2} + \sum_{n=1}^{\infty}\frac{(-1)^n}{1+n^2}\Big(\cos nx - n\sin nx\Big)\right] = \begin{cases} f(x), & x \in (-\pi, \pi), \\ \dfrac{e^{\pi} + e^{-\pi}}{2}, & x = \pm\pi. \end{cases}$$

在上式中取 $x=\pi$, 则有

$$\frac{e^{\pi}-e^{-\pi}}{\pi}\left[\frac{1}{2}+\sum_{n=1}^{\infty}\frac{1}{1+n^2}\right]=\frac{e^{\pi}+e^{-\pi}}{2},$$

由此得到 $\displaystyle\sum_{n=1}^{\infty}\frac{1}{1+n^2}=\frac{\pi}{2}\frac{e^{\pi}+e^{-\pi}}{e^{\pi}-e^{-\pi}}-\frac{1}{2}$. ■

解题回顾　本题的关键是寻找一个函数, 使其 Fourier 系数 a_n 或 b_n 中含有因子 $\dfrac{1}{1+n^2}$, 从而借助于此函数的 Fourier 级数就能得到所求级数的和. 由于

$$\int e^{ax}\cos bx\,dx=\frac{a\cos bx+b\sin bx}{a^2+b^2}e^{ax}+C,$$

$$\int e^{ax}\sin bx\,dx=\frac{a\sin bx-b\cos bx}{a^2+b^2}e^{ax}+C,$$

因此比对 Fourier 系数的计算公式, 可取函数 $f(x)=e^x$, 从而达到解题的目的.

例 15.1.5　设以 2π 为周期的连续函数 f 在 $[-\pi,\pi]$ 上除了有限个点以外可导, 又设 (在任意补充有限个点上的值之后) f' 在 $[-\pi,\pi]$ 上可积且绝对可积, 则从

$$f(x)\sim\frac{a_0}{2}+\sum_{n=1}^{\infty}(a_n\cos nx+b_n\sin nx),$$

可得

$$f'(x)\sim\sum_{n=1}^{\infty}(nb_n\cos nx-na_n\sin nx).$$

若用 a_n', b_n' 记 f' 的 Fourier 系数, 则有 $a_0'=0,\ a_n'=nb_n,\ b_n'=-na_n,\ n=1,2,\cdots$.

证明　因为 f 是 2π 为周期的连续函数, 所以 $f(-\pi)=f(\pi)$. 由此可得

$$a_0'=\frac{1}{\pi}\int_{-\pi}^{\pi}f'(x)dx=\frac{1}{\pi}f(x)\Big|_{-\pi}^{\pi}=\frac{1}{\pi}\big(f(\pi)-f(-\pi)\big)=0,$$

$$\begin{aligned}a_n'&=\frac{1}{\pi}\int_{-\pi}^{\pi}f'(x)\cos nx\,dx=\frac{1}{\pi}\left[f(x)\cos nx\Big|_{-\pi}^{\pi}-\int_{-\pi}^{\pi}(-n\sin nx)f(x)dx\right]\\&=n\cdot\frac{1}{\pi}\int_{-\pi}^{\pi}f(x)\sin nx\,dx=nb_n,\quad n=1,2,\cdots,\end{aligned}$$

$$\begin{aligned}b_n'&=\frac{1}{\pi}\int_{-\pi}^{\pi}f'(x)\sin nx\,dx=\frac{1}{\pi}\left[f(x)\sin nx\Big|_{-\pi}^{\pi}-\int_{-\pi}^{\pi}(n\cos nx)f(x)dx\right]\\&=-n\cdot\frac{1}{\pi}\int_{-\pi}^{\pi}f(x)\cos nx\,dx=-na_n,\quad n=1,2,\cdots,\end{aligned}$$

于是

$$f'(x) \sim \sum_{n=1}^{\infty} (nb_n \cos nx - na_n \sin nx).$$ ■

例 15.1.6 证明: 若三角级数

$$\frac{a_0}{2} + \sum_{n=1}^{\infty} (a_n \cos nx + b_n \sin nx)$$

中的系数 a_n, b_n 满足关系

$$\sup_n \left\{ |n^3 a_n|, |n^3 b_n| \right\} \leqslant M,$$

其中 M 为常数, 则上述三角级数收敛, 且其和函数具有连续的导函数.

证明 由三角级数系数所满足的关系知

$$\frac{|a_0|}{2} + \sum_{n=1}^{\infty} (|a_n| + |b_n|) \leqslant \frac{|a_0|}{2} + 2M \sum_{n=1}^{\infty} \frac{1}{n^3},$$

而级数 $\sum\limits_{n=1}^{\infty} \frac{1}{n^3}$ 收敛, 所以由 M 判别法知原三角级数在 $\mathbb{R}$ 上一致收敛, 从而收敛, 记其和函数为 $S(x)$.

原三角级数各项的导函数所组成的三角级数为

$$\sum_{n=1}^{\infty} (nb_n \cos nx - na_n \sin nx). \tag{15.1.13}$$

由于

$$\sum_{n=1}^{\infty} (|nb_n| + |na_n|) \leqslant 2M \sum_{n=1}^{\infty} \frac{1}{n^2},$$

而级数 $\sum\limits_{n=1}^{\infty} \frac{1}{n^2}$ 收敛, 所以由 M 判别法知三角级数 (15.1.13) 在 $\mathbb{R}$ 上一致收敛, 从而知其和函数 $G(x)$ 在 $\mathbb{R}$ 上连续, 且

$$S(x) = \frac{a_0}{2} + \sum_{n=1}^{\infty} (a_n \cos nx + b_n \sin nx)$$

在 $\mathbb{R}$ 上可逐项求导, 即

$$\begin{aligned} S'(x) &= \left(\frac{a_0}{2} + \sum_{n=1}^{\infty} (a_n \cos nx + b_n \sin nx) \right)' \\ &= \sum_{n=1}^{\infty} (nb_n \cos nx - na_n \sin nx) = G(x). \end{aligned}$$

这就证明了原三角级数的和函数具有连续的导函数. ■

解题回顾　本题的关键是判断函数项级数的一致收敛性, 即证明原三角级数与原三角级数的每项导函数形成的级数的一致收敛性. 判断函数项级数一致收敛性有多种方法, 但通常可据所给条件尝试用 M 判别法. 此题中, 利用所给的条件, 应用 M 判别很容易得到要证明的结论.

例 15.1.7　设 f 是以 2π 为周期的周期函数, 且 $f(x)=x$, $-\pi<x<\pi$. 求 f 与 $|f|$ 的 Fourier 级数, 它们的 Fourier 级数是否一致收敛 (请给出证明)?

解　(i) 因 f 是分段光滑的奇函数, 所以 f 的 Fourier 级数是正弦级数, 即

$$a_n=0,\quad n=0,1,\cdots,$$

$$b_n=\frac{2}{\pi}\int_0^{\pi}f(x)\sin nx\mathrm{d}x=\frac{2}{\pi}\int_0^{\pi}x\sin nx\mathrm{d}x=(-1)^{n+1}\frac{2}{n},\quad n=1,2,\cdots.$$

于是, 当 $x\in(-\pi,\pi)$ 时, 有

$$x=2\sum_{n=1}^{\infty}\frac{(-1)^{n+1}}{n}\sin nx,$$

而当 $x=\pm\pi$ 时, f 的 Fourier 级数收敛于 $\dfrac{f(-\pi+0)+f(\pi-0)}{2}=0$.

(ii) 因 $|f|$ 是分段光滑的偶函数, 所以 $|f|$ 的 Fourier 级数是余弦级数, 即

$$b_n=0,\quad n=1,2,\cdots,$$

$$a_0=\frac{2}{\pi}\int_0^{\pi}|f(x)|\mathrm{d}x=\frac{2}{\pi}\int_0^{\pi}x\ \mathrm{d}x=\pi,$$

$$a_n=\frac{2}{\pi}\int_0^{\pi}|f(x)|\cos nx\mathrm{d}x=\frac{2}{\pi}\int_0^{\pi}x\cos nx\mathrm{d}x=\frac{2\big((-1)^n-1\big)}{\pi n^2},\quad n=1,2,\cdots.$$

于是, 当 $x\in(-\pi,\pi)$ 时, 有

$$|x|=\frac{\pi}{2}+\frac{2}{\pi}\sum_{n=1}^{\infty}\frac{(-1)^n-1}{n^2}\cos nx=\frac{\pi}{2}-\frac{4}{\pi}\sum_{n=1}^{\infty}\frac{1}{(2n-1)^2}\cos(2n-1)x,$$

而当 $x=\pm\pi$ 时, $|f|$ 的 Fourier 级数收敛于 $\dfrac{|f(-\pi+0)|+|f(\pi-0)|}{2}=\pi$.

(iii) f 的 Fourier 级数在 $(-\pi,\pi)$ 内非一致收敛. 这是因为, 若它在 $(-\pi,\pi)$ 内一致收敛, 而它在 $x=\pm\pi$ 时收敛, 所以在 $[-\pi,\pi]$ 上一致收敛, 于是其和函数必在 $[-\pi,\pi]$ 上连续, 这与条件发生矛盾.

由 M 判别法, 可知 $|f|$ 的 Fourier 级数在 $(-\pi,\pi)$ 内一致收敛. ■

四、巩固提高

15.1.1 将下列函数在 $[-\pi,\pi]$ 上展开为 Fourier 级数:

(i) $f(x)=|\sin x|$; (ii) $f(x)=\begin{cases} ax, & x\in[-\pi,0),\\ bx, & x\in[0,\pi].\end{cases}$

15.1.2 试求函数

$$f(x)=\begin{cases} -\pi, & -\pi<x<0,\\ x, & 0\leqslant x\leqslant\pi\end{cases}$$

的 Fourier 级数, 并写出其和函数.

15.1.3 若函数 f 的 Fourier 级数为

$$\frac{a_0}{2}+\sum_{n=1}^{\infty}\big(a_n\cos nx+b_n\sin nx\big),$$

请给出函数 $cf(x)$, $f(x)+c$ 与 $f(x+c)$ 的 Fourier 级数, 其中 c 为常数.

15.1.4 设 f 是以周期为 2π 的可积函数或绝对可积函数. 证明:

(i) 若函数 f 在 $[-\pi,\pi]$ 中满足条件 $f(x+\pi)=f(x)$, 则

$$a_{2n-1}=b_{2n-1}=0,\quad n=1,2,\cdots;$$

(ii) 若函数 f 在 $[-\pi,\pi]$ 中满足条件 $f(x+\pi)=-f(x)$, 则

$$a_{2n}=0,\quad n=0,1,\cdots;\quad b_{2n}=0,\quad n=1,2,\cdots.$$

15.1.5 通过对 x^2, x^3 作 Fourier 展开, 证明

$$\sum_{n=1}^{\infty}\frac{1}{n^4}=\frac{\pi^4}{90},\quad \sum_{n=1}^{\infty}\frac{1}{n^6}=\frac{\pi^6}{945}.$$

15.1.6 证明如下结论:

(i) 三角多项式 $P_k(x)=\sum\limits_{k=0}^{n}\big(A_k\cos kx+B_k\sin kx\big)$ 的 Fourier 级数为其本身;

(ii) $\dfrac{1}{\pi}\displaystyle\int_0^{2\pi}P_n^2(x)\,\mathrm{d}x=\frac{A_0^2}{2}+\sum_{k=1}^{n}\big(A_k^2+B_k^2\big).$

15.1.7 设 a_n, b_n 是周期为 2π 的可积或绝对可积函数 f 的 Fourier 系数, 证明平移函数 $f(x+h)$ 的 Fourier 系数 $\widetilde{a}_n$, $\widetilde{b}_n$ 为

$$\widetilde{a}_n=a_n\cos nh+b_n\sin nh,\quad \widetilde{b}_n=b_n\cos nh-a_n\sin nh.$$

15.1.8 设 f 是以 2π 为周期的可积函数, 证明对任何实数 c, 有

$$a_n = \frac{1}{\pi}\int_c^{c+2\pi} f(x)\cos nx\,\mathrm{d}x = \frac{1}{\pi}\int_{-\pi}^{\pi} f(x)\cos nx\,\mathrm{d}x,\quad n = 0,1,2,\cdots,$$

$$b_n = \frac{1}{\pi}\int_c^{c+2\pi} f(x)\sin nx\,\mathrm{d}x = \frac{1}{\pi}\int_{-\pi}^{\pi} f(x)\sin nx\,\mathrm{d}x,\quad n = 1,2,\cdots.$$

15.1.9 若级数 $\sum\limits_{n=1}^{\infty} a_n$ 与 $\sum\limits_{n=1}^{\infty} b_n$ 都绝对收敛, 证明级数 $\sum\limits_{n=1}^{\infty}(a_n\cos nx + b_n\sin nx)$ 在 $\mathbb{R}$ 上一致收敛.

15.1.10 将函数 $f(x) = \begin{cases} |x|, & |x| < \dfrac{\pi}{2}, \\ 0, & \dfrac{\pi}{2} \leqslant |x| \leqslant \pi \end{cases}$ 展开成 Fourier 级数.

15.1.11 试将函数 $f(x) = \begin{cases} 1, & 0 \leqslant x \leqslant \dfrac{\pi}{2}, \\ 0, & \dfrac{\pi}{2} < x \leqslant \pi \end{cases}$ 展为正弦级数, 并指出当 $x = \dfrac{\pi}{2}$ 时此级数的和.

15.1.12 求函数 $f(x) = \dfrac{\pi - x}{2}$ 在区间 $(0, 2\pi)$ 内的 Fourier 级数.

***15.1.13** 试将周期函数 $f(x) = \arcsin(\sin x)$ 展为 Fourier 级数.

15.2 以 2ℓ 为周期的函数的展开式

一、内容精读

1. 以 2ℓ 为周期的函数的 Fourier 级数

若 f 是以 2ℓ 为周期的函数, 则 f 的 Fourier 级数为

$$f(x) \sim \frac{a_0}{2} + \sum_{n-1}^{\infty}\left(a_n\cos\frac{n\pi x}{\ell} + b_n\sin\frac{n\pi x}{\ell}\right), \tag{15.2.1}$$

其中

$$\begin{aligned} a_n &= \frac{1}{\ell}\int_{-\ell}^{\ell} f(x)\cos\frac{n\pi x}{\ell}\,\mathrm{d}x,\quad n = 0,1,\cdots, \\ b_n &= \frac{1}{\ell}\int_{-\ell}^{\ell} f(x)\sin\frac{n\pi x}{\ell}\,\mathrm{d}x,\quad n = 1,2,\cdots. \end{aligned} \tag{15.2.2}$$

若函数 f 在 $[-\ell, \ell]$ 上按段光滑, 则同样可由收敛定理知

$$\frac{f(x+0) + f(x-0)}{2} = \frac{a_0}{2} + \sum_{n=1}^{\infty}\left(a_n\cos\frac{n\pi x}{\ell} + b_n\sin\frac{n\pi x}{\ell}\right). \tag{15.2.3}$$

2. 偶函数与奇函数的 Fourier 级数

若 f 是以 2ℓ 为周期的偶函数 (或定义在上 $[-\ell,\ell]$ 的偶函数), 则 f 的 Fourier 级数为

$$f(x) \sim \frac{a_0}{2} + \sum_{n=1}^{\infty} a_n \cos \frac{n\pi x}{\ell}, \tag{15.2.4}$$

其中

$$a_n = \frac{2}{\ell}\int_0^{\ell} f(x) \cos \frac{n\pi x}{\ell}\,\mathrm{d}x, \quad n = 0, 1, \cdots. \tag{15.2.5}$$

式 (15.2.4) 右边的级数称为**余弦级数**.

若 f 是以 2ℓ 为周期的奇函数 (或定义在上 $[-\ell,\ell]$ 的奇函数), 则 f 的 Fourier 级数为

$$f(x) \sim \sum_{n=1}^{\infty} b_n \sin \frac{n\pi x}{\ell}, \tag{15.2.6}$$

其中

$$b_n = \frac{2}{\ell}\int_0^{\ell} f(x) \sin \frac{n\pi x}{\ell}\,\mathrm{d}x, \quad n = 1, 2, \cdots. \tag{15.2.7}$$

式 (15.2.6) 右边的级数称为**正弦级数**.

若 $\ell = \pi$, 则偶函数 f 所展开成的余弦级数为

$$f(x) \sim \frac{a_0}{2} + \sum_{n=1}^{\infty} a_n \cos nx, \tag{15.2.8}$$

其中

$$a_n = \frac{2}{\pi}\int_0^{\pi} f(x) \cos nx\,\mathrm{d}x, \quad n = 0, 1, \cdots. \tag{15.2.9}$$

若 $\ell = \pi$, 则奇函数 f 所展开成的正弦级数为

$$f(x) \sim \sum_{n=1}^{\infty} b_n \sin nx, \tag{15.2.10}$$

其中

$$b_n = \frac{2}{\pi}\int_0^{\pi} f(x) \sin nx\,\mathrm{d}x, \quad n = 1, 2, \cdots. \tag{15.2.11}$$

二、疑难解答

问题 15.2.1 如何将定义在 $[0,\pi]$ 上的函数 f 延拓成周期为 2π 的函数?

答 将定义在 $[0,\pi]$ 上的函数 f 延拓为周期 2π 的函数, 一般有如下三种方式:

方式 1　一般化延拓. 任意定义函数在 $(-\pi,0)$ 上的函数值, 再作以 2π 为周期的周期延拓.

方式 2　作偶延拓. 定义 $f(x)=f(-x)$, $x\in(-\pi,0)$, 再作以 2π 为周期的周期延拓. 由此而得到的 Fourier 级数为余弦级数. 例如, 将函数 $f(x)=\begin{cases} x, & x\in[0,1], \\ 1, & x\in(1,\pi], \end{cases}$ 延拓为偶函数, 周期为 2π.

先将 f 延拓到 $(-\pi,\pi]$, 得

$$f_1(x)=\begin{cases} 1, & x\in(1,\pi], \\ x, & x\in[0,1], \\ -x, & x\in(-1,0), \\ 1, & x\in(-\pi,-1). \end{cases}$$

再将 $f_1(x)$ 以周期 2π 延拓到 $\mathbb{R}$, 延拓后的函数 $\widetilde{f}$ 为 (图 15.2.1)

$$\widetilde{f}(x)=f_1(x-2k\pi),\quad x\in(2k\pi-\pi,2k\pi+\pi],\quad k\in\mathbb{Z}.$$

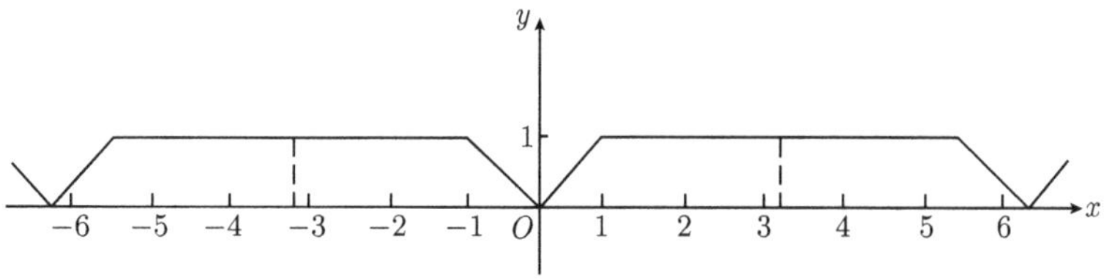

图 15.2.1

方式 3　作奇延拓. 定义 $f(x)=-f(-x)$, $x\in(-\pi,0)$. 若 $f(0)\neq 0$, 则规定 $f(0)=0$, 然后再作以 2π 为周期的周期延拓. 由此而得到的 Fourier 级数为正弦级数. 例如, 将函数 $f(x)=x^2$, $x\in(0,\pi]$, 延拓为奇函数, 周期为 2π.

先将 f 延拓到 $(-\pi,\pi]$, 得

$$f_1(x)=\begin{cases} x^2, & x\in(0,\pi], \\ -(-x)^2, & x\in(-\pi,0], \end{cases}$$

即

$$f_1(x)=x|x|,\quad x\in(-\pi,\pi].$$

再将 $f_1(x)$ 以周期 2π 延拓到 $\mathbb{R}$, 延拓后的函数 $\widetilde{f}$ 为 (图 15.2.2)

$$\widetilde{f}(x)=(x-2k\pi)|x-2k\pi|,\quad x\in(2k\pi-\pi,2k\pi+\pi],\quad k\in\mathbb{Z}.$$

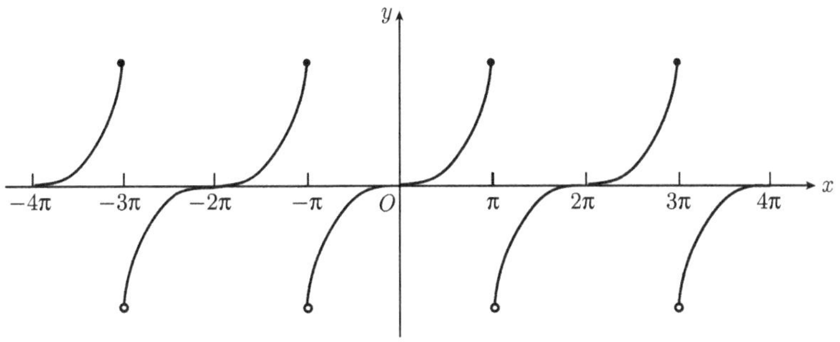

图 15.2.2

对于定义在 $[0,\ell]$ 上的函数 f 延拓成周期为 2ℓ 的函数, 方法与前述相同. ■

问题 15.2.2 一般地, 求三角级数的和函数是非常困难的一件事, 能否提供一种简单的求解方法?

答 能. 一种比较简单的方法是借助于复数的 Euler 公式与棣莫弗 (De Moivre) 公式, 即

$$\mathrm{e}^{\mathrm{i}\theta}=\cos\theta+\mathrm{i}\sin\theta,\quad \big(\cos\theta+\mathrm{i}\sin\theta\big)^k=\cos k\theta+\mathrm{i}\sin k\theta$$

来求三角级数的和函数.

设 z 是复数, 令 $z=\cos x+\mathrm{i}\sin x$, c_n $(n=0,1,\cdots)$ 为实数, 则有

$$f_1(x)+\mathrm{i}f_2(x)=\sum_{n=0}^{\infty}c_n\cdot\big(\cos x+\mathrm{i}\sin x\big)^n=\sum_{n=0}^{\infty}c_n\cos nx+\mathrm{i}\sum_{n=1}^{\infty}c_n\sin nx,$$

于是 $\displaystyle\sum_{n=0}^{\infty}c_n\cos nx=f_1(x)$, $\displaystyle\sum_{n=1}^{\infty}c_n\sin nx=f_2(x)$.

例如, 求下列三角级数的和函数: $\displaystyle\sum_{n=0}^{\infty}\frac{\cos nx}{n!}$, $\displaystyle\sum_{n=1}^{\infty}\frac{\sin nx}{n!}$.

考虑复数级数 (参见复变函数内容): $\mathrm{e}^z=1+\displaystyle\sum_{n=1}^{\infty}\frac{z^n}{n!}$. 令 $z=\cos x+\mathrm{i}\sin x$, 则

$$\mathrm{e}^z=\mathrm{e}^{\cos x+\mathrm{i}\sin x}=\mathrm{e}^{\cos x}\big(\cos(\sin x)+\mathrm{i}\sin(\sin x)\big).$$

又

$$1+\sum_{n=1}^{\infty}\frac{z^n}{n!}=1+\sum_{n=1}^{\infty}\frac{(\cos x+\mathrm{i}\sin x)^n}{n!}=1+\sum_{n=1}^{\infty}\frac{\cos nx+\mathrm{i}\sin nx}{n!}.$$

所以

$$\mathrm{e}^{\cos x}\cos(\sin x)+\mathrm{i}\mathrm{e}^{\cos x}\sin(\sin x)=\sum_{n=0}^{\infty}\frac{\cos nx}{n!}+\mathrm{i}\sum_{n=1}^{\infty}\frac{\sin nx}{n!},$$

从而

$$\sum_{n=0}^{\infty}\frac{\cos nx}{n!}=\mathrm{e}^{\cos x}\cos(\sin x),\quad \sum_{n=1}^{\infty}\frac{\sin nx}{n!}=\mathrm{e}^{\cos x}\sin(\sin x).$$ ■

三、典型例题

例 15.2.1　将函数 $f(x)=\begin{cases}1, & 1<x\leqslant 2,\\ 3-x, & 2<x<3\end{cases}$ 展开成周期为 2 的 Fourier 级数, 并写出该 Fourier 级数在 $[1,3]$ 上的和函数的表达式.

解　函数 f 在 $(1,3)$ 内连续且满足收敛定理的条件 (图 15.2.3). 由于 $\ell=1$, 所以

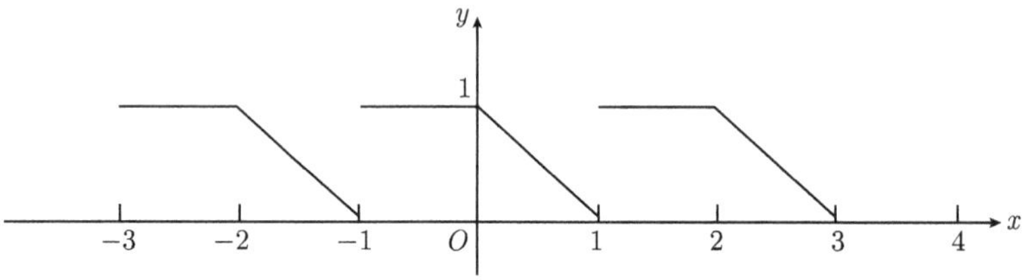

图 15.2.3

$$a_0=\int_1^3 f(x)\mathrm{d}x=\int_1^2\mathrm{d}x+\int_2^3(3-x)\mathrm{d}x=\frac{3}{2},$$

$$\begin{aligned}a_n&=\int_1^3 f(x)\cos n\pi x\ \mathrm{d}x=\int_1^2\cos n\pi x\ \mathrm{d}x+\int_2^3(3-x)\cos n\pi x\ \mathrm{d}x\\&=\frac{1-(-1)^n}{n^2\pi^2},\quad n=1,2,\cdots,\\ b_n&=\int_1^3 f(x)\sin n\pi x\ \mathrm{d}x=\int_1^2\sin n\pi x\ \mathrm{d}x+\int_2^3(3-x)\sin n\pi x\ \mathrm{d}x\\&=\frac{(-1)^n}{n\pi},\quad n=1,2,\cdots.\end{aligned}$$

于是, 由收敛定理得

$$f(x)=\frac{3}{4}+\sum_{n=1}^{\infty}\left[\frac{1-(-1)^n}{n^2\pi^2}\cos n\pi x+\frac{(-1)^n}{n\pi}\sin n\pi x\right],\quad x\in(1,3).$$

在 $[1,3]$ 上右边的 Fourier 级数的和函数 $S(x)$ 为

$$S(x)=\begin{cases}1, & x\in(1,2],\\ 3-x, & x\in(2,3),\\ \dfrac{1}{2}, & x=1,3.\end{cases}$$ ■

例 15.2.2 将函数 $f(x)=x^2$ 在 $[0,\pi]$ 上展开成正弦级数和余弦级数.

解 (i) 先将函数 f 奇延拓到 $[-\pi,\pi]$, 再周期 2π 延拓到 $\mathbb{R}$ 上 (方法参见问题 15.2.1)(图 15.2.2), 且满足收敛定理的条件.

$$a_n=0,\quad n=0,1,\cdots,$$

$$\begin{aligned}b_n&=\frac{2}{\pi}\int_0^{\pi}x^2\sin nx\,\mathrm{d}x\\&=\frac{2}{\pi}\left[-\frac{1}{n}\left(x^2-\frac{2}{n^2}\right)\cos nx+\frac{2}{n^2}\cdot 2x\sin nx\right]\Bigg|_0^{\pi}\\&=\frac{2}{\pi}\left[\frac{(-1)^{n-1}}{n}\pi^2+\frac{2}{n^3}\Big((-1)^n-1\Big)\right],\quad n=1,2,\cdots.\end{aligned}$$

于是, 由收敛性定理得

$$x^2=\frac{2}{\pi}\sum_{n=1}^{\infty}\left[\frac{(-1)^{n-1}}{n}\pi^2+\frac{2}{n^3}\Big((-1)^n-1\Big)\right]\sin nx,\quad x\in[0,\pi),$$

当 $x=\pi$ 时, f 的 Fourier 级数收敛于 $\dfrac{f(\pi-0)+f(\pi+0)}{2}=0$.

(ii) 先将函数 f 偶延拓到 $[-\pi,\pi]$, 再周期 2π 延拓到 $\mathbb{R}$ 上 (方法参见问题 15.2.1). 延拓后的函数在 $\mathbb{R}$ 上连续 (图 15.1.1), 且满足收敛定理的条件.

$$b_n=0,\quad n=1,2,\cdots,$$

$$a_0=\frac{2}{\pi}\int_0^{\pi}x^2\,\mathrm{d}x=\frac{2}{3}\pi^2,$$

$$\begin{aligned}a_n&=\frac{2}{\pi}\int_0^{\pi}x^2\cos nx\,\mathrm{d}x\\&=\frac{2}{\pi}\left[\frac{1}{n}\Big(x^2-\frac{2}{n^2}\Big)\sin nx+\frac{2}{n^2}\cdot x\cos nx\right]\Bigg|_0^{\pi}=(-1)^n\frac{4}{n^2},\quad n=1,2,\cdots.\end{aligned}$$

于是, 由收敛性定理得 $x^2=\dfrac{\pi^2}{3}+4\displaystyle\sum_{n=1}^{\infty}\frac{(-1)^n}{n^2}\cos nx, x\in[0,\pi]$. ■

例 15.2.3 如何将定义在 $\left[0,\dfrac{\pi}{2}\right]$ 上的可积函数 f 延拓到区间 $(-\pi,\pi)$, 使它的 Fourier 级数分别有下列形式:

(i) $\dfrac{a_0}{2}+\displaystyle\sum_{n=1}^{\infty}a_{2n}\cos 2nx$; (ii) $\displaystyle\sum_{n=1}^{\infty}b_{2n}\sin 2nx$.

解　(i) 据所给的级数形式, 知可积函数 f 延拓到区间 $(-\pi,\pi)$ 后的函数应为

$$\widetilde{f}(x)=\begin{cases} f(x), & 0\leqslant x\leqslant \dfrac{\pi}{2},\\ f(\pi-x), & \dfrac{\pi}{2}<x<\pi,\\ f(-x), & -\dfrac{\pi}{2}\leqslant x<0,\\ f(\pi+x), & -\pi<x<-\dfrac{\pi}{2}. \end{cases}$$

事实上, 上述延拓后的函数为偶函数, 有

$$b_n=0,\quad n=1,2,\cdots,$$

$$\begin{aligned} a_{2n+1}&=\frac{2}{\pi}\int_0^{\pi}\widetilde{f}(x)\cos(2n+1)x\,\mathrm{d}x\\ &=\frac{2}{\pi}\left(\int_0^{\frac{\pi}{2}}f(x)\cos(2n+1)x\,\mathrm{d}x+\int_{\frac{\pi}{2}}^{\pi}f(\pi-x)\cos(2n+1)x\,\mathrm{d}x\right)\\ &=\frac{2}{\pi}\left(\int_0^{\frac{\pi}{2}}f(x)\cos(2n+1)x\,\mathrm{d}x-\int_{\frac{\pi}{2}}^{0}f(t)\cos(2n+1)(\pi-t)\,\mathrm{d}t\right)\\ &=\frac{2}{\pi}\left(\int_0^{\frac{\pi}{2}}f(x)\cos(2n+1)x\,\mathrm{d}x+\int_{\frac{\pi}{2}}^{0}f(t)\cos(2n+1)t\,\mathrm{d}t\right)\\ &=0,\quad n=0,1,\cdots. \end{aligned}$$

于是, 所给的函数 $\widetilde{f}$ 满足要求.

(ii) 据所给的级数形式, 知可积函数 f 延拓到区间 $(-\pi,\pi)$ 后的函数应为

$$f(x)=\begin{cases} f(x), & 0\leqslant x\leqslant \dfrac{\pi}{2},\\ f(\pi-x), & \dfrac{\pi}{2}<x<\pi,\\ -f(-x), & -\dfrac{\pi}{2}\leqslant x<0,\\ -f(\pi+x), & -\pi<x<-\dfrac{\pi}{2}. \end{cases}$$

事实上, 上述延拓后的函数为奇函数, 有

$$a_n=0,\quad n=0,1,2,\cdots,$$

$$\begin{aligned} b_{2n+1}&=\frac{2}{\pi}\int_0^{\pi}\widetilde{f}(x)\sin(2n+1)x\,\mathrm{d}x\\ &=\frac{2}{\pi}\left(\int_0^{\frac{\pi}{2}}f(x)\sin(2n+1)x\,\mathrm{d}x+\int_{\frac{\pi}{2}}^{\pi}f(\pi-x)\sin(2n+1)x\,\mathrm{d}x\right)\\ &=\frac{2}{\pi}\left(\int_0^{\frac{\pi}{2}}f(x)\sin(2n+1)x\,\mathrm{d}x-\int_{\frac{\pi}{2}}^{0}f(t)\sin(2n+1)(\pi-t)\,\mathrm{d}t\right) \end{aligned}$$

$$= \frac{2}{\pi}\Big(\int_0^{\frac{\pi}{2}} f(x)\sin(2n+1)x\ \mathrm{d}x + \int_{\frac{\pi}{2}}^0 f(t)\sin(2n+1)t\ \mathrm{d}t\Big)$$
$$= 0, \quad n = 1, 2, \cdots.$$

于是, 所给的函数 $\widetilde{f}$ 满足要求. ■

例 15.2.4 设 f 为周期为 2π 且在 $[-\pi, \pi]$ 上可积的函数, 则 f 也可以看作周期为 4π 的函数. 作为周期为 2π 的函数和周期为 4π 的函数, f 可分别求得其 Fourier 级数. 试分析这两个 Fourier 级数之间的联系.

解 若用 a_n, b_n 与 A_n, B_n 分别表示 f 作为周期为 2π 与周期为 4π 的函数的 Fourier 系数, 则

$$A_0 = \frac{1}{2\pi}\int_{-2\pi}^{2\pi} f(x)\mathrm{d}x = \frac{1}{2}\left[\frac{1}{\pi}\int_{-2\pi}^{0} f(x)\mathrm{d}x + \frac{1}{\pi}\int_0^{2\pi} f(x)\mathrm{d}x\right]$$
$$= \frac{1}{2}\big(a_0 + a_0\big) = a_0,$$

$$A_{2n} = \frac{1}{2\pi}\int_{-2\pi}^{2\pi} f(x)\cos\frac{2n\pi x}{2\pi}\mathrm{d}x = \frac{1}{2\pi}\int_{-2\pi}^{2\pi} f(x)\cos nx\ \mathrm{d}x$$
$$= \frac{1}{2}\left[\frac{1}{\pi}\int_{-2\pi}^{0} f(x)\cos nx\ \mathrm{d}x + \frac{1}{\pi}\int_0^{2\pi} f(x)\cos nx\ \mathrm{d}x\right]$$
$$= \frac{1}{2}\big(a_n + a_n\big) = a_n, \quad n = 1, 2, \cdots,$$

$$A_{2n+1} = \frac{1}{2\pi}\int_{-2\pi}^{2\pi} f(x)\cos\frac{(2n+1)\pi x}{2\pi}\ \mathrm{d}x$$
$$= \frac{1}{2\pi}\int_{-2\pi}^{2\pi} f(x)\cos\frac{2n+1}{2}x\ \mathrm{d}x$$
$$= \frac{1}{2}\left[\frac{1}{\pi}\int_{-2\pi}^{0} f(x)\cos\frac{2n+1}{2}x\ \mathrm{d}x + \frac{1}{\pi}\int_0^{2\pi} f(x)\cos\frac{2n+1}{2}x\ \mathrm{d}x\right]$$
$$= \frac{1}{2\pi}\left[\int_0^{2\pi} f(u-2\pi)\cos\frac{(2n+1)(u-2\pi)}{2}\mathrm{d}u + \int_0^{2\pi} f(x)\cos\frac{2n+1}{2}x\ \mathrm{d}x\right]$$
$$= \frac{1}{2\pi}\left[-\int_0^{2\pi} f(u)\cos\frac{2n+1}{2}u\ \mathrm{d}u + \int_0^{2\pi} f(x)\cos\frac{2n+1}{2}x\ \mathrm{d}x\right]$$
$$= 0, \quad n = 1, 2, \cdots,$$

$$B_{2n} = \frac{1}{2\pi}\int_{-2\pi}^{2\pi} f(x)\sin\frac{2n\pi x}{2\pi}\ \mathrm{d}x$$
$$= \frac{1}{2\pi}\int_{-2\pi}^{2\pi} f(x)\sin nx\ \mathrm{d}x$$

$$
\begin{aligned}
&= \frac{1}{2}\left[\frac{1}{\pi}\int_{-2\pi}^{0} f(x)\sin nx\ \mathrm{d}x + \frac{1}{\pi}\int_{0}^{2\pi} f(x)\sin nx\ \mathrm{d}x\right] \\
&= \frac{1}{2}\big(b_n + b_n\big) = b_n, \quad n = 1, 2, \cdots,
\end{aligned}
$$

$$
\begin{aligned}
B_{2n+1} &= \frac{1}{2\pi}\int_{-2\pi}^{2\pi} f(x)\sin\frac{(2n+1)\pi x}{2\pi}\ \mathrm{d}x \\
&= \frac{1}{2\pi}\int_{-2\pi}^{2\pi} f(x)\sin\frac{2n+1}{2}x\ \mathrm{d}x \\
&= \frac{1}{2}\left[\frac{1}{\pi}\int_{-2\pi}^{0} f(x)\sin\frac{2n+1}{2}x\ \mathrm{d}x + \frac{1}{\pi}\int_{0}^{2\pi} f(x)\sin\frac{2n+1}{2}x\ \mathrm{d}x\right] \\
&= \frac{1}{2\pi}\left[\int_{0}^{2\pi} f(u-2\pi)\sin\frac{(2n+1)(u-2\pi)}{2}\mathrm{d}u + \int_{0}^{2\pi} f(x)\sin\frac{2n+1}{2}x\ \mathrm{d}x\right] \\
&= \frac{1}{2\pi}\left[-\int_{0}^{2\pi} f(u)\sin\frac{2n+1}{2}u\ \mathrm{d}u + \int_{0}^{2\pi} f(x)\sin\frac{2n+1}{2}x\ \mathrm{d}x\right] \\
&= 0, \quad n = 1, 2, \cdots.
\end{aligned}
$$

于是

$$
\begin{aligned}
&\frac{A_0}{2} + \sum_{n=1}^{\infty}\Big(A_n\cos\frac{n\pi x}{2\pi} + B_n\sin\frac{n\pi x}{2\pi}\Big) = \frac{A_0}{2} + \sum_{n=1}^{\infty}\Big(A_n\cos\frac{nx}{2} + B_n\sin\frac{nx}{2}\Big) \\
&= \frac{A_0}{2} + \sum_{n=1}^{\infty}\Big(A_{2n}\cos\frac{2nx}{2} + B_{2n}\sin\frac{2nx}{2}\Big) \\
&= \frac{a_0}{2} + \sum_{n=1}^{\infty}\Big(a_n\cos nx + b_n\sin nx\Big).
\end{aligned}
$$

这表明 f 作为周期为 2π 和 4π 的函数时, 对应的 Fourier 级数本质上相相同的. ■

四、巩固提高

15.2.1 设函数 f 在 $[0,\pi]$ 上的正弦级数与余弦级数的和函数分别为 $S_1(x)$ 与 $S_2(x)$. 请问 $S_1(x)+S_2(x)$ 是哪个函数的 Fourier 级数的和函数? 给出简单理由.

15.2.2 求函数 e^{ax} 在 $(-h,h)$ 的 Fourier 级数, 其中 $a\neq 0$.

15.2.3 设 $f(x)=x^2+2x$ 在区间 $[0,1]$ 上的正弦级数与余弦级数的和函数分别为 $S_1(x)$ 与 $S_2(x)$, 试写出 $S_1(x)$ 与 $S_2(x)$ 的函数表达式.

15.2.4 将函数 $f(x)=\mathrm{e}^{-2x}$, $x\in[0,\pi]$ 展开为正弦级数.

15.2.5 在 $[0,\pi]$ 上展开函数 $f(x)=x+\cos x$ 为余弦级数.

15.2.6 将函数 $f(x)=x$, $x\in(0,2)$ 展开为余弦级数.

15.2.7 设函数 $f(x)=\begin{cases} x, & 0\leqslant x\leqslant \dfrac{a}{2}, \\ a-x, & \dfrac{a}{2}<x\leqslant a, \end{cases}$ 其中 $a>0$. 将函数 f 展开为: (i) 余弦级数; (ii) 正弦级数.

15.2.8 将函数 $f(x)=\begin{cases} x, & 0<x<\dfrac{\pi}{2}, \\ \dfrac{\pi}{4}, & x=\dfrac{\pi}{2}, \\ x-\dfrac{\pi}{2}, & \dfrac{\pi}{2}<x<\pi \end{cases}$ 展开为余弦级数, 并由此求数项级数 $\sum\limits_{n=1}^{\infty}\dfrac{(-1)^{n-1}}{2n-1}$ 的值.

15.2.9 证明下列等式:

(i) $\sum\limits_{n=1}^{\infty}\dfrac{1}{2n}\sin 2nx=\dfrac{\pi}{4}-\dfrac{x}{2},\quad 0<x<\pi;$

(ii) $\sum\limits_{n=1}^{\infty}\dfrac{1}{2n-1}\sin(2n-1)x=\dfrac{\pi}{4},\quad 0<x<\pi;$

(iii) $\sum\limits_{n=1}^{\infty}\dfrac{(-1)^{n-1}}{n}\sin nx=\dfrac{x}{2},\quad -\pi<x<\pi;$

(iv) $\dfrac{\pi^2}{3}+4\sum\limits_{n=1}^{\infty}\dfrac{(-1)^n}{n^2}\cos nx=x^2,\quad -\pi<x<\pi;$

(v) $\dfrac{\pi}{2}-\dfrac{4}{\pi}\sum\limits_{n=1}^{\infty}\dfrac{1}{(2n-1)^2}\cos(2n-1)x=x,\quad 0\leqslant x\leqslant\pi;$

(vi) $\sum\limits_{n=1}^{\infty}\dfrac{1}{n^2}\cos nx=\dfrac{3x^2-6\pi x+2\pi^2}{12},\quad 0\leqslant x\leqslant\pi.$

15.2.10 证明若函数 f 在区间 $[-\pi,\pi]$ 上可积, 且 a_n, b_n 为函数 f 的 Fourier 系数, 则对任意 $m\in\mathbb{N}_+$, 成立不等式

(i) $\dfrac{a_0^2}{2}+\sum\limits_{n=1}^{m}\left(a_n^2+b_n^2\right)\leqslant\dfrac{1}{\pi}\int_{-\pi}^{\pi}f^2(x)\mathrm{d}x;$

(ii) $\dfrac{a_0^2}{2}+\sum\limits_{n=1}^{\infty}\left(a_n^2+b_n^2\right)\leqslant\dfrac{1}{\pi}\int_{-\pi}^{\pi}f^2(x)\mathrm{d}x.$ (Bessel 不等式)

15.3 收敛定理的证明

一、内容精读

预备定理 15.3.1(Bessel 不等式) 若函数 $f\in\mathscr{R}[-\pi,\pi]$, 则

$$\frac{a_0^2}{2}+\sum_{n=1}^{\infty}(a_n^2+b_n^2)\leqslant\frac{1}{\pi}\int_{-\pi}^{\pi}f^2(x)\mathrm{d}x, \tag{15.3.1}$$

其中 a_n, b_n 为 f 的 Fourier 系数. 此时级数 $\sum\limits_{n=1}^{\infty}(a_n^2+b_n^2)$ 必收敛, 且有 $\lim\limits_{n\to\infty} a_n = \lim\limits_{n\to\infty} b_n = 0$. 式 (15.3.1) 称为Bessel 不等式.

推论 15.3.1(Riemann–Lebesgue 定理)　若 $f \in \mathscr{R}[-\pi,\pi]$, 则

$$\lim_{n\to\infty}\int_{-\pi}^{\pi} f(x)\cos nx\,\mathrm{d}x = 0,\quad \lim_{n\to\infty}\int_{-\pi}^{\pi} f(x)\sin nx\,\mathrm{d}x = 0. \tag{15.3.2}$$

更一般的结论: 若 $f \in \mathscr{R}[a,b]$, 则

$$\lim_{p\to\infty}\int_{a}^{b} f(x)\cos px\,\mathrm{d}x = 0,\quad \lim_{p\to\infty}\int_{a}^{b} f(x)\sin px\,\mathrm{d}x = 0. \tag{15.3.3}$$

推论 15.3.2　若 $f \in \mathscr{R}[-\pi,\pi]$, 则

$$\lim_{n\to\infty}\int_{0}^{\pi} f(x)\sin\left(n+\frac{1}{2}\right)x\,\mathrm{d}x = 0,\quad \lim_{n\to\infty}\int_{-\pi}^{0} f(x)\sin\left(n+\frac{1}{2}\right)x\,\mathrm{d}x = 0. \tag{15.3.4}$$

预备定理 15.3.2(Fourier 级数的部分和的积分表示式)　若 f 是以 2π 为周期的函数, 且 $f \in \mathscr{R}[-\pi,\pi]$, 则其 Fourier 级数部分和 $S_n(x)$ 可写成 (Dirichlet 积分)

$$S_n(x) = \frac{1}{\pi}\int_{-\pi}^{\pi} f(x+t)\frac{\sin\left(n+\frac{1}{2}\right)t}{2\sin\frac{t}{2}}\,\mathrm{d}t, \tag{15.3.5}$$

当 $t=0$ 时, 被积函数中的不定式由下列极限来确定:

$$\lim_{t\to 0}\frac{\sin\left(n+\frac{1}{2}\right)t}{2\sin\frac{t}{2}} = n+\frac{1}{2}.$$

定理 15.3.1(收敛定理)　若以 2π 为周期的函数 f 在 $[-\pi,\pi]$ 上分段光滑, 则在每一点 $x \in [-\pi,\pi]$, f 的 Fourier 级数

$$\frac{a_0}{2}+\sum_{n=1}^{\infty}\left(a_n\cos nx + b_n\sin nx\right)$$

收敛于 f 在点 x 的左、右极限的算术平均值, 即

$$\frac{f(x+0)+f(x-0)}{2} = \frac{a_0}{2}+\sum_{n=1}^{\infty}\left(a_n\cos nx + b_n\sin nx\right), \tag{15.3.6}$$

其中

$$a_n = \frac{1}{\pi}\int_{-\pi}^{\pi} f(x)\cos nx\,\mathrm{d}x,\quad n=0,1,\cdots.$$

$$b_n = \frac{1}{\pi}\int_{-\pi}^{\pi} f(x)\sin nx\ \mathrm{d}x, \quad n = 1, 2, \cdots.$$

Parseval 等式 若 $f \in \mathscr{R}[-\pi,\pi]$, a_n, b_n 为 f 的 Fourier 系数, 则有

$$\frac{1}{\pi}\int_{-\pi}^{\pi} f^2(x)\ \mathrm{d}x = \frac{a_0^2}{2} + \sum_{n=1}^{\infty}(a_n^2 + b_n^2). \tag{15.3.7}$$

(在例 15.3.2 中给出了在较强的条件下式 (15.3.7) 成立的证明.)

二、疑难解答

问题 15.3.1 已知每一个在 $[-\pi,\pi]$ 上可积的周期函数都有一个三角级数作为其 Fourier 级数, 那么反过来, 是否每一个三角级数都一定是某个可积的周期函数的 Fourier 级数?

答 答案是否定的. 例如三角级数 $\sum\limits_{n=2}^{\infty}\dfrac{\sin nx}{\ln n}$, 由 Dirichlet 判别法可知此级数对一切的 x 都收敛, 但它却不是任何可积周期函数的 Fourier 级数.

事实上, 先考虑如下函数的 Fourier 级数展开式：设 f 在 $[-\pi,\pi]$ 上分段连续, a_n, b_n 为 f 的 Fourier 系数, 令

$$F(x) = \int_0^x \left(f(t) - \frac{a_0}{2}\right)\mathrm{d}t.$$

以下先给出 $F(x)$ 的 Fourier 级数展开式.

易知, F 在 $[-\pi,\pi]$ 上连续、分段光滑且

$$F(-\pi) = F(\pi) = \frac{1}{2}\left(\int_0^{\pi} f(t)\mathrm{d}t - \int_{-\pi}^{0} f(t)\mathrm{d}t\right).$$

于是, 由收敛定理可知 F 的 Fourier 级数在 $[-\pi,\pi]$ 上处处收敛于 $F(x)$. 令 A_n, B_n 表示 F 的 Fourier 系数, 由于除了有限个点外, 有

$$F'(x) = f(x) - \frac{a_0}{2},$$

因此定积分的分部积分对计算 A_n, B_n 仍然有效. 于是

$$\begin{aligned}
A_n &= \frac{1}{\pi}\int_{-\pi}^{\pi} F(x)\cos nx\mathrm{d}x \\
&= \frac{1}{n\pi}\left(F(x)\sin nx\Big|_{-\pi}^{\pi} - \int_{-\pi}^{\pi}\left(f(x) - \frac{a_0}{2}\right)\sin nx\mathrm{d}x\right) \\
&= -\frac{b_n}{n}, \quad n = 1, 2, \cdots,
\end{aligned}$$

$$\begin{aligned}B_n &= \frac{1}{\pi}\int_{-\pi}^{\pi} F(x)\sin nx\mathrm{d}x \\ &= -\frac{1}{n\pi}\left(F(x)\cos nx\Big|_{-\pi}^{\pi} - \int_{-\pi}^{\pi}\Big(f(x)-\frac{a_0}{2}\Big)\cos nx\mathrm{d}x\right) \\ &= \frac{a_n}{n}, \quad n=1,2,\cdots.\end{aligned}$$

从而

$$F(x) = \frac{A_0}{2} + \sum_{n=1}^{\infty}\frac{-b_n\cos nx + a_n\sin nx}{n}, \quad x\in[-\pi,\pi].$$

在上式中, 令 $x=0$ 得 $A_0 = 2\sum\limits_{n=1}^{\infty}\frac{b_n}{n}$, 由此可得

$$F(x) = \sum_{n=1}^{\infty}\frac{b_n}{n} + \sum_{n=1}^{\infty}\frac{-b_n\cos nx + a_n\sin nx}{n}, \quad x\in[-\pi,\pi]. \tag{15.3.8}$$

当然, 式 (15.3.8) 对在 $[-\pi,\pi]$ 上可积的任意函数 f 也成立 (参见文献 [3]).

其次, 由式 (15.3.8) 知, 若 f 在 $[-\pi,\pi]$ 上可积, 则级数

$$\sum_{n=1}^{\infty}\frac{b_n}{n} = \frac{A_0}{2} = \frac{1}{\pi}\int_{-\pi}^{\pi}F(x)\mathrm{d}x$$

必收敛. 若存在 $[-\pi,\pi]$ 上的可积周期函数 f, 它在 $[-\pi,\pi]$ 上的 Fourier 级数为 $\sum\limits_{n=2}^{\infty}\frac{\sin nx}{\ln n}$, 则 $b_n = \frac{1}{\ln n}$, $n=2,3,\cdots$, 由此推得级数 $\sum\limits_{n=2}^{\infty}\frac{b_n}{n} \equiv \sum\limits_{n=2}^{\infty}\frac{1}{n\ln n}$ 收敛, 这与已知数项级数 $\sum\limits_{n=2}^{\infty}\frac{1}{n\ln n}$ 发散 (见 12.2 内容精读中 9 中 (iii)) 相矛盾. 这就说明了三角级数 $\sum\limits_{n=2}^{\infty}\frac{\sin nx}{\ln n}$ 不可能是任何一个可积的周期函数的 Fourier 级数. ■

问题 15.3.2　如何利用 Fourier 级数求某些数项级数的和?

答　求数项级数的和有许多方法, 利用函数的 Fourier 级数来求数项级数的和为其中之一. 在应用 Fourier 级数来求数项级数的和时, 要选择合适的函数, 将其展开为 Fourier 级数, 然后按下列方法之一求得级数的和: (i) 求 Fourier 级数在某个特殊点的值; (ii) 应用 Parseval 等式. ■

三、典型例题

例 15.3.1　设 f 是周期为 2π 的连续函数, 且在 $[-\pi,\pi]$ 上分段光滑, 证明函数 f 的 Fourier 级数在 $\mathbb{R}$ 上一致收敛于 f.

证明 由条件可知, $f(-\pi) = f(2\pi) = f(\pi)$, 除有限个点外 f' 存在且连续, 而在这有限个点处, 导函数的左极限 $f'(x-0)$ 与右极限 $f'(x+0)$ 都存在, 因此 f' 有 Fourier 级数. 设 a_n, b_n 与 a'_n, b'_n 分别为 f 与 f' 的 Fourier 系数, 则由例 15.1.5 知

$$a'_n = nb_n, \quad b'_n = -na_n.$$

于是

$$\begin{aligned}\sum_{n=1}^{\infty}\left(|a_n| + |b_n|\right) &= \sum_{n=1}^{\infty}\frac{1}{n}\left(|a'_n| + |b'_n|\right) \leqslant \frac{1}{2}\sum_{n=1}^{\infty}\left(\frac{2}{n^2} + a_n'^2 + b_n'^2\right) \\ &= \sum_{n=1}^{\infty}\frac{1}{n^2} + \frac{1}{2}\sum_{n=1}^{\infty}\left(a_n'^2 + b_n'^2\right).\end{aligned}$$

因为级数 $\displaystyle\sum_{n=1}^{\infty}\frac{1}{n^2}$ 收敛, 同时由 Bessel 不等式知 $\displaystyle\sum_{n=1}^{\infty}\left(a_n'^2 + b_n'^2\right)$ 也收敛, 所以级数 $\displaystyle\sum_{n=1}^{\infty}\left(|a_n| + |b_n|\right)$ 收敛, 从而由 M 判别法知 f 的 Fourier 级数在 $\mathbb{R}$ 上一致收敛. 又由收敛定理知 f 的 Fourier 级数处处收敛于 f, 因而 f 的 Fourier 级数在 $\mathbb{R}$ 上一致收敛于 f. ■

例 15.3.2 设 $f \in \mathscr{R}[-\pi, \pi]$, 证明若函数 f 的 Fourier 级数在 $[-\pi, \pi]$ 上一致收敛于 f, 则成立 Parseval 等式

$$\frac{1}{\pi}\int_{-\pi}^{\pi} f^2(x)\,\mathrm{d}x = \frac{a_0^2}{2} + \sum_{n=1}^{\infty}(a_n^2 + b_n^2),$$

其中 a_n, b_n 为 f 的 Fourier 系数.

证明 因 $f \in \mathscr{R}[-\pi, \pi]$, 故由 Bessel 不等式的证明过程 (见文献 [1] 第 78 页) 可知

$$\frac{1}{\pi}\int_{-\pi}^{\pi}\left[f(x) - S_n(x)\right]^2\mathrm{d}x = \frac{1}{\pi}\int_{-\pi}^{\pi} f^2(x)\mathrm{d}x - \frac{a_0^2}{2} - \sum_{k=1}^{n}\left(a_k^2 + b_k^2\right),$$

其中 S_n 为函数 f 的 Fourier 级数的前 n 项部分和函数. 由于 f 的 Fourier 级数在 $[-\pi, \pi]$ 上一致收敛于 f, 所以

$$\lim_{n\to\infty}\frac{1}{\pi}\int_{-\pi}^{\pi}\left[f(x) - S_n(x)\right]^2\mathrm{d}x = 0.$$

由此可得

$$\frac{1}{\pi}\int_{-\pi}^{\pi} f^2(x)\,\mathrm{d}x = \lim_{n\to\infty}\left(\frac{a_0^2}{2} + \sum_{k=1}^{n}\left(a_k^2 + b_k^2\right)\right),$$

即

$$\frac{1}{\pi}\int_{-\pi}^{\pi} f^2(x)\,\mathrm{d}x = \frac{a_0^2}{2} + \sum_{n=1}^{\infty}\left(a_n^2 + b_n^2\right).$$ ■

例 15.3.3(Wirtinger 不等式)　设连续函数 f 在 $[-\pi,\pi]$ 上分段可导, $f(-\pi)=f(\pi)$, 且 $f'\in\mathscr{R}[-\pi,\pi]$, 又 $\displaystyle\int_{-\pi}^{\pi}f(x)\mathrm{d}x=0$. 证明

$$\int_{-\pi}^{\pi}f'^2(x)\mathrm{d}x\geqslant\int_{-\pi}^{\pi}f^2(x)\mathrm{d}x.$$

当且仅当 $f(x)=A\cos x+B\sin x$ 时等号成立.

证明　设 a_n, b_n 与 a_n', b_n' 分别为 f 与 f' 的 Fourier 系数, 则由例 15.1.5 知

$$a_0=\frac{1}{\pi}\int_{-\pi}^{\pi}f(x)\mathrm{d}x=0,\quad a_0'=\frac{1}{\pi}\int_{-\pi}^{\pi}f'(x)\mathrm{d}x=\frac{1}{\pi}f(x)\Big|_{-\pi}^{\pi}=0,$$

$$a_n'=\frac{1}{\pi}\int_{-\pi}^{\pi}f'(x)\cos nx\mathrm{d}x=nb_n,\quad b_n'=\frac{1}{\pi}\int_{-\pi}^{\pi}f'(x)\sin nx\mathrm{d}x=-na_n.$$

于是, 由 Parseval 等式得

$$\begin{aligned}\int_{-\pi}^{\pi}f'^2(x)\mathrm{d}x&=\pi\sum_{n=1}^{\infty}\left(a_n'^2+b_n'^2\right)=\pi\sum_{n=1}^{\infty}\left((nb_n)^2+(-na_n)\right)^2\\&\geqslant\pi\sum_{n=1}^{\infty}\left(b_n^2+a_n^2\right)=\int_{-\pi}^{\pi}f^2(x)\mathrm{d}x.\end{aligned}$$

■

例 15.3.4　设 f 是周期为 2π 的函数, 且在 $[0,2\pi]$ 内单调有界. 证明: 若函数 f 单调递减, 则 $b_n\geqslant 0$; 若函数 f 单调递增, 则 $b_n\leqslant 0$.

证明　设 f 在 $[0,2\pi]$ 上单调递减, 则

$$\begin{aligned}b_n&=\frac{1}{\pi}\int_0^{2\pi}f(x)\sin nx\mathrm{d}x\ \left(\text{令 } x=\frac{t}{n}\right)\\&=\frac{1}{\pi}\int_0^{2n\pi}f\left(\frac{t}{n}\right)\sin t\cdot\frac{1}{n}\mathrm{d}t\\&=\frac{1}{n\pi}\sum_{k=1}^{n}\int_{2(k-1)\pi}^{2k\pi}f\left(\frac{t}{n}\right)\sin t\mathrm{d}t\\&=\frac{1}{n\pi}\sum_{k=1}^{n}\left(\int_{(2k-1)\pi}^{2k\pi}f\left(\frac{t}{n}\right)\sin t\mathrm{d}t+\int_{2(k-1)\pi}^{(2k-1)\pi}f\left(\frac{t}{n}\right)\sin t\mathrm{d}t\right)\\&=\frac{1}{n\pi}\sum_{k=1}^{n}\left(\int_{2(k-1)\pi}^{(2k-1)\pi}f\left(\frac{t+\pi}{n}\right)\sin(t+\pi)\mathrm{d}t+\int_{2(k-1)\pi}^{(2k-1)\pi}f\left(\frac{t}{n}\right)\sin t\mathrm{d}t\right)\\&=\frac{1}{n\pi}\sum_{k=1}^{n}\int_{2(k-1)\pi}^{(2k-1)\pi}\left[f\left(\frac{t}{n}\right)-f\left(\frac{t+\pi}{n}\right)\right]\sin t\mathrm{d}t\geqslant 0.\end{aligned}$$

同理可证, 若函数 f 在 $[0,2\pi]$ 上单调递增, 则 $b_n\leqslant 0$.　■

解题回顾 若函数 f 在 $[0,2\pi]$ 上单调递减, 先分析一下 $b_1 \geqslant 0$ 的证明过程. 由于在 $[0,\pi]$ 上 $\sin x \geqslant 0$, 在 $[\pi,2\pi]$ 上 $\sin x \leqslant 0$, 因而对任意 $x_1 \in [0,\pi]$, $x_2 \in [\pi,2\pi)$, $f(x_1) \geqslant f(x_2)$, 这就说明应分别在 $[0,\pi]$ 与 $[\pi,2\pi)$ 上考虑积分

$$\frac{1}{\pi}\int_0^\pi f(x)\sin x\mathrm{d}x,\quad \frac{1}{\pi}\int_\pi^{2\pi} f(x)\sin x\mathrm{d}x.$$

于是

$$\begin{aligned}
b_1 &= \frac{1}{\pi}\int_0^{2\pi} f(x)\sin x\mathrm{d}x \\
&= \frac{1}{\pi}\left(\int_0^\pi f(x)\sin x\mathrm{d}x + \int_\pi^{2\pi} f(x)\sin x\mathrm{d}x\right) \\
&= \frac{1}{\pi}\left(\int_0^\pi f(x)\sin x\mathrm{d}x + \int_0^{\pi} f(x+\pi)\sin(x+\pi)\mathrm{d}x\right) \\
&= \frac{1}{\pi}\left(\int_0^\pi f(x)\sin x\mathrm{d}x - \int_0^{\pi} f(x+\pi)\sin x\mathrm{d}x\right) \\
&= \frac{1}{\pi}\int_0^\pi \big(f(x)-f(x+\pi)\big)\sin x\mathrm{d}x \geqslant 0.
\end{aligned}$$

由 b_1 的证明过程, 可以设想在证明 b_n 时也将其化为类似于 b_1 的情形, 从而获得要证明的结论.

例 15.3.5 设

$$S_n = \frac{1}{2} + \sum_{k=1}^n \cos kx,\quad S_0(x) = \frac{1}{2},\quad \sigma_n(x) = \frac{S_0(x)+S_1(x)+\cdots+S_n(x)}{n+1}.$$

证明: (i) $\sigma_n(x) = \dfrac{1}{2(n+1)}\left(\dfrac{\sin\dfrac{(n+1)x}{2}}{\sin\dfrac{x}{2}}\right)^2$; (ii) $\displaystyle\int_{-\pi}^{\pi}\sigma_n(x)\,\mathrm{d}x = \pi$.

证明 (i) 由已知的三角公式

$$\cos kx = \frac{\sin\left(k+\dfrac{1}{2}\right)x - \sin\left(k-\dfrac{1}{2}\right)x}{2\sin\dfrac{x}{2}},\quad S_0 = \frac{1}{2} = \frac{\sin\dfrac{x}{2}}{2\sin\dfrac{x}{2}},$$

可得

$$S_n = \frac{1}{2} + \sum_{k=1}^n \cos kx = \frac{\sin\left(n+\dfrac{1}{2}\right)x}{2\sin\dfrac{x}{2}}.$$

再由三角公式 $\sin\left(k+\dfrac{1}{2}\right)x=\dfrac{\cos kx-\cos(k+1)x}{2\sin\dfrac{x}{2}}$ 得

$$\sum_{k=0}^{n}\sin\left(k+\frac{1}{2}\right)x=\frac{1}{2\sin\frac{x}{2}}\sum_{k=0}^{n}\left(\cos kx-\cos(k+1)x\right)=\frac{\sin^2\frac{(n+1)x}{2}}{\sin\frac{x}{2}},$$

于是

$$\begin{aligned}\sigma_n(x)&=\frac{S_0(x)+S_1(x)+\cdots+S_n(x)}{n+1}=\frac{1}{n+1}\sum_{k=0}^{n}S_k(x)\\&=\frac{1}{2(n+1)}\sum_{k=0}^{n}\frac{\sin\left(k+\frac{1}{2}\right)x}{\sin\frac{x}{2}}=\frac{1}{2(n+1)}\left(\frac{\sin\frac{(n+1)x}{2}}{\sin\frac{x}{2}}\right)^2.\end{aligned}$$

(ii) 点 0 是 $\sigma_n(x)$ 的可去间断点. $\sigma_n(x)\in\mathscr{R}[-\pi,\pi]$, 且是偶函数, 有

$$\int_{-\pi}^{\pi}\sigma_n(x)\mathrm{d}x=2\int_0^{\pi}\sigma_n(x)\mathrm{d}x.$$

由预备定理 15.3.2 知 (实际上在其中取 $f(x)=1$ 即可)

$$\int_0^{\pi}\frac{\sin\left(n+\frac{1}{2}\right)x}{2\sin\frac{x}{2}}\mathrm{d}x=\frac{\pi}{2}.$$

于是

$$\begin{aligned}\int_{-\pi}^{\pi}\sigma_n(x)\mathrm{d}x&=2\int_0^{\pi}\sigma_n(x)\mathrm{d}x\\&=\frac{2}{n+1}\int_0^{\pi}\sum_{k=0}^{n}\frac{\sin\left(k+\frac{1}{2}\right)x}{2\sin\frac{x}{2}}\mathrm{d}x=\frac{2}{n+1}\sum_{k=0}^{n}\int_0^{\pi}\frac{\sin\left(k+\frac{1}{2}\right)x}{2\sin\frac{x}{2}}\mathrm{d}x\\&=\frac{2}{n+1}\sum_{k=0}^{n}\frac{\pi}{2}=\frac{2}{n+1}\cdot(n+1)\cdot\frac{\pi}{2}=\pi.\end{aligned}$$

■

例 15.3.6　求下列数项级数的和:

(i) $\displaystyle\sum_{n=1}^{\infty}\frac{1}{n^4}$;　　(ii) $\displaystyle\sum_{n=1}^{\infty}(-1)^{n-1}\frac{1}{(2n-1)^3}$.

解　(i) 由例 15.2.2 可知

$$x^2=\frac{\pi^2}{3}+4\sum_{n=1}^{\infty}\frac{(-1)^n}{n^2}\cos nx,\quad x\in[-\pi,\pi].$$

对上式应用 Parseval 等式, 可得

$$\frac{1}{\pi}\int_{-\pi}^{\pi} x^4 \, \mathrm{d}x = \frac{2\pi^4}{9} + 16\sum_{n=1}^{\infty}\frac{1}{n^4},$$

由此立即得到

$$\sum_{n=1}^{\infty}\frac{1}{n^4} = \frac{\pi^4}{90}.$$

(ii) 由 M 判别法知

$$x^2 = \frac{\pi^2}{3} + 4\sum_{n=1}^{\infty}\frac{(-1)^n}{n^2}\cos nx, \quad x\in[-\pi,\pi]$$

右边的级数在 $[-\pi,\pi]$ 一致收敛, 从而该级数在 $[-\pi,\pi]$ 上可逐项积分, 于是

$$\int_0^x t^2\mathrm{d}t = \int_0^x\left(\frac{\pi^2}{3} + 4\sum_{n=1}^{\infty}\frac{(-1)^n}{n^2}\cos nt\right)\mathrm{d}t, \quad x\in[-\pi,\pi],$$

即

$$\frac{x^3}{3} = \frac{\pi^2}{3}x + 4\sum_{n=1}^{\infty}\frac{(-1)^n}{n^3}\sin nx, \quad x\in[-\pi,\pi].$$

在上式中令 $x=\dfrac{\pi}{2}$, 化简可得

$$\sum_{n=1}^{\infty}(-1)^{n-1}\frac{1}{(2n-1)^3} = \frac{\pi^3}{32}.$$ ■

四、巩固提高

15.3.1 设 f 在 $[0,2\pi]$ 上有有界的导函数. 证明: 若 f' 单调递增, 则 $a_n\geqslant 0$; 若 f' 单调递减, 则 $a_n\leqslant 0$.

15.3.2(Fourier 级数的最优性) 设 $f\in\mathscr{R}[-\pi,\pi]$, $S_n(x)$ 是 f 的 Fourier 级数的部分和函数, 即

$$S_n(x) = \frac{a_0}{2} + \sum_{k=1}^{n}\left(a_k\cos kx + b_k\sin kx\right).$$

又设 $T_n(x)$ 为如下三角多项式:

$$T_n(x) = \frac{A_0}{2} + \sum_{k=1}^{n}\left(A_k\cos kx + A_k\sin kx\right).$$

若令

$$d^2(u,v)=\frac{1}{2\pi}\int_{-\pi}^{\pi}\Big(u(x)-v(x)\Big)^2\mathrm{d}x,$$

则

$$d^2(f,S_n)\leqslant d^2(f,T_n),$$

当且仅当 $A_0=a_0$, $A_k=a_k$, $B_k=b_k$, $k=1,2,\cdots,n$ 时等号成立.

15.3.3 设 f 在 $[-\pi,\pi]$ 可积和绝对可积, 证明对任给 $\varepsilon>0$, 存在三角多项式

$$P_n(x)=\sum_{k=0}^{n}\big(A_k\cos kx+B_k\sin kx\big),$$

使得 $\displaystyle\int_{-\pi}^{\pi}\big|f(x)-P_n(x)\big|\mathrm{d}x<\varepsilon$.

15.3.4 设 f 为周期 2π 的连续函数, 且已知

$$f(x)\sim\frac{a_0}{2}+\sum_{n=1}^{\infty}\big(a_n\cos nx+b_n\sin nx\big).$$

证明: 若右边的级数一致收敛, 则其和函数必是 f.

15.3.5(Parseval 等式的推广) 设 $f,g\in\mathscr{R}[-\pi,\pi]$, $\{a_n\}$, $\{b_n\}$ 是 f 的 Fourier 系数, $\{\alpha_n\}$, $\{\beta_n\}$ 是 g 的 Fourier 系数, 则

$$\frac{1}{\pi}\int_{-\pi}^{\pi}f(x)g(x)\ \mathrm{d}x=\frac{a_0\alpha_0}{2}+\sum_{n=1}^{\infty}\big(a_n\alpha_n+b_n\beta_n\big).$$

15.3.6(Steklev 不等式) 设连续函数 f 在 $[0,\pi]$ 上分段可导, 且 $f'\in\mathscr{R}[0,\pi]$. 证明: 只要条件 (i) $\displaystyle\int_0^{\pi}f(x)dx=0$ 和 (ii) $f(0)=f(\pi)=0$ 中之一满足, 就成立如下不等式:

$$\int_0^{\pi}f'^2(x)\mathrm{d}x\geqslant\int_0^{\pi}f^2(x)\mathrm{d}x,$$

其中成立等号的条件为 (i) $f(x)=A\cos x$; (ii) $F(x)=B\sin x$.

15.3.7 设 f 以 2π 为周期且具有二阶连续的导函数, 证明 f 的 Fourier 级数在 $\mathbb{R}$ 上一致收敛于 f.

15.3.8 设定义在 $[a,b]$ 上的连续函数列 $\{\varphi_n(x)\}$ 满足关系

$$\int_a^b\varphi_n(x)\varphi_m(x)\mathrm{d}x=\begin{cases}0, & n\neq m,\\ 1, & n=m.\end{cases}$$

对于在 $[a,b]$ 上的可积函数 f, 定义

$$a_n=\int_a^b f(x)\varphi_n(x)\mathrm{d}x,\quad n=1,2,\cdots.$$

证明级数 $\sum\limits_{n=1}^{\infty}a_n^2$ 收敛, 且有不等式 $\sum\limits_{n=1}^{\infty}a_n^2\leqslant\int_a^b f^2(x)\mathrm{d}x$.

(提示：仿文献 [1] 中第 78 页预备定理 1 的证明方法.)

第 16 章　多元函数的极限与连续

在此之前主要研究的是一元函数, 从本章开始来研究多元函数的相关内容, 而本章是研究多元函数的基础. 主要内容是: 16.1 节平面点集与多元函数. 按 "位置" 关系与 "疏密" 程度对平面上的点集进行分类, 并讨论其基本性质; 给出 $\mathbb{R}^2$ 中的完备性定理; 对多元函数作了介绍. 平面点集与完备性基本定理是 $\mathbb{R}$ 中的点集与实数完备性基本定理在 $\mathbb{R}^2$ 中的推广. 16.2 节二元函数的极限. 引进了重极限与累次极限的概念, 讨论了它们之间的关系. 16.3 节二元函数的连续性. 讨论二元函数的连续性, 并介绍了二元连续函数的基本性质.

16.1　平面点集与多元函数

一、内容精读

1. 平面点集的相关概念

坐标平面上满足某条件 P 的点的集合, 称为平面点集, 并记作

$$E=\big\{(x,y)\mid (x,y)\ \text{满足条件}\ P\big\}.$$

设 $P(x_1,y_1),P_2(x_2,y_2)\in E\subset\mathbb{R}^2$, P_1 与 P_2 间的距离 $\rho(P_1,P_2)$ 定义为

$$\rho(P_1,P_2)\overset{\text{def}}{=\!=}|P_1-P_2|=\sqrt{(x_1-x_2)^2+(y_1-y_2)^2}.$$

对任意 P_1, P_2, $P_3\in E\subset\mathbb{R}^2$, 则有如下三角不等式:

$$\rho(P_1,P_2)\leqslant\rho(P_1,P_3)+\rho(P_2,P_3).$$

设点集 $E\subset\mathbb{R}^2$, 定义 E 的直径为

$$d(E)\overset{\text{def}}{=\!=}\sup_{P_1,P_2\in E}\rho(P_1,P_2).$$

设 $P_0(x_0,y_0),P(x,y)\in\mathbb{R}^2$, 点 P_0 的 δ 邻域 定义为

$U(P_0;\delta)\overset{\text{def}}{=\!=}\big\{P\mid\rho(P_0,P)<\delta\big\}$ (圆形邻域) 或 $\big\{P\mid |x-x_0|<\delta,|y-y_0|<\delta\big\}$ (方形邻域) (图 16.1.1).

点 P_0 的 δ空心邻域为

$U^\circ(P_0;\delta) \overset{\text{def}}{=\!=} \{P \mid 0 < \rho(P_0,P) < \delta\}$ (圆形空心邻域) 或 $\{P \mid |x-x_0| < \delta, |y-y_0| < \delta, (x,y) \neq (x_0,y_0)\}$ (方形空心邻域).

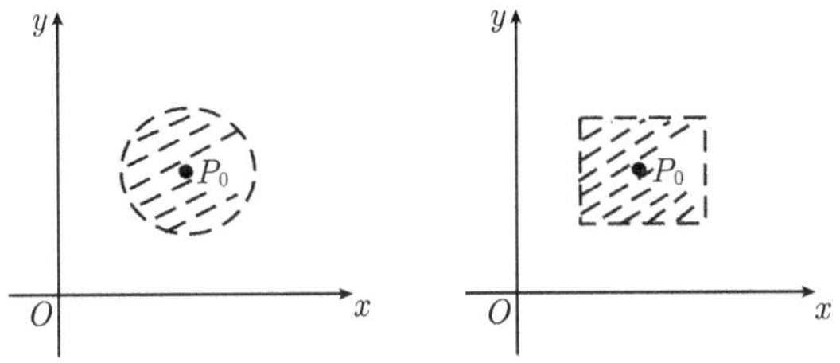

图 16.1.1

E 为有界点集 $\Leftrightarrow$ 存在某一正数 r, 使得 $E \subset U(O;r)$
$\Leftrightarrow$ 存在矩形区域 $D=[a,b]\times[c,d]$, 使得 $E \subset D$
$\Leftrightarrow$ $d(E)$ 为有限值,

其中 O 为坐标原点.

设 $P_0 \in \mathbb{R}^2$, 点集 $E \subset \mathbb{R}^2$.

(1) 按 "位置" 区分, 点 P_0 与 E 之间有如下关系:

点 P_0 为点集 E 的内点: 存在 $\delta > 0$, 使 $U(P_0;\delta) \subset E$.

点 P_0 为点集 E 的外点: 存在 $\delta > 0$, 使 $U(P_0;\delta) \cap E = \varnothing$.

点 P_0 为点集 E 的界点: 任意 $\delta > 0$, 使 $U(P_0;\delta) \cap E \neq \varnothing$, 且 $U(P_0;\delta) \cap E^{\mathrm{c}} \neq \varnothing$(其中 $E^{\mathrm{c}} = \mathbb{R}^2 \backslash E$ 为 E 的补集).

点集 E 的内部 $\mathrm{int}E$ 或 E°: E 的所有内点构成的集合.

点集 E 的边界 ∂E: E 的所有界点构成的集合.

由定义知, E 的内点必定属于 E (即 $\mathrm{int}E \subset E$); E 的外点必定不属于 E; E 的界点可能属于 E, 也可能不属于 E.

(2) 按 "疏密" 区分, 点 P_0 与 E 之间有如下关系:

点 P_0 为点集 E 的聚点: 任意 $\delta > 0$, 必有 $U^\circ(P_0;\delta) \cap E \neq \varnothing$.

设点 P_0 不为点集 E 的聚点. 若 $P_0 \notin E$, 则 P_0 为 E 的外点; 若 $P_0 \in E$, 则 P_0 为 E 的孤立点. 孤立点即为: 存在某一正数 δ, 使得 $U^\circ(P_0;\delta) \cap E = \varnothing$ (或者: 存在 $\delta > 0$, 使得 $U(P_0;\delta) \cap E = \{P_0\}$).

P_0 为点集 E 的聚点 $\Leftrightarrow$ 存在一个各项互异的点列 $\{P_n\} \subset E$, 使得 $\lim\limits_{n\to\infty} P_n = P_0$ (即当 $n \to \infty$ 时, $\rho_n = \rho(P_0,P_n) \to 0$).

E 的所有聚点组成的集合称为E的导集, 记为 E^{d}; 称$\overline{E} = E \cup E^{\mathrm{d}}$ 为E的闭包.

由内点、外点、界点、聚点及孤立点的定义，可知下列结论成立：

(i) $\mathrm{int}E = E \backslash \partial E \subset E^{\mathrm{d}}$;

(ii) 孤立点必为界点;

(iii) 属于 E 的界点或为 E 的孤立点, 或为 E 的聚点;

(iv) 不属于 E 的界点必为 E 的聚点;

(v) 聚点或者是内点, 或者是界点;

(vi) 既非聚点又非孤立点, 则必为外点. 反之亦然;

(vii) 内点和非孤立的界点一定是聚点.

设 $E \subset \mathbb{R}^2$. 若 $\text{int}E = E$, 即 E 中的点全是 E 的内点, 则称 E 为 $\mathbb{R}^2$ 中的一个开集. 若 $\overline{E} = E$ (即 $E^{\rm d} \subset E$, E 中所有聚点全属于 E), 则称 E 为闭集.

开集与闭集具有如下一些性质:

(i) E 为开集 $\Leftrightarrow E^{\rm c}$ 为闭集; E 为闭集 $\Leftrightarrow E^{\rm c}$ 为开集;

(ii) E_1, E_2 为开集 $\Rightarrow E_1 \cup E_2, E_1 \cap E_2$ 都为开集;

(iii) E_1, E_2 为闭集 $\Rightarrow E_1 \cup E_2, E_1 \cap E_2$ 都为闭集;

(iv) E 为开集, F 为闭集 $\Rightarrow F \setminus E$ 为闭集, $E \setminus F$ 为开集;

(v) 约定空集 $\varnothing$ 既是开集又是闭集.

若非空开集 E 具有*连通性* (即 E 中任意两点之间都可用一条完全含于 E 的折线相连接), 则称 E 为*开区域* (或称*连通开集*). 开区域连同其边界所成的点集称为闭区域. 开区域、闭区域, 或者开区域连同其一部分边界点所成的点集, 统称为区域. 对于区域, 有如下一些结论:

(i) 若 E 为开区域, 则闭区域 $E \cup \partial E = \overline{E}$ $(\equiv E \cup E^{\rm d})$;

(ii) 闭区域必为闭集, 但闭集未必是闭区域 (参见文献 [1] 第 92 页习题 4);

(iii) 连通的闭集未必为闭区域;

(iv) 若 $E \backslash \partial E$ 为一开区域时, E 未必为闭区域.

2. $\mathbb{R}^2$ 中的完备性定理

定理 16.1.1(Cauchy 收敛准则)　设 $\{P_n\} \subset \mathbb{R}^2$ 为一点列. $\{P_n\}$ 收敛 $\Leftrightarrow$ $\forall\, \varepsilon > 0, \exists\, N \in \mathbb{N}_+$, 当 $n > N$ 时, 对一切 $p \in \mathbb{N}_+$, 都有 $\rho(P_n, P_{n+p}) < \varepsilon$.

定理 16.1.2(闭区域套定理)　设 $D_n \in \mathbb{R}^2, n \in \mathbb{N}_+$ 是一列闭区域, 满足

(i) $D_{n+1} \subset D_n, n \in \mathbb{N}_+$;

(ii) $d_n = d(D_n) \to 0, n \to \infty$,

则存在唯一一点 $P_0 \in D_n$, $n \in \mathbb{N}_+$.

定理 16.1.3(聚点定理)　设 $E \subset \mathbb{R}^2$ 为有界无穷点集, 则 E 在 $\mathbb{R}^2$ 中至少有一个聚点.

推论 16.1.1(致密性定理)　设 $\{P_n\} \subset \mathbb{R}^2$ 为一有界点列, 则它必存在收敛子列 $\{P_{n_k}\}$, 并称该子列的极限 $\lim\limits_{k\to\infty} P_{n_k} = P_0$ 为点列 $\{P_n\}$ 的一个聚点.

推论 16.1.2　$E \subset \mathbb{R}^2$ 为有界集 $\Leftrightarrow E$ 的任一无穷子集必有聚点.

推论 16.1.3 $E \subset \mathbb{R}^2$ 为有界闭集 $\Leftrightarrow$ E 为一列紧集 (即 E 的任一无穷子集必有聚点, 且聚点都属于 E).

定理 16.1.4(有限覆盖定理) 设 $E \subset \mathbb{R}^2$ 为一有界闭区域, $\{\Delta_\alpha\}$ 为一开区域族, 它覆盖了 E (即 $E \subset \bigcup\limits_{\alpha} \Delta_\alpha$), 则在 $\{\Delta_\alpha\}$ 中必存在有限个开区域 $\Delta_1, \Delta_2, \cdots, \Delta_n$, 它们同样覆盖 E (即 $E \subset \bigcup\limits_{i=1}^{n} \Delta_i$).

注 16.1.1 在更一般的情况下, 可将定理 16.1.4 中的 E 改设为有界闭集, 而 $\Delta_\alpha \subset \mathbb{R}^2$ 为一开集族, 此时定理的结论仍然成立.

3. 二元函数

设点集 $D \subset \mathbb{R}^2$, 若按照某对应法则 f, D 中每一点 $P(x, y)$ 都有唯一确定的实数 z 与之对应, 则称 f 为定义在 D 上的**二元函数**, 记作

$$\begin{aligned} f:\ & D \to \mathbb{R}, \\ & P \mapsto z, \end{aligned}$$

且称 D 为 f 的**定义域**; $P \in D$ 所对应的 z 为 f 在点 P 的**函数值**, 记作 $z = f(P)$ 或 $z = f(x, y)$; 全体函数值的集合为 f 的**值域**, 记作 $f(D)$ $(\subset \mathbb{R})$, 即

$$f(D) = \{z \mid z = f(P), P \in D\}.$$

三维欧氏空间 $\mathbb{R}^3$ 中的点集

$$S = \{(x, y, z) \mid z = f(x, y),\ (x, y) \in D\} \subset \mathbb{R}^3$$

为二元函数 f 的图像—— 通常表示一空间曲面, 函数 f 的定义域 D 为该曲面在 xOy 平面上的投影.

为方便起见, 上述所确定的二元函数也记为

$$z = f(x, y),\ (x, y) \in D \quad 或 \quad z = f(P),\ P \in D.$$

若二元函数 f 的值域 $f(D)$ 为一有界集, 则称 f 在 D 上为一**有界函数**, 即存在 $M > 0$, 使得

$$|f(P)| \leqslant M, \quad \forall\, P \in D.$$

若 $f(D)$ 为一无界集, 则称 f 在 D 上为一**无界函数**, 即对任意 $M > 0$, 存在 $P \in D$, 使得 $|f(P)| > M$.

f 在 D 上无界 $\Leftrightarrow$ 存在 $\{P_n\} \subset D$ 使 $\lim\limits_{n\to\infty} f(P_n) = \infty$.

此处用到了多元函数的极限, 关于多元函数的极限请参见 16.2 节.

二、疑难解答

问题 16.1.1　请问数轴上的开集、闭集、开区域、闭区域、区域等集合为何种点集?

答　在数轴上的开集、闭集、开区域、闭区域、区域等集合为如下一些点集:

开集为一系列开区间的并集;

闭集是一系列闭区间及它们的聚点的并集;

开区域为一开区间, 如 (a,b), $(-\infty,a)$, $(a,+\infty)$;

闭区域为一闭区间, 如 $[a,b]$, $(-\infty,a]$, $[a,+\infty)$;

区域为任意一个区间. ■

问题 16.1.2　设点列 $\{P_n(x_n,y_n)\}\subset\mathbb{R}^2$, $P_0(x_0,y_0)\in\mathbb{R}^2$, 则 $\lim\limits_{n\to\infty}P_n=P_0\Leftrightarrow\lim\limits_{n\to\infty}x_n=x_0$, $\lim\limits_{n\to\infty}y_n=y_0$ 必成立吗?

答　结论成立. 事实上,

若 $\lim\limits_{n\to\infty}P_n=P_0$, 则对任意 $\varepsilon>0$, 存在 $N>0$, 当 $n>N$ 时必有 $\rho(P_0,P_n)<\varepsilon$, 从而当 $n>N$ 时必有 $|x_n-x_0|\leqslant\rho(P_0,P_n)<\varepsilon$, $|y_n-y_0|\leqslant\rho(P_0,P_n)<\varepsilon$, 于是 $\lim\limits_{n\to\infty}x_n=x_0$, $\lim\limits_{n\to\infty}y_n=y_0$.

若 $\lim\limits_{n\to\infty}x_n=x_0$, $\lim\limits_{n\to\infty}y_n=y_0$, 则对任意 $\varepsilon>0$, 存在 $N>0$, 当 $n>N$ 时必有 $|x_n-x_0|<\varepsilon/\sqrt{2}$, $|y_n-y_0|<\varepsilon/\sqrt{2}$, 从而

$$\rho(P_0,P_n)=\sqrt{(x_n-x_0)^2+(y_n-y_0)^2}<\varepsilon,$$

于是 $\lim\limits_{n\to\infty}P_n=P_0$. ■

问题 16.1.3　能否给出 $\mathbb{R}^n$ 中的两点间的距离表示?

答　参考 $\mathbb{R}^2$ 中的两点间的距离的定义, 可以给出 $\mathbb{R}^n$ 中的两点间的距离公式. 若 $P(x_1,x_2,\cdots,x_n),Q(y_1,y_2,\cdots,y_n)\in\mathbb{R}^n$, 则 P 与 Q 间的距离定义为

$$d\xlongequal{\text{def}}\rho(P,Q)=\sqrt{(x_1-y_1)^2+(x_2-y_2)^2+\cdots+(x_n-y_n)^2}.$$

上述所给的距离公式的实质为映射 $\rho:\mathbb{R}^n\times\mathbb{R}^n\to\mathbb{R}$. 对任意 $P,Q,R\in\mathbb{R}^n$, ρ 满足

(i) $\rho(P,Q)\geqslant0$, 且 $\rho(P,Q)=0\Leftrightarrow P=Q$; (非负性)

(ii) $\rho(P,Q)=\rho(Q,P)$; (对称性)

(iii) $\rho(P,Q)\leqslant\rho(P,R)+\rho(Q,R)$. (三角不等式)

其实满足上述 (i)~(iii) 的任意映射均可作为 $\mathbb{R}^n$ 中的两点间的距离. 因此, 还可以定义 $\mathbb{R}^n$ 中的两点间的距离为

$$d_1\xlongequal{\text{def}}\rho_1(P,Q)=|x_1-y_1|+|x_2-y_2|+\cdots+|x_n-y_n|\equiv\sum_{i=1}^n|x_i-y_i|.$$

不难验证 ρ_1 满足上述 (i)~(iii). ■

问题 16.1.4 若 E 和 F 分别为 $\mathbb{R}^2$ 中的开集与闭集, 请问在 $\mathbb{R}^3$ 中 E 是否仍为开集, F 仍为闭集?

答 在 $\mathbb{R}^3$ 中 E 不再是开集. 这是因为 $\mathbb{R}^2$ 中的邻域为一圆 (或正方形), 而 $\mathbb{R}^3$ 中的邻域为一球 (或正方体), 因此 E 中的点在 $\mathbb{R}^2$ 中为内点, 但在 $\mathbb{R}^3$ 中就不再是内点.

在 $\mathbb{R}^3$ 中 F 仍是闭集. 这是因为 F 在 $\mathbb{R}^2$ 中的聚点仍符合 $\mathbb{R}^3$ 聚点的定义, 且并不因为将 F 置于 $\mathbb{R}^3$ 中而导致其聚点有所增加或减少. ■

问题 16.1.5 $\mathbb{R}^2$ 中完备性定理与实数的完备性定理相比少了 "确界原理" 与 "单调有界性定理", 这是何故?

答 $\mathbb{R}^2$ 中完备性有四个定理 (Cauchy 收敛准则、闭域套 (闭集套) 定理、聚点定理、有限覆盖定理), 与 $\mathbb{R}$ 中的完备性定理比对, 没有确界原理与单调有界性定理. 这主要原因是, 在 $\mathbb{R}^2$ 中任意两点之间无法比较大小, $\mathbb{R}^2$ 中的点集也不可能有 "上、下界" 与 "确界" 等概念. 此外, $\mathbb{R}^2$ 中的点集的聚点不是一个实数, 而是一个有序数对, 当然也不会有 "最大聚点" 与 "最小聚点" 的说法. ■

三、典型例题

例 16.1.1 试确定如下函数的定义域:

$$f(x,y)=\sqrt{y}\arcsin\frac{\sqrt{2ax-x^2}}{y}+\sqrt{x}\arccos\frac{y^2}{2ax},\quad a>0.$$

解 要使给定的函数有意义, 各变量应满足下面的不等式组:

$$\begin{cases}\left|\dfrac{\sqrt{2ax-x^2}}{y}\right|\leqslant 1, & y>0,\\ \left|\dfrac{y^2}{2ax}\right|\leqslant 1, & x>0.\end{cases}$$

于是, 给定函数的定义域为

$$\left\{(x,y)\mid 0<x\leqslant 2a,\ y>0,\ \sqrt{2ax-x^2}\leqslant y\leqslant\sqrt{2ax}\right\},$$

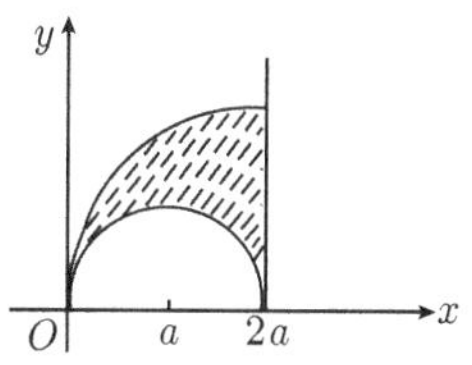

图 16.1.2

即由圆 $x^2-2ax+y^2=0$ 的上半圆, 抛物线 $y^2=2ax$ 和直线 $x=2a$ 所围成的平面区域, 参考图 16.1.2 中的阴影部分, 并去掉两点 $(0,0)$, $(2a,0)$. ■

例 16.1.2 设 $g(x,y)=x+y+f(x-y)$, 满足 $g(x,0)=x^2$. 求 $f(x)$ 与 $g(x,y)$.

解 将 $y=0$ 代入 $g(x,y)=x+y+f(x-y)$, 并注意到 $g(x,0)=x^2$, 可得

$$x^2=x+f(x),$$

于是

$$f(x)=x^2-x.$$

从而

$$g(x,y)=x+y+(x-y)^2-(x-y)=(x-y)^2+2y,$$

即

$$g(x,y)=(x-y)^2+2y.$$ ■

例 16.1.3 设 E 为 $\mathbb{R}^2$ 中的一个集合, 证明 ∂E 为闭集.

证法 1 (据定义). 设 $P\in(\partial E)^{\mathrm{c}}$, 则 P 只能是 E 的内点或外点.

(i) 若 $P\in \mathrm{int}E$, 则存在 $\delta>0$, 使得 $U(P;\delta)\subset E$. 由内点定义知 $U(P;\delta)\subset \mathrm{int}E$, 从而 $U(P;\delta)\subset(\partial E)^{\mathrm{c}}$.

(ii) 若 P 为 E 的外点, 则存在 $\delta>0$, 使得 $U(P;\delta)\cap E=\varnothing$. 因此 $U(P;\delta)\subset E^{\mathrm{c}}$, 而 $U(P;\delta)$ 本身就是开集, 这说明 $U(P;\delta)$ 中的点都不是 E 的边界点, 即 $U(P;\delta)\subset(\partial E)^{\mathrm{c}}$.

综上所述, 由定义可知 $(\partial E)^{\mathrm{c}}$ 为开集, 从而 ∂E 为闭集.

证法 2 (证明 $(\partial E)^{\mathrm{d}}\subset\partial E$). 设 $P\in(\partial E)^{\mathrm{d}}$, 则由聚点的等价性定义知存在相异点列 $\{P_n\}\subset\partial E$, $P_n\neq P$, $n=1,2,\cdots$, 使得 $\lim\limits_{n\to\infty}P_n=P$. 于是, 对任意 $\delta>0$, 存在 $N\in\mathbb{N}_+$, 当 $n>N$ 时 $P_n\in U(P;\delta)$. 取 $n_0>N$, 由于 $P_{n_0}\in\partial E$, 则由边界点的定义知 $U(P_{n_0};\delta-|P_{n_0}-P|)\subset U(P;\delta)$ 中有 E 中的点, 也有不在 E 中的点, 所以 $P\in\partial E$. 这就证明了 $(\partial E)^{\mathrm{d}}\subset\partial E$.

证法 3 (证明 $\partial(\partial E)\subset\partial E$). 设 $P\in\partial(\partial E)$, 则对任意 $\delta>0$, 在 $U\left(P;\dfrac{\delta}{2}\right)$ 中有 ∂E 的点 P'. 又由边界点定义, 在 $U\left(P';\dfrac{\delta}{2}\right)$ 中既有属于 E 的点, 也有不属于 E 的点. 由于 $U\left(P';\dfrac{\delta}{2}\right)\subset U(P;\delta)$, 因此 $U(P;\delta)$ 中既有属于 E 的点, 也有不属于 E 的点. 于是, $P\in\partial E$. 这就证明了 $\partial(\partial E)\subset\partial E$. ■

例 16.1.4 设 $E\subset\mathbb{R}^2$, E^{d} 为 E 的导集. 证明 E 为闭集, 且不含孤立点 $\Leftrightarrow E=E^{\mathrm{d}}$.

证明 充分性. 由条件可知

$$E=E^{\mathrm{d}}\Rightarrow\begin{cases}E=E\cup E^{\mathrm{d}}=\overline{E}\Rightarrow E\text{为闭集},\\ \text{对任意 } P\in E,\text{ 则 } P\in E^{\mathrm{d}}\Rightarrow E\text{ 不含孤立点}.\end{cases}$$

必要性. 若 E 为闭集, 且不含孤立点, 则

$$\left.\begin{array}{l}E=E\cup E^{\mathrm{d}}\Rightarrow E^{\mathrm{d}}\subset E,\\ \text{且对任意 } P\in E, \text{ 有 } P\in E^{\mathrm{d}}\Rightarrow E\subset E^{\mathrm{d}}\end{array}\right\}\Rightarrow E=E^{\mathrm{d}}.$$

■

例 16.1.5 设 $E\subset\mathbb{R}^2$, $E^{\mathrm{c}}=\mathbb{R}^2\backslash E$. 证明: E 为闭集 $\Leftrightarrow E=\mathrm{int}E\cup\partial E$, 或 $E^{\mathrm{c}}=\mathrm{int}(E^{\mathrm{c}})$.

证明 按下面次序来证明本题结论:

$$\begin{array}{c}E=E\cup E^{\mathrm{d}}\overset{(1)}{\Rightarrow}E=\mathrm{int}E\cup\partial E\overset{(2)}{\Rightarrow}E^{\mathrm{c}}=\mathrm{int}(E^{\mathrm{c}})\\ \Uparrow\!\underline{\underline{\qquad\qquad\qquad\qquad(3)\qquad\qquad\qquad\qquad}}\!\|\end{array}$$

(1) 对任意 $P\in\partial E$, P 或者为 E 的聚点, 或为 E 的孤立点. 由条件 $E^{\mathrm{d}}\subset E$, 知 $P\in E$, 从而 $\partial E\subset E$; 而 $\mathrm{int}E\subset E$; 所以 $\mathrm{int}E\cup\partial E\subset E$. 反之, 对任意 $P\in E$, P 或为 E 的内点, 或为 E 的界点, 由此可得 $E\subset\mathrm{int}E\cup\partial E$. 于是可得, 当 E 为闭集时, 必有 $E=\mathrm{int}E\cup\partial E$.

(2) 对任意 $P\in E^{\mathrm{c}}$, 则 $P\notin E$, 而由条件 $\partial E\subset E$, 所以 P 必为 E 的外点. 由定义, 存在 $\delta>0$, 使

$$U(P;\delta)\cap E=\varnothing.$$

从而 $U(P;\delta)\subset E^{\mathrm{c}}$, 即 $x\in\mathrm{int}(E^{\mathrm{c}})$, $E^{\mathrm{c}}\subset\mathrm{int}(E^{\mathrm{c}})$. 反之, 显然有 $\mathrm{int}(E^{\mathrm{c}})\subset E^{\mathrm{c}}$. 于是 $E^{\mathrm{c}}=\mathrm{int}(E^{\mathrm{c}})$.

(3) 对任意 $P\in E^{\mathrm{d}}$, 由条件可证明 $P\in E$ (若不然, $P\in E^{\mathrm{c}}$, 从而由条件 $P\in\mathrm{int}(E^{\mathrm{c}})$, 故存在 $\delta>0$, 使 $U(P;\delta)\subset E^{\mathrm{c}}$, 这与 P 为 E 的聚点发生矛盾), 从而 $E^{\mathrm{d}}\subset E$. 于是证得 $E=E\cup E^{\mathrm{d}}$. ■

对此题的两点说明: (i) 闭集也可以用 “$E=\mathrm{int}E\cup\partial E$” 来定义.

(ii) 闭集与开集具有对偶性质, 即闭集的补集为开集, 开集的补集为闭集. 利用此性质, 有时可以通过讨论 E 的补集的特性来认识 E.

例 16.1.6 证明如下结论:

(i) 若 F_1, F_2 为闭集, 则 $F_1\cup F_2$ 与 $F_1\cap F_2$ 均为闭集;

(ii) 若 F_1, F_2 为开集, 则 $F_1\cup F_2$ 与 $F_1\cap F_2$ 均为开集;

(iii) 若 F 为闭集, E 为开集, 则 $F\backslash E$ 为闭集, 与 $E\backslash F$ 为开集.

证明 (i) 仅证明 $F_1\cup F_2$ 为闭集情形 (对 $F_1\cap F_2$ 为闭集可类似证明).

设 P 为 $F_1\cup F_2$ 的任一聚点, 则存在各项互不相同的点列 $\{P_n\}$, $\lim\limits_{n\to\infty}P_n=P$. 由于 F_1 与 F_2 中至少有一个集合含有 $\{P_n\}$ 中的无限多项, 故不妨设 F_1 含有这无限多项 $\{P_{n_k}\}$. 又因 $\{P_n\}$ 收敛, 所以 $\{P_{n_k}\}$ 也收敛, 且有共同极限点 P, 从而 P 也是 F_1 的一个聚点, 再由 F_1 为闭集, 于是 $P\in F_1\subset F_1\cup F_2$, 即 $F_1\cup F_2$ 为闭集.

(ii) 仅证明 $F_1 \cap F_2$ 为开集情形 (对 $F_1 \cup F_2$ 为开集可类似证明).

设 $P \in F_1 \cap F_2$, 则 $P \in F_1$, $P \in F_2$. 由开集的定义, P 为 F_1 的内点, 又是 F_2 的内点. 于是分别存在 $\delta_1 > 0$, $\delta_2 > 0$, 使得

$$U(P;\delta_1) \subset F_1, \quad U(P;\delta_2) \subset F_2.$$

取 $\delta = \min\{\delta_1, \delta_2\}$, 则 $U(P;\delta) \subset F_1 \cap F_2$, P 为 $F_1 \cap F_2$ 的内点, 故 $F_1 \cap F_2$ 为开集.

(iii) 仅证明 $E \backslash F$ 为开集的情形 (对 $F \backslash E$ 为闭集可类似证明).

对任意 $P \in E \backslash F$, 则 $P \in E$, 但 $P \notin F$. 由此可知, P 为 E 的内点, P 又为 F 的外点. 于是分别存在 $\delta_1 > 0$, $\delta_2 > 0$, 使得

$$U(P;\delta_1) \subset E, \quad U(P;\delta_2) \cup F = \varnothing.$$

取 $\delta = \min\{\delta_1, \delta_2\}$, 则 $U(P;\delta) \subset E \backslash F$, P 为 $E \backslash F$ 的内点, 故 $E \backslash F$ 为开集. ■

例 16.1.7　设 $E \subset \mathbb{R}^2$, 若 E 既开又闭, 则 $E = \mathbb{R}^2$ 或 $E = \varnothing$.

证法 1　因 E 为闭集, 则 $\mathbb{R}^2 \backslash E$ 为开集. 于是, $\mathbb{R}^2 = E \cup (\mathbb{R}^2 \backslash E)$ 是两个不相交开集的并. 由 $\mathbb{R}^2$ 的连通性可知 E 与 $\mathbb{R}^2 \backslash E$ 中至少有一个为空集, 故 $E = \mathbb{R}^2$ 或 $E = \varnothing$.

证法 2　先证 $\partial E = \varnothing$. 因为 E 为开集, E 内的点都是内点, 所以 E 内无 E 的边界点. 同理 $\mathbb{R}^2 \backslash E$ 内也无 E 的边界点, 因此 $\partial E = \varnothing$.

如果 E 与 $\mathbb{R}^2 \backslash E$ 均非空, 则存在 $P \in E$, $P' \in \mathbb{R}^2 \backslash E$. 设 L 是连接 P 与 P' 的直线段, 则 L 是有界闭集. 设 P'' 是 L 的中点, 是 $P'' \in E$ 或 $P'' \in \mathbb{R}^2 \backslash E$. 因而 L 有子直线段 L_1 分别以 E 与 $\mathbb{R}^2 \backslash E$ 中的点为其端点, 依次可构造由 L 的子直线段组成的有界非空闭集套 $L \supset L_1 \supset \cdots \supset L_i \supset \cdots$, 其集合半径趋于零, 且两端点分别为 E 与 $\mathbb{R}^2 \backslash E$ 中的点. 由闭区域套定理知, 存在唯一的点 P_0 属于所有的直线段. 由边界点的定义可知 $P_0 \in \partial E$, 这与 $\partial E = \varnothing$ 相矛盾. ■

例 16.1.8　设 E_i, $i = 1, 2$ 均为 $\mathbb{R}^2$ 中的有界闭集, $E_1 \cap E_2 = \varnothing$, 证明存在两个开集 O_i, $i = 1, 2$, 使得 $E_i \subset O_i$, $i = 1, 2$, 且 $O_1 \cap O_2 = \varnothing$.

证明　以下分两步来证明.

第一步, 证明 $d = d(E_1, E_2) > 0$.

(反证法) 若 $d(E_1, E_2) = 0$, 则由 $d(E_1, E_2)$ 的定义, 存在 $P_n \in E_1$, $Q_n \in E_2$, 使

$$\lim_{n\to\infty} |P_n - Q_n| = 0. \tag{16.1.1}$$

由于 E_1 与 E_2 有界, 则由致密性定理知, $\{P_n\}$ 与 $\{Q_n\}$ 都有收敛子列 $\{P_{n_k}\}$ 与 $\{Q_{n_k}\}$, 不妨设 $\lim\limits_{k\to\infty} P_{n_k} = P$, $\lim\limits_{k\to\infty} Q_{n_k} = Q$. 再由 E_1 与 E_2 为闭集知 $P \in E_1$, $Q \in E_2$. 由式 (16.1.1) 有

$$\lim_{n\to\infty} |P_{n_k} - Q_{n_k}| = 0. \tag{16.1.2}$$

在式 (16.1.2) 中令 $k\to\infty$ 得 $P=Q$, 这与 $E_1\cap E_2=\varnothing$ 相矛盾.

第二步, 直接定义

$$O_i=\left\{P\in\mathbb{R}^2 \mid d(P,E_i)<\frac{d}{3}\right\},\quad i=1,2,$$

则 O_i 为开集, $E_i\subset O_i$, $i=1,2$, 且 $O_1\cap O_2=\varnothing$. ■

注 16.1.1 此题用到了点 $P\in\mathbb{R}^2$ 与集合 $E_1\subset\mathbb{R}^2$ 间的距离, 集合 $E_i\subset\mathbb{R}^2$ $(i=1,2)$ 间的距离:

$$d(P,E_1)=\inf_{P'\in E_1}\rho(P,P');$$
$$d(E_1,E_2)=\inf_{P_1\in E_1,P_2\in E_2}\rho(P_1,P_2)=\inf_{P_1\in E_1}\rho(P_1,E_2)=\inf_{P_2\in E_2}\rho(P_2,E_1).$$

四、巩固提高

16.1.1 试确定如下函数的定义域

$$f(x,y,z)=\sqrt{a^2-x^2-y^2-z^2}-\sqrt{z}\arcsin\frac{x^2+y^2}{3z},\quad a>0.$$

16.1.2 已知 $f(x,y)=x^2+y^2$, $g(x,y)=x^2-y^2$. 求

(i) $f\big(g(x,y),y^2\big)$; (ii) $g\big(f(x,y),g(x,y)\big)$.

16.1.3 证明 $\partial E=\overline{E}\backslash\mathrm{int}E$.

16.1.4 若 $E\cap F=\varnothing$, 证明 $\overline{E}\cap(\mathrm{int}F)=\varnothing$.

16.1.5 证明 $E=E^{\mathrm{d}}\Leftrightarrow E$ 为闭集, 且 E 无孤立点.

16.1.6 对于集合 E 与任意一组集合 F_α, $\alpha\in I$ (其中 I 为指标集), 证明恒有分配律 $E\cap\left(\bigcup\limits_{\alpha\in I}F_\alpha\right)=\bigcup\limits_{\alpha\in I}(E\cap F_\alpha)$.

16.1.7 设 E_i $(i=1,2)$ 为 $\mathbb{R}^2$ 中的两个闭集, 且 $E_1\cap E_2=\varnothing$.

(i) 若 E_1 与 E_2 中之一有界, 证明 $d(E_1,E_2)>0$;

(ii) 若 E_1 与 E_2 均无界, 问是否仍有 $d(E_1,E_2)>0$, 为什么?

16.1.8 设点列 $\{P_n\}\subset\mathbb{R}^2$, 证明若数项级数 $\sum\limits_{k=1}^{+\infty}\rho(P_k,P_{k+1})$ 收敛, 则点列 $\{P_n\}$ 也收敛.

(提示: 应用 Cauchy 收敛准则及级数收敛的必要条件.)

16.1.9 设 E_i $(i=1,2)$ 为 $\mathbb{R}^2$ 中的两个闭集, $E_1\cap E_2=\varnothing$, 且其中之一有界. 证明: 存在开集 O_1, O_2 满足 $E_i\subset O_i$, $i=1,2$, 且 $O_1\cap O_2=\varnothing$.

***16.10**(**$\mathbb{R}^2$ 的正规性**) 设 E_i $(i=1,2)$ 为 $\mathbb{R}^2$ 中的两个闭集 (不一定有界), $E_1\cap E_2=\varnothing$. 证明: 存在开集 O_1, O_2 满足 $E_i\subset O_i$, $i=1,2$, 且 $O_1\cap O_2=\varnothing$.

16.1.11 用闭区域套定理证明致密性定理.

16.1.12 用闭区域套定理证明三角形三边上的中线交于一点.

16.1.13 用致密性定理证明 Cauchy 收敛准则.

16.2 二元函数的极限

一、内容精读

1. 二元函数极限定义

1) 正常极限

设 f 为定义在 $D\subset\mathbb{R}^2$ 上的二元函数, P_0 为 D 的一个聚点, A 是一个确定的实数. 若对任给 $\varepsilon>0$, 总存在某 $\delta>0$, 使得

$$|f(P)-A|<\varepsilon,\quad \forall\ P\in U^\circ(P_0;\delta)\cap D, \tag{16.2.1}$$

则称 f 在 D 上当 $P\to P_0$ 时以 A 为极限, 记作

$$\lim_{\substack{P\to P_0\\ P\in D}} f(P)=A. \tag{16.2.2}$$

在对于 $P\in D$ 不致产生误解时, 也可简记为

$$\lim_{P\to P_0} f(P)=A. \tag{16.2.3}$$

当 P, P_0 分别用坐标 (x,y), (x_0,y_0) 表示时, 式 (16.2.3) 常写作

$$\lim_{(x,y)\to(x_0,y_0)} f(x,y)=A. \tag{16.2.4}$$

与一元函数相仿, 也可以定义自变量趋于 $\pm\infty$ 或 ∞ 时的极限, 但现在是两个自变量, 于是在此仅给出几例, 而其余的读者可仿照给出.

$$\lim_{(x,y)\to(\infty,\infty)} f(x,y)=A\Leftrightarrow \begin{array}{l}\forall\ \varepsilon>0,\exists\ M>0,\ \text{当}\ |x|>M,\\ |y|>M\ \text{时},\ |f(x,y)-A|<\varepsilon;\end{array} \tag{16.2.5}$$

$$\lim_{(x,y)\to(x_0,+\infty)} f(x,y)=A\Leftrightarrow \begin{array}{l}\forall\ \varepsilon>0,\exists\ \delta>0,\ M>0,\ \text{当}\ y>M,\\ 0<|x-x_0|<\delta\ \text{时},\ |f(x,y)-A|<\varepsilon;\end{array} \tag{16.2.6}$$

$$\lim_{(x,y)\to(-\infty,y_0)} f(x,y)=A\Leftrightarrow \begin{array}{l}\forall\ \varepsilon>0,\exists\ \delta>0,\ M>0,\ \text{当}\ x<-M,\\ 0<|y-y_0|<\delta\ \text{时},\ |f(x,y)-A|<\varepsilon.\end{array} \tag{16.2.7}$$

多元函数的极限与一元函数极限具有类似的性质, 如唯一性、局部有界性、局部保号性、局部比较原则、四则运算法则、Cauchy 准则及 Heine 原理等, 其论证与

一元函数完全相仿, 此处只给出叙述而略去证明. 下面仅以二元函数在点 $P_0(x_0, y_0)$ 处的极限为例.

定理 16.2.1(极限的唯一性) 若 $\lim\limits_{P\to P_0} f(P)$ 存在, 则其值是唯一的.

定理 16.2.2(局部有界性) 若 $\lim\limits_{P\to P_0} f(P)$ 存在, 则存在 $\delta > 0$, f 在 $U^\circ(P_0;\delta)$ 内有界.

定理 16.2.3(局部保号性) 若 $\lim\limits_{P\to P_0} f(P) = A > 0\ (< 0)$, 则存在 $\delta > 0$, 使得 f 在 $U^\circ(P_0;\delta)$ 内取正 (负) 值.

定理 16.2.4(局部比较原则) 若 $\lim\limits_{P\to P_0} f(P) = A$, $\lim\limits_{P\to P_0} g(P) = B$, 且当 $P \in U^\circ(P_0;\delta)$ 时, 有 $f(P) \geqslant g(P)$, 则 $A \geqslant B$.

定理 16.2.5(四则运算法则) 若 $\lim\limits_{P\to P_0} f(P) = A$, $\lim\limits_{P\to P_0} g(P) = B$, 则

$$\lim_{P\to P_0}\big(f(P) \pm g(P)\big) = A \pm B;$$

$$\lim_{P\to P_0} f(P)g(P) = AB;$$

$$\lim_{P\to P_0} \frac{f(P)}{g(P)} = \frac{A}{B}\ (\text{若 } B \neq 0).$$

定理 16.2.6(Cauchy 收敛准则) $\lim\limits_{P\to P_0} f(P)$ 存在 $\Leftrightarrow \forall\, \varepsilon > 0, \exists\, \delta > 0$, 对任意 $P_1, P_2 \in U^\circ(P_0;\delta)$, 都有 $|f(P_1) - f(P_2)| < \varepsilon$.

定理 16.2.7(Heine 归结原则) $\lim\limits_{P\to P_0} f(P) = A \Leftrightarrow \forall\ \{P_n\} \in U^\circ(P_0;\delta)$ 且 $\lim\limits_{n\to\infty} P_n = P_0$, 都有 $\lim\limits_{n\to\infty} f(P_n) = A$.

2) 广义极限

设 f 为定义在 $D \subset \mathbb{R}^2$ 上的二元函数, $P_0(x_0, y_0)$ 为 D 的一个聚点. 若对任给的正数 M, 总存在点 P_0 的一个 δ 邻域, 使得当 $P(x, y) \in U^\circ(P_0;\delta) \cap D$ 时, 都有 $f(P) > M$, 则称 f 在 D 上当 $P \to P_0$ 时存在非正常极限$+\infty$, 记作

$$\lim_{\substack{P\to P_0\\ P\in D}} f(P) = +\infty \quad \text{或} \quad \lim_{(x,y)\to(x_0,y_0)} f(x, y) = +\infty.$$

仿此类似可定义:

$$\lim_{\substack{P\to P_0\\ P\in D}} f(P) = -\infty \quad \text{或} \quad \lim_{(x,y)\to(x_0,y_0)} f(x, y) = -\infty.$$

$$\lim_{\substack{P\to P_0\\ P\in D}} f(P) = \infty \quad \text{或} \quad \lim_{(x,y)\to(x_0,y_0)} f(x, y) = \infty.$$

2. 二元函数极限存在条件

(i) $\lim\limits_{\substack{P\to P_0\\P\in D}} f(P)=A \Leftrightarrow$ 对任意 $E\subset D$, 只要 P_0 是 E 的聚点, 就有 $\lim\limits_{\substack{P\to P_0\\P\in E}} f(P)=A$;

(ii) 设 $E_1\subset D$, P_0 是 E_1 的聚点, 若 $\lim\limits_{\substack{P\to P_0\\P\in E_1}} f(P)$不存在, 则 $\lim\limits_{\substack{P\to P_0\\P\in D}} f(P)$ 也不存在;

(iii) 设 $E_1,E_2\subset D$, P_0 是 E_1,E_2 的聚点, 若

$$\lim_{\substack{P\to P_0\\P\in E_1}} f(P)=A_1,\quad \lim_{\substack{P\to P_0\\P\in E_2}} f(P)=A_2,$$

但 $A_1\neq A_2$, 则 $\lim\limits_{\substack{P\to P_0\\P\in D}} f(P)$ 不存在;

(iv) 对任意 $\{P_n\}\subset D$, $\lim\limits_{n\to\infty} P_n=P_0(P_n\neq P_0)$, 则

$$\lim_{\substack{P\to P_0\\P\in D}} f(P)=A \Leftrightarrow \lim_{n\to\infty} f(P_n)=A. \tag{16.2.8}$$

3. 累次极限

设 $E_x,E_y\subset\mathbb{R}$, x_0 是 E_x 的聚点, y_0 是 E_y 的聚点, 二元函数 f 在集合 $D=E_x\times E_y$ 上有定义.

1) 先对 $x\ (\to x_0)$ 后对 $y\ (\to y_0)$ 的累次极限

若对每一个 $y\in E_y$, $y\neq y_0$, 存在极限 $\lim\limits_{\substack{x\to x_0\\x\in Ex}} f(x,y)$, 记为 $\varphi(y)=\lim\limits_{\substack{x\to x_0\\x\in Ex}} f(x,y)$, 而存在极限 $L=\lim\limits_{\substack{y\to y_0\\y\in Ey}} \varphi(y)$, 则称极限 L 为二元函数 f 先对 $x(\to x_0)$ 后对 $y\ (\to y_0)$ 的累次极限, 并记为

$$L=\lim_{\substack{y\to y_0\\y\in Ey}}\lim_{\substack{x\to x_0\\x\in Ex}} f(x,y)\quad 或\quad L=\lim_{y\to y_0}\lim_{x\to x_0} f(x,y).$$

2) 先对 $y(\to y_0)$ 后对 $x(\to x_0)$ 的累次极限

若对每一个 $x\in E_x$, $x\neq x_0$, 存在极限 $\lim\limits_{\substack{y\to y_0\\y\in Ey}} f(x,y)$, 记为 $\psi(x)=\lim\limits_{\substack{y\to y_0\\y\in Ey}} f(x,y)$, 而存在极限 $K=\lim\limits_{\substack{x\to x_0\\x\in Ex}} \psi(x)$, 则称极限 K 为二元函数 f 先对 $y(\to y_0)$ 后对 $x(\to x_0)$ 的累次极限, 并记为

$$K=\lim_{\substack{x\to x_0\\x\in Ex}}\lim_{\substack{y\to y_0\\y\in Ey}} f(x,y)\quad 或\quad K=\lim_{x\to x_0}\lim_{y\to y_0} f(x,y).$$

相对于累次极限, 前面所说的极限 $\lim\limits_{(x,y)\to(x_0,y_0)} f(x,y)$ 称为重极限.

4. 重极限与累次极限的关系

累次极限与重极限是两个不同的概念, 它们的存在性没有必然的蕴涵关系.

累次极限存在 $\nRightarrow$ 重极限存在; 重极限存在 $\nRightarrow$ 累次极限存在.

例如, 对于二元函数 $f(x,y)=\dfrac{x-y+x^2+y^2}{x+y}$, 它关于原点的累次极限分别为

$$\lim_{y\to 0}\lim_{x\to 0}\frac{x-y+x^2+y^2}{x+y}=\lim_{y\to 0}\frac{y^2-y}{y}=\lim_{y\to 0}(y-1)=-1,$$

$$\lim_{x\to 0}\lim_{y\to 0}\frac{x-y+x^2+y^2}{x+y}=\lim_{x\to 0}\frac{x+x^2}{x}=\lim_{x\to 0}(1+x)=1,$$

即 f 的两个累次极限都存在但不相等.

由于

$$\lim_{\substack{(x,y)\to(0,0)\\ y=mx}} f(x,y)=\lim_{x\to 0} f(x,mx)=\lim_{x\to 0}\frac{(1-m)+(1+m^2)x}{1+m}=\frac{1-m}{1+m},$$

当 m 取不同值时, 上述极限不相同. 故由 2 中 (iii) 知 $\lim\limits_{(x,y)\to(0,0)} f(x,y)$ 不存在.

又如, 对于二元函数 $f(x,y)=x\sin\dfrac{1}{y}+y\sin\dfrac{1}{x}$. 因

$$|f(x,y)-0|=\left|x\sin\frac{1}{y}+y\sin\frac{1}{x}\right|\leqslant |x|+|y|,$$

所以 $\lim\limits_{(x,y)\to(0,0)} f(x,y)=0$. 但

$$\lim_{y\to 0}\lim_{x\to 0}\left(x\sin\frac{1}{y}+y\sin\frac{1}{x}\right),\quad \lim_{x\to 0}\lim_{y\to 0}\left(x\sin\frac{1}{y}+y\sin\frac{1}{x}\right)$$

都不存在.

但在一定的条件下, 重极限与累次极限之间存在联系.

定理 16.2.8 若重极限 $\lim\limits_{(x,y)\to(x_0,y_0)} f(x,y)=A$ (存在), 则

(i) 当累次极限 $\lim\limits_{x\to x_0}\lim\limits_{y\to y_0} f(x,y)=L$ (存在) 时, 必有 $A=L$;

(ii) 当累次极限 $\lim\limits_{y\to y_0}\lim\limits_{x\to x_0} f(x,y)=K$ (存在) 时, 必有 $A=K$.

推论 16.2.1 若 $\lim\limits_{x\to x_0}\lim\limits_{y\to y_0} f(x,y)$, $\lim\limits_{y\to y_0}\lim\limits_{x\to x_0} f(x,y)$ 与 $\lim\limits_{(x,y)\to(x_0,y_0)} f(x,y)$ 都存在, 则三者必相等. (累次极限可交换次序的充分条件.)

推论 16.2.2 若累次极限 $\lim\limits_{x\to x_0}\lim\limits_{y\to y_0} f(x,y)$ 与 $\lim\limits_{y\to y_0}\lim\limits_{x\to x_0} f(x,y)$ 存在但不相等, 则重极限 $\lim\limits_{(x,y)\to(x_0,y_0)} f(x,y)$ 必不存在. (用于判断重极限不存在方便.)

二、疑难解答

问题 16.2.1 试问累次极限

$$\lim_{x\to x_0}\lim_{y\to y_0}f(x,y),\quad \lim_{y\to y_0}\lim_{x\to x_0}f(x,y)$$

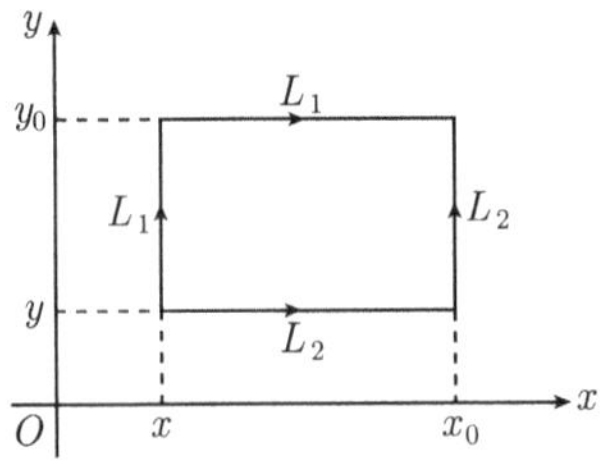

图 16.2.1

是否可以看作动点 (x,y) 分别由下列两条路径 (图 16.2.1):

$$路径\ L_1:(x,y)\to(x,y_0)\to(x_0,y_0);$$

$$路径\ L_2:(x,y)\to(x_0,y)\to(x_0,y_0)$$

趋于 (x_0,y_0) 时 $f(x,y)$ 的极限?

答 不能.

主要是因为按累次极限 $\lim\limits_{x\to x_0}\lim\limits_{y\to y_0}f(x,y)$ 的定义, 对每一个 $x\in E_x$, $x\neq x_0$, 记 $\psi(x)=\lim\limits_{\substack{y\to y_0\\ y\in Ey}}f(x,y)$, $\lim\limits_{x\to x_0}\lim\limits_{y\to y_0}f(x,y)=\lim\limits_{\substack{x\to x_0\\ x\in Ex}}\psi(x)$, 而不是 $\lim\limits_{x\to x_0}f(x,y_0)$, 因为在一般情况下 $\psi(x)=\lim\limits_{\substack{y\to y_0\\ y\in Ey}}f(x,y)$ 与 $f(x,y_0)$ 不一定相同.

沿路径 L_1 使 $(x,y)\to(x_0,y_0)$ 时, 在折线的第二段上恒有 $y=y_0$, 因此 $\lim\limits_{\substack{(x,y)\to(x_0,y_0)\\ (x,y)\in L_1}}f(x,y)$ 其实就是 $\lim\limits_{x\to x_0}f(x,y_0)$, 故由上述讨论知这两者是不同的.

同理可分析, $\lim\limits_{\substack{(x,y)\to(x_0,y_0)\\ (x,y)\in L_2}}f(x,y)$ 与 $\lim\limits_{y\to y_0}\lim\limits_{x\to x_0}f(x,y)$ 也是不同的. ■

由此可知, 推论 16.2.2 与前述二元函数极限存在的条件中的 (iii) 不相同.

问题 16.2.2 二元函数极限 $\lim\limits_{(x,y)\to(x_0,y_0)}f(x,y)=A$ 的定义有哪些常用的等价表述?

答 二元函数极限 $\lim\limits_{(x,y)\to(x_0,y_0)}f(x,y)=A$ 的定义有如下常用的等价表述:

(i) 圆形空心邻域表述: 对任意 $\varepsilon>0$, 存在 $\delta>0$, 当 $(x,y)\in D(f)$, 且满足 $0<\sqrt{(x-x_0)^2+(y-y_0)^2}<\delta$, 都有 $|f(x,y)-A|<\varepsilon$.

(ii) 方形空心邻域表述: 对任意 $\varepsilon>0$, 存在 $\delta>0$, 当 $(x,y)\in D(f)$, 满足 $|x-x_0|<\delta$, $|y-y_0|<\delta$, 且 $(x,y)\neq(x_0,y_0)$, 都有 $|f(x,y)-A|<\varepsilon$.

(iii) 极坐标表述: 对任意 $\varepsilon>0$, 存在 $\delta>0$, 当 $0<r<\delta$, 任意 $\theta\in[0,2\pi]$, 都有

$$|f(x_0+r\cos\theta,y_0+r\sin\theta)-A|<\varepsilon.$$

这里 $x=x_0+r\cos\theta$, $y=y_0+r\sin\theta$, 且 $(x,y)\in D(f)$.

注 16.2.1 用极坐标表示二元函数极限, 常用来证明或计算二元函数的极限.

例 1 计算极限 $\lim\limits_{(x,y)\to(0,0)} xy\dfrac{x^2-y^2}{x^2+y^2}$.

解 设 $x=r\cos\theta$, $y=r\sin\theta$. $(x,y)\to(0,0)$ 等价于对任意 $\theta\in[0,2\pi]$, 都有 $r\to 0$. 于是

$$\left|xy\frac{x^2-y^2}{x^2+y^2}\right|=\left|r^2\sin\theta\cos\theta\frac{r^2(\cos^2\theta-\sin^2\theta)}{r^2}\right|=\frac{1}{4}r^2|\sin 4\theta|\leqslant\frac{r^2}{4}\to 0\quad(r\to 0),$$

即对任意 $\varepsilon>0$, 取 $\delta=2\sqrt{\varepsilon}>0$, 当 $0<r<\delta$, 任意 $\theta\in[0,2\pi]$, 有

$$\left|xy\frac{x^2-y^2}{x^2+y^2}-0\right|\leqslant\frac{r^2}{4}<\varepsilon.$$

从而 $\lim\limits_{(x,y)\to(0,0)} xy\dfrac{x^2-y^2}{x^2+y^2}=0$. ∎

问题 16.2.3 请问求二元函数的极限有哪些常用的方法 (至少给出 3 种)?

答 求二元函数的极限有如下常用方法:

(i) 利用二元函数极限的四则运算法则及函数的连续性 (二元函数的连续性请参见 16.3 节中的内容).

(ii) 利用适当放缩不等式并使用迫敛性.

例 1 求极限 $\lim\limits_{(x,y)\to(0,0)} xy\ln(x^2+y^2)$.

解 由于 (对于 $x=r\cos\theta$, $y=r\sin\theta$, $\theta\in[0,2\pi]$)

$$0\leqslant|xy\ln(x^2+y^2)|\leqslant 2r^2\ln r\to 0\quad(r\to 0^+),$$

所以, $\lim\limits_{(x,y)\to(0,0)} xy\ln(x^2+y^2)=0$.

例 2 求极限 $\lim\limits_{(x,y)\to(+\infty,+\infty)}\left(\dfrac{xy}{x^2+y^2}\right)^{x^2}$.

解 由于当 $x>0$, $y>0$ 时, $0<\dfrac{xy}{x^2+y^2}\leqslant\dfrac{1}{2}$, 所以

$$0<\left(\frac{xy}{x^2+y^2}\right)^{x^2}\leqslant\left(\frac{1}{2}\right)^{x^2}\to 0,\quad x\to+\infty.$$

于是, $\lim\limits_{(x,y)\to(+\infty,+\infty)}\left(\dfrac{xy}{x^2+y^2}\right)^{x^2}=0$.

(iii) 利用变量替换化简或化为已知极限. 对含有三角函数或幂指函数的二重极限可以考虑它是否能够通过变形或变量代换化为一元函数中基本极限, 如

$$\lim_{t\to 0}\frac{\sin t}{t}=1,\quad \lim_{t\to 0}\frac{\tan t}{t}=1,\quad \lim_{t\to 0}(1+t)^{\frac{1}{t}}=\mathrm{e},\quad \cdots,$$

然后利用这些基本极限去求重极限的值.

例 1 求极限 $\lim\limits_{(x,y)\to(0,2)}\dfrac{\sin(xy)}{x}$.

解 当 $(x,y)\in U^\circ\big((0,2);\delta\big)$ 时, 令 $t=xy$, 则

$$\lim_{(x,y)\to(0,2)}\frac{\sin(xy)}{x}=\lim_{(t,y)\to(0,2)}\frac{\sin t}{t}\cdot y=\lim_{t\to0}\frac{\sin t}{t}\cdot\lim_{y\to2}y=2.$$

例 2 求极限 $\lim\limits_{(x,y)\to(0,0)}\dfrac{\sin(x^2+y^2)}{x^2+y^2}$.

解 $\lim\limits_{(x,y)\to(0,0)}\dfrac{\sin(x^2+y^2)}{x^2+y^2}\overset{t=x^2+y^2}{=\!=\!=}\lim\limits_{t\to0}\dfrac{\sin t}{t}=1.$

(iv) 利用初等变形, 如分母有理化、取对数运算等.

例 1 求极限 $\lim\limits_{(x,y)\to(0,0)}\dfrac{x^2+y^2}{\sqrt{1+x^2+y^2}-1}$.

解 由于

$$\frac{x^2+y^2}{\sqrt{1+x^2+y^2}-1}=\frac{(x^2+y^2)\left(\sqrt{1+x^2+y^2}+1\right)}{(1+x^2+y^2)-1}=\sqrt{1+x^2+y^2}+1,$$

所以, $\lim\limits_{(x,y)\to(0,0)}\dfrac{x^2+y^2}{\sqrt{1+x^2+y^2}-1}=\lim\limits_{(x,y)\to(0,0)}\left(\sqrt{1+x^2+y^2}+1\right)=2.$ ■

问题 16.2.4 如何利用推论 16.2.2 来说明极限 $\lim\limits_{(x,y)\to(x_0,y_0)}f(x,y)$ 不存在?

答 通常情况下, 只要沿两个路径的极限不相等, 或沿某路径极限不存在, 则表明二重极限不存在.

例 1 对于二元函数 $f(x,y)=\dfrac{x^2-y^2}{x^2+y^2}$, 由于

$$\lim_{x\to0}\lim_{y\to0}f(x,y)=1,\quad \lim_{y\to0}\lim_{x\to0}f(x,y)=-1,$$

所以由推论 16.2.2 可知, 所给的二元函数在原点的极限不存在. ■

三、典型例题

例 16.2.1 利用二元函数极限定义, 证明 $\lim\limits_{(x,y)\to(0,0)}\dfrac{xy(x^2-y^2)}{x^2+y^2}=0.$

证法 1 由于

$$\left|\frac{xy(x^2-y^2)}{x^2+y^2}-0\right|\leqslant|xy|\leqslant\frac{1}{2}(x^2+y^2),$$

所以, 对任意 $\varepsilon>0$, 取 $\delta=\sqrt{2\varepsilon}$, 当 $0<\sqrt{x^2+y^2}<\delta$ 时, 有

$$\left|\frac{xy(x^2-y^2)}{x^2+y^2}-0\right|<\varepsilon.$$

由二元函数极限的定义, 知 $\lim\limits_{(x,y)\to(0,0)} \dfrac{xy(x^2-y^2)}{x^2+y^2}=0$.

证法 2 参见问题 16.2.2 中的注 16.2.1. ■

例 16.2.2 证明下列二元函数极限在 $(x,y)\to(0,0)$ 时不存在极限:

(i) $f(x,y)=\dfrac{x^2y}{x^4+y^2}$; (ii) $f(x,y)=\dfrac{x-y^2+y^3}{2x+y^2}$.

证明 (i) 由于沿曲线 $y=kx^2$ 的极限为

$$\lim_{\substack{(x,y)\to(0,0)\\ y=kx}} f(x,y)=\lim_{x\to 0}\frac{kx^4}{(1+k^2)x^4}=\frac{k}{1+k^2},$$

它依赖于 k, 随 k 的变化而异, 因此 $\lim\limits_{(x,y)\to(0,0)}\dfrac{x^2y}{x^4+y^2}$ 不存在.

(ii) 由于

$$\lim_{x\to 0}\lim_{y\to 0} f(x,y)=\lim_{x\to 0}\frac{x}{2x}=\frac{1}{2},\quad \lim_{y\to 0}\lim_{x\to 0} f(x,y)=\lim_{y\to 0}\frac{-y^2+y^3}{y^2}=-1,$$

则由推论 16.2.2 知, $\lim\limits_{(x,y)\to(0,0)}\dfrac{x-y^2+y^3}{2x+y^2}$ 不存在. ■

例 16.2.3 若 $a>0,\ b>0,\ a+b>c>0,\ r=\sqrt{x^2+y^2}$.

(i) 证明 $x^ay^b=o(r^c),\ r\to 0$;

(ii) 讨论 $\lim\limits_{r\to 0}\dfrac{x^ay^b}{r^{a+b}}$ 是否存在?

(i) **证明** 因为

$$\left|\frac{x^ay^b}{r^c}\right|=\left|\frac{r^a\cos^a\theta\cdot r^b\sin^b\theta}{r^c}\right|\leqslant r^{a+b-c}\to 0\quad (r\to 0),$$

所以 $x^ay^b=o(r^c),\ r\to 0$.

(ii) **解** 因为 $\dfrac{x^ay^b}{r^{a+b}}=\cos^a\theta\sin^b\theta$, 因此沿不同角度的射线使 $r\to 0$, $\lim\limits_{r\to 0}\dfrac{x^ay^b}{r^{a+b}}$ 随 θ 而异, 故 $\lim\limits_{r\to 0}\dfrac{x^ay^b}{r^{a+b}}$ 不存在. ■

例 16.2.4 设 $f(x,y)$ 在点 $P_0(x_0,y_0)$ 的某个空心邻域 $U^\circ(P_0)$ 内有定义, 若

(i) 在 $U^\circ(P_0)$ 中, 对每一个 $y\neq y_0$ 存在 $\lim\limits_{x\to x_0} f(x,y)=\psi(y)$;

(ii) 在 $U^\circ(P_0)$ 中, 关于 x 一致地存在极限 $\lim\limits_{y\to y_0} f(x,y)=\varphi(x)$.

试证明 $\lim\limits_{x\to x_0}\lim\limits_{y\to y_0} f(x,y)=\lim\limits_{y\to y_0}\lim\limits_{x\to x_0} f(x,y)$.

证法 1 (直接证明) (1) 先证明 $\lim\limits_{y\to y_0}\psi(y)=A$(存在).

由条件 (ii), 对任意 $\varepsilon > 0$, 存在 $\delta > 0$, 对一切的 x, 只要 $(x, y) \in U^\circ(P_0)$ (方形空心邻域, 本题以下同), 且 $0 < |y - y_0| < \delta$, 有

$$|f(x,y) - \varphi(x)| < \frac{\varepsilon}{2}.$$

于是, 当 $0 < |y' - y_0| < \delta$, 有

$$|f(x,y) - f(x,y')| \leqslant |f(x,y) - \varphi(x)| + |f(x,y') - \varphi(x)| < \varepsilon.$$

再令 $x \to x_0$, 并由条件 (i), 得到

$$|\psi(y) - \psi(y')| \leqslant \varepsilon.$$

于是, 由 Cauchy 收敛准则知 $\lim\limits_{y\to y_0} \psi(y)$ 存在, 并设 $\lim\limits_{y\to y_0} \psi(y) = A$.

(2) 再证明 $\lim\limits_{x\to x_0} \varphi(x) = A$. 由于

$$|\varphi(x) - A| \leqslant |f(x,y) - \varphi(x)| + f(x,y) - \psi(y)| + |\psi(y) - A|,$$

所以由条件 (ii) 及上述已证明的结论, 对任意 $\varepsilon > 0$, 当 $(x, y) \in U^\circ(P_0)$, 且 y 与 y_0 充分接近时, 有

$$|f(x,y) - \varphi(x)| < \frac{\varepsilon}{3}, \quad |\psi(y) - A| < \frac{\varepsilon}{3}.$$

再将 y 固定, 由条件 (i), 存在 $\delta > 0$, 当 $0 < |x - x_0| < \delta$ 时, 有

$$|f(x,y) - \psi(y)| < \frac{\varepsilon}{3}.$$

于是, $|\varphi(x) - A| < \varepsilon$, 即 $\lim\limits_{x\to x_0} \varphi(x) = A$.

综合 (1) 与 (2), 就得 $\lim\limits_{x\to x_0}\lim\limits_{y\to y_0} f(x,y) = \lim\limits_{y\to y_0}\lim\limits_{x\to x_0} f(x,y)$.

证法 2 (应用 Heine 归结原则) 由 Heine 归结原则, 只要证明对任意 $\{y_n\}$, $y_n \neq y_0$, 且 $\lim\limits_{n\to\infty} y_n = y_0$, 都有

$$\lim_{n\to\infty} \psi(y_n) = \lim_{x\to x_0} \varphi(x).$$

为此, 先定义 $F_n(x) = f(x, y_n)$. 由条件 (ii) 知函数列 $\{F_n(x)\}$ 在 x_0 的空心邻域 $U^\circ(x_0)$ 上一致收敛, 因此有

$$\lim_{n\to\infty} F_n(y) = \lim_{n\to\infty} f(x, y_n) = \varphi(x).$$

又由条件 (i) 可得

$$\lim_{x\to x_0} F_n(y) = \lim_{x\to x_0} f(x, y_n) = \psi(y_n).$$

由一致收敛的函数列求极限的性质, 可得

$$\lim_{n\to\infty}\psi(y_n)=\lim_{x\to x_0}\varphi(x).$$

再由 Heine 归结原则, 得到

$$\lim_{y\to y_0}\psi(y)=\lim_{x\to x_0}\varphi(x),$$

即 $\lim\limits_{x\to x_0}\lim\limits_{y\to y_0}f(x,y)=\lim\limits_{y\to y_0}\lim\limits_{x\to x_0}f(x,y)$. ■

本例给出了二元函数两个累次极限相等的又一个充分条件. 与推论 16.2.1 相比较, 当本例的条件成立时, 不能保证重极限 $\lim\limits_{(x,y)\to(x_0,y_0)}f(x,y)$ 的存在.

例 16.2.5 设 $f(t)$ 在区间 (a,b) 内连续可导, 函数

$$F(x,y)=\begin{cases}\dfrac{f(x)-f(y)}{x-y}, & x\neq y,\\ f'(x), & x=y\end{cases}$$

定义在区域 $D=(a,b)\times(a,b)$ 内. 证明对任何 $c\in(a,b)$, 有

$$\lim_{(x,y)\to(c,c)}F(x,y)=f'(c).$$

证明 取 $\Delta x\neq\Delta y$ 使 $x=c+\Delta x\in(a,b)$, $y=c+\Delta y\in(a,b)$. 不妨设 $\Delta x<\Delta y$. 由 $f(t)$ 在区间 (a,b) 内连续可导知, $f(t)$ 在闭区间 $[c+\Delta x,c+\Delta y]$ 上连续, 在开区间 $(c+\Delta x,c+\Delta y)$ 内可导, 则由 Lagrange 中值定理知, 存在 $\xi=c+\Delta x+\theta(\Delta y-\Delta x)\in(c+\Delta x,c+\Delta y)$, $0<\theta<1$, 有

$$\begin{aligned}\frac{f(x)-f(y)}{x-y}&=\frac{f(c+\Delta x)-f(c+\Delta y)}{\Delta x-\Delta y}=f'(\xi)\\&=f'\big(c+\Delta x+\theta(\Delta y-\Delta x)\big),\quad 0<\theta<1.\end{aligned}$$

又 $f'(t)$ 是连续的, 所以

$$\lim_{(x,y)\to(c,c)}F(x,y)=\lim_{(\Delta x,\Delta y)\to(0,0)}f'\big(c+\Delta x+\theta(\Delta y-\Delta x)\big)=f'(c).$$ ■

解题回顾 此题应用了一元函数的 Lagrange 中值定理, 这是证明过程中的关键的一步. 要用好 $f(t)$ 在区间 (a,b) 内连续可导的条件, 给出适当的闭区间, 使得 f 在此区间上满足 Lagrange 中值定理的条件.

四、巩固提高

16.2.1 求下列极限:

(i) $\lim\limits_{(x,y)\to(0,0)}(x+y)\ln(x^2+y^2)$;　　(ii) $\lim\limits_{(x,y)\to(\infty,\infty)}\dfrac{x+y}{x^2-xy+y^2}$;

(iii) $\lim\limits_{(x,y)\to(\infty,0)}\left(1+\dfrac{1}{x}\right)^{\frac{x^2}{x+y}}$;　　(iv) $\lim\limits_{(x,y)\to(0,0)}(x+y)\sin\dfrac{1}{x^2+y^2}$;

(v) $\lim\limits_{(x,y)\to(0,0)} f(x,y)$, 其中 $f(x,y)=\begin{cases}\dfrac{\ln(1+xy)}{x}, & x\neq 0,\\ y, & x=0.\end{cases}$

16.2.2 讨论下列各函数在 $(0,0)$ 点的二重极限与累次极限:

(i) $\dfrac{x^2y^2}{x^2y^2+(x-y)^2}$;　　(ii) $(x+y)\sin\dfrac{1}{x}\sin\dfrac{1}{y}$;

(iii) $f(x,y)=\begin{cases}\dfrac{xy}{x^2+y^2}+y\sin\dfrac{1}{x}, & x\neq 0,\\ 0, & x=0.\end{cases}$

16.2.3 讨论函数 $f(x,y)=\dfrac{xy^3}{x^2+y^6}$ 在 $(x,y)\to(0,0)$ 时的极限.

16.2.4 证明极限 $\lim\limits_{(x,y)\to(0,0)}\dfrac{x^2y}{x^3+y^3}$ 不存在.

16.2.5 求 $\lim\limits_{(x,y)\to(0,0)} f(x,y)$, $\lim\limits_{x\to 0}\lim\limits_{y\to 0} f(x,y)$ 及 $\lim\limits_{y\to 0}\lim\limits_{x\to 0} f(x,y)$, 其中 $f(x,y)$ 为

$$f(x,y)=\begin{cases}1, & x=0,\\ 1-\left|\dfrac{y}{x}\right|, & \left|\dfrac{y}{x}\right|\leqslant 1 \text{ 且 } y\neq 0,\\ 0, & \left|\dfrac{y}{x}\right|>1 \text{ 或 } y=0.\end{cases}$$

16.2.6 设 $\lim\limits_{y\to y_0}\varphi(y)=A$, $\lim\limits_{x\to x_0}\psi(x)=0$, 且在 $U^\circ\big((x_0,y_0);\delta\big)$ 内有 $|f(x,y)-\varphi(y)|\leqslant\psi(x)$, 证明 $\lim\limits_{(x,y)\to(x_0,y_0)} f(x,y)=A$.

16.2.7 证明: 当 (x,y) 沿径向路径 $x-x_0=r\cos\theta$, $y-y_0=r\sin\theta$ 趋向点 (x_0,y_0) 时, $f(x,y)$ 的极限存在、相等, 且关于角度 $\theta\in[0,2\pi]$ 为一致的, 则重极限 $\lim\limits_{(x,y)\to(x_0,y_0)} f(x,y)$ 必定存在.

16.2.8 证明 $\lim\limits_{(x,y)\to(\infty,\infty)}\dfrac{ax+by}{2x+y}$ 存在的充要条件是 $a-2b=0$.

16.2.9 证明二元函数极限的 Cauchy 收敛准则: $\lim\limits_{P\to P_0} f(P)$ 存在的充要条件是对任意 $\varepsilon>0$, 存在 $\delta>0$, 使得对任意 $P_1,P_2\in U^\circ(P_0;\delta)$, 都有 $|f(P_1)-f(P_2)|<\varepsilon$.

16.2.10 证明二元函数极限的 Heine 归结原则: $\lim\limits_{P\to P_0} f(P)=A$ 的充要条件是对任意满足 $P_n\in U^\circ(P_0;\delta)$ 且 $\lim\limits_{n\to\infty} P_n=P_0$ 的每个点列 $\{P_n\}$, 都有 $\lim\limits_{n\to\infty} f(P_n)=A$.

16.3 二元函数的连续性

一、内容精读

1. 连续性定义

设 $D\subset\mathbb{R}^2$, f 为定义在 D 上的二元函数, $P_0\in D$ (它或者为 D 的聚点, 或者

为 D 的孤立点). 对任给 $\varepsilon>0$, 总存在相应 $\delta>0$, 只要 $P\in U(P_0;\delta)\cap D$ 时, 就有

$$|f(P)-f(P_0)|<\varepsilon, \tag{16.3.1}$$

则称 f 关于集合 D 在点 P_0 连续. 简称 f 在点 P_0 处连续.

若 f 在 D 上任何点都关于集合 D 连续, 则称 f 为 D 上的连续函数.

对连续性定义的两点说明:

(i) 若 P_0 是 D 的孤立点, 则 P_0 是 f 关于 D 的连续点 (“**孤立点必为连续点**”);

(ii) 若 P_0 是 D 的聚点, 则 f 关于 D 在 P_0 连续 $\Leftrightarrow$

$$\lim_{\substack{P\to P_0\\ P\in D}} f(P)=f(P_0). \tag{16.3.2}$$

2. 间断点

若 P_0 是 D 的聚点, 但式 (16.3.2) 不成立, 则称 P_0 是 f 的不连续点 (或称间断点). 特别地, 当式 (16.3.2) 左边的极限存在但不等于 $f(P_0)$ 时, 称 P_0 为 f 的可去间断点.

3. 全增量与偏增量

设 $P_0(x_0,y_0), P(x,y)\in D$, $\Delta x=x-x_0$, $\Delta y=y-y_0$, 则称

$$\begin{aligned}\Delta z=\Delta f(x_0,y_0)&=f(x,y)-f(x_0,y_0)\\&=f(x_0+\Delta x,y_0+\Delta y)-f(x_0,y_0)\end{aligned} \tag{16.3.3}$$

为函数 f 在点 P_0 的全增量.

若在全增量 (16.3.3) 中分别取 $\Delta y=0$ 与 $\Delta x=0$, 则函数的相应增量

$$\Delta_x f(x_0,y_0)=f(x_0+\Delta x,y_0)-f(x_0,y_0),$$

$$\Delta_y f(x_0,y_0)=f(x_0,y_0+\Delta y)-f(x_0,y_0)$$

分别称为二元函数 f 在点 P_0 关于x 的偏增量与y 的偏增量.

注意 一般情况下, 全增量不等于两个偏增量之和!

全增量、偏增量与连续的关系:

(i) 式 (16.3.2) 等价于 $\lim\limits_{\substack{(\Delta x,\Delta y)\to(0,0)\\(x_0,y_0)\in D}}\Delta f(x_0,y_0)=0$;

(ii) $\lim\limits_{\Delta x\to 0}\Delta_x f(x_0,y_0)=0$ 表示 $f(x,y_0)$ 在 x_0 处连续;

(iii) $\lim\limits_{\Delta y\to 0}\Delta_y f(x_0,y_0)=0$ 表示 $f(x_0,y)$ 在 y_0 处连续.

$f(x,y)$ 在点 $P_0(x_0,y_0)$ 处连续 $\overset{\Rightarrow}{\nLeftarrow}$ $f(x,y)$ 在点 $P_0(x_0,y_0)$ 处对单个自变量都连续. 例如, 函数

$$f(x,y)=\begin{cases}\dfrac{xy}{x^2+y^2}, & x^2+y^2\neq 0,\\ 0, & x^2+y^2=0\end{cases}$$

在原点 $(0,0)$ 附近满足

$$f(x,0)=f(0,y)\equiv 0,$$

所以在原点处 $f(x,y)$ 对 x 和对 y 分别都是连续的. 由于 $\lim\limits_{(x,y)\to(0,0)} f(x,y)$ 不存在, 从而所给的二元函数在原点不连续.

4. 连续函数的性质

1) 局部性质

若 f 在点 $P_0\in D$ 连续, 则在点 P_0 的近旁有如下局部性质:

定理 16.3.1(局部有界性)　存在 $\delta>0$, $M>0$, 使得

$$|f(P)|\leqslant M,\quad P\in U(P_0;\delta)\cap D.$$

定理 16.3.2(局部保号性)　若 $f(P_0)>0\ (<0)$, 则存在 $\delta>0$, 使得

$$f(P)>0\ (<0),\quad P\in U(P_0;\delta)\cap D.$$

定理 16.3.3(四则运算法则)　若 f, g 在点 $P_0\in D$ 连续, 则 $f\pm g$, fg 在点 P_0 处也连续; 又若 $g(P_0)\neq 0$, 则 f/g 在点 P_0 也连续.

定理 16.3.4(复合函数连续法则)　若 $u=\varphi(x,y)$, $v=\psi(x,y)$ 在点 $P_0(x_0,y_0)$ 连续, $u_0=\varphi(P_0)$, $v_0=\psi(P_0)$, 而 $f(u,v)$ 在点 $Q_0(u_0,v_0)$ 连续, 则复合函数

$$g(x,y)=f(\varphi(x,y),\psi(x,y))$$

在点 P_0 处连续.

2) 有界闭区域上连续函数的整体性质

设 $D\subset\mathbb{R}^2$ 为有界闭区域, $f\in C(D)$, 则 f 有如下性质:

定理 16.3.5(有界性)　存在 $M>0$, 使得 $|f(P)|\leqslant M$, $\forall\ P\in D$.

定理 16.3.6(最值性)　f 在D上能取得最大值与最小值, 即存在 $P_1,P_2\in D$, 使

$$f(P_1)=\max_{P\in D}f(P),\quad f(P_2)=\min_{P\in D}f(P).$$

定理 16.3.7(一致连续性)　若函数 f 在 D 上连续, 则 f 在 D 上一致连续, 即对任何 $\varepsilon>0$, 总存在 $\delta>0$ $(\delta=\delta(\varepsilon))$, 使得对一切点 $P,Q\in D$, 只要 $\rho(P,Q)<\delta$, 就有 $|f(P)-f(Q)|<\varepsilon$.

定理 16.3.8(介值性) 设函数 f 在 D 上连续, 若 P_1, P_2 为 D 中任意两点, 且 $f(P_1) < f(P_2)$, 则对任何满足不等式 $f(P_1) < \mu < f(P_2)$ 的实数 μ, 必存在点 $P_0 \in D$ 使得 $f(P_0) = \mu$.

二、疑难解答

问题 16.3.1 对二元函数而言, 一般情况下全增量不等于两个偏增量之和, 请问哪些连续函数能使全增量等于两个偏增量之和?

答 设 f 为定义在点集 $D \subset \mathbb{R}^2$ 上的二元函数. 先来考察 f 在点 $P(x,y) \in D$ 处的全增量与偏增量间的关系. 由

$$\Delta f(x,y) = f(x+\Delta x, y+\Delta y) - f(x,y),$$

$$\Delta_x f(x,y) + \Delta_y f(x,y) = \big(f(x+\Delta x, y) - f(x,y)\big) + \big(f(x, y+\Delta y) - f(x,y)\big),$$

可得

$$\begin{aligned}
&\Delta f(x,y) - \Delta_x f(x,y) - \Delta_y f(x,y) \\
&= f(x+\Delta x, y+\Delta y) - f(x+\Delta x, y) - f(x, y+\Delta y) + f(x,y) \\
&= \Delta_y f(x+\Delta x, y) - \Delta_y f(x,y) \quad (\text{或 } \Delta_x f(x, y+\Delta y) - \Delta_x f(x,y)\ ).
\end{aligned}$$

于是, 当且仅当满足 $\Delta_y f(x+\Delta x, y) - \Delta_y f(x,y) = 0$ (或 $\Delta_x f(x, y+\Delta y) - \Delta_x f(x,y) = 0$) 的二元函数, 其全增量等于两个偏增量之和. 对于明确的条件等到后面的章节学习再给出. 如下几类二元函数的全增量等于两个偏增量之和:

(i) 常值函数 $f(x,y) = c$;

(ii) 线性函数 $f(x,y) = ax + by$;

(iii) 一次函数 $f(x,y) = ax + by + c$. ■

问题 16.3.2 对二元函数 $f(x,y)$ 而言, 一般情况下 $f(x,y)$ 对每个变量分别连续不能保证它是连续函数, 问需要对 $f(x,y)$ 增加何条件使得它是连续函数?

答 设 $D \subset \mathbb{R}^2$, f 为定义在 D 上的二元函数, 且在 D 上分别对 x 和 y 连续, 则当下列条件之一满足时 $f(x,y)$ 为 D 上的连续函数:

条件 1 $f(x,y)$ 在 D 上对 x 连续且关于 y 一致, 即对任意 x_0, 任意 $\varepsilon > 0$, 存在 $\delta = \delta(x_0, \varepsilon) > 0$ (与 y 无关), $|x - x_0| < \delta$ 时, 对任意 y, $(x,y), (x_0,y) \in D$ 恒有 $|f(x,y) - f(x_0,y)| < \varepsilon$.

条件 2 $f(x,y)$ 在 D 上对 x 局部满足 Lipschitz 条件且关于 y 一致, 即对任意 $P_0(x_0,y_0) \in D$, 存在 $\delta > 0$ 及 $L > 0$, 使得对任意 $(x_1,y), (x_2,y) \in D \cap U(P_0;\delta)$, 恒有 $|f(x_1,y) - f(x_2,y)| \leqslant L|x_1 - x_2|$.

条件 3 $f(x,y)$ 关于变量 y 是单调的.

事实上, (i) 取 (x_0, y_0) 为 D 中任一点. 由 $f(x_0, y)$ 在 y_0 连续知, 对任意 $\varepsilon > 0$, 则存在 $\delta_1 > 0$, 当 $|y - y_0| < \delta_1$ 时, 有

$$|f(x_0, y) - f(x_0, y_0)| < \frac{\varepsilon}{2}.$$

又由 f 对 x 连续且关于 y 为一致, 则存在 $\delta_2 > 0$, 当 $|x - x_0| < \delta_2$, 且 $(x, y) \in D$ 时, 有

$$|f(x, y) - f(x_0, y)| < \frac{\varepsilon}{2}.$$

取 $\delta = \min\{\delta_1, \delta_2\}$, 则当 $|x - x_0| < \delta$, $|y - y_0| < \delta$, 且 $(x, y) \in D$ 时, 有

$$|f(x,y)-f(x_0,y_0)| \leqslant |f(x,y)-f(x_0,y)| + |f(x_0,y)-f(x_0,y_0)| < \frac{\varepsilon}{2} + \frac{\varepsilon}{2} = \varepsilon,$$

即 f 在点 (x_0, y_0) 处连续. 再由 (x_0, y_0) 在 D 上的任意性知, f 在 D 上连续.

(ii) 对任意 $(x_0, y_0) \in D$. 由 $f(x_0, y)$ 在 y_0 处连续, 则对任意 $\varepsilon > 0$, 存在 $\delta_1 > 0$, 当 $|y - y_0| < \delta_1$ 时, 有

$$|f(x_0, y) - f(x_0, y_0)| < \frac{\varepsilon}{2}.$$

又当 $|x - x_0| < \dfrac{\varepsilon}{2L} = \delta_2$ 时, 满足

$$|f(x, y) - f(x_0, y)| \leqslant L|x - x_0| < \frac{\varepsilon}{2}.$$

取 $\delta = \min\{\delta_1, \delta_2\}$, 则当 $|x - x_0| < \delta$, $|y - y_0| < \delta$, 且 $(x, y) \in D$ 时, 有

$$|f(x,y)-f(x_0,y_0)| \leqslant |f(x,y)-f(x_0,y)| + |f(x_0,y)-f(x_0,y_0)| < \frac{\varepsilon}{2} + \frac{\varepsilon}{2} = \varepsilon,$$

即 f 在点 (x_0, y_0) 处连续. 再由 (x_0, y_0) 在 D 上的任意性知, f 在 D 上连续.

(iii) 对任意 $P_0(x_0, y_0) \in D$, 为了证明 $f(x, y)$ 在 P_0 点连续, 可以找 P_0 的一个矩形邻域 $D_1 = [x_0 - \delta_1, x_0 + \delta_1] \times [y_0 - \delta_2, y_0 + \delta_2]$. 先利用 $f(x_0, y)$ 在直线 $x = x_0$ 上的连续性, 可选取 δ_2 足够小, 使 $f(x, y)$ 在 D_1 的上下边中点 $(x_0, y_0 \pm \delta_2)$ 的值与 $f(x_0, y_0)$ 的误差不超过 $\dfrac{\varepsilon}{2}$; 然后再由 $f(x, y_0 \pm \delta_2)$ 在直线 $y = y_0 \pm \delta_2$ 上的连续性, 可取 δ_1 足够小, 使 $f(x, y)$ 在 D_1 的上下边上的值与 $f(x_0, y_0)$ 的误差不超过 ε. 最后利用 $f(x, y)$ 关于 y 的单调性, 即可得 $f(x, y)$ 在 D_1 上的值与 $f(x_0, y_0)$ 的误差不超过 ε. ■

问题 16.3.3 请列举出二元函数连续的充要条件 (至少三种).

答 设 $D \subset \mathbb{R}^2$, f 为定义在 D 上的二元函数, $P_0 \in D$ 为 D 的聚点, 则 f 在点 P_0 处连续的充要条件有 (下列三种之一):

(i) $\lim\limits_{\substack{P\to P_0\\P\in D}} f(P)=f(P_0)$;

(ii) 对任意 $\{P_n\}\subset D$, 且 $\lim\limits_{n\to\infty} P_n=P_0$, 有 $\lim\limits_{n\to\infty} f(P_n)=f(P_0)$;

(iii) (Cauchy 条件) 对任意 $\varepsilon>0$, 存在 $\delta>0$, 使得对任意 $P_1,P_2\in U(P_0;\delta)\cap D$, 都有 $|f(P_1)-f(P_2)|<\varepsilon$. ■

三、典型例题

例 16.3.1 设二元函数

$$f(x,y)=\begin{cases}\dfrac{\ln(1+xy)}{x}, & x\neq 0,\\ y, & x=0,\end{cases}$$

则 $f(x,y)$ 在其定义域上是连续的.

证明 显然, 所给的二元函数的定义域为 $D=\{(x,y)\mid xy>-1\}$.

由于 $x\neq 0$ 时, 函数 $f(x,y)$ 是连续的, 所以只需证明 $f(x,y)$ 在 y 轴上每点连续即可. 以下分两种情况讨论:

(i) 在点 $(0,0)$ 点.

由于 $f(0,0)=0$, 而当 $x\neq 0$ 时,

$$f(x,y)=\frac{\ln(1+xy)}{x}=\begin{cases}y\ln(1+xy)^{\frac{1}{xy}}, & y\neq 0,\\ 0, & y=0.\end{cases}$$

又由于

$$\lim_{(x,y)\to(0,0)}\ln(1+xy)^{\frac{1}{xy}}=1,$$

从而存在 $\delta_1>0$, 当 $0<|x|<\delta_1$, $0<|y|<\delta_1$ 时,

$$\left|\frac{\ln(1+xy)}{x}\right|\leqslant |y|\cdot\left|\ln(1+xy)^{\frac{1}{xy}}\right|\leqslant 2|y|.$$

由 $f(x,y)$ 的表达式知, 只要 $|x|<\delta_1$, $|y|<\delta_1$, 无论 $x=0$ 还是 $x\neq 0$ 都有

$$\lim_{(x,y)\to(0,0)} f(x,y)=0=f(0,0),$$

即 $f(x,y)$ 在点 $(0,0)$ 处连续.

(ii) 在点 $(0,y_0)$ 点, 其中 $y_0\neq 0$.

当 $x\neq 0$ 时, 有

$$\begin{aligned}|f(x,y)-f(0,y_0)|&=\left|y\ln(1+xy)^{\frac{1}{xy}}-y_0\right|\\&=\left|y\big(\ln(1+xy)^{\frac{1}{xy}}-1\big)+(y-y_0)\right|\\&\leqslant |y|\cdot\left|\ln(1+xy)^{\frac{1}{xy}}-1\right|+|y-y_0|.\end{aligned}$$

而当 $x=0$ 时, 有

$$|f(x,y)-f(0,y_0)|=|y-y_0|.$$

注意到当 $y_0\neq 0$ 时

$$\lim_{(x,y)\to(0,y_0)}\ln(1+xy)^{\frac{1}{xy}}=1,$$

于是, 由上述各式可得

$$\lim_{(x,y)\to(0,y_0)}\big(f(x,y)-f(0,y_0)\big)=0.$$

这就证明了 $f(x,y)$ 在点 $(0,y_0)$ 处连续.

综上讨论, 所给的函数 $f(x,y)$ 在其定义域上是连续的. ■

例 16.3.2 讨论函数

$$f(x,y)=\begin{cases}0, & x\ \text{为无理数},\\ y, & x\ \text{为有理数}\end{cases}$$

在 $\mathbb{R}^2$ 上的连续性.

解 分两种情况考虑:

(i) 对任意 $(x_0,y_0)\in\mathbb{R}^2$, 且 $y_0\neq 0$.

取过点 (x_0,y_0) 且平行于 x 轴的直线 $y=y_0$, 此时有

$$\lim_{x\to x_0,y=y_0}f(x,y)=\lim_{x\to x_0}f(x,y_0)=\begin{cases}0, & x\ \text{为无理数},\\ y_0, & x\ \text{为有理数},\end{cases}$$

即函数 $f(x,y)$ 在点 (x_0,y_0) 处不存在极限, 从而函数 $f(x,y)$ 在点 (x_0,y_0) 处不连续 (其中 $y_0\neq 0$).

(ii) 对任意 $(x_0,0)\in\mathbb{R}^2$, 即 x 轴上的任意一点.

由于对任意 $(x,y)\in\mathbb{R}^2$, 无论 x_0, x 为有理数还是无理数, 均有

$$|f(x,y)-f(x_0,0)|\leqslant|y|,$$

所以, 对任意 $\varepsilon>0$, 取 $\delta=\varepsilon>0$, 当 $|x-x_0|<\delta$, $|y|<\delta$, 都有

$$|f(x,y)-f(x_0,0)|<\varepsilon,$$

即 $\lim\limits_{(x,y)\to(x_0,0)}f(x,y)=f(x_0,0)$. 于是 $f(x,y)$ 在 $(x_0,0)$ 处连续.

综上讨论知, 所给函数仅在 x 轴上连续. ■

例 16.3.3 若二元函数 $f(x,y)$ 满足恒等式 $f(tx,ty)=t^kf(x,y)$ $(t>0)$, 则称 $f(x,y)$ 为二元k 次齐次函数. 设 $f(x,y)$ 为区域 $D=\big\{(x,y)\mid |x|\leqslant 1,|y|\leqslant 1\big\}$ 上的

有界 k 次齐次函数 $(k \geqslant 1)$, 问极限 $\lim\limits_{(x,y)\to(0,0)}\big(f(x,y)+(x-1)\mathrm{e}^y\big)$ 是否存在? 若存在, 试求其值.

解 因 $f(x,y)$ 为 k 次齐次函数 $(k \geqslant 1)$, 故对任意 $t \in \mathbb{R}_+$, 有 $f(tx,ty) = t^k f(x,y)$. 因此

$$f(r\cos\theta, r\sin\theta) = r^k f(\cos\theta, \sin\theta).$$

又 $f(x,y)$ 在 D 上有界, 故存在 $M>0$, 对任意 $(x,y)\in D$, $|f(x,y)|\leqslant M$. 所以

$$|f(r\cos\theta, r\sin\theta)| = r^k|f(\cos\theta,\sin\theta)| \leqslant Mr^k,$$

即 $\lim\limits_{(x,y)\to(0,0)} f(x,y) = \lim\limits_{r\to 0,\theta\in[0,2\pi]} f(r\cos\theta, r\sin\theta) = 0$. 于是

$$\lim_{(x,y)\to(0,0)}\big(f(x,y)+(x-1)\mathrm{e}^y\big) = 0-1 = -1. \qquad \blacksquare$$

例 16.3.4 设函数 $f(x,y)$ 定义在正方形区域 $I_1 = \big\{(x,y)\mid 0\leqslant x\leqslant 1, 0\leqslant y\leqslant 1\big\}$ 上, 在底边 $I_0 = \big\{(x,0)\mid 0\leqslant x\leqslant 1\big\}$ 上连续, 证明存在 $\delta>0$ 使得 $f(x,y)$ 在 $I_\delta = \big\{(x,y)\mid 0\leqslant x\leqslant 1, 0\leqslant y\leqslant \delta\big\}$ 上有界.

证法 1 (应用致密性定理) 用反证法. 若不然, 则对任意 $\delta>0$, $f(x,y)$ 在 I_δ 上都无界, 于是存在 $(x_n,y_n)\in I_{\frac{1}{n}}$, $n\in\mathbb{N}_+$, 使得

$$|f(x_n,y_n)| > n. \tag{16.3.4}$$

因 $\{(x_n,y_n)\}$ 有界, 故由致密性定理知存在收敛子列 $\big\{(x_{n_k},y_{n_k})\big\}$, 并记 $\lim\limits_{k\to\infty}(x_{n_k}, y_{n_k}) = (x_0,y_0)$, 且 $x_0\in[0,1]$, $y_0=0$. 再由 $f(x,y)$ 在 $(x_0,0)$ 点的连续性知

$$\lim_{k\to\infty} f(x_{n_k},y_{n_k}) = f(x_0,y_0) = f(x_0,0).$$

这与式 (16.3.4) 矛盾.

证法 2 (应用有限覆盖定理) 对任意 $x_0\in[0,1]$, 由 $f(x,y)$ 在 $(x_0,0)$ 的连续性知存在 $\delta_0>0$, 使得 $f(x,y)$ 在 $O(x_0) = \big\{(x,y)\mid |x-x_0|<\delta_0, |y|<\delta_0\big\}\cap I_1$ 上有界, 由此得到一开域族覆盖有界闭集 I_0. 由有限覆盖定理知可选出有限个 $O(x_i)$, $i=1,2,\cdots,n$, 使得 $I_0\subset\bigcup\limits_{i=1}^{n} O(x_i)$. 取 $\delta = \max\limits_{1\leqslant i\leqslant 1}\{\delta_i\}$, 则 $f(x,y)$ 在 I_δ 上有界. $\blacksquare$

例 16.3.5 设 $D\subset\mathbb{R}^2$, f 为定义在 D 上的二元函数. 对于点 P_0 的邻域 $U(P_0;\delta)$, f 在此邻域上的振幅定义为

$$\omega^f(P_0,\delta) = \sup_{P\in U(P_0;\delta)} f(P) - \inf_{P\in U(P_0;\delta)} f(P).$$

然后令

$$\omega^f(P_0) = \lim_{\delta\to 0^+} \omega^f(P_0,\delta),$$

称其为函数 f 在 P_0 点的振幅. 证明

(i) 若 f 在 D 上有界, 则对任意 $P_0 \in D$, $\omega^f(P_0)$ 存在;

(ii) f 在点 P_0 连续的充要条件是 $\omega^f(P_0) = 0$.

证明　(i) 对固定的 $P_0 \in D$, 由定义知 $\sup\limits_{P\in U(P_0;\delta)} f(P)$ 与 $\inf\limits_{P\in U(P_0;\delta)} f(P)$ 分别是 δ 的单增与单减函数. 由 f 的有界性知, 当 δ 充分小时 $\sup\limits_{P\in U(P_0;\delta)} f(P)$ 与 $\inf\limits_{P\in U(P_0;\delta)} f(P)$ 都是 δ 的有界函数, 于是 $\omega^f(P_0,\delta)$ 是 δ 的单调增加函数, 从而 $\lim\limits_{\delta\to 0^+} \omega^f(P_0;\delta)$ 存在.

(ii) 若 f 在 P_0 点处连续, 则对任意 $\varepsilon > 0$, 存在 $\delta > 0$, 当 $P \in U(P_0;\delta)$ 时, 都有 $|f(P) - f(P_0)| < \varepsilon$. 此时应有

$$\begin{aligned}\omega^f(P_0,\delta) &= \sup_{P\in U(P_0;\delta)} f(P) - \inf_{P\in U(P_0;\delta)} f(P)\\ &= \sup_{P\in U(P_0;\delta)} f(P) - f(P_0) + f(P_0) - \inf_{P\in U(P_0;\delta)} f(P) \leqslant 2\varepsilon,\end{aligned}$$

于是

$$\omega^f(P_0) = \lim_{\delta\to 0^+} \omega^f(P_0,\delta) = 0.$$

反之, 若 $\omega^f(P_0) = 0$, 则对任意 $\varepsilon > 0$, 存在 $\delta_0 > 0$, 当 $\delta \leqslant \delta_0$ 时

$$\sup_{P\in U(P_0;\delta)} f(P) - \inf_{P\in U(P_0;\delta)} f(P) = \omega^f(P_0,\delta) < \varepsilon,$$

于是, 当 $P \in U(P_0;\delta)$ 时

$$|f(P) - f(P_0)| \leqslant \sup_{P\in U(P_0;\delta)} f(P) - \inf_{P\in U(P_0;\delta)} f(P) < \varepsilon,$$

即 f 在点 P_0 处连续. ■

例 16.3.6　设 $D \subset \mathbb{R}^2$, f 为定义在 D 上的二元函数. 证明 f 在 D 上一致连续 $\Leftrightarrow$ 对任意点列 $\{P_n\}, \{Q_n\} \subset D$ 且 $\lim\limits_{n\to\infty} \rho(P_n, Q_n) = 0$, 都有 $\lim\limits_{n\to\infty} \big(f(P_n) - f(Q_n)\big) = 0$.

证明　必要性. 函数 f 在 D 上一致连续 $\Rightarrow \forall\, \varepsilon > 0, \exists\, \delta > 0$, 对任意 $P, Q \in D$, 只要 $\rho(P,Q) < \delta$, 都有 $|f(P) - f(Q)| < \varepsilon$.

于是, 对任给 $\{P_n\}, \{Q_n\} \subset D$, 且 $\lim\limits_{n\to\infty} \rho(P_n, Q_n) = 0$, 对上述的 $\delta > 0$, 存在 $N \in \mathbb{N}_+$, 当 $n > N$ 时, 就有 $\rho(P_n, Q_n) < \delta$, 从而当 $n > N$ 时, 有 $|f(P_n) - f(Q_n)| < \varepsilon$, 即 $\lim\limits_{n\to\infty} \big(f(P_n) - f(Q_n)\big) = 0$.

充分性. 对任给 $\{P_n\},\{Q_n\}\subset D$, 且 $\lim\limits_{n\to\infty}\rho(P_n,Q_n)=0$, 都有 $\lim\limits_{n\to\infty}\big(f(P_n)-f(Q_n)\big)=0\Rightarrow f$ 在 D 上一致连续.

(反证法) 若函数 f 在 D 上不一致连续, 则

$\exists\,\varepsilon_0>0,\forall\,\delta>0,\exists\,P,Q\in D$, 尽管 $\rho(P,Q)<\delta$, 但 $|f(P)-f(Q)|\geqslant\varepsilon_0$.

取 $\delta_1=1$, $\exists\,P_1,Q_1\in D$, 尽管 $\rho(P_1,Q_1)<\delta_1=1$, 但 $|f(P_1)-f(Q_1)|\geqslant\varepsilon_0$;

$\delta_2=\dfrac{1}{2}$, $\exists\,P_2,Q_2\in D$, 尽管 $\rho(P_2,Q_2)<\delta_2=\dfrac{1}{2}$, 但 $|f(P_2)-f(Q_2)|\geqslant\varepsilon_0$;

$\delta_3=\dfrac{1}{3}$, $\exists\,P_3,Q_3\in D$, 尽管 $\rho(P_3,Q_3)<\delta_3=\dfrac{1}{3}$, 但 $|f(P_3)-f(Q_3)|\geqslant\varepsilon_0$;

$\cdots\quad\cdots$

$\delta_n=\dfrac{1}{n}$, $\exists\,P_n,Q_n\in D$, 尽管 $\rho(P_n,Q_n)<\delta_n=\dfrac{1}{n}$, 但 $|f(P_n)-f(Q_n)|\geqslant\varepsilon_0$;

$\cdots\quad\cdots$

于是得到 $\{P_n\},\{Q_n\}\subset D$, 且 $\lim\limits_{n\to\infty}\rho(P_n,Q_n)=0$, 但 $\lim\limits_{n\to\infty}\big(f(P_n)-f(Q_n)\big)\neq 0$, 这与条件发生矛盾. 所以, 函数 f 在 D 上一致连续. ■

注 16.3.1 (i) 请读者将此例与例 4.2.5 作比较. 它的表述与一元函数例 4.2.5 的情况完全类似, 其证明过程也完全与例 4.2.5 相仿;

(ii) 此例是用来判定二元函数不一致连续的一种十分有效的方法.

命题 16.3.1 若存在 $\{P_n\},\{Q_n\}\subset D$, 且 $\lim\limits_{n\to\infty}\rho(P_n,Q_n)=0$, 但 $\lim\limits_{n\to\infty}\big(f(P_n)-f(Q_n)\big)\neq 0$, 则函数 f 在 D 上不一致连续.

例 证明函数 $f(x,y)=\sin(xy)$ 在 $\mathbb{R}^2$ 上不一致连续.

解 取 $P_n(\sqrt{n\pi},\sqrt{n\pi}),Q_n\left(\sqrt{n\pi+\dfrac{\pi}{2}},\sqrt{n\pi+\dfrac{\pi}{2}}\right)\in\mathbb{R}^2$, 则

$$\begin{aligned}\rho(P_n,Q_n)&=\sqrt{2\left(\sqrt{n\pi+\frac{\pi}{2}}-\sqrt{n\pi}\right)^2}=\sqrt{2}\left(\sqrt{n\pi+\frac{\pi}{2}}-\sqrt{n\pi}\right)\\&=\frac{\pi}{\sqrt{2}}\cdot\frac{1}{\sqrt{n\pi+\frac{\pi}{2}}+\sqrt{n\pi}}\to 0\quad(n\to\infty),\end{aligned}$$

但 $|f(P_n)-f(Q_n)|=1$, 即 $\lim\limits_{n\to\infty}\big(f(P_n)-f(Q_n)\big)\neq 0$. 这就证明了函数 $f(x,y)=\sin(xy)$ 在 $\mathbb{R}^2$ 上不一致连续.

例 16.3.7 设二元函数 $f(x,y)$ 在正方形区域 $[0,1]\times[0,1]$ 上连续. 记 $J=[0,1]$.

(i) 试比较 $\inf\limits_{y\in J}\sup\limits_{x\in J}f(x,y)$ 与 $\sup\limits_{x\in J}\inf\limits_{y\in J}f(x,y)$ 的大小并证明之;

(ii) 给出并证明使等式 $\inf\limits_{y\in J}\sup\limits_{x\in J}f(x,y)=\sup\limits_{x\in J}\inf\limits_{y\in J}f(x,y)$ 成立的充分条件 (你认为最好的).

证明 (i) $\inf\limits_{y\in J}\sup\limits_{x\in J}f(x,y)\geqslant\sup\limits_{x\in J}\inf\limits_{y\in J}f(x,y)$.

事实上, 对任意 $y \in J$ 及任意 $x \in J$, 有 $\sup\limits_{x\in J} f(x,y) \geqslant f(x,y) \geqslant \inf\limits_{y\in J} f(x,y)$, 则 $\sup\limits_{x\in J} f(x,y) \geqslant \sup\limits_{x\in J}\inf\limits_{y\in J} f(x,y)$. 再由 y 的任意性可得

$$\inf_{y\in J}\sup_{x\in J} f(x,y) \geqslant \sup_{x\in J}\inf_{y\in J} f(x,y).$$

(ii) 若存在 $x_0 \in J$, 对任意 $x \in J$, $y \in J$, 使 $f(x,y) \leqslant f(x_0,y)$.

以下证明上述条件为 (ii) 中所要给的充分条件:

显然 $\sup\limits_{x\in J} f(x,y) = f(x_0,y)$. 由 $f(x_0,y)$ 在 $[0,1]$ 上连续, 故存在 $y_0 \in J$, 使

$$f(x_0,y_0) = \inf_{y\in J} f(x_0,y) = \inf_{y\in J}\sup_{x\in J} f(x,y),$$

$$f(x_0,y_0) = \inf_{y\in J} f(x_0,y) \leqslant \sup_{x\in J}\inf_{y\in J} f(x,y),$$

即

$$\inf_{y\in J}\sup_{x\in J} f(x,y) \leqslant \sup_{x\in J}\inf_{y\in J} f(x,y).$$

于是, 结合 (i) 便得 $\inf\limits_{y\in J}\sup\limits_{x\in J} f(x,y) = \sup\limits_{x\in J}\inf\limits_{y\in J} f(x,y)$. ■

例 16.3.8　设 $f(x,y)$ 为连续函数, 且当 $(x,y) \neq (0,0)$ 时 $f(x,y) > 0$, 及对任意 $c > 0$ 有 $f(cx,cy) = cf(x,y)$. 证明: 存在 $\alpha,\beta > 0$, 使得

$$\alpha\sqrt{x^2+y^2} \leqslant f(x,y) \leqslant \beta\sqrt{x^2+y^2}.$$

证明　若 $(x,y)=(0,0)$ 时, 由连续性条件及 $f(cx,cy)=cf(x,y)$ 可得 $f(0,0)=0$. 此时结论显然成立.

$(x,y) \neq (0,0)$ 时, 则由 $f(cx,cy) = cf(x,y)$ 并取 $c = \dfrac{1}{\sqrt{x^2+y^2}}$, 可得

$$f\left(\frac{x}{\sqrt{x^2+y^2}}, \frac{y}{\sqrt{x^2+y^2}}\right) = \frac{1}{\sqrt{x^2+y^2}} f(x,y).$$

由此可得

$$f(x,y) = \sqrt{x^2+y^2} \cdot f\left(\frac{x}{\sqrt{x^2+y^2}}, \frac{y}{\sqrt{x^2+y^2}}\right).$$

又

$$\left|\frac{x}{\sqrt{x^2+y^2}}\right| \leqslant 1, \ \left|\frac{y}{\sqrt{x^2+y^2}}\right| \leqslant 1,$$

故再由连续性条件知 $f\left(\dfrac{x}{\sqrt{x^2+y^2}}, \dfrac{y}{\sqrt{x^2+y^2}}\right)$ 在 $[-1,1]\times[-1,1]$ 上必有最大值与最小值, 分别记为 β 与 α. 由 $(x,y) \neq (0,0)$ 时 $f(x,y) > 0$ 知 $\beta > 0$, $\alpha > 0$. 于是

$$\alpha\sqrt{x^2+y^2} \leqslant f(x,y) \leqslant \beta\sqrt{x^2+y^2}.$$ ■

四、巩固提高

16.3.1 指出下列函数的间断点:

(i) $f(x,y)=\tan x\sec y$; (ii) $f(x,y)=\dfrac{x-y}{x+y}$;

(iii) $f(x,y)=\ln\big((x-x_0)^2+(y-y_0)^2\big)$.

16.3.2 讨论函数

$$f(x,y)=\begin{cases}\dfrac{x^\alpha}{x^2+y^2}, & x^2+y^2\neq 0,\\ 0, & x^2+y^2=0\end{cases}$$

在点 $(0,0)$ 处的连续性, 其中 $\alpha>0$.

16.3.3 证明二元函数

$$f(x,y)=\begin{cases}\dfrac{x^2y}{x^4+y^2}, & x^2+y^2\neq 0,\\ 0, & x^2+y^2=0\end{cases}$$

在点 $O(0,0)$ 沿着过此点的每一条射线

$$x=r\cos\theta,\quad y=r\sin\theta,\quad r\in[0,+\infty)$$

连续, 即 $\lim\limits_{r\to 0}f(r\cos\theta,r\sin\theta)=f(0,0)$, 但此函数在 $O(0,0)$ 不连续.

16.3.4 设 $D\subset\mathbb{R}^2$, 对 $P\in\mathbb{R}^2$, 点 P 到集合 D 的距离定义为

$$f(P)\xlongequal{\text{def}}\rho(P,D)=\inf_{Q\in D}\rho(P,Q).$$

试证明 $f(P)$ 为 $\mathbb{R}^2$ 上的一致连续函数.

16.3.5 设二元函数 $f(x,y)$ 在 $[a,b]\times[c,d]$ 上连续, 函数列 $\{\varphi_n(x)\}$ $(n\in\mathbb{N}_+)$ 在 $[a,b]$ 上一致收敛并满足条件 $c\leqslant\varphi_n(x)\leqslant d$. 证明函数列 $\{F_n(x)\}$ 在 $[a,b]$ 上一致收敛, 其中 $F_n(x)=f\big(x,\varphi_n(x)\big)$, $n\in\mathbb{N}_+$.

16.3.6 证明二元函数 $f(x,y)=\sqrt{x^2+y^2}$ 在 $\mathbb{R}^2$ 上一致连续.

16.3.7 设 f 在 $[a,b]\times[c,d]$ 上连续, 定义

$$\varphi(x)\xlongequal{\text{def}}\max_{a\leqslant\xi\leqslant x}\max_{a\leqslant y\leqslant\xi}f(\xi,y),$$

证明 $\varphi(x)$ 在 $[a,b]$ 上连续.

16.3.8 设 $D\subset\mathbb{R}^2$, f 为定义在 D 上的二元函数, 且 f 在 D 上一致连续. 证明若 $\{P_n\}\subset D$ 为 Cauchy 点列, 则 $\{f(P_n)\}\subset f(D)$ 为 Cauchy 数列.

16.3.9 设 $u=\varphi(x,y)$, $v=\psi(x,y)$ 在 xy 平面中的点集 E 上一致连续, φ 与 ψ 将点集 E 映为 uv 平面上的点集 D, $f(u,v)$ 在 D 上一致连续. 证明复合函数 $f\big(\varphi(x,y),\psi(x,y)\big)$ 在 E 上一致连续.

16.3.10　设 $f(x,y)$ 关于 x 在 $[a,b]$ 上连续, 且关于 y 单调增加. 若

$$\lim_{y\to d^-} f(x,y) = f(x,d),$$

证明这一收敛关于 $x\in[a,b]$ 是一致的, 即对任意 $\varepsilon>0$, 存在 $\delta>0$, 当 $0<d-y<\delta$ 时, 对所有的 $x\in[a,b]$, 都有 $|f(x,y)-f(x,d)|<\varepsilon$.

16.3.11　设 $u=f(x,y,z)$ 在 $D=[a,b]\times[a,b]\times[a,b]$ 上连续, 令

$$g(x,y) \overset{\text{def}}{=\!=} \min_{a\leqslant z\leqslant b} f(x,y,z), \quad \varphi(x) \overset{\text{def}}{=\!=} \max_{a\leqslant y\leqslant x} g(x,y).$$

证明: (i) $g(x,y)$ 在 $[a,b]\times[a,b]$ 上连续; (ii) $\varphi(x)$ 在 $[a,b]$ 上连续.

第 17 章　多元函数微分学

本章主要研究多元函数的微分学及其偏导数的应用. 17.1 节介绍多元函数的偏导数与全微分. 17.2 节介绍多元函数偏导数的链式法则. 17.3 节介绍方向导数与梯度. 17.4 节介绍偏导数的几个方面的应用, 如几何方面的应用、多元函数的中值定理与 Taylor 公式, 以及极值问题等.

为了叙述简单起见, 本章多数地方以二元函数或三元函数来叙述相关内容.

17.1　可　微　性

一、内容精读

1. 可微性与全微分

为了方便起见, 此处仅讨论二元函数.

定义 17.1.1　设函数 $z=f(x,y)$ 在点 $P_0\ (x_0,y_0)$ 的某邻域 $U(P_0)$ 内有定义, 对于 $U(P_0)$ 中的点 $P\ (x,y)=(x_0+\Delta x,y_0+\Delta y)$, 若函数 f 在点 P_0 处的全增量 $\Delta z=f(x_0+\Delta x,y_0+\Delta y)-f(x_0,y_0)$ 可表为

$$\Delta z=A\Delta x+B\Delta y+o(\rho), \tag{17.1.1}$$

其中 A,B 是仅与点 P_0 有关的常数, $\rho=\sqrt{(\Delta x)^2+(\Delta y)^2}$, $o(\rho)$ 是较 ρ 高阶的无穷小量, 则称函数 f 在点 P_0 可微. 并称式 (17.1.1) 中关于 Δx, Δy 的线性函数 $A\Delta x+B\Delta y$ 为函数 f 在点 P_0 的全微分, 记作

$$\mathrm{d}z|_{P_0}=\mathrm{d}f(x_0,y_0)=A\Delta x+B\Delta y. \tag{17.1.2}$$

由式 (17.1.1) 与式 (17.1.2) 可见, $\mathrm{d}z$ 是 Δz 的线性主部, 特别地, 当 $|\Delta x|$, $|\Delta y|$ 充分小时, 全微分 $\mathrm{d}z$ 可作为全增量 Δz 的近似值, 即

$$f(x,y)\approx f(x_0,y_0)+A(x-x_0)+B(y-y_0), \tag{17.1.3}$$

或

$$f(x_0+\Delta x,y_0+\Delta x)\approx f(x_0,y_0)+A\Delta x+B\Delta y. \tag{17.1.3$'$}$$

从全微分定义可知, 若函数 $f(x,y)$ 在点 $P_0(x_0,y_0)$ 可微, 则在 P_0 点附近函数可用一个 Δx 与 Δy 的线性函数近似代替.

在使用上, 有时也将式 (17.1.1) 写成如下的形式:

$$\Delta z = A\Delta x + B\Delta y + \alpha\Delta x + \beta\Delta y, \tag{17.1.4}$$

其中 $\lim\limits_{(\Delta x,\Delta y)\to(0,0)} \alpha = \lim\limits_{(\Delta x,\Delta y)\to(0,0)} \beta = 0$.

2. 偏导数

定义 17.1.2　设函数 $z = f(x,y)$, $(x,y) \in D$. 若 $(x_0,y_0) \in D$, 且 $f(x,y_0)$ 在 x_0 的某个邻域内有定义, 则当极限

$$\lim_{\Delta x\to 0} \frac{\Delta_x f(x_0,y_0)}{\Delta x} = \lim_{\Delta x\to 0} \frac{f(x_0+\Delta x,y_0) - f(x_0,y_0)}{\Delta x} \tag{17.1.5}$$

存在时, 称此极限为函数 f 在点 (x_0,y_0) 关于 x 的偏导数, 记为

$$z_x(x_0,y_0),\quad \left.\frac{\partial z}{\partial x}\right|_{(x_0,y_0)},\quad f_x(x_0,y_0)\quad 或 \quad \left.\frac{\partial f}{\partial x}\right|_{(x_0,y_0)}.$$

类似地, 若 $(x_0,y_0) \in D$, 且 $f(x_0,y)$ 在 y_0 的某个邻域内有定义, 则当极限

$$\lim_{\Delta y\to 0} \frac{\Delta_y f(x_0,y_0)}{\Delta y} = \lim_{\Delta y\to 0} \frac{f(x_0,y_0+\Delta y) - f(x_0,y_0)}{\Delta y} \tag{17.1.6}$$

存在时, 称此极限为函数 f 在点 (x_0,y_0) 关于 y 的偏导数, 记为

$$z_y(x_0,y_0),\quad \left.\frac{\partial z}{\partial y}\right|_{(x_0,y_0)},\quad f_y(x_0,y_0)\quad 或 \quad \left.\frac{\partial f}{\partial y}\right|_{(x_0,y_0)}.$$

函数 f 在点 $P_0(x_0,y_0)$ 关于 x (或 y) 的偏导数, 实际上就是一元函数 $g(x) = f(x,y_0)$ (或 $h(y) = f(x_0,y)$) 在 x_0 (或 y_0) 关于 x (或 y) 的导数, 即

$$f_x(x_0,y_0) = \left.\frac{\mathrm{d}}{\mathrm{d}x} f(x,y_0)\right|_{x=x_0},\quad f_y(x_0,y_0) = \left.\frac{\mathrm{d}}{\mathrm{d}y} f(x_0,y)\right|_{y=y_0}.$$

若函数 $z = f(x,y)$ 在 D 上每点 (x,y) 都存在对 x (或对 y) 的偏导数, 则得到函数 $z = f(x,y)$ 在 D 上对 x (或对 y) 的偏导函数 (也简称为偏导数), 记为

$$z_x(x,y), \frac{\partial z}{\partial x}, f_x(x,y)\ 或\ \frac{\partial f(x,y)}{\partial x}\quad \left(z_y(x,y),\ \frac{\partial z}{\partial y},\ f_y(x,y)\ 或\ \frac{\partial f(x,y)}{\partial y}\right).$$

偏导数的几何意义　$f_x(x_0,y_0)$ 的几何意义是曲线 $\begin{cases} z = f(x,y), \\ y = y_0 \end{cases}$ 在点 $Q_0(x_0, y_0, z_0)$ 处的切线对 x 轴的斜率; 而 $f_y(x_0,y_0)$ 的几何意义是曲线 $\begin{cases} z = f(x,y), \\ x = x_0 \end{cases}$ 在点 $Q_0(x_0, y_0, z_0)$ 处的切线对 y 轴的斜率, 其中 $z_0 = f(x_0,y_0)$.

3. 可微性条件

定理 17.1.1(可微的必要条件) 若二元函数 f 在其定义域内一点 (x_0,y_0) 处可微, 则 f 在该点关于每个自变量的偏导数都存在, 且式 (17.1.1) 中

$$A=f_x(x_0,y_0),\quad B=f_y(x_0,y_0).$$

由于 $\Delta x=\mathrm{d}x$, $\Delta y=\mathrm{d}y$, 并注意到定理 17.1.1, 若二元函数 f 在其定义域内一点 (x_0,y_0) 处可微, 则在该点处的全微分为

$$\mathrm{d}z|_{(x_0,y_0)}=f_x(x_0,y_0)\mathrm{d}x+f_y(x_0,y_0)\mathrm{d}y.$$

若二元函数 f 在区域 D 上每一点 (x,y) 处都可微, 则称函数 f 在区域 D 上可微, 且 f 在 D 上的全微分为

$$\mathrm{d}z=f_x(x,y)\mathrm{d}x+f_y(x,y)\mathrm{d}y. \tag{17.1.7}$$

定理 17.1.2(可微的充分条件) 若 $z=f(x,y)$ 的偏导数在点 (x_0,y_0) 的某个邻域内存在, 且 f_x 与 f_y 在点 (x_0,y_0) 处连续, 则函数 f 在点 (x_0,y_0) 可微.

由定理 17.1.2 的证明过程 (参见文献 [1] 第 111 页), 可以得到二元函数如下的一个中值定理:

定理 17.1.3 设函数 $z=f(x,y)$ 在 $U\big((x_0,y_0);\delta\big)$ 内存在偏导数, 若 $(x,y)\in U\big((x_0,y_0);\delta\big)$, 则存在 $\xi=x_0+\theta_1(x-x_0)$, $\eta=y_0+\theta_2(y-y_0)$, $0<\theta_1,\theta_2<1$, 使得

$$f(x,y)-f(x_0,y_0)=f_x(\xi,y)(x-x_0)+f_y(x_0,\eta)(y-y_0). \tag{17.1.8}$$

4. 多元函数连续性、偏导数存在性、可微性之间的关系

参考图 17.1.1.

(i) 可微 $\Rightarrow$ 连续、偏导数存在.

由式 (17.1.4) 知, 可微 $\Rightarrow$ 连续. 由定理 17.1.1 知, 可微 $\Rightarrow$ 偏导数存在.

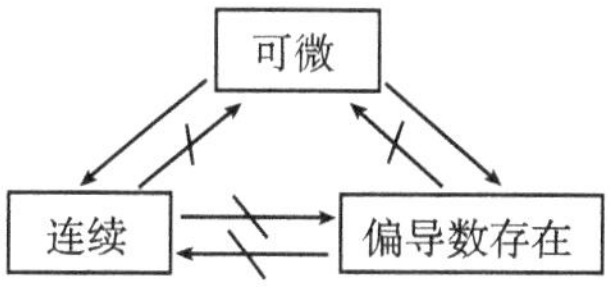

图 17.1.1

由此关系可知, 证明一个函数 $z=f(x,y)$ 在点 $P_0(x_0,y_0)$ 处不可微的常用方法如下:

(1) f 在点 $P_0(x_0,y_0)$ 处至少有一个偏导数不存在;

(2) f 在点 $P_0(x_0,y_0)$ 处不连续;

(3) 从定义出发证明 $\Delta z(x_0,y_0)-f_x(x_0,y_0)\Delta x-f_y(x_0,y_0)\Delta y\neq o(\rho)$, 其中 $\rho=\sqrt{(\Delta x)^2+(\Delta y)^2}$, 且 $\lim\limits_{(\Delta x,\Delta y)\to(0,0)}\rho=0$. 下面的 (ii) 中的证明就是用此法.

(ii) 偏导数存在 $\nRightarrow$ 可微. 如函数

$$f(x,y)=\begin{cases}\dfrac{xy}{\sqrt{x^2+y^2}}, & x^2+y^2\neq 0,\\ 0, & x^2+y^2=0\end{cases}$$

在原点 $O(0,0)$ 有偏导数

$$f_x(0,0)=\lim_{\Delta\to 0}\frac{f(\Delta x,0)-f(0,0)}{\Delta x}=\lim_{\Delta\to 0}\frac{0-0}{\Delta x}=0,\quad f_y(0,0)=0,$$

但在原点 $O(0,0)$ 不可微. 事实上, 若 $f(x,y)$ 在原点可微, 则

$$\begin{aligned}\Delta z(0,0)-\mathrm{d}z&=\Big[f(0+\Delta x,0+\Delta y)-f(0,0)\Big]-\Big[f_x(0,0)\Delta x+f_y(0,0)\Delta y\Big]\\&=\frac{\Delta x\Delta y}{\sqrt{\Delta x^2+\Delta y^2}}\end{aligned}$$

应是较 $\rho=\sqrt{\Delta x^2+\Delta y^2}$ 的高阶无穷小量. 为此考察

$$\lim_{\rho\to 0}\frac{\Delta z(0,0)-\mathrm{d}z}{\rho}=\lim_{\rho\to 0}\frac{\Delta x\Delta y}{\Delta x^2+\Delta y^2},$$

但可以证明上述极限不存在, 因而函数 f 在原点处不可微.

(iii) 偏导数存在 $\nRightarrow$ 连续. 例如函数

$$f(x,y)=\begin{cases}\dfrac{xy}{x^2+y^2}, & x^2+y^2\neq 0,\\ 0, & x^2+y^2=0\end{cases}$$

在原点 $(0,0)$ 不连续, 但却存在偏导数

$$f_x(0,0)=f_y(0,0)=0.$$

(iv) 连续 $\nRightarrow$ 偏导数存在. 如函数 $z=\sqrt{x^2+y^2}$ 在原点 $(0,0)$ 连续, 但在该点却不存在偏导数.

(v) 连续 $\nRightarrow$ 可微. 连续未必存在偏导数, 再由可微的必要条件即得.

(vi) 存在连续偏导数 $\Rightarrow$ 可微 (见定理 17.1.2).

但函数 f 仅在点 $P_0(x_0,y_0)$ 连续且偏导数存在, 不能保证它在该点可微.

例　设 $f(x,y)=\sqrt{|xy|}$, 证明:

(1) $f(x,y)$ 在点 $(0,0)$ 处连续;

(2) $f_x(0,0)$, $f_y(0,0)$ 均存在;

(3) $f(x,y)$ 在点 $(0,0)$ 处不可微.

解 (1) 由于 $\Delta f = f(\Delta x, \Delta y) - f(0,0) = |\Delta x|^{\frac{1}{2}} \cdot |\Delta y|^{\frac{1}{2}}$, 所以

$$\lim_{(\Delta x, \Delta y)\to(0,0)} \Delta f = 0,$$

即 $f(x,y)$ 在点 $(0,0)$ 处连续.

(2) 由偏导数定义直接计算可得

$$f_x(0,0) = \lim_{\Delta x\to 0} \frac{f(\Delta x, 0) - f(0,0)}{\Delta x} = \lim_{\Delta x\to 0} \frac{0}{\Delta x} = 0,$$

$$f_y(0,0) = \lim_{\Delta y\to 0} \frac{f(0, \Delta y) - f(0,0)}{\Delta y} = \lim_{\Delta y\to 0} \frac{0}{\Delta y} = 0.$$

(3) 由于

$$\Delta f - f_x(0,0)\Delta x - f_y(0,0)\Delta y = |\Delta x|^{\frac{1}{2}} \cdot |\Delta y|^{\frac{1}{2}},$$

所以取 $\Delta x = \Delta y \to 0$, 则

$$\frac{\Delta f - f_x(0,0)\Delta x - f_y(0,0)\Delta y}{\rho} = \frac{|\Delta x|^{\frac{1}{2}} \cdot |\Delta y|^{\frac{1}{2}}}{\sqrt{(\Delta x)^2 + (\Delta y)^2}} \to \frac{1}{\sqrt{2}} \neq 0, \quad \rho \to 0,$$

即 $\Delta f - f_x(x_0, y_0)\Delta x - f_y(x_0, y_0)\Delta y \neq o(\rho)$. 故 $f(x,y)$ 在点 $(0,0)$ 处不可微.

(vii) 存在有界偏导数 $\Rightarrow$ 连续.

命题 17.1.1 若函数$z = f(x,y)$ 的两个偏导数 $f_x(x,y), f_y(x,y)$ 在点 $P_0(x_0, y_0)$ 的某个邻域 $U(P_0)$ 内存在且有界, 则 f 在点 $P_0(x_0, y_0)$ 连续.

事实上, 注意到

$$\begin{aligned}\Delta z =& f(x_0 + \Delta x, y_0 + \Delta y) - f(x_0, y_0)\\ =& \big(f(x_0 + \Delta x, y_0 + \Delta y) - f(x_0, y_0 + \Delta y)\big) + \big(f(x_0, y_0 + \Delta y) - f(x_0, y_0)\big),\end{aligned}$$

则由定理 17.1.3 可得

$$\Delta z = f_x(x_0 + \theta_1 \Delta x, y_0 + \Delta y) \cdot \Delta x + f_y(x_0, y_0 + \theta_2 \Delta y) \cdot \Delta y,$$

其中 $0 < \theta_1, \theta_2 < 1$. 由于 $f_x(x,y), f_y(x,y)$ 在 $U(P_0)$ 内有界, 所以

$$\lim_{(\Delta x, \Delta y)\to(0,0)} \Delta z = 0,$$

即函数 f 在点 $P_0(x_0, y_0)$ 连续.

5. 可微性几何意义及其应用

定理 17.1.4　曲面 $z=f(x,y)$ 在点 $P\ (x_0,y_0,f(x_0,y_0))$ 处存在不平行于 z 轴的切平面 $\Pi \Leftrightarrow$ 函数 f 在点 $P_0\ (x_0,y_0)$ 可微.

若函数 $f(x,y)$ 在点 $P_0\ (x_0,y_0)$ 可微, 则曲面 $z=f(x,y)$ 在点 $P\ (x_0,y_0,z_0)$ 处的切平面 方程为

$$z-z_0=f_x(x_0,y_0)(x-x_0)+f_y(x_0,y_0)(y-y_0). \tag{17.1.9}$$

过点 P_0 且与切平面垂直的直线称为曲面在点 P_0 的法线. 由切平面方程知, 法线的方向数为

$$\pm(f_x(x_0,y_0),f_y(x_0,y_0),-1),$$

所以过切点 P_0 的法线方程为

$$\frac{x-x_0}{f_x(x_0,y_0)}=\frac{y-y_0}{f_y(x_0,y_0)}=\frac{z-z_0}{-1}. \tag{17.1.10}$$

二、疑难解答

问题 17.1.1　如何求二元函数 $f(x,y)$ 在一点 (x_0,y_0) 处的偏导数?

答　求二元函数 $f(x,y)$ 在一点 (x_0,y_0) 处的偏导数常用的方法如下:

(i) 若函数 $g(x)=f(x,y_0)$ (或 $h(y)=f(x_0,y)$) 在 x_0 (或 y_0) 的某个邻域内可导, 则可按初等函数的求导法则对一元函数 $f(x,y_0)$ (或 $f(x_0,y)$) 求导, 就得到相应的偏导数, 即

$$f_x(x_0,y_0)=\frac{\mathrm{d}}{\mathrm{d}x}f(x,y_0)\bigg|_{x=x_0},\quad f_y(x_0,y_0)=\frac{\mathrm{d}}{\mathrm{d}y}f(x_0,y)\bigg|_{y=y_0}.$$

也可以将 $f(x,y)$ 中的 y 看作常数, 对函数 f 关于 x 求导, 再将 (x_0,y_0) 代入, 便得 $f_x(x_0,y_0)$, 即 $f_x(x_0,y_0)=f_x(x,y)\Big|_{(x_0,y_0)}$.

同理, 将 $f(x,y)$ 中的 x 看作常数, 对函数 f 关于 y 求导, 再将 (x_0,y_0) 代入, 便得 $f_y(x_0,y_0)$, 即 $f_y(x_0,y_0)=f_y(x,y)\Big|_{(x_0,y_0)}$.

(ii) 利用偏导数的定义, 直接计算

$$f_x(x_0,y_0)=\lim_{\Delta x\to 0}\frac{f(x_0+\Delta x,y_0)-f(x_0,y_0)}{\Delta x}, \tag{17.1.11}$$

$$f_y(x_0,y_0)=\lim_{\Delta x\to 0}\frac{f(x_0,y_0+\Delta y)-f(x_0,y_0)}{\Delta y}. \tag{17.1.12}$$

一般来说, 这种方法仅在处理某些特殊情况, 如分段函数时, 才使用. ■

问题 17.1.2 判断函数 $f(x,y)$ 在点 (x_0,y_0) 的可微性通常有哪些方法?

答 判断函数 $f(x,y)$ 在点 (x_0,y_0) 的可微性通常有如下一些方法:

(i) 利用函数可微性条件, 通常是函数可微的充分条件 (见定理 17.1.2);

(ii) 若在点 $P_0(x_0,y_0)$ 的某个邻域 $U(P_0)$ 内, $f_x(x,y)$ 存在且在该点连续, $f_y(x_0,y_0)$ 存在, 则函数 $f(x,y)$ 在点 $P_0(x_0,y_0)$ 可微 (证明请参见例 17.1.5);

(iii) 按函数可微性定义, 证明极限

$$\lim_{\rho\to 0}\frac{\Delta f(x_0,y_0)-f_x(x_0,y_0)\Delta x-f_y(x_0,y_0)\Delta y}{\rho}=0,$$

其中 $\Delta f(x_0,y_0)=f(x_0+\Delta x,y+\Delta y)-f(x_0,y_0)$, $\rho=\sqrt{(\Delta x)^2+(\Delta y)^2}$. ■

问题 17.1.3 已知, 对于一元函数 $y=f(x)$ 而言, 可微与可导是等价的, 那么对于二元函数 $z=f(x,y)$ 而言, 可微与偏导数存在之间的关系如何?

答 对于二元函数 $z=f(x,y)$ 而言, 可微与偏导数存在是不等价的, 具体的

(i) 若 $f(x,y)$ 在点 (x_0,y_0) 处可微, 则偏导数 $f_x(x_0,y_0)$ 与 $f_y(x_0,y_0)$ 均存在 (见可微的必要条件).

(ii) 尽管函数 $f(x,y)$ 在点 (x_0,y_0) 处的偏导数 $f_x(x_0,y_0)$ 与 $f_y(x_0,y_0)$ 均存在, 但不能保证函数 $f(x,y)$ 在点 (x_0,y_0) 处可微 (参考本节 4 中的 (ii)).

若函数 $f(x,y)$ 在点 (x_0,y_0) 的某个邻域内存在连续的偏导数 $f_x(x,y)$ 与 $f_y(x,y)$, 则 $f(x,y)$ 在点 (x_0,y_0) 处可微 (可微的充分条件). ■

问题 17.1.4 判断函数 $f(x,y)$ 在点 (x_0,y_0) 的不可微通常有哪些方法?

答 由二元函数连续性、偏导数存在性、可微性之间的关系可知, 判断一个函数 $f(x,y)$ 在点 (x_0,y_0) 处不可微通常有如下方法:

(i) f 在点 (x_0,y_0) 处至少有一个偏导数不存在;

(ii) f 在点 (x_0,y_0) 处不连续;

(iii) 从定义出发证明 $\Delta z(x_0,y_0)-f_x(x_0,y_0)\Delta x-f_y(x_0,y_0)\Delta y\neq o(\rho)$, 其中 $\rho=\sqrt{(\Delta x)^2+(\Delta y)^2}$, 且 $\lim\limits_{(\Delta x,\Delta y)\to(0,0)}\rho=0$. ■

问题 17.1.5 一元函数 $y=f(x)$ 的导数 $\dfrac{\mathrm{d}y}{\mathrm{d}x}$ 又称为微商, 即 $\dfrac{\mathrm{d}y}{\mathrm{d}x}$ 为函数 y 的微分 $\mathrm{d}y$ 与自变量 x 的微分 $\mathrm{d}x$ 的商. 对于多元函数而言, 偏导数 $\dfrac{\partial z}{\partial x}$ 是否也是如此?

答 对于多元函数而言, 偏导数 $\dfrac{\partial z}{\partial x}$ 却不能看成是 ∂z 与 ∂x 的商. 例如理想的气态方程为 $PV=RT$, 其中 R 是不为零的常数.

由 $P=\dfrac{RT}{V}$, 可得 $\dfrac{\partial P}{\partial V}=-\dfrac{RT}{V^2}=-\dfrac{P}{V}$.

由 $V=\dfrac{RT}{P}$, 可得 $\dfrac{\partial V}{\partial T}=\dfrac{R}{P}$.

由 $T=\dfrac{PV}{R}$, 可得 $\dfrac{\partial T}{\partial P}=\dfrac{V}{R}$.

于是, 可得

$$\frac{\partial P}{\partial V}\cdot\frac{\partial V}{\partial T}\cdot\frac{\partial T}{\partial P}=-\frac{P}{V}\cdot\frac{R}{P}\cdot\frac{V}{R}=-1.$$

上式表明上述断言正确. ■

三、典型例题

例 17.1.1 计算函数 $f(x,y)=\begin{cases}\dfrac{\sqrt{|x|}}{x^2+y^2}\sin(x^2+y^2), & x^2+y^2\neq 0,\\ 0, & x^2+y^2=0\end{cases}$ 在点 $(0,0)$ 的偏导数.

解 由偏导数的定义, 可得

$$f_x(0,0)=\lim_{\Delta x\to 0}\frac{f(\Delta x,0)-f(0,0)}{\Delta x}=\lim_{\Delta x\to 0}\frac{\dfrac{\sqrt{|\Delta x|}}{(\Delta x)^2}\sin(\Delta x)^2}{\Delta x}=\infty,$$

$$f_y(0,0)=\lim_{\Delta y\to 0}\frac{f(0,\Delta y)-f(0,0)}{\Delta y}=\lim_{\Delta y\to 0}\frac{0}{\Delta y}=0.$$ ■

例 17.1.2 求函数 $u=\arcsin(xyz)$ 的偏导数.

解 将 y 与 z 看成常数, 对函数 $u=\arcsin(xyz)$ 关于 x 求导数可得

$$\frac{\partial u}{\partial x}=\frac{yz}{\sqrt{1-x^2y^2z^2}}.$$

注意到函数表达式中自变量 x, y, z 的对称性, 利用 $\dfrac{\partial u}{\partial x}$ 的表达式立即可得

$$\frac{\partial u}{\partial y}=\frac{xz}{\sqrt{1-x^2y^2z^2}},\quad \frac{\partial u}{\partial z}=\frac{xy}{\sqrt{1-x^2y^2z^2}}.$$ ■

例 17.1.3 求函数 $u=\sqrt{x^2+y^2+z^2}$ 在点 $(1,-1,1)$ 处的全微分.

解 容易求得

$$\frac{\partial u}{\partial x}=\frac{x}{\sqrt{x^2+y^2+z^2}},\quad \frac{\partial u}{\partial y}=\frac{y}{\sqrt{x^2+y^2+z^2}},\quad \frac{\partial u}{\partial z}=\frac{z}{\sqrt{x^2+y^2+z^2}}.$$

由于 $\dfrac{\partial u}{\partial x}$, $\dfrac{\partial u}{\partial y}$, $\dfrac{\partial u}{\partial z}$ 在 $(x,y,z)\neq(0,0,0)$ 时连续, 从而可微.

由

$$\left.\frac{\partial u}{\partial x}\right|_{(1,-1,1)}=\frac{1}{\sqrt{3}},\quad \left.\frac{\partial u}{\partial y}\right|_{(1,-1,1)}=-\frac{1}{\sqrt{3}},\quad \left.\frac{\partial u}{\partial z}\right|_{(1,-1,1)}=\frac{1}{\sqrt{3}}$$

及全微分公式得

$$\mathrm{d}u|_{(1,-1,1)} = \frac{1}{\sqrt{3}}\mathrm{d}x - \frac{1}{\sqrt{3}}\mathrm{d}y + \frac{1}{\sqrt{3}}\mathrm{d}z. \quad \blacksquare$$

例 17.1.4 求曲面 $z = x^2 + y^2 - 2xy - x + 3y + 4$ 在点 $(2, -3, 18)$ 处的切平面方程与法线方程.

解 先由 $z = x^2 + y^2 - 2xy - x + 3y + 4$ 求出 z 在点 $(2, -3, 18)$ 关于 x, y 的偏导数为

$$z_x(2, -3, 18) = 2x - 2y - 1\Big|_{(2,-3,18)} = 9,$$

$$z_y(2, -3, 18) = 2y - 2x + 3\Big|_{(2,-3,18)} = -7.$$

由此可得该曲面在点 $(2, -3, 18)$ 处的切平面方程为

$$z - 18 = 9(x - 2) - 7(y + 3),$$

即

$$9x - 7y - z - 21 = 0,$$

法线方程为

$$\frac{x-2}{9} = \frac{y+3}{-7} = \frac{z-18}{-1}. \quad \blacksquare$$

例 17.1.5 若在点 $P_0(x_0, y_0)$ 的某个邻域 $U(P_0)$ 内, $f_x(x, y)$ 存在且在该点连续, $f_y(x_0, y_0)$ 存在, 则函数 $z = f(x, y)$ 在点 $P_0(x_0, y_0)$ 可微.

证明 任取 $(x_0 + \Delta x, y_0 + \Delta y) \in U(P_0)$, 有

$$\begin{aligned}\Delta z &= f(x_0 + \Delta x, y_0 + \Delta y) - f(x_0, y_0) \\ &= \big(f(x_0 + \Delta x, y_0 + \Delta y) - f(x_0, y_0 + \Delta y)\big) + \big(f(x_0, y_0 + \Delta y) - f(x_0, y_0)\big).\end{aligned}$$

由 $f_x(x, y)$ 在点 (x_0, y_0) 的连续性, 有

$$\begin{aligned}f(x_0 + \Delta x, y_0 + \Delta y) - f(x_0, y_0 + \Delta y) &= f_x(x_0 + \theta\Delta x, y_0 + \Delta y) \cdot \Delta x \\ &= f_x(x_0, y_0) \cdot \Delta x + \alpha_1 \rho,\end{aligned}$$

其中 $0 < \theta < 1$, $\rho = \sqrt{(\Delta x)^2 + (\Delta y)^2} \to 0$, $\lim\limits_{\rho\to 0} \alpha_1 = 0$. 又由

$$f_y(x_0, y_0) = \lim_{\Delta y \to 0} \frac{f(x_0, y_0 + \Delta y) - f(x_0, y_0)}{\Delta y},$$

可得

$$f(x_0, y_0 + \Delta y) - f(x_0, y_0) = f_y(x_0, y_0) \cdot \Delta y + \alpha_2 \Delta y, \quad \lim_{\rho \to 0} \alpha_2 = 0.$$

于是

$$\Delta z = f_x(x_0, y_0) \cdot \Delta x + f_y(x_0, y_0) \cdot \Delta y + \alpha_1 \rho + \alpha_2 \Delta y,$$

且

$$\left| \frac{\alpha_1 \rho + \alpha_2 \Delta y}{\rho} \right| \leqslant |\alpha_1| + |\alpha_2| \to 0 \quad (\rho \to 0).$$

这就证明了函数 $z = f(x, y)$ 在点 $P_0(x_0, y_0)$ 可微. ■

例 17.1.6　讨论函数 $f(x,y) = \begin{cases} \dfrac{x^2 y}{x^2+y^2} \sin(x^2+y^2), & x^2+y^2 \neq 0, \\ 0, & x^2+y^2=0 \end{cases}$ 在点 $(0,0)$ 处的连续性、偏导数的存在性、可微性及偏导数的连续性.

解　(i) 函数 f 在点 $(0,0)$ 处是连续的. 这是因为

$$|\Delta z| = |f(x,y) - f(0,0)| = \left| \frac{x^2 y}{x^2+y^2} \sin(x^2+y^2) \right| \leqslant \frac{|x|}{2} \to 0, \quad (x,y) \to (0,0).$$

(ii) 计算偏导数, 并讨论其在原点 $(0,0)$ 的连续性.

当 $x^2+y^2=0$ 时, 由偏导数的定义可得

$$f_x(0,0) = \lim_{x \to 0} \frac{f(x,0) - f(0,0)}{x - 0} = \lim_{x \to 0} \frac{0}{x} = 0,$$

$$f_y(0,0) = \lim_{y \to 0} \frac{f(0,y) - f(0,0)}{y - 0} = \lim_{y \to 0} \frac{0}{y} = 0.$$

当 $x^2+y^2 \neq 0$ 时, 按偏导数的通常求法可得

$$f_x(x,y) = \frac{2xy^3}{(x^2+y^2)^2} \sin(x^2+y^2) + \frac{2x^3 y}{x^2+y^2} \cos(x^2+y^2),$$

$$f_y(x,y) = \frac{x^2(x^2-y^2)}{(x^2+y^2)^2} \sin(x^2+y^2) + \frac{2x^2 y^2}{x^2+y^2} \cos(x^2+y^2).$$

由于

$$|f_x(x,y) - f_x(0,0)| \leqslant 2(x^2+y^2), \quad |f_y(x,y) - f_y(0,0)| \leqslant 2(x^2+y^2),$$

所以

$$\lim_{(x,y)\to(0,0)} f_x(x,y) = f_x(0,0), \quad \lim_{(x,y)\to(0,0)} f_y(x,y) = f_y(0,0).$$

于是, 偏导数 $f_x(x,y)$ 与 $f_y(x,y)$ 在点 $(0,0)$ 处连续.

(iii) 讨论函数 $f(x,y)$ 在 $(0,0)$ 处的可微性. 由于

$$\Delta f(0,0) - f_x(0,0)\Delta x - f_y(0,0)\Delta y = \frac{(\Delta x)^2 \Delta y}{(\Delta x)^2 + (\Delta y)^2} \sin\left((\Delta x)^2 + (\Delta y)^2\right),$$

所以

$$\begin{aligned}&\lim_{\rho\to 0}\frac{\Delta f(0,0)-f_x(0,0)\Delta x-f_y(0,0)\Delta y}{\rho}\\ =&\lim_{\rho\to 0}\frac{(\Delta x)^2\Delta y}{\sqrt{(\Delta x)^2+(\Delta y)^2}}\frac{\sin\left((\Delta x)^2+(\Delta y)^2\right)}{(\Delta x)^2+(\Delta y)^2}\\ =&\lim_{(\Delta x,\Delta y)\to(0,0)}\frac{(\Delta x)^2\Delta y}{\sqrt{(\Delta x)^2+(\Delta y)^2}}=0,\end{aligned}$$

即

$$\Delta f(0,0)-f_x(0,0)\Delta x-f_y(0,0)\Delta y=o(\rho),\quad \rho=\sqrt{(\Delta x)^2+(\Delta y)^2},$$

且 $\lim\limits_{(\Delta x,\Delta y)\to(0,0)}\rho=0$. 故函数 $f(x,y)$ 在点 $(0,0)$ 处可微. ■

注 17.1.1 关于 (iii) 的讨论, 可以由 (ii) 的结论及定理 17.1.2 立即得到所给函数在点 $(0,0)$ 处可微.

四、巩固提高

17.1.1 举例说明:

(i) f 在某一点的邻域内存在偏导数, 但在该点不一定连续, 从而不一定可微;

(ii) f 在某一点连续, 但在该点偏导数不一定存在, 从而不一定可微;

(iii) f 在某一点可微, 但在该点偏导数不一定连续.

17.1.2 求函数 $z=\ln(1+x^2+y^2)$ 在点 $(1,2)$ 处的全微分 $\mathrm{d}z\big|_{(1,2)}$.

17.1.3 设 $f(x,y)=\begin{cases}\dfrac{\sqrt{|x-y|}}{x^2+y^2}\sin(x^2+y^2), & x^2+y^2\neq 0,\\ 0, & x^2+y^2=0.\end{cases}$ 讨论:

(i) $f(x,y)$ 在点 $(0,0)$ 处是否连续?

(ii) $f(x,y)$ 在点 $(0,0)$ 处是否可微?

17.1.4 设 $f(x,y)=\begin{cases}xy\sin\dfrac{1}{x^2+y^2}, & x^2+y^2\neq 0,\\ 0, & x^2+y^2=0.\end{cases}$ 证明:

(i) $f_x(0,0)$, $f_y(0,0)$ 均存在;

(ii) $f_x(x,y)$, $f_y(x,y)$ 在点 $(0,0)$ 处不连续;

(ii) $f(x,y)$ 在点 $(0,0)$ 处可微.

17.1.5 求曲面 $z=\arctan\dfrac{y}{x}$ 在点 $\left(1,1,\dfrac{\pi}{4}\right)$ 处的切平面方程与法线方程.

17.1.6 设 $f(x,y)$ 定义在闭矩形区域 $I=[a,b]\times[c,d]$ 上, 且 f_y 在 I 上连续. 证明 $f(x,y)$ 对 y 满足一致 Lipschitz 条件, 即存在 $L>0$ (其中 L 与 x 无关), 使得对任意 $(x,y_1),(x,y_2)\in I$, 都有 $|f(x,y_1)-f(x,y_2)|\leqslant L|y_1-y_2|$.

17.1.7 若 $f(x,y)$ 的偏导数 $f_x(x,y)$ 与 $f_y(x,y)$ 在开区域 D 内存在, 且对任意 $(x,y)\in D$, $f_x(x,y)=f_y(x,y)=0$. 证明 $f(x,y)\equiv C$, $(x,y)\in D$.

17.1.8 讨论函数 $f(x,y)=\begin{cases}\dfrac{1-\mathrm{e}^{x(x^2+y^2)}}{x^2+y^2}, & x^2+y^2\neq 0,\\ 0, & x^2+y^2=0\end{cases}$ 在点 $(0,0)$ 处的连续性、偏导数的存在性、可微性及偏导数的连续性.

17.1.9 对于二元函数 $z=f(x,y)$, 若 $f_x(x_0,y_0)$ 存在, $f_y(x,y)$ 在点 (x_0,y_0) 处连续, 证明函数 $z=f(x,y)$ 在点 (x_0,y_0) 处可微.

***17.1.10** 设 $D\subset\mathbb{R}^2$ 为开区域, $u(x,y)$, $v(x,y)$ 在 D 内满足

$$\frac{\partial u}{\partial x}=\frac{\partial v}{\partial y},\quad \frac{\partial u}{\partial y}=-\frac{\partial v}{\partial x},\quad u^2+v^2=C,$$

其中 C 为常数. 证明 $u(x,y)$, $v(x,y)$ 在 D 内恒为常数.

17.2 复合函数微分法

一、内容精读

为了方便起见, 本节仅讨论二元函数 (或三元函数).

1. 复合函数的求导法则

定理 17.2.1(链式法则) 若函数 $x=\varphi(s,t)$, $y=\psi(s,t)$ 在点 (s,t) 可微, $z=f(x,y)$ 在点 $(x,y)=(\varphi(s,t),\psi(s,t))$ 可微, 则复合函数

$$z=f(\varphi(s,t),\psi(s,t))$$

在点 (s,t) 可微, 且它关于 s 与 t 的偏导数分别为

$$\begin{cases}\left.\dfrac{\partial z}{\partial s}\right|_{(s,t)}=\left.\dfrac{\partial z}{\partial x}\right|_{(x,y)}\left.\dfrac{\partial x}{\partial s}\right|_{(s,t)}+\left.\dfrac{\partial z}{\partial y}\right|_{(x,y)}\left.\dfrac{\partial y}{\partial s}\right|_{(s,t)},\\[2ex] \left.\dfrac{\partial z}{\partial t}\right|_{(s,t)}=\left.\dfrac{\partial z}{\partial x}\right|_{(x,y)}\left.\dfrac{\partial x}{\partial t}\right|_{(s,t)}+\left.\dfrac{\partial z}{\partial y}\right|_{(x,y)}\left.\dfrac{\partial y}{\partial t}\right|_{(s,t)}.\end{cases}\tag{17.2.1}$$

若采用矩阵记号, 则式 (17.2.1) 可写为

$$\begin{bmatrix}\dfrac{\partial z}{\partial s}\\ \dfrac{\partial z}{\partial t}\end{bmatrix}_{(s,t)}=\begin{bmatrix}\dfrac{\partial x}{\partial s} & \dfrac{\partial y}{\partial s}\\ \dfrac{\partial x}{\partial t} & \dfrac{\partial y}{\partial t}\end{bmatrix}_{(s,t)}\begin{bmatrix}\dfrac{\partial z}{\partial x}\\ \dfrac{\partial z}{\partial y}\end{bmatrix}_{(x,y)}.\tag{17.2.1$'$}$$

在不引起混淆的情况下, 可以省去表示点的角标.

两种特殊情况:

情形 1 若 $z=f(x,y)$, 而 $x=\varphi(t)$, $y=\psi(t)$, 则

$$\frac{\mathrm{d}z}{\mathrm{d}t}=\frac{\partial f}{\partial x}\cdot\varphi'(t)+\frac{\partial f}{\partial y}\cdot\psi'(t). \tag{17.2.2}$$

情形 2 若 $z=f(x,y,t)$, 而 $x=\varphi(s,t)$, $y=\psi(s,t)$, 则

$$\frac{\partial z}{\partial s}=\frac{\partial f}{\partial x}\cdot\frac{\partial x}{\partial s}+\frac{\partial f}{\partial y}\cdot\frac{\partial y}{\partial s}, \tag{17.2.3}$$

$$\frac{\partial z}{\partial t}=\frac{\partial f}{\partial x}\cdot\frac{\partial x}{\partial t}+\frac{\partial f}{\partial y}\cdot\frac{\partial y}{\partial t}+\frac{\partial f}{\partial t}. \tag{17.2.4}$$

值得说明的是, 式 (17.2.4) 左边的 $\dfrac{\partial z}{\partial t}$ 与等式右边的 $\dfrac{\partial f}{\partial t}$ 是不一样的, 具有不同的含义. $\dfrac{\partial z}{\partial t}$ 表示函数 $z=f\big(\varphi(s,t),\psi(s,t),t\big)$ 将 s 视为常数对 t 求偏导, 而 $\dfrac{\partial f}{\partial t}$ 则是函数 $z=f(x,y,t)$ 将 x, y 视为常数对 t 求偏导数.

通常为了书写方便起见, 引入以下一些记号:

$$f_1=\frac{\partial f}{\partial x}(x,y,t),\quad f_2=\frac{\partial f}{\partial y}(x,y,t),\quad f_3=\frac{\partial f}{\partial t}(x,y,t),$$

其中的下标 i $(i=1,2,3)$ 表示函数 $z=f(x,y,t)$ 从左边起对第 i 个自变量求偏导, 于是可将式 (17.2.3) 与式 (17.2.4) 写为

$$z_s=f_1\varphi_s+f_2\psi_s,\quad z_t=f_1\varphi_t+f_2\psi_t+f_3.$$

写成矩阵形式为

$$\begin{bmatrix} z_s\\ z_t\end{bmatrix}=\begin{bmatrix}\varphi_s & \psi_s & 0\\ \varphi_t & \psi_t & 1\end{bmatrix}\begin{bmatrix} f_1\\ f_2\\ f_3\end{bmatrix}.$$

2. 复合函数的全微分

若以 x 和 y 为自变量的函数 $z=f(x,y)$ 可微, 则其全微分为

$$\mathrm{d}z=\frac{\partial z}{\partial x}\mathrm{d}x+\frac{\partial z}{\partial y}\mathrm{d}y. \tag{17.2.5}$$

如果 x, y 作为中间变量又是自变量 s, t 的可微函数

$$x=\varphi(s,t),\quad y=\psi(s,t),$$

则由链式法则, 复合函数 $z = f(\varphi(s,t),\psi(s,t))$ 是可微的, 且其全微分为

$$\begin{aligned}\mathrm{d}z &= \frac{\partial z}{\partial s}\mathrm{d}s + \frac{\partial z}{\partial t}\mathrm{d}t \\ &= \left(\frac{\partial z}{\partial x}\frac{\partial x}{\partial s} + \frac{\partial z}{\partial y}\frac{\partial y}{\partial s}\right)\mathrm{d}s + \left(\frac{\partial z}{\partial x}\frac{\partial x}{\partial t} + \frac{\partial z}{\partial y}\frac{\partial y}{\partial t}\right)\mathrm{d}t \\ &= \frac{\partial z}{\partial x}\bigg(\underbrace{\frac{\partial x}{\partial s}\mathrm{d}s + \frac{\partial x}{\partial t}\mathrm{d}t}_{\mathrm{d}x}\bigg) + \frac{\partial z}{\partial y}\bigg(\underbrace{\frac{\partial y}{\partial s}\mathrm{d}s + \frac{\partial y}{\partial t}\mathrm{d}t}_{\mathrm{d}y}\bigg).\end{aligned} \tag{17.2.6}$$

由于 x, y 又是 s, t 的可微函数, 因此同时有

$$\mathrm{d}x = \frac{\partial x}{\partial s}\mathrm{d}s + \frac{\partial x}{\partial t}\mathrm{d}t, \quad \mathrm{d}y = \frac{\partial y}{\partial s}\mathrm{d}s + \frac{\partial y}{\partial t}\mathrm{d}t. \tag{17.2.7}$$

将式 (17.2.7) 代入式 (17.2.6), 得到与式 (17.2.5) 完全相同的结果. 此即为多元函数的一阶 (全) 微分形式不变性 .

二、疑难解答

问题 17.2.1 由多元复合函数求偏导数的链式法则可知, 随着中间变量或复合步骤的增多, 将变得越来越复杂, 因而增加了计算的难度. 这时求偏导数最易犯的错误, 就是会遗漏某些链锁环节而不能完整地写出复合函数的偏导数. 请问如何克服这样的困难, 能正确而较简单地求出每一个复合函数的偏导数?

答 要想正确而较简单地求出每一个复合函数的偏导数, 关键是要分清多元函数复合过程的结构与层次, 明确区分哪些是中间变量, 哪些是自变量, 把握好它们之间的函数依赖关系, 并据此给出复合结构图. 借助于复合结构图, 利用复合函数求偏导的链式法则, 就能正确地写出复合函数的偏导数. 例如, 复合函数 $u = u(s,t)$ 是由下列函数复合而成:

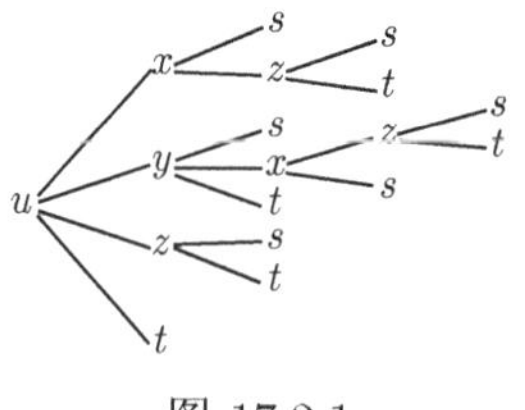

图 17.2.1

$$u = f(x,y,z,t),$$
$$x = \varphi(z,s),$$
$$y = \psi(x,s,t),$$
$$z = \omega(s,t).$$

复合结构图如图 17.2.1 所示.

由此结构图容易看出, 复合过程共有 4 层 (最下面的一行 u—t 虽然只有一层, 但可以看作 4 个层次:u—t—t—t—t): 第一层有 4 个中间变量 x, y, z, t, 它们通过 f 与 u 相关联; 第二层也有 4 个中间变量 x, z, s, t, 它们通过 φ, ψ, ω 及 $t = t$ 分别与 x, y, z, t 相关联; 第三层有 3 个中间变量 z, s, t, 它们通过 ω, φ 及 $s = s, t = t$ 分别

与 x, y, s, t 相关联; 第四层为自变量 s, t, 它们通过 ω 及 $s=s$, $t=t$ 分别与 z, s, t 相关联.

据上述分析, 可以得到如下求偏导数的方法:

法 1 (路径法) 下面以计算 $\dfrac{\partial u}{\partial t}$ 为例, 给出计算的如下具体步骤:

(i) 先从图中找出由 u 到 t 的所有路径 (共有 5 条), 即

$$u \overset{f}{—} x \overset{\varphi}{—} z \overset{\omega}{—} t;$$

$$u \overset{f}{—} y \overset{\psi}{—} x \overset{\varphi}{—} z \overset{\omega}{—} t;$$

$$u \overset{f}{—} y \overset{\psi}{—} t;$$

$$u \overset{f}{—} z \overset{\omega}{—} t;$$

$$u \overset{f}{—} t.$$

(ii) 写出每一条路径所对应的偏导数分量:

$$\frac{\partial f}{\partial x}\frac{\partial \varphi}{\partial z}\frac{\partial \omega}{\partial t},\quad \frac{\partial f}{\partial y}\frac{\partial \psi}{\partial x}\frac{\partial \varphi}{\partial z}\frac{\partial \omega}{\partial t},\quad \frac{\partial f}{\partial y}\frac{\partial \psi}{\partial t},\quad \frac{\partial f}{\partial z}\frac{\partial \omega}{\partial t},\quad \frac{\partial f}{\partial t}.$$

(iii) 将 (ii) 中所得的所有分量相加, 就得到所求的偏导数

$$\frac{\partial u}{\partial t}=\frac{\partial f}{\partial x}\frac{\partial \varphi}{\partial z}\frac{\partial \omega}{\partial t}+\frac{\partial f}{\partial y}\left(\frac{\partial \psi}{\partial x}\frac{\partial \varphi}{\partial z}\frac{\partial \omega}{\partial t}+\frac{\partial \psi}{\partial t}\right)+\frac{\partial f}{\partial z}\frac{\partial \omega}{\partial t}+\frac{\partial f}{\partial t}.$$

路径法的优点是条理清晰. 要特别注意不要漏掉路径, 通常是看 "终点" 处某个自变量出现多少次, 就应有多少条关于此变量的路径.

法 2 (关联矩阵法) 利用多元复合函数偏导数的矩阵表示形式, 写出相邻两层变量之间的关联矩阵, 再将这些矩阵依次查乘, 即得到偏导数的矩阵表示. 如本例中关联矩阵依次为

$$\begin{bmatrix}\omega_s & 1 & 0\\ \omega_t & 0 & 1\end{bmatrix},\quad \begin{bmatrix}\varphi_z & 0 & 0 & 0\\ \varphi_s & \omega_s & 1 & 0\\ 0 & \omega_t & 0 & 1\end{bmatrix},\quad \begin{bmatrix}0 & \psi_x & 0 & 0\\ \varphi_z & 0 & 0 & 0\\ \varphi_s & \psi_s & \omega_s & 0\\ 0 & \psi_t & \omega_t & 1\end{bmatrix},\quad \begin{bmatrix}f_x\\ f_y\\ f_z\\ f_t\end{bmatrix}.$$

由此可得

$$\begin{bmatrix}\dfrac{\partial u}{\partial s}\\ \dfrac{\partial u}{\partial t}\end{bmatrix}=\begin{bmatrix}\omega_s & 1 & 0\\ \omega_t & 0 & 1\end{bmatrix}\begin{bmatrix}\varphi_z & 0 & 0 & 0\\ \varphi_s & \omega_s & 1 & 0\\ 0 & \omega_t & 0 & 1\end{bmatrix}\begin{bmatrix}0 & \psi_x & 0 & 0\\ \varphi_z & 0 & 0 & 0\\ \varphi_s & \psi_s & \omega_s & 0\\ 0 & \psi_t & \omega_t & 1\end{bmatrix}\begin{bmatrix}f_x\\ f_y\\ f_z\\ f_t\end{bmatrix}$$

$$= \begin{bmatrix} \varphi_z\omega_s+\varphi_s & \psi_x(\varphi_z\omega_s+\varphi_s)+\psi_s & \omega_s & 0 \\ \varphi_z\omega_t & \psi_x\varphi_z\omega_t+\psi_t & \omega_t & 1 \end{bmatrix} \begin{bmatrix} f_x \\ f_y \\ f_z \\ f_t \end{bmatrix}.$$

即

$$\frac{\partial u}{\partial s}=\frac{\partial f}{\partial x}\left(\frac{\partial \varphi}{\partial z}\frac{\partial \omega}{\partial s}+\frac{\partial \varphi}{\partial s}\right)+\frac{\partial f}{\partial y}\left(\frac{\partial \psi}{\partial x}\frac{\partial \varphi}{\partial z}\frac{\partial \omega}{\partial s}+\frac{\partial \psi}{\partial x}\frac{\partial \varphi}{\partial s}+\frac{\partial \psi}{\partial s}\right)+\frac{\partial f}{\partial z}\frac{\partial \omega}{\partial s},$$

$$\frac{\partial u}{\partial t}=\frac{\partial f}{\partial x}\frac{\partial \varphi}{\partial z}\frac{\partial \omega}{\partial t}+\frac{\partial f}{\partial y}\left(\frac{\partial \psi}{\partial x}\frac{\partial \varphi}{\partial z}\frac{\partial \omega}{\partial t}+\frac{\partial \psi}{\partial t}\right)+\frac{\partial f}{\partial z}\frac{\partial \omega}{\partial t}+\frac{\partial f}{\partial t}.$$

关联矩阵法的好处是可以一下子求出所有的偏导数, 并且可以通过代数运算的方法对偏导数进行计算与讨论, 而不必每次去数路径的个数. 但此法的一个缺点就是关联矩阵容易求错. ■

问题 17.2.2　如何利用一阶全微分的不变性求多元复合函数的偏导数?

答　利用一阶全微分的不变性求多元复合函数的偏导数通常的做法是: 首先写出各层变量之间的全微分表示式, 然后消去中间变量的微分记号, 得到函数与复合后自变量的全微分, 最后由一阶微分的不变性得到各个变量的偏导数.

下面仍以问题 17.2.1 中的例子为例, 来具体说明计算过程.

复合函数 $u=u(s,t)$ 由下列函数复合而成:

$$u=f(x,y,z,t),$$

$$x=\varphi(z,s),$$

$$y=\psi(x,s,t),$$

$$z=\omega(s,t).$$

各层变量之间的全微分表示式分别为

$$\mathrm{d}u=f_x\mathrm{d}x+f_y\mathrm{d}y+f_z\mathrm{d}z+f_t\mathrm{d}t,$$

$$\mathrm{d}x=\varphi_z\mathrm{d}z+\varphi_s\mathrm{d}s,$$

$$\mathrm{d}y=\psi_x\mathrm{d}x+\psi_s\mathrm{d}s+\psi_t\mathrm{d}t,$$

$$\mathrm{d}z=\omega_s\mathrm{d}s+\omega_t\mathrm{d}t.$$

于是, 消去 $\mathrm{d}x$, $\mathrm{d}y$, $\mathrm{d}z$ 可得

$$\begin{aligned}\mathrm{d}u=&f_x\big[\varphi_z\big(\omega_s\mathrm{d}s+\omega_t\mathrm{d}t\big)+\varphi_s\mathrm{d}s\big]\\&+f_y\big\{\psi_x\big[\varphi_z\big(\omega_s\mathrm{d}s+\omega_t\mathrm{d}t\big)+\varphi_s\mathrm{d}s\big]+\psi_s\mathrm{d}s+\psi_t\mathrm{d}t\big\}\\&+f_z\big(\omega_s\mathrm{d}s+\omega_t\mathrm{d}t\big)+f_t\mathrm{d}t\end{aligned}$$

$$
\begin{aligned}
&=\left[f_x\left(\varphi_z\omega_s+\varphi_s\right)+f_y\left(\psi_x\varphi_z\omega_s+\psi_x\varphi_s+\psi_s\right)+f_z\omega_s\right]\mathrm{d}s\\
&\quad+\left[f_x\varphi_z\omega_t+f_y\left(\psi_x\varphi_z\omega_t+\psi_t\right)+f_z\omega_t+f_t\right]\mathrm{d}t.
\end{aligned}
$$

又由于 $\mathrm{d}u=\dfrac{\partial u}{\partial s}\mathrm{d}s+\dfrac{\partial u}{\partial t}\mathrm{d}t$, 因此由一阶微分的不变性可得

$$
\frac{\partial u}{\partial s}=f_x\left(\varphi_z\omega_s+\varphi_s\right)+f_y\left(\psi_x\varphi_z\omega_s+\psi_x\varphi_s+\psi_s\right)+f_z\omega_s
$$

$$
\frac{\partial u}{\partial t}=f_x\varphi_z\omega_t+f_y\left(\psi_x\varphi_z\omega_t+\psi_t\right)+f_z\omega_t+f_t.
$$

所得的结果与问题 17.2.1 中的相同. ■

三、典型例题

例 17.2.1 设 $z=\mathrm{e}^{xy^2}$, $x=t\cos t$, $y=t\sin t$, 求 $\left.\dfrac{\mathrm{d}z}{\mathrm{d}t}\right|_{t=\frac{\pi}{2}}$.

解法 1 先求出复合后的函数再求导.

由 $z=\mathrm{e}^{xy^2}$, $x=t\cos t$, $y=t\sin t$ 可得 $z=\mathrm{e}^{t^3\cos t\sin^2 t}$, 所以

$$
\frac{\mathrm{d}z}{\mathrm{d}t}=\mathrm{e}^{t^3\cos t\sin^2 t}\left(3t^2\cos t\sin^2 t-t^3\sin^3 t+2t^3\cos^2 t\sin t\right),
$$

于是 $\left.\dfrac{\mathrm{d}z}{\mathrm{d}t}\right|_{t=\frac{\pi}{2}}=-\dfrac{\pi^3}{8}$.

解法 2 应用复合函数求导的链式法则. 由链式法则可得

$$
\begin{aligned}
\frac{\mathrm{d}z}{\mathrm{d}t}&=\frac{\partial z}{\partial x}\frac{\mathrm{d}x}{\mathrm{d}t}+\frac{\partial z}{\partial y}\frac{\mathrm{d}y}{\mathrm{d}t}\\
&=y^2\mathrm{e}^{xy^2}\left(\cos t-t\sin t\right)+2xy\mathrm{e}^{xy^2}\left(\sin t+t\cos t\right).
\end{aligned}
$$

又由于当 $t=\dfrac{\pi}{2}$ 时, $x=0$, $y=\dfrac{\pi}{2}$. 于是 $\left.\dfrac{\mathrm{d}z}{\mathrm{d}t}\right|_{t=\frac{\pi}{2}}=-\dfrac{\pi^3}{8}$. ■

例 17.2.2 应用多元复合函数的微分法计算函数 $y=x^{x^x}$ 的导数.

解 函数 $y=x^{x^x}$ 可以看成由函数 $y=u^v$, $v=w^x$, $u=x$ 及 $w=x$ 复合而成, 从而由多元复合函数的链式法则, 可得

$$
\begin{aligned}
\frac{\mathrm{d}y}{\mathrm{d}x}&=\frac{\partial y}{\partial u}\frac{\mathrm{d}u}{\mathrm{d}x}+\frac{\partial y}{\partial v}\left(\frac{\partial v}{\partial x}+\frac{\partial v}{\partial w}\frac{\mathrm{d}w}{\mathrm{d}x}\right)\\
&=vu^{v-1}\cdot 1+u^v\ln u\cdot\left(w^x\ln w+xw^{x-1}\cdot 1\right)\\
&=vu^{v-1}+u^v\ln u\cdot\left(w^x\ln w+xw^{x-1}\right)\\
&=x^x x^{x^x-1}+x^{x^x}\ln x\cdot\left(x^x\ln x+xx^{x-1}\right)\\
&=\left[\frac{1}{x}+\ln x+(\ln x)^2\right]x^x x^{x^x}.
\end{aligned}
$$

■

例 17.2.3 设 $x^2=vw$, $y^2=uw$, $z^2=uv$, 且

$$f(x,y,z)=F(u,v,w).$$

证明 $xf_x+yf_y+zf_z=uF_u+vF_v+wF_w$.

证明 由 $x^2=vw$, $y^2=uw$, $z^2=uv$ 得 $y^2z^2=u^2x^2$, 即 $u=\pm\dfrac{yz}{x}$. 由此可得:

情况 I: $u=\dfrac{yz}{x},\quad v=\dfrac{zx}{y},\quad w=\dfrac{xy}{z}$;

情况 II: $u=-\dfrac{yz}{x},\quad v=-\dfrac{zx}{y},\quad w=-\dfrac{xy}{z}$.

下面仅对情况 I (对于情况 II 同理) 进行讨论:

$$x\frac{\partial u}{\partial x}+y\frac{\partial u}{\partial y}+z\frac{\partial u}{\partial z}=-\frac{yz}{x}+\frac{yz}{x}+\frac{yz}{x}=\frac{yz}{x}=u.$$

同理可得

$$x\frac{\partial v}{\partial x}+y\frac{\partial v}{\partial y}+z\frac{\partial v}{\partial z}=v,\quad x\frac{\partial w}{\partial x}+y\frac{\partial w}{\partial y}+z\frac{\partial w}{\partial z}=w.$$

利用多元函数求偏导数的链式法则, 对等式 $f(x,y,z)=F(u,v,w)$ 两边分别关于 x, y, z 求偏导数, 可得

$$f_x=F_u\frac{\partial u}{\partial x}+F_v\frac{\partial v}{\partial x}+F_w\frac{\partial w}{\partial x},$$

$$f_y=F_u\frac{\partial u}{\partial y}+F_v\frac{\partial v}{\partial y}+F_w\frac{\partial w}{\partial y},$$

$$f_z=F_u\frac{\partial u}{\partial z}+F_v\frac{\partial v}{\partial z}+F_w\frac{\partial w}{\partial z}.$$

于是

$$\begin{aligned}xf_x+yf_y+zf_z=&F_u\left(x\frac{\partial u}{\partial x}+y\frac{\partial u}{\partial y}+z\frac{\partial u}{\partial z}\right)+F_v\left(x\frac{\partial v}{\partial x}+y\frac{\partial v}{\partial y}+z\frac{\partial v}{\partial z}\right)\\&+F_w\left(x\frac{\partial w}{\partial x}+y\frac{\partial w}{\partial y}+z\frac{\partial w}{\partial z}\right)\\=&uF_u+vF_v+wF_w.\end{aligned}$$

■

例 17.2.4 若 $f(x,y)$ 是可微函数, 则 $f(x,y)=C$ 是微分方程 $M(x,y)\mathrm{d}x+N(x,y)\mathrm{d}y=0$ 的解的充要条件是 $M\dfrac{\partial f}{\partial y}=N\dfrac{\partial f}{\partial x}$.

证明 由 $f(x,y)$ 的可微性及 $f(x,y)=C$, 可得

$$\frac{\partial f}{\partial x}+\frac{\partial f}{\partial y}\frac{\mathrm{d}y}{\mathrm{d}x}=0. \tag{17.2.8}$$

$\Rightarrow$ 若 $f(x,y)=C$ 是微分方程 $M(x,y)\mathrm{d}x+N(x,y)\mathrm{d}y=0$ 的解, 将式 (17.2.8) 代入到 $M(x,y)\mathrm{d}x+N(x,y)\mathrm{d}y=0$ 中立即可得 $M\dfrac{\partial f}{\partial y}=N\dfrac{\partial f}{\partial x}$.

$\Leftarrow$ 若 $M\dfrac{\partial f}{\partial y}=N\dfrac{\partial f}{\partial x}$, 则由式 (17.2.8) 知, 函数 $f(x,y)=C$ 满足微分方程 $\dfrac{\mathrm{d}y}{\mathrm{d}x}=-\dfrac{M(x,y)}{N(x,y)}$, 即函数 $f(x,y)=C$ 满足微分方程 $M(x,y)\mathrm{d}x+N(x,y)\mathrm{d}y=0$. 这就证明了函数 $f(x,y)=C$ 为微分方程 $M(x,y)\mathrm{d}x+N(x,y)\mathrm{d}y=0$ 的解. ■

例 17.2.5 设 $f(x,y)$ 在 $\mathbb{R}^2$ 上具有连续偏导数, 且 $f(x,x^2)\equiv 1$.

(i) 若 $f_x(x,x^2)=x$, 求 $f_y(x,x^2)$;

(ii) 若 $f_y(x,y)=x^2+2y$, 求 $f(x,y)$.

解 (i) 对 $f(x,x^2)\equiv 1$ 两边关于 x 求导数得

$$f_x(x,x^2)+f_y(x,x^2)\cdot 2x=0.$$

注意到 $f_x(x,x^2)=x$, 所以

$$x+2xf_y(x,x^2)=0.$$

故当 $x\neq 0$ 时, $f_y(x,x^2)=-\dfrac{1}{2}$. 再由 f_y 的连续性知当 $x=0$ 时也有 $f_y(x,x^2)=-\dfrac{1}{2}$.

(ii) 由 $f_y(x,y)=x^2+2y$ 得, $f(x,y)=x^2y+y^2+\varphi(x)$. 再由 $f(x,x^2)\equiv 1$ 得 $2x^4+\varphi(x)=1$, 即 $\varphi(x)=1-2x^4$. 于是

$$f(x,y)=-2x^4+x^2y+y^2+1.$$ ■

例 17.2.6 设 $\mathbb{R}^2$ 上可微的函数 $z=f(x,y)$ 满足方程

$$xz_y-yz_x=0,$$

证明在极坐标系下 $f(r\cos\theta,r\sin\theta)$ 仅是 r 的函数.

证明 本题要证明的结论即是在极坐标下满足 $z_\theta=0$. 为此令

$$z=f(x,y),\quad x=r\cos\theta,\quad y=r\sin\theta,$$

则由多元复合函数的链式法则得

$$z_\theta=z_xx_\theta+z_yy_\theta=z_x\cdot(-r\sin\theta)+z_y\cdot(r\cos\theta)=-yz_x+xz_y=0,$$

即函数 $f(r\cos\theta,r\sin\theta)$ 与 θ 无关, 从而 $f(r\cos\theta,r\sin\theta)$ 仅是 r 的函数. ■

例 17.2.7 若函数 $u=f(x,y,z)$ 满足恒等式 $f(tx,ty,tz)=t^kf(x,y,z)$ (其中 $t>0$), 则称 $f(x,y,z)$ 为k 次齐次函数. 试证明下述关于齐次函数的欧拉定理: 可微函数 $f(x,y,z)$ 为 k 次齐次函数的充要条件是

$$xf_x(x,y,z)+yf_y(x,y,z)+zf_z(x,y,z)=kf(x,y,z).$$

证明　$\Rightarrow$　对任意一点 (x,y,z), 由于 $f(tx,ty,tz)=t^kf(x,y,z)$, 记 $\xi=tx$, $\eta=ty$, $\zeta=tz$, 则对 $f(tx,ty,tz)=t^kf(x,y,z)$ 两边关于 t 求导, 可得

$$xf_\xi(\xi,\eta,\zeta)+yf_\eta(\xi,\eta,\zeta)+zf_\zeta(\xi,\eta,\zeta)=kt^{k-1}f(x,y,z).$$

令 $t=1$, 则

$$xf_x(x,y,z)+yf_y(x,y,z)+zf_z(x,y,z)=kf(x,y,z).$$

$\Leftarrow$　若 $xf_x(x,y,z)+yf_y(x,y,z)+zf_z(x,y,z)=kf(x,y,z)$ 成立, 下证 $f(x,y,z)$ 为 k 次齐次函数.

对任意一点 (x,y,z), $g(t)=t^{-k}f(tx,ty,tz)$ (其中 $t>0$) 关于 t 的导数为

$$\begin{aligned}g'(t)&=t^{-k}\big(xf_{tx}(tx,ty,tz)+yf_{ty}(tx,ty,tz)+zf_{tz}(tx,ty,tz)\big)\\&\quad-kt^{-(k+1)}f(tx,ty,tz)\\&=t^{-(k+1)}\big[\big(txf_{tx}(tx,ty,tz)+tyf_{ty}(tx,ty,tz)+tzf_{tz}(tx,ty,tz)\big)\\&\quad-kf(tx,ty,tz)\big].\end{aligned}$$

所以, 由条件知 $g'(t)=0$, 从而 $g(t)=C$ (与 t 无关). 在 $g(t)=t^{-k}f(tx,ty,tz)$ 中令 $t=1$, 则得 $C=g(1)=f(x,y,z)$. 于是

$$t^{-k}f(tx,ty,tz)=g(t)=C=f(x,y,z),$$

即 $f(tx,ty,tz)=t^kf(x,y,z)$. ■

四、巩固提高

17.2.1　求下列复合函数指定的偏导数:

(i) 设 $u=\mathrm{e}^x+\sin y+t$, $x=st$, $y=s+t$, 求 u_s, u_t;

(ii) 设 $u=\mathrm{e}^x\sin y$, $x=2st$, $y=s^2+t$, 求 u_s, u_t;

(iii) 设 $u=f(s,t)$, $s=\dfrac{x}{y}$, $t=\dfrac{y}{z}$, 求 u_x, u_y, u_z;

(iv) 设 $z=x^2y-xy^2$, 且 $x=r\cos\theta$, $y=r\sin\theta$, 求 z_r, z_θ;

(v) 设 $z=\sin(xy)\tan\dfrac{y}{x}$, 求 z_x, z_y;

(vi) 设 $u-f(x,y,z)$, $z=\varphi(x,y)$, 求 u_x, u_y;

(vii) 设 $u=f(s,t,y)$, $s=\varphi(x,y)$, $t=\psi(x,y)$, 求 u_x, u_y;

(viii) 设 $z=f(x,u,v)$, $v=g(x,y,u)$, $u=h(x,y)$, 求 z_x, z_y.

17.2.2　应用多元复合函数的微分法计算函数 $y=\varphi(t)^{\psi(t)}$ 的导数 $\dfrac{\mathrm{d}y}{\mathrm{d}t}$.

17.2.3　求下列函数的全微分:

(i) 设 $u=f(ax^2+by^2+cz^2)$, 求 $\mathrm{d}u$;

(ii) 设 $f(x,y,z)=\left(\dfrac{x}{y}\right)^{\frac{1}{z}}$, 求 $\mathrm{d}f(1,1,1)$.

(iii) 设 $z=u^v$, $u=\ln\sqrt{x^2+y^2}$, $v=\arctan\dfrac{y}{x}$, 求 $\mathrm{d}z$.

17.2.4 设 $z=f(xy)$, 且 f 为可微的一元函数, 证明 $xz_x-yz_y=0$.

17.2.5 设 $z=f(x^2+y^2)$, 且 f 为可微的一元函数, 证明 $yz_x-xz_y=0$.

17.2.6 设 $u=f(xy,yz)$, 且 f 具有连续偏导数, 证明 $xu_x+zu_z=yu_y$.

17.2.7 设 $\mathbb{R}^2$ 上可微的函数 $z=f(x,y)$ 满足方程 $xz_x+yz_y=0$, 证明 $f(x,y)$ 在极坐标系下仅是 θ 的函数.

17.2.8 设 $f(x,y,z)$ 具有性质 $f(tx,t^ky,t^mz)=t^nf(x,y,z)$ $(t>0)$, 证明:

(i) $f(x,y,z)=x^nf\left(1,\dfrac{y}{x^k},\dfrac{z}{x^m}\right)$;

(ii) $xf_x(x,y,z)+kyf_y(x,y,z)+mzf_z(x,y,z)=nf(x,y,z)$.

17.2.9 设 $z=\mathrm{e}^{x+y}\sin(xy)$, 利用一阶全微分的不变性求 z_x, z_y.

*__17.2.10__ 证明可微函数 $z=f(x,y)$ 仅是 $ax+by$ (其中 $ab\neq 0$) 的函数的充要条件是 $bz_x-az_y=0$.

17.3 方向导数与梯度

一、内容精读

1. 方向导数

定义 17.3.1 设三元函数 f 在点 $P_0(x_0,y_0,z_0)$ 的某个邻域 $U(P_0)\subset\mathbb{R}^3$ 内有定义, $\boldsymbol{l}$ 为从点 P_0 出发的射线, $P(x,y,z)$ 为 $\boldsymbol{l}$ 上且含于 $U(P_0)$ 内的任一点, $\rho=\rho(P,P_0)$. 若极限

$$\lim_{\rho\to 0^+}\frac{f(P)-f(P_0)}{\rho}=\lim_{\rho\to 0^+}\frac{\Delta_{\boldsymbol{l}}f}{\rho}$$

存在, 则称此极限为函数 f 在点 P_0 沿方向 $\boldsymbol{l}$ 的方向导数, 记作

$$\left.\frac{\partial f}{\partial \boldsymbol{l}}\right|_{P_0},\quad f_{\boldsymbol{l}}(P_0)\quad 或\quad f_{\boldsymbol{l}}(x_0,y_0,z_0).$$

定理 17.3.1(方向导数的存在性与计算) 若函数 f 在点 $P_0(x_0,y_0,z_0)$ 可微, 则 f 在点 P_0 处沿任一方向 $\boldsymbol{l}$ 的方向导数都存在, 且

$$f_{\boldsymbol{l}}(P_0)=f_x(P_0)\cos\alpha+f_y(P_0)\cos\beta+f_z(P_0)\cos\gamma,\tag{17.3.1}$$

其中 $\cos\alpha$, $\cos\beta$, $\cos\gamma$ 为方向 $\boldsymbol{l}$ 的方向余弦.

对于可微的二元函数 $f(x,y)$ 而言, 函数 f 在点 $P_0(x_0,y_0)$ 处沿任一方向 $\boldsymbol{l}$ 相应于式 (17.3.1) 的结果为 (其中 α,β 为平面向量 $\boldsymbol{l}$ 的方向角)

$$f_{\boldsymbol{l}}(P_0)=f_x(P_0)\cos\alpha+f_y(P_0)\cos\beta.$$

对于方向导数的存在性, 需要说明的是:

(i) 函数在一点可微是方向导数存在的充分而非必要条件 (见文献 [1] 中 126 页例 2).

(ii) 函数在一点连续不是方向导数存在的必要条件 (见文献 [1] 中 126 页例 2), 也不是充分条件. 如函数

$$f(x,y)=\begin{cases}\dfrac{xy}{(x^2+y^2)^{\frac{3}{4}}}, & (x,y)\neq(0,0),\\ 0, & (x,y)=(0,0)\end{cases}$$

在 $(0,0)$ 处连续, 但

$$\lim_{\rho\to0^+}\frac{f(\Delta x,\Delta y)-f(0,0)}{\rho}=\lim_{\substack{\Delta y=k\Delta x\\ \Delta x\to0}}\frac{\Delta x\Delta y}{(\Delta x^2+\Delta y^2)^{\frac{5}{4}}}$$

不存在, 即 $f(x,y)$ 在 $(0,0)$ 处无方向导数.

(iii) 方向导数定义的等价性表述:

设三元函数 f 在点 $P_0(x_0,y_0,z_0)$ 的某个邻域 $U(P_0)\subset\mathbb{R}^3$ 内有定义, $\boldsymbol{l}$ 为 $\mathbb{R}^3$ 中的任一单位向量, $P_0+t\boldsymbol{l}\in U(P_0)$. 若极限

$$\lim_{t\to0^+}\frac{f(P_0+t\boldsymbol{l})-f(P_0)}{t} \tag{17.3.1$'$}$$

存在, 则称此极限为函数 f 在点 P_0 沿方向 $\boldsymbol{l}$ 的**方向导数**, 记作

$$\left.\frac{\partial f}{\partial \boldsymbol{l}}\right|_{P_0},\quad f_{\boldsymbol{l}}(P_0)\quad 或\quad f_{\boldsymbol{l}}(x_0,y_0,z_0).$$

2. 梯度

定义 17.3.2　若 $f(x,y,z)$ 在点 $P_0(x_0,y_0,z_0)$ 存在对所有自变量的偏导数, 则称向量 $\big(f_x(P_0),f_y(P_0),f_z(P_0)\big)$ 为函数 f 在点 P_0 的**梯度**, 记作

$$\mathrm{grad}f=\big(f_x(P_0),f_y(P_0),f_z(P_0)\big)\quad 或\quad \boldsymbol{\nabla} f=\big(f_x(P_0),f_y(P_0),f_z(P_0)\big).$$

向量 $\mathrm{grad}f$ 的长度 (或模) 为

$$|\mathrm{grad}f|=\sqrt{f_x^2(P_0)+f_y^2(P_0)+f_z^2(P_0)}.$$

梯度与方向导数的关系 若记 $\boldsymbol{l}$ 方向上的单位向量为

$$\boldsymbol{l}^{\circ}=(\cos\alpha,\cos\beta,\cos\gamma),$$

则函数 f 在点 P_0 沿方向 $\boldsymbol{l}$ 的方向导数与梯度间的关系为

$$f_{l}(P_0)=\mathrm{grad}f(P_0)\cdot\boldsymbol{l}^{\circ}=|\mathrm{grad}f(P_0)|\cos\theta, \tag{17.3.2}$$

其中 $\theta=(\widehat{\mathrm{grad}f(P_0),\boldsymbol{l}^{\circ}})$.

二、疑难解答

问题 17.3.1 如何正确计算函数 $u=f(x,y,z)$ 在点 $P_0(x_0.y_0,z_0)$ 处沿给定的射线方向 $\boldsymbol{l}=(a,b,c)$ 的方向导数?

答 对于一般的函数 $u=f(x,y,z)$, 可按下列情况之一来求 $f_{l}(P_0)$.

情况 I 若已知函数 f 在点 P_0 处可微, 则 f 在点 P_0 处沿方向 $\boldsymbol{l}=(a,b,c)$ 的方向导数必存在, 且由式 (17.3.1) 给出. 此时可按下列步骤进行计算:

(i) 求 $\boldsymbol{l}$ 的方向余弦, 即与 $\boldsymbol{l}$ 同向的单位向量

$$\begin{aligned}\boldsymbol{l}^{\circ}&=(\cos\alpha,\cos\beta,\cos\gamma)\\&=\left(\frac{a}{\sqrt{a^2+b^2+c^2}},\frac{b}{\sqrt{a^2+b^2+c^2}},\frac{c}{\sqrt{a^2+b^2+c^2}}\right);\end{aligned}$$

(ii) 求 f 在点 P_0 处的三个偏导数: $f_x(P_0)$, $f_y(P_0)$, $f_z(P_0)$;

(iii) 据式 (17.3.1) 求得

$$f_{l}(P_0)=\frac{af_x(P_0)+bf_y(P_0)+cf_x(P_0)}{\sqrt{a^2+b^2+c^2}}.$$

情况 II 若函数 f 在点 P_0 处可微不明, 则按照方向导数的定义, 考察极限

$$\lim_{\rho\to0^+}\frac{f(x_0+\rho\cos\alpha,y_0+\rho\cos\beta,z_0+\rho\cos\gamma)-f(x_0,y_0,z_0)}{\rho},$$

其中 $\cos\alpha$, $\cos\beta$, $\cos\gamma$ 为 $\boldsymbol{l}$ 的方向余弦. 若上述极限存在, 则此极限即是 $f_{l}(P_0)$, 否则方向导数不存在. ■

三、典型例题

例 17.3.1 求函数 $u=xy^2+z^3-xyz$ 在点 $P_0(1,1,2)$ 处沿着指向点 $P_1(2,-2,1)$ 的方向导数.

解 (i) 先求由点 P_0 指向 P_1 方向的方向余弦. 由

$$\boldsymbol{l}=\overrightarrow{P_0P_1}=(2,-2,1)-(1,1,2)=(1,-3,-1)$$

得 $\boldsymbol{l}^\circ = \dfrac{1}{\sqrt{11}}(1,-3,-1)$.

(ii) 再求函数 $u = xy^2 + z^3 - xyz$ 在点 $P_0(1,1,2)$ 处的三个偏导数.

$$u_x(1,1,2) = \left(y^2 - yz\right)\Big|_{(1,1,2)} = -1, \quad u_y(1,1,2) = (2xy - xz)\Big|_{(1,1,2)} = 0,$$

$$u_z(1,1,2) = \left(3z^2 - xy\right)\Big|_{(1,1,2)} = 11.$$

(iii) 得所求的方向导数为

$$\left.\frac{\partial u}{\partial \boldsymbol{l}}\right|_{(1,1,2)} = \frac{1}{\sqrt{11}}[-1\times 1 + 0\times(-3) + 11\times(-1)] = -\frac{12}{\sqrt{11}}.$$ ■

例 17.3.2　求 $u = x+y+z$ 在沿球面 $x^2+y^2+z^2=1$ 上点的外法向的方向导数, 并问在球面上何点该方向导数取最大值、最小值、等于 0?

解　球面 $x^2+y^2+z^2=1$ 上点的外法向的方向为 $\boldsymbol{l}=(x,y,z)$, 函数 $u=x+y+z$ 沿 $\boldsymbol{l}$ 的方向导数为

$$\frac{\partial u}{\partial \boldsymbol{l}} = \boldsymbol{\nabla} u\cdot \boldsymbol{l}^\circ = |\boldsymbol{\nabla} u|\cos\theta = \sqrt{3}\cos\theta,$$

其中 $\theta = (\widehat{\boldsymbol{\nabla} u, \boldsymbol{l}^\circ})$, $\boldsymbol{\nabla} u = (1,1,1)$. 于是当 $x=y=z>0$ 时, $\left.\dfrac{\partial u}{\partial \boldsymbol{l}}\right|_{\max} = \sqrt{3}$, 此时 $x=y=z=\dfrac{\sqrt{3}}{3}$; 当 $x=y=z<0$ 时, $\left.\dfrac{\partial u}{\partial \boldsymbol{l}}\right|_{\min} = -\sqrt{3}$, 此时 $x=y=z=-\dfrac{\sqrt{3}}{3}$; 当 $x+y+z=0$ 时, 方向导数为 0, 此时点的坐标 (x,y,z) 满足 $\begin{cases}x+y+z=0,\\ x^2+y^2+z^2=1.\end{cases}$ ■

例 17.3.3　若 $f(x,y)$ 为 $\mathbb{R}^2$ 上的可微函数, 且满足

$$xf_x(x,y) + yf_y(x,y) = 0, \tag{17.3.3}$$

证明 $f(x,y)$ 恒为常数.

证法 1　设 $x = r\cos\theta$, $y = r\sin\theta$, 取 $\boldsymbol{l} = (\cos\theta, \sin\theta)$, 由式 (17.3.3) 得

$$\begin{aligned}\frac{\partial f}{\partial \boldsymbol{l}} &= \cos\theta\cdot f_x(r\cos\theta, r\sin\theta) + \sin\theta\cdot f_y(r\cos\theta, r\sin\theta)\\ &= \frac{1}{r}\big(xf_x(x,y) + yf_y(x,y)\big) = 0.\end{aligned}$$

于是在从原点出发的射线上的方向导数 $\dfrac{\partial f}{\partial \boldsymbol{l}} \equiv 0$, 因此 $f(x,y)$ 在该射线上为常数, 因而 $f(x,y) \equiv f(0,0)$.

证法 2　设 $x = r\cos\theta$, $y = r\sin\theta$, 由式 (17.3.3) 得

$$\frac{\partial f}{\partial r} = f_x(x,y)\cos\theta + f_y(x,y)\cdot\sin\theta = \frac{1}{r}\big(xf_x(x,y) + yf_y(x,y)\big) = 0,$$

即 $f(r\cos\theta, r\sin\theta)$ 与 r 无关. 对任意固定的 θ, 令 $r \to 0^+$, 可得

$$f(x,y) = \lim_{r\to 0^+} f(r\cos\theta, r\sin\theta) = f(0,0).$$

证法 3 由式 (17.3.3) 得

$$xf_x(x,y) + yf_y(x,y) = 0 = 0\cdot f(x,y),$$

则由例 17.2.7 知, 函数 $f(x,y,z)$ 为零次齐次函数, 所以对任意 $t>0$, 有

$$f(tx,ty) = t^0 f(x,y) = f(x,y).$$

于是, 对 t 取 $t\to 0^+$ 的极限, 就有

$$f(x,y) = \lim_{t\to 0^+} f(tx,ty) = f(0,0).$$

证法 4 对任意固定的 (x,y), 定义一元函数

$$g(t) = f(tx,ty), \quad t \geqslant 0.$$

由 $f(x,y)$ 的可微性, 则对于 $t>0$ 时, 有

$$g'(t) = xf_{tx}(tx,ty) + yf_{ty}(tx,ty) = \frac{1}{t}\big(txf_{tx}(tx,ty) + tyf_{ty}(tx,ty)\big) = 0,$$

所以 $g(t)$ 为常数. 取 $t=1$, 则 $g(t)=g(1)$, 即 $f(tx,ty)=f(x,y)$. 于是

$$f(x,y) = \lim_{t\to 0^+} f(tx,ty) = f(0,0).$$ ■

四、巩固提高

17.3.1 求函数 $u=\ln(x+y^2+z^2)$ 在点 $P_0(0,1,2)$ 沿向量 $\boldsymbol{l}:(2,-1,-1)$ 的方向导数 $\left.\dfrac{\partial u}{\partial \boldsymbol{l}}\right|_{P_0}$.

17.3.2 求函数 $u=x^2+y^2+z^2$ 在沿椭球面 $\dfrac{x^2}{a^2}+\dfrac{y^2}{b^2}+\dfrac{z^2}{c^2}=1$ 上点 (x,y,z) 处的外法线方向的方向导数.

17.3.3 设 $f(t)$, $u=u(x,,y,z)$ 均为可微函数, 证明 $\nabla f(u) = f'(u)\nabla u$.

17.3.4 求函数 $z=\arctan\dfrac{y}{x}$ 在位于圆 $x^2+y^2-2x=0$ 上点 $P_0\left(\dfrac{1}{2},\dfrac{\sqrt{3}}{2}\right)$ 处沿该圆顺时针切线方向的方向导数 $\left.\dfrac{\partial z}{\partial \boldsymbol{l}}\right|_{P_0}$.

17.3.5 设

$$f(x,y)=\begin{cases} x-y+\dfrac{xy^2}{x^2+y^2}, & x^2+y^2\neq 0,\\ 0, & x^2+y^2=0. \end{cases}$$

证明 $f(x,y)$ 在原点处连续, 且沿任何方向的方向导数均存在, 但不可微.

17.3.6 求函数 $z=xy$ 在点 (x,y) 沿方向 $\boldsymbol{l}:(\cos\alpha,\sin\alpha)$ 的方向导数, 并求在该点的梯度及方向导数的最大值与最小值.

17.3.7 求函数 $u=xyz$ 在点 $P_1(5,1,2)$ 处沿到点 $P_2(9,4,14)$ 的方向 $\overrightarrow{P_1P_2}$ 上的方向导数.

17.3.8 设 $u=x^3+y^3+z^3-3xyz$, 试问在怎样的点集上 $\mathrm{grad}u$ 分别满足: (i) 垂直于 z 轴, (ii) 平行于 z 轴, (iii) 恒为零向量?

17.4 Taylor 公式与极值问题

一、内容精读

1. 高阶偏导数

1) 高阶偏导数的概念

定义 17.4.1 若函数 $z=f(x,y)$ 的偏导数 $f_x(x,y)$, $f_y(x,y)$ (仍然是自变量 x 与 y 的函数) 关于 x 与 y 的偏导数也存在, 则称 $f_x(x,y)$, $f_y(x,y)$ 关于 x 与 y 的偏导数为函数 f 的二阶偏导数. 类似地可以给出 k $(k\geqslant 3)$ 阶偏导数的概念. 二阶及其以上的偏导数统称为高阶偏导数.

对于二元函数 $z=f(x,y)$ 而言, 它最多可以有 4 个二阶偏导数: $f_{xx}(x,y)$, $f_{xy}(x,y)$, $f_{yx}(x,y)$, $f_{yy}(x,y)$. $z=f(x,y)$ 最多可以有 8 个三阶偏导数, 最多可以有 2^k 个 k 阶偏导数. 一般地, 一个 n 元函数 $z=f(x_1,x_2,\cdots,x_n)$ 最多可以有 n^k 个 k 阶偏导数. 在高阶偏导数中, 相继对两个 (或多于两个) 自变量求偏导数所得到的高阶偏导数统称为混合偏导数, 如 $f_{xy}(x,y)$, $f_{yx}(x,y)$. 其中 $f_{xy}(x,y)$ 表示 $f(x,y)$ 先对 x 求偏导数, 再对 y 求偏导数所得的二阶偏导数, 而 $f_{yx}(x,y)$ 表示 $f(x,y)$ 先对 y 求偏导数, 再对 x 求偏导数所得的二阶偏导数. 这两个混合偏导数一般情况下是不相等的. 但可以给出二者相等的如下充分条件.

定理 17.4.1 若 $f_{xy}(x,y)$, $f_{yx}(x,y)$ 都在点 (x_0,y_0) 处连续, 则

$$f_{xy}(x_0,y_0)=f_{yx}(x_0,y_0).$$

2) 多元复合函数的高阶偏导数

由函数 $z=f(x,y)$ 的 4 个二阶偏导数所形成的矩阵

$$\boldsymbol{H}_f=\begin{bmatrix} f_{xx} & f_{xy} \\ f_{yx} & f_{yy} \end{bmatrix}$$

称为函数 f 的 Hesse 矩阵. 类似地, 三元函数 $u=f(x,y,z)$ 的 Hesse 矩阵为

$$\boldsymbol{H}_f=\begin{bmatrix} f_{xx} & f_{xy} & f_{xz} \\ f_{yx} & f_{yy} & f_{yz} \\ f_{zx} & f_{zy} & f_{zz} \end{bmatrix}.$$

设 z 是通过中间变量 x, y 而成为 s, t 的函数, 即

$$z=f(x,y), \quad x=\varphi(s,t), \quad y=\psi(s,t).$$

若函数 f, φ, ψ 都具有二阶连续偏导数, 则 $z=f(\varphi(s,t),\psi(s,t))$ 存在二阶连续偏导数, 用矩阵表示为

$$\underbrace{\begin{bmatrix} z_{ss} & z_{st} \\ z_{ts} & z_{tt} \end{bmatrix}}_{\boldsymbol{H}_z}=\underbrace{\begin{bmatrix} \varphi_s & \psi_s \\ \varphi_t & \psi_t \end{bmatrix}}_{\boldsymbol{D}^{\mathrm{T}}}\cdot\underbrace{\begin{bmatrix} f_{xx} & f_{xy} \\ f_{yx} & f_{yy} \end{bmatrix}}_{\boldsymbol{H}_f}\cdot\underbrace{\begin{bmatrix} \varphi_s & \varphi_t \\ \psi_s & \psi_t \end{bmatrix}}_{\boldsymbol{D}}$$
$$+\underbrace{\begin{bmatrix} \varphi_{ss} & \varphi_{st} \\ \varphi_{ts} & \varphi_{tt} \end{bmatrix}}_{\boldsymbol{H}_\varphi}f_x+\underbrace{\begin{bmatrix} \psi_{ss} & \psi_{st} \\ \psi_{ts} & \psi_{tt} \end{bmatrix}}_{\boldsymbol{H}_\psi}f_y, \tag{17.4.1}$$

或者

$$\boldsymbol{H}_z=\boldsymbol{D}^{\mathrm{T}}\boldsymbol{H}_f\boldsymbol{D}+f_x\boldsymbol{H}_\varphi+f_y\boldsymbol{H}_\psi. \tag{17.4.2}$$

式 (17.4.1) 或式 (17.4.2) 使能用代数方法来处理多元复合函数的二阶偏导数. 对于一般的 n 元函数, 也有相应于式 (17.4.1) 或式 (17.4.2) 的等式.

2. 中值定理和泰勒公式

1) 二元函数的中值定理

定理 17.4.2 设二元函数 f 在凸开域 $D\subset\mathbb{R}^2$ 上连续, 在 D 的所有内点都可微, 则对任意两点 $P(a,b)$, $Q(a+h,b+k)\in D$, 存在某 θ $(0<\theta<1)$, 使得

$$f(a+h,b+k)-f(a,b)=f_x(a+\theta h,b+\theta k)h+f_y(a+\theta h,b+\theta k)k. \tag{17.4.3}$$

若函数 f 在区域 D 上存在偏导数, 且 $f_x=f_y\equiv 0$, 则 f 在区域 D 上为常量函数 (见巩固提高 17.1.7).

2) Taylor 公式

定理 17.4.3 若函数 f 在点 $P_0(x_0,y_0)$ 的某个邻域 $U(P_0)$ 内有直到 $n+1$ 阶连续偏导数, 则对 $U(P_0)$ 内任一点 (x_0+h,y_0+k), 存在相应的 $\theta\in(0,1)$, 使得

$$\begin{aligned}f(x_0+h,y_0+k)=&f(P_0)+\sum_{m=1}^{n}\frac{1}{m!}\left(h\frac{\partial}{\partial x}+k\frac{\partial}{\partial y}\right)^m f(P_0)\\&+\frac{1}{(n+1)!}\left(h\frac{\partial}{\partial x}+k\frac{\partial}{\partial y}\right)^{n+1}f(x_0+\theta h,y_0+\theta k).\end{aligned}\tag{17.4.4}$$

式 (17.4.4) 称为二元函数 f 在点 P_0 的 n 阶 Taylor 公式, 其中

$$\left(h\frac{\partial}{\partial x}+k\frac{\partial}{\partial y}\right)^m f(P_0)=\sum_{i=0}^{m}\mathrm{C}_m^i\frac{\partial^m f(P_0)}{\partial x^i\partial y^{m-i}}h^ik^{m-i}.$$

3. 极值问题

以二元函数为例来讨论多元函数的极值.

定义 17.4.2 设函数 f 在点 $P_0(x_0,y_0)$ 的某个邻域 $U(P_0)$ 内有定义. 若对于任何点 $P(x,y)\in U(P_0)$, 成立不等式

$$f(P)\leqslant f(P_0)\quad(\text{或 } f(P)\geqslant f(P_0)),$$

则称函数 f 在点 P_0 取得极大 (或极小) 值, 点 P_0 称为极大 (或极小) 值点, 极大值、极小值统称为极值. 极大值点、极小值点统称为极值点.

注意 本书所讨论的极值点仅限于定义域的内点.

定理 17.4.4(极值必要条件) 若函数 f 在点 $P_0(x_0,y_0)$ 存在偏导数, 且在 P_0 点取得极值, 则有

$$f_x(x_0,y_0)=f_y(x_0,y_0)=0.\tag{17.4.5}$$

满足式 (17.4.5) 的点 (x_0,y_0) 称为二元函数 $f(x,y)$ 的稳定点. 故若 f 存在偏导数, 则其极值点必为稳定点, 但稳定点不一定是极值点. 如函数 $f(x,y)=xy$, 原点 $(0,0)$ 为其稳定点, 但非极值点.

定理 17.4.5(极值充分条件) 设二元函数 $f(x,y)$ 在点 $P_0(x_0,y_0)$ 的某个邻域 $U(P_0)$ 内具有二阶连续偏导数, 且 P_0 是 $f(x,y)$ 的稳定点, 则

(i) 当 $\boldsymbol{H}_f(P_0)$ 为正定矩阵时, f 在 P_0 取得极小值;

(ii) 当 $\boldsymbol{H}_f(P_0)$ 为负定矩阵时, f 在 P_0 取得极大值;

(iii) 当 $\boldsymbol{H}_f(P_0)$ 为不定矩阵时, f 在 P_0 不取得极值.

据正定或负定对称矩阵所属主子行列式的符号规则, 定理 17.4.5 又可以写成如下较为实用的形式: 设二元函数 $f(x,y)$ 在点 $P_0(x_0,y_0)$ 的某个邻域 $U(P_0)$ 内具有二阶连续偏导数, 且 P_0 是 $f(x,y)$ 的稳定点, 则

(i) 当 $f_{xx}(P_0)>0,(f_{xx}f_{yy}-f_{xy}^2)(P_0)>0$ 时, f 在点 P_0 取得极小值;

(ii) 当 $f_{xx}(P_0)<0,(f_{xx}f_{yy}-f_{xy}^2)(P_0)>0$ 时, f 在点 P_0 取得极大值;

(iii) 当 $(f_{xx}f_{yy}-f_{xy}^2)(P_0)<0$ 时, f 在点 P_0 不取得极值;

(iv) 当 $(f_{xx}f_{yy}-f_{xy}^2)(P_0)=0$ 时, 不能肯定 f 在点 P_0 是否取得极值.

二、疑难解答

问题 17.4.1 对于二元函数 $z=f(x,y)$, 请问 $\mathrm{d}z^2, \mathrm{d}^2z, (\mathrm{d}z)^2, \mathrm{d}(z^2)$ 各表示什么含义?

答 符号 $\mathrm{d}z^2, \mathrm{d}^2z, (\mathrm{d}z)^2, \mathrm{d}(z^2)$ 表示含义如下:
符号 $\mathrm{d}z^2$ 与 $(\mathrm{d}z)^2$ 具有相同的含义, 表示 $z=f(x,y)$ 一阶全微分的平方, 即

$$\mathrm{d}z^2=(\mathrm{d}z)^2=\big(f_x(x,y)\mathrm{d}x+f_y(x,y)\mathrm{d}y\big)^2;$$

符号 d^2z 表示 $z=f(x,y)$ 二阶全微分, 即

$$\begin{aligned}\mathrm{d}^2z&=\mathrm{d}(\mathrm{d}z)=\mathrm{d}(f_x(x,y)\mathrm{d}x+f_y(x,y)\mathrm{d}y)\\&=f_{xx}(x,y)(\mathrm{d}x)^2+\big(f_{xy}(x,y)+f_{yx}(x,y)\big)\mathrm{d}x\mathrm{d}y+f_{yy}(x,y)(\mathrm{d}y)^2;\end{aligned}$$

符号 $\mathrm{d}(z^2)$ 表示函数 z^2 的一阶全微分, 即

$$\mathrm{d}(z^2)=2z\mathrm{d}z=2f(x,y)\big(f_x(x,y)\mathrm{d}x+f_y(x,y)\mathrm{d}y\big).$$ ■

注 17.4.1 若二元函数 $z=f(x,y)$ 的高阶偏导数连续, 全微分 $\mathrm{d}z$ 的全微分 $\mathrm{d}(\mathrm{d}z)$ 称为函数 $z=f(x,y)$ 的二阶全微分, 记为 d^2z. 一般地, 函数 $z=f(x,y)$ 的 $k-1$ 阶全微分 $\mathrm{d}^{k-1}z$ 的全微分 $\mathrm{d}(\mathrm{d}^{k-1}z)$ 称为 $z=f(x,y)$ 的k 阶全微分, 记为 d^kz. 二阶及其以上的全微分, 统称为高阶全微分.

据高阶全微分的定义, 若二元函数 $z=f(x,y)$ 的高阶偏导数连续, 则

$$\begin{aligned}\mathrm{d}^2z=\mathrm{d}(\mathrm{d}z)&=\mathrm{d}\left(\frac{\partial f}{\partial x}\mathrm{d}x+\frac{\partial f}{\partial y}\mathrm{d}y\right)\\&=\frac{\partial^2 f}{\partial x^2}\mathrm{d}x^2+2\frac{\partial^2 f}{\partial x\partial y}\mathrm{d}x\mathrm{d}y+\frac{\partial^2 f}{\partial y^2}\mathrm{d}y^2\\&=\left(\mathrm{d}x\frac{\partial f}{\partial x}+\mathrm{d}y\frac{\partial f}{\partial y}\right)^2f,\end{aligned}$$

$$\begin{aligned}
\mathrm{d}^3 z &= \mathrm{d}\left[\left(\mathrm{d}x\frac{\partial f}{\partial x}+\mathrm{d}y\frac{\partial f}{\partial y}\right)^2 f\right]\\
&=\frac{\partial^3 f}{\partial x^3}\mathrm{d}x^3+3\frac{\partial^3}{\partial x^2\partial y}\mathrm{d}x^2\mathrm{d}y+3\frac{\partial^3 f}{\partial x\partial y^2}\mathrm{d}x\mathrm{d}y^2+\frac{\partial^3 f}{\partial y^3}\mathrm{d}y^3\\
&=\left(\mathrm{d}x\frac{\partial f}{\partial x}+\mathrm{d}y\frac{\partial f}{\partial y}\right)^3 f,\\
&\cdots\quad\cdots\\
\mathrm{d}z^n &= \left(\mathrm{d}x\frac{\partial f}{\partial x}+\mathrm{d}y\frac{\partial f}{\partial y}\right)^n f.
\end{aligned}$$

问题 17.4.2　求多元函数 $z=f(x_1,x_2,\cdots,x_n)$ 极值的具体步骤如何?

答　对于多元函数 $z=f(x_1,x_2,\cdots,x_n)$, 求其极值的步骤如下:

(i) 求解方程组 $f_{x_i}=0,\ i=1,2,\cdots,n$, 得稳定点 $P_0\left(x_1^0,x_2^0,\cdots,x_n^0\right)$;

(ii) 若函数 f 在稳定点 P_0 的某个邻域 $U(P_0)$ 内具有二阶连续偏导数, 则利用定理 17.4.5 考察函数 f 在 P_0 处的 Hesse 矩阵 $\boldsymbol{H}_f(P_0)=\left[\dfrac{\partial^2 z}{\partial x_i\partial x_j}\right]_{P_0}$;

(iii) 考察函数 f 一阶偏导数不存在的点是否为极值点;

(iv) 考察函数 f 没有二阶连续偏导数的稳定点是否是极值点. ■

问题 17.4.3　如何求多元连续函数在有界闭区域上的最大值与最小值?

答　有界闭区域上的多元连续函数必有最大值与最小值. 对其最大值与最小值的求解, 通常是先求出函数的所有稳定点、偏导数不存在的点，边界上可能取得的最值点, 然后再比较这些点上函数值的大小, 以确定出函数的最大值与最小值. 这与一元连续函数在有限闭区间上的最大值与最小值的求解方法完全类似. ■

问题 17.4.4　对于一元连续函数 $y=f(x)$ 而言, 若此函数在区间 I 上只有唯一的极值点 x_0, 则当 $f(x_0)$ 为极大 (小) 值时, $f(x_0)$ 必是函数 $f(x)$ 在 I 上的最大 (小) 值. 请问这一结论对多元函数来说是否成立?

答　对一元函数成立的这个结论, 对多元函数来说是不成立的. 请看定义在有界闭区域 $D=[-2,2]\times[-2,2]$ 的二元函数

$$f(x,y)=x^3+2x^2-2xy+y^2.$$

由方程组

$$\begin{cases} f_x(x,y)\equiv 3x^2+4x-2y=0,\\ f_y(x,y)\equiv -2x+2y=0\end{cases}$$

解得函数 $f(x,y)$ 在 D 中的两个稳定点: $(0,0),\ \left(-\dfrac{2}{3},-\dfrac{2}{3}\right)$.

因函数 $f(x,y)$ 的 Hesse 矩阵为

$$\boldsymbol{H}_f=\begin{bmatrix} f_{xx} & f_{xy} \\ f_{yx} & f_{yy} \end{bmatrix}=\begin{bmatrix} 6x+4 & -2 \\ -2 & 2 \end{bmatrix},$$

所以 $\boldsymbol{H}_f\Big|_{(0,0)}=\begin{bmatrix} 4 & -2 \\ -2 & 2 \end{bmatrix}$ 正定, $\boldsymbol{H}_f\Big|_{(-\frac{2}{3},-\frac{2}{3})}=\begin{bmatrix} 0 & -2 \\ -2 & 2 \end{bmatrix}$ 不定, 于是 $(0,0)$ 为函数 $f(x,y)$ 的极小值点, 且极小值为 $f(0,0)=0$, 而 $\left(-\dfrac{2}{3},-\dfrac{2}{3}\right)$ 不是函数 $f(x,y)$ 的极值点.

由于函数 $f(x,y)$ 在 D 上每一点处偏导数均存在, 所以函数 $f(x,y)$ 在 D 上只有唯一的极值点 (即极小值点)$(0,0)$, 但 $f(0,0)$ 却不是函数 $f(x,y)$ 的最小值. 故只要讨论函数 $f(x,y)$ 在 D 的边界上的最小值小于 0 即可. 具体分析如下:

当 $x=2$ 时, $f(2,y)=y^2-4y+16=(y-2)^2+12$, $-2\leqslant y\leqslant 2$, 即得 $f(2,y)$ 的最小值为 $f(2,2)=12$.

当 $x=-2$ 时, $f(-2,y)=y^2+4y=(y+2)^2-4$, $-2\leqslant y\leqslant 2$, 即得 $f(-2,y)$ 的最小值为 $f(-2,-2)=-4$.

当 $y=2$ 时, $f(x,2)=x^3+2x^2-4x+4$, $-2\leqslant x\leqslant 2$. 即得 $f(x,2)$ 的最小值为 $f\left(\dfrac{2}{3},2\right)=\dfrac{68}{27}$.

当 $y=-2$ 时, $f(x,-2)=x^3+2x^2+4x+4$, $-2\leqslant x\leqslant 2$. 即得 $f(x,-2)$ 的最小值为 $f(-2,-2)=-4$.

综上讨论得, 函数 $f(x,y)$ 在 D 的边界上的最小值为 -4, 而不是 0. ■

三、典型例题

例 17.4.1 设 $z=x^2f\left(\dfrac{y}{x}\right)+\dfrac{1}{y^2}g\left(\dfrac{y}{x}\right)$, 其中 $f(u)$ 与 $g(u)$ 具有二阶连续导数, 证明 $x^2z_{xx}+2xyz_{xy}+y^2z_{yy}+xz_x+yz_y=4z$.

证明 令 $u=\dfrac{y}{x}$, 并记 $\dfrac{\mathrm{d}f}{\mathrm{d}u}=f'$, $\dfrac{\mathrm{d}g}{\mathrm{d}u}=g'$. 由多元复合函数求偏导数的链式法则, 可得

$$\begin{aligned}
&z_x=2xf-yf'-\frac{1}{x^2y}g',\quad z_y=xf'-\frac{2}{y^3}g+\frac{1}{xy^2}g',\\
&z_{xx}=2f-\frac{2y}{x}f'+\frac{y^2}{x^2}f''+\frac{1}{x^4}g''+\frac{2}{x^3y}g',\\
&z_{xy}=2f'-\frac{y}{x}f''-f'+\frac{1}{x^2y^2}g'-\frac{1}{x^3y}g''=f'-\frac{y}{x}f''+\frac{1}{x^2y^2}g'-\frac{1}{x^3y}g'',\\
&z_{yy}=f''+\frac{6}{y^4}g-\frac{2}{xy^3}g'-\frac{2}{xy^3}g'+\frac{1}{x^2y^2}g''=f''+\frac{6}{y^4}g-\frac{4}{xy^3}g'+\frac{1}{x^2y^2}g''.
\end{aligned}$$

于是

$$
\begin{aligned}
&x^2 z_{xx}+2xyz_{xy}+y^2 z_{yy}+xz_x+yz_y\\
=&x^2\cdot\left(2f-\frac{2y}{x}f'+\frac{y^2}{x^2}f''+\frac{1}{x^4}g''+\frac{2}{x^3y}g'\right)\\
&+2xy\cdot\left(f'-\frac{y}{x}f''+\frac{1}{x^2y^2}g'-\frac{1}{x^3y}g''\right)\\
&+y^2\cdot\left(f''+\frac{6}{y^4}g-\frac{4}{xy^3}g'+\frac{1}{x^2y^2}g''\right)\\
&+x\left(2xf-yf'-\frac{1}{x^2y}g'\right)+y\left(xf'-\frac{2}{y^3}g+\frac{1}{xy^2}g'\right)\\
=&4x^2f+\frac{4}{y^2}g=4z.
\end{aligned}
$$

■

例 17.4.2 设 $z=f(u,v)$, $u^2=xy$, $v^2=\dfrac{x}{y}$, 且 $f(u,v)$ 对 u, v 具有二阶连续偏导数. 将偏微分方程

$$
u^2\frac{\partial^2 z}{\partial u^2}-2uv\frac{\partial^2 z}{\partial u\partial v}+v^2\frac{\partial^2 z}{\partial v^2}+2v\frac{\partial z}{\partial v}=0
$$

中的变量 u 与 v 换成 x 与 y.

解 由 $u^2=xy$, $v^2=\dfrac{x}{y}$ 可得 $x^2=u^2v^2$, 由此可得

$$
x=uv,\quad y=\frac{u}{v}\quad \text{或}\quad x=-uv,\quad y=-\frac{u}{v}.
$$

当 $x=uv$, $y=\dfrac{u}{v}$ (对于 $x=-uv$, $y=-\dfrac{u}{v}$ 有同样的结论) 时, 可得

$$
\begin{aligned}
&\frac{\partial z}{\partial u}=\frac{\partial z}{\partial x}\cdot\frac{\partial x}{\partial u}+\frac{\partial z}{\partial y}\cdot\frac{\partial y}{\partial u}=v\frac{\partial z}{\partial x}+\frac{1}{v}\frac{\partial z}{\partial y},\\
&\frac{\partial z}{\partial v}=\frac{\partial z}{\partial x}\cdot\frac{\partial x}{\partial v}+\frac{\partial z}{\partial y}\cdot\frac{\partial y}{\partial v}=u\frac{\partial z}{\partial x}-\frac{u}{v^2}\frac{\partial z}{\partial y},\\
&\frac{\partial^2 z}{\partial u^2}=\frac{\partial}{\partial u}\left(v\frac{\partial z}{\partial x}+\frac{1}{v}\frac{\partial z}{\partial y}\right)=v^2\frac{\partial^2 z}{\partial x^2}+2\frac{\partial^2 z}{\partial x\partial y}+\frac{1}{v^2}\frac{\partial^2 z}{\partial y^2},\\
&\frac{\partial^2 z}{\partial u\partial v}=\frac{\partial}{\partial v}\left(v\frac{\partial z}{\partial x}+\frac{1}{v}\frac{\partial z}{\partial y}\right)=uv\frac{\partial^2 z}{\partial x^2}-\frac{u}{v^3}\frac{\partial^2 z}{\partial y^2}+\frac{\partial z}{\partial x}-\frac{1}{v^2}\frac{\partial z}{\partial y},\\
&\frac{\partial^2 z}{\partial v^2}=\frac{\partial}{\partial v}\left(u\frac{\partial z}{\partial x}-\frac{u}{v^2}\frac{\partial z}{\partial y}\right)=u^2\frac{\partial^2 z}{\partial x^2}-\frac{2u^2}{v^2}\frac{\partial^2 z}{\partial x\partial y}+\frac{u^2}{v^4}\frac{\partial^2 z}{\partial y^2}+\frac{2u}{v^3}\frac{\partial z}{\partial y}.
\end{aligned}
$$

于是

$$
u^2\frac{\partial^2 z}{\partial u^2}-2uv\frac{\partial^2 z}{\partial u\partial v}+v^2\frac{\partial^2 z}{\partial v^2}+2v\frac{\partial z}{\partial v}=4\frac{u^2}{v^2}\frac{\partial^2 z}{\partial y^2}+2\frac{u}{v}\frac{\partial z}{\partial y},
$$

即 $2y\dfrac{\partial^2 z}{\partial y^2}+\dfrac{\partial z}{\partial y}=0$. ■

例 17.4.3 设函数 $z=f(x,y)$ 在 $P_0(x_0,y_0)$ 的邻域 $U(P_0)$ 内具有二阶连续偏导数, 且 f 在 P_0 点取得极大值, 证明 $\left(f_{xx}(x,y)+f_{yy}(x,y)\right)_{P_0}\leqslant 0$.

证明 由题意知 $f_x(x_0,y_0)=f_y(x_0,y_0)=0$.

对充分小的 h, 当 $(x_0+h,y_0)\in U(P_0)$ 时, 有

$$\begin{aligned}f(x_0+h,y_0)-f(x_0,y_0)&=f_x(x_0,y_0)\cdot h+\frac{1}{2!}f_{xx}(x_0+\theta h,y_0)h^2\\&=\frac{1}{2}f_{xx}(x_0+\theta h,y_0)h^2\quad(0<\theta<1).\end{aligned}$$

由于 $f(x_0,y_0)$ 为函数 f 的极大值, 所以当 h 充分小时, 有

$$f(x_0+h,y_0)-f(x_0,y_0)\leqslant 0,$$

于是 $f_{xx}(x_0+\theta h,y_0)\leqslant 0$.

注意到 f_{xx} 的连续性, 所以令 $h\to 0$ 即得 $f_{xx}(x_0,y_0)\leqslant 0$.

同理可得 $f_{yy}(x_0,y_0)\leqslant 0$.

综上所得, $\left(f_{xx}(x,y)+f_{yy}(x,y)\right)_{P_0}\leqslant 0$. ■

例 17.4.4 设函数 $u=f(x,y)$ 具有二阶连续偏导数, 且满足等式

$$4\frac{\partial^2 u}{\partial x^2}+12\frac{\partial^2 u}{\partial x\partial y}+5\frac{\partial^2 u}{\partial y^2}=0.$$

试确定常数 a,b 的值, 使等式在变换 $\xi=x+ay$, $\eta=y+by$ 下简化为 $\dfrac{\partial^2 u}{\partial\xi\partial\eta}=0$.

解 由多元复合函数求偏导数的链式法则, 可得

$$\begin{aligned}\frac{\partial u}{\partial x}&=\frac{\partial u}{\partial\xi}\frac{\partial\xi}{\partial x}+\frac{\partial u}{\partial\eta}\frac{\partial\eta}{\partial x}=\frac{\partial u}{\partial\xi}+\frac{\partial u}{\partial\eta},\\
\frac{\partial u}{\partial y}&=\frac{\partial u}{\partial\xi}\frac{\partial\xi}{\partial y}+\frac{\partial u}{\partial\eta}\frac{\partial\eta}{\partial y}=a\frac{\partial u}{\partial\xi}+b\frac{\partial u}{\partial\eta},\\
\frac{\partial^2 u}{\partial x^2}&=\frac{\partial}{\partial x}\left(\frac{\partial u}{\partial\xi}+\frac{\partial u}{\partial\eta}\right)=\frac{\partial}{\partial\xi}\left(\frac{\partial u}{\partial\xi}+\frac{\partial u}{\partial\eta}\right)\frac{\partial\xi}{\partial x}+\frac{\partial}{\partial\eta}\left(\frac{\partial u}{\partial\xi}+\frac{\partial u}{\partial\eta}\right)\frac{\partial\eta}{\partial x}\\
&=\frac{\partial}{\partial\xi}\left(\frac{\partial u}{\partial\xi}+\frac{\partial u}{\partial\eta}\right)+\frac{\partial}{\partial\eta}\left(\frac{\partial u}{\partial\xi}+\frac{\partial u}{\partial\eta}\right)\\
&=\frac{\partial^2 u}{\partial\xi^2}+2\frac{\partial^2 u}{\partial\xi\partial\eta}+\frac{\partial^2 u}{\partial\eta^2},\\
\frac{\partial^2 u}{\partial y^2}&=\frac{\partial}{\partial y}\left(a\frac{\partial u}{\partial\xi}+b\frac{\partial u}{\partial\eta}\right)=\frac{\partial}{\partial\xi}\left(a\frac{\partial u}{\partial\xi}+b\frac{\partial u}{\partial\eta}\right)\frac{\partial\xi}{\partial y}+\frac{\partial}{\partial\eta}\left(a\frac{\partial u}{\partial\xi}+b\frac{\partial u}{\partial\eta}\right)\frac{\partial\eta}{\partial y}\\
&=a\frac{\partial}{\partial\xi}\left(a\frac{\partial u}{\partial\xi}+b\frac{\partial u}{\partial\eta}\right)+b\frac{\partial}{\partial\eta}\left(a\frac{\partial u}{\partial\xi}+b\frac{\partial u}{\partial\eta}\right)\\
&=a^2\frac{\partial^2 u}{\partial\xi^2}+2ab\frac{\partial^2 u}{\partial\xi\partial\eta}+b^2\frac{\partial^2 u}{\partial\eta^2},\end{aligned}$$

$$\begin{aligned}\frac{\partial^2 u}{\partial x \partial y} &= \frac{\partial}{\partial y}\left(\frac{\partial u}{\partial \xi}+\frac{\partial u}{\partial \eta}\right)=\frac{\partial}{\partial \xi}\left(\frac{\partial u}{\partial \xi}+\frac{\partial u}{\partial \eta}\right)\frac{\partial \xi}{\partial y}+\frac{\partial}{\partial \eta}\left(\frac{\partial u}{\partial \xi}+\frac{\partial u}{\partial \eta}\right)\frac{\partial \eta}{\partial y}\\ &= a\frac{\partial}{\partial \xi}\left(\frac{\partial u}{\partial \xi}+\frac{\partial u}{\partial \eta}\right)+b\frac{\partial}{\partial \eta}\left(\frac{\partial u}{\partial \xi}+\frac{\partial u}{\partial \eta}\right)\\ &= a\frac{\partial^2 u}{\partial \xi^2}+(a+b)\frac{\partial^2 u}{\partial \xi \partial \eta}+b\frac{\partial^2 u}{\partial \eta^2}.\end{aligned}$$

将 $\frac{\partial^2 u}{\partial x^2}, \frac{\partial^2 u}{\partial x \partial y}$ 与 $\frac{\partial^2 u}{\partial y^2}$ 代入 $4\frac{\partial^2 u}{\partial x^2}+12\frac{\partial^2 u}{\partial x \partial y}+5\frac{\partial^2 u}{\partial y^2}=0$ 中, 整理后得

$$(5a^2+12a+4)\frac{\partial^2 u}{\partial \xi^2}+\left[10ab+12(a+b)+8\right]\frac{\partial^2 u}{\partial \xi \partial \eta}+(5b^2+12b+4)\frac{\partial^2 u}{\partial \eta^2}=0.$$

由题意, 可得

$$\begin{cases} 5a^2+12a+4=0, \\ 5b^2+12b+4=0, \\ 10ab+12(a+b)+8\neq 0. \end{cases} \tag{17.4.6}$$

求解式 (17.4.6) 得 $a=-2, b=-\frac{2}{5}$; $a=-\frac{2}{5}, b=-2$.

故 $a=-2, b=-\frac{2}{5}$ 或 $a=-\frac{2}{5}, b=-2$. ■

例 17.4.5　求函数 $z=x^4+y^4-x^2-2xy-y^2$ 的极值.

解　容易求得 $z_x=4x^3-2x-2y$, $z_y=4y^3-2y-2x$,

$$z_{xx}=12x^2-2, \quad z_{xy}=z_{yx}=-2, \quad z_{yy}=12y^2-2.$$

由 $z_x=4x^3-2x-2y=0$, $z_y=4y^3-2y-2x=0$ 得稳定点: $P_1(0,0)$, $P_2(1,1)$ 及 $P_3(-1,-1)$.

由于所给的函数为可微函数, 故其极值只能在稳定点取得. 以下由定理 17.4.5 来讨论函数在上述稳定点处是否取得极值, 并求出相应的极值.

(i) 对于稳定点 $P_1(0,0)$, 由于函数在该点的 Hesse 矩阵

$$\boldsymbol{H}_z(P_1)=\begin{bmatrix} 12x^2-2 & -2 \\ -2 & 12y^2-2 \end{bmatrix}_{(0,0)}=\begin{bmatrix} -2 & -2 \\ -2 & -2 \end{bmatrix}$$

为不定矩阵, 故函数在 P_1 点不取得极值.

(ii) 对于稳定点 $P_2(1,1)$, 由于函数在该点的 Hesse 矩阵

$$\boldsymbol{H}_z(P_2)=\begin{bmatrix} 12x^2-2 & -2 \\ -2 & 12y^2-2 \end{bmatrix}_{(0,0)}=\begin{bmatrix} 10 & -2 \\ -2 & 10 \end{bmatrix}$$

为正定矩阵, 故函数在 $P_2(1,1)$ 点取得极小值, 且极小值为 $z(1,1)=-2$.

(iii) 对于稳定点 $P_3(-1,-1)$, 由于函数在该点的 Hesse 矩阵

$$\boldsymbol{H}_z(P_3)=\begin{bmatrix}12x^2-2 & -2\\ -2 & 12y^2-2\end{bmatrix}_{(0,0)}=\begin{bmatrix}10 & -2\\ -2 & 10\end{bmatrix}$$

为正定矩阵, 故函数在 $P_3(-1,-1)$ 点取得极小值, 且极小值为 $z(-1,-1)=-2$. ■

例 17.4.6 设 D 为平面内的有界闭区域, $f(x,y)$ 在 D 上连续、存在偏导数, 且 $f_x(x,y)+f_y(x,y)=f(x,y)$, $f(x,y)|_{\partial D}=0$, 证明在 D 上 $f(x,y)\equiv 0$.

证明 (反证法) 假设在 D 上 $f(x,y)$ 不恒为 0, 不妨设 f 在 D 上有正的最大值或负的最小值. 由条件 $f(x,y)|_{\partial D}=0$ 知这样的最大值或最小值只能在 D 的内部 $\mathrm{int}D$ 达到. 不妨设 $(x_0,y_0)\in \mathrm{int}D$, 且满足

$$f(x_0,y_0)>0,\quad f(x_0,y_0)\geqslant f(x,y),\quad \forall\ (x,y)\in D. \tag{17.4.7}$$

于是 (x_0,y_0) 也是极大值点, 从而

$$f_x(x_0,y_0)=f_y(x_0,y_0)=0. \tag{17.4.8}$$

另一方面, 由已知条件有

$$f_x(x_0,y_0)+f_y(x_0,y_0)=f(x_0,y_0).$$

这与式 (17.4.7), 式 (17.4.8) 相矛盾, 从而在 D 上 $f(x,y)\equiv 0$. ■

例 17.4.7 设函数 $f(u)$ 在 $\mathbb{R}_+$ 内具有二阶导数, 且 $z=f\left(\sqrt{x^2+y^2}\right)$ 满足等式

$$z_{xx}+z_{yy}=0.$$

(i) 证明 $f''(u)+\dfrac{f'(u)}{u}=0$;

(ii) 若 $f(1)=0$, $f'(1)=1$, 求函数 $f(u)$ 的表达式.

解 (i) 由于 $z_x=\dfrac{x}{\sqrt{x^2+y^2}}f'(u)$, $z_y=\dfrac{y}{\sqrt{x^2+y^2}}f'(u)$,

$$z_{xx}=\frac{x^2}{x^2+y^2}f''(u)+\left[\frac{1}{\sqrt{x^2+y^2}}-\frac{x^2}{(x^2+y^2)^{\frac{3}{2}}}\right]f'(u),$$

$$z_{yy}=\frac{y^2}{x^2+y^2}f''(u)+\left[\frac{1}{\sqrt{x^2+y^2}}-\frac{y^2}{(x^2+y^2)^{\frac{3}{2}}}\right]f'(u),$$

将 z_{xx} 和 z_{yy} 的表达式代入条件 $z_{xx}+z_{yy}=0$, 可得证 (i).

(ii) 由 $f''(u)+\dfrac{f'(u)}{u}=0$ 可得, $f'(u)=\dfrac{C_1}{u}$, 从而 $f(u)=C_1\ln u+C_2$. 再由 $f(1)=0$, $f'(1)=1$, 可得 $C_1=1$, $C_2=0$. 故 $f(u)=\ln u$. ■

四、巩固提高

17.4.1　设 $z=\mathrm{e}^{x\arctan(xy)}$, 求 z_{xy}.

17.4.2　设 $z=\dfrac{1}{x}f(xy)+yg(x+y)$, 其中 f, g 具有二阶连续导数, 求 z_{xy}.

17.4.3　设 $z=(x^2+y^2)\mathrm{e}^{-\arctan\frac{y}{x}}$, 求 $\mathrm{d}z$ 及 z_{xy}.

17.4.4　设 $z=f\left(xy,\dfrac{x}{y}\right)+g\left(\dfrac{x}{y}\right)$, 其中 f 具有二阶连续偏导数, g 具有二阶连续导数, 求 z_{xy}.

17.4.5　设 $z=f\Big(xy,\dfrac{x}{y},x\Big)$, f 有连续的二阶偏导数, 求 z_{xx}, z_{xy}, z_{yy}.

17.4.6　求函数 $f(x,y)=(x^2+y^2)\mathrm{e}^{-(x^2+y^2)}$ 的极值.

17.4.7　求函数 $f(x,y)=\cos x+\cos y+\cos(x-y)$ 在闭区域 $D=\left[0,\dfrac{\pi}{2}\right]\times\left[0,\dfrac{\pi}{2}\right]$ 上的最大值与最小值.

17.4.8　求函数 $z=\dfrac{1}{2}x^2+xy+\dfrac{1}{2}y^2-2x-2y+5$ 的全部极值点与极值.

17.4.9　设 $\varphi(t)$ 与 $\psi(t)$ 均有二阶连续导数, 证明函数 $z=\varphi\Big(\dfrac{y}{x}\Big)+x\psi\Big(\dfrac{y}{x}\Big)$ 满足微分方程 $x^2z_{xx}+2xyz_{xy}+y^2z_{yy}=0$.

17.4.10　设变换 $u=x-2y, v=x+ay$ 可将方程 $6z_{xx}+z_{xy}-z_{yy}=0$ 化为 $z_{uv}=0$, 求常数 a.

*__17.4.11__　设 $T: u=\varphi(x,y),\ v=\psi(x,y)$ 为平面上的一个变换, 若在该变换下任何两条相交曲线的交角保持不变, 则称该变换为保角变换.

(i) 若 φ 与 ψ 满足 $\varphi_x=\psi_y, \varphi_y=-\psi_x$, 则 T 是保角变换;

(ii) 证明下面的变换是保角变换

$$\xi=\frac{x}{x^2+y^2},\quad \eta=\frac{y}{x^2+y^2};$$

(iii) 证明连续可微变换 T 为保角变换的充要条件是它满足 Cauchy–Riemann 条件 $\varphi_x=\psi_y, \varphi_y=-\psi_x$ 或 $\varphi_x=-\psi_y, \varphi_y=\psi_x$.

第 18 章 隐函数定理及其应用

本章主要讨论隐函数的存在问题, 它不仅在数学分析这门课程中有着重要的意义, 同时也在数学的其他分支, 如方程论、微分方程等数学分支中, 都有十分重要的应用.

18.1 节与 18.2 节为主要内容, 重点介绍隐函数 (组) 的概念及隐函数 (组) 定理. 要想充分地掌握这两节的内容, 最重要的是要很好地掌握隐函数 (组) 的结论的意义及证明方法. 而本章的后两节则是隐函数 (组) 的具体应用, 主要介绍一些几何应用和带约束条件的极值问题求解, 即条件极值问题.

18.1 隐 函 数

一、内容精读

1. 隐函数的概念

由方程

$$F(x,y)=0 \tag{18.1.1}$$

确定的一个函数 $y=f(x)$ 称为隐函数. 对于方程 (18.1.1), 注意到

(i) 并不是任一个形如式 (18.1.1) 的方程都能确定出隐函数. 如方程 $x^2+y^2+c=0$, 当 $c>0$ 时, 就不能确定任何函数 $y=f(x)$, 使得 $x^2+f^2(x)+c\equiv 0$, 而只有当 $c\leqslant 0$ 时, 才能确定隐函数.

(ii) 即使式 (18.1.1) 能确定隐函数, 也未必能从中求出 $y=f(x)$. 如方程 $y-x-\frac{1}{2}\sin y=0$ 确实存在一个定义在 $\mathbb{R}$ 上的函数 $y=f(x)$, 使得 $f(x)-x-\frac{1}{2}\sin f(x)\equiv 0$, 但此函数 $f(x)$ 却无法用 x 的算式来直接表达.

因此, 隐函数定理主要考虑如下问题:

(i) 在何条件下方程 (18.1.1) 可唯一确定隐函数 $y=f(x)$?

(ii) 若隐函数存在, 由方程 (18.1.1) 确定隐函数是否具有连续性、可微性?

(iii) 如何求出可微的隐函数的导数或偏导数?

2. 隐函数定理

定理 18.1.1(一元隐函数存在唯一性定理)　若函数 $F(x,y)$ 满足下列条件:

(i) 在以 $P_0(x_0,y_0)$ 为内点的某一区域 $D\subset\mathbb{R}^2$ 内存在连续的偏导数 F_x, F_y;

(ii) $F(x_0, y_0) = 0$ (初始条件);

(iii) $F_y(x_0, y_0) \neq 0$,

则在点 P_0 的某个邻域 $U(P_0) \subset D$ 内, 方程 $F(x, y) = 0$ 唯一地确定了一个定义在某区间 $(x_0 - \alpha, x_0 + \alpha)$ 内的函数 (隐函数) $y = f(x)$, 使得

(1) $f(x_0) = y_0$;

(2) $x \in (x_0 - \alpha, x_0 + \alpha)$ 时, $(x, f(x)) \in U(P_0)$ 且 $F(x, f(x)) \equiv 0$;

(3) $y = f(x)$ 在 $(x_0 - \alpha, x_0 + \alpha)$ 内连续;

(4) $y = f(x)$ 在 $(x_0 - \alpha, x_0 + \alpha)$ 内具有连续导数, 且

$$f'(x) = -\frac{F_x(x, y)}{F_y(x, y)}. \tag{18.1.2}$$

注 18.1.1 (i) 对于方程 (18.1.1), 若将 x 视为已知, 而 y 看作未知, 则隐函数定理 18.1.1 就是说在何条件下可解出 $y = f(x)$. 但一般的教科书上关于此定理的证明是非构造性的, 只是证明了存在性, 并没有说明如何由式 (18.1.1) 去得到 $y = f(x)$. 事实上, 即使 $F(x, y)$ 的表达式很简单, 也未必能将隐函数从式 (18.1.1) 中具体解出来. 如天体力学中的 Kepler 方程 (参见上册中的例 2.3.7)

$$F(x, y) \equiv y - x - q \sin y = 0, \quad 0 < q < 1.$$

$F(x, y)$ 在点 $(0, 0)$ 附近满足定理 18.1.1 的条件, 从而隐函数 $y = f(x)$ (称之为 Kepler 函数) 存在、连续、可导, 且可由式 (18.1.2) 求出隐函数 $y = f(x)$ 的导数

$$\frac{\mathrm{d}y}{\mathrm{d}x} = -\frac{F_x(x, y)}{F_y(x, y)} = \frac{1}{1 - q \cos y}, \tag{18.1.3}$$

然而 $F(x, y) = 0$ 的隐函数不能表示为初等函数 $y = f(x)$.

(ii) 定理 18.1.1 的结论是局部的, 即在 P_0 的某个邻域 $U(P_0)$ 内由式 (18.1.1) 可唯一确定一个可微的满足 $y_0 = f(x_0)$ 的隐函数 $y = f(x)$, 但此定理并没有指出这个邻域有多大.

(iii) 从一般教科书上所给出的隐函数定理的证明中可以看出, 若只要求隐函数连续, 则定理 18.1.1 中的条件可以减弱. 对此, 有下面的结论:

定理 18.1.2 若函数 $F(x, y)$ 满足下列条件:

(i) 在以 $P_0(x_0, y_0)$ 为内点的某一区域 $D \subset \mathbb{R}^2$ 内连续;

(ii) $F(x_0, y_0) = 0$ (初始条件);

(iii) 对每个 $x \in U(x_0)$, $F(x, y)$ 关于 y 严格单调,

则在点 P_0 的某个邻域 $U(P_0) \subset D$ 内, 方程 $F(x, y) = 0$ 唯一地确定了一个定义在某区间 $(x_0 - \alpha, x_0 + \alpha) \subset U(x_0)$ 内的函数 (隐函数) $y = f(x)$, 使得

(1) $f(x_0)=y_0$;

(2) $x\in(x_0-\alpha,x_0+\alpha)$ 时, $(x,f(x))\in U(P_0)$ 且 $F(x,f(x))\equiv 0$;

(3) $y=f(x)$ 在 $(x_0-\alpha,x_0+\alpha)$ 内连续.

定理 18.1.3(多元隐函数存在唯一性定理) 若函数 $F(x_1,x_2,\cdots,x_n,y)$ 在以点 $P_0\left(x_1^0,x_2^0,\cdots,x_n^0,y^0\right)$ 为内点的区域 $D\subset\mathbb{R}^{n+1}$ 有定义, 且满足下列条件:

(i) $F(x_1,x_2,\cdots,x_n,y)$ 在 D 内有连续偏导数 $F_{x_1},F_{x_2},\cdots,F_{x_n},F_y$;

(ii) $F\left(x_1^0,x_2^0,\cdots,x_n^0,y^0\right)=0$(初始条件);

(iii) $F_y\left(x_1^0,x_2^0,\cdots,x_n^0,y^0\right)\neq 0$,

则在点 P_0 的某个邻域 $U(P_0)\subset D$ 内, 方程 $F(x_1,x_2,\cdots,x_n,y)=0$ 唯一地确定了一个定义在 $Q_0\left(x_1^0,x_2^0,\cdots,x_n^0\right)$ 的某个邻域 $U(Q_0)\subset\mathbb{R}^n$ 内的 n 元函数 (隐函数) $y=f(x_1,x_2,\cdots,x_n)$, 使得

(1) $y^0=f\left(x_1^0,x_2^0,\cdots,x_n^0\right)$;

(2) 当 $(x_1,x_2,\cdots,x_n)\in U(Q_0)$ 时, $\big(x_1,x_2,\cdots,x_n,f(x_1,x_2,\cdots,x_n)\big)\in U(P_0)$, 且 $F\big(x_1,x_2,\cdots,x_n,f(x_1,x_2,\cdots,x_n)\big)\equiv 0$;

(3) $y=f(x_1,x_2,\cdots,x_n)$ 在 $U(Q_0)$ 内连续;

(4) $y=f(x_1,x_2,\cdots,x_n)$ 在 $U(Q_0)$ 内有连续偏导数, 且

$$f_{x_i}=-\frac{F_{x_i}}{F_y},\quad i=1,2,\cdots,n. \tag{18.1.4}$$

需要说明的是, 定理 18.1.1 与定理 18.1.3 的条件只是充分条件而非必要条件. 对于不满足定理条件的方程, 必须另想办法判定该方程是否能确定隐函数. 另外, 定理 18.1.1 与定理 18.1.3 所保证存在的隐函数只是定义在考察点的某个邻域之内的, 因此又称其为 "局部隐函数存在性定理".

3. 隐函数求导

若由方程 (18.1.1) 可唯一确定连续可微的隐函数 $y=f(x)$, 或由方程 $F(x_1,x_2,\cdots,x_n,y)=0$ 可唯一确定连续可微的隐函数 $y=f(x_1,x_2,\cdots,x_n)$, 则在求导时既可直接应用公式 (18.1.2) 或公式 (18.1.4), 也可以用复合函数求导链式法则通过解方程得到. 一般在隐函数的求导中, 总是假定连续可微的隐函数已存在, 故不作特别声明, 不必再验证条件. 当然, 对有特别要求的除外.

4. 反函数的存在性与其导数

设 $y=f(x)$ 在 x_0 的某邻域内有连续的导数 $f'(x)$, 且 $f(x_0)=y_0$. 考虑方程

$$F(x,y)\equiv y-f(x)=0. \tag{18.1.5}$$

由于

$$F(x_0,y_0)=0,\quad F_y(x_0,y_0)=1,\quad F_x(x_0,y_0)=-f'(x_0),$$

所以只要 $f'(x_0)\neq 0$, 就能满足隐函数定理 18.1.1 的所有条件, 此时方程 (18.1.5) 能唯一确定在 y_0 的某个邻域 $U(y_0)$ 内的连续可微隐函数 $x=g(y)$, 并称其为函数 $y=f(x)$ 的反函数. 反函数的导数为

$$g'(y)=-\frac{F_y}{F_x}=-\frac{1}{-f'(x_0)}=\frac{1}{f'(x_0)}, \tag{18.1.6}$$

式 (18.1.6) 就是在第 5 章里曾经得到的反函数求导公式 (5.2.4).

二、疑难解答

问题 18.1.1　若函数 $F(x,y)$ 不满足定理 18.1.1 中的条件, 是否可以据此断言: 方程 $F(x,y)=0$ 一定不能确定隐函数 $y=f(x)$ 或 $x=g(y)$?

答　不能. 因为定理 18.1.1 中的条件, 只是存在隐函数的充分条件, 而非必要条件. 对于那些不满足定理条件的方程 $F(x,y)=0$, 要判定是否可由它确定隐函数, 或在已确定隐函数存在的前提下, 研究隐函数是否具有连续性与可导性, 必须进行特殊讨论. 例如方程 $F(x,y)\equiv y^3-x^3=0$ 在点 $(0,0)$ 虽然 $F_y(0,0)=0$ 不满足定理 18.1.1 中的条件 (iii), 但它仍能唯一确定连续可微的隐函数 $y=x$. ■

问题 18.1.2　定理 18.1.1 中的条件能否减弱?

答　若只要求所得的隐函数连续, 则可将条件 (iii) 减弱为 "F 在 P_0 的某个邻域内关于 y 严格单调", 且 $F(x,y)$ 存在偏导数的要求也可去掉 (请参见定理 18.1.2).

但若要求所得的隐函数具有连续的导数, 则定理中的每一个条件均重要, 减弱某些条件就不能保证有定理中的结论. ■

三、典型例题

例 18.1.1　设 $z=z(x,y)$ 是由方程 $F(x-y,y-z)=0$ 确定的隐函数, 且 F 具有连续的二阶偏导数, 试求 z_x, z_y 及 z_{xy}.

解　先求 z_x. 在 $F(x-y,y-z)=0$ 两边对 x 求导, 可得

$$F_1+F_2\cdot(-z_x)=0. \tag{18.1.7}$$

于是由式 (18.1.7) , 可得 $z_x=\dfrac{F_1}{F_2}$.

同理可得 $z_y=\dfrac{F_2-F_1}{F_2}$.

在式 (18.1.7) 两边对 y 求导, 可得

$$-F_{11}+F_{12}(1-z_y)-\big\{[-F_{21}+F_{22}\cdot(1-z_y)]z_x+F_2\cdot z_{xy}\big\}=0. \tag{18.1.8}$$

现将 z_x, z_y 代入式 (18.1.8), 可得

$$z_{xy}=\frac{2F_1F_2F_{12}-F_2^2F_{11}-F_1^2F_{22}}{F_2^3}.$$ ■

例 18.1.2 证明在点 $(1,1)$ 的某一邻域内存在唯一的连续可微函数 $y=f(x)$，满足 $f(1)=1$, $xf(x)+2\ln x+3\ln f(x)-1=0$, 并求 $f'(x)$.

证明 令 $F(x,y)=xy+2\ln x+3\ln y-1$, 则函数 $F(x,y)$ 满足

(i) 在 $(1,1)$ 为内点的某个区域 D 内具有连续偏导数

$$F_x(x,y)=y+\frac{2}{x},\quad F_y(x,y)=x+\frac{3}{y};$$

(ii) $F(1,1)=0$;

(iii) $F_y(1,1)=\left(x+\dfrac{3}{y}\right)\bigg|_{(1,1)}=4\neq 0.$

所以, 由定理 18.1.1 知在点 $(1,1)$ 的某一邻域内存在唯一的连续可微函数 $y=f(x)$，满足 $f(1)=1$, $xf(x)+2\ln x+3\ln f(x)-1=0$, 且

$$f'(x)=-\frac{F_x(x,y)}{F_y(x,y)}=-\frac{y+\dfrac{2}{x}}{x+\dfrac{3}{y}}=-\frac{xy^2+2y}{x^2y+3x}. \qquad \blacksquare$$

例 18.1.3 证明: 方程 $x^2+y=\sin(xy)$ 在原点的某一邻域内可以唯一确定隐函数 $y=f(x)$, 但在原点的任意小邻域内都不能确定隐函数 $x=g(y)$.

证明 设 $F(x,y)=x^2+y-\sin(xy)$, 则满足

(i) $F(0,0)=0$;

(ii) $F_x(x,y)=2x-y\cos(xy)$, $F_y(x,y)=1-x\cos(xy)$ 在 $\mathbb{R}^2$ 上连续;

(iii) $F_x(0,0)=0$, $F_y(0,0)=1\neq 0$.

因 $F_y(0,0)\neq 0$, 故由定理 18.1.1 知, 在原点 $(0,0)$ 的某个邻域内存在唯一连续可微的隐函数 $y=f(x)$, 使 $f(0)=0$, 且在某区间 $(-\delta,\delta)$ 内有连续导数

$$\frac{\mathrm{d}y}{\mathrm{d}x}=-\frac{F_x(x,y)}{F_y(x,y)}=-\frac{2x-y\cos(xy)}{1-x\cos(xy)}. \tag{18.1.9}$$

由 $F_x(0,0)=0$ 知, $F(x,y)$ 不满足存在隐函数 $x=g(y)$ 的定理 18.1.1 的条件 (iii) , 但不能由此断言"在原点的任意小邻域内都不能确定隐函数 $x=g(y)$". 下面用分析的方法来进行讨论.

考虑到 $F_y(0,0)>0$, F_y 连续, 故由局部保号性可知, 在原点的某个小邻域内的 $F_y(x,y)>0$, 于是 $\dfrac{\mathrm{d}y}{\mathrm{d}x}=-\dfrac{F_x}{F_y}$ 的符号恒与 F_x 的符号相反. 另一方面, 由式 (18.1.9) 可知

$$\lim_{x\to 0}\frac{y}{x}=\lim_{x\to 0}\frac{f(x)}{x}=f'(0)=0\quad (\text{因 } f'(0)=0),$$

即 $y=o(x)$ $(x\to 0)$, 从而

$$F_x(x,y)=2x-y\cos(xy)=2x-o(x)\quad (x\to 0),$$

于是 F_x 在原点近旁的符号由 $2x$ 所确定. 由此可知, 当 $x>0$ 时 $F_x>0$ $(y'<0)$, 当 $x<0$ 时 $F_x<0$ $(y'>0)$, 所以隐函数 $y=f(x)$ 在 $x=0$ 的左右两侧有着不同的单调性. 这样, 在原点的任意小邻域内, 对于每一个 y 有两个 x 与之对应 (图 18.1.1). 这就表明了在原点的任意小邻域内都不能确定隐函数 $x=g(y)$. ■

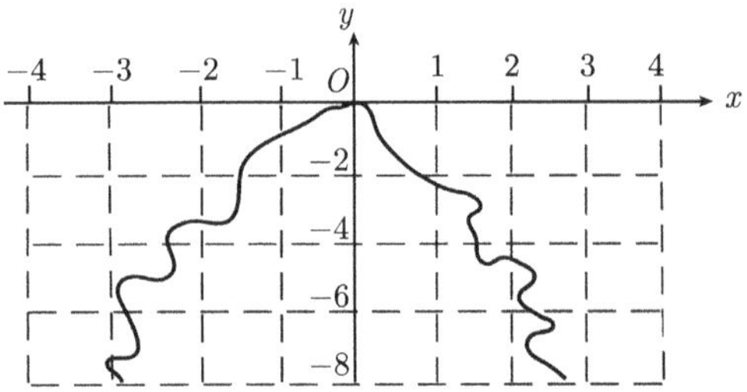

图 18.1.1

例 18.1.4　求由方程 $xyz+\sqrt{x^2+y^2+z^2}+1=0$ 所确定的隐函数 $z=z(x,y)$ 在点 $(1,2,-2)$ 处的全微分.

解法 1　设 $F(x,y,z)=xyz+\sqrt{x^2+y^2+z^2}+1$, 则有

$$F_x(1,2,-2)=\left(yz+\frac{x}{\sqrt{x^2+y^2+z^2}}\right)\Bigg|_{(1,2,-2)}=-\frac{11}{3},$$

$$F_y(1,2,-2)=\left(xz+\frac{y}{\sqrt{x^2+y^2+z^2}}\right)\Bigg|_{(1,2,-2)}=-\frac{4}{3},$$

$$F_z(1,2,-2)=\left(xy+\frac{z}{\sqrt{x^2+y^2+z^2}}\right)\Bigg|_{(1,2,-2)}=\frac{4}{3},$$

所以

$$z_x(1,2)=-\frac{F_x(1,2,-2)}{F_z(1,2,-2)}=\frac{11}{4},\quad z_y(1,2)=-\frac{F_y(1,2,-2)}{F_z(1,2,-2)}=1.$$

于是

$$\mathrm{d}z\big|_{(1,2)}=z_x(1,2)\mathrm{d}x+z_y(1,2)\mathrm{d}y=\frac{11}{4}\mathrm{d}x+\mathrm{d}y.$$

解法 2　对方程 $xyz+\sqrt{x^2+y^2+z^2}+1=0$ 两边微分, 得

$$yz\mathrm{d}x+xz\mathrm{d}y+xy\mathrm{d}z+\frac{x\mathrm{d}x+y\mathrm{d}y+z\mathrm{d}z}{\sqrt{x^2+y^2+z^2}}=0,$$

现将点 $(1,2,-2)$ 代入上式, 得

$$-4\mathrm{d}x-2\mathrm{d}y+2\mathrm{d}z+\frac{\mathrm{d}x+2\mathrm{d}y-2\mathrm{d}z}{3}=0,$$

即 $-11\mathrm{d}x-4\mathrm{d}y+4\mathrm{d}z=0$, 由此即得

$$\mathrm{d}z\big|_{(1,2)}=\frac{11}{4}\mathrm{d}x+\mathrm{d}y. \qquad \blacksquare$$

例 18.1.5 设 $z=z(x,y)$ 是由方程 $F(x-z,y-z)=0$ 所确定的隐函数, 其中 F 具有连续的二阶偏导数, 证明 $z_{xx}+2z_{xy}+z_{yy}=0$.

证明 对方程 $F(x-z,y-z)=0$ 求关于 x 的偏导数, 则

$$F_1\cdot(1-z_x)+F_2\cdot(-z_x)=0,$$

由此可得 $z_x=\dfrac{F_1}{F_1+F_2}$.

同理可得 $z_y=\dfrac{F_2}{F_1+F_2}$. 于是

$$z_x+z_y=1. \tag{18.1.10}$$

式 (18.1.10) 两边分别对 x 与 y 求偏导数, 可得

$$z_{xx}+z_{yx}=0, \quad z_{xy}+z_{yy}=0,$$

注意到 $z_{xy}=z_{yx}$, 所以上述两式相加就得

$$z_{xx}+2z_{xy}+z_{yy}=0. \qquad \blacksquare$$

解题回顾 此题利用隐函数求偏导数的方法, 仅求出隐函数 $z=z(x,y)$ 的一阶偏导数 z_x, z_y, 然后利用某种特殊关系导出要证明的等式. 但是需要说明的是, 此法并非通法. 若用此题的方法不能解决问题, 则还是先求出要证明的等式中涉及的所有偏导数, 然后来验证等式的正确性.

例 18.1.6 证明: 若函数 $F(x,y)$ 与 $F_y(x,y)$ 在以点 (x_0,y_0) 为中心的矩形区域 D 内连续, 且 $F(x_0,y_0)=0$, $F_y(x_0,y_0)\neq 0$, 则

(i) 存在 $\delta>0,\eta>0$, 在区间 $I_1=(x_0-\delta,x_0+\delta)$ 内存在唯一隐函数 $y=f(x)$, 使

$$F\big(x,f(x)\big)=0, \quad f(x_0)=y_0 \quad 且 \quad f(x)\in(y_0-\eta,y_0+\eta);$$

(ii) $y=f(x)$ 在 I_1 内连续.

证明 本题分五步进行证明. 为此先令

$$\varphi(x,y)=y-y_0-\frac{F(x,y)}{F_y(x_0,y_0)}.$$

讨论方程

$$y=y_0+\varphi(x,y) \tag{18.1.11}$$

的解, 其中 $\varphi(x,y)$ 与 $\varphi_y(x,y)$ 均在 D 内连续. 条件 $F(x_0,y_0)=0$, $F_y(x_0,y_0)\neq 0$ 分别改换为 $\varphi(x_0,y_0)=0$, $\varphi_y(x_0,y_0)=0$. 于是, 存在 $\eta>0$, 对任意 $(x,y):|x-x_0|<\eta$, $|y-y_0|<\eta$, $\varphi(x,y)$ 与 $\varphi_y(x,y)$ 连续, 且 $|\varphi_y(x,y)|<\lambda$ (其中 λ 为 $(0,1)$ 中的常数).

首先, 很容易证明 $F(x,y)=0$ 的解与式 (18.1.11) 的解等价 (请读者证明).

其次, 利用式 (18.1.11) 按如下方法构造函数列 $\{y_n(x)\}$. 用 y_0 取代式 (18.1.11) 中 $\varphi(x,y)$ 中的 y, 则

$$y_1=y_1(x)=y_0+\varphi(x,y_0).$$

用 y_1 取代式 (18.1.11) 中 $\varphi(x,y)$ 中的 y, 并按此方法如此继续下去, 则

$$y_2=y_2(x)=y_0+\varphi(x,y_1),$$

$$y_3=y_3(x)=y_0+\varphi(x,y_2),$$

$$\cdots\quad\cdots$$

$$y_n=y_n(x)=y_0+\varphi(x,y_{n-1}),$$

$$\cdots\quad\cdots$$

函数列 $\{y_n(x)\}$ 满足: 若 $|x-x_0|<\delta$ $(\delta<\eta)$, 则 $|y_n-y_0|<\eta$ $(n\in\mathbb{N}_+)$.

事实上, 已知 $\varphi(x,y)$ 在点 (x_0,y_0) 连续, 且 $\varphi(x_0,y_0)=0$, 则存在 $\delta>0$ $(0<\delta<\eta)$, 对任意 $x:|x-x_0|<\delta$, 有

$$|\varphi(x,y_0)|<(1-\lambda)\eta,$$

即

$$|y_1-y_0|=|\varphi(x,y_0)|<\eta.$$

假设 $|y_{n-1}-y_0|<\eta$. 于是, 由微分中值定理, 有

$$\begin{aligned}|y_n-y_0|&=|\varphi(x,y_{n-1})|\leqslant|\varphi(x,y_{n-1})-\varphi(x,y_0)|+|\varphi(x,y_0)|\\&=|\varphi_y(x,\xi)\cdot(y_{n-1}-y_0)|+|\varphi(x,y_0)|\quad(\xi\text{ 介于 }y_0\text{ 与 }y_{n-1}\text{ 之间})\\&<\lambda\eta+(1-\lambda)\eta=\eta.\end{aligned}$$

由数学归纳法知上述结论成立.

第三, 证明函数列 $\{y_n(x)\}$ 在区间 $I_1=(x_0-\delta,x_0+\delta)$ 内一致收敛.

事实上, 利用函数列 $\{y_n(x)\}$ 构造如下的函数项级数:

$$y_0(x)+\sum_{k=1}^{\infty}\big(y_k(x)-y_{k-1}(x)\big).\tag{18.1.12}$$

由于

$$y_0+\sum_{k=1}^{n}\big(y_k(x)-y_{k-1}(x)\big)=y_n(x),$$

所以, 函数列 $\{y_n(x)\}$ 的一致收敛性与函数项级数 (18.1.12) 的一致收敛性等价. 于是, 只要证明函数项级数 (18.1.12) 在 $I_1=(x_0-\delta,x_0+\delta)$ 上一致收敛性即可.

由微分中值定理知, 对任意 $x\in I_1$, 有

$$\begin{aligned}|y_k(x)-y_{k-1}(x)|&=|\varphi(x,y_{k-1})-\varphi(x,y_{k-2})|\\&=|\varphi_y(x,\xi)\cdot(y_{k-1}-y_{k-2})|\quad(\xi\text{ 介于 }y_{k-1}\text{ 与 }y_{k-2}\text{ 之间})\\&<\lambda|y_{k-1}-y_{k-2}|,\end{aligned}$$

于是

$$\begin{aligned}|y_k(x)-y_{k-1}(x)|&<\lambda|y_{k-1}-y_{k-2}|<\cdots<\lambda^{k-1}|y_1-y_0|\\&=\lambda^{k-1}|\varphi(x,y_0)|<\lambda^{k-1}(1-\lambda)\eta.\end{aligned}$$

由于几何级数 $\sum\limits_{k=1}^{\infty}\lambda^{k-1}(1-\lambda)\eta=(1-\lambda)\eta\sum\limits_{k=1}^{\infty}\lambda^{k-1}$ 收敛, 所以由 M 判别法, 函数项级数 (18.1.12) 在 $I_1=(x_0-\delta,x_0+\delta)$ 上一致收敛, 从而函数列 $\{y_n(x)\}$ 在 I_1 上一致收敛性. 并设 $y_n(x)\rightrightarrows f(x)$ $(n\to\infty)$, $x\in I_1$. 由于 $y_n(x)$ 连续性, 所以由函数列一致收敛的性质知, $f(x)$ 在 I_1 上连续.

第四, 证明函数 $y=f(x)$ 满足方程 $y=y_0+\varphi(x,y)$, 且 $f(x_0)=y_0$.

事实上, 由前述知

$$y_n(x)=y_0+\varphi(x,y_{n-1}),\quad n\in\mathbb{N}_+.$$

注意到 $\varphi(x,y)$ 的连续性, 所以

$$f(x)=\lim_{n\to\infty}y_n(x)=y_0+\lim_{n\to\infty}\varphi(x,y_{n-1})=y_0+\varphi(x,f(x)),$$

即 $f(x)=y_0+\varphi(x,f(x))$, 且 $|f(x)-y_0|<\eta$. 由此可得

$$F\big(x,f(x)\big)=0\quad\text{且}\quad f(x)\in(y_0-\eta,y_0+\eta).$$

由 $\{y_n(x)\}$ 的构造及 $\varphi(x_0,y_0)=0$, 易证 $y_n(x_0)=y_0$, $n\in\mathbb{N}_+$, 于是 $f(x_0)=y_0$.

最后, 证明函数 $y=f(x)$ 的唯一性.

事实上, 假设在 I_1 上方程 $y=y_0+\varphi(x,y)$ 还有另一个连续解 $h(x)$, 且 $h(x)\in$

$(y_0-\eta, y_0+\eta)$. 假设 $f(x) \neq h(x)$, 则

$$\begin{aligned}|f(x)-h(x)| &= \Big|\big(y_0+\varphi(x,f(x))\big)-\big(y_0+\varphi(x,h(x))\big)\Big| \\ &= |\varphi(x,f(x))-\varphi(x,h(x))| \\ &= |\varphi_y(x,\xi)|\cdot|f(x)-h(x)| \quad (\xi \text{ 介于 } f(x) \text{ 与 } h(x) \text{ 之间}) \\ &< \lambda|f(x)-h(x)| \quad (\text{其中 } \lambda\in(0,1)),\end{aligned}$$

所以 $(\lambda-1)|f(x)-h(x)|>0$, 这与 $0<\lambda<1$ 相矛盾. 这就证明了 $f(x)\equiv h(x)$.

综上所述, 在题中所给的条件下题中的结论成立. ■

解题回顾 本题的证明采用了逐次逼近法, 其意义不仅证明了隐函数的存在性, 同时又给了解 (隐函数) 的构造方法. 此法在微分方程中被广泛应用.

逐次逼近法的关键是将方程 $F(x,y)=0$ 改写为

$$F(x,y)=y-y_0-\varphi(x,y)=0,$$

即 $y=y_0+\varphi(x,y)$. 这样改写的主要目的是为了使

$$|\varphi_y(x,y)|<\lambda, \quad 0<\lambda<1,$$

从而可应用逐次逼近法来得到所求的解. 那么函数 $\varphi(x,y)$ 与 $F(x,y)$ 具有何种关系呢? 因为 $F_y(x_0,y_0)\neq 0$, 所以方程 $F(x,y)=0$ 的解也是方程 $\dfrac{F(x,y)}{F_y(x_0,y_0)}=0$ 的解, 进而也是方程

$$y-y_0-(y-y_0)+\frac{F(x,y)}{F_y(x_0,y_0)}=0 \tag{18.1.13}$$

的解. 当 x 为常数时, 式 (18.1.13) 是关于 y 的一元方程, 为了应用逐次逼近法, 设

$$\varphi(x,y)=y-y_0-\frac{F(x,y)}{F_y(x_0,y_0)},$$

则有

$$\varphi_y(x_0,y_0)=1-\frac{F_y(x_0,y_0)}{F_y(x_0,y_0)}=0.$$

于是, 在 (x_0,y_0) 的某个邻域内, 有 $|\varphi_y(x,y)|<\lambda$, $0<\lambda<1$. 因此方程 (18.1.13) 的解即是 $y=y_0+\varphi(x,y)$ 的解, 也是 $F(x,y)=0$ 的解.

四、巩固提高

18.1.1 设 $y=f(x)$ 是由下列各方程确定, 求 $\dfrac{\mathrm{d}y}{\mathrm{d}x}$ 与 $\dfrac{\mathrm{d}^2y}{\mathrm{d}x^2}$:

(i) $\ln\left(x^2+y^2\right)=\arctan\dfrac{y}{x}$;

(ii) $x^y = y^x$;

(iii) $xy - 2^x \ln 2 + 2^y = 0$.

18.1.2 设 $z = z(x,y)$ 是由下列方程确定的隐函数, 求指定的偏导数或微分:

(i) $x^3 + y^3 + z^3 - 3xyz - 4 = 0$, 求在点 $(1,1,2)$ 处的偏导数 z_x, z_y;

(ii) $x + y + z = \mathrm{e}^{-(x+y+z)}$, 求 z_x, z_y, z_{xx}, z_{xy}, z_{yy};

(iii) $xy + yz + zx = 1$, 求 z_x, z_y, z_{xx}, z_{xy}, z_{yy};

(iv) $z = \sqrt{x^2 - y^2}\tan\dfrac{z}{\sqrt{x^2 - y^2}}$, 求 z_x, z_y;

(v) $\dfrac{x}{z} = \ln\dfrac{z}{y}$, 求 $\mathrm{d}z$.

18.1.3 设 $z = z(x,y)$ 是由下列方程确定的隐函数, 且 f 具有连续的一阶或二阶偏导数, 求指定的偏导数或微分:

(i) $f(x+y+z, x^2+y^2+z^2) = 0$, 求 $\mathrm{d}z$;

(ii) $f(x, x+y, x+y+z) = 0$, 求 z_x, z_y;

(iii) $f(x+y, y+z, z+x) = 0$, 求 z_{xx}, z_{xy}, z_{yy}.

18.1.4 试求由下列方程所确定的隐函数的偏导数 u_x 与 u_y (假设 f, g 具有连续的一阶偏导数):

(i) $x^2 + u^2 = f(x,u) + g(x,y,u)$;

(ii) $u = f(x+u, yu)$.

18.1.5 设 $z = z(x,y)$ 是由方程 $F(xy, z-2x) = 0$ 确定的隐函数, 且 F 具有连续的一阶偏导数, 证明

$$xz_x - yz_y = 2x.$$

18.1.6 设 $z = z(x,y)$ 是由方程 $\dfrac{x}{z} = \varphi\left(\dfrac{y}{z}\right)$ 确定的隐函数, φ 二次连续可微, 且 $x - y\varphi'\left(\dfrac{y}{z}\right) \neq 0$, 证明 $z_{xx}z_{yy} - z_{xy}^2 = 0$.

18.1.7 设函数 $z = z(x,y)$ 由方程 $f\left(x + \dfrac{z}{y}, y + \dfrac{z}{x}\right) = 0$ 所确定, 且 f 具有连续的一阶偏导数, 证明

$$xz_x + yz_y = z - xy.$$

18.1.8 设 $z = z(x,y)$ 由方程 $x^2 + y^2 + z^2 = yf\left(\dfrac{z}{y}\right)$ 所确定, 假定 f 具有连续的导函数, 证明 $(x^2 - y^2 - z^2)z_x + 2xyz_y = 2xz$.

18.1.9 设 f 是一元函数, 试问应对 f 提出什么条件, 方程 $2f(xy) = f(x) + f(y)$ 在点 $(1,1)$ 的邻域内能确定出唯一的 y 为 x 的函数?

18.1.10 证明在原点 $(0,0)$ 的某邻域内, 方程

$$\cos(x+y) + \mathrm{e}^{x^2+y} + 3x - x^3y^3 - 2 = 0$$

可唯一确定连续可微的隐函数 $y=f(x)$.

18.1.11 设 $f(x,y)$ 在 $(0,1)$ 附近连续可微, 且 $f_y(0,1)\neq 0$, $f(0,1)=0$. 证明: $f\left(x,\int_0^t \sin u\,\mathrm{d}u\right)=0$ 在 $\left(0,\dfrac{\pi}{2}\right)$ 附近确定一个隐函数 $t=\varphi(x)$, 并求 $\varphi'(0)$.

18.1.12 设 f 是 $\mathbb{R}^3$ 上的连续可微函数, 若 $f(x,y,z)=0$, 则 $z_y y_x x_z=-1$.

(i) 解释上述命题的精确含义;

(ii) 对 Clapeyron 公式 $\dfrac{PV}{T}=$ 常数, 验证上述命题的正确性;

(iii) 对于 n 元连续可微函数 $f(x_1,x_2,\cdots,x_n)$ 所确定的关系式 $f(x_1,x_2,\cdots,x_n)=0$ 是否有上述类似公式? 验证您的判断.

18.2 隐函数组

一、内容精读

1. 隐函数组概念

设 $F(x,y,u,v)$ 和 $G(x,y,u,v)$ 为定义在区域 $V\subset\mathbb{R}^4$ 上的两个四元函数. 若存在平面区域 D, 对于 D 中每一点 (x,y), 分别有区间 J 和 K 上唯一的一对值 $u\in J$, $v\in K$, 它们与 x,y 一起满足方程组

$$\begin{cases} F(x,y,u,v)=0, \\ G(x,y,u,v)=0, \end{cases} \tag{18.2.1}$$

则说方程组 (18.2.1) 确定了两个定义在 $D\subset\mathbb{R}^2$ 上, 值域分别落在 J 和 K 内的函数. 称这两个函数为由方程组 (18.2.1) 所确定的隐函数组. 若分别记这两个函数为 $u=f(x,y)$, $v=g(x,y)$, 则在 D 上成立恒等式

$$\begin{cases} F\big(x,y,f(x,y),g(x,y)\big)\equiv 0, \\ G\big(x,y,f(x,y),g(x,y)\big)\equiv 0. \end{cases}$$

关于隐函数组的一般情况 (含有 $m+n$ 个变量的 m 个方程所确定的 m 个隐函数), 将在后面另行讨论.

2. 隐函数组定理

假设方程组 (18.2.1) 中的函数 F 与 G 是可微的, 且由式 (18.2.1) 所确定的两个隐函数 u 与 v 也是可微的. 称行列式

$$\frac{\partial(F,G)}{\partial(u,v)}=\begin{vmatrix} F_u & F_v \\ G_u & G_v \end{vmatrix} \tag{18.2.2}$$

为函数 F、G 关于变量 u, v 的函数行列式 (或Jacobi 行列式).

定理 18.2.1(隐函数组定理) 若

(i) 函数 $F(x,y,u,v)$ 与 $G(x,y,u,v)$ 在以点 $P_0(x_0,y_0,u_0,v_0)$ 为内点的区域 $V \subset \mathbb{R}^4$ 内具有一阶连续偏导数;

(ii) $F(x_0,y_0,u_0,v_0)=0$, $G(x_0,y_0,u_0,v_0)=0$ (初始条件);

(iii) $J\big|_{P_0} = \left.\dfrac{\partial(F,G)}{\partial(u,v)}\right|_{P_0} = \left|\begin{array}{cc} F_u & F_v \\ G_u & G_v \end{array}\right|_{P_0} \neq 0$,

则在点 P_0 的某个邻域 $U(P_0) \subset V$ 内 (四维空间), 方程组 (18.2.1) 唯一地确定了定义在点 $Q_0(x_0,y_0)$ 的某一邻域 $U(Q_0)$ 内 (二维空间) 的两个二元隐函数

$$u = f(x,y), \quad v = g(x,y),$$

使得

(1) $u_0 = f(x_0,y_0)$, $v_0 = g(x_0,y_0)$ 且当 $(x,y) \in U(Q_0)$ 时, $\big(x,y,f(x,y),g(x,y)\big) \in U(P_0)$ 以及 $F\big(x,y,f(x,y),g(x,y)\big) \equiv 0$, $G\big(x,y,f(x,y),g(x,y)\big) \equiv 0$;

(2) $f(x,y)$, $g(x,y)$ 在 $U(Q_0)$ 内连续;

(3) $f(x,y)$, $g(x,y)$ 在 $U(Q_0)$ 内具有一阶连续偏导数, 且

$$\begin{cases} \dfrac{\partial u}{\partial x} = -\dfrac{1}{J}\dfrac{\partial(F,G)}{\partial(x,v)}, & \dfrac{\partial v}{\partial x} = -\dfrac{1}{J}\dfrac{\partial(F,G)}{\partial(u,x)}, \\ \dfrac{\partial u}{\partial y} = -\dfrac{1}{J}\dfrac{\partial(F,G)}{\partial(y,v)}, & \dfrac{\partial v}{\partial y} = -\dfrac{1}{J}\dfrac{\partial(F,G)}{\partial(u,y)}. \end{cases} \tag{18.2.3}$$

与单个方程的隐函数定理相类似, 隐函数组定理 18.2.1 的条件也是隐函数组存在的充分条件, 隐函数组定理也是一个局部性定理.

3. 反函数组的存在性及其偏导数

定理 18.2.2(反函数组定理) 设函数组

$$u = u(x,y), \quad v = v(x,y) \tag{18.2.4}$$

及其一阶偏导数在某个区域 $D \subset \mathbb{R}^2$ 上连续, 点 $P_0(x_0,y_0)$ 是 D 的内点, 且

$$u_0 = u(x_0,y_0), \quad v_0 = v(x_0,y_0), \quad \left.\frac{\partial(u,v)}{\partial(x,y)}\right|_{P_0} \neq 0,$$

则在点 $P_0'(u_0,v_0)$ 的某一个邻域 $U(P_0')$ 内存在唯一的一组反函数

$$x = x(u,v), \quad y = y(u,v), \tag{18.2.5}$$

使得

$$x_0 = x(u_0,v_0), \quad y_0 = y(u_0,v_0),$$

且当 $(u,v)\in U(P_0')$ 时, 有 $\big(x(u,v),y(u,v)\big)\in U(P_0)$ 以及

$$u\equiv u\big(x(u,v),y(u,v)\big),\quad v\equiv v\big(x(u,v),y(u,v)\big). \tag{18.2.6}$$

此外, 反函数组 (18.2.5) 在 $U(P_0')$ 内存在连续的一阶偏导数, 且

$$\begin{cases}\dfrac{\partial x}{\partial u}=\dfrac{\partial v}{\partial y}\Big/\dfrac{\partial(u,v)}{\partial(x,y)}, & \dfrac{\partial x}{\partial v}=-\dfrac{\partial u}{\partial y}\Big/\dfrac{\partial(u,v)}{\partial(x,y)},\\[2ex] \dfrac{\partial y}{\partial u}=-\dfrac{\partial v}{\partial x}\Big/\dfrac{\partial(u,v)}{\partial(x,y)}, & \dfrac{\partial y}{\partial v}=\dfrac{\partial u}{\partial x}\Big/\dfrac{\partial(u,v)}{\partial(x,y)}.\end{cases} \tag{18.2.7}$$

二、疑难解答

问题 18.2.1 公式 (18.2.3) 给出了由两个 4 元函数构成的方程组所确定的隐函数组的求导公式, 请问如何将其推广为一般隐函数组的情形?

答 欲将公式 (18.2.3) 推广为一般隐函数组的情形, 则需理解其成立的条件及由来. 下面以三个 5 元函数构成的方程组为例来加以说明. 对于方程组

$$\begin{cases}F(x,y,z,u,v)=0,\\ G(x,y,z,u,v)=0,\\ H(x,y,z,u,v)=0,\end{cases} \tag{18.2.8}$$

假设 $P_0(x_0,y_0,z_0,u_0,v_0)$ 为方程组 (18.2.8) 的一个解, 且函数 F, G 及 H 在 P_0 的某个邻域内具有连续的一阶偏导数.

方法 1 若函数 F, G, H 在 P_0 关于自变量 x, y, z 的 Jacobi 行列式满足

$$J\big|_{P_0}=\frac{\partial(F,G,H)}{\partial(x,y,z)}\bigg|_{P_0}=\begin{vmatrix}F_x & F_y & F_z\\ G_x & G_y & G_z\\ H_x & H_y & H_z\end{vmatrix}_{P_0}\neq 0,$$

则由隐函数组定理可知, 方程组 (18.2.8) 在点 P_0 的某个邻域内可唯一确定连续可微的隐函数组

$$x=x(u,v),\quad y=y(u,v),\quad z=z(u,v).$$

为了求 x, y, z 关于 u, v 的偏导数, 可对式 (18.2.8) 中的三个方程两边分别关于 u 与 v 求偏导数 (注意在求偏导的过程中, 应将 u 与 v 看作为独立变量, 而对于变量 x, y, z 则看成 u 与 v 的函数), 得到如下两个线性方程组:

$$\begin{cases}F_x\cdot x_u+F_y\cdot y_u+F_z\cdot z_u+F_u=0,\\ G_x\cdot x_u+G_y\cdot y_u+G_z\cdot z_u+G_u=0,\\ H_x\cdot x_u+H_y\cdot y_u+H_z\cdot z_u+H_u=0,\end{cases} \tag{18.2.9}$$

$$\begin{cases} F_x \cdot x_v + F_y \cdot y_v + F_z \cdot z_v + F_v = 0, \\ G_x \cdot x_v + G_y \cdot y_v + G_z \cdot z_v + G_v = 0, \\ H_x \cdot x_v + H_y \cdot y_v + H_z \cdot z_v + H_v = 0. \end{cases} \tag{18.2.10}$$

求解方程组 (18.2.9) 与方程组 (18.2.10) 就可得到 6 个偏导数:$x_u, y_u, z_u, x_v, y_v, z_v$.

方法 2 先写出 F, G, H 关于变量 x, y, z, u, v 的矩阵

$$\begin{bmatrix} F_x & F_y & F_z & F_u & F_v \\ G_x & G_y & G_z & G_u & G_v \\ H_x & H_y & H_z & H_u & H_v \end{bmatrix}, \tag{18.2.11}$$

若此矩阵的某个三列对应的行列式 (三阶子式) 在点 P_0 处不为零, 则此三列所对应的三个变量便是另外两个变量的隐函数. 如在式 (18.2.11) 中有三阶行列式满足

$$\left.\frac{\partial(F,G,H)}{\partial(x,y,z)}\right|_{P_0} = \left.\begin{vmatrix} F_x & F_y & F_z \\ G_x & G_y & G_z \\ H_x & H_y & H_z \end{vmatrix}\right|_{P_0} \neq 0,$$

则 x, y, z 便是 u, v 的函数, 且

$$\begin{bmatrix} x_u & x_v \\ y_u & y_v \\ z_u & z_v \end{bmatrix} = -\begin{bmatrix} F_x & F_y & F_z \\ G_x & G_y & G_z \\ H_x & H_y & H_z \end{bmatrix}^{-1} \begin{bmatrix} F_u & F_v \\ G_u & G_v \\ H_u & H_v \end{bmatrix}. \tag{18.2.12}$$

■

问题 18.2.2 由一元函数的反函数的求导公式可得 $\frac{\mathrm{d}x}{\mathrm{d}y} \cdot \frac{\mathrm{d}y}{\mathrm{d}x} = 1$, 请问对于多元函数的反函数组, 是否也有类似的结论, 如 $\frac{\partial x}{\partial u} \cdot \frac{\partial u}{\partial x} = 1$?

答 没有. 由式 (18.2.5) 中的第一式可得

$$\frac{\partial x}{\partial u} \cdot \frac{\partial u}{\partial x} + \frac{\partial x}{\partial v} \cdot \frac{\partial v}{\partial x} = 1,$$

而不是 $\frac{\partial x}{\partial u} \cdot \frac{\partial u}{\partial x} = 1$. 这是多元函数与一元函数重要的差别之一, 希望读者在学习多元函数的微分学中要特别注意. ■

问题 18.2.3 设函数组 $x = x(u,v)$, $y = y(u,v)$ 将开区域 $D \subset \mathbb{R}^2$ 变为开区域 $G \subset \mathbb{R}^2$, 并有连续偏导数. 若对任意 $(u,v) \in D$, $J(u,v) = \frac{\partial(x,y)}{\partial(u,v)} \neq 0$, 问是否存在由 G 到 D 的反函数组 $u = u(x,y)$, $v = v(x,y)$?

答 不一定. 定理 18.2.2 指出: 若在某一点 $P_0(u_0,v_0) \in D$, $J(u_0,v_0) \neq 0$, 则存在点 $Q_0(x_0,y_0)$ (其中 $x_0 = x(u_0,v_0)$, $y_0 = y(u_0,v_0)$) 的某个邻域 $U(Q_0) \subset G$, 在

$U(Q_0)$ 内存在反函数组 $u=u(x,y)$, $v=v(x,y)$, 即函数组在 D 内是局部一一对应的, 在整个开区域 D 内不一定是一一对应的. 例如, 函数组

$$x=\mathrm{e}^u\sin v,\quad y=\mathrm{e}^u\cos v,\quad (u,v)\in\mathbb{R}^2,$$

将 $\mathbb{R}^2$ 变到 $\mathbb{R}^2$, 具有连续偏导数, 且对任意 $(u,v)\in\mathbb{R}^2$, 有

$$J(u,v)=\frac{\partial(x,y)}{\partial(u,v)}=\begin{vmatrix}\mathrm{e}^u\sin v & \mathrm{e}^u\cos v\\ \mathrm{e}^u\cos v & -\mathrm{e}^u\sin v\end{vmatrix}=-\mathrm{e}^{2u}\neq 0.$$

由定理 18.2.2 知, 对任意一点 $(u,v)\in\mathbb{R}^2$, 存在其某个邻域, 函数组在此邻域内是一一对应的, 但是由 $\mathbb{R}^2$ 到 $\mathbb{R}^2$ 的函数组并不是一一对应的. 因为, 对任意两点 $(u,v),(u,v+2\pi)\in\mathbb{R}^2$ 对应于同一点 (x,y). ■

三、典型例题

例 18.2.1　求由方程组

$$\begin{cases}x+y+z=0,\\ x^3+y^3-z^3=10\end{cases}$$

确定的隐函数组 $y=y(x)$, $z=z(x)$ 在点 $P_0(1,1,-2)$ 的导数 y', z', y'' 与 z''.

解　对所给的方程组中的每一个方程两边关于 x 求数, 可得

$$\begin{cases}1+y'+z'=0,\\ 3x^2+3y^2y'-3z^2z'=0.\end{cases}\tag{18.2.13}$$

求解上述代数方程组得

$$y'=-\frac{x^2+z^2}{y^2+z^2},\quad z'=\frac{x^2-y^2}{y^2+z^2},$$

于是在 $P_0(1,1,-2)$, 有 $y'|_{P_0}=-1$, $z'|_{P_0}=0$.

再对式 (18.2.13) 中的每一个方程两边关于 x 求数, 可得

$$\begin{cases}y''+z''=0,\\ y^2y''-z^2z''+2x-2z(z')^2+2y(y')^2=0.\end{cases}$$

求解可得

$$y''=-\frac{2x-2z(z')^2+2y(y')^2}{y^2+z^2},\quad z''=\frac{2x-2z(z')^2+2y(y')^2}{y^2+z^2},$$

于是在 $P_0(1,1,-2)$, 有 $y''|_{P_0}=-\dfrac{4}{5}$, $z''|_{P_0}=\dfrac{4}{5}$. ■

例 18.2.2 讨论方程组

$$\begin{cases} xy+yz^2+4=0,\\ x^2y+yz-z^2+5=0 \end{cases}$$

在点 $P_0(1,-2,1)$ 的附近能确定怎样的隐函数组?

解 经验证点 $P_0(1,-2,1)$ 满足定理 18.2.1 中的初始条件. 令

$$\begin{cases} F(x,y,z)\equiv xy+yz^2+4=0,\\ G(x,y,z)\equiv x^2y+yz-z^2+5=0, \end{cases}$$

则 F,G 在 $\mathbb{R}^3$ 上有连续的偏导数. 再考虑 F,G 在点 P_0 处关于所有变量的矩阵

$$\begin{bmatrix} F_x & F_y & F_z\\ G_x & G_y & G_z \end{bmatrix}_{P_0}=\begin{bmatrix} y & x+z^2 & 2yz\\ 2xy & x^2+z & y-2z \end{bmatrix}_{P_0}=\begin{bmatrix} -2 & 2 & -4\\ -4 & 2 & -4 \end{bmatrix}.$$

由于 $\left.\dfrac{\partial(F,G)}{\partial(x,y)}\right|_{P_0}=\begin{vmatrix} -2 & 2\\ -4 & 2 \end{vmatrix}=4\neq 0$, $\left.\dfrac{\partial(F,G)}{\partial(x,z)}\right|_{P_0}=\begin{vmatrix} -2 & -4\\ -4 & -4 \end{vmatrix}=-8\neq 0$, 所以由隐函数定理知, 在点 P_0 的某个邻域内存在连续可微的隐函数组

$$x=x(z),\quad y=y(z)\quad 与\quad x=x(y),\quad z=z(y).$$

但由于 $\left.\dfrac{\partial(F,G)}{\partial(y,z)}\right|_{P_0}=\begin{vmatrix} 2 & -4\\ 2 & -4 \end{vmatrix}=0$, 从而由隐函数定理不能肯定在点 P_0 的某个邻域内 y,z 是否可作为 x 函数的隐函数组. ■

例 18.2.3 证明: 若曲线满足方程 $\begin{cases} \dfrac{x^2}{a^2}+\dfrac{y^2}{b^2}+\dfrac{z^2}{c^2}=1,\\ Ax+By+Cz=0, \end{cases}$ 则

$$\frac{\mathrm{d}x}{\dfrac{Cy}{b^2}-\dfrac{Bz}{c^2}}=\frac{\mathrm{d}y}{\dfrac{Az}{c^2}-\dfrac{Cx}{a^2}}=\frac{\mathrm{d}z}{\dfrac{Bx}{a^2}-\dfrac{Ay}{b^2}}.$$

证明 对所给的曲线的每一个方程两边求微分, 可得

$$\begin{cases} \dfrac{2x}{a^2}\mathrm{d}x+\dfrac{2y}{b^2}\mathrm{d}y+\dfrac{2z}{c^2}\mathrm{d}z=0,\\ A\mathrm{d}x+B\mathrm{d}y+C\mathrm{d}z=0, \end{cases}$$

解上述方程组可得

$$\frac{\mathrm{d}x}{\begin{vmatrix} \dfrac{y}{b^2} & \dfrac{z}{c^2}\\ B & C \end{vmatrix}}=\frac{\mathrm{d}y}{\begin{vmatrix} \dfrac{z}{c^2} & \dfrac{x}{a^2}\\ C & A \end{vmatrix}}=\frac{\mathrm{d}z}{\begin{vmatrix} \dfrac{x}{a^2} & \dfrac{y}{b^2}\\ A & B \end{vmatrix}},$$

即

$$\frac{\mathrm{d}x}{\dfrac{Cy}{b^2}-\dfrac{Bz}{c^2}}=\frac{\mathrm{d}y}{\dfrac{Az}{c^2}-\dfrac{Cx}{a^2}}=\frac{\mathrm{d}z}{\dfrac{Bx}{a^2}-\dfrac{Ay}{b^2}}.$$ ■

例 18.2.4 设 $z=z(x,y)$ 在 $\mathbb{R}^2$ 上具有连续的一阶偏导数, $\omega=\omega(u,v)$ 是由方程组

$$u=x^2+y^2,\quad v=\frac{1}{x}+\frac{1}{y},\quad z=\mathrm{e}^{\omega+x+y}$$

所确定的隐函数. 试将方程

$$yz_x-xz_y=(y-x)z\quad (x\neq y)$$

化为 ω_u,ω_v 所满足的一个关系式.

解 将 $z=z(x,y)$ 看作由函数

$$z=z(x,y,\omega)=\mathrm{e}^{\omega+x+y},\quad \omega=\omega(u,v),\quad u=x^2+y^2,\quad v=\frac{1}{x}+\frac{1}{y}$$

复合而成的函数, 则由复合函数求偏导数的链式法则, 可得

$$z_x=z_1+z_3\cdot\left(\frac{\partial\omega}{\partial u}\frac{\partial u}{\partial x}+\frac{\partial\omega}{\partial v}\frac{\partial v}{\partial x}\right)=z\cdot\left(1+2x\frac{\partial\omega}{\partial u}-\frac{1}{x^2}\frac{\partial\omega}{\partial v}\right),$$

$$z_y=z_1+z_3\cdot\left(\frac{\partial\omega}{\partial u}\frac{\partial u}{\partial y}+\frac{\partial\omega}{\partial v}\frac{\partial v}{\partial y}\right)=z\cdot\left(1+2y\frac{\partial\omega}{\partial u}-\frac{1}{y^2}\frac{\partial\omega}{\partial v}\right).$$

将 z_x, z_y 代入原方程并化简得

$$z\left(\frac{x}{y^2}-\frac{y}{x^2}\right)\omega_v=0.$$

由于 $x\neq y$, 所以 $\omega_v=0$. ■

例 18.2.5 设 $f(x,y)$, $g(x,y)$ 具有连续的偏导数, $u(x,y)$ 与 $v(x,y)$ 是由方程组 $u=f(ux,v+y)$, $g(u-x,v^2y)=0$ 所确定的隐函数组, 求 u_x, u_y, v_x 与 v_y.

解法 1 对方程组 $u=f(ux,v+y)$, $g(u-x,v^2y)=0$ 中的每一个方程两端关于 x 求偏导数, 并整理得

$$\begin{cases}(1-xf_1)\cdot u_x-f_2\cdot v_x=uf_1,\\ g_1\cdot u_x+2vyg_2\cdot v_x=g_1.\end{cases}$$

解上述方程可得

$$u_x=\frac{2uvyf_1g_2+f_2g_1}{f_2g_1+2vyg_2-2vxyf_1g_2},\quad v_x=\frac{g_1-(x+u)f_1g_1}{f_2g_1+2vyg_2-2vxyf_1g_2}.$$

同理, 对方程组 $u=f(ux,v+y),\ g(u-x,v^2y)=0$ 中的每一个方程两端关于 y 求偏导数, 并整理得

$$\begin{cases}(1-xf_1)\cdot u_y-f_2\cdot v_y=f_2,\\ g_1\cdot u_y+2vyg_2\cdot v_y=-v^2g_2.\end{cases}$$

解上述方程可得

$$u_y=\frac{(2vy-v^2)f_2g_2}{f_2g_1+2vyg_2-2vxyf_1g_2},\quad v_y=\frac{xv^2f_1g_2-v^2g_2-f_2g_1}{f_2g_1+2vyg_2-2vxyf_1g_2}.$$

解法 2 设 $F(x,y,u,v)\equiv u-f(ux,v+y)$, $G(x,y,u,v)\equiv g(u-x,v^2y)$, 则 F,G 关于 x,y,u,v 的矩阵为

$$\begin{bmatrix}F_u & F_v & F_x & F_y\\ G_u & G_v & G_x & G_y\end{bmatrix}=\begin{bmatrix}1-xf_1 & -f_2 & -uf_1 & -f_2\\ g_1 & 2vyg_2 & -g_1 & v^2g_2\end{bmatrix}.$$

于是, 由问题 18.2.1 中法二的思想可得

$$\begin{aligned}\begin{bmatrix}u_x & u_y\\ v_x & v_y\end{bmatrix}&=-\begin{bmatrix}F_u & F_v\\ G_u & G_v\end{bmatrix}^{-1}\begin{bmatrix}F_x & F_y\\ G_x & G_y\end{bmatrix}\\&=-\begin{bmatrix}1-xf_1 & -f_2\\ g_1 & 2vyg_2\end{bmatrix}^{-1}\cdot\begin{bmatrix}-uf_1 & -f_2\\ -g_1 & v^2g_2\end{bmatrix}\\&=\frac{1}{f_2g_1+2vyg_2-2vxyf_1g_2}\begin{bmatrix}2vyg_2 & f_2\\ -g_1 & 1-xf_1\end{bmatrix}\cdot\begin{bmatrix}uf_1 & f_2\\ g_1 & -v^2g_2\end{bmatrix}\\&=\begin{bmatrix}\dfrac{2uvyf_1g_2+f_2g_1}{f_2g_1+2vyg_2-2vxyf_1g_2} & \dfrac{(2vy-v^2)f_2g_2}{f_2g_1+2vyg_2-2vxyf_1g_2}\\ \dfrac{g_1-(x+u)f_1g_1}{f_2g_1+2vyg_2-2vxyf_1g_2} & \dfrac{xv^2f_1g_2-v^2g_2-f_2g_1}{f_2g_1+2vyg_2-2vxyf_1g_2}\end{bmatrix},\end{aligned}$$

从而

$$u_x=\frac{2uvyf_1g_2+f_2g_1}{f_2g_1+2vyg_2-2vxyf_1g_2},\quad u_y=\frac{(2vy-v^2)f_2g_2}{f_2g_1+2vyg_2-2vxyf_1g_2},$$
$$v_x=\frac{g_1-(x+u)f_1g_1}{f_2g_1+2vyg_2-2vxyf_1g_2},\quad v_y=\frac{xv^2f_1g_2-v^2g_2-f_2g_1}{f_2g_1+2vyg_2-2vxyf_1g_2}.$$ ■

例 18.2.6 设方程

$$a\frac{\partial^2 z}{\partial x^2}+2b\frac{\partial^2 z}{\partial x\partial y}+c\frac{\partial^2 z}{\partial y^2}=0,$$

其中 a, b, c 都是常数, $b^2-ac=0$, $c\neq 0$, 作变量代换

$$u=x+\alpha y,\quad v=x+\beta y.$$

问如何选取 α, β, 能使代换后的方程有简单的形式?

解 应用链式法则, 可得

$$\begin{aligned}
&\frac{\partial z}{\partial x}=\frac{\partial z}{\partial u}\frac{\partial u}{\partial x}+\frac{\partial z}{\partial v}\frac{\partial v}{\partial x}=\frac{\partial z}{\partial u}+\frac{\partial z}{\partial v},\\
&\frac{\partial z}{\partial y}=\frac{\partial z}{\partial u}\frac{\partial u}{\partial y}+\frac{\partial z}{\partial v}\frac{\partial v}{\partial y}=\alpha\frac{\partial z}{\partial u}+\beta\frac{\partial z}{\partial v},\\
&\frac{\partial^2 z}{\partial x^2}=\frac{\partial}{\partial x}\left(\frac{\partial z}{\partial u}+\frac{\partial z}{\partial v}\right)=\frac{\partial^2 z}{\partial u^2}+2\frac{\partial^2 z}{\partial u\partial v}+\frac{\partial^2 z}{\partial v^2},\\
&\frac{\partial^2 z}{\partial x\partial y}=\frac{\partial}{\partial y}\left(\frac{\partial z}{\partial u}+\frac{\partial z}{\partial v}\right)=\alpha\frac{\partial^2 z}{\partial u^2}+(\alpha+\beta)\frac{\partial^2 z}{\partial u\partial v}+\beta\frac{\partial^2 z}{\partial v^2},\\
&\frac{\partial^2 z}{\partial y^2}=\frac{\partial}{\partial y}\left(\alpha\frac{\partial z}{\partial u}+\beta\frac{\partial z}{\partial v}\right)=\alpha^2\frac{\partial^2 z}{\partial u^2}+2\alpha\beta\frac{\partial^2 z}{\partial u\partial v}+\beta^2\frac{\partial^2 z}{\partial v^2}.
\end{aligned}$$

将上述结果代入原方程, 有

$$(a+2b\alpha+c\alpha^2)\frac{\partial^2 z}{\partial u^2}+2\big[a+b(\alpha+\beta)+c\alpha\beta\big]\frac{\partial^2 z}{\partial u\partial v}+(a+2b\beta+c\beta^2)\frac{\partial^2 z}{\partial v^2}=0.$$

由于 $b^2-ac=0$, 因此方程 $a+2b\alpha+c\alpha^2=0$ 有解 $\alpha=-\frac{b}{c}$. 将其代入 $a+b(\alpha+\beta)+c\alpha\beta$ 中得知 $a+b(\alpha+\beta)+c\alpha\beta=0$. 若取 $\beta\neq\alpha$, 则 $a+2b\beta+c\beta^2\neq 0$.

由上述分析知, 若取 $\alpha=-\frac{b}{c}$, $\beta\neq\alpha$, 则所给的方程经代换后可化为 $\frac{\partial^2 z}{\partial v^2}=0$. 或者取 $\beta=-\frac{b}{c}$, $\alpha\neq\beta$, 则所给的方程经代换后可化为 $\frac{\partial^2 z}{\partial u^2}=0$. ■

四、巩固提高

18.2.1 设函数组 $x=x(z)$, $y=y(z)$ 由方程组

$$x+y+z=1,\quad x^2+y^2+z^2=1$$

所确定, 求 $\frac{\mathrm{d}x}{\mathrm{d}z}, \frac{\mathrm{d}y}{\mathrm{d}z}$.

18.2.2 求由方程组

$$xu^2+v=y^3,\quad 2yu-xv^3=4x$$

所确定的隐函数组的偏导数 u_x, v_y.

18.2.3 设方程组

$$x=-u^2+v+z,\quad y=u+vz$$

确定了 u, v 为 x, y, z 的连续可微函数, 求 u_x, v_x, u_z.

18.2.4 设方程组

$$x + y^2 = u, \quad y + z^2 = v, \quad z + x^2 = \omega,$$

确定了 x, y, z 为 u, v, ω 的二次可微函数, 求 x_{uu}, x_{uv}.

18.2.5 设 $u = f(x - ut, y - ut, z - ut)$, $g(x, y, z) = 0$, 且 f, g 均连续可微, 求 u_x, u_y. 这时 t 是自变量还是因变量?

18.2.6 设函数 $u = u(x, y)$ 是由方程组

$$u = f(x, y, z, t), \quad g(y, z, t) = 0, \quad h(z, t) = 0$$

所确定的隐函数, 其中 f, g, h 均连续可微, 求 u_x, u_y.

18.2.7 设 $x = \mathrm{e}^v + u^3$, $y = \mathrm{e}^u - v^3$, 求反函数组的一阶偏导数 u_x, u_y.

18.2.8 设变换

$$u = x - 2y, \quad v = x + ay$$

将方程 $6\dfrac{\partial^2 z}{\partial x^2} + \dfrac{\partial^2 z}{\partial x \partial y} - \dfrac{\partial^2 z}{\partial y^2} = 0$ 简化为 $\dfrac{\partial^2 z}{\partial u \partial v} = 0$, 试求常数 a.

18.2.9 用变换

$$u = \frac{x}{y}, \quad v = x, \quad \omega = xz - y$$

将方程 $y\dfrac{\partial^2 z}{\partial y^2} + 2\dfrac{\partial z}{\partial y} = \dfrac{2}{x}$ 变换为 ω 关于自变量 u, v 的方程.

18.2.10 若通过变量代换 $\xi = x + \alpha y$, $\eta = x + \beta y$ 将方程

$$a\frac{\partial^2 u}{\partial x^2} + 2b\frac{\partial^2 u}{\partial x \partial y} + c\frac{\partial^2 u}{\partial y^2} = 0$$

化为 $\dfrac{\partial^2 u}{\partial \xi \partial \eta} = 0$, 其中 a, b, c 均为常数, 且 $ac - b^2 < 0$, $c \neq 0$. 证明:α, β 为代数方程 $ct^2 + 2bt + a = 0$ 的两个相异实根.

18.3 几何应用

一、内容精读

1. 平面曲线的切线与法线

设平面曲线由方程

$$F(x, y) = 0 \tag{18.3.1}$$

给出, 它在点 $P_0(x_0, y_0)$ 的某个邻域内满足隐函数定理 (定理 18.1.1) 的条件. 曲线 (18.3.1) 在点 P_0 处的切线方程与法线方程分别为

$$\text{切线方程:}\ F_x(x_0, y_0)(x - x_0) + F_y(x_0, y_0)(y - y_0) = 0, \tag{18.3.2}$$

$$\text{法线方程:}\ F_y(x_0, y_0)(x - x_0) - F_x(x_0, y_0)(y - y_0) = 0. \tag{18.3.3}$$

2. 空间曲线的切线与法平面

(i) 设空间曲线由参数方程

$$L:\ x = x(t), \quad y = y(t), \quad z = z(t), \quad \alpha \leqslant t \leqslant \beta \tag{18.3.4}$$

给出, $P_0(x_0, y_0, z_0)$ 为 L 上的一点, $x_0 = x(t_0)$, $y = y(t_0)$, $z = z(t_0)$, $\alpha \leqslant t_0 \leqslant \beta$, 并假定 $x(t)$, $y(t)$, $z(t)$ 在 t_0 处可导, 且 $x'^2(t_0) + y'^2(t_0) + z'^2(t_0) \neq 0$. 曲线 L 在 P_0 点处的切线方程与法平面方程分别为

$$\text{切线方程:}\ \frac{x - x_0}{x'(t_0)} = \frac{y - y_0}{y'(t_0)} = \frac{z - z_0}{z'(t_0)}, \tag{18.3.5}$$

$$\text{法平面方程:}\ x'(t_0)(x - x_0) + y'(t_0)(y - y_0) + z'(t_0)(z - z_0) = 0. \tag{18.3.6}$$

(ii) 设空间曲线由方程

$$L: x = \varphi(z), \quad y = \psi(z) \tag{18.3.7}$$

确定, 若 $\varphi(z)$ 和 $\psi(z)$ 在 $z = z_0$ 处可导, 则曲线 L 在 $P_0(x_0, y_0, z_0)$ 处的切线方程与法平面方程分别为

$$\text{切线方程:}\ \frac{x - x_0}{\varphi'(z_0)} = \frac{y - y_0}{\psi'(z_0)} = \frac{z - z_0}{1}, \tag{18.3.8}$$

$$\text{法平面方程:}\ \varphi'(z_0)(x - x_0) + \psi'(z_0)(y - y_0) + z - z_0 = 0. \tag{18.3.9}$$

(iii) 空间曲线 L 由方程组

$$F(x, y, z) = 0, \quad G(x, y, z) = 0 \tag{18.3.10}$$

给出, 若 $F(x, y, z)$, $G(x, y, z)$ 在点 $P_0(x_0, y_0, z_0)$ 的某个邻域内满足隐函数组定理的条件, 则曲线 L 在点 P_0 处的切线方程与法平面方程分别为

切线方程:

$$\frac{x - x_0}{\left.\dfrac{\partial(F, G)}{\partial(y, z)}\right|_{P_0}} = \frac{y - y_0}{\left.\dfrac{\partial(F, G)}{\partial(z, x)}\right|_{P_0}} = \frac{z - z_0}{\left.\dfrac{\partial(F, G)}{\partial(x, y)}\right|_{P_0}}. \tag{18.3.11}$$

法平面方程:

$$\left.\frac{\partial(F,G)}{\partial(y,z)}\right|_{P_0}(x-x_0)+\left.\frac{\partial(F,G)}{\partial(z,x)}\right|_{P_0}(y-y_0)+\left.\frac{\partial(F,G)}{\partial(x,y)}\right|_{P_0}(z-z_0)=0 \tag{18.3.12}$$

或

$$\begin{vmatrix} x-x_0 & y-y_0 & z-z_0 \\ F_x(P_0) & F_y(P_0) & F_z(P_0) \\ G_x(P_0) & G_y(P_0) & G_z(P_0) \end{vmatrix}=0. \tag{18.3.13}$$

3. 曲面的切平面与法线

(i) 隐函数形式表示曲面时. 设曲面由方程

$$F(x,y,z)=0 \tag{18.3.14}$$

给出, 它在点 $P_0(x_0,y_0,z_0)$ 的某个邻域内满足隐函数定理的条件. 则该曲面在 P_0 处的切平面方程与法线方程分别为

$$\text{切平面方程：}F_x(x_0,y_0,z_0)(x-x_0)+F_y(x_0,y_0,z_0)(y-y_0)+F_z(x_0,y_0,z_0)(z-z_0)=0, \tag{18.3.15}$$

$$\text{法线方程：}\frac{x-x_0}{F_x(x_0,y_0,z_0)}=\frac{y-y_0}{F_y(x_0,y_0,z_0)}=\frac{z-z_0}{F_z(x_0,y_0,z_0)}. \tag{18.3.16}$$

(ii) 显函数形式表示曲面时. 设曲面由方程

$$z=f(x,y) \tag{18.3.17}$$

给出, f 在点 (x_0,y_0) 的某个邻域内有连续偏导数. 则该曲面在 $P_0(x_0,y_0,z_0)$ 处有切平面方程与法线方程分别为 (其中 $z_0=f(x_0,y_0)$)

$$\text{切平面方程: } z-z_0=f_x(x_0,y_0)(x-x_0)+f_y(x_0,y_0)(y-y_0), \tag{18.3.18}$$

$$\text{法线方程: } \frac{x-x_0}{f_x(x_0,y_0)}=\frac{y-y_0}{f_y(x_0,y_0)}=\frac{z-z_0}{-1}. \tag{18.3.19}$$

(iii) 参数方程形式表示曲面时. 设曲面由方程

$$x=x(u,v),\quad y=y(u,v),\quad z=z(u,v),\quad (u,v)\in D \tag{18.3.20}$$

给出, $x(u,v)$, $y(u,v)$, $z(u,v)$ 在 $P_0(u_0,v_0)$ 的邻域内有连续偏导数, 且 $\left.\frac{\partial(y,z)}{\partial(u,v)}\right|_{P_0}$, $\left.\frac{\partial(z,x)}{\partial(u,v)}\right|_{P_0}$, $\left.\frac{\partial(x,y)}{\partial(u,v)}\right|_{P_0}$ 不同时为零, 则该曲面在 $P_0(u_0,v_0)$ 处的切平面方程与法线

方程分别为

切平面方程:

$$\begin{vmatrix} x-x_0 & y-y_0 & z-z_0 \\ x_u(u_0,v_0) & y_u(u_0,v_0) & z_u(u_0,v_0) \\ x_v(u_0,v_0) & y_v(u_0,v_0) & z_v(u_0,v_0) \end{vmatrix} = 0 \tag{18.3.21}$$

或

$$\left.\frac{\partial(y,z)}{\partial(u,v)}\right|_{P_0}(x-x_0)+\left.\frac{\partial(z,x)}{\partial(u,v)}\right|_{P_0}(y-y_0)+\left.\frac{\partial(x,y)}{\partial(u,v)}\right|_{P_0}(z-z_0)=0, \tag{18.3.22}$$

$$\text{法线方程:}\quad \frac{x-x_0}{\left.\frac{\partial(y,z)}{\partial(u,v)}\right|_{P_0}}=\frac{y-y_0}{\left.\frac{\partial(z,x)}{\partial(u,v)}\right|_{P_0}}=\frac{z-z_0}{\left.\frac{\partial(x,y)}{\partial(u,v)}\right|_{P_0}}. \tag{18.3.23}$$

二、疑难解答

问题 18.3.1　如何导出由参数方程

$$x=x(u,v),\quad y=y(u,v),\quad z=z(u,v),\quad (u,v)\in D$$

所定义的曲面的法向量?

答　若曲面在点 $P_0(x_0,y_0,z_0)$ (其中 $x_0=x(u_0,v_0)$, $y_0=y(u_0,v_0)$, $z_0=z(u_0,v_0)$) 处有法向量, 则此法向量必垂直于曲面上过点 P_0 的任意两条曲线的切向量. 现在曲面上取两条特殊的曲线, 如 u 曲线 (取 $v=v_0$), v 曲线 (取 $u=u_0$):

$$u\ \text{曲线:}\ x=x(u,v_0),\ y=y(u,v_0),\ z=z(u,v_0),$$

$$v\ \text{曲线:}\ x=x(u_0,v),\ y=y(u_0,v),\ z=z(u_0,v).$$

曲面上这两条曲线在点 $P_0(x_0,y_0,z_0)$ 处的切向量分别为

$$\tau_u(u_0,v_0)=\big(x_u(u_0,v_0),y_u(u_0,v_0),z_u(u_0,v_0)\big),$$

$$\tau_v(u_0,v_0)=\big(x_v(u_0,v_0),y_v(u_0,v_0),z_v(u_0,v_0)\big).$$

于是, 曲面在点 $P_0(x_0,y_0,z_0)$ 处的法向量为

$$\begin{aligned}\boldsymbol{n}&=\tau_u(u_0,v_0)\times\tau_v(u_0,v_0)\\&=\begin{vmatrix}\boldsymbol{i}&\boldsymbol{j}&\boldsymbol{k}\\x_u(u_0,v_0)&y_u(u_0,v_0)&z_u(u_0,v_0)\\x_v(u_0,v_0)&y_v(u_0,v_0)&z_v(u_0,v_0)\end{vmatrix}\\&=\left(\left.\frac{\partial(y,z)}{\partial(u,v)}\right|_{(u_0,v_0)},\left.\frac{\partial(z,x)}{\partial(u,v)}\right|_{(u_0,v_0)},\left.\frac{\partial(x,y)}{\partial(u,v)}\right|_{(u_0,v_0)}\right).\end{aligned}$$

有关此问题的详细内容, 可以参考微分几何中的曲面论部分[4]. ■

三、典型例题

例 18.3.1 求曲线 $x^3y+y^3x+x^2y^2-3=0$ 在点 $(1,1)$ 处的切线与法线方程.

解 令 $F(x,y)=x^3y+y^3x+x^2y^2-3$, 则

$$F_x(1,1)=(3x^2y+y^3+2xy^2)\Big|_{(1,1)}=6,$$

$$F_y(1,1)=(x^3+3xy^2+2x^2y)\Big|_{(1,1)}=6.$$

所以该曲线在点 $(1,1)$ 处的切线方程与法线方程分别为

切线方程：$6\cdot(x-1)+6\cdot(y-1)=0$, 即 $x+y-2=0$,

法线方程：$6\cdot(x-1)-6\cdot(y-1)=0$, 即 $x-y=0$. ■

例 18.3.2 求曲线 $x^2+y^2+z^2-6=0,\ z=x^2+y^2$ 在点 $(1,1,2)$ 处的切线方程与法平面方程.

解 令 $F(x,y,z)=x^2+y^2+z^2-6$, $G(x,y,z)=z-x^2-y^2$, 则

$$\frac{\partial(F,G)}{\partial(y,z)}\bigg|_{(1,1,2)}=\begin{vmatrix}2y & 2z\\ -2y & 1\end{vmatrix}_{(1,1,2)}=\begin{vmatrix}2 & 4\\ -2 & 1\end{vmatrix}=10,$$

$$\frac{\partial(F,G)}{\partial(z,x)}\bigg|_{(1,1,2)}=\begin{vmatrix}2z & 2x\\ 1 & -2x\end{vmatrix}_{(1,1,2)}=\begin{vmatrix}4 & 2\\ 1 & -2\end{vmatrix}=-10,$$

$$\frac{\partial(F,G)}{\partial(x,y)}\bigg|_{(1,1,2)}=\begin{vmatrix}2x & 2y\\ -2x & -2y\end{vmatrix}_{(1,1,2)}=\begin{vmatrix}2 & 2\\ -2 & -2\end{vmatrix}=0.$$

所以该曲线在点 $(1,1,2)$ 处的切线方程与法线方程分别为

切线方程：$\dfrac{x-1}{10}=\dfrac{y-1}{-10}=\dfrac{z-2}{0}$, 即 $\dfrac{x-1}{1}=\dfrac{y-1}{-1}=\dfrac{z-2}{0}$,

法平面方程：$10\cdot(x-1)-10\cdot(y-1)+0\cdot(z-2)=0$, 即 $x-y=0$. ■

例 18.3.3 证明曲线 $x=\mathrm{e}^t\cos t, y=\mathrm{e}^t\sin t, z=\mathrm{e}^t$ 与锥面 $x^2+y^2=z^2$ 的母线相交成同一角度.

证明 易知所给的曲线在锥面上. 设 $(x_0,y_0,z_0)=\left(\mathrm{e}^{t_0}\cos t_0,\mathrm{e}^{t_0}\sin t_0,\mathrm{e}^{t_0}\right)$ 为曲线上任一点, 则曲线在该点的切向量为

$$\boldsymbol{t}=\left(\mathrm{e}^{t_0}(\cos t_0-\sin t_0),\mathrm{e}^{t_0}(\cos t_0+\sin t_0),\mathrm{e}^{t_0}\right).$$

而锥面 $x^2+y^2=z^2$ 过同一点的母线的方向向量为

$$\boldsymbol{s}=\left(\mathrm{e}^{t_0}\cos t_0,\mathrm{e}^{t_0}\sin t_0,\mathrm{e}^{t_0}\right).$$

于是

$$(\widehat{\boldsymbol{t},\boldsymbol{s}})=\arccos\frac{\boldsymbol{t}\cdot\boldsymbol{s}}{|\boldsymbol{t}|\cdot|\boldsymbol{s}|}=\frac{2}{\sqrt{6}}.$$

再由 t_0 的任意性及 $(\widehat{\boldsymbol{t},\boldsymbol{s}})$ 与 t_0 无关, 可知题中结论成立. ■

例 18.3.4 当 $\lambda=\lambda_i$, $i=1,2,3$ 时, 经过一点 $P_0(x_0,y_0,z_0)$ 有三个二次曲面

$$\frac{x^2}{a^2-\lambda^2}+\frac{y^2}{b^2-\lambda^2}+\frac{z^2}{c^2-\lambda^2}=-1,\quad a>b>c>0,$$

证明这三个二次曲面在点 P_0 处直交 (其中 λ_i 互不相同).

证明 两个二次曲面在点 P_0 直交 $\Leftrightarrow$ P_0 处的法向量垂直.

令 $F(x,y,z)=\dfrac{x^2}{a^2-\lambda^2}+\dfrac{y^2}{b^2-\lambda^2}+\dfrac{z^2}{c^2-\lambda^2}+1$, 则

$$F_x(P_0)=\frac{2x_0}{a^2-\lambda^2},\quad F_y(P_0)=\frac{2y_0}{b^2-\lambda^2},\quad F_z(P_0)=\frac{2z_0}{c^2-\lambda^2}.$$

于是, 过点 P_0 处三个二次曲面的三个法向量分别为

$$\boldsymbol{n}_i=\left(\frac{x_0}{a^2-\lambda_i^2},\frac{y_0}{b^2-\lambda_i^2},\frac{z_0}{c^2-\lambda_i^2}\right),\quad i=1,2,3.$$

已知

$$\begin{aligned}&\frac{x_0^2}{a^2-\lambda_i^2}+\frac{y_0^2}{b^2-\lambda_i^2}+\frac{z_0^2}{c^2-\lambda_i^2}=-1,\\&\frac{x_0^2}{a^2-\lambda_j^2}+\frac{y_0^2}{b^2-\lambda_j^2}+\frac{z_0^2}{c^2-\lambda_j^2}=-1,\end{aligned}\qquad i,j=1,2,3,\quad i\neq j,$$

上述两式相减, 可得

$$\frac{x_0^2(\lambda_i^2-\lambda_j^2)}{(a^2-\lambda_i^2)(a^2-\lambda_j^2)}+\frac{y_0^2(\lambda_i^2-\lambda_j^2)}{(b^2-\lambda_i^2)(b^2-\lambda_j^2)}+\frac{z_0^2(\lambda_i^2-\lambda_j^2)}{(c^2-\lambda_i^2)(c^2-\lambda_j^2)}=0.$$

注意到当 $i\neq j$ 时, $\lambda_i\neq\lambda_j$, 则

$$\frac{x_0^2}{(a^2-\lambda_i^2)(a^2-\lambda_j^2)}+\frac{y_0^2}{(b^2-\lambda_i^2)(b^2-\lambda_j^2)}+\frac{z_0^2}{(c^2-\lambda_i^2)(c^2-\lambda_j^2)}=0,$$

即

$$\boldsymbol{n}_i\cdot\boldsymbol{n}_j=\frac{x_0}{a^2-\lambda_i^2}\frac{x_0}{a^2-\lambda_j^2}+\frac{y_0}{b^2-\lambda_i^2}\frac{y_0}{b^2-\lambda_j^2}+\frac{z_0}{c^2-\lambda_i^2}\frac{z_0}{c^2-\lambda_j^2}=0.$$

这就证明了经过一点 $P_0(x_0,y_0,z_0)$ 所给的三个二次曲面相互直交. ■

例 18.3.5 设 f 为连续可微函数, 证明曲面 $f\left(\dfrac{x-a}{z-c},\dfrac{y-b}{z-c}\right)=0$ 上的任一点的切平面过某定点.

证明 令 $F(x,y,z)=f\left(\dfrac{x-a}{z-c},\dfrac{y-b}{z-c}\right)$, 则

$$F_x=\frac{1}{z-c}f_1,\quad F_y=\frac{1}{z-c}f_2,\quad F_z=-\frac{1}{z-c}\left(\frac{x-a}{z-c}f_1+\frac{y-b}{z-c}f_2\right),$$

所以曲面在其上任意一点 $P_0(x_0,y_0,z_0)$ 处的法向量为

$$\boldsymbol{n}=\left(f_1(P_0),f_2(P_0),-f_1(P_0)\frac{x_0-a}{z_0-c}-f_2(P_0)\frac{y_0-b}{z_0-c}\right),$$

由此得到曲面在点 $P_0(x_0,y_0,z_0)$ 处的切平面方程为

$$f_1(P_0)\cdot(x-x_0)+f_2(P_0)\cdot(y-y_0)-\left(f_1(P_0)\frac{x_0-a}{z_0-c}+f_2(P_0)\frac{y_0-b}{z_0-c}\right)\cdot(z-z_0)=0.$$

易知点 (a,b,c) 满足上述切平面方程, 即曲面在 P_0 的切平面经过定点 (a,b,c). ■

例 18.3.6 求曲面

$$x=u+v,\quad y=u^2+v^2,\quad z=u^3+v^3$$

的切平面当切点 $M(x(u,v),y(u,v),z(u,v))$ $(u\neq v)$ 无限接近于曲面的边界线 (当 $u=v$ 时) 上的点 $M_0(x(u_0,v_0),y(u_0,v_0),z(u_0,v_0))$ 时的极限位置.

解 该曲面在点 $M(x(u,v),y(u,v),z(u,v))$ $(u\neq v)$ 处的法向量为

$$\boldsymbol{n}=\left|\begin{matrix}\boldsymbol{i}&\boldsymbol{j}&\boldsymbol{k}\\x_u&y_u&z_u\\x_v&y_v&z_v\end{matrix}\right|_{(u,v)}=\left|\begin{matrix}\boldsymbol{i}&\boldsymbol{j}&\boldsymbol{k}\\1&2u&3u^2\\1&2v&3v^2\end{matrix}\right|=(v-u)\big(6uv,-3(u+v),2\big).$$

故当 $u\neq v$, 曲面在点 M 处的法向量可取为 $\boldsymbol{n}_1=\big(6uv,-3(u+v),2\big)$.

当切点 $M(x(u,v),y(u,v),z(u,v))$ $(u\neq v)$ 趋向于曲面的边界点 $M_0(x(u_0,u_0),$ $y(u_0,u_0),z(u_0,u_0))$ 时, 其法向量 $\boldsymbol{n}$ 的极限为

$$\boldsymbol{n}_0=\lim_{(u,v)\to(u_0,u_0)}\boldsymbol{n}_1=\lim_{(u,v)\to(u_0,u_0)}\big(6uv,-3(u+v),2\big)=\big(6u_0^2,-6u_0,2\big).$$

由此可得切平面的极限位置为

$$6u_0^2(x-2u_0)-6u_0(y-2u_0^2)+2(z-2u_0^3)=0,$$

即

$$3u_0^2x-3u_0y+z=2u_0^3.$$

当 $u_0\neq 0$ 时, 切平面方程为

$$\frac{x}{\frac{2u_0}{3}}-\frac{y}{\frac{2u_0^2}{3}}+\frac{z}{2u_0^3}=1.$$

■

四、巩固提高

18.3.1 求曲线 $x=t, y=t^2, z=t^3$ 在点 $(1,1,1)$ 的切线与法平面方程.

18.3.2 在曲线 $x = t,\ y = t^2,\ z = t^3$ 上求一点, 使得此点的切线与平面 $x+2y+z=4$ 平行.

18.3.3 求曲线 $\begin{cases} x^2+y^2+z^2=6, \\ x+y+z=0 \end{cases}$ 在点 $(1,-2,1)$ 的切线与法平面方程.

18.3.4 求两个柱面 $x^2+y^2=a^2, x^2+z^2=a^2$ 的交线在点 $P\left(\dfrac{a}{\sqrt{2}}, \dfrac{a}{\sqrt{2}}, \dfrac{a}{\sqrt{2}}\right)$ 处的切线与法平面方程.

18.3.5 求曲线 $\begin{cases} 3x^2y+y^2z=-2, \\ 2xz-x^2y=3 \end{cases}$ 在点 $(1,-1,1)$ 处的切线与法平面方程.

18.3.6 求球面 $x^2+y^2+z^2=14$ 在点 $(1,2,3)$ 的切平面方程与法线方程.

18.3.7 求曲面 $x^2+2y^2+3z^2=21$ 与平面 $x+4y+6z=0$ 平行的切平面.

18.3.8 设 F 为连续可微函数, 证明曲面 $F(nx-\ell z, ny-mz)=0$ 上任意一点处的切平面都与直线 $\dfrac{x}{\ell}=\dfrac{y}{m}=\dfrac{z}{n}$ 平行.

18.3.9 求在两个曲面 $3x^2+2y^2-2z=1$, $x^2+y^2+z^2-4y-2z+2=0$ 的交线上点 $(1,1,2)$ 处两个曲面的夹角, 并求交线在该点的切线与法平面方程.

18.3.10 证明: 曲面 $xyz=a^3\ (a>0)$ 的每一个切平面与坐标面形成体积相同的四面体.

***18.3.11** 证明与曲面 $ax^2+by^2+cz^2=1\ (abc\neq 0)$ 相切的三个互相垂直的平面的交点在球面 $x^2+y^2+z^2=\dfrac{1}{a}+\dfrac{1}{b}+\dfrac{1}{c}$ 上.

***18.3.12** 设

$$\frac{xy}{z}=u, \quad \sqrt{x^2+z^2}+\sqrt{y^2+z^2}=v, \quad \sqrt{x^2+z^2}-\sqrt{y^2+z^2}=\omega$$

是三个分别以 u, v, ω 为参数的单参数曲面族, 证明过同一点的三个曲面族的三个曲面是两两正交的.

18.4 条件极值

一、内容精读

求目标函数

$$y=f(x_1,x_2,\cdots,x_n) \tag{18.4.1}$$

在条件组

$$\varphi_k(x_1,x_2,\cdots,x_n)=0,\quad k=1,2,\cdots,m\ (m<n) \tag{18.4.2}$$

的限制下的极值问题称为条件极值问题.

求解条件极值问题的有效方法是Lagrange 乘子法, 此方法引入辅助变量 λ_i, $i=1,2,\cdots,m$ 和辅助函数

$$L(x_1,\cdots,x_n,\lambda_1,\cdots,\lambda_m)=f(x_1,\cdots,x_n)+\sum_{k=1}^{m}\lambda_k\varphi_k(x_1,\cdots,x_n), \tag{18.4.3}$$

将条件极值问题 (18.4.1) 和 (18.4.2) 转化为讨论函数 (18.4.3) 的无条件极值问题. 函数 L 称为Lagrange 函数, 辅助变量 $\lambda_1,\lambda_2,\cdots,\lambda_m$ 称为Lagrange 乘数.

Lagrange 乘子法的理论依据是如下定理 (参见文献 [1] 第 166 页):

定理 18.4.1[1] 设在条件 (18.4.2) 的限制下, 求函数 (18.4.1) 的极值问题, 其中 f 与 φ_k $(k=1,2,\cdots,m)$ 在区域 $D\subset\mathbb{R}^n$ 内有连续的一阶偏导数. 点 $P_0\left(x_1^{(0)},x_2^{(0)},\cdots,x_n^{(0)}\right)$ 是 D 的内点, 且 Jacobi 矩阵

$$\begin{bmatrix} \dfrac{\partial\varphi_1}{\partial x_1} & \dfrac{\partial\varphi_1}{\partial x_2} & \cdots & \dfrac{\partial\varphi_1}{\partial x_n} \\ \dfrac{\partial\varphi_2}{\partial x_1} & \dfrac{\partial\varphi_2}{\partial x_2} & \cdots & \dfrac{\partial\varphi_2}{\partial x_n} \\ \vdots & \vdots & & \vdots \\ \dfrac{\partial\varphi_m}{\partial x_1} & \dfrac{\partial\varphi_m}{\partial x_2} & \cdots & \dfrac{\partial\varphi_m}{\partial x_n} \end{bmatrix}_{P_0} \tag{18.4.4}$$

的秩为 $m(m<n)$. 若 $P_0\left(x_1^{(0)},x_2^{(0)},\cdots,x_n^{(0)}\right)$ 是函数 (18.4.1) 在条件 (18.4.2) 限制下的极值点, 则存在 m 个常数 $\lambda_1^{(0)},\cdots,\lambda_m^{(0)}$, 使得 $\left(x_1^{(0)},\cdots,x_n^{(0)},\lambda_1^{(0)},\cdots,\lambda_m^{(0)}\right)$ 为 Lagrange 函数 (18.4.3) 的稳定点, 即 $\left(x_1^{(0)},\cdots,x_n^{(0)},\lambda_1^{(0)},\cdots,\lambda_m^{(0)}\right)$ 为下述 $n+m$ 个方程的解:

$$\begin{cases} L_{x_1}=f_{x_1}(x_1,x_2,\cdots,x_n)+\displaystyle\sum_{k=1}^{m}\lambda_k\frac{\partial\varphi_k}{\partial x_1}(x_1,x_2,\cdots,x_n)=0, \\ \cdots\quad\cdots \\ L_{x_n}=f_{x_n}(x_1,x_2,\cdots,x_n)+\displaystyle\sum_{k=1}^{m}\lambda_k\frac{\partial\varphi_k}{\partial x_n}(x_1,x_2,\cdots,x_n)=0, \\ L_{\lambda_1}=\varphi_1(x_1,x_2,\cdots,x_n)=0, \\ \cdots\quad\cdots \\ L_{\lambda_m}=\varphi_m(x_1,x_2,\cdots,x_n)=0. \end{cases} \tag{18.4.5}$$

二、疑难解答

问题 18.4.1 用 Lagrange 乘子法求解条件极值的基本步骤是什么?

答 对于目标函数为式 (18.4.1) 在限制条件 (18.4.2) 下的条件极值问题, 用 Lagrange 乘子法求解的基本步骤如下:

(i) 作出 Lagrange 函数 (18.4.3);

(ii) 求 Lagrange 函数 (18.4.3) 的稳定点, 即通过求解代数方程 (18.4.5) 得到 Lagrange 函数 (18.4.3) 的所有稳定点. 这些稳定点就是**可能**的条件极值点.

(iii) 对每一个可能的条件极值点, 分析说明它是否为条件极值点. ■

问题 18.4.2 如何判定由 Lagrange 函数确定的稳定点为条件极值点?

答 对于由 Lagrange 函数确定的稳定点 P_0, 可以通过以下方法之一来确定其为条件极值点:

(i) 隐函数方法, 即利用多元函数极值判别法. 若条件组 (18.4.2) 在点 P_0 的某个邻域内满足隐函数定理的条件, 则此条件组就在 n 个变量 $x_1, x_2, \cdots, x_n$ 中唯一确定其中 m 个变量为其余 $n-m$ 个变量的一组隐函数. 将这 m 个函数代入目标函数 f, 得到一个有 $n-m$ 个独立变量的函数, 应用隐函数的求导法则, 算出此函数的 Hesse 矩阵, 由 Hesse 矩阵的定号性来判定点 P_0 是否为极值点, 以及为极值点时的类型 (参看例 18.4.1). 当然, 如果所得的函数为一元函数, 则可以据其二阶导数在该点的符号来确定 (例 18.4.3 中的解法 2).

(ii) 利用二阶微分进行判定. 若 $\mathrm{d}^2L(P_0) > 0$, 则 f 在 P_0 处取得条件极小值; 若 $\mathrm{d}^2L(P_0) < 0$, 则 f 在 P_0 处取得条件极大值 (可参看例 18.4.3 中的解法 1).

(iii) 据问题本身的特点来判断. 若已知某实际问题确有极值, 而该问题对应的 Lagrange 函数又只有一个稳定点 P_0, 且在定义域的边界上 (或者边界邻近) 不取得极值, 则 P_0 就是所求的条件极值点 (可参看例 18.4.4).

需要说明的是, 上述的方法 (i) 与 (ii) 即使在问题比较简单的情况下, 计算量也较大, 因此实用价值较小 (可参见文献 [3]). 因而, 较为常用的方法还是 (iii).

三、典型例题

例 18.4.1 要设计一个容量一定的长方形水箱, 试问水箱的长、宽、高各等于多少时, 其相邻的三棱长之和最小?

解 设此水箱的长、宽、高分别为 x, y, z, 其容积为 a^3, 其中 x, y, z, a 均为正数. 则题中问题即为: 求函数 $f(x,y,z) = x+y+z$ 在约束条件 $xyz = a^3$ 下的极小值, 其中 x, y, z, a 均为正数. 作 Lagrange 函数

$$L(x,y,z,\lambda) = x+y+z+\lambda(xyz-a^3).$$

由方程组

$$L_x = 1 + \lambda yz = 0,$$

$$L_y = 1 + \lambda xz = 0,$$

$$L_z = 1 + \lambda xy = 0,$$

$$L_\lambda = xyz - a^3 = 0,$$

求得唯一稳定点 $x = y = z = a$, $\lambda = -\dfrac{1}{a^2}$.

下面用问题 18.4.2 中的方法 (i) 来判断此稳定点为极小值点.

显然, 函数 $xyz = a^3$ 满足隐函数定理的条件, 于是该方程在点 (a, a, a) 附近可以唯一确定隐函数 $z = z(x, y)$. 令 $g(x, y) = x + y + z(x, y)$, 则点 (a, a) 为 $g(x, y)$ 的稳定点, 因此用多元函数极值判别法来判定该稳定点的类型. 为此计算

$$z_x = -\frac{z}{x}, \quad z_y = -\frac{z}{y}, \quad z_{xx} = \frac{2z}{x^2}, \quad z_{xy} = \frac{z}{xy}, \quad z_{yy} = \frac{2z}{y^2},$$

$$g_x = 1 + z_x = \frac{x - z}{x}, \quad g_y = 1 + z_y = \frac{y - z}{y}, \quad g_{xx} = z_{xx}, \quad g_{xy} = z_{xy}, \quad g_{yy} = z_{yy}.$$

由此可得 g 在点 (a, a, a) 的 Hesse 矩阵

$$\boldsymbol{H}_g = \begin{bmatrix} g_{xx} & g_{xy} \\ g_{yx} & g_{yy} \end{bmatrix}_{(a,a,a)} = \begin{bmatrix} \dfrac{2}{a} & \dfrac{1}{a} \\ \dfrac{1}{a} & \dfrac{2}{a} \end{bmatrix}.$$

易知, Hesse 矩阵 $\boldsymbol{H}_g$ 为正定矩阵, 所以点 (a, a) 为 g 的极小值点, 从而 (a, a, a) 为条件极小值点, 当然也为条件最小值点.

故当水箱的长、宽、高相等且为体积的立方根时, 相邻的三棱长之和最小. ■

例 18.4.2 求函数 $f(x, y, z) = xyz$ 在下列限制条件的极值:

$$x^2 + y^2 + z^2 = 1, \quad x + y + z = 0.$$

解 作 Lagrange 函数

$$L(x, y, z, \lambda, \mu) = xyz + \lambda(x^2 + y^2 + z^2 - 1) + \mu(x + y + z).$$

令

$$L_x = yz + 2x\lambda + \mu = 0,$$
$$L_y = xz + 2y\lambda + \mu = 0,$$
$$L_z = xy + 2z\lambda + \mu = 0,$$
$$L_\lambda = x^2 + y^2 + z^2 - 1 = 0,$$
$$L_\mu = x + y + z = 0,$$

则由前三个方程消去 μ, 可得

$$\begin{cases} z(y-x)+2\lambda(x-y)=0, \\ x(y-z)+2\lambda(z-y)=0, \end{cases}$$

再从上式中消去 λ, 可得

$$(x-y)(y-z)(z-x)=0.$$

于是求得 $x=y$ 或 $x=z$ 或 $y=z$.

当 $x=y$ 时, 代入条件函数后求得 $(x_0,y_0,z_0)=\pm\left(\frac{1}{\sqrt{6}},\frac{1}{\sqrt{6}},-\frac{2}{\sqrt{6}}\right)$; 当 $x=z$ 时, 代入条件函数后求得 $(x_0,y_0,z_0)=\pm\left(\frac{1}{\sqrt{6}},-\frac{2}{\sqrt{6}},\frac{1}{\sqrt{6}}\right)$; 当 $y=z$ 时, 代入条件函数后求得 $(x_0,y_0,z_0)=\pm\left(-\frac{2}{\sqrt{6}},\frac{1}{\sqrt{6}},\frac{1}{\sqrt{6}}\right)$. 由此可得 $f(x_0,y_0,z_0)=\mp\frac{\sqrt{6}}{18}$.

由于函数在有界闭集$D=\left\{(x,y,z)\mid x^2+y^2+z^2=1,x+y+z=0\right\}$ 上必有最大值和最小值, 所以 $f_{\max}=\frac{\sqrt{6}}{18}$, $f_{\min}=-\frac{\sqrt{6}}{18}$. ■

例 18.4.3　求函数 $f(x,y)=ax^2+2bxy+cy^2$ $(b\neq 0)$ 在条件 $x^2+y^2=1$ 之下的极值.

解法 1　作 Lagrange 函数

$$L(x,y,\lambda)=ax^2+2bxy+cy^2+\lambda(x^2+y^2-1).$$

求解线性方程组

$$L_x=2ax+2by+2\lambda x=0, \tag{18.4.6}$$

$$L_y=2bx+2cy+2\lambda y=0, \tag{18.4.7}$$

$$L_\lambda=x^2+y^2-1=0. \tag{18.4.8}$$

由式 (18.4.8) 知, x 与 y 不能同时为零, 于是由式 (18.4.6)、式 (18.4.7) 得

$$\begin{vmatrix} a+\lambda & b \\ b & c+\lambda \end{vmatrix}=\lambda^2+(a+c)\lambda+ac-b^2=0.$$

上述关于 λ 的一元二次方程对应的判别式为

$$\varDelta=(a+c)^2-4(ac-b^2)=(a-c)^2+4b^2>0,$$

从而可得到两个不相等的实根

$$\lambda_1=\frac{1}{2}\left[-(a+c)+\sqrt{\varDelta}\right],\quad \lambda_2=\frac{1}{2}\left[-(a+c)-\sqrt{\varDelta}\right].$$

对于每一个 λ, 由式 (18.4.6)、式 (18.4.8)(或式 (18.4.7)、式 (18.4.8)) 求得如下解:

$$(\lambda_1, x_1, y_1),\quad (\lambda_1, x_2, y_2),\quad (\lambda_2, x_3, y_3),\quad (\lambda_2, x_4, y_4),$$

且 $y_1y_2y_3y_4 \neq 0$. 由式 (18.4.6) 与式 (18.4.7) 知

$$\begin{vmatrix} L_{xx} & L_{xy} \\ L_{yx} & L_{yy} \end{vmatrix}_{\lambda=\lambda_i} = \begin{vmatrix} 2(a+\lambda) & 2b \\ 2b & 2(c+\lambda) \end{vmatrix}_{\lambda=\lambda_i} = 0.$$

从而在稳定点处, 矩阵 $\begin{bmatrix} L_{xx} & L_{xy} \\ L_{yx} & L_{yy} \end{bmatrix}$ 既不是正定的, 也不是负定的. 此时, 对式 (18.4.8) 微分可得 $\mathrm{d}y = -\dfrac{x}{y}\mathrm{d}x$. 将相关量代入 d^2L 之中, 有

$$\begin{aligned} \mathrm{d}^2L &= 2(a+\lambda)\mathrm{d}x^2 + 4b\mathrm{d}x\mathrm{d}y + 2(c+\lambda)\mathrm{d}y^2 \\ &= \frac{2(a+c+2\lambda)}{y^2}\mathrm{d}x^2 \begin{cases} >0, & \lambda=\lambda_1, \\ <0, & \lambda=\lambda_2. \end{cases} \end{aligned}$$

因此, 对应于 λ_2 时 f 取得极大值, 对应于 λ_1 时, f 取极小值. 极大与极小值的计算在此略去 (请读者计算).

解法 2 (用隐函数方法) 易证当 $b \neq 0$ 时, f 的极值不在 $(\pm 1, 0)$ 取得, 而除去这两个点外, $x^2+y^2-1=0$ 在单位圆上任意点的某个邻域内有连续可导的隐函数 $y=h(x)$, 且 $y' = -\dfrac{x}{y}$. 记 $F(x) = f(x, h(x))$, 则

$$\begin{aligned} F'(x) &= 2ax + 2b(y+xy') + 2cyy' \\ &= 2(ax+by) + 2(bx+cy)\left(-\frac{x}{y}\right) \\ &= \frac{2}{y}\big[(a-c)xy + b(y^2-x^2)\big]. \end{aligned}$$

令 $F'(x)=0$, 记 $u=\dfrac{x}{y}$, 则由上式得

$$bu^2 - (a-c)u - b = 0.$$

它的判别式 $\varDelta = (a-c)^2 + 4b^2 > 0$, 故方程有相异实根

$$u_1 = \frac{a-c+\sqrt{\varDelta}}{2b},\quad u_2 = \frac{a-c-\sqrt{\varDelta}}{2b},$$

且异号 (因 $u_1u_2<0$). 将它们代入 $x^2+y^2=1$ 中可解得对应于 u_1 的解 x_1, x_2 和对应于 u_2 的解 x_3, x_4. 在这些稳定点上

$$\begin{aligned}F''(x)&=\frac{2}{y}\left\{(a-c)y-2bx+\left[(a-c)x+2by\right]\left(-\frac{x}{y}\right)\right\}\\&=\frac{2}{y^2}\left[(a-c)(y^2-x^2)-4bxy\right]\\&=\frac{2xy}{y^2}\left[-\frac{(a-c)^2}{b}-4b\right]\\&=-\frac{2u}{b}\left[(a-c)^2+4b^2\right]\begin{cases}<0, & u=u_1,\\>0, & u=u_2.\end{cases}\end{aligned}$$

故 x_1, x_2 是 f 的极大值点, x_3, x_4 是 f 的极小值点, 其极大值与极小值分别为

$$f_{极大}=\frac{au_1^2+2bu_1+c}{1+u_1^2},\quad f_{极小}=\frac{au_2^2+2bu_2+c}{1+u_2^2}.$$ ■

例 18.4.4 求函数 $f(x,y,z)=\ln x+2\ln y+3\ln z$ 的最大值, 其中 $x^2+y^2+z^2=6r^2$ ($x>0$, $y>0$, $z>0$, $r>0$) 上, 并利用所得的结果证明不等式

$$ab^2c^3\leqslant 108\left(\frac{a+b+c}{6}\right)^6\quad (a>0,b>0,c>0).$$

解 由于 $f(x,y,z)=\ln x+2\ln y+3\ln z=\ln(xy^2z^3)$, 故作 Lagrange 函数

$$L(x,y,z,\lambda)=xy^2z^3+\lambda(x^2+y^2+z^2-6r^2).$$

令

$$L_x=y^2z^3+2\lambda x=0, \tag{18.4.9}$$

$$L_y=2xyz^3+2\lambda y=0, \tag{18.4.10}$$

$$L_z=3xy^2z^2+2\lambda z=0, \tag{18.4.11}$$

$$L_\lambda=x^2+y^2+z^2-6r^2=0. \tag{18.4.12}$$

在式 (18.4.9)~(18.4.11) 两边分别乘以 x, y, z 后相加, 并利用式 (18.4.12) 得

$$xy^2z^3=-2\lambda r^2. \tag{18.4.13}$$

将式 (18.4.13) 代入式 (18.4.9)~(18.4.11) 中, 明显地 $\lambda\neq 0$, 则

$$x=r,\quad y=\sqrt{2}r,\quad z=\sqrt{3}r,\quad \lambda=-3\sqrt{3}r^4.$$

对应于唯一稳定点, 于是 xy^2z^3 的最大值为 $6\sqrt{3}\,r^6$, 从而

$$f_{\max}=\ln\left(6\sqrt{3}\,r^6\right).$$

由 xy^2z^3 的最大值为 $6\sqrt{3}\,r^6$, 即

$$xy^2z^3\leqslant 6\sqrt{3}\,r^6.$$

上式两边平方得

$$x^2y^4z^6\leqslant 108r^{12}.$$

令 $a=x^2$, $b=y^2$, $c=z^2$, 则由式 (18.4.12) 得 $r^2=\dfrac{a+b+c}{6}$. 于是

$$ab^2c^3\leqslant 108\left(\frac{a+b+c}{6}\right)^6. \quad ■$$

解题回顾 原问题等价于求 $u=xy^2z^3$ 的最大值, 之所以这样做, 其主要原因是对数函数在零点无定义, 而幂函数则不然, 因而可将约束条件化为 $x\geqslant 0$, $y\geqslant 0$, $z\geqslant 0$. 注意到在边界上 u 取最小值, 故在 $D_1=\left\{(x,y,z)\mid x^2+y^2+z^2=6r^2, x\geqslant 0, y\geqslant 0, z\geqslant 0\right\}$ 的内部一定有 u 的最大值点, 以 $u=xy^2z^3$ 作为目标函数来构造 Lagrange 函数 $L(x,y,z,\lambda)=xy^2z^3+\lambda(x^2+y^2+z^2-6r^2)$, 从而达到解题之目的.

例 18.4.5 求椭球面 $\dfrac{x^2}{a^2}+\dfrac{y^2}{b^2}+\dfrac{z^2}{c^2}=1$ 与平面 $Ax+By+Cz=0$ 相交所成的椭圆的面积

解 根据题目所给的条件知, 椭圆的长、短半轴分别是椭圆上任一点 (x,y,z) 到原点的距离 $d=\sqrt{x^2+y^2+z^2}$ 的最大值 d_1 与最小值 d_2, 而椭圆的面积为 $S=\pi d_1d_2$. 为此利用 Lagrange 乘子法求 d_1 与 d_2. 作 Lagrange 函数

$$L(x,y,z,\lambda,\mu)=x^2+y^2+z^2+\lambda\left(\frac{x^2}{a^2}+\frac{y^2}{b^2}+\frac{z^2}{c^2}-1\right)+\mu(Ax+By+Cz).$$

令

$$L_x=2x+\lambda\frac{2x}{a^2}+\mu A=0,$$

$$L_y=2y+\lambda\frac{2y}{b^2}+\mu B=0,$$

$$L_z=2z+\lambda\frac{2z}{c^2}+\mu C=0,$$

$$L_\lambda=\frac{x^2}{a^2}+\frac{y^2}{b^2}+\frac{z^2}{c^2}-1=0,$$

$$L_\mu=Ax+By+Cz=0.$$

将前三个方程分别乘于 x, y, z 后相加, 并利用后两个方程可得

$$d^2 = x^2 + y^2 + z^2 = -\lambda.$$

于是问题就转化为求 λ 的两根. 为此将前三个方程分别乘以 $A\left(1+\frac{\lambda}{b^2}\right)\left(1+\frac{\lambda}{c^2}\right)$, $B\left(1+\frac{\lambda}{a^2}\right)\left(1+\frac{\lambda}{c^2}\right)$, $C\left(1+\frac{\lambda}{a^2}\right)\left(1+\frac{\lambda}{b^2}\right)$ 后相加, 并且利用第四个方程, 可得

$$\mu A^2\left(1+\frac{\lambda}{b^2}\right)\left(1+\frac{\lambda}{c^2}\right)+\mu B^2\left(1+\frac{\lambda}{a^2}\right)\left(1+\frac{\lambda}{c^2}\right)+\mu C^2\left(1+\frac{\lambda}{a^2}\right)\left(1+\frac{\lambda}{b^2}\right)=0.$$

消去 μ 后即得关于 λ 的一个一元二次方程

$$A^2\left(1+\frac{\lambda}{b^2}\right)\left(1+\frac{\lambda}{c^2}\right)+B^2\left(1+\frac{\lambda}{a^2}\right)\left(1+\frac{\lambda}{c^2}\right)+C^2\left(1+\frac{\lambda}{a^2}\right)\left(1+\frac{\lambda}{b^2}\right)=0.$$

由根与系数的关系得 $\lambda_1\lambda_2 = \dfrac{A^2+B^2+C^2}{\dfrac{A^2}{b^2c^2}+\dfrac{B^2}{c^2a^2}+\dfrac{C^2}{a^2b^2}}$. 于是, 所求的椭圆的面积为

$$S = \pi d_1 d_2 = \pi\sqrt{-\lambda_1\cdot(-\lambda_2)} = \pi abc\sqrt{\frac{A^2+B^2+C^2}{A^2a^2+b^2b^2+C^2c^2}}.$$ ■

例 18.4.6 求 $f(x,y,z) = x^2+y^2+z^2$ 在 $ax+by+cz=1$ 下的最小值.

解 作 Lagrange 函数

$$L(x,y,z,\lambda) = x^2+y^2+z^2+\lambda(ax+by+cz-1).$$

令

$$\begin{aligned} L_x &= 2x+\lambda a = 0,\\ L_y &= 2y+\lambda b = 0,\\ L_z &= 2z+\lambda c = 0,\\ L_\lambda &= ax+by+cz-1 = 0. \end{aligned}$$

求解上述方程组得

$$x_0 = \frac{a}{a^2+b^2+c^2},\quad y_0 = \frac{b}{a^2+b^2+c^2},\quad z_0 = \frac{c}{a^2+b^2+c^2},\quad \lambda = -\frac{2}{a^2+b^2+c^2}.$$

显然 f 有最小值, 而稳定点唯一, 故该稳定点即为最小值点. 因此最小值为

$$\begin{aligned} f_{\min} &= f(x_0,y_0,z_0)\\ &= \left(\frac{a}{a^2+b^2+c^2}\right)^2+\left(\frac{b}{a^2+b^2+c^2}\right)^2+\left(\frac{c}{a^2+b^2+c^2}\right)^2\\ &= \frac{1}{a^2+b^2+c^2}. \end{aligned}$$ ■

四、巩固提高

18.4.1 求函数 $f(x,y,z)=x-2y+2z$ 在限制条件 $x^2+y^2+z^2=1$ 下的最大值与最小值.

18.4.2 求函数 $f(x_1,x_2,\cdots,x_n)=\sum\limits_{i=1}^{n}x_i^2$ 在限制条件 $\sum\limits_{i=1}^{n}\dfrac{x_i}{a_i}=1$ 下的极值, 其中 $a_i\ (i=1,2,\cdots,n)$ 为正常数, 变量 $x_i\ (i=1,2,\cdots,n)$ 均大于 0.

18.4.3 求函数 $f(x,y,z)=x^3+y^3+z^3-2xyz$ 在限制条件 $x^2+y^2+z^2\leqslant 1$ 下的最大值与最小值.

18.4.4 求函数 $f(x,y,z)=x^2-xy+y^2$ 在 $|x|+|y|\leqslant 1$ 中的最大最小值.

18.4.5 设 $a_1,a_2,\cdots,a_n$ 为已知的 n 个正数, 求 $f(x_1,x_2,\cdots,x_n)=\sum\limits_{i=1}^{n}a_ix_i$ 在限制条件 $\sum\limits_{i=1}^{n}x_i^2\leqslant 1$ 下的最大值.

18.4.6 设 D 是由两个抛物线 $y=x^2-1$, $y=-x^2+1$ 所围成的闭区域, 试在 D 内求一椭圆 $\dfrac{x^2}{a^2}+\dfrac{y^2}{b^2}=1$, 使其面积最大.

18.4.7 在球面 $x^2+y^2+z^2=5r^2$ $(x>0,\ y>0,\ z>0,\ r>0)$ 上, 求函数 $f(x,y,z)=\ln x+\ln y+3\ln z$ 的最大值, 并利用所得的结果证明不等式

$$abc^3\leqslant 27\Big(\frac{a+b+c}{5}\Big)^5,\quad a>0,b>0,c>0.$$

18.4.8 设 $\sum\limits_{i=1}^{n}x_i=1$, $x_i>0$, $i=1,2,\cdots,n$, 证明不等式

$$\prod_{k=1}^{n}\Big(x_k+\frac{1}{x_k}\Big)\geqslant\Big(n+\frac{1}{n}\Big)^n.$$

18.4.9 参考例 18.4.5 的方法, 求由椭球面 $\dfrac{x^2}{3}+y^2+\dfrac{z^2}{2}=1$ 与平面 $2x+y+z=0$ 相交所得的椭圆的面积 (要求: 不能直接利用例 18.4.5 的结果).

18.4.10 求函数 $f(x,y,z)=y^3+xz$ 在条件 $x^2+y^2+z^2=1$, $z\geqslant 0$ 下的最大值与最小值.

(参考答案: $f_{\max}=\dfrac{1}{2}$, $f_{\min}=-\dfrac{1}{2}$.)

18.4.11 已知 $f(x,y,z)=ax^2+by^2+cz^2$, 其中 $a>0$, $b>0$, $c>0$. 求 f 在条件 $x+y+z=1$ 下的最小值.

(参考答案: $f_{\min}=\dfrac{abc}{ab+bc+ca}$.)

18.4.12 设 V 是由椭球面 $\dfrac{x^2}{a^2}+\dfrac{y^2}{b^2}+\dfrac{z^2}{c^2}=1$的切平面和三个坐标平面所围

成的区域的体积, 求函数 V 的最小值.

(参考答案: $V_{\min} = \dfrac{\sqrt{3}}{2}abc.$)

*$\mathbf{18.4.13}$ 设光滑封闭曲面 $S: F(x,y,z)=0$. 证明: S 上任何两个相距最远点处的切平面互相平行, 且垂直于这两点的连线.

第19章　含参量积分

本章包含如下内容: 含参量正常积分、含参量反常积分及Γ函数和B函数.

19.1 节介绍含参量正常积分及其一般性质: 连续性、可微性与可积性. 19.2 节介绍含参量反常积分、一致收敛性及其一般性质: 连续性、可微性与可积性. 由于函数项级数可以看成离散求和的含参量积分 (其中函数的自变量对应着参变量), 因此含参量广义积分的分析性质的研究与函数项级数的分析性质的研究在许多地方是类似的, 读者可以比对第 13 章中相关的内容. 19.3 节介绍两类特殊函数 ——Γ函数和B函数, 它们在数学的很多分支中有应用.

19.1　含参量正常积分

一、内容精读

1. 含参量正常积分的定义

本节利用定积分给出函数的新的表示方法.

设 $f(x,y)$ 是定义在矩形区域 $R=[a,b]\times[c,d]$ 上的二元函数. 当 x 取 $[a,b]$ 上某定值时, 函数 $f(x,y)$ 则是定义在 $[c,d]$ 上以 y 为自变量的一元函数. 若此时 $f(x,y)$ 在 $[c,d]$ 上可积, 则其积分值是 x 在 $[a,b]$ 上取值的函数, 记为 $I(x)$, 即

$$I(x)=\int_c^d f(x,y)\mathrm{d}y,\quad x\in[a,b]. \tag{19.1.1}$$

一般地, 设 $f(x,y)$ 是定义在区域 (图 19.1.1)

$$G=\{(x,y)\mid c(x)\leqslant y\leqslant d(x),a\leqslant x\leqslant b\}$$

上的二元函数, 其中 $c(x),d(x)$ 为定义在 $[a,b]$ 上的连续函数. 若对于 $[a,b]$ 上每一固定的 x 值, $f(x,y)$ 作为 y 的函数在闭区间 $[c(x),d(x)]$ 上可积, 则其积分值是 x 在 $[a,b]$ 上取值的函数, 记为 $F(x)$, 即

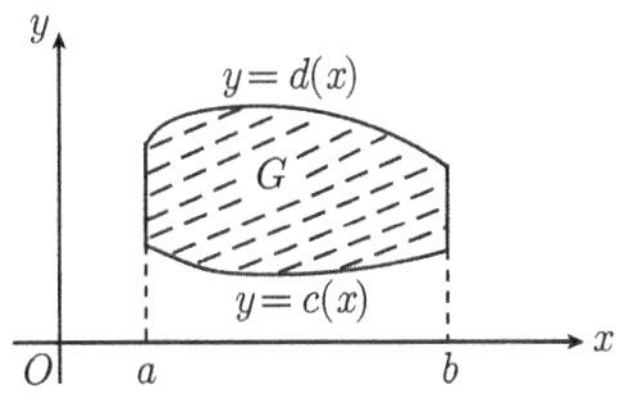

图 19.1.1

$$F(x)=\int_{c(x)}^{d(x)} f(x,y)\mathrm{d}y,\quad x\in[a,b]. \tag{19.1.2}$$

用积分形式所定义的函数 (19.1.1) 与函数 (19.1.2), 称为定义在 $[a,b]$ 上含参量 x 的 (正常) 积分, 或简称为含参量积分.

类似地, 可以定义含参量 y 的 (正常) 积分

$$J(y)=\int_a^b f(x,y)\mathrm{d}x,\quad y\in[c,d], \tag{19.1.3}$$

$$H(y)=\int_{a(y)}^{b(y)} f(x,y)\mathrm{d}x,\quad y\in[c,d]. \tag{19.1.3'}$$

2. 含参量正常积分的性质

定理 19.1.1(连续性)　若二元函数 $f(x,y)$ 在矩形区域 $R=[a,b]\times[c,d]$ 上连续, 则由式 (19.1.1) 所定义的函数 $I(x)$ 在 $[a,b]$ 上连续.

若二元函数 $f(x,y)$ 在区域 $G=\{(x,y)\mid c(x)\leqslant y\leqslant d(x),a\leqslant x\leqslant b\}$ 上连续, 其中 $c(x),d(x)\in C[a,b]$, 则由式 (19.1.2) 所定义的函数 $F(x)$ 在 $[a,b]$ 上连续.

定理 19.1.2(可微性)　设函数 $f(x,y)$ 与其偏导数$\dfrac{\partial}{\partial x}f(x,y)$ 都在矩形区域 $R=[a,b]\times[c,d]$ 上连续, 则由式 (19.1.1) 所定义的函数 $I(x)$ 在 $[a,b]$ 上可微, 且

$$\frac{\mathrm{d}}{\mathrm{d}x}\int_c^d f(x,y)\mathrm{d}y=\int_c^d\frac{\partial}{\partial x}f(x,y)\mathrm{d}y. \tag{19.1.4}$$

设函数 $f(x,y)$, $f_x(x,y)$ 在 $R=[a,b]\times[p,q]$ 上连续, $c(x)$, $d(x)$ 为定义在 $[a,b]$ 上其值含于 $[p,q]$ 内的可微函数, 则式 (19.1.2) 定义的函数 $F(x)$ 在 $[a,b]$ 上可微, 且

$$F'(x)=\int_{c(x)}^{d(x)} f_x(x,y)\mathrm{d}y+f(x,d(x))d'(x)-f(x,c(x))c'(x). \tag{19.1.5}$$

定理 19.1.3(可积性)　若函数 $f(x,y)$ 在矩形区域 $R=[a,b]\times[c,d]$ 上连续, 则函数 $I(x)$ 和 $J(y)$ 分别在 $[a,b]$ 上和 $[c,d]$ 上可积, 且

$$\int_a^b\mathrm{d}x\int_c^d f(x,y)\mathrm{d}y=\int_c^d\mathrm{d}y\int_a^b f(x,y)\mathrm{d}x. \tag{19.1.6}$$

二、疑难解答

问题 19.1.1　学习含参量积分的基本意义何在?

答　在第 13 章中可知, 函数项级数是构造新函数的一种重要工具. 利用它可以构造出处处连续但处处不可导的函数. 例如, Weierstrass 函数

$$f(x)=\sum_{n=0}^{\infty}a^n\cos(b^n\pi x),$$

其中 $a \in (0,1)$, b 为奇整数 $\left(ab > 1 + \dfrac{3}{2}\pi\right)$. 在学习了含参量积分后, 利用其也可以构造新的函数. 因此, 含参量积分也是构造新函数的另一个重要的工具. 例如, 19.3 节中的 Euler 积分 (Γ 函数和 B 函数) 就是应用含参量积分表示的函数. ■

问题 19.1.2 简述含参量积分与正常积分的异同?

答 可以从以下几个方面来理解:

(i) 含参量积分在形式上是定积分, 但其积分值是随参量的取值不同而变化, 因此其实质上是一个函数. 正常定积分的结果为一定常数.

(ii) 含参量积分是以积分形式表示的函数, 而不定积分表示的是满足一定条件的函数族. 若将定积分中的常数看作是常值函数, 则定积分可以看作含参量正常积分的特殊情况.

(iii) 既然含参量积分表示的是一个函数, 当然对于函数研究其相关性质, 如文献 [1] 中研究了三个主要性质: 连续性、可微性与可积性. 其实, 除了这三个主要性质外, 也可以研究其其他的一些性质, 如有界性、奇偶性、周期性、单调性、凹凸性等. 例如, 设函数

$$f(x) = \int_{\sin x}^{\cos x} \mathrm{e}^{(1+t)^2}\mathrm{d}t,$$

试求 f 在 $\left[0, \dfrac{\pi}{2}\right]$ 上的最大值与最小值.

利用含参量积分的连续性定理, 易知所给的函数 f 在 $\left[0, \dfrac{\pi}{2}\right]$ 连续, 从而函数 f 在 $\left[0, \dfrac{\pi}{2}\right]$ 上有最大值与最小值. 再利用含参量积分的可微性定理, 有

$$f'(x) = -\mathrm{e}^{(1+\cos x)^2}\sin x - \mathrm{e}^{(1+\sin x)^2}\cos x = -\mathrm{e}^{(1+\cos x)^2}(\sin x + \cos x) \leqslant 0,$$

函数 f 在 $\left[0, \dfrac{\pi}{2}\right]$ 上单调递减, 因此其最大值为

$$f_{\max} = f(0) = \int_0^1 \mathrm{e}^{(1+t)^2}\mathrm{d}t,$$

最小值为 $f_{\min} = f\left(\dfrac{\pi}{2}\right) = \displaystyle\int_1^0 \mathrm{e}^{(1+t)^2}\mathrm{d}t = -\int_0^1 \mathrm{e}^{(1+t)^2}\mathrm{d}t.$ ■

三、典型例题

例 19.1.1 设 $f(x,y) = y\sin(xy)$, 求 $I(x) = \displaystyle\int_0^1 f(x,y)\mathrm{d}y$.

解　当 $x=0$ 时, $I(0)=\int_0^1 y\sin 0\mathrm{d}y=0$. 当 $x\neq 0$ 时, 有

$$\begin{aligned}I(x)&=\int_0^1 y\sin(xy)\mathrm{d}y=\int_0^1 y\frac{\partial}{\partial y}\left[-\frac{\cos(xy)}{x}\right]\mathrm{d}y\\&=-\frac{y}{x}\cos(xy)\Big|_{y=0}^{y=1}+\int_0^1\frac{\cos(xy)}{x}\mathrm{d}y\\&=-\frac{\cos x}{x}+\frac{\sin(xy)}{x^2}\Big|_{y=0}^{y=1}=-\frac{\cos x}{x}+\frac{\sin x}{x^2}.\end{aligned}$$

所以 $I(x)=\begin{cases}-\dfrac{\cos x}{x}+\dfrac{\sin x}{x^2}, & x\neq 0,\\ 0, & x=0.\end{cases}$ ■

例 19.1.2　设 $f(x)$ 在 $[0,1]$ 上连续, 研究 $F(t)=\int_0^1\frac{tf(x)}{t^2+x^2}\mathrm{d}x$ 的连续性.

解　显然 $F(t)$ 定义在 $\mathbb{R}$, 且对任意 $t_0\neq 0$, $h(x,t)=\dfrac{tf(x)}{t^2+x^2}$ 在 $[0,1]\times\left[\dfrac{1}{2}t_0,2t_0\right]$ 上连续 $\left(\text{或 } [0,1]\times\left[2t_0,\dfrac{1}{2}t_0\right] \text{ 上连续}\right)$, 则由连续性定理知, $F(t)$ 在 t_0 处连续. 于是 $F(t)$ 当 $t\neq 0$ 时连续.

下面来讨论当 $t=0$ 时 F 的连续性. 为此考虑

$$\lim_{t\to 0^+}F(t)=\lim_{t\to 0^+}\int_0^1\frac{tf(x)}{t^2+x^2}\mathrm{d}x.$$

注意到

$$\int_0^1\frac{tf(x)}{t^2+x^2}\mathrm{d}x=\int_0^{t^{\frac{1}{3}}}\frac{tf(x)}{t^2+x^2}\mathrm{d}x+\int_{t^{\frac{1}{3}}}^1\frac{tf(x)}{t^2+x^2}\mathrm{d}x,$$

而当 $t\to 0^+$ 时, 有

$$\int_0^{t^{\frac{1}{3}}}\frac{tf(x)}{t^2+x^2}\mathrm{d}x=f(\xi)\int_0^{t^{\frac{1}{3}}}\frac{t\mathrm{d}x}{t^2+x^2}=f(\xi)\arctan\frac{t^{\frac{1}{3}}}{t}\to\frac{\pi}{2}f(0),$$

$$\left|\int_{t^{\frac{1}{3}}}^1\frac{tf(x)}{t^2+x^2}\mathrm{d}x\right|\leqslant\max_{x\in[0,1]}|f(x)|\frac{t}{t^{\frac{2}{3}}+t^2}\to 0.$$

因此

$$\lim_{t\to 0^+}F(t)=\lim_{t\to 0^+}\int_0^1\frac{tf(x)}{t^2+x^2}\mathrm{d}x=\frac{\pi}{2}f(0).$$

同理可得

$$\lim_{t\to 0^-}F(t)=\lim_{t\to 0^-}\int_0^1\frac{tf(x)}{t^2+x^2}\mathrm{d}x=-\frac{\pi}{2}f(0).$$

所以当 $f(0)=0$ 时, $F(t)$ 在 $t=0$ 处连续, 当 $f(0)\neq 0$ 时, $F(t)$ 在 $t=0$ 处不连续, $t=0$ 为跳跃间断点, 且跃度为 $\pi|f(0)|$. ■

例 19.1.3 设 $f(x)$ 为可微函数, 令 $F(x)=\int_0^x (u+x)f(u)\mathrm{d}u$, 求 $F''(x)$.

解 若令 $g(x,u)=(u+x)f(u)$, $d(x)=x$, $c(x)=0$, 则显然 $c(x)$ 与 $d(x)$ 在 $\mathbb{R}$ 上可微. 又 $g(x,u)$ 与 $g_x(x,u)=f(u)$ 在 $\mathbb{R}^2$ 上连续. 由式 (19.1.5) 可得

$$F'(x)=\int_0^x f(u)\,\mathrm{d}u+2xf(x),\quad x\in\mathbb{R},$$

$$F''(x)=3f(x)+2xf'(x),\quad x\in\mathbb{R}.$$ ■

例 19.1.4 设 $f(x)=\int_0^1 \frac{\mathrm{e}^{-x^2(1+y^2)}}{1+y^2}\mathrm{d}y$, $g(x)=\left(\int_0^x \mathrm{e}^{-y^2}\mathrm{d}y\right)^2$, $x\geqslant 0$. 证明当 $x\geqslant 0$ 时 $f(x)+g(x)=\frac{\pi}{4}$.

证明 因 f 为含参量积分表示的函数, 为此令 $h(x,y)=\frac{\mathrm{e}^{-x^2(1+y^2)}}{1+y^2}$, 则 $h_x(x,y)=-2x\mathrm{e}^{-x^2(1+y^2)}$, 所以 $h_x(x,y)$ 在 $[0,+\infty)\times[0,1]$ 上连续, 故由可微性定理知可以在积分号下求偏导数, 即

$$\begin{aligned}f'(x)&=\frac{\mathrm{d}}{\mathrm{d}x}\left(\int_0^1 \frac{\mathrm{e}^{-x^2(1+y^2)}}{1+y^2}\mathrm{d}y\right)=\int_0^1 \frac{\mathrm{d}}{\mathrm{d}x}\left(\frac{\mathrm{e}^{-x^2(1+y^2)}}{1+y^2}\right)\mathrm{d}y\\&=\int_0^1 -2x\mathrm{e}^{-x^2(1+y^2)}\mathrm{d}y \xlongequal{z=xy} -2\mathrm{e}^{-x^2}\int_0^x \mathrm{e}^{-z^2}\mathrm{d}z\\&=-2\mathrm{e}^{-x^2}\int_0^x \mathrm{e}^{-y^2}\mathrm{d}y,\end{aligned}$$

而

$$g'(x)=2\int_0^x \mathrm{e}^{-y^2}\mathrm{d}y\cdot \mathrm{e}^{-x^2}=2\mathrm{e}^{-x^2}\int_0^x \mathrm{e}^{-y^2}\mathrm{d}y,$$

所以 $f'(x)+g'(x)=0$, 从而 $f(x)+g(x)=C$.

又由于当 $x=0$ 时, $f(0)+g(0)=\int_0^1 \frac{\mathrm{d}y}{1+y^2}+0=\arctan y\Big|_0^1=\frac{\pi}{4}$, 所以

$$C=f(0)+g(0)=\frac{\pi}{4},$$

于是有 $f(x)+g(x)=\frac{\pi}{4}$. ■

例 19.1.5 计算下列各积分:

(i) $I(a)=\int_0^\pi \ln(1-2a\cos t+a^2)\mathrm{d}t$, 其中 $|a|<1$;

(ii) $I(\theta)=\int_0^\pi \ln(1+\theta\cos x)\mathrm{d}x$, 其中 $|\theta|<1$.

解　(i) 设含参量积分的被积函数为 $f(t,a)=\ln(1-2a\cos t+a^2)$, 则

$$f_a(t,a)=\frac{-2\cos t+2a}{1-2a\cos t+a^2}.$$

对于任意的 a ($|a|<1$), 总存在 b 使 $|a|\leqslant b<1$, 有

$$\begin{aligned}1-2a\cos t+a^2&=(1-2a\cos t+a^2\cos^2 t)+(a^2-a^2\cos^2 t)\\&=(1-a\cos t)^2+a^2\sin^2 t>0.\end{aligned}$$

于是, 函数 $f(t,a)$ 与 $f_a(t,a)$ 在矩形区域 $[0,\pi]\times[-b,b]$ 上连续, 则由可微性的式 (19.1.4) 可得

$$I'(a)=\int_0^\pi\frac{\partial}{\partial a}\left(\ln(1-2a\cos t+a^2)\right)\mathrm{d}t=\int_0^\pi\frac{-2\cos t+2a}{1-2a\cos t+a^2}\ \mathrm{d}t.$$

当 $a\neq 0$ 时, 有

$$\begin{aligned}I'(a)&=\frac{1}{a}\int_0^\pi\left(1+\frac{a^2-1}{1-2a\cos t+a^2}\right)\ \mathrm{d}t\\&=\frac{\pi}{a}+\frac{a^2-1}{a}\int_0^\pi\frac{\mathrm{d}t}{1-2a\cos t+a^2}\\&\xlongequal{z=\tan\frac{t}{2}}\frac{\pi}{a}+\frac{a^2-1}{a}\int_0^{+\infty}\frac{2\mathrm{d}z}{(1-a)^2+(1+a)^2z^2}\\&=\frac{\pi}{a}-\frac{2}{a}\arctan\left(\frac{1+a}{1-a}z\right)\Big|_0^{+\infty}=0.\end{aligned}$$

所以, 当 $a\in(-1,0)\cup(0,1)$ 时, $I(a)=C$ (常数). 又 $I(0)=\int_0^\pi\ln 1\ \mathrm{d}t=0$, 且 $I(a)$ 在 $(-1,1)$ 上连续, $C=\lim\limits_{a\to 0}I(a)=I(0)=0$. 于是

$$I(a)=\int_0^\pi\ln\left(1-2a\cos t+a^2\right)\mathrm{d}t=0,\quad a\in(-1,1).$$

(ii) 设含参量积分的被积函数为 $f(x,\theta)=\ln(1+\theta\cos x)$, 则

$$f_\theta(x,\theta)=\frac{\cos x}{1+\theta\cos x}.$$

对于任意的 θ ($|\theta|<1$), 总存在 θ_0 使 $|\theta|\leqslant\theta_0<1$, 有 $1+\theta\cos x>0$. 于是, 函数 $f(x,\theta)$ 与 $f_\theta(x,\theta)$ 在矩形区域 $[0,\pi]\times[-\theta_0,\theta_0]$ 上连续, 则由可微性的式 (19.1.4) 可得

$$I'(\theta)=\int_0^\pi\frac{\partial}{\partial\theta}\big(\ln(1+\theta\cos x)\big)\mathrm{d}x=\int_0^\pi\frac{\cos x}{1+\theta\cos x}\ \mathrm{d}x.$$

当 $\theta \neq 0$ 时, 有

$$I'(\theta)=\frac{1}{\theta}\int_0^{\pi}\left(1-\frac{1}{1+\theta\cos x}\right)\mathrm{d}x=\frac{\pi}{\theta}-\frac{1}{\theta}\int_0^{\pi}\frac{\mathrm{d}x}{1+\theta\cos x}$$
$$\xlongequal{t=\tan\frac{x}{2}}\frac{\pi}{\theta}-\frac{1}{\theta}\int_0^{+\infty}\frac{2\mathrm{d}t}{(1+\theta)+(1-\theta)t^2}=\frac{\pi}{\theta}-\frac{\pi}{\theta\sqrt{1-\theta^2}}.$$

所以, 当 $\theta\in(-1,0)\cup(0,1)$ 时, $I(\theta)=\pi\ln\left(1+\sqrt{1-\theta^2}\right)+C$. 又 $I(0)=\int_0^{\pi}\ln 1\,\mathrm{d}t=0$, 且 $I(\theta)$ 在 $(-1,1)$ 上连续,

$$C=\lim_{\theta\to 0}\left(I(\theta)-\pi\ln(1+\sqrt{1-\theta^2})\right)=-\pi\ln 2.$$

于是

$$I(\theta)=\int_0^{\pi}\ln(1+\theta\cos x)\mathrm{d}x=\pi\ln\frac{1+\sqrt{1-\theta^2}}{2},\quad \theta\in(-1,1).$$ ■

例 19.1.6 计算积分 $I(a,b)=\int_0^1\frac{x^b-x^a}{\ln x}\cdot\sin\left(\ln\frac{1}{x}\right)\mathrm{d}x$, 其中 $b>a>0$.

解 令 $g(x)=\frac{x^b-x^a}{\ln x}\cdot\sin\left(\ln\frac{1}{x}\right)$, 注意到 $\int_a^b x^y\mathrm{d}y=\frac{x^b-x^a}{\ln x}$, 则

$$I(a,b)=\int_0^1\left[\int_a^b x^y\sin\left(\ln\frac{1}{x}\right)\mathrm{d}y\right]\mathrm{d}x.$$

因 $\lim\limits_{x\to 0^+}g(x)=0$, $\lim\limits_{x\to 1^-}g(x)=0$, 所以补充定义 $g(0)=0$, $g(1)=0$, 则 $g(x)$ 在 $[0,1]$ 上连续. 令

$$f(x,y)=\begin{cases}x^y\sin\left(\ln\frac{1}{x}\right), & 0<x\leqslant 1,\\ 0, & x=0,\end{cases}$$

则二元函数 $f(x,y)$ 在 $[0,1]\times[a,b]$ 上连续, 则由可积性的式 (19.1.6) 可得

$$I(a,b)=\int_0^1\left[\int_a^b x^y\sin\left(\ln\frac{1}{x}\right)\mathrm{d}y\right]\mathrm{d}x=\int_a^b\mathrm{d}y\int_0^1 x^y\sin\left(\ln\frac{1}{x}\right)\mathrm{d}x$$
$$\xlongequal{x=\mathrm{e}^{-t}}\int_a^b\mathrm{d}y\int_0^{+\infty}\mathrm{e}^{-(1+y)t}\sin t\,\mathrm{d}t$$
$$=\int_a^b\frac{\mathrm{d}y}{1+(1+y)^2}=\arctan(1+b)-\arctan(1+a).$$ ■

解题回顾 对于含参量积分 $I(\alpha)=\int_a^b f(x,\alpha)\mathrm{d}x$, 如果直接求它有困难, 则可以采用如下两种常用的方法:

(i) 先求 $I'(\alpha)$, 即先求 $\int_a^b f_\alpha(x,\alpha)\mathrm{d}x$, 然后再对 α 积分以求出 $I(\alpha)$. 如例 19.1.5 及文献 [1] 中的第 19 章第 1 节中的例 2.

(ii) 先将 $f(x,\alpha)$ 表示为积分形式, 再用积分交换次序以求出 $I(\alpha)$. 如例 19.1.6 及文献 [1] 中的第 19 章第 1 节中的例 4.

四、巩固提高

19.1.1　计算极限 $\lim\limits_{x\to 0}\int_0^{x^2}\mathrm{e}^{t^2}\mathrm{d}t\bigg/\int_0^x(1+x)\mathrm{e}^{2t^2}\mathrm{d}t$.

19.1.2　设 $F(t)=\int_{\sin t}^{\cos t}\mathrm{e}^{t\sqrt{1-x^2}}\mathrm{d}x$, 求 $F'(t)$.

19.1.3　设 $F(y)=\int_0^y f\left(x+y,\mathrm{e}^{x-y^2}\right)\mathrm{d}x$, $y\in\mathbb{R}$, 且 $f(u,v)$ 在 $\mathbb{R}\times\mathbb{R}_+$ 上具有连续偏导数, 求 $F'(y)$.

*__19.1.4__　设 $F(t)=\int_0^{t^2}\mathrm{d}x\int_{x-t}^{x+t}\sin(x^2+y^2-t^2)\mathrm{d}y$, 求 $F'(t)$.

19.1.5　计算积分 $I(a)=\int_0^{\frac{\pi}{2}}\dfrac{1}{\cos t}\ln\dfrac{1+a\cos t}{1-a\cos t}\,\mathrm{d}t$, 其中 $|a|<1$.

19.1.6　计算积分 $\int_0^1\dfrac{x^b-x^a}{\ln x}\cdot\cos\left(\ln\dfrac{1}{x}\right)\mathrm{d}x$, 其中 $b>a>0$.

19.1.7　设 $I(a)=\int_0^{2\pi}\ln(R^2+a^2-2aR\cos\theta)\mathrm{d}\theta$, $|a|<R$, 证明 $I'(a)=0$.

19.1.8　计算积分 $I(t)=\int_0^t\arctan\sqrt{\dfrac{t-x}{t+x}}\,\mathrm{d}x$, 其 $t>0$.

19.1.9　设 $f(x,y)$ 在 $(a,b)\times(c,d)$ 上连续有界, 证明 $I(x)=\int_c^d f(x,y)\,\mathrm{d}y$ 在 (a,b) 上连续.

19.1.10　设二阶可微函数 $K(t)$ 满足

$$K''(t)+bK'(t)+cK(t)=0,\quad K(0)=0,\quad K'(0)=1.$$

证明 $x(t)=\int_0^t f(s)K(t-s)\,\mathrm{d}s$ 满足方程 $x''(t)+bx'(x)+cx(t)=f(t)$, 其中 b, c 为常数, f 在 $\mathbb{R}$ 上连续.

19.2　含参量反常积分

一、内容精读

1. 含参量反常积分的定义及一致收敛性

设函数 $f(x,y)$ 定义在无界区域 $R=\{(x,y)\mid a\leqslant x\leqslant b,c\leqslant y<+\infty\}$ 上, 若对每一固定的 $x\in[a,b]$, 反常积分

$$\int_{c}^{+\infty} f(x,y)\mathrm{d}y \tag{19.2.1}$$

都收敛, 则其值是 x 在 $[a,b]$ 上取值的函数, 并记为 $I(x)$, 则有

$$I(x)=\int_{c}^{+\infty} f(x,y)\mathrm{d}y,\quad x\in[a,b], \tag{19.2.2}$$

称式 (19.2.1) 为定义在 $[a,b]$ 上的含参量 x 的无穷限反常积分 (或简称为含参量反常积分).

式 (19.2.1) 在 $[a,b]$ 上一致收敛: 任给 $\varepsilon>0$, 存在实数 $N>c$, 当 $M>N$ 时, 对一切 $x\in[a,b]$, 有

$$\left|\int_{M}^{+\infty} f(x,y)\ \mathrm{d}y\right|<\varepsilon. \tag{19.2.3}$$

式 (19.2.1) 在 $[a,b]$ 上不一致收敛：存在 $\varepsilon_0>0$, 对一切实数 $N>c$, 存在 $M>N$ 及某 $x_0\in[a,b]$, 使得

$$\left|\int_{M}^{+\infty} f(x_0,y)\ \mathrm{d}y\right|\geqslant\varepsilon_0. \tag{19.2.4}$$

设 $f(x,y)$ 在区域 $R=[a,b]\times[c,d)$ 上有定义. 若对 x 的某些值, $y=d$ 为函数 $f(x,y)$ 的瑕点, 则称

$$\int_{c}^{d} f(x,y)\mathrm{d}y \tag{19.2.5}$$

为含参量 x 的无界函数反常积分(或简称含参量反常积分). 若对每一个 $x\in[a,b]$, 积分 (19.2.5) 都收敛, 则其积分值是 x 在 $[a,b]$ 上取值的函数.

对任给正数 ε, 总存在某正数 $\delta\,(<d-c)$, 使得当 $0<\eta<\delta$ 时, 对一切 $x\in[a,b]$, 都有 $\left|\displaystyle\int_{d-\eta}^{d} f(x,y)\ \mathrm{d}y\right|<\varepsilon$, 则称含参量反常积分 (19.2.5) 在 $[a,b]$ 上一致收敛.

2. 含参量反常积分的一致收敛性判别法

定理 19.2.1(Cauchy 准则) 含参量反常积分 $\displaystyle\int_{c}^{+\infty} f(x,y)\mathrm{d}y$ 在 $[a,b]$ 上一致收敛 $\Leftrightarrow$ 任给 $\varepsilon>0$, 总存在实数 $M>c$, 使得当 $A_1,A_2>M$ 时, 对一切 $x\in[a,b]$, 都有

$$\left|\int_{A_1}^{A_2} f(x,y)\mathrm{d}y\right|<\varepsilon. \tag{19.2.6}$$

定理 19.2.2(含参量反常积分一致收敛与函数项级数一致收敛间的关系) 含参量反常积分 (19.2.1) 在 $[a,b]$ 上一致收敛 $\Leftrightarrow$ 对任一 $\lim\limits_{n\to\infty}A_n=+\infty$ 的递增数列 $\{A_n\}$ (其中 $A_1=c$), 函数项级数

$$\sum_{n=1}^{\infty}\int_{A_n}^{A_{n+1}} f(x,y)\mathrm{d}y=\sum_{n=1}^{\infty}u_n(x) \tag{19.2.7}$$

在 $[a,b]$ 上一致收敛.

定理 19.2.3(M 判别法)　设有函数 $g(y)$, 使得

$$|f(x,y)| \leqslant g(y), \quad a \leqslant x \leqslant b, c \leqslant y < +\infty.$$

若 $\int_c^{+\infty} g(y)\mathrm{d}y$ 收敛, 则 $\int_c^{+\infty} f(x,y)\mathrm{d}y$ 在 $[a,b]$ 上一致收敛.

(设有函数 $h(x)$, 使得

$$|f(x,y)| \leqslant h(x), \quad a \leqslant x < +\infty, c \leqslant y \leqslant d.$$

若 $\int_a^{+\infty} h(x)\,\mathrm{d}x$ 收敛, 则 $\int_a^{+\infty} f(x,y)\mathrm{d}x$ 在 $[c,d]$ 上一致收敛.)

定理 19.2.4(Abel 判别法)　设 (i) $\int_c^{+\infty} f(x,y)\mathrm{d}y$ 在 $[a,b]$ 上一致收敛;

(ii) 对每一个 $x \in [a,b]$, 函数 $g(x,y)$ 为 y 的单调函数, 且对参量 x, $g(x,y)$ 在 $[a,b]$ 上一致有界, 则含参量反常积分

$$\int_c^{+\infty} f(x,y)g(x,y)\mathrm{d}y$$

在 $[a,b]$ 上一致收敛.

(设 (i) $\int_a^{+\infty} f(x,y)\,\mathrm{d}x$ 在 $[c,d]$ 上一致收敛;

(ii) 对每一个 $y \in [c,d]$, 函数 $g(x,y)$ 为 x 的单调函数, 且对参量 y, $g(x,y)$ 在 $[c,d]$ 上一致有界, 则含参量反常积分

$$\int_a^{+\infty} f(x,y)g(x,y)\mathrm{d}x$$

在 $[c,d]$ 上一致收敛.)

定理 19.2.5(Dirichlet 判别法)　设 (i) 对一切实数 $N > c$, 积分 $\int_c^N f(x,y)\mathrm{d}y$ 对参量 x 在 $[a,b]$ 上一致有界, 即存在正数 M, 对一切 $N > c$ 及一切 $x \in [a,b]$, 都有

$$\left|\int_c^N f(x,y)\mathrm{d}y\right| \leqslant M;$$

(ii) 对每一个 $x \in [a,b]$, 函数 $g(x,y)$ 关于 y 是单调递减且当 $y \to +\infty$ 时, 对参量 x, $g(x,y)$ 一致收敛于 0, 则含参量积分

$$\int_c^{+\infty} f(x,y)g(x,y)\mathrm{d}y$$

在 $[a,b]$ 上一致收敛.

(设 (i) 对一切实数 $N>a$, 积分 $\int_a^N f(x,y)\mathrm{d}x$ 对参量 y 在 $[c,d]$ 上一致有界, 即存在正数 M, 对一切 $N>a$ 及一切 $y\in[c,d]$, 都有

$$\left|\int_a^N f(x,y)\mathrm{d}x\right|\leqslant M;$$

(ii) 对每一个 $y\in[c,d]$, 函数 $g(x,y)$ 关于 x 是单调递减且当 $x\to+\infty$ 时, 对参量 y, $g(x,y)$ 一致收敛于 0, 则含参量积分

$$\int_a^{+\infty} f(x,y)g(x,y)\mathrm{d}x$$

在 $[c,d]$ 上一致收敛.)

定理 19.2.6(Dini 定理) 设 $f(x,y)$ 在 $[a,+\infty)\times[c,d]$ 上连续且不变号, $\varphi(y)=\int_a^{+\infty} f(x,y)\mathrm{d}x$ 在 $[c,d]$ 上连续, 则含参量反常积分 $\int_a^{+\infty} f(x,y)\mathrm{d}x$ 在 $[c,d]$ 上一致收敛.

3. 含参量反常积分的性质

定理 19.2.7(连续性) 设 $f(x,y)$ 在 $[a,b]\times[c,+\infty)$ 上连续, 若含参量反常积分

$$I(x)=\int_c^{+\infty} f(x,y)\mathrm{d}y \tag{19.2.8}$$

在 $[a,b]$ 上一致收敛, 则 $I(x)$ 在 $[a,b]$ 上连续.

在一致收敛的条件下, 极限运算与积分运算可以交换, 即

$$\lim_{x\to x_0}\int_c^{+\infty} f(x,y)\mathrm{d}y=\int_c^{+\infty} f(x_0,y)\mathrm{d}y=\int_c^{+\infty}\lim_{x\to x_0} f(x,y)\mathrm{d}y. \tag{19.2.9}$$

定理 19.2.8(可微性) 设 $f(x,y)$ 与 $f_x(x,y)$ 在 $[a,b]\times[c,+\infty)$ 上连续. 若

$$I(x)=\int_c^{+\infty} f(x,y)\mathrm{d}y$$

在 $[a,b]$ 上收敛, $\int_c^{+\infty} f_x(x,y)\mathrm{d}y$ 在 $[a,b]$ 上一致收敛, 则 $I(x)$ 在 $[a,b]$ 上可微, 且

$$I'(x)=\int_c^{+\infty} f_x(x,y)\mathrm{d}y. \tag{19.2.10}$$

定理 19.2.9(可积性) 设 $f(x,y)$ 在 $[a,b]\times[c,+\infty)$ 上连续, 若 $I(x)=\int_c^{+\infty} f(x,y)\mathrm{d}y$ 在 $[a,b]$ 上一致收敛, 则 $I(x)$ 在 $[a,b]$ 上可积, 且

$$\int_a^b \mathrm{d}x\int_c^{+\infty} f(x,y)\mathrm{d}y=\int_c^{+\infty}\mathrm{d}y\int_a^b f(x,y)\mathrm{d}x. \tag{19.2.11}$$

设 $f(x,y)$ 在 $[a,+\infty)\times[c,+\infty)$ 上连续. 若

(i) $\int_a^{+\infty} f(x,y)\,\mathrm{d}x$ 关于 y 在任何闭区间 $[c,d]$ 上一致收敛, $\int_c^{+\infty} f(x,y)\,\mathrm{d}y$ 关于 x 在任何闭区间 $[a,b]$ 上一致收敛;

(ii) 两个反常积分

$$\int_a^{+\infty}\mathrm{d}x\int_c^{+\infty}|f(x,y)|\mathrm{d}y \quad 与 \quad \int_c^{+\infty}\mathrm{d}y\int_a^{+\infty}|f(x,y)|\mathrm{d}x \tag{19.2.12}$$

中有一个收敛, 则

$$\int_a^{+\infty}\mathrm{d}x\int_c^{+\infty}f(x,y)\mathrm{d}y=\int_c^{+\infty}\mathrm{d}y\int_a^{+\infty}f(x,y)\mathrm{d}x. \tag{19.2.13}$$

可以参照含参量无穷限积分的办法建立相应的含参量无界函数反常积分的一致收敛性判别法, 并讨论它们的分析性质 (连续性、可微性和可积性), 此处从略.

4. 几个已知的无穷积分

(i) Dirichlet 积分: $\int_0^{+\infty}\frac{\sin x}{x}\mathrm{d}x=\frac{\pi}{2}$, $\int_0^{+\infty}\frac{\sin\alpha x}{x}\mathrm{d}x=\frac{\pi}{2}\mathrm{sgn}\alpha$;

(ii) Euler–Poisson 积分: $\int_0^{+\infty}\mathrm{e}^{-x^2}\mathrm{d}x=\frac{\sqrt{\pi}}{2}$, $\int_0^{+\infty}\mathrm{e}^{-\alpha x^2}\mathrm{d}x=\frac{\sqrt{\pi}}{2\sqrt{\alpha}}$, 其中 $\alpha>0$.

二、疑难解答

问题 19.2.1　含参量无穷积分 $\int_c^{+\infty}f(x,y)\mathrm{d}y$ 在 $[a,b]$ 上不一致收敛的定义, 及其不一致收敛的 Cauchy 准则的正面表述如何?

答　不一致收敛定义. 含参量反常积分 $\int_c^{+\infty}f(x,y)\mathrm{d}y$ 在 $[a,b]$ 上不一致收敛: 存在 $\varepsilon_0>0$, 对一切实数 $N>c$, 存在 $M>N$ 及某 $x_0\in[a,b]$, 使得

$$\left|\int_M^{+\infty}f(x_0,y)\mathrm{d}y\right|\geqslant\varepsilon_0.$$

不一致收敛的 Cauchy 准则. 含参量反常积分 $\int_c^{+\infty}f(x,y)\mathrm{d}y$ 在 $[a,b]$ 上不一致收敛 $\Leftrightarrow$ 存在 $\varepsilon_0>0$, 对任意实数 $M>c$, 存在 $A_1,A_2>M$ 及 $x_0\in[a,b]$, 使得

$$\left|\int_{A_1}^{A_2}f(x_0,y)\mathrm{d}y\right|\geqslant\varepsilon_0.$$

■

问题 19.2.2　请给出判定含参量反常积分 $\int_c^{+\infty}f(x,y)\mathrm{d}y$ 在 $[a,b]$ 上不一致收敛三种以上的常用方法?

答 判定含参量反常积分 $\int_c^{+\infty} f(x,y)\mathrm{d}y$ 在 $[a,b]$ 上不一致收敛有如下的一些常用方法:

(i) 按定义, 请见问题 19.2.1;

(ii) 按不一致收敛的 Cauchy 准则, 请见问题 19.2.1;

(iii) 若 $f(x,y)$ 在 $[a,b]\times[c,+\infty)$ 上连续, $\varphi(x)=\int_c^{+\infty} f(x,y)\mathrm{d}y$ 在 $[a,b]$ 上存在但不连续, 则 $\int_c^{+\infty} f(x,y)\mathrm{d}y$ 在 $[a,b]$ 上不一致收敛;

(iv) 若 $f(x,y)$ 在 $T\times[c,+\infty)$ 上连续, x_0 为 T 的一个聚点, $\int_c^{+\infty} f(x,y)\mathrm{d}y$ 在 $T\backslash\{x_0\}$ 上收敛, 而 $\int_c^{+\infty} f(x_0,y)\mathrm{d}y$ 发散, 则 $\int_c^{+\infty} f(x,y)\mathrm{d}y$ 在 T 上不一致收敛. 此处 T 为有限或无限区间. ■

三、典型例题

例 19.2.1 证明 $I(y)=\int_0^{+\infty} \mathrm{e}^{-yx}x^4\cos x\ \mathrm{d}x$ 在 $[\alpha,\beta]$ 上连续, 其中 $\alpha>0$.

证明 当 $x\geqslant 0$, $y\in[\alpha,\beta]$ 时, $\left|\mathrm{e}^{-yx}x^4\cos x\right|\leqslant \mathrm{e}^{-\alpha x}x^4$. 又因

$$\lim_{x\to+\infty} x^2\cdot \mathrm{e}^{-\alpha x}x^4=\lim_{x\to+\infty} x^6\mathrm{e}^{-\alpha x}=0,$$

即积分 $\int_0^{+\infty} x^4\mathrm{e}^{-\alpha x}\mathrm{d}x$ 收敛, 所以由 M 判别法知 $\int_0^{+\infty} \mathrm{e}^{-yx}x^4\cos x\ \mathrm{d}x$ 在 $[\alpha,\beta]$ 上一致收敛, 再由连续性定理知 $I(y)$ 在 $[\alpha,\beta]$ 上连续. ■

例 19.2.2 证明含参量反常积分 $\int_0^{+\infty} \mathrm{e}^{-(2\alpha+\lambda^3)x}\cos x\ \mathrm{d}x$ (其中 $\alpha>0$) 在 $\lambda\in[0,+\infty)$ 上一致收敛.

证明 对于任何的 $(x,\lambda)\in[0,+\infty)\times[0,+\infty)$, 有

$$\left|\mathrm{e}^{-(2\alpha+\lambda^3)x}\cos x\right|\leqslant \mathrm{e}^{-2\alpha x}.$$

又 $\int_0^{+\infty} \mathrm{e}^{-2\alpha x}\mathrm{d}x$ 在 $\alpha>0$ 时收敛, 故由 M 判别法知 $\int_0^{+\infty} \mathrm{e}^{-(2\alpha+\lambda^3)x}\cos x\ \mathrm{d}x$ 在 $\lambda\in[0,+\infty)$ 上一致收敛. ■

例 19.2.3 讨论 $I(y)=\int_1^{+\infty} \dfrac{\sin x^2}{1+x^y}\mathrm{d}x$ 在 $y\in[0,+\infty)$ 上的一致收敛性.

解法 1 (应用 Abel 判别法) 首先, 对任意固定的 $y\in[0,+\infty)$, 含参量反常积分 $\int_1^{+\infty} \dfrac{\sin x^2}{1+x^y}\ \mathrm{d}x$ 收敛.

(i) 因为 $\int_1^{+\infty} \sin x^2\mathrm{d}x=\int_1^{+\infty} \dfrac{\sin t}{2\sqrt{t}}\mathrm{d}t$ 收敛, 且其收敛性与 y 无关, 故其关于 $y\in[0,+\infty)$ 是一致收敛的.

(ii) 对任意固定 $y\in[0,+\infty)$, $\dfrac{1}{1+x^y}$ 是 x 的单调函数, 且 $\left|\dfrac{1}{1+x^y}\right|\leqslant 1$.

故由 Abel 判别法知 $\displaystyle\int_1^{+\infty}\frac{\sin x^2}{1+x^y}\,\mathrm{d}x$ 关于 y 在 $[0,+\infty)$ 上一致收敛.

解法 2　(应用 Dirichlet 判别法) 先将 $I(y)$ 改写为

$$I(y)=\int_1^{+\infty}x\sin x^2\frac{1}{x(1+x^y)}\mathrm{d}x,$$

记 $f(x,y)=x\sin x^2$, $g(x,y)=\dfrac{1}{x(1+x^y)}$.

(i) 由于对任意 $A>1$, 有

$$\left|\int_1^A f(x,y)\mathrm{d}x\right|\equiv\left|\int_1^A x\sin x^2\mathrm{d}x\right|=\left|-\frac{1}{2}\cos x^2\Big|_1^A\right|\leqslant 1,\quad y\in[0,+\infty).$$

(ii) 对每一固定 $y\in[0,+\infty)$, $g(x,y)=\dfrac{1}{x(1+x^y)}$ 关于 x 单调, 且

$$\left|\frac{1}{x(1+x^y)}\right|\leqslant\frac{1}{x}\to 0\quad(x\to+\infty),$$

即 $\lim\limits_{x\to+\infty}g(x,y)=0$ 关于 y 是一致的.

故由 Dirichlet 判别法知 $\displaystyle\int_1^{+\infty}\frac{\sin x^2}{1+x^y}\mathrm{d}x$ 关于 y 在 $[0,+\infty)$ 上一致收敛. ■

例 19.2.4　证明 $I(t)=\displaystyle\int_1^{+\infty}\frac{x\sin tx}{a^2+x^2}\mathrm{d}x$ 在 $\mathbb{R}_+$ 上不一致收敛.

证法 1　(反证法) 由于

$$\frac{\sin tx}{x}=\frac{x\sin tx}{a^2+x^2}\cdot\frac{a^2+x^2}{x^2},$$

函数 $\dfrac{a^2+x^2}{x^2}=1+\dfrac{a^2}{x^2}$ 关于 x 单调且 $\left|\dfrac{a^2+x^2}{x^2}\right|\leqslant 1+a^2$, 所以若 $I(t)=\displaystyle\int_1^{+\infty}\frac{x\sin tx}{a^2+x^2}\,\mathrm{d}x$ 在 $\mathbb{R}_+$ 上一致收敛, 则由 Abel 判别法知 $\displaystyle\int_1^{+\infty}\frac{\sin tx}{x}\mathrm{d}x$ 在 $\mathbb{R}_+$ 上一致收敛, 矛盾.

证法 2　(应用 Cauchy 收敛准则) 任意 $A>0$, 取 $A_0\geqslant A$, 且令 $t_0=\dfrac{1}{A_0}$, 则

$$\int_{A_0}^{2A_0}\frac{x\sin t_0x}{a^2+x^2}\mathrm{d}x=\int_{t_0A_0}^{2t_0A_0}\frac{y\sin y}{a^2t_0^2+y^2}\mathrm{d}y=\int_1^2\frac{y\sin y}{\dfrac{a^2}{A_0^2}+y^2}\mathrm{d}y.$$

不妨设 $A_0\geqslant a$, 则当 $1\leqslant y\leqslant 2$ 时, 有

$$\frac{y}{\dfrac{a^2}{A_0^2}+y^2}\geqslant\frac{y}{1+y^2}=\frac{1}{y}\cdot\frac{y^2}{1+y^2}\geqslant\frac{1}{2}\cdot\frac{1}{y},$$

于是

$$\int_{A_0}^{2A_0} \frac{x\sin t_0 x}{a^2+x^2}\mathrm{d}x \geqslant \frac{1}{2}\int_1^2 \frac{\sin y}{y}\mathrm{d}y = \varepsilon_0 > 0.$$

故由 Cauchy 收敛准则知, $\displaystyle\int_1^{+\infty} \frac{x\sin tx}{a^2+x^2}\,\mathrm{d}x$ 在 $\mathbb{R}_+$ 上不一致收敛. ■

解题回顾 在例 19.2.3 与例 19.2.4 中, 应用了 Abel 判别法与 Dirichlet 判别法, 在使用过程中关键问题是如何将被积函数分解成两个二元函数之积, 这种分解没有固定的方法, 要视所给的含参量反常积分而定. 但读者经过一定的训练后也可以达到应用自如的程度.

例 19.2.5 证明 $I(x) = \displaystyle\int_0^{+\infty} \frac{y}{2+y^x}\mathrm{d}y$ 在 $(2,+\infty)$ 上连续.

证明 对任意 $\varepsilon > 0$, 当 $x \in [2+\varepsilon,+\infty)$ 时, 有

$$\left|\frac{y}{2+y^x}\right| \leqslant \frac{1}{y^{1+\varepsilon}}, \quad y \in [1,+\infty). \tag{19.2.14}$$

因 $\displaystyle\int_1^{+\infty} \frac{1}{y^{1+\varepsilon}}\mathrm{d}y$ 收敛, 则由 M 判别法知 $\displaystyle\int_1^{+\infty} \frac{y}{2+y^x}\mathrm{d}y$ 在 $[2+\varepsilon,+\infty)$ 上是一致收敛的, 由此及一致的定义知 $\displaystyle\int_0^{+\infty} \frac{y}{2+y^x}\,\mathrm{d}y$ 在 $[2+\varepsilon,+\infty)$ 上也是一致收敛的. 又 $f(x,y) = \dfrac{y}{2+y^x}$ 在 $(2,+\infty)\times(0,+\infty)$ 上连续, 所以由连续性定理知, $I(x)$ 在 $[2+\varepsilon,+\infty)$ 上连续. 再由 ε 的任意性知, $I(x)$ 在 $(2,+\infty)$ 上连续. ■

解题回顾 本题证明的关键部分是要证明 $\displaystyle\int_0^{+\infty} \frac{y}{2+y^x}\mathrm{d}y$ 的一致收敛性. 又由一致收敛性的定义知

$$\int_0^{+\infty} \frac{y}{2+y^x}\mathrm{d}y \quad 与 \quad \int_1^{+\infty} \frac{y}{2+y^x}\,\mathrm{d}y$$

两者的一致收敛性是等价的. 由 $\displaystyle\int_1^{+\infty} \frac{y}{2+y^x}\mathrm{d}y$ 的一致收敛性推出 $\displaystyle\int_0^{+\infty} \frac{y}{2+y^x}\mathrm{d}y$ 的一致收敛性的方法称之为"截断法". 本题正是应用了截断法的一个很好的例子. 证明过程中不等式 (19.2.14) 起着重要作用, 而它恰好在 $[1,+\infty)$ 上成立. 不等式 (19.2.14) 不易获得, 当然读者也可以构造出类似的不等式, 只要能够使用 M 判别法即可.

例 19.2.6 设 $I(\alpha) = \displaystyle\int_0^{+\infty} \frac{1}{t}\left(1-\mathrm{e}^{-\alpha t}\right)\cos\beta t\ \mathrm{d}t$.

(i) 证明当 $\beta \neq 0$ 时 $I(\alpha)$ 在 $[0,+\infty)$ 上连续, 在 $\mathbb{R}_+$ 上可导;

(ii) 求 $I(\alpha)$.

(i) **证明** 由于 $\displaystyle\lim_{t\to 0^+} \frac{1}{t}\left(1-\mathrm{e}^{-\alpha t}\right)\cos\beta t = \alpha$, 所以 $t=0$ 不是瑕点.

(a) 先证明 $I(\alpha)$ 在 $[0,+\infty)$ 上连续. 令

$$f(t,\alpha)=\begin{cases}\dfrac{1}{t}\left(1-\mathrm{e}^{-\alpha t}\right)\cos\beta t, & t>0,\ \alpha\geqslant 0,\\ \alpha, & t=0,\ \alpha\geqslant 0,\end{cases}$$

则 $f(t,\alpha)$ 在 $[0,+\infty)\times[0,+\infty)$ 上连续.

由 $\beta\neq 0$ 知 $\displaystyle\int_1^{+\infty}\frac{\cos\beta t}{t}\mathrm{d}t$ 关于 $\alpha\in[0,+\infty)$ 一致收敛, 又 $1-\mathrm{e}^{-\alpha t}$ 对 t 单调, 且 $|1-\mathrm{e}^{-\alpha t}|\leqslant 2$, 故由 Abel 判别法知, 含参量积分 $\displaystyle\int_1^{+\infty}\frac{1}{t}\left(1-\mathrm{e}^{-\alpha t}\right)\cos\beta t\ \mathrm{d}t$ 关于 $\alpha\in[0,+\infty)$ 一致收敛. 从而 $\displaystyle\int_1^{+\infty}\frac{1}{t}(1-\mathrm{e}^{-\alpha t})\cos\beta t\ \mathrm{d}t$ 在 $\alpha\in[0,+\infty)$ 上连续. 又易知 $\displaystyle\int_0^1\frac{1}{t}\left(1-\mathrm{e}^{-\alpha t}\right)\cos\beta t\ \mathrm{d}t$ 也在 $\alpha\in[0,+\infty)$ 上连续, 于是

$$\begin{aligned}I(\alpha)&=\int_0^{+\infty}\frac{1}{t}\left(1-\mathrm{e}^{-\alpha t}\right)\cos\beta t\ \mathrm{d}t\\&=\int_1^{+\infty}\frac{1}{t}\left(1-\mathrm{e}^{-\alpha t}\right)\cos\beta t\ \mathrm{d}t+\int_0^1\frac{1}{t}\left(1-\mathrm{e}^{-\alpha t}\right)\cos\beta t\ \mathrm{d}t\end{aligned}$$

在 $\alpha\in[0,+\infty)$ 上连续.

(b) 证明 $I(\alpha)$ 在 $\mathbb{R}_+$ 上可导. 由

$$f_\alpha(t,\alpha)=\mathrm{e}^{-\alpha t}\cos\beta t,\quad t\geqslant 0,\ \alpha\geqslant 0$$

知 $f(t,\alpha), f_\alpha(t,\alpha)$ 都在 $[0,+\infty)\times[0,+\infty)$ 上连续, 且对任意 $\varepsilon>0$, 当 $\alpha\geqslant\varepsilon$ 时, 有

$$|f_\alpha(t,\alpha)|\leqslant\mathrm{e}^{-\alpha t}\leqslant\mathrm{e}^{-\varepsilon t},\quad t\in[0,+\infty),$$

而 $\displaystyle\int_0^{+\infty}\mathrm{e}^{-\varepsilon t}\mathrm{d}t$ 收敛, 故由 M 判别法知含参量积分 $\displaystyle\int_0^{+\infty}f_\alpha(t,\alpha)\mathrm{d}t$ 关于 $\alpha\in[\varepsilon,+\infty)$ 是一致收敛的. 于是 $I(\alpha)$ 在 $[\varepsilon,+\infty)$ 可导. 再由 ε 的任意性知 $I(\alpha)$ 在 $\mathbb{R}_+$ 上可导, 且

$$I'(\alpha)=\int_0^{+\infty}\mathrm{e}^{-\alpha t}\cos\beta t\ \mathrm{d}t=\frac{\alpha}{\alpha^2+\beta^2},\quad\alpha\in\mathbb{R}_+.$$

(ii) **解**　由 (b) 知 $I'(\alpha)=\dfrac{\alpha}{\alpha^2+\beta^2}$, 所以

$$I(\alpha)=\frac{1}{2}\ln(\alpha^2+\beta^2)+C(\beta).\tag{19.2.15}$$

由于 $I(\alpha)$ 在 $[0,+\infty)$ 上连续, 且 $I(0)=0$. 于是在式 (19.2.15) 中令 $\alpha\to 0$ 得到

$$0=\frac{1}{2}\ln\beta^2+C(\beta),$$

即 $C(\beta)=-\ln|\beta|$. 最后得到

$$I(\alpha)=\frac{1}{2}\ln\frac{\alpha^2+\beta^2}{\beta^2}.$$ ■

例 19.2.7 证明 Dirichlet 积分 $\displaystyle\int_0^{+\infty}\frac{\sin x}{x}\mathrm{d}x=\frac{\pi}{2}$.

证明 先考虑如下含参量反常积分:

$$I(\alpha)=\int_0^{+\infty}\mathrm{e}^{-\alpha x}\frac{\sin x}{x}\mathrm{d}x,\quad \alpha>0,$$

则 $\displaystyle\int_0^{+\infty}\frac{\sin x}{x}\mathrm{d}x=I(0)$. 若记

$$f(x,\alpha)=\begin{cases}\mathrm{e}^{-\alpha x}\dfrac{\sin x}{x}, & x\neq 0,\\ 1, & x=0,\end{cases}$$

则 $f_\alpha(x,\alpha)=-\mathrm{e}^{-\alpha x}\sin x$. 易知 $f(x,\alpha)$, $f_\alpha(x,\alpha)$ 在 $[0,+\infty)\times[0,+\infty)$ 上连续, 由 Abel 判别法可知 $\displaystyle\int_0^{+\infty}\mathrm{e}^{-\alpha x}\frac{\sin x}{x}\mathrm{d}x$ 关于 α 在 $[0,+\infty)$ 上一致收敛, 所以 $I(\alpha)$ 在 $[0,+\infty)$ 上连续, 从而

$$\int_0^{+\infty}\frac{\sin x}{x}\mathrm{d}x=I(0)=\lim_{\alpha\to 0^+}I(\alpha).$$

以下求 $I(\alpha)$. 因为 $\displaystyle\int_0^{+\infty}f_\alpha(x,\alpha)\mathrm{d}x=-\int_0^{+\infty}\mathrm{e}^{-\alpha x}\sin x\,\mathrm{d}x$, 上式右端积分关于 α 在任何区间 $[\varepsilon,+\infty)$ $(\varepsilon>0)$ 上一致收敛 (可用 M 判别法易得). 由可微性定理知在 $(\varepsilon,+\infty)$ 内有

$$I'(\alpha)=-\int_0^{+\infty}\mathrm{e}^{-\alpha x}\sin x\,\mathrm{d}x=\frac{\alpha\sin x+\cos x}{1+\alpha^2}\mathrm{e}^{-\alpha x}\Big|_{x=0}^{x=+\infty}=-\frac{1}{1+\alpha^2}.$$

所以, 对任何 $\alpha>0$, $I'(\alpha)=-\dfrac{1}{1+\alpha^2}$. 从而有

$$I(\alpha)=-\arctan\alpha+C,\quad \alpha>0.$$

又由于

$$|I(\alpha)|=\left|\int_0^{+\infty}\mathrm{e}^{-\alpha x}\frac{\sin x}{x}\mathrm{d}x\right|\leqslant\int_0^{+\infty}\mathrm{e}^{\alpha x}\mathrm{d}x=\frac{1}{\alpha},$$

所以 $\displaystyle\lim_{\alpha\to+\infty}I(\alpha)=0$. 于是 $C-\dfrac{\pi}{2}=\displaystyle\lim_{\alpha\to+\infty}I(\alpha)=0$, 即 $C=\dfrac{\pi}{2}$. 这样就求得 $I(\alpha)=-\arctan\alpha+\dfrac{\pi}{2}$. 由此可得

$$\int_0^{+\infty}\frac{\sin x}{x}\mathrm{d}x=\lim_{\alpha\to 0^+}I(\alpha)=\lim_{\alpha\to 0^+}\left(-\arctan\alpha+\frac{\pi}{2}\right)=\frac{\pi}{2}.$$ ■

例 19.2.8 设 $f(x)=\sum\limits_{n=0}^{\infty}a_nx^n$ $(a_n>0,\ n=0,1,2,\cdots)$ 的收敛半径为 $+\infty$, 且 $\sum\limits_{n=0}^{\infty}a_nn!$ 收敛, 则 $\int_0^{+\infty}\mathrm{e}^{-x}f(x)\mathrm{d}x$ 也收敛, 且 $\int_0^{+\infty}\mathrm{e}^{-x}f(x)\mathrm{d}x=\sum\limits_{n=0}^{\infty}a_nn!$.

证明 由 $f(x)=\sum\limits_{n=0}^{\infty}a_nx^n$ 得

$$\int_0^{+\infty}\mathrm{e}^{-x}f(x)\mathrm{d}x=\lim_{A\to+\infty}\int_0^A\mathrm{e}^{-x}\left(\sum_{n=0}^{\infty}a_nx^n\right)\mathrm{d}x.$$

因 $\sum\limits_{n=0}^{\infty}a_nx^n$ 的收敛半径为 $+\infty$, 且 $|\mathrm{e}^{-x}|\leqslant 1,\ x\in\mathbb{R}_+$, 故在 $[0,A]$ 上可逐项积分, 且

$$\int_0^{+\infty}\mathrm{e}^{-x}f(x)\mathrm{d}x=\lim_{A\to+\infty}\sum_{n=0}^{\infty}a_n\int_0^A x^n\mathrm{e}^{-x}\mathrm{d}x=\lim_{A\to+\infty}\sum_{n=0}^{\infty}u_n(A).$$

又因为

$$|u_n(A)|=\left|a_n\int_0^A x^n\mathrm{e}^{-x}\mathrm{d}x\right|\leqslant a_n\int_0^{+\infty}x^n\mathrm{e}^{-x}\mathrm{d}x=a_nn!,$$

且已知 $\sum\limits_{n=0}^{\infty}a_nn!$ 收敛, 故 $\sum\limits_{n=0}^{\infty}a_n\int_0^A x^n\mathrm{e}^{-x}\mathrm{d}x$ 关于 $A\in(0,+\infty)$ 一致收敛, 从而

$$\int_0^{+\infty}\mathrm{e}^{-x}f(x)\mathrm{d}x=\sum_{n=0}^{\infty}a_n\int_0^{+\infty}x^n\mathrm{e}^{-x}\mathrm{d}x=\sum_{n=0}^{\infty}a_nn!.$$ ■

四、巩固提高

19.2.1 讨论下列各含参量反常积分的一致收敛性:

(i) $\int_0^{+\infty}\mathrm{e}^{-(1+\alpha^2)t}\sin t\ \mathrm{d}t,\alpha\in\mathbb{R}$;

(ii) $\int_0^{+\infty}\mathrm{e}^{-\alpha^2(1+t^2)}\sin t\ \mathrm{d}t,\alpha\in\mathbb{R}_+$;

(iii) $\int_0^{+\infty}\dfrac{\cos\alpha x}{\sqrt{\alpha+x}}\mathrm{d}x,\alpha\in[\alpha_0,+\infty)$, 其中 $\alpha_0>0$;

(iv) $\int_0^{+\infty}\mathrm{e}^{-(t-\alpha)^2}\mathrm{d}t,\alpha\in\mathbb{R}$;

(v) $\int_0^{+\infty}\dfrac{\alpha t}{1+\alpha^2+t^2}\mathrm{e}^{-\alpha^2t^2}\cos(\alpha^2t^2)\mathrm{d}t,\alpha\in\mathbb{R}_+$;

(vi) $\int_0^{+\infty}\dfrac{\alpha}{1+\alpha^2t^2}\mathrm{d}t,\alpha\in(0,1)$;

(vii) $\displaystyle\int_0^2 \frac{t^\alpha}{\sqrt[3]{(t-1)(t-2)}}\mathrm{d}t, |\alpha| < \frac{1}{2}$;

(viii) $\displaystyle\int_0^1 (1-t)^{\alpha-1}\mathrm{d}t$, (a) $\alpha \in [\alpha_0, +\infty)$, 其中 $\alpha_0 > 0$; (b) $\alpha \in \mathbb{R}_+$.

19.2.2 讨论 $I(y) = \displaystyle\int_1^{+\infty} \frac{\sin x}{x^y}\,\mathrm{d}x$ 在下列情况的一致收敛性:

(i) $y \in [y_0, +\infty)$, 其中 $y_0 > 0$; (ii) $y \in \mathbb{R}_+$.

19.2.3 证明含参量反常积分 $\displaystyle\int_0^{+\infty} x\mathrm{e}^{-xy}\mathrm{d}y$ 在 $\mathbb{R}_+$ 上不一致收敛.

19.2.4 设 $\displaystyle\int_0^{+\infty} x^\lambda f(x)\mathrm{d}x$ 当 $\lambda = a, b$ 时收敛, 其中 $a < b$. 证明 $\displaystyle\int_0^{+\infty} x^\lambda f(x)\mathrm{d}x$ 关于 $\lambda \in [a, b]$ 一致收敛.

19.2.5 证明 $I(\alpha) = \displaystyle\int_0^{+\infty} \frac{\sin(\alpha x^2)}{x}\mathrm{d}x$ 在 $\alpha \in \mathbb{R}_+$ 上不一致收敛但连续.

19.2.6 证明 $I(\alpha) = \displaystyle\int_1^{+\infty} \frac{\alpha\mathrm{e}^{-\alpha x}}{x}\,\mathrm{d}x$ 在 $[0, +\infty)$ 上连续, 在 $\mathbb{R}_+$ 上 $I'(\alpha)$ 存在, 且 $I'(\alpha) = \displaystyle\int_1^{+\infty} \frac{\partial}{\partial\alpha}\left(\frac{\alpha\mathrm{e}^{-\alpha x}}{x}\right)\mathrm{d}x$.

19.2.7 设 $I(\alpha) = \displaystyle\int_0^{\pi} \frac{\sin x}{x^\alpha(\pi - x)^{2-\alpha}}\,\mathrm{d}x$, 证明 $I(\alpha)$ 在 $(0, 2)$ 中连续.

19.2.8 设 $I(y) = \displaystyle\int_0^{+\infty} y\mathrm{e}^{-y^2x^2}\cos\big((1-y)x\big)\mathrm{d}x$, 计算 $\lim\limits_{y\to 1} I(y)$.

19.2.9 计算 $I(y) = \displaystyle\int_0^{+\infty} \mathrm{e}^{-\alpha^2x^2}\cos(2yx)\mathrm{d}x$, $y \in \mathbb{R}_+$, $\alpha > 0$.

19.2.10 设 f 为连续函数, $a > 0$, $b > 0$, 且积分 $\displaystyle\int_A^{+\infty} \frac{f(x)}{x}\,\mathrm{d}x$ 对任何 $A > 0$ 都有意义. 证明 $\displaystyle\int_0^{+\infty} \frac{f(ax) - f(bx)}{x}\,\mathrm{d}x = f(0)\ln\frac{b}{a}$.

***19.2.11** 设函数 f 在 $\mathbb{R}$ 上连续, 且 $f(x) > 0$, 已知对任意 $t \in \mathbb{R}$, 有

$$\int_{-\infty}^{+\infty} \mathrm{e}^{-|t-x|} f(x)\mathrm{d}x \leqslant 1.$$

证明对任意 $a, b \in \mathbb{R}$, $a < b$, 有 $\displaystyle\int_a^b f(x)\mathrm{d}x \leqslant \frac{b-a}{2} + 1$.

19.3 Euler 积 分

一、内容精读

1. Euler 积分

含参量积分

$$\Gamma(s)=\int_0^{+\infty}x^{s-1}\mathrm{e}^{-x}\mathrm{d}x,\quad s>0,\tag{19.3.1}$$

$$\mathrm{B}(p,q)=\int_0^1 x^{p-1}(1-x)^{q-1}\mathrm{d}x,\quad p>0,\ q>0\tag{19.3.2}$$

统称为Euler 积分, 其中 $\Gamma(s)$ 又称为伽马函数(或 Γ函数), $\mathrm{B}(p,q)$ 又称为贝塔函数(或 B函数).

Γ 函数常用的两个值: $\Gamma(1)=1$, $\Gamma\left(\frac{1}{2}\right)=\sqrt{\pi}$.

2. Euler 积分的一些基本公式

$$\Gamma(s+1)=s\Gamma(s),\quad s\in\mathbb{R}\backslash\{0,-1,-2,\cdots\},\tag{19.3.3}$$

$$\mathrm{B}(p,q)=\mathrm{B}(q,p),\quad p>0,\ q>0,\tag{19.3.4}$$

$$\mathrm{B}(p,q)=\frac{q-1}{p+q-1}\mathrm{B}(p,q-1),\quad p>0,\ q>1,\tag{19.3.5}$$

$$\mathrm{B}(p,q)=\frac{p-1}{p+q-1}\mathrm{B}(p-1,q),\quad p>1,\ q>0,\tag{19.3.6}$$

$$\mathrm{B}(p,q)=\frac{(p-1)(q-1)}{(p+q-1)(p+q-2)}\mathrm{B}(p-1,q-1),\quad p>1,\ q>1,\tag{19.3.7}$$

$$\mathrm{B}(p,q)=\frac{\Gamma(p)\Gamma(q)}{\Gamma(p+q)},\quad p>0,\ q>0.\tag{19.3.8}$$

3. Euler 积分的其他一些表达形式

在应用上, $\Gamma(s)$ 也常以如下形式出现：如令 $x=y^2$, 则有

$$\Gamma(s)=2\int_0^{+\infty}y^{2s-1}\mathrm{e}^{-y^2}\mathrm{d}y,\quad s>0.\tag{19.3.9}$$

如令 $x=py$, 就有

$$\Gamma(s)=p^s\int_0^{+\infty}y^{s-1}\mathrm{e}^{-py}\mathrm{d}y,\quad s>0,\ p>0.\tag{19.3.10}$$

在应用中, B 函数也常以如下形式出现：如令 $x=\cos^2\varphi$, 则有

$$\mathrm{B}(p,q)=2\int_0^{\frac{\pi}{2}}\sin^{2q-1}\varphi\cos^{2p-1}\varphi\mathrm{d}\varphi.\tag{19.3.11}$$

令 $x=\frac{y}{1+y}$, $1-x=\frac{1}{1+y}$, $\mathrm{d}x=\frac{\mathrm{d}y}{(1+y)^2}$, 则有

$$\mathrm{B}(p,q)=\int_0^{+\infty}\frac{y^{p-1}}{(1+y)^{p+q}}\mathrm{d}y.$$

考察 $\int_1^{+\infty}\frac{y^{p-1}}{(1+y)^{p+q}}\mathrm{d}y$. 令 $y=\frac{1}{t}$, 则有

$$\int_1^{+\infty}\frac{y^{p-1}}{(1+y)^{p+q}}\mathrm{d}y=-\int_1^{0}\frac{t^{q-1}}{(1+t)^{p+q}}\mathrm{d}t=\int_0^{1}\frac{t^{q-1}}{(1+t)^{p+q}}\mathrm{d}t.$$

所以

$$\mathrm{B}(p,q)=\int_0^{1}\frac{y^{p-1}+y^{q-1}}{(1+y)^{p+q}}\mathrm{d}y. \tag{19.3.12}$$

二、疑难解答

问题 19.3.1 除了“内容精读”中所列举 Euler 积分的基本性质外, 能否给出 Euler 积分的其他性质?

答 Euler 积分在理论和实际中有着重要的地位, 也是数学分析中讨论得比较详细的非初等函数. 除了在“内容精读”中所列举的 Euler 积分基本性质外, 还有如下一些常用的性质:

(i) 余元公式. 对任意 $s\in(0,1)$, 有

$$\Gamma(s)\Gamma(1-s)=\mathrm{B}(s,1-s)=\frac{\pi}{\sin s\pi}; \tag{19.3.13}$$

(ii) Legendre 加倍公式. 对任意 $s>0$, 有

$$\Gamma(2s)=\frac{2^{2s-1}}{\sqrt{\pi}}\Gamma(s)\Gamma\left(s+\frac{1}{2}\right); \tag{19.3.14}$$

(iii) Stirling 公式. 存在 $\theta(s)\in(0,1)$, 使得

$$\Gamma(s+1)=\sqrt{2\pi s}\left(\frac{s}{\mathrm{e}}\right)^s\mathrm{e}^{\frac{\theta(s)}{12s}},\quad s>0. \tag{19.3.15}$$

上述这些公式的证明可参见文献 [5].

(iv) Euler–Gauss 公式.

$$\Gamma(s)=\lim_{n\to\infty}\frac{n!\cdot n^s}{s(s+1)\cdots(s+n)}. \tag{19.3.16}$$

■

三、典型例题

例 19.3.1 (i) 证明 Riemann 的 Zeta 函数的积分形式

$$\zeta(s)=\sum_{n=1}^{+\infty}\frac{1}{n^s}=\frac{1}{\Gamma(s)}\int_0^{+\infty}\frac{x^{s-1}}{\mathrm{e}^x-1}\mathrm{d}x,\quad s>1; \tag{19.3.17}$$

(ii) 计算积分 $\int_0^1 \frac{\ln x}{1-x}dx$.

(i) **证明**　对于 $x>0$ 有展开式

$$\frac{1}{e^x-1}=\frac{e^{-x}}{1-e^{-x}}=e^{-x}(1+e^{-x}+e^{-2x}+\cdots)=\sum_{n=1}^{+\infty}e^{-nx}.$$

于是, 对任意 $A>0$, 有

$$\int_0^A \frac{x^{s-1}}{e^x-1}dx=\int_0^A x^{s-1}\left(\sum_{n=1}^{+\infty}e^{-nx}\right)dx.$$

对于固定的 $s>1$, 级数 $\sum\limits_{n=1}^{+\infty}x^{s-1}e^{-nx}$ 关于 $x\in[0,+\infty)$ 是一致收敛的, 所以

$$\begin{aligned}\int_0^A \frac{x^{s-1}}{e^x-1}dx&=\sum_{n=1}^{+\infty}\int_0^A x^{s-1}e^{-nx}dx=\sum_{n=1}^{+\infty}\int_0^{nA}\left(\frac{y}{n}\right)^{s-1}\cdot\frac{e^{-y}}{n}dy\\&=\sum_{n=1}^{+\infty}\frac{1}{n^s}\int_0^{nA}y^{s-1}e^{-y}dy.\end{aligned}$$

上式对应的级数在 $A\in[0,+\infty)$ 上是一致收敛的, 于是令 $A\to+\infty$, 可得

$$\int_0^{+\infty}\frac{x^{s-1}}{e^x-1}dx=\Gamma(s)\sum_{n=1}^{+\infty}\frac{1}{n^s}.$$

由此即得证明结论.

(ii) **解**　令 $t=-\ln x$, 则

$$\int_0^1\frac{\ln x}{1-x}dx=\int_{+\infty}^0\frac{-t}{1-e^{-t}}\cdot e^{-t}(-dt)=-\int_0^{+\infty}\frac{t}{e^t-1}dt.$$

在 (i) 中取 $s=2$, 则

$$\int_0^1\frac{\ln x}{1-x}dx=-\Gamma(2)\sum_{n=1}^{+\infty}\frac{1}{n^2}=-\frac{\pi^2}{6}.$$ ■

例 19.3.2　计算积分 $I(t)=\int_0^{+\infty}e^{-\left(x^2+\frac{t^2}{x^2}\right)}dx,\ t>0$.

解法 1　令 $y=\frac{t}{x}$, 则

$$I(t)=\int_0^{+\infty}e^{-\left(\frac{t^2}{y^2}+y^2\right)}\frac{t}{y^2}dy.$$

将上式与原表达式相加, 可得

$$2I(t)=\int_0^{+\infty}\mathrm{e}^{-\left(x^2+\frac{t^2}{x^2}\right)}\left(1+\frac{t}{x^2}\right)\mathrm{d}x=\mathrm{e}^{-2t}\int_0^{+\infty}\mathrm{e}^{-(x-\frac{t}{x})^2}\mathrm{d}\left(x-\frac{t}{x}\right)$$
$$=\mathrm{e}^{-2t}\int_{-\infty}^{+\infty}\mathrm{e}^{-y^2}\mathrm{d}y=\sqrt{\pi}\,\mathrm{e}^{-2t}.$$

于是 $I(t)=\dfrac{\sqrt{\pi}}{2}\mathrm{e}^{-2t}$.

解法 2 由于 $\left|\mathrm{e}^{-\left(x^2+\frac{t^2}{x^2}\right)}\right|\leqslant \mathrm{e}^{-x^2}$, 且 $\displaystyle\int_0^{+\infty}\mathrm{e}^{-x^2}\mathrm{d}x=\frac{\sqrt{\pi}}{2}$, 所以由 M 判别法知, $I(t)$ 关于 $t>0$ 是一致收敛的. 形式求导可得

$$I'(t)=\int_0^{+\infty}\mathrm{e}^{-\left(x^2+\frac{t^2}{x^2}\right)}\left(-\frac{2t}{x^2}\right)\mathrm{d}x.$$

对任意 $t_0>0$, 上述积分在 $U(t_0)$ 内一致收敛, 故上述求导是可行的. 令 $x=\dfrac{1}{y}$, 则

$$I'(t)=\int_{+\infty}^{0}\mathrm{e}^{-\left(\frac{1}{y^2}+y^2t^2\right)}2t\mathrm{d}y.$$

再令 $z=yt$, 则

$$I'(t)=-2\int_0^{+\infty}\mathrm{e}^{-\left(z^2+\frac{t^2}{z^2}\right)}\mathrm{d}z=-2I(t).$$

所以

$$\ln I(t)=-2t+C,\quad 即\quad I(t)=C_1\mathrm{e}^{-2t}.$$

注意到 $I(0)=\displaystyle\int_0^{+\infty}\mathrm{e}^{-x^2}\mathrm{d}x=\frac{\sqrt{\pi}}{2}$, 得 $C_1=\dfrac{\sqrt{\pi}}{2}$. 于是 $I(t)=\dfrac{\sqrt{\pi}}{2}\mathrm{e}^{-2t}$. ■

例 19.3.3 计算极限 $\displaystyle\lim_{n\to\infty}\int_0^{+\infty}\mathrm{e}^{-x^n}\mathrm{d}x$.

解 令 $t=x^n$, 并利用 $\Gamma(s+1)=s\Gamma(s)$, 则有

$$\int_0^{+\infty}\mathrm{e}^{-x^n}\mathrm{d}x=\int_0^{+\infty}\frac{1}{n}\mathrm{e}^{-t}t^{\frac{1}{n}-1}\mathrm{d}t=\frac{1}{n}\Gamma\left(\frac{1}{n}\right)=\Gamma\left(\frac{1}{n}+1\right).$$

又因为 $\Gamma(s)$ 在 $(0,+\infty)$ 上连续, 所以

$$\lim_{n\to\infty}\int_0^{+\infty}\mathrm{e}^{-x^n}\mathrm{d}x=\lim_{n\to\infty}\Gamma\left(\frac{1}{n}+1\right)=\Gamma(1)=1.$$ ■

例 19.3.4 计算积分 $\displaystyle\int_0^{\frac{\pi}{2}}\sin^{2n}u\,\mathrm{d}u$.

解 由式 (19.3.11), 式 (19.3.8) 及式 (19.3.3), 可得

$$\begin{aligned}\int_0^{\frac{\pi}{2}}\sin^{2n}u\ \mathrm{d}u&=\frac{1}{2}\cdot 2\int_0^{\frac{\pi}{2}}\sin^{2\cdot\frac{2n+1}{2}-1}u\cdot\cos^{2\cdot\frac{1}{2}-1}u\ \mathrm{d}u\\&=\frac{1}{2}\mathrm{B}\left(\frac{1}{2},\frac{2n+1}{2}\right)=\frac{1}{2}\frac{\Gamma\left(\frac{1}{2}\right)\Gamma\left(n+\frac{1}{2}\right)}{\Gamma(n+1)}=\frac{(2n-1)!!}{(2n)!!}\frac{\pi}{2}.\end{aligned}$$ ■

例 19.3.5 计算积分 $\displaystyle\int_0^{\pi}\frac{\mathrm{d}\varphi}{\sqrt{3+\cos\varphi}}$.

解 先作换元 $u=\cos^2\dfrac{\varphi}{2}$, 则有

$$\begin{aligned}\int_0^{\pi}\frac{\mathrm{d}\varphi}{\sqrt{3+\cos\varphi}}&=\int_0^{\pi}\frac{\mathrm{d}\varphi}{\sqrt{2+2\cos^2\frac{\varphi}{2}}}=\frac{1}{\sqrt{2}}\int_1^0\frac{1}{\sqrt{1+u}}\cdot\frac{-\mathrm{d}u}{\sqrt{u}\cdot\sqrt{1-u}}\\&=\frac{1}{\sqrt{2}}\int_0^1(1-u^2)^{-\frac{1}{2}}u^{-\frac{1}{2}}\mathrm{d}u.\end{aligned}$$

再令 $t=u^2$, 可得

$$\begin{aligned}\int_0^1(1-u^2)^{-\frac{1}{2}}u^{-\frac{1}{2}}\mathrm{d}u&=\int_0^1(1-t)^{-\frac{1}{2}}t^{-\frac{1}{4}}\cdot\frac{1}{2}t^{-\frac{1}{2}}\mathrm{d}t\\&=\frac{1}{2}\int_0^1(1-t)^{\frac{1}{2}-1}t^{\frac{1}{4}-1}\mathrm{d}t=\frac{1}{2}\mathrm{B}\left(\frac{1}{4},\frac{1}{2}\right).\end{aligned}$$

于是

$$\int_0^{\pi}\frac{\mathrm{d}\varphi}{\sqrt{3+\cos\varphi}}=\frac{1}{2\sqrt{2}}\mathrm{B}\left(\frac{1}{4},\frac{1}{2}\right).$$ ■

例 19.3.6 证明 Legendre 加倍公式, 即对任意 $s>0$, 有

$$\Gamma(2s)=\frac{2^{2s-1}}{\sqrt{\pi}}\Gamma(s)\Gamma\left(s+\frac{1}{2}\right).$$

证明 因

$$\begin{aligned}\mathrm{B}(s,s)&=\int_0^1 x^{s-1}(1-x)^{s-1}\ \mathrm{d}x=\int_0^1[x(1-x)]^{s-1}\mathrm{d}x\\&=\int_0^{\frac{1}{2}}[x(1-x)]^{s-1}\mathrm{d}x+\int_{\frac{1}{2}}^1[x(1-x)]^{s-1}\mathrm{d}x\\&=2\int_0^{\frac{1}{2}}[x(1-x)]^{s-1}\mathrm{d}x=2\int_0^{\frac{1}{2}}\left[\frac{1}{4}-\left(\frac{1}{2}-x\right)^2\right]^{s-1}\mathrm{d}x.\end{aligned}$$

所以, 令 $\frac{1}{2}-x=\frac{1}{2}\sqrt{t}$, 则有

$$B(s,s)=\frac{1}{2^{2s-1}}\int_0^1 t^{-\frac{1}{2}}(1-t)^{s-1}dt=\frac{1}{2^{2s-1}}B\left(\frac{1}{2},s\right),$$

即

$$\frac{\Gamma(s)\Gamma(s)}{\Gamma(2s)}=\frac{1}{2^{2s-1}}\frac{\Gamma\left(\frac{1}{2}\right)\Gamma(s)}{\Gamma\left(\frac{1}{2}+s\right)}.$$

又 $\Gamma\left(\frac{1}{2}\right)=\sqrt{\pi}$, 则由上式立即可得 Legendre 加倍公式. ■

注 19.3.1 在本节中, 多次使用 $\Gamma\left(\frac{1}{2}\right)=\sqrt{\pi}$. 现在给出它的计算. 先在式 (19.3.11) 中, 取 $q=\frac{n+1}{2}$, $p=\frac{1}{2}$, 则有

$$2\int_0^{\frac{\pi}{2}}\sin^n\varphi\,d\varphi=B\left(\frac{n+1}{2},\frac{1}{2}\right)=\frac{\Gamma\left(\frac{n+1}{2}\right)\Gamma\left(\frac{1}{2}\right)}{\Gamma\left(\frac{n}{2}+1\right)},\quad n>-1.$$

再在上式中取 $n=0$, 则有 $\pi=\left[\Gamma\left(\frac{1}{2}\right)\right]^2$. 于是 $\Gamma\left(\frac{1}{2}\right)=\sqrt{\pi}$.

四、巩固提高

19.3.1 称无穷积分

$$L(s)=\int_0^{+\infty}f(t)e^{-st}dt,\quad s>0$$

为函数 f 的Laplace 变换. Laplace 变换将函数 $f(t)$ 变成函数 $L(s)$. 试求下列各函数的 Laplace 变换:

(i) $f(t)=t^n,\ n\in\mathbb{N}$; (ii) $f(t)=\sqrt{t}$;

(iii) $f(t)=e^{at},\ s>a$; (iv) $f(t)=te^{-at},\ s>-a$.

19.3.2 证明 $B(p,n)=\frac{(n-1)!}{p(p+1)\cdots(p+n-1)}$, $p>0$, $n\in\mathbb{N}_+$.

19.3.3 试用 Γ 函数或 B 函数表示下列积分:

(i) $\int_0^{\frac{\pi}{2}}\tan^\alpha x\,dx$, 其中 $|\alpha|<1$;

(ii) $\int_{-1}^1(1+x)^\alpha(1-x)^\beta dx$, 其中 $\alpha>0$, $\beta>0$.

19.3.4 计算积分 $\int_0^{\frac{\pi}{2}}\sin^{2n+1}u\,du$.

19.3.5　计算积分 $\int_0^{+\infty} \mathrm{e}^{-ax^2-\frac{b}{x^2}}\mathrm{d}x$, 其中 $a>0$, $b>0$.

(提示: 仿例 19.3.2.)

19.3.6　用 Γ 函数表示下列积分, 并计算之:

(i) $\int_0^{\pi} \frac{\mathrm{d}\theta}{\sqrt{3-\cos\theta}}$;　　(ii) $\int_0^1 \frac{\mathrm{d}t}{\sqrt{1-t^{\frac{1}{4}}}}$;

(iii) $\int_0^{+\infty} \frac{x^m}{(a+bx^n)^p}\mathrm{d}x$, 其中 $a>0$, $b>0$, $n>0$.

19.3.7　证明: 若 $f(t)=\int_0^{+\infty} \mathrm{e}^{-x^2}\cos(2tx)\mathrm{d}x$, 则 f 满足微分方程 $f'(t)+2tf(t)=0$, 并由此证明 $f(t)=\frac{\sqrt{\pi}}{2}\mathrm{e}^{-t^2}$.

19.3.8　计算积分 $\int_0^{\pi} \frac{1}{2+\cos\varphi}\sqrt{\frac{1+\cos\varphi}{\sin\varphi}}\mathrm{d}\varphi$.

第20章 曲线积分

本章分两节来介绍曲线积分: 第一、第二型曲线积分. 20.1 节介绍第一型曲线积分的定义、性质与计算; 20.2 节介绍第二型曲线积分的定义、性质与计算, 以及两种类型的曲线积分间的关系. 对于第二型曲线积分的积分与路径无关性, 将在第 21 章重积分中再作介绍.

20.1 第一型曲线积分

一、内容精读

1. 第一型曲线积分的定义与基本性质

1) 定义

定义 20.1.1 设 L 为平面上可求长度的曲线段, $f(x,y)$ 为定义在 L 上的二元函数. 对曲线 L 作分割 T, 它将 L 分成 n 个可求长度的小曲线段 L_i $(i=1,2,\cdots,n)$, L_i 的弧长记为 Δs_i, 分割 T 的细度为 $\|T\|=\max\limits_{1\leqslant i\leqslant n}\Delta s_i$, 在 L_i 上任取一点 (ξ_i,η_i) $(i=1,2,\cdots,n)$. 若有极限

$$\lim_{\|T\|\to 0}\sum_{i=1}^{n}f(\xi_i,\eta_i)\Delta s_i=J,$$

且 J 的值与分割 T 及点 (ξ_i,η_i) 的取法无关, 则称 $f(x,y)$ 在 L 上可积, 并称此极限为函数 $f(x,y)$ 在平面可求长曲线 L 上的第一型曲线积分, 记为

$$\int_L f(x,y)\mathrm{d}s. \tag{20.1.1}$$

当 L 为 x 轴上的一条线段时, 定义在 L 上的第一型曲线积分就是定积分, 即定积分是第一型曲线积分的特殊情形.

若 L 为空间可求长曲线段, $f(x,y,z)$ 为定义在 L 上的函数, 则可类似地定义 $f(x,y,z)$ 在空间可求长曲线 L 上的第一型曲线积分, 并记为

$$\int_L f(x,y,z)\mathrm{d}s. \tag{20.1.2}$$

2) 第一型曲线积分的基本性质

(仅给出平面上第一型曲线积分的性质, 而空间中第一型曲线积分的性质完全类似.)

(i) 若 $\int_L f_i(x,y)\mathrm{d}s$ $(i=1,2,\cdots,k)$ 存在, c_i $(i=1,2,\cdots,k)$ 为常数, 则 $\int_L\left(\sum_{i=1}^{k}c_if_i(x,y)\right)\mathrm{d}s$ 也存在, 且 $\int_L\left(\sum_{i=1}^{k}c_if_i(x,y)\right)\mathrm{d}s=\sum_{i=1}^{k}c_i\int_L f_i(x,y)\mathrm{d}s$.

(ii) 若曲线段 L 是由曲线 $L_1,L_2,\cdots,L_k$ 首尾相接而成, 且 $\int_{L_i}f(x,y)\mathrm{d}s$ $(i=1,2,\cdots,k)$ 都存在, 则 $\int_L f(x,y)\mathrm{d}s$ 也存在, 且 $\int_L f(x,y)\mathrm{d}s=\sum_{i=1}^{k}\int_{L_i}f(x,y)\mathrm{d}s$.

(iii) 若 $\int_L f(x,y)\mathrm{d}s$, $\int_L g(x,y)\mathrm{d}s$ 都存在, 且在 L 上 $f(x,y)\leqslant g(x,y)$, 则

$$\int_L f(x,y)\mathrm{d}s\leqslant\int_L g(x,y)\mathrm{d}s.$$

(iv) 若 $\int_L f(x,y)\mathrm{d}s$ 存在, 则 $\int_L |f(x,y)|\mathrm{d}s$ 也存在, 且

$$\left|\int_L f(x,y)\mathrm{d}s\right|\leqslant\int_L |f(x,y)|\mathrm{d}s.$$

(v) 若 $\int_L f(x,y)\mathrm{d}s$ 存在, L 的弧长为 s, 则存在常数 c, 使得

$$\int_L f(x,y)\mathrm{d}s=cs,$$

其中 $\inf_L f(x,y)\leqslant c\leqslant\sup_L f(x,y)$. 特别地, 若 L 是光滑曲线, $f(x,y)$ 在 L 上连续, 则存在点 $(x_0,y_0)\in L$, 使得 $\int_L f(x,y)\mathrm{d}s=f(x_0,y_0)s$.

2. 第一型曲线积分的计算

(i) 曲线 L 由参数方程表示. 设有光滑曲线

$$L: x=\varphi(t),\quad y=\psi(t),\quad t\in[\alpha,\beta],$$

函数 $f(x,y)$ 为定义在 L 上的连续函数, 则

$$\int_L f(x,y)\mathrm{d}s=\int_\alpha^\beta f\big(\varphi(t),\psi(t)\big)\sqrt{\varphi'^2(t)+\psi'^2(t)}\,\mathrm{d}t. \tag{20.1.3}$$

(ii) 曲线 L 由直角坐标方程表示. 若曲线 L 由方程

$$y=\psi(x),\quad x\in[a,b]$$

表示, 且 $\psi(x)$ 在 $[a,b]$ 上有连续的导函数时, 则

$$\int_L f(x,y)\mathrm{d}s = \int_a^b f\big(x,\psi(x)\big)\sqrt{1+\psi'^2(x)}\,\mathrm{d}x. \tag{20.1.4}$$

若曲线 L 由方程

$$x=\varphi(y),\quad y\in[c,d]$$

表示, 且 $\varphi(y)$ 在 $[c,d]$ 上有连续的导函数时, 则

$$\int_L f(x,y)\mathrm{d}s = \int_c^d f\big(\varphi(y),y\big)\sqrt{1+\varphi'^2(y)}\,\mathrm{d}y. \tag{20.1.5}$$

(iii) 曲线 L 由极坐标方程表示. 若曲线 L 由方程

$$r=r(\theta),\quad \theta\in[\alpha,\beta]$$

表示, $r(\theta)$ 在 $[\alpha,\beta]$ 上有连续导函数, 则

$$\int_L f(x,y)\mathrm{d}s = \int_\alpha^\beta f\big(r(\theta)\cos\theta, r(\theta)\sin\theta\big)\sqrt{r^2(\theta)+r'^2(\theta)}\,\mathrm{d}\theta. \tag{20.1.6}$$

对于空间曲线积分 (20.1.2), 当曲线 L 由参数方程 $x=\varphi(t)$, $y=\psi(t)$, $z=\chi(t)$, $t\in[\alpha,\beta]$ 表示, $\varphi(t)$, $\psi(t)$, $\chi(t)$ 连续可导, 且 $f(x,y,z)$ 在 L 上连续, 则

$$\int_L f(x,y,z)\mathrm{d}s = \int_\alpha^\beta f\big(\varphi(t),\psi(t),\chi(t)\big)\sqrt{\varphi'^2(t)+\psi'^2(t)+\chi'^2(t)}\,\mathrm{d}t. \tag{20.1.7}$$

二、疑难解答

问题 20.1.1 如何利用对称性简化第一型曲线积分的计算?

答 在计算第一型曲线积分时, 有时可以利用某种对称性来简化运算. 通常有如下一些情况:

(1) 若曲线 L 可以分为具有某种对称性 (如关于某坐标轴对称, 关于原点对称, 关于某坐标面对称) 的两段 L_1 与 L_2, 则

(i) 若函数 $f(x,y)$ 在 L_1 上各点处的值与其在 L_2 上各对称点处的值互为相反数, 则 $\int_L f(x,y)\mathrm{d}s=0$;

(ii) 若函数 $f(x,y)$ 在 L_1 上各点处的值与其在 L_2 上各对称点处的值恒相等, 则 $\int_L f(x,y)\mathrm{d}s = 2\int_{L_1} f(x,y)\mathrm{d}s = 2\int_{L_2} f(x,y)\mathrm{d}s$.

(2) 若 L 具有上述某种对称性, 且对于 L 上的对称点 (x_1,y_1) 与 (x_2,y_2) 恒有 $f(x_1,y_1)=g(x_2,y_2)$, 则

$$\int_L \big(f(x,y)+g(x,y)\big)\mathrm{d}s = 2\int_L f(x,y)\mathrm{d}s = 2\int_L g(x,y)\mathrm{d}s.$$ ■

问题 20.1.2　能否将定积分应用中所采用的微元法推广到第一型曲线积分的应用中去?

答　可以应用微元法的思想去处理第一型曲线积分的应用问题, 现举例如下:

(i) 已知线密度的平面曲线的质量计算问题. 设有线密度为 $\rho(x,y)$ 的平面曲线 L, 在曲线 L 上任取弧长为 $\mathrm{d}s$ 的小弧段 $\overset{\frown}{PQ}$, 其中点 P 的坐标为 (x,y), 则此小弧段 $\overset{\frown}{PQ}$ 的质量为 $\mathrm{d}m=\rho(x,y)\mathrm{d}s$, 从而曲线 L 的质量为 $m=\int_L\rho(x,y)\mathrm{d}s$.

(ii) 已知线密度的平面曲线的静力矩计算问题. 设有线密度为 $\rho(x,y)$ 的平面曲线 L, 在曲线 L 上任取弧长为 $\mathrm{d}s$ 的小弧段 $\overset{\frown}{PQ}$, 其中点 P 的坐标为 (x,y), 则此小弧段 $\overset{\frown}{PQ}$ 的对 x 轴与 y 轴的静力矩分别为

$$\mathrm{d}M_x=y\rho(x,y)\mathrm{d}s,\quad \mathrm{d}M_y=x\rho(x,y)\mathrm{d}s,$$

从而曲线 L 的对 x 轴与 y 轴的静力矩分别为

$$M_x=\int_L y\rho(x,y)\mathrm{d}s,\quad M_y=\int_L x\rho(x,y)\mathrm{d}s.$$

(iii) 已知线密度的平面曲线的重心计算问题. 设有线密度为 $\rho(x,y)$ 的平面曲线 L, 由 (i) 与 (ii) 可得曲线 L 的重心坐标 $(\overline{x},\overline{y})$ 满足

$$\overline{x}=\frac{M_y}{m}=\frac{\int_L x\rho(x,y)\mathrm{d}s}{\int_L\rho(x,y)\mathrm{d}s},\quad \overline{y}=\frac{M_x}{m}=\frac{\int_L y\rho(x,y)\mathrm{d}s}{\int_L\rho(x,y)\mathrm{d}s}.$$ ■

问题 20.1.3　第一型曲线积分存在中值定理吗?

答　对于第一型曲线积分也存在中值定理. 第一型曲线积分的中值定理为: 若函数 $f(x,y)$ 在有界闭曲线段 L 上连续, 则在曲线 L 上至少存在一点 (ξ,η), 使得

$$\int_L f(x,y)\mathrm{d}s=f(\xi,\eta)s,$$

其中 s 为曲线 L 的弧长. 事实上, 因函数 $f(x,y)$ 在有界闭曲线段 L 上连续, 则

$$m\leqslant f(x,y)\leqslant M,$$

其中 $m=\min\limits_L f(x,y)$, $M=\max\limits_L f(x,y)$. 由此可得

$$ms\leqslant\int_L f(x,y)\mathrm{d}s\leqslant Ms\quad 或\quad m\leqslant\frac{1}{s}\int_L f(x,y)\mathrm{d}s\leqslant M.$$

于是, 由有界闭区域上连续函数介值性知, 在曲线 L 上至少存在一点 (ξ,η), 使得

$$f(\xi,\eta)=\frac{1}{s}\int_L f(x,y)\mathrm{d}s\quad 即\quad \int_L f(x,y)\mathrm{d}s=f(\xi,\eta)s.$$

上述第一型曲线积分的中值定理, 还可以利用定积分中的积分中值定理来证明. 设 L 的参数方程表示为

$$L:\ x=\varphi(t),\quad y=\psi(t),\quad t\in[\alpha,\beta],$$

则由式 (20.1.3) 及推广的积分第一中值定理知, 存在 $t_0\in[\alpha,\beta]$, 使得

$$\begin{aligned}\int_L f(x,y)\mathrm{d}s&=\int_\alpha^\beta f\big(\varphi(t),\psi(t)\big)\sqrt{\varphi'^2(t)+\psi'^2(t)}\ \mathrm{d}t\\&=f\big(\varphi(t_0),\psi(t_0)\big)\int_\alpha^\beta\sqrt{\varphi'^2(t)+\psi'^2(t)}\ \mathrm{d}t\\&=f\big(\varphi(t_0),\psi(t_0)\big)\cdot s.\end{aligned}$$

令 $\xi=\varphi(t_0)$, $\eta=\psi(t_0)$, 则 $(\xi,\eta)\in L$ 且 $\displaystyle\int_L f(x,y)\mathrm{d}s=f(\xi,\eta)s$. ■

三、典型例题

例 20.1.1 计算 $\displaystyle\int_L(x+\sqrt{y})\mathrm{d}s$, L 为由 $y=x^2$ 与 $y=x$ 所围成的闭曲线.

解 $L=L_1+L_2$, 其中光滑曲线 L_1 与 L_2 为

$$L_1:\ y=x^2,\quad x\in[0,1];\quad L_2:\ y=x,\quad x\in[0,1].$$

所以, 由性质 (ii) 得

$$\begin{aligned}\int_L(x+\sqrt{y})\mathrm{d}s&=\int_{L_1}(x+\sqrt{y})\mathrm{d}s+\int_{L_2}(x+\sqrt{y})\mathrm{d}s\\&=\int_0^1 2x\sqrt{1+4x^2}\ \mathrm{d}x+\int_0^1(x+\sqrt{x})\sqrt{1+1^2}\ \mathrm{d}x\\&=\frac{1}{6}\big(7\sqrt{2}+5\sqrt{5}-1\big).\end{aligned}$$

■

例 20.1.2 计算 $\displaystyle\int_L y\mathrm{d}s$, L 为螺线 $r=a\mathrm{e}^\theta$ 在圆环 $a\leqslant r\leqslant 2a$ 内的一段.

解 螺线 $r=a\mathrm{e}^\theta$ 在圆环 $a\leqslant r\leqslant 2a$ 内的一段对应的参数 θ 满足 $0\leqslant\theta\leqslant\ln 2$. 由式 (20.1.6) 得

$$\begin{aligned}\int_L y\ \mathrm{d}s&=\int_0^{\ln 2}a\mathrm{e}^\theta\sin\theta\sqrt{(a\mathrm{e}^\theta)^2+(a\mathrm{e}^\theta)^2}\mathrm{d}\theta\\&=\sqrt{2}\ a^2\int_0^{\ln 2}\mathrm{e}^{2\theta}\sin\theta\mathrm{d}\theta\\&=\frac{\sqrt{2}}{5}a^2\big(8\sin(\ln 2)-4\cos(\ln 2)+1\big).\end{aligned}$$

■

例 20.1.3　计算 $\int_L \sqrt{2y^2+z^2}\,\mathrm{d}s$, L 为球面 $x^2+y^2+z^2=a^2$ 与平面 $x=y$ 相交的圆周, 其中 $a>0$.

解法 1　由 $\begin{cases} x^2+y^2+z^2=a^2, \\ x=y \end{cases}$ 得 $\begin{cases} 2y^2+z^2=a^2, \\ x=y. \end{cases}$

球面 $x^2+y^2+z^2=a^2$ 与平面 $x=y$ 相交的圆周的周长为 $s=2\pi a$. 所以

$$\int_L \sqrt{2y^2+z^2}\mathrm{d}s=\int_L \sqrt{a^2}\mathrm{d}s=a\int_L \mathrm{d}s=as=2\pi a^2. \quad \blacksquare$$

解法 2　曲线 L 在 Oxz 平面上的投影为椭圆 $\dfrac{x^2}{\frac{a}{\sqrt{2}}}+\dfrac{z^2}{a^2}=1$, 其参数方程为 $x=\dfrac{a}{\sqrt{2}}\cos\theta$, $z=a\sin\theta$, $\theta\in[0,2\pi]$. 于是 L 的参数方程为

$$x=\frac{a}{\sqrt{2}}\cos\theta,\quad y=\frac{a}{\sqrt{2}}\cos\theta,\quad z=a\sin\theta,\quad \theta\in[0,2\pi].$$

从而由式 (20.1.7) 得

$$\begin{aligned}&\int_L \sqrt{2y^2+z^2}\mathrm{d}s\\ =&\int_0^{2\pi}\sqrt{a^2\cos^2\theta+a^2\sin^2\theta}\sqrt{\frac{a^2}{2}\sin^2\theta+\frac{a^2}{2}\sin^2\theta+a^2\cos^2\theta}\,\mathrm{d}\theta=2\pi a^2. \quad \blacksquare\end{aligned}$$

例 20.1.4　计算积分 $I=\int_L x^2\mathrm{d}s$, 其中 L 为球面 $x^2+y^2+z^2=R^2$ 与平面 $x+y+z=0$ 的交线.

解法 1　按曲线方程为参数形式来计算. 曲线 L 为球面 $x^2+y^2+z^2=R^2$ 与平面 $x+y+z=0$ 的交线为一圆周, 此圆周在 xOy 平面上的投影为一个椭圆, 这个椭圆方程可以从 $x^2+y^2+z^2=R^2$ 与 $x+y+z=0$ 中消去 z 得到, 即以 $z=-x-y$ 代入到 $x^2+y^2+z^2=R^2$ 中, 得

$$x^2+xy+y^2=\frac{R^2}{2}.$$

将上式改写为 $\left(\dfrac{\sqrt{3}}{2}x\right)^2+\left(\dfrac{x}{2}+y\right)^2=\dfrac{R^2}{2}$. 令

$$\frac{\sqrt{3}}{2}x=\frac{R}{\sqrt{2}}\cos\theta,\quad \frac{x}{2}+y=\frac{R}{\sqrt{2}}\sin\theta,\quad \theta\in[0,2\pi],$$

即得到 x,y 的参数表示

$$x=\sqrt{\frac{2}{3}}R\cos\theta,\quad y=\frac{R}{\sqrt{2}}\sin\theta-\frac{R}{\sqrt{6}}\cos\theta,\quad \theta\in[0,2\pi],$$

代入 $z=-x-y$ 得

$$z=-\frac{R}{\sqrt{6}}\cos\theta-\frac{R}{\sqrt{2}}\sin\theta,\quad \theta\in[0,2\pi].$$

所以, 曲线 L 的参数方程表示为

$$x=\sqrt{\frac{2}{3}}R\cos\theta,\quad y=\frac{R}{\sqrt{2}}\sin\theta-\frac{R}{\sqrt{6}}\cos\theta,\quad z=-\frac{R}{\sqrt{6}}\cos\theta-\frac{R}{\sqrt{2}}\sin\theta,\quad \theta\in[0,2\pi].$$

由式 (20.1.7) 可得

$$\begin{aligned}I&=\int_L x^2\mathrm{d}s=\int_0^{2\pi}\frac{2}{3}R^2\cos^2\theta\sqrt{x'^2(\theta)+y'^2(\theta)+z'^2(\theta)}\mathrm{d}\theta\\&=\int_0^{2\pi}\frac{2}{3}R^3\cos^2\theta\mathrm{d}\theta\\&=\frac{2}{3}R^3\int_0^{2\pi}\frac{1+\cos2\theta}{2}\mathrm{d}\theta=\frac{2}{3}\pi R^3.\end{aligned}$$

解法 2 利用对称性. 由对称性可知

$$\int_L x^2\mathrm{d}s=\int_L y^2\mathrm{d}s=\int_L z^2\mathrm{d}s,$$

于是

$$\int_L x^2\mathrm{d}s=\frac{1}{3}\int_L\left(x^2+y^2+z^2\right)\mathrm{d}s=\frac{1}{3}R^2\int_L\mathrm{d}s=\frac{2}{3}\pi R^3.$$ ■

例 20.1.5 求线密度为 $\rho(x,y)=\dfrac{y}{\sqrt{1+x^2}}$ 的曲线段 L: $y=\ln x$, $x\in[1,2]$ 对于 y 轴的转动惯量 I_y.

解 在曲线 L 上任取弧长为 $\mathrm{d}s$ 的小弧段 $\overset{\frown}{PQ}$, 其中点 P 的坐标为 (x,y), 则此小弧段 $\overset{\frown}{PQ}$ 的对于 y 轴的转动惯量为

$$\mathrm{d}I_y=x^2\cdot\rho(x,y)\mathrm{d}s=\frac{x^2y}{\sqrt{1+x^2}}\mathrm{d}s,$$

从而曲线 L 的对于 y 轴的转动惯量为

$$\begin{aligned}I_y&=\int_L\frac{x^2y}{\sqrt{1+x^2}}\mathrm{d}s=\int_1^2\frac{x^2\ln x}{\sqrt{1+x^2}}\sqrt{1+\frac{1}{x^2}}\mathrm{d}x\\&=\int_1^2 x\ln x\,\mathrm{d}x=2\ln2-\frac{3}{4}.\end{aligned}$$ ■

例 20.1.6 试求线密度为 $\rho=1$ 的均匀半圆周 L: $\begin{cases}x^2+y^2=a^2\quad(x\geqslant0),\\z=0\end{cases}$ 对位于点 $(0,0,a)$ 处单位质点的引力.

解　在 L 上任一点 $(x,y,0)$ 处取微元 $\mathrm{d}s$, 微元 $\mathrm{d}s$ 的质量 $\mathrm{d}m=\rho\mathrm{d}s=\mathrm{d}s$, 它对位于点 $(0,0,a)$ 处单位质点的引力的大小为

$$\mathrm{d}\boldsymbol{F}=G\frac{M\cdot\rho\mathrm{d}s}{r^2}\boldsymbol{r}^\circ=G\frac{\mathrm{d}s}{r^3}\boldsymbol{r},$$

其中 $\boldsymbol{r}=\{x,y,-a\}$. 所以

$$\mathrm{d}\boldsymbol{F}=G\frac{\mathrm{d}s}{(x^2+y^2+a^2)^{\frac{3}{2}}}\{x,y,-a\},$$

从而

$$\mathrm{d}F_x=\frac{Gx\mathrm{d}s}{(x^2+y^2+a^2)^{\frac{3}{2}}},\quad \mathrm{d}F_y=\frac{Gy\mathrm{d}s}{(x^2+y^2+a^2)^{\frac{3}{2}}},\quad \mathrm{d}F_z=\frac{-Ga\mathrm{d}s}{(x^2+y^2+a^2)^{\frac{3}{2}}}.$$

于是

$$\begin{aligned}F_y&=G\int_L\frac{y\mathrm{d}s}{(x^2+y^2+a^2)^{\frac{3}{2}}}\\&=G\int_{-a}^{a}\frac{y}{(x^2+y^2+a^2)^{\frac{3}{2}}}\sqrt{1+\left(\frac{-x}{\sqrt{a^2-x^2}}\right)^2}\mathrm{d}x=0,\\F_x&=G\int_L\frac{x\mathrm{d}s}{(x^2+y^2+a^2)^{\frac{3}{2}}}=G\int_{-\frac{\pi}{2}}^{\frac{\pi}{2}}\frac{a\cos\theta}{2\sqrt{2}\,a^3}\sqrt{(-a\sin\theta)^2+(a\cos\theta)^2}\mathrm{d}\theta\\&=\frac{G}{2\sqrt{2}\,a}\int_{-\frac{\pi}{2}}^{\frac{\pi}{2}}\cos\theta\mathrm{d}\theta=\frac{G}{\sqrt{2}\,a},\\F_z&=G\int_L\frac{-a}{(x^2+y^2+a^2)^{\frac{3}{2}}}\mathrm{d}s\\&=-Ga\int_{-\frac{\pi}{2}}^{\frac{\pi}{2}}\frac{1}{2\sqrt{2}\,a^3}\sqrt{(-a\sin\theta)^2+(a\cos\theta)^2}\mathrm{d}\theta\\&=-\frac{G}{2\sqrt{2}\,a}\int_{-\frac{\pi}{2}}^{\frac{\pi}{2}}\mathrm{d}\theta=-\frac{\pi G}{2\sqrt{2}\,a}.\end{aligned}$$

故所求的引力为 $\boldsymbol{F}=\left\{\dfrac{G}{\sqrt{2}\,a},\ 0,\ -\dfrac{\pi G}{2\sqrt{2}\,a}\right\}$. ■

四、巩固提高

20.1.1　计算下列各第一型曲线积分:

(i) 计算 $\int_L y^2\mathrm{d}s$, 其中 L 为摆线 $x=a(t-\sin t)$, $y=a(1-\cos t)$ $(a>0)$ 在 $t\in[0,\pi]$ 间的一段;

(ii) $\int_L\left(x^{\frac{4}{3}}+y^{\frac{4}{3}}\right)\mathrm{d}s$, 其中 L 为星形线 $x^{\frac{2}{3}}+y^{\frac{2}{3}}=a^{\frac{2}{3}}$;

(iii) $\int_L \mathrm{e}^{\sqrt{x^2+y^2}}\mathrm{d}s$, 其中 L 为由曲线 $r=a$, $\theta=0$, $\theta=\dfrac{\pi}{4}$ 所界的凸围线;

(iv) 计算 $\int_L e^{\sqrt{x^2+y^2}}ds$, 其中 L 是圆周 $x^2+y^2=a^2$, 直线 $y=x$ 及 x 轴在第一象限中所围图形的边界;

(v) 计算 $\int_L (ye^x\sin y - xe^x\cos y)ds$, 其中 L 为单位圆 $x^2+y^2=1$ 位于第一象限的部分;

(vi) $\int_L \frac{1}{y^2}ds$, 其中 L 为悬链线 $y=a\,\text{ch}\frac{x}{a}$;

(vii) $\int_L |y|ds$, 其中 L 为双纽线 $(x^2+y^2)^2=a^2(x^2-y^2)$;

(viii) $\int_L zds$, 其中 L 为曲线 $x^2+y^2=z^2$, $y^2=ax$ 从 $(0,0,0)$ 到 $(a,a,\sqrt{2}a)$ 的一段弧.

20.1.2 计算 $\int_L y(x-z)ds$, 其中 L 是椭球面 $\frac{x^2}{4}+\frac{y^2}{2}+\frac{z^2}{4}=1$ 与平面 $x+z=2$ 的交线在第一卦限中连接点 $(2,0,0)$ 与点 $(1,1,1)$ 的一段.

20.1.3 计算 $\int_L \frac{1}{x^2+y^2+z^2}ds$, 其中 L 为空间螺旋线

$$x=a\cos t,\quad y=a\sin t,\quad z=bt,\quad t\in[0,2\pi],\quad a>0,\quad b>0.$$

20.1.4 求一均匀半圆周 (其线密度为 $\rho=1$) 对位于圆心的单位质点的引力. 假定圆的半径为 a, 引力常数为 G.

20.1.5 求直线 (其线密度为 $\rho=1$) 对距离 a 处的单位质点的引力.

20.1.6 设圆周 L: $x^2+y^2=R^2$ 上任一点处的线密度等于该点纵坐标的平方, 求圆周 L 的质量.

20.1.7 设曲线 L 是线密度为 1, 半径为 R, 中心角为 2α 的圆弧, 求 L 关于其对称轴的转动惯量.

(参考答案: $R^3(\alpha-\sin\alpha\cos\alpha)$.)

20.1.8 设曲线 L 为 $x^2+y^2=R^2$, $y\geqslant 0$, 其线密度 $\rho(x,y)=k(R-y)$, 其中 k 为常数, 求 L 的重心坐标.

20.2 第二型曲线积分

一、内容精读

1. 第二型曲线积分的定义与基本性质

1) 定义

定义 20.2.1 设函数 $P(x,y)$ 与 $Q(x,y)$ 定义在平面有向可求长度曲线 $L:\overset{\frown}{AB}$ 上. 对 L 的任意分割 T, 它将 L 分成 n 个小曲线段 $\overset{\frown}{M_{i-1}M_i}$ $(i=1,2,\cdots,n)$, 其中 $M_0=A$, $M_n=B$. 记各小曲线段 $\overset{\frown}{M_{i-1}M_i}$ 的弧长为 Δs_i, 分割 T 的细度

$\|T\| = \max\limits_{1\leqslant i\leqslant n} \Delta s_i$. 又设 T 的分点 M_i 的坐标为 (x_i, y_i), 并记 $\Delta x_i = x_i - x_{i-1}$, $\Delta y_i = y_i - y_{i-1}$ $(i = 1, 2, \cdots, n)$. 在每个小曲线段 $\widehat{M_{i-1}M_i}$ 上任取一点 (ξ_i, η_i), 若极限

$$\lim_{\|T\|\to 0}\sum_{i=1}^{n} P(\xi_i, \eta_i)\Delta x_i + \lim_{\|T\|\to 0}\sum_{i=1}^{n} Q(\xi_i, \eta_i)\Delta y_i$$

存在且与分割 T 与点 (ξ_i, η_i) 的取法无关, 则称此极限为函数 $P(x, y)$, $Q(x, y)$ 沿平面有向可求长曲线 L 上的第二型曲线积分, 记为

$$\int_L P(x, y)\mathrm{d}x + Q(x, y)\mathrm{d}y \quad 或 \quad \int_{AB} P(x, y)\mathrm{d}x + Q(x, y)\mathrm{d}y. \tag{20.2.1}$$

上述积分 (20.2.1) 也可写为

$$\int_L P(x, y)\mathrm{d}x + \int_L Q(x, y)\mathrm{d}y \quad 或 \quad \int_{AB} P(x, y)\mathrm{d}x + \int_{AB} Q(x, y)\mathrm{d}y.$$

为简洁起见, 式 (20.2.1) 常简写为 $\displaystyle\int_L P\mathrm{d}x + Q\mathrm{d}y$ 或 $\displaystyle\int_{AB} P\mathrm{d}x + Q\mathrm{d}y$.

若 L 为封闭的有向曲线, 则记为

$$\oint_L P\mathrm{d}x + Q\mathrm{d}y. \tag{20.2.2}$$

若记 $\boldsymbol{F}(x, y) = (P(x, y), Q(x, y))$, $\mathrm{d}\boldsymbol{s} = (\mathrm{d}x, \mathrm{d}y)$, 则式 (20.2.1) 可写成向量形式

$$\int_L \boldsymbol{F}\cdot\mathrm{d}\boldsymbol{s} \quad 或 \quad \int_{AB} \boldsymbol{F}\cdot\mathrm{d}\boldsymbol{s}. \tag{20.2.3}$$

若 L 为空间有向可求长度曲线, $P(x, y, z)$, $Q(x, y, z)$, $R(x, y, z)$ 为定义在 L 上的函数, 则可按上述办法类似地定义沿 L 上的第二型曲线积分, 并记为

$$\int_L P(x, y, z)\mathrm{d}x + Q(x, y, z)\mathrm{d}y + R(x, y, z)\mathrm{d}z, \tag{20.2.4}$$

或简写为 $\displaystyle\int_L P\mathrm{d}x + Q\mathrm{d}y + R\mathrm{d}z$.

当然, 沿空间有向曲线 L 上的第二型曲线积分也可以写成向量形式.

第二型曲线积分与曲线 L 的方向有关, 即

$$\int_{AB} P\mathrm{d}x + Q\mathrm{d}y = -\int_{BA} P\mathrm{d}x + Q\mathrm{d}y. \tag{20.2.5}$$

而第一型曲线积分与曲线 L 的方向无关, 这是两种类型曲线积分的一个重要区别. 正是因为如此, 第二型曲线积分就不再具有 "不等式" 关系.

2) 第二型曲线积分的基本性质

(仅给出平面上第二型曲线积分的性质, 而空间中的第二型曲线积分的性质完全类似)

(1) 若 $\int_L P_i\mathrm{d}x+Q_i\mathrm{d}y\ (i=1,2,\cdots,k)$ 存在, $c_i\ (i=1,2,\cdots,k)$ 为常数, 则 $\int_L\left(\sum_{i=1}^k c_iP_i\right)\mathrm{d}x+\left(\sum_{i=1}^k c_iQ_i\right)\mathrm{d}y$ 也存在, 且

$$\int_L\left(\sum_{i=1}^k c_iP_i\right)\mathrm{d}x+\left(\sum_{i=1}^k c_iQ_i\right)\mathrm{d}y=\sum_{i=1}^k c_i\left(\int_L P_i\mathrm{d}x+Q_i\mathrm{d}y\right).$$

(2) 若有向曲线 L 是由有向曲线 $L_1,L_2,\cdots,L_k$ 首尾相连接而成, 且 $\int_{L_i}P\mathrm{d}x+Q\mathrm{d}y\ (i=1,2,\cdots,k)$ 都存在, 则 $\int_L P\mathrm{d}x+Q\mathrm{d}y$ 也存在, 且

$$\int_L P\mathrm{d}x+Q\mathrm{d}y=\sum_{i=1}^k\int_{L_i}P\mathrm{d}x+Q\mathrm{d}y.$$

2. 第二型曲线积分的计算

设平面曲线

$$L: x=\varphi(t),\quad y=\psi(t),\quad t\in[\alpha,\beta],$$

其中 $\varphi(t),\psi(t)$ 在 $[\alpha,\beta]$ 上具有一阶连续导函数, 且 L 的始点 A 与终点 B 的坐标分别为 $(\varphi(\alpha),\psi(\alpha))$ 与 $(\varphi(\beta),\psi(\beta))$. 又设 $P(x,y)$ 与 $Q(x,y)$ 为 L 上的连续函数, 则沿 L 从 A 到 B 的第二型曲线积分

$$\int_L P(x,y)\mathrm{d}x+Q(x,y)\mathrm{d}y=\int_\alpha^\beta\left[P\big(\varphi(t),\psi(t)\big)\varphi'(t)+Q\big(\varphi(t),\psi(t)\big)\psi'(t)\right]\mathrm{d}t.\quad(20.2.6)$$

在式 (20.2.6) 右边定积分的积分上、下限分别由 L 的终点与起点而定, 下限不一定要求小于上限. 另外, 对于沿封闭曲线 L 的第二型曲线积分 (20.2.2) 的计算, 可在 L 上任意选取一点作为始点, 沿 L 所指定的方向前进, 最后回到该点.

设空间曲线

$$L:\ x=\varphi(t),\quad y=\psi(t),\quad z=\omega(t),\quad t\in[\alpha,\beta],$$

且 L 的始点 A 与终点 B 分别对应于参数 $t=\alpha$ 和 $t=\beta$. 若 $P(x,y,z)$ 与 $Q(x,y,z)$, $R(x,y,z)$ 为 L 上的连续函数, 则沿 L 从 A 到 B 的第二型曲线积分

$$\begin{aligned}&\int_L P(x,y,z)\mathrm{d}x+Q(x,y,z)\mathrm{d}y+R(x,y,z)\mathrm{d}z\\=&\int_\alpha^\beta\Big[P\big(\varphi(t),\psi(t),\omega(t)\big)\varphi'(t)+Q\big(\varphi(t),\psi(t),\omega(t)\big)\psi'(t)\\&+R\big(\varphi(t),\psi(t),\omega(t)\big)\omega'(t)\Big]\mathrm{d}t.\end{aligned}\quad(20.2.7)$$

3. 两类曲线积分的联系

虽然第一型曲线积分与第二型曲线积分存在着不同, 但若规定了曲线 L 的方向后, 两者之间存在着一定的联系.

设 L 为从 A 到 B 的有向光滑曲线, 它以弧长 s 为参数, 于是

$$L:\ x=x(s),\quad y=y(s),\quad s\in[0,\ell],$$

其中 ℓ 为曲线 L 的全长, 且点 A 到 B 的坐标分别为 $\big(x(0),y(0)\big)$ 与 $\big(x(\ell),y(\ell)\big)$. 曲线 L 上每一点的切线方向指向弧长增加的一方. 现以 $(\boldsymbol{t},x)$, $(\boldsymbol{t},y)$ 分别表示切线方向 $\boldsymbol{t}$ 与 x 轴和 y 轴正向的夹角, 则在曲线上的每一点的切线方向余弦为

$$\frac{\mathrm{d}x}{\mathrm{d}s}=\cos(\boldsymbol{t},x),\quad \frac{\mathrm{d}y}{\mathrm{d}s}=\cos(\boldsymbol{t},y). \tag{20.2.8}$$

若 $P(x,y)$, $Q(x,y)$ 为曲线 L 上的连续函数, 则由式 (20.2.6) 得

$$\begin{aligned}&\int_L P(x,y)\mathrm{d}x+Q(x,y)\mathrm{d}y\\=&\int_0^{\ell}\Big[P\big(x(s),y(s)\big)\cos(\boldsymbol{t},x)+Q\big(x(s),y(s)\big)\cos(\boldsymbol{t},y)\Big]\mathrm{d}s\\=&\int_L\Big[P(x,y)\cos(\boldsymbol{t},x)+Q(x,y)\cos(\boldsymbol{t},y)\Big]\mathrm{d}s.\end{aligned} \tag{20.2.9}$$

二、疑难解答

问题 20.2.1　对于第二型曲线积分是否存在定积分式的积分中值定理?

答　对于第二型曲线积分, 不再存在定积分式的积分中值定理. ■

问题 20.2.2　为什么在曲线积分的计算公式中, 总是要求 L 是光滑的?

答　在两类曲线积分的计算公式中, 均假定了曲线 L 总是光滑的 (或分段光滑的), 这主要是确保曲线积分的存在性, 以及对公式证明保持简洁. ■

问题 20.2.3　对于第二型曲线积分而言, 当曲线 L 位于一垂直于某坐标轴的平面上时, 对应的第二型曲线积分有何特征?

答　不妨设曲线 L 位于一垂直于 x 轴的平面上 (对于 L 位于一垂直于 y 轴的平面上, 同理可得), 且 $\int_L f(x,y)\mathrm{d}x$ 存在时, 则 $\int_L f(x,y)\mathrm{d}x=0$. 这是因为

$$\int_L f(x,y)\mathrm{d}x=\lim_{\|T\|\to 0}\sum_{i=1}^{n}f(\xi_i,\eta_i)\Delta x_i=\lim_{\|T\|\to 0}\sum_{i=1}^{n}f(\xi_i,\eta_i)\cdot 0=0.$$

若 L 为空间曲线时, 也有类似的结果 (请读者自行给出). ■

三、典型例题

例 20.2.1 计算 $\int_L (x^2+2xy)\mathrm{d}y$, 其中 L 表示逆时针方向的上半椭圆 $\frac{x^2}{a^2}+\frac{y^2}{b^2}=1$.

解 将 L 改写为如下的参数方程形式:

$$x=a\cos t,\quad y=b\sin t,\quad t\in[0,\pi].$$

按给定的方向, t 是从 0 变到 π, 将 x 与 y 用参数 t 的表达式代入式 (20.2.6), 可得

$$\begin{aligned}\int_L (x^2+2xy)\mathrm{d}y &= \int_0^{\pi}\left(a^2\cos^2 t+2ab\cos t\sin t\right)b\cos t\ \mathrm{d}t\\ &= a^2b\int_0^{\pi}\cos^3 t\ \mathrm{d}t+2ab^2\int_0^{\pi}\cos^2 t\sin t\ \mathrm{d}t=\frac{4}{3}ab^2.\end{aligned}$$ ■

例 20.2.2 在过点 $O(0,0)$ 和 $A(\pi,0)$ 的曲线族 $y=k\sin x\ (k>0)$ 中, 求一条曲线 L, 使该曲线从 O 到 A 的积分 $\int_L (1+y^3)\mathrm{d}x+(2x+y)\mathrm{d}y$ 的值最小.

解 由式 (20.2.6) 可得

$$\begin{aligned}I(k) &= \int_L (1+y^3)\mathrm{d}x+(2x+y)\mathrm{d}y\\ &= \int_0^{\pi}\left[1+k^3\sin^3 x+(2x+k\sin x)k\cos x\right]\mathrm{d}x=\pi-4k+\frac{4}{3}k^3.\end{aligned}$$

由 $I'(k)=4(k^2-1)=0$, 得 $k=1$ (因 $k>0$). $k=1$ 为 $I(k)$ 在 $(0,+\infty)$ 上的唯一稳定点. 又 $I''(1)=8k|_{k=1}=8>0$, 所以 $I(k)$ 在 $k=1$ 取得最小值, 此时对应的曲线 L 为 $y=\sin x$, $x\in[0,\pi]$. ■

例 20.2.3 设分段光滑闭曲线 L 在光滑曲面 $z=f(x,y)$ 上, 曲线 L 在 xy 平面上的投影曲线为 Γ, 函数 $P(x,y,z)$ 在 L 上连续, 则

$$\oint_L P(x,y,z)\mathrm{d}x=\oint_\Gamma P\big(x,y,f(x,y)\big)\mathrm{d}x,$$

其中 Γ 的定向与 L 的定向一致.

证明 设平面曲线 Γ 的参数方程为

$$x=\varphi(t),\quad y=\psi(t),\quad t\in[a,b],$$

则空间曲线 L 的参数方程为

$$x=\varphi(t),\quad y=\psi(t),\quad z=f\big(\varphi(t),\psi(t)\big),\quad t\in[a,b].$$

于是

$$\begin{aligned}\oint_L P(x,y,z)\mathrm{d}x &= \int_a^b P\big(\varphi(t),\psi(t),f(\varphi(t),\psi(t))\big)\varphi'(t)\mathrm{d}t\\ &= \oint_\Gamma P\left(x,y,f(x,y)\right)\mathrm{d}x.\end{aligned}$$ ■

例 20.2.4　计算积分 $\int_L y^2\mathrm{d}x+z^2\mathrm{d}y+x^2\mathrm{d}z$, 其中 L 为曲线 $\begin{cases} x^2+y^2+z^2=a^2, \\ x^2+y^2=ax \end{cases}$ 上 $z\geqslant 0$ 的部分, 其中 $a>0$, 且从 x 轴正向看 L 时是逆时针方向.

解　对于 L 取如下形式的参数方程:

$$x=a\cos^2\theta,\quad y=a\cos\theta\sin\theta,\quad z=a|\sin\theta|,\quad -\frac{\pi}{2}\leqslant\theta\leqslant\frac{\pi}{2}.$$

按给定的方向, θ 是从 $-\frac{\pi}{2}$ 变到 $\frac{\pi}{2}$, 由计算公式 (20.2.7) 可得

$$\begin{aligned}\int_L y^2\mathrm{d}x+z^2\mathrm{d}y+x^2\mathrm{d}z &= \int_{-\frac{\pi}{2}}^{\frac{\pi}{2}}\Big[a^2\cos^2\theta\sin^2\theta\cdot 2a\cos\theta(-\sin\theta) \\ &\quad + a^2\sin^2\theta\cdot a(\cos^2\theta-\sin^2\theta)+a^2\cos^4\theta\cdot z'(\theta)\Big]\mathrm{d}\theta \\ &= \int_{-\frac{\pi}{2}}^{\frac{\pi}{2}}\Big[a^2\sin^2\theta\cdot a(\cos^2\theta-\sin^2\theta)+a^2\cos^4\theta\cdot z'(\theta)\Big]\mathrm{d}\theta.\end{aligned}$$

由于 $z(\theta)=a|\sin\theta|$ 为偶函数, 所以 $z'(\theta)$ 必为奇函数, 从而

$$\begin{aligned}\int_L y^2\mathrm{d}x+z^2\mathrm{d}y+x^2\mathrm{d}z &= a^3\int_{-\frac{\pi}{2}}^{\frac{\pi}{2}}\sin^2\theta\cdot(\cos^2\theta-\sin^2\theta)\mathrm{d}\theta \\ &= 2a^3\int_0^{\frac{\pi}{2}}\sin^2\theta\cdot\cos 2\theta\ \mathrm{d}\theta=-\frac{\pi}{4}a^3.\end{aligned}$$ ■

解题回顾　本题的解题中有两个方面值得关注. 其一是 L 的参数方程的选取; 其二是在计算定积分过程中利用奇偶函数的积分性质. 在此主要说明一下前者, 即 L 的参数方程的选取. 先从曲线 L 的第二个方程中引入柱坐标

$$x=r\cos\theta,\quad y=r\sin\theta,\quad z=z,$$

于是 L 的参数方程为

$$x=a\cos^2\theta,\quad y=a\cos\theta\sin\theta,\quad z=\sqrt{a^2-r^2}=a|\sin\theta|,\quad -\frac{\pi}{2}\leqslant\theta\leqslant\frac{\pi}{2}.$$

这就是解题一开始对 L 所引入的参数方程.

例 20.2.5　设 $f(t)$ 在 $\mathbb{R}$ 上连续, L 为有限条光滑曲线构成的闭曲线, 证明

$$\oint_L f(x^2+y^2)(x\mathrm{d}x+y\mathrm{d}y)=0.$$

证明　由题意, 可设闭曲线 L 由有限条光滑曲线

$$L_i:\ x=x_i(t),\quad y=y_i(t),\quad t\in[\alpha_i,\beta_i],\quad i=1,2,\cdots,n$$

首尾相连接而成, 其中

$$\big(x_1(\alpha_1), y_1(\alpha_1)\big) = \big(x_n(\beta_n), y_n(\beta_n)\big),$$

$$\big(x_i(\beta_i), y_i(\beta_i)\big) = \big(x_{i+1}(\alpha_{i+1}), y_{i+1}(\alpha_{i+1})\big), \quad i = 1, 2, \cdots, n-1.$$

所以, 据第二型曲线积分的性质及计算公式 (20.2.6) 得

$$\begin{aligned}
&\oint_L f(x^2+y^2)(x\mathrm{d}x + y\mathrm{d}y) = \sum_{i=1}^n \int_{L_i} f(x^2+y^2)(x\mathrm{d}x + y\mathrm{d}y) \\
=&\sum_{i=1}^n \int_{\alpha_i}^{\beta_i} f\big(x_i^2(t) + y_i^2(t)\big)\big(x_i(t)x_i'(t) + y_i(t)y_i'(t)\big)\mathrm{d}t \\
=&\frac{1}{2}\sum_{i=1}^n \int_{x_i^2(\alpha_i)+y_i^2(\alpha_i)}^{x_i^2(\beta_i)+y_i^2(\beta_i)} f(u_i)\mathrm{d}u_i \quad (\text{令 } u_i = x_i^2(t) + y_i^2(t)) \\
=&\frac{1}{2}\sum_{i=1}^n \int_{x_i^2(\alpha_i)+y_i^2(\alpha_i)}^{x_i^2(\beta_i)+y_i^2(\beta_i)} f(u)\mathrm{d}u \\
=&\frac{1}{2}\int_{x_1^2(\alpha_1)+y_1^2(\alpha_1)}^{x_n^2(\beta_n)+y_n^2(\beta_n)} f(u)\mathrm{d}u = 0 \quad \left(\text{应用 } \int_a^a f(x)\mathrm{d}x = 0\right).
\end{aligned}$$

■

例 20.2.6 设有一质点在力 $\boldsymbol{F}(x, y) = y\boldsymbol{i} + x\boldsymbol{j}$ 的作用下, 沿直线从原点 $(0, 0)$ 移动到抛物线 $y = 1 - x^2$ 上一点 $P(u, v)$ $(v \geqslant 0)$. 分别求出使得力 $\boldsymbol{F}$ 所做的功 W 为最大值和最小值时, 点 P 所在的位置.

解 易知直线段 OP 的参数方程为

$$x = ut, \quad y = vt, \quad t \in [0, 1].$$

所以

$$W = \int_{OP} \boldsymbol{F} \cdot \mathrm{d}\boldsymbol{s} = \int_{OP} y\mathrm{d}x + x\mathrm{d}y = \int_0^1 2uvt\ \mathrm{d}t = uv.$$

由于点 $P(u, v)$ 位于抛物线 $y = 1 - x^2$ 上, 故 $v = 1 - u^2$. 于是

$$W = u(1 - u^2) = u - u^3, \quad u \in [-1, 1].$$

由 $W' = 1 - 3u^2 = 0$, 得到 W 的稳定点 $u = \pm\dfrac{\sqrt{3}}{3}$. 注意到 W 为闭区间 $[-1, 1]$ 上的连续函数, 且在 $[-1, 1]$ 上可导, 而

$$W|_{u=-1} = W|_{u=1} = 0, \quad W|_{u=-\frac{\sqrt{3}}{3}} = -\frac{2\sqrt{3}}{9}, \quad W|_{u=\frac{\sqrt{3}}{3}} = \frac{2\sqrt{3}}{9},$$

故当 $u = \dfrac{\sqrt{3}}{3}$, 即在点 $P\left(\dfrac{\sqrt{3}}{3}, \dfrac{2}{3}\right)$ 处 W 取得最大值, 当 $u = -\dfrac{\sqrt{3}}{3}$, 即在点 $P\left(-\dfrac{\sqrt{3}}{3}, \dfrac{2}{3}\right)$ 处 W 取得最小值. ■

解题回顾　本题既涉及功 W 的计算, 又要考虑功的最大、最小值问题, 所以必须先求出 W 关于 (u,v) 的表达式, 然后再按最值的计算方法进行计算.

四、巩固提高

20.2.1　计算 $\int_L xy\,\mathrm{d}x$, 其中 L 分别为

(i) 从 $(0,0)$ 到 $(1,1)$ 的直线段;

(ii) 从 $(0,0)$ 到 $(1,1)$ 的抛物线 $y=x^2$ 的一段;

(iii) 从 $(0,0)$ 到 $(1,0)$ 的直线段 L_1 和从 $(1,0)$ 到 $(1,1)$ 的直线段 L_2 所构成的有向折线.

20.2.2　求 $\int_L (y^2+x)\cos(xy)\mathrm{d}x$, 其中 L 为圆周 $x^2+y^2=1$ 且逆时针方向.

20.2.3　计算 $\int_L xy\mathrm{d}x+x^2\mathrm{d}y$, 其中 L 是由曲线 $x-y^3=0$ 从点 $(0,0)$ 到点 $(1,1)$ 的一段.

20.2.4　计算曲线积分 $\oint_L \mathrm{e}^{-(x^2+y^2)}\left[\cos(2xy)\mathrm{d}x+\sin(2xy)\mathrm{d}y\right]$, 其中 L 为单位圆周 $x^2+y^2=1$ 且取逆时针方向.

20.2.5　设 L 为球面 $x^2+y^2+z^2=a^2$ 与平面 $x+y+z=0$ 的交线, 若从 x 轴正向看去, L 是沿逆时针方向的. 计算下列第二型曲线积分:

(i) $\int_L x\mathrm{d}x+y\mathrm{d}y+z\mathrm{d}z$;　　(ii) $\int_L z\mathrm{d}x+x\mathrm{d}y+y\mathrm{d}z$.

20.2.6　计算曲线积分 $\int_L (x^2+y^2)\mathrm{d}x+(x^2-y^2)\mathrm{d}y$, 其中 L 是由 $O(0,0)$, $A(1,1)$, $B(0,2)$ 与 $C(-1,1)$ 为顶点的正方形, 且逆时针方向.

20.2.7　一质点受力 $\boldsymbol{F}(x,y)=(2xy^2,2x^2y)$ 的作用, 沿平面曲线 $L: x=t, y=t^2$ 从点 $A(1,1)$ 移动到点 $B(2,4)$, 求力 $\boldsymbol{F}$ 所做的功.

20.2.8　设 $f(x)$ 在 $\mathbb{R}$ 上连续, L 是一条分段光滑的闭曲线. 证明

$$\oint_L f(xy)(y\mathrm{d}x+x\mathrm{d}y)=0.$$

20.2.9　设 $I(t)=\oint_L \dfrac{x\mathrm{d}y-y\mathrm{d}x}{(x^2+y^2)^k}$, 其中 k 为常数, L 为曲线 $x^2+xy+y^2=t^2$, 且取逆时针方向. 求 $\lim\limits_{t\to+\infty} I(t)$.

20.2.10　在变力 $\boldsymbol{F}(x,y,z)=yz\boldsymbol{i}+zx\boldsymbol{j}+xy\boldsymbol{k}$ 的作用下, 质点 M 由原点沿直线移动到椭球面 $\dfrac{x^2}{a^2}+\dfrac{y^2}{b^2}+\dfrac{z^2}{c^2}=1$ 上第一卦限的点 (ξ,η,ζ). 问

(i) 变力 $\boldsymbol{F}$ 所做的功 W 是多少?

(ii) 当 ξ, η, ζ 取何值时, 变力 $\boldsymbol{F}$ 所做的功 W 最大? 并求出最大功 $W_{\max}$.

第21章　重　积　分

本章主要介绍重积分 (含反常二重积分) 及其在几何、物理等方面的应用.

本章共有八节内容：21.1 节和 21.2 节分别讲述二重积分的概念与计算; 21.3 节介绍 Green 公式以及曲线积分与路径的无关性; 21.4 节讨论二重积分计算的积分变换问题; 21.5 节与 21.7 节分别是三重积分与 n 重积分的概念、性质及其积分换元法; 21.6 节为重积分在几何、物理方面的应用; 21.8 节则是简要介绍反常二重积分.

21.1　二重积分概念

一、内容精读

1. 平面图形的面积

在本节中, 首先以矩形的面积为基础, 给出平面上更一般图形的面积的概念.

设 P 是一平面有界图形 (即平面上的一个有界点集), 则一定存在各边平行于坐标轴的矩形 R 使得 $P\subset R$. 用平行于两坐标轴的直线网 T 分割此图形, 得到一族小闭矩形 Δ_i, 这些小的闭矩形可分为三类: (i) Δ_i 上的点都是 P 的内点; (ii) Δ_i 上的点都是 P 的外点, 即 $\Delta_i\cap\overline{P}=\varnothing$; (iii) Δ_i 上含有 P 的边界点 (图 21.1.1).

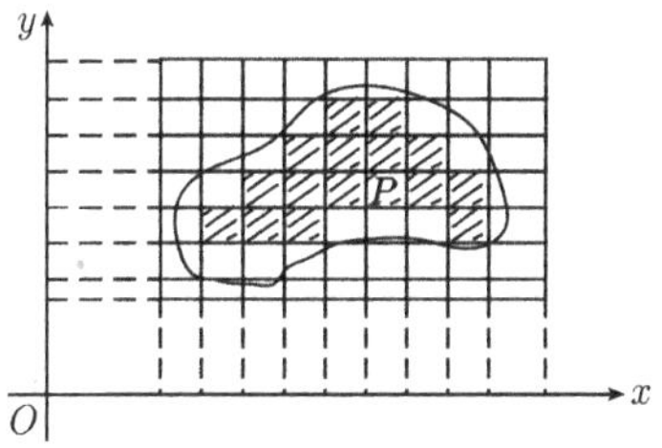

图 21.1.1

将所有属于第 (i) 类小矩形的面积加起来, 记此和数为 $s_P(T)$, 将所有属于第 (i) 类与第 (iii) 类小矩形的面积加起来, 并记此和数为 $S_P(T)$, 则有 $0\leqslant s_P(T)\leqslant S_P(T)\leqslant \Delta_R$, 其中 Δ_R 表示包含 P 的上述矩形 R 的面积.

由确界原理可知, 对于平面上所有直线网, 数集 $\{s_P(T)\}$ 有上确界, 数集 $\{S_P(T)\}$ 有下确界, 记

$$\underline{I}_P=\sup_T\{s_P(T)\},\quad \overline{I}_P=\inf_T\{S_P(T)\},$$

称 $\underline{I}_P$ 为 P 的内面积, $\overline{I}_P$ 为 P 的外面积. 显然有

$$0\leqslant \underline{I}_P\leqslant \overline{I}_P. \tag{21.1.1}$$

若 $\underline{I}_P = \overline{I}_P$, 则称平面图形 P 为可求面积, 并称其共同值 $I_P = \underline{I}_P = \overline{I}_P$ 为 P 的面积.

定理 21.1.1 平面有界图形 P 可求面积 $\Leftrightarrow$ 对任给 $\varepsilon>0$, 总存在直线网 T, 使

$$S_P(T) - s_P(T) < \varepsilon. \tag{21.1.2}$$

建立可求面积的充要条件主要是基于不等式

$$s_P(T) \leqslant \underline{I}_P \leqslant \overline{I}_P \leqslant S_P(T),$$

及当直线网 T 变密时, $s_P(T)$ 递增, $S_P(T)$ 递减的性质.

推论 21.1.1 平面有界图形 P 为零面积 $\Leftrightarrow$ P 的外面积 $\overline{I}_P = 0$, 即对任给 $\varepsilon > 0$, 总存在直线网 T, 使

$$S_P(T) < \varepsilon,$$

或对任给 $\varepsilon > 0$, 平面图形 P 能被有限个其面积总和小于 ε 的小矩形所覆盖.

定理 21.1.2 平面有界图形 P 可求面积 $\Leftrightarrow$ P 的边界 K 为零面积.

定理 21.1.3 若曲线 K 为由定义在 $[a,b]$ 上的连续函数 $f(x)$ 的图像, 则曲线 K 为零面积.

由此可得, 由参数方程 $x = \varphi(t)$, $y = \psi(t)$, $\alpha \leqslant t \leqslant \beta$ 所表示的平面光滑曲线或分段光滑曲线为零面积.

2. 二重积分的定义及其存在性

在平面图形面积的基础上, 以曲顶柱体的体积计算为几何背景, 抽象出了二重积分的概念.

设 D 为 xOy 平面上可求面积的有界闭区域, $f(x,y)$ 为定义在 D 上的函数. 用**任意**的曲线网将 D 分成 n 个可求面积的小区域

$$\sigma_1,\ \sigma_2,\ \cdots,\ \sigma_n,$$

它们构成 D 上的一个分割 T. 以 $\Delta\sigma_i$ 表示小区域 σ_i 的面积, d_i 表示小区域 σ_i 的直径, 称 $\|T\| = \max\limits_{1\leqslant i\leqslant n} \{d_i\}$ 为分割 T 的细度. **任取** $(\xi_i, \eta_i) \in \sigma_i$ 并作和式

$$\sum_{i=1}^{n} f(\xi_i, \eta_i)\Delta\sigma_i,$$

称其为函数 $f(x,y)$ 在 D 上属于分割 T 的一个积分和.

若存在一个确定的数 J, 对任给正数 ε, 总存在某个正数 δ, 使对于 D 的任何分割 T, 当它的细度 $\|T\| < \delta$ 时, 属于 T 的所有积分和都有

$$\left|\sum_{i=1}^{n} f(\xi_i, \eta_i)\Delta\sigma_i - J\right| < \varepsilon, \tag{21.1.3}$$

则称函数 $f(x,y)$ 在 D 上可积, 数 J 称为函数 $f(x,y)$ 在 D 上的**二重积分**, 记为

$$J = \iint_D f(x,y)\mathrm{d}\sigma, \tag{21.1.4}$$

其中 $f(x,y)$ 称为二重积分的**被积函数**, x, y 称为**积分变量**, D 称为**积分区域**.

由二重积分的定义知, 若 $f(x,y)$ 在区域 D 上可积, 则对于任何分割 T, 只要当 $\|T\| < \delta$ 时, 式 (21.1.3) 都成立. 因此为了方便起见, 常取一些特殊的分割方法, 如选用平行于坐标轴的直线网来分割 D, 则对每一小网眼区域 σ 的面积 $\Delta\sigma = \Delta x \Delta y$. 此时通常将 $\iint_D f(x,y)\mathrm{d}\sigma$ 记作

$$\iint_D f(x,y)\mathrm{d}x\mathrm{d}y. \tag{21.1.5}$$

可以证明：函数 $f(x,y)$ 在有界可求面积区域 D 上可积的必要条件是 $f(x,y)$ 在 D 上有界.

设函数 $f(x,y)$ 在 D 上有界, T 为 D 的一个分割, 它将 D 分成 n 个可求面积的小区域 $\sigma_1, \sigma_2, \cdots, \sigma_n$. 令

$$M_i = \sup_{(x,y)\in\sigma_i} f(x,y), \quad m_i = \inf_{(x,y)\in\sigma_i} f(x,y), \quad i = 1, 2, \cdots, n.$$

作和式

$$S(T) = \sum_{i=1}^{n} M_i \Delta\sigma_i, \quad s(T) = \sum_{i=1}^{n} m_i \Delta\sigma_i.$$

它们分别称为函数 $f(x,y)$ 关于分割 T 的**上和**与**下和**.

定理 21.1.4 函数 $f(x,y)$ 在 D 上可积 $\Leftrightarrow \lim\limits_{\|T\|\to 0} S(T) = \lim\limits_{\|T\|\to 0} s(T)$.

定理 21.1.5 函数 $f(x,y)$ 在 D 上可积 $\Leftrightarrow$ 对任给的 $\varepsilon > 0$, 存在 D 的某个分割 T, 使得 $S(T) - s(T) < \varepsilon$.

定理 21.1.6 有界闭区域 D 上的连续函数必可积.

定理 21.1.7 设 $f(x,y)$ 是定义在有界闭区域 D 上的有界函数. 若 $f(x,y)$ 的不连续点都落在有限条光滑曲线上, 则 $f(x,y)$ 在 D 上可积.

3. 二重积分的性质

二重积分的定义与定积分的定义没有本质上的差别, 因此二重积分与定积分有完全类似的性质, 现列举如下:

(i) 若 $f(x,y)$, $g(x,y)$ 在 D 上可积, α, β 为常数, 则 $\alpha f(x,y)+\beta g(x,y)$ 在 D上也可积, 且 $\iint_D \big(\alpha f(x,y)+\beta g(x,y)\big)\mathrm{d}\sigma=\alpha\iint_D f(x,y)\mathrm{d}\sigma+\beta\iint_D g(x,y)\mathrm{d}\sigma$.

(ii) 若 $f(x,y)$ 在 D_1 和 D_2 上可积, 且 D_1 和 D_2 无公共内点, 则 $f(x,y)$在 $D_1\cup D_2$ 上也可积, 且 $\iint_{D_1\cup D_2} f(x,y)\mathrm{d}\sigma=\iint_{D_1} f(x,y)\mathrm{d}\sigma+\iint_{D_2} f(x,y)\mathrm{d}\sigma$.

(iii) 若 $f(x,y)$ 与 $g(x,y)$ 在 D 上可积, 且 $f(x,y)\leqslant g(x,y)$, $(x,y)\in D$, 则

$$\iint_D f(x,y)\mathrm{d}\sigma\leqslant\iint_D g(x,y)\mathrm{d}\sigma.$$

(iv) 若 $f(x,y)$ 在 D 上可积, 则函数 $|f(x,y)|$ 在 D 上也可积, 且

$$\left|\iint_D f(x,y)\mathrm{d}\sigma\right|\leqslant\iint_D |f(x,y)|\mathrm{d}\sigma.$$

(v) 若 $f(x,y)$ 在 D 上可积, 且 $m\leqslant f(x,y)\leqslant M$, $(x,y)\in D$, 则

$$mS_D\leqslant\iint_D f(x,y)\mathrm{d}\sigma\leqslant MS_D,$$

其中 S_D 为积分区域 D 的面积, 以下含义同此.

(vi) (积分中值定理)　若 $f(x,y)$ 在有界闭区域 D 上连续, 则存在 $(\xi,\eta)\in D$, 使得

$$\iint_D f(x,y)\mathrm{d}\sigma=f(\xi,\eta)S_D.$$

(vii) (推广的积分中值定理)　若 $f(x,y)$ 在有界闭区域 D 上连续, $g(x,y)$ 在 D 上可积且不变号, 则存在 $(\xi,\eta)\in D$, 使得

$$\iint_D f(x,y)g(x,y)\mathrm{d}\sigma=f(\xi,\eta)\iint_D g(x,y)\mathrm{d}\sigma.$$

二、疑难解答

问题 21.1.1　平面有界图形一定可求面积吗?

答　不一定. 存在不可求面积的平面有界图形. 如有界平面图形

$$P=\{(x,y)\mid(x,y)\in[0,1]\times[0,1], \text{且 } x,y \text{ 为有理数}\}.$$

对于 $R=[0,1]\times[0,1]$ 的任何分割 T, 由实数的稠密性知, 第 (i) 与第 (ii) 类闭矩形均为空集, 第 (iii) 类闭矩形为 R 分割的所有小闭矩形. 于是

$$s_P(T)=0,\quad S_P(T)=1.$$

从而 $\underline{I}_P = 0 < 1 = \overline{I}_P$, 即 P 不可求面积. ■

问题 21.1.2 为什么二重积分定义中分割 T 的细度 $\|T\|$ 用子区域的最大直径 $\max\limits_{1\leqslant i\leqslant n}\{d_i\}$ 而不用子区域的最大面积 $\max\limits_{1\leqslant i\leqslant n}\{\Delta\sigma_i\}$?

答 这是因为即使子区域的面积很小, 但在同一子区域的点可能相距很远. 因此, "以直代曲" 就不可能在一个小范围内实现. $\|T\| = \max\limits_{1\leqslant i\leqslant n}\{d_i\}$无限小等价于分割 T 中所有的 σ_i 均缩成一点. 但 $\max\limits_{1\leqslant i\leqslant n}\{\Delta\sigma_i\}$ 无限小时不能保证 $\|T\| = \max\limits_{1\leqslant i\leqslant n}\{d_i\}$ 无限小, 而 $\|T\| = \max\limits_{1\leqslant i\leqslant n}\{d_i\}$ 无限小则能保证 $\max\limits_{1\leqslant i\leqslant n}\{\Delta\sigma_i\}$ 无限小, 即 $\|T\| = \max\limits_{1\leqslant i\leqslant n}\{d_i\} \to 0 \underset{\not\Leftarrow}{\Rightarrow} \max\limits_{1\leqslant i\leqslant n}\{\Delta\sigma_i\} \to 0$. ■

问题 21.1.3 二重积分中值定理中的有界闭区域 D 能否换为可求面积的有界集 D?

答 不能. 二重积分中值定理中的对积分区域 D 的要求除可求面积外, 最重要的一条是要求 D 的连通性. 闭区域 D 包含了连通性. 若将闭区域换为可求面积的有界集, 二重积分的中值定理不一定成立 (因为可求面积的有界集未必具有连通性). 例如函数

$$f(x,y) = \begin{cases} 1, & (x,y)\in D_1, \\ -1, & (x,y)\in D_2, \end{cases}$$

其中 D_1 与 D_2 分别为闭正方形 (图 21.1.2)

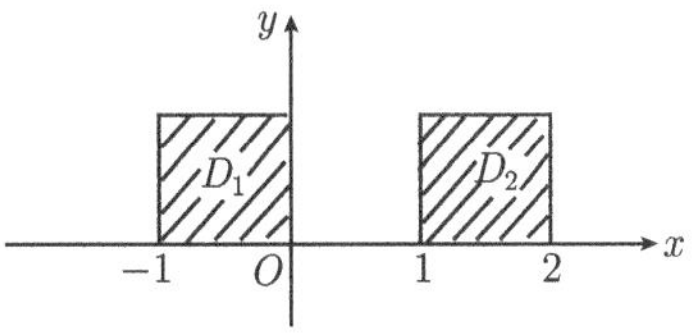

图 21.1.2

$$D_1 = [-1,0]\times[0,1], \quad D_2 = [1,2]\times[0,1].$$

显然, $f(x,y)$ 在有界闭集 $D = D_1 \cup D_2$ 上连续, 且由二重积分的性质有

$$\iint_D f(x,y)\mathrm{d}x\mathrm{d}y = \iint_{D_1} f(x,y)\mathrm{d}x\mathrm{d}y + \iint_{D_2} f(x,y)\mathrm{d}x\mathrm{d}y = 1-1=0.$$

因为 $S_D = 2$, 所以若存在 $(\xi,\eta)\in D$ 使得

$$0 = \iint_D f(x,y)\mathrm{d}x\mathrm{d}y = f(\xi,\eta)\cdot 2,$$

则 $f(\xi,\eta)=0$, 这与对任意 $(x,y)\in D$, $f(x,y)\neq 0$ 相矛盾. ■

问题 21.1.4 对定积分而言, 若 $f(x)$ 与 $g(x)$ 为定义在区间 $[a,b]$ 的有界函数, 且仅在 $[a,b]$ 中有限个点处 $f(x)\neq g(x)$, 则当 $f(x)$在 $[a,b]$ 上可积时, $g(x)$ 在 $[a,b]$ 上也可积, 且 $\int_a^b f(x)\mathrm{d}x = \int_a^b g(x)\mathrm{d}x$. 请问对于二重积分也有类似的结论吗?

答 对于二重积分, 类似结论成立, 而且还有更一般的结论.

若 $f(x,y)$ 与 $g(x,y)$ 均为定义在可求面积的有界闭区域 D 上的有界函数, 且平面图形 $\{(x,y) \mid f(x,y) \neq g(x,y), (x,y) \in D\}$ 的面积为零, 则当 $f(x,y)$ 在 D 上可积时, $g(x,y)$ 在 D 上也可积, 且 $\iint_D f(x,y)\mathrm{d}\sigma = \iint_D g(x,y)\mathrm{d}\sigma$. ■

三、典型例题

例 21.1.1　设曲线 $C: x=\varphi(t), y=\psi(t), \alpha \leqslant t \leqslant \beta$, 其 $\varphi(t)$, $\psi(t)$ 连续, 且至少其中之一具有连续导数, 则曲线 C 的面积为零.

证明　不妨设 $\varphi(t)$ 在闭区间 $[\alpha,\beta]$ 上连续, $\psi(t)$ 具有连续导数. 对任意 $\varepsilon>0$, 可作分割

$$\alpha = t_0 < t_1 < \cdots < t_n = \beta,$$

使得当 $s,t \in [t_{i-1},t_i]$, $i=1,2,\cdots,n$ 时有

$$|\varphi(s)-\varphi(t)| < \varepsilon.$$

令 $a_i = \min\limits_{t\in[t_{i-1},t_i]} \varphi(t)$, $b_i = \max\limits_{t\in[t_{i-1},t_i]} \varphi(t)$, 则有

$$b_i - a_i \leqslant \varepsilon, \quad i=1,2,\cdots,n.$$

又令

$$c_i = \min_{t\in[t_{i-1},t_i]} \psi(t), \quad d_i = \max_{t\in[t_{i-1},t_i]} \psi(t), \quad I_i = [a_i,b_i]\times[c_i,d_i],$$

则当 $t\in[t_{i-1},t_i]$ 时, $\big(\varphi(t),\psi(t)\big) \in I_i$, 故曲线 $C \subset \bigcup\limits_{i=1}^{n} I_i$. 由于 $\psi'(t)$ 在闭区间 $[\alpha,\beta]$ 上连续, 所以

$$|\psi'(t)| \leqslant M, \quad t\in[\alpha,\beta].$$

由微分中值定理, 可得

$$d_i - c_i \leqslant M(t_i - t_{i-1}), \quad i=1,2,\cdots,n,$$

因而若用 ΔI_i 表示矩形 I_i 的面积, 则

$$\sum_{i=1}^{n} \Delta I_i \leqslant \varepsilon M \sum_{i=1}^{n} (t_i - t_{i-1}) = \varepsilon M(\beta-\alpha). \tag{21.1.6}$$

由式 (21.1.6) 及 ε 的任意性, 得到曲线 C 的面积为零. ■

例 21.1.2　设非负有界二元函数 f 在区域 D 上可积, 证明

$$\iint_D f(x,y)\mathrm{d}x\mathrm{d}y = 0 \tag{21.1.7}$$

的充要条件是 f 在其连续点处的值均为零.

证明 必要性. (反证法) 若不然, 则存在 $P_0(x_0,y_0)$, f 在 P_0 点连续, 且 $f(x_0,y_0)>0$. 由连续的局部保号性知, 存在 $\delta>0$, 使得在圆形邻域 $U(P_0;\delta)$ 内

$$f(x,y)>\frac{1}{2}f(x_0,y_0),\quad \forall\ (x,y)\in U(P_0;\delta)\subset D.$$

于是

$$\iint_D f(x,y)\mathrm{d}x\mathrm{d}y\geqslant\iint_{U(P_0,\delta)}\frac{1}{2}f(x_0,y_0)\mathrm{d}x\mathrm{d}y=\frac{\pi}{2}\delta^2f(x_0,y_0)>0.$$

这与式 (21.1.7) 相矛盾.

充分性. 设 $f(x,y)$ 在其连续点处的函数值为 0. 对任意分划 T 中可求面积的小区域 σ_i, 若 $\Delta\sigma_i>0$, 则 σ_i 的面积不为零. 由可积的充要条件知在每一个 σ_i 上至少有 f 的一个连续点, 记为 (ξ_i,η_i), 作和数 $\sum\limits_{i=1}^n f(\xi_i,\eta_i)\Delta\sigma_i$, 则

$$\sum_{i=1}^n f(\xi_i,\eta_i)\Delta\sigma_i=0.$$

于是

$$\iint_D f(x,y)\mathrm{d}x\mathrm{d}y=\lim_{\|T\|\to0}\sum_{i=1}^n f(\xi_i,\eta_i)\Delta\sigma_i=0.$$ ■

例 21.1.3 用二重积分的定义计算 $\iint_D \mathrm{e}^{x+y}\mathrm{d}\sigma$, 其中 $D=[0,1]\times[0,1]$.

解 因为 $f(x,y)=\mathrm{e}^{x+y}$ 在 D 上连续, 所以它在 D 上可积, 于是取两组平行于坐标轴的直线网

$$x_i=\frac{i}{n},\quad y_j=\frac{j}{n},\quad i,j=1,2,\cdots,n-1$$

分割 D 为 $n\times n$ 个小的正方形 $\varDelta_{ij}=[x_{i-1},x_i]\times[y_{j-1},y_j]$, $i,j=1,2,\cdots,n$, 并在每个小正方形 $\varDelta_{ij}$ 上取其顶点 $\left(\dfrac{i}{n},\dfrac{j}{n}\right)$ 作为 (ξ_i,η_j), 则有

$$\begin{aligned}\iint_D \mathrm{e}^{x+y}\mathrm{d}\sigma&=\lim_{n\to\infty}\sum_{i=1}^n\sum_{j=1}^n\mathrm{e}^{\frac{i}{n}+\frac{j}{n}}\frac{1}{n^2}=\lim_{n\to\infty}\frac{1}{n^2}\sum_{i=1}^n\mathrm{e}^{\frac{i}{n}}\sum_{j=1}^n\mathrm{e}^{\frac{j}{n}}\\&=\lim_{n\to\infty}\frac{1}{n^2}\left(\sum_{i=1}^n\mathrm{e}^{\frac{i}{n}}\right)^2=\lim_{n\to\infty}\frac{1}{n^2}\mathrm{e}^{\frac{2}{n}}\frac{(1-\mathrm{e})^2}{(1-\mathrm{e}^{\frac{1}{n}})^2}=(\mathrm{e}-1)^2.\end{aligned}$$

本题最后计算时用到如下极限

$$\lim_{x\to0}\frac{x^2}{(1-\mathrm{e}^x)^2}=\lim_{x\to0}\frac{2x}{2(1-\mathrm{e}^x)(-\mathrm{e}^x)}=-\lim_{x\to0}\frac{x}{1-\mathrm{e}^x}=-\lim_{x\to0}\frac{1}{-\mathrm{e}^x}=1.$$ ■

例 21.1.4　设 $D=\{(x,y)\mid (x-2)^2+(y-1)^2\leqslant 2\}$, 试比较积分 $\iint_D (x+y)^2\mathrm{d}\sigma$ 与 $\iint_D (x+y)^3\mathrm{d}\sigma$ 的大小.

解　由 $(x-2)^2+(y-1)^2\leqslant 2$ 可得 $x^2+y^2-2x+3\leqslant 2(x+y)$, 所以

$$x+y\geqslant \frac{1}{2}\left(x^2+y^2-2x+3\right)=\frac{1}{2}\left[(x-1)^2+y^2\right]+1\geqslant 1,$$

从而 $(x+y)^2\leqslant (x+y)^3$, $(x,y)\in D$. 于是由二重积分的性质, 有

$$\iint_D (x+y)^2\mathrm{d}\sigma\leqslant \iint_D (x+y)^3\mathrm{d}\sigma. \qquad \blacksquare$$

例 21.1.5　设 $f(x,y)$ 在 $D=[a,b]\times[c,d]$ 上有定义, 当固定 x 时 $f(x,y)$ 对 y 单调递增, 当固定 y 时 $f(x,y)$ 对 x 也单调递增, 证明 $f(x,y)$ 在 D 上可积.

证明　对任给的 $\varepsilon>0$, 取正整数 n 使得

$$\frac{2}{n}\big(f(b,d)-f(a,c)\big)S_D<\varepsilon,$$

其中 S_D 为 D 的面积. 用直线网

$$x=a+i\frac{b-a}{n},\quad y=c+j\frac{d-c}{n},\quad i,j=1,2,\cdots,n-1$$

分割 $D: x_i=a+i\dfrac{b-a}{n}$, $y_i=c+j\dfrac{d-c}{n}$, $i,j=0,1,\cdots,n$, 记此分割为 T. 令

$$m_{ij}=\inf_{(x,y)\in\sigma_{ij}} f(x,y),\quad M_{ij}=\sup_{(x,y)\in\sigma_{ij}} f(x,y),\quad i,j=1,2,\cdots,n,$$

其中 $\sigma_{ij}=[x_{i-1},x_i]\times[y_{i-1},y_i]$. 据 $f(x,y)$ 关于单个变量的单调增加, 有

$$\begin{aligned}f(x_n,y_i)-f(x_0,y_{i-1})=&f(x_n,y_n)-f(x_0,y_0)\\&-[f(x_n,y_n)-f(x_n,y_i)]-[f(x_0,y_{i-1})-f(x_0,y_0)]\\\leqslant& f(x_n,y_n)-f(x_0,y_0),\end{aligned}$$

$$\begin{aligned}f(x_i,y_n)-f(x_i,y_0)=&f(x_n,y_n)-f(x_0,y_0)\\&-[f(x_n,y_n)-f(x_i,y_n)]-[f(x_i,y_0)-f(x_0,y_0)]\\\leqslant& f(x_n,y_n)-f(x_0,y_0).\end{aligned}$$

于是, 在分割 T 下, 有

$$S(T)-s(T)=\sum_{i,j=1}^{n}M_{ij}\frac{S_D}{n^2}-\sum_{i,j=1}^{n}m_{ij}\frac{S_D}{n^2}$$

$$
\begin{aligned}
&=\frac{1}{n^2}\left[\sum_{i,j=1}^{n} f(x_i,y_j)-\sum_{i,j=1}^{n} f(x_{i-1},y_{j-1})\right] S_D\\
&=\frac{1}{n^2}\left[\sum_{j=1}^{n} f(x_n,y_j)+\sum_{i=1}^{n-1} f(x_i,y_n)-\sum_{j=0}^{n-1} f(x_0,y_j)-\sum_{i=1}^{n-1} f(x_i,y_0)\right] S_D\\
&=\frac{1}{n^2}\left[\sum_{j=1}^{n} (f(x_n,y_j)-f(x_0,y_{j-1}))+\sum_{i=1}^{n-1} (f(x_i,y_n)-f(x_i,y_0))\right] S_D\\
&\leqslant\frac{1}{n^2}\cdot(2n-1)(f(x_n,y_n)-f(x_0,y_0))S_D\\
&\leqslant\frac{2}{n}(f(b,d)-f(a,c))S_D<\varepsilon.
\end{aligned}
$$

于是, 由定理 21.1.5 知函数 $f(x,y)$ 在 D 上可积. ■

四、巩固提高

21.1.1 设 $f(x,y)$, $g(x,y)$ 都是 D 上的可积函数, 证明

$$h(x,y)=\max\{f(x,y),g(x,y)\}$$

也是 D 上的可积函数.

21.1.2 用二重积分的定义计算 $\iint_D x^2y^2\mathrm{d}\sigma$, 其中 $D=[0,1]\times[0,1]$.

21.1.3 讨论函数

$$f(x,y)=\begin{cases}\cos\dfrac{1}{xy}, & x\neq 0\text{且}y\neq 0,\\ 1, & x=0\text{或}y=0\end{cases}$$

在 $D=[0,1]\times[0,1]$ 上的可积性.

21.1.4 设 $D=[0,1]\times[0,1]$, 讨论函数

$$f(x,y)=\begin{cases}1, & (x,y)\text{为}D\text{中的有理点},\\ 0, & (x,y)\text{为}D\text{中的非有理点}\end{cases}$$

在 D 上的可积性.

21.1.5 若 $f(x,y)$ 在有界闭区域 D 上连续, 且在 D 内任一子区域 D' 上有 $\iint_{D'} f(x,y)\mathrm{d}\sigma=0$, 则在 D 上 $f(x,y)\equiv 0$.

21.1.6 若 $f(x,y)$ 在有界闭区域 D 上连续, $g(x,y)$ 在 D 上可积且不变号, 则存在 $(\xi,\eta)\in D$, 使得

$$\iint_D f(x,y)g(x,y)\mathrm{d}\sigma=f(\xi,\eta)\iint_D g(x,y)\mathrm{d}\sigma.$$

21.1.7　设 D 为有界闭区域, 证明若函数 $f(x,y)$ 在 D 上可积, 则 f 在 D 上必有界.

21.1.8　试比较下列各积分的大小:

(i) $\iint_D (x+y)^2 \mathrm{d}\sigma$ 与 $\iint_D (x+y)^3 \mathrm{d}\sigma$, 其中积分区域 D 是由 x 轴、y 轴和直线 $x+y=1$ 所围成;

(ii) $\iint_D \sin^2(x+y)\mathrm{d}\sigma$ 与 $\iint_D (x+y)^2 \mathrm{d}\sigma$, 其中 D 为任一有界闭区域;

(iii) $\iint_D \ln(x+y)\mathrm{d}\sigma$ 与 $\iint_D [\ln(x+y)]^2 \mathrm{d}\sigma$, 其中积分区域 D 是由顶点为$(1,0)$, $(1,1)$, $(2,0)$ 组成的三角形区域.

21.2　直角坐标系下二重积分的计算

一、内容精读

二重积分的计算是采用累次积分法, 即将二重积分的计算化为连续两次定积分计算. 最简单的情形是积分区域为矩形区域 (假定矩形的两边分别与坐标轴平行). 所以, 一般先讨论定义在矩形区域 $D=[a,b]\times[c,d]$ 上的二重积分计算问题, 然后再将 D 扩展到一般的区域.

1. 矩形区域上的二重积分

定理 21.2.1　设 $f(x,y)$ 在矩形区域 $D=[a,b]\times[c,d]$ 上可积, 且对每个 $x\in[a,b]$, 积分 $\int_c^d f(x,y)\mathrm{d}y$ 存在, 则累次积分 $\int_a^b \mathrm{d}x\int_c^d f(x,y)\mathrm{d}y$ 也存在, 且

$$\iint_D f(x,y)\mathrm{d}\sigma=\int_a^b \mathrm{d}x\int_c^d f(x,y)\mathrm{d}y. \tag{21.2.1}$$

定理 21.2.2　设 $f(x,y)$ 在矩形区域 $D=[a,b]\times[c,d]$ 上可积, 且对每个 $y\in[c,d]$, 积分 $\int_a^b f(x,y)\mathrm{d}x$ 存在, 则累次积分 $\int_c^d \mathrm{d}y\int_a^b f(x,y)\mathrm{d}x$ 也存在, 且

$$\iint_D f(x,y)\mathrm{d}\sigma=\int_c^d \mathrm{d}y\int_a^b f(x,y)\mathrm{d}x. \tag{21.2.2}$$

特别当 $f(x,y)$ 在矩形区域 $D=[a,b]\times[c,d]$ 上连续时, 则有

$$\iint_D f(x,y)\mathrm{d}\sigma=\int_a^b \mathrm{d}x\int_c^d f(x,y)\mathrm{d}y=\int_c^d \mathrm{d}y\int_a^b f(x,y)\mathrm{d}x. \tag{21.2.3}$$

2. 其他区域上的二重积分

1) x 型区域 (y 型区域) 上的二重积分

称平面点集

$$D=\{(x,y)\mid y_1(x)\leqslant y\leqslant y_2(x),a\leqslant x\leqslant b\}\tag{21.2.4}$$

为x 型区域. 其特点是垂直于 x 轴的直线 $x=x_0$ $(a<x_0<b)$ 穿越 D 的内部时与区域 D 的边界至多交于两点 (图 21.2.1 (a)). 称平面点集

$$D=\{(x,y)\mid x_1(y)\leqslant x\leqslant x_2(y),c\leqslant y\leqslant d\}\tag{21.2.5}$$

为y 型区域. 其特点是垂直于 y 轴的直线 $y=y_0$ $(c<y_0<d)$ 穿越 D 的内部时与区域 D 的边界至多交于两点 (图 21.2.1 (b)).

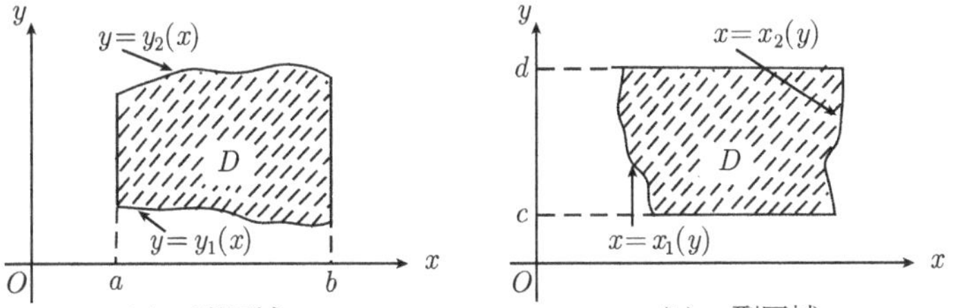

(a) x 型区域　　(b) y 型区域

图 21.2.1

定理 21.2.3 (a) 若 $f(x,y)$ 在如式 (21.2.4) 所示的 x 型区域 D 上连续, 其中 $y_1(x)$, $y_2(x)$ 在 $[a,b]$ 上连续, 则

$$\iint_D f(x,y)\mathrm{d}\sigma=\int_a^b\mathrm{d}x\int_{y_1(x)}^{y_2(x)}f(x,y)\mathrm{d}y,\tag{21.2.6}$$

即二重积分可化为先对 y, 后对 x 的累次积分.

(b) 若 $f(x,y)$ 在如式 (21.2.5) 所示的 y 型区域 D 上连续, 其中 $x_1(y)$, $x_2(y)$ 在 $[c,d]$ 上连续, 则二重积分可化为先对 x, 后对 y 的累次积分, 即

$$\iint_D f(x,y)\mathrm{d}\sigma=\int_c^d\mathrm{d}y\int_{x_1(y)}^{x_2(y)}f(x,y)\mathrm{d}x.\tag{21.2.7}$$

2) 一般区域上的二重积分

对于更一般的积分区域, 通常是将其分解为有限个 x 型区域或 y 型区域 (如图 21.2.2 所示的区域 D 可分解成三个区域, 其中 D_1, D_3 为 x 型区域, D_2 为 y 型区

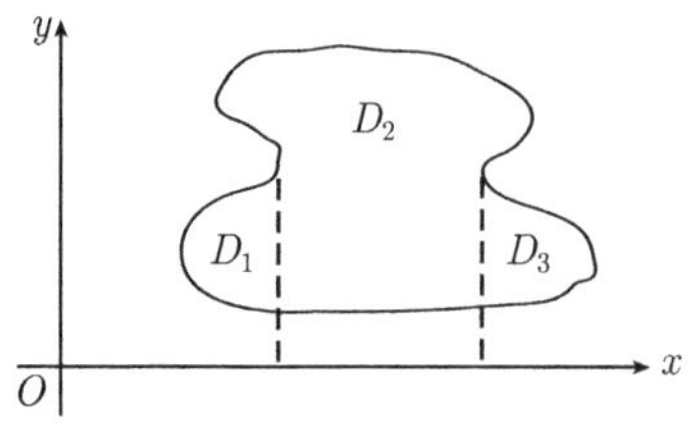

图 21.2.2

域), 则可分别计算这些区域上积分的值, 然后通过积分的区域可加性求得原积分的值.

在具体计算时, 不光要考虑将积分区域分解为有限个 x 型区域或 y 型区域, 重要的是还要兼顾被积分函数的情况, 通常是以方便计算为原则, 权衡利弊来决定采用哪种积分区域的分解与累次积分顺序. 对二重积分的计算, 画出积分区域的草图将有助于作出正确的选择. 问题 21.2.1 对累次积分的顺序选择作了详细说明.

二、疑难解答

问题 21.2.1 将二重积分化为累次积分时, 积分顺序对计算有无影响?

答 当函数 $f(x,y)$ 在区域 D 上满足定理 21.2.3 的条件时, 计算二重积分 $\iint_D f(x,y)\mathrm{d}\sigma$ 有两种不同的累次积分供选择. 但在一般情况下, 由于被积函数 $f(x,y)$ 差异, 积分顺序的不同, 计算量的大小与难易程度也不同, 有时可能无法用常规方法得到计算结果. 下面举几个例子来说明之:

例 1 计算二重积分 $\iint_D xy^2\mathrm{d}\sigma$, 其中 D 是由直线 $y=x$, $x=2$ 与双曲线 $xy=1$ 所围成的闭区域.

解 所给的区域 D 既是 x 型区域又是 y 型区域.

(i) 按 x 型区域计算. 此时 $D: 1\leqslant x\leqslant 2$, $\dfrac{1}{x}\leqslant y\leqslant x$. 于是

$$\iint_D xy^2\mathrm{d}\sigma=\int_1^2\mathrm{d}x\int_{\frac{1}{x}}^{x}xy^2\mathrm{d}y=\frac{1}{3}\int_1^2 x\left(x^3-\frac{1}{x^3}\right)\mathrm{d}x=\frac{19}{10}.$$

(ii) 按 y 型区域计算. 此时 $D=D_1+D_2$, 其中 $D_1: \dfrac{1}{2}\leqslant y\leqslant 1$, $\dfrac{1}{y}\leqslant x\leqslant 2$; $D_2: 1\leqslant y\leqslant 2$, $y\leqslant x\leqslant 2$. 于是

$$\begin{aligned}\iint_D xy^2\mathrm{d}\sigma&=\iint_{D_1}xy^2\mathrm{d}\sigma+\iint_{D_2}xy^2\mathrm{d}\sigma\\&=\int_{\frac{1}{2}}^{1}\mathrm{d}y\int_{\frac{1}{y}}^{2}xy^2\mathrm{d}x+\int_1^2\mathrm{d}y\int_y^2 xy^2\mathrm{d}x\\&=\frac{1}{2}\int_{\frac{1}{2}}^{1}y^2\left(4-\frac{1}{y^2}\right)\mathrm{d}y+\frac{1}{2}\int_1^2 y^2\left(4-y^2\right)\mathrm{d}y=\frac{1}{3}+\frac{47}{30}=\frac{19}{10}.\end{aligned}$$

此例表明, 按 y 型区域的计算量要比按 x 型区域的计算量大.

例 2 计算二重积分 $\iint_D \dfrac{\sin y}{y}\mathrm{d}\sigma$, 其中 D 是由直线 $y=x$ 与曲线 $y=\sqrt{x}$ 所围成的闭区域.

解 显然, 所给的区域 D 既是 x 型区域又是 y 型区域 (图 21.2.3).

若按 x 型区域计算, 此时 $D: 0 \leqslant x \leqslant 1, x \leqslant y \leqslant \sqrt{x}$. 于是

$$\iint_D \frac{\sin y}{y} \mathrm{d}\sigma = \int_0^1 \mathrm{d}x \int_x^{\sqrt{x}} \frac{\sin y}{y} \mathrm{d}y.$$

由一元函数积分学可知, 函数 $\dfrac{\sin y}{y}$ 的原函数不能用有限形式的初等函数表示, 这样计算就无法进行下去.

若按 y 型区域计算, 此时 $D: 0 \leqslant y \leqslant 1, y^2 \leqslant x \leqslant y$. 于是

$$\begin{aligned}\iint_D \frac{\sin y}{y} \mathrm{d}\sigma &= \int_0^1 \mathrm{d}y \int_{y^2}^{y} \frac{\sin y}{y} \mathrm{d}x \\ &= \int_0^1 \frac{\sin y}{y}(y - y^2)\mathrm{d}y \\ &= \int_0^1 (1-y)\sin y \mathrm{d}y = 1 - \sin 1.\end{aligned}$$

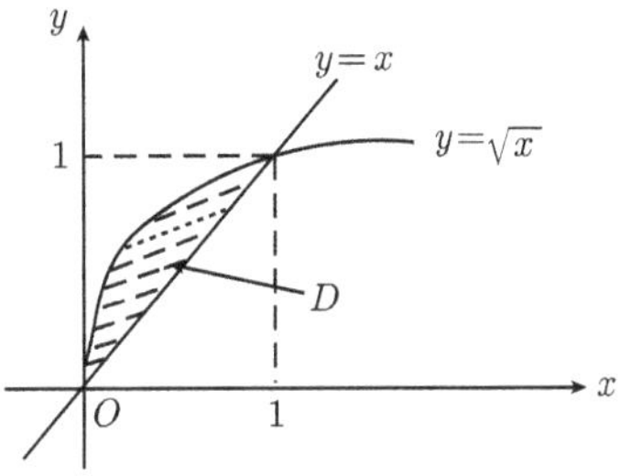

图 21.2.3

此例表明, 积分顺序选得不好就有可能得不到计算结果.

例 3 计算二重积分 $\iint_D xy\mathrm{d}\sigma$, 其中 D 是由直线 $y=x$ 与曲线 $y=\sqrt{x}$ 所围成的闭区域.

解 显然, 所给的区域 D 既是 x 型区域又是 y 型区域 (图 21.2.3).

若按 x 型区域计算, 此时 $D: 0 \leqslant x \leqslant 1, x \leqslant y \leqslant \sqrt{x}$. 于是

$$\iint_D xy\mathrm{d}\sigma = \int_0^1 \mathrm{d}x \int_x^{\sqrt{x}} xy\mathrm{d}y = \frac{1}{2}\int_0^1 x\left(x - x^2\right)\mathrm{d}x = \frac{1}{24}.$$

若按 y 型区域计算, 此时 $D: 0 \leqslant y \leqslant 1, y^2 \leqslant x \leqslant y$. 于是

$$\iint_D xy\mathrm{d}\sigma = \int_0^1 \mathrm{d}y \int_{y^2}^{y} xy\mathrm{d}x = \frac{1}{2}\int_0^1 y(y^2 - y^4)\mathrm{d}y = \frac{1}{24}.$$

此例按 y 型区域的计算量与按 x 型区域的计算量大体相当. ■

问题 21.2.2 对定积分而言, 利用函数的奇、偶性 (关于原点、y 轴的对称性) 可简化积分计算. 对于二重积分如何利用对称性来简化其计算呢?

答 与定积分相类似, 也可以利用对称性来简化二重积分 $I = \iint_D f(x,y)\mathrm{d}\sigma$ 的计算. 但在应用二重积分的对称性时, 必须兼顾被积函数与积分区域两个方面, 两个方面的对称性要相匹配时才能使用. 具体情况归纳如下:

情形 1 设区域 D 关于 y 轴对称.

(i) 若对任意一点 $(x,y) \in D$ 均有 $f(-x,y) = -f(x,y)$, 则 $I \equiv 0$;

(ii) 若对任意一点 $(x,y)\in D$ 均有 $f(-x,y)=f(x,y)$, 则 $I=2\iint_{D_1}f(x,y)\mathrm{d}\sigma$, 其中 $D_1=\{(x,y)\mid(x,y)\in D,\ x\geqslant 0\}$, 即 D_1 为 D 中位于 y 轴右边的部分.

情形 2　设区域 D 关于 x 轴对称.

(i) 若对任意一点 $(x,y)\in D$ 均有 $f(x,-y)=-f(x,y)$, 则 $I\equiv 0$;

(ii) 若对任意一点 $(x,y)\in D$ 均有 $f(x,-y)=f(x,y)$, 则 $I=2\iint_{D_2}f(x,y)\mathrm{d}\sigma$, 其中 $D_2=\{(x,y)\mid(x,y)\in D,y\geqslant 0\}$, 即 D_2 为 D 中位于 x 轴上边的部分.

情形 3　设区域 D 关于原点对称.

(i) 若对任意一点 $(x,y)\in D$ 均有 $f(-x,-y)=-f(x,y)$, 则 $I\equiv 0$;

(ii) 若对任意一点 $(x,y)\in D$ 均有 $f(-x,-y)=f(x,y)$, 则

$$I=2\iint_{D_1}f(x,y)\mathrm{d}\sigma=2\iint_{D_2}f(x,y)\mathrm{d}\sigma,$$

其中 D_1 与 D_2 如上述所定义.

情形 4　设区域 D 关于直线 $y=x$ 对称.

(i) $\iint_D f(x,y)\mathrm{d}\sigma=\iint_D f(y,x)\mathrm{d}\sigma$;

(ii) 若 $f(x,y)=-f(y,x)$, 则 $I\equiv 0$;

(iii) 若 $f(x,y)=f(y,x)$, 则 $I=2\iint_{D_3}f(x,y)\mathrm{d}\sigma$, 其中 $D_3=\{(x,y)\mid(x,y)\in D,y\geqslant x\}$, 即 D_3 为 D 位于直线 $y=x$ 上方的部分.

情形 5　设区域 D 既关于 x 轴又关于 y 轴对称.

(i) 若 $f(-x,y)=-f(x,y)$ 或 $f(x,-y)=-f(x,y)$, 则 $I\equiv 0$;

(ii) 若 $f(-x,y)=f(x,y)=f(x,-y)$, 则 $I=4\iint_{D_4}f(x,y)\mathrm{d}\sigma$, 其中 $D_4=\{(x,y)\mid(x,y)\in D,y\geqslant 0,x\geqslant 0\}$.

以上内容不要去死记硬背, 可以从二重积分的定义得到.

三、典型例题

例 21.2.1　设 $f(x)$ 为连续函数, 证明 $\int_a^b\mathrm{d}x\int_a^x f(y)\mathrm{d}y=\int_a^b(b-x)f(x)\mathrm{d}x$.

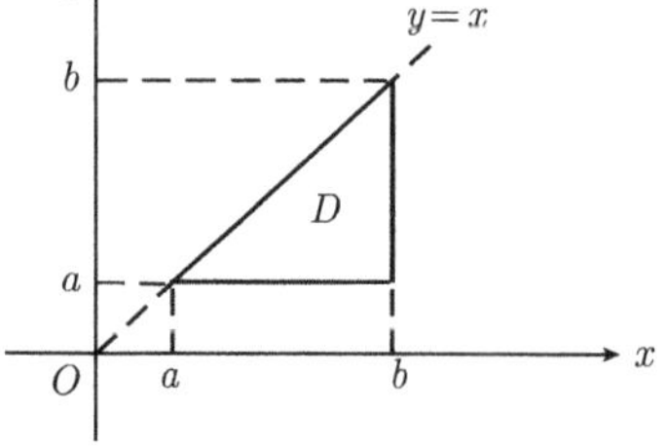

图 21.2.4

证法 1　(利用交换累次积分顺序) 累次积分 $\int_a^b\mathrm{d}x\int_a^x f(y)\mathrm{d}y$ 是二重积分 $\iint_D f(y)\mathrm{d}\sigma$ 按 x型区域给出, 其中 D 是由直线 $y=x$、$y=a$ 与 $x=b$ 所围成的闭区域 (图 21.2.4). 交换累次积分应按 y 型区域来计算, 此时区域 D 表示为

$$D:\ a\leqslant y\leqslant b,\quad y\leqslant x\leqslant b.$$

于是, 交换累次积分次序后得

$$\int_a^b \mathrm{d}x \int_a^x f(y)\mathrm{d}y = \int_a^b \mathrm{d}y \int_y^b f(y)\mathrm{d}x = \int_a^b (b-y)f(y)\mathrm{d}y = \int_a^b (b-x)f(x)\mathrm{d}x.$$

证法 2 (利用变上限积分的可导性) 令

$$F(t) = \int_a^t \mathrm{d}x \int_a^x f(y)\mathrm{d}y - \int_a^t (t-x)f(x)\mathrm{d}x, \quad t \in [a,b].$$

显然有 $F(a) \equiv 0$. $F(t)$ 又可写为如下形式:

$$F(t) = \int_a^t \left[\int_a^x f(y)\mathrm{d}y\right]\mathrm{d}x - t\int_a^t f(x)\mathrm{d}x + \int_a^t xf(x)\mathrm{d}x, \quad t \in [a,b].$$

由 $f(x)$ 的连续知 $\int_a^x f(y)\mathrm{d}y$, $F(t)$ 在 (a,b) 内可导, 在 $[a,b]$ 上连续. 从而

$$F'(t) = \int_a^t f(y)\mathrm{d}y - \int_a^t f(x)\mathrm{d}x - tf(t) + tf(t) = 0,$$

即 $F(t) \equiv C$. 而 $F(a) \equiv 0$, 所以 $C = 0$. 由此即得证明的结论. ■

例 21.2.2 计算 $\iint_D \frac{y\mathrm{d}x\mathrm{d}y}{(1+x^2+y^2)^{\frac{3}{2}}}$, 其中 $D = [0,1]\times[0,1]$.

解 先按 x 型区域积分, 即先对 y 后对 x 积分. 由式 (21.2.1) 可得

$$\begin{aligned}\iint_D \frac{y\mathrm{d}x\mathrm{d}y}{(1+x^2+y^2)^{\frac{3}{2}}} &= \int_0^1 \mathrm{d}x \int_0^1 \frac{y}{(1+x^2+y^2)^{\frac{3}{2}}}\mathrm{d}y \\ &= \int_0^1 \left(\frac{1}{\sqrt{1+x^2}} - \frac{1}{\sqrt{2+x^2}}\right)\mathrm{d}x = \ln\frac{2+\sqrt{2}}{1+\sqrt{3}}.\end{aligned}$$

另外, 此题若按 y 型区域积分, 即先对 x 后对 y 积分. 由式 (21.2.2) 可得

$$\begin{aligned}\iint_D \frac{y\mathrm{d}x\mathrm{d}y}{(1+x^2+y^2)^{\frac{3}{2}}} &= \int_0^1 y\mathrm{d}y \int_0^1 \frac{1}{(1+x^2+y^2)^{\frac{3}{2}}}\mathrm{d}x \\ &= \int_0^1 y\left(\frac{1}{1+y^2}\cdot\left.\frac{x}{\sqrt{1+x^2+y^2}}\right|_{x=0}^{x=1}\right)\mathrm{d}y \\ &= \int_0^1 \frac{y}{(1+y^2)\sqrt{2+y^2}}\mathrm{d}y \quad (令 t = \sqrt{2+y^2}) \\ &= \int_{\sqrt{2}}^{\sqrt{3}} \frac{\mathrm{d}t}{t^2-1} = \frac{1}{2}\ln\left.\frac{t-1}{t+1}\right|_{\sqrt{2}}^{\sqrt{3}} = \frac{1}{2}\ln\frac{(\sqrt{3}-1)(\sqrt{2}+1)}{(\sqrt{3}+1)(\sqrt{2}-1)} \\ &= \frac{1}{2}\ln\frac{2(\sqrt{2}+1)^2}{(\sqrt{3}+1)^2} = \ln\frac{2+\sqrt{2}}{1+\sqrt{3}}.\end{aligned}$$

■

例 21.2.3　计算 $\iint_D f(x,y)\mathrm{d}\sigma$, 其中 $f(x,y)=\begin{cases}1, & y\leqslant \mathrm{e}^x,\\ 0, & y>\mathrm{e}^x,\end{cases}$ $D=[0,1]\times[0,\mathrm{e}]$.

解　参考图 21.2.5, 若记 $D_1=\{(x,y)|0\leqslant x\leqslant 1, 0\leqslant y\leqslant \mathrm{e}^x\}$, $D_2=\{(x,y)|0\leqslant x\leqslant 1, \mathrm{e}^x\leqslant y\leqslant \mathrm{e}\}$, 则 $D=D_1+D_2$ 且 $D_1^\circ\cap D_2^\circ=\varnothing$. 于是

$$\begin{aligned}\iint_D f(x,y)\mathrm{d}\sigma &= \iint_{D_1} f(x,y)\mathrm{d}\sigma+\iint_{D_2} f(x,y)\mathrm{d}\sigma\\ &=\int_0^1\mathrm{d}x\int_0^{\mathrm{e}^x} f(x,y)\mathrm{d}y+\int_0^1\mathrm{d}x\int_{\mathrm{e}^x}^{\mathrm{e}} f(x,y)\mathrm{d}y\\ &=\int_0^1\mathrm{d}x\int_0^{\mathrm{e}^x}1\mathrm{d}y+\int_0^1\mathrm{d}x\int_{\mathrm{e}^x}^{\mathrm{e}}0\mathrm{d}y=\int_0^1\mathrm{e}^x\mathrm{d}x=\mathrm{e}-1.\end{aligned}$$

■

解题回顾　此题的被积函数在积分区域 D 内的两个不同的部分其表达式不同, 这是先将积分区域 D 对应的分为两个子区域, 这两个子区域无公共内点. 然后在各个子区域上分别积分再相加, 从而得到原积分的值. 一般情况下, 若积分区域 D 在有限个不同的部分具有不同的表达式 (称之为 "分段" 表示) 时, 均将积分区域 D 对应的分为有限个子区域, 使得任何两个子区域无公共内点, 然后利用重积分对积分区域的可加性的性质, 即可得到原积分的值.

例 21.2.4　计算 $\iint_D\sqrt{[y-3x^2]}\mathrm{d}\sigma$, 其中 $D=\left\{(x,y)\mid 3x^2\leqslant y\leqslant 3\right\}$.

解　因被积函数的根式中存在取整函数运算, 故将 D 分为如下三个子区域 (图 21.2.6):

$$D_1=D\cap\left\{(x,y)\mid 0\leqslant y-3x^2<1\right\},\quad D_2=D\cap\left\{(x,y)\mid 1\leqslant y-3x^2<2\right\},$$

$$D_3=D\cap\left\{(x,y)\mid 2\leqslant y-3x^2\leqslant 3\right\},$$

且

$$D_3=\left\{(x,y)\mid 3x^2+2\leqslant y\leqslant 3, -\frac{\sqrt{3}}{3}\leqslant x\leqslant \frac{\sqrt{3}}{3}\right\},$$

$$D_2\cup D_3=\left\{(x,y)\mid 3x^2+1\leqslant y\leqslant 3, -\frac{\sqrt{6}}{3}\leqslant x\leqslant \frac{\sqrt{6}}{3}\right\}.$$

根据二重积分对积分区域的可加性及 D_2, D_3 关于 y 轴的对称性, 可得

$$\begin{aligned}\iint_D\sqrt{[y-3x^2]}\mathrm{d}\sigma &=\iint_{D_1}\sqrt{[y-3x^2]}\mathrm{d}\sigma+\iint_{D_2}\sqrt{[y-3x^2]}\mathrm{d}\sigma+\iint_{D_3}\sqrt{[y-3x^2]}\mathrm{d}\sigma\\ &=\iint_{D_1}0\mathrm{d}\sigma+\iint_{D_2}1\mathrm{d}\sigma+\iint_{D_3}\sqrt{2}\mathrm{d}\sigma\end{aligned}$$

$$=\iint_{D_2\cup D_3}\mathrm{d}\sigma+\iint_{D_3}\left(\sqrt{2}-1\right)\mathrm{d}\sigma$$

$$=2\int_0^{\frac{\sqrt{6}}{3}}\mathrm{d}x\int_{3x^2+1}^{3}\mathrm{d}y+2\left(\sqrt{2}-1\right)\int_0^{\frac{\sqrt{3}}{3}}\mathrm{d}x\int_{3x^2+2}^{3}\mathrm{d}y$$

$$=2\int_0^{\frac{\sqrt{6}}{3}}(2-3x^2)\,\mathrm{d}x+2\left(\sqrt{2}-1\right)\int_0^{\frac{\sqrt{3}}{3}}(1-3x^2)\,\mathrm{d}x=\frac{4}{9}\left(3\sqrt{6}-\sqrt{3}\right).$$

■

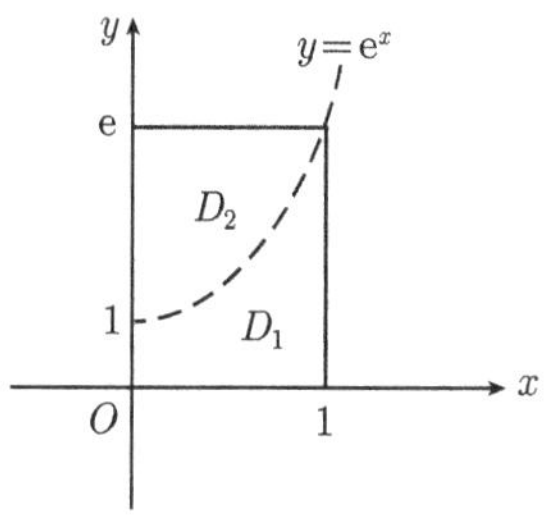

图 21.2.5

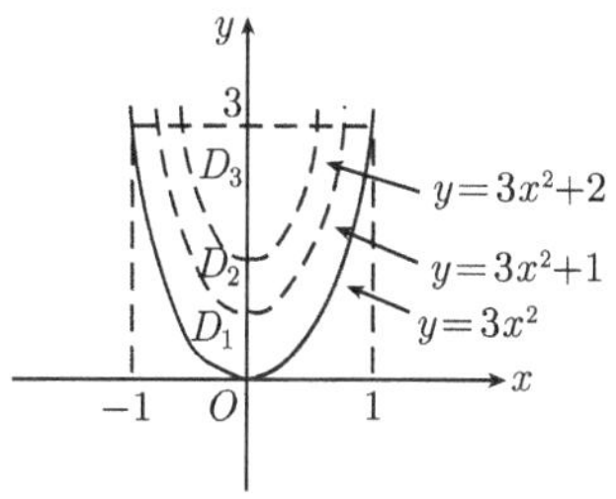

图 21.2.6

例 21.2.5 计算 $\iint_D xy^2\mathrm{e}^{|x|}\mathrm{d}\sigma$, 其中 $D=\{(x,y)\mid |x|+|y|\leqslant 1\}$.

解 参考图 21.2.7, 记 $D_1=D\cap\{(x,y)\mid x\geqslant 0\}$, $D_2=D\cap\{(x,y)\mid x\leqslant 0\}$, 则 D_1, D_2 关于 y 轴对称, 即 D 关于 y 轴对称. 若设 $f(x,y)=xy^2\mathrm{e}^{|x|}$, 则

$$f(-x,y)=-f(x,y),\quad (x,y)\in D.$$

于是, 由问题 21.2.2 情形 1 中的 (i) 知 $\iint_D xy^2\mathrm{e}^{|x|}\mathrm{d}\sigma=0$. ■

例 21.2.6 计算下各二重积分:

(i) $\iint_D xy^2\mathrm{d}\sigma$, 其中 D 是由直线 $x=-1$ 与抛物线 $y^2=-4x$ 所围闭区域;

(ii) $\iint_D \dfrac{y^2}{x^2}\mathrm{d}\sigma$, 其中 D 是由直线 $x=2$、$y=x$ 与双曲线 $xy=1$ 所围闭区域.

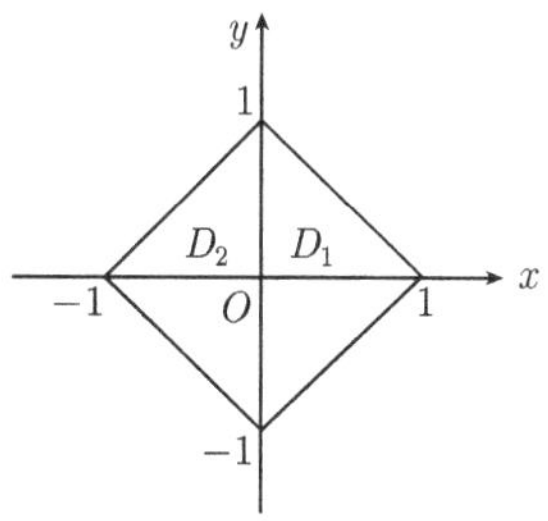

图 21.2.7

解 (i) 参考图 21.2.8(a), 记

$$D_1=D\cap\{(x,y)\mid y\geqslant 0\}$$
$$=\left\{(x,y)\mid -1\leqslant x\leqslant 0,\quad 0\leqslant y\leqslant 2\sqrt{-x}\right\},$$

$$D_2-D\cap\{(x,y)\mid y\leqslant 0\}=\left\{(x,y)\mid -1\leqslant x\leqslant 0,\quad -2\sqrt{-x}\leqslant y\leqslant 0\right\},$$

则 D_1, D_2 关于 x 轴对称, 即 D 关于 x 轴对称. 若设 $f(x,y)=xy^2$, 则

$$f(x,-y)=f(x,y),\quad (x,y)\in D.$$

于是, 由问题 21.2.2 情形 2 中的 (ii) 知

$$\iint_D xy^2\mathrm{d}\sigma = 2\iint_{D_1} xy^2\mathrm{d}\sigma = 2\int_{-1}^{0}\mathrm{d}x\int_0^{2\sqrt{-x}} xy^2\mathrm{d}y$$
$$= \frac{16}{3}\int_{-1}^{0} x(-x)^{\frac{3}{2}}\mathrm{d}x\frac{16}{3}\cdot\frac{2}{7}(-x)^{\frac{7}{2}}\Big|_{-1}^{0} = -\frac{32}{21}.$$

(ii) 按 x 型区域进行积分. 积分区域 D 表示为 (图 21.2.8(b))

$$D:\ 1\leqslant x\leqslant 2,\quad \frac{1}{x}\leqslant y\leqslant x.$$

于是

$$\iint_D \frac{y^2}{x^2}\mathrm{d}\sigma = \int_1^2\mathrm{d}x\int_{\frac{1}{x}}^{x}\frac{y^2}{x^2}\mathrm{d}y = \frac{1}{3}\int_1^2\frac{1}{x^2}\left(x^3-\frac{1}{x^3}\right)\mathrm{d}x$$
$$= \frac{1}{3}\int_1^2\left(x-\frac{1}{x^5}\right)\mathrm{d}x = \frac{27}{64}.$$

■

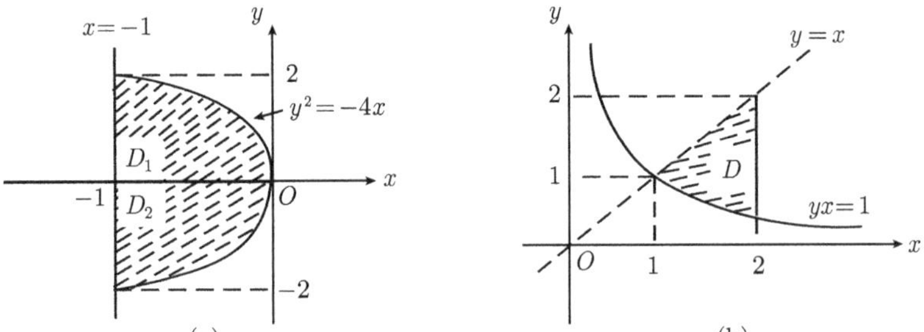

(a)　　(b)

图 21.2.8

例 21.2.7　计算 $\displaystyle\iint_D\frac{x\mathrm{d}x\mathrm{d}y}{\sqrt{1+x^2+y^2}}$, 其中 $D=\{(x,y)\mid y^2\leqslant 2x, 0\leqslant x\leqslant 2\}$.

解　参考图 21.2.9, 记

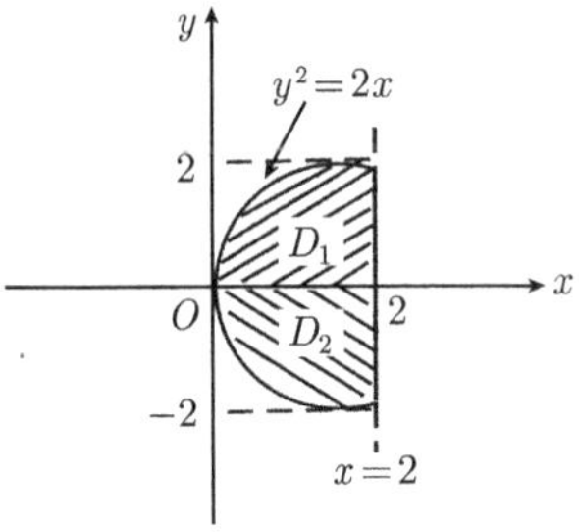

图 21.2.9

$$D_1 = D\cap\{(x,y)\mid y\geqslant 0\}$$
$$=\left\{(x,y)\mid 0\leqslant y\leqslant 2,\ \frac{y^2}{2}\leqslant x\leqslant 2\right\},$$

$$D_2 = D\cap\{(x,y)\mid y\leqslant 0\}$$
$$=\left\{(x,y)\mid -2\leqslant y\leqslant 0,\ \frac{y^2}{2}\leqslant x\leqslant 2\right\},$$

则 D_1, D_2 关于 x 轴对称, 即 D 关于 x 轴对称. 设 $f(x,y)=\dfrac{x}{\sqrt{1+x^2+y^2}}$, 则

$$f(x,-y)=f(x,y),\quad (x,y)\in D.$$

于是, 由问题 21.2.2 情形 2 中的 (ii) 知

$$\begin{aligned}\iint_D \frac{x\mathrm{d}x\mathrm{d}y}{\sqrt{1+x^2+y^2}} &= 2\iint_{D_1}\frac{x\mathrm{d}x\mathrm{d}y}{\sqrt{1+x^2+y^2}} = 2\int_0^2 \mathrm{d}y\int_{\frac{y^2}{2}}^2 \frac{x\mathrm{d}x}{\sqrt{1+x^2+y^2}}\\ &= 2\int_0^2\left(\sqrt{5+y^2}-\sqrt{1+y^2+\frac{y^4}{4}}\right)\mathrm{d}y\\ &= 2\int_0^2\left(\sqrt{5+y^2}-\frac{2+y^2}{2}\right)\mathrm{d}y\\ &= 2\left[\frac{y}{2}\sqrt{5+y^2}+\frac{5}{2}\ln\left(y+\sqrt{5+y^2}\right)-\frac{1}{2}\left(\frac{y^3}{3}+2y\right)\right]\Bigg|_0^2\\ &= \frac{5}{2}\ln 5-\frac{2}{3}.\end{aligned}$$ ■

例 21.2.8 计算 $\iint_D |xy|\mathrm{d}\sigma$, 其中 $D=\{(x,y)\mid |x|+|y|\leqslant 1\}$.

解 显然, D 既关于 x 轴又关于 y 轴对称, 而被积函数 $f(x,y)=|xy|$ 满足

$$f(-x,y)=f(x,-y)=f(x,y),\quad (x,y)\in D.$$

若记

$$D_1=D\cap\{(x,y)\mid x\geqslant 0,\ y\geqslant 0\}=\{(x,y)\mid x\geqslant 0,\ y\geqslant 0,\ x+y\leqslant 1\},$$

则由问题 21.2.2 中的情形 5 中 (i) 可得

$$\iint_D |xy|\mathrm{d}\sigma = 4\iint_{D_1}|xy|\mathrm{d}\sigma = 4\int_0^1\mathrm{d}x\int_0^{1-x}xy\mathrm{d}y = 2\int_0^1 x(1-x)^2\mathrm{d}x=\frac{1}{6}.$$ ■

四、巩固提高

21.2.1 在下列积分中改变累次积分的顺序:

(i) $\displaystyle\int_0^1\mathrm{d}y\int_{1-y}^{1+y^2} f(x,y)\mathrm{d}x$;

(ii) $\displaystyle\int_0^1\mathrm{d}x\int_{1+\sqrt{1-x^2}}^{\sqrt{4-x^2}} f(x,y)\mathrm{d}y+\int_1^{\sqrt{3}}\mathrm{d}x\int_1^{\sqrt{4-x^2}} f(x,y)\mathrm{d}y$.

21.2.2 设 $f(x)\in C[0,1]$, 证明 $\displaystyle\int_0^1\mathrm{d}x\int_x^1 f(u)\mathrm{d}u=\int_0^1 uf(u)\mathrm{d}u$.

21.2.3 计算下列各二重积分:

(i) 计算 $\displaystyle\iint_D x\sin(xy)\mathrm{d}\sigma$, 其中 $D=\left[0,\frac{\pi}{2}\right]\times[0,1]$;

(ii) $\displaystyle\iint_D (2-x-y)\mathrm{d}\sigma$, 其中 D 是由 $y=x$ 与 $y=x^2$ 所围闭区域;

(iii) $\iint_D e^{-y^2}d\sigma$, 其中 D 是以 $(0,0)$, $(1,1)$ 与 $(0,1)$ 为顶点的三角形闭区域;

(iv) $\iint_D x\cos(x+y)d\sigma$, 其中 D 是以 $(0,0)$, $(\pi,0)$, (π,π) 为顶点的三角形闭区域;

(v) $\iint_D y^2 d\sigma$, 其中 D 是由 $y=x$ 与 $y^2=x+2$ 所围闭区域;

(vi) $\iint_D (x+y)d\sigma$, 其中 D 是由 $y=|x|$, $y=2|x|$ 与 $y=1$ 所围闭区域;

(vii) $\iint_D (x^2-y^2)d\sigma$, 其中 $D=\{(x,y)\mid 0\leqslant y\leqslant \sin x, 0\leqslant x\leqslant \pi\}$.

21.2.4　计算 $\iint_D \left|xy-\frac{1}{4}\right|d\sigma$, 其中 $D=[0,1]\times[0,1]$.

21.2.5　计算下列各二重积分:

(i) $\iint_D (|x|+y)d\sigma$, 其中 $D=\{(x,y)\mid |x|+|y|\leqslant 1\}$;

(ii) $\iint_D (x+y)d\sigma$, 其中 $D=\big\{(x,y)\mid y^2\leqslant x+2,\ x^2\leqslant y+2\big\}$.

(提示: 本题中的 (ii) 应用问题 21.2.2 中的情形 4 中 (ii).)

21.2.6　设 $f(x,y)$ 为连续函数, 且 $a>0$, 证明:

$$\int_0^a dx\int_0^x f(x,y)dy=\int_0^a dy\int_y^a f(x,y)dx.$$

21.2.7　设 D 是 xOy 平面上以 $(1,1)$, $(-1,1)$ 与 $(-1,-1)$ 为顶点的三角形闭区域, D_1 是 D 位于第一象限部分, 证明:

$$\iint_D (xy+\cos x\sin y)d\sigma=2\iint_{D_1}\cos x\sin y d\sigma.$$

21.2.8　设 $f(x,y)$ 为连续函数, 且 $f(x,y)=xy+\iint_D f(x,y)d\sigma$, 其中 $D=\big\{(x,y)\mid 0\leqslant y\leqslant x^2,\ 0\leqslant x\leqslant 1\big\}$, 试求 $f(x,y)$.

21.2.9　计算二重积分 $\iint_D |\cos(x+y)|d\sigma$, 其中 D 为由直线 $y=x$, $y=0$ 与 $x=\frac{\pi}{2}$ 所围闭区域.

21.2.10　设 $f(x)\in C[a,b]$, 证明如下不等式成立

$$\left(\int_a^b f(x)dx\right)^2\leqslant (b-a)\int_a^b f^2(x)dx,$$

其中等号仅在 $f(x)$ 为常量函数时成立.

21.3 Green 公式 · 曲线积分与路径的无关性

一、内容精读

1. 格林 (Green) 公式

设区域 D 的边界 L 是由一条或几条光滑曲线组成. 边界曲线的正方向规定为：当人沿边界行走时, 区域 D 总在他的左边, 如图 21.3.1 所示. 与上述规定的方向相反的方向称为负方向, 记为 $-L$.

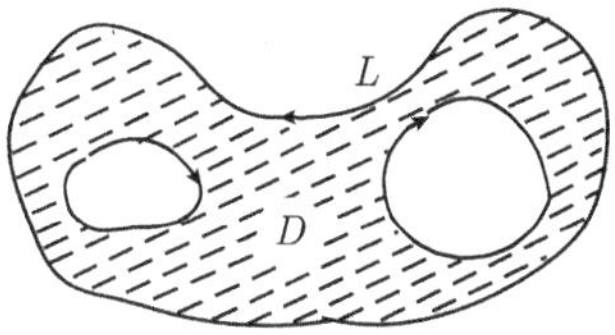

图 21.3.1

定理 21.3.1 若函数 $P(x,y)$, $Q(x,y)$ 在闭区域 D 上有连续的一阶偏导数, 则

$$\iint_D \left(\frac{\partial Q}{\partial x} - \frac{\partial P}{\partial y}\right) \mathrm{d}\sigma = \oint_L P\mathrm{d}x + Q\mathrm{d}y, \tag{21.3.1}$$

其中 L 为区域 D 的边界曲线, 并取正方向.

公式 (21.3.1) 称为格林 (Green) 公式. Green 公式架起了平面区域上的二重积分与该区域边界上的曲线积分之间的桥梁. 它不但为二重积分和曲线积分的计算带来方便, 而且为理解第 22 章中的 Gauss 公式与 Stokes 公式提供了基础.

Green 公式 (21.3.1) 也可以写成如下形式：

$$\iint_D \begin{vmatrix} \dfrac{\partial}{\partial x} & \dfrac{\partial}{\partial y} \\ P & Q \end{vmatrix} \mathrm{d}\sigma = \oint_L P\mathrm{d}x + Q\mathrm{d}y. \tag{21.3.1$'$}$$

2. 曲线积分与路径的无关性

若对于平面区域 D 内任一封闭曲线, 皆可不经过 D 以外的点而连续收缩于 D 的某一点, 则称此平面区域 D 为单连通区域, 否则称为复连通区域. 如图 21.3.2 中, D_1 与 D_2 为单连通区域, 而 D_3 与 D_4 则是复连通区域. 等价的描述：

D 为单连通区域 $\Leftrightarrow$ D 内任一封闭曲线所围成的区域只含有 D 中的点

$\Leftrightarrow$ D 中没有 “洞”

图 21.3.2

定理 21.3.2 设 D 为单连通区域. 若函数 $P(x,y)$, $Q(x,y)$ 在 D 内具有连续的一阶偏导数, 则以下四个条件等价:

(i) 沿 D 内任一分段光滑封闭曲线 L, 有

$$\oint_L P\mathrm{d}x+Q\mathrm{d}y=0;$$

(ii) 对 D 中任一分段光滑曲线 L, 曲线积分

$$\int_L P\mathrm{d}x+Q\mathrm{d}y$$

与路径无关, 只与 L 的始点及终点有关;

(iii) $P\mathrm{d}x+Q\mathrm{d}y$ 是 D 内某一函数 $u(x,y)$ 的全微分, 即在 D 内有

$$\mathrm{d}u=P\mathrm{d}x+Q\mathrm{d}y;$$

(iv) 在 D 内处处成立 $\dfrac{\partial P}{\partial y}=\dfrac{\partial Q}{\partial x}$.

应当指出的是, 当 D 不一定是单连通闭区域时, 若 P 与 Q 在 D 上连续, 则 (i)⇒(ii)⇒(iii) 仍成立 (可参见文献 [1] 第 228 页中定理 21.12 的证明).

二、疑难解答

问题 21.3.1 请举例说明当条件不全成立时, Green 公式不一定成立.

答 当 Green 公式的条件不全成立时, Green 公式不一定成立.

如 $P(x,y)$, $Q(x,y)$ 不连续, Green 公式就不成立.

例 求积分 $\displaystyle\oint_L \frac{x\mathrm{d}y-y\mathrm{d}x}{x^2+y^2}$, 其中 L 为包含原点在内 (但不通过原点) 的分段光滑的闭曲线. 设 L 所围成的闭区域为 D, 记

$$P(x,y)=\frac{-y}{x^2+y^2},\quad Q(x,y)=\frac{x}{x^2+y^2}.$$

若直接应用 Green 公式 (21.3.1) 来计算此曲线积分, 则有

$$\oint_L \frac{x\mathrm{d}y-y\mathrm{d}x}{x^2+y^2}=\iint_D\left[\frac{\partial Q}{\partial x}-\frac{\partial P}{\partial y}\right]\mathrm{d}\sigma=\iint_D\left[\frac{y^2-x^2}{(x^2+y^2)^2}-\frac{y^2-x^2}{(x^2+y^2)^2}\right]\mathrm{d}\sigma=0.$$

但上述做法是错误的, 因为 $P(x,y)$ 与 $Q(x,y)$ 在 D 中的原点处无定义, 因而在此点处不连续, 此时不满足 Green 公式的条件, 自然就不能直接应用 Green 公式.

正确的解法如下: 设原点 $(0,0)$ 到 L 上点的最小距离为 d ($d>0$, 因为 L 不通过原点), 取 $0<r<d$, 此时函数 $P(x,y)$ 与 $Q(x,y)$ 在由圆 $C_r: x^2+y^2=r^2$ 和 L 共同围成的闭区域 D_1 上满足 Green 公式成立的条件, 于是由 Green 公式 (21.3.1) 有

$$\oint_{L-C_r}\frac{x\mathrm{d}y-y\mathrm{d}x}{x^2+y^2}=\iint_{D_1}\left[\frac{y^2-x^2}{(x^2+y^2)^2}-\frac{y^2-x^2}{(x^2+y^2)^2}\right]\mathrm{d}\sigma=0,$$

从而

$$\oint_L\frac{x\mathrm{d}y-y\mathrm{d}x}{x^2+y^2}=\oint_{C_r}\frac{x\mathrm{d}y-y\mathrm{d}x}{x^2+y^2}=\int_0^{2\pi}\frac{r^2(\cos^2\theta+\sin^2\theta)}{r^2}\mathrm{d}\theta=2\pi.$$

上述计算过程中用到了圆 C_r : $x^2+y^2=r^2$ 的参数方程 C_r : $x=r\cos\theta$, $y=r\sin\theta$, $\theta\in[0,2\pi]$ 表示, 并由此将曲线积分化为定积分. ■

问题 21.3.2 在曲线积分与路径无关的定理 21.3.2 中, 为什么要求区域 D 是单连通区域?

答 在曲线积分与路径无关的定理 21.3.2 中, 区域 D 是单连通区域极为重要. 若此条件不成立, 则结论不一定成立. 如计算曲线积分 $\int_L\frac{x\mathrm{d}y-y\mathrm{d}x}{x^2+y^2}$.

若 L_1 为沿上半圆周 $x^2+y^2=1$ 从 $(1,0)$ 到 $(-1,0)$ 时, 则参数方程为 $x=\cos\theta$, $y=\sin\theta$, $\theta\in[0,\pi]$. 于是

$$\int_{L_1}\frac{x\mathrm{d}y-y\mathrm{d}x}{x^2+y^2}=\int_0^{\pi}\frac{\cos^2\theta+\sin^2\theta}{\cos^2\theta+\sin^2\theta}\mathrm{d}\theta=\pi.$$

若 L_2 为沿下半圆周 $x^2+y^2=1$ 从 $(1,0)$ 到 $(-1,0)$ 时, 则参数方程为 $x=\cos\theta$, $y=\sin\theta$, $\theta\in[\pi,2\pi]$. 于是

$$\int_{L_2}\frac{x\mathrm{d}y-y\mathrm{d}x}{x^2+y^2}=\int_{2\pi}^{\pi}\frac{\cos^2\theta+\sin^2\theta}{\cos^2\theta+\sin^2\theta}\mathrm{d}\theta=-\pi.$$

这是因为积分 $\oint_{L_1-L_2}\frac{x\mathrm{d}y-y\mathrm{d}x}{x^2+y^2}$ 的 L_1-L_2 所包围的闭区域不是单连通区域 (除去原点). ■

三、典型例题

例 21.3.1 计算积分 $\oint_L \mathrm{e}^x(y-\sin y)\mathrm{d}x+\mathrm{e}^x(2-\cos y)\mathrm{d}y$, 其中 L 为曲线 $y=x^2$ 与 $y=x$ 所围成区域 D 的边界曲线, 并取逆时针方向.

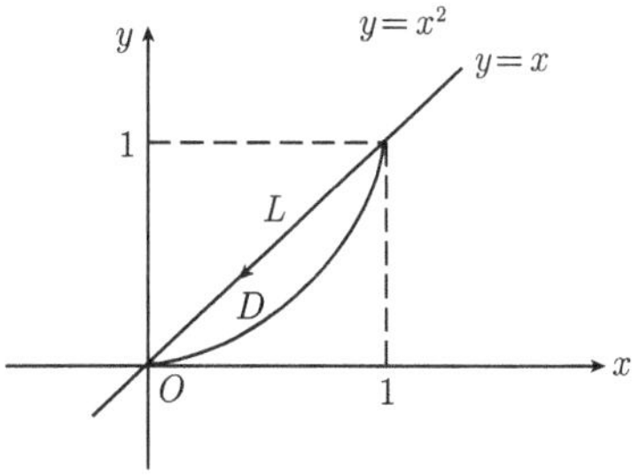

图 21.3.3

解 区域 D 及曲线 L 如图 21.3.3 所示. 记

$$P(x,y)=\mathrm{e}^x(y-\sin y),$$
$$Q(x,y)=\mathrm{e}^x(2-\cos y).$$

易知 $P(x,y)$, $Q(x,y)$ 在 D 上有一阶连续偏导数, 则由 Green 公式得

$$\begin{aligned}&\oint_L \mathrm{e}^x(y-\sin y)\mathrm{d}x+\mathrm{e}^x(2-\cos y)\mathrm{d}y\\ =&\iint_D [\mathrm{e}^x(2-\cos y)-\mathrm{e}^x(1-\cos y)]\,\mathrm{d}\sigma=\iint_D \mathrm{e}^x\mathrm{d}\sigma\\ =&\int_0^1 \mathrm{e}^x\mathrm{d}x\int_{x^2}^x \mathrm{d}y=\int_0^1 \left(x-x^2\right)\mathrm{e}^x\mathrm{d}x=3-\mathrm{e}.\end{aligned}$$ ■

解题回顾　对于第二型曲线积分, 若被积函数满足 Green 公式的条件, 则应用 Green 公式通常可以使其计算简化. 本题的求解思路就是基于此, 利用 Green 公式将封闭曲线的第二型曲线积分化为二重积分.

例 21.3.2　计算 $\oint_L \mathrm{e}^{y^2}\mathrm{d}x+x\mathrm{d}y$, 其中 L 为椭圆 $4x^2+y^2=8x$ 并沿逆时针方向.

解　设 L 所围成的闭区域为 D, 并记

$$P(x,y)=\mathrm{e}^{y^2},\quad Q(x,y)=x.$$

易知 $P(x,y),Q(x,y)$ 在 D 上满足 Green 公式的条件, 由 Green 公式得

$$\oint_L \mathrm{e}^{y^2}\mathrm{d}x+x\mathrm{d}y=\iint_D \left[1-2y\mathrm{e}^{y^2}\right]\mathrm{d}\sigma.$$

由于 D 关于 x 轴对称, 且 $f(x,y)=2y\mathrm{e}^{y^2}$ 满足 $f(x,-y)=-f(x,y)$, 所以由问题 21.2.2 情形 2 知

$$\iint_D 2y\mathrm{e}^{y^2}\mathrm{d}\sigma=0.$$

又区域 D 的面积为 $S_D=\pi\cdot 1\cdot 2=2\pi$, 所以

$$\oint_L \mathrm{e}^{y^2}\mathrm{d}x+x\mathrm{d}y=\iint_D \mathrm{d}\sigma=S_D=2\pi.$$ ■

例 21.3.3　设函数 $f(t)$ 在 $\mathbb{R}$ 上连续可微, 证明对任何分段光滑的封闭曲线 L,

$$\oint_L f(x^n+y^n)(x^{n-1}\mathrm{d}x+y^{n-1}\mathrm{d}y)=0,\quad n\in\mathbb{N}_+.$$

证明　设 L 所围成的有界闭区域为 D. 记

$$P(x,y)=x^{n-1}f(x^n+y^n),\quad Q(x,y)=y^{n-1}f(x^n+y^n).$$

据条件知 $P(x,y),Q(x,y)$ 在 D 上满足 Green 公式的条件, 由 Green 公式得

$$\oint_L f(x^n+y^n)(x^{n-1}\mathrm{d}x+y^{n-1}\mathrm{d}y)$$

$$\begin{aligned}&=\iint_D\left[\frac{\partial}{\partial x}\left(y^{n-1}f(x^n+y^n)\right)-\frac{\partial}{\partial y}\left(x^{n-1}f(x^n+y^n)\right)\right]\mathrm{d}\sigma\\&=\iint_D\left[nx^{n-1}y^{n-1}f'(x^n+y^n)-nx^{n-1}y^{n-1}f'(x^n+y^n)\right]\mathrm{d}\sigma\\&=\iint_D 0\mathrm{d}\sigma=0.\end{aligned}$$

■

例 21.3.4 计算曲线积分 $\oint_L \frac{xy^2\mathrm{d}y-x^2y\mathrm{d}x}{x^2+y^2}$, 其中 L 为圆周 $x^2+y^2=a^2$ 且沿顺时针方向.

解 由于对任意 $(x,y)\in L$ 有 $x^2+y^2=a^2$, 所以

$$\oint_L \frac{xy^2\mathrm{d}y-x^2y\mathrm{d}x}{x^2+y^2}=\frac{1}{a^2}\oint_L xy^2\mathrm{d}y-x^2y\mathrm{d}x=-\frac{1}{a^2}\oint_{-L} xy^2\mathrm{d}y-x^2y\mathrm{d}x.$$

设 L 所围成的闭区域为 D, 并记

$$P(x,y)=-x^2y,\quad Q(x,y)=xy^2.$$

易知 $P(x,y)$, $Q(x,y)$ 在 D 上满足 Green 公式的条件, 由 Green 公式得

$$\begin{aligned}&\oint_{-L} xy^2\mathrm{d}y-x^2y\mathrm{d}x=\iint_D (Q_x-P_y)\mathrm{d}\sigma\\&=\iint_D\left(y^2+x^2\right)\mathrm{d}\sigma=4\int_0^a\mathrm{d}x\int_0^{\sqrt{a^2-x^2}}\left(x^2+y^2\right)\mathrm{d}y\\&=\frac{4}{3}\int_0^a\left(a^2+2x^2\right)\sqrt{a^2-x^2}\mathrm{d}x\\&=\frac{4a^4}{3}\int_0^{\frac{\pi}{2}}\left(1+2\sin^2 t\right)\cos^2 t\mathrm{d}t\\&=\frac{4a^4}{3}\left[\int_0^{\frac{\pi}{2}}\frac{1+\cos 2t}{2}\mathrm{d}t+\frac{1}{2}\int_0^{\frac{\pi}{2}}\frac{1+\cos 4t}{2}\mathrm{d}t\right]\\&=\frac{4a^4}{3}\left(\frac{\pi}{4}+\frac{\pi}{8}\right)=\frac{\pi a^4}{2}.\end{aligned}$$

于是

$$\oint_L \frac{xy^2\mathrm{d}y-x^2y\mathrm{d}x}{x^2+y^2}=-\frac{1}{a^2}\times\frac{\pi a^4}{2}=-\frac{\pi a^2}{2}.$$

解题回顾 本题所给的曲线积分不满足 Green 公式的条件, 但通过化简后将其化为满足 Green 公式的曲线积分, 然后再利用 Green 公式加以计算. 这种化简过程通常是利用曲线 L 的方程进行的, 请读者体会. 另外, 在计算二重积分 $\iint_D (y^2+x^2)\mathrm{d}\sigma$ 时, 在直角坐标系下利用累次积分运算后应用定积分换元而得到计算结果,

计算过程显得有些繁琐. 若应用 21.4 节中二重积分换元法 (如极坐标变换), 则二重积分 $\iint_D (y^2+x^2)\mathrm{d}\sigma$ 的计算要简单得多 (可参见 21.4 节).

例 21.3.5 计算曲线积分 $I=\int_L \dfrac{\left(x-y-\frac{1}{2}\right)\mathrm{d}x+\left(x+y-\frac{1}{2}\right)\mathrm{d}y}{\left(x-\frac{1}{2}\right)^2+y^2}$, 其中 L 为由 $(0,-1)$ 到 $(0,1)$ 且经过圆 $x^2+y^2=1$ 右半部分的路径.

解 记 $P(x,y)=\dfrac{x-y-\frac{1}{2}}{\left(x-\frac{1}{2}\right)^2+y^2}$, $Q(x,y)=\dfrac{x+y-\frac{1}{2}}{\left(x-\frac{1}{2}\right)^2+y^2}$, 则

$$P_y(x,y)=\frac{y^2-\left(x+y-\frac{1}{2}\right)\left(x-\frac{1}{2}\right)}{\left[\left(x-\frac{1}{2}\right)^2+y^2\right]^2}=Q_x(x,y).$$

又设 L_1 为由 $A(0,-1)$ 到 $B(1,-1)$, 再到 $C(1,1)$, 最后到 $D(0,1)$ 的折线, D 为包含 L 与 L_1 且不含点 $\left(\frac{1}{2},0\right)$ 的任一单连通区域, 则积分 I 与路径无关. 于是

$$\begin{aligned}
&\int_L \frac{\left(x-y-\frac{1}{2}\right)\mathrm{d}x+\left(x+y-\frac{1}{2}\right)\mathrm{d}y}{\left(x-\frac{1}{2}\right)^2+y^2}\\
=&\int_{L_1} P(x,y)\mathrm{d}x+Q(x,y)\mathrm{d}y\\
=&\int_{\overline{AB}} P\mathrm{d}x+Q\mathrm{d}y+\int_{\overline{BC}} P\mathrm{d}x+Q\mathrm{d}y+\int_{\overline{CD}} P\mathrm{d}x+Q\mathrm{d}y\\
=&\int_0^1 \frac{x+\frac{1}{2}}{\left(x-\frac{1}{2}\right)^2+1}\mathrm{d}x+\int_{-1}^1 \frac{y+\frac{1}{2}}{y^2+\frac{1}{4}}\mathrm{d}y+\int_1^0 \frac{x-\frac{3}{2}}{\left(x-\frac{1}{2}\right)^2+1}\mathrm{d}x\\
=&\int_0^1 \frac{2}{\left(x-\frac{1}{2}\right)^2+1}\mathrm{d}x+\int_{-1}^1 \frac{2}{1+(2y)^2}\mathrm{d}y+\int_{-1}^1 \frac{y}{y^2+\frac{1}{4}}\mathrm{d}y\\
=&4\arctan\frac{1}{2}+2\arctan 2.
\end{aligned}$$

■

解题回顾 本题从表面上看, 沿 y 轴从 $(0,-1)$ 到 $(0,1)$ 的路径 L_2 积分简单, 但包含 L 与 L_2 的任何单连通区域 D 必包含点 $\left(\frac{1}{2},0\right)$, 在 D 上 $P(x,y)$ 与 $Q(x,y)$

不连续, 从而积分与路径无关的条件不成立, 这样沿 L_2 的积分不正确, 因此这条积分路径不可取.

例 21.3.6 求常数 a 与 b 使得 $\dfrac{(y^2+2xy+ax^2)\mathrm{d}x-(x^2+2xy+by^2)\mathrm{d}y}{(x^2+y^2)^2}$ 为某一函数 $u=u(x,y)$ 的全微分, 并求此函数.

解 记 $P(x,y)=\dfrac{y^2+2xy+ax^2}{(x^2+y^2)^2}, Q(x,y)=-\dfrac{x^2+2xy+by^2}{(x^2+y^2)^2}$, 则

$$P_y(x,y)=\frac{2(x+y)}{(x^2+y^2)^2}-\frac{4y(y^2+2xy+ax^2)}{(x^2+y^2)^3},$$

$$Q_x(x,y)=-\frac{2(x+y)}{(x^2+y^2)^2}+\frac{4x(x^2+2xy+by^2)}{(x^2+y^2)^3}.$$

由全微分条件 $Q_x(x,y)=P_y(x,y)$ 得

$$(a+1)x^2y+(b+1)xy^2=0,$$

于是 $a=b=-1$.

当 $a=b=-1$ 时, $\mathrm{d}u=\dfrac{y^2+2xy-x^2}{(x^2+y^2)^2}\mathrm{d}x-\dfrac{x^2+2xy-y^2}{(x^2+y^2)^2}\mathrm{d}y$. 选择积分路径 $(1,1)\to(x,1)\to(x,y)$, 则

$$\begin{aligned}\psi(x,y)=&\int_1^x\frac{1+2x-x^2}{(x^2+1)^2}\mathrm{d}x-\int_1^y\frac{x^2+2xy-y^2}{(x^2+y^2)^2}\mathrm{d}y\\=&\int_1^x\frac{\mathrm{d}(1+x^2)}{(1+x^2)^2}+2\int_1^x\frac{\mathrm{d}x}{(1+x^2)^2}-\int_1^x\frac{\mathrm{d}x}{1+x^2}\\&+\int_1^y\frac{\mathrm{d}y}{x^2+y^2}-2x\int_1^y\frac{(x+y)\mathrm{d}y}{(x^2+y^2)^2}\\=&\frac{x-1}{1+x^2}-\frac{y}{x^2+y^2}+\frac{1}{1+x^2}+\frac{x}{x^2+y^2}-\frac{x}{1+x^2}=\frac{x-y}{x^2+y^2}.\end{aligned}$$

于是

$$u(x,y)=\frac{x-y}{x^2+y^2}+C,$$

其中 C 为任意实常数. ■

例 21.3.7 设函数 $P(x,y)$ 与 $Q(x,y)$ 具有连续偏导数, 则
$\dfrac{\partial P}{\partial y}=\dfrac{\partial Q}{\partial x}\Leftrightarrow$

$$\int_{x_0}^x P(x,y)\mathrm{d}x+\int_{y_0}^y Q(x_0,y)\mathrm{d}y=\int_{x_0}^x P(x,y_0)\mathrm{d}x+\int_{y_0}^y Q(x,y)\mathrm{d}y. \tag{21.3.2}$$

证明 $\Leftarrow$ 设式 (21.3.2) 成立, 两边对 x 求导, 得

$$P(x,y)=P(x,y_0)+\int_{y_0}^y\frac{\partial Q}{\partial x}(x,y)\mathrm{d}y,$$

上式两边再对 y 求导, 得 $\dfrac{\partial P}{\partial y}=\dfrac{\partial Q}{\partial x}$.

$\Rightarrow$ 由条件知 $P(x,y)\mathrm{d}x+Q(x,y)\mathrm{d}y$ 与积分路径无关. 取路径为从 (x_0,y_0) 经 (x_0,y) 到 (x,y), 则

$$\varphi(x,y)=\int_{x_0}^{x}P(x,y)\mathrm{d}x+\int_{y_0}^{y}Q(x_0,y)\mathrm{d}y+C_1.$$

取路径为从 (x_0,y_0) 经 (x,y_0) 到 (x,y), 则

$$\varphi(x,y)=\int_{x_0}^{x}P(x,y_0)\mathrm{d}x+\int_{y_0}^{y}Q(x,y)\mathrm{d}y+C_2.$$

令 $(x,y)=(x_0,y_0)$, 得 $C_1=C_2$. 于是式 (21.3.2) 成立. ∎

四、巩固提高

21.3.1　计算曲线积分 $\displaystyle\int_L\frac{\mathrm{d}y-\mathrm{d}x}{x-y+1}$, 其中 L 是圆 $x^2+y^2=ax\ (a>0)$ 的下半圆周, 且沿 x 增加的方向.

21.3.2　计算曲线积分 $\displaystyle\int_L(x+\mathrm{e}^{\sin y})\mathrm{d}y-\left(y-\frac{1}{2}\right)\mathrm{d}x$, 其中 L 是由位于第一象限中的直线段 $x+y=1$ 与位于第二象限中的圆弧 $x^2+y^2=1$ 构成的曲线, 方向是由 $A(1,0)$ 到 $B(0,1)$ 再到$C(-1,0)$.

21.3.3　计算曲线积分 $\displaystyle\oint_L\frac{x\mathrm{d}y-y\mathrm{d}x}{x^2+4y^2}$, 其中 L 为 $|x|+|y|=1$, 并取正向.

21.3.4　计算曲线积分 $\displaystyle\int_L\mathrm{e}^x\cos y\mathrm{d}y+\mathrm{e}^x\sin y\mathrm{d}x$, 其中 L 从 $O(0,0)$ 沿摆线 $x=a(t-\sin t)$, $y=a(1-\cos t)$ 到$A(\pi a,2a)$.

21.3.5　求全微分方程 $\left[\dfrac{1}{y}+x-y\sin(xy)\right]\mathrm{d}x+\left[y^2-\dfrac{x}{y^2}-x\sin(xy)\right]\mathrm{d}y$ 的原函数 $u(x,y)$.

21.3.6　计算曲线积分 $\displaystyle\int_{\widehat{AMB}}[f(y)\mathrm{e}^x-my]\,\mathrm{d}x+[f'(y)\mathrm{e}^x-m]\,\mathrm{d}y$, 其中 $f(y)$ 和 $f'(y)$ 为连续函数, $\widehat{AMB}$ 为连接点 $A(x_1,y_1)$ 和点 $B(x_2,y_2)$ 的任何路径, 但与直线段 AB 围成已知大小为 S 的面积.

21.3.7　设 L 为抛物线 $2x=\pi y^2$ 自点 $(0,0)$ 到 $\left(\dfrac{\pi}{2},1\right)$ 的弧段, 求曲线积分 $\displaystyle\int_L(2xy^3-y^2\cos x)\mathrm{d}x+(1-2y\sin x+3x^2y^2)\mathrm{d}y$.

21.3.8　计算曲线积分 $\displaystyle\oint_L\frac{\mathrm{e}^y}{x^2+y^2}\left[(x\sin x+y\cos x)\mathrm{d}x+(y\sin x-x\cos x)\mathrm{d}y\right]$, 其中 $L:x^2+y^2=1$, 取逆时针方向.

21.3.9　求曲线积分 $\displaystyle\oint_L\frac{(x-y)\mathrm{d}x+(x+4y)\mathrm{d}y}{x^2+4y^2}$, 其中 L 是单位圆周 $x^2+y^2=1$, 取逆时针方向.

21.3.10 设 L 为关于两坐标轴均对称的平面封闭光滑曲线, 证明:

$$\oint_L (x^3y+\mathrm{e}^y)\mathrm{d}x+(xy^3+x\mathrm{e}^y-\cos y)\mathrm{d}y=0.$$

21.4 二重积分的变量变换

一、内容精读

1. 二重积分的变量变换公式

引理 21.4.1 记 Δ 为 uv 平面上由分段光滑封闭曲线所围成的闭区域. 假设变换 T: $x=x(u,v)$, $y=y(u,v)$, $(u,v)\in\Delta$ 满足

(i) 将 Δ 一对一地映成 xy 平面上的闭区域 D;

(ii) 函数 $x(u,v)$, $y(u,v)$ 在 Δ 内分别具有一阶连续偏导数;

(iii) 函数 $x(u,v)$, $y(u,v)$ 在 Δ 的行列式 (称为 Jacobi 行列式)

$$J(u,v)=\frac{\partial(x,y)}{\partial(u,v)}\neq 0,\quad (u,v)\in\Delta,$$

则区域 D 的面积

$$\mu(D)=\iint_\Delta |J(u,v)|\mathrm{d}u\mathrm{d}v. \tag{21.4.1}$$

定理 21.4.1 设函数 $f(x,y)$ 在有界闭区域 D 上可积, 变换 T: $x=x(u,v)$, $y=y(u,v)$, 满足引理 21.4.1 的条件, 则

$$\iint_D f(x,y)\mathrm{d}x\mathrm{d}y=\iint_\Delta f(x(u,v),y(u,v))|J(u,v)|\mathrm{d}u\mathrm{d}v. \tag{21.4.2}$$

2. 用极坐标计算二重积分

(i) 当积分区域为圆域或圆域的一部分, 或者被积函数的形式为 $f(x^2+y^2)$ 时, 采用极坐标变换

$$T:\begin{cases} x=r\cos\theta, \\ y=r\sin\theta, \end{cases}\quad 0\leqslant r<+\infty,\quad 0\leqslant\theta\leqslant 2\pi \tag{21.4.3}$$

往往能达到简化积分区域或被积函数的目的. 此时变换 T 的函数行列式为

$$J(r,\theta)=\begin{vmatrix} \cos\theta & -r\sin\theta \\ \sin\theta & r\cos\theta \end{vmatrix}=r.$$

容易知道, 极坐标变换 T 将 $r\theta$ 平面上的矩形区域 $[0,R]\times[0,2\pi]$ 变换成 xy 平面上的圆域 $D=\{(x,y)\mid x^2+y^2\leqslant R^2\}$, 但对应不是一对一的. 例如, xy 平面上原点

$O(0,0)$ 与 $r\theta$ 平面上直线 $r=0$ 相对应, x 轴上线段 AA' 对应于 $r\theta$ 平面上两条线段 CD 和 EF (图 21.4.1). 又当 $r=0$ 时, $J(r,\theta)=0$, 因此不满足定理 21.4.1 的条件. 但是, 式 (21.4.2) 仍成立.

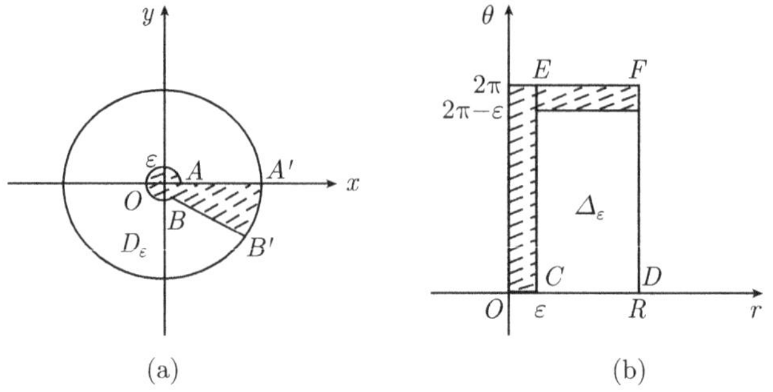

图 21.4.1

定理 21.4.2　设函数 $f(x,y)$ 满足定理 21.4.1 的条件, 且在极坐标变换 (21.4.3) 下, xy 平面上有界闭区域 D 与 $r\theta$ 平面上区域 Δ 对应, 则成立

$$\iint_D f(x,y)\mathrm{d}x\mathrm{d}y=\iint_\Delta f(r\cos\theta,r\sin\theta)r\mathrm{d}r\mathrm{d}\theta. \tag{21.4.4}$$

(ii) 当积分区域为椭圆域或椭圆域的一部分, 或者被积函数的形式为 $f\left(\dfrac{x^2}{a^2}+\dfrac{y^2}{b^2}\right)$ 时, 采用如下的广义极坐标变换:

$$T:\begin{cases} x=ar\cos\theta, \\ y=br\sin\theta, \end{cases}\quad 0\leqslant r<+\infty,\quad 0\leqslant\theta\leqslant 2\pi \tag{21.4.5}$$

往往能达到简化积分区域或被积函数的目的. 此时变换 T 的函数行列式为

$$J(r,\theta)=\begin{vmatrix} a\cos\theta & -ar\sin\theta \\ b\sin\theta & br\cos\theta \end{vmatrix}=abr.$$

定理 21.4.2′　设函数 $f(x,y)$ 满足定理 21.4.1 的条件, 且在广义极坐标变换 (21.4.5) 下, xy 平面上有界闭区域 D 与 $r\theta$ 平面上区域 Δ 对应, 则成立

$$\iint_D f(x,y)\mathrm{d}x\mathrm{d}y=ab\iint_\Delta f(ar\cos\theta,br\sin\theta)r\mathrm{d}r\mathrm{d}\theta. \tag{21.4.6}$$

值得一提的是, 在极坐标 (或广义极坐标) 变换下的二重积分化为累次积分时, 虽然类似于直角坐标系情形, 但此时关键是要分辨出闭区域 Δ 是 r 型区域还是 θ 型区域.

二、疑难解答

问题 21.4.1 对于二重积分, 在变量变换下如何确定变换后的二重积分的积分区域?

答 设变量变换为 $T: x = x(u,v), y = y(u,v)$ 将 uv 平面上的有界闭区域 $\varDelta$ 一对一地映成 xy 平面上的有界闭区域 D. 当 $\varDelta$ 为 u 型区域时, 对于每个固定的 u, 得到 xy 坐标面上的一条连续曲线

$$L_u: \begin{cases} x = x(u,v), \\ y = y(u,v). \end{cases}$$

假定 u 从 a 连续增大至 b 时, L_u 恰好扫过积分区域 D, 则 u 的变化范围为 $[a,b]$ (图 21.4.2). 若对于 $u \in [a,b]$, v 从 $\varphi_1(u)$ 变到 $\varphi_2(u)$, 则

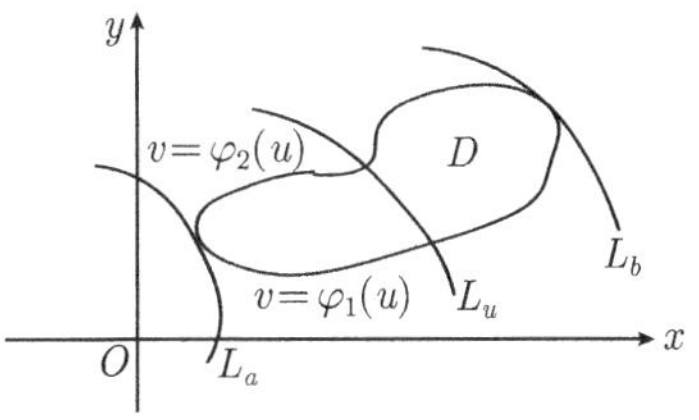

图 21.4.2

$$\varDelta = \{(u,v) \mid a \leqslant u \leqslant b,\ \varphi_1(u) \leqslant v \leqslant \varphi_2(u)\}.$$

由此可以很方便地将式 (21.4.2) 右边的二重积分化为如下的累次积分:

$$\int_a^b \mathrm{d}u \int_{\varphi_1(u)}^{\varphi_2(u)} f\left(x(u,v), y(u,v)\right) |J(u,v)| \mathrm{d}v.$$

类似方法, 可以讨论当 $\varDelta$ 为 v 型区域时的情形. ■

问题 21.4.2 请说明, 为什么二重积分的变量变换公式 (21.4.2) 中的函数行列式取绝对值?

答 先从定积分的换元公式谈起. 例如计算定积分 $I_1 = \int_0^1 \sqrt{1-x^2}\mathrm{d}x$. 显然 $I_1 > 0$. 不论用何种函数作换元, 其值总是正数 I_1. 若设

$$x = \cos t, \quad \mathrm{d}x = -\sin t \mathrm{d}t. \quad (\text{在第一象限内})$$

当 x 从 0 增加到 1 时, t 则由 $\frac{\pi}{2}$ 减少到 0, 即

$$I_1 = \int_0^1 \sqrt{1-x^2}\mathrm{d}x = \int_{\frac{\pi}{2}}^0 \sin t(-\sin t)\mathrm{d}t = \int_0^{\frac{\pi}{2}} \sin^2 t\mathrm{d}t.$$

由此可见, 当新变量 t 由 $\frac{\pi}{2}$ 减少到 0 时, 积分限由大到小, 此时它的导数恰好是负数, 保证定积分还是正数 I_1. 因此, 在定积分的换元积分的公式中, 它的导数 (相当于二重积分的函数行列式) 并不需要取绝对值, 而积分的上、下限已作调整, 保证了定积分不变.

对于二重积分的变量变换, 先看一例. 例如计算二重积分 $I_2 = \iint_D (x+y)\mathrm{d}x\mathrm{d}y$, 其中积分区域 D 是由直线 $x+y=1$, $x+y=2$, $x-y=1$ 与 $x-y=-1$ 所围成的

闭区域. 作变量变换

$$u = x - y,\quad v = x + y. \tag{21.4.7}$$

它将平面 xy 上的区域 D 映为 uv 平面上的区域 $D' = \{(u,v) \mid -1 \leqslant u \leqslant 1,\ 1 \leqslant v \leqslant 2\}$ (图 21.4.3), 而对应的函数行列式为 $J = \dfrac{\partial(x,y)}{\partial(u,v)} = \dfrac{1}{\dfrac{\partial(u,v)}{\partial(x,y)}} = \dfrac{1}{2} > 0$.

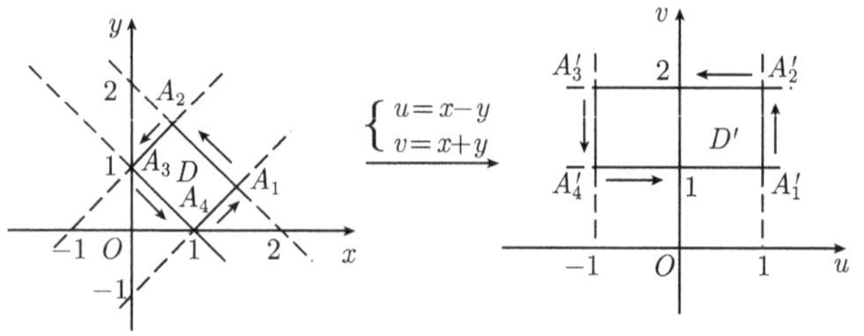

图 21.4.3

当选定坐标系后, 不难看出当点 (x,y) 沿着区域 D 的边界闭曲线逆时针方向旋转一周, 则对应点 (u,v) 沿着对应区域 D' 的边界闭曲线也是逆时针方向旋转一周. 此时区域 D 与对应区域 D' 的边界闭曲线走向相同. 这时, 变量变换的函数行列式 $J = \dfrac{\partial(x,y)}{\partial(u,v)} = \dfrac{1}{2} > 0$.

再作另一变量变换

$$u = x + y,\quad v = x - y. \tag{21.4.8}$$

它将平面 xy 上的区域 D 映为 uv 平面上的区域 $D'' = \{(u,v) | 1 \leqslant u \leqslant 2, -1 \leqslant v \leqslant 1\}$ (图 21.4.4), 对应的函数行列式为 $J = \dfrac{\partial(x,y)}{\partial(u,v)} = \dfrac{1}{\dfrac{\partial(u,v)}{\partial(x,y)}} = -\dfrac{1}{2} < 0$.

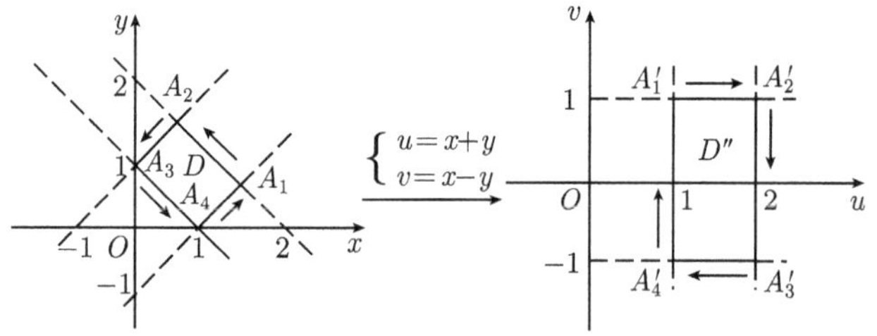

图 21.4.4

当选定坐标系后, 不难看出当点 (x,y) 沿着区域 D 的边界闭曲线逆时针方向旋转一周, 则对应点 (u,v) 沿着对应区域 D'' 的边界闭曲线是顺时针方向旋转一周. 此时区域 D 与对应区域 D'' 的边界闭曲线走向相反. 这时, 变量变换的函数行列式

$J=\dfrac{\partial(x,y)}{\partial(u,v)}=-\dfrac{1}{2}<0.$

由此可见, 函数行列式 J 的符号与区域 D 和变量变换后的新区域 D'(或 D'') 的边界闭曲线的走向有关: 走向相同时, $J>0$; 走向相反时, $J<0$. 因为二重积分的变量变换公式是将区域 D 换成新区域 D'(或 D''), 而在新区域上将二重积分化为累次积分时, 积分限总是 "下限小于上限", 即积分的上、下限不能调整积分的符号, 所以二重积分的变量变换公式中的函数行列式必须取绝对值, 以保证计算结果的不变性.

对上述的二重积分 I_2, 若作变量变换 (21.4.7), 则

$$I_2=\iint_D(x+y)\mathrm{d}x\mathrm{d}y=\iint_{D'}v\left|\frac{1}{2}\right|\mathrm{d}x\mathrm{d}y=\frac{1}{2}\int_{-1}^{1}\mathrm{d}u\int_{1}^{2}v\mathrm{d}v=\frac{3}{2}.$$

若作变量变换 (21.4.8), 则

$$I_2=\iint_D(x+y)\mathrm{d}x\mathrm{d}y=\iint_{D'}v\left|-\frac{1}{2}\right|\mathrm{d}x\mathrm{d}y=\frac{1}{2}\int_{-1}^{1}\mathrm{d}v\int_{1}^{2}u\mathrm{d}u=\frac{3}{2}.$$ ■

三、典型例题

例 21.4.1 求由曲线 $\left(\dfrac{x^2}{a^2}+\dfrac{y^2}{b^2}\right)^2=\dfrac{x^2}{a^2}-\dfrac{y^2}{b^2}$ 所围成的闭区域 D 的面积.

解 作广义极坐标变换

$$x=ar\cos\theta,\quad y=br\sin\theta,$$

则 $J=\dfrac{\partial(x,y)}{\partial(r,\theta)}=abr$, 且所围成的闭区域 D 变为由曲线 $r^2=\cos 2\theta$ 所围成的区域 D'. 于是, 所求的面积 $\mu(D)$ 为

$$\iint_D\mathrm{d}x\mathrm{d}y=4\int_0^{\frac{\pi}{4}}\mathrm{d}\theta\int_0^{\sqrt{\cos 2\theta}}abr\mathrm{d}r=ab.$$ ■

例 21.4.2 证明:

$$\iint_D f(ax+by)\mathrm{d}x\mathrm{d}y=2\int_{-1}^{1}\sqrt{1-u^2}f(u)\mathrm{d}u,$$

其中 a 与 b 为常数, 且 $a^2+b^2=1$, $D=\left\{(x,y)\mid x^2+y^2\leqslant 1\right\}$.

证明 作变量变换

$$T:\ u=ax+by,\quad v=-bx+ay \quad 或 \quad x=au-bv,\quad y=bu+av,$$

则

$$J=\frac{\partial(x,y)}{\partial(u,v)}=a^2+b^2=1,\quad u^2+v^2=x^2+y^2\leqslant 1.$$

于是, 由式 (21.4.4) 得

$$\iint_D f(ax+by)\mathrm{d}x\mathrm{d}y = \iint_{D'} f(u)\mathrm{d}u\mathrm{d}v$$
$$= \int_{-1}^{1}\mathrm{d}u\int_{-\sqrt{1-u^2}}^{\sqrt{1-u^2}} f(u)\mathrm{d}v = 2\int_{-1}^{1}\sqrt{1-u^2}f(u)\mathrm{d}u. \qquad \blacksquare$$

解题回顾　本题的关键是变量变换的选择. 若设 $u=ax+by$, 如何选取 v 呢? 此题取 v 的原则是在 xOy 坐标系中, 要使 u 与 v 垂直. 根据两条直线垂直的要求, 可设 $v=-bx+ay$, 即作变量变换

$$T:\ u=ax+by, \quad v=-bx+ay.$$

u 与 v 垂直的条件是 $a^2+b^2=1$, $-ab+ba=0$. 前者是题设, 后者当然成立.

此题的变量变换的几何意义表明, 它将 xOy 直角坐标系在原点旋转一个角度之后就是新的 uOv 直角坐标系. 在新的 uOv 直角坐标系中, 二重积分的被积函数 $f(ax+by)$ 化简为 $f(u)$, 单位圆 $x^2+y^2\leqslant 1$ 仍为单位圆 $u^2+v^2\leqslant 1$, 从而二重积分就很容易化成了定积分.

例 21.4.3　设 $f\in\mathscr{R}[1,2]$, D 是由曲线 $xy=1$, $xy=2$, $y=x$ 与 $y=4x$ 所围成的区域在第一象限中的部分. 证明

$$\iint_D f(\sqrt{xy})\mathrm{d}\sigma = \ln 2\int_1^2 f(\sqrt{u})\mathrm{d}u.$$

证明　因为 $f\in\mathscr{R}[1,2]$, $\sqrt{xy}$ 在 D 上有连续偏导数, 所以 $f(\sqrt{xy})$ 在 D 上可积. 作变量变换

$$T':u=xy, \quad v=\frac{y}{x},$$

则 $D'=\big\{(u,v)\mid 1\leqslant u\leqslant 2,\ 1\leqslant v\leqslant 4\big\}$ (图 21.4.5), 且

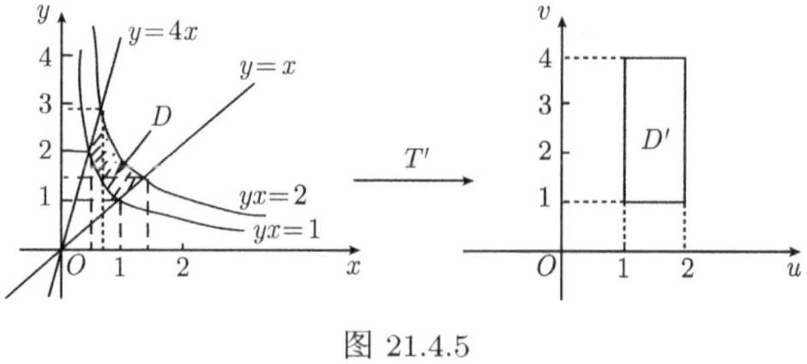

图 21.4.5

$$J=\frac{\partial(x,y)}{\partial(u,v)}=\frac{1}{\dfrac{\partial(u,v)}{\partial(x,y)}}=\frac{x}{2y}=\frac{1}{2v}.$$

于是, 由式 (21.4.4) 得

$$\iint_D f(\sqrt{xy})\mathrm{d}\sigma = \iint_{D'} f(\sqrt{u})\frac{1}{2v}\mathrm{d}u\mathrm{d}v$$
$$= \frac{1}{2}\int_1^2 f(\sqrt{u})\mathrm{d}u\int_1^4\frac{\mathrm{d}v}{v} = \ln 2\int_1^2 f(\sqrt{u})\mathrm{d}u.$$ ■

例 21.4.4 计算下列二重积分:

(i) $\iint_D (x+y)\mathrm{d}\sigma$, 其中 $D=\{(x,y)\mid x^2+y^2\leqslant x+y\}$;

(ii) $\iint_D \cos x\cos y\mathrm{d}\sigma$, 其中 $D=\left\{(x,y)\mid |x+y|\leqslant\frac{\pi}{2},|x-y|\leqslant\frac{\pi}{2}\right\}$.

解 (i) 由于区域 D 是中心在 $\left(\frac{1}{2},\frac{1}{2}\right)$ 半径为 $\frac{1}{\sqrt{2}}$ 的圆形闭区域, 即

$$\left(x-\frac{1}{2}\right)^2+\left(y-\frac{1}{2}\right)^2\leqslant\left(\frac{1}{\sqrt{2}}\right)^2.$$

作变量变换如下:

$$x=\frac{1}{2}+r\cos\theta,\quad y=\frac{1}{2}+r\sin\theta,$$

则

$$D'=\left\{(r,\theta)\mid 0\leqslant r\leqslant\frac{1}{\sqrt{2}},0\leqslant\theta\leqslant 2\pi\right\},\quad J=\frac{\partial(x,y)}{\partial(r,\theta)}=r.$$

于是, 由式 (21.4.4) 得

$$\iint_D (x+y)\mathrm{d}\sigma = \int_0^{2\pi}\mathrm{d}\theta\int_0^{\frac{1}{\sqrt{2}}}(1+r\cos\theta+r\sin\theta)r\mathrm{d}r$$
$$=\int_0^{2\pi}\left[\frac{r^2}{2}+\frac{r^3}{3}(\cos\theta+\sin\theta)\right]_0^{\frac{1}{\sqrt{2}}}\mathrm{d}\theta$$
$$=\int_0^{2\pi}\left[\frac{1}{4}+\frac{1}{6\sqrt{2}}(\cos\theta+\sin\theta)\right]\mathrm{d}\theta=\frac{\pi}{2}.$$

(ii) 积分区域 $D=\left\{(x,y)\mid -\frac{\pi}{2}\leqslant x+y\leqslant\frac{\pi}{2},\quad -\frac{\pi}{2}\leqslant x-y\leqslant\frac{\pi}{2}\right\}$. 利用三角函数的积化和差公式, 可得

$$\iint_D \cos x\cos y\mathrm{d}\sigma=\frac{1}{2}\iint_D(\cos(x+y)+\cos(x-y))\,\mathrm{d}\sigma.$$

作变量变换

$$x-y=u,\quad x+y=v\quad 或\quad x=\frac{u+v}{2},\quad y=\frac{v-u}{2},$$

则

$$D'=\left\{(u,v)\mid -\frac{\pi}{2}\leqslant v\leqslant\frac{\pi}{2},\ -\frac{\pi}{2}\leqslant u\leqslant\frac{\pi}{2}\right\},\quad J=\frac{\partial(x,y)}{\partial(u,v)}=\frac{1}{2}.$$

于是, 由式 (21.4.4) 得

$$\begin{aligned}\iint_D \cos x\cos y\mathrm{d}\sigma &= \frac{1}{2}\iint_{D'}(\cos v+\cos u)\frac{1}{2}\mathrm{d}u\mathrm{d}v\\ &= \frac{1}{2}\iint_{D'}\cos u\mathrm{d}u\mathrm{d}v=\frac{1}{2}\int_{-\frac{\pi}{2}}^{\frac{\pi}{2}}\mathrm{d}v\int_{-\frac{\pi}{2}}^{\frac{\pi}{2}}\cos u\mathrm{d}u=\pi.\end{aligned}$$ ■

例 21.4.5　设二元函数

$$f(x,y)=\begin{cases}x^2, & |x|+|y|\leqslant 1,\\ \dfrac{1}{\sqrt{x^2+y^2}}, & 1<|x|+|y|\leqslant 2,\end{cases}$$

计算二重积分 $\iint_D f(x,y)\mathrm{d}\sigma$, 其中 $D=\{(x,y)\mid |x|+|y|\leqslant 2\}$.

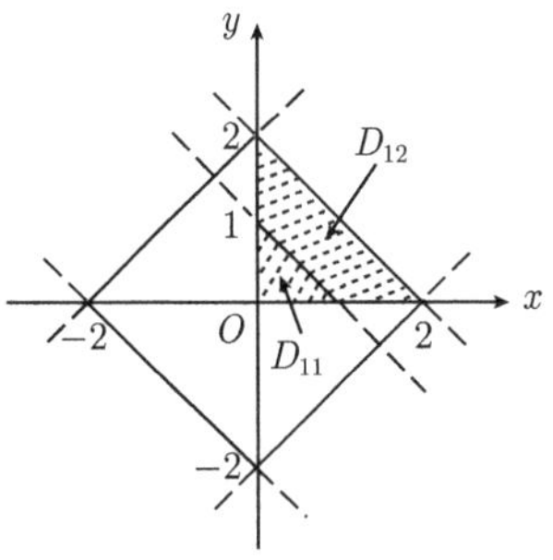

图 21.4.6

解　区域 D 位于第一象限部分为: $D_1=D_{11}\cup D_{12}$, 其中 (图 21.4.6)

$$D_{11}=\{(x,y)\mid 0\leqslant x\leqslant 1,\ 0\leqslant y\leqslant 1-x\},$$
$$D_{12}=\{(x,y)\mid 1\leqslant x+y\leqslant 2,\ x\geqslant 0, y\geqslant 0\}.$$

由区域 D 既关于 x 轴又关于 y 轴对称, 且被积函数 $f(x,y)$ 满足

$$f(-x,y)=f(x,y)=f(x,-y),$$

所以

$$\iint_D f(x,y)\mathrm{d}\sigma=4\iint_{D_1}f(x,y)\mathrm{d}\sigma=4\left[\iint_{D_{11}}f(x,y)\mathrm{d}\sigma+\iint_{D_{12}}f(x,y)\mathrm{d}\sigma\right].$$

$$\iint_{D_{11}}f(x,y)\mathrm{d}\sigma=\iint_{D_{11}}x^2\mathrm{d}\sigma=\int_0^1\mathrm{d}x\int_0^{1-x}x^2\mathrm{d}y=\int_0^1(1-x)x^2\mathrm{d}x=\frac{1}{12}.$$

$$\begin{aligned}\iint_{D_{12}}f(x,y)\mathrm{d}\sigma &= \iint_{D_{12}}\frac{1}{\sqrt{x^2+y^2}}\mathrm{d}\sigma=\int_0^{\frac{\pi}{2}}\mathrm{d}\theta\int_{\frac{1}{\sin\theta+\cos\theta}}^{\frac{2}{\sin\theta+\cos\theta}}\mathrm{d}r\\ &= \int_0^{\frac{\pi}{2}}\frac{1}{\sin\theta+\cos\theta}\mathrm{d}\theta=\sqrt{2}\ln\left(\sqrt{2}+1\right).\end{aligned}$$

从而

$$\iint_D f(x,y)\mathrm{d}\sigma=4\left[\frac{1}{12}+\sqrt{2}\ln\left(\sqrt{2}+1\right)\right]=\frac{1}{3}+4\sqrt{2}\ln\left(\sqrt{2}+1\right).$$ ■

例 21.4.6 计算积分 $I=\iint_D (x+y)\mathrm{d}\sigma$, 其中 D 是由曲线 $y^2=2x$, $x+y=4$ 与 $x+y=12$ 所围成的闭区域.

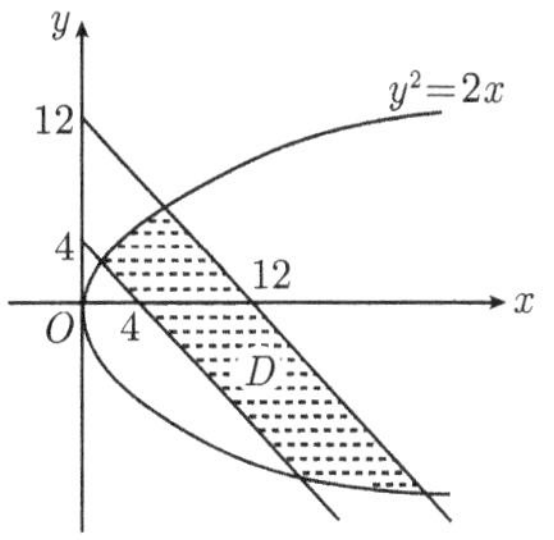

图 21.4.7

解 区域 D 参考图 21.4.7 所示的阴影部分. 作变量变换

$$u=x+y,\quad v=y,$$

则变换后的区域为

$$D':\ 4\leqslant u\leqslant 12,\quad -1-\sqrt{1+2u}\leqslant v\leqslant -1+\sqrt{1+2u},$$

且 $J=\dfrac{\partial(x,y)}{\partial(u,v)}=1$. 于是, 由式 (21.4.4) 得

$$\begin{aligned} I=\iint_D (x+y)\mathrm{d}\sigma &= \int_4^{12} u\mathrm{d}u\int_{-1-\sqrt{1+2u}}^{-1+\sqrt{1+2u}}\mathrm{d}v \\ &= 2\int_4^{12} u\sqrt{1+2u}\,\mathrm{d}u \quad (\text{令} t=\sqrt{1+2u}) \\ &= \int_3^5 (t^2-1)t^2\mathrm{d}t=\frac{8156}{15}. \end{aligned}$$

■

四、巩固提高

21.4.1 计算 $\iint_D |x^2+y^2-4|\mathrm{d}\sigma$, 其中 $D=\{(x,y)\mid x^2+y^2\leqslant 9\}$.

21.4.2 计算下列二重积分:

(i) $\iint_D \sin x\sin y\max\{x,y\}\mathrm{d}\sigma$, 其中 $D=\{(x,y)\mid 0\leqslant x\leqslant \pi,\ 0\leqslant y\leqslant \pi\}$;

(ii) $\iint_D \mathrm{sgn}(x^2+y^2-2)\mathrm{d}\sigma$, 其中 $D=\{(x,y)\mid x^2+y^2\leqslant 4\}$.

21.4.3 求由椭圆 $(a_1x+b_1y+c_1)^2+(a_2x+b_2y+c_2)^2=1$, $a_1b_2-a_2b_1\neq 0$ 所围成闭区域的面积.

(参考答案: $\dfrac{\pi}{|a_1b_2-a_2b_1|}$.)

21.4.4 证明 $\iint_D f(x+y)\mathrm{d}\sigma=\int_{-1}^1 f(u)\mathrm{d}u$, 其中 $D=\{(x,y)\mid |x|+|y|\leqslant 1\}$.

21.4.5 设函数 $f(x,y)$ 连续, $F(t)=\iint_{D_t} f(x,y)\mathrm{d}\sigma$, 其中 $D_t=\{(x,y)\mid x^2+y^2\leqslant t^2\}$, 求 $F'(t)$.

21.4.6 计算积分 $I=\iint_D f(x,y)\mathrm{d}\sigma$, 其中

$$f(x,y)=\min\left\{x^2+y^2,\sqrt{\frac{3}{4}-x^2-y^2}\right\},\quad D=\left\{(x,y)\mid x^2+y^2\leqslant\frac{3}{4}\right\}.$$

21.4.7　计算积分 $\iint_D (x-y^2)\mathrm{e}^y \mathrm{d}\sigma$, 其中 D 为由曲线 $y=2$, $y^2-y-x=0$ 与 $y^2+2y-x=0$ 所围闭区域.

21.4.8　计算积分 $I=\iint_D \left(x^3\cos y+x^2+y^2-\sin x-2y+1\right)\mathrm{d}\sigma$, 其中 $D=\left\{(x,y)\mid x^2+y^2\leqslant 1,\ 1\leqslant x^2+(y-1)^2\leqslant 2\right\}$.

21.4.9　求由 $(x^2+y^2)^2=a^2(x^2-y^2)$, $z=x^2-y^2$, $z=0$ 所围立体的体积.

21.4.10　设 $D=\left\{(x,y)\mid |x|+|y|\leqslant 1\right\}$, 证明

$$\iint_D \left(\sqrt{|xy|}+|xy|\right)\mathrm{d}x\mathrm{d}y\leqslant \frac{3}{2}.$$

21.5　三 重 积 分

一、内容精读

1. 三重积分及化三重积分为累次积分

1) 三重积分的概念

定义 21.5.1　设 $f(x,y,z)$ 是定义在三维空间**可求体积**的有界区域 V 上的有界函数. 现用若干个光滑曲面所组成的曲面网来分割 V, 将 V 分成 n 个小区域 $V_1,V_2,\cdots,V_n$, 它们构成 V 上的一个分割 T. 记 V_i 的体积为 ΔV_i $(i=1,2,\cdots,n)$, d_i 表示 V_i 的直径, $\|T\|=\max\limits_{1\leqslant i\leqslant n}\{d_i\}$. 在每个 V_i 中任取一点 (ξ_i,η_i,ζ_i), 作积分和

$$\sum_{i=1}^{n} f(\xi_i,\eta_i,\zeta_i)\Delta V_i.$$

J 是一个确定的数. 若对任给正数 ε, 总存在某一正数 δ, 使得对于 V 的任何分割 T, 只要 $\|T\|<\delta$, 属于分割 T 的所有积分和都有

$$\left|\sum_{i=1}^{n} f(\xi_i,\eta_i,\zeta_i)\Delta V_i - J\right|<\varepsilon,$$

则称函数 $f(x,y,z)$ 在 V 上可积, 数 J 称为函数 $f(x,y,z)$ 在 V 上的三重积分, 并记为

$$J=\iiint_V f(x,y,z)\mathrm{d}V \quad 或 \quad J=\iiint_V f(x,y,z)\mathrm{d}x\mathrm{d}y\mathrm{d}z,$$

其中 $f(x,y,z)$ 称为被积函数, x,y,z 称为积分变量, V 称为积分区域.

当 $f(x,y,z)\equiv 1$ 时, $\iiint_V \mathrm{d}V$ 在几何上表示 V 的体积.

三重积分具有与二重积分相应的可积条件和有关性质 (参见 21.1 节), 这里就不一一叙述了. 例如类似于二重积分, 有

(a) 有界闭区域 V 上的连续函数必可积;

(b) 若有界闭区域 V 上的有界函数 $f(x,y,z)$ 的间断点集中在有限多个零体积的曲面上, 则 $f(x,y,z)$ 在 V 上必可积.

2) 化三重积分为累次积分

定理 21.5.1 若函数 $f(x,y,z)$ 在长方体 $V=[a,b]\times[c,d]\times[e,h]$ 上的三重积分存在, 且对任何 $x\in[a,b]$, 二重积分

$$I(x)=\iint_D f(x,y,z)\mathrm{d}y\mathrm{d}z$$

存在, 其中 $D=[c,d]\times[e,h]$, 则积分

$$\int_a^b \mathrm{d}x\iint_D f(x,y,z)\mathrm{d}y\mathrm{d}z$$

也存在, 且

$$\iiint_V f(x,y,z)\mathrm{d}x\mathrm{d}y\mathrm{d}z=\int_a^b \mathrm{d}x\iint_D f(x,y,z)\mathrm{d}y\mathrm{d}z. \tag{21.5.1}$$

由 21.2 节知, 若式 (21.5.1) 右边的二重积分 $\iint_D f(x,y,z)\mathrm{d}y\mathrm{d}z$ 可化为累次积分来计算, 于是可以将式 (21.5.1) 左边的三重积分化为三次积分来计算. 如化为先对 z, 后对 y, 再对 x 来求积分, 则为

$$\iiint_V f(x,y,z)\mathrm{d}x\mathrm{d}y\mathrm{d}z=\int_a^b \mathrm{d}x\int_c^d \mathrm{d}y\int_e^h f(x,y,z)\mathrm{d}z.$$

有时为了计算上的方便, 也可以采用其他的计算顺序.

将 V 投影到 xOy 平面上, 所得的投影区域 D 为 x 型区域, 即

$$D=\{(x,y)\mid y_1(x)\leqslant y\leqslant y_2(x),\ a\leqslant x\leqslant b\},$$

且对平行于 z 轴且通过 D 内点的直线与V 的边界至多交于两点. 此时 V 表示为

$$V=\{(x,y,z)\mid z_1(x,y)\leqslant z\leqslant z_2(x,y),\ y_1(x)\leqslant y\leqslant y_2(x),\ a\leqslant x\leqslant b\}.$$

对于上述积分区域 V, 若 $f(x,y,z)$ 在 V 上连续, $z_1(x,y)$, $z_2(x,y)$ 在 D 上连续, $y_1(x)$, $y_2(x)$ 在 $[a,b]$ 上连续, 则有

$$\begin{aligned}\iiint_V f(x,y,z)\mathrm{d}x\mathrm{d}y\mathrm{d}z&=\iint_D \mathrm{d}x\mathrm{d}y\int_{z_1(x,y)}^{z_2(x,y)} f(x,y,z)\mathrm{d}z\\&=\int_a^b \mathrm{d}x\int_{y_1(x)}^{y_2(x)}\mathrm{d}y\int_{z_1(x,y)}^{z_2(x,y)} f(x,y,z)\mathrm{d}z.\end{aligned} \tag{21.5.2}$$

同样, 当将 V 投影到 zOx(或 yOz) 平面上时, 也可写出相应的累次积分公式.

对于一般区域 V 上的三重积分, 常可将 V 分解成有限个简单区域上的积分和来计算.

2. 三重积分的换元法

变换 $T:\ x=x(u,v,\omega),\ y=y(u,v,\omega),\ z=z(u,v,\omega)$, 将 $uv\omega$ 空间中的区域 V' 一对一地映成 xyz 空间中的区域 V, 并设 $x(u,v,\omega),y(u,v,\omega),z(u,v,\omega)$ 及它们的一阶偏导数在 V' 内连续且函数行列式

$$J(u,v,\omega)=\begin{vmatrix}\dfrac{\partial x}{\partial u} & \dfrac{\partial x}{\partial v} & \dfrac{\partial x}{\partial \omega}\\ \dfrac{\partial y}{\partial u} & \dfrac{\partial y}{\partial v} & \dfrac{\partial y}{\partial \omega}\\ \dfrac{\partial z}{\partial u} & \dfrac{\partial z}{\partial v} & \dfrac{\partial z}{\partial \omega}\end{vmatrix}\neq 0,\quad (u,v,\omega)\in V'.$$

若 $f(x,y,z)$ 在 V 上可积, 可以证明成立下面的三重积分换元公式

$$\begin{aligned}&\iiint_V f(x,y,z)\mathrm{d}x\mathrm{d}y\mathrm{d}z\\ =&\iiint_{V'} f[x(u,v,\omega),y(u,v,\omega),z(u,v,\omega)]|J(u,v,\omega)|\mathrm{d}u\mathrm{d}v\mathrm{d}\omega.\end{aligned}\tag{21.5.3}$$

以下为几种常用的坐标变换:

(1) 柱坐标变换. 设 $f(x,y,z)$ 在有界闭区域 V 上可积, 在柱坐标变换

$$T:\begin{cases}x=r\cos\theta,\\ y=r\sin\theta, \quad 0\leqslant r<+\infty,\quad 0\leqslant\theta\leqslant 2\pi,\ -\infty<z<+\infty\\ z=z,\end{cases}$$

之下, T 将 $r\theta z$ 空间的闭区域 V' 映为 V. 由于变换 T 的函数行列式

$$J(r,\theta,z)=\begin{vmatrix}\cos\theta & -r\sin\theta & 0\\ \sin\theta & r\cos\theta & 0\\ 0 & 0 & 1\end{vmatrix}=r,$$

则按式 (21.5.3), 三重积分的柱坐标换元公式为

$$\iiint_V f(x,y,z)\mathrm{d}x\mathrm{d}y\mathrm{d}z=\iiint_{V'} f(r\cos\theta,r\sin\theta,z)r\mathrm{d}r\mathrm{d}\theta\mathrm{d}z.\tag{21.5.4}$$

(2) 球坐标变换. 设 $f(x,y,z)$ 在有界闭区域 V 上可积, 在球坐标变换

$$T:\begin{cases}x=r\sin\varphi\cos\theta,\\ y=r\sin\varphi\sin\theta,\quad 0\leqslant r<+\infty,\quad 0\leqslant\varphi\leqslant\pi,\quad 0\leqslant\theta\leqslant 2\pi\\ z=r\cos\varphi,\end{cases}$$

之下, T 将 $r\theta\varphi$ 空间的闭区域 V' 映为 V. 由于变换 T 的函数行列式

$$J(r,\varphi,\theta)=\begin{vmatrix}\sin\varphi\cos\theta & r\cos\varphi\cos\theta & -r\sin\varphi\sin\theta\\ \sin\varphi\sin\theta & r\cos\varphi\sin\theta & r\sin\varphi\cos\theta\\ \cos\varphi & -r\sin\varphi & 0\end{vmatrix}=r^2\sin\varphi,$$

当 $\varphi\in[0,\pi]$ 时, $\sin\varphi\geqslant 0$, 所以由式 (21.5.3) 得三重积分的球坐标换元公式为

$$\begin{aligned}&\iiint_V f(x,y,z)\mathrm{d}x\mathrm{d}y\mathrm{d}z\\ =&\iiint_{V'} f(r\sin\varphi\cos\theta, r\sin\varphi\sin\theta, r\cos\varphi)r^2\sin\varphi\mathrm{d}r\mathrm{d}\varphi\mathrm{d}\theta.\end{aligned}\tag{21.5.5}$$

类似地, 球坐标变换并不是一对一的, 并且当 $r=0$ 或 $\varphi=0$ 或 π 时, $J(r,\varphi,\theta)=0$. 但仍然可以证明式 (21.5.5) 成立.

在球坐标系下, 当区域 V' 为集合

$$V'=\{(r,\varphi,\theta)\mid r_1(\varphi,\theta)\leqslant r\leqslant r_2(\varphi,\theta),\ \varphi_1(\theta)\leqslant\varphi\leqslant\varphi_2(\theta),\ \theta_1\leqslant\theta\leqslant\theta_2\}$$

时, 式 (21.5.5) 可化为累次积分

$$\begin{aligned}&\iiint_V f(x,y,z)\mathrm{d}x\mathrm{d}y\mathrm{d}z\\ =&\int_{\theta_1}^{\theta_2}\mathrm{d}\theta\int_{\varphi_1(\theta)}^{\varphi_2(\theta)}\mathrm{d}\varphi\int_{r_1(\varphi,\theta)}^{r_2(\varphi,\theta)} f(r\sin\varphi\cos\theta, r\sin\varphi\sin\theta, r\cos\varphi)r^2\sin\varphi\mathrm{d}r.\end{aligned}\tag{21.5.6}$$

(3) 广义球坐标变换. 设 $f(x,y,z)$ 在有界闭区域 V 上可积, 在广义球坐标变换

$$T:\begin{cases}x=ar\sin\varphi\cos\theta,\\ y=br\sin\varphi\sin\theta, \quad 0\leqslant r<+\infty,\ 0\leqslant\varphi\leqslant\pi,\ 0\leqslant\theta\leqslant 2\pi\\ z=cr\cos\varphi,\end{cases}$$

之下, T 将 $r\theta\varphi$ 空间的闭区域 V' 映为 V. 由于变换 T 的函数行列式

$$J(r,\varphi,\theta)=\begin{vmatrix}a\sin\varphi\cos\theta & ar\cos\varphi\cos\theta & -ar\sin\varphi\sin\theta\\ b\sin\varphi\sin\theta & br\cos\varphi\sin\theta & br\sin\varphi\cos\theta\\ c\cos\varphi & -cr\sin\varphi & 0\end{vmatrix}=abcr^2\sin\varphi,$$

当 $\varphi\in[0,\pi]$ 时, $\sin\varphi\geqslant 0$, 所以由式 (21.5.3) 得三重积分的广义球坐标换元公式为

$$\begin{aligned}&\iiint_V f(x,y,z)\mathrm{d}x\mathrm{d}y\mathrm{d}z\\ =&abc\iiint_{V'} f(ar\sin\varphi\cos\theta, br\sin\varphi\sin\theta, cr\cos\varphi)r^2\sin\varphi\mathrm{d}r\mathrm{d}\varphi\mathrm{d}\theta.\end{aligned}\tag{21.5.7}$$

二、疑难解答

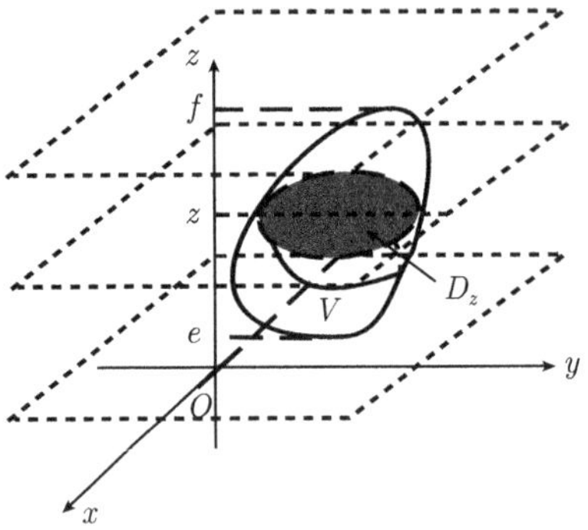

图 21.5.1

问题 21.5.1　将三重积分化为累次积分有哪些基本方法?

答　将三重积分化为累次积分, 通常有如下两种基本方法:

(i) "先二后一法", 即先计算二重积分后计算定积分. 设 V 沿 z 轴上的投影区间为 $[e,f]$ (其中 e, f 是由夹 V 且垂直于 z 轴的两个平面与 z 轴的交点而得, 参考图 21.5.1), 且当 $z\in[e,f]$ 时, 过点 $(0,0,z)$ 且垂直于 z 轴的平面截 V 得到可求面积的平面区域 D_z. 若 $f(x,y,z)$ 在 V 上连续, 则

$$\iiint_V f(x,y,z)\mathrm{d}x\mathrm{d}y\mathrm{d}z=\int_e^f \mathrm{d}z\iint_{D_z} f(x,y,z)\mathrm{d}x\mathrm{d}y. \tag{21.5.8}$$

当 V 沿 x (或 y) 轴上的投影时, 可给出类似的结论.

例 1　计算 $I=\iiint_V\left(\dfrac{x^2}{a^2}+\dfrac{y^2}{b^2}+\dfrac{z^2}{c^2}\right)\mathrm{d}x\mathrm{d}y\mathrm{d}z$, 其中 V 是椭球体 $\dfrac{x^2}{a^2}+\dfrac{y^2}{b^2}+\dfrac{z^2}{c^2}\leqslant 1$.

解　V 沿 x 轴上的投影区间为 $[-a,a]$, 且当 $x\in[-a,a]$ 时, 过点 $(x,0,0)$ 且垂直于 x 轴的平面截 V 得到可求面积的平面区域 $D_x=\left\{(y,z)\left|\dfrac{y^2}{b^2}+\dfrac{z^2}{c^2}\leqslant 1-\dfrac{x^2}{a^2}\right.\right\}$. 于是

$$\begin{aligned}\iiint_V \frac{x^2}{a^2}\mathrm{d}x\mathrm{d}y\mathrm{d}z&=\int_{-a}^a\frac{x^2}{a^2}\mathrm{d}x\iint_{D_x}\mathrm{d}y\mathrm{d}z=\int_{-a}^a\frac{x^2}{a^2}\cdot\pi bc\left(\sqrt{1-\frac{x^2}{a^2}}\right)^2\mathrm{d}x\\&=\frac{2\pi bc}{a^2}\int_0^a x^2\left(1-\frac{x^2}{a^2}\right)\mathrm{d}x=\frac{4\pi abc}{15}.\end{aligned}$$

同理可得

$$\iiint_V\frac{y^2}{b^2}\mathrm{d}x\mathrm{d}y\mathrm{d}z=\frac{4\pi abc}{15},\quad \iiint_V\frac{z^2}{c^2}\mathrm{d}x\mathrm{d}y\mathrm{d}z=\frac{4\pi abc}{15}.$$

从而

$$I=\iiint_V\left(\frac{x^2}{a^2}+\frac{y^2}{b^2}+\frac{z^2}{c^2}\right)\mathrm{d}x\mathrm{d}y\mathrm{d}z=3\cdot\frac{4\pi abc}{15}=\frac{4\pi abc}{5}.$$

(ii) "先一后二法", 即先计算定积分后计算二重积分. 设 V 在 xOy 坐标平面上的投影为可求面积的平面区域 D_{xy}, 且当 (x,y) 为 D_{xy} 的内点时, 过点 $(x,y,0)$ 且垂直于 xOy 坐标面的直线与 V 的边界至多相交成两点而得一个区间 $[z_1(x,y),z_2(x,y)]$ (图 21.5.2). 若 $f(x,y,z)$ 在 V 上连续, 则

$$\iiint_V f(x,y,z)\mathrm{d}x\mathrm{d}y\mathrm{d}z$$
$$=\iint_{D_{xy}}\mathrm{d}x\mathrm{d}y\int_{z_1(x,y)}^{z_2(x,y)}f(x,y,z)\mathrm{d}z. \quad (21.5.9)$$

当 V 分别向 yOz(或 xOz) 坐标面投影时, 可给出类似的结论.

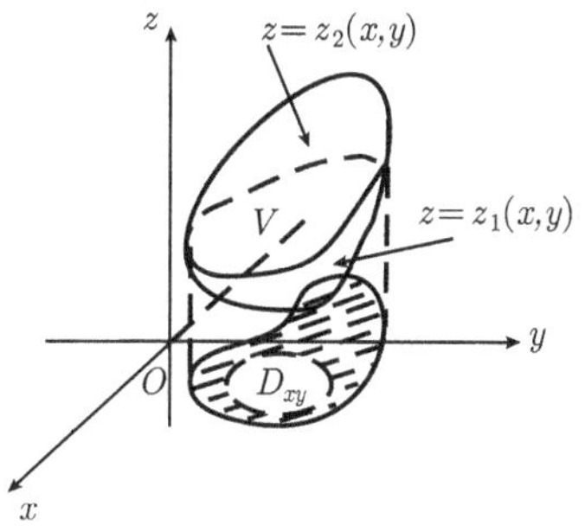

图 21.5.2

例 2 计算三重积分

$$I=\iiint_V (x^2+y^2)z\mathrm{d}x\mathrm{d}y\mathrm{d}z,$$

其中 V 是由锥面 $x^2+y^2=z^2$ 与柱面 $x^2+y^2=1$ 及平面 $z=0$ 所围成的立体.

解 记 V 在 xOy 坐标平面上的投影为可求面积的平面区域 $D_{xy}=\{(x,y)\mid x^2+y^2\leqslant 1\}$, 且当 $(x,y)\in D_{xy}$ 时, 过点 $(x,y,0)$ 且垂直于 xOy 坐标面的直线与 V 的边界至多相交成两点而得到一个区间 $\left[0,\sqrt{x^2+y^2}\right]$. 于是

$$\begin{aligned}I&=\iiint_V (x^2+y^2)z\mathrm{d}x\mathrm{d}y\mathrm{d}z=\iint_{D_{xy}}\mathrm{d}x\mathrm{d}y\int_0^{\sqrt{x^2+y^2}}(x^2+y^2)z\mathrm{d}z\\&=\frac{1}{2}\iint_{D_{xy}}\left(x^2+y^2\right)^2\mathrm{d}x\mathrm{d}y \quad (\text{令 } T: x=r\cos\theta, y=r\sin\theta)\\&=\frac{1}{2}\int_0^{2\pi}\mathrm{d}\theta\int_0^1 r^5\mathrm{d}r=\frac{\pi}{6}.\end{aligned}$$ ■

问题 21.5.2 如何利用对称性来简化三重积分的计算?

答 与二重积分一样, 也可以利用对称性来简化三重积分的计算.

设 $f(x,y,z)$ 在可求体积的有界区域 V 上连续, 而 V 可以分为具有某种对称性 (如关于某直线对称, 关于某点对称, 关于某平面对称) 的两部分 V_1 和 V_2, 有

(i) 若 $f(x,y,z)$ 在 V_1 上各点处的值与其在 V_2 上各对称点处的值互为相反数, 则 $\iiint_V f(x,y,z)\mathrm{d}V=0$;

(ii) 若 $f(x,y,z)$ 在 V_1 上各点处的值与其在 V_2 上各对称点处的值恒相等, 则

$$\iiint_V f(x,y,z)\mathrm{d}V=2\iiint_{V_1}f(x,y,z)\mathrm{d}V=2\iiint_{V_2}f(x,y,z)\mathrm{d}V.$$ ■

三、典型例题

例 21.5.1 证明: 极限 $\lim\limits_{n\to\infty}\dfrac{1}{n^4}\iiint\limits_{x^2+y^2+z^2<n^2}[r]\mathrm{d}x\mathrm{d}y\mathrm{d}z=\pi$, 其中 $r=\sqrt{x^2+y^2+z^2}$, $[r]$ 表示不超过 r 的最大整数, $n\in\mathbb{N}_+$.

证明　利用重积分对积分区域的可加性, 得

$$\begin{aligned}\iiint\limits_{x^2+y^2+z^2<n^2}[r]\mathrm{d}x\mathrm{d}y\mathrm{d}z=&\iiint\limits_{0\leqslant x^2+y^2+z^2<1}[r]\mathrm{d}x\mathrm{d}y\mathrm{d}z+\iiint\limits_{1\leqslant x^2+y^2+z^2<4}[r]\mathrm{d}x\mathrm{d}y\mathrm{d}z+\cdots\\&+\iiint\limits_{(n-1)^2\leqslant x^2+y^2+z^2<n^2}[r]\mathrm{d}x\mathrm{d}y\mathrm{d}z\\=&\iiint\limits_{0\leqslant x^2+y^2+z^2<1}0\mathrm{d}x\mathrm{d}y\mathrm{d}z+\iiint\limits_{1\leqslant x^2+y^2+z^2<4}1\mathrm{d}x\mathrm{d}y\mathrm{d}z+\cdots\\&+\iiint\limits_{(n-1)^2\leqslant x^2+y^2+z^2<n^2}(n-1)\mathrm{d}x\mathrm{d}y\mathrm{d}z\\=&\frac{4\pi}{3}\{1\cdot(2^3-1^3)+2\cdot(3^3-2^3)\\&+\cdots+(n-1)\cdot\left[n^3-(n-1)^3\right]\}\\=&\frac{4\pi}{3}\left\{(n-1)n^3-\left[1^3+2^3+\cdots+(n-1)^3\right]\right\}\\=&\frac{4\pi}{3}\left\{(n-1)n^3-\left[\frac{(n-1)n}{2}\right]^2\right\}\\=&\frac{4\pi}{3}\cdot\left(\frac{3}{4}n^4-\frac{1}{2}n^3-\frac{1}{4}n^2\right).\end{aligned}$$

于是

$$\lim_{n\to\infty}\frac{1}{n^4}\iiint\limits_{x^2+y^2+z^2<n^2}[r]\mathrm{d}x\mathrm{d}y\mathrm{d}z=\lim_{n\to\infty}\frac{1}{n^4}\cdot\frac{4\pi}{3}\cdot\left(\frac{3}{4}n^4-\frac{1}{2}n^3-\frac{1}{4}n^2\right)=\pi.\quad\blacksquare$$

解题回顾　由于 $0\leqslant r<n$, 所以先将 $[0,n)$ 分成 n 个小区间:

$$[0,1),\quad[1,2),\quad\cdots,\quad[n-1,n).$$

当 $r\in[k-1,k)$ 时, $[r]=k-1$, $k=1,2,\cdots,n$. 然后应用重积分对积分区域的可加性求出三重积分 $\iiint\limits_{x^2+y^2+z^2<n^2}[r]\mathrm{d}x\mathrm{d}y\mathrm{d}z$, 由此可得到所证明的等式.

例 21.5.2　设 $F(t)=\iiint_V f(xyz)\mathrm{d}x\mathrm{d}y\mathrm{d}z$, 其中 f 可微, $V:0\leqslant x\leqslant t,0\leqslant y\leqslant t,0\leqslant z\leqslant t$, 求 $F'(t)$.

解　作变量变换 $T:x=tu,y=tv,z=t\omega$, 则

$$J=\frac{\partial(x,y,z)}{\partial(u,v,\omega)}=t^3,\quad V':\ 0\leqslant u\leqslant 1,\ 0\leqslant v\leqslant 1,\ 0\leqslant\omega\leqslant 1.$$

由换元公式 (21.5.3) 可得

$$F(t)=\int_0^1\mathrm{d}u\int_0^1\mathrm{d}v\int_0^1 t^3 f\left(t^3uv\omega\right)\mathrm{d}\omega=t^3\int_0^1\mathrm{d}u\int_0^1\mathrm{d}v\int_0^1 f(t^3uv\omega)\mathrm{d}\omega.$$

由此可得, 当 $t>0$ 时,

$$\begin{aligned}F'(t)&=3t^2\int_0^1\mathrm{d}u\int_0^1\mathrm{d}v\int_0^1 f(t^3uv\omega)\mathrm{d}\omega+3t^5\int_0^1\mathrm{d}u\int_0^1\mathrm{d}v\int_0^1 uv\omega f'(t^3uv\omega)\mathrm{d}\omega\\&=\frac{3}{t}F(t)+\frac{3}{t}\int_0^1\mathrm{d}u\int_0^1\mathrm{d}v\int_0^1 t^6uv\omega f'(t^3uv\omega)\mathrm{d}\omega.\end{aligned}$$

利用上述变换的逆变换, 有 $J=\dfrac{\partial(u,v,\omega)}{\partial(x,y,z)}=\dfrac{1}{t^3}$, $t>0$, 有

$$\int_0^1\mathrm{d}u\int_0^1\mathrm{d}v\int_0^1 t^6uv\omega f'(t^3uv\omega)\mathrm{d}\omega=\iiint_V xyzf'(xyz)\mathrm{d}x\mathrm{d}y\mathrm{d}z.$$

于是, 当 $t>0$ 时,

$$F'(t)=\frac{3}{t}\left\{F(t)+\iiint_V xyzf'(xyz)\mathrm{d}x\mathrm{d}y\mathrm{d}z\right\}.$$

而当 $t=0$ 时, 显然有 $F'(0)=0$. ■

例 21.5.3 计算积分 $\iiint_V z\mathrm{d}V$, 其中 V 为 $x^2+y^2+z^2=4z$ 和 $x^2+y^2+z^2=2z$ 所围成的闭区域.

解 设

$$V_1:\ x^2+y^2+z^2\leqslant 4z\quad 即\quad x^2+y^2+(z-2)^2\leqslant 4,$$

$$V_2:\ x^2+y^2+z^2\leqslant 2z\quad 即\quad x^2+y^2+(z-1)^2\leqslant 1.$$

显然 $V_2\subset V_1$, 于是 $V=V_1\backslash\mathrm{int}V_2$,

$$\iiint_V z\mathrm{d}V=\iiint_{V_1}z\mathrm{d}V-\iiint_{V_2}z\mathrm{d}V.$$

由于 V_1 关于平面 $z=2$ 对称, 且在对称点处 $f(x,y,z)=z-2$ 的值互为相反数, 所以由问题 21.5.2 中 (i) 知 $\iiint_{V_1}(z-2)\mathrm{d}V=0$. 同理可得 $\iiint_{V_2}(z-1)\mathrm{d}V=0$. 于是

$$\begin{aligned}\iiint_V z\mathrm{d}V&=\left[\iiint_{V_1}(z-2)\mathrm{d}V+\iiint_{V_1}2\mathrm{d}V\right]-\left[\iiint_{V_2}(z-1)\mathrm{d}V+\iiint_{V_2}\mathrm{d}V\right]\\&=\iiint_{V_1}2\mathrm{d}V-\iiint_{V_2}\mathrm{d}V=2\cdot\frac{4\pi}{3}\cdot 2^3=\frac{4\pi}{3}\cdot 1^3=20\pi.\end{aligned}$$ ■

例 21.5.4 计算由闭曲面 $(x^2+y^2+z^2)^2=a^3z\ (a>0)$ 所围成立体的体积.

解 由所给的曲面方程可知, 所围立体在 xOy 平面上方, 且关于 yOz 与 xOz 坐标平面都对称, 所以立体的体积为第一卦限部分立体 V_1 的体积的 4 倍.

作球坐标变换 $T:\ x=r\sin\varphi\cos\theta,\ x=r\sin\varphi\sin\theta,\ z=r\cos\varphi$, 则 $J(r,\varphi,\theta)=r^2\sin\varphi$, $V_1':\ 0\leqslant\varphi\leqslant\dfrac{\pi}{2},\ 0\leqslant\theta\leqslant\dfrac{\pi}{2},\ 0\leqslant r\leqslant a\sqrt[3]{\cos\varphi}$. 于是, 闭曲面 $\left(x^2+y^2+z^2\right)^2=a^3z\ (a>0)$ 所围成立体的体积为

$$V=\iiint_V \mathrm{d}x\mathrm{d}y\mathrm{d}z=4\iiint_{V_1}\mathrm{d}x\mathrm{d}y\mathrm{d}z=4\int_0^{\frac{\pi}{2}}\mathrm{d}\theta\int_0^{\frac{\pi}{2}}\mathrm{d}\varphi\int_0^{a\sqrt[3]{\cos\varphi}}r^2\sin\varphi\mathrm{d}r$$
$$=\frac{2}{3}\pi a^3\int_0^{\frac{\pi}{2}}\sin\varphi\cos\varphi\mathrm{d}\varphi=\frac{1}{3}\pi a^3.$$ ■

例 21.5.5 计算积分 $\displaystyle\iiint_V x\mathrm{e}^{y+z}\mathrm{d}V$, 其中 V 为由曲面 $y=x^2$ 和平面 $y=x$, $x+y+z=2$, $z=0$ 所围成的闭区域.

解 在此采用“先一后二法”. 立体 V 在 xOy 坐标面上的投影区域为

$$D_{xy}=\left\{(x,y)\mid 0\leqslant x\leqslant 1,\ x^2\leqslant y\leqslant x\right\},$$

且当 $(x,y)\in D_{xy}$ 时, 过点 $(x,y,0)$ 且垂直于 xOy 坐标面的直线与 V 相交所成的区间为 $[0,2-x-y]$. 由式 (21.5.9) 得

$$\iiint_V x\mathrm{e}^{y+z}\mathrm{d}V=\iint_{D_{xy}}\mathrm{d}x\mathrm{d}y\int_0^{2-x-y}x\mathrm{e}^{y+z}\mathrm{d}z=\iint_{D_{xy}}x(\mathrm{e}^{2-x}-\mathrm{e}^y)\mathrm{d}x\mathrm{d}y$$
$$=\int_0^1 x\mathrm{d}x\int_{x^2}^{x}(\mathrm{e}^{2-x}-\mathrm{e}^y)\mathrm{d}y$$
$$=\int_0^1 x\left[(x-x^2)\mathrm{e}^{2-x}-\mathrm{e}^x+\mathrm{e}^{x^2}\right]\mathrm{d}x=11\mathrm{e}-4\mathrm{e}^2.$$ ■

例 21.5.6 证明若函数 $f(x,y,z)$ 连续, 则

$$\iiint_V f(ax+by+cz)\mathrm{d}x\mathrm{d}y\mathrm{d}z=\iiint_{V'}f(ku)\mathrm{d}u\mathrm{d}v\mathrm{d}\omega,$$

其中 $V:\ x^2+y^2+z^2\leqslant 1$, $V':\ u^2+v^2+\omega^2\leqslant 1$, $k=\sqrt{a^2+b^2+c^2}$.

证明 取 $k=\sqrt{a^2+b^2+c^2}$, 令 $ku=ax+by+cz$, 则 $u=\ell_1x+m_1y+n_1z$, 其中 $\ell_1=\dfrac{a}{k}$, $m_1=\dfrac{b}{k}$, $n_1=\dfrac{c}{k}$, 且 $\ell_1^2+m_1^2+n_1^2=1$. 现作如下变量变换:

$$T:u=\ell_1x+m_1y+n_1z,\quad v=\ell_2x+m_2y+n_2z,\quad \omega=\ell_3x+m_3y+n_3z,$$

且满足

$$\ell_i^2+m_i^2+n_i^2=1,\ i=1,2,3;\quad \ell_i\ell_j+m_im_j+n_in_j=0,\ i\neq j,\ i,j=1,2,3.$$

对于变换 T 而言, $|J(u,v,\omega)|=\left|\dfrac{\partial(x,y,z)}{\partial(u,v,\omega)}\right|=1$, 且

$$V: x^2+y^2+z^2\leqslant 1 \xrightarrow{T} V':\ u^2+v^2+\omega^2\leqslant 1.$$

于是, 由三重积分的换元公式 (21.5.3) 得

$$\iiint_V f(ax+by+cz)\mathrm{d}x\mathrm{d}y\mathrm{d}z=\iiint_{V'} f(ku)|J(u,v,\omega)|\mathrm{d}u\mathrm{d}v\mathrm{d}\omega=\iiint_{V'} f(ku)\mathrm{d}u\mathrm{d}v\mathrm{d}\omega. \quad \blacksquare$$

例 21.5.7 计算积分 $\iiint_V \cos(ax+by+cz)\mathrm{d}x\mathrm{d}y\mathrm{d}z$ 其中 a,b,c 是不全为零的常数, $V:\ x^2+y^2+z^2\leqslant 1$.

解 在坐标原点 O 沿方向 $\boldsymbol{n}=(a,b,c)$ 建立 ω 轴. 在平面 Π: $ax+by+cz=0$ 上, 以 O 为原点建立平面直角坐标系 uOv, 使得 $Ouv\omega$ 成右手系 (图 21.5.3). 点 $M(x,y,z)$ 在 $Ouv\omega$ 坐标系下的 ω 坐标等于 $\pm d$ (其中 d 为 M 到平面 Π 的距离), 且当 M 在 Π 的 $\boldsymbol{n}$ 所指方向一侧时取 "+", 否则取 "−", 即

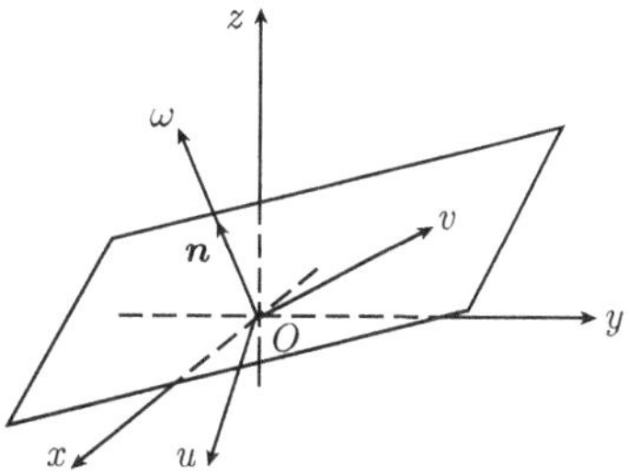

图 21.5.3

$$\omega=\frac{ax+by+cz}{\sqrt{a^2+b^2+c^2}}.$$

点在坐标系 $Oxyz$ 和 $Ouv\omega$ 之下的坐标之间的对应构成了一个正交变换 T, 其变换函数行列式为 1, 且 V 在 T 下的象仍为自身 $u^2+v^2+\omega^2\leqslant 1$. 于是

$$\iiint_V \cos(ax+by+cz)\mathrm{d}x\mathrm{d}y\mathrm{d}z=\iiint\limits_{u^2+v^2+\omega^2\leqslant 1}\cos\left(\omega\sqrt{a^2+b^2+c^2}\right)\mathrm{d}u\mathrm{d}v\mathrm{d}\omega.$$

作如下柱坐标变换:

$$T:\ u=r\cos\theta,\quad v=r\sin\theta,\quad \omega=\omega,\quad (r,\theta,\omega)\in[0,1]\times[0,2\pi]\times[-1,1],$$

则 $J(r,\theta,z)=r$, 且 $u^2+v^2+\omega^2\leqslant 1$,

$$V'=\left\{(u,v,\omega)\ |\ -1\leqslant\omega\leqslant 1,\ 0\leqslant\theta\leqslant 2\pi,\ 0\leqslant r\leqslant\sqrt{1-\omega^2}\right\}.$$

于是

$$\begin{aligned}&\iiint\limits_{u^2+v^2+\omega^2\leqslant 1}\cos\left(\omega\sqrt{a^2+b^2+c^2}\right)\mathrm{d}u\mathrm{d}v\mathrm{d}\omega\\=&\int_{-1}^{1}\mathrm{d}\omega\int_0^{2\pi}\mathrm{d}\theta\int_0^{\sqrt{1-\omega^2}}\cos\left(\omega\sqrt{a^2+b^2+c^2}\right)r\mathrm{d}r\\=&2\pi\int_0^1(1-\omega^2)\cos\left(\omega\sqrt{a^2+b^2+c^2}\right)\mathrm{d}\omega\\=&\frac{4\pi}{a^2+b^2+c^2}\left[\frac{\sin(\sqrt{a^2+b^2+c^2})}{\sqrt{a^2+b^2+c^2}}-\cos\left(\sqrt{a^2+b^2+c^2}\right)\right].\end{aligned}$$

从而

$$\begin{aligned}&\iiint_V\cos(ax+by+cz)\mathrm{d}x\mathrm{d}y\mathrm{d}z\\=&\frac{4\pi}{a^2+b^2+c^2}\left[\frac{\sin\left(\sqrt{a^2+b^2+c^2}\right)}{\sqrt{a^2+b^2+c^2}}-\cos\left(\sqrt{a^2+b^2+c^2}\right)\right].\end{aligned}$$

■

解题回顾　例 21.5.6 与例 21.5.7 两题的积分区域均为单位球, 用球坐标变换会使积分区域变得简单, 但被积函数将变得复杂. 如果能将 $ax+by+cz$ 用一个变量表示, 积分将得到简化. 由解析几何知识可知, 可以通过正交变换来实现. 正交变换的行列式的值为 ±1, 且该行列式正好是变量变换的函数行列式, 因此被积函数将变得非常简单, 积分区域仍是单位球. 此题的变量变换方法, 请读者体会并能熟练掌握.

例 21.5.8　计算积分 $I=\iiint_V\dfrac{xyz\mathrm{d}x\mathrm{d}y\mathrm{d}z}{\sqrt{a^2x^2+b^2y^2+c^2z^2}}$, 其中 $a>b>c>0$, $V:\ x^2+y^2+z^2\leqslant R^2,\ x,y,z\geqslant 0$.

解　在球坐标变换下:

$$\begin{aligned}I=&\int_0^{\frac{\pi}{2}}\mathrm{d}\theta\int_0^{\frac{\pi}{2}}\mathrm{d}\varphi\int_0^R\frac{r^4\sin\theta\cos\theta\sin^3\varphi\cos\varphi\mathrm{d}r}{\sqrt{a^2\sin^2\varphi\cos^2\theta+b^2\sin^2\varphi\sin^2\theta+c^2\cos^2\varphi}}\\=&\frac{1}{4}\int_0^1\mathrm{d}u\int_0^1\mathrm{d}v\int_0^R\frac{ur^4\mathrm{d}u\mathrm{d}v\mathrm{d}r}{\sqrt{a^2u(1-v)+b^2uv+c^2(1-u)}}\qquad\left(令\begin{cases}u=\sin^2\varphi,\\v=\sin^2\theta\end{cases}\right)\\=&\frac{R^5}{20}\int_0^1u\mathrm{d}u\int_0^1\frac{\mathrm{d}v}{\sqrt{[c^2+(a^2-c^2)u]+(b^2-a^2)uv}}\\=&\frac{R^5}{20}\int_0^1\left[\frac{2}{(b^2-a^2)u}\sqrt{[c^2+(a^2-c^2)u]+(b^2-a^2)uv}\right]_{v=0}^{v=1}u\mathrm{d}u\\=&\frac{R^5}{10(b^2-a^2)}\int_0^1\left[\sqrt{[c^2+(a^2-c^2)u]+(b^2-a^2)u}-\sqrt{c^2+(a^2-c^2)u}\right]\mathrm{d}u\end{aligned}$$

$$= \frac{R^5}{10(b^2-a^2)}\left[\frac{2[c^2+(b^2-a^2)u]^{\frac{3}{2}}}{3(b^2-c^2)} - \frac{2[c^2+(a^2-c^2)u]^{\frac{3}{2}}}{3(a^2-c^2)}\right]_0^1$$

$$= \frac{R^5}{15(b^2-a^2)}\left[\frac{b^3-c^3}{b^2-c^2} - \frac{a^3-c^3}{a^2-c^2}\right]$$

$$= \frac{R^5}{15(b^2-a^2)}\left[\frac{b^2+bc+c^2}{b+c} - \frac{a^2+ac+c^2}{a+c}\right]$$

$$= \frac{(ab+bc+ca)R^5}{15(a+b)(b+c)(c+a)}.$$ ■

* **例 21.5.9** 设 $H(\boldsymbol{x}) = \sum\limits_{i,j=1}^{3} a_{ij}x_i x_j$, $\boldsymbol{A} = (a_{ij})$ 为 3 阶对称正定矩阵, 计算积分 $I = \iiint\limits_V \mathrm{e}^{\sqrt{H(\boldsymbol{x})}}\mathrm{d}x_1\mathrm{d}x_2\mathrm{d}x_3$, 其中 $V = \{(x_1,x_2,x_3) \mid H(\boldsymbol{x}) \leqslant 1\}$.

解 因 $\boldsymbol{A} = (a_{ij})$ 为 3 阶对称正定矩阵, 故存在 3 阶正交矩阵 $\boldsymbol{P}$, 使得

$$\boldsymbol{P}^{\mathrm{T}}\boldsymbol{A}\boldsymbol{P} = \begin{pmatrix} \lambda_1 & 0 & 0 \\ 0 & \lambda_2 & 0 \\ 0 & 0 & \lambda_3 \end{pmatrix},$$

其中 $\lambda_i > 0$, $i = 1,2,3$. 作正交变换 T: $\boldsymbol{x} = \boldsymbol{P}\boldsymbol{y}$ (此处 $\boldsymbol{x},\boldsymbol{y} \in \mathbb{R}^3$), 则

$$H(\boldsymbol{x}) = H(\boldsymbol{P}\boldsymbol{y}) = \lambda_1 y_1^2 + \lambda_2 y_2^2 + \lambda_3 y_3^2,$$

且变换的 Jacobi 行列式 $J = \det(\boldsymbol{P}) \equiv 1$. V 在变换 T 下的原象为

$$V' = \left\{(y_1,y_2,y_3) \mid \lambda_1 y_1^2 + \lambda_2 y_2^2 + \lambda_3 y_3^2 \leqslant 1\right\},$$

此时

$$I = \iiint\limits_{V'} \mathrm{e}^{\sqrt{\lambda_1 y_1^2+\lambda_2 y_2^2+\lambda_3 y_3^2}}\mathrm{d}y_1\mathrm{d}y_2\mathrm{d}y_3.$$

再作广义球坐标变换:

$$T': \ y_1 = \frac{1}{\sqrt{\lambda_1}} r\sin\varphi\cos\theta, \quad y_2 = \frac{1}{\sqrt{\lambda_2}} r\sin\varphi\sin\theta, \quad y_3 = \frac{1}{\sqrt{\lambda_1}} r\cos\varphi,$$

则 V' 在变换 T' 下的原象为

$$V'': 0 \leqslant r \leqslant 1, \quad 0 \leqslant \varphi \leqslant \pi, \quad 0 \leqslant \theta \leqslant 2\pi,$$

且变换的 Jacobi 行列式 $J' = \dfrac{1}{\sqrt{\lambda_1\lambda_2\lambda_3}} r^2\sin\varphi$. 于是

$$I = \frac{1}{\sqrt{\lambda_1\lambda_2\lambda_3}} \iiint\limits_{V''} r^2\mathrm{e}^r\sin\varphi\mathrm{d}r\mathrm{d}\varphi\mathrm{d}\theta$$

$$= \frac{1}{\sqrt{\lambda_1\lambda_2\lambda_3}} \int_0^1 r^2\mathrm{e}^r\mathrm{d}r \int_0^{2\pi}\mathrm{d}\theta \int_0^{\pi}\sin\varphi\mathrm{d}\varphi = \frac{4(\mathrm{e}-2)\pi}{\sqrt{\lambda_1\lambda_2\lambda_3}}.$$

由于矩阵 $\boldsymbol{A}$ 的行列式 $\det(\boldsymbol{A}) = \lambda_1\lambda_2\lambda_3 > 0$, 所以

$$I = \frac{4(\mathrm{e}-2)\pi}{\sqrt{\det(\boldsymbol{A})}}.$$ ■

四、巩固提高

21.5.1　设函数 $f(x,y,z)$ 在立体 $V: x^2+y^2+z^2 \leqslant 1$ 上连续, 又设 $V_r: x^2+y^2+z^2 \leqslant r^2\ (0 \leqslant r \leqslant 1)$, 求极限 $\lim\limits_{r\to 0^+} \dfrac{3}{r^3}\displaystyle\iiint_{V_r} f(x,y,z)\mathrm{d}x\mathrm{d}y\mathrm{d}z$.

21.5.2　设函数 $f(x)$ 在 $[0,+\infty)$ 上连续可导, 且 $f(0)=0$, 积分区域V_r 为球 $x^2+y^2+z^2 \leqslant r^2$. 求极限 $\lim\limits_{r\to 0^+} \dfrac{1}{\pi r^4}\displaystyle\iiint_{V_r} f\left(\sqrt{x^2+y^2+z^2}\right)\mathrm{d}x\mathrm{d}y\mathrm{d}z$.

21.5.3　设 $F(t) = \displaystyle\iiint_V f(x^2+y^2+z^2)\mathrm{d}x\mathrm{d}y\mathrm{d}z$, 其中 f 可微, $V: x^2+y^2+z^2 \leqslant t^2$, 解答下列问题:

(i) 求 $F'(t)$;　(ii) 若 $f(1)=1$, 证明 $F'(1)=4\pi$.

21.5.4　计算由闭曲面 $\left(\dfrac{x^2}{a^2}+\dfrac{y^2}{b^2}+\dfrac{z^2}{c^2}\right)^2 = \dfrac{x^2}{a^2}+\dfrac{y^2}{b^2}$ 所围立体的体积.

21.5.5　计算由曲面 $\left(\dfrac{x}{a}+\dfrac{y}{b}\right)^2+\dfrac{z^2}{c^2}=1$ 与三个坐标面在第一象限所围立体的体积, 其中 $a>0$, $b>0$, $c>0$.

21.5.6　证明: 若 $f(x,y,z)$ 为连续函数, 则

$$\int_a^b \mathrm{d}x\int_a^x \mathrm{d}y\int_a^y f(x,y,z)\mathrm{d}z = \int_a^b \mathrm{d}z\int_z^b \mathrm{d}y\int_y^b f(x,y,z)\mathrm{d}x.$$

21.5.7　计算 $\displaystyle\iiint_V z^2\mathrm{d}x\mathrm{d}y\mathrm{d}z$, 其中 V 是由两个球$x^2+y^2+z^2 \leqslant a^2$ 与 $x^2+y^2+z^2 \leqslant 2az\ (a>0)$的公共部分.

21.5.8　计算 $\displaystyle\iiint_V xyz\mathrm{d}x\mathrm{d}y\mathrm{d}z$, 其中 $V: x \leqslant yz \leqslant 2x,\ y \leqslant zx \leqslant 2y,\ z \leqslant xy \leqslant 3z$.

21.5.9　证明: 若函数 f 连续, 则

$$\int_0^a \mathrm{d}x\int_0^x \mathrm{d}y\int_0^y f(x)f(y)f(z)\mathrm{d}z = \frac{1}{3!}\left(\int_0^a f(x)\mathrm{d}x\right)^3.$$

21.5.10　计算积分 $\displaystyle\iiint_V xy^2z\mathrm{d}V$, 其中 V 是由 $x^2+y^2+z^2 \leqslant 1$ 与 $x^2+y^2-z^2 \geqslant \dfrac{1}{2}$ 所确定的闭区域.

21.5.11　计算积分 $\displaystyle\iiint_V (x^2+y^2)\mathrm{d}V$, 其中 V 是由曲面 $x^2+y^2+(z-2)^2=4$ 和曲面 $x^2+y^2+(z-1)^2=9$ 所围闭区域.

21.6 重积分的应用

一、内容精读

1. 几何应用

1) 曲面的面积

(a) 曲面方程由直角坐标形式表示. 设 D 为可求面积的平面有界区域, 函数 $f(x,y)$ 在 D 上具有连续的一阶偏导数, 则 $z=f(x,y)$, $(x,y)\in D$ 所确定的曲面 S 的面积 ΔS 为

$$\Delta S=\iint_D\sqrt{1+f_x^2(x,y)+f_y^2(x,y)}\mathrm{d}x\mathrm{d}y=\iint_D\frac{\mathrm{d}x\mathrm{d}y}{|\cos(\boldsymbol{n},z)|},\tag{21.6.1}$$

其中 $\cos(\boldsymbol{n},z)$ 为曲面的法向量 $\boldsymbol{n}$ 与 z 轴正向夹角的余弦.

(b) 曲面方程由参数方程形式表示. 设空间曲面 S 是由参数方程

$$x=x(u,v),\quad y=y(u,v),\quad z=z(u,v),\quad (u,v)\in D\tag{21.6.2}$$

确定, 其中 $x(u,v)$, $y(u,v)$, $z(u,v)$ 在可求面积的平面有界区域 D 上具有连续的一阶偏导数, 且 $\dfrac{\partial(x,y)}{\partial(u,v)}$, $\dfrac{\partial(y,z)}{\partial(u,v)}$, $\dfrac{\partial(z,x)}{\partial(u,v)}$ 中至少有一个不为零, 则 S 的面积 ΔS 为

$$\Delta S=\iint_D\sqrt{EG-F^2}\mathrm{d}u\mathrm{d}v,\tag{21.6.3}$$

其中 $E=x_u^2+y_u^2+z_u^2$, $F=x_ux_v+y_uy_v+z_uz_v$, $G=x_v^2+y_v^2+z_v^2$.

2) 立体的体积

若立体 V 是以 xOy 平面上可求面积的闭区域 D_{xy} 为底, 以函数 $z=f(x,y)$, $(x,y)\in D_{xy}$ 为曲顶的曲顶柱体, 则 V 的体积为

$$\Delta V=\iint_{D_{xy}}|f(x,y)|\mathrm{d}x\mathrm{d}y.\tag{21.6.4}$$

设 V 是三维空间可求体积的有界闭区域, 则 V 的体积为

$$\Delta V=\iiint_V\mathrm{d}x\mathrm{d}y\mathrm{d}z.\tag{21.6.5}$$

2. 物理应用

1) 重心

(a) 平面薄板的重心. 设 D 是密度函数为 $\rho(x,y)$的平面薄板, $\rho(x,y)$ 在 D 上

连续, 记 D 的质量为 $m=\iint_D \rho(x,y)\mathrm{d}\sigma$, 则 D 的重心坐标 $(\overline{x},\overline{y})$ 为

$$\overline{x}=\frac{1}{m}\iint_D x\rho(x,y)\mathrm{d}\sigma,\quad \overline{y}=\frac{1}{m}\iint_D y\rho(x,y)\mathrm{d}\sigma. \tag{21.6.6}$$

当平面薄板 D 的密度均匀, 即 ρ 为常数时, 则有

$$\overline{x}=\frac{1}{\Delta D}\iint_D x\mathrm{d}\sigma,\quad \overline{y}=\frac{1}{\Delta D}\iint_D y\mathrm{d}\sigma, \tag{21.6.7}$$

其中 ΔD 为平面薄板 D 的面积.

(b) 空间物体的重心. 设 V 是密度函数为 $\rho(x,y,z)$ 的空间物体, $\rho(x,y,z)$ 在 V 上连续, 记 V 的质量为 $m=\iiint_V \rho(x,y,z)\mathrm{d}V$, 则 V 的重心坐标 $(\overline{x},\overline{y},\overline{z})$ 为

$$\begin{cases}\overline{x}=\dfrac{1}{m}\displaystyle\iiint_V x\rho(x,y,z)\mathrm{d}V,\\ \overline{y}=\dfrac{1}{m}\displaystyle\iiint_V y\rho(x,y,z)\mathrm{d}V,\\ \overline{z}=\dfrac{1}{m}\displaystyle\iiint_V z\rho(x,y,z)\mathrm{d}V.\end{cases} \tag{21.6.8}$$

当物体 V 的密度均匀即为 ρ 为常数时, 则有

$$\overline{x}=\frac{1}{\Delta V}\iiint_V x\mathrm{d}V,\quad \overline{y}=\frac{1}{\Delta V}\iiint_V y\mathrm{d}V,\quad \overline{z}=\frac{1}{\Delta V}\iiint_V z\mathrm{d}V, \tag{21.6.9}$$

其中 ΔV 为 V 的体积.

2) 转动惯量

(a) 平面薄板的转动惯量. 设 D 是密度为 $\rho(x,y)$ 的平面薄板, $\rho(x,y)$ 在 D 上连续, 则 D 对于 x 轴与 y 轴的转动惯量分别为

$$J_x=\iint_D y^2\rho(x,y)\mathrm{d}\sigma,\quad J_y=\iint_D x^2\rho(x,y)\mathrm{d}\sigma. \tag{21.6.10}$$

平面薄板 D 对于轴 ℓ 的转动惯量为

$$J_\ell=\iint_D r^2(x,y)\rho(x,y)\mathrm{d}\sigma, \tag{21.6.11}$$

其中 $r(x,y)$ 为 D 中点 (x,y) 到轴 ℓ 的距离函数, $\rho(x,y)$ 为薄板的密度函数.

(b) 空间物体的转动惯量. 设 V 是密度函数为 $\rho(x,y,z)$ 的空间物体, $\rho(x,y,z)$ 在 V 上连续, 则

(i) V 对 x 轴、y 轴与 z 轴的转动惯量分别为

$$\begin{cases} J_x = \iiint_V (y^2+z^2)\rho(x,y,z)\mathrm{d}V, \\ J_y = \iiint_V (x^2+z^2)\rho(x,y,z)\mathrm{d}V, \\ J_z = \iiint_V (x^2+y^2)\rho(x,y,z)\mathrm{d}V. \end{cases} \tag{21.6.12}$$

(ii) V 对 xOy、yOz 与 zOx 坐标面的转动惯量分别为

$$\begin{cases} J_{xy} = \iiint_V z^2\rho(x,y,z)\mathrm{d}V, \\ J_{yz} = \iiint_V x^2\rho(x,y,z)\mathrm{d}V, \\ J_{zx} = \iiint_V y^2\rho(x,y,z)\mathrm{d}V. \end{cases} \tag{21.6.13}$$

3) 引力

设 V 是密度函数为 $\rho(x,y,z)$ 的空间物体, $\rho(x,y,z)$ 在 V 上连续, 则 V 对其外质量为 1 的质点 $A(\xi,\eta,\zeta)$ 的引力为

$$\boldsymbol{F} = F_x\boldsymbol{i} + F_y\boldsymbol{j} + F_z\boldsymbol{k},$$

且

$$F_x = k\iiint_V \frac{x-\xi}{r^3}\rho\mathrm{d}V, \quad F_y = k\iiint_V \frac{y-\eta}{r^3}\rho\mathrm{d}V, \quad F_z = k\iiint_V \frac{z-\zeta}{r^3}\rho\mathrm{d}V, \tag{21.6.14}$$

其中 k 为引力常数, $r=\sqrt{(x-\xi)^2+(y-\eta)^2+(z-\zeta)^2}$.

二、疑难解答

问题 21.6.1 如何应用重积分的 "微元法" 求解问题?

答 在定积分的应用中, 曾介绍过求解实际问题常用的一种方法: 微元法 (参见 10.1 节). 这一方法可以很方便地推广到重积分的情况.

设某一所求的量 A 分布在平面区域 D (或空间区域 V), 且 A 关于区域具有代数可加性. 若在点 (x,y) (或 (x,y,z)) 处的任一微小区域上, A 的微元量 ΔA 可近似地表为

$$\mathrm{d}A = f(x,y)\mathrm{d}\sigma \quad (\text{或} \quad \mathrm{d}A = f(x,y,z)\mathrm{d}V),$$

其中 $\mathrm{d}\sigma$ (或 $\mathrm{d}V$) 为该微小区域的面积 (或体积) 微元, 且 $\Delta A - \mathrm{d}A$ 为 $\mathrm{d}\sigma$ (或 $\mathrm{d}V$) 高阶的无穷小, 则 A 在整个区域 D (或 V) 上的值可以用重积分表示为

$$A = \iint_D f(x,y)\mathrm{d}\sigma \left(\text{或 } A = \iiint_V f(x,y,z)\mathrm{d}V\right).$$

当某一所求的量 A 与平面区域 (或空间区域) 有关, 但 A 关于区域不具有可加性时, 可以回到积分的 "分割、近似求和、取极限" 的思想上来处理. 例如, 求物体的重心, 通过将物体分成小块, 而将每一小块看作质点, 再用有限个质点重心的计算方法, 得到重心坐标的近似值, 最后利用极限即得所求的量 (参见文献 [1] 第 255 页). ■

问题 21.6.2　利用定积分导出的旋转曲面的面积公式 (10.4.1) 与用式 (21.6.1) 计算的结果一致吗?

答　两者是一致的.

在 10.4 节中, 用微元法给出了旋转曲面的面积公式.

设有平面光滑曲线段 $\overset{\frown}{AB}$: $y=f(x)\geqslant 0,\ x\in[a,b]$, 则 $\overset{\frown}{AB}$ 绕 x 轴旋转一周所得的旋转曲面 S 的面积为式 (10.4.1):

$$\Delta S=2\pi\int_a^b f(x)\sqrt{1+f'^2(x)}\mathrm{d}x.$$

下面利用本节中求曲面的面积公式 (21.6.1) 来给出旋转曲面的面积.

由解析几何知识可知, 曲面 S 的方程为

$$y^2+z^2=f^2(x)\quad 或\quad S: z=\pm\sqrt{f^2(x)-y^2},\ (x,y)\in D,$$

其中 $D=\{(x,y)\mid -f(x)\leqslant y\leqslant f(x),\ a\leqslant x\leqslant b\}$. 于是, 由 S 关于坐标面 xOy 的对称性, 有

$$\begin{aligned}
\Delta S&=2\iint_D\sqrt{1+f_x^2(x,y)+f_y^2(x,y)}\,\mathrm{d}x\mathrm{d}y\\
&=2\iint_D\sqrt{1+\frac{f^2(x)f'^2(x)}{f^2(x)-y^2}+\frac{y^2}{f^2(x)-y^2}}\,\mathrm{d}x\mathrm{d}y\\
&=2\iint_D f(x)\frac{\sqrt{1+f'^2(x)}}{\sqrt{f^2(x)-y^2}}\,\mathrm{d}x\mathrm{d}y\\
&=2\int_a^b f(x)\sqrt{1+f'^2(x)}\,\mathrm{d}x\int_{-f(x)}^{f(x)}\frac{\mathrm{d}y}{\sqrt{f^2(x)-y^2}}\\
&=2\int_a^b f(x)\sqrt{1+f'^2(x)}\cdot\arcsin\frac{y}{f(x)}\bigg|_{y=-f(x)}^{y=f(x)}\,\mathrm{d}x\\
&=2\pi\int_a^b f(x)\sqrt{1+f'^2(x)}\,\mathrm{d}x.
\end{aligned}$$

这与式 (10.4.1) 完全相同. ■

三、典型例题

例 21.6.1 求抛物面 $x^2+y^2=2z$ 被柱面 $(x^2+y^2)^2=2xy$ 所截下部分 S 的曲面面积.

解 曲面 S 的方程为

$$z=\frac{1}{2}(x^2+y^2),\quad (x,y)\in D,$$

其中 $D=\left\{(x,y)\mid (x^2+y^2)^2\leqslant 2xy\right\}$. 根据 D 和 S 关于平面 $x+y=0$ 的对称性, 得曲面 S 的面积为

$$\Delta S=2\iint_{D_1}\sqrt{1+f_x^2(x,y)+f_y^2(x,y)}\,\mathrm{d}x\mathrm{d}y=2\iint_{D_1}\sqrt{1+x^2+y^2}\,\mathrm{d}x\mathrm{d}y,$$

其中 D_1 为 D 在第一象限部分. 作柱坐标变换

$$T: x=r\cos\theta,\quad y=r\sin\theta,\quad z=z,$$

则 $J(r,\theta,z)=r$, 且 D_1 在 T 下的原象为 $D'=\left\{(r,\theta)\ \middle|\ r^2\leqslant\sin 2\theta,\ 0\leqslant\theta\leqslant\dfrac{\pi}{2}\right\}$. 于是

$$\begin{aligned}\Delta S&=2\iint_{D_1}\sqrt{1+x^2+y^2}\,\mathrm{d}x\mathrm{d}y\\&=2\int_0^{\frac{\pi}{2}}\mathrm{d}\theta\int_0^{\sqrt{\sin 2\theta}}r\sqrt{1+r^2}\,\mathrm{d}r\\&=\frac{2}{3}\int_0^{\frac{\pi}{2}}\left[(1+\sin 2\theta)^{\frac{3}{2}}-1\right]\mathrm{d}\theta\\&=\frac{2}{3}\int_0^{\frac{\pi}{2}}\left[(\sin\theta+\cos\theta)^3-1\right]\mathrm{d}\theta=\frac{20-3\pi}{9}.\end{aligned}$$

■

例 21.6.2 求圆柱体 $x^2+y^2\leqslant Rx$ $(R>0)$ 被球面 $x^2+y^2+z^2=R^2$ 所割下的立体 (Viviani 体) 的体积.

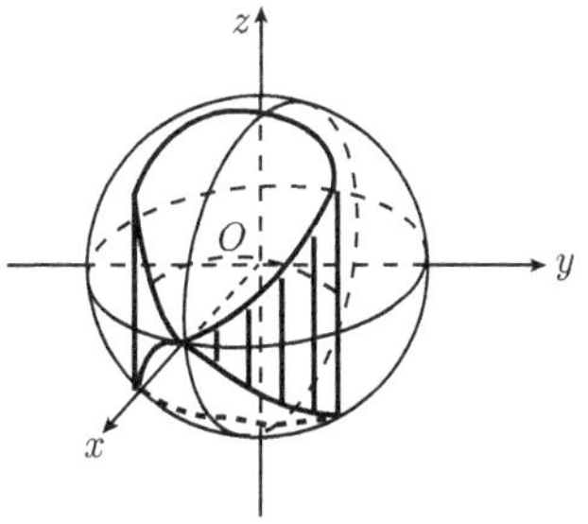

图 21.6.1

解 参考图 21.6.1, 由于立体关于 xOy 面、zOx 面对称, 则所求立体的体积为位于第一卦限部分的体积的 4 倍. 第一卦限部分的立体是以半球面 $z=\sqrt{R^2-x^2-y^2}$ 为曲顶的柱体, 而底为

$$\begin{aligned}D_{xy}&=\left\{(x,y)\mid x^2+y^2\leqslant Rx,\ y\geqslant 0\right\}\\&=\left\{(r,\theta)\mid 0\leqslant\theta\leqslant\frac{\pi}{2},\ 0\leqslant r\leqslant R\cos\theta\right\}.\end{aligned}$$

于是, 所求的体积为

$$\begin{aligned}\Delta V &= 4\iint_{D_{xy}} \sqrt{R^2-x^2-y^2}\,\mathrm{d}x\mathrm{d}y \\ &= 4\int_0^{\frac{\pi}{2}}\mathrm{d}\theta\int_0^{R\cos\theta} r\sqrt{R^2-r^2}\,\mathrm{d}r = \frac{4}{3}\left(\frac{\pi}{2}-\frac{2}{3}\right)R^3.\end{aligned}$$ ■

例 21.6.3 求位于两球面 $x^2+y^2+(z-2)^2=4$ 和 $x^2+y^2+(z-1)^2=1$ 之间的均匀物体的质心.

解 设所求的质心坐标为 $(\overline{x},\overline{y},\overline{z})$, 则由对称性知 $\overline{x}=\overline{y}=0$. 由式 (21.6.8) 得

$$\overline{z} = \iiint_V \rho z\mathrm{d}V \bigg/ \iiint_V \rho\mathrm{d}V = \iiint_V z\mathrm{d}V \bigg/ \iiint_V \mathrm{d}V.$$

而

$$\iiint_V \mathrm{d}V = \Delta V = \frac{4\pi}{3}\cdot 2^2 - \frac{4\pi}{3}\cdot 1^2 = \frac{28\pi}{3},$$

$$\begin{aligned}\iiint_V z\mathrm{d}V &= \int_0^{2\pi}\mathrm{d}\theta\int_0^{\frac{\pi}{2}}\mathrm{d}\varphi\int_{2\cos\varphi}^{4\cos\varphi} r\cos\varphi\cdot r^2\sin\varphi\mathrm{d}r \\ &= 2\pi\int_0^{\frac{\pi}{2}}\frac{1}{4}\left(4^4\cos^4\varphi - 2^4\cos^4\varphi\right)\sin\varphi\cos\varphi\,\mathrm{d}\varphi \\ &= 120\pi\int_0^{\frac{\pi}{2}}\sin\varphi\cos^5\varphi\,\mathrm{d}\varphi = -20\pi\cdot\cos^6\varphi\bigg|_0^{\frac{\pi}{2}} = 20\pi.\end{aligned}$$

所以

$$\overline{z} = \frac{20\pi}{\dfrac{28\pi}{3}} = \frac{15}{7}.$$

从而所求的重心坐标为 $\left(0,0,\dfrac{15}{7}\right)$. ■

例 21.6.4 设椭球 $\dfrac{x^2}{a^2}+\dfrac{y^2}{b^2}+\dfrac{z^2}{c^2}\leqslant 1$ $(a>b>c>0)$ 的密度 $\rho\equiv 1$, 求它对过原点的任一直线 $\dfrac{x}{\ell}=\dfrac{y}{m}=\dfrac{z}{p}$ 的转动惯量 (其中 $\ell^2+m^2+p^2=1$), 并求此转动惯量的最大值与最小值.

解 设 $P(x,y,z)$ 为椭球 $\dfrac{x^2}{a^2}+\dfrac{y^2}{b^2}+\dfrac{z^2}{c^2}\leqslant 1$ 上的任一点, 先求该点到直线 $\dfrac{x}{\ell}=\dfrac{y}{m}=\dfrac{z}{p}$ 的距离 d.

由向量运算知 $(\boldsymbol{a}\cdot\boldsymbol{b})^2+(\boldsymbol{a}\times\boldsymbol{b})^2=\boldsymbol{a}^2\boldsymbol{b}^2$, 则 $|\boldsymbol{a}\times\boldsymbol{b}|=\sqrt{\boldsymbol{a}^2\boldsymbol{b}^2-(\boldsymbol{a}\cdot\boldsymbol{b})^2}$. 记 $\overrightarrow{OP}=\{x,y,z\}$, $\boldsymbol{s}=\{\ell,m,p\}$, 则

$$\begin{aligned}\left|\overrightarrow{OP}\times\boldsymbol{s}\right| &= \sqrt{(x^2+y^2+z^2)(\ell^2+m^2+p^2)-(\ell x+my+pz)^2} \\ &= \sqrt{x^2+y^2+z^2-(\ell x+my+pz)^2}.\end{aligned}$$

所以

$$d=\frac{\left|\overrightarrow{OP}\times \boldsymbol{s}\right|}{|\boldsymbol{s}|}=\sqrt{x^2+y^2+z^2-(\ell x+my+pz)^2}.$$

故椭球对直线 $\dfrac{x}{\ell}=\dfrac{y}{m}=\dfrac{z}{p}$ 的转动惯量为

$$\begin{aligned}I&=\iiint_V \rho d^2\mathrm{d}V=\iiint_V \left[x^2+y^2+z^2-(\ell x+my+pz)^2\right]\mathrm{d}V\\&=\iiint_V \left[(1-\ell^2)x^2+(1-m^2)y^2+(1-p^2)z^2\ -2\ell mxy-2mpyz-2p\ell zx\right]\mathrm{d}x\mathrm{d}y\mathrm{d}z.\end{aligned}$$

由对称性 (参见问题 21.5.2) 易知

$$\iiint_V xy\mathrm{d}x\mathrm{d}y\mathrm{d}z=\iiint_V yz\mathrm{d}x\mathrm{d}y\mathrm{d}z=\iiint_V zx\mathrm{d}x\mathrm{d}y\mathrm{d}z=0.$$

又由问题 21.5.1 中 (i) 的例子, 可知

$$\iiint_V x^2\mathrm{d}x\mathrm{d}y\mathrm{d}z=\frac{4\pi a^3bc}{15},\quad \iiint_V y^2\mathrm{d}x\mathrm{d}y\mathrm{d}z=\frac{4\pi ab^3c}{15},\quad \iiint_V z^2\mathrm{d}x\mathrm{d}y\mathrm{d}z=\frac{4\pi abc^3}{15}.$$

于是

$$I=\frac{4\pi abc}{15}\left[(1-\ell^2)a^2+(1-m^2)b^2+(1-p^2)c^2\right].$$

由于 $a>b>c>0$ 及 $\ell^2+m^2+p^2=1$, 所以从 I 的表达式可知, 当 $p=1$ 时 (此时 $\ell=m=0$), I 最大, $I_{\max}=\dfrac{4\pi(a^2+b^2)abc}{15}$, 而当 $\ell=1$ 时 (此时 $m=p=0$), I 最小, $I_{\min}=\dfrac{4\pi(b^2+c^2)abc}{15}$. ■

例 21.6.5 求高为 R, 底面半径为 R 的密度均匀的正圆锥对其顶点处的单位质点的引力.

解 以圆锥的顶点 O 为原点, 圆锥的对称轴为 z 轴, 建立右手直角坐标系, 如图 21.6.2 所示. 在此坐标系下, 设此圆锥的方程为

$$\sqrt{x^2+y^2}\leqslant z\leqslant R,$$
$$(x,y)\in D_{xy}=\left\{(x,y)\mid x^2+y^2\leqslant R^2\right\}.$$

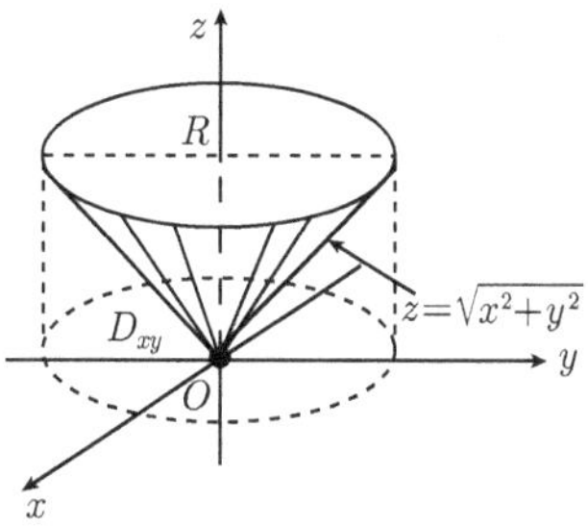

图 21.6.2

设所求的引力为

$$\boldsymbol{F}=F_x\boldsymbol{i}+F_y\boldsymbol{j}+F_z\boldsymbol{k},$$

且 (因为 $O(0,0,0)$)

$$F_x=k\rho\iiint_V \frac{x}{r^3}\mathrm{d}V,\quad F_y=k\rho\iiint_V \frac{y}{r^3}\mathrm{d}V,\quad F_z=k\rho\iiint_V \frac{z}{r^3}\mathrm{d}V,$$

其中 k 为引力常数, ρ 为圆锥体的密度, $r=\sqrt{x^2+y^2+z^2}$.

由对称性知 $F_x=F_y=0$.

$$
\begin{aligned}
F_z &= k\rho\iiint_V \frac{z}{(x^2+y^2+z^2)^{\frac{3}{2}}}\,\mathrm{d}x\mathrm{d}y\mathrm{d}z \\
&= k\rho\int_0^{2\pi}\mathrm{d}\theta\int_0^R r\mathrm{d}r\int_r^R \frac{z}{(r^2+z^2)^{\frac{3}{2}}}\,\mathrm{d}z \quad (\text{作柱坐标变换}) \\
&= k\rho\cdot 2\pi\int_0^R r\cdot\left[-(r^2+z^2)^{-\frac{1}{2}}\right]\Bigg|_{z=r}^{z=R}\mathrm{d}r \\
&= 2k\rho\pi\int_0^R\left(\frac{1}{\sqrt{2}}-\frac{r}{\sqrt{R^2+r^2}}\right)\mathrm{d}r=(2-\sqrt{2})\pi k\rho R.
\end{aligned}
$$

所以, 圆锥对位于其顶点处的单位质点的引力为

$$
\boldsymbol{F}=(2-\sqrt{2})\pi k\rho R\,\boldsymbol{k}. \qquad ■
$$

本节主要介绍了重积分在几何及物理中的一些应用, 虽然在内容精读里给出了一些计算公式, 但还是希望读者不要死记硬背, 从这些公式的由来入手, 认真理解微元法, 从微元法的角度去处理问题. 从三重积分计算的角度来看, 一般地求引力计算积分要稍难些. 对于引力的计算, 下面再举一例:

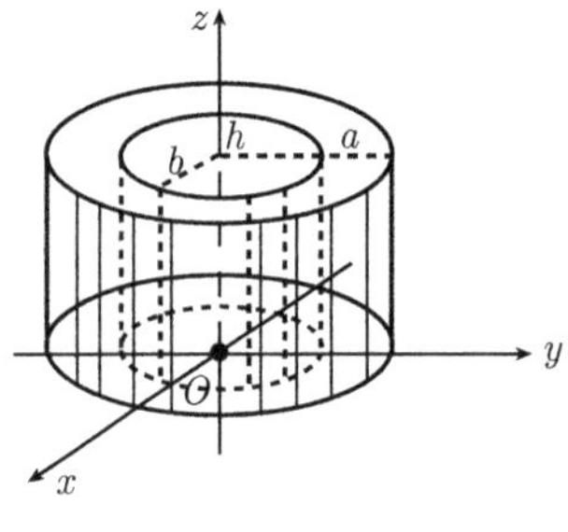

图 21.6.3

例 21.6.6　求由圆柱面 $x^2+y^2=a^2$, $x^2+y^2=b^2$ $(a>b>0)$ 及平面 $z=0$, $z=h$ 所围成的均匀柱体 V 对位于原点且质量为 m 的质点的引力, 参考图 21.6.3.

解　设 V 的密度为 ρ, 圆柱对质点的引力为

$$
\boldsymbol{F}=F_x\boldsymbol{i}+F_y\boldsymbol{j}+F_z\boldsymbol{k},
$$

且 (因为 $O(0,0,0)$)

$$
F_x=k\rho m\iiint_V\frac{x}{r^3}\mathrm{d}V,\quad F_y=k\rho m\iiint_V\frac{y}{r^3}\mathrm{d}V,
$$

$$
F_z=k\rho m\iiint_V\frac{z}{r^3}\mathrm{d}V,
$$

其中 k 为引力常数, $r=\sqrt{x^2+y^2+z^2}$.

由对称性知 $F_x=F_y=0$.

$$
\begin{aligned}
F_z &= k\rho m\iiint_V\frac{z}{(x^2+y^2+z^2)^{\frac{3}{2}}}\,\mathrm{d}x\mathrm{d}y\mathrm{d}z=k\rho m\int_0^{2\pi}\mathrm{d}\theta\int_b^a r\mathrm{d}r\int_0^h\frac{z}{(r^2+z^2)^{\frac{3}{2}}}\,\mathrm{d}z \\
&= 2k\rho\pi m\int_b^a\left(1-\frac{r}{\sqrt{h^2+r^2}}\right)\mathrm{d}r=2k\pi\rho m\left(a-b-\sqrt{a^2+h^2}+\sqrt{b^2+h^2}\right).
\end{aligned}
$$

所以, 圆柱对位于原点且质量为 m 的质点的引力为:

$$\boldsymbol{F}=2k\pi\rho m\left(a-b-\sqrt{a^2+h^2}+\sqrt{b^2+h^2}\right)\boldsymbol{k}.$$ ■

四、巩固提高

21.6.1 求柱面 $x^2+y^2=ax$ 所围成的柱体被球面 $x^2+y^2+z^2=a^2$ 所截得的立体的表面积 (图 21.6.1).

21.6.2 求锥面 $x^2+y^2=\dfrac{1}{3}z^2$ 被平面 $x+y+z=2$ 和 $x+y+z=4$ 所截下部分 S 的曲面面积.

21.6.3 设 $0<r\leqslant R$, 求球面 $x^2+y^2+(z-R)=r^2$ 处在球 $x^2+y^2+z^2\leqslant R^2$ 内部分的面积, 并问 r 取何值时该面积最大?

21.6.4 求由椭圆抛物面 $z=x^2+2y^2$ 与旋转抛物面 $z=2-x^2-y^2$ 所围成立体的体积.

21.6.5 求密度为 $\rho(x,y,z)=1$, 由曲面 $z=x^2+y^2$, $x+y=a$, $x=0$, $y=0$ 及 $z=0$ 所围成物体 V 的重心.

21.6.6 设有一半径为 R 的球体, P_0 是此球表面上的一个定点, 球体上任一点的密度与该点到 P_0 距离的平方成正比 (比例系数 $k>0$), 求球体的重心位置.

21.6.7 求位于两圆 $x^2+(y-2)^2=4$ 和 $x^2+(y-1)^2=1$ 之间的均匀薄片的质心.

21.6.8 已知 yOz 平面内的一条曲线 $z=y^2$, 将它绕 z 轴旋转一周得到一个旋转曲面, 该曲面与平面 $z=2$ 所围成立体 V, 其体密度为 $\rho(x,y,z)=\sqrt{x^2+y^2}$, 求 V 绕 z 轴的转动惯量.

21.6.9 密度为 $\rho(x,y,z)=\sqrt{x^2+y^2}$ 的物体 V 由曲面 $2z=x^2+y^2$ 及 $z=2$ 所围成, 求该物体分别关于 x 轴和平面 $\Pi: y=x$ 的转动惯量.

21.6.10 证明: 由 $x=a$, $x=b$, $y=f(x)$ 以及 x 轴所围成的平面图形绕 x 轴旋转一周所形成的立体对 x 轴的转动惯量 (密度为 $\rho=1$) 为

$$I_x=\frac{\pi}{2}\int_a^b f^4(x)\mathrm{d}x,$$

其中 $f(x)$ 为连续的正值函数.

21.6.11 求边长为 a 且密度均匀的立方体关于其任一棱边的转动惯量.

21.6.12 求一均匀球体对球外一单位质点的引力.

21.6.13 求下列各题的引力:

(i) 求面密度为常数 ρ 均匀圆环薄片 $r^2\leqslant x^2+y^2\leqslant R^2$, $z=0$ 对位于 z 轴上的点 $M(0,0,a)$ $(a>0)$ 处的单位质量的质点的引力;

(ii) 求密度为常数 ρ 均匀柱体 $x^2+y^2\leqslant R^2, 0\leqslant z\leqslant h$ 对位于点 $M(0,0,a)$ $(a>h)$ 处单位质量的质点的引力.

*21.7 n 重积分

一、内容精读

1. n 重积分概念

在 n 维空间 $\mathbb{R}^n$ 中, 通过规定 n 维长方体 $V=[a_1,b_1]\times[a_2,b_2]\times\cdots\times[a_n,b_n]$ 的体积 $(b_1-a_1)(b_2-a_2)\cdots(b_n-a_n)$, 可用类似于 21.1 节的方法定义 $\mathbb{R}^n$ 中有界点集的可求体积及其体积, 并且具有平行的结论.

设 n 元函数 $f(x_1,x_2,\cdots,x_n)$ 定义在 n 维可求体积的区域 V 上. 像二重积分、三重积分概念那样, 通过对 V 的分割、近似求和、取极限的过程, 便可得到 n 重积分的概念.

分割 V 为 $T=\{V_1,V_2,\cdots,V_n\}$. 设 V_i 的体积分别为 ΔV_i, $i=1,2,\cdots,n$. 在小区域 V_k 上任取一点 $P_k\left(\xi_1^{(k)},\xi_2^{(k)},\cdots,\xi_n^{(k)}\right)$, $k=1,2,\cdots,n$, 作积分和

$$\sum_{k=1}^{n} f(P_k)\Delta V_k=\sum_{k=1}^{n} f\left(\xi_1^{(k)},\xi_2^{(k)},\cdots,\xi_n^{(k)}\right)\Delta V_k.$$

若当 $\|T\|\to 0$ 时 ($\|T\|=\max\limits_{1\leqslant i\leqslant n}\{\Delta V_i\}$ 表示分割 T 的模), 极限 $\lim\limits_{\|T\|\to 0}\sum\limits_{k=1}^{n} f(P_k)\Delta V_k$ 存在并记为 I (此极限 I 与分法 T 和 P_k 的取法无关), 则称函数 $f(x_1,x_2,\cdots,x_n)$ 在 V 上可积, I 是函数 $f(x_1,x_2,\cdots,x_n)$ 在 V 上的n 重积分, 并记为

$$I=\overbrace{\int\cdots\int_V}^{n} f(x_1,x_2,\cdots,x_n)\mathrm{d}x_1\cdots\mathrm{d}x_n. \tag{21.7.1}$$

类似于二重积分相关内容的讨论可得 n 重积分的性质、可积性、可积类函数等相关内容, 其实这些内容为二重积分相关内容的直接推广.

n 维空间可求体积的有界闭区域 V 的体积为

$$\Delta V=\overbrace{\int\cdots\int_V}^{n} \mathrm{d}x_1\cdots\mathrm{d}x_n. \tag{21.7.2}$$

2. n 重积分的计算

计算 n 重积分最基本的办法仍然是将其转化为累次积分和利用变量变换.

1) 化为累次积分

(a) 若函数 $f(x_1,x_2,\cdots,x_n)$ 在长方体

$$V=[a_1,b_1]\times[a_2,b_2]\times\cdots\times[a_n,b_n]$$

上的 n 重积分存在, 则

$$\overbrace{\int\cdots\int_V}^{n} f(x_1,x_2,\cdots,x_n)\mathrm{d}x_1\cdots\mathrm{d}x_n$$
$$=\int_{a_1}^{b_1}\mathrm{d}x_1\int_{a_2}^{b_2}\mathrm{d}x_2\cdots\int_{a_n}^{b_n}f(x_1,x_2,\cdots,x_n)\mathrm{d}x_n. \tag{21.7.3}$$

(b) 若函数 $f(x_1,x_2,\cdots,x_n)$ 在区域 $V=\{(x_1,x_2,\cdots,x_n)\mid a_1\leqslant x_1\leqslant b_1, a_2(x_1)\leqslant x_2\leqslant b_2(x_1),\cdots,a_n(x_1,x_2,\cdots,x_{n-1})\leqslant x_n\leqslant b_n(x_1,x_2,\cdots,x_{n-1})\}$ 连续, 且 $a_2(x_1)$, $b_2(x_1)$, $\cdots$, $a_n(x_1,x_2,\cdots,x_{n-1})$, $b_n(x_1,x_2,\cdots,x_{n-1})$ 分别在相应区域上连续, 则

$$\overbrace{\int\cdots\int_V}^{n} f(x_1,x_2,\cdots,x_n)\mathrm{d}x_1\cdots\mathrm{d}x_n$$
$$=\int_{a_1}^{b_1}\mathrm{d}x_1\int_{a_2(x_1)}^{b_2(x_1)}\mathrm{d}x_2\cdots\int_{a_n(x_1,x_2,\cdots,x_{n-1})}^{b_n(x_1,x_2,\cdots,x_{n-1})}f(x_1,x_2,\cdots,x_n)\mathrm{d}x_n. \tag{21.7.4}$$

2) 利用坐标变换

(a) 设变换

$$T:\begin{cases}x_1=x_1(\xi_1,\xi_2,\cdots,\xi_n),\\ x_2=x_2(\xi_1,\xi_2,\cdots,\xi_n),\\ \quad\cdots\quad\cdots\\ x_n=x_n(\xi_1,\xi_2,\cdots\xi_n)\end{cases}$$

将 n 维 $\xi_1\xi_2\cdots\xi_n$ 空间区域 V' 一对一地映射成 n 维 $x_1x_2\cdots x_n$ 空间中的区域 V, 函数 $x_1(\xi_1,\xi_2,\cdots,\xi_n)$, $x_2(\xi_1,\xi_2,\cdots,\xi_n)$, $\cdots$, $x_n(\xi_1,\xi_2,\cdots,\xi_n)$ 及其一阶偏导数在 V' 内连续, 且函数行列式

$$J=\frac{\partial(x_1,x_2,\cdots,x_n)}{\partial(\xi_1,\xi_2,\cdots,\xi_n)}=\begin{vmatrix}\dfrac{\partial x_1}{\partial\xi_1} & \dfrac{\partial x_1}{\partial\xi_2} & \cdots & \dfrac{\partial x_1}{\partial\xi_n}\\ \dfrac{\partial x_2}{\partial\xi_1} & \dfrac{\partial x_2}{\partial\xi_2} & \cdots & \dfrac{\partial x_2}{\partial\xi_n}\\ \vdots & \vdots & & \vdots\\ \dfrac{\partial x_n}{\partial\xi_1} & \dfrac{\partial x_n}{\partial\xi_2} & \cdots & \dfrac{\partial x_n}{\partial\xi_n}\end{vmatrix}\neq 0,\quad (\xi_1,\xi_2,\cdots,\xi_n)\in V'.$$

若函数 $f(x_1,x_2,\cdots,x_n)$ 在 V 上可积, 则

$$\overbrace{\int\cdots\int_V}^{n} f(x_1,x_2,\cdots,x_n)\mathrm{d}x_1\cdots\mathrm{d}x_n$$

$$=\overbrace{\int\cdots\int_{V'}}^{n} f(x_1(\xi_1,\cdots,\xi_n),\cdots,x_n(\xi_1,\cdots,\xi_n))|J|\mathrm{d}\xi_1\mathrm{d}\xi_2\cdots\mathrm{d}\xi_n. \tag{21.7.5}$$

(b) 特殊的坐标变换 ——n 维球坐标变换

$$T:\begin{cases} x_1=r\cos\varphi_1,\\ x_2=r\sin\varphi_1\cos\varphi_2,\\ x_2=r\sin\varphi_1\sin\varphi_2\cos\varphi_3,\\ \cdots\quad\cdots\\ x_{n-1}=r\sin\varphi_1\sin\varphi_2\cdots\sin\varphi_{n-2}\cos\varphi_{n-1},\\ x_n=r\sin\varphi_1\sin\varphi_2\cdots\sin\varphi_{n-2}\sin\varphi_{n-1}, \end{cases}$$

$$V':\ 0\leqslant r<+\infty,\quad 0\leqslant\varphi_1,\varphi_2,\cdots,\varphi_{n-2}\leqslant\pi,\quad 0\leqslant\varphi_{n-1}\leqslant 2\pi.$$

此时 $J=r^{n-1}\sin^{n-2}\varphi_1\sin^{n-3}\varphi_2\cdots\sin^2\varphi_{n-3}\sin\varphi_{n-2}$. 相关量代入式 (21.7.5) 可得到 n 重积分的 n 维球坐标变换公式 (此处略去).

二、疑难解答

问题 21.7.1 何为 "n 维单纯形"?

答 n 维单纯形 T_n 意指 $\mathbb{R}^n$ 中的点集 $T_n=\big\{(x_1,x_2,\cdots,x_n)\mid x_1\geqslant 0,\ x_2\geqslant 0,\ \cdots,\ x_n\geqslant 0,\ x_1+x_2+\cdots+x_n\leqslant h\big\}$, 其中常数 $h>0$. T_1 即数轴上形如 $[0,h]$ 的闭区间, T_2 为坐标平面上顶点如 $(0,0,)$, $(0,h)$, $(h,0)$ 的三角形区域, T_3 则为空间坐标系中位于第一卦限的顶点如 $(0,0,0)$, $(h,0,0)$, $(0,h,0)$, $(0,0,h)$ 的四面体. ■

问题 21.7.2 何为 $\mathbb{R}^n$ 中曲面? 其面积又是如何定义的?

答 类似于三维空间的情形, 设有有界区域 $D\subset\mathbb{R}^{n-1}$, $f(x_1,x_2,\cdots,x_{n-1})$ 为定义在 D 上的连续函数, 称函数 $f(x_1,x_2,\cdots,x_{n-1})$ 的图像

$$F=\{(x_1,x_2,\cdots,x_{n-1},x_n)\mid x_n=f(x_1,x_2,\cdots,x_{n-1}),\ (x_1,x_2,\cdots,x_{n-1})\in D\}$$

为 $\mathbb{R}^n$ 中一曲面, 并称该曲面为由显函数

$$x_n=f(x_1,x_2,\cdots,x_{n-1}),\quad (x_1,x_2,\cdots,x_{n-1})\in D$$

所确定. 据三维空间中曲面的面积计算公式, 可以自然地定义 F 的面积 ΔS 为

$$\Delta S=\overbrace{\int\cdots\int_{D}}^{n-1}\sqrt{1+f_{x_1}^2+f_{x_2}^2+\cdots+f_{x_{n-1}}^2}\,\mathrm{d}x_1\cdots\mathrm{d}x_{n-1}. \tag{21.7.6}$$

当然, $\mathbb{R}^n$ 中曲面若用参数方程形式给出, 也可以给出其面积公式. ■

三、典型例题

例 21.7.1 设函数 $f(x_1,x_2,\cdots,x_n)$ 在 n 维可求体积的有界闭区域 V 上连续, ΔV 为 V 的体积, 证明在 V 上必存在一点 $(\xi_1,\xi_2,\cdots,\xi_n)$ 使得

$$\overbrace{\int\cdots\int_{V}}^{n} f(x_1,x_2,\cdots,x_n)\mathrm{d}x_1\mathrm{d}x_2\cdots\mathrm{d}x_n=f(\xi_1,\xi_2,\cdots,\xi_n)\cdot\Delta V.$$

证明 因为 $f(x_1,x_2,\cdots,x_n)$ 在 n 维可求体积的有界闭区域 V 上连续, 所以由多元函数的最值定理知, $f(x_1,x_2,\cdots,x_n)$ 在 V 上存在最大值 M 与最小值 m, 即

$$m\leqslant f(x_1,x_2,\cdots,x_n)\leqslant M,\quad (x_1,x_2,\cdots,x_n)\in V.$$

记 $I=\overbrace{\int\cdots\int_{V}}^{n} f(x_1,x_2,\cdots,x_n)\mathrm{d}x_1\mathrm{d}x_2\cdots\mathrm{d}x_n$, $\Delta V=\overbrace{\int\cdots\int_{V}}^{n}\mathrm{d}x_1\mathrm{d}x_2\cdots\mathrm{d}x_n$, 则

$$m\cdot\Delta V\leqslant I\leqslant M\cdot\Delta V,$$

亦即

$$m\leqslant\frac{I}{\Delta V}\leqslant M.$$

由闭区域上连续函数的介值定理, 在 V 上必存在一点 $(\xi_1,\xi_2,\cdots,\xi_n)$ 使得

$$\frac{I}{\Delta V}=f(\xi_1,\xi_2,\cdots,\xi_n),$$

由此即得结论. ■

例 21.7.2 计算五重积分 $V=\int\!\!\int\!\!\int\!\!\int\!\!\int_{V}\mathrm{d}x_1\mathrm{d}x_2\mathrm{d}x_3\mathrm{d}x_4\mathrm{d}x_5$, 其中 $V:x_i\geqslant 0\ (i=1,2,3,4,5)$, $x_1+x_2+x_3+x_4+x_5\leqslant a$.

解 区域 V 表示为

$$\begin{aligned}V:0\leqslant x_1\leqslant a,0\leqslant x_2\leqslant a-x_1,\quad 0\leqslant x_3\leqslant a-x_1-x_2,\\0\leqslant x_4\leqslant a-x_1-x_2-x_3,\quad 0\leqslant x_5\leqslant a-x_1-x_2-x_3-x_4.\end{aligned}$$

于是, 由式 (21.7.4) 可得

$$\begin{aligned}
V &= \iiiint\!\!\!\int_V \mathrm{d}x_1\mathrm{d}x_2\mathrm{d}x_3\mathrm{d}x_4\mathrm{d}x_5 \\
&= \int_0^a \mathrm{d}x_1 \int_0^{a-x_1} \mathrm{d}x_2 \int_0^{a-x_1-x_2} \mathrm{d}x_3 \int_0^{a-x_1-x_2-x_3} \mathrm{d}x_4 \int_0^{a-x_1-x_2-x_3-x_4} \mathrm{d}x_5 \\
&= \int_0^a \mathrm{d}x_1 \int_0^{a-x_1} \mathrm{d}x_2 \int_0^{a-x_1-x_2} \mathrm{d}x_3 \int_0^{a-x_1-x_2-x_3} (a-x_1-x_2-x_3-x_4)\mathrm{d}x_4 \\
&= \int_0^a \mathrm{d}x_1 \int_0^{a-x_1} \mathrm{d}x_2 \int_0^{a-x_1-x_2} \frac{1}{2}(a-x_1-x_2-x_3)^2\mathrm{d}x_3 \\
&= \frac{1}{2}\int_0^a \mathrm{d}x_1 \int_0^{a-x_1} \frac{1}{3}(a-x_1-x_2)^3\mathrm{d}x_2 \\
&= \frac{1}{3!}\int_0^a \frac{1}{4}(a-x_1)^4\mathrm{d}x_1 \\
&= \frac{a^5}{5!}.
\end{aligned}$$

■

例 21.7.3　计算 n 重积分 $I = \overbrace{\int\cdots\int}^{n}_V \left(x_1^5 + x_2^5 + \cdots + x_n^5\right) \mathrm{d}x_1\mathrm{d}x_2\cdots\mathrm{d}x_n$, 其中 V 为 n 维长方体 $\underbrace{[0,1]\times\cdots\times[0,1]}_{n\text{个}}$.

解　由 n 重积分的性质, 有

$$I = \overbrace{\int\cdots\int}^{n}_V \left(x_1^5 + x_2^5 + \cdots + x_n^5\right) \mathrm{d}x_1\mathrm{d}x_2\cdots\mathrm{d}x_n = \sum_{i=1}^n \overbrace{\int\cdots\int}^{n}_V x_i^5\mathrm{d}x_1\mathrm{d}x_2\cdots\mathrm{d}x_n.$$

又由于 V 关于曲面 $x_i = x_j\ (i,j=1,2,\cdots,n)$ 对称, 所以

$$\sum_{i=1}^n \overbrace{\int\cdots\int}^{n}_V x_i^5\mathrm{d}x_1\mathrm{d}x_2\cdots\mathrm{d}x_n = n\overbrace{\int\cdots\int}^{n}_V x_1^5\mathrm{d}x_1\mathrm{d}x_2\cdots\mathrm{d}x_n.$$

再由式 (21.7.3), 得

$$\overbrace{\int\cdots\int}^{n}_V x_i^5\mathrm{d}x_1\mathrm{d}x_2\cdots\mathrm{d}x_n = \int_0^1 x_1^5\mathrm{d}x_1\int_0^1\mathrm{d}x_2\cdots\int_0^1\mathrm{d}x_n = \frac{1}{6}.$$

于是

$$I = \overbrace{\int\cdots\int}^{n}_V \left(x_1^5 + x_2^5 + \cdots + x_n^5\right) \mathrm{d}x_1\mathrm{d}x_2\cdots\mathrm{d}x_n = \frac{n}{6}.$$

■

例 21.7.4 求由 $2n$ 个曲面

$$a_{i1}x_1+a_{i2}x_2+\cdots+a_{in}x_n=\pm b_i,\quad i=1,2,\cdots,n$$

所界定的 n 维 $2n$ 面体 V 的体积, 其中 a_{ij}, b_i $(i,j=1,2,\cdots,n)$ 为正常数, 且

$$A=\begin{vmatrix} a_{11} & a_{12} & \cdots & a_{1n}\\ a_{21} & a_{22} & \cdots & a_{2n}\\ \vdots & \vdots & & \vdots\\ a_{n1} & a_{n2} & \cdots & a_{nn}\end{vmatrix}\neq 0.$$

解 作 n 维坐标变换

$$T:\begin{cases}\xi_1=a_{11}x_1+a_{12}x_2+\cdots+a_{1n}x_n,\\ \xi_2=a_{21}x_1+a_{22}x_2+\cdots+a_{2n}x_n,\\ \qquad\cdots\cdots\\ \xi_n=a_{n1}x_1+a_{n2}x_2+\cdots+a_{nn}x_n,\end{cases}$$

则变换的 Jacobi 矩阵的行列式为 $J(\xi_1,\xi_2,\cdots,\xi_n)=\dfrac{1}{A}$, 且 V 在此变换下的象为

$$V'=[-b_1,b_1]\times[-b_2,b_2]\times\cdots\times[-b_n,b_n].$$

于是, 由式 (21.7.2) 与式 (21.7.3), 得 V 的体积 ΔV 为

$$\begin{aligned}\Delta V&=\overbrace{\int\cdots\int_V}^{n}\mathrm{d}x_1\cdots\mathrm{d}x_n=\overbrace{\int\cdots\int_{V'}}^{n}\frac{1}{|A|}\mathrm{d}\xi_1\cdots\mathrm{d}\xi_n\\ &=\frac{1}{|A|}\int_{-b_1}^{b_1}\mathrm{d}\xi_1\int_{-b_2}^{b_2}\mathrm{d}\xi_2\cdots\int_{-b_n}^{b_n}\mathrm{d}\xi_n=\frac{2^n}{|A|}\prod_{i=1}^{n}b_i,\end{aligned}$$

其中 $|A|$ 表示行列式 A 的绝对值. ■

例 21.7.5 设常数 $a_i>0$, $i=1,2,\cdots,n$, 求 n 维空间区域

$$V_n=\left\{(x_1,x_2,\cdots,x_n)\;\middle|\;\frac{|x_i|}{a_i}+\frac{|x_n|}{a_n}\leqslant 1,\ i=1,2,\cdots,n-1\right\}$$

的体积 ΔV_n.

解 设 $W=\{(x_1,x_2,\cdots,x_n)\mid x_i\geqslant 0,i=1,2,\cdots,n\}$, 令 $W_n=V_n\cap W$, 则

$$W_n=\left\{(x_1,x_2,\cdots,x_n)\mid 0\leqslant x_n\leqslant a_n,0\leqslant x_i\leqslant a_i\left(1-\frac{x_n}{a_n}\right),\ i=1,2,\cdots,n-1\right\}.$$

由已知条件

$$\frac{|x_i|}{a_i}+\frac{|x_n|}{a_n}\leqslant 1,\quad i=1,2,\cdots,n-1,$$

可知 V_n 关于曲面 $x_i=0\ (i=1,2,\cdots,n)$ 对称, 且这种曲面有 n 个, 故 V_n 的体积 ΔV_n 为

$$\begin{aligned}\Delta V_n&=2^n\overbrace{\int\cdots\int_{W_n}}^{n}\mathrm{d}x_1\mathrm{d}x_2\cdots\mathrm{d}x_n\\&=2^n\int_0^{a_n}\mathrm{d}x_n\int_0^{a_{n-1}\left(1-\frac{x_n}{a_n}\right)}\mathrm{d}x_{n-1}\cdots\int_0^{a_1\left(1-\frac{x_n}{a_n}\right)}\mathrm{d}x_1\\&=2^n\int_0^{a_n}a_1a_2\cdots a_{n-1}\left(1-\frac{x_n}{a_n}\right)^{n-1}\mathrm{d}x_n=\frac{2^n}{n}\prod_{i=1}^n a_i.\end{aligned}$$

■

解题回顾 本题的解题中应用了对称性. 由条件

$$\frac{|x_i|}{a_i}+\frac{|x_n|}{a_n}\leqslant 1,\quad i=1,2,\cdots,n-1$$

可知 V_n 关于曲面 $x_i=0\ (i=1,2,\cdots)$ 对称 (n 维空间的坐标面), 且这种曲面有 n 个, 故只要求出 V_n 在 $W=\{(x_1,x_2,\cdots,x_n)\mid x_1\geqslant 0,x_2\geqslant 0,\cdots,x_n\geqslant 0\}$ 中的部分 W_n 的体积, 再乘以 2^n 即得 V_n 的体积 ΔV_n.

例 21.7.6 将 $V_n: x_1^2+x_2^2+\cdots+x_n^2\leqslant a^2$ 上的 $n\ (n\geqslant 2)$ 重积分

$$\overbrace{\int\cdots\int_{V_n}}^{n}f\left(\sqrt{x_1^2+x_2^2+\cdots+x_n^2}\right)\mathrm{d}x_1\mathrm{d}x_2\cdots\mathrm{d}x_n$$

化为定积分, 其中 $f(u)$ 为连续函数, $a>0$.

解 作 n 维球坐标变换

$$T:\begin{cases}x_1=r\cos\varphi_1,\\x_2=r\sin\varphi_1\cos\varphi_2,\\x_2=r\sin\varphi_1\sin\varphi_2\cos\varphi_3,\\\quad\cdots\quad\cdots\\x_{n-1}=r\sin\varphi_1\sin\varphi_2\cdots\sin\varphi_{n-2}\cos\varphi_{n-1},\\x_n=r\sin\varphi_1\sin\varphi_2\cdots\sin\varphi_{n-2}\sin\varphi_{n-1},\end{cases}$$

则 V_n 的原象为

$$V_n':\ 0\leqslant r\leqslant a,\quad 0\leqslant\varphi_1,\varphi_2,\cdots,\varphi_{n-2}\leqslant\pi,\quad 0\leqslant\varphi_{n-1}\leqslant 2\pi.$$

此时变换的 Jacobi 行列式为 $J=r^{n-1}\sin^{n-2}\varphi_1\sin^{n-3}\varphi_2\cdots\sin^2\varphi_{n-3}\sin\varphi_{n-2}$.

注意到

$$\int_0^{\pi}\sin^n\theta\mathrm{d}\theta=2\int_0^{\frac{\pi}{2}}\cos^n\theta\mathrm{d}\theta=\frac{\Gamma\left(\dfrac{n+1}{2}\right)}{\Gamma\left(\dfrac{n+2}{2}\right)}\sqrt{\pi},$$

利用 n 维球坐标变换可得

$$\begin{aligned}&\overbrace{\int\cdots\int_{V_n}}^{n} f\left(\sqrt{x_1^2+x_2^2+\cdots+x_n^2}\,\right)\mathrm{d}x_1\mathrm{d}x_2\cdots\mathrm{d}x_n\\
=&\overbrace{\int\cdots\int_{V_n'}}^{n} f(r)r^{n-1}\sin^{n-2}\varphi_1\sin^{n-3}\varphi_2\cdots\sin^2\varphi_{n-3}\sin\varphi_{n-2}\mathrm{d}r\mathrm{d}\varphi_1\cdots\mathrm{d}\varphi_{n-1}\\
=&\int_0^a r^{n-1}f(r)\mathrm{d}r\int_0^{\pi}\sin^{n-2}\varphi_1\mathrm{d}\varphi_1\cdots\int_0^{\pi}\sin\varphi_{n-2}\mathrm{d}\varphi_{n-2}\int_0^{2\pi}\mathrm{d}\varphi_{n-1}\\
=&\int_0^a r^{n-1}f(r)\mathrm{d}r\frac{\Gamma\left(\frac{n-1}{2}\right)}{\Gamma\left(\frac{n}{2}\right)}\sqrt{\pi}\cdot\frac{\Gamma\left(\frac{n-2}{2}\right)}{\Gamma\left(\frac{n-1}{2}\right)}\sqrt{\pi}\cdots\frac{\Gamma(1)}{\Gamma\left(\frac{3}{2}\right)}\sqrt{\pi}\cdot2\pi\\
=&\frac{2\pi^{\frac{n}{2}}}{\Gamma\left(\frac{n}{2}\right)}\int_0^a r^{n-1}f(r)\mathrm{d}r.\end{aligned}$$

■

四、巩固提高

21.7.1 计算四重积分 $\iiiint_V\sqrt{\dfrac{1-x^2-y^2-z^2-u^2}{1+x^2+y^2+z^2+u^2}}\mathrm{d}x\mathrm{d}y\mathrm{d}z\mathrm{d}u$, 其中

$$V=\left\{(x,y,z,u)\mid x,y,z,u\geqslant0,\ x^2+y^2+z^2+u^2\leqslant1\right\}.$$

21.7.2 计算下列 n 重积分:

(i) $I_1=\overbrace{\int_0^1\cdots\int_0^1}^{n}\left(x_1^2+x_2^2+\cdots+x_n^2\right)\mathrm{d}x_1\mathrm{d}x_2\cdots\mathrm{d}x_n$;

(ii) $I_2=\overbrace{\int_0^1\cdots\int_0^1}^{n}(x_1+x_2+\cdots+x_n)^2\mathrm{d}x_1\mathrm{d}x_2\cdots\mathrm{d}x_n$.

21.7.3 设 $f(x_1,x_2,\cdots,x_n)$ 满足

$$f(tx_1,tx_2,\cdots,tx_n)=tf(x_1,x_2,\cdots,x_n),\quad\forall t\geqslant0,$$

集合

$$S(t)=\{(x_1,x_2,\cdots,x_n)\mid f(x_1,x_2,\cdots,x_n)\leqslant t\},$$

设 $S(t)$ 的体积存在且为 $V_n(t) = \overbrace{\int\cdots\int}^{n}_{S(t)} \mathrm{d}x_1\mathrm{d}x_2\cdots\mathrm{d}x_n$. 证明 $V_n(t) = t^n V_n(1)$.

21.7.4　设 $t > 0$,

$$S_n(t) = \{(x_1, x_2, \cdots, x_n) \mid |x_1| + |x_2| + \cdots + |x_n| \leqslant t\},$$

$$V_n(t) = \overbrace{\int\cdots\int}^{n}_{S_n(t)} \mathrm{d}x_1\mathrm{d}x_2\cdots\mathrm{d}x_n.$$

证明: (i) $V_n(t) = t^n V_n(1)$;

(ii) $V_n(1) = V_{n-1}(1)\displaystyle\int_{-1}^{1}\big(1-|x|\big)^{n-1}\mathrm{d}x = \frac{2}{n}V_{n-1}(1)$;

(iii) $V_n(t) = \dfrac{2^n t^n}{2n!}$.

21.7.5　求 n 维球体 V_n : $x_1^2 + x_2^2 + \cdots + x_n^2 \leqslant r^2$ 的体积 ΔV_n.

21.7.6　求由曲面

$$x_1^2 + x_2^2 + \cdots + x_{n-1}^2 = x_n^2, \quad x_n = 1$$

所围成的 n 维圆锥的体积.

21.7.7　求由函数

$$x_n = x_1 + x_2 + \cdots + x_{n-1}, \quad (x_1, x_2, \cdots, x_{n-1}) \in D$$

所确定的曲面的面积, 其中 $D = \big\{(x_1, x_2, \cdots, x_{n-1}) \mid x_1^2 + x_2^2 + \cdots + x_{n-1}^2 \leqslant 1\big\}$.

21.7.8　求 n 维单位球面 $x_1^2 + x_2^2 + \cdots + x_n^2 = 1$ 的面积.

*21.8　反常二重积分

一、内容精读

1. 无界区域上的二重积分

1) 定义

定义 21.8.1　设 $f(x,y)$ 为定义在无界区域 D 上的二元函数. 若对于平面上任一包含原点的光滑封闭曲线 γ, $f(x,y)$ 在曲线 γ 所包围的有界区域 E_γ 与 D 的交集 $E_\gamma \cap D = D_\gamma \neq \varnothing$ 上恒可积. 令 $d_\gamma = \min\Big\{\sqrt{x^2+y^2} \mid (x,y) \in \gamma\Big\}$. 若极限

$$\lim_{d_\gamma \to \infty} \iint_{D_\gamma} f(x,y)\mathrm{d}\sigma$$

存在有限, 且与 γ 的取法无关, 则称 $f(x,y)$ 在 D 上的反常二重积分收敛, 并记

$$\iint_D f(x,y)\mathrm{d}\sigma = \lim_{d_\gamma \to \infty} \iint_{D_\gamma} f(x,y)\mathrm{d}\sigma, \tag{21.8.1}$$

否则称 $f(x,y)$ 在 D 上的反常二重积分发散, 或简称 $\iint_D f(x,y)\mathrm{d}\sigma$ 发散.

2) 敛散性的基本判别法

定理 21.8.1 设在无界区域 D 上 $f(x,y) \geqslant 0$, $\gamma_1, \gamma_2, \cdots, \gamma_n, \cdots$ 为一列包围原点的光滑封闭曲线序列, 满足

(i) $d_n = \inf\left\{\sqrt{x^2+y^2} \mid (x,y) \in \gamma_n\right\} \to +\infty \ (n \to \infty)$;

(ii) $I = \sup\limits_n \iint_{D_n} f(x,y)\mathrm{d}\sigma < +\infty$,

其中 D_n 为 γ_n 所围的有界区域 E_n 与 D 的交集, 则反常二重积分 $\iint_D f(x,y)\mathrm{d}\sigma$ 收敛, 并且 $\iint_D f(x,y)\mathrm{d}\sigma = I$.

定理 21.8.2 若在无界区域 D 上 $f(x,y) \geqslant 0$, 则反常二重积分 $\iint_D f(x,y)\mathrm{d}\sigma$ 收敛 $\Leftrightarrow$ 在 D 的任何有界子区域上 $f(x,y)$ 可积, 且积分值有上界.

定理 21.8.3 函数 $f(x,y)$ 在无界区域 D 上的反常二重积分收敛 $\Leftrightarrow |f(x,y)|$ 在 D 上的反常二重积分收敛.

定理 21.8.4(比较判别法) 设 D 为无界区域, 其边界由有限条光滑或分段光滑曲线组成. 函数 f, g 在 D 上有定义, 对于 D 的任一可求面积的在界子区域 D_r, f, g 均在 D_r 上可积.

(i) 若 g 非负, 且 $|f(x,y)| \leqslant g(x,y)$, $\forall\ (x,y) \in D$, 则当 g 在 D 上的反常二重积分收敛时, f 在 D 上的反常二重积分也收敛;

(ii) 若 g 非负, 且 $|f(x,y)| \geqslant g(x,y)$, $\forall\ (x,y) \in D$, 则当 g 在 D 上的反常二重积分发散时, f 在 D 上的反常二重积分也发散.

定理 21.8.5 (Cauchy 判别法) 设函数 $f(x,y)$ 在无界区域D 的任何有界子区域上二重积分存在, r 为 D 内的点 (x,y) 到原点的距离, 即 $r = \sqrt{x^2+y^2}$, 又 c 为正常数, 则下面的两个结论成立:

(i) 若当 r 足够大时, $f(x,y)$ 在 D 内满足 $|f(x,y)| \leqslant \dfrac{c}{r^p}$, 则当 $p > 2$ 时, 反常二重积分 $\iint_D f(x,y)\mathrm{d}\sigma$ 收敛;

(ii) 若 $f(x,y)$ 在 D 内满足 $|f(x,y)| \geqslant \dfrac{c}{r^p}$, 其中 D 是含有顶点为原点的无限扇形区域: $D = \big\{(r,\theta) \mid \theta \in [\alpha,\beta],\ r \geqslant r_0\big\}$, 则当 $p \leqslant 2$ 时, 反常二重积分 $\iint_D f(x,y)\mathrm{d}\sigma$ 发散.

2. 无界函数的二重积分

1) 定义

定义 21.8.1′　设 P_0 为有界区域 D 的一个聚点, $f(x,y)$ 在 D 上除点 P_0 外皆有定义, 且在 P_0 的任何空心邻域内无界, $\varDelta$ 为 D 中任何含有 P_0 的小区域, $f(x,y)$ 在 $D\setminus\varDelta$ 上可积. 又设 d 表示 $\varDelta$ 的直径, 即

$$d=\sup\left\{\sqrt{(x_1-x_2)^2+(y_1-y_2)^2}\mid(x_1,y_1),(x_2,y_2)\in\varDelta\right\}.$$

若极限 $\lim\limits_{d\to0}\iint_{D\setminus\varDelta}f(x,y)\mathrm{d}\sigma$ 存在且有限, 并且与 $\varDelta$ 的取法无关, 则称 $f(x,y)$ 在 D 上的反常二重积分收敛, 并记

$$\iint_D f(x,y)\mathrm{d}\sigma=\lim_{d\to0}\iint_{D\setminus\varDelta}f(x,y)\mathrm{d}\sigma.$$

否则称 $f(x,y)$ 在 D 上的反常二重积分发散, 或简称 $\iint_D f(x,y)\mathrm{d}\sigma$ 发散.

2) 敛散性的基本判别法

类似于无界区域上的二重积分, 给出无界函数的二重积分敛散性判别法.

定理 21.8.1′　设 P_0 为有界区域 D 的一个聚点. $f(x,y)$ 在 D 上除点 P_0 外均有定义, 且在 P_0 的任何空心邻域 $\varDelta$ 内无界, 而在 $D\setminus\varDelta$ 上可积. 若 $f(x,y)\geqslant0$, $(x,y)\in D$, $\varDelta_1,\varDelta_2,\cdots,\varDelta_n,\cdots$ 为 D 中一列含有 P_0 的小区域, 满足

(i) $d_n=\sup\left\{\sqrt{(x_1-x_2)^2+(y_1-y_2)^2}\mid(x_1,y_1),(x_2,y_2)\in\varDelta_n\right\}\to0$;

(ii) $I=\sup\limits_n\iint_{\varDelta\setminus\varDelta_n}f(x,y)\mathrm{d}\sigma<+\infty$,

则反常二重积分 $\iint_D f(x,y)\mathrm{d}\sigma$ 收敛, 并且 $\iint_D f(x,y)\mathrm{d}\sigma=I$.

定理 21.8.2′　设 P_0 为有界区域 D 的一个聚点. $f(x,y)$ 在 D 上除点 P_0 外均有定义, 且在 P_0 的任何空心邻域 $\varDelta$ 内无界, 若 $f(x,y)\geqslant0$, $(x,y)\in D$, 则反常二重积分 $\iint_D f(x,y)\mathrm{d}\sigma$ 收敛 $\Leftrightarrow$ 在 D 的任何去掉 P_0 的某邻域的子区域上 $f(x,y)$ 可积, 且积分值有上界.

定理 21.8.3′　设 P_0 为有界区域 D 的一个聚点. $f(x,y)$ 在 D 上除点 P_0 外均有定义, 且在 P_0 的任何空心邻域 $\varDelta$ 内无界. 函数 $f(x,y)$ 在 D 上的反常二重积分收敛 $\Leftrightarrow|f(x,y)|$ 在 D 上的反常二重积分收敛.

定理 21.8.4′(比较判别法)　设函数 $f(x,y)$ 在有界区域 D 上除点 $P_0(x_0,y_0)$ 外处处有定义, 点 $P_0(x_0,y_0)$ 为它的瑕点, 则下面的两个结论成立:

(i) 若 g 非负, 且 $|f(x,y)|\leqslant g(x,y)$, $\forall\,(x,y)\in D$, 则当 g 在 D 上的反常二重积分收敛时, f 在 D 上的反常二重积分也收敛;

(ii) 若 g 非负, 且 $|f(x,y)| \geqslant g(x,y)$, $\forall\ (x,y) \in D$, 则当 g 在 D 上的反常二重积分发散时, f 在 D 上的反常二重积分也发散.

定理 21.8.5′(Cauchy 判别法) 设函数 $f(x,y)$ 在有界区域 D 上除点 $P_0(x_0,y_0)$ 外处处有定义, 点 $P_0(x_0,y_0)$ 为它的瑕点, $r=\sqrt{(x-x_0)^2+(y-y_0)^2}$, c 为正常数, 则下面的两个结论成立:

(i) 若在点 P_0 的附近有, $|f(x,y)| \leqslant \dfrac{c}{r^\alpha}$, 则当 $\alpha<2$ 时, 反常二重积分 $\displaystyle\iint_D f(x,y)\mathrm{d}\sigma$ 收敛;

(ii) 若在 P_0 点附近有 $|f(x,y)| \geqslant \dfrac{c}{r^\alpha}$, 且 D 含有以点 P_0 为顶点的角形区域: $D=\big\{(r,\theta)\mid \theta\in[\alpha,\beta],\ r\geqslant r_0\big\}$, 则当 $\alpha \geqslant 2$ 时, 反常二重积分 $\displaystyle\iint_D f(x,y)\mathrm{d}\sigma$ 发散.

二、疑难解答

问题 21.8.1 如何从直观意义上来理解反常二重积分?

答 反常二重积分有二: 无界区域上的二重积分与无界函数的二重积分. 二者的定义见本节的内容精读部分.

类似于反常积分, 反常二重积分被定义为 “部分区域上的二重积分” 的极限, 此处的 “部分区域” 是原区域除去 “反常部分” 后的剩余部分.

对于无界区域 D 上的反常二重积分, 就是用包含原点的封闭曲线 γ 割取可求面积的有限区域 E_γ, 计算 $D_\gamma=D\cap E_\gamma$ 上的二重积分, 然后取 γ 到原点的距离 $d_\gamma\to\infty$ 的极限. 而对于无界函数的反常二重积分则是除去奇点的邻近部分 $\varDelta$ 后, 计算其上的积分, 然后令 $\varDelta$ 的直径 $d\to 0$ 取极限. ■

问题 21.8.2 反常二重积分与反常定积分在绝对收敛上有何不同?

答 对于反常定积分而言, 其绝对收敛要比收敛的要求高, 所以反常定积分绝对收敛时必收敛, 而收敛的反常定积分不一定绝对收敛, 即

$$\text{反常积分}\int_a^{+\infty} f(x)\mathrm{d}x\ \text{绝对收敛} \ \substack{\Rightarrow \\ \not\Leftarrow}\ \text{反常积分}\int_a^{+\infty} f(x)\mathrm{d}x\ \text{收敛}.$$

但是, 对于反常二重积分而言, 其绝对收敛与收敛是等价的 (可参见定理 21.8.3 与定理 21.8.3′).

反常定积分与反常二重积分出现上述差别的原因, 从根本上来说是由于 $\mathbb{R}$ 上的点是有序的, 而 $\mathbb{R}^2$ 上的点是无序的, 使得 $\mathbb{R}^2$ 上点的变化自由度远远大于 $\mathbb{R}$ 上点的自由度. ■

问题 21.8.3 反常二重积分中能否使用对称性?

答 从反常二重积分的定义可知, 对称性对于反常二重积分同样适用. 使用对称性不仅用于反常二重积分的计算, 而且可以用于反常二重积分敛散性的讨论.

例如, 若 D 具有某种对称性 (如关于某直线对称, 关于某点对称) 的两部分 D_1 与 D_2, $f(x,y)$ 在 D 的对称点上的函数值恒相等或恒互为相反数, 则

$$\iint_D f(x,y)\mathrm{d}\sigma \text{ 收敛} \Leftrightarrow \iint_{D_1} f(x,y)\mathrm{d}\sigma \text{ (或 } \iint_{D_2} f(x,y)\mathrm{d}\sigma) \text{ 收敛.}$$

且在 $\iint_D f(x,y)\mathrm{d}\sigma$ 收敛时, 有

若 $f(x,y)$ 在 D 的对称点上的函数值恒相等, 则

$$\iint_D f(x,y)\mathrm{d}\sigma = 2\iint_{D_1} f(x,y)\mathrm{d}\sigma = 2\iint_{D_2} f(x,y)\mathrm{d}\sigma.$$

若 $f(x,y)$ 在 D 的对称点上的函数值恒互为相反数, 则 $\iint_D f(x,y)\mathrm{d}\sigma = 0$. ■

三、典型例题

例 21.8.1 证明反常二重积分 $\iint_D \mathrm{e}^{-(x^2+y^2)}\mathrm{d}\sigma$ 收敛, 其中 $D=[0,+\infty)\times[0,+\infty)$, 并求 Poisson 积分 $\int_{-\infty}^{+\infty}\mathrm{e}^{-x^2}\mathrm{d}x$.

证明 设 D_R 是以原点为圆心半径为 R 的圆与 D 的交集, 即该圆的第一象限部分. 因为 $\mathrm{e}^{-(x^2+y^2)}>0$, 所以 $\iint_{D_R}\mathrm{e}^{-(x^2+y^2)}\mathrm{d}\sigma$ 的值随着 R 的增大而增大. 由于

$$\iint_{D_R}\mathrm{e}^{-(x^2+y^2)}\mathrm{d}\sigma = \int_0^{\frac{\pi}{2}}\mathrm{d}\theta\int_0^R \mathrm{e}^{-r^2}r\mathrm{d}r = \frac{\pi}{4}\left(1-\mathrm{e}^{-R^2}\right),$$

所以

$$\lim_{R\to+\infty}\iint_{D_R}\mathrm{e}^{-(x^2+y^2)}\mathrm{d}\sigma = \lim_{R\to+\infty}\frac{\pi}{4}\left(1-\mathrm{e}^{-R^2}\right) = \frac{\pi}{4}.$$

显然对 D 的任何有界子区域 D', 总存在足够大的 R, 使得 $D'\subset D_R$, 于是

$$\iint_{D'}\mathrm{e}^{-(x^2+y^2)}\mathrm{d}\sigma \leqslant \iint_{D_R}\mathrm{e}^{-(x^2+y^2)}\mathrm{d}\sigma \leqslant \frac{\pi}{2}.$$

因此由定理 21.8.2 知反常二重积分 $\iint_D \mathrm{e}^{-(x^2+y^2)}\mathrm{d}\sigma$ 收敛, 且由定理 21.8.1 有

$$\iint_D \mathrm{e}^{-(x^2+y^2)}\mathrm{d}\sigma = \frac{\pi}{4}.$$

下面来计算 Poisson 积分 $\int_{-\infty}^{+\infty}\mathrm{e}^{-x^2}\mathrm{d}x$. 为此, 先考察 $S_a=[0,a]\times[0,a]$ 上的积分 $\iint_{S_a}\mathrm{e}^{-(x^2+y^2)}\mathrm{d}\sigma$, 且

$$\iint_{S_a}\mathrm{e}^{-(x^2+y^2)}\mathrm{d}\sigma=\int_0^a\mathrm{e}^{-x^2}\mathrm{d}x\int_0^a\mathrm{e}^{-y^2}\mathrm{d}y=\left(\int_0^a\mathrm{e}^{-x^2}\mathrm{d}x\right)^2.$$

由 $D_a\subset S_a\subset D_{\sqrt{2}a}$ 知

$$\iint_{D_a}\mathrm{e}^{-(x^2+y^2)}\mathrm{d}\sigma\leqslant\iint_{S_a}\mathrm{e}^{-(x^2+y^2)}\mathrm{d}\sigma=\left(\int_0^a\mathrm{e}^{-x^2}\mathrm{d}x\right)^2\leqslant\iint_{D_{\sqrt{2}a}}\mathrm{e}^{-(x^2+y^2)}\mathrm{d}\sigma.$$

令 $a\to+\infty$, 则得

$$\left(\int_0^{+\infty}\mathrm{e}^{-x^2}\mathrm{d}x\right)^2=\lim_{a\to+\infty}\left(\int_0^a\mathrm{e}^{-x^2}\mathrm{d}x\right)^2=\iint_D\mathrm{e}^{-(x^2+y^2)}\mathrm{d}\sigma=\frac{\pi}{4}.$$

所以 $\int_0^{+\infty}\mathrm{e}^{-x^2}\mathrm{d}x=\frac{\sqrt{\pi}}{2}$. 由此立即可得 $\int_{-\infty}^{+\infty}\mathrm{e}^{-x^2}\mathrm{d}x=\sqrt{\pi}$. ■

例 21.8.2 求反常二重积分 $\iint_D x^{-\frac{3}{2}}\mathrm{e}^{y-x}\mathrm{d}\sigma$, 其中 $D=\{(x,y)\mid 0\leqslant y\leqslant x\}$.

解 记 $D_n=\left\{(x,y)\mid \frac{1}{n}\leqslant x\leqslant n,\ 0\leqslant y\leqslant x\right\}\subset D$. 因为 $f(x,y)=x^{-\frac{3}{2}}\mathrm{e}^{y-x}\geqslant 0$, $(x,y)\in D$, 且

$$\begin{aligned}\sup_n\iint_{D_n}x^{-\frac{3}{2}}\mathrm{e}^{y-x}\mathrm{d}\sigma&=\lim_{n\to\infty}\iint_{D_n}x^{-\frac{3}{2}}\mathrm{e}^{y-x}\mathrm{d}\sigma\\&=\lim_{n\to\infty}\int_{\frac{1}{n}}^n\mathrm{d}x\int_0^x x^{-\frac{3}{2}}\mathrm{e}^{y-x}\mathrm{d}y\\&=\lim_{n\to\infty}\int_{\frac{1}{n}}^n x^{-\frac{3}{2}}(1-\mathrm{e}^{-x})\mathrm{d}x\\&=\lim_{n\to\infty}\left[-2(1-\mathrm{e}^{-x})x^{-\frac{1}{2}}\Big|_{\frac{1}{n}}^n+2\int_{\frac{1}{n}}^n x^{-\frac{1}{2}}\mathrm{e}^{-x}\mathrm{d}x\right]\\&=2\int_0^{+\infty}x^{-\frac{1}{2}}\mathrm{e}^{-x}\mathrm{d}x=2\Gamma\left(\frac{1}{2}\right)=2\sqrt{\pi}.\end{aligned}$$

于是, 由无界函数的二重积分的定义及定理 21.8.1′ 知

$$\iint_D x^{-\frac{3}{2}}\mathrm{e}^{y-x}\mathrm{d}\sigma=2\sqrt{\pi}.$$ ■

例 21.8.3 讨论反常二重积分 $\iint_D\frac{\mathrm{d}x\mathrm{d}y}{(x+y)^p}$ 的敛散性, 其中 $D=\left\{(x,y)\mid 0\leqslant x\leqslant 1,\ x+y\geqslant 1\right\}$. 当积分收敛时, 求积分的值.

解 由于被积函数 $f(x,y)=\dfrac{1}{(x+y)^p}>0$, 因此可以取任一列趋于 D 的有界区域列, 使得积分容易计算, 为此取

$$D_n=\{(x,y)\mid 0\leqslant x\leqslant 1,\ 1\leqslant x+y\leqslant n\},$$

则 $I_n=\displaystyle\iint_{D_n}\frac{\mathrm{d}x\mathrm{d}y}{(x+y)^p}$.

作变量变换 $T: x=u,\ x+y=v$, 则

$$D_n'=\{(u,v)\mid 0\leqslant u\leqslant 1,\ 1\leqslant v\leqslant n\},\quad J(u,v)=1,$$

所以

$$I_n=\int_0^1\mathrm{d}u\int_1^n\frac{\mathrm{d}v}{v^p}=\frac{n^{1-p}-1}{1-p}.$$

从而由定理 21.8.2 知, 当 $p>1$ 时积分收敛, 且

$$I=\iint_D\frac{\mathrm{d}x\mathrm{d}y}{(x+y)^p}=\frac{1}{p-1}.$$ ■

例 21.8.4 判断 $\displaystyle\iint_D\frac{\mathrm{d}x\mathrm{d}y}{x^2+y^2}$ 的敛散性, 其中 $D=\{(x,y)\mid |y|\leqslant x^2, x^2+y^2\leqslant 1\}$.

解 记

$$D_1=D\cap\{(x,y)\mid x\geqslant 0,\ y\geqslant 0\},$$

则由问题 21.8.3 知 $\displaystyle\iint_D\frac{\mathrm{d}x\mathrm{d}y}{x^2+y^2}$ 收敛当且仅当 $\displaystyle\iint_{D_1}\frac{\mathrm{d}x\mathrm{d}y}{x^2+y^2}$ 收敛, 且收敛时有

$$\iint_D\frac{\mathrm{d}x\mathrm{d}y}{x^2+y^2}=4\iint_{D_1}\frac{\mathrm{d}x\mathrm{d}y}{x^2+y^2}.$$

设 $y=x^2$ 与 $x^2+y^2=1$ 在第一象限的交点为 $P_0(x_0,y_0)$, 并记

$$D_2=D_1\cap\{(x,y)\mid x\geqslant x_0\},\quad D_3=D_1\cap\{(x,y)\mid x\leqslant x_0\}.$$

因为反常二重积分的收敛性只与瑕点 $(0,0)$ 邻近的函数值有关, 所以 $\displaystyle\iint_{D_1}\frac{\mathrm{d}x\mathrm{d}y}{x^2+y^2}$ 收敛当且仅当 $\displaystyle\iint_{D_3}\frac{\mathrm{d}x\mathrm{d}y}{x^2+y^2}$ 收敛. 又记

$$E_t=D_3\cap\{(x,y)\mid x\geqslant t,\ 0<t<x_0\}.$$

由于 $f(x,y)=\dfrac{1}{x^2+y^2}>0$, 且

$$\begin{aligned}\lim_{t\to 0^+}\iint_{E_t}\frac{\mathrm{d}x\mathrm{d}y}{x^2+y^2}&=\lim_{t\to 0^+}\int_t^{x_0}\mathrm{d}x\int_0^{x^2}\frac{\mathrm{d}y}{x^2+y^2}\\&=\lim_{t\to 0^+}\int_t^{x_0}\frac{\arctan x}{x}\mathrm{d}x=\int_0^{x_0}\frac{\arctan x}{x}\mathrm{d}x,\end{aligned}$$

而 $\int_0^{x_0}\frac{\arctan x}{x}\mathrm{d}x$ 为定积分, 因此据定理 21.8.2′ 知 $\iint_{D_3}\frac{\mathrm{d}x\mathrm{d}y}{x^2+y^2}$ 收敛, 故反常二重积分 $\iint_D\frac{\mathrm{d}x\mathrm{d}y}{x^2+y^2}$ 也收敛. ■

例 21.8.5 证明 $\iint_D\frac{x^2-y^2}{(x^2+y^2)^2}\mathrm{d}x\mathrm{d}y$ 发散, 其中 $D=\{(x,y)\mid x\geqslant 1,\ y\geqslant 1\}$.

证明 取无限扇形区域 $D_1=\{(x,y)\mid 2y\leqslant x\leqslant 3y,\ x\geqslant 1,\ y\geqslant 1\}$, 并记 $r=\sqrt{x^2+y^2}$, 则在 D_1 上由于当 $2y\leqslant x\leqslant 3y$ 时,

$$4y^2\leqslant x^2\leqslant 9y^2,\quad 3y^2\leqslant x^2-y^2\leqslant 8y^2,\quad 5y^2\leqslant x^2+y^2\leqslant 10y^2,$$

所以

$$\frac{x^2-y^2}{(x^2+y^2)^2}\geqslant\frac{3y^2}{10(x^2+y^2)^2}\geqslant\frac{3}{10(x^2+y^2)}.$$

于是 $\left|\frac{x^2-y^2}{(x^2+y^2)^2}\right|\geqslant\frac{3}{10}\ \frac{1}{r^2}$. 由 Cauchy 判别法知原反常二重积分发散. ■

例 21.8.6 证明反常二重积分 $\iint_{\mathbb{R}^2}\sin\left(x^2+y^2\right)\mathrm{d}\sigma$ 发散.

证明 取

$$\gamma_n^{(1)}:\ x^2+y^2=2n\pi,\quad n=1,2,\cdots,$$

$$\gamma_n^{(2)}:\ x^2+y^2=\left(2n+\frac{1}{2}\right)\pi,\ n=1,2,\cdots.$$

因为

$$\lim_{n\to\infty}\iint\limits_{x^2+y^2\leqslant 2n\pi}\sin\left(x^2+y^2\right)\mathrm{d}\sigma=\lim_{n\to\infty}\int_0^{2\pi}\mathrm{d}\theta\int_0^{\sqrt{2n\pi}}r\sin r^2\mathrm{d}r$$

$$=\lim_{n\to\infty}\pi(1-\cos 2n\pi)=0,$$

而

$$\lim_{n\to\infty}\iint\limits_{x^2+y^2\leqslant(2n+\frac{1}{2})\pi}\sin(x^2+y^2)\mathrm{d}\sigma=\lim_{n\to\infty}\int_0^{2\pi}\mathrm{d}\theta\int_0^{\sqrt{(2n+\frac{1}{2})\pi}}r\sin r^2\mathrm{d}r$$

$$=\lim_{n\to\infty}\pi\left[1-\cos\left(2n+\frac{1}{2}\right)\pi\right]=\pi,$$

所以由定理 21.8.1 知, 反常二重积分 $\iint_{\mathbb{R}^2}\sin(x^2+y^2)\mathrm{d}\sigma$ 发散. ■

解题回顾 由反常二重积分的定义可知, 若存在一列包含原点的光滑封闭曲线 $\gamma_1,\gamma_2,\cdots$ 满足 $d_n=\inf\left\{\sqrt{x^2+y^2}\mid(x,y)\in\gamma_n\right\}\to\infty\ (n\to\infty)$, 而 $\iint_{D_n}f(x,y)\mathrm{d}\sigma$ 不存在, 其中 D_n 为 γ_n 所围成的有界区域, 则反常二重积分 $\iint_D f(x,y)\mathrm{d}\sigma$ 发散. 或若存

在两列包含原点的光滑封闭曲线 $\gamma_1^{(i)},\gamma_2^{(i)},\cdots\ (i=1,2)$ 满足 $d_n^{(i)}=\inf\left\{\sqrt{x^2+y^2}\,\middle|\,(x,y)\in\gamma_n^{(i)}\right\}\to\infty\ (n\to\infty)$, $i=1,2$, $\int_{D_n^{(1)}}f(x,y)\mathrm{d}\sigma$ 与 $\int_{D_n^{(2)}}f(x,y)\mathrm{d}\sigma$ 存在但不相等, 则反常二重积分 $\iint_D f(x,y)\mathrm{d}\sigma$ 发散, 其中 $D_n^{(i)}$ 为 $\gamma_n^{(i)}$ 所围成的有界区域. 本题是以后者为理论依据的.

四、巩固提高

21.8.1　设 D 是 $\mathbb{R}^2$ 中的无界区域, $\{D_n\}$ 是 D 中的单调增加的闭区域序列, 且 $\bigcup\limits_{n=1}^{\infty}D_n=D$. 若 f 在 D 上非负, 且在每一个 D_n 上可积, 证明

$$\iint_D f(x,y)\mathrm{d}x\mathrm{d}y=\lim_{n\to\infty}\iint_{D_n}f(x,y)\mathrm{d}x\mathrm{d}y,$$

这里等式的左端与右端同时有意义或同时无意义.

21.8.2　讨论下列反常二重积分的敛散性:

(i) $\iint_D\dfrac{\mathrm{d}x\mathrm{d}y}{(x^2+xy+y^2)^p}$, 其中 $D=\{(x,y)\mid x^2+y^2\leqslant 1\}$;

(ii) $\iint_D\dfrac{\mathrm{d}x\mathrm{d}y}{(1-x^2-y^2)^p}$, 其中 $D=\{(x,y)\mid x^2+y^2\leqslant 1\}$.

21.8.3　讨论反常二重积分 $\iint_D\dfrac{x^2-y^2}{(x^2+y^2)^2}\mathrm{d}\sigma$ 的敛散性, 其中 $D=[0,1]\times[1,+\infty)$.

21.8.4　计算反常二重积分 $\iint_D\dfrac{\mathrm{d}x\mathrm{d}y}{x^4+y^2}$, 其中 $D=\{(x,y)\mid y\geqslant x^2+1\}$.

21.8.5　设 $0<\alpha<3$, 证明反常二重积分 $\iint_{\mathbb{R}^2}\dfrac{|x|+|y|}{\mathrm{e}^{r^\alpha}-1}\mathrm{d}x\mathrm{d}y$ 收敛, 其中 $r=\sqrt{x^2+y^2}$.

21.8.6　讨论反常二重积分 $\iint\limits_{|x|+|y|\geqslant 1}\dfrac{\mathrm{d}\sigma}{|x|^p+|y|^q}$ 的敛散性, 其中 $p,\ q>0$.

第22章　曲 面 积 分

类似于曲线积分, 曲面积分有两类：一类是与曲面的方向无关的第一型曲面积分, 另一类是与曲面方向有关的第二型曲面积分. 22.1 节与 22.2 节分别讨论 $\mathbb{R}^3$ 中的第一型曲面积分与第二型曲面积分, 以及两者间的关系. 当然所有的概念与结果均可以拓广到 $\mathbb{R}^n$ $(n > 3)$ 的情况. 在 22.3 节中介绍 Gauss 公式 (描述第二型曲面积分与三重积分之间的关系), 与 Stokes 公式 (描述第二型曲面积分与第二型曲线积分之间的关系), 以及 $\mathbb{R}^3$ 中曲线积分与路径无关的条件. 最后, 在 22.4 节中介绍场论方面的基本知识.

22.1　第一型曲面积分

一、内容精读

1. 第一型曲面积分的概念

设 S 是空间中可求面积的曲面, $f(x,y,z)$ 为定义在 S 上的函数. 对于曲面 S 作分割 T, 它将 S 分成 n 个小曲面块 S_i $(i=1,2,\cdots,n)$, 以 ΔS_i 记小曲面块 S_i 的面积, 分割 T 的细度 $\|T\| = \max\limits_{1\leqslant i\leqslant n}\{S_i \text{ 的直径}\}$, 在 S_i 上任取一点 (ξ_i,η_i,ζ_i) $(i=1,2,\cdots,n)$, 若极限

$$\lim_{\|T\|\to 0}\sum_{i=1}^{n} f(\xi_i,\eta_i,\zeta_i)\Delta S_i$$

存在, 且与分割 T 及点 (ξ_i,η_i,ζ_i) $(i=1,2,\cdots,n)$ 的取法无关, 则称$f(x,y,z)$ 在 S 上可积, 并称此极限值为 $f(x,y,z)$ 在 S 上的第一型曲面积分, 记为

$$\iint_S f(x,y,z)\mathrm{d}S. \tag{22.1.1}$$

特别地, 当 $f(x,y,z)\equiv 1$ 时, 曲面积分 $\iint_S \mathrm{d}S$ 就是曲面块 S 的面积.

第一型曲面积分是二重积分的推广, 它是将 xOy 坐标平面上有界区域推广到 $\mathbb{R}^3$ 中的有界曲面. 换言之, xOy 坐标平面上的有界区域是 $\mathbb{R}^3$ 中的一个特殊的曲面. 第一型曲面积分的有关性质与二重积分是完全平行的, 二者只是形式上表述的差别, 而没有本质的区别.

2. 第一型曲面积分的计算

1) 曲面由直角坐标形式显式表示

定理 22.1.1　设有光滑曲面

$$S: z = z(x,y), \quad (x,y) \in D_{xy},$$

$f(x,y,z)$ 为定义在 S 上的连续函数, 则

$$\iint_S f(x,y,z)\mathrm{d}S = \iint_{D_{xy}} f(x,y,z(x,y))\sqrt{1+z_x^2+z_y^2}\mathrm{d}x\mathrm{d}y. \tag{22.1.2}$$

类似地, 若光滑曲面 S 为 $x = x(y,z)$, $(y,z) \in D_{yz}$ 时, 则

$$\iint_S f(x,y,z)\mathrm{d}S = \iint_{D_{yz}} f(x(y,z),y,z)\sqrt{1+x_y^2+x_z^2}\mathrm{d}y\mathrm{d}z. \tag{22.1.3}$$

若光滑曲面 S 为 $y = y(x,z)$, $(x,z) \in D_{xz}$ 时, 则

$$\iint_S f(x,y,z)\mathrm{d}S = \iint_{D_{xz}} f(x,y(x,z),z)\sqrt{1+y_x^2+y_z^2}\mathrm{d}x\mathrm{d}z. \tag{22.1.4}$$

2) 曲面由参数方程形式表示

若光滑曲面 S 由下列参数方程形式表示：

$$S:\ x = x(u,v), \quad y = y(u,v), \quad z = z(u,v), \quad (u,v) \in D_{uv},$$

且在 D_{uv} 中 $\dfrac{\partial(x,y)}{\partial(u,v)}, \dfrac{\partial(y,z)}{\partial(u,v)}, \dfrac{\partial(z,x)}{\partial(u,v)}$ 不全为 0, 当 $f(x,y,z)$ 为 S 上连续函数时, 则

$$\iint_S f(x,y,z)\mathrm{d}S = \iint_{D_{uv}} f(x(u,v),y(u,v),z(u,v))\sqrt{EG-F^2}\mathrm{d}u\mathrm{d}v, \tag{22.1.5}$$

其中 $E = x_u^2 + y_u^2 + z_u^2$, $F = x_u x_v + y_u y_v + z_u z_v$, $G = x_v^2 + y_v^2 + z_v^2$.

3. 第一型曲面积分的几个简单应用

1) 求曲面的面积

只要在式 (22.1.2), 式 (22.1.5) 中令 $f(x,y,z) \equiv 1$, 则曲面 S 的面积 A_S 为

$$A_S = \iint_S \mathrm{d}S = \iint_{D_{xy}} \sqrt{1+z_x^2+z_y^2}\mathrm{d}x\mathrm{d}y = \iint_{D_{uv}} \sqrt{EG-F^2}\mathrm{d}u\mathrm{d}v. \tag{22.1.6}$$

2) 求曲面的质量

设曲面 S 的面密度为 $\rho(x,y,z)$, 则其质量 m_S 为

$$m_S = \iint_S \rho(x,y,z)\mathrm{d}S = \iint_{D_{xy}} \rho(x,y,z)\sqrt{1+z_x^2+z_y^2}\mathrm{d}x\mathrm{d}y$$
$$= \iint_{D_{uv}} \rho(x(u,v),y(u,v),z(u,v))\sqrt{EG-F^2}\mathrm{d}u\mathrm{d}v. \tag{22.1.7}$$

3) 求曲面的质心坐标

曲面 S 的质心坐标 (x_0,y_0,z_0) 由如下公式确定：

$$x_0 = \frac{\iint_S x\rho(x,y,z)\mathrm{d}S}{m_S},\quad y_0 = \frac{\iint_S y\rho(x,y,z)\mathrm{d}S}{m_S},\quad z_0 = \frac{\iint_S z\rho(x,y,z)\mathrm{d}S}{m_S}, \tag{22.1.8}$$

其中 $\rho(x,y,z)$ 为曲面 S 的面密度, m_S 为曲面 S 的质量.

4) 求曲面的转动惯量

设曲面 S 的面密度为 $\rho(x,y,z)$, 则曲面 S 对于 x 轴、y 轴、z 轴的转动惯量 I_x、I_y 及 I_z 分别为

$$\begin{cases} I_x = \iint_S (y^2+z^2)\rho(x,y,z)\mathrm{d}S, \\ I_y = \iint_S (z^2+x^2)\rho(x,y,z)\mathrm{d}S, \\ I_z = \iint_S (x^2+y^2)\rho(x,y,z)\mathrm{d}S. \end{cases} \tag{22.1.9}$$

二、疑难解答

问题 22.1.1　应用式 (22.1.2) 计算第一型曲面积分 $\iint_S f(x,y,z)\mathrm{d}S$ 时, 需要注意哪些问题?

答　当选用式 (22.1.2) 计算第一型曲面积分 $\iint_S f(x,y,z)\mathrm{d}S$ 时, 至少需要注意以下几个方面的问题：

(i) 选取适当的坐标面, 以便于求出曲面 S 在该坐标面上的投影区域 D;

(ii) 在选取坐标平面之后, 写出 S 的在 D 上的显式函数式. 如若选取坐标平面为 xOy 平面, 则曲面 S 在 xOy 坐标平面上的投影区域为 D_{xy}, 此时应写出 $S: z=f(x,y),(x,y)\in D_{xy}$;

(iii) 应用式 (22.1.2) 将曲面积分化成二重积分.

值得一提的是, 坐标面的选取十分重要. 如何选取坐标平面, 以确保曲面 S 的显式函数易表示及相应的二重积分易计算为参考依据. ■

问题 22.1.2　能否使用某种对称性来简化第一型曲面积分的计算?

答　能. 类似于其他积分也可以利用对称性来简化第一型曲面积分的计算.

例 1　计算第一型曲面积分 $\iint_S (y^2+z^2)\mathrm{d}S$, 其中 S 为球面 $x^2+y^2+z^2=a^2$.

解 令 $f(x,y,z)=x^2$, $g(x,y,z)=y^2$, $(x,y,z)\in S$. 由于球面 S 关于平面 $x=y$ 对称, 且在对称点 (x,y,z) 与 (y,x,z) 处有

$$f(x,y,z)=g(y,x,z),$$

因此 $\iint_S f(x,y,z)\mathrm{d}S=\iint_S g(y,x,z)\mathrm{d}S$, 即 $\iint_S x^2\mathrm{d}S=\iint_S y^2\mathrm{d}S$. 类似地, $\iint_S x^2\mathrm{d}S=\iint_S z^2\mathrm{d}S$. 于是

$$\iint_S (y^2+z^2)\mathrm{d}S=\frac{2}{3}\iint_S (x^2+y^2+z^2)\mathrm{d}S=\frac{2}{3}a^2\iint_S \mathrm{d}S=\frac{2}{3}a^2\cdot 4\pi a^2=\frac{8}{3}\pi a^4.$$

例 2 计算第一型曲面积分 $\iint_S |xyz|\mathrm{d}S$, 其中 S 为 $z=x^2+y^2$, $z\leqslant 1$.

解 由于 S 关于 yOz, xOz 坐标平面对称, 且有 $|-xyz|=|x(-y)z|=|xyz|$, 因此对第一卦限中的 $S_1: z=x^2+y^2$, $z\leqslant 1$, $x\geqslant 0$, $y\geqslant 0$, 可得

$$\iint_S |xyz|\mathrm{d}S=4\iint_{S_1}|xyz|\mathrm{d}S=4\iint_{S_1}xyz\mathrm{d}S.$$

S_1 在 xOy 坐标平面上的投影区域为 $D_{xy}: x^2+y^2\leqslant 1$, $x\geqslant 0$, $y\geqslant 0$, 且 $z_x=2x$, $z_y=2y$. 于是由式 (22.1.2) 可得

$$\begin{aligned}\iint_{S_1}|xyz|\mathrm{d}S&=\iint_{D_{xy}}xy\left(x^2+y^2\right)\sqrt{1+4x^2+4y^2}\mathrm{d}x\mathrm{d}y\\&=\int_0^{\frac{\pi}{2}}\sin\theta\cos\theta\mathrm{d}\theta\int_0^1 r^5\sqrt{1+4r^2}\mathrm{d}r\\&=\frac{1}{2}\int_0^1 r^5\sqrt{1+4r^2}\mathrm{d}r\quad(\text{令}t=\sqrt{1+4r^2})\\&=\frac{1}{2^7}\int_1^{\sqrt{5}}t^2(t^2-1)^2\mathrm{d}t=\frac{25\sqrt{5}}{336}-\frac{1}{1680}.\end{aligned}$$

由此即得 $\iint_S |xyz|\mathrm{d}S=4\iint_{S_1}xyz\mathrm{d}S=\frac{25\sqrt{5}}{84}-\frac{1}{420}$. ■

问题 22.1.3 能否对定积分、第一型曲线积分、重积分、第一型曲面积分等用统一形式来定义?

答 能. 可以对定积分、第一型曲线积分、重积分、第一型曲面积分等用统一形式加以定义. 分析这些积分后, 发现它们属于同一类型的积分, 即几何体上的 Riemann 积分. 下面给出这些积分的统一定义及一般性质:

设 Ω 为一有界几何体 (坐标轴上的线段、曲线段、平面图形或空间立体、曲面片等), Ω 可以度量 (即可求长度、可求体积、可求面积等), $f(P)$ 为定义在 Ω 上的

函数. 对 Ω 作分割 T, T 将 Ω 分成 n 个可以度量的“小块”Ω_i $(i=1,2,\cdots,n)$, 以 $\Delta\Omega_i$ 记 Ω_i 度量的大小, 并记分割 T 的细度为 $\|T\|=\max\limits_{1\leqslant i\leqslant n}\{\Omega_i$ 的直径$\}$. 在 Ω_i 上任取一点 P_i $(i=1,2,\cdots,n)$, 作积分和 $\sum\limits_{i=1}^{n}f(P_i)\Delta\Omega_i$. 若极限

$$\lim_{\|T\|\to 0}\sum_{i=1}^{n}f(P_i)\Delta\Omega_i$$

存在, 且与分割 T 和点 P_i $(i=1,2,\cdots,n)$ 的取法无关, 则称 $f(P)$ 在 Ω 上Riemann 可积, 并称此极限值为函数 $f(P)$ 在几何体 Ω 上的Riemann 积分, 记为

$$\int_{\Omega}f(P)\mathrm{d}\Omega.$$

利用上述的统一定义, 对于定积分、第一型曲线积分、重积分、第一型曲面积分等的性质, 也可以用统一形式给出:

(i) 若函数 $f(P)$ 在有界可度量的区域 Ω 上可积, 则 $f(P)$ 在 Ω 上有界.

(ii) 若函数 $f(P)$, $g(P)$ 在 Ω 上可积, a, b 为常数, 则 $af(P)+bg(P)$ 在 Ω 上也可积, 且

$$\int_{\Omega}(af(P)+bg(P))\mathrm{d}\Omega=a\int_{\Omega}f(P)\mathrm{d}\Omega+b\int_{\Omega}g(P)\mathrm{d}\Omega.$$

(iii) 若函数 $f(P)$ 在 Ω_1 与 Ω_2 上可积, 且 Ω_1 与 Ω_2 无公共内点, 则 $f(P)$ 在 $\Omega_1\cup\Omega_2$ 上也可积, 且

$$\int_{\Omega_1\cup\Omega_2}f(P)\mathrm{d}\Omega=\int_{\Omega_1}f(P)\mathrm{d}\Omega+\int_{\Omega_2}f(P)\mathrm{d}\Omega.$$

(iv) 若函数 $f(P)$, $g(P)$ 在 Ω 上可积, 且 $f(P)\leqslant g(P)$, $P\in\Omega$, 则

$$\int_{\Omega}f(P)\mathrm{d}\Omega\leqslant\int_{\Omega}g(P)\mathrm{d}\Omega.$$

(v) 若函数 $f(P)$ 在 Ω 上可积, 则函数 $|f(P)|$ 在 Ω 上也可积, 且

$$\left|\int_{\Omega}f(P)\mathrm{d}\Omega\right|\leqslant\int_{\Omega}|f(P)|\mathrm{d}\Omega.$$

(vi) 若函数 $f(P)$ 在 Ω 上可积, 且 $c\leqslant f(P)\leqslant C$, $P\in\Omega$, 则

$$c\cdot\mathrm{meas}(\Omega)\leqslant\int_{\Omega}f(P)\mathrm{d}\Omega\leqslant C\cdot\mathrm{meas}(\Omega),$$

其中 $\mathrm{meas}(\Omega)$ 为积分区域 Ω 的度量.

(vii) (中值定理) 若函数 $f(P)$ 在有界闭区域 Ω 上连续, 则存在 $P_0\in\Omega$, 使得

$$\int_{\Omega}f(P)\mathrm{d}\Omega=f(P_0)\cdot\mathrm{meas}(\Omega).$$

■

三、典型例题

例 22.1.1　设 S 为 $z=\sqrt{x^2+y^2}$ 被 $x^2+y^2=2ax$ 割下来的部分, 计算 $I=\iint_S\left(x^2y^2+y^2z^2+z^2x^2\right)\mathrm{d}S$.

解法 1　在直角坐标系中计算. 由 $z=\sqrt{x^2+y^2}$ 可得 $z_x=\dfrac{x}{\sqrt{x^2+y^2}}$, $z_y=\dfrac{y}{\sqrt{x^2+y^2}}$, $\sqrt{1+z_x^2+z_y^2}=\sqrt{2}$. 所以, 由式 (22.1.2) 得

$$I=\sqrt{2}\iint_{D_{xy}}\left[x^2y^2+(x^2+y^2)^2\right]\mathrm{d}x\mathrm{d}y,$$

其中曲面 S 在 xy 坐标面上的投影区域为 $D_{xy}: x^2+y^2\leqslant 2ax$. 对上式右边的二重积分若采用极坐标换元时, 有

$$D_{xy}:-\frac{\pi}{2}\leqslant\theta\leqslant\frac{\pi}{2},\quad 0\leqslant r\leqslant 2a\cos\theta,\quad J(r,\theta)=\frac{\partial(x,y)}{\partial(r,\theta)}=r.$$

于是

$$\begin{aligned}I&=\sqrt{2}\iint_{D_{xy}}\left(r^4\cos^2\theta\sin^2\theta+r^4\right)r\mathrm{d}r\mathrm{d}\theta\\&=\sqrt{2}\int_{-\frac{\pi}{2}}^{\frac{\pi}{2}}\mathrm{d}\theta\int_0^{2a\cos\theta}\left(r^4\cos^2\theta\sin^2\theta+r^4\right)r\mathrm{d}r\\&=\sqrt{2}\int_{-\frac{\pi}{2}}^{\frac{\pi}{2}}(\cos^2\theta\sin^2\theta+1)\left(\frac{1}{6}r^6\Big|_0^{2a\cos\theta}\right)\mathrm{d}\theta\\&=\frac{32\sqrt{2}}{3}a^6\int_{-\frac{\pi}{2}}^{\frac{\pi}{2}}\left(\cos^2\theta\sin^2\theta+1\right)\cos^6\theta\mathrm{d}\theta=\frac{29\sqrt{2}}{8}\pi a^6.\end{aligned}$$

解法 2　用参数式计算. $z=\sqrt{x^2+y^2}$ 在球坐标系中的方程为 $\varphi=\dfrac{\pi}{4}$. 因此, 曲面 S 的参数方程为

$$x=\frac{1}{\sqrt{2}}r\cos\theta,\quad y=\frac{1}{\sqrt{2}}r\sin\theta,\quad z=\frac{1}{\sqrt{2}}r,\quad (r,\theta)\in D.$$

又 S 的边界线

$$z=\sqrt{x^2+y^2},\quad x^2+y^2\leqslant 2ax$$

的球坐标表示为

$$\varphi=\frac{\pi}{4},\quad r^2\sin^2\varphi=2ar\sin\varphi\cos\theta.$$

于是 $D:-\dfrac{\pi}{2}\leqslant\theta\leqslant\dfrac{\pi}{2}$, $0\leqslant r\leqslant 2\sqrt{2}\,a\cos\theta$.

经计算易得

$$E=x_\theta^2+y_\theta^2+z_\theta^2=\frac{1}{2}r^2,\quad F=0,\quad G=x_r^2+y_r^2+z_r^2=1.$$

所以

$$I=\int_{-\frac{\pi}{2}}^{\frac{\pi}{2}}\mathrm{d}\theta\int_0^{2\sqrt{2}\ a\cos\theta}\left(\frac{1}{4}r^4\cos^2\theta\sin^2\theta+\frac{1}{4}r^4\right)\frac{r}{\sqrt{2}}\mathrm{d}r=\frac{29\sqrt{2}}{8}\pi a^6.$$ ■

例 22.1.2 计算第一型曲面积分 $\iint_S z\mathrm{d}S$, 其中 S 为曲面 $x^2+z^2=2az\ (a>0)$ 被曲面 $z=\sqrt{x^2+y^2}$ 所截取的部分.

解 因为 S 关于 yOz 坐标平面、zOx 坐标平面以及 z 轴对称, 且被积函数在对称点的函数值相同, 所以类似于问题 22.1.2 有

$$\iint_S z\mathrm{d}S=4\iint_{S_1}z\mathrm{d}S,$$

其中 S_1 为 S 在第一卦限中的部分.

由 $x^2+z^2=2az$ 和 $z=\sqrt{x^2+y^2}$ 消去 x 得到 S_1 在坐标面上的投影区域

$$D_{yz}:\frac{\left(z-\dfrac{a}{2}\right)^2}{\left(\dfrac{a}{2}\right)^2}-\frac{y^2}{\left(\dfrac{a}{\sqrt{2}}\right)^2}\geqslant 1,\quad y\geqslant 0,\quad z\leqslant 2a,$$

而 S_1 在 D_{yz} 上的显示函数为 $x=\sqrt{2az-z^2}$. 据式 (22.1.3) 可得

$$\begin{aligned}\iint_S z\mathrm{d}S&=4\iint_{S_1}z\mathrm{d}S=4\iint_{D_{yz}}z\sqrt{1+x_y^2+x_z^2}\mathrm{d}y\mathrm{d}z\\&=4\iint_{D_{yz}}\frac{az}{\sqrt{2az-z^2}}\mathrm{d}y\mathrm{d}z=4a\int_a^{2a}\mathrm{d}z\int_0^{\sqrt{2z^2-2az}}\frac{z}{\sqrt{2az-z^2}}\mathrm{d}y\mathrm{d}z\\&=4a\int_a^{2a}z\sqrt{\frac{2(z-a)}{2a-z}}\mathrm{d}z\quad\left(\text{令}t=\sqrt{\frac{2(z-a)}{2a-z}}\right)\\&=32a^3\int_0^{+\infty}\frac{t^2(1+t^2)}{(2+t^2)^3}\ \mathrm{d}t\quad(\text{令}t=\sqrt{2}\tan\theta)\\&=8\sqrt{2}\ a^3\int_0^{\frac{\pi}{2}}\left(\sin^2\theta\cos^2\theta+2\sin^4\theta\right)\mathrm{d}\theta\\&=8\sqrt{2}\ a^3\int_0^{\frac{\pi}{2}}\left(\frac{7}{8}-\cos 2\theta+\frac{1}{8}\cos 4\theta\right)\mathrm{d}\theta=\frac{7\sqrt{2}}{2}\pi a^3.\end{aligned}$$ ■

例 22.1.3 求均匀的上半球面 $z=\sqrt{a^2-x^2-y^2}$ 被 $x^2+y^2=ax$ 截取部分的面积与质心坐标, 其中 $a>0$.

解 曲面 S 在 xy 坐标面上的投影区域为 $D_{xy}:\ x^2+y^2\leqslant ax$. 则由式 (22.1.6)

得所求曲面的面积为

$$\begin{aligned}A_S &= \iint_S \mathrm{d}S = \iint_{D_{xy}} \sqrt{1+z_x^2+z_y^2}\mathrm{d}x\mathrm{d}y \\ &= \iint_{D_{xy}} \frac{a}{\sqrt{a^2-x^2-y^2}}\mathrm{d}x\mathrm{d}y \\ &= a\int_{-\frac{\pi}{2}}^{\frac{\pi}{2}}\mathrm{d}\theta\int_0^{a\cos\theta}\frac{1}{\sqrt{a^2-r^2}}\,r\mathrm{d}r = (\pi-2)a^2.\end{aligned}$$

设均匀球面的密度为 ρ (其为常数), 下面求质心坐标 (x_0, y_0, z_0). 由对称性知, $y_0 = 0$. 由式 (22.1.8) 可得

$$\begin{aligned}x_0 &= \frac{1}{m_S}\iint_S x\rho\mathrm{d}S = \frac{1}{A_S}\iint_S x\mathrm{d}S = \frac{1}{(\pi-2)a^2}\iint_{D_{xy}}\frac{ax}{\sqrt{a^2-x^2-y^2}}\mathrm{d}x\mathrm{d}y \\ &= \frac{2}{(\pi-2)a}\int_0^{\frac{\pi}{2}}\cos\theta\mathrm{d}\theta\int_0^{a\cos\theta}\frac{r}{\sqrt{a^2-r^2}}r\mathrm{d}r \\ &\xlongequal{r=a\cos t} \frac{2}{(\pi-2)a}\int_0^{\frac{\pi}{2}}\cos\theta\mathrm{d}\theta\int_{\frac{\pi}{2}}^{\theta}\frac{a^2\cos^2 t}{a\sin t}\cdot(-a\sin t)\mathrm{d}t \\ &= \frac{a}{\pi-2}\int_0^{\frac{\pi}{2}}\left(\frac{\pi}{2}-\theta-\sin\theta\cos\theta\right)\cos\theta\mathrm{d}\theta = \frac{2a}{3(\pi-2)}.\end{aligned}$$

$$\begin{aligned}z_0 &= \frac{1}{m_S}\iint_S z\rho\mathrm{d}S = \frac{1}{A_S}\iint_S z\mathrm{d}S = \frac{1}{(\pi-2)a^2}\iint_{D_{xy}}\frac{az}{\sqrt{a^2-x^2-y^2}}\mathrm{d}x\mathrm{d}y \\ &= \frac{1}{(\pi-2)a}\iint_{D_{xy}}\mathrm{d}x\mathrm{d}y = \frac{1}{(\pi-2)a}\cdot\pi\left(\frac{a}{2}\right)^2 = \frac{\pi a}{4(\pi-2)}.\end{aligned}$$

所以, 曲面的质心坐标为 $\left(\frac{2a}{3(\pi-2)}, 0, \frac{\pi a}{4(\pi-2)}\right)$. ■

* **例 22.1.4** 证明 $\left|\iint_S f(mx+ny+pz)\mathrm{d}S\right| \leqslant 2\pi M$, 其中 m, n, p 均为常数, $m^2+n^2+p^2=1$, S 为单位球面 $x^2+y^2+z^2=1$, $f(t)$ 在 $[-1,1]$ 连续可微, 且 $f(-1)=f(1)=0$, $M=\max\limits_{t\in[-1,1]}|f'(t)|$.

证明 以 $O(0,0,0)$ 为原点沿方向 (m,n,p) 建立 ω 轴, 在平面 $\Pi: mx+ny+pz=0$ 上, 以 O 为原点建立平面直角坐标系 uOv, 使得 $uOv\omega$ 成右手系 (参考图 21.5.3). 点 $M(x,y,z)$ 在 $Ouv\omega$ 坐标系下的 ω 坐标等于 $\pm d$ (其中 d 为点 M 到平面 Π 的距离), 且当 M 在 Π 的法向 (m,n,p) 所指的一侧时取 “+” 号, 否则取 “−” 号, 即

$$\omega = \frac{mx+ny+pz}{\sqrt{m^2+n^2+p^2}} = mx+ny+pz. \tag{22.1.10}$$

点在坐标系 $Oxyz$ 与 $Ouv\omega$ 下的坐标之间构成了一个正交变换 T, S 在变换 T 之下的象仍为 S 自身 (S : $u^2+v^2+\omega^2=1$). 从而由式 (22.1.10) 可得

$$\iint_S f(mx+ny+pz)\mathrm{d}S=\iint_S f(\omega)\mathrm{d}S.$$

S 在坐标系 $Ouv\omega$ 下的参数方程为

$$u=\sqrt{1-\omega^2}\cos\theta,\quad v=\sqrt{1-\omega^2}\sin\theta,\quad \omega=\omega,\quad (\theta,\omega)\in D=[0,2\pi]\times[-1,1].$$

于是, 由公式 (22.1.5) 得

$$\begin{aligned}\left|\iint_S f(mx+ny+pz)\mathrm{d}S\right|&=\left|\iint_S f(\omega)\mathrm{d}S\right|\\&=\left|\iint_D f(\omega)\sqrt{EG-F^2}\mathrm{d}\theta\mathrm{d}\omega\right|=\left|\iint_D f(\omega)\mathrm{d}\theta\mathrm{d}\omega\right|\\&=2\pi\left|\int_{-1}^{1} f(\omega)\mathrm{d}\omega\right|=2\pi\left|\omega f(\omega)\Big|_{-1}^{1}-\int_{-1}^{1}\omega f'(\omega)\mathrm{d}\omega\right|\\&=2\pi\left|\int_{-1}^{1}\omega f'(\omega)\mathrm{d}\omega\right|\leqslant 2\pi M\int_{-1}^{1}|\omega|\mathrm{d}\omega=2\pi M.\end{aligned}$$ ■

解题回顾 本题若一开始就应用第一型曲面积分的性质, 较难得到所需的不等式. 由于已知条件包含了 $f(t)$ 的较多性质, 所以先设法将被积函数直接化为一元函数表示. 由已知条件 $m^2+n^2+p^2=1$, 可考虑利用正交变换将 $f(mx+ny+pz)$ 先变为一元函数后, 再进行计算并得到要证明的不等式.

例 22.1.5 一半径为 a 的球浸入水中, 球心至水面的距离为 h ($h>a$), 试计算水对球表面所施加压力而产生的浮力.

解 以球心为坐标原点 O, 铅直线为 z 轴且其正向向下, 建立右手空间直角坐标系. 球面为 S : $x^2+y^2+z^2=a^2$. 在 S 上任取一点 $P(x,y,z)$ 及含点 P 的小曲面块 ΔS, 水对该小曲面块的压力为 $\mathrm{d}F=(h+z)\rho\mathrm{d}S$, 其中 ρ 为水的密度. 于是 $\mathrm{d}F$ 在 z 轴方向上的分力为 $\mathrm{d}F_z=-\mathrm{d}F\sin\alpha=-\dfrac{\rho}{a}z(h+z)\mathrm{d}S$, 则

$$F_z=-\iint_S \mathrm{d}F_z=-\frac{\rho}{a}\iint_S\left(hz+z^2\right)\mathrm{d}S.$$

由 S 的对称性和被积函数中的 hz 为奇函数、z^2 为偶函数, 若记 S_1 为 S 的上半部分, S_1 在 xy 平面上的投影区域为 D, 则

$$F_z=-\iint_S \mathrm{d}F_z=-\frac{2\rho}{a}\iint_{S_1} z^2\mathrm{d}S$$

$$
\begin{aligned}
&= -\frac{2\rho}{a}\iint_D (a^2-x^2-y^2)\cdot\frac{a}{\sqrt{a^2-x^2-y^2}}\mathrm{d}x\mathrm{d}y \\
&= -2\rho\iint_D \sqrt{a^2-x^2-y^2}\mathrm{d}x\mathrm{d}y \\
&= -2\rho\int_0^{2\pi}\mathrm{d}\theta\int_0^a \sqrt{a^2-r^2}\, r\mathrm{d}r \\
&= 2\rho\cdot 2\pi\cdot\frac{1}{3}(a^2-r^2)^{\frac{3}{2}}\bigg|_0^a = -\frac{4}{3}\pi a^3\rho.
\end{aligned}
$$

利用对称性知在水平方向的力为 0, 即 $F_x = F_y = 0$. 所以, 所求的浮力为

$$
\boldsymbol{F} = \left(0, 0, -\frac{4}{3}\pi a^3\rho\right).
$$

所得的 $\boldsymbol{F}$ 的大小为球的体积与水密度之积, 满足阿基米德定律. ■

例 22.1.6 求密度为 ρ 的均匀上半球面 S： $x^2+y^2+z^2=a^2$ $(z\geqslant 0)$ 对于 z 轴的转动惯量.

解 记 S 在 xOy 坐标面内的投影区域为 $D_{xy}: x^2+y^2\leqslant a^2$. 上半球面 S 对于 z 轴的转动惯量 I_z 为

$$
\begin{aligned}
I_z &= \iint_S \left(x^2+y^2\right)\rho\mathrm{d}S \\
&= \rho\iint_{D_{xy}} \left(x^2+y^2\right)\frac{a}{\sqrt{a-x^2-y^2}}\mathrm{d}x\mathrm{d}y \\
&= a\rho\int_0^{2\pi}\mathrm{d}\theta\int_0^a \frac{r^3}{\sqrt{a^2-r^2}}\mathrm{d}r = \frac{4}{3}\pi\rho a^4.
\end{aligned}
$$

■

四、巩固提高

22.1.1 计算积分 $\iint_S z^2\mathrm{d}S$, 其中

(i) S 为 $z^2=x^2+y^2$ 在 $x^2+y^2+z^2=r^2$ 内的上半部分 $(z\geqslant 0)$;

(ii) S 为 $x=r\sin\alpha\cos\theta$, $y=r\sin\alpha\sin\theta$, $z=r\cos\alpha$, $0\leqslant r\leqslant a$, $0\leqslant\theta\leqslant 2\pi$.

22.1.2 计算积分 $\iint_S \left(x^2+y^2\right)\mathrm{d}S$, 其中 S 为锥面 $z=\sqrt{x^2+y^2}$ 被 $z=1$ 割下的部分.

22.1.3 计算积分 $\iint_S (x+y+z)^2\mathrm{d}S$, 其中 S 为单位球面 $x^2+y^2+z^2=1$.

22.1.4 计算积分 $\iint_S \frac{1}{(1+x+y)^2}\mathrm{d}S$, 其中 S 为立体 $x+y+z\leqslant 1$, $x\geqslant 0$, $y\geqslant 0$, $z\geqslant 0$ 的表面.

22.1.5 求 $\iint_S (x+y+z)\mathrm{d}S$, 其中 S 为上半球面 $x^2+y^2+z^2=1$, $z\geqslant 0$.

22.1.6 计算积分 $\iint_S \left(x^2+y^2+z^2\right)\mathrm{d}S$, 其中 S 为 $|x|+|y|+|z|=a$.

22.1.7 计算积分 $\iint_S |xyz|\mathrm{d}S$, 其中

(i) S 为 $|x|+|y|+|z|=1$; (ii) S 为抛物面 $z=x^2+y^2$ 被 $z=1$ 割下的部分.

22.1.8 求 $F(t)=\iint_{S_t} f(x,y,z)\mathrm{d}S$, 其中 $S_t: x^2+y^2+z^2=t^2, t>0$, 且

$$f(x,y,z)=\begin{cases} x^2+y^2, & z\geqslant\sqrt{x^2+y^2}, \\ 0, & z<\sqrt{x^2+y^2}. \end{cases}$$

22.1.9 设密度为 $\rho(x,y,z)=z$ 的曲面 S: $z=\dfrac{1}{2}\left(x^2+y^2\right), 0\leqslant z\leqslant 1$. 求曲面 S 的质量及质心坐标.

22.1.10 求密度为 ρ 的均匀球面 S: $x^2+y^2+z^2=a^2$ 对一单位质点的引力 $\boldsymbol{F}$, 其中质点到球心的距离为 h.

22.2 第二型曲面积分

一、内容精读

1. 曲面的侧

设连通曲面 S 上处处都有连续变动的切平面 (或法线), M 为 S 上的一点, 曲面在 M 处的法线有两个方向: 当取定其中一个指向为正方向时, 则另一个指向就是负方向. 设 M_0 为 S 上任一点, L 为 S 上任一经过点 M_0, 且不超出 S 边界的闭曲线. 又设 M 为动点, 它在 M_0 处与 M_0 有相同的法线方向, 且有如下特性: 当 M 从 M_0 出发沿 L 连续移动, 这时作为曲面上的点 M, 它的法线方向也连续地变动. 最后当 M 沿 L 回到 M_0 时, 若这时 M 的法线方向仍与 M_0 的法线方向相一致, 则说这曲面 S 是双侧曲面; 若与 M_0 的法线方向相反, 则说 S 是单侧曲面.

2. 第二型曲面积分的概念

设 P, Q, R 为定义在双侧曲面 S 上的函数, 在 S 所指定的一侧作分割 T, 它将 S 分成 n 个小曲面 $S_1, S_2, \cdots, S_n$, 分割 T 的细度 $\|T\|=\max\limits_{1\leqslant i\leqslant n}\{S_i \text{ 的直径}\}$, 以 $\Delta S_{i_{yz}}, \Delta S_{i_{zx}}, \Delta S_{i_{xy}}$ 分别表示 S_i 在三个坐标面 (yOz 面, zOx 面与 xOy 面) 上的投影区域的面积, 它们的符号由 S_i 的方向来确定. 若 S_i 的法线正向与 z 轴正向成锐角时, $\Delta S_{i_{xy}}$ 为正. 反之, S_i 的法线正向与 z 轴正向成钝角时, $\Delta S_{i_{xy}}$ 为负. $\Delta S_{i_{yz}}$ 与 $\Delta S_{i_{zx}}$ 的符号, 则视 S_i 的正法向量分别与 x 轴、y 轴正向的交角为锐角时取 "+", 钝角时取 "−". 在各个小曲面 S_i 上任取一点 (ξ_i, η_i, ζ_i). 若

$$\lim_{\|T\|\to 0}\sum_{i=1}^{n} P(\xi_i,\eta_i,\zeta_i)\Delta S_{i_{yz}}+\lim_{\|T\|\to 0}\sum_{i=1}^{n} Q(\xi_i,\eta_i,\zeta_i)\Delta S_{i_{zx}}$$

$$+\lim_{\|T\|\to 0}\sum_{i=1}^{n}R(\xi_i,\eta_i,\zeta_i)\Delta S_{i_{xy}}$$

存在, 且与曲面 S 的分割 T 和 (ξ_i,η_i,ζ_i) 在 S_i 上的取法无关, 则称向量函数

$$\boldsymbol{F}(x,y,z)=(P(x,y,z),Q(x,y,z),R(x,y,z))$$

在定向曲面 S 上可积, 并称此极限为向量函数 $\boldsymbol{F}(x,y,z)$ 在曲面 S 所指定的一侧上的第二型曲面积分, 记作

$$\iint_S P(x,y,z)\mathrm{d}y\mathrm{d}z+Q(x,y,z)\mathrm{d}z\mathrm{d}x+R(x,y,z)\mathrm{d}x\mathrm{d}y \tag{22.2.1}$$

或

$$\iint_S P(x,y,z)\mathrm{d}y\mathrm{d}z+\iint_S Q(x,y,z)\mathrm{d}z\mathrm{d}x+\iint_S R(x,y,z)\mathrm{d}x\mathrm{d}y. \tag{22.2.1$'$}$$

第二型曲面积分的一些性质:

(i) 若积分 $\displaystyle\iint_S P_i\mathrm{d}y\mathrm{d}z+Q_i\mathrm{d}z\mathrm{d}x+R_i\mathrm{d}x\mathrm{d}y\ (i=1,2,\cdots,k)$ 存在, 则积分

$$\iint_S\left(\sum_{i=1}^{k}c_iP_i\right)\mathrm{d}y\mathrm{d}z+\left(\sum_{i=1}^{k}c_iQ_i\right)\mathrm{d}z\mathrm{d}x+\left(\sum_{i=1}^{k}c_iR_i\right)\mathrm{d}x\mathrm{d}y$$

也存在, 且

$$\begin{aligned}&\iint_S\left(\sum_{i=1}^{k}c_iP_i\right)\mathrm{d}y\mathrm{d}z+\left(\sum_{i=1}^{k}c_iQ_i\right)\mathrm{d}z\mathrm{d}x+\left(\sum_{i=1}^{k}c_iR_i\right)\mathrm{d}x\mathrm{d}y\\&=\sum_{i=1}^{k}c_i\iint_S P_i\mathrm{d}y\mathrm{d}z+Q_i\mathrm{d}z\mathrm{d}x+R_i\mathrm{d}x\mathrm{d}y,\end{aligned}$$

其中 $c_i\ (i=1,2,\cdots,k)$ 为常数.

(ii) 若曲面 S 是由两两无公共内点的曲面块 $S_1,S_2,\cdots,S_k$ 所组成, 且

$$\iint_{S_i}P\mathrm{d}y\mathrm{d}z+Q\mathrm{d}z\mathrm{d}x+R\mathrm{d}x\mathrm{d}y\quad(i=1,2,\cdots,k)$$

存在, 则有

$$\iint_S P\mathrm{d}y\mathrm{d}z+Q\mathrm{d}z\mathrm{d}x+R\mathrm{d}x\mathrm{d}y=\sum_{i=1}^{k}\iint_{S_i}P\mathrm{d}y\mathrm{d}z+Q\mathrm{d}z\mathrm{d}x+R\mathrm{d}x\mathrm{d}y.$$

(iii) 若以 $-S$ 表示曲面 S 的另一侧, 且 $\displaystyle\iint_S P\mathrm{d}y\mathrm{d}z+Q\mathrm{d}z\mathrm{d}x+R\mathrm{d}x\mathrm{d}y$ 存在, 则

$$\iint_{-S}P\mathrm{d}y\mathrm{d}z+Q\mathrm{d}z\mathrm{d}x+R\mathrm{d}x\mathrm{d}y=-\iint_S P\mathrm{d}y\mathrm{d}z+Q\mathrm{d}z\mathrm{d}x+R\mathrm{d}x\mathrm{d}y.$$

3. 第二型曲面积分的计算

(i) 设 $R(x,y,z)$ 是定义在光滑曲面

$$S: z=z(x,y),\quad (x,y)\in D_{xy}$$

上的连续函数, 以 S 的上侧为正侧 (这时 S 的法线方向与 z 轴正向成锐角), 则

$$\iint_S R(x,y,z)\mathrm{d}x\mathrm{d}y=\iint_{D_{xy}} R(x,y,z(x,y))\mathrm{d}x\mathrm{d}y. \tag{22.2.2}$$

类似地, 当 $P(x,y,z)$ 在光滑曲面

$$S: x=x(y,z),\quad (y,z)\in D_{yz}$$

上的连续时, 有

$$\iint_S P(x,y,z)\mathrm{d}y\mathrm{d}z=\iint_{D_{yz}} P(x(y,z),y,z)\mathrm{d}y\mathrm{d}z, \tag{22.2.3}$$

其中 S 是以 S 的法线方向与 x 轴的正向成锐角的那一侧为正侧.

当 $Q(x,y,z)$ 在光滑曲面

$$S: y=y(z,x),\quad (z,x)\in D_{zx}$$

上的连续时, 有

$$\iint_S Q(x,y,z)\mathrm{d}z\mathrm{d}x=\iint_{D_{zx}} Q(x,y(x,z),z)\mathrm{d}z\mathrm{d}x, \tag{22.2.4}$$

其中 S 是以 S 的法线方向与 y 轴的正向成锐角的那一侧为正侧.

(ii) 设有光滑曲面

$$S: x=x(u,v),\quad y=y(u,v),\quad z=z(u,v),\quad (u,v)\in D,$$

且在 D 上 $A=\dfrac{\partial(x,y)}{\partial(u,v)}$, $B=\dfrac{\partial(y,z)}{\partial(u,v)}$, $C=\dfrac{\partial(z,x)}{\partial(u,v)}$ 不全为零, 则

$$\begin{cases}\displaystyle\iint_S P(x,y,z)\mathrm{d}y\mathrm{d}z=\pm\iint_D P\big(x(u,v),y(u,v),z(u,v)\big)\frac{\partial(y,z)}{\partial(u,v)}\mathrm{d}u\mathrm{d}v,\\ \displaystyle\iint_S Q(x,y,z)\mathrm{d}z\mathrm{d}x=\pm\iint_D Q\big(x(u,v),y(u,v),z(u,v)\big)\frac{\partial(z,x)}{\partial(u,v)}\mathrm{d}u\mathrm{d}v,\\ \displaystyle\iint_S R(x,y,z)\mathrm{d}x\mathrm{d}y=\pm\iint_D R\big(x(u,v),y(u,v),z(u,v)\big)\frac{\partial(x,y)}{\partial(u,v)}\mathrm{d}u\mathrm{d}v,\end{cases} \tag{22.2.5}$$

其中式 (22.2.5) 右边的 "±" 号的选取法则为: 若向量 (A,B,C) 与曲面预先选定的法向量方向一致时, 则取 "+" 号, 否则取 "−" 号.

4. 两类曲面积分的联系

虽然两类曲面积分的定义是不同的, 但是二者之间也有密切联系, 可以相互转化. 设 S 为光滑曲面, α, β, γ 分别为 S 上的指定法线方向与 x 轴、y 轴及 z 轴正向的夹角. 若 $P(x,y,z)$, $Q(x,y,z)$ 与 $R(x,y,z)$ 为 S 上的连续函数, 则

$$\begin{aligned}&\iint_S P(x,y,z)\mathrm{d}y\mathrm{d}z+Q(x,y,z)\mathrm{d}z\mathrm{d}x+R(x,y,z)\mathrm{d}x\mathrm{d}y\\=&\iint_S\big[P(x,y,z)\cos\alpha+Q(x,y,z)\cos\beta+R(x,y,z)\cos\gamma\big]\mathrm{d}S.\end{aligned}\tag{22.2.6}$$

二、疑难解答

问题 22.2.1 如何区分二重积分与第二型曲面积分?

答 在直角坐标系下, 第二型曲面积分与二重积分在书写形式上非常相近, 要想将二者区分开来, 可以从以下几个方面加以关注:

(i) 观察被积函数. 第二型曲面积分的被积函数为三元函数, 而二重积分的被积函数是二元函数;

(ii) 观察积分区域. 第二型曲面积分的积分区域为空间曲面, 而二重积分的积分区域为平面区域;

(iii) 对于第二型曲面积分的积分区域, 都要指定它的侧, 而二重积分的积分区域不需要指定它的侧.

若能很好地把握上述几点, 区分第二型曲面积分与二重积分便易如反掌. ■

问题 22.2.2 简单叙述第二型曲面积分计算的一般步骤.

答 计算第二型曲面积分容易出错之处在于对曲面侧的判定. 对于曲面所指定的侧, 将曲面积分化为二重积分时, 必须注意由曲面侧向的不同引起的二重积分在符号上的差别.

在第二型曲面积分 $\iint_S P(x,y,z)\mathrm{d}y\mathrm{d}z+Q(x,y,z)\mathrm{d}z\mathrm{d}x+R(x,y,z)\mathrm{d}x\mathrm{d}y$ 存在的前提下, 其计算的一般步骤如下:

(i) 三个积分 $\iint_S P(x,y,z)\mathrm{d}y\mathrm{d}z$, $\iint_S Q(x,y,z)\mathrm{d}z\mathrm{d}x$, $\iint_S R(x,y,z)\mathrm{d}x\mathrm{d}y$ 可以分别考虑. 以下仅以 $\iint_S P(x,y,z)\mathrm{d}y\mathrm{d}z$ 计算为例来说明之.

(ii) 根据曲面 S 指定的侧面, 按其法线方向与 x 轴正向的夹角为锐角、钝角或直角, 将曲面 S 分成以上三个部分并分别记为 $S^{(1)}$, $S^{(2)}$, $S^{(3)}$. 分别求出 $S^{(1)}$, $S^{(2)}$, $S^{(3)}$ 在 yOz 坐标面上的投影区域 $D_{yz}^{(1)}$, $D_{yz}^{(2)}$, $D_{yz}^{(3)}$.

(iii) 由于 $D_{yz}^{(3)}$ 的面积为零, 所以

$$\iint_{S^{(3)}} P(x,y,z)\mathrm{d}y\mathrm{d}z=\lim_{\|T\|\to 0}\sum_{i=1}^{n}P(\xi_i,\eta_i,\zeta_i)\Delta S_{i_{yz}}^{(3)}=0;$$

由于 $S^{(1)}: x=x_1(y,z),\ (y,z)\in D_{yz}^{(1)}$, 所以

$$\iint_{S^{(1)}} P(x,y,z)\mathrm{d}y\mathrm{d}z=\iint_{D_{yz}^{(1)}} P(x_1(y,z),y,z)\mathrm{d}y\mathrm{d}z;$$

由于 $S^{(2)}: x=x_2(y,z),\ (y,z)\in D_{yz}^{(2)}$, 所以

$$\iint_{S^{(2)}} P(x,y,z)\mathrm{d}y\mathrm{d}z=-\iint_{D_{yz}^{(2)}} P(x_2(y,z),y,z)\mathrm{d}y\mathrm{d}z.$$

(iv) 利用第二型曲面积分对积分区域的可加性, 有

$$\iint_S P(x,y,z)\mathrm{d}y\mathrm{d}z=\iint_{D_{yz}^{(1)}} P(x_1(y,z),y,z)\mathrm{d}y\mathrm{d}z-\iint_{D_{yz}^{(2)}} P(x_2(y,z),y,z)\mathrm{d}y\mathrm{d}z.$$

(v) 计算 (iv) 中等式右边的两个二重积分. ■

三、典型例题

例 22.2.1 计算 $\iint_S xy\mathrm{d}y\mathrm{d}z+yz\mathrm{d}z\mathrm{d}x+zx\mathrm{d}x\mathrm{d}y$, 其中 S 是由平面 $x=y=z=0$ 和 $x+y+z=1$ 所围成的四面体表面并取外侧为正向.

解 曲面 $S=S_1+S_2+S_3+S_4$, 其中 S_1, S_2, S_3, S_4 分别为上侧、下侧、位于 xOz 面内的一侧和位于 yOz 面内的一侧, 所以

$$\begin{aligned}
&\iint_S xy\mathrm{d}y\mathrm{d}z+yz\mathrm{d}z\mathrm{d}x+zx\mathrm{d}x\mathrm{d}y\\
=&\iint_{S_1} xy\mathrm{d}y\mathrm{d}z+yz\mathrm{d}z\mathrm{d}x+zx\mathrm{d}x\mathrm{d}y\\
&+\iint_{S_2} xy\mathrm{d}y\mathrm{d}z+yz\mathrm{d}z\mathrm{d}x+zx\mathrm{d}x\mathrm{d}y+\iint_{S_3} xy\mathrm{d}y\mathrm{d}z+yz\mathrm{d}z\mathrm{d}x+zx\mathrm{d}x\mathrm{d}y\\
&+\iint_{S_4} xy\mathrm{d}y\mathrm{d}z+yz\mathrm{d}z\mathrm{d}x+zx\mathrm{d}x\mathrm{d}y\\
=&\iint_{S_1} xy\mathrm{d}y\mathrm{d}z+yz\mathrm{d}z\mathrm{d}x+zx\mathrm{d}x\mathrm{d}y\\
=&\iint_{S_1} xy\mathrm{d}y\mathrm{d}z+\iint_{S_1} yz\mathrm{d}z\mathrm{d}x+\iint_{S_1} zx\mathrm{d}x\mathrm{d}y\\
=&\iint_{D_{yz}} y(1-y-z)\mathrm{d}y\mathrm{d}z+\iint_{D_{zx}} z(1-z-x)\mathrm{d}z\mathrm{d}x+\iint_{D_{xy}} x(1-x-y)\mathrm{d}x\mathrm{d}y\\
=&3\iint_{D_{xy}} x(1-x-y)\mathrm{d}x\mathrm{d}y\\
=&3\int_0^1\mathrm{d}y\int_0^{1-y}\left[(1-y)x-x^2\right]\mathrm{d}x\\
=&3\times\frac{1}{6}\int_0^1(1-y)^3\mathrm{d}y=\frac{1}{2}\left[-\frac{1}{4}(1-y)^4\right]_0^1=\frac{1}{8}.
\end{aligned}$$

■

例 22.2.2　计算积分 $\iint_S f(x,y,z)\mathrm{d}y\mathrm{d}z+\mathrm{e}^x\mathrm{d}z\mathrm{d}x$, 其中 $S: 0\leqslant x\leqslant 1,\ 0\leqslant z\leqslant 1,\ y=0$, 其法线方向与向量 $(0,1,0)$ 同向, 函数 $f(x,y,z)$ 在 S 上连续.

解　由于 S 在 yOz 坐标平面上的投影为线段 $0\leqslant z\leqslant 1, y=0$, 因此

$$\iint_S f(x,y,z)\mathrm{d}y\mathrm{d}z=0.$$

S 在 xOz 坐标平面上的投影区域为 D_{xz}: $0\leqslant x\leqslant 1,\ 0\leqslant z\leqslant 1$. 于是

$$\iint_S \mathrm{e}^x\mathrm{d}z\mathrm{d}x=\iint_{D_{xz}}\mathrm{e}^x\mathrm{d}z\mathrm{d}x=\int_0^1\mathrm{d}z\int_0^1\mathrm{e}^x\mathrm{d}x=\mathrm{e}-1.$$

由此可得

$$\iint_S f(x,y,z)\mathrm{d}y\mathrm{d}z+\mathrm{e}^x\mathrm{d}z\mathrm{d}x=\mathrm{e}-1.$$ ■

例 22.2.3　计算积分 $\iint_S \left(x^2+y\right)\mathrm{d}y\mathrm{d}z-y\mathrm{d}z\mathrm{d}x+(x^2+y^2)\mathrm{d}x\mathrm{d}y$, 其中 S 为旋转抛物面 $z=x^2+y^2$ 在 $z\leqslant 1$ 部分, 并取曲面外侧 (下侧).

解　先计算 $\iint_S \left(x^2+y\right)\mathrm{d}y\mathrm{d}z$. 由于 $S=S_1+S_2$,

$$\begin{aligned}&S_1: x=\sqrt{z-y^2},\quad (y,z)\in D_{yz}^{(1)}=\left\{(y,z)\mid y^2\leqslant z\leqslant 1,\ -1\leqslant y\leqslant 1\right\},\\&S_2: x=-\sqrt{z-y^2},\quad (y,z)\in D_{yz}^{(2)}=D_{yz}^{(1)}.\end{aligned}$$

所以

$$\begin{aligned}\iint_S \left(x^2+y\right)\mathrm{d}y\mathrm{d}z&=\iint_{S_1}\left(x^2+y\right)\mathrm{d}y\mathrm{d}z+\iint_{S_2}\left(x^2+y\right)\mathrm{d}y\mathrm{d}z\\&=\iint_{D_{yz}^{(1)}}(x^2+y)\mathrm{d}y\mathrm{d}z-\iint_{D_{yz}^{(1)}}(x^2+y)\mathrm{d}y\mathrm{d}z=0.\end{aligned}$$

对于 $\iint_S y\mathrm{d}z\mathrm{d}x$, 由于 $S=S_3+S_4$,

$$\begin{aligned}&S_3: y=\sqrt{z-x^2},\quad (z,x)\in D_{zx}^{(3)}=\left\{(z,x)\mid x^2\leqslant z\leqslant 1,-1\leqslant x\leqslant 1\right\},\\&S_4: y=-\sqrt{z-x^2},\quad (z,x)\in D_{zx}^{(4)}=D_{zx}^{(3)}.\end{aligned}$$

所以

$$\begin{aligned}\iint_S y\mathrm{d}z\mathrm{d}x&=\iint_{S_3}y\mathrm{d}z\mathrm{d}x+\iint_{S_4}y\mathrm{d}z\mathrm{d}x\\&=\iint_{D_{zx}^{(3)}}\sqrt{z-x^2}\mathrm{d}z\mathrm{d}x-\iint_{D_{zx}^{(4)}}\left(-\sqrt{z-x^2}\right)\mathrm{d}z\mathrm{d}x\end{aligned}$$

$$
\begin{aligned}
&= 2\iint_{D_{zx}^{(3)}} \sqrt{z-x^2}\mathrm{d}z\mathrm{d}x \\
&= \frac{4}{3}\int_{-1}^{1}\left(1-x^2\right)^{\frac{3}{2}}\mathrm{d}x = \frac{8}{3}\int_{0}^{1}\left(1-x^2\right)^{\frac{3}{2}}\mathrm{d}x \\
&= \frac{8}{3}\int_{0}^{\frac{\pi}{2}}\cos^4 t\mathrm{d}t \\
&= \frac{2}{3}\int^{\frac{\pi}{2}}\left(\frac{3}{2}+2\cos 2t+\frac{1}{2}\cos 4t\right)\mathrm{d}t = \frac{2}{3}\times\frac{3}{2}\times\frac{\pi}{2} = \frac{\pi}{2}.
\end{aligned}
$$

对于 $\displaystyle\iint_S (x^2+y^2)\mathrm{d}x\mathrm{d}y$, 由于

$$
S: z = x^2+y^2, \quad (x,y)\in D_{xy} = \left\{(x,y)\mid x^2+y^2\leqslant 1\right\},
$$

所以

$$
\iint_S \left(x^2+y^2\right)\mathrm{d}x\mathrm{d}y = -\iint_{D_{xy}}\left(x^2+y^2\right)\mathrm{d}x\mathrm{d}y = -\int_0^{2\pi}\mathrm{d}\theta\int_0^1 r^3\mathrm{d}r = -\frac{\pi}{2}.
$$

从而

$$
\iint_S \left(x^2+y\right)\mathrm{d}y\mathrm{d}z - y\mathrm{d}z\mathrm{d}x + \left(x^2+y^2\right)\mathrm{d}x\mathrm{d}y = 0-\frac{\pi}{2}+\left(-\frac{\pi}{2}\right) = -\pi. \qquad \blacksquare
$$

解题回顾 本题按式 (22.2.1′) 将所求的积分先分解为三个积分, 然后对每一个积分应用问题 22.2.2 的中所述方法进行求解, 从而使问题得到解决. 从整个解题过程来看, 计算稍显复杂. 能否将第二型曲面积分直接化为一个二重积分来处理呢? 答案是肯定的. 下面给出具体结论:

命题 22.2.1 设光滑曲面 $S: z = f(x,y)$, $(x,y)\in D_{xy}$ 并取上侧. 函数 $P(x,y,z)$, $Q(x,y,z)$, $R(x,y,z)$ 在 S 上连续, 则有

$$
\begin{aligned}
&\iint_S P(x,y,z)\mathrm{d}y\mathrm{d}z + Q(x,y,z)\mathrm{d}z\mathrm{d}x + R(x,y,z)\mathrm{d}x\mathrm{d}y \\
=&\iint_{D_{xy}}\left[-P(x,y,z)f_x - Q(x,y,z)f_y + R(x,y,z)\right]_{z=f(x,y)}\mathrm{d}x\mathrm{d}y. \qquad (22.2.7)
\end{aligned}
$$

若记 $\boldsymbol{F}(x,y,z) = (P(x,y,z),Q(x,y,z),R(x,y,z))$, $\boldsymbol{n}(x,y) = (-f_x,-f_y,1)$, 则

$$
\begin{aligned}
&\iint_S P(x,y,z)\mathrm{d}y\mathrm{d}z + Q(x,y,z)\mathrm{d}z\mathrm{d}x + R(x,y,z)\mathrm{d}x\mathrm{d}y \\
=&\iint_{D_{xy}}\boldsymbol{F}(x,y,z)\cdot\boldsymbol{n}(x,y)\mathrm{d}x\mathrm{d}y. \qquad (22.2.7')
\end{aligned}
$$

证明　设曲面 S 的法线方向与 x 轴,y 轴和 z 轴的正向的夹角分别为 α,β 和 γ, 则由式 (22.2.6), 有

$$\iint_S P(x,y,z)\mathrm{d}y\mathrm{d}z=\iint_S P(x,y,z)\cos\alpha\mathrm{d}S,$$

$$\iint_S Q(x,y,z)\mathrm{d}z\mathrm{d}x=\iint_S Q(x,y,z)\cos\beta\mathrm{d}S.$$

而

$$\cos\alpha=-\frac{f_x}{\sqrt{1+f_x^2+f_y^2}},\quad \cos\beta=-\frac{f_y}{\sqrt{1+f_x^2+f_y^2}},\quad \cos\gamma=\frac{1}{\sqrt{1+f_x^2+f_y^2}},$$

即

$$\cos\alpha=-f_x\cos\gamma,\quad \cos\beta=-f_y\cos\gamma,$$

所以

$$\begin{aligned}\iint_S P(x,y,z)\mathrm{d}y\mathrm{d}z&=-\iint_S P(x,y,z)f_x\cos\gamma\mathrm{d}S\\&=-\iint_S P(x,y,z)f_x\mathrm{d}x\mathrm{d}y=-\iint_{D_{xy}}P(x,y,f(x,y))f_x\mathrm{d}x\mathrm{d}y,\end{aligned}$$

$$\begin{aligned}\iint_S Q(x,y,z)\mathrm{d}z\mathrm{d}x&=-\iint_S Q(x,y,z)f_y\cos\gamma\mathrm{d}S\\&=-\iint_S Q(x,y,z)f_y\mathrm{d}x\mathrm{d}y=-\iint_{D_{xy}}Q(x,y,f(x,y))f_y\mathrm{d}x\mathrm{d}y.\end{aligned}$$

注意到 $\iint_S R(x,y,z)\mathrm{d}x\mathrm{d}y=\iint_{D_{xy}}R(x,y,f(x,y))\mathrm{d}x\mathrm{d}y$, 故

$$\begin{aligned}&\iint_S P(x,y,z)\mathrm{d}y\mathrm{d}z+Q(x,y,z)\mathrm{d}z\mathrm{d}x+R(x,y,z)\mathrm{d}x\mathrm{d}y\\=&\iint_{D_{xy}}[-P(x,y,z)f_x-Q(x,y,z)f_y+R(x,y,z)]_{z=f(x,y)}\mathrm{d}x\mathrm{d}y.\end{aligned}$$

利用第二型曲面积分的性质 (iii) 知, 若 S 取下侧, 则

$$\begin{aligned}&\iint_S P(x,y,z)\mathrm{d}y\mathrm{d}z+Q(x,y,z)\mathrm{d}z\mathrm{d}x+R(x,y,z)\mathrm{d}x\mathrm{d}y\\=&-\iint_{D_{xy}}[-P(x,y,z)f_x-Q(x,y,z)f_y+R(x,y,z)]_{z=f(x,y)}\mathrm{d}x\mathrm{d}y.\end{aligned}$$

又若光滑曲面

$$S:\ x=g(y,z),\ (y,z)\in D_{yz}\quad 或\quad y=h(x,z),\ (x,z)\in D_{xz},$$

可以类似地将第二曲面积分化为 $\mathrm{d}y\mathrm{d}z$ 或 $\mathrm{d}z\mathrm{d}x$ 的二重积分 (请读者自行给出).

例 22.2.4 计算积分 $\iint_S (y-z)\mathrm{d}y\mathrm{d}z+(z-x)\mathrm{d}z\mathrm{d}x+(x-y)\mathrm{d}x\mathrm{d}y$, 其中 S 为圆锥面 $z=\sqrt{x^2+y^2}$, $z\leqslant h\ (h>0)$, 并取曲面下侧.

解 因为 $z_x=\dfrac{x}{\sqrt{x^2+y^2}}$, $z_y=\dfrac{y}{\sqrt{x^2+y^2}}$, 所以

$$\begin{aligned}
&\iint_S (y-z)\mathrm{d}y\mathrm{d}z+(z-x)\mathrm{d}z\mathrm{d}x+(x-y)\mathrm{d}x\mathrm{d}y\\
=&-\iint_{-S}(y-z)\mathrm{d}y\mathrm{d}z+(z-x)\mathrm{d}z\mathrm{d}x+(x-y)\mathrm{d}x\mathrm{d}y\\
=&-\iint_{D_{xy}}\left[-\left(y-\sqrt{x^2+y^2}\right)\frac{x}{\sqrt{x^2+y^2}}\right.\\
&\left.-\left(\sqrt{x^2+y^2}-x\right)\frac{y}{\sqrt{x^2+y^2}}+(x-y)\right]\mathrm{d}x\mathrm{d}y\\
=&2\iint_{D_{xy}}(y-x)\mathrm{d}x\mathrm{d}y\\
=&2\iint_{D'_{xy}}(\sin\theta-\cos\theta)r^2\mathrm{d}r\mathrm{d}\theta\\
=&2\int_0^{2\pi}(\sin\theta-\cos\theta)\mathrm{d}\theta\int_0^h r^2\mathrm{d}r=0.
\end{aligned}$$ ■

例 22.2.5 设 S 为上半单位球面 $z=\sqrt{1-x^2-y^2}$, 取内侧, 求

$$I=\iint_S \mathrm{d}y\mathrm{d}z+\mathrm{d}z\mathrm{d}x+\mathrm{d}x\mathrm{d}y.$$

解法 1 用直角坐标计算.

$$I=\iint_S \mathrm{d}y\mathrm{d}z+\iint_S \mathrm{d}z\mathrm{d}x+\iint_S \mathrm{d}x\mathrm{d}y=I_1+I_2+I_3.$$

计算 I_1. 此时 $S=S_1+S_2$, 其中

$$S_1: x=\sqrt{1-y^2-z^2},\quad (y,z)\in D_{yz}=\{(y,z)\mid y^2+z^2\leqslant 1, z\geqslant 0\}, \text{取后侧},$$

$$S_2: x=-\sqrt{1-y^2-z^2},\quad (y,z)\in D_{yz}, \text{取前侧},$$

所以

$$I_1=\iint_{S_1}\mathrm{d}y\mathrm{d}z+\iint_{S_2}\mathrm{d}y\mathrm{d}z=-\iint_{D_{yz}}\mathrm{d}y\mathrm{d}z+\iint_{D_{yz}}\mathrm{d}y\mathrm{d}z=0.$$

同理可得

$$I_2=0,\quad I_3=-\iint_{D_{xy}}\mathrm{d}x\mathrm{d}y=-\pi.$$

于是

$$I = I_1 + I_2 + I_3 = -\pi.$$

解法 2　用参数方程计算. 上半球面的参数方程为

$$S: x = \cos\theta\sin\varphi,\quad y = \sin\theta\sin\varphi,\ z = \cos\varphi,\quad 0 \leqslant \varphi \leqslant \frac{\pi}{2},\quad 0 \leqslant \theta \leqslant 2\pi.$$

相应的三个 Jacobi 行列式分别为

$$A = \frac{\partial(y,z)}{\partial(\varphi,\theta)} = \sin^2\varphi\cos\theta,\quad B = \frac{\partial(z,x)}{\partial(\varphi,\theta)} = \sin^2\varphi\sin\theta,$$

$$C = \frac{\partial(z,x)}{\partial(\varphi,\theta)} = \sin\varphi\cos\varphi.$$

由于 $C > 0$, 所以 (A,B,C) 的方向与上半球面 S 内侧的法线方向相反, 故积分号前取 "−" 号, 故得

$$\begin{aligned}
I &= -\iint_D \left(\sin^2\varphi\cos\theta + \sin^2\varphi\sin\theta + \sin\varphi\cos\varphi\right) \mathrm{d}\varphi\mathrm{d}\theta \\
&= -\int_0^{\frac{\pi}{2}} \mathrm{d}\varphi \int_0^{2\pi} \left[\sin^2\varphi(\cos\theta + \sin\theta) + \sin\varphi\cos\varphi\right] \mathrm{d}\theta \\
&= -2\pi \int_0^{\frac{\pi}{2}} \sin\varphi\cos\varphi\mathrm{d}\varphi = -\pi.
\end{aligned}$$

解法 3　应用命题 22.2.1. 由命题 22.2.1 可得

$$\begin{aligned}
I &= -\iint_{-S} \mathrm{d}y\mathrm{d}z + \mathrm{d}z\mathrm{d}x + \mathrm{d}x\mathrm{d}y \\
&= -\iint_{D_{xy}} \left[-\frac{-x}{\sqrt{1-x^2-y^2}} - \frac{-y}{\sqrt{1-x^2-y^2}} + 1\right] \mathrm{d}x\mathrm{d}y \\
&= -\iint_{D_{xy}} \mathrm{d}x\mathrm{d}y = -\pi.
\end{aligned}$$

■

例 22.2.6　求 $I = \oiint_S (z+x)\mathrm{d}y\mathrm{d}z + (x+y)\mathrm{d}z\mathrm{d}x + (y+z)\mathrm{d}x\mathrm{d}y$, 其中 S 是由 $x^2+y^2=1$, $z=1$ 及三个坐标平面围成的立体在第一卦限部分的表面, 取外侧.

解　曲面 S 共有五块, 记 $S = S_1 + S_2 + S_3 + S_4 + S_5$, 其中 S_1、S_2、S_3 分别为圆柱的曲侧面、下底面及上底面, S_4 为侧面 $y=0$ 部分, S_5 为侧面 $x=0$ 部分. 则有

$$I = \oiint_S (z+x)\mathrm{d}y\mathrm{d}z + \oiint_S (x+y)\mathrm{d}z\mathrm{d}x + \oiint_S (y+z)\mathrm{d}x\mathrm{d}y = I_1 + I_2 + I_3.$$

计算 $I_1=\sum_{i=1}^{5}\iint_{S_i}(z+x)\mathrm{d}y\mathrm{d}z.$

由于 S_2, S_3 及 S_4 在 yOz 坐标面上的投影区域的面积为零, 所以

$$\iint_{S_i}(z+x)\mathrm{d}y\mathrm{d}z=0,\quad i=2,3,4.$$

而

$$S_1:\ x=\sqrt{1-y^2},\quad (y,z)\in D_{yz}=\{(y,z)\mid 0\leqslant y\leqslant 1,\quad 0\leqslant z\leqslant 1\},\text{取前侧},$$

$$S_5:\ x=0,\quad (y,z)\in D_{yz},\ \text{取后侧}.$$

于是

$$\begin{aligned}I_1&=\iint_{S_1}(x+z)\mathrm{d}y\mathrm{d}z+\iint_{S_5}(x+z)\mathrm{d}y\mathrm{d}z\\&=\iint_{D_{yz}}\left(\sqrt{1-y^2}+z\right)\mathrm{d}y\mathrm{d}z-\iint_{D_{yz}}z\mathrm{d}y\mathrm{d}z=\int_0^1\mathrm{d}z\int_0^1\sqrt{1-y^2}\mathrm{d}y=\frac{\pi}{4}.\end{aligned}$$

类似方法可得 $I_2=\dfrac{\pi}{4}.$

计算 $I_3=\sum_{i=1}^{5}\iint_{S_i}(y+z)\mathrm{d}x\mathrm{d}y.$

由于 S_1, S_4 及 S_5 在 xOy 坐标面上的投影区域的面积为零, 所以

$$\iint_{S_i}(y+z)\mathrm{d}x dy=0,\quad i=1,4,5.$$

而

$$S_2: z=0,\ (x,y)\in D_{xy}=\{(x,y)\mid x^2+y^2\leqslant 1,\ x\geqslant 0,\ y\geqslant 0\},\text{取下侧},$$

$$S_3:\ z=1,\ (x,y)\in D_{xy},\ \text{取上侧}.$$

于是

$$\begin{aligned}I_3&=\iint_{S_2}(y+z)\mathrm{d}x\mathrm{d}y+\iint_{S_3}(y+z)\mathrm{d}x\mathrm{d}y\\&=-\iint_{D_{xy}}y\mathrm{d}x\mathrm{d}y+\iint_{D_{xy}}(1+y)\mathrm{d}x\mathrm{d}y=\iint_{D_{xy}}\mathrm{d}x\mathrm{d}y=\frac{\pi}{4}.\end{aligned}$$

由上述计算的结果, 得

$$I=I_1+I_2+I_3=\frac{3\pi}{4}.$$ ■

例 22.2.7 计算 $I=\iint_S xyz\left(y^2z^2+z^2x^2+x^2y^2\right)\mathrm{d}S$, 其中 S 为第一卦限中的球面 $x^2+y^2+z^2=a^2\ (x\geqslant 0,\ y\geqslant 0,\ z\geqslant 0)$.

解 取 S 的上侧, 则 S 上点 (x,y,z) 处的单位法向量为 $\left(\dfrac{x}{a},\dfrac{y}{a},\dfrac{z}{a}\right)$. 由式 (22.2.6) 可得

$$\begin{aligned}I&=a\iint_S\left(y^3z^3\frac{x}{a}+z^3x^3\frac{y}{a}+x^3y^3\frac{z}{a}\right)\mathrm{d}S\\&=a\iint_S y^3z^3\mathrm{d}y\mathrm{d}z+z^3x^3\mathrm{d}z\mathrm{d}x+x^3y^3\mathrm{d}x\mathrm{d}y\\&=3a\iint_S x^3y^3\mathrm{d}x\mathrm{d}y=3a\iint_{D_{xy}}x^3y^3\mathrm{d}x\mathrm{d}y,\end{aligned}$$

其中 D_{xy} : $x^2+y^2\leqslant a^2$, $x\geqslant 0$, $y\geqslant 0$. 作极坐标换元得

$$I=3a\int_0^{\frac{\pi}{2}}\sin^3\theta\cos^3\theta\mathrm{d}\theta\int_0^a r^7\mathrm{d}r=\frac{3a^9}{64}\int_0^{\frac{\pi}{2}}\sin^3(2\theta)\mathrm{d}\theta=\frac{1}{32}a^9.$$ ■

解题回顾 此题为第一型曲面积分, 直接按第一型曲面积分计算较为复杂, 但可以利用两类曲面积分间的关系, 将其转化为第二型曲面积分计算就显得简单得多.

例 22.2.8 设磁场强度为 $\boldsymbol{E}=(x,y,z)$, 求从球内出发通过上半球面 $x^2+y^2+z^2=a^2$, $z\geqslant 0$ 的磁通量.

解 所求磁通量为 $\varPhi=\displaystyle\iint_S x\mathrm{d}y\mathrm{d}z+y\mathrm{d}z\mathrm{d}x+z\mathrm{d}x\mathrm{d}y$, 其中 S 为上半球面 $x^2+y^2+z^2=a^2$, $z\geqslant 0$, 并取上侧为正向.

$$\begin{aligned}\iint_S x\mathrm{d}y\mathrm{d}z&=\iint_{D_{yz}}\sqrt{a^2-y^2-z^2}\mathrm{d}y\mathrm{d}z-\iint_{D_{yz}}\left(-\sqrt{a^2-y^2-z^2}\right)\mathrm{d}y\mathrm{d}z\\&=2\iint_{D_{yz}}\sqrt{a^2-y^2-z^2}\mathrm{d}y\mathrm{d}z\\&=2\int_0^{\pi}\mathrm{d}\theta\int_0^a r\sqrt{a^2-r^2}\mathrm{d}r=\frac{2}{3}\pi a^3.\end{aligned}$$

同理可得

$$\iint_S y\mathrm{d}z\mathrm{d}x=\frac{2}{3}\pi a^3.$$

$$\iint_S z\mathrm{d}x\mathrm{d}y=\iint_{D_{xy}}\sqrt{a^2-x^2-y^2}\mathrm{d}x\mathrm{d}y=\int_0^{2\pi}\mathrm{d}\theta\int_0^a r\sqrt{a^2-r^2}\mathrm{d}r=\frac{2}{3}\pi a^3.$$

由上述计算结果即得

$$\varPhi=\frac{2}{3}\pi a^3+\frac{2}{3}\pi a^3+\frac{2}{3}\pi a^3=2\pi a^3.$$ ■

四、巩固提高

22.2.1 计算 $\iint_S x\mathrm{d}y\mathrm{d}z+y\mathrm{d}z\mathrm{d}x+z\mathrm{d}x\mathrm{d}y$, 其中 S 是曲面 $x+y+z=1$, $x\geqslant 0$, $y\geqslant 0$, $z\geqslant 0$, 其侧的法线方向与向量 $(1,1,1)$ 同向.

(答案：$\dfrac{1}{6}\times 3=\dfrac{1}{2}$.)

22.2.2 计算积分 $I=\iint_S xz\mathrm{d}y\mathrm{d}z+yx\mathrm{d}z\mathrm{d}x+yz\mathrm{d}x\mathrm{d}y$, 其中 S 为圆柱面 $x^2+y^2=1$ 在 $-1\leqslant z\leqslant 1$ 及 $x\geqslant 0$, 并取其前侧.

22.2.3 计算积分 $I_1=\iint_S z\mathrm{d}x\mathrm{d}y$, $I_2=\iint_S z^2\mathrm{d}x\mathrm{d}y$, 其中 S 为球面 $x^2+y^2+z^2=a^2$, 并取其外侧.

22.2.4 计算 $\iint_S xz^2\mathrm{d}y\mathrm{d}z$, 其中 S 为上半球面 $z=\sqrt{a^2-x^2-y^2}$, 取上侧.

22.2.5 计算积分 $\iint_S x^2\mathrm{d}y\mathrm{d}z+y^2\mathrm{d}z\mathrm{d}x+(x-1)yz\mathrm{d}x\mathrm{d}y$, 其中

$$S: z=\sqrt{a^2-(x-1)^2-(y-1)^2},$$

并取其上侧.

22.2.6 计算积分 $\iint_S x\left(z^2-y^2\right)\mathrm{d}y\mathrm{d}z+y\left(x^2-z^2\right)\mathrm{d}z\mathrm{d}x+z(y^2-z^2)\mathrm{d}x\mathrm{d}y$, 其中 S 是 $y^2+z^2=1$ 被 $x=0$, $x=1$, $z+y=0$, $z-y=0$ 截取的上方部分, 并取其外侧.

22.2.7 计算积分 $\iint_S (x-y)\mathrm{d}y\mathrm{d}z+(x+y)\mathrm{d}z\mathrm{d}x+z^2\mathrm{d}x\mathrm{d}y$, 其中 S 为锥面 $z=\sqrt{x^2+y^2}$ 被 $z=1$ 与 $z=2$ 所截部分, 并取其外侧.

(答案：$I=-\dfrac{17}{6}\pi$.)

22.2.8 计算积分 $I=\iint_S (y-z)\mathrm{d}y\mathrm{d}z+(z-x)\mathrm{d}z\mathrm{d}x+(x-y)\mathrm{d}x\mathrm{d}y$, 其中 S 为球面 $x^2+y^2+z^2=2ax$ 被柱面 $x^2+y^2=2bx$ $(0<b<a)$ 截下的位于 $z\geqslant 0$ 的部分, 取外侧.

(答案：$I=\pi ab^2$.)

22.2.9 计算积分 $I=\iint_S xz\mathrm{d}y\mathrm{d}z+(x^2-z)\mathrm{d}z\mathrm{d}x-x^2z\mathrm{d}x\mathrm{d}y$, 其中 S 为旋转抛物面 $x^2+y^2=a^2z$ $(a>0)$ 被 $z=1$ 所截部分, 并取其下侧.

(答案：$I=\dfrac{\pi}{4}a^4$.)

22.2.10 计算积分 $I=\iint_S (8y+1)x\mathrm{d}y\mathrm{d}z+2(1-y^2)\mathrm{d}z\mathrm{d}x-4yz\mathrm{d}x\mathrm{d}y$, 其中 S 是曲线 $z=\sqrt{y-1}$ $(1\leqslant y\leqslant 3)$, $x=0$ 绕 y 轴旋转一周所成的曲面, 其法向量与 y 轴正方向的夹角恒大于 $\dfrac{\pi}{2}$.

(答案：$I=34\pi$.)

22.3　Gauss 公式与 Stokes 公式

一、内容精读

1. 高斯 (Gauss) 公式

定理 22.3.1　设空间有界区域 V 由分片光滑的双侧封闭曲面 S 围成. 若函数 P, Q, R 在 V 上有一阶连续偏导数, 则

$$\begin{aligned}\iiint_V (P_x + Q_y + R_z)\,\mathrm{d}x\mathrm{d}y\mathrm{d}z &= \oiint_S P\mathrm{d}y\mathrm{d}z + Q\mathrm{d}z\mathrm{d}x + R\mathrm{d}x\mathrm{d}y \\ &= \oiint_S (P\cos\alpha + Q\cos\beta + R\cos\gamma)\,\mathrm{d}S, \quad (22.3.1)\end{aligned}$$

其中 S 取外侧, $\cos\alpha, \cos\beta, \cos\gamma$ 是曲面 S 上点 (x, y, z) 处的外法线方向的方向余弦. 式 (22.3.1) 称为Gauss 公式.

若在 Gauss 公式中取 $P = x$, $Q = y$, $R = z$, 可得到应用第二型曲面积分计算空间有界区域 V 的体积公式

$$\Delta V = \frac{1}{3}\oiint_S x\mathrm{d}y\mathrm{d}z + y\mathrm{d}z\mathrm{d}x + z\mathrm{d}x\mathrm{d}y. \qquad (22.3.2)$$

2. 斯托克斯 (Stokes) 公式

在介绍 Stokes 公式之前, 先对双侧曲面 S 与其边界曲线 L 的方向作如下规定: 设有人站在 S 指定的一侧, 若沿 L 行走, 指定的侧总在人的左方, 则人前进的方向为边界线 L 的正向; 若沿 L 行走, 指定的侧总在人的右方, 则人前进的方向为边界线 L 的负向, 这个规定方法称为*右手法则*.

定理 22.3.2　设光滑曲面 S 的边界 L 为分段光滑的连续曲线. 若函数 P, Q, R 在 S (连同 L) 上有一阶连续偏导数, 则

$$\begin{aligned}&\iint_S (R_y - Q_z)\mathrm{d}y\mathrm{d}z + (P_z - R_x)\mathrm{d}z\mathrm{d}x + (Q_x - P_y)\mathrm{d}x\mathrm{d}y \\ =& \oint_L P\mathrm{d}x + Q\mathrm{d}y + R\mathrm{d}z, \qquad (22.3.3)\end{aligned}$$

其中 S 的侧与 L 的方向按右手法则确定.

式 (22.3.3) 称为Stokes 公式, 常可写成如下形式:

$$\iint_S \begin{vmatrix} \mathrm{d}y\mathrm{d}z & \mathrm{d}z\mathrm{d}x & \mathrm{d}x\mathrm{d}y \\ \dfrac{\partial}{\partial x} & \dfrac{\partial}{\partial y} & \dfrac{\partial}{\partial z} \\ P & Q & R \end{vmatrix} = \oint_L P\mathrm{d}x + Q\mathrm{d}y + R\mathrm{d}z. \qquad (22.3.4)$$

利用两类曲面积分间的关系 (22.2.6) 可得

$$\iint_S \begin{vmatrix} \cos\alpha & \cos\beta & \cos\gamma \\ \dfrac{\partial}{\partial x} & \dfrac{\partial}{\partial y} & \dfrac{\partial}{\partial z} \\ P & Q & R \end{vmatrix} \mathrm{d}S = \oint_L P\mathrm{d}x + Q\mathrm{d}y + R\mathrm{d}z, \tag{22.3.5}$$

其中 $\cos\alpha, \cos\beta, \cos\gamma$ 为曲面 S 上法向量的方向余弦.

定理 22.3.3 设 $\Omega \subset \mathbb{R}^3$ 为空间单连通区域. 若函数 P, Q, R 在 Ω 上有一阶连续偏导数, 则以下四个条件是等价的:

(i) 对于 Ω 内任一分段光滑的封闭曲线 L 有

$$\oint_L P\mathrm{d}x + Q\mathrm{d}y + R\mathrm{d}z = 0;$$

(ii) 对于 Ω 内任一分段光滑的曲线 L, 曲线积分

$$\int_L P\mathrm{d}x + Q\mathrm{d}y + R\mathrm{d}z$$

与路径无关, 只与 L 的始点与终点有关;

(iii) $P\mathrm{d}x + Q\mathrm{d}y + R\mathrm{d}z$ 是 Ω 内某一函数 u 的全微分, 即

$$\mathrm{d}u = P\mathrm{d}x + Q\mathrm{d}y + R\mathrm{d}z;$$

(iv) $P_y = Q_x, Q_z = R_y, R_x = P_z$ 在 Ω 内处处成立.

二、疑难解答

问题 22.3.1 空间单连通区域有何基本特征?

答 对于平面区域 D, 如果 D 内任一封闭曲线, 皆可以不经过 D 以外的点而连续收缩于属于 D 的某一点, 则称 D 为单连通区域. 或者表述为: 若平面区域 D 内任一封闭曲线所围成的区域内只含有 D 中的点. 更通俗地说, 单连通区域是没有 "洞" 的区域. 将平面单连通区域的概念延伸到空间区域的情形, 即是空间区域 V 内任一条封闭曲线皆可以不经过 V 以外的点而连续收缩于 V 中的某一点. 或等价地: 区域 V 内任一条封闭曲线皆能以它绷出一个全含于 V 的曲面. 所以, 这种连通性又称为 "依曲面单连通的", 这正好适合于使用 Stokes 公式的需要. ■

问题 22.3.2 在使用 Gauss 公式、Stokes 公式时应注意什么?

答 Gauss 公式、Stokes 公式成立的条件是很重要的, 因此在使用 Gauss 公式、Stokes 公式时, 要特别关注条件是否满足. 若条件不全部满足, Gauss 公式、Stokes 公式一般不再成立. 例如, 对于曲面积分

$$I = \oiint_S \frac{x-1}{r^3}\mathrm{d}y\mathrm{d}z + \frac{y-2}{r^3}\mathrm{d}z\mathrm{d}x + \frac{z-3}{r^3}\mathrm{d}x\mathrm{d}y,$$

其中 $r=\sqrt{(x-1)^2+(y-2)^2+(z-3)^2}$, S 为球面 $(x-1)^2+(y-2)^2+(z-3)^2=1$ 并取外侧为正向. 此时

$$P(x,y,z)=\frac{x-1}{r^3},\quad Q(x,y,z)=\frac{y-2}{r^3},\quad R(x,y,z)=\frac{z-3}{r^3},$$

$$P_x(x,y,z)=\frac{r^2-3(x-1)^2}{r^5},\quad Q_y(x,y,z)=\frac{r^2-3(y-2)^2}{r^5},$$

$$R_z(x,y,z)=\frac{r^2-3(z-3)^2}{r^5}.$$

若使用 Gauss 公式, 则有

$$I=\iiint_V (P_x+Q_y+R_z)\mathrm{d}x\mathrm{d}y\mathrm{d}z=\iiint_V 0\mathrm{d}x\mathrm{d}y\mathrm{d}z=0,$$

其中 V 为 S 所围成的空间有界区域. 但这一计算结果是错误的.

上述计算结果产生错误的原因在于函数 $P(x,y,z)$, $Q(x,y,z)$ 与 $R(x,y,z)$ 在 S 所围的区域 V 的内部的点 $(1,2,3)$ 处无定义且不是可去间断点, $P_x(x,y,z)$,$Q_y(x,y,z)$ 与 $R_z(x,y,z)$ 在此点不连续, 故不能直接使用 Gauss 公式. 正确的方法是, 先化简后再使用 Gauss 公式, 即可按如下方法计算 (对 S 而言, $r=1$):

$$\begin{aligned}I&=\oiint_S \frac{x-1}{r^3}\mathrm{d}y\mathrm{d}z+\frac{y-2}{r^3}\mathrm{d}z\mathrm{d}x+\frac{z-3}{r^3}\mathrm{d}x\mathrm{d}y\\&=\oiint_S (x-1)\mathrm{d}y\mathrm{d}z+(y-2)\mathrm{d}z\mathrm{d}x+(z-3)\mathrm{d}x\mathrm{d}y\\&=\iiint_V (1+1+1)\mathrm{d}x\mathrm{d}y\mathrm{d}z=3\cdot\frac{4}{3}\pi\cdot 1^3=4\pi.\end{aligned}$$

对于 Stokes 公式也可类似举例. 由于 Green 公式是 Stokes 公式当积分曲面在平面 $z=C$ (常数) 上时的特殊情形, 故可参考 21.3 节疑难解答中的例子. ■

问题 22.3.3　在 Gauss 公式中, 积分曲面 S 的外侧将如何确定?

答　在 Gauss 公式的条件中, 要求积分区域 S 的正侧是外侧, 这是相对于 S 所围成的空间区域 V 而言. 如区域 V 是由球面 S_1 : $x^2+y^2+z^2=1$ 与 S_2: $x^2+y^2+z^2=4$ 所围成的空间区域, 则 V 的边界曲面 S 相对于 V 的外侧应为 S_1 的内侧与 S_2 的外侧. ■

问题 22.3.4　以同一空间曲线 L 为边界的两个不同的光滑曲面 S_1 与 S_2, 在其上的 Stokes 公式是否相同?

答　相同. 事实上, 从 Stokes 公式的证明过程来看, Stokes 公式与空间闭曲线

L 为边界的光滑曲面的形状无关, 即

$$\begin{aligned}&\oint_L P\mathrm{d}x+Q\mathrm{d}y+R\mathrm{d}z\\=&\iint_{S_1}(R_y-Q_z)\mathrm{d}y\mathrm{d}z+(P_z-R_x)\mathrm{d}z\mathrm{d}x+(Q_x-P_y)\mathrm{d}x\mathrm{d}y\\=&\iint_{S_2}(R_y-Q_z)\mathrm{d}y\mathrm{d}z+(P_z-R_x)\mathrm{d}z\mathrm{d}x+(Q_x-P_y)\mathrm{d}x\mathrm{d}y.\end{aligned}$$

这个事实表明, 在应用 Stokes 公式计算空间封闭曲线 L 上的积分 $\oint_L P\mathrm{d}x+Q\mathrm{d}y+R\mathrm{d}z$ 时, 通常可找一个使计算量较小的光滑曲面 S. ■

问题 22.3.5 Green 公式、Gauss 公式、Stokes 公式有何共性?

答 Green 公式

$$\iint_{D_{xy}}(Q_x-P_y)\mathrm{d}x\mathrm{d}y=\oint_L P\mathrm{d}x+Q\mathrm{d}y$$

给出了平面区域 D_{xy} 上的二重积分与该区域的边界封闭曲线 L 上的曲线积分之间的关系. Gauss 公式

$$\iiint_V(P_x+Q_y+R_z)\mathrm{d}x\mathrm{d}y\mathrm{d}z=\oiint_S P\mathrm{d}y\mathrm{d}z+Q\mathrm{d}z\mathrm{d}x+R\mathrm{d}x\mathrm{d}y$$

给出了立体 V 上的三重积分与该立体的边界封闭曲面 S 上的曲面积分之间的关系. Stokes 公式

$$\iint_S(R_y-Q_z)\mathrm{d}y\mathrm{d}z+(P_z-R_x)\mathrm{d}z\mathrm{d}x+(Q_x-P_y)\mathrm{d}x\mathrm{d}y=\oint_L P\mathrm{d}x+Q\mathrm{d}y+R\mathrm{d}z$$

给出了空间曲面 S 上的曲面积分与 S 的边界封闭曲线 L 上的曲线积分间的关系.

这三个公式的共性是, 给出了在几何体上的积分与在该几何体边界上的积分之间的关系. 一般来说, 在有界几何体上定义的函数, 在几何体内部点上的函数值与几何体边界点上的函数值没有必然的联系, 但在一定的条件下和被积函数具有一定的形式 (三个公式的形式), 几何体上的积分能够转化为几何体边界上的积分. 这三个公式, 在物理上和数学上都有重要的意义. 以计算区域 D 的面积为例, 区域 D 的面积似乎与 D 的边界封闭曲线 L 形状没有什么关系, 但是 Green 公式却能将 D 的面积 A_D 转化为沿 D 的边界封闭曲线 L 上的曲线积分, 即

$$A_D=\frac{1}{2}\oint_L x\mathrm{d}y-y\mathrm{d}x.$$

Gauss 公式将空间立体 V 的体积 ΔV 化为沿 V 的边界封闭曲面 S 上的曲面积分, 即

$$\Delta V=\frac{1}{3}\oiint_S x\mathrm{d}y\mathrm{d}z+y\mathrm{d}z\mathrm{d}x+z\mathrm{d}x\mathrm{d}y.$$

这三个公式等号两端的几何体都带有方向, 在通常的直角坐标系中, 按右手系定向或外法线定向. 等号一端的几何体改变方向 (即积分变号), 另一端的几何体也要随之改变方向. ■

三、典型例题

例 22.3.1　计算曲面积分 $I=\oiint_S x\mathrm{d}y\mathrm{d}z+y\mathrm{d}z\mathrm{d}x+z\mathrm{d}x\mathrm{d}y$, 其中 S 是曲面 $|x|+|y|+|z|=1$ 并取外侧.

解　易知所给的积分中的被积函数与积分区域满足 Gauss 公式的条件, 所以

$$I=\iiint_V(1+1+1)\mathrm{d}x\mathrm{d}y\mathrm{d}z=3\Delta V,$$

其中 V 为由 S 所围成的正八面体. 由于 V 的体积 ΔV 为

$$\Delta V=2\cdot\frac{1}{3}\left(\sqrt{2}\right)^2\cdot 1=\frac{4}{3},$$

于是 $I=3\cdot\dfrac{4}{3}=4$. ■

例 22.3.2　计算曲面积分 $I=\oiint_S\dfrac{x-1}{r^3}\mathrm{d}y\mathrm{d}z+\dfrac{y-2}{r^3}\mathrm{d}z\mathrm{d}x+\dfrac{z-3}{r^3}\mathrm{d}x\mathrm{d}y$, 其中 S 为长方体 $V=\left\{(x,y,z)\mid |x|\leqslant 2,|y|\leqslant 3,|z|\leqslant 4\right\}$ 的表面并取外侧, $r=\sqrt{(x-1)^2+(y-2)^2+(z-3)^2}$.

解　取充分大的 $R>0$, 作球面

$$S_1:(x-1)^2+(y-2)^2+(z-3)^2=R^2,$$

使得 S 被包含在 S_1 所围有界区域的内部, 并对 S_1 取外侧. 易知被积表达式中的函数在 S 与 S_1 所围的闭区域 V_1 上满足 Gauss 公式的条件, 于是

$$\begin{aligned}
I&=\oiint_S\frac{x-1}{r^3}\mathrm{d}y\mathrm{d}z+\frac{y-2}{r^3}\mathrm{d}z\mathrm{d}x+\frac{z-3}{r^3}\mathrm{d}x\mathrm{d}y\\
&=-\oiint_{S_1-S}\frac{x-1}{r^3}\mathrm{d}y\mathrm{d}z+\frac{y-2}{r^3}\mathrm{d}z\mathrm{d}x+\frac{z-3}{r^3}\mathrm{d}x\mathrm{d}y\\
&\quad+\oiint_{S_1}\frac{x-1}{r^3}\mathrm{d}y\mathrm{d}z+\frac{y-2}{r^3}\mathrm{d}z\mathrm{d}x+\frac{z-3}{r^3}\mathrm{d}x\mathrm{d}y\\
&=-\iiint_{V_1}0\mathrm{d}x\mathrm{d}y\mathrm{d}z++\frac{1}{R^3}\oiint_{S_1}(x-1)\mathrm{d}y\mathrm{d}z+(y-2)\mathrm{d}z\mathrm{d}x+(z-3)\mathrm{d}x\mathrm{d}y\\
&=\frac{1}{R^3}\iiint_{V_2}(1+1+1)\mathrm{d}x\mathrm{d}y\mathrm{d}z\\
&=\frac{3}{R^3}\cdot\frac{4}{3}\pi R^3=4\pi,
\end{aligned}$$

其中 V_2 为由 S_1 为球面的球体. ■

解题回顾 此题中的被积函数在点 $(1,2,3)\in V$ 无定义, 所以不能在 V 上直接使用 Gauss 公式. 问题 22.3.3 中给出了一个启示: 若能将曲面转化为以 $(1,2,3)$ 为中心的球面, 则问题就不难解决了. 本题的解题就体现了这样的思想. 合理地添加辅助平面是应用好 Gauss 公式的难点之一, 其中有一定的技巧.

例 22.3.3 计算曲面积分 $I=\iint_S y(x-z)\mathrm{d}y\mathrm{d}z+x^2\mathrm{d}z\mathrm{d}x+(y^2+xz)\mathrm{d}x\mathrm{d}y$, 其中 S 为曲面 $z=5-x^2-y^2$ 上 $z\geqslant 1$ 的部分, 并取外侧.

解 取 $S_1: x^2+y^2\leqslant 4,\ z=1$, 并取下侧. 易知被积表达式中的函数在 S 与 S_1 所围的闭区域 V 上满足 Gauss 公式的条件, 于是

$$\begin{aligned}
I&=\iint_S y(x-z)\mathrm{d}y\mathrm{d}z+x^2\mathrm{d}z\mathrm{d}x+\left(y^2+xz\right)\mathrm{d}x\mathrm{d}y\\
&=\oiint_{S_1+S} y(x-z)\mathrm{d}y\mathrm{d}z+x^2\mathrm{d}z\mathrm{d}x+\left(y^2+xz\right)\mathrm{d}x\mathrm{d}y\\
&\quad-\iint_{S_1} y(x-z)\mathrm{d}y\mathrm{d}z+x^2\mathrm{d}z\mathrm{d}x+\left(y^2+xz\right)\mathrm{d}x\mathrm{d}y\\
&=\iiint_V (y+x)\mathrm{d}x\mathrm{d}y\mathrm{d}z+\iint_{D_{xy}}\left(y^2+x\right)\mathrm{d}x\mathrm{d}y\\
&=\int_0^{2\pi}\mathrm{d}\theta\int_0^2\mathrm{d}r\int_1^{5-r^2}(r\sin\theta+r\cos\theta)\,r\mathrm{d}z\\
&\quad+\int_0^{2\pi}\mathrm{d}\theta\int_0^2\left(r^2\sin^2\theta+r\cos\theta\right)r\mathrm{d}r=4\pi.
\end{aligned}$$

上述计算过程中的 D_{xy} 为 S_1 在 xOy 坐标面上的投影区域. ■

例 22.3.4 计算曲面积分 $I=\iint_S 4xz\mathrm{d}y\mathrm{d}z-2yz\mathrm{d}z\mathrm{d}x+(1-z^2)\mathrm{d}x\mathrm{d}y$, 其中 S 为曲线 $z=\mathrm{e}^y\ (0\leqslant y\leqslant a)$ 绕 z 轴旋转一周生成的旋转曲面, 并取下侧.

解 由题意可知, 曲面 $S: z=\mathrm{e}^{\sqrt{x^2+y^2}}\ (x^2+y^2\leqslant a^2)$. 由于 S 不是封闭曲面, 所以添加辅助曲面 S_1 与 S 一起构成封闭曲面 $S+S_1$, 其中 S_1 : $z=\mathrm{e}^a\ (x^2+y^2\leqslant a^2)$, 并取上侧. 记 S 与 S_1 所围区域为 V, 则由 Gauss 公式得

$$\begin{aligned}
I&=\iint_{S+S_1} 4xz\mathrm{d}y\mathrm{d}z-2yz\mathrm{d}z\mathrm{d}x+\left(1-z^2\right)\mathrm{d}x\mathrm{d}y\\
&\quad-\iint_{S_1} 4xz\mathrm{d}y\mathrm{d}z-2yz\mathrm{d}z\mathrm{d}x+(1-z^2)\mathrm{d}x\mathrm{d}y\\
&=0-\iint_{S_1}\left(1-z^2\right)\mathrm{d}x\mathrm{d}y=(\mathrm{e}^{2a}-1)\iint_{D_{xy}}\mathrm{d}x\mathrm{d}y=\pi\left(\mathrm{e}^{2a}-1\right)a^2.
\end{aligned}$$

上述计算过程中的 D_{xy} 为 S_1 在 xOy 坐标面上的投影区域. ■

解题回顾 例 22.3.3 与例 22.3.4 中的 S 不是封闭曲面, 所以不能直接应用 Gauss 公式. 若直接计算曲面积分, 分别需要讨论三个积分, 计算量较大. 为此添加

一辅助曲面 S_1, 使其与 S 一起构成一封闭曲面, 从而可以应用 Gauss 公式将原曲面积分化为一个三重积分和 S_1 上的第二型曲面积分的计算. 这是一种常用的方法, 请读者体会并熟练掌握.

对于上述添加曲面后应用 Gauss 公式的方法, 再举一例:

例 22.3.5 计算曲面积分 $I = \iint_S \left(x^2\cos\alpha + y^2\cos\beta + z^2\cos\gamma\right)\mathrm{d}S$, 其中 S 为锥面 $z^2 = x^2 + y^2$ 在 $0 \leqslant z \leqslant h$ 的一段, $(\cos\alpha, \cos\beta, \cos\gamma)$ 为 S 上的单位法向量, 其方向为下方.

解 由于曲面 S 不封闭, 因此不能直接应用 Gauss 公式. 现补上平面圆盘 S_1 : $x^2 + y^2 \leqslant h$, $z = h$, 且方向向上. 则 $S + S_1$ 构成封闭曲面, 在此上的曲面积分可以应用 Gauss 公式. 于是

$$\begin{aligned} I &= \iint_S \left(x^2\cos\alpha + y^2\cos\beta + z^2\cos\gamma\right)\mathrm{d}S \\ &= \iint_S x^2\mathrm{d}y\mathrm{d}z + y^2\mathrm{d}z\mathrm{d}x + z^2\mathrm{d}x\mathrm{d}y \\ &= \left(\iint_{S+S_1} - \iint_{S_1}\right) x^2\mathrm{d}y\mathrm{d}z + y^2\mathrm{d}z\mathrm{d}x + z^2\mathrm{d}x\mathrm{d}y \\ &= 2\iiint_V (x+y+z)\mathrm{d}x\mathrm{d}y\mathrm{d}z - \iint_{S_1} x^2\mathrm{d}y\mathrm{d}z + y^2\mathrm{d}z\mathrm{d}x + z^2\mathrm{d}x\mathrm{d}y, \end{aligned}$$

其中 V 是由 S 与 S_1 所围成的立体区域. 注意到 V 关于坐标面 $x = 0$ 与 $y = 0$ 对称, 因此有

$$\iiint_V x\mathrm{d}x\mathrm{d}y\mathrm{d}z = \iiint_V y\mathrm{d}x\mathrm{d}y\mathrm{d}z = 0.$$

而

$$\iiint_V z\mathrm{d}x\mathrm{d}y\mathrm{d}z = 2\int_0^{2\pi}\mathrm{d}\theta\int_0^h r\mathrm{d}r\int_r^h z\mathrm{d}z = \frac{\pi h^4}{4},$$

$$\iint_{S_1} x^2\mathrm{d}y\mathrm{d}z + y^2\mathrm{d}z\mathrm{d}x + z^2\mathrm{d}x\mathrm{d}y = 0 + 0 + \iint_{S_1} z^2\mathrm{d}x\mathrm{d}y = \iint_{D_{xy}} h^2\mathrm{d}x\mathrm{d}y = \pi h^4.$$

最后可得

$$I = 2\cdot\frac{\pi h^4}{4} - \pi h^4 = -\frac{\pi h^4}{2}.$$ ■

例 22.3.6 计算曲线积分 $I = \oint_L \left(y^2 - z^2\right)\mathrm{d}x + \left(z^2 - x^2\right)\mathrm{d}y + \left(x^2 - y^2\right)\mathrm{d}z$, 其中 L 是立方体 $V = \{(x, y, z) \mid 0 \leqslant x \leqslant a,\ 0 \leqslant y \leqslant a,\ 0 \leqslant z \leqslant a\}$ 的表面与平面 $x + y + z = \dfrac{3}{2}a$ 的交线, 取向从 z 轴正向看去是逆时针方向.

解 如图 22.3.1 所示, 令 S 为平面 $x + y + z = \dfrac{3}{2}a$ 被 L 所围的一块, 取上侧, 则 L 的取向与 S 的取侧相容. 曲面 S 的方向余弦为 $\cos\alpha = \dfrac{1}{\sqrt{3}}$, $\cos\beta = \dfrac{1}{\sqrt{3}}$,

$\cos\gamma=\dfrac{1}{\sqrt{3}}$. 应用 Stokes 公式 (22.3.5), 得

$$\begin{aligned}I&=\iint_S\begin{vmatrix}\dfrac{1}{\sqrt{3}}&\dfrac{1}{\sqrt{3}}&\dfrac{1}{\sqrt{3}}\\\dfrac{\partial}{\partial x}&\dfrac{\partial}{\partial y}&\dfrac{\partial}{\partial z}\\y^2-z^2&z^2-x^2&x^2-y^2\end{vmatrix}\mathrm{d}S\\&=\frac{1}{\sqrt{3}}\iint_S-4(x+y+z)\mathrm{d}S\\&=-\frac{4}{\sqrt{3}}\iint_S\frac{3}{2}a\mathrm{d}S=-2\sqrt{3}a\cdot A_S\\&=-2\sqrt{3}\,a\cdot\frac{3\sqrt{3}}{4}a^2=-\frac{9}{2}a^3.\end{aligned}$$

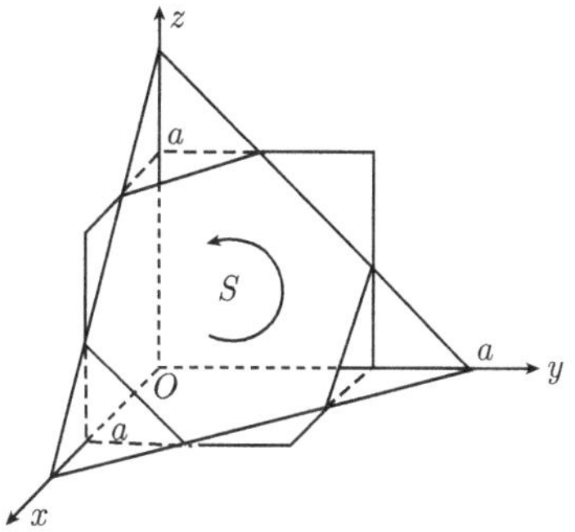

图 22.3.1

上述计算中所用的记号 A_S 表示 S 的面积. ■

例 22.3.7 计算曲线积分 $I=\oint_L\left(y^2-z^2\right)\mathrm{d}x+\left(z^2-x^2\right)\mathrm{d}y+\left(x^2-y^2\right)\mathrm{d}z$, 其中 L 是球面 $x^2+y^2+z^2=a^2$ 在 $x\geqslant0$, $y\geqslant0$, $z\geqslant0$ 部分的边界曲线, 从球心看 L 为顺时针方向.

解法 1 应用 Stokes 公式. 球面 S 在第一卦限的方程为 $z=\sqrt{a^2-x^2-y^2}$, 则由右手法则知取球面 S 的外侧, S 的外侧法线向量为

$$\boldsymbol{n}(x,y)=(-z_x,-z_y,1)=\left(\frac{x}{\sqrt{a^2-x^2-y^2}},\frac{y}{\sqrt{a^2-x^2-y^2}},1\right).$$

所以, 由 Stokes 公式及式 (22.2.7′), 有

$$\begin{aligned}I&=-2\iint_S(y+z)\mathrm{d}y\mathrm{d}z+(z+x)\mathrm{d}z\mathrm{d}x+(x+y)\mathrm{d}x\mathrm{d}y\\&=-2\iint_{D_{xy}}(y+z,z+x,x+y)\cdot\left(\frac{x}{\sqrt{a^2-x^2-y^2}},\frac{y}{\sqrt{a^2-x^2-y^2}},1\right)\mathrm{d}x\mathrm{d}y\\&=-2\iint_{D_{xy}}\left(\frac{2xy+(x+y)z}{\sqrt{a^2-x^2-y^2}}+x+y\right)\mathrm{d}x\mathrm{d}y\\&=-4\iint_{D_{xy}}\left(\frac{xy}{\sqrt{a^2-x^2-y^2}}+x+y\right)\mathrm{d}x\mathrm{d}y\\&=-4\int_0^{\frac{\pi}{2}}\mathrm{d}\theta\int_0^a\left[\frac{r^2\sin\theta\cos\theta}{\sqrt{a^2-r^2}}+(\cos\theta+\sin\theta)r\right]r\mathrm{d}r=-4a^3.\end{aligned}$$

解法 2 用参数式方程计算. 记 $L=L_1+L_2+L_3$, 其中 L_1、L_2 与 L_3 分别表

示为 L 位于 xOy、yOz 与 zOx 坐标面部分.

$$I=\left(\int_{L_1}+\int_{L_2}+\int_{L_3}\right)(y^2-z^2)\mathrm{d}x+(z^2-x^2)\mathrm{d}y+(x^2-y^2)\mathrm{d}z=I_1+I_2+I_3.$$

L_1 的参数方程为

$$x=a\cos\theta,\quad y=a\sin\theta,\quad z=0.$$

θ 是从 0 到 $\frac{\pi}{2}$. 于是

$$\begin{aligned}I_1&=\oint_{L_1}\left(y^2-z^2\right)\mathrm{d}x+(z^2-x^2)\mathrm{d}y+(x^2-y^2)\mathrm{d}z\\&=\int_0^{\frac{\pi}{2}}\left(a^2\sin^2\theta\cdot a(-\sin\theta)-a^2\cos^2\theta\cdot a\cos\theta\right)\mathrm{d}\theta=-\frac{4}{3}a^3.\end{aligned}$$

同理可得 $I_2=I_3=-\frac{4}{3}a^3$.

综上所得, $I=I_1+I_2+I_3=-4a^3$. ■

例 22.3.8　计算曲线积分 $I=\oint_L\left(y^2-z^2\right)\mathrm{d}x+\left(2z^2-x^2\right)\mathrm{d}y+\left(3x^2-y^2\right)\mathrm{d}z$, 其中 L 是平面 $x+y+z=2$ 与柱面 $|x|+|y|=1$ 的交线, 从 z 轴正向看去, L 为逆时针方向.

解　由于曲面 S: $x+y+z=2$ (其中 $|x|+|y|\leqslant 1$) 上任一点方向余弦都是

$$\cos\alpha=\cos\beta=\cos\gamma=\frac{1}{\sqrt{3}},$$

所以由 Stokes 公式 (22.3.5), 可得

$$\begin{aligned}I&=-\frac{2}{\sqrt{3}}\iint_S(4x+2y+3z)\mathrm{d}S\\&=-\frac{2}{\sqrt{3}}\iint_{D_{xy}}\left(4x+2y+3(2-x-y)\right)\sqrt{1+1^2+1^2}\mathrm{d}x\mathrm{d}y\\&=-2\iint_{D_{xy}}(x-y+6)\mathrm{d}x\mathrm{d}y.\end{aligned}$$

易知 $\iint_{D_{xy}}x\mathrm{d}x\mathrm{d}y=\iint_{D_{xy}}y\mathrm{d}x\mathrm{d}y=0$, 所以

$$I=-2\iint_{D_{xy}}6\mathrm{d}x\mathrm{d}y=-24.$$ ■

例 22.3.9　对于微分式

$$z\left(\frac{1}{x^2y}-\frac{1}{x^2+z^2}\right)\mathrm{d}x+\frac{z}{xy^2}\mathrm{d}y+\left(\frac{x}{x^2+z^2}-\frac{1}{xy}\right)\mathrm{d}z,$$

判断原函数的存在性并求之.

解 由于 $P(x,y,z)=z\left(\dfrac{1}{x^2y}-\dfrac{1}{x^2+z^2}\right)$, $Q(x,y,z)=\dfrac{z}{xy^2}$, $R(x,y,z)=\dfrac{x}{x^2+z^2}-\dfrac{1}{xy}$, 所以经简单计算, 有

$$P_y(x,y,z)=Q_x(x,y,z)=-\frac{z}{x^2y^2},$$

$$Q_z(x,y,z)=R_y(x,y,z)=\frac{1}{xy^2},$$

$$R_x(x,y,z)=P_z(x,y,z)=\frac{1}{x^2y}+\frac{z^2-x^2}{(x^2+z^2)^2},$$

从而所给的微分形式有原函数. 下面给出原函数的求解:

解法 1 由上述讨论知, 曲线积分 $\displaystyle\int_L z\left(\frac{1}{x^2y}-\frac{1}{x^2+z^2}\right)\mathrm{d}x+\frac{z}{xy^2}\mathrm{d}y+\left(\frac{x}{x^2+z^2}-\frac{1}{xy}\right)\mathrm{d}z$ 与积分路径无关, 取 $z_0=0$, $x_0>0$, $y_0>0$, 从 (x_0,y_0,z_0) 到 (x,y,z) 的路径为 $(x_0,y_0,0)\to(x,y_0,0)\to(x,y,0)\to(x,y,z)$, 则得原函数 $u(x,y,z)$ 为

$$u(x,y,z)=\int_0^z\left(\frac{x}{x^2+z^2}-\frac{1}{xy}\right)\mathrm{d}z=\arctan\frac{z}{x}-\frac{z}{xy}+C.$$

解法 2 设所求的原函数为 $u(x,y,z)$, 则

$$\mathrm{d}u(x,y,z)=z\left(\frac{1}{x^2y}-\frac{1}{x^2+z^2}\right)\mathrm{d}x+\frac{z}{xy^2}\mathrm{d}y+\left(\frac{x}{x^2+z^2}-\frac{1}{xy}\right)\mathrm{d}z,$$

所以

$$\frac{\partial u}{\partial x}=z\Big(\frac{1}{x^2y}-\frac{1}{x^2+z^2}\Big),\quad \frac{\partial u}{\partial y}=\frac{z}{xy^2},\quad \frac{\partial u}{\partial z}=\frac{x}{x^2+z^2}-\frac{1}{xy}.$$

由 $\dfrac{\partial u}{\partial z}=\dfrac{x}{x^2+z^2}-\dfrac{1}{xy}$ 积分可得

$$u(x,y,z)=\int_0^z\left(\frac{x}{x^2+z^2}-\frac{1}{xy}\right)\mathrm{d}z=\arctan\frac{z}{x}-\frac{z}{xy}+v(x,y).$$

由此得

$$\frac{\partial u}{\partial x}=\frac{z}{x^2y}-\frac{z}{x^2+z^2}+v_x(x,y),$$

$$\frac{\partial u}{\partial y}=\frac{z}{xy^2}+v_y(x,y),$$

从而 $v_x(x,y)=v_y(x,y)=0$. 由巩固提高 17.1.7 知 $v(x,y)\equiv C$. 于是

$$u(x,y,z)=\arctan\frac{z}{x}-\frac{z}{xy}+C.$$ ■

四、巩固提高

22.3.1 计算曲面积分 $\iint_S \dfrac{x\mathrm{d}y\mathrm{d}z+y\mathrm{d}z\mathrm{d}x+z\mathrm{d}x\mathrm{d}y}{(ax^2+by^2+cz^2)^{\frac{3}{2}}}$, 其中 S 为球面 $x^2+y^2+z^2=1$ 并取外侧 $(a>0,\ b>0,\ c>0)$.

22.3.2 计算曲面积分 $\iint_S \left(x^3+\dfrac{1}{x}\right)\mathrm{d}y\mathrm{d}z+(y^2-xz)\mathrm{d}z\mathrm{d}x+\left(x^3+\dfrac{z}{x^2}\right)\mathrm{d}x\mathrm{d}y$, 其中 S 为球面 $x^2+y^2+z^2=2z$, 并取外侧.

22.3.3 计算下列各曲面积分:

(i) $\iint_S \left(x^2\cos\alpha+y^2\cos\beta+z^2\cos\gamma\right)\mathrm{d}S$, 其中 S 为锥面 $z^2=x^2+y^2$ 在 $0\leqslant z\leqslant h$ 的一段, $(\cos\alpha,\cos\beta,\cos\gamma)$ 为 S 上的单位法向量, 其方向为下方;

(ii) $\iint_S x^3\mathrm{d}y\mathrm{d}z+y^3\mathrm{d}z\mathrm{d}x+z^3\mathrm{d}x\mathrm{d}y$, 其中 S 为球面 $x^2+y^2+z^2=a^2$ 之上半部分, 并取上侧;

(iii) $\iint_S \left(\dfrac{x^3}{a^3}+y^3z^3\right)\mathrm{d}y\mathrm{d}z+\left(\dfrac{y^3}{b^3}+z^3x^3\right)\mathrm{d}z\mathrm{d}x+\left(\dfrac{z^3}{c^3}+x^3y^3\right)\mathrm{d}x\mathrm{d}y$, 其中 S 为椭球面 $\dfrac{x^2}{a^2}+\dfrac{y^2}{b^2}+\dfrac{z^2}{c^2}=1$, $x\geqslant 0$, 并取后侧;

(iv) $\iint_S xyz\mathrm{d}x\mathrm{d}y$, 其中 S 为球面 $x^2+y^2+z^2=1$ 在 $x\geqslant 0,\ y\geqslant 0$ 的部分并取外侧.

22.3.4 计算曲线积分 $\oint_L (y+\sin x)\mathrm{d}x+(z-\mathrm{e}^y)\mathrm{d}y+(x+1)\mathrm{d}z$, 其中 L 为球面 $x^2+y^2+z^2=r^2$ 与平面 Π: $x+y+z=0$ 的交线, 若从 x 轴正向看去, L 是逆时针方向绕行的.

22.3.5 计算曲线积分 $\oint_L (z-y)\mathrm{d}x+(x-z)\mathrm{d}y+(x-y)\mathrm{d}z$, 其中 L 是曲线 $\begin{cases}x^2+y^2=1,\\ x-y+z=2\end{cases}$ 从 z 轴正向往 z 轴负向看 L 的方向是顺时针的.

22.3.6 计算下列各曲线积分:

(i) $\oint_L y(z+1)\mathrm{d}x+z(x+1)\mathrm{d}y+x(y+1)\mathrm{d}z$, 其中 L 为平面 $x+y+z=1$ 被三个坐标面所截得的三角形整个边界, 从原点看去, 取顺时针方向;

(ii) $\oint_L -y^2\mathrm{d}x+x\mathrm{d}y+z^2\mathrm{d}z$, 其中 L 为曲线 $\begin{cases}x^2+y^2=1,\\ y+z=2\end{cases}$ 从 z 轴正向往 z 轴负向看去取逆时针方向;

(iii) $\oint_L x\mathrm{d}x+y\mathrm{d}y+(x^2+y^2)\mathrm{d}z$, 其中 L 为抛物面 $z=1-x^2-y^2$ 在第一卦限的边界曲线;

(iv) $\oint_L (y^2-z^2)\mathrm{d}x+(z^2-x^2)\mathrm{d}y+(x^2-y^2)\mathrm{d}z$, 其中 L 为曲线 $\begin{cases}z=x^2+y^2,\\ x+y+z=1\end{cases}$

从 z 轴正向往负向看去是逆时针方向;

(v) $\oint_L (y^2-z^2)\mathrm{d}x+(z^2-x^2)\mathrm{d}y+(x^2-y^2)\mathrm{d}z$, 其中 L 为圆周 $\begin{cases} x^2+y^2+z^2=1, \\ x+y+z=1 \end{cases}$ 从原点看去取顺时针方向.

22.3.7 设 L 是空间任一分段光滑的简单封闭曲线, $f(x)$, $g(x)$ 与 $h(x)$ 是任意连续函数. 证明

$$\oint_L (f(x)-yz)\,\mathrm{d}x+(g(y)-xz)\,\mathrm{d}y+(h(z)-xy)\,\mathrm{d}z=0.$$

22.3.8 证明下列微分式为全微分, 并求出其原函数:

(i) $\big(x^2-2yz\big)\,\mathrm{d}x+\big(y^2-2xz\big)\,\mathrm{d}y+\big(z^2-2xy\big)\,\mathrm{d}z$;

(ii) $\left(\dfrac{x}{(x^2-y^2)^2}-\dfrac{1}{x}+2x^2\right)\mathrm{d}x+\left(\dfrac{1}{y}-\dfrac{y}{(x^2-y^2)^2}+3y^3\right)\mathrm{d}y+5z^3\mathrm{d}z$.

22.3.9 设 L 是由球面 $x^2+y^2+z^2=a^2$ 上的任一点沿任一路径运动到球面 $x^2+y^2+z^2=b^2$ $(b>a>0)$ 上的任一点的轨迹, L 分段光滑. 证明

$$\int_L r^3\,(x\mathrm{d}x+y\mathrm{d}y+z\mathrm{d}z)=\frac{b^5-a^5}{5},$$

其中 $r=\sqrt{x^2+y^2+z^2}$.

22.3.10 设 p 表示原点到椭球面 S : $\dfrac{x^2}{a^2}+\dfrac{y^2}{b^2}+\dfrac{z^2}{c^2}=1$ 上任一点 (x,y,z) 的切平面的距离, 证明 $\displaystyle\oiint_S \frac{1}{p}\mathrm{d}S=\frac{4\pi}{3}abc\left(\frac{1}{a^2}+\frac{1}{b^2}+\frac{1}{c^2}\right)$.

*22.4 场论初步

一、内容精读

1. 场的概念

若对全空间或其中某一区域 V 中每一点 M, 都有一个数量 (或向量) 与之对应, 则称在 V 上给定了一个数量场 (或向量场). 在空间中引进了直角坐标系后, 数量场与该区域上的一个数量函数 $u(x,y,z)$ 相对应, 而向量场则与向量函数 $\boldsymbol{A}(x,y,z)=\big(P(x,y,z),Q(x,y,z),R(x,y,z)\big)$ 相对应. 在以下的讨论中, 总假设 $u(x,y,z)$, $P(x,y,z)$, $Q(x,y,z)$, $R(x,y,z)$ 对每个变量都有连续偏导数.

2. 梯度场

区域 V 上具有连续偏导数的数量函数 $u(x,y,z)$ 生成的向量函数

$$\boldsymbol{\nabla} u=\mathrm{grad}\ u=(u_x,u_y,u_z),\ (x,y,z)\in V \qquad (22.4.1)$$

所确定的向量场, 称为梯度场.

关于梯度, 有如下一些基本性质:

(i) 若 u, v 是数量函数, α, β 为常数, 则 $\boldsymbol{\nabla}(\alpha u+\beta v)=\alpha\boldsymbol{\nabla}u+\beta\boldsymbol{\nabla}v$;

(ii) 若 u, v 是数量函数, 则 $\boldsymbol{\nabla}(uv)=(\boldsymbol{\nabla}u)v+u(\boldsymbol{\nabla}v)$. 特别地有 $\boldsymbol{\nabla}(u^2)=2u(\boldsymbol{\nabla}u)$;

(iii) 若 $\boldsymbol{r}=(x,y,z)$, $\varphi=\varphi(x,y,z)$, 则 $\mathrm{d}\varphi=\mathrm{d}\boldsymbol{r}\cdot\boldsymbol{\nabla}\varphi$;

(iv) 若 $f=f(u)$, $u=u(x,y,z)$, 则 $\boldsymbol{\nabla}f=f'(u)\boldsymbol{\nabla}u$;

(v) 若 $f=f(u_1,u_2,\cdots,u_m)$, $u_i=u_i(x,y,z)$ $(i=1,2,\cdots,m)$, 则

$$\boldsymbol{\nabla}f=\sum_{i=1}^{m}\frac{\partial f}{\partial u_i}\boldsymbol{\nabla}u_i.$$

3. 散度场

设 $\boldsymbol{A}(x,y,z)=(P(x,y,z),Q(x,y,z),R(x,y,z))$ 为空间区域 V 上各分量具有连续偏导数的向量函数. 对 V 上每一点 (x,y,z), 定义数量函数

$$D(x,y,z)=P_x+Q_y+R_z,$$

称其为向量函数 $\boldsymbol{A}(x,y,z)$ 在 (x,y,z) 处的散度, 记作 $\boldsymbol{\nabla}\cdot\boldsymbol{A}$ 或 $\mathrm{div}\boldsymbol{A}$, 即

$$D(x,y,z)=\boldsymbol{\nabla}\cdot\boldsymbol{A}=\mathrm{div}\boldsymbol{A}.$$

由向量场 $\boldsymbol{A}$ 的散度所确定的数量场, 称为散度场.

关于散度, 有如下一些基本性质:

(i) 若 $\boldsymbol{u}$, $\boldsymbol{v}$ 是向量函数, α, β 为常数, 则 $\boldsymbol{\nabla}\cdot(\alpha\boldsymbol{u}+\beta\boldsymbol{v})=\alpha\boldsymbol{\nabla}\cdot\boldsymbol{u}+\beta\boldsymbol{\nabla}\cdot\boldsymbol{v}$;

(ii) 若 φ 是数量函数, $\boldsymbol{F}$ 是向量函数, 则 $\boldsymbol{\nabla}\cdot(\varphi\boldsymbol{F})=\varphi\boldsymbol{\nabla}\cdot\boldsymbol{F}+\boldsymbol{F}\cdot\boldsymbol{\nabla}\varphi$;

(iii) 若 $\varphi=\varphi(x,y,z)$ 是一数量函数, 则 $\boldsymbol{\nabla}\cdot\boldsymbol{\nabla}\varphi=\dfrac{\partial^2\varphi}{\partial x^2}+\dfrac{\partial^2\varphi}{\partial y^2}+\dfrac{\partial^2\varphi}{\partial z^2}$.

算符 $\boldsymbol{\nabla}$ 的内积 $\boldsymbol{\nabla}\cdot\boldsymbol{\nabla}$ 常记作 Δ, 于是有 $\boldsymbol{\nabla}\cdot\boldsymbol{\nabla}\varphi=\Delta\varphi$.

利用散度的记号, 可以将 Gauss 公式 (22.3.1) 写为如下形式:

$$\iiint_V \mathrm{div}\boldsymbol{A}\mathrm{d}x\mathrm{d}y\mathrm{d}z=\oint\!\!\!\oint_S P\mathrm{d}y\mathrm{d}z+Q\mathrm{d}z\mathrm{d}x+R\mathrm{d}x\mathrm{d}y, \tag{22.4.2}$$

$$\iiint_V \mathrm{div}\boldsymbol{A}\mathrm{d}V=\oint\!\!\!\oint_S \boldsymbol{A}\cdot\boldsymbol{n}^\circ\mathrm{d}S=\oint\!\!\!\oint_S \boldsymbol{A}\cdot\mathrm{d}\boldsymbol{S}, \tag{22.4.3}$$

其中 $\boldsymbol{n}^\circ=(\cos\alpha,\cos\beta,\cos\gamma)$ 是曲面 S 上点 (x,y,z) 处的单位外法向量, $\mathrm{d}\boldsymbol{S}=\boldsymbol{n}^\circ\mathrm{d}S$ 为曲面 S 的面积元素向量. 公式 (22.4.2) 或式 (22.4.2) 称为散度定理.

4. 旋度场

设 $\boldsymbol{A}(x,y,z)=\big(P(x,y,z),Q(x,y,z),R(x,y,z)\big)$ 为空间区域 V 上各分量具有连续偏导数的向量函数. 对 V 上每一点 (x,y,z), 定义向量函数

$$\boldsymbol{F}(x,y,z)=(R_y-Q_z,P_z-R_x,Q_x-P_y),$$

称其为向量函数 $\boldsymbol{A}$ 在 (x,y,z) 处的旋度, 记作 $\mathrm{rot}\boldsymbol{A}$ 或 $\mathrm{curl}\boldsymbol{A}$, 即

$$\boldsymbol{F}(x,y,z)=\mathrm{rot}\boldsymbol{A}=\mathrm{curl}\boldsymbol{A}.$$

设 $(\cos\alpha_t,\cos\beta_t,\cos\gamma_t)$ 是曲线 L 的正向上的单位切线向量 $\boldsymbol{t}^\circ$ 的方向余弦, 向量 $\mathrm{d}\boldsymbol{s}=(\cos\alpha_t,\cos\beta_t,\cos\gamma_t)\mathrm{d}s=\boldsymbol{t}^\circ\mathrm{d}\ell$ 称为弧长元素向量. 于是 Stokes 公式可以写成如下向量形式

$$\iint_S \mathrm{rot}\boldsymbol{A}\cdot\mathrm{d}\boldsymbol{S}=\oint_L \boldsymbol{A}\cdot\mathrm{d}\boldsymbol{s}. \tag{22.4.4}$$

由向量函数 $\boldsymbol{A}$ 的旋度所定义的向量场, 称为旋度场.

关于旋度, 有如下一基本性质:

(i) 若 $\boldsymbol{u}$, $\boldsymbol{v}$ 是向量函数, α, β 为常数, 则

$$\begin{aligned}
&\boldsymbol{\nabla}\times(\alpha\boldsymbol{u}+\beta\boldsymbol{v})=\alpha\boldsymbol{\nabla}\times\boldsymbol{u}+\beta\boldsymbol{\nabla}\times\boldsymbol{v},\\
&\boldsymbol{\nabla}(\boldsymbol{u}\cdot\boldsymbol{v})=\boldsymbol{u}\times(\boldsymbol{\nabla}\times\boldsymbol{v})+\boldsymbol{v}\times(\boldsymbol{\nabla}\times\boldsymbol{u})+(\boldsymbol{u}\cdot\boldsymbol{\nabla})\boldsymbol{v}+(\boldsymbol{v}\cdot\boldsymbol{\nabla})\boldsymbol{u},\\
&\boldsymbol{\nabla}\cdot(\boldsymbol{u}\times\boldsymbol{v})=\boldsymbol{v}\cdot\boldsymbol{\nabla}\times\boldsymbol{u}-\boldsymbol{u}\cdot\boldsymbol{\nabla}\times\boldsymbol{v},\\
&\boldsymbol{\nabla}\times(\boldsymbol{u}\times\boldsymbol{v})=(\boldsymbol{v}\cdot\boldsymbol{\nabla})\boldsymbol{u}-(\boldsymbol{u}\cdot\boldsymbol{\nabla})\boldsymbol{v}+(\boldsymbol{\nabla}\cdot\boldsymbol{v})\boldsymbol{u}-(\boldsymbol{\nabla}\cdot\boldsymbol{u})\boldsymbol{v};
\end{aligned}$$

(ii) 若 φ 是数量函数, $\boldsymbol{A}$ 是向量函数, 则 $\boldsymbol{\nabla}\times(\varphi\boldsymbol{A})=\varphi(\boldsymbol{\nabla}\times\boldsymbol{A})+\boldsymbol{\nabla}\varphi\times\boldsymbol{A}$;

(iii) 若 φ 是数量函数, $\boldsymbol{A}$ 是向量函数, 则

$$\begin{aligned}
&\boldsymbol{\nabla}\cdot(\boldsymbol{\nabla}\times\boldsymbol{A})=0,\\
&\boldsymbol{\nabla}\times\boldsymbol{\nabla}\varphi=\boldsymbol{0},\\
&\boldsymbol{\nabla}\times(\boldsymbol{\nabla}\times\boldsymbol{A})=\boldsymbol{\nabla}(\boldsymbol{\nabla}\cdot\boldsymbol{A})-\boldsymbol{\nabla}^2\boldsymbol{A}=\boldsymbol{\nabla}(\boldsymbol{\nabla}\cdot\boldsymbol{A})-\Delta\boldsymbol{A}.
\end{aligned}$$

5. 其他常用的场

记 $\boldsymbol{A}=\boldsymbol{A}(x,y,z)$ 是一个向量场. 以下是一些常用的场.

无源场: 若 $\mathrm{div}\boldsymbol{A}=0$, 则称 $\boldsymbol{A}$ 为无源场或管形场.

无旋场: 若 $\mathrm{rot}\boldsymbol{A}=\boldsymbol{0}$ 或 $\mathrm{curl}\boldsymbol{A}=\boldsymbol{0}$, 则称 $\boldsymbol{A}$ 为无旋场.

有势场: 若存在数量场 $u(x,y,z)$, 使得 $\boldsymbol{A}=\boldsymbol{\nabla}u$, 则称 $\boldsymbol{A}$ 为有势场或梯度场, $u(x,y,z)$ 称为 $\boldsymbol{A}$ 的势函数.

保守场：若存在 $u(x,y,z)$ (原函数), 使得 $\int_{\widetilde{AB}} \boldsymbol{A}\cdot\mathrm{d}\boldsymbol{s} = u(B)-u(A)$ (积分与路径无关), 则称 $\boldsymbol{A}$ 为保守场.

上述介绍的各种场之间有如下关系：

(i) $\boldsymbol{A}$ 为梯度场 (即有势场)$\Leftrightarrow$ $\boldsymbol{A}$ 为保守场 $\Leftrightarrow$ $\boldsymbol{A}$ 为无旋场 $\Leftrightarrow$ 对任意简单闭曲线 L, 环量 $\oint_L \boldsymbol{A}\cdot\mathrm{d}\boldsymbol{s}=0$;

(ii) $\boldsymbol{A}$ 为无源场 $\Leftrightarrow$ $\boldsymbol{A}$ 为旋度场 $\Leftrightarrow$ 对任意封闭曲面 S, 通量 $\oiint_S \boldsymbol{A}\cdot\boldsymbol{n}^\circ\mathrm{d}S=0$, 其中 $\boldsymbol{n}^\circ$ 为 S 的定侧单位法向量.

(请读者自行证明.)

二、疑难解答

问题 22.4.1　在场论符号表示下, Gauss 公式与 Stokes 公式包含的物理意义是什么?

答　用场论符号, Gauss 公式可表示为式 (22.4.3):

$$\iiint_V \mathrm{div}\boldsymbol{A}\mathrm{d}V = \oiint_S \boldsymbol{A}\cdot\mathrm{d}\boldsymbol{S},$$

其中 $\mathrm{d}\boldsymbol{S}=\boldsymbol{n}^\circ\mathrm{d}S$, $\boldsymbol{n}^\circ$ 为曲面 S 正侧上的单位法向量. 式 (2.2.4.3) 的物理意义：流速场 $\boldsymbol{A}$ 在单位时间内向外流经封闭曲面 S 的总流量, 等于此流速场按流量密度 $\mathrm{div}\boldsymbol{A}$ 在 S 所围成的区域 V 上散发出去的总量. Stokes 公式可以表示为式 (22.4.4):

$$\iint_S \mathrm{rot}\boldsymbol{A}\cdot\mathrm{d}\boldsymbol{S} = \oint_L \boldsymbol{A}\cdot\mathrm{d}\boldsymbol{s},$$

其中 $\mathrm{d}\boldsymbol{S}=\boldsymbol{t}^\circ\mathrm{d}S$, $\boldsymbol{t}^\circ$ 为曲线正向上的单位切向量. 式 (22.4.4) 的物理意义：流速场 $\boldsymbol{A}$ 沿闭曲线 L 的环流量, 等于 $\boldsymbol{A}$ 绕曲面 S 上每一点的法向量 (按右手法则相联系) 的环流量之总和. ■

问题 22.4.2　如何理解 Hamilton 算符的表达式?

答　Hamilton 算符 $\boldsymbol{\nabla}=\left(\dfrac{\partial}{\partial x},\dfrac{\partial}{\partial y},\dfrac{\partial}{\partial z}\right)$ 与本节中的基本概念密切关联, 如 $\mathrm{grad}\ u=\boldsymbol{\nabla}u$, $\mathrm{div}\boldsymbol{A}=\boldsymbol{\nabla}\cdot\boldsymbol{A}$, $\mathrm{rot}\boldsymbol{A}=\boldsymbol{\nabla}\times\boldsymbol{A}$. 它是向量形式的运算符号, 可当作向量来运算, 但它的三个分量作用到具体函数上时是求偏导运算. 按此意, 表达式 $\boldsymbol{\nabla}u$, $\boldsymbol{\nabla}\cdot\boldsymbol{A}$, $\boldsymbol{\nabla}\times\boldsymbol{A}$ 及 $\boldsymbol{A}\cdot\boldsymbol{\nabla}$ 就不难理解和记忆了. ■

三、典型例题

例 22.4.1　设 $u(x,y,z)=x^2+\sin y-\mathrm{e}^{x+y+z}$, 求 $\boldsymbol{\nabla}u$.

解　由于 $u_x=2x-\mathrm{e}^{x+y+z}$, $u_y=\cos y-\mathrm{e}^{x+y+z}$, $u_z=-\mathrm{e}^{x+y+z}$, 所以

$$\boldsymbol{\nabla}u=(u_x,u_y,u_z)=(2x-\mathrm{e}^{x+y+z},\cos y-\mathrm{e}^{x+y+z},-\mathrm{e}^{x+y+z}).$$ ■

例 22.4.2 证明重积分的分部积分公式

$$\iiint_V u\frac{\partial v}{\partial x}\mathrm{d}x\mathrm{d}y\mathrm{d}z=\oiint_S uv\mathrm{d}y\mathrm{d}z-\iiint_V v\frac{\partial u}{\partial x}\mathrm{d}x\mathrm{d}y\mathrm{d}z,$$

其中 S 为 V 的边界曲面、分片光滑, 并取外侧, u, v 在 $\overline{V}$ 上连续可微.

证明 在式 (22.4.2) 中取 $\boldsymbol{A}=(uv,0,0)$, 则

$$\iiint_V\left(u\frac{\partial v}{\partial x}+v\frac{\partial u}{\partial x}\right)\mathrm{d}x\mathrm{d}y\mathrm{d}z=\oiint_S uv\mathrm{d}y\mathrm{d}z,$$

由上式及重积分的性质立即得到要证明的等式. ■

例 22.4.3 设 $u(x,y,z)$ 在 $B_R(M_0)$ 上二阶连续可微, 其中 $M_0=(x_0,y_0,z_0)$, $B_R(M_0)$ 是以 M_0 为中心 R 为半径的球. 对于 $0<\rho\leqslant R$, 若都有

$$\oiint_{\partial B_\rho(M_0)}\frac{\partial u}{\partial \boldsymbol{n}}(x,y,z)\mathrm{d}S=0,$$

其中 $\partial B_\rho(M_0)$ 是以 M_0 为中心 ρ 为半径的球面, $\boldsymbol{n}$ 为球面上的单位外法向量, 则

$$u(M_0)=\frac{1}{4\pi R^2}\oiint_{\partial B_R(M_0)}u(x,y,z)\mathrm{d}S,$$

即球心处的函数值等球面上的积分平均值.

证明 令球坐标变换

$$x=x_0+\rho\sin\varphi\cos\theta,\quad y=y_0+\rho\sin\varphi\sin\theta,$$
$$z=z_0+\rho\cos\varphi,\quad 0\leqslant\theta\leqslant 2\pi,\quad 0\leqslant\varphi\leqslant\pi.$$

则在 $\partial B_\rho(M_0)$ 上有

$$\begin{aligned}\frac{\partial u}{\partial \boldsymbol{n}}(x,y,z)&=\boldsymbol{\nabla}u\cdot\boldsymbol{n}\\&=\frac{\mathrm{d}u}{\mathrm{d}\rho}(x_0+\rho\sin\varphi\cos\theta,y_0+\rho\sin\varphi\sin\theta,z_0+\rho\cos\varphi)\\&=\frac{\mathrm{d}u}{\mathrm{d}\rho}(M_0+\rho\boldsymbol{n}).\end{aligned}$$

于是, 由条件可得

$$\begin{aligned}0=\oiint_{\partial B_\rho(M_0)}\frac{\partial u}{\partial \boldsymbol{n}}(x,y,z)\mathrm{d}S&=\rho^2\oiint_{\partial B_1(\mathbf{0})}\frac{\mathrm{d}u}{\mathrm{d}\rho}(M_0+\rho\boldsymbol{n})\mathrm{d}S_1\\&=\rho^2\frac{\mathrm{d}}{\mathrm{d}\rho}\left(\oiint_{\partial B_1(\mathbf{0})}u(M_0+\rho\boldsymbol{n})\mathrm{d}S_1\right).\end{aligned}$$

由此可得

$$\frac{\mathrm{d}}{\mathrm{d}\rho}\left(\ \oiint\limits_{\partial B_1(\mathbf{0})} u(M_0+\rho\boldsymbol{n})\mathrm{d}S_1\right)=0,$$

即

$$\frac{\mathrm{d}}{\mathrm{d}\rho}\left(\frac{1}{\rho^2}\oiint\limits_{\partial B_\rho(\mathbf{0})} u(M_0+\rho\boldsymbol{n})\mathrm{d}S_\rho\right)=0.$$

因此, 对 $0<\rho\leqslant R$, 有

$$\frac{1}{\rho^2}\oiint\limits_{\partial B_\rho(\mathbf{0})} u(M_0+\rho\boldsymbol{n})\mathrm{d}S_\rho=\frac{1}{R^2}\oiint\limits_{\partial B_R(\mathbf{0})} u(M_0+R\boldsymbol{n})\mathrm{d}S_R.$$

另一方面, 注意到

$$\lim_{\rho\to0^+}\frac{1}{\rho^2}\oiint\limits_{\partial B_\rho(\mathbf{0})} u(M_0+\rho\boldsymbol{n})\mathrm{d}S_\rho=4\pi u(M_0),$$

所以对上式取 $\rho\to0^+$ 的极限即得要证明的结论. ■

例 22.4.4　证明: 若 $\boldsymbol{A}(x,y,z)$, $\boldsymbol{B}(x,y,z)$ 都是无旋场, 则 $\boldsymbol{A}(x,y,z)\times\boldsymbol{B}(x,y,z)$ 是无源场.

证明　由条件知

$$\mathrm{rot}\boldsymbol{A}=\mathbf{0},\quad \mathrm{rot}\boldsymbol{B}=\mathbf{0},$$

所以据旋度的运算性质, 可得

$$\begin{aligned}\mathrm{div}(\boldsymbol{A}\times\boldsymbol{B})&=\boldsymbol{\nabla}\cdot(\boldsymbol{A}\times\boldsymbol{B})=\boldsymbol{B}\cdot\boldsymbol{\nabla}\times\boldsymbol{A}-\boldsymbol{A}\cdot\boldsymbol{\nabla}\times\boldsymbol{B}\\&=\boldsymbol{B}\cdot\mathrm{rot}\boldsymbol{A}-\boldsymbol{A}\cdot\mathrm{rot}\boldsymbol{B}=0,\end{aligned}$$

即 $\boldsymbol{A}(x,y,z)\times\boldsymbol{B}(x,y,z)$ 是无源场. ■

四、巩固提高

22.4.1　设 $\boldsymbol{A}=(\sin x\cos y,\sin y\cos z,\sin z\cos x)$, 求 $\mathrm{div}\boldsymbol{A}$ 及 $\mathrm{rot}\boldsymbol{A}$.

22.4.2　求向量场 $\boldsymbol{A}=(yz,zx,xy)$ 的散度与旋度.

22.4.3　设有向量场 $\boldsymbol{A}(x,y,z)$, 证明 $\mathrm{grad}(\mathrm{div}\boldsymbol{A})-\mathrm{rot}(\mathrm{rot}\boldsymbol{A})=\Delta\boldsymbol{A}$.

22.4.4(第一 Green 公式)　设 S 为空间区域 V 的边界曲面且分片光滑, u, v 在 V 上分别为二阶、一阶连续可微, 证明:

$$\iiint_V v\Delta u\mathrm{d}x\mathrm{d}y\mathrm{d}z+\iiint_V \boldsymbol{\nabla}u\cdot\boldsymbol{\nabla}v\ \mathrm{d}x\mathrm{d}y\mathrm{d}z=\oiint_S v\frac{\partial u}{\partial\boldsymbol{n}}\mathrm{d}S,$$

其中 $\boldsymbol{n}$ 为 S 的单位外法向量, $\dfrac{\partial u}{\partial \boldsymbol{n}}$ 是 u 在 $\boldsymbol{n}$ 方向上的方向导数.

22.4.5(第二 Green 公式) 设 S 为空间区域 V 的边界曲面且分片光滑, u, v 在 V 上二阶连续可微, 证明:

$$\iiint_V (v\Delta u - u\Delta v)\,\mathrm{d}x\mathrm{d}y\mathrm{d}z = \oiint_S \left(v\frac{\partial u}{\partial \boldsymbol{n}} - u\frac{\partial v}{\partial \boldsymbol{n}}\right)\mathrm{d}S,$$

其中 $\boldsymbol{n}$ 为 S 的单位外法向量, $\dfrac{\partial u}{\partial \boldsymbol{n}}, \dfrac{\partial v}{\partial \boldsymbol{n}}$ 是 u, v 在 $\boldsymbol{n}$方向上的方向导数.

22.4.6 设光滑曲面 S 的边界 L 是分段光滑的连续曲线, $\boldsymbol{n}^\circ$ 为曲面 S 的单位法向量, $\boldsymbol{a}$ 是一个常向量. 证明

$$\oint_L (\boldsymbol{a}\times\boldsymbol{s})\cdot\mathrm{d}\boldsymbol{s} = 2\iint_S (\boldsymbol{a}\cdot\boldsymbol{n}^\circ)\mathrm{d}S,$$

其中 $\boldsymbol{s} = (x, y, z)$, $\mathrm{d}\boldsymbol{s} = (\mathrm{d}x, \mathrm{d}y, \mathrm{d}z)$.

22.4.7 设 $h(x, y, z)$ 在 $\mathbb{R}^3$ 上二阶连续可微, $\partial B_r(M)$ 是以 $M = (x, y, z)$ 为中心 r 为半径的球面, 定义

$$F_h(x, y, z, r) = \frac{1}{4\pi r^2}\oiint\limits_{\partial B_r(M)} h(\xi, \eta, \zeta)\mathrm{d}S_r,$$

其中 $r > 0$. 证明

(i) $F_h(x, y, z, r)$ 为 x, y, z, r 的二阶连续可微函数;

(ii) $\Delta F_h(x, y, z, r) = \left(\dfrac{\partial^2}{\partial r^2} + \dfrac{2}{r}\dfrac{\partial}{\partial r}\right)F_h(x, y, z, r)$, 其中 $\Delta = \dfrac{\partial^2}{\partial x^2} + \dfrac{\partial^2}{\partial y^2} + \dfrac{\partial^2}{\partial z^2}$;

(iii) $\lim\limits_{r\to 0^+}\dfrac{\partial}{\partial r}F_h(x, y, z, r) = 0$.

22.4.8 设向量函数 $\boldsymbol{F}(x, y, z) = (P(x, y, z), Q(x, y, z), R(x, y, z))$, 而 u 为数量函数, 证明 $\mathrm{div}(u\boldsymbol{F}) = u\,\mathrm{div}\boldsymbol{F} + \mathrm{grad}u\cdot\boldsymbol{F}$.

22.4.9 设函数 $u = f(x, y, z)$ 有二阶连续偏导数, 证明其梯度场是无旋场.

参 考 文 献

[1] 华东师范大学数学系. 数学分析 (下册). 3 版. 北京：高等教育出版社, 2001.

[2] 刘玉琏, 傅沛仁. 数学分析讲义 (上、下册). 北京：高等教育出版社, 1985.

[3] 菲赫金哥尔茨 Γ M. 微积分学教程 (三卷). 北京：高等教育出版社, 1954.

[4] 吴大任. 微分几何. 北京：人民教育出版社, 1978.

[5] 常庚哲, 史济怀. 数学分析教程 (上册). 南京：江苏教育出版社, 1998.

[6] 波利亚. 数学的发现. 呼和浩特：内蒙古人民出版社, 1979.

[7] 波利亚. 怎样解题. 北京：科学出版社, 1982.

[8] 波利亚. 数学与猜想. 北京：科学出版社, 1984.

[9] 常庚哲, 史济怀. 数学分析教程 (下册). 南京：江苏教育出版社, 2003.

[10] 陈传璋, 金福临, 朱学炎, 等. 数学分析. 2 版. 北京：高等教育出版社, 1983.

[11] 费定晖, 郭大均等. 数学分析习题集解 (一至六). 济南：山东科学技术出版社, 1981.

[12] 克莱鲍尔 G. 数学分析. 上海：上海科学技术出版社, 1981.

[13] 克莱鲍尔 G. 分析中的问题与命题. 湖南：湖南师范学院学报增刊, 1984.

[14] 哈代, 李特伍德, 波利亚. 不等式. 北京：科学出版社, 1965.

[15] 郝柏林. 从抛物线谈起 —— 混沌动力学引论. 上海：上海科技技术出版社, 1993.

[16] 华罗庚. 高等数学引论. 北京：科学出版社, 1963.

[17] 吉米多维奇. 数学分析习题集. 北京：人民教育出版社, 1958.

[18] 克莱因. 古今数学思想. 上海：上海科学技术出版社, 1979.

[19] 匡继昌. 常用不等式. 3 版. 济南：山东科学技术出版社, 2004.

[20] 李文林. 数学史教程. 北京：高等教育出版社 2000.

[21] 刘三阳, 于力, 李广民. 数学分析选讲. 北京：科学出版社, 2007.

[22] 刘玉琏, 杨奎元, 刘伟, 等. 数学分析讲义学习指导书 (上、下册). 2 版. 北京：高等教育出版社, 2003.

[23] 沐定夷. 数学分析. 上海：上海交通大学出版社, 1993.

[24] 那汤松. 实变函数论. 北京：高等教育出版社, 1955.

[25] 欧阳光中, 姚允龙, 周渊. 数学分析 (上、下册). 上海：复旦大学出版社, 2004.

[26] 裴礼文. 数学分析中的典型问题和方法. 北京：高等教育出版社, 1998.

[27] 斯特洛伊克. 数学简史. 北京：科学出版社, 1956.

[28] 孙本旺, 汪浩. 数学分析中的典型例题和解题方法. 长沙：湖南科学技术出版社, 1981.

[29] 孙文瑜, 杜其奎, 陈金如. 计算方法. 北京：科学出版社, 2007.

[30] 吴良森, 毛羽辉, 韩士安, 等. 数学分析学习指导书 (下册). 北京：高等教育出版社, 2004.

[31] 吴文俊. 世界著名数学家传记 (上、下册). 北京：科学出版社, 1995.

[32] 谢惠民, 沐定夷. 吉米多维奇数学分析习题集学习指引 (第二册). 北京：高等教育出版社, 2011.

[33] 谢惠民, 恽自求, 易法槐, 等. 数学分析习题课讲义 (下册). 北京：高等教育出版社, 2004.

[34] 徐利治, 王兴华. 数学分析的方法及例题选讲. 北京：高等教育出版社, 1983.
[35] 姚允龙. 高等数学与数学分析 —— 方法导引. 上海：复旦大学出版社, 1988.
[36] 赵显曾. 数学分析拾遗. 南京：东南大学出版社, 2006.
[37] 邹应. 数学分析. 北京：高等教育出版社, 1995.
[38] 卓里奇. 数学分析. 北京：高等教育出版社, 1987.
[39] 阿黑波夫 Г И, 萨多夫尼奇 В А, 丘巴里阔夫 В Н. 数学分析讲义. 3 版. 北京：高等教育出版社, 2006.
[40] 菲赫金哥尔茨 Г М. 数学分析原理 (二卷). 北京：人民教育出版社, 1980.
[41] 菲赫金哥尔茨 Г М. 微积分学教程 (三卷). 8 版. 北京：高等教育出版社, 2009.
[42] Apostol T M. *Mathematical Analysis.* 2nd ed. Reading Mass: Addison–Wesley, 1974.
[43] Courant R, John F. *Introduction to Calculus and Analysis.* New York:Springer–Verlag, 1989.
[44] Gelbaum B R, Olmsted J M H. *Counterexamples in Analysis.* San Francisco: Holden–Day, 1964.
[45] Johnsonbaugh R, Pfaffenberger W E. *Foundation of Mathematical Analysis.* New York: Dover Publications, 2002.
[46] Katz V J. *A History of Mathematics—An Introduction.* 2nd ed. New Jersey: Addison–Wesley, 1998.
[47] Pólya G, Szegö G. *Problems and Theorems in Analysis.* Berlin: Springer–Verlag, 1972.
[48] Rudin W. *Principles of Mathmatical Analysis.* 3rd ed. New York: McGraw–Hill, 1976.
[49] Stein E M, Shakarchi R. *Fourier Analysis: an introduction.* Princeton: Princeton University Press, 2003.
[50] Titchmarsh E C. *Introduction to the Theory of Fourier Integrals.* 2nd ed. Oxford: Oxford University Press, 1948.
[51] Zorich V A. *Mathematical Analysis (I–II).* Berlin-Heidelberg: Springer–Verlag, 2002.

名词索引

(以汉语拼音字母为序)